GANSU 10kV JIAKONG PEIDIAN XIANLU CHAYIHUA DIANXING SHEJI

甘肃 10kV 架空配电线路差异化典型设计

国网甘肃省电力公司　组编

中国电力出版社
CHINA ELECTRIC POWER PRESS

内容提要

《甘肃10kV架空配电线路差异化典型设计》是结合甘肃省配电线路建设实际编制的一本典型设计，是推进甘肃省配电线路标准化建设的基础资料之一，也是甘肃省配电网建设标准化工作的重要成果之一。推广应用《甘肃10kV架空配电线路差异化典型设计》，对提高甘肃配电线路抵抗自然灾害的能力，提高配电网设计水平和工程质量，提高配电网供电可靠性，落实国网甘肃省电力公司配电网“电力生命线”的建设理念，加快配电网改造升级等都具有非常重要的意义。

本书共四篇，分别为总论、轻冰区10kV大档距铁塔典型设计施工图、中冰区10kV大档距铁塔典型设计施工图、基础典型设计施工图。其中，第一篇为总论，包括概述、典型设计工作过程、典型设计依据和技术原则；第二篇为轻冰区10kV大档距铁塔典型设计施工图，包括轻冰区10kV大档距2种直线塔、3种耐张塔共5种塔型的铁塔典型设计施工图纸；第三篇为中冰区10kV大档距铁塔典型设计施工图，包括中冰区10kV大档距3种直线塔、3种耐张塔共6种塔型的铁塔典型设计施工图纸；第四篇为基础典型设计施工图，包括黄土类掏挖基础35个、碎石土（卵石）类掏挖基础20个、碎石土（卵石）类钢筋混凝土板柱基础32个，配套的基础其他标准图纸5张，共92个基础的施工图纸。

本书可供甘肃省内各设计单位，以及从事甘肃配电网建设规划、管理、施工、安装、生产运行等专业人员使用，并可供大专院校有关专业的师生参考。

图书在版编目（CIP）数据

甘肃10kV架空配电线路差异化典型设计 / 国网甘肃省电力公司组编．—北京：中国电力出版社，2022.3

ISBN 978-7-5198-6569-6

Ⅰ．①甘…　Ⅱ．①国…　Ⅲ．①架空线路-配电线路-设计-甘肃　Ⅳ．①TM726.3

中国版本图书馆CIP数据核字（2022）第038732号

出版发行：中国电力出版社
地　　址：北京市东城区北京站西街19号（邮政编码：100005）
网　　址：http://www.cepp.sgcc.com.cn
责任编辑：周秋慧（010-63412627）
责任校对：黄　蓓　朱丽芳　常燕昆　王海南
装帧设计：赵姗姗　陈进祥
责任印制：石　雷

印　　刷：三河市百盛印装有限公司
版　　次：2022年3月第一版
印　　次：2022年3月北京第一次印刷
开　　本：880毫米×1230毫米　横16开本
印　　张：26.75
字　　数：945千字
定　　价：480.00元

《甘肃 10kV 架空配电线路差异化典型设计》
编　委　会

主　　　编　张祥全

副　主　编　朱建军　范雪峰　李学军

编委会委员　付兵彬　赵长军　李晓怡　杨德州　夏　懿　高新年　周　虎　陈庆胜　魏　勇

《甘肃 10kV 架空配电线路差异化典型设计》工作组

牵头单位　国网甘肃省电力公司配网管理部　　国网甘肃省电力公司发展事业部（经济技术研究院）

成员单位　国网陇南供电公司　　国网天水供电公司

陇南陇电电力设计咨询有限公司　　天水天正设计咨询有限公司

成　　员　夏　懿　周　虎　陈庆胜　魏　勇　宋　镭　陈进祥　李惠庸　薛国斌　宋红为　景永良　张　强　李　玺

黄亚飞　李雪垠　张生慨　张维堂　陈青云　姚续亮　杨来贵　李玉潮　韦党敏

《甘肃 10kV 架空配电线路差异化典型设计》编写组

第一篇　总论

编 制 单 位　国网甘肃省电力公司发展事业部(经济技术研究院)　　陇南陇电电力设计咨询有限公司　天水天正设计咨询有限公司

审　　　核　夏　懿　周　虎　魏　勇

设计总工程师　陈庆胜

校　　　核　陈进祥　李惠庸　薛国斌

编　　　写　陈庆胜　陈云飞　魏晋龙　董彦斌　景永良　王　涛　李麟鹤　张　岳　陆锡杰　胡安龙　李军兴　李旭光　宋小勇　赵子辉　闫寅起　杨彦飞　马龙泰　韦党敏　李松松

第二篇　轻冰区10kV 大档距铁塔典型设计施工图

编 制 单 位　国网甘肃省电力公司发展事业部（经济技术研究院）　　陇南陇电电力设计咨询有限公司

审　　　核　魏　勇　宋　镭

设计总工程师　陈庆胜

校　　　核　魏晋龙　王公阳

编　　　写　陈庆胜　陈进祥　夏　懿　陈云飞　董彦斌　薛国斌　李麟鹤　胡安龙　张　岳　陆锡杰　宋小勇　杨彦飞　杨玛瑙　贾娇娇　王彦龙

第三篇　中冰区 10kV 大档距铁塔典型设计施工图

编 制 单 位　国网甘肃省电力公司发展事业部（经济技术研究院）　　陇南陇电电力设计咨询有限公司

审　　　核　魏　勇　宋　镭

设计总工程师　陈庆胜

校　　　核　魏晋龙　王公阳

编　　　写　陈庆胜　陈进祥　陈云飞　董彦斌　薛国斌　李麟鹤　胡安龙　张　岳　陆锡杰　宋小勇　景永良　杨彦飞　杨玛瑙　贾娇娇　王彦龙

第四篇　基础典型设计施工图

编 制 单 位　国网甘肃省电力公司发展事业部（经济技术研究院）　　陇南陇电电力设计咨询有限公司

审　　　核　魏　勇　宋　镭

设计总工程师　陈庆胜

校　　　核　陈进祥　王公阳

编　　　写　陈庆胜　魏晋龙　陈云飞　董彦斌　胡安龙　李麟鹤　张　岳　陆锡杰　李军兴　韦党敏　王　涛　杨玛瑙　贾娇娇

序

甘肃省位于中国西部地区，地处黄河中上游，地域辽阔。甘肃省呈南北扁平、东西狭长的地形特征，东西长1659km，南北宽530km。境内地形复杂，山脉纵横交错，地形、气象等工程建设条件差异明显。

近年来，甘肃配电线路不断遭受泥石流、滑坡、覆冰等灾害，损失较重。2020年8月，陇南地区先后经历了3轮强降雨天气，部分地区降雨量达到或超过100年一遇，洪涝灾害使电网损失严重。2021年初，临夏、临洮等多地又遭受不同程度覆冰灾害，造成一定损失。

为应对电力发展新形势，聚焦高质量发展这个主题，加快推进“一体四翼”发展布局，国网甘肃省电力公司全面落实科学发展观，为全面建设具有安全可靠、坚固耐用、结构合理、技术先进、灵活可靠、经济高效的现代配电网，切实提高用户供电质量和可靠性，创新提出了配电线路“电力生命线”的建设理念，努力提高配电线路的避灾、抗灾能力。在国网甘肃省电力公司配网管理部的统一安排下，由国网甘肃省电力公司发展事业部（经济技术研究院）牵头，国网陇南供电公司、国网天水供电公司配合，在国网陇南供电公司选取“10kV桥头—临江—三河线路”开展“电力生命线”工程差异化设计试点工作，因地制宜、密切联系甘肃配电网建设实际，完成了《甘肃10kV架空配电线路差异化典型设计》。

《甘肃10kV架空配电线路差异化典型设计》凝聚了国网甘肃省电力公司广大工程技术人员、建设管理人员的集体智慧，是国网甘肃省电力公司执行标准化建设的重要成果之一。希望该成果的出版和应用，能够进一步提高国网甘肃省电力公司的配电网建设质量和抗灾能力，为全面建设现代配电网奠定坚实的基础。

2021年10月　兰州

前　　言

为提高甘肃配电网的避灾、抗灾能力，在国网甘肃省电力公司配网管理部的统一安排下，由国网甘肃省电力公司发展事业部（经济技术研究院）牵头，依托国网陇南供电公司“10kV 桥头—临江—三河线路”开展的“电力生命线”试点工程，开展了《甘肃 10kV 架空配电线路差异化典型设计》的相关研究和设计工作。

《甘肃 10kV 架空配电线路差异化典型设计》是在《国家电网公司配电网工程典型设计（2016 年版）》的成果和原则基础上，结合甘肃省 10kV 架空配电线路的建设实际和特点，重点开展了国网甘肃省电力公司架空配电线路差异化建设指导意见、架空配电线路轻冰区 10kV 大档距铁塔及基础、架空配电线路中冰区 10kV 大档距铁塔及基础的差异化典型设计工作。

《甘肃 10kV 架空配电线路差异化典型设计》的主要特点有：

（1）适合甘肃配电网建设的实际，充分考虑了甘肃地区山地架空配电线路大档距、大高差的特点，充分考虑了甘肃架空配电线路的设计、建设现状，充分考虑了架空配电线路的分支特点。

（2）达到施工图深度，在满足典型设计的条件下，施工图纸可直接采用，降低了设计难度。

（3）针对河谷地区和覆冰地区，提出了有针对性的路径选择指导意见。

（4）保证通用性和标准化。轻冰区塔型同时适用 120、150mm^2 导线，同时适用基本风速 27、29m/s 地区；中冰区塔型同时适用 95、120、150mm^2 导线，同时适用覆冰厚度 15、20mm 冰区。符合甘肃架空配电线路建设实际，通用性强、标准化率高。

（5）为满足直线塔、耐张塔在实际使用时的分支要求，轻冰区 10kV 大档距铁塔考虑分支荷载，分支结构设计满足全角度（360°）分支情况。

（6）加大了基础露头尺寸，尽量减少塔基降方，实现“环境友好型”的设计理念。

（7）绝缘子串采用“三维”设计，准确、直观。

由于编者水平有限，不足和遗漏在所难免，敬请各位读者批评指正。

编　者

2021 年 9 月

目　录

第一篇　总　论

第二篇 轻冰区10kV大档距铁塔典型设计施工图

第三篇 中冰区10kV大档距铁塔典型设计施工图

第四篇 基础典型设计施工图

第一篇

总　论

第1章　概　述

推进标准化建设是国家电网公司全面落实科学发展观，建设“资源节约型、环境友好型”社会，大力提高集成创新能力的重要体现；是国家电网公司实施集团化运作、集约化发展、精细化管理的重要手段；是全面建设具有安全可靠、坚固耐用、结构合理、技术先进、灵活可靠、经济高效的现代配电网的重要举措。

《甘肃10kV架空配电线路差异化典型设计》是《国家电网公司配电网工程典型设计（2016年版）10kV架空线路分册》（简称《10kV架空线路分册典型设计》）和《国家电网公司配电网工程典型设计　10kV架空线路抗台抗冰铁塔结构图册（2017年版）》（简称《抗台抗冰典型设计》）的补充，是在国网甘肃省电力公司创新提出“电力生命线”的背景下，针对甘肃架空配电线路建设特点，针对大档距、大高差架空配电线路，针对中冰区架空配电线路开展的专项典型设计，是甘肃电网推进配电网标准化建设最基础、最重要的手段之一，是提高甘肃配电线路避灾、抗灾的重要手段之一。推广应用《甘肃10kV架空配电线路差异化典型设计》，不但能提高甘肃架空配电线路抵抗自然灾害的能力，而且对提高配电网设计水平和工程质量，提高配电网的供电可靠性、落实国网甘肃省电力公司配电网“电力生命线”的建设理念，加快配电网改造升级等都具有非常重要的意义。

1.1　差异化设计的背景

2020年8月，陇南地区先后经历了3轮强降雨天气，根据甘肃省政府发布的《甘肃省白龙江、白水江、嘉陵江流域及其周边地区暴雨灾害评估报告》，陇南宕昌降雨量50年一遇，陇南降雨量70年一遇，陇南武都、康县、徽县、文县降雨量达到或超过100年一遇。洪涝灾害使电网损失严重，陇南电网183条10kV线路停运，倒杆、断线等问题高达4000多处。共有132个乡镇、2265个村、52.8万用户停电。停电范围广、损失大、恢复供电时间长。

2021年2月底，全省迎来大范围降温，甘肃东南部地区受降雪、覆冰影响，累计停运10kV配电线路54条、配电变压器2114台，涉及定西、平凉、庆阳、白银、天水5个地市72912户用户。造成倒杆242基、断线276处。

频发的自然灾害，一方面反映了甘肃境内的极端气象处于多发、频发状态，另一方面反映出部分配电线路设防标准不足、措施不力。10kV线路属配电线路，具有建设规模大、分布范围广、形式多样等特点，和千家万户联系紧密。甘肃电网统一思想，创新提出了配电线路“电力生命线”的建设理念，努力提高配电线路的避灾、抗灾能力。

1.2　差异化设计的内容

《甘肃10kV架空配电线路差异化典型设计》是国网甘肃省电力公司配电网标准化建设工作主要成果之一。分为总论、轻冰区10kV大档距铁塔典型设计施工图、中冰区10kV大档距铁塔典型设计施工图、基础典型设计施工图四篇。其中，第一篇为总论，包括概述、典型设计工作过程、典型设计依据和技术原则；第二篇为轻冰区10kV大档距铁塔典型设计施工图，包括轻冰区10kV大档距2种直线塔、3种耐张塔共5种塔型的铁塔典型设计施工图纸；第三篇为中冰区10kV大档距铁塔典型设计施工图，包括中冰区10kV大档距3种直线塔、

3 种耐张塔共 6 种塔型的铁塔典型设计施工图纸；第四篇为基础典型设计施工图，包括黄土类掏挖基础 35 个、碎石土（卵石）类掏挖基础 20 个、碎石土（卵石）类钢筋混凝土板柱基础 32 个，配套的基础其他标准图纸 5 张，共 92 个基础类施工图纸。

1.3 差异化设计的必要性

甘肃省境内地形复杂，山脉纵横交错，10kV 架空配电线路建设遇到大档距、大高差的情况比较普遍，尤其在陇南等中东部的沟谷地区，情况尤为突出。由于建设难度和投资等多方面因素的影响，以往的配电线路习惯路径走低，沿沟谷地区的底部、沿河走线，一旦发生暴雨等洪涝灾害，受灾难以避免，受损较为严重；沿沟谷地区的中低山体走线，采用 35kV 及以上的杆塔建设，投资较高。

目前，各电压等级的架空线路均使用国家电网公司的各种通用设计或典型设计。通用设计或典型设计在编制过程中，出于通用性的角度考虑，一般考虑 80%左右的覆盖程度，对于甘肃配网的实际建设条件，往往不在设计范围内。

1.3.1 《10kV 架空线路分册典型设计》的设计档距基本情况

《10kV 架空线路分册典型设计》总结了国家电网公司 2006 年配电网典型设计的应用经验，保持了技术原则的连续性，具有应用率高、适用面广的特点，是目前 10kV 架空线路的主要设计依据和设计标准。

《10kV 架空线路分册典型设计》中设计档距超过 80m 的单回路杆塔主要采用直线单杆、拉线耐张单杆、拉线直线双杆、拉线耐张双杆、窄基铁塔等多种形式。具体的使用条件对比见表 1－1。

表 1－1　　不同类型杆塔使用条件对比

杆塔类型	水平档距（m）	垂直档距（m）
直线单杆（Z－M、Z－N 系列）	120	150
拉线耐张单杆（ZNA－M、NJ1A－M 系列）	100	120
拉线直线双杆（ZS－M 系列）	250	300
拉线耐张双杆（NJS1/2/3/4－N 系列）	250	300
窄基铁塔（ZJT 系列）	120	150

1.3.2 《抗台抗冰典型设计》的设计档距基本情况

《抗台抗冰典型设计》是针对易遭受台风、覆冰灾害地区开展的专项典型设计。采用 4 个冰区，分别为无冰区（覆冰厚度 0mm）、中冰区（覆冰厚度 15mm、20mm）、重冰区（覆冰厚度 30mm）。杆塔的设计档距也较《10kV 架空线路分册典型设计》有所增加。

《抗台抗冰典型设计》中设计档距超过 80m、中冰区的单回路杆塔主要采用直线单杆、拉线直线双杆、拉线耐张双杆、窄基铁塔、宽基铁塔等多种形式。具体的使用条件对比见表 1－2。

表 1－2　　不同类型杆塔使用条件对比

杆塔类型		水平档距（m）	垂直档距（m）
直线单杆（ZF 系列）		100	120
拉线直线双杆（ZSF－M 系列）		180～200	250～300
拉线耐张单杆（NJFS1/2/3/4－N、DFS－N 系列）		180～200	250～300
窄基铁塔［ZJTE1（2）系列］		100	150
宽基铁塔	10D15（10D20）－Z1	300	400
	10D15（10D20）－Z2	400	600
	10D15（10D20）－Z3	500	750
	10D15（10D20）－J1	350	550
	10D15（10D20）－J2	350	550
	10D15（10D20）－J3	350	550

1.3.3 设计常用的其他大档距杆塔情况

以往 10kV 架空配电线路在涉及大档距、大高差时，由于杆塔使用条件超过《10kV 架空线路分册典型设计》和《抗台抗冰典型设计》设计条件，多采用 35kV 及以上杆塔“以大代小”使用，具体情况如下：

（1）方式 1：采用 35kV 配电线路通用设计，但该通用设计只完成了司令图部分，无施工图纸，很少使用。

（2）方式 2：采用规程修订前，广泛使用的 77 系列中的 35kV 定型杆塔设计，分无地线杆型和有地线杆塔两类，设计时间较早（1978 年定型）。

（3）方式 3：采用《国家电网公司输变电工程通用设计　110（66）kV 输电线路分册（2011 年版）》中的 66kV 通用设计铁塔。但 66kV 通用设计铁塔使用档距普遍较小，单地线设计。具体的使用条件对比见表 1－3。

表 1－3　不同类型杆塔使用条件对比

杆塔类型	水平档距（m）	垂直档距（m）
直线砼杆	180	300
耐张砼杆	250	400
直线铁塔	240～550	350～750
耐张铁塔	400	600

当超条件使用时，需要进行大量的校验工作。

1.3.4 现有大档距杆塔存在的问题

（1）《10kV 架空线路分册典型设计》和《抗台抗冰典型设计》设计条件无法满足甘肃地区大档距、大高差的使用条件。

以“电力生命线”试点工程“10kV 桥头—临江—三河线路”为例：使用条件最大的直线塔水平档距为 835m、垂直档距为 1161m；使用条件较大的耐张塔之一水平档距为 858m、垂直档距为 39m；使用条件较大的耐张塔之二水平档距为 753m、垂直档距为 515m。这充分说明了甘肃地区大档距、大高差的特点。

（2）由于 DL/T 5551—2018《架空输电线路荷载规范》中风荷载加大，《10kV 架空线路分册典型设计》和《抗台抗冰典型设计》杆塔设计荷载存在一定的问题；对于 10kV 架空线路设计中使用的 66kV 通用设计杆塔，由于不使用地线，对杆塔荷载的影响不大。

（3）2000 年以后，设计规程、规范大量修订。35kV 定型杆塔中无地线的杆型已不满足相关规程、规范的要求；对有地线的杆型，由于使用在 10kV 架空线路中不使用地线，电气间隙、结构强度基本满足使用条件。

（4）由于地线作用力是杆塔荷载最重要的组成部分，也是杆塔荷载相对占比较大的部分，对杆塔重量、基础作用力影响较大。因此无论使用哪种有地线杆塔，均存在选型不合理、投资浪费的问题。

综上所述，由于甘肃 10kV 配电线路防雷不是主要问题，一般不考虑地线，大档距、大高差则是工程建设中的突出问题。因此新设计针对大档距、大高差情况，不使用地线的铁塔模块，不但能有效降低铁塔重量、减少基础材料使用，使工程投资更合理，同时更符合甘肃架空配电线路建设的实际，也是对国家电网公司配电线路典型设计的补充。

1.4 差异化设计的目的

编制差异化设计的目的是：统一建设标准，统一设备规范；提高配电线路的抗灾能力；提高设计水平和建设质量；提高工作效率；发挥规模优势，提高整体效益。

《甘肃 10kV 架空配电线路差异化典型设计》是针对甘肃架空配电线路建设特点，针对架空配电线路大档距、大高差的设计难点，针对中冰区架空配电线路的专项典型设计。对提高甘肃配电网避灾、抗灾能力，对国网甘肃省电力公司认真履行社会责任，对全面落实“电力生命线”的建设理念都具有重要的意义。因此，在国网甘肃省电力公司配网管理部的统一领导下，由国网甘肃省电力公司发展事业部（经济技术研究院）牵头，开展了针对甘肃架空配电线路的差异化典型设计，以指导各市（州）公司、各设计单位高质量开展架空配电线路建设。

1.5 差异化设计的原则

（1）安全可靠、技术先进。以全面落实“电力生命线”的建设理念为目标，保证模块设计满足最新的规程规范要求，保证模块设计安全可靠。

（2）自主创新、覆盖面广。模块设计条件满足甘肃省架空配电线路的建设特点，符合甘肃省架空配电线路的建设实际，通用性好、适用范围广。

（3）施工图深度、提高效率。制图标准统一、合理规划导线选型、合理规划使用档距条件、充分考虑架空配电线路分支情况，满足施工图纸在工程中直接应用的要求，提高设计效率。

（4）注重环保、节约资源、降低造价。在基础设计中规范地脚螺栓的设计；根据不同的地质条件，细化基础施工图纸设计；增加基础的露头尺寸，采用“铁塔平腿＋不等高基础”的设计理念，降低塔基降方，符合环境友好型的设计理念。

1.6 差异化设计的组织形式

成立《甘肃 10kV 架空配电线路差异化典型设计》编委会，牵头单位包括国网甘肃省电力公司配网管理部、国网甘肃省电力公司发展事业部（经济技术研究院）。主要负责制订工作计划，督导《甘肃 10kV 架空配电线路差异化典型设计》编制工作进度，审查工作成果。

成立《甘肃 10kV 架空配电线路差异化典型设计》工作组，由国网甘肃省电力公司发展事业部（经济技术研究院）牵头，组织国网陇南供电公司、国网天水供电公司、陇南陇电电力设计咨询有限公司、天水天正设计咨询有限公司相关精干的技术力量参与《甘肃 10kV 架空配电线路差异化典型设计》的研究和编制工作。

成立《甘肃 10kV 架空配电线路差异化典型设计》编写组，设立总论、轻冰区 10kV 大档距铁塔典型设计施工图、中冰区 10kV 大档距铁塔典型设计施工图、基础典型设计施工图四个编写小组，研究《甘肃 10kV 架空配电线路差异化典型设计》的技术方案、编写设计文件、绘制设计图纸。

1.7 差异化设计的工作方式

（1）统一组织、充分调研、分工负责。

（2）加强协调、团结合作、控制进度、按期完成。

（3）以工程设计为核心、以工程应用为重点。

（4）采用模块化设计手段，推进标准化设计。

1.8 差异化设计的设计深度和成果

成果达到施工图深度，便于提高设计水平和工作效率。

成果内容包括：

（1）河谷地区路径、中冰区路径选择指导意见。

（2）轻冰区 10kV 大档距铁塔典型设计施工图。

（3）中冰区 10kV 大档距铁塔典型设计施工图。

（4）基础典型设计施工图纸及基础配套的其他标准图纸。

第 2 章 差异化设计工作过程

《甘肃 10kV 架空配电线路差异化典型设计》主要分五个主要阶段，即前期阶段、启动阶段、调研阶段、技术原则编制阶段和设计成果编制阶段。

2.1 前期阶段

2020 年 8 月 14 日，甘肃陇南、甘南等地区遭受强降雨，引发洪涝灾害。

2020 年 8 月 19 日，甘肃省经研院派出专家随国网甘肃省电力公司设备部深入陇南文县地区、宕昌县地区、康县地区等灾区，全程参加了陇南地区的救灾工作。其中省经研院在指导受灾的 110、35kV 线路抢修和灾后重建工作的同时，重点对 10kV 配电线路的受灾情况进行了调查，深入了解受灾线路的实际情况。

救灾工作告一段落后，在国网甘肃省电力公司配网管理部的统一组织下，由国网甘肃省电力公司发展事业部（经济技术研究院）牵头，开始了架空配电线路的差异化典设工作。

2.2 启动阶段

2020 年 9 月 27 日，国网甘肃省电力公司设备部下发《关于做好陇东南地区灾后电网恢复重建工作的通知》（甘电司设备〔2020〕637 号），启动《甘肃 10kV 架空配电线路差异化典型设计》工作，提出“有效推动陇东南地区灾后重建电网规划和差异化设计”，提高陇南地区架空配电线路的设计水平和抗击自然灾害的能力。明确由省经研院牵头，启动开展《甘肃 10kV 架空配电线路差异化典型设计》工作。

2.3 调研阶段

2020 年 9～12 月，围绕“10kV 桥头—临江—三河线路”开展“电力生命线”试点工程，甘肃省经研院多次深入现场指导试点工程的设计，评审工程技术方案，收集了大量的工程数据。

2.4 技术原则编制阶段

2020 年 10 月 30 日，由甘肃省经研院组织召开“电力生命线”试点工程“10kV 桥头—临江—三河线路”的施工图评审会，同时工作组在《陇南地区 10kV 差异化设计技术导则》的基础上，充分讨论了《甘肃 10kV 架空配电线路差异化典型设计》的研究方向和基本设计原则。

2020 年 12 月 3 日，省经研院组织召开了《甘肃 10kV 架空配电线路差异化典型设计》杆塔规划审查会，会议讨论并通过了《甘肃 10kV 架空配电线路差异化典型设计》设计导则，重点对陇南陇电电力设计咨询有限公司对“电力生命线”试点工程“10kV 桥头—临江—三河线路”的施工图数据进行分析整理，确定新设计铁塔的杆塔规划，并明确了新设计铁塔的电气及结构设计原则。

2.5 设计成果编制阶段

2021 年 1 月 7 日，甘肃省经研院组织专家组讨论并确定了轻冰区 10kV 大档距新设计铁塔的塔型分类、使用档距、杆塔结构型式、呼称高范围、荷载分配等主要技术原则。

2021 年 1 月 18 日，由于疫情的影响，省经研院通过电话交流的方式，对杆塔电气间隙计算、档距规划、设计海拔等关键设计参数与设计单位进行交流，并优化了相关的设计参数。

2021 年 2 月 1 日，由于疫情的影响，省经研院通过视频会议的方式，明确杆塔电气计算以 150mm^2 导线为主，同时兼顾 120mm^2 导线，并对电气计算结果进行了审核。

2021 年 4 月 21 日，由甘肃省经研院组织，对《甘肃 10kV 架空配电线路差异化典型设计》杆塔结构部分的前期建模计算成果进行审核，并根据地（州）市公司的有关需求，确定在新设计杆塔上增加分支荷载，最大程度保证杆塔的通用性。

2021 年 6 月 3～6 日，专家组赴西安，对《甘肃 10kV 架空配电线路差异化典型设计》铁塔结构部分的计算成果进行审核。同时确定新增中冰区（覆冰厚度 20mm）铁塔模块，将原导则中覆冰厚度 15mm 铁塔和覆冰厚度 20mm 铁塔归并，按中冰区设计。

2021 年 6～8 月，陇南陇电电力设计咨询有限公司全面开展施工图纸的绘制工作。

2021 年 10 月 8～11 日，由甘肃省经研院组织，对《甘肃 10kV 架空配电线路差异化典型设计》的成果进行项目组最后一次审查。

2021 年 10 月 27 日，由国网甘肃省电力公司配网管理部组织，对《甘肃 10kV 架空配电线路差异化典型设计》的成果进行验收，通过了《甘肃 10kV 架空配电线路差异化典型设计》的设计成果。

第 3 章 设计依据性文件

3.1 主要设计标准、规程规范

GB/T 699—2015 优质碳素结构钢

GB/T 700—2006 碳素结构钢

GB/T 1179—2017 圆线同心绞架空导线

GB/T 1591—2018 低合金高强度结构钢

GB/T 2694—2018 输电线路铁塔制造技术条件

GB/T 3098.1—2010 紧固件机械性能 螺栓、螺钉和螺柱

GB/T 3098.2—2015 紧固件机械性能 螺母

GB 50007—2011 建筑地基基础设计规程

GB 50009—2012 建筑结构荷载规程

GB 50010—2010 混凝土结构设计规范（2015 版）

GB 50017—2017 钢结构设计标准

GB 50061—2010 66kV 及以下架空电力线路设计规范

GB/T 50064—2014 交流电气装置的过电压保护和绝缘配合设计规范

GB/T 50065—2011 交流电气装置的接地设计规范

GB 50068—2018 建筑结构可靠性设计统一标准

GB/T 50105—2010 建筑结构制图标准

GB 50169—2016 电气装置安装工程 接地装置施工及验收规范

GB 50173—2014 电气装置安装工程 66kV 及以下架空电力线路施工及验收规范

GB 50202—2018 建筑地基基础工程施工质量验收规范

GB 50204—2015 混凝土结构工程施工质量验收规范

GB 50260—2013 电力设施抗震设计规范

GB 50545—2010 110kV～750kV 架空输电线路设计规范

GB 50661—2011 钢结构焊接规范

DL/T 284—2012 输电线路杆塔及电力金具用热浸镀锌螺栓与螺母

DL/T 1122—2009 架空输电线路外绝缘配置技术导则

DL/T 5084—2021　电力工程水文技术规程

DL/T 5158—2012　电力工程气象勘测技术规程

DL/T 5219—2014　架空输电线路基础设计技术规程

DL/T 5220—2021　10kV 及以下架空配电线路设计规程

DL/T 5440—2020　重覆冰架空输电线路设计技术规程

DL/T 5442—2020　输电线路杆塔制图和构造规定

DL/T 5486—2020　架空输电线路杆塔结构设计技术规程

DL/T 5493—2014　电力工程基桩检测技术规程

DL/T 5551—2018　架空输电线路荷载规范

DL/T 5582—2020　架空输电线路电气设计规程

JGJ 18　钢筋焊接及验收规程

JGJ 94—2008　建筑桩基技术规范

Q/GDW 10248.1—2016　输变电工程建设标准强制性条文实施管理规程　第 1 部分：通则

Q/GDW 10248.6—2016　输变电工程建设标准强制性条文实施管理规程　第 6 部分：输电线路工程设计

Q/GDW 10672—2017　雷区分级标准和雷区分布图绘制规则

Q/GDW 10784.3—2017　配电网工程初步设计内容深度规定　第 3 部分：配网架空线路

Q/GDW 10785.3—2017　配电网工程施工图设计内容深度规定　第 3 部分：配网架空线路

Q/GDW 11653—2017　输变电工程地基基础检测规范

3.2　设计依据性文件

国家电网公司关于印发《国家电网公司输变电工程全寿命周期设计建设指导意见的通知》（国家电网基建〔2008〕1241 号）

国家电网有限公司《国家电网公司十八项电网重大反事故措施（修订版）》（国家电网设备〔2018〕979 号）

国家电网公司关于印发《输电线路工程地脚螺栓全过程管控办法（试行）的通知》（国家电网基建〔2018〕387 号）

国网运检部关于印发《配电线路“三跨”设计技术原则（试行）的通知》（运检三〔2018〕62 号）

3.3　设计参考资料

国家电网公司配电网工程典型设计（2016 年版）　10kV 架空线路分册

国家电网公司配电网工程典型设计　10kV 架空线路抗台抗冰铁塔结构图册（2017 年版）

国家电网公司输变电工程通用设计　10kV 及 35kV 配电线路金具图册（2013 年版）

国家电网公司输变电工程通用设计　35kV 配电线路金具分册（2013 年版）

国网甘肃省电力公司《甘肃 2020 年专题图》

第 4 章　术　语

通过对甘肃省 2020 年陇南“8.12”灾害和 2021 年 2 月覆冰灾害的情况分析，同时考虑到学习和使用本书的人员对于架空输电线路和架空配电线路相关知识的理解可能不尽相同，编者认为有必要对部分术语进行规范和明确。

4.1　河床

河床指河谷中平水期被水占据的部分，它常年有水流动，是河谷中最低的部分。河谷要素示意图如图 4－1 所示。

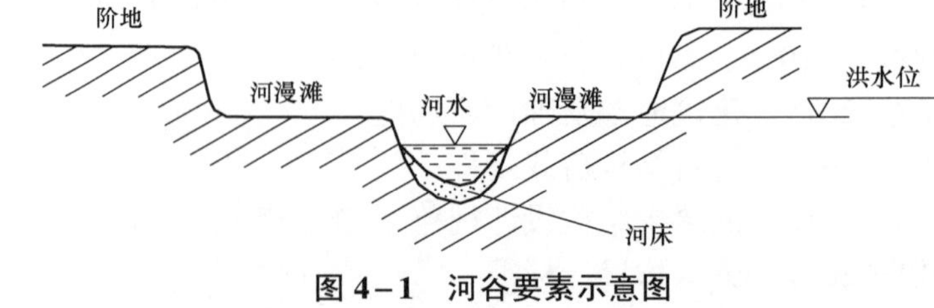

图 4－1　河谷要素示意图

4.2 河漫滩

河漫滩指在一般年份河流高水位时，河水泛滥能淹没的谷底部分。

4.3 阶地

阶地分布在河床两侧成阶梯状，具有一级或多级，已不受近代常年洪水淹没的地区，它是河谷演变过程中的产物。阶地分布状况及其组成物断面图如图4-2所示。

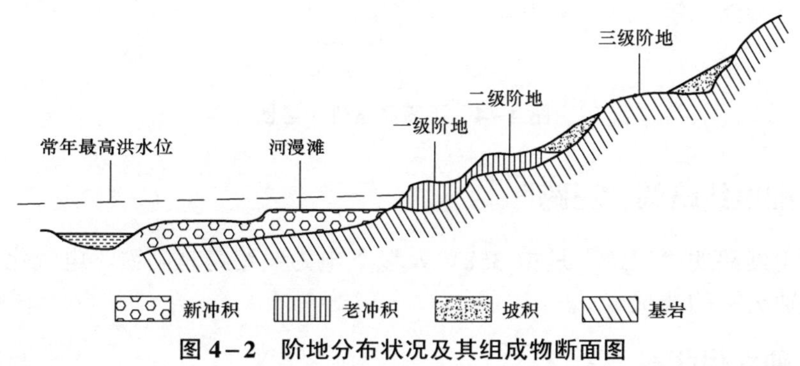

图4-2 阶地分布状况及其组成物断面图

4.4 高阶地

高阶地指二级及以上阶地。

4.5 河曲

当水流经过弯曲的河段时，因运动的惯性，产生离心力，使水流紧靠凹岸，使靠近凹岸的水面比靠近凸岸一边的要高。束流在横向上还产生环流，即河水一面自上游向下游流动，一面在凹岸处还自上而下地环流，整个河水的运动总的看来呈螺旋形。河流在曲流处的侵蚀与沉淀示意图如图4-3所示。

4.6 架空配电线路的大档距

架空配电线路的大档距是指档距超过150m的架空配电线路，设计标准应执行GB 50545—2010《110kV～750kV架空输电线路设计规范》的规定。

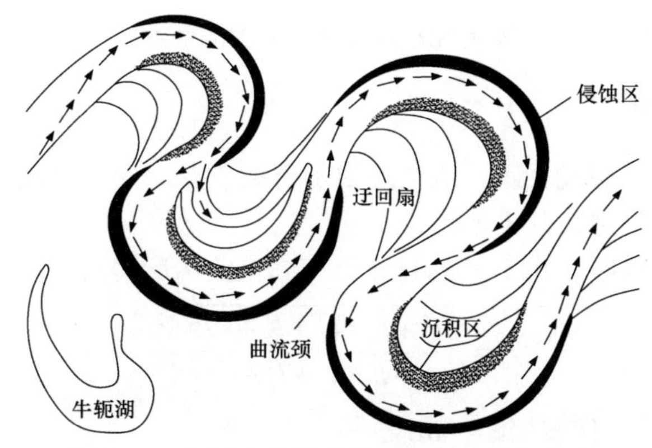

图4-3 河流在曲流处的侵蚀与沉淀示意图

4.7 基本风速

基本风速是根据当地空旷平坦地面（大跨越应取历年大风季节平均最低水位）上10m高度处10min平均最大风速观测数据，经概率统计得出气象重现期内最大值后确定的风速。

4.8 设计冰厚

设计冰厚指按设计规定的重现期、折算为冰密度$0.9g/cm^3$的冰厚。

4.9 轻、中、重冰区

设计覆冰厚度为10mm及以下地区为轻冰区，设计覆冰厚度大于10mm且小于20mm地区为中冰区，设计覆冰厚度为20mm及以上地区为重冰区。

4.10 档距

档距指两相邻杆塔导线悬挂点间的水平距离。

4.11 水平档距（风载档距）

水平档距（风载档距）指杆塔两侧档中点之间的水平距离。

4.12 垂直档距（重力档距）

垂直档距（重力档距）指杆塔两侧导线最低点之间的水平距离。

注：在陡峭的地段，两相邻档的导线的最低点可能位于杆塔同一侧。

4.13 代表档距

代表档距为一假设档距，该档距由于荷载或温度变化引起张力变化的规律与耐张段实际变化规律几乎相同。

常用的代表档距，系不考虑悬挂点有高差的情况得出，其计算值为

$$l_r = \sqrt{\frac{l_1^3 + l_2^3 + l_3^3 + l_4^3 + \cdots + l_n^3}{l_1 + l_2 + l_3 + l_4 + \cdots + l_n}}$$

式中 l_r——代表档距，m；

$l_1, l_2, l_3, l_4, \cdots, l_n$——耐张段内各档的档距，m。

4.14 掏挖基础

利用机械或人工在天然岩土中直接钻（挖）成所需要的基坑，将钢筋骨架支立于土胎内直接浇筑混凝土而成的原状土基础。

4.15 钢筋混凝土板柱基础

基础立柱和底板内均配置受力钢筋，其底板的台阶宽高比不小于 1.0（不宜大于 2.5）的钢筋混凝土基础（简称板柱基础）。

4.16 不等高基础

在一基塔的基础中某一个腿的基础，其立柱露出设计基面线的高度 H_0 与其他腿基础不同时，就称该铁塔的基础为不等高基础。如图 4－4 所示。

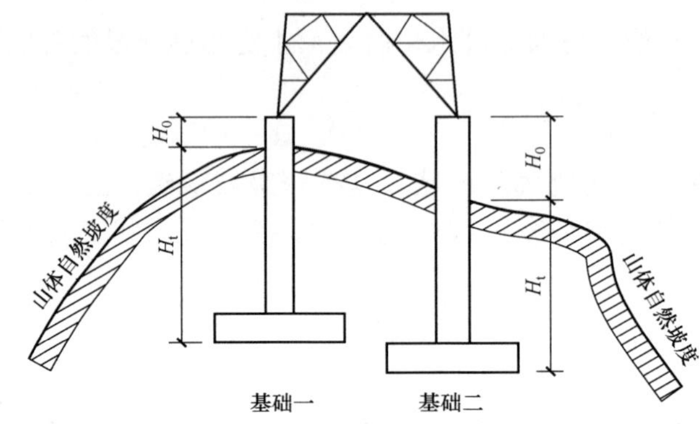

图 4－4 不等高基础示意图

4.17 配电线路的“三跨”

配电线路的“三跨”是指 35kV 及以下电力线路跨越高铁、电气化普通铁路和高速公路的情况。

4.18 独立耐张段

当架空配电线路采用架空方式实现三跨时，跨越段应采用独立耐张段。独立耐张段一般采用“耐—耐”“耐—直—耐”或“耐—直—直—耐”方式，直线杆塔不应超过 2 基。

第 5 章 路 径 选 择

架空配电线路除应满足现有规程、规范的相关要求外，同时需满足如下路径选择原则：

5.1 基本原则

（1）明确“电力生命线”的设计理念，路径选择首先应做到安全可靠。

（2）路径选择应符合城镇规划。

（3）综合考虑线路长度、地形地貌、地质、交通、施工、运行及地方规划等因素，进行多方案技术经济比较，做到环境友好、经济合理。

（4）路径选择宜避开悬崖、陡坡落石及地震次生灾害影响等不良地质地带，当无法避让时，应采取走高等必要的措施。

（5）路径应结合勘察情况，避让易形成泥石流的山体，严禁在坡面汇流和沟道汇流通道上选择塔位。

（6）主干线路径宜相对独立，减少在主干线杆塔的直接引接，尽量避免由于分支线受损直接威胁主干线的安全。如无法避免，分支线的第一基杆塔应进

行加强处理。

（7）架空配电线路的“三跨”，原则上应避免交叉跨（穿）越，尽量采取分区供电方式。确需架空跨越的，采用独立耐张段并执行《国网运检部关于印发〈配电线路“三跨”设计技术原则（试行）〉的通知》（运检三〔2018〕62号）相关要求，同时满足电力和高铁、电气化普通铁路或高速公路相关技术标准的要求。在向相关管理部门报送相关资料时，统一将跨越段配电线路定义为35kV或110kV送电线路，并执行相应的设计标准。

5.2 河谷地区路径

（1）路径选择应遵循“走高不走低”的原则。

（2）路径严禁选择在河谷一级阶地、河漫滩走线。

（3）路径应远离河流曲流段的侵蚀区。如需在侵蚀区上部的高阶地设置塔位时，应选择地质条件稳定的场地。

（4）路径选择宜靠近现有国道、省道、县道及乡镇公路，充分使用现有的交通条件，方便施工和运行。

（5）耐张段长度不宜大于5km，在高差或档距相差悬殊的山区等运行条件较差的地段，耐张段长度不宜大于3km。

（6）山区线路在选择路径和定位时，应注意控制使用档距和相应的高差，避免出现杆塔两侧大小悬殊的档距，当无法避免时应采取必要的措施，提高安全度。

（7）防洪设防标准50年一遇。

5.3 中冰区路径

（1）选择路径应遵循“避冰”或“避重就轻”原则。

（2）设计单位应加强冰区情况的调查和资料收集，在充分论证的基础上，合理选择设计覆冰厚度。相关的冰区图仅作为参考，不能直接作为设计依据。

（3）路径选择应结合气象资料及线路周围地形，应尽量避开暴露于风口的微地形、微气象段（点），以阻止导线捕获水滴、冰晶的概率，减小覆冰。

（4）尽量避开横跨垭口，风口和水源丰富的地带。

（5）尽量选择较低的海拔、起伏不大的地形走线，减小严重覆冰。

（6）通过山岭地带，宜沿覆冰时背风坡或山体阳坡走线。

（7）控制使用档距、耐张段不宜太长、转角角度不宜过大，避免出现大档距、大高差。

（8）在“电力生命线”的路径首要的要求是走高，即选择更高的海拔，遇到的覆冰问题会变得突出，设计单位应高度重视、充分论证。

注：对于中冰区线路，适当的控制使用档距和压缩耐张段长度，是目前提高冰区线路安全最直接、最有效的措施之一。

第6章 气象条件

6.1 重现期的选择

DL/T 5220—2021《10kV及以下架空配电线路设计规程》中未明确10kV架空配电线路的气象重现期，GB 50061—2010《66kV及以下架空电力线路设计规范》4.0.1中规定“架空电力线路设计的气温应根据当地15年～30年气象记录中的统计确定”。结合甘肃省10kV配电架空线路运行经验，本书气象条件的重现期选择为20年，“三跨”线路为30年。

6.2 覆冰厚度的选择

参考“甘肃电网冰区分布图（15、30年一遇）（2020版）”，在平凉、定西、陇南、甘南等个别地区有15～20mm覆冰，武威以西地区以5mm覆冰为主，其他地区的覆冰厚度基本为10mm覆冰。

同时，通过对《抗台抗冰典型设计》的分析，在除导线选型，其他设计条件基本相同的情况下，20mm覆冰直线铁塔较15mm覆冰直线铁塔塔重会增加约300kg，20mm覆冰耐张铁塔较15mm覆冰耐张铁塔塔重会增加约500kg，基础作用力略有增加，经济上基本一致。

参考国网甘肃省电力公司电力科学研究院2021年3月底完成的《近期甘肃中、东部地区雨雪天气下配网受损调查分析报告》，此次的覆冰受损主要是由于运行时间长、导线截面小（钢芯小）、使用预应力杆型等其他原因造成，线路的设计覆冰厚度在15mm以下。

综合考虑各方面的因素，从通用性和适当提高建设标准的角度考虑，本书设计覆冰厚度选择为10、20mm。

覆冰厚度为10mm的模块按轻冰区设计，执行轻冰区的相关技术标准。覆冰厚度选择为20mm的模块按中冰区设计，执行中冰区的相关技术标准。

6.3 基本风速选择

参考"甘肃电网风区分布图（15、30 年一遇）(2020 版)"，甘肃庆阳、平凉、陇南、甘南等地的基本风速在 25m/s 以内，定西、兰州、武威、金昌、张掖等地的基本风速在 25～27m/s，嘉酒地区的基本风速在 27～29m/s。

虽然配电网线路的杆塔使用呼称高较低，但由于现有气象站位于城区或县城附近，地势较低且受人类活动影响大，使用气象资料具有一定局限性。"电力生命线"走在海拔相对较高的山上，风速会有一定程度的增大。

为保证本书的通用性，综合考虑，基本风速按 27m/s 考虑，在基本风速 29m/s 地区采用折减档距的方式使用。

6.4 设计气象条件

设计气象条件见表 6－1。

表 6－1　设计气象条件

气象条件	气温（℃）	风速（m/s）	覆冰厚度（mm）
最高气温	40	0	0
最低气温	－30	0	0
基本风速	－5	27	0
覆冰情况	－5	10	10、20
平均气温	5	0	0
外过电压（有风）	15	10	0
外过电压（无风）	15	0	0
内过电压	0	15	0
安装情况	－15	10	0
冰比重	0.9g/cm^3		

注　年平气温根据工程条件进行选择。

第 7 章　导　线

7.1 导线选型

7.1.1 导线截面选择

（1）甘肃配电网的建设，导线截面基本采用 50、70、95、120、150、185、240mm^2 等多种截面的导线。

考虑到使用本书的地区基本不属于负荷中心区，建设地区主要集中在目前网架相对薄弱的地区，从负荷的角度上考虑导线截面不宜过大。

（2）考虑到本书是针对大档距、大高差问题，如使用小截面导线，由于导线轻、拉重比小、弧垂大等原因，会造成大档距、最大风速情况下导线的摇摆角过大，使得直线塔导线对横担的电气距离不足；同时对于大档距，小截面导线的极限档距也不满足要求。因此从导线的力学和电气特性上考虑，导线截面不宜过小。

（3）结合"电力生命线"的建设思路，导线截面选择为 95、120、150mm^2 三种截面的导线。

7.1.2 导线型号选择

（1）本书按照大档距设计，使用条件超出了绝缘导线的产品性能，因此统一采用钢芯铝绞线，严禁使用绝缘导线。也不宜使用 JKLGYJ 钢芯铝绞线芯交联聚乙烯绝缘架空电缆（非标准名称）或 JKLHYJ/Q 铝合金芯轻型交联聚乙烯绝缘架空电缆等导线。

（2）对于轻冰区（覆冰厚度 10mm）和中冰区（覆冰厚度 15mm）的地区，选择普通钢芯的导线，即选择 JL/G1A－120/25、JL/G1A－150/25 两种钢芯铝绞线作为设计条件。

（3）对于中冰区（覆冰厚度 20mm）采用大钢芯导线设计，以增强铁塔的抗冰能力，即选择 JL/G1A－95/55、JL/G1A－120/70、JL/G1A－150/35 三种钢芯铝绞线作为设计条件。

（4）不同模块使用导线一览表见表 7－1。

表 7－1　不同模块使用导线一览表

冰区	10、15mm 冰区	20mm 冰区
使用导线	普通导线	大钢芯导线
	JL/G1A－120/25 JL/G1A－150/25	JL/G1A－95/55 JL/G1A－120/70 JL/G1A－150/35

7.2 导线主要技术参数

导线标准执行 GB/T 1179—2017《圆线同心绞架空导线》。

普通导线主要技术参数见表 7－2。

表 7－2　普通导线主要技术参数

型号		JL/G1A－120/25	JL/G1A－150/25
结构（股数/每股直径）	铝单线	7/4.72	26/2.70
	镀锌钢线	7/2.10	7/2.10
截面积（mm^2）	铝	122	149
	钢	24.2	24.2
	总截面	147	173
外径（mm^2）		15.7	17.1
线膨胀系数（1/℃）		18.3×10^{-6}	18.9×10^{-6}
弹性模量（GPa）		77.7	73.9
额度拉断力（kN）		47.96	53.67
质量（kg/km）		526.0	600.5

大钢芯导线主要技术参数见表 7－3。

表 7－3　大钢芯导线主要技术参数

型号		JL/G1A－95/55	JL/G1A－120/70	JL/G1A－150/35
结构（股数/每股直径）	铝单线	12/3.20	12/3.60	30/2.50
	镀锌钢线	7/3.20	7/3.60	7/2.50
截面积（mm^2）	铝	96.5	122	147
	钢	56.3	71.3	34.4
	总截面	153	193	182
外径（mm^2）		16.0	18.0	17.5
线膨胀系数（1/℃）		15.3×10^{-6}	15.3×10^{-6}	17.9×10^{-6}
弹性模量（GPa）		104.7	104.7	80.5
额度拉断力（kN）		77.85	97.92	64.94
质量（kg/km）		706.4	894.0	675.4

7.3 导线安全系数

导线安全系数见表 7－4。

表 7－4　导线安全系数

导线型号	适用覆冰厚度（mm）	安全系数	设计张力（N）
JL/G1A－120/25	10、15	2.5	18224.8
JL/G1A－150/25	10、15	2.5	20394.6
JL/G1A－95/55	20	3.0	24652.5
JL/G1A－120/70	20	3.5	26578.3
JL/G1A－150/35	20	2.5	24677.2

注　考虑新线系数 0.95。

7.4 导线的应力

（1）导线在弧垂最低点的设计安全系数不应小于 2.5，悬挂点的设计安全系数不应小于 2.25。

（2）导线在弧垂最低点的最大张力，计算公式为

$$T_{max}\leqslant\frac{T_P}{K_c}$$

式中　T_{max}——导线在弧垂最低点的最大张力，N；

T_P——导线的拉断力，N；

K_c——导线的设计安全系数。

7.5 导线的弧垂

（1）大档距的导线应力和导线弧垂，设计人员应根据《电力工程设计手册　架空输电线路设计》第五章第三节“电线应力弧垂计算”中的悬链线公式自行计算。**严禁凭经验取值或使用《10kV 架空线路分册典型设计》中的弧垂表。**

（2）导线架设后的塑性伸长，应按制造厂提供的数据或通过试验确定，塑性伸长对弧垂的影响宜采用降温法补偿。钢芯铝绞线的塑性伸长及降温值可按表 7－5 的规定确定。

表 7-5　　钢芯铝绞线的塑性伸长及降温值

铝钢截面比	塑性伸长	降温值（℃）
4.29～4.38	3×10^{-4}	15
5.05～6.16	3×10^{-4}～4×10^{-4}	15～20
7.71～7.91	4×10^{-4}～5×10^{-4}	20～25
11.34～14.46	5×10^{-4}～6×10^{-4}	25（或根据试验数据确定）

注　对铝包钢绞线、大铝钢截面比的钢芯铝绞线或钢芯铝合金绞线应由制造厂家提供塑性伸长值或降温值。

第 8 章　绝缘子和金具

8.1　绝缘子选型

（1）为了减轻今后运行维护人员的劳动负担，充分发挥复合绝缘子免维护的优势，推荐采用复合绝缘子，同时也考虑盘形悬式绝缘子的标准化设计。

（2）复合绝缘子选择额定机械负荷为 70kN，型号为 FXBW-10/70 的复合绝缘子。

（3）盘形悬式绝缘子选择额定机械负荷为 70kN 的瓷质绝缘子，型号为 U70B/146 型，2 片或 3 片成 1 串。

（4）引流（跳线）绝缘子选择 10kV 通用的线路柱式瓷绝缘子，型号为 R5ET105L、R12.5ET125N、R12.5ET150N 三种，根据需要选择。

8.2　绝缘子特性表

线路柱式瓷绝缘子（耐张塔引流用）特性表见表 8-1。

表 8-1　　线路柱式瓷绝缘子（耐张塔引流用）特性表

绝缘子参数 \ 绝缘子型号	R5ET105L	R12.5ET125N	R12.5ET150N
雷电冲击耐受电压峰值（kV）	105	125	150
工频湿耐受电压峰值（kV）	40	50	65
最小公称爬电距离（mm）	360	400	534
最小弯曲破坏荷载（kN）	5	12.5	12.5
公称总高 H（mm）	283	305	336
最大公称直径 D（mm）	125	160	170

注　此线路柱式瓷绝缘子及型式为《10kV 架空线路分册典型设计》推荐，各地可根据地区实际需求在配电网建设改造标准物料目录范围内调整选型。

复合绝缘子（直线塔、耐张塔用）特性表见表 8-2。

表 8-2　　复合绝缘子（直线塔、耐张塔用）特性表

合成绝缘子型号	FXBW2-10/70
额定电压（kV）	10
额定机械拉伸负荷（kN）	70
结构高度（mm）	310
最小公称爬电距离（mm）	350
连接结构标记	16
额定机械负荷（kN）	70
逐个拉伸试验负荷（kN）	35
湿工频耐受电压（kV）	38
雷电全波冲击耐受电压（kV）	+75

普通盘形瓷绝缘子（直线塔、耐张塔用）特性表见表 8-3。

表 8-3　　普通盘形瓷绝缘子（直线塔、耐张塔用）特性表

绝缘子名称	普通盘形瓷绝缘子
绝缘子型号	U70B/146
公称盘径（mm）	255
公称结构高度（mm）	146
公称爬电距离（mm）	320
连接结构标记	16
额定机械破坏负荷（kN）	70

续表

绝缘子名称	普通盘形瓷绝缘子
逐个拉伸试验负荷（kN）	35
湿工频耐受电压（kV）	40
雷电全波冲击耐受电压（kV）	100
工频击穿电压（kV）	110

8.3 绝缘子配置表

（1）线路柱式瓷绝缘子（耐张塔引流用）推荐配置表见表 8–4。

表 8–4　　线路柱式瓷绝缘子（耐张塔引流用）推荐配置表

海拔 H（m）	覆冰厚度（mm）	污秽等级	绝缘子型号
H≤1000	10	a、b、c	R5ET105L
		d	R12.5ET125N
		a、b、c、d	R12.5ET125N
		e	R12.5ET150N
	15、20	a、b、c、d	R12.5ET125N
	15、20	e	R12.5ET150N
1000＜H≤2000	10、15、20	a、b、c、d、e	R12.5ET150N
H＞2000	10、15、20	a、b、c、d、e	R12.5ET150N

（2）普通盘形瓷绝缘子（U70B/146）推荐配置表见表 8–5。

表 8–5　　普通盘形瓷绝缘子（U70B/146）推荐配置表

海拔 H（m）	覆冰厚度（mm）	污秽等级	片数
H≤1000	10、15	a、b、c、d、e	2
	20	a、b、c、d、e	3
1000＜H≤2000	10、15	a、b、c、d、e	2
	20	a、b、c、d、e	3
H＞2000	10、15、20	a、b、c、d、e	3

（3）复合绝缘子配置。在不同海拔、不同气象条件、不同的污秽等级下通用。

8.4 绝缘子强度

机械强度的安全系数，应符合表的规定。双联绝缘子串应验算断一联后的机械强度，其荷载及安全系数按断联情况考虑。绝缘子机械强度的安全系数见表 8–6。

表 8–6　　绝缘子机械强度的安全系数

情 况	最大使用荷载		常年荷载	验算	断线	断联
	盘形绝缘子	棒形绝缘子				
安全系数	2.7	3.0	4.0	1.5	1.8	1.5

绝缘子机械强度的安全系数 K_1 计算公式为

$$K_1=\frac{T_R}{T}$$

式中 T_R——绝缘子的额定机械破坏负荷，kN；

T——分别取绝缘子承受的最大使用荷载、断线、断联、验算荷载或常年荷载，kN。

常年荷载是指年平均气温条件下绝缘子所承受的荷载。验算荷载是验算条件下绝缘子所承受的荷载。断线的气象条件是无风、有冰、–5℃，断联的气象条件是无风、无冰、–5℃。

8.5 金具使用的安全系数

（1）最大使用荷载情况不应小于 2.5。

（2）断线、断联、验算情况不应小于 1.5。

8.6 金具选型

金具类型包括悬垂线夹、耐张线夹、接续金具、连接金具和防护金具等。

（1）金具选用应考虑强度、耐用性、耐冲击性、紧密性和转动灵活性等要求，根据导线类型和最大使用拉力、绝缘子强度等要求，在国家电网公司标准物料库内选用匹配的金具。

（2）与横担连接的第一个金具应转动灵活且受力合理，其强度应高于串内其他金具强度。

（3）金具原则上采用《国家电网公司输变电工程通用设计 10kV 及 35kV 配电线路金具图册（2013 年版）》的标准金具。

（4）悬垂线夹用于架空线路直线杆塔上导线的安装固定。根据回转轴中心与导线轴线之间的相对位置关系，悬垂线夹可分为中心回转式、下垂式（提包式）及上扛式；根据悬垂线夹对导线握力值要求可分为固定型、滑动（释放）型及有限握力型等。本书推荐采用固定型上扛式悬垂线夹。

（5）耐张线夹用于架空线路耐张杆塔上导线的固定。耐张线夹按其结构和安装方式可分为压缩型（液压型）、螺栓型、楔形和预绞式。本书推荐采用压缩式耐张线夹。

（6）需要注意的问题。

《国家电网公司输变电工程通用设计 10kV 及 35kV 配电线路金具图册（2013 年版）》中的耐张金具，仅针对普通导线明确了耐张金具的型号和相关参数，但对本书覆冰厚度 20mm 的中冰区使用的大钢芯导线所使用的液压耐张线夹并未考虑，因此在对大钢芯导线所使用时，针对液压耐张线夹需注意以下问题：

大钢芯导线的液压耐张线夹属于成熟的产品，只是相关的国家电网公司通用设计或典型设计由于不涉及大钢芯小截面导线，而未列入。

当采用大钢芯导线时，导线耐张金具串（主要指液压耐张线夹）属非标准物料，设计应特别注意和委建方进行充分的沟通汇报，明确相关物资的采购方式。

根据以往的设计、施工经验，大钢芯导线由于额度拉断力较大，螺栓型耐张线夹握力在导线试验时往往达不到相关的标准要求，因此对于大钢芯导线的耐张线夹严禁采用螺栓型。

（7）接续金具用于导线与导线等连接，包括预绞式接续条、接续管、并沟线夹、H 型线夹、弹射楔形线夹、绝缘穿刺线夹及接地线夹等类型。导线的承力型接续可采用压缩型或预绞式等形式，钢芯采用搭接或对接方式。非承力型接续可采用压缩型、预绞式和楔型等形式。

（8）连接金具用于绝缘子与杆塔横担铁件、绝缘子与耐张线夹等连接，包括联塔金具、联板、球头挂环、碗头挂板、延长环、直角环及平行挂板等类型。

（9）防护金具用于导地线的机械防护，包括防震锤、重锤和护线条等。本书采用防振锤和铝包带。27m/s 风区防振锤推荐采用 FDY 对称型音叉式防振锤，29m/s 风区防振锤推荐采用 FDYJ 预绞式线夹对称型音叉式防振锤。

依据 GB 50545—2010《110kV～750kV 架空输电线路设计规范》的规定，导线的防振采用年平均运行应力法。

防振锤安装距离见表 8－7。

表 8－7　　防振锤安装距离

导线直径 d（mm）	档距（m）		
	一个	二个	三个
12≤d≤22	≤350	350～700	700～1000
22＜d＜37.1	≤450	450～800	800～1200

8.7 绝缘子串及金具组装图目录

绝缘子串及金具组装图目录见表 8－8。

表 8－8　　绝缘子串及金具组装图目录

序号	图号	图名
1	图 8－1	DXD 导线悬垂绝缘子单串组装图（复合绝缘子）
2	图 8－2	导线双联悬垂绝缘子串组装图一（复合绝缘子）
3	图 8－3	DXS 导线悬垂绝缘子双串组装图二（复合绝缘子）
4	图 8－4	导线双联耐张绝缘子串组装图（瓷质绝缘子）
5	图 8－5	DND 导线耐张绝缘子单串组装图一（瓷质绝缘子）
6	图 8－6	DXD 导线悬垂绝缘子单串组装图二（瓷质绝缘子）
7	图 8－7	导线双联悬垂绝缘子串组装图（复合绝缘子）
8	图 8－8	DXS 导线悬垂绝缘子双串组装图（复合绝缘子）
9	图 8－9	导线双联耐张绝缘子串组装图（瓷质绝缘子）
10	图 8－10	DND 导线耐张绝缘子单串组装图（瓷质绝缘子）

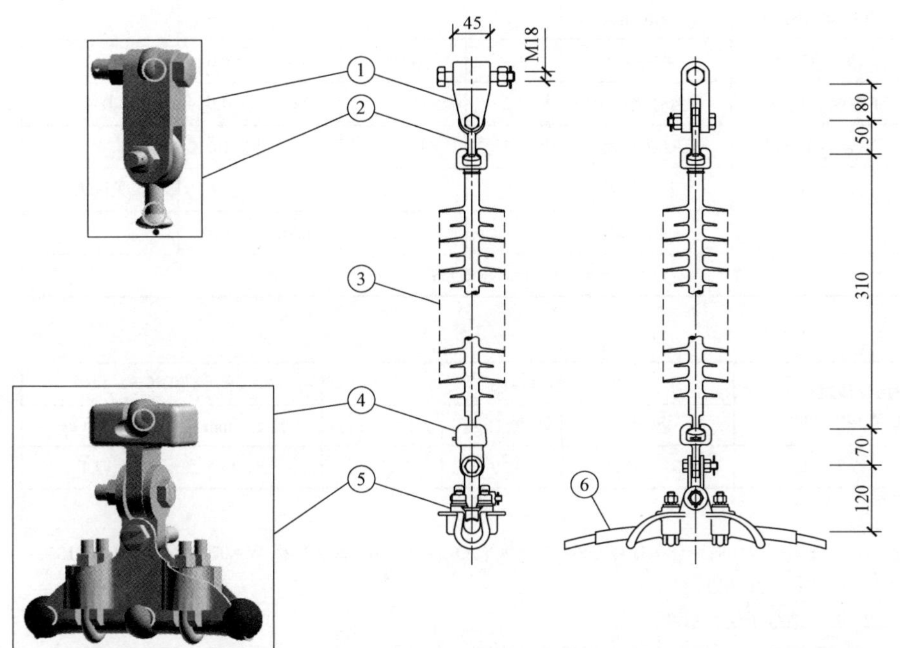

编号	型号	名称	数量	材料	质量（kg）		备注
					单件	总计	
1	ZBS－07/10－80	ZBS 挂板	1	35	2.5	2.5	
2	QP－0750	球头挂环	1	Q235	0.3	0.3	
3	FXBW－10/70	70kN 复合绝缘子	1		2.0	2.0	参考
4	W－0770	碗头挂板	1	Q235	0.8	0.8	
5	XG－4022	悬垂线夹	1	ZL102	2.9	2.9	见附表
6	1×10	导线包缠物	1	L3	0.10	0.10	
总长度：630mm　总质量：8.6kg							

附表：

序号	适用导线直径（含包缠物）（mm）	悬垂线夹			悬垂串	
		型号	单重（kg）	高度 H(mm)	总长度（mm）	总质量（kg）
1	13.2～22.0	XG－4022	2.9	120	630	8.6

说明：1. 当使用招弧角时，球头挂环 QP－0750 换成 QPJ－07100，碗头挂板 W－0770 换成 WJ－07135，并注意招弧角方向。

2. 图中绝缘子仅为示意。

注：《35kV 配电线路金具分册（2013 版）》模块号：03XC11－00－07P（H）－3A。

图 8－1　DXD 导线悬垂绝缘子单串组装图（复合绝缘子）

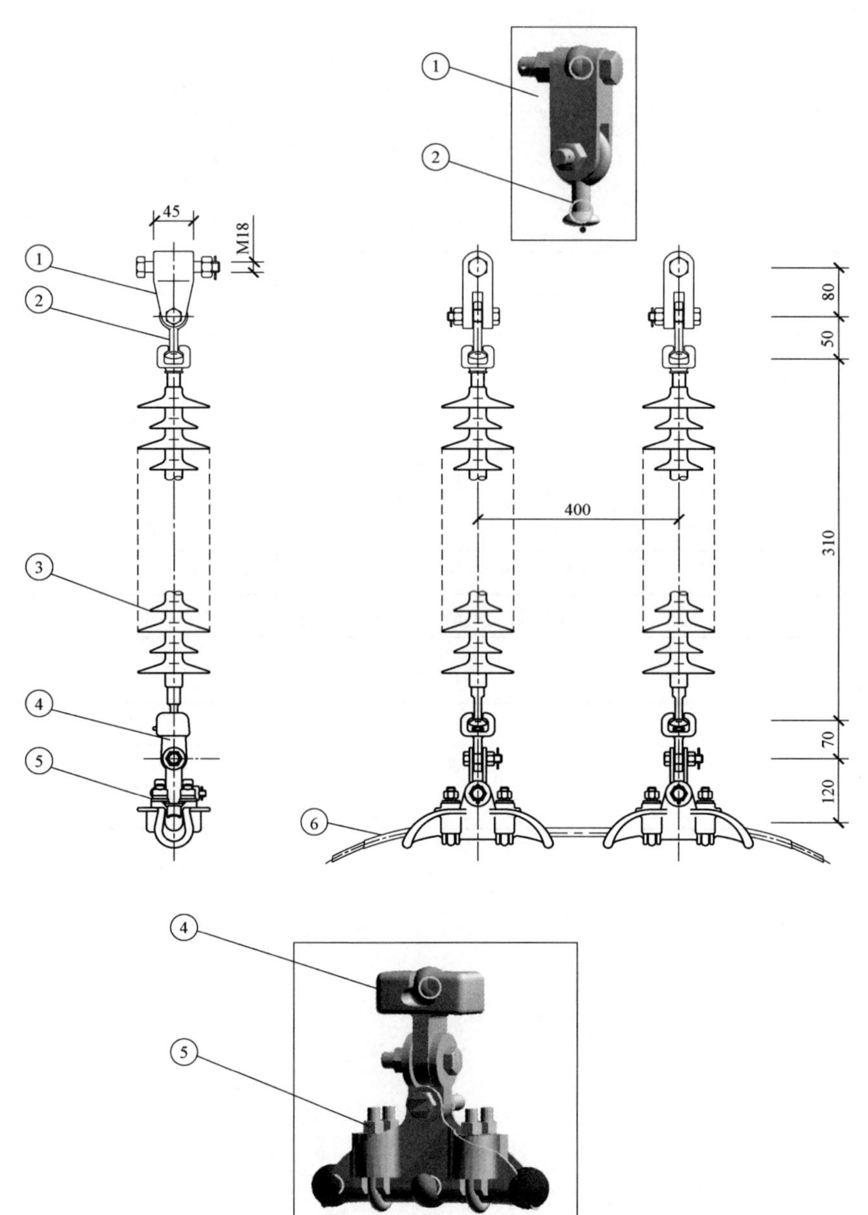

编号	型号	名称	数量	材料	质量（kg）		备注
					单件	总计	
1	ZBS－07/10－80	ZBS 挂板	2	35	2.5	5.0	
2	QP－0750	球头挂环	2	Q235	0.3	0.6	
3	FXBW－10/70	复合绝缘子	2		2.0	4.0	参考
4	W－0770	碗头挂板	2	Q235	0.8	1.6	
5	XG－4022	悬垂线夹	2	ZL102	2.9	5.8	见附表
6	1×10	导线包缠物	1	L3	0.10	0.10	
总长度：630mm 总质量：17.1kg							

附表：

序号	适用导线直径（含包缠物）（mm）	悬垂线夹			悬垂串	
		型号	单重（kg）	高度 H（mm）	总长度（mm）	总质量（kg）
1	13.2～22.0	XG－4022	2.9	120	630	17.1

说明：1. 当使用招弧角时，球头挂环 QP－0750 换成 QPJ－07100，碗头挂板 W－0770 换成 WJ－07135，并注意招弧角方向。

2. 图中绝缘子仅为示意。

注：《35kV 配电线路金具分册（2013 年版）》模块号：03XC11－00－07P（H）－3A。

图 8－2　导线双联悬垂绝缘子串组装图一（复合绝缘子）

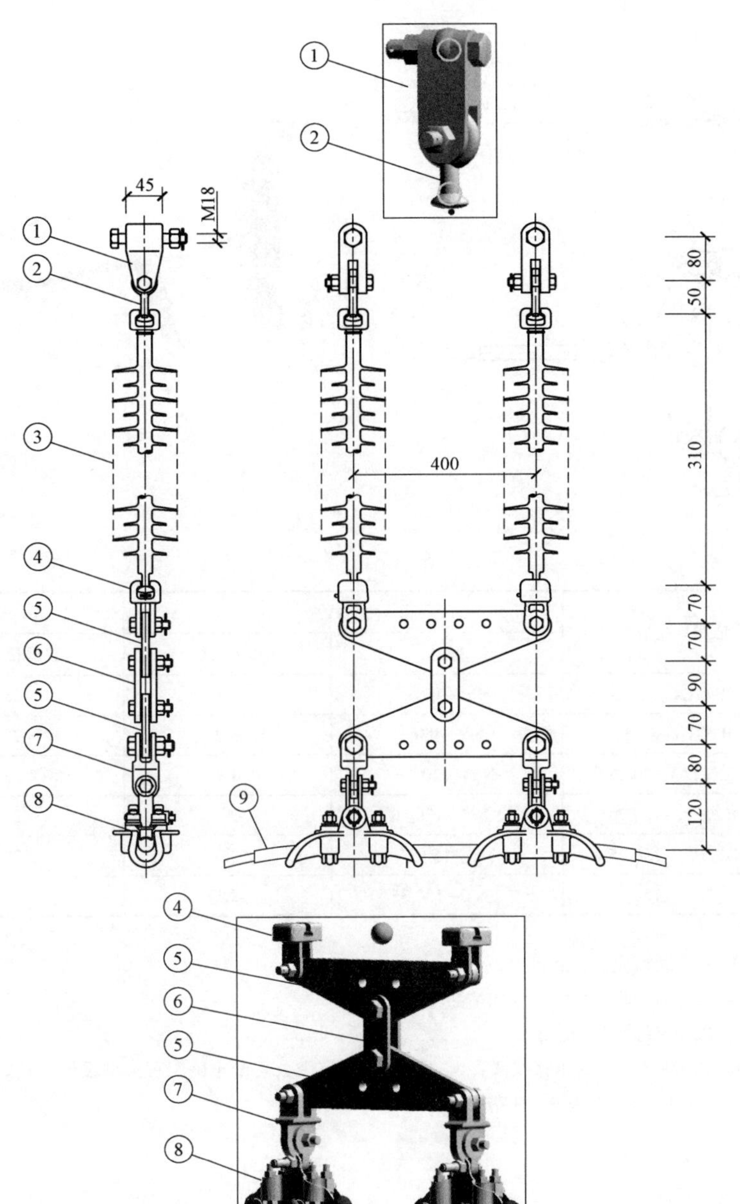

编号	型号	名称	数量	材料	质量（kg）		备注
					单件	总计	
1	ZBS－07/10－80	ZBS 挂板	2	35	2.5	5.0	
2	QP－0750	球头挂环	2	Q235	0.3	0.6	
3	FXBW－10/70	70kN 复合绝缘子	2		2.0	4.0	参考
4	WS－0770	碗头挂板	2	Q235	1.0	2.0	
5	L－12－70/400	联板	2	Q235	4.7	9.4	
6	P－1290	平行挂板	1	Q235	1.5	1.5	
7	ZBD－07－80	ZBD 型挂板	2	Q235	0.9	1.8	
8	XG－4022	悬垂线夹	2	ZL102	2.9	5.8	见附表
9	1×10	导线包缠物		L3	0.10	0.10	
总长度：940mm　总质量：30.2kg							

附表：

序号	适用导线直径（含包缠物）（mm）	悬垂线夹			悬垂串	
		型号	单重（kg）	高度 H(mm)	总长度（mm）	总质量（kg）
1	13.2～22.0	XG－4022	2.9	120	940	30.2

说明：1. 当使用招弧角时，球头挂环 QP－0750 换成 QPJ－07100，碗头挂板 WS－0770 换成 WSJ－07145，或安装在联板上，并注意招弧角方向。
2. 图中绝缘子仅为示意。
3. 特别注意：本串型较长，使用时注意电气间隙。
4. 该串型建议使用于连续上下山大档距（重要交叉跨越）直线塔。

注：《35kV 配电线路金具分册（2013 年版）》模块号：03XC22S－40－07P（H）－3D。

图 8－3　DXS 导线悬垂绝缘子双串组装图二（复合绝缘子）

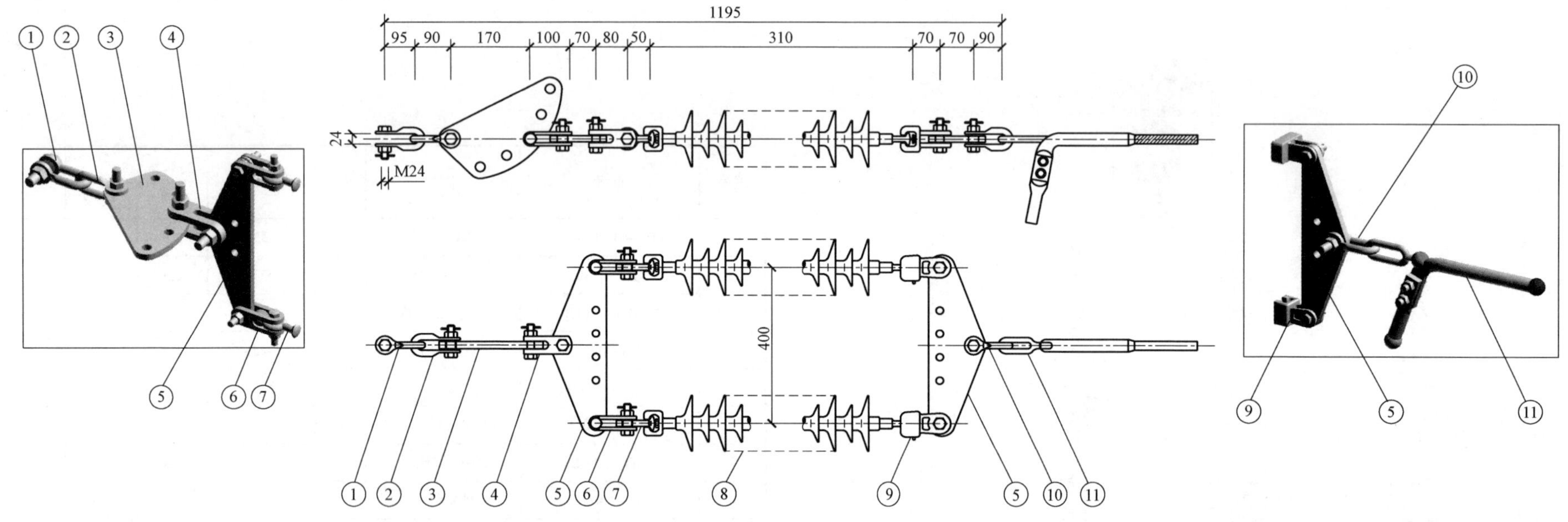

组 装 零 件 表

编号	型号	名称	数量	材料	质量（kg）		备注
					单件	总计	
1	U－1695	U 型挂环	1	35	1.5	1.5	
2	U－1290	U 型挂环	1	35	1.0	1.0	
3	DB－12100－240	调整板	1	Q235	4.0	4.0	
4	Z－12100	Z 型挂板	1	Q235	1.3	1.3	
5	L－12－70/400	联板	2	Q235	4.7	9.4	
6	Z－0780	Z 型挂板	2	Q235	0.7	1.4	
7	QP－0750	球头挂环	2	Q235	0.3	0.6	
8	FXBW－10/70	复合绝缘子	2		2.0	4.0	参考
9	WS－0770	碗头挂板	2	Q235	1.0	2.0	
10	U－1290	U 型挂环	1	35	1.0	1.0	
11		耐张线夹	1	1050&10	*G*	*G*	见附表

附表：

序号	适用导线型号	耐张线夹		耐张串
		型号	单重 *G*（kg）	总质量（kg）
1	JL/G1A－95/20	NY－95/20	2.1	28.3
2	JL/G1A－95/55	* NY－95/55	3.2	29.4
3	JL/G1A－120/25	NY－120/25	1.9	28.1
4	JL/G1A－120/70	* NY－120/70	2.8	29.0
5	JL/G1A－150/25	NY－150/25	3.6	29.8
6	JL/G1A－150/35	* NY－150/35	2.1	28.3

说明：1. 招弧角可安装在联板上。
2. 倒挂时，将零件⑥～⑨成串翻转即可。
3. 图中绝缘子仅为示意。
4. 附表中标注*的耐张线夹参考《国家电网有限公司配电网工程典型设计 10kV 金具图册（2019 年版）》表 5－31 数据。

注：《35kV 配电线路金具分册（2013 年版）》模块号：03N21Y－40－07P（H）Z（D）2B。

图 8－4 导线双联耐张绝缘子串组装图（瓷质绝缘子）

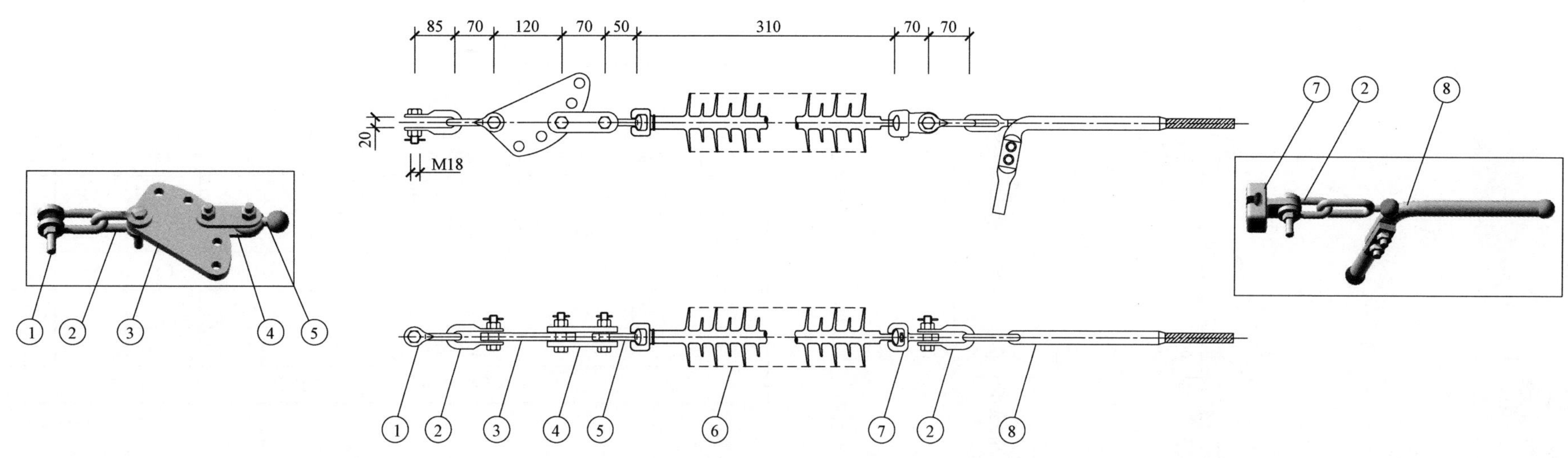

编号	型号	名称	数量	材料	质量（kg）		备注
					单件	总计	
1	U－1085	U 型挂环	1	35	0.6	0.6	
2	U－0770	U 型挂环	2	35	0.5	1.0	
3	DB－0770－170	调整板	1	Q235	1.7	1.7	
4	P－0770	平行挂板	1	Q235	0.6	0.6	
5	QP－0750	球头挂环	1	Q235	0.3	0.3	
6	FXBW－10/70	合成绝缘子	1		2.0	2.0	
7	W－0770	碗头挂板	1	Q235	0.8	0.8	
8		耐张线夹	1	1050A&10	*G*	*G*	

注：《35kV 配电线路金具分册（2013 年版）》模块号：03N11Y－00－07P（H）Z（D）2B。

附表：

序号	适用导线型号	耐张线夹		耐张串
		型号	单重 *G*（kg）	总质量（kg）
1	JL/G1A－95/20	NY－95/20	2.1	9.1
2	JL/G1A－95/55	* NY－95/55	3.2	10.2
3	JL/G1A－120/25	NY－120/25	1.9	8.9
4	JL/G1A－120/70	* NY－120/70	2.8	9.8
5	JL/G1A－150/25	NY－150/25	3.6	10.6
6	JL/G1A－150/35	* NY－150/35	2.1	9.1

说明：1. 当使用招弧角时，球头挂环 QP－0750 换为 QPJ－07100，碗头挂板 WS－0770 换为 WSJ－07145，并注意招弧角方向。

2. 倒挂时，将零件⑤～⑦成串翻转即可。

3. 图中绝缘子仅为示意。

4. 附表中标注*的耐张线夹参考《国家电网有限公司配电网工程典型设计 10kV 金具图册（2019 年版）》表 5－31 数据。

图 8－5　DND 导线耐张绝缘子单串组装图一（瓷质绝缘子）

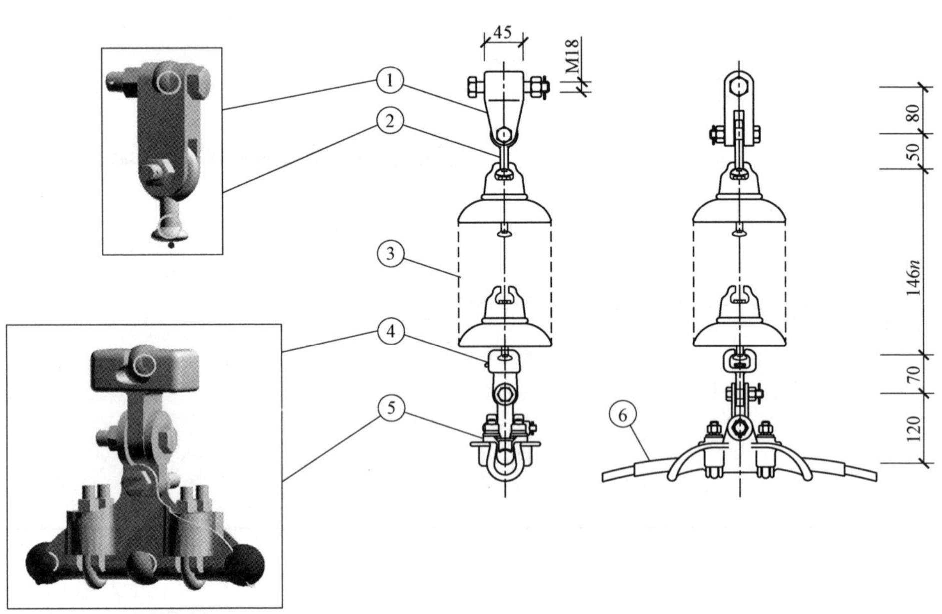

说明：1. 当使用招弧角时，球头挂环 QP－0750 换成 QPJ－07100，碗头挂板 W－0770 换成 WJ－07135，并注意招弧角方向。

2. 图中绝缘子仅为示意。

注：《35kV 配电线路金具分册（2013 年版）》模块号：03XC11－00－07P（H）－3A。

组装零件表

编号	型号	名称	数量	材料	质量（kg）		备注
					单件	总计	
1	ZBS－07/10－80	ZBS 挂板	1	35	2.5	2.5	
2	QP－0750	球头挂环	1	Q235	0.3	0.3	
3	U70B－146	防污瓷绝缘子	*n*		5.5	5.5*n*	参考
4	W－0770	碗头挂板	1	Q235	0.8	0.8	
5	XG－4022	悬垂线夹	1	ZL102	2.9	2.9	
6	1×10	导线包缠物	1	L3	0.10	0.10	
总长度：320+146*n* mm　总质量：6.6+5.5*n* kg							

附表：

序号	适用导线直径（含包缠物）（mm）	悬垂线夹			悬垂串	
		型号	单重（kg）	高度 *H*(mm)	总长度（mm）	总质量（kg）
1	13.2～22.0	XG－4022	2.9	120	320+146*n*	6.6+5.5*n*

盘形悬式瓷绝缘子（*n*）选用配置表

绝缘子片数 / 海拔 / 污秽等级	1000m 及以下	1000～2500m	2500～4000m
a、b、c	2 片	2 片	3 片
d	2 片	2 片	3 片
e	2 片	2 片	3 片

说明：1. 图例绝缘子采用球窝型盘形悬式瓷绝缘子（国网物料名称：盘形悬式瓷绝缘子，U70B/146，255，146，320）。

2. 绝缘子配置按海拔分类范围值上限考虑。

3. 本图为典设推荐的盘形悬式瓷绝缘子选型，各地可根据地区实际需求在配电网建设改造标准物料目录范围内调整选型。

图 8－6　DXD 导线悬垂绝缘子单串组装图二（瓷质绝缘子）

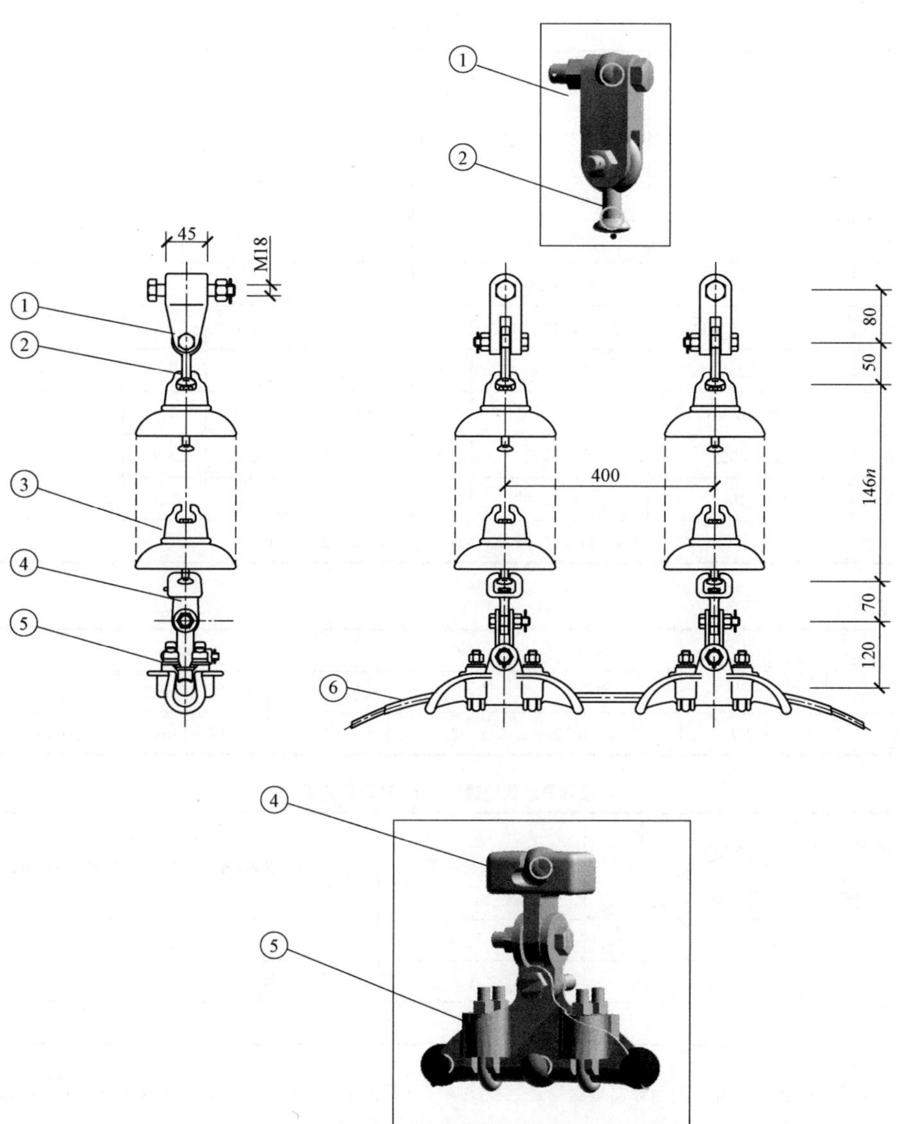

组装零件表

编号	型号	名称	数量	材料	质量（kg）		备注
					单件	总计	
1	ZBS－07/10－80	ZBS 挂板	2	35	2.5	5.0	
2	QP－0750	球头挂环	2	Q235	0.3	0.6	
3	U70B－146	防污瓷绝缘子	2×*n*		5.5	11×*n*	参考
4	W－0770	碗头挂板	2	Q235	0.8	1.6	
5	XG－4022	悬垂线夹	2	ZL102	2.9	5.8	见附表
6	1×10	导线包缠物	1	L3	0.10	0.10	
总长度：320+146*n* mm　总质量：13.1+11*n* kg							

附表：

序号	适用导线直径（含包缠物）（mm）	悬垂线夹			悬垂串	
		型号	单重（kg）	高度 *H*（mm）	总长度（mm）	总质量（kg）
1	13.2～22.0	XG－4022	2.9	120	320+146*n*	13.1+11*n*

盘形悬式瓷绝缘子（*n*）选用配置表

绝缘子片数 海拔 / 污秽等级	1000m 及以下	1000～2500m	2500～4000m
a、b、c	2 片	2 片	3 片
d	2 片	2 片	3 片
e	2 片	2 片	3 片

说明：1. 图例绝缘子采用球窝型盘形悬式瓷绝缘子（国网物料名称：盘形悬式瓷绝缘子，U70B/146，255，146，320）。
2. 绝缘子配置按海拔分类范围值上限考虑。
3. 本图为典设推荐的盘形悬式瓷绝缘子选型，各地可根据地区实际需求在配电网建设改造标准物料目录范围内调整选型。

说明：1. 当使用招弧角时，球头挂环 QP－0750 换成 QPJ－07100，碗头挂板 W－0770 换成 WJ－07135，并注意招弧角方向。
2. 图中绝缘子仅为示意。

注：《35kV 配电线路金具分册（2013 年版）》模块号：03XC11－00－07P（H）－3A。

图 8－7　导线双联悬垂绝缘子串组装图（复合绝缘子）

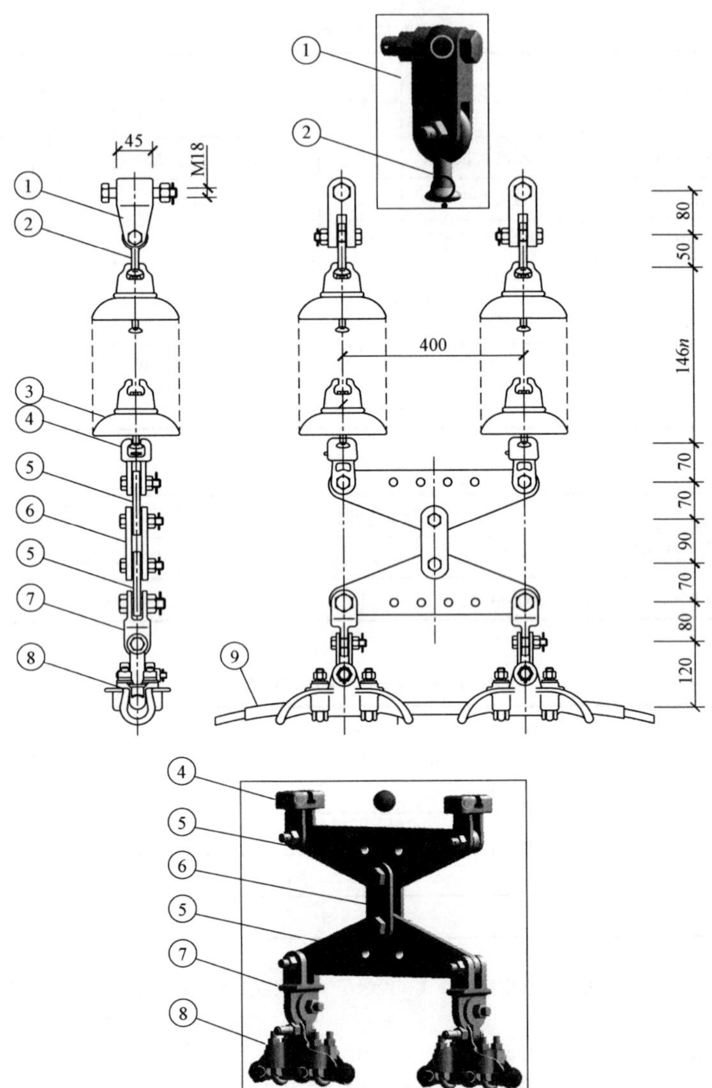

组装零件表

编号	型号	名称	数量	材料	质量（kg）		备注
					单件	总计	
1	ZBS－07/10－80	ZBS 挂板	2	35	2.5	5.0	
2	QP－0750	球头挂环	2	Q235	0.3	0.6	
3	U70B－146	防污瓷绝缘子	2×*n*		5.5	11×*n*	参考
4	WS－0770	碗头挂板	2	Q235	1.0	2.0	
5	L－12－70/400	联板	2	Q235	4.7	9.4	
6	P－1290	平行挂板	1	Q235	1.5	1.5	
7	ZBD－07－80	ZBD 型挂板	2	Q235	0.9	1.8	
8	XG－4022	悬垂线夹	2	ZL102	2.9	5.8	
9	1×10	导线包缠物		L3	0.10	0.10	
总长度：630+146*n* mm　总质量：26.2+11*n* kg							

附表：

序号	适用导线直径（含包缠物）（mm）	悬垂线夹			悬垂串	
		型号	单重（kg）	高度 *H*（mm）	总长度（mm）	总质量（kg）
1	13.2～22.0	XG－4022	2.9	120	630+146*n*	26.2+11*n*

盘形悬式瓷绝缘子（*n*）选用配置表

绝缘子片数 海拔 / 污秽等级	1000m 及以下	1000～2500m	2500～4000m
a、b、c	2 片	2 片	3 片
d	2 片	2 片	3 片
e	2 片	2 片	3 片

说明：1. 当使用招弧角时，球头挂环 QP－0750 换成 QPJ－07100，碗头挂板 WS－0770 换成 WSJ－07145，或安装在联板上，并注意招弧角方向。
2. 图中绝缘子仅为示意。
3. 特别注意：本串型较长，使用时注意电气间隙。
4. 该串型建议使用于重要交叉跨越连续上下山大档距直线塔。

说明：1. 图例绝缘子采用球窝型盘形悬式瓷绝缘子（国网物料名称：盘形悬式瓷绝缘子，U70B/146，255，146，320）。
2. 绝缘子配置按海拔分类范围值上限考虑。
3. 本图为典设推荐的盘形悬式瓷绝缘子选型，各地可根据地区实际需求在配电网建设改造标准物料目录范围内调整选型。

注：《35kV 配电线路金具分册（2013 年版）》模块号：03XC22S－40－07P（H）－3D。

图 8－8　DXS 导线悬垂绝缘子双串组装图（复合绝缘子）

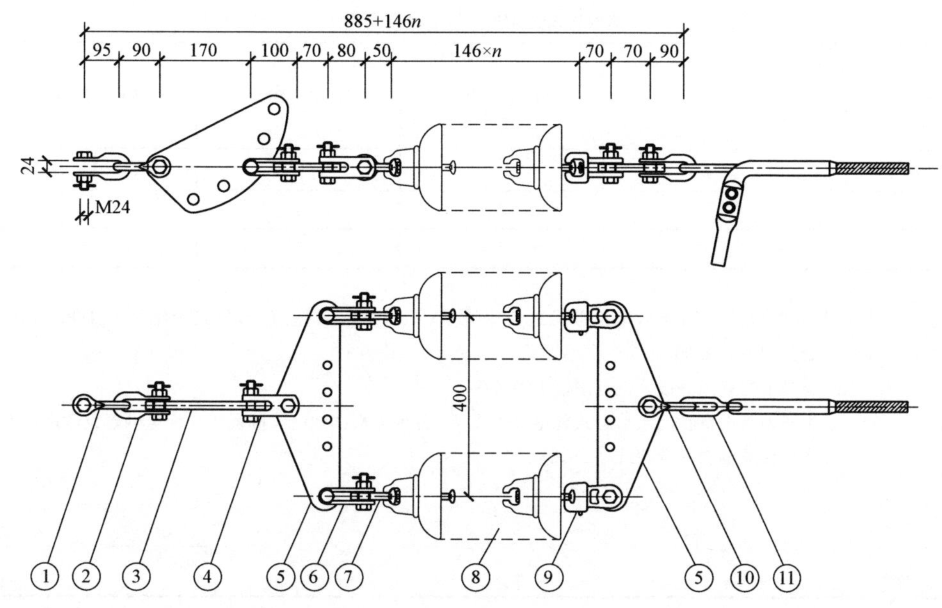

组装零件表

编号	型号	名称	数量	材料	质量（kg）		备注
					单件	总计	
1	U－1695	U型挂环	1	35	1.5	1.5	
2	U－1290	U型挂环	1	35	1.0	1.0	
3	DB－12100－240	调整板	1	Q235	4.0	4.0	
4	Z－12100	Z型挂板	1	Q235	1.3	1.3	
5	L－12－70/400	联板	2	Q235	4.7	9.4	
6	Z－0780	Z型挂板	2	Q235	0.7	1.4	
7	QP－0750	球头挂环	2	Q235	0.3	0.6	
8	U70B－146	防污瓷绝缘子	2*n*		5.5	11*n*	参考
9	WS－0770	碗头挂板	2	Q235	1.0	2.0	
10	U－1290	U型挂环	1	35	1.0	1.0	
11		耐张线夹	1	1050&10	*G*	*G*	见附表

注：《35kV配电线路金具分册（2013年版）》模块号：03N21Y－40－07P（H）Z（D）2B。

盘形悬式瓷绝缘子（*n*）选用配置表

绝缘子片数（片）/ 海拔 / 污秽等级	1000m及以下	1000～2500m	2500～4000m
a、b、c	2	2	3
d	2	2	3
e	2	2	3

说明：1. 图例绝缘子采用球窝型盘形悬式瓷绝缘子（国网物料名称：盘形悬式瓷绝缘子，U70B/146，255，146，320）。
2. 绝缘子配置按海拔分类范围值上限考虑。
3. 本图为典设推荐的盘形悬式瓷绝缘子选型，各地可根据地区实际需求在配电网建设改造标准物料目录范围内调整选型。

附表：

序号	适用导线型号	耐张线夹		耐张串
		型号	单重 *G*（kg）	总质量（kg）
1	JL/G1A－95/20	NY－95/20	2.1	24.3＋11*n*
2	JL/G1A－95/55	* NY－95/55	3.2	25.4＋11*n*
3	JL/G1A－120/25	NY－120/25	1.9	24.1＋11*n*
4	JL/G1A－120/70	* NY－120/70	2.8	25.0＋11*n*
5	JL/G1A－150/25	NY－150/25	3.6	25.8＋11*n*
6	JL/G1A－150/35	* NY－150/35	2.1	24.3＋11*n*

说明：1. 招弧角可安装在联板上。
2. 倒挂时，将零件⑥～⑨成串翻转即可。
3. 图中绝缘子仅为示意。
4. 附表中标注*的耐张线夹在电力金具产品样本（1997年版）及《国家电网公司输变电工程通用设计　10kV及35kV配电线路金具图册（2013年版）》中均无该项产品，建议使用液压线夹，由各设计单位根据实际情况选用确定。

图8－9　导线双联耐张绝缘子串组装图（瓷质绝缘子）

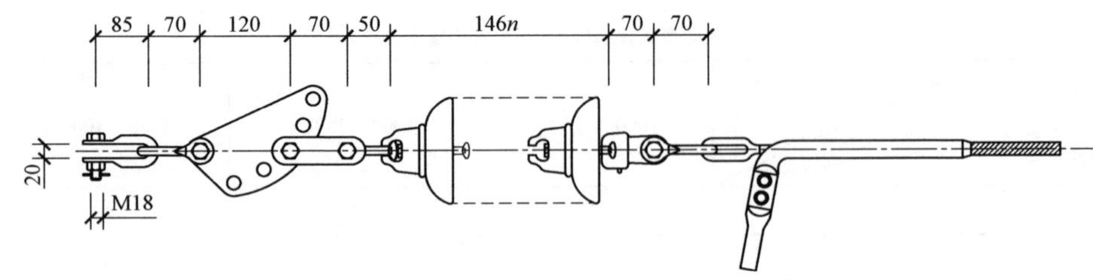

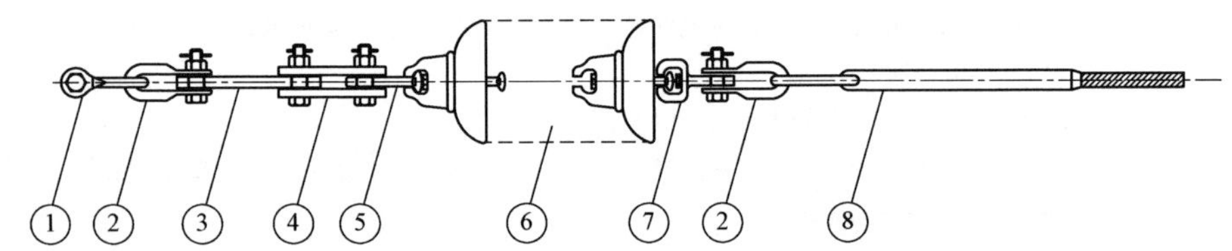

盘形悬式瓷绝缘子（n）选用配置表

绝缘子片数（片） / 污秽等级 \ 海拔	1000m 及以下	1000～2500m	2500～4000m
a、b、c	2	2	3
d	2	2	3
e	2	2	3

说明：1. 图例绝缘子采用球窝型盘形悬式瓷绝缘子（国网物料名称：盘形悬式瓷绝缘子，U70B/146，255，146，320）。

2. 绝缘子配置按海拔分类范围值上限考虑。

3. 本图为典设推荐的盘形悬式瓷绝缘子选型，各地可根据地区实际需求在配电网建设改造标准物料目录范围内调整选型。

编号	型号	名称	数量	材料	质量（kg）		备注
					单件	总计	
1	U－1085	U 型挂环	1	35	0.6	0.6	
2	U－0770	U 型挂环	2	35	0.5	1.0	
3	DB－0770－170	调整板	1	Q235	1.7	1.7	
4	P－0770	平行挂板	1	Q235	0.6	0.6	
5	QP－0750	球头挂环	1	Q235	0.3	0.3	
6	U70B－146	防污瓷绝缘子	n		5.5	5.5n	
7	W－0770	碗头挂板	1	Q235	0.8	0.8	
8		耐张线夹	1	1050A&10	G	G	

注：《35kV 配电线路金具分册（2013 年版）》模块号：03N11Y－00－07P（H）Z（D）2B。

附表：

序号	适用导线型号	耐张线夹		耐张串
		型号	单重 G（kg）	总质量（kg）
1	JL/G1A－95/20	NY－95/20	2.1	7.1+5.5n
2	JL/G1A－95/55	* NY－95/55	3.2	8.2+5.5n
3	JL/G1A－120/25	NY－120/25	1.9	6.9+5.5n
4	JL/G1A－120/70	* NY－120/70	2.8	7.8+5.5n
5	JL/G1A－150/25	NY－150/25	3.6	8.6+5.5n
6	JL/G1A－150/35	* NY－150/35	2.1	7.1+5.5n

说明：1. 当使用招弧角时，球头挂环 QP－0750 换为 QPJ－07100，碗头挂板 WS－0770 换为 WSJ－07145，并注意招弧角方向。

2. 倒挂时，将零件⑤～⑦成串翻转即可。

3. 图中绝缘子仅为示意。

4. 附表中标注*的耐张线夹参考《国家电网有限公司配电网工程典型设计 10kV 金具图册（2019 年版）》表 5－31 数据。

图 8－10　DND 导线耐张绝缘子单串组装图（瓷质绝缘子）

第9章 绝 缘 配 合

9.1 污区划分

根据《甘肃电力系统交流污区分布图（2020年版）》，甘肃全省无a级污区（非常轻）、b级污区（轻）占35%、c级（中）污区占52%、d级污区（重）占11%、e级污区（非常重）占1%，各级污区的统一爬电比距取值见表9－1。

表9－1 各级污区的统一爬电比距取值

绝缘配置等级	等值盐密ESDD（mg/cm²）	统一爬电比距取值（mm/kV）
a	≤0.025	22.0～25.2
b	0.025～0.05	25.2～31.5
c	0.05～0.1	31.5～39.4
d	0.1～0.25	39.4～50.4
e	＞0.25	50.4～59.8

由于线路距离城市或污染源普遍较远，考虑适当的安全裕度，本书选择c级上限作为设计条件，统一爬电比距取值39.4mm/kV。

9.2 空气间隙取值的规程、规范说明

（1）DL/T 5220—2021《10kV及以下架空配电线路设计规程》4.0.4规定："配电线路大档距的设计，应符合DL/T 5092的规定"。

（2）DL/T 5092—1999《110kV～500kV架空送电线路设计技术规程》实际上已由GB 50545—2010《110kV～750kV架空输电线路设计规范》代替。

（3）塔头空气间隙在参照DL/T 5220—2021《10kV及以下架空配电线路设计规程》和GB 50061—2010《66kV及以下架空电力线路设计规范》的基础上，执行GB/T 50064—2014《交流电气装置的过电压保护和绝缘配合设计规范》中表6.2.4－1"海拔1000m～3000m地区范围Ⅰ架空输电线路的空隙间隙"20kV线路取值，并根据海拔进行修正。

9.2.1 塔头空气间隙取值

10kV铁塔带电部分与杆塔构件（包括脚钉）的最小间隙值见表9－2。

表9－2 10kV铁塔带电部分与杆塔构件（包括脚钉）的最小间隙值

海拔（m）	带电部分与杆塔构件（包括脚钉）的最小间隙值（mm）		
	持续运行电压（工频）	操作过电压	雷电过电压
2500	57.5	138	402.5

9.2.2 档中空气间隙取值

（1）导线的水平线间距离计算公式为

$$D = k_{\mathrm{i}} L_{\mathrm{k}} + \frac{U}{110} + 0.65\sqrt{f_{\mathrm{c}}}$$

式中 k_{i}——悬垂绝缘子串系数，取值0.4；

D——导线水平线间距离，m；

L_{k}——悬垂绝缘子串长度，m；

U——系统标称电压，kV，取10kV；

f_{c}——导线最大弧垂，m。

（2）导线垂直排列的垂直线间距离，取导线水平线间距离D的75%。

（3）导线三角排列的等效水平线间距离，计算公式为

$$D_{\mathrm{x}} = \sqrt{D_{\mathrm{p}}^2 + (4/3D_{\mathrm{z}})^2}$$

式中 D_{x}——导线三角排列的等效水平线间距离，m；

D_{p}——导线间水平投影距离，m；

D_{z}——导线间垂直投影距离，m。

（4）需特别注意的问题。大档距架空配电线路，最关键的是档中空气间隙问题。为保证大档距架空配电线路的安全可靠运行，在建设过程中应严格执行相关的规程规范，严禁凭经验取值。

第 10 章 防 雷

10.1 甘肃省雷区分布及其特点

根据《甘肃地闪密度分布图（2020 版）》和《甘肃综合地闪密度分布图（2020 版）》，依据 Q/GDW 10672—2017《雷区分级标准和雷区分布图绘制规则》，甘肃全省的雷区分布及其特点如下：

（1）甘肃绝大部分地区的地闪密度为 A 级 [N_g<0.78 次/（km^2·a）]；武威天祝、兰州永登、甘南玛曲、甘南碌曲、甘南迭部、庆阳合水等个别地区的地闪密度为 B1 级 [0.78 次/（km^2·a）≤N_g<2.0 次/（km^2·a）]。

（2）甘肃绝大部分地区的综合地闪密度为 A 级 [N_g<0.78 次/（km^2·a）]，武威天祝、兰州永登、甘南大部、陇南文县、陇南两当、庆阳合水、庆阳正宁、平凉泾川、平凉华亭等部分地区的地闪密度为 B1 级 [0.78 次/（km^2·a）≤N_g<2.0 次/（km^2·a）]。

（3）甘肃绝大部分地区的反击危险雷电密度为 I 级，绕击危险雷电密度为 I 级。

10.2 雷害风险等级的确定

在危险雷电密度分布的基础上，考虑到本书适用 10kV 架空配电线路，结合线路的运行经验、地形地貌等影响因素，将全省的雷害风险分评定为危险雷电密度小，线路雷害风险低的 I 级。

10.3 防雷措施

甘肃省可能的雷击风险区主要集中在陇南、甘南、庆阳等个别地区，全省绝大部分地区受雷电的影响概率很小，从整体上看可不考虑防雷设计。

但考虑到个别地点仍有防雷的需求，同时考虑到本书的通用性，确定如下的防雷方案：

（1）铁塔设计不考虑地线。

（2）《10kV 架空线路分册典型设计》给出了可用于裸导线的防雷绝缘子、带间隙的氧化锌避雷器、线路直连氧化锌避雷器多种防雷措施，可工程需要选择使用。

（3）考虑到 10kV 避雷器等设备的安装可采用适合角钢的专用夹具，因此铁塔结构设计时，不再单独考虑相应的结构预留措施。

（4）如需采用其他防雷措施，由承担设计任务的单位单独考虑。

第 11 章 铁 塔

11.1 塔型规划

杆塔规划是否合理、经济，对工程造价影响很大。要合理规划各子模块杆塔的水平档距和垂直档距，以使其在具体工程中的杆塔利用系数尽量接近 1.0。本书主要的塔型规划原则如下：

（1）考虑到新设计铁塔的荷载较小，根开较小，铁塔按照平腿设计。

（2）塔型仅考虑直线塔和耐张塔两种。

（3）直线塔：经测算，直线塔如按通用设计的“3+1”模式划分，铁塔的重量差别不明显，即经济性差别不大。因此本书对轻冰区规划 Z1、Z2 两个系列塔型，即加大适用范围，简化设计。对中冰区直线塔，考虑到中冰区直线塔荷载较大，仍然规划 Z1、Z2、Z3 三个系列塔型。

（4）耐张塔：规划 J1（0°～30°）、J2（30°～60°）、J3（60°～90°）三个角度系列。不单独考虑终端塔，终端塔和 J3（60°～90°）塔型共用。

11.2 呼称高规划

铁塔呼称高充分考虑甘肃中东部地区植被覆盖较好的特点，设计呼称高较《10kV 架空线路分册典型设计》适当提高。在此原则下，规划呼称高如下：

（1）所有铁塔呼称高统一为 3 的倍数，级差按 3m 考虑。

（2）轻冰区塔型（10GS10 模块）。

直线塔：最小呼称高 12m，最大呼称高 30m，计算呼称高 24m。

耐张塔：最小呼称高 9m，最大呼称高 24m，计算呼称高 21m。

（3）中冰区塔型（10GS20 模块）。

直线塔：最小呼称高 12～18m，最大呼称高 21～27m，计算呼称高 18～24m。

耐张塔：最小呼称高 9m，最大呼称高 18m，计算呼称高 15m。

11.3 K_v 值

（1）轻冰区塔型（10GS10 模块）。参考国家电网公司 66kV 通用设计的 K_v 值设计值，相关塔型 K_v 值取值为：Z1 直线塔 K_v 值取 0.8；Z2 直线塔 K_v 值取 0.75。

（2）中冰区塔型（10GS20 模块）。参考《抗台抗冰典型设计》，考虑到中冰区线路为降低不均匀脱冰造成的损害，适当增加了 K_v 值取值：Z1 直线塔 K_v 值取 0.85、Z2 直线塔 K_v 值取 0.75、Z3 直线塔 K_v 值取 0.7。

11.4 档距规划

11.4.1 “电力生命线”试点工程的实际使用档距统计分析

依托“10kV 桥头—临江—三河线路”开展的“电力生命线”试点工程，其地形条件具有大档距、大高差的特点，在甘肃地区具有突出的代表性。在前期收资阶段，也主要以该试点工程进行的。具体的统计分析情况如下：

表中“小样本”是指工程的实际使用数量，直线塔数据共 21 个、耐张塔数据共 56 个；“多样本”是指工程的全部数据数量，共 77 个。

直线塔水平档距统计分析见表 11－1。

表 11－1　直线塔水平档距统计分析

样本种类	少样本			多样本		
水平档距 L_{sh}	次数	比例		次数	比例	
L_{sh}<200	1	5%	52%	13	17%	62%
200≤L_{sh}<300	4	19%		15	19%	
300≤L_{sh}<400	6	29%		19	25%	
400≤L_{sh}<500	5	24%	38%	15	19%	32%
500≤L_{sh}<600	0	0%		6	8%	
600≤L_{sh}<700	3	14%		4	5%	
700≤L_{sh}<800	1	5%	10%	3	4%	6%
800≤L_{sh}<900	1	5%		2	3%	
900≤L_{sh}<1000	0	0%		0	0%	
1000≤L_{sh}<1100	0	0%		0	0%	
1100≤L_{sh}<1200	0	0%		0	0%	
1200≤L_{sh}	0	0%		0	0%	

直线塔垂直档距统计分析见表 11－2。

表 11－2　直线塔垂直档距统计分析

样本种类	少样本			多样本		
垂直档距 L_{ch}	次数	比例		次数	比例	
L_{ch}<200	0	0%	43%	12	18%	64%
200≤L_{ch}<300	2	10%		11	17%	
300≤L_{ch}<400	3	14%		9	14%	
400≤L_{ch}<500	4	19%		10	15%	
500≤L_{ch}<600	2	10%	33%	3	5%	22%
600≤L_{ch}<700	3	14%		8	12%	
700≤L_{ch}<800	1	5%		1	2%	
800≤L_{ch}<900	1	5%		2	3%	
900≤L_{ch}<1000	1	5%	24%	3	5%	14%
1000≤L_{ch}<1100	1	5%		2	3%	
1100≤L_{ch}<1200	2	10%		3	5%	
1200≤L_{ch}	1	5%		1	2%	

耐张塔水平档距统计分析见表 11－3。

表 11-3　　耐张塔水平档距统计分析

样本种类	少样本			多样本		
水平档距 L_{sh}	次数	比例		次数	比例	
$L_{sh}<200$	12	21%	82%	13	17%	81%
$200 \le L_{sh}<300$	11	20%		15	19%	
$300 \le L_{sh}<400$	13	23%		19	25%	
$400 \le L_{sh}<500$	10	18%		15	19%	
$500 \le L_{sh}<600$	6	11%	18%	6	8%	19%
$600 \le L_{sh}<700$	1	2%		4	5%	
$700 \le L_{sh}<800$	2	4%		3	4%	
$800 \le L_{sh}<900$	1	1%		2	2%	
$900 \le L_{sh}<1000$	0	0%		0	0%	
$1000 \le L_{sh}<1100$	0	0%		0	0%	
$1100 \le L_{sh}<1200$	0	0%		0	0%	

耐张塔垂直档距统计分析见表 11-4。

表 11-4　　耐张塔垂直档距统计分析

样本种类	少样本			多样本		
垂直档距 L_{ch}	次数	比例		次数	比例	
$L_{ch}<0$	12	21%	91%	12	16%	84%
$0 \le L_{ch}<200$	12	21%		12	16%	
$200 \le L_{ch}<300$	9	16%		11	14%	
$300 \le L_{ch}<400$	6	11%		9	12%	
$400 \le L_{ch}<500$	6	11%		10	13%	
$500 \le L_{ch}<600$	1	2%		3	4%	
$600 \le L_{ch}<700$	5	9%		8	10%	

续表

样本种类	少样本			多样本		
垂直档距 L_{ch}	次数	比例		次数	比例	
$700 \le L_{ch}<800$	0	0%	9%	1	1%	16%
$800 \le L_{ch}<900$	1	2%		2	3%	
$900 \le L_{ch}<1000$	2	4%		3	4%	
$1000 \le L_{ch}<1100$	1	2%		2	3%	
$1100 \le L_{ch}<1200$	1	1%		3	4%	
$1200 \le L_{ch}$				1	1%	

除上述说明的水平档距、垂直档距的统计分析，编写组还针对试点工程的实际工程数据开展了小号（大号）侧档距、小号（大号）代表距等多项数据的统计分析，由于篇幅的原因不再赘述。

11.4.2　轻冰区塔型（10GS10 模块）档距规划

轻冰区塔型（10GS10 模块）档距规划见表 11-5。

表 11-5　　轻冰区塔型（10GS10 模块）档距规划

塔型	水平档距（m）	垂直档距（m）	最大使用档距（m）	K_v 值	呼称高范围（m）	转角度数（°）
Z1	400	600	550	0.8	15～30	
Z2	700	900	800	0.7	15～30	
J1	500	700	600		9～24	0～30
J2	500	700	600		9～24	30～60
J3	500	700	600		9～24	60～90 兼 0～90 终端

针对“电力生命线”试点工程，以上的档距规划覆盖率：直线塔可达到 76%～87%、耐张塔可达到 82%～91%。考虑到试点工程突出的代

表性，从全省的情况看，轻冰区塔型（10GS10 模块）档距规划应具有非常高的覆盖率，明显高于国家电网公司通用设计 80%左右的覆盖率，档距规划合理。

11.4.3 中冰区塔型（10GS20 模块）档距规划

参考《抗台抗冰典型设计》，中冰区塔型（10GS20 模块）档距规划见表 11－6。

表 11－6　中冰区塔型（10GS20 模块）档距规划

塔型	水平档距（m）	垂直档距（m）	最大使用档距（m）	K_v 值	呼称高范围（m）	转角度数（°）
Z1	300	450	350	0.85	12～21	
Z2	350	550	390	0.75	15～24	
Z3	450	650	450	0.7	18～27	
J1	300	450	370		15～24	0～30
J2	300	450	350		15～24	30～60
J3	300	450	320		15～24	60～90 兼 0～90 终端

11.5 塔头布置

为提高“电力生命线”的安全可靠运行，本书仅考虑单回路的架设方式。

通过计算，在大档距情况下，10kV 架空线路铁塔控制塔头尺寸的因素为档中的导线线间距，而相应的塔头空隙间隙值并不是控制条件。

同时在考虑经济性和导线引流线安装习惯等因素，直线塔采用“上字型”布置方式，耐张塔采用“三角型”布置方式。

11.6 导线横担形式

（1）直线塔导线横担采用“吊杆型”。

（2）为便于引流的搭接，耐张塔导线横担采用“压杆型”。

11.7 间隙圆

（1）在铁塔塔头设计中绝缘子串风偏计算时，风压不均匀系数 α 取 0.61。

（2）计算悬垂绝缘子串风偏角时，按复合绝缘子计算。

（3）串子按照复合绝缘子计算，串长 0.63m。

（4）塔型使用的各种导线均计算摇摆角，取最大值绘制间隙圆图。

（5）绘制铁塔间隙圆图时，铁塔结构裕度统一取 100mm。

（6）不考虑带电作业。

11.8 荷载计算

主要依据 DL/T 5551—2018《架空输电线路荷载规范》和 DL/T 5486—2020《架空输电线路杆塔结构设计技术规程》的相关铁塔设计的荷载计算方法，确定导线和铁塔构件覆冰风荷载增大系数、杆塔结构重要性系数等参数取值。

11.8.1 风荷载

（1）导线及绝缘子串。按照 GB 50061—2010《66kV 及以下架空电力线路设计规范》要求计算导线及绝缘子串风荷载标准值。计算导线风荷载时，以下相导线平均高度为基准高度。

导线覆冰风荷载增大系数对于 10mm 冰区取 1.2，15mm 冰区取 1.3，20mm 冰区取 2.0。

（2）塔身。按照 DL/T 5551—2018《架空输电线路荷载规范》、DL/T 5440—2020《重覆冰架空输电线路设计技术规程》、GB 50061—2010《66kV 及以下架空电力线路设计规范》要求计算杆塔塔身风荷载标准值。

11.8.2 导线张力

按照 DL/T 5551—2018《架空输电线路荷载规范》、DL/T 5440—2020《重覆冰架空输电线路设计技术规程》、GB 50061—2010《66kV 及以下架空电力线路设计规范》及 DL/T 5582—2020《架空输电线路电气设计规程》要求计算各冰区线路不均匀覆冰情况下导线不平衡张力和导线断线张力。

（1）综合考虑导地线安装时初伸长、过牵引、施工误差等因素，导线张力增加 15%。

（2）代表档取值。

轻冰区塔型（10GS10 模块）：直线塔代表档距按 400、700m 取值，耐张塔按照代表档距 200m/500m。

中冰区塔型（10GS20 模块）：直线塔代表档距按 400、450、500m 取值，耐张塔按照代表档距 200m/550m。

11.8.3 荷载工况组合

（1）结构重要性系数取 1.0。

（2）水平、垂直荷载分配。

直线塔风荷载及垂直荷载前后侧按 3:7 分配。

耐张塔前后挂点垂直荷载按照 2:8 分配，并考虑上拔情况。

终端塔应考虑垂直荷载一侧为 0，另一侧全部加载线路侧的情况。

（3）荷载组合。按照 DL/T 5551—2018《架空输电线路荷载规范》的要求，承载能力极限状态下，杆塔的荷载基本组合应计算线路的运行工况、断线工况和安装工况的荷载。其中，可变荷载组合见表 11－7。

表 11－7　可变荷载组合

正常运行工况	断线工况		安装工况
	直线型塔	耐张型塔	
1.0	0.75	0.9	0.9

所有直线塔需要考虑双倍起吊工况。

11.9 杆塔结构设计

应充分考虑甘肃的建设条件和特点，根据现有工程杆塔结构设计的情况，优化杆塔选材、结构布置、构件连接方式，提高铁塔的适用性。

11.9.1 铁塔材料

1. 角钢及钢材

钢材材质 Q235 系列应满足 GB/T 700—2006《碳素结构钢》相关要求，Q355 系列应满足 GB/T 1591—2018《低合金高强度结构钢》相关要求。

结合 GB 50017—2017《钢结构设计标准》，按照设计条件确定强度设计值，钢材质量等级不低于 B 级。

2. 螺栓及地脚螺栓

按照 GB/T 3098.1—2010《紧固件机械性能　螺栓、螺钉和螺柱》、GB/T 3098.2—2015《紧固件机械性能　螺母》的要求，选取材质及其特性相符的螺栓和螺母。

M16、M20 连接螺栓采用 6.8 级热浸镀锌螺栓，M24 及以上规格采用 8.8 级热浸镀锌螺栓。

按照《输电线路工程地脚螺栓全过程管控办法（试行）》（国家电网基建〔2018〕387 号）的要求，根据工程应用等实际情况，按照增大级差、减少规格序列的原则，地脚螺栓应选用 M24、M30、M36、M42、M48、M56、M64、M72、M80、M90、M100 等规格。为降低加工难度，地脚螺栓材质优先选择 Q235B 钢、Q355B 钢、35 号优质碳素钢。

11.9.2 结构布置

（1）塔身断面。为增加铁塔顺线路的刚度，所有铁塔采用方形断面。

（2）隔面布置。为了确保铁塔的抗扭刚度，在杆塔塔身坡度变化断面处、直接受扭力的断面处、塔顶和塔腿与塔身连接断面处设置横隔面。

塔身同一坡度段内，隔面设置间距不大于平均宽度的 5 倍，且不大于 4 个主材分段。

（3）塔身坡度。一般情况下直线塔塔身变坡以下坡度取 0.06～0.11，耐张塔塔身取 0.12～0.17。具体坡度值的选择，应通过测算后确定。

（4）节间布置。铁塔主材节间与塔身斜材按照结构最优、受力最佳的原则进行布置。

单肢角钢主材计算长度控制在 1.2～1.8m。

K 型、X 型斜材组合布置的方式应尽量避免交叉材出现同时受压情况，以减少斜材规格。斜材与水平面的夹角取 35°～45°；斜材与主材之间夹角不小于 20°；角钢塔塔腿与斜材夹角不小于 18°。

（5）为便于运输，塔身的分段长度控制不超过 6m。

11.9.3 构件连接

杆塔的构件连接应满足 DL/T 5486—2020《架空输电线路杆塔结构设计技术规程》中的相关要求。

角钢塔构件采用螺栓连接，塔腿及局部结构可采用焊接。

铁塔与基础的连接采用地脚螺栓方式，基础设计应与塔脚板及地脚螺栓相配合。

11.9.4 附属设施

1. 铁塔设置脚钉

脚钉采用圆钢，直径不小于 16mm。

脚钉从基础顶面 1.5m 左右起安装至塔顶，脚钉间距 450mm。

根据《国家电网公司输变电工程标准工艺（六） 标准工艺设计图集》0201020101 的设计要求，脚钉的形式如图 11－1 所示。

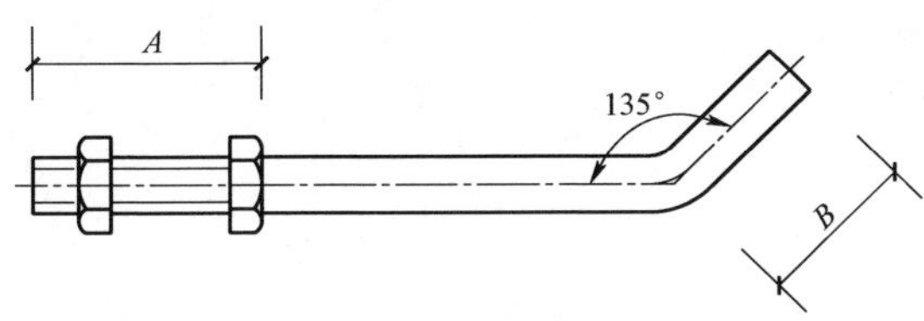

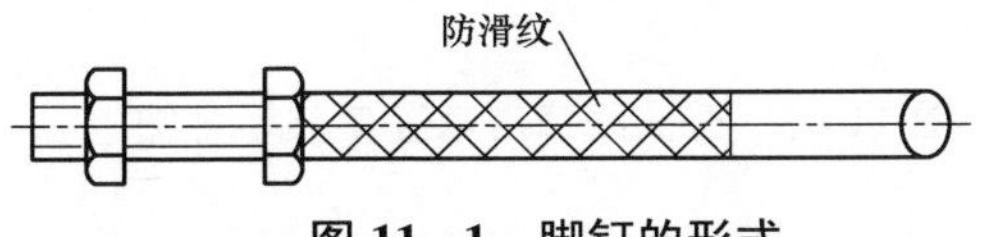

图 11－1 脚钉的形式

脚钉的规格及尺寸见表 11－8。

表 11－8 脚钉的规格及尺寸

脚钉规格	丝扣长 A（mm）	弯钩长 B（mm）	总长（mm）	级别
M16	60	50	230	6.8 级
M20	80	60	260	6.8 级
M24	110	75	315	6.8 级

2. 杆塔接地方式

考虑到可能需要的避雷措施，铁塔设置 2 个 ϕ17.5mm 接地孔，间距 50mm，可根据工程需要设置相应的接地装置。铁塔主材均设置接地孔，接地孔位置在面向塔身的右侧主材正面上，位于靴板（底板式）顶面 300mm 左右，且离基础主柱顶面高度不大于 1500mm。

3. 防松防盗措施

全塔采用防松措施，自地面以上 8m 范围内所有连接螺栓均采用防卸型螺栓。

11.9.5 分支线结构预留

本书考虑到工程建设的实际需要，针对轻冰区塔型（10GS10 模块）直线塔和耐张塔均设置了分支线路的预留安装位置。

中冰区塔型（10GS20 模块）考虑到线路覆冰后的荷载，尤其是脱冰时的动荷载较大，铁塔的受力会变得很复杂，因此不考虑分支线路的预留安装位置。

轻冰区塔型（10GS10 模块）分支线路“T”接说明如下：

（1）分支线路 T 接示意图如图 11－2 所示。

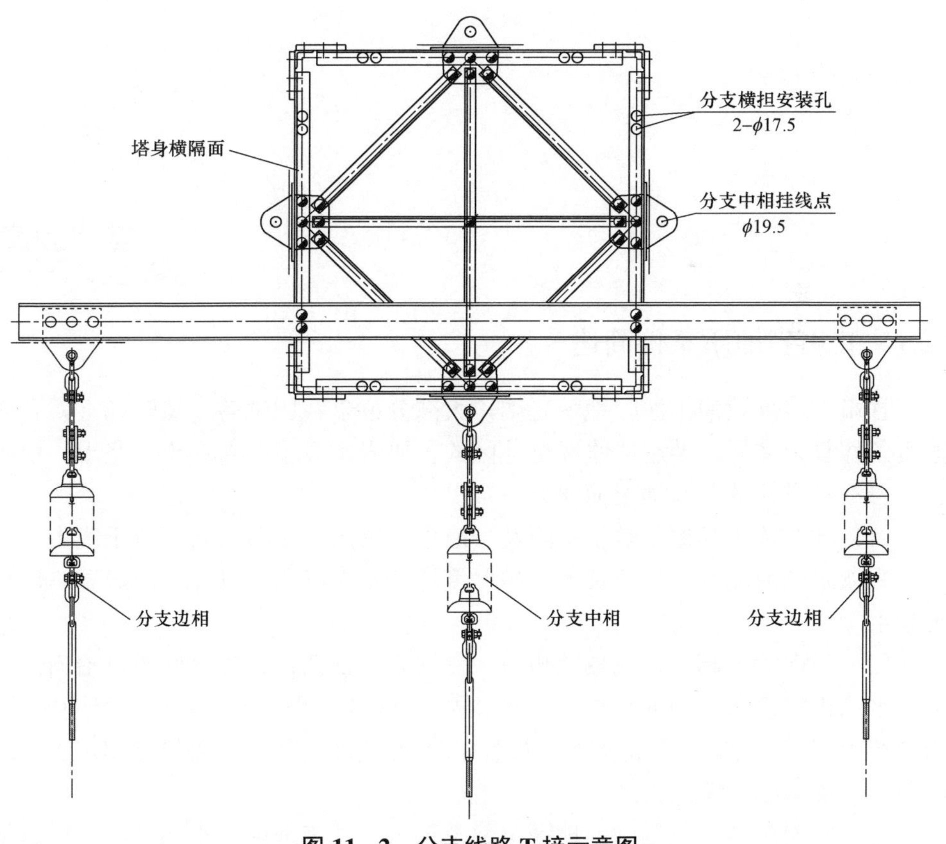

图 11－2 分支线路 T 接示意图

（2）直线塔和耐张塔，均在靠近横担的相应塔身横隔面 4 根主材处预留了分支横担的安装孔，保证分支线路可以实现 360° T 接。

（3）现场可根据分支线路与主线的夹角自由选择分支横担的安装位置。但分支线路边相与分支横担的夹角应大于 65°，如不满足应选择其他的位置安装分支横担。分支线路带角度 T 接示意图如图 11－3 所示。

（4）分支线路 T 接后第一基杆塔应设置为终端型；如采用混凝土杆时，应在主线铁塔方向设置相应的拉线措施，以降低分支线路倒杆、断线时对主线铁塔的影响。

（5）分支线路 T 接后第一档线宜采用架空绝缘导线，导线最大使用张力不大于 5000N。

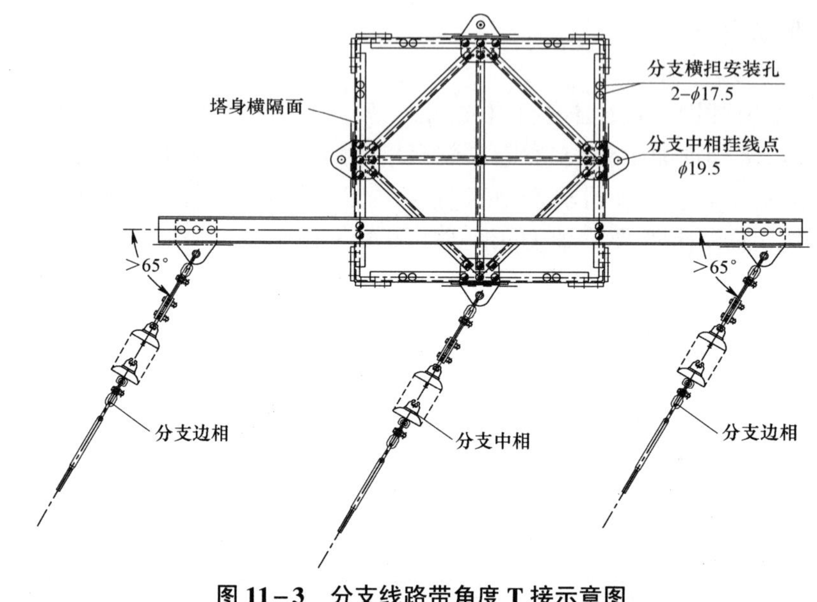

图 11－3　分支线路带角度 T 接示意图

第 12 章　基　　础

12.1　甘肃省地质条件简述

甘肃省地处黄河上游，地域辽阔，大部分位于我国地势二级阶梯上。省内地质条件复杂多样，架空线路经过地区的主要岩土类型有普通土、坚土、松砂石、岩石。具体的分布情况简述如下：

（1）陇东黄土高原。包括庆阳及平凉市六盘山以东各市县。位于陇山（六盘山）以东泾河流域，地表黄土堆积厚度达 100m 以上，以Ⅱ、Ⅲ级湿陷性黄土为主。

（2）陇西黄土高原。包括兰州市、白银市、定西市、临夏回族自治州、天水及平凉市六盘山以西的静宁、庄浪 2 县。本区域是我国黄土高原的最西部分，均被黄土层覆盖，厚度几米至数十米不等，局部地区的黄土覆盖厚度超过 200m，以Ⅲ、Ⅳ级湿陷性黄土为主。

（3）陇南山地。包括陇南地区全部及天水、甘南地区一小部分，地理范围为渭河以南，临潭、迭部一线以东的区域。区域内地质条件多样，广泛分布普通土、坚土、松砂石、岩石。

（4）甘南高原。位于本省西南部，陇南山地以西，太子山、白石山以南，是青藏高原东缘的一隅。大部分海拔超过 3000m，地势西高东低，从东部的 3500m 左右向西逐渐上升至 4000m，广泛分布坚土、松砂石、岩石。

（5）河西走廊。位于本省黄河以西，地势平坦而狭长。走廊东部和西部的地形有着明显的差异，张掖以东尚有黄土分布，愈往东愈厚；张掖以西，沙漠、戈壁面积逐渐增大。在北部，主要是腾格里沙漠和巴丹吉林沙漠的南延部分，将民勤、金塔 2 县包围；古浪、武威、永昌、临泽、高台北部边缘，皆濒临沙漠、戈壁。在西部，酒泉、玉门、安西、敦煌、肃北境内，皆有大面积沙漠、戈壁。戈壁滩地势平坦，由于风蚀严重，地表布满砾石。沙漠区内散布有固定、半固定和流动沙丘。

12.2 甘肃地区典型地质条件

（1）架空线路工程的杆塔基础开挖深度一般在 10m 以内，10m 以内的土质按已有的设计经验主要有如下的类型：

1）兰州、定西、平凉、庆阳、白银、天水主要以黄土、红黏土为主。

2）陇南、甘南主要以黄土、碎石（卵石）土为主。

3）甘南主要以黄土、红土、碎石（卵石）土为主。

4）河西地区主要以角砾、卵石、粉细砂、粉土为主。

（2）省内主要地区的地质参数情况详见表 12－1 的描述。

表 12－1　　省内主要地区的地质参数情况

地区	地点	岩土名称	重力密度（kN/m^3）	粘聚力 C（kPa）	内摩擦角 Φ（°）	承载力特征值 F_{ak}（kPa）	压缩模量 E_s（MPa）
嘉酒地区	下河清	粉细砂	16.5		12		20
		粉土	16.5	10	18	120	15
		角砾	20		30	300	400
	酒泉南	卵石	23	0	45	600	45
	玉门东	砾石	20	0	40	500	40
	阿克塞、肃北	角砾	21.5		35	300	
	敦煌	砂夹土	17	0	23	80	6
		细砂	18	0	28	120	10
	酒泉	粉质黏土	18	0	45	150	7
		卵石土	23	0	45	600	45
定西	渭源县	粉砂	17	0	27	120	7
		粉质粘土	18	20	25	120	5
		卵石土	20	0	40	500	35
	漳县	素填土				80	5
		粉质粘土				150	6.5

续表

地区	地点	岩土名称	重力密度（kN/m^3）	粘聚力 C（kPa）	内摩擦角 Φ（°）	承载力特征值 F_{ak}（kPa）	压缩模量 E_s（MPa）
定西	漳县	卵石				500	36
		泥岩				450	40
	首阳	黄土	15.1	17.6	21.9	80	
	张家庄	黄土	17	14	18	150	6
武威	市政	黄土	17.1	14.84	29.1	120	
平凉	杨庄	黄土	16	15	16	100	2
		卵石土	21	0	45	450	45
	灵台	黄土	12.3	16.5	23.6	120	10
	静宁县北	黄土状粉土	14.5	19	20	120	10
兰州	魏坪	素填土	13	10	15	130	3
		黄土	14	16	15	150	3.5
	西固	黄土状粉土	18	16	21	130	9
		卵石土	23	0	40	500	
		中风化泥岩	21.5			450	42
	安宁区	素填土（卵石）				350	8
		碎石土				300	10
		强风化片岩				400	36
		中风化片岩				1000	40
陇南	武阶、阶两、丁阶	碎石、卵石	20		35	400	40
		黄土	17	14	18	150	5
		千枚岩、片岩、板岩	22		35	300	45
甘南	拉卜楞	风积黄土	17	10	27	150	12
		页岩、片岩、板岩	26	47	50	500	8000
		碎石土、卵石土	20	0	36	350	30

续表

地区	地点	岩土名称	重力密度（kN/m³）	粘聚力 C（kPa）	内摩擦角 Φ（°）	承载力特征值 F_{ak}（kPa）	压缩模量 E_s（MPa）
临夏	积石山	黄土状粉土	17	15	20	120	12
	临夏机场	黄土状粉土	15	20	18	100	6
		黄土状粉土	17	16	20	120	8
		泥岩	21			350	30
陇东	庆阳	黄土状粉土	14.7	14.2	19.5	120	5
白银	白银市	杂填土	18	8	18	90	4
		粉质黏土	17.5	12	24	140	12
		泥岩	21	32	40	450	42
		砂岩	22	33	45	600	50

12.3 岩土分类

铁塔基础的选型和设计受地质条件的影响很大，同时岩土的定义和划分专业性较强。为便于理解和掌握，本书依据《电力建设工程预算定额（2018 年版）第四册 架空输电线路工程》的土质分类进行基础选型，甘肃省架空配电线路主要涉及的土质分类有：

（1）普通土。指种植土、粘砂土、黄土和盐碱土，稍密、中密状态的粉土，软塑、可塑状态的粉质粘土等，主要用锹、铲、锄头挖掘，少许用镐翻松后即可能挖掘的土质。

（2）坚土。指土质坚硬难挖的红土、板状粘土、重块土、高岭土，硬塑状态的粉质粘土、密实状态的粉土等，必须用铁镐、条锄挖松，部分须用撬棍，再用锹、铲挖出的土质。

（3）松砂石。指碎石、卵石和土的混合体，全风化状态及强风化状态不需要采用打眼、爆破或风镐打凿方法开采的岩类。

（4）岩石。指中风化、微风化状态、全风化状态及强风化状态需采用打眼、爆破或部分用风镐打凿方法开采的岩类。

（5）干砂。指土质为砂质或分层砂质，稍密、中密的细砂、粉细砂，无地下水，需用挡土板才能挖掘的土质。

甘肃地区架空配电线路基础主要涉及以上 5 类土质，根据以往工程的建设经验，岩石和干砂土质涉及的不多。

12.4 基础设计岩土参数

在对甘肃地区典型土质进行统计、分析的基础上，按照“标准化设计、适当保留设计裕度”的原则，本次基础修订工作选择黄土、碎石（卵石）土两种土质，选择原因如下：

（1）黄土在甘肃地区具有代表性，在兰州、定西、白银、天水、平凉、庆阳、甘南、陇南广泛分布，是省内主要的土质之一。与其相似的土质有粉土和黏土，在工程建设中也较常见。其地质参数，尤其是重力密度、承载力特征值等相近。

（2）碎石土和黄土的区别是土中含有 20%～50%的砾石或卵石。在河西地区，尤其是张掖以西地区广泛分布，是河西地区的典型土质。与其相近的土质为砾石、卵石。由于碎石土中有一定比例的砾石或卵石存在，使得其地质参数较黄土有明显的提高，但基础设计上又具有一定的特殊性。

（3）如果遇到岩石和干砂土质，基础设计会特殊考虑，单独进行岩土勘察和基础设计工作。如岩石类的可能采用岩石或重力等基础形式，干砂类的可能采用灌注桩或装配式等基础形式。

因此，从通用性和覆盖程度考虑，本书仅针对普通土、坚土和松砂石开展标准化设计工作。

（4）基础设计推荐岩土参数见表 12－2。

表 12－2　　基础设计推荐岩土参数

岩土名称	重力密度（kN/m³）	粘聚力 C（kPa）	内摩擦角 Φ（°）	承载力特征值 F_{ak}（kPa）
黄土	13	8	18	120
碎石（卵石）土	18	10	40	180

12.5 荷载划分

12.5.1 直线塔荷载划分

根据 5 种塔型，26 个呼称高的直线铁塔计算结果，经过对基础的上拔力、下压力和相应水平力进行统计分析，得到直线塔基础作用力取值统计结果见表 12－3。

表 12－3　　直线塔基础作用力取值统计结果

铁塔根开范围（mm）	上拔力范围（kN）	水平力与上拔力比值范围（%）	下压力范围（kN）	水平力与下压力比值范围（%）
1770～2710	78～96	6～10	107～144	6～9
1878～3209	107～149	5～8	135～186	5～8
2118～3210	164～193	5～8	188～221	5～7
2598～3318	201～249	5～7	230～285	5～6

12.5.2　耐张塔荷载划分

根据 6 种塔型（J3 作终端时单独计算），34 个呼称高的耐张铁塔计算结果，经过对基础的上拔力、下压力和相应水平力进行统计分析，得到耐张塔基础作用力取值统计结果见表 12－4。

表 12－4　　耐张塔基础作用力取值统计结果

铁塔根开范围（mm）	上拔力范围（kN）	水平力与上拔力比值范围（%）	下压力范围（kN）	水平力与下压力比值范围（%）
1906～3678	173～242	8～12	191～283	8～11
2050～4068	253～298	8～12	282～354	7～11
2196～4332	303～348	7～12	328～407	7～11
2584～3912	354～392	7～10	394～440	7～10
2973～4332	406～433	7～10	447～498	7～9

12.6　基础的设计作用力

由于铁塔的根开较小，尤其是低呼称高的基础根开更小，相邻基础之间的影响较大，基础相关参数选择困难。因此，根据计算情况，对基础的系列进行了部分归并。

黄土类掏挖基础见表 12－5。

表 12－5　　黄土类掏挖基础

杆塔类型	T_{max}（kN）	T_x（kN）	T_y（kN）	N_{max}（kN）	N_x（kN）	N_y（kN）	计算根开（mm）
直线	150	12	12	200	15	15	1770/1878
	250	17	17	300	18	18	2118/2598
耐张	250	25	30	300	30	30	1906
	300	35	35	400	40	35	2050
	350	40	35	450	45	35	2196
	400	40	40	500	45	40	2584
	450	40	40	550	45	40	2973

碎石（卵石）类掏挖基础见表 12－6。

表 12－6　　碎石（卵石）类掏挖基础

杆塔类型	T_{max}（kN）	T_x（kN）	T_y（kN）	N_{max}（kN）	N_x（kN）	N_y（kN）	计算根开（mm）
直线	250	17	17	300	18	18	1770/2598
耐张	250	25	30	300	30	30	1906
	350	40	35	450	45	35	2050/2196
	450	40	40	550	45	40	2584/2973

碎石（卵石）类板柱基础见表 12－7。

表 12－7　　碎石（卵石）类板柱基础

杆塔类型	T_{max}（kN）	T_x（kN）	T_y（kN）	N_{max}（kN）	N_x（kN）	N_y（kN）	计算根开（mm）
直线	100	9	9	150	10	10	1770
	150	12	12	200	15	15	1878
	200	15	15	250	16	16	2118
	250	17	17	300	18	18	2598

续表

杆塔类型	T_{max}（kN）	T_x（kN）	T_y（kN）	N_{max}（kN）	N_x（kN）	N_y（kN）	计算根开（mm）
耐张	250	25	30	300	30	30	1906
	300	35	35	400	40	35	2050
	350	40	35	450	45	35	2196
	400	40	40	500	45	40	2584
	450	40	40	550	45	40	2973

12.7 基础选型及特点

甘肃电网建设常用的基础型式有掏挖基础、钢筋混凝土板柱基础、挖孔桩基础、灌注桩基础、重力式基础等形式，其中掏挖基础、钢筋混凝土板柱基础在 35kV 及以下架空配电线路工程中广泛使用，其余的基础型式基本针对特定的地质条件使用。

考虑到建设环境主要集中在山地，施工、运输条件一般，机械的使用有一定困难；铁塔的根开、基础作用力较小；基础形式的使用范围等因素，基础型式仅采用掏挖基础、钢筋混凝土板柱基础两种。

12.7.1 掏挖基础的特点

掏挖基础在甘肃省被广泛应用，且运行情况良好、安全可靠。

它的特点是基坑基本采用人工掏挖成型，可辅以分层定向松动小爆破；基坑开挖难度不大，不用模板，不用回填土，主柱与扩大头为圆形，主柱配筋。

按剪切法进行抗拔稳定计算，充分利用原状土承载力高的优点，所以混凝土用量较省，钢材用量较少，土石方量最少，施工工艺简单。在高山和丘陵地带，地质条件主要为无地下水、硬塑粘性土、土夹石及风化岩石，采用掏挖基础更具有明显的优势。

12.7.2 钢筋混凝土板柱基础

钢筋混凝土板柱基础也称柔性基础，其特点是：按土重法计算，主柱预埋地脚螺栓，基础底板做成柔性大板，板的上部与下部双向配置钢筋；优点是施工方便，混凝土用量比混凝土台阶式基础（刚性基础）少，便于采用防腐措施；缺点是基坑大开挖，土石方量较大，钢材耗量较多。钢筋混凝土板柱基础主要适用在原状土基坑无法成形或中、重腐蚀性土质的地区。

（1）基础部分在设计过程中依据“安全第一、循序渐进、适当保守”的设计原则开展工作。

（2）基础设计采用以概率理论为基础的极限状态设计方法，用可靠度指标度量基础与地基的可靠度，在规定的荷载和变形限值条件下满足线路运行安全的要求。

（3）基础设计进行上拔稳定、下压稳定、倾覆稳定计算、地基强度和基础强度等计算。基础的优化设计采用电算软件进行优化计算。以造价和材料最优为主要目的进行计算。

（4）掏挖基础上拔稳定计算采用“剪切法”。

（5）钢筋混凝土板式基础的上拔稳定计算采用“土重法”。

（6）基础的附加分项系数不应小于表 12－8 所列数值。

表 12－8　基础的附加分项系数

杆塔类型	上拔稳定	倾覆稳定
悬垂型杆塔	1.10	1.10
耐张直线（0°转角）及悬垂转角杆塔	1.30	1.30
耐张转角、终端及大跨越塔	1.60	1.60

12.8 基础设计基本规定

（1）基础稳定、基础承载力采用荷载的设计值进行计算；地基的不均匀沉降、基础位移等采用荷载的标准值进行计算。

（2）地震设防烈度按 8 度考虑。依据 GB 50260—2013《电力设施抗震设计规范》和 DL/T 5219—2014《架空输电线路基础设计技术规程》的相关规定，同时根据省架空配电线路的建设经验，一般线路地基土为饱和砂土或饱和粉土的可能性较低，因此《差异化设计》不单独考虑基础的抗震设计。

（3）基础的设计方案，从环保的角度考虑，适当增加基础主柱的露头高度。基础顶面距边坡稳定线高度（主柱露头高度）系列采用（0.2+0.5i）m，且 i 取 0、1、2、3、4。即主柱露头高度分 0.2、0.7、1.2、1.7、2.2m（设爬梯）。根据计算结果掏挖基础主柱露头高度最大为 2.2m，板柱基础主柱露头高度最大为 1.7m。

（4）从安全的角度上考虑，挖孔基础的最小埋深宜不小于 2.5m，主柱直径不小于 0.8m；板柱基础的最小埋深不宜小于 2.0m。

（5）地下水、环境水、周围土壤对基础的腐蚀性按微腐蚀考虑。不考虑弱腐蚀及以上情况。

（6）土体上拔和倾覆稳定计算，分原状土和回填土两种。回填土按已夯实考虑，即基坑回填土夯实程度已达到现行施工验收规范中要求的标准。

（7）原状土基础在计算上拔稳定时，其抗拔深度扣除表层非原状土厚度 0.6m。

（8）不考虑地基的液化可能性，不考虑基础的抗震措施。

（9）基础设计不按照塔型或地脚螺栓强度进行设计，而是按照不同的铁塔类型、基础型式、岩土参数和基础作用力大小条件进行独立设计，这样可以增强基础标准化设计的通用性，也具有更好的经济性。使用时应特别注意。

（10）图纸的绘制符合 GB/T 50105—2010《建筑结构制图标准》。

（11）所有主筋均不设置弯钩，所有箍筋按绑扎方式均设置弯钩。

（12）基本模数的数值应为 100mm，并依此进行基础的外形设计。

（13）构件配筋图中箍筋的长度尺寸，应指箍筋的里皮尺寸。弯起钢筋的高度尺寸应指钢筋的外皮尺寸。如图 12－1 所示。

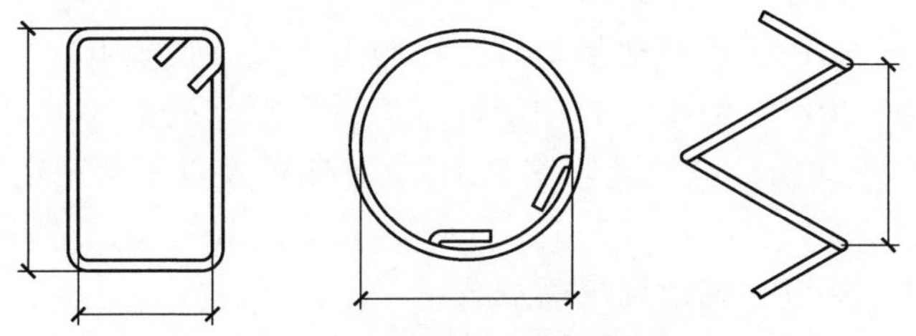

图 12－1　箍筋尺寸标注示意图

（14）为保证现场施工的安全，掏挖基础设置护壁。护壁型式和材料统计单独成图。

12.9　基础材料选择

（1）钢筋采用普通热轧钢筋，其中主筋（含板柱基础主筋、底板上层主筋、底板下层主筋、台阶主筋）采用 HRB400、其他钢筋采用 HPB300。

普通热轧钢筋强度设计值和弹性模量见表 12－9。

表 12－9　普通热轧钢筋强度设计值和弹性模量

种类	公称直径 d（mm）	抗拉强度 f_y（N/mm²）	抗压强度 f'_y（N/mm²）	弹性模量 E_s（N/mm²）	抗剪强度 f_τ（N/mm²）
HPB300	6～22	270	270	2.1×10^5	115
HRB400	6～50	360	360	2.0×10^5	180

（2）基础本体混凝土强度等级不低于 C25，保护帽混凝土强度等级采用 C15，不考虑垫层。

混凝土强度标准值见表 12－10。

表 12－10　混凝土强度标准值

强度种类	符号	混凝土强度等级（N/mm²）			
		C25	C30	C35	C40
轴心抗压	f_{ck}	16.7	20.1	23.4	26.8
轴心抗拉	f_{tk}	1.78	2.01	2.20	2.39

混凝土强度设计值如见表 12－11。

表 12－11　混凝土强度设计值

强度种类	符号	混凝土强度等级（N/mm²）			
		C25	C30	C35	C40
轴心抗压	f_c	11.9	14.3	16.7	19.1
轴心抗拉	f_t	1.27	1.43	1.57	1.71

混凝土的弹性模量见表 12－12。

表 12－12　混凝土的弹性模量

混凝土强度等级	C25	C30	C35	C40
弹性模量 E_c（$\times10^4$ N/mm²）	2.80	3.00	3.15	3.25

12.10 地脚螺栓

（1）采用 Q235B 或 Q355B。其质量标准应符合 GB/T 700—2006《碳素结构钢》和 GB/T 699—2015《优质碳素结构钢》的要求。

地脚螺栓选型符合国家电网公司关于印发《输电线路工程地脚螺栓全过程管控办法（试行）》（国家电网基建〔2018〕387 号）的相关要求。

（2）考虑到甘肃省架空配电线路的设计习惯，地脚螺栓采用棘爪式和锚栓型，推荐使用锚栓型。

（3）地脚螺栓的强度设计值见表 12－13。

表 12－13　　地脚螺栓的强度设计值

等级	抗拉强度设计值 f_g（N/mm²）
4.6	160
5.6	200
8.8	310

12.11 构件的构造要求

12.11.1 柱中纵向受力钢筋的设计要求

（1）纵向受力钢筋的直径 d 不宜小于 12mm，全部纵向钢筋配筋率不宜大于 5%；圆柱中纵向钢筋宜沿周边均匀布置，根数不宜少于 8 根，且不应少于 6 根。

（2）柱内纵向钢筋的净距不应小于 50mm，且不宜大于 300mm。

（3）在偏心受压柱中，垂直于弯矩作用平面的侧面上的纵向受力钢筋以及轴心受压柱中各边的纵向受力钢筋，其中距不应大于 300mm。

12.11.2 柱中箍筋应符合下列规定

（1）在柱中及其他受压构件中的周边箍筋应为封闭式。对柱中的箍筋，搭接长度应满足锚固长度，且末端做成 135° 弯钩，弯钩末端平直段长度不应小于箍筋直径的 5 倍；也可焊成封闭环式。

（2）箍筋间距不应大于 400mm 及构件截面的短边尺寸，且不应大于 15d（d 为纵向钢筋的最小直径）。

（3）箍筋直径不应小于 d/4，且不应小于 6mm。当柱的宽度不小于 800mm 时，箍筋直径不应小于 8mm，d 为纵向钢筋的最大直径。

（4）当柱中全部纵向受力钢筋的配筋率大于 3%时，箍筋直径不应小于 8mm，间距不应大于纵向受力钢筋最小直径的 10 倍，且不应大于 200mm。搭接长度应满足锚固长度，箍筋末端应做成 135° 弯钩且弯钩末端平直段长度不应小于箍筋直径的 10 倍。箍筋也可焊成封闭环式。

（5）当柱截面短边尺寸大于 400mm 且各边纵向钢筋多于 3 根时，或当柱截面短边尺寸不大于 400mm 但各边纵向钢筋多于 4 根时，应设置复合箍筋。

（6）柱中纵向受力钢筋搭接长度范围内应配置箍筋，其直径不应小于搭接钢筋较大直径的 0.25 倍。当钢筋受拉时，箍筋间距不应大于搭接钢筋较小直径的 5 倍，且不应大于 100mm；当钢筋受压时，箍筋间距不应大于搭接钢筋较小直径的 10 倍，且不应大于 200mm。当受压钢筋直径 $d>25$mm 时，尚应在搭接接头两端面外 100mm 范围内各设置两个箍筋。

12.12 基础施工的一般要求

考虑到目前架空配电线路施工水平现状，因此提供基础施工的一般要求，便于设计、监理、施工等相关人员学习和借鉴。

（1）基础施工相关的标准。

GB 50202—2018　建筑地基基础工程施工质量验收规范

GB 50204—2015　混凝土结构工程施工质量验收规范

GB 50173—2014　电气装置安装工程　66kV 及以下架空电力线路施工及验收规范

GB 50661—2011　钢结构焊接规范

DL/T 5493—2014　电力工程基桩检测技术规程

Q/GDW 11653—2017　输变电工程地基基础检测规范

JGJ 94—2008　建筑桩基技术规范

（2）杆塔基础不能构筑在活动石和堆石上，活动石与堆石必须清除；基坑开挖后须特别注意该要求。

（3）开挖基坑时，如发现基底土质与原设计不符以及基坑松软、溶洞等现象时，应通知设计地质人员处理。

（4）基础浇注应符合以下要求：

1）开工前应通过试验找出确保混凝土强度的最佳的水泥、砂子、石子及水的配合比，满足设计对各类基础强度等级要求。

2）要求对混凝土所使用的砂、石骨料进行合理的级配，必须清除片石和风化石，并将泥土和杂质清除干净。

3）基础混凝土浇注时，应采用机械捣固，并采用机械搅拌。混凝土的坍落度每班日或每个基础腿应检查两次及以上。其数值不得大于配合比设计的规定值，并严格控制水灰比。

4）混凝土要做到搅拌均匀、捣固密实，构件表面应平整光滑，无蜂窝狗洞、麻面等。

5）为了确保混凝土的质量，混凝土中不得掺入氯盐或其他附加剂。

6）同一个塔脚的基础混凝土应一次浇完，不允许留施工缝。

7）浇注混凝土的用水，不允许采用工厂附近有污染的水及含泥砂的水。

（5）回填铁塔基础基坑，应按《国家电网公司输变电工程标准工艺》的0201010503 条执行。

1）土坑（粉土和覆殖土）。每填入 300mm 厚必须夯实，夯实过程中不得使基础移动或倾斜。树根杂草必须清除干净。

2）水坑。首先应排除坑内积水，然后按土坑要求进行回填；在施工过程中，个别塔位出现雨季渗水时，同样排除坑内积水并清理基坑底部 100～300mm，保证基础底板坐在原始基岩上使基础稳定，并随时检查基础是否位移。

3）石坑。不得光填入石块，应按石与土的重量比为 3:1 的比例均匀回填夯实。

4）对水浇耕地中的塔位，防沉层的上部边宽无法达到上述要求时，须申请运行单位同意。对掏挖等原状土基础，基础露头须依据铁塔及基础配置表，柱顶保护帽做成 5° 的斜坡，以利于排水。

（6）工程所有塔位基坑开挖时必须要支护和采取相应的安全措施。需要支护的基坑，施工时基坑上方不得堆放余渣，以防基坑坍塌。

12.13　人工掏挖基础施工说明

掏挖基础是一种原状土基础，环保经济，施工方便，同时对施工工艺也提出了较高要求。

（1）基坑开挖。挖孔基础施工的关键工序是基坑的掏挖成形，且在基坑掏挖成形过程中，要保证基础周围的土体结构的整体性不被破坏，孔壁及其周围的土体保持原状，否则将严重影响基础的安全性，因而要求掏挖基础的基坑开挖尽可能采用人工掏挖，采用机械等施工措施成孔时应采用相应可靠措施，确保按设计图纸成孔，避免破坏孔壁土体的原状性。

基坑开挖必须严格保证掏挖基础的设计尺寸，不得出现其他尺寸甚至喇叭状基坑。

（2）基础开挖时，如发现地质资料与开挖后的实际地质情况不符时，应及时通知设计人员处理，符合要求后立即安装钢筋笼，浇制混凝土。

（3）基础浇制前必须清底，将孔洞中的石粉、浮土及孔壁松散的活石应清除干净，使基础位于原状土体中。

（4）基坑掏挖时要采取有效的安全措施，特别是扩孔部分，基坑上要有专人监护，坑内人员须身系安全带，发现异常应停止掏挖。基础深度超过 6～8m 时，应考虑送风。

（5）基坑保护及施工要求。

1）坑口保护。

2）在施工过程中必须考虑有效的防护措施（浇注混凝土护圈）保护好基坑坑口，使基础基坑避免在开挖过程当中因坑口土体的剥落而影响坑壁的成型及作业人员的安全。

3）基坑保护。

基础开挖时，先开挖主柱部分基坑，在基坑清底时扩孔部分开挖及其浇筑宜同时进行。

基坑挖掘时要注意安全，发现异常，应停止开挖。基坑成型时采取相应措施避免坑壁周边松动或开裂。

基坑成孔后，尽量缩短基坑成型后与浇注混凝土间隙时间，以防降雨软化或风化坑壁土质；同时在间隙时间，必须对基坑采取保护措施和标识相应警示牌等，防止已开挖的基坑受到破坏或人员坠落等。

在基坑开挖过程中，余土及施工设备材料堆放远离基坑，避免影响基坑的稳定。易发生坑壁坍塌的基坑应采取适宜的支护措施。同时基坑内严禁进水。

4）施工要求。

基坑成孔后，要求施工、监理双方代表对基坑进行鉴定，符合要求后应立即安装钢筋笼，浇注混凝土，以防降雨软化坑壁土质，影响工程质量，露出地面以上部分基础立柱，可采用圆形或外切方形。外切方形进入基面以下不小于300mm。需安装爬梯的基础，爬梯与基础浇筑应同时施工，不允许基础施工完成后打孔安装。

混凝土自高处倾落的自由高度，不宜超过 2m，当浇筑高度超过 2m 时，应采取串筒、溜管或振动溜管使混凝土下落，防止混凝土发生离析现象。

现场浇筑混凝土宜采用机械搅拌，并采用机械捣固，施工时应分层捣固，扩孔部分为 200mm 高振捣一次，主柱部分为 300mm 高振捣一次，露出自然地面部分必须装模浇制，基础混凝土应一次浇筑成型，不允许留施工缝。

浇注基础混凝土必须采用插入式振捣器进行振捣，当浇注面离坑口高度大于 2m 时，浇注人员必须下坑操作振捣器，以保证扩孔部分混凝土的振捣质量。

挖孔基础混凝土在初凝后宜根据室外气温条件浇水养护，或在基面围池灌水养护，当气温在 5℃及以下时，应采取保温措施。

挖孔基础的内箍筋要求电焊成形，钢筋焊接符合 JGJ 18《钢筋焊接及验收规程》要求，焊条应与焊接钢筋材质匹配，上、下搭接焊接长度不得小于 50mm 且不得小于 8 倍的箍筋直径，同时同一截面主筋搭接数量不大于 50%，外箍筋两端弯钩，并钩住同一根主筋。

基础施工完后，要求柱边培一圈粘土，厚 0.1～0.3m，做成中间高，四周低，并要求夯实，以防雨水渗入坑壁。

基础施工必须保证钢筋保护层厚度。

5）基础护壁施工要求。

人工掏挖基础必须采取护壁措施开挖，并做好基坑支护措施，做好施工人员安全保障措施，护壁深度为地面至扩大头处。

护壁混凝土强度等级与基础混凝土强度等级一致，护壁钢筋规格为 HPB300。

12.14 钢筋混凝土板式基础施工说明

（1）基坑开挖。

1）基坑开挖根据土层地质条件，依据设计给定的放坡系数 1:*m*（*m* 值因基坑深度及地基土类别由设计图给定）进行放坡。

2）基坑开挖完成后应及时浇制，否则应留 200mm 以上的土层不开挖以保证坑底原状土质，基础浇筑前开挖。

（2）施工要求。

1）直柱平顶基础是将地脚螺栓按塔身斜度不火曲直接插入基础。基础主柱为正方形，主柱、底板及台阶均配有钢筋。基础尺寸准确度要求很高，施工时应特别注意。

2）混凝土自高处倾落的自由高度，不宜超过 2m，当浇筑高度超过 2m 时，应采取串筒、溜管或振动溜管使混凝土下落，防止混凝土发生离析现象。

3）现场浇筑混凝土宜采用机械搅拌，并采用机械捣固，施工时应分层捣固，主柱部分为 300mm 高振捣一次，露出自然地面部分必须装模浇制，基础混凝土应一次浇筑成型，不允许留施工缝。对必须留施工缝的需采取专项措施。

4）基坑有积水时，回填前应先将水排完，然后四周均匀填土、夯实，并随时检查基础是否位移。

5）基础试块养护条件应与基础养护条件基本相同。

6）基础模板应有足够的强度、刚度、平整度，应对其支撑强度和稳定性进行计算。基础模板应能可靠地承受浇筑混凝土的重量和侧压力，防止出现基础立柱几何变形；模板接缝处应采取措施以防止出现跑浆、漏浆现象。

7）基础钢筋焊接符合 JGJ 18《钢筋焊接及验收规程》要求，焊条应与焊接钢筋材质匹配，底板上、下层配筋用架立钢筋支撑，施工过程要防止底板上层和上台阶上层钢筋下沉，并确保各层钢筋配置位置准确。

（3）要求四个基础同时支模，垫平、找正后，核实其坡度、根开和级差与实际地形是否相符，四个基础边坡距离是否都满足设计要求，复核后方可浇注基础。

12.15 余土处理要求

余土处理是否恰当关系到塔位的安全和生态环境的保护。对农田中的余土永久堆放场地，应将表层 0.3m 厚的熟土剥离，单独堆放；对非农田且宜草的余土永久堆放场地，应将表层 0.1m 厚的熟层土剥离，单独堆放；基坑开挖时应将表层的熟土和下部的生土分开堆放。余土处理时，应将熟土覆盖在表层。

1. 平地段余土处理

对于农田中塔位，余土就地消纳，但堆土高度不宜超过基础主柱露头，且不能影响耕作。

对于非农田中塔位，余土可全部就地消纳，必要时可砌筑保坎，施工结束后要求播撒草籽恢复原始植被。

2. 丘陵、山地段余土处理

（1）岩石类地质条件。

地形坡度小于 10° 时，将余土在塔基范围内堆放成龟背形（堆放土石边缘按 1:1.5 放坡），具体方式如图 12－2 所示。

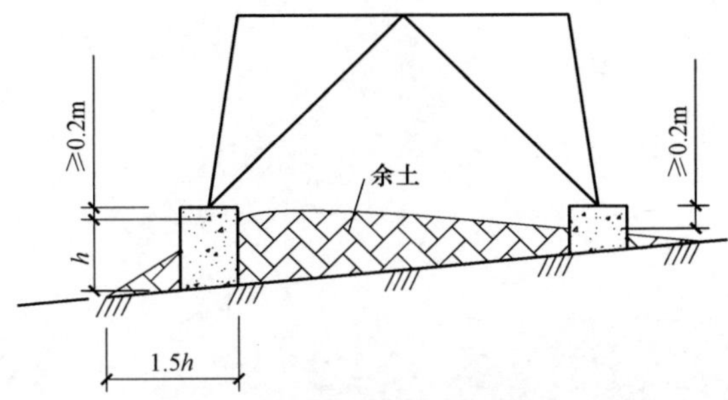

图 12-2　余土在塔基范围内堆放成龟背形示意图

地形坡度在 10°～15° 时，将余土堆放在塔基范围内，确保基础顶面露出至少 0.2m 且场地不得积水，如图 12-3 所示。此类塔位施工中，必须先修筑余土保坎（保坎必须满足在基岩内的嵌固深度且自身稳定），之后方可进行基面平整、基坑开挖等土石方工程施工。

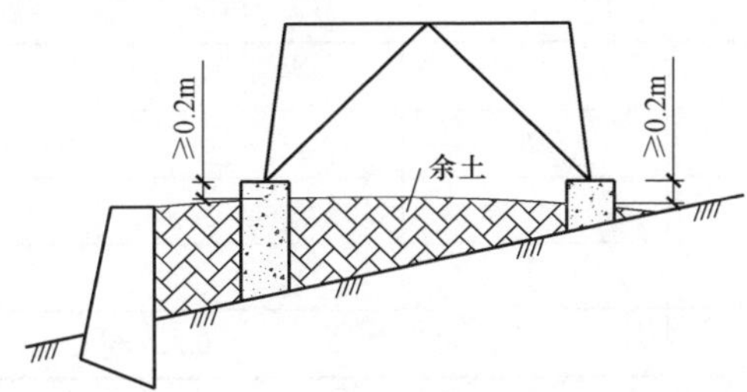

图 12-3　余土堆放塔基范围内示意图

对于地形坡度在 15°～25° 的塔位，尽量在塔位附近 100m 范围内选择恰当的位置设置余土保坎（保坎必须满足在基岩内的嵌固深度且自身稳定），将余土堆放到保坎内，如图 12-4 所示。

此类塔位施工的要求如下：

1）施工中必须先修筑余土保坎，余土保坎完成后方可进行塔基平整、基面开方、基坑开挖等土石方工程的施工，将余土随挖随运到余土保坎内堆放。

2）余土保坎应设置在塔位下方或侧方，不得设置在塔位上方。

3）设置余土保坎的位置地形坡度不宜超过 25°，基岩浅且完整性好的情况下地形坡度不宜超过 30°。

4）余土保坎外露高度一般不超过 2m，基岩浅且完整性好的位置在保证保坎与地基的嵌固深度及其稳定性的情况下，可外露到 3m。

（2）粘性土、黄土类地质条件。

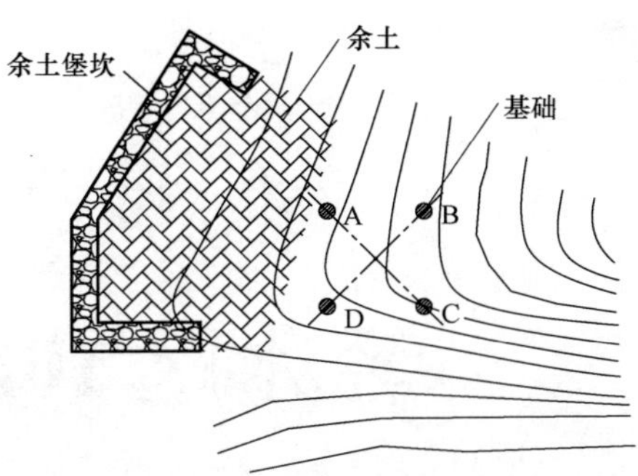

图 12-4　余土堆放到保坎内示意图

对于场地开阔、坡度在 25° 以内的塔位，可将余土在塔基范围内平摊堆放，并在施工结束后恢复原始植被。

对于地形坡度超过 25° 的塔位，应在塔基 100m 范围内适合位置处整齐堆放。

12.16　基面排水要求

（1）所有杆塔基面，如利用的是自然坡面（不小于 5°），可不进行人工基面排水，如基面有基降，则要求整理成靠上山坡方向高，下山坡方向低，有不小于 5° 的自然排水坡度，以利基面排水。如基面无基降，塔位必须根据现场地形做好基面（单面或双面）排水。基面排水示意图如图 12-5 所示。

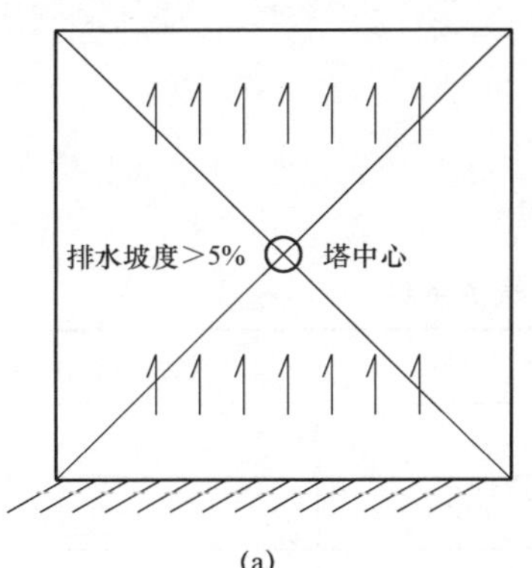

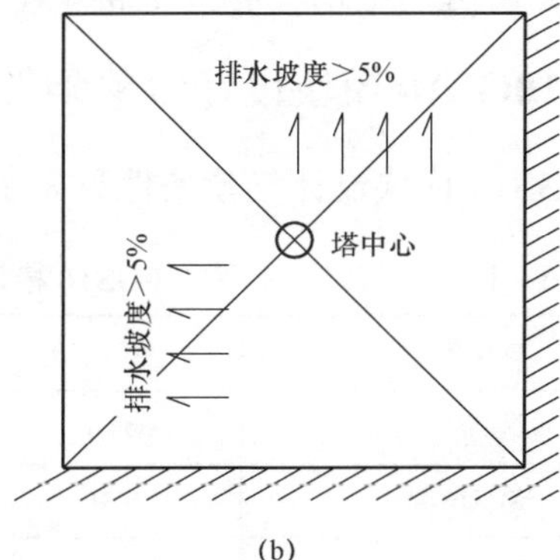

图 12-5　基面排水示意图

（a）单向排水示意图；（b）双向排水示意图

（2）高桩基础可根据不同地形，在有可能受汇水、冲刷的地形做散水坡，或者在汇水范围内挖设简易排水沟将塔基及其周围的汇水引流到基面以外较远处。

第二篇

轻冰区 10kV 大档距铁塔典型设计施工图

第 13 章　10GS10 模块说明

（1）模块编号 10GS10。

（2）设计海拔 2500m，设计基本风速 27m/s，设计覆冰厚 10mm，1×JL/G1A－150/25（兼顾 1×JL/G1A－120/25）导线的单回路铁塔，不考虑地线。悬垂串按Ⅰ型布置。

（3）10GS10 模块铁塔共计 5 种塔型，2 种直线塔，3 种耐张塔（终端塔和 J3 塔共用）。

（4）所有塔型均考虑了 T 接工况。

13.1　10GS10 模块设计气象条件

10GS10 模块设计气象条件见表 13－1。

表 13－1　　10GS10 模块设计气象条件

气象条件	气温（℃）	风速（m/s）	覆冰厚度（mm）
最高气温	+40	0	0
最低气温	－30	0	0
基本风速	－5	27	0
覆冰情况	－5	10	10
平均气温	5	0	0
外过电压（有风）	15	10	0

续表

气象条件	气温（℃）	风速（m/s）	覆冰厚度（mm）
外过电压（无风）	15	0	0
内过电压	0	15	0
安装情况	－15	10	0
冰比重	0.9g/cm^3		

13.2　10GS10 模块铁塔设计条件

10GS10 模块铁塔设计条件见表 13－2。

表 13－2　　10GS10 模块铁塔设计条件

塔型名称	呼称高范围（m）	水平档距（m）	垂直档距（m）	允许角度（°）	串型
Z1	12～30	400	600		Ⅰ型串
Z2	12～30	700	900		Ⅰ型串
J1	9～24	400	600	0～30	
J2	9～24	400	600	30～60	
J3	9～24	400	600	60～90	

注　终端塔与 J3 共用。

13.3 10GS10 模块铁塔根开及基础作用力

10GS10 模块铁塔根开及基础作用力见表 13-3。

表 13-3　　10GS10 模块铁塔根开及基础作用力

塔型名称	铁塔根开范围（mm）	基础作用力范围（kN）					
		T_{max}	T_x	T_y	N_{max}	N_x	N_y
Z1	1770～3210	90～193	8～13	5～11	107～221	9～14	6～12
Z2	1878～3318	137～249	12～16	7～14	159～285	13～18	8～15
J1	2119～4068	173～253	20～23	17～19	191～282	21～24	20～22
J2	2232～4332	233～330	28～31	21～26	253～362	29～33	24～29
J3	2232～4332	297～406	35～39	25～32	331～447	37～41	28～35

13.4 10GS10 模块铁塔使用特别说明

（1）工程设计若超出模块设计条件时，设计应经过校核后使用。

（2）为保证模块的通用性，10GS10 模块铁塔设计基本风速为 27m/s、覆冰厚度为 10mm，同时兼顾基本风速为 29m/s、覆冰厚度为 5mm 情况。但在不同的设计覆冰厚度、基本风速情况下，导线的弧垂差异明显，模块铁塔的使用条件差异较大。最关键的是导线档中的线间距和塔头间隙。

（3）当 10GS10 模块铁塔使用基本风速为 29m/s、覆冰厚度为 5mm 工况时，建议的使用条件为：设计海拔 2500m，设计基本风速 29m/s，设计覆冰厚 5mm，1×JL/G1A-120/35（兼顾 1×JL/G1A-150/25）导线的单回路铁塔，不考虑地线。悬垂串按 I 型布置。

建议使用条件见表 13-4。

表 13-4　　建 议 使 用 条 件

塔型名称	水平档距（m）	垂直档距（m）	代表档距（m）	最大使用档距（m）	允许角度（°）
Z1	350	550	200/400	450	
Z2	600	800	200/700	650	
J1	350	550	200/500	450	0～30
J2	350	550	200/500	450	30～60
J3	350	550	200/500	400	60～90 兼 0～90 终端

13.5 10GS10 模块直线铁塔间隙圆

10GS10-Z1 直线塔间隙圆图如图 13-1 所示。

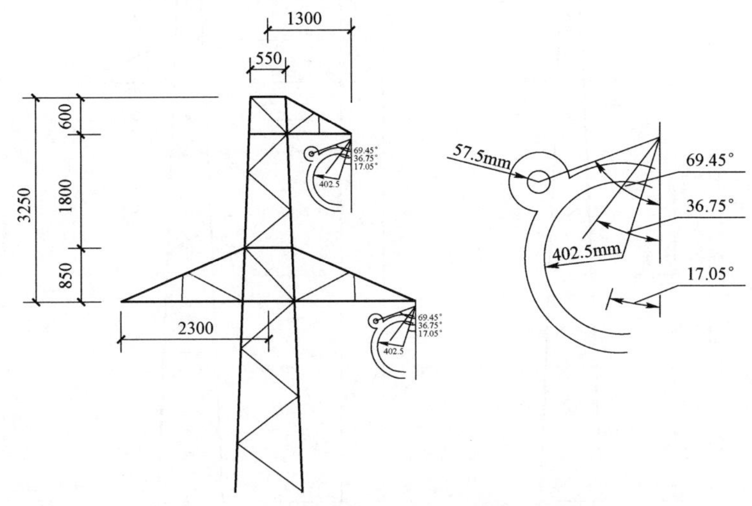

图 13-1　10GS10-Z1 直线塔间隙圆图

10GS10-Z2 直线塔间隙圆图如图 13-2 所示。

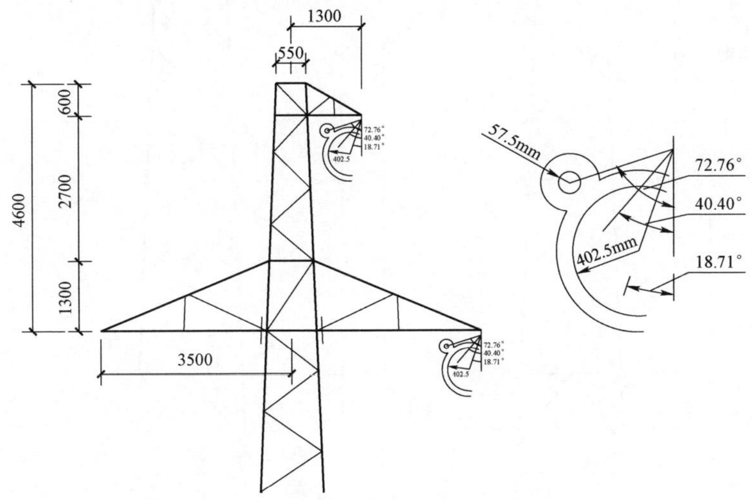

图 13-2　10GS10-Z2 直线塔间隙圆图

10GS10 模块铁塔一览图如图 13-3 所示。

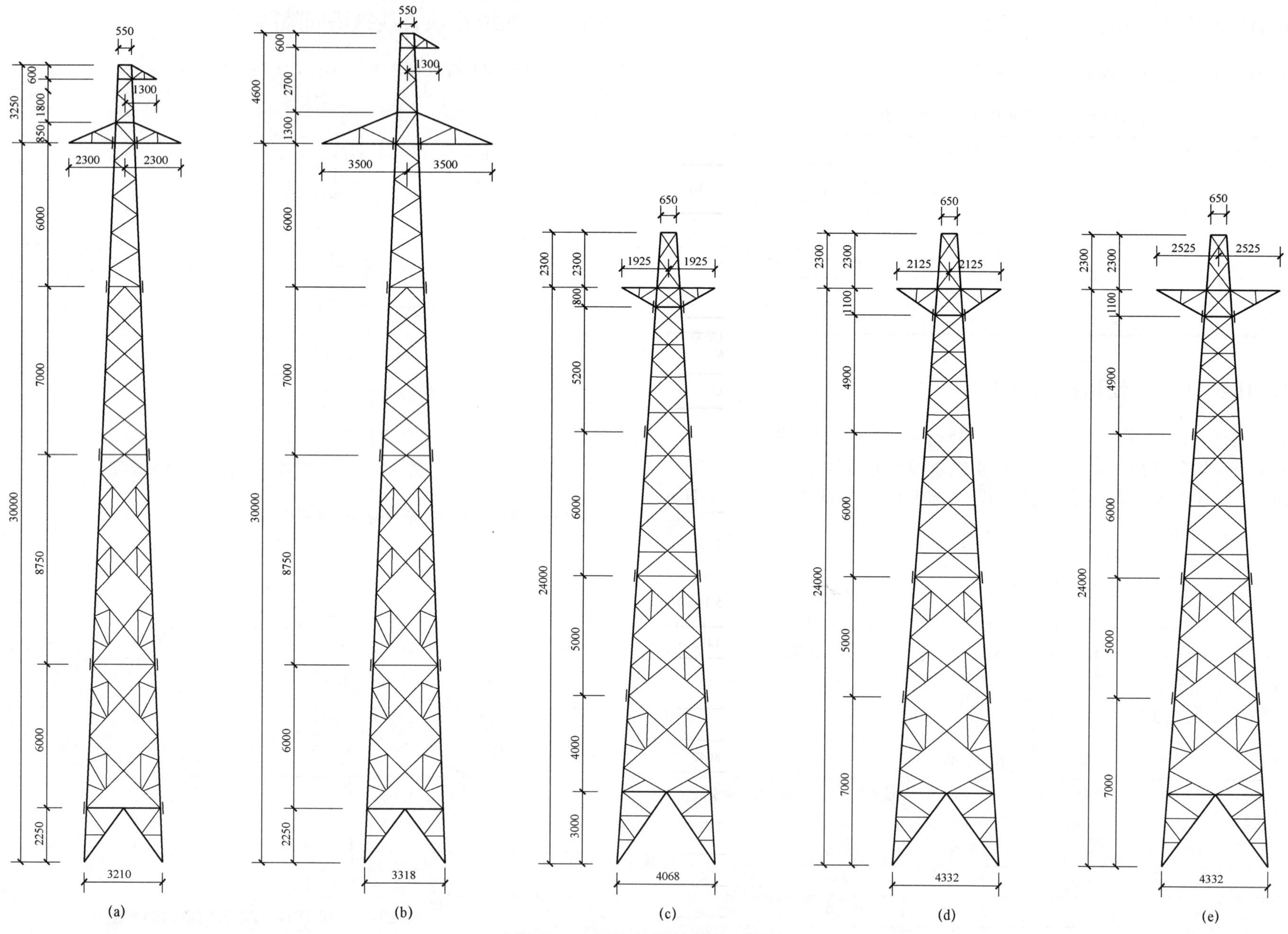

图 13-3 10GS10 模块铁塔一览图

(a) 10GS10-Z1 直线塔；(b) 10GS10-Z2 直线塔；(c) 10GS10-J1 耐张塔；(d) 10GS10-J2 耐张塔；(e) 10GS10-J3 耐张塔

13.6 10GS10－Z1 塔

13.6.1 10GS10－Z1 塔设计条件

导线型号及张力见表 13－5。

表 13－5　　导线型号及张力

电压等级	10kV	导线	JL/G1A－150/25	导线最大使用张力（N）	20394	导线不平衡张力取值（%）	10

使用条件见表 13－6。

表 13－6　　使用条件

水平档距（m）	垂直档距（m）	代表档距（m）	使用档距（m）	转角度数（°）	计算高度（m）	档距系数 K_v
400	600	200/400	500	0	27	0.8

荷重表见表 13－7。

表 13－7　　荷重表　　N

项目		正常运行情况			事故情况		安装情况	不均匀冰
		基本风速	覆冰	最低气温	未断线	断线		
气象条件（T/V/B）		－5/27/0	－5/10/10	－30/0/0	－5/0/10	－5/0/10	－15/10/0	－5/10/10
水平荷载	导线	3881	1483	0	0	0	626	1483
	绝缘子及金具	85	12	0	0	0	12	12
	跳线串							
垂直荷载	导线	3533	8042	3533	8042	8042	3533	8042
	绝缘子及金具	583	670	583	670	670	583	670
	跳线串							
导线张力	一侧	15539	20395	11337	8158	0	11769	
	另一侧	15539	20395	11337	8158	8158	11769	
	张力差	0	0	0	0	8158	0	0

注　导线水平荷载为下相导线荷载。

13.6.2 10GS10－Z1 塔根开尺寸及基础作用力

根开尺寸见表 13－8。

表 13－8　　根开尺寸

呼称高（m）	基础根开（mm）		地脚螺栓根开（mm）		地脚螺栓规格
	正面根开	侧面根开	正面根开	侧面根开	
12	1802	1802	160	160	4×M24
15	2045	2045	160	160	4×M24
18	2288	2288	160	160	4×M24
21	2531	2531	160	160	4×M24
24	2774	2774	160	160	4×M24
27	3017	3017	160	160	4×M24
30	3250	3250	160	160	4×M24

基础作用力见表 13－9。

表 13－9　　基础作用力　　kN

呼称高（m）	T_{max}	T_x	T_y	N_{max}	N_x	N_y
12	90.44	8.21	5.17	106.93	8.93	6.23
15	116.18	9.82	6.46	135.15	10.63	7.38
18	132.90	10.29	7.37	153.66	11.16	8.54
21	148.63	10.77	8.22	170.98	11.70	9.42
24	164.40	11.28	9.07	187.99	12.35	10.29
27	178.73	11.96	9.9	204.35	13.12	11.18
30	192.71	12.74	10.77	220.89	13.98	12.14

13.6.3 10GS10－Z1 塔施工图纸目录

10GS10－Z1 塔施工图纸目录见表 13－10。

表 13-10　　10GS10-Z1 塔施工图纸目录

编号	图号	图名
图 13-4	10GS10-Z1-00（1/2）	10GS10-Z1 直线塔总图及材料汇总表
图 13-5	10GS10-Z1-00（2/2）	10GS10-Z1 直线塔总图及材料汇总表
图 13-6	10GS10-Z1-01（1/2）	10GS10-Z1 直线塔塔头结构图①
图 13-7	10GS10-Z1-01（2/2）	10GS10-Z1 直线塔塔头结构图①
图 13-8	10GS10-Z1-02	10GS10-Z1 直线塔塔身结构图②
图 13-9	10GS10-Z1-03（1/2）	10GS10-Z1 直线塔塔身结构图③
图 13-10	10GS10-Z1-03（2/2）	10GS10-Z1 直线塔塔身结构图③
图 13-11	10GS10-Z1-04（1/2）	10GS10-Z1 直线塔塔身结构图④
图 13-12	10GS10-Z1-04（2/2）	10GS10-Z1 直线塔塔身结构图④
图 13-13	10GS10-Z1-05（1/2）	10GS10-Z1 直线塔 12.0m 呼称高塔腿结构图⑤
图 13-14	10GS10-Z1-05（2/2）	10GS10-Z1 直线塔 12.0m 呼称高塔腿结构图⑤
图 13-15	10GS10-Z1-06	10GS10-Z1 直线塔 15.0m 呼称高塔腿结构图⑥
图 13-16	10GS10-Z1-07（1/2）	10GS10-Z1 直线塔 18.0m 呼称高塔腿结构图⑦
图 13-17	10GS10-Z1-07（2/2）	10GS10-Z1 直线塔 18.0m 呼称高塔腿结构图⑦
图 13-18	10GS10-Z1-08（1/2）	10GS10-Z1 直线塔 21.0m 呼称高塔腿结构图⑧
图 13-19	10GS10-Z1-08（2/2）	10GS10-Z1 直线塔 21.0m 呼称高塔腿结构图⑧
图 13-20	10GS10-Z1-09（1/2）	10GS10-Z1 直线塔 24.0m 呼称高塔腿结构图⑨
图 13-21	10GS10-Z1-09（2/2）	10GS10-Z1 直线塔 24.0m 呼称高塔腿结构图⑨
图 13-22	10GS10-Z1-10（1/2）	10GS10-Z1 直线塔 27.0m 呼称高塔腿结构图⑩
图 13-23	10GS10-Z1-10（2/2）	10GS10-Z1 直线塔 27.0m 呼称高塔腿结构图⑩
图 13-24	10GS10-Z1-11（1/2）	10GS10-Z1 直线塔 30.0m 呼称高塔腿结构图⑪
图 13-25	10GS10-Z1-11（2/2）	10GS10-Z1 直线塔 30.0m 呼称高塔腿结构图⑪
图 13-26	10GS10-Z1-12	10GS10-Z1 直线塔加工说明
图 13-27	10GS10-Z1-13	10GS10-Z1 直线塔 T 接横担加工图

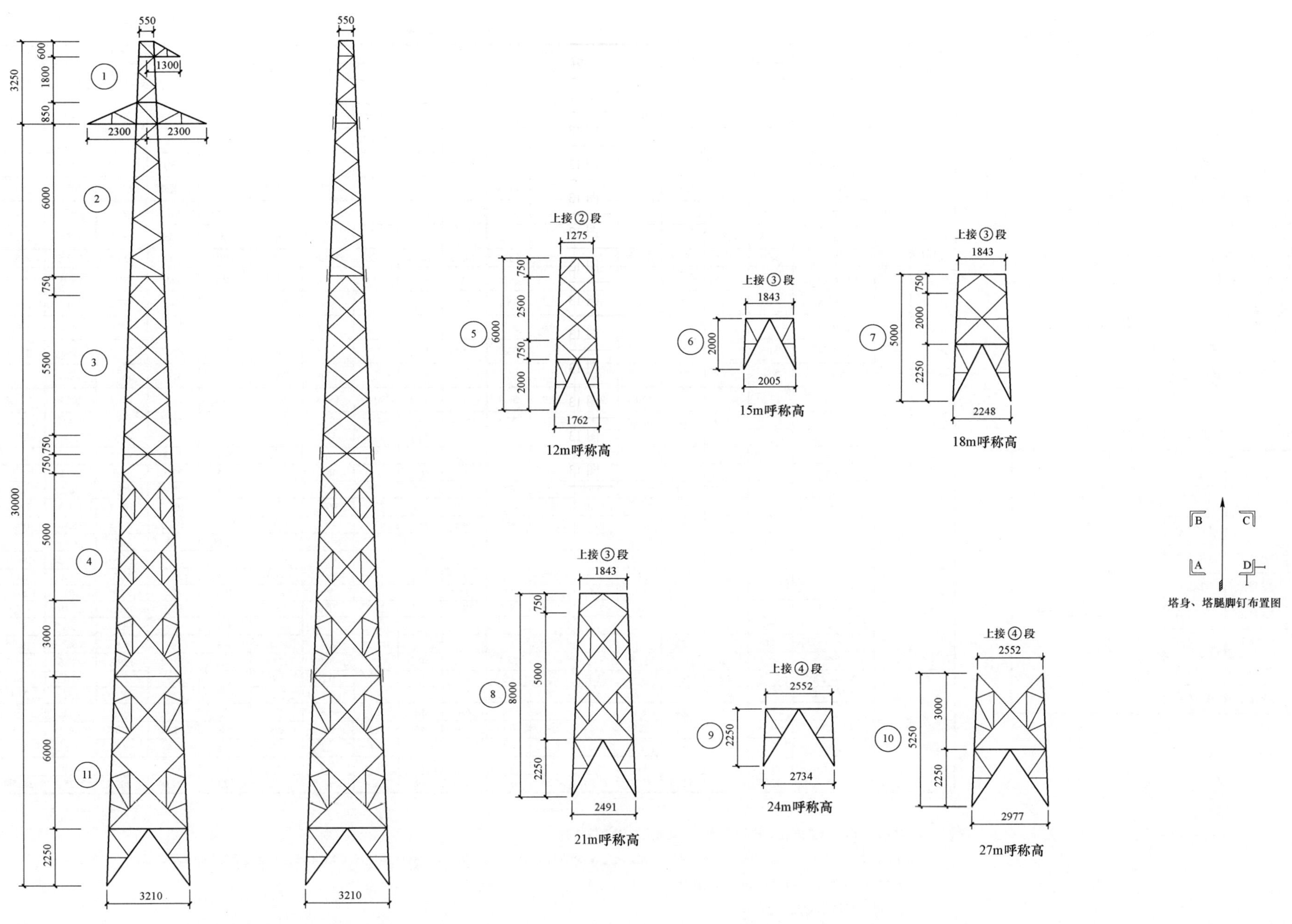

图 13-4 10GS10-Z1 直线塔总图及材料汇总表［10GS10-Z1-00（1/2）］

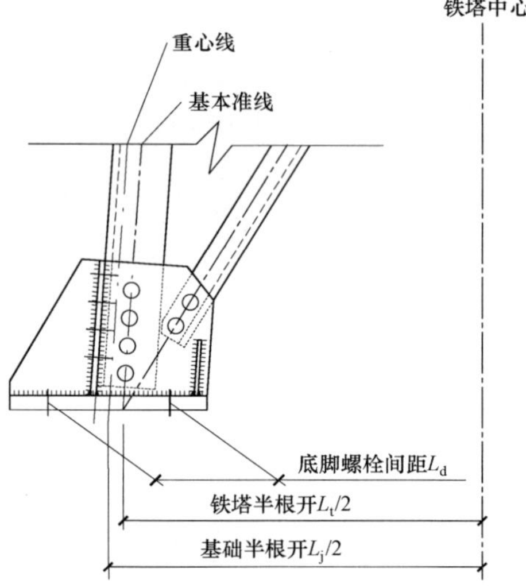

铁塔根开、基础根开及底脚螺栓间距表

呼称高	铁塔根开 L_t	基础根开 L_j	底脚螺栓间距 L_d	底脚螺栓数量、规格
12.0m	1762.0	1802.0		
15.0m	2005.0	2045.0		
18.0m	2248.0	2288.0		
21.0m	2491.0	2531.0	160	4M24（Q235）
24.0m	2734.0	2774.0		
27.0m	2977.0	3017.0		
30.0m	3210.0	3250.0		

材 料 汇 总 表

材料名称	材质	规格	段号											呼称高（m）						
			1	2	3	4	5	6	7	8	9	10	11	12.0	15.0	18.0	21.0	24.0	27.0	30.0
角钢	Q355	L100×8											27.0							27.0
		L90×7				16.4				16.4	21.0	21.0	334.0				16.4	37.4	37.4	350.4
		L80×7										195.2							195.2	
		L80×6			12.7	255.2	12.7	12.7	12.7	247.2	80.4			12.7	25.4	25.4	259.9	348.3	267.9	267.9
		L75×6			193.6		176.4	65.6	148.4					176.4	259.2	342.0	193.6	193.6	193.6	193.6
		L70×5	9.2											9.2	9.2	9.2	9.2	9.2	9.2	9.2
		L63×5	19.4	115.6										135.0	135.0	135.0	135.0	135.0	135.0	135.0
		小计	28.6	115.6	206.3	271.6	189.1	78.3	161.1	263.6	101.4	216.2	361.0	333.3	428.8	511.6	614.1	723.5	838.3	983.1
	Q235	L56×5	50.0											50.0	50.0	50.0	50.0	50.0	50.0	50.0
		L50×5	100.6		17.7	26.1	40.3	26.3	55.9	59.3	36.8	40.5	80.7	140.9	144.6	174.2	177.6	181.2	184.9	225.1
		L50×4					47.6	49.0	56.0	57.4	59.4	61.2	143.6	47.6	49.0	56.0	57.4	59.4	61.2	143.6
		L45×4	23.5		53.9	253.2	53.2	11.2	53.3	199.0	59.4	148.9	193.5	76.7	88.6	130.7	276.4	390.0	479.5	524.1
		L40×4	70.6	101.9	171.0	12.2	94.6	12.2	65.6	23.8			23.4	267.1	355.7	409.1	367.3	355.7	355.7	379.1
		L40×3	22.3			159.7	28.8	25.9	51.0	118.9	23.9	90.4	150.8	51.1	48.2	73.3	141.2	205.9	272.4	332.8
		小计	267.0	101.9	242.6	451.2	264.5	124.6	281.8	458.4	179.5	341.0	592.0	633.4	736.1	893.3	1069.9	1242.2	1403.7	1654.7
钢板	Q355	−20									45.8	45.8	45.8					45.8	45.8	45.8
		−18					41.2	41.2	41.2	41.2				41.2	41.2	41.2	41.2			
		−8					37.4	38.8	37.5	38.2	46.3	47.0	48.4	37.4	38.8	37.5	38.2	46.3	47.0	48.4
		−6	13.4		9.1		6.5	6.5	6.5	6.5	5.7	5.3	5.3	19.9	29.0	29.0	29.0	28.2	27.8	27.8
		小计	13.4		9.1		85.1	86.5	85.2	85.9	97.8	98.1	99.5	98.5	109.0	107.7	108.4	120.3	120.6	122.0
	Q235	−6	96.1		24.1	32.3	62.1	37.3	62.3	64.3	28.3	43.7	49.2	158.2	157.5	182.5	184.5	180.8	196.2	201.7
		−5	4.4											4.4	4.4	4.4	4.4	4.4	4.4	4.4
		小计	100.5		24.1	32.3	62.1	37.3	62.3	64.3	28.3	43.7	49.2	162.6	161.9	186.9	188.9	185.2	200.6	206.1
螺栓	6.8	M20×45	6.5		19.4	19.4	32.4	25.9	32.1	32.4	32.1	38.9	38.9	38.9	51.8	58.0	58.3	77.4	84.2	84.2
		M16×50	8.3	4.5	9.1	5.8	5.1		1.9	3.8		1.8	5.0	17.9	21.9	23.8	25.7	27.7	29.5	32.7
		M16×40	54.2		9.0	26.3	27.7	18.6	30.5	37.1	18.5	26.3	36.0	81.9	81.8	93.7	100.3	108.0	115.8	125.5
		M20×60 双母	8.6											8.6	8.6	8.6	8.6	8.6	8.6	8.6
		M16×50 双母	4.6		2.3									4.6	6.9	6.9	6.9	6.9	6.9	6.9
		小计	82.2	4.5	39.8	51.5	65.2	44.5	64.5	73.3	50.6	67.0	79.9	151.9	171.0	191.0	199.8	228.6	245.0	257.9
脚钉	6.8	M20×200		0.7	0.7	1.3	1.3	0.7	1.3	0.7	1.3	0.7	0.7	2.0	2.1	2.7	2.1	4.0	3.4	3.4
		M16×180	2.3	4.9	5.7	6.8	3.8	0.8	3.0	5.7	0.8	3.4	6.1	11.0	13.7	15.9	18.6	20.5	23.1	25.8
		小计	2.3	5.6	6.4	8.1	5.1	1.5	4.3	6.4	2.1	4.1	6.8	13.0	15.8	18.6	20.7	24.5	26.5	29.2
垫圈	Q235	−4（ϕ17.5）	0.2			0.1	0.1	0.1	0.1	0.1	0.2	0.2	0.3	0.3	0.3	0.3	0.3	0.5	0.5	0.6
		−3（ϕ17.5）	0.1		0.3	0.2	0.2		0.1	0.2		0.1	0.2	0.3	0.4	0.5	0.6	0.6	0.7	0.8
		小计	0.3		0.3	0.3	0.3	0.1	0.2	0.3	0.2	0.3	0.5	0.6	0.7	0.8	0.9	1.1	1.2	1.4
合计（kg）			494.3	227.6	528.6	815.0	671.4	372.8	659.4	952.2	459.9	770.4	1188.9	1393.3	1623.3	1909.9	2202.7	2525.4	2835.9	3254.4

说明：1. 本塔所有构件（含螺栓、脚钉、垫圈）均采用热浸镀锌防腐。

2. M16 螺栓（含 M16 脚钉）强度等级为 6.8 级；M20（含 M20 脚钉）强度等级为 6.8 级；M24 螺栓（含 M24 脚钉）强度等级为 8.8 级。

3. 钢材材质等级要求：Q235、Q355 钢均选用 B 级。

4. 地脚螺栓材质为 Q235 钢。

图 13－5　10GS10－Z1 直线塔总图及材料汇总表［10GS10－Z1－00（2/2）］

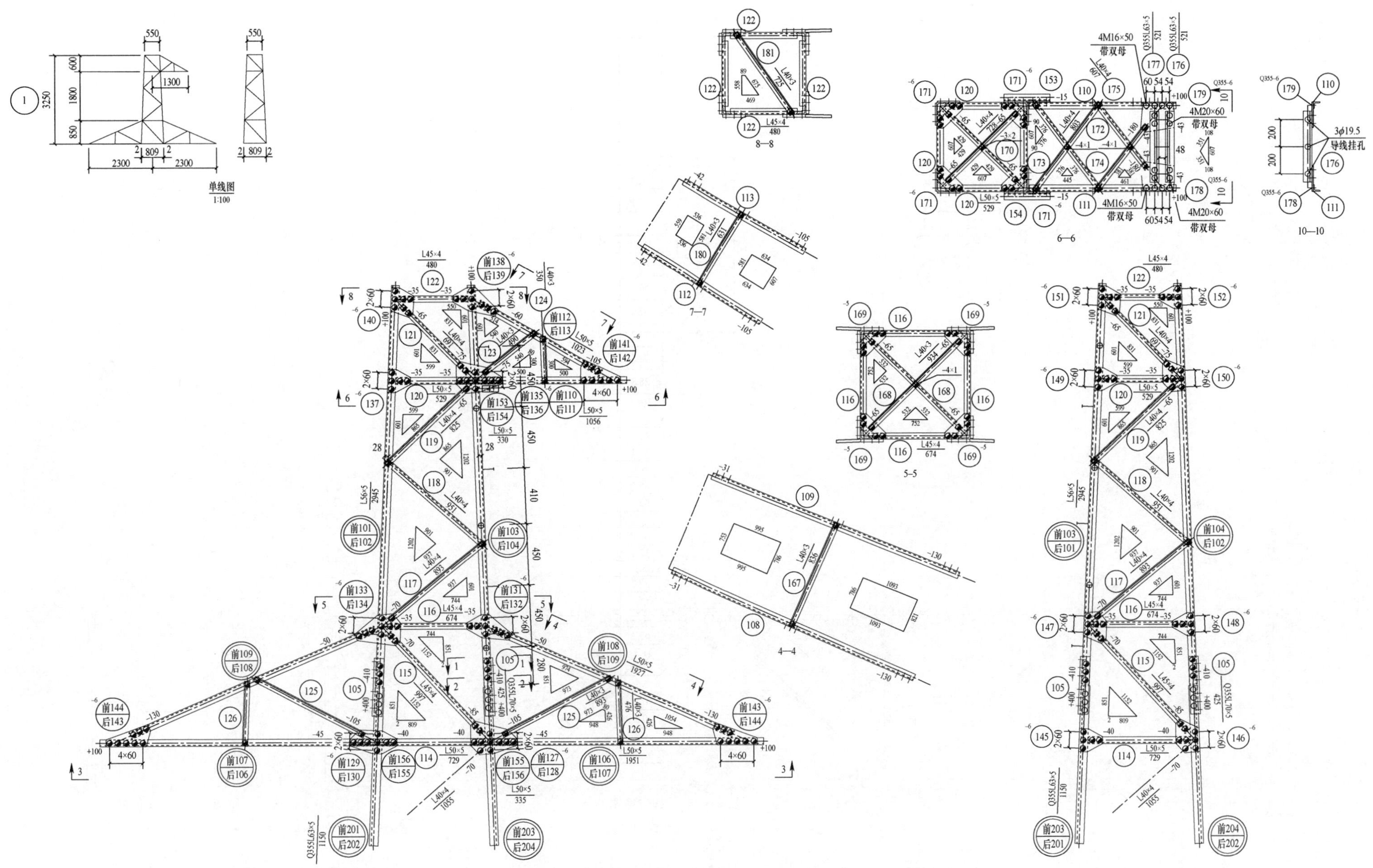

图 13-6　10GS10-Z1 直线塔塔头结构图①［10GS10-Z1-01（1/2）］

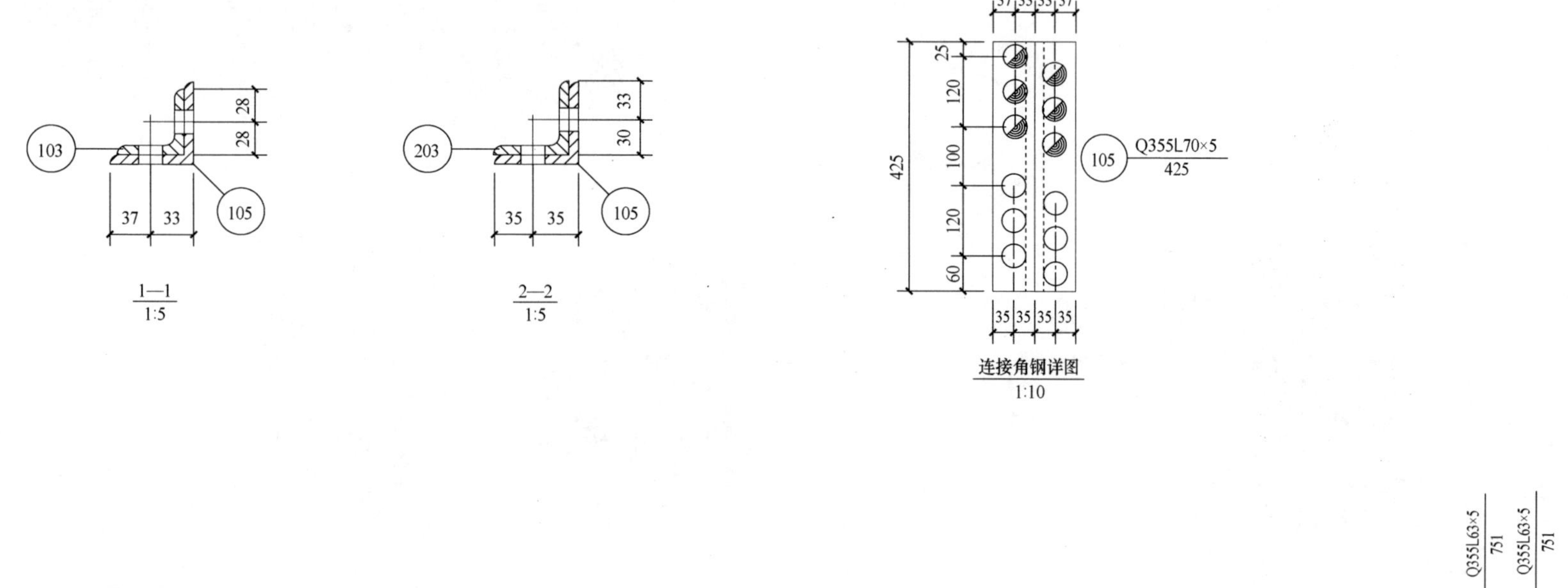

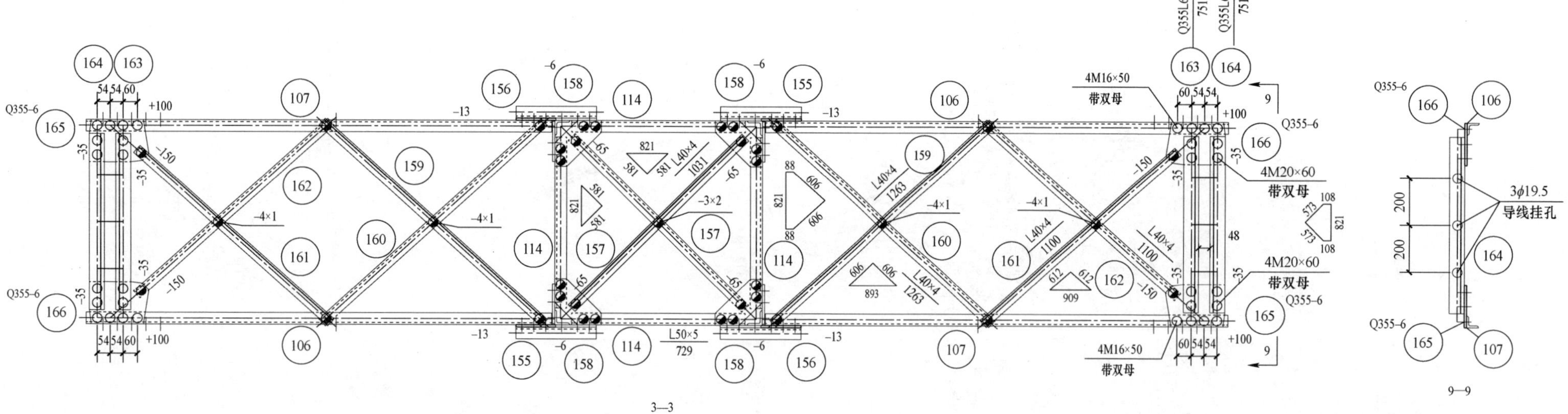

图 13－7　10GS10－Z1 直线塔塔头结构图①［10GS10－Z1－01（2/2）］

构件明细表

编号	规格	长度（mm）	数量	质量（kg）		备注
				单件	小计	
101	L56×5	2945	1	12.52	12.5	
102	L56×5	2945	1	12.52	12.5	
103	L56×5	2945	1	12.52	12.5	带脚钉
104	L56×5	2945	1	12.52	12.5	
105	Q355L70×5	425	4	2.29	9.2	清根
106	L50×5	1951	2	7.36	14.7	
107	L50×5	1951	2	7.36	14.7	
108	L50×5	1927	2	7.26	14.5	
109	L50×5	1927	2	7.26	14.5	
110	L50×5	1056	1	3.98	4.0	
111	L50×5	1056	1	3.98	4.0	
112	L50×5	1023	1	3.86	3.9	
113	L50×5	1023	1	3.86	3.9	
114	L50×5	729	4	2.75	11.0	
115	L45×4	997	4	2.73	10.9	
116	L45×4	674	4	1.84	7.4	
117	L40×4	893	4	2.16	8.6	
118	L40×4	951	4	2.30	9.2	切角切背
119	L40×4	825	4	2.00	8.0	
120	L50×5	529	4	1.99	8.0	
121	L40×4	691	4	1.67	6.7	
122	L45×4	480	4	1.31	5.2	
123	L40×3	490	2	0.91	1.8	
124	L40×3	350	2	0.65	1.3	
125	L40×3	893	4	1.65	6.6	
126	L40×3	476	4	0.88	3.5	
127	−6×250	335	1	3.94	3.9	
128	−6×250	335	1	3.94	3.9	
129	−6×170	340	1	2.72	2.7	
130	−6×170	340	1	2.72	2.7	
131	−6×175	330	1	2.72	2.7	火曲
132	−6×175	330	1	2.72	2.7	火曲
133	−6×230	330	1	3.57	3.6	火曲
134	−6×230	330	1	3.57	3.6	火曲
135	−6×235	330	1	3.65	3.7	
136	−6×235	330	1	3.65	3.7	
137	−6×165	170	2	1.32	2.6	
138	−6×175	340	1	2.80	2.8	火曲
139	−6×175	340	1	2.80	2.8	火曲
140	−6×165	215	2	1.67	3.3	
141	−6×175	290	1	2.39	2.4	卷边高 50mm
142	−6×175	290	1	2.39	2.4	卷边高 50mm
143	−6×150	345	2	2.44	4.9	卷边高 50mm
144	−6×150	345	2	2.44	4.9	卷边高 50mm
145	−6×170	175	2	1.40	2.8	
146	−6×175	250	2	2.06	4.1	
147	−6×165	235	2	1.83	3.7	
148	−6×165	170	2	1.32	2.6	
149	−6×165	170	2	1.32	2.6	

续表

编号	规格	长度（mm）	数量	质量（kg）		备注
				单件	小计	
150	−6×165	240	2	1.87	3.7	
151	−6×165	215	2	1.67	3.3	
152	−6×165	170	2	1.32	2.6	
153	L50×5	330	1	1.24	1.2	
154	L50×5	330	1	1.24	1.2	
155	L50×5	335	2	1.26	2.5	
156	L50×5	335	2	1.26	2.5	
157	L40×4	1031	2	2.50	5.0	
158	−6×110	280	4	1.45	5.8	
159	L40×4	1263	2	3.06	6.1	
160	L40×4	1263	2	3.06	6.1	切角切背
161	L40×4	1100	2	2.66	5.3	
162	L40×4	1100	2	2.66	5.3	切背
163	Q355L63×5	751	2	3.62	7.2	
164	Q355L63×5	751	2	3.62	7.2	
165	Q355−6×180	250	2	2.12	4.2	
166	Q355−6×180	250	2	2.12	4.2	
167	L40×3	836	2	1.55	3.1	
168	L40×3	934	2	1.73	3.5	
169	−5×105	265	4	1.09	4.4	
170	L40×4	728	2	1.76	3.5	
171	−6×110	270	4	1.40	5.6	
172	L40×4	803	1	1.94	1.9	
173	L40×4	803	1	1.94	1.9	切角切背
174	L40×4	607	1	1.47	1.5	
175	L40×4	607	1	1.47	1.5	切背
176	Q355L63×5	521	1	2.51	2.5	
177	Q355L63×5	521	1	2.51	2.5	
178	Q355−6×220	245	1	2.54	2.5	
179	Q355−6×220	245	1	2.54	2.5	
180	L40×3	631	1	1.17	1.2	
181	L40×3	725	1	1.34	1.3	
合计		409.5kg				

螺栓、脚钉、垫圈明细表

名称	级别	规格	符号	数量	质量（kg）	备注
螺栓	6.8	M16×40	◕	387	54.2	
		M16×50	⌀	52	8.3	
		M16×50	○	24	4.6	双母
		M20×45	○	24	6.5	
		M20×60	○	24	8.6	双母
脚钉	6.8	M16×180	⊕—	6	2.3	
垫圈	Q235	−3（ϕ17.5）	规格×个数	4	0.1	
		−4（ϕ17.5）	/	7	0.2	
合计		84.8kg				

图 13−7 10GS10−Z1 直线塔塔头结构图①［10GS10−Z1−01（2/2）］（续）

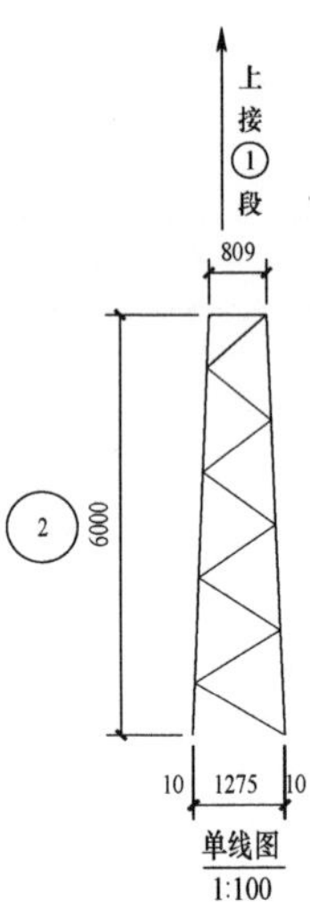

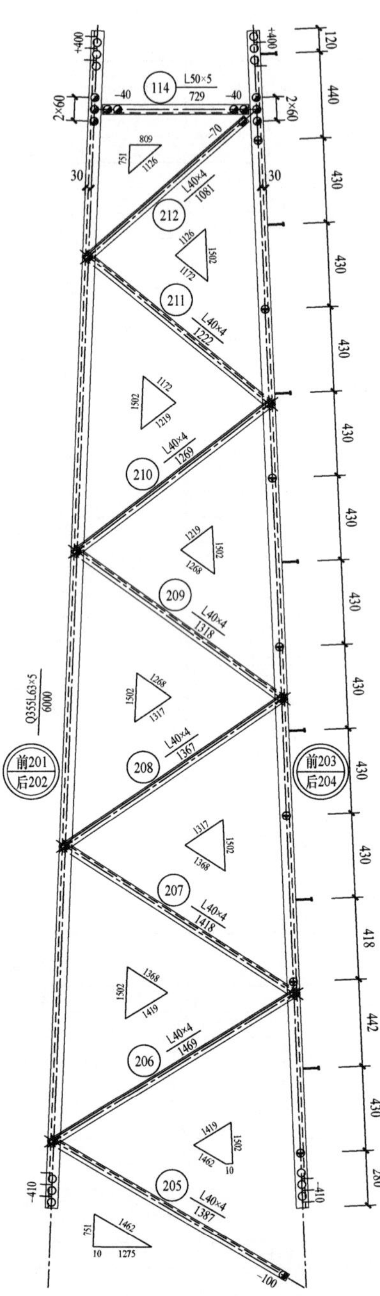

构件明细表

编号	规格	长度（mm）	数量	质量（kg）		备注
				单件	小计	
201	Q355L63×5	6000	1	28.93	28.9	
202	Q355L63×5	6000	1	28.93	28.9	
203	Q355L63×5	6000	1	28.93	28.9	带脚钉
204	Q355L63×5	6000	1	28.93	28.9	
205	L40×4	1387	4	3.36	13.4	切角
206	L40×4	1469	4	3.56	14.2	
207	L40×4	1418	4	3.43	13.7	切角切背
208	L40×4	1367	4	3.31	13.2	
209	L40×4	1318	4	3.19	12.8	切角切背
210	L40×4	1269	4	3.07	12.3	
211	L40×4	1222	4	2.96	11.8	切角切背
212	L40×4	1081	4	2.62	10.5	
合计	217.5kg					

螺栓、脚钉、垫圈明细表

名称	级别	规格	符号	数量	质量（kg）	备注
螺栓	6.8	M16×50	⌀	28	4.5	
脚钉	6.8	M16×180	⊖——	13	4.9	
		M20×200	⊖——	1	0.7	
合计			10.1kg			

图 13-8　10GS10-Z1 直线塔塔身结构图②（10GS10-Z1-02）

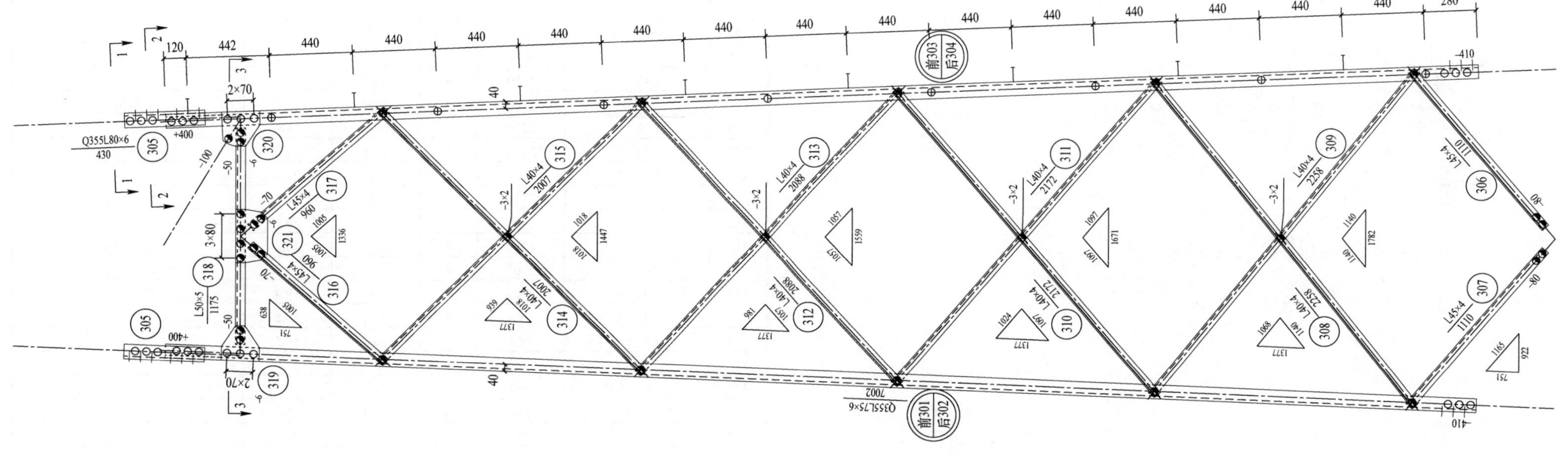

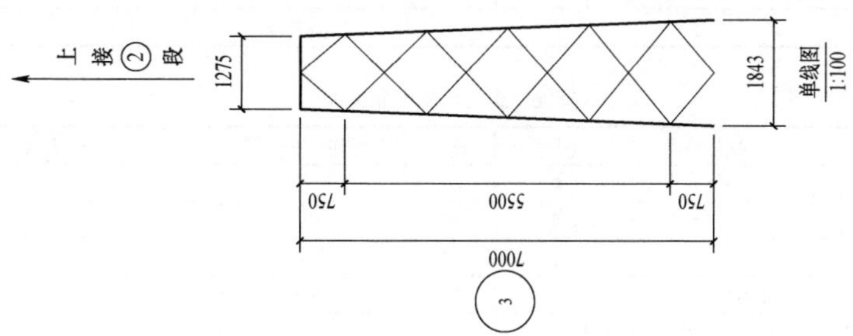

图 13-9　10GS10-Z1 直线塔塔身结构图③［10GS10-Z1-03（1/2）］

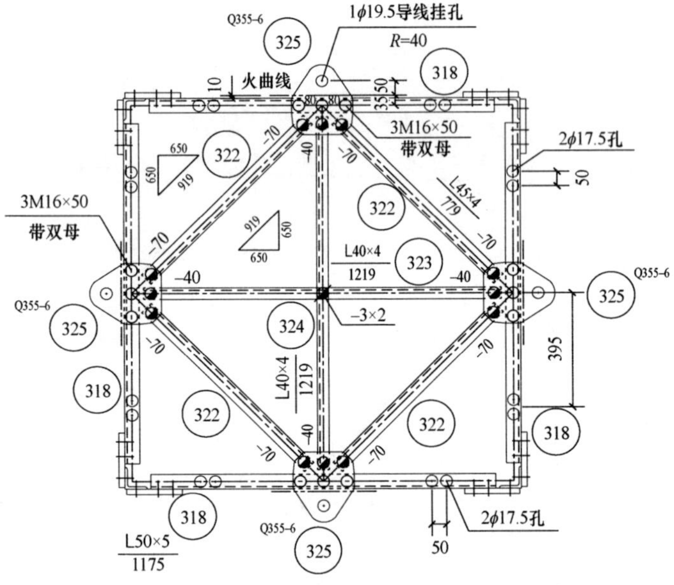

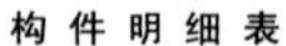

构 件 明 细 表

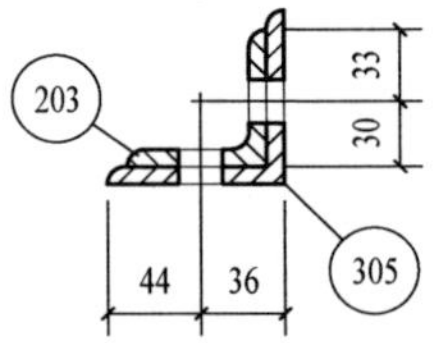

编号	规格	长度（mm）	数量	质量（kg）		备注
				单件	小计	
301	Q355L75×6	7002	1	48.35	48.4	
302	Q355L75×6	7002	1	48.35	48.4	
303	Q355L75×6	7002	1	48.35	48.4	带脚钉
304	Q355L75×6	7002	1	48.35	48.4	
305	Q355L80×6	430	4	3.17	12.7	清根
306	L45×4	1110	4	3.04	12.2	
307	L45×4	1110	4	3.04	12.2	切角
308	L40×4	2258	4	5.47	21.9	
309	L40×4	2258	4	5.47	21.9	切角切背
310	L40×4	2172	4	5.26	21.0	
311	L40×4	2172	4	5.26	21.0	切角切背
312	L40×4	2088	4	5.06	20.2	
313	L40×4	2088	4	5.06	20.2	切角切背
314	L40×4	2007	4	4.86	19.4	
315	L40×4	2007	4	4.86	19.4	切角切背
316	L45×4	960	4	2.63	10.5	
317	L45×4	960	4	2.63	10.5	切背
318	L50×5	1175	4	4.43	17.7	
319	−6×195	200	4	1.84	7.4	
320	−6×195	200	4	1.84	7.4	
321	−6×170	290	4	2.32	9.3	
322	L45×4	779	4	2.13	8.5	
323	L40×4	1219	1	2.95	3.0	中间压扁
324	L40×4	1219	1	2.95	3.0	
325	Q355−6×210	230	4	2.27	9.1	火曲
合计		482.1kg				

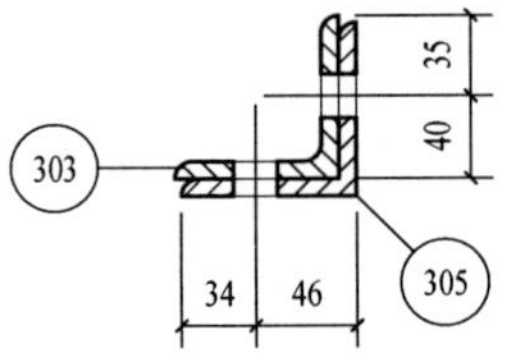

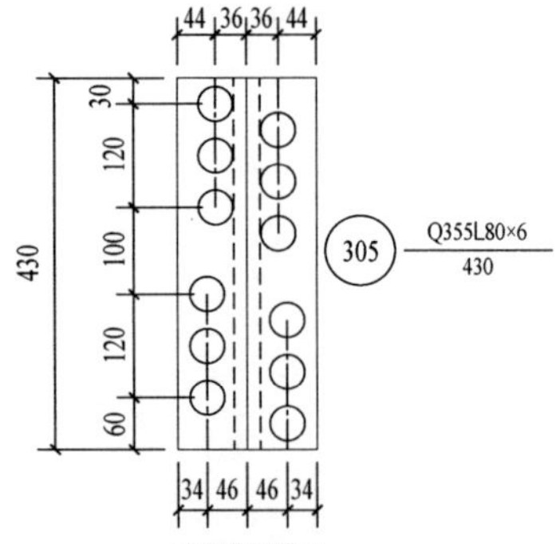

螺栓、脚钉、垫圈明细表

名称	级别	规格	符号	数量	质量（kg）	备注
螺栓	6.8	M16×40		64	9.0	
		M16×50		57	9.1	
		M16×50		12	2.3	双母
		M20×45		72	19.4	
脚钉	6.8	M16×180		15	5.7	
		M20×200		1	0.7	
垫圈	Q235	−3（ϕ17.5）	规格×个数	32	0.3	
合计			46.5kg			

3—3

1—1 1:5

2—2 1:5

连接角钢详图 1:10

图 13－10　10GS10－Z1 直线塔塔身结构图③［10GS10－Z1－03（2/2）］

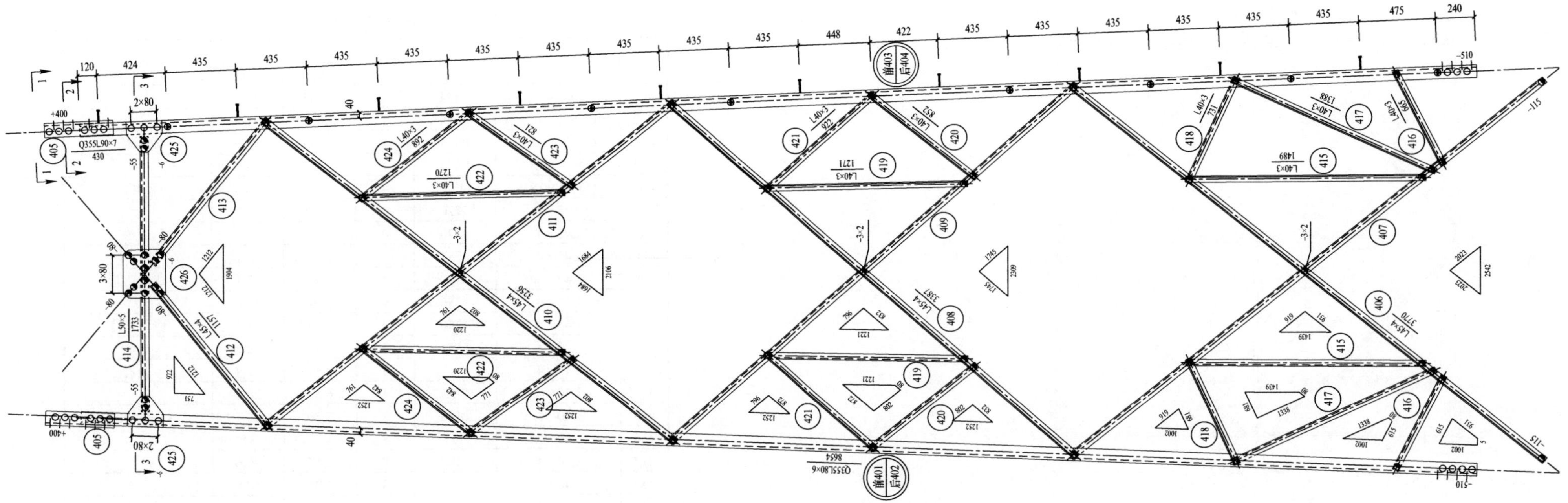

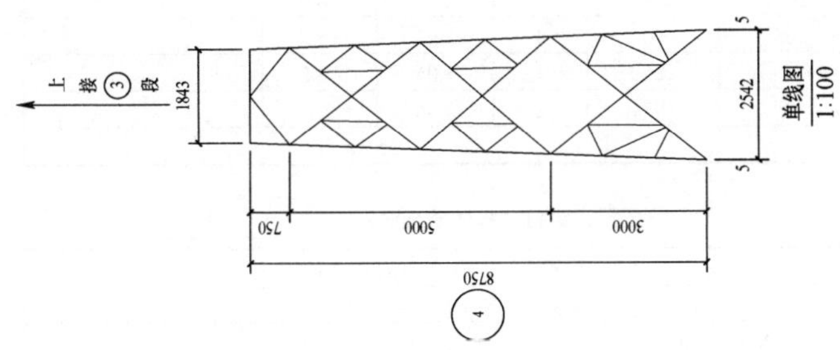

图 13-11 10GS10-Z1 直线塔塔身结构图④［10GS10-Z1-04（1/2）］

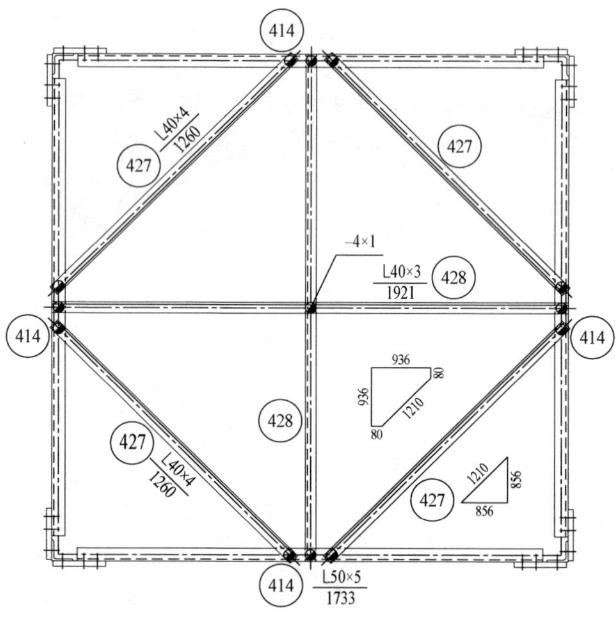

3—3

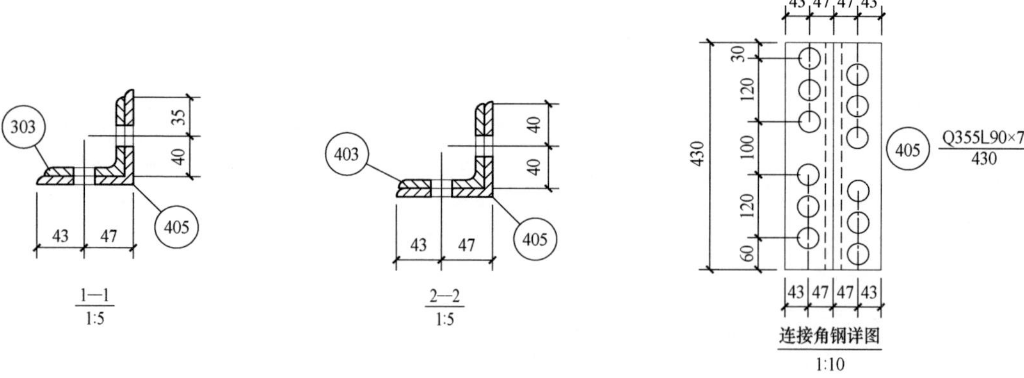

构件明细表

编号	规格	长度(mm)	数量	质量(kg)		备注
				单件	小计	
401	Q355L80×6	8654	1	63.83	63.8	
402	Q355L80×6	8654	1	63.83	63.8	
403	Q355L80×6	8654	1	63.83	63.8	带脚钉
404	Q355L80×6	8654	1	63.83	63.8	
405	Q355L90×7	430	4	4.11	16.4	清根
406	L45×4	3770	4	10.31	41.2	
407	L45×4	3770	4	10.31	41.2	切角
408	L45×4	3387	4	9.27	37.1	
409	L45×4	3387	4	9.27	37.1	切角切背
410	L45×4	3256	4	8.91	35.6	
411	L45×4	3256	4	8.91	35.6	切角切背
412	L45×4	1157	4	3.17	12.7	
413	L45×4	1157	4	3.17	12.7	切背
414	L50×5	1733	4	6.53	26.1	
415	L40×3	1489	8	2.76	22.1	切角
416	L40×3	665	8	1.23	9.8	
417	L40×3	1388	8	2.57	20.6	
418	L40×3	731	8	1.35	10.8	
419	L40×3	1271	8	2.35	18.8	切角
420	L40×3	852	8	1.58	12.6	
421	L40×3	922	8	1.71	13.7	
422	L40×3	1270	8	2.35	18.8	切角
423	L40×3	821	8	1.52	12.2	
424	L40×3	892	8	1.65	13.2	
425	−6×200	220	8	2.07	16.6	
426	−6×265	315	4	3.93	15.7	
427	L40×4	1260	4	3.05	12.2	
428	L40×3	1921	2	3.56	7.1	
合计	755.1kg					

螺栓、脚钉、垫圈明细表

名称	级别	规格	符号	数量	质量(kg)	备注
螺栓	6.8	M16×40		188	26.3	
		M16×50		36	5.8	
		M20×45		72	19.4	
脚钉	6.8	M16×180		18	6.8	
		M20×200		2	1.3	
垫圈	Q235	−3(φ17.5)	规格×个数	24	0.2	
		−4(φ17.5)		1	0.1	
合计		59.9kg				

图 13-12 10GS10-Z1 直线塔塔身结构图④[10GS10-Z1-04(2/2)]

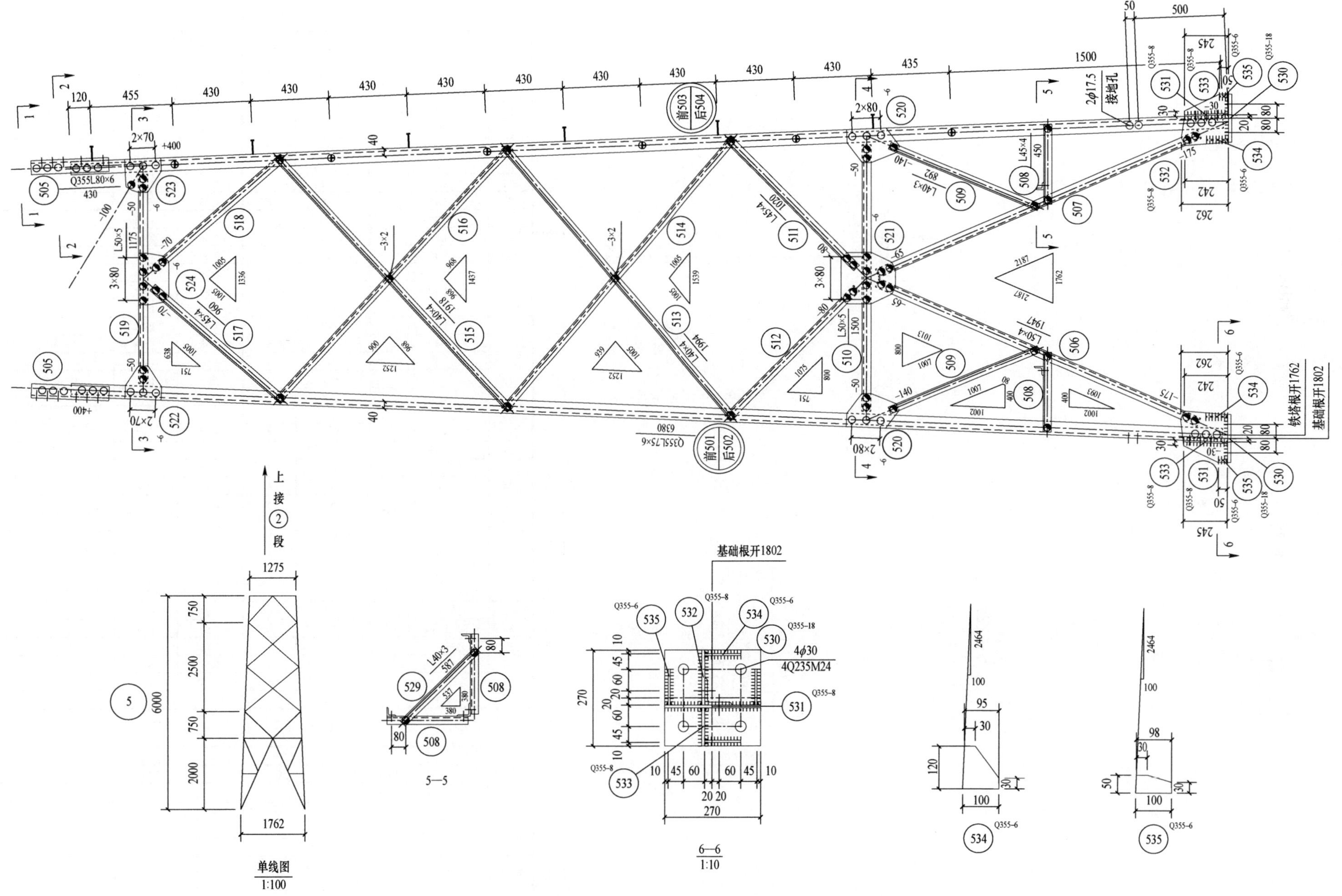

图 13-13　10GS10-Z1 直线塔 12.0m 呼称高塔腿结构图⑤［10GS10-Z1-05（1/2）］

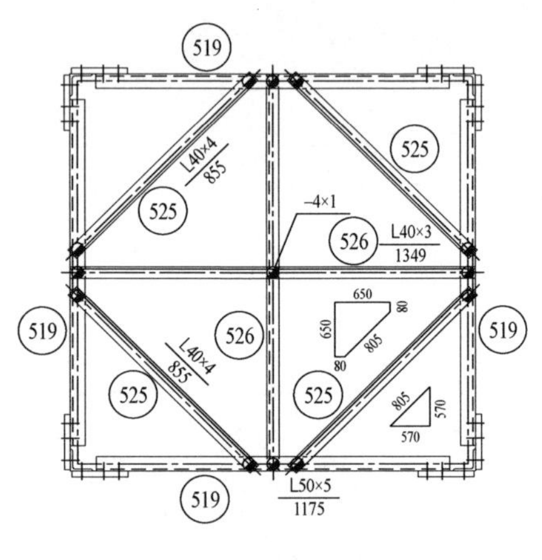

3—3

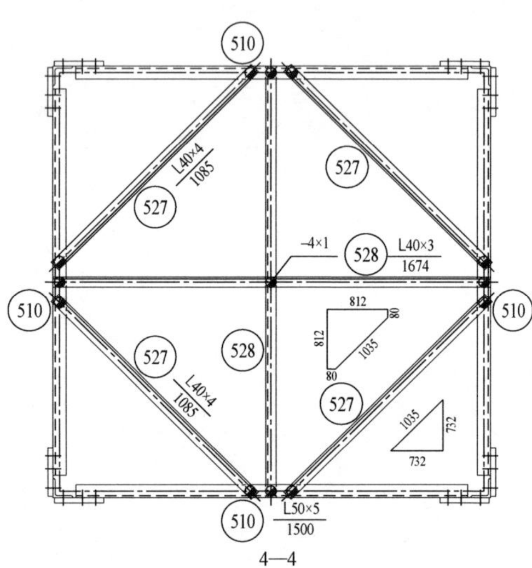

4—4

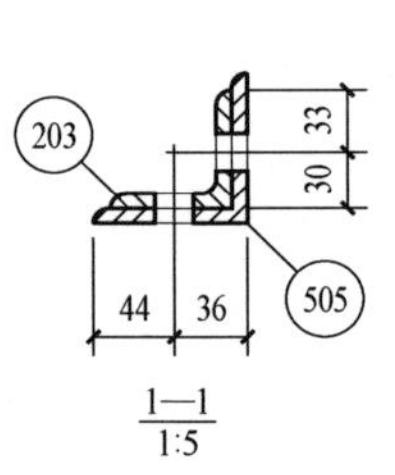

1—1
1:5

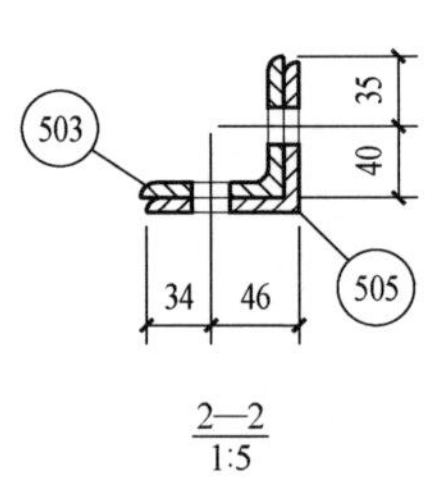

2—2
1:5

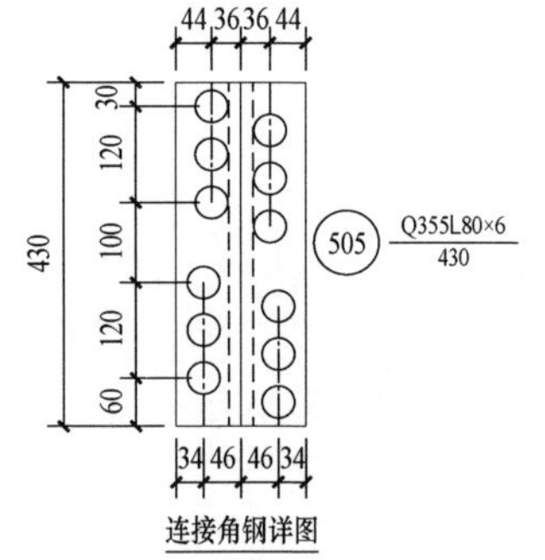

连接角钢详图
1:10

构 件 明 细 表

编号	规格	长度（mm）	数量	质量（kg）		备注
				单件	小计	
501	Q355L75×6	6380	1	44.05	44.1	
502	Q355L75×6	6380	1	44.05	44.1	
503	Q355L75×6	6380	1	44.05	44.1	带脚钉
504	Q355L75×6	6380	1	44.05	44.1	
505	Q355L80×6	430	4	3.17	12.7	清根
506	L50×4	1947	4	5.96	23.8	
507	L50×4	1947	4	5.96	23.8	
508	L45×4	450	8	1.23	9.8	
509	L40×3	892	8	1.65	13.2	
510	L50×5	1500	4	5.66	22.6	
511	L45×4	1020	4	2.79	11.2	
512	L45×4	1020	4	2.79	11.2	切角
513	L40×4	1994	4	4.83	19.3	
514	L40×4	1994	4	4.83	19.3	切角切背
515	L40×4	1918	4	4.65	18.6	
516	L40×4	1918	4	4.65	18.6	切角切背
517	L45×4	960	4	2.63	10.5	
518	L45×4	960	4	2.63	10.5	切背
519	L50×5	1175	4	4.43	17.7	
520	−6×195	290	8	2.66	21.3	
521	−6×290	305	4	4.17	16.7	
522	−6×195	200	4	1.84	7.4	
523	−6×195	200	4	1.84	7.4	
524	−6×170	290	4	2.32	9.3	
525	L40×4	855	4	2.07	8.3	
526	L40×3	1349	2	2.50	5.0	
527	L40×4	1085	4	2.63	10.5	
528	L40×3	1674	2	3.10	6.2	
529	L40×3	587	4	1.09	4.4	
530	Q355−18×270	270	4	10.30	41.2	
531	Q355−8×265	290	4	4.83	19.3	
532	Q355−8×165	270	4	2.80	11.2	
533	Q355−8×110	250	4	1.73	6.9	
534	Q355−6×100	120	8	0.57	4.6	
535	Q355−6×50	100	8	0.24	1.9	
合计		600.8kg				

螺栓、脚钉、垫圈明细表

名称	级别	规格	符号	数量	质量（kg）	备注
螺栓	6.8	M16×40		198	27.7	
		M16×50		32	5.1	
		M20×45		120	32.4	
脚钉	6.8	M16×180		10	3.8	
		M20×200		2	1.3	
垫圈	Q235	−3（ϕ17.5）	规格×个数	16	0.2	
		−4（ϕ17.5）		2	0.1	
合计			70.6kg			

图 13－14　10GS10－Z1 直线塔 12.0m 呼称高塔腿结构图⑤［10GS10－Z1－05（2/2）］

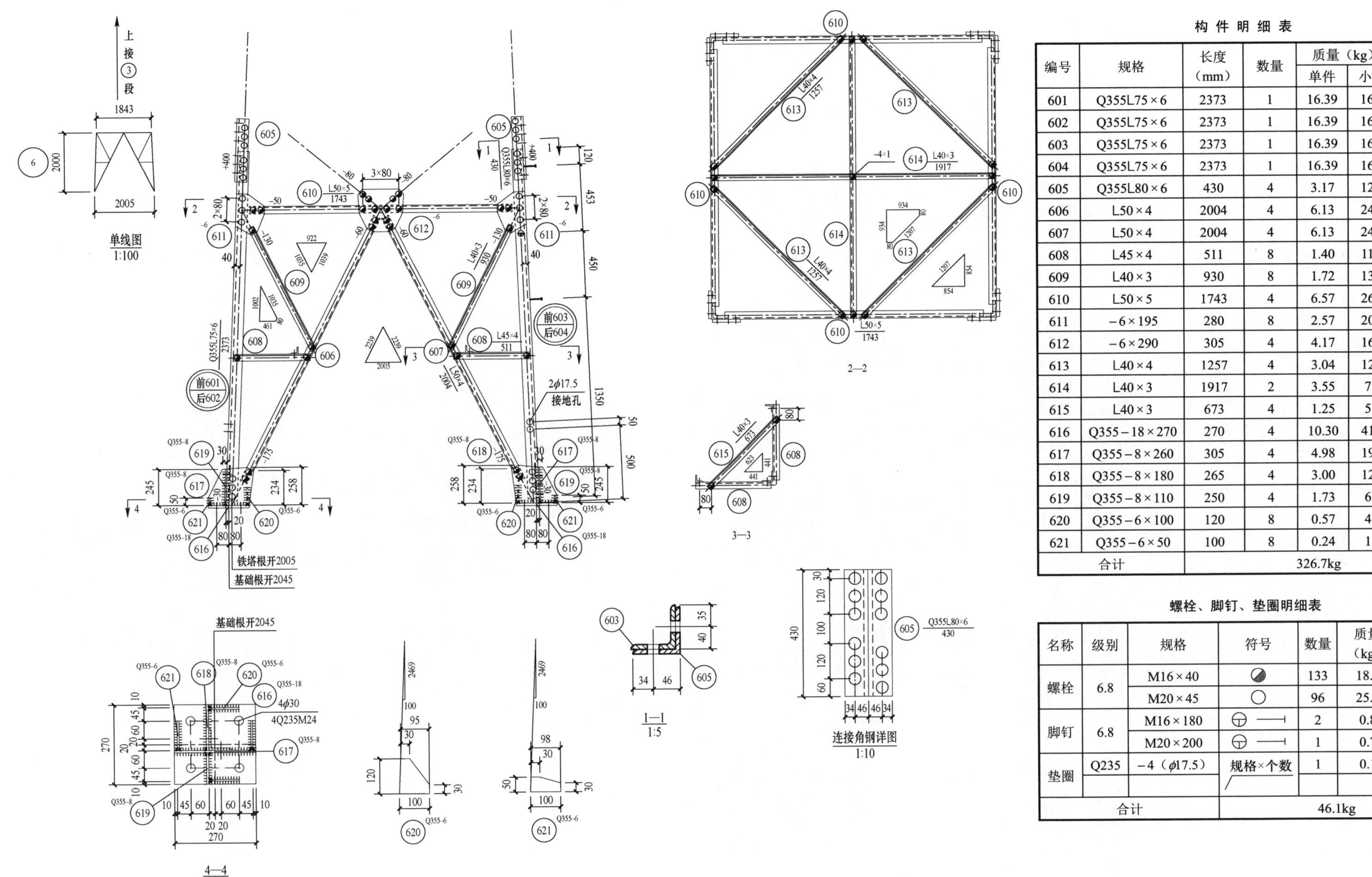

构件明细表

编号	规格	长度(mm)	数量	质量(kg) 单件	小计	备注
601	Q355L75×6	2373	1	16.39	16.4	
602	Q355L75×6	2373	1	16.39	16.4	
603	Q355L75×6	2373	1	16.39	16.4	带脚钉
604	Q355L75×6	2373	1	16.39	16.4	
605	Q355L80×6	430	4	3.17	12.7	清根
606	L50×4	2004	4	6.13	24.5	
607	L50×4	2004	4	6.13	24.5	
608	L45×4	511	8	1.40	11.2	
609	L40×3	930	8	1.72	13.8	
610	L50×5	1743	4	6.57	26.3	
611	－6×195	280	8	2.57	20.6	
612	－6×290	305	4	4.17	16.7	
613	L40×4	1257	4	3.04	12.2	
614	L40×3	1917	2	3.55	7.1	
615	L40×3	673	4	1.25	5.0	
616	Q355－18×270	270	4	10.30	41.2	
617	Q355－8×260	305	4	4.98	19.9	
618	Q355－8×180	265	4	3.00	12.0	
619	Q355－8×110	250	4	1.73	6.9	
620	Q355－6×100	120	8	0.57	4.6	
621	Q355－6×50	100	8	0.24	1.9	
合计		326.7kg				

螺栓、脚钉、垫圈明细表

名称	级别	规格	符号	数量	质量(kg)	备注
螺栓	6.8	M16×40	◑	133	18.6	
		M20×45	○	96	25.9	
脚钉	6.8	M16×180	⊖—⊣	2	0.8	
		M20×200	⊖—⊣	1	0.7	
垫圈	Q235	－4（ϕ17.5）	规格×个数	1	0.1	
合计			46.1kg			

图 13－15　10GS10－Z1 直线塔 15.0m 呼称高塔腿结构图⑥（10GS10－Z1－06）

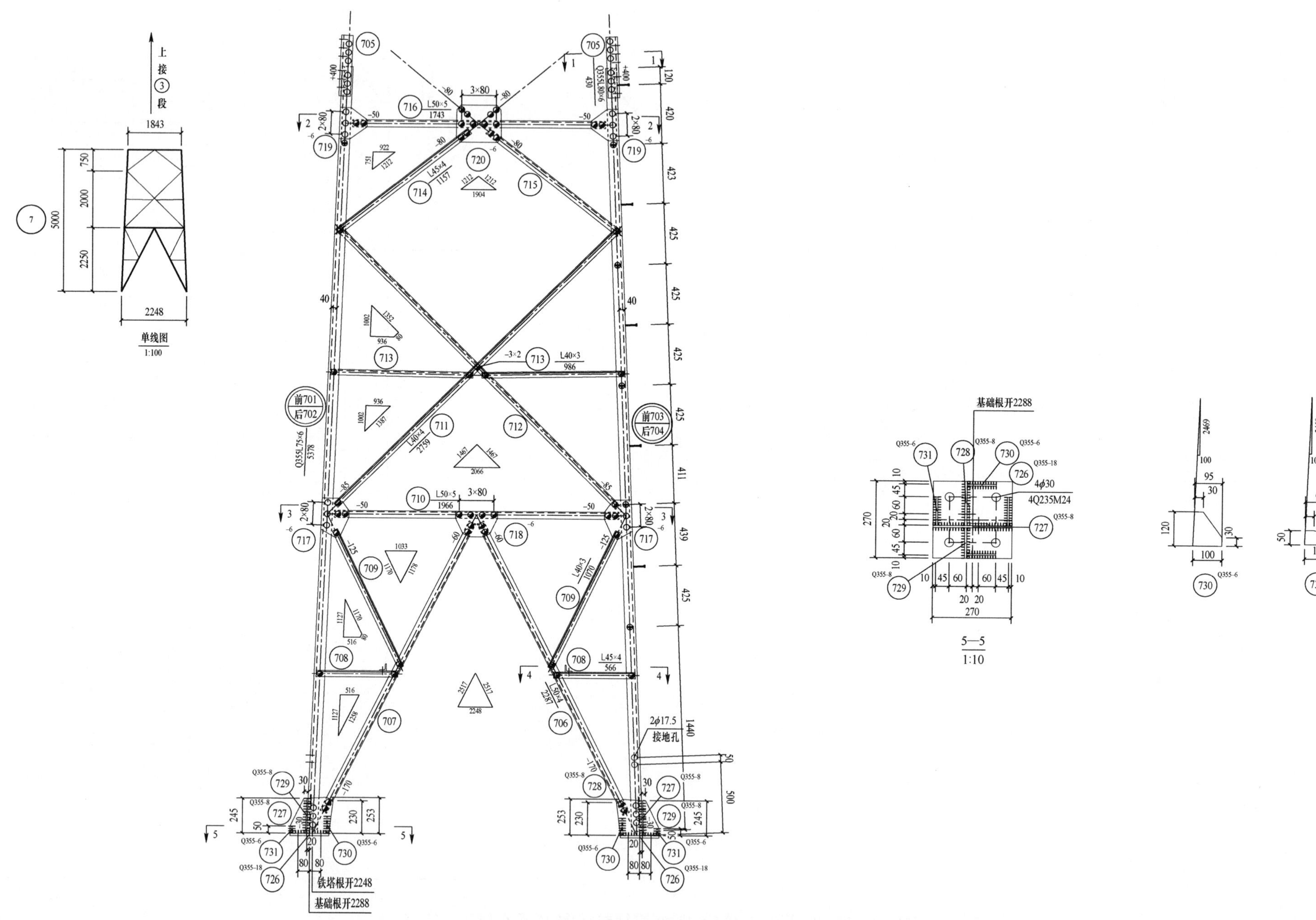

图 13－16　10GS10－Z1 直线塔 18.0m 呼称高塔腿结构图⑦［10GS10－Z1－07（1/2）］

2—2

3—3

4—4

1—1
1:5

连接角钢详图
1:10

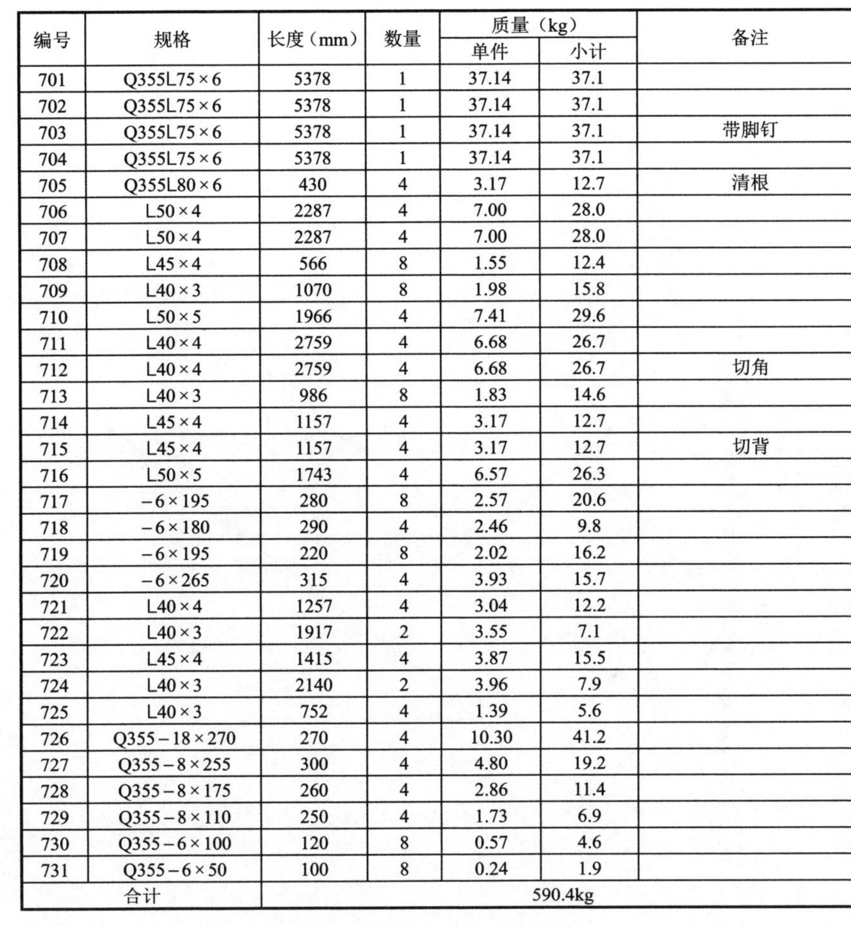

构件明细表

编号	规格	长度（mm）	数量	质量（kg）		备注
				单件	小计	
701	Q355L75×6	5378	1	37.14	37.1	
702	Q355L75×6	5378	1	37.14	37.1	
703	Q355L75×6	5378	1	37.14	37.1	带脚钉
704	Q355L75×6	5378	1	37.14	37.1	
705	Q355L80×6	430	4	3.17	12.7	清根
706	L50×4	2287	4	7.00	28.0	
707	L50×4	2287	4	7.00	28.0	
708	L45×4	566	8	1.55	12.4	
709	L40×3	1070	8	1.98	15.8	
710	L50×5	1966	4	7.41	29.6	
711	L40×4	2759	4	6.68	26.7	
712	L40×4	2759	4	6.68	26.7	切角
713	L40×3	986	8	1.83	14.6	
714	L45×4	1157	4	3.17	12.7	
715	L45×4	1157	4	3.17	12.7	切背
716	L50×5	1743	4	6.57	26.3	
717	−6×195	280	8	2.57	20.6	
718	−6×180	290	4	2.46	9.8	
719	−6×195	220	8	2.02	16.2	
720	−6×265	315	4	3.93	15.7	
721	L40×4	1257	4	3.04	12.2	
722	L40×3	1917	2	3.55	7.1	
723	L45×4	1415	4	3.87	15.5	
724	L40×3	2140	2	3.96	7.9	
725	L40×3	752	4	1.39	5.6	
726	Q355−18×270	270	4	10.30	41.2	
727	Q355−8×255	300	4	4.80	19.2	
728	Q355−8×175	260	4	2.86	11.4	
729	Q355−8×110	250	4	1.73	6.9	
730	Q355−6×100	120	8	0.57	4.6	
731	Q355−6×50	100	8	0.24	1.9	
合计		590.4kg				

螺栓、脚钉、垫圈明细表

名称	级别	规格	符号	数量	质量（kg）	备注
螺栓	6.8	M16×40		218	30.5	
		M16×50		12	1.9	
		M20×45		119	32.1	
脚钉	6.8	M16×180		8	3.0	
		M20×200		2	1.3	
垫圈	Q235	−3（ϕ17.5）	规格×个数	8	0.1	
		−4（ϕ17.5）		2	0.1	
合计			69.0kg			

图 13－17　10GS10－Z1 直线塔 18.0m 呼称高塔腿结构图⑦［10GS10－Z1－07（2/2）］

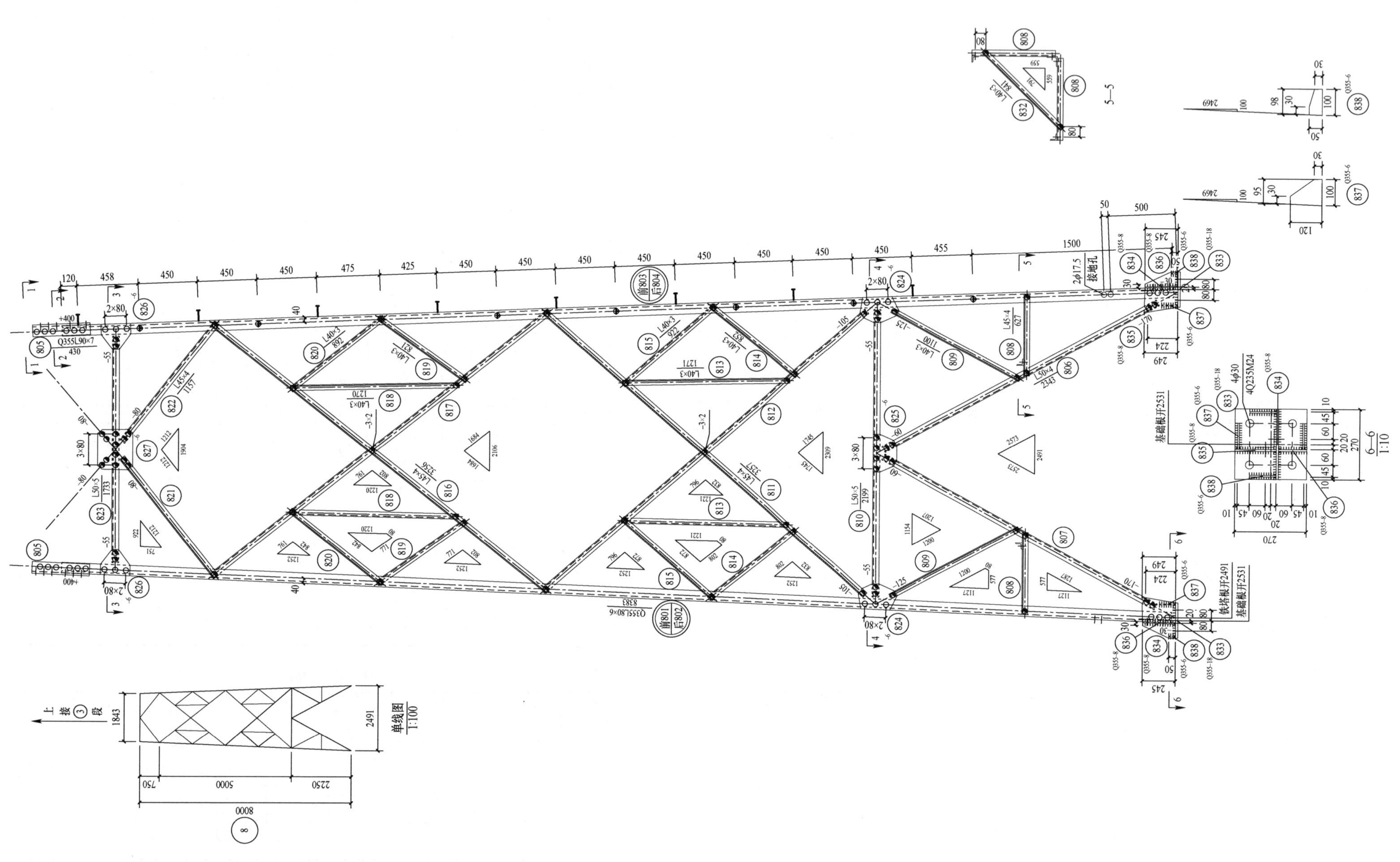

图 13－18　10GS10－Z1 直线塔 21.0m 呼称高塔腿结构图⑧［10GS10－Z1－08（1/2）］

构件明细表

编号	规格	长度（mm）	数量	质量（kg）		备注
				单件	小计	
801	Q355L80×6	8383	1	61.83	61.8	
802	Q355L80×6	8383	1	61.83	61.8	
803	Q355L80×6	8383	1	61.83	61.8	带脚钉
804	Q355L80×6	8383	1	61.83	61.8	
805	Q355L90×7	430	4	4.11	16.4	清根
806	L50×4	2343	4	7.17	28.7	
807	L50×4	2343	4	7.17	28.7	
808	L45×4	627	8	1.72	13.8	
809	L40×3	1100	8	2.04	16.3	
810	L50×5	2199	4	8.29	33.2	
811	L45×4	3257	4	8.91	35.6	
812	L45×4	3257	4	8.91	35.6	切角
813	L40×3	1271	8	2.35	18.8	切角
814	L40×3	852	8	1.58	12.6	
815	L40×3	922	8	1.71	13.7	
816	L45×4	3256	4	8.91	35.6	
817	L45×4	3256	4	8.91	35.6	切角切背
818	L40×3	1270	8	2.35	18.8	切角
819	L40×3	821	8	1.52	12.2	
820	L40×3	892	8	1.65	13.2	
821	L45×4	1157	4	3.17	12.7	
822	L45×4	1157	4	3.17	12.7	切背
823	L50×5	1733	4	6.53	26.1	
824	−6×200	295	8	2.78	22.2	
825	−6×180	290	4	2.46	9.8	
826	−6×200	220	8	2.07	16.6	
827	−6×265	315	4	3.93	15.7	
828	L40×4	1260	4	3.05	12.2	
829	L40×3	1921	2	3.56	7.1	
830	L45×4	1589	4	4.35	17.4	
831	L40×4	2387	2	5.78	11.6	
832	L40×3	841	4	1.56	6.2	
833	Q355−18×270	270	4	10.30	41.2	
834	Q355−8×250	310	4	4.87	19.5	
835	Q355−8×185	255	4	2.96	11.8	
836	Q355−8×110	250	4	1.73	6.9	
837	Q355−6×100	120	8	0.57	4.6	
838	Q355−6×50	100	8	0.24	1.9	
合计		872.2kg				

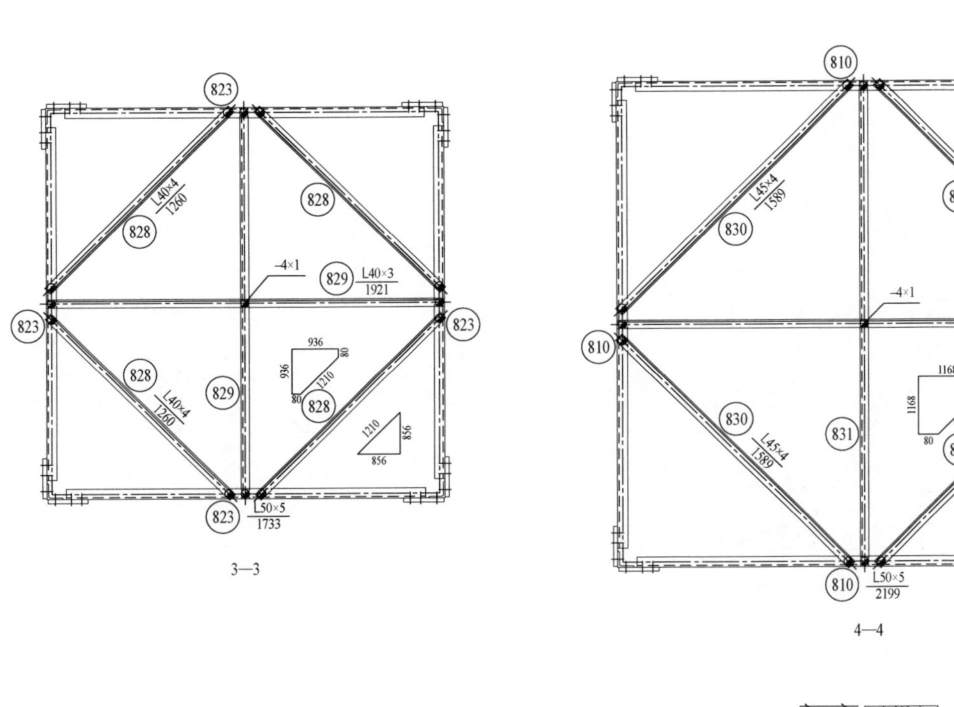

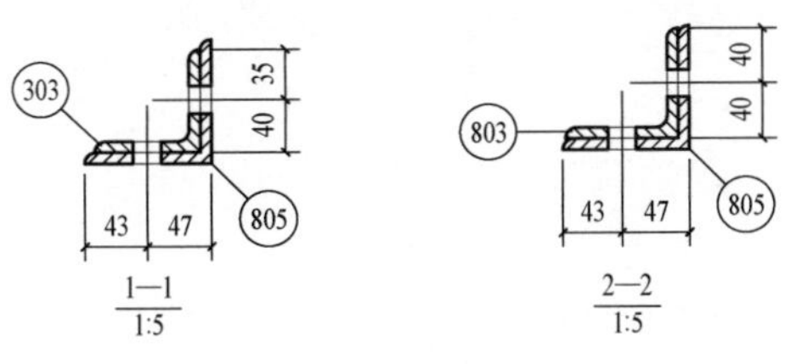

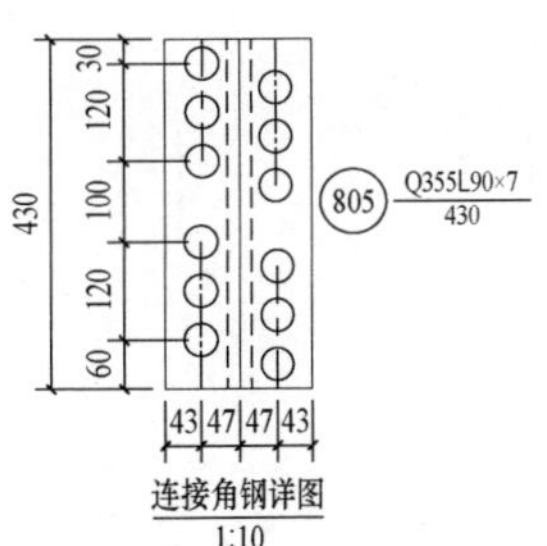

螺栓、脚钉、垫圈明细表

名称	级别	规格	符号	数量	质量（kg）	备注
螺栓	6.8	M16×40		265	37.1	
		M16×50		24	3.8	
		M20×45		120	32.4	
脚钉	6.8	M16×180		15	5.7	
		M20×200		1	0.7	
垫圈	Q235	−3（ϕ17.5）	规格×个数	16	0.2	
		−4（ϕ17.5）		2	0.1	
合计			80.0kg			

图 13－19　10GS10－Z1 直线塔 21.0m 呼称高塔腿结构图⑧［10GS10－Z1－08（2/2）］

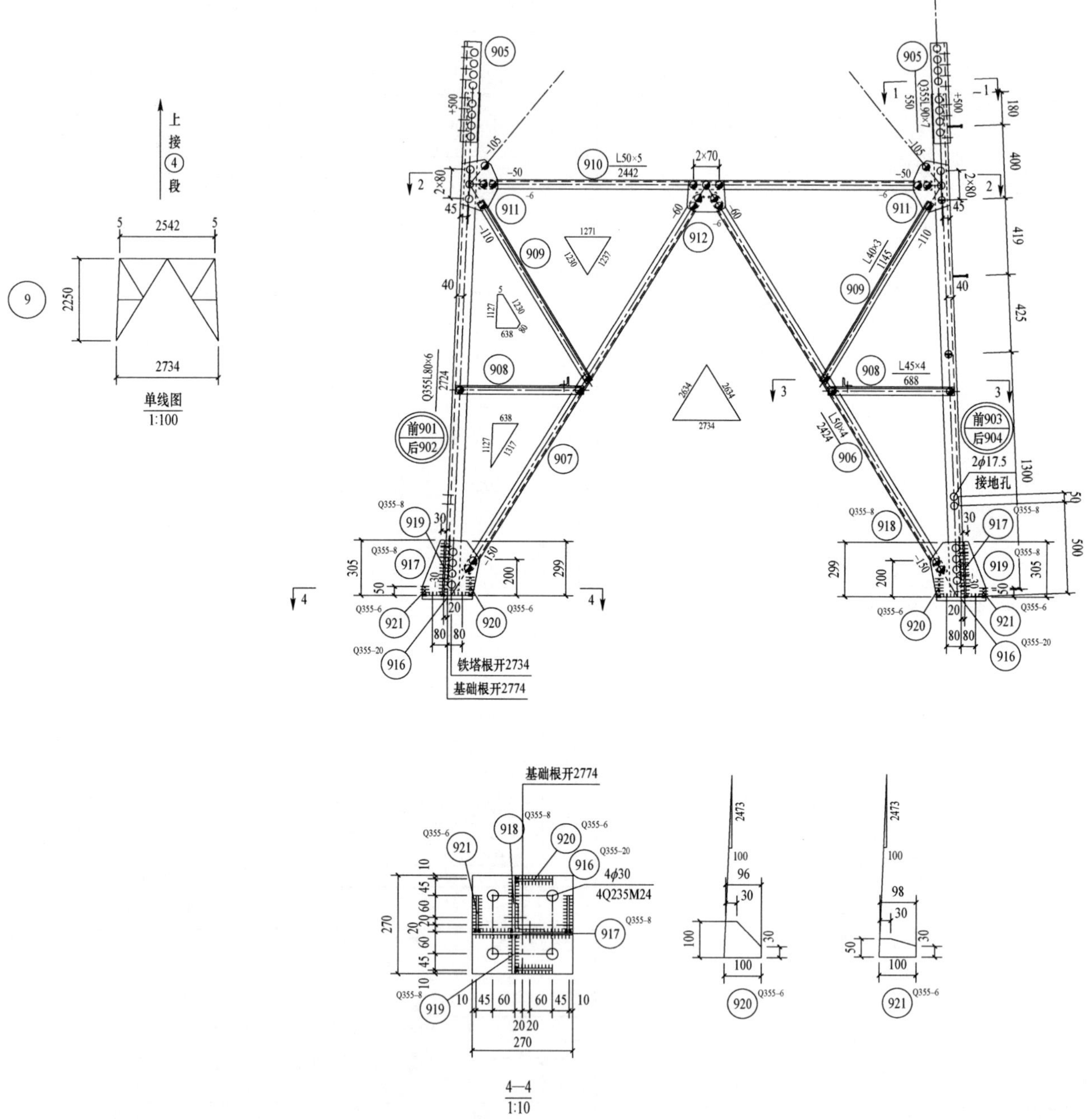

图 13-20　10GS10-Z1 直线塔 24.0m 呼称高塔腿结构图⑨［10GS10-Z1-09（1/2）］

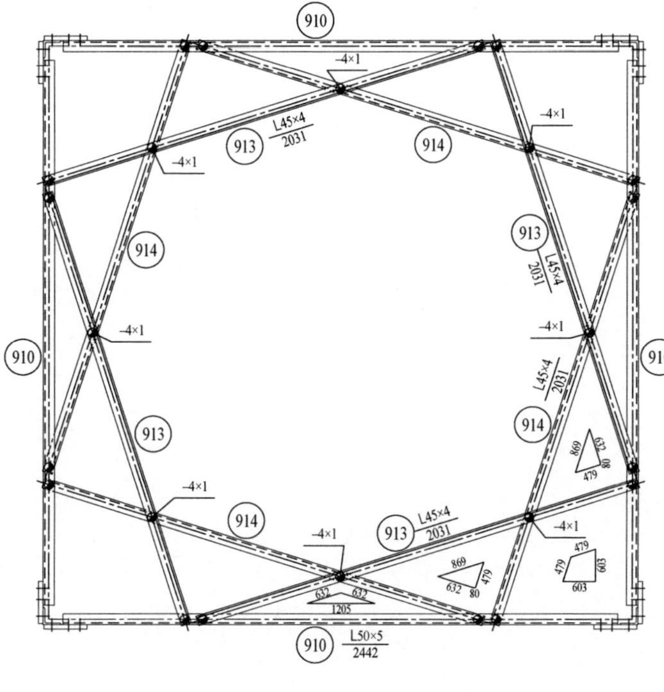

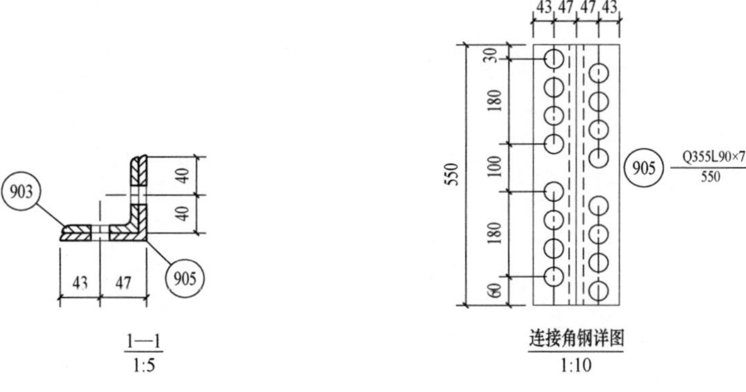

构件明细表

编号	规格	长度（mm）	数量	质量（kg）		备注
				单件	小计	
901	Q355L80×6	2724	1	20.09	20.1	
902	Q355L80×6	2724	1	20.09	20.1	
903	Q355L80×6	2724	1	20.09	20.1	带脚钉
904	Q355L80×6	2724	1	20.09	20.1	
905	Q355L90×7	550	4	5.26	21.0	清根
906	L50×4	2424	4	7.42	29.7	
907	L50×4	2424	4	7.42	29.7	
908	L45×4	688	8	1.88	15.0	
909	L40×3	1145	8	2.12	17.0	
910	L50×5	2442	4	9.21	36.8	
911	−6×200	285	8	2.68	21.4	
912	−6×175	210	4	1.73	6.9	
913	L45×4	2031	4	5.56	22.2	
914	L45×4	2031	4	5.56	22.2	切角
915	L40×3	927	4	1.72	6.9	
916	Q355−20×270	270	4	11.45	45.8	
917	Q355−8×275	340	4	5.87	23.5	
918	Q355−8×185	305	4	3.54	14.2	
919	Q355−8×110	310	4	2.14	8.6	
920	Q355−6×100	100	8	0.47	3.8	
921	Q355−6×50	100	8	0.24	1.9	
合计	407.0kg					

螺栓、脚钉、垫圈明细表

名称	级别	规格	符号	数量	质量（kg）	备注
螺栓	6.8	M16×40	◕	132	18.5	
		M20×45	○	119	32.1	
脚钉	6.8	M16×180	⊖ ⊣	2	0.8	
		M20×200	⊖ ⊣	2	1.3	
垫圈	Q235	−4（ϕ17.5）	规格×个数	8	0.2	
合计		52.9kg				

图 13－21　10GS10－Z1 直线塔 24.0m 呼称高塔腿结构图⑨［10GS10－Z1－09（2/2）］

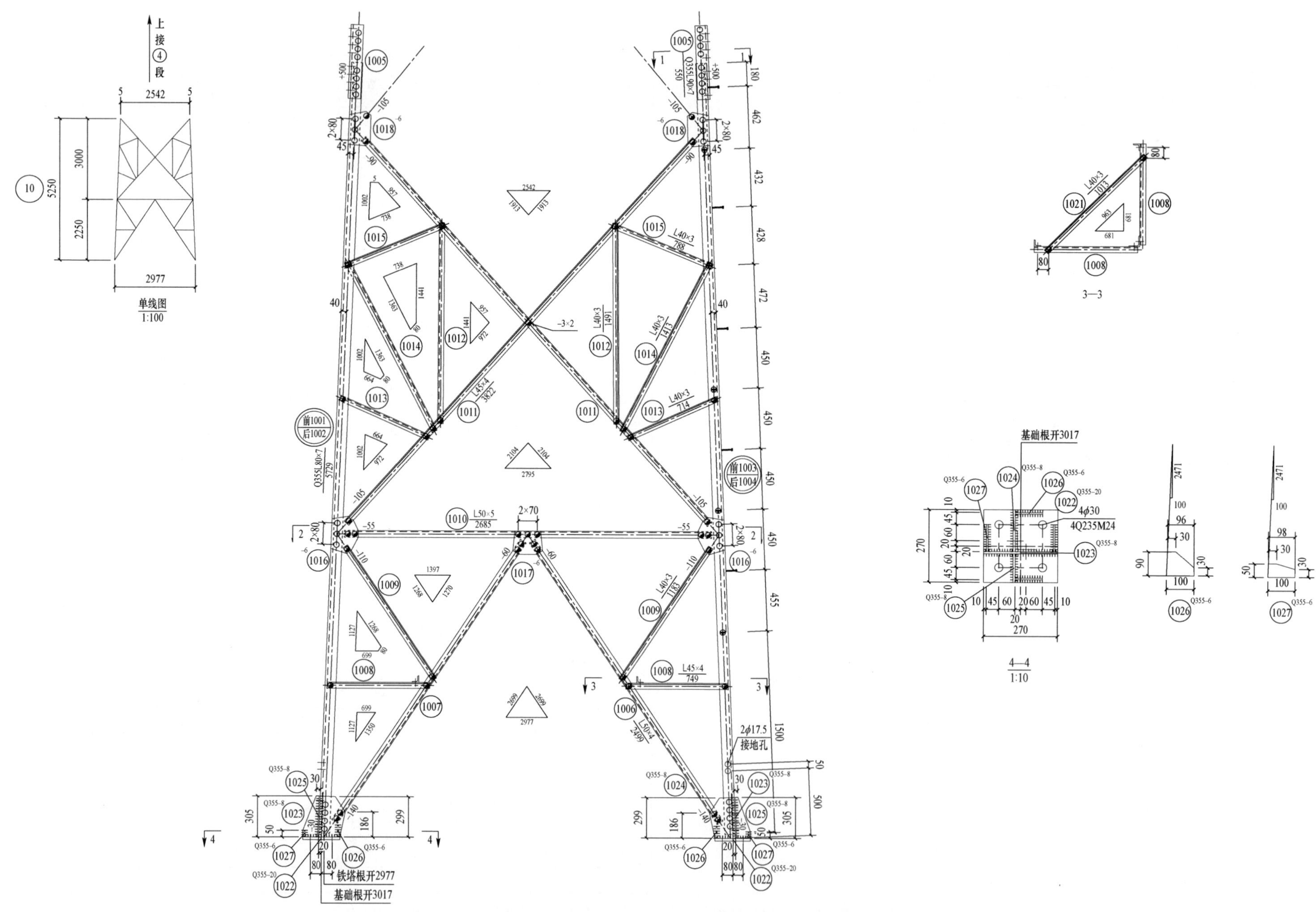

图 13－22　10GS10－Z1 直线塔 27.0m 呼称高塔腿结构图⑩［10GS10－Z1－10（1/2）］

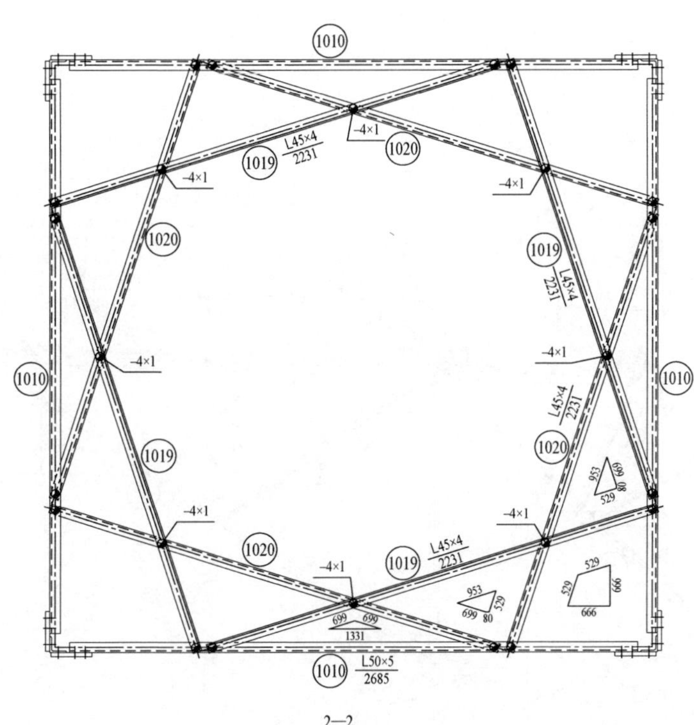

2—2

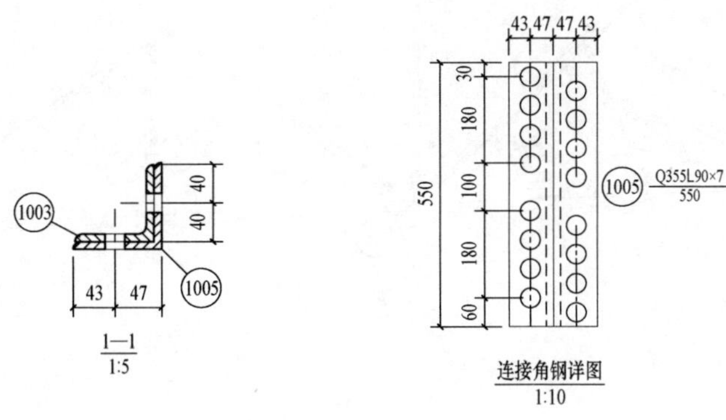

1—1
1:5

连接角钢详图
1:10

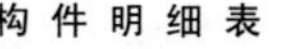
构件明细表

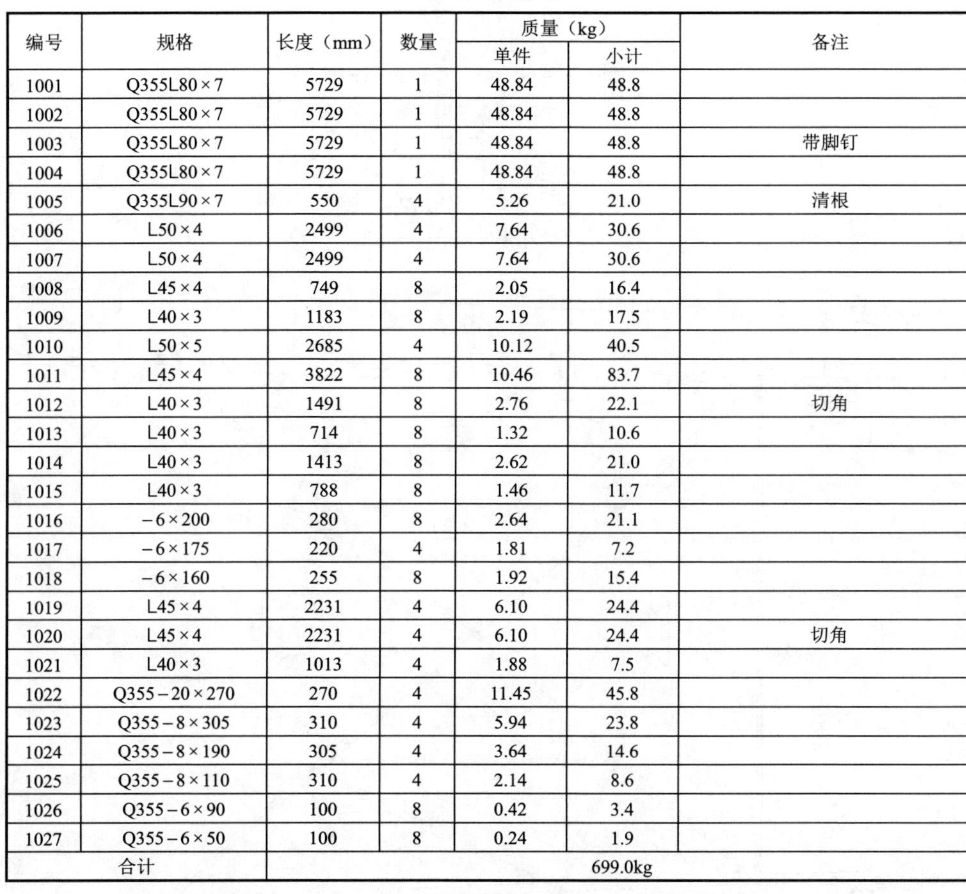

编号	规格	长度（mm）	数量	质量（kg）		备注
				单件	小计	
1001	Q355L80×7	5729	1	48.84	48.8	
1002	Q355L80×7	5729	1	48.84	48.8	
1003	Q355L80×7	5729	1	48.84	48.8	带脚钉
1004	Q355L80×7	5729	1	48.84	48.8	
1005	Q355L90×7	550	4	5.26	21.0	清根
1006	L50×4	2499	4	7.64	30.6	
1007	L50×4	2499	4	7.64	30.6	
1008	L45×4	749	8	2.05	16.4	
1009	L40×3	1183	8	2.19	17.5	
1010	L50×5	2685	4	10.12	40.5	
1011	L45×4	3822	8	10.46	83.7	
1012	L40×3	1491	8	2.76	22.1	切角
1013	L40×3	714	8	1.32	10.6	
1014	L40×3	1413	8	2.62	21.0	
1015	L40×3	788	8	1.46	11.7	
1016	−6×200	280	8	2.64	21.1	
1017	−6×175	220	4	1.81	7.2	
1018	−6×160	255	8	1.92	15.4	
1019	L45×4	2231	4	6.10	24.4	
1020	L45×4	2231	4	6.10	24.4	切角
1021	L40×3	1013	4	1.88	7.5	
1022	Q355−20×270	270	4	11.45	45.8	
1023	Q355−8×305	310	4	5.94	23.8	
1024	Q355−8×190	305	4	3.64	14.6	
1025	Q355−8×110	310	4	2.14	8.6	
1026	Q355−6×90	100	8	0.42	3.4	
1027	Q355−6×50	100	8	0.24	1.9	
合计		699.0kg				

螺栓、脚钉、垫圈明细表

名称	级别	规格	符号	数量	质量（kg）	备注
螺栓	6.8	M16×40		188	26.3	
		M16×50		11	1.8	
		M20×45		144	38.9	
脚钉	6.8	M16×180		9	3.4	
		M20×200		1	0.7	
垫圈	Q235	−3（ϕ17.5）	规格×个数	8	0.1	
		−4（ϕ17.5）		8	0.2	
合计			71.4kg			

图 13－23　10GS10－Z1 直线塔 27.0m 呼称高塔腿结构图⑩［10GS10－Z1－10（2/2）］

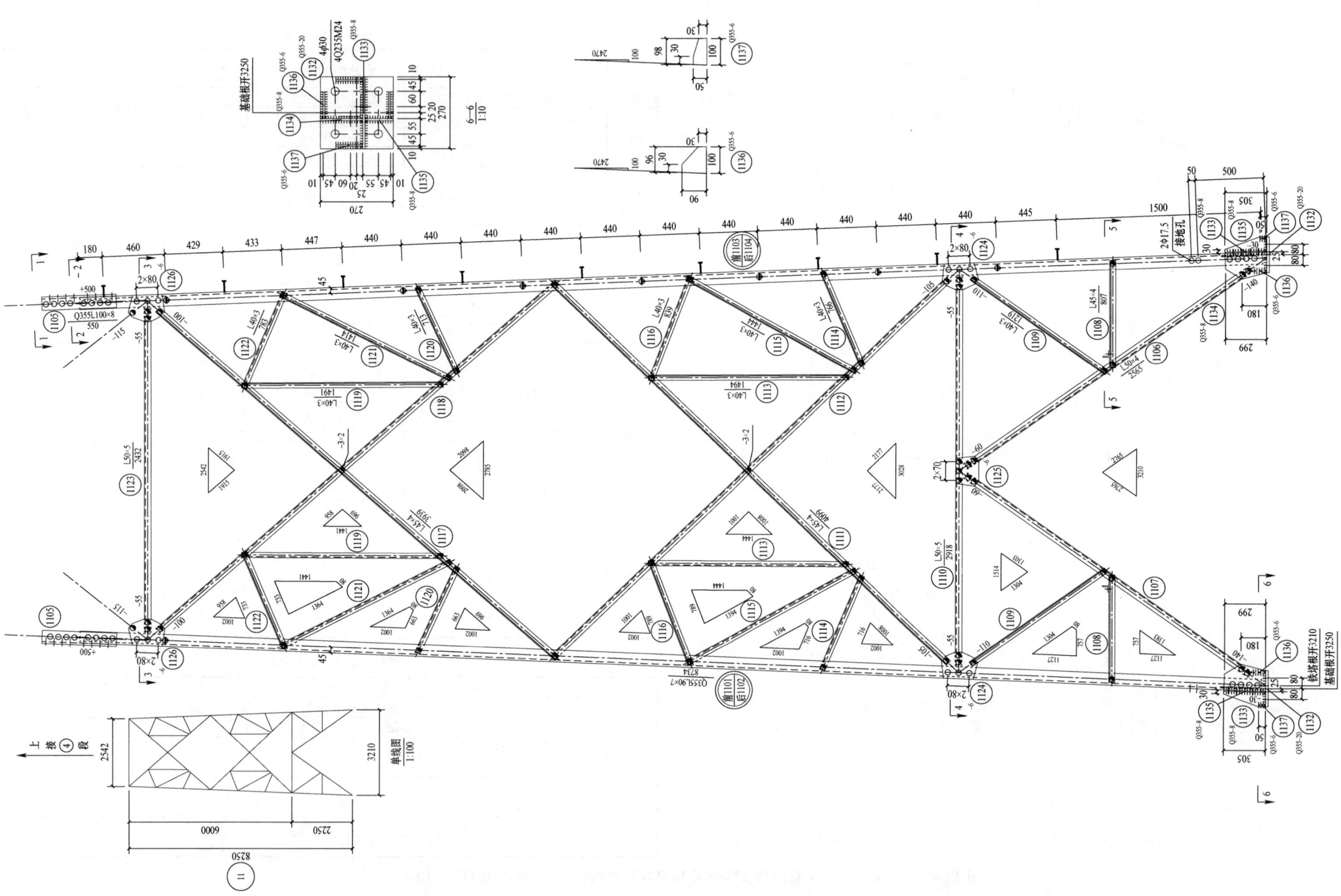

图 13-24　10GS10-Z1 直线塔 30.0m 呼称高塔腿结构图⑪［10GS10-Z1-11（1/2）］

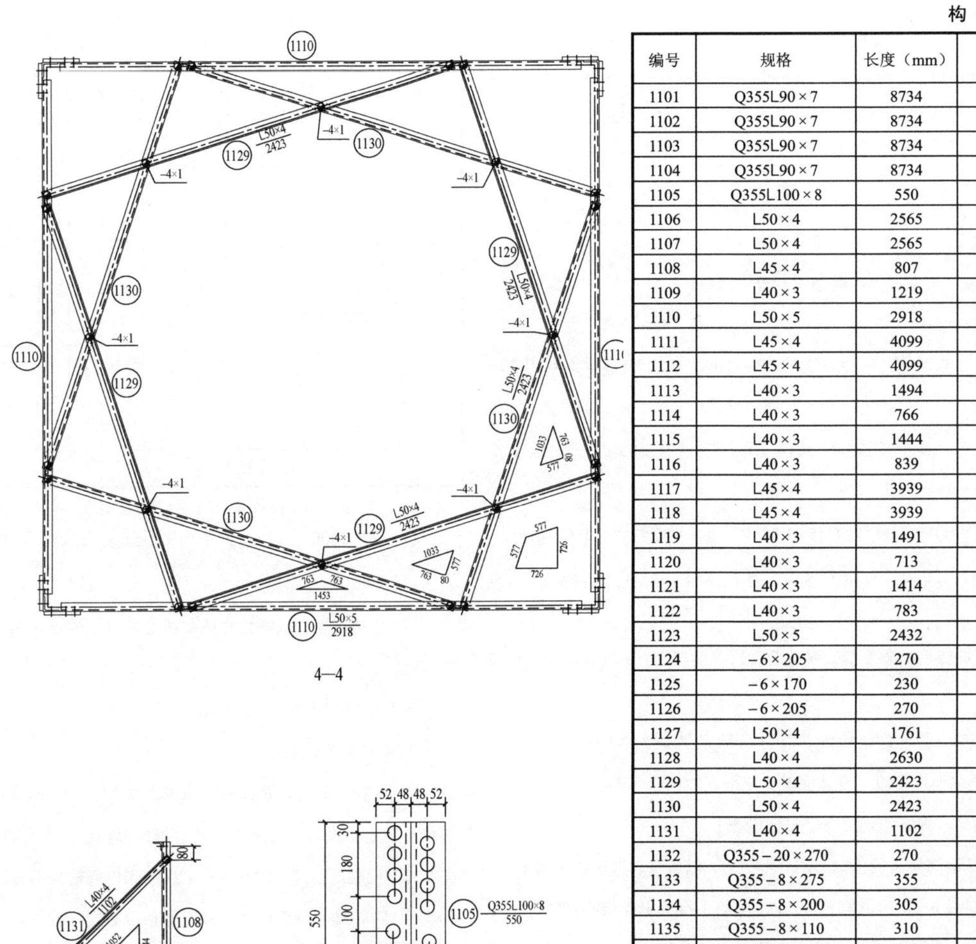

3—3

1—1
1:5

2—2
1:5

构件明细表

编号	规格	长度（mm）	数量	质量（kg）		备注
				单件	小计	
1101	Q355L90×7	8734	1	83.54	83.5	
1102	Q355L90×7	8734	1	83.54	83.5	
1103	Q355L90×7	8734	1	83.54	83.5	带脚钉
1104	Q355L90×7	8734	1	83.54	83.5	
1105	Q355L100×8	550	4	6.75	27.0	清根
1106	L50×4	2565	4	7.85	31.4	
1107	L50×4	2565	4	7.85	31.4	
1108	L45×4	807	8	2.21	17.7	
1109	L40×3	1219	8	2.26	18.1	
1110	L50×5	2918	4	11.00	44.0	
1111	L45×4	4099	4	11.21	44.8	
1112	L45×4	4099	4	11.21	44.8	
1113	L40×3	1494	8	2.77	22.2	切角
1114	L40×3	766	8	1.42	11.4	
1115	L40×3	1444	8	2.67	21.4	
1116	L40×3	839	8	1.55	12.4	
1117	L45×4	3939	4	10.78	43.1	
1118	L45×4	3939	4	10.78	43.1	
1119	L40×3	1491	8	2.76	22.1	切角
1120	L40×3	713	8	1.32	10.6	
1121	L40×3	1414	8	2.62	21.0	
1122	L40×3	783	8	1.45	11.6	
1123	L50×5	2432	4	9.17	36.7	
1124	−6×205	270	8	2.61	20.9	
1125	−6×170	230	4	1.84	7.4	
1126	−6×205	270	8	2.61	20.9	
1127	L50×4	1761	4	5.39	21.6	
1128	L40×4	2630	2	6.37	12.7	
1129	L50×4	2423	4	7.41	29.6	
1130	L50×4	2423	4	7.41	29.6	切角
1131	L40×4	1102	4	2.67	10.7	
1132	Q355−20×270	270	4	11.45	45.8	
1133	Q355−8×275	355	4	6.13	24.5	
1134	Q355−8×200	305	4	3.83	15.3	
1135	Q355−8×110	310	4	2.14	8.6	
1136	Q355−6×90	100	8	0.42	3.4	
1137	Q355−6×50	100	8	0.24	1.9	
合计		1101.7kg				

螺栓、脚钉、垫圈明细表

名称	级别	规格	符号	数量	质量（kg）	备注
螺栓	6.8	M16×40		257	36.0	
		M16×50		31	5.0	
		M20×45		144	38.9	
脚钉	6.8	M16×180		16	6.1	
		M20×200		1	0.7	
垫圈	Q235	−3（ϕ17.5）	规格×个数	16	0.2	
		−4（ϕ17.5）		9	0.3	
合计			87.2kg			

图 13−25　10GS10−Z1 直线塔 30.0m 呼称高塔腿结构图⑪［10GS10−Z1−11（2/2）］

铁塔加工统一说明

1. 铁塔的设计执行 GB 50017—2017《钢结构设计规范》和 DL/T 5154—2012《架空输电线路杆塔结构设计技术规定》的有关规定。铁塔的加工本说明未列之处，需满足如下国标、规范和行业规定的要求：

GB 50661—2011《钢结构焊接规范》

GB 50205—2020《钢结构工程施工质量验收规范》

GB/T 2694—2018《输电线路铁塔制造技术条件》

GB 50173—2014《电气装置安装工程 66kV 及以下架空电力线路施工及验收规范》

DL/T 5442—2020《输电线路杆塔制图和构造规定》

2. 结构图中图面内的图例，代号等在说明中未提及之处，均按 DL/T 5442—2020《输电线路铁塔制图和构造规定》中的要求执行。

3. 钢材质量标准应符合 GB/T 700—2006《碳素结构钢》及 GB/T 1591—2018《低合金高强度结构钢》的有关要求。

4. 铁塔构件的钢种为 Q235B、Q355B，图中注明 Q355 材料为 Q355B 钢材，未注明者均为 Q235B 钢材。

5. 螺栓、螺母应符合的标准分别为 GB/T 5780—2016《六角头螺栓 C 级》、GB/T 6170—2015《1 型六角螺母》。

6. 所有螺栓（包括防卸螺栓）的强度等级为热镀锌后的强度值，螺栓及脚钉强度级别：M16、M20 为 6.8 级，M24 采用 8.8 级。

7. 垫圈标准应符合 GB/T 95—2002《平垫圈 C 级》，按照螺栓规格不同，分别加工厚度为 3mm（M16 螺栓）和 4mm（M20 螺栓、M24 螺栓）两种垫圈。当需垫的厚度超过 3 个垫圈时，应采用加工相应厚度垫块的形式。

8. 所有材料，包括角钢、钢板、螺栓、防卸螺栓、焊条等均应有出厂合格证书。

9. 所有构件均应作热（浸）镀锌防腐处理。并且不同材质的角钢必须分批镀锌，以免引起镀锌质量的下降。

10. 构件焊接应严格按照焊接规程，规范和有关规定进行，焊缝高度未注明的不得小于连接构件的最小厚度，当被焊接构件厚度不小于 8mm 时，要按规定进行剖口后再焊，以便焊透。厚度不小于 20mm 的焊件应采取焊前预热或焊后保温等相应处理措施，避免焊件的碎裂危险或过高的焊接应力。焊缝等级要求参见施工图纸。

11. Q355 及 Q235 钢构件所对应采用的焊条分别为 E50 系列及 E43 系列。当高级别钢和低级别钢相焊时，应采用低级别钢对应的焊条，所有焊接件均需加封焊，以防酸液进入接触面而造成锈蚀。

12. 加工时如需材料代用及改变结构形式等情况，须征得设计单位的同意。材料代用时，需注意相关影响（螺栓长度、主材接头相平、内垫片增减等），应与图纸对应列表统计，并由加工厂书面通知施工单位，以方便施工安装。

13. 角钢基准线和螺栓准线除图中特殊注明外，一般按表 1 采用。

表 1 角钢的螺栓准线表

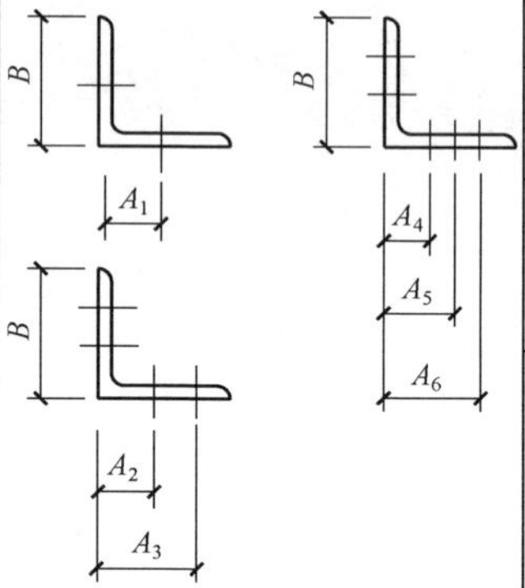

肢宽	B	40	45	50	56	63	70	75	80	90	100	110	125	140	160	180	200	220	250
单排	A_1	20	23	25 (28)	28 (32)	30 (36)	35 (40)	38 (40)	40	45	50	55	60	70	80	90	100	110	125
双排	A_2											45	50	55	60	65	75	85	100
	A_3											75	85	90	105	120	135	130	150
三排	A_4																	85	100
	A_5																	130	150
	A_6																	175	200
最大可用螺栓孔径		φ17.5				φ21.5									φ25.5				

注 1. 括号内的数字用于当其他构件与本角钢搭接而螺栓边距不足时，在搭接位置上的螺栓孔可使用的准线值。
2. L100 及以下角钢一般不宜采用双排准线，L200 及以下角钢一般不宜采用三排准线。
3. 对于三排准线除非设计有要求，一般不得擅自使用。

14. 当角钢上打双排螺栓或多排螺栓时，螺栓在角钢轴心线上的投影孔距必须满足以下规定：

当用 M16 螺栓时，$L \geqslant 40$mm；

当用 M20 螺栓时，$L \geqslant 50$mm（参见图 1）。

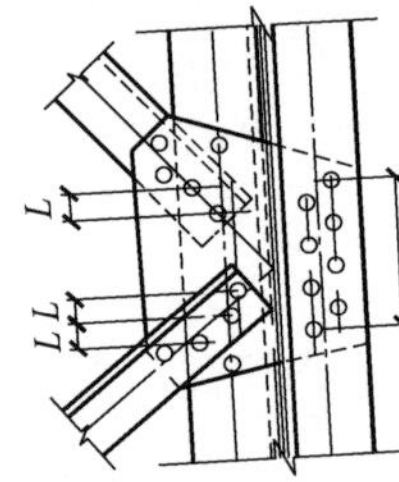

图 1

15. 螺栓、脚钉、垫圈规格按表 2 采用。最短腿离地高 8m 以下的连接螺栓采用防卸螺栓，其他均采用防松措施（采用薄螺母防松）。单帽螺栓配一帽、一垫、一薄螺母；双帽螺栓配两帽、一垫。M16 和 M20 的螺栓规格采用 6.8 级、M24 及以上的螺栓规格采用 8.8 级，防卸螺栓规格由业主及运行单位确定，并保证出扣。但挂线角钢处应采用双帽防松。业主方或运行方有特殊要求的应按照业主方或运行方的要求。螺栓的长度和数量必须经过放样和试组装的检验，当长度或数量有误时，应及时汇报给监理或设计单位。

图 13－26　10GS10－Z1 直线塔加工说明（10GS10－Z1－12）

表 2　　螺栓、脚钉、垫圈规格表

单帽螺栓（带一垫、一扣紧螺母）						双帽螺栓（带一垫双帽）				
级别	规格	图例	说明			规格	图例	说明		
			无扣长（mm）	通过厚度（mm）	每套质量（kg）			无扣长（mm）	通过厚度（mm）	每套质量（kg）
6.8级	M16×40		6	7～12	0.1442	M16×50	○	6	7～12	0.1875
	M16×50		12	13～22	0.1602	M16×60	○	12	13～22	0.2039
	M16×60		22	23～32	0.1762	M16×70	○	22	23～32	0.2203
	M16×70		32	33～42	0.1922	M16×80	○	32	33～42	0.2369
6.8级	M20×45	○	8	9～15	0.2701	M20×60	○	8	9～15	0.3605
	M20×55	⌀	15	16～25	0.2953	M20×70	○	15	16～25	0.3864
	M20×65		25	26～35	0.3205	M20×80	○	25	26～35	0.4123
	M20×75	⌀	35	36～45	0.3457	M20×90	○	35	36～45	0.4381
	M20×85		45	46～55	0.3709	M20×100	○	45	46～55	0.4640
	M20×95		55	56～65	0.3961	M20×110	○	55	56～65	0.4899
	M20×105		65	66～75	0.4213	M20×120	○	65	66～75	0.5158
8.8级	M24×55	◎	12	13～20	0.4631	M24×75	◎	12	13～20	0.6278
	M24×65		20	21～30	0.5000	M24×85	◎	20	21～30	0.6655
	M24×75		30	31～40	0.5368	M24×95	◎	30	31～40	0.7033
	M24×85		40	41～50	0.5737	M24×105	◎	40	41～50	0.7410
	M24×95		50	51～60	0.6105	M24×115	◎	50	51～60	0.7787
	M24×105		60	61～70	0.6473	M24×125	◎	60	61～70	0.8165
	M24×115		70	71～80	0.6842	M24×135	◎	70	71～80	0.8541
	M24×130		80	81～95	0.7375	M24×150	◎	80	81～95	0.9074

脚钉					垫圈					
级别	规格	图例	无扣长（mm）	每只质量（kg）	材质	规格	图例	每只质量（kg）	内径（mm）	外径（mm）
6.8级	M16×180	正面 侧面	120	0.3254		−3（ϕ17.5）	规格×个数	0.01065	17.5	30
						−4（ϕ17.5）		0.0142	17.5	30
6.8级	M20×200		120	0.6183		−3（ϕ22）		0.01637	22	37
						−4（ϕ22）		0.02183	22	37
8.8级	M24×240		120	0.9037		−3（ϕ26）		0.02331	26	44
						−4（ϕ26）		0.03108	26	44

注　1. 受剪单帽螺栓和脚钉配一帽、一垫、一薄螺母；受剪或受拉双帽螺栓配两帽、一垫。
2. 螺纹不得进入剪切面。
3. 薄螺母的性能等级为 05 级。

16. 对于 8.8 级及以上的高强度螺栓，除应满足 GB/T 3098《紧固件机械性能》和 DL/T 764.4《输电线路铁塔及电力金具紧固件冷镦热浸镀锌螺栓与螺母》之要求外，还应委托第三方有资质的检测单位对高强度螺栓进行抽检，并提供塑性、强度和硬度的试验合格报告。

17. 角钢及钢板的螺栓间距除图中特殊注明外应按表 3 采用。

螺孔顺力线方向重心最大间距 12d 或 18t（取二者较小者）其中 d 为螺栓直径，t 为较薄板的厚度。

表 3　　螺栓边端距要求表

螺栓规格	螺栓孔径	间距		边距		
		单排孔	双排孔	端边 L_D	轧制边 L_Z	切角边 L_Q
M12	ϕ13.5	40	60	20	≥17	≥18
M16	ϕ17.5	50	80	25	≥21*	≥23
M20	ϕ21.5	60	100	30	≥26	≥28
M24	ϕ25.5	80	120	40	≥31	≥33

* 当用 L40 角钢时，轧制边距 L_z=20。

18. 脚钉从基础顶面以上 1.5m 左右起装，间距一般按 400mm，当某一个脚钉位于节点板、主材接头、塔身变坡等位置，上下脚钉间距不能满足标准 400mm 时，该脚钉上下相邻的两个或三个脚钉间距之和需满足 400mm 的倍数。

当脚钉代替螺栓时，脚钉级别应与被代螺栓等强度。

脚钉型式采用防滑带弯钩型式。

19. 节点板考虑到刚度和稳定要求，形状不宜狭长，节点板边缘与构件轴线夹角 α 不小于 15°，1—1 段面的节点板断面面积不小于被连接角钢截面积的 1.2 倍。参见图 2。

节点板边距及构件间隙如图 3 所示。

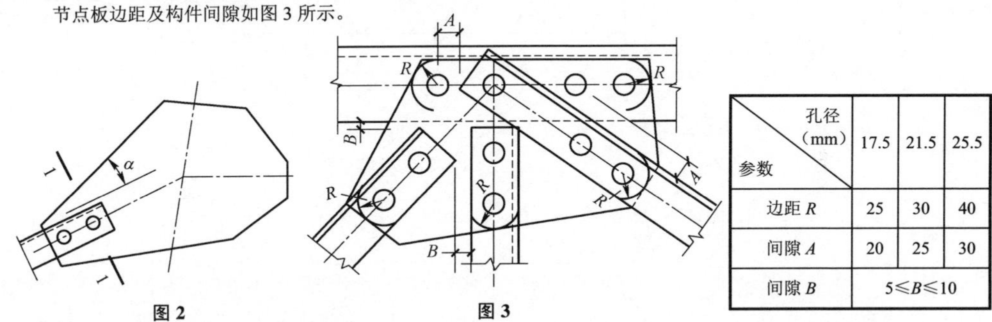

参数 \ 孔径（mm）	17.5	21.5	25.5
边距 R	25	30	40
间隙 A	20	25	30
间隙 B	5≤B≤10		

图 2　　图 3

20. 构件接头中包角钢接头间隙按图放样，一般为 10mm 左右。其中外包角钢清根，内包角钢铲背。

21. 凡图中所要求的火曲、开合角、切肢、压扁、切角的尺寸均由加工放样决定。角钢肢宽大于 100mm 以上，两构件连接面间的夹角大于 2°时，构件应局部开、合角或制弯。

22. 如没有注明，长度单位均为毫米。

23. 结构图中尺寸仅供备料用，加工前应放样，以实际放样尺寸为准。

24. 角钢对接处外贴连接钢板的螺栓孔最小边距 M20 取 40mm、M24 取 50mm。

25. 当螺栓采用一垫一帽一薄螺母时应确保装好螺帽后螺杆出扣。

26. 制孔方式按照铁塔招标技术规范书的要求执行。

27. 铁塔放样后应加工一基样塔，经试组装检验合格后方能批量生产。

28. 本工程参照国家电网公司基建部监制的“工艺标准库（2012 版）”，本册施工图按以下工艺标准进行施工。

工艺编号	项目/工艺名称	注意事项
0201020101	角钢铁塔分解组立	

图 13－26　10GS10－Z1 直线塔加工说明（10GS10－Z1－12）（续）

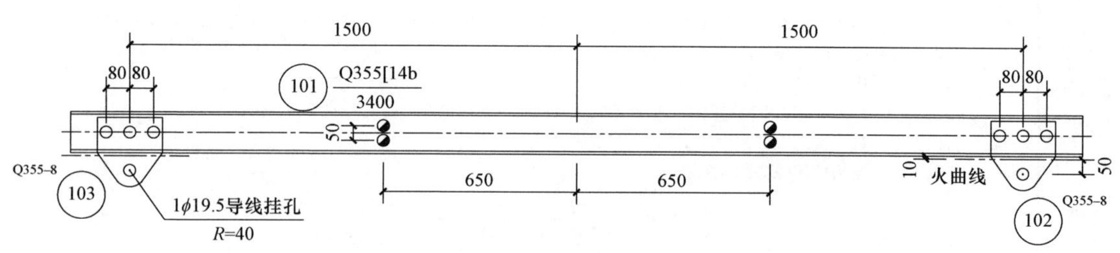

10GS10–Z1塔

10GS10－Z1 塔构件明细表

编号	规格	长度（mm）	数量	质量（kg）		备注
				单件	小计	
101	Q355［14b	3400	1	56.89	56.9	槽钢
102	Q355－8×220	220	1	3.04	3.0	火曲
103	Q355－8×220	220	1	3.04	3.0	火曲
合计		62.9kg				

螺栓、脚钉、垫圈明细表

名称	级别	规格	符号	数量	质量（kg）	备注
螺栓	6.8	M16×40	◕	4	0.6	
		M20×70	○	6	2.3	双母
合计			2.9kg			

说明：耐张塔 12m 呼称高及以上、直线塔 15m 呼称高及以上安装以上 T 接横担。

图 13－27　10GS10－Z1 直线塔 T 接横担加工图（10GS10－Z1－13）

13.7 10GS10－Z2 塔

13.7.1 10GS10－Z2 塔设计条件

导线型号及张力见表 13－11。

表 13－11 导 线 型 号 及 张 力

电压等级	10kV	导线	JL/G1A－150/25	导线最大使用张力（N）	20394	导线不平衡张力取值（%）	10

使用条件见表 13－12。

表 13－12 使 用 条 件

水平档距（m）	垂直档距（m）	代表档距（m）	使用档距（m）	转角度数（°）	计算高度（m）	档距系数 K_v
700	900	200/700	800	0	27	0.75

荷载表见表 13－13。

表 13－13 荷 载 表 N

项目		正常运行情况			事故情况		安装情况	不均匀冰
		基本风速	覆冰	最低气温	未断线	断线		
气象条件（T/V/B）		－5/27/0	－5/10/10	－30/0/0	－5/0/10	－5/0/10	－15/10/0	－5/10/10
水平荷载	导线	6792	2594	0	0	0	1096	2594
	绝缘子及金具	85	12	0	0	0	12	12
	跳线串							
垂直荷载	导线	5300	12063	5300	12063	12063	5300	12063
	绝缘子及金具	583	670	583	670	670	583	670
	跳线串							
导线张力	一侧	14872	20395	9526	8158	0	9913	
	另一侧	14872	20395	9526	8158	8158	9913	
	张力差	0	0	0	0	8158	0	0

注 导线水平荷载为下相导线荷载。

13.7.2 10GS10－Z2 塔根开尺寸及基础作用力

根开尺寸见表 13－14。

表 13－14 根 开 尺 寸

呼称高（m）	基础根开（mm）		地脚螺栓根开（mm）		地脚螺栓规格
	正面根开	侧面根开	正面根开	侧面根开	
12	1918	1918	160	160	4×M24
15	2149	2149	160	160	4×M24
18	2391	2391	160	160	4×M24
21	2633	2633	200	200	4×M30
24	2875	2875	200	200	4×M30
27	3116	3116	200	200	4×M30
30	3358	3358	200	200	4×M30

基础作用力见表 13－15。

表 13－15 基 础 作 用 力 kN

呼称高（m）	T_{max}	T_x	T_y	N_{max}	N_x	N_y
12	137.43	11.95	7.04	159.24	12.91	8.35
15	164.92	13.66	8.71	189.81	14.72	9.90
18	182.57	14.18	9.75	209.66	15.32	11.25
21	200.82	14.66	10.69	229.61	15.86	12.21
24	218.06	15.20	11.63	248.40	16.46	13.18
27	234.00	15.77	12.56	266.57	17.12	14.17
30	249.25	16.39	13.50	284.57	17.84	15.21

13.7.3 10GS10－Z2 塔施工图纸目录

10GS10－Z2 塔施工图纸目录见表 13－16。

表 13-16　　　　10GS10-Z2 塔施工图纸目录

编号	图号	图名
图 13-28	10GS10-Z2-00（1/2）	10GS10-Z2 直线塔总图及材料汇总表
图 13-29	10GS10-Z2-00（2/2）	10GS10-Z2 直线塔总图及材料汇总表
图 13-30	10GS10-Z2-01（1/2）	10GS10-Z2 直线塔塔头结构图①
图 13-31	10GS10-Z2-01（2/2）	10GS10-Z2 直线塔塔头结构图①
图 13-32	10GS10-Z2-02	10GS10-Z2 直线塔塔身结构图②
图 13-33	10GS10-Z2-03（1/2）	10GS10-Z2 直线塔塔身结构图③
图 13-34	10GS10-Z2-03（2/2）	10GS10-Z2 直线塔塔身结构图③
图 13-35	10GS10-Z2-04（1/2）	10GS10-Z2 直线塔塔身结构图④
图 13-36	10GS10-Z2-04（2/2）	10GS10-Z2 直线塔塔身结构图④
图 13-37	10GS10-Z2-05（1/2）	10GS10-Z2 直线塔 12.0m 呼称高塔腿结构图⑤
图 13-38	10GS10-Z2-05（2/2）	10GS10-Z2 直线塔 12.0m 呼称高塔腿结构图⑤
图 13-39	10GS10-Z2-06	10GS10-Z2 直线塔 15.0m 呼称高塔腿结构图⑥

续表

编号	图号	图名
图 13-40	10GS10-Z2-07（1/2）	10GS10-Z2 直线塔 18.0m 呼称高塔腿结构图⑦
图 13-41	10GS10-Z2-07（2/2）	10GS10-Z2 直线塔 18.0m 呼称高塔腿结构图⑦
图 13-42	10GS10-Z2-08（1/2）	10GS10-Z2 直线塔 21.0m 呼称高塔腿结构图⑧
图 13-43	10GS10-Z2-08（2/2）	10GS10-Z2 直线塔 21.0m 呼称高塔腿结构图⑧
图 13-44	10GS10-Z2-09（1/2）	10GS10-Z2 直线塔 24.0m 呼称高塔腿结构图⑨
图 13-45	10GS10-Z2-09（2/2）	10GS10-Z2 直线塔 24.0m 呼称高塔腿结构图⑨
图 13-46	10GS10-Z2-10（1/2）	10GS10-Z2 直线塔 27.0m 呼称高塔腿结构图⑩
图 13-47	10GS10-Z2-10（2/2）	10GS10-Z2 直线塔 27.0m 呼称高塔腿结构图⑩
图 13-48	10GS10-Z2-11（1/2）	10GS10-Z2 直线塔 30.0m 呼称高塔腿结构图⑪
图 13-49	10GS10-Z2-11（2/2）	10GS10-Z2 直线塔 30.0m 呼称高塔腿结构图⑪
图 13-50	10GS10-Z2-12	10GS10-Z2 直线塔加工说明
图 13-51	10GS10-Z2-13	10GS10-Z2 直线塔 T 接横担加工图

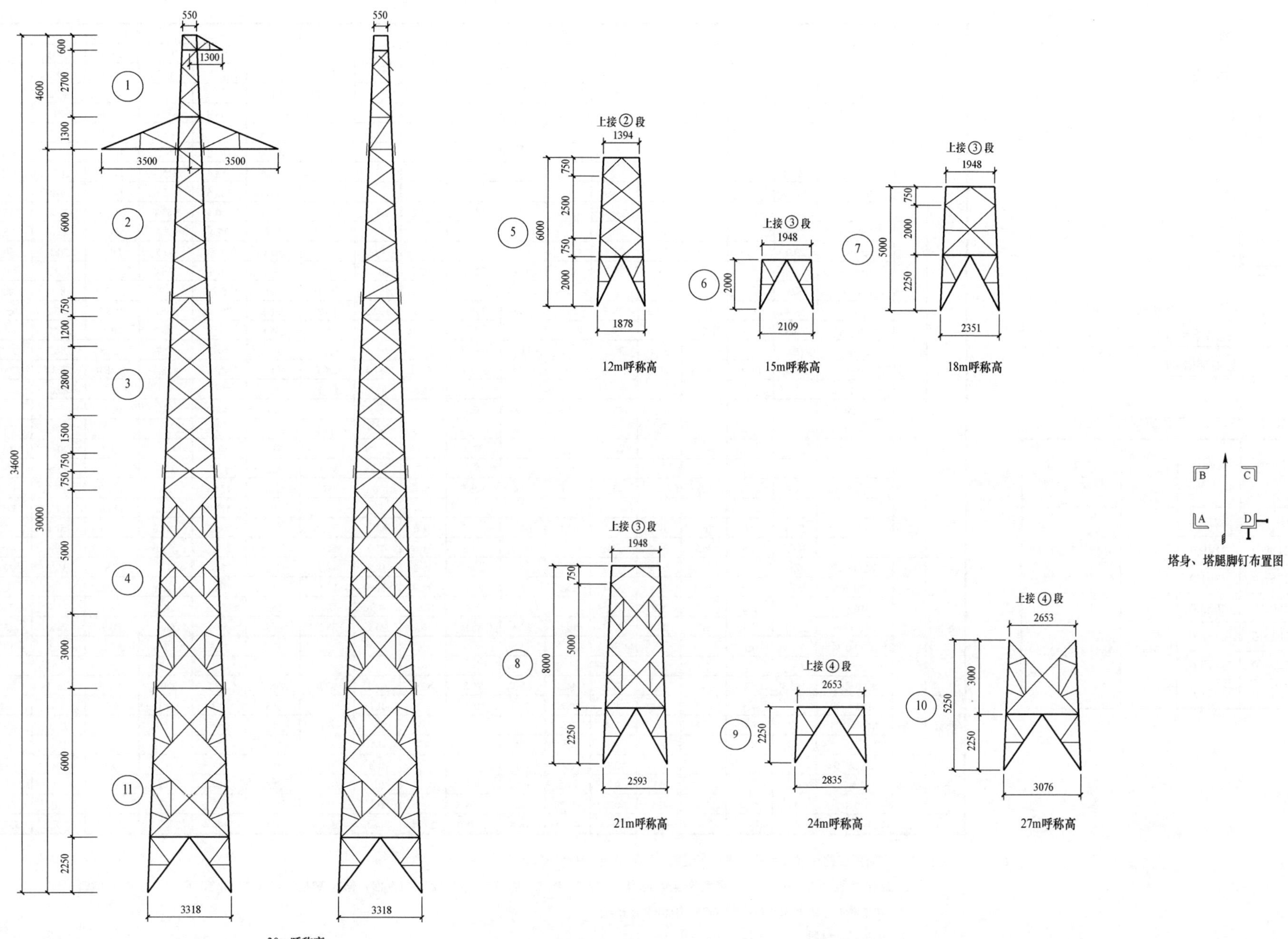

图 13-28 10GS10-Z2 直线塔总图及材料汇总表［10GS10-Z2-00（1/2）］

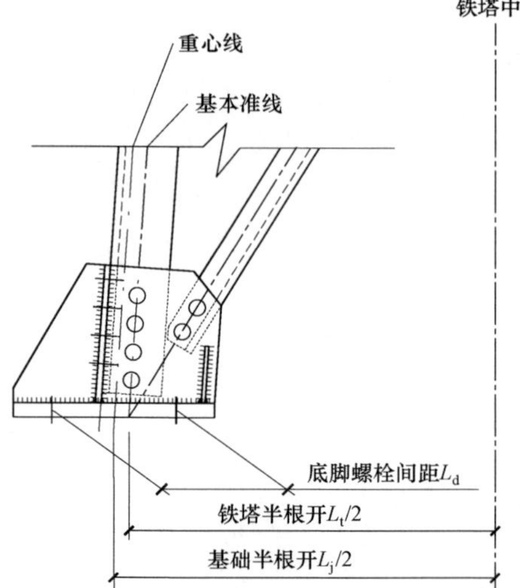

铁塔根开、基础根开及底脚螺栓间距表

呼称高	铁塔根开 L_t	基础根开 L_j	底脚螺栓间距 L_d	底脚螺栓数量、规格
12.0m	1878.0	1918.0	160	4M24（Q235）
15.0m	2109.0	2149.0		
18.0m	2351.0	2391.0		
21.0m	2593.0	2633.0	200	4M30（Q235）
24.0m	2835.0	2875.0		
27.0m	3076.0	3116.0		
30.0m	3318.0	3358.0		

材料汇总表

材料名称	材质	规格	段号 1	2	3	4	5	6	7	8	9	10	11	呼称高（m） 12.0	15.0	18.0	21.0	24.0	27.0	30.0
角钢	Q355	L100×8			21.1	21.1		21.1	21.1	21.1	27.0	27.0	27.0		42.2	42.2	42.2	69.2	69.2	69.2
		L90×8					18.8				119.2	250.8	382.4	18.8				119.2	250.8	382.4
		L90×7			268.0	331.2		90.8	205.6	320.8					358.8	473.6	588.8	599.2	599.2	599.2
		L80×7	14.7				217.6							232.3	14.7	14.7	14.7	14.7	14.7	14.7
		L75×6		167.2										167.2	167.2	167.2	167.2	167.2	167.2	167.2
		L70×5	115.4											115.4	115.4	115.4	115.4	115.4	115.4	115.4
		L63×5	142.6											142.6	142.6	142.6	142.6	142.6	142.6	142.6
		小计	272.7	167.2	289.1	352.3	236.4	111.9	226.7	341.9	146.2	277.8	409.4	676.3	840.9	955.7	1070.9	1227.5	1359.1	1490.7
	Q235	L63×5	25.4											25.4	25.4	25.4	25.4	25.4	25.4	25.4
		L56×5	29.0		21.5		21.8							50.8	50.5	50.5	50.5	50.5	50.5	50.5
		L56×4				25.2	76.3	80.6	116.4	121.8	102.1	107.4	147.7	76.3	80.6	116.4	121.8	127.3	132.6	172.9
		L50×4	8.9										284.0	8.9	8.9	8.9	8.9	8.9	8.9	292.9
		L45×4	58.4	119.9	55.9	273.0	78.5	26.4	131.6	218.5	62.0	152.5	18.2	256.8	260.6	365.8	452.7	569.2	659.7	525.4
		L40×4	60.6		177.2		79.2		10.9	12.1			24.2	139.8	237.8	248.7	249.9	237.8	237.8	262.0
		L40×3	18.1			162.0	30.1	26.6	44.6	120.7	24.2	91.5	152.7	48.2	44.7	62.7	138.8	204.3	271.6	332.8
		小计	200.4	119.9	254.6	460.2	285.9	133.6	303.5	473.1	188.3	351.4	626.8	606.2	708.5	878.4	1048.0	1223.4	1386.5	1661.9
钢板	Q355	−25									85.5	85.5	85.5					85.5	85.5	85.5
		−20					45.8	45.8	45.8	68.4				45.8	45.8	45.8	68.4			
		−10									66.0	66.9	66.8					66.0	66.9	66.8
		−8	20.6				40.7	42.3	47.1	53.1				61.3	62.9	67.7	73.7	20.6	20.6	20.6
		−6			9.3		6.5	6.5	6.5	6.5	5.7	5.7	4.9	6.5	15.8	15.8	15.8	15.0	15.0	14.2
		小计	20.6		9.3		93.0	94.6	99.4	128.0	157.2	158.1	157.2	113.6	124.5	129.3	157.9	187.1	188.0	187.1
	Q235	−8	111.0											111.0	111.0	111.0	111.0	111.0	111.0	111.0
		−6	57.3	8.6	26.7	34.4	64.6	41.1	69.0	69.5	31.6	47.9	51.7	130.5	133.7	161.6	162.1	158.6	174.9	178.7
		小计	168.3	8.6	26.7	34.4	64.6	41.1	69.0	69.5	31.6	47.9	51.7	241.5	244.7	272.6	273.1	269.6	285.9	289.7
螺栓	6.8	M20×55	7.8								19.2	19.2	19.2	7.8	7.8	7.8	7.8	27.0	27.0	27.0
		M20×45	55.6	3.2	19.4	19.4	32.4	25.9	34.3	34.6	14.9	21.6	21.6	91.2	104.1	112.5	112.8	112.5	119.2	119.2
		M16×50	9.4	3.8	9.0	9.0	5.1		1.9	6.2	2.6	4.3	7.5	18.3	22.2	24.1	28.4	33.8	35.5	38.7
		M16×40	25.2	1.7	9.0	23.1	27.7	18.6	30.5	35.0	16.2	24.1	33.7	54.6	54.5	66.4	70.9	75.2	83.1	92.7
		M20×60 双母	17.3											17.3	17.3	17.3	17.3	17.3	17.3	17.3
		M16×50 双母			2.3										2.3	2.3	2.3	2.3	2.3	2.3
		小计	115.3	8.7	39.7	51.5	65.2	44.5	66.7	75.8	52.9	69.2	82.0	189.2	208.2	230.4	239.5	268.1	284.4	297.2
脚钉	6.8	M20×200		1.3	0.7	1.3	1.3	0.7	1.3	0.7	1.3	0.7	0.7	2.6	2.7	3.3	2.7	4.6	4.0	4.0
		M16×180	3.4	4.6	5.7	6.8	3.8	0.8	3.0	5.7	0.8	3.4	6.1	11.8	14.5	16.7	19.4	21.3	23.9	26.6
		小计	3.4	5.9	6.4	8.1	5.1	1.5	4.3	6.4	2.1	4.1	6.8	14.4	17.2	20.0	22.1	25.9	27.9	30.6
垫圈	Q235	−4（ϕ17.5）	0.1			0.1	0.1	0.1	0.1	0.1	0.2	0.2	0.3	0.2	0.2	0.2	0.2	0.4	0.4	0.5
		−3（ϕ17.5）	0.1		0.3	0.2	0.2		0.1	0.2		0.1	0.2	0.3	0.4	0.5	0.6	0.6	0.7	0.8
		小计	0.2		0.3	0.3	0.3	0.1	0.2	0.3	0.2	0.3	0.5	0.5	0.6	0.7	0.8	1.0	1.1	1.3
合计（kg）			780.9	310.3	626.1	906.8	750.5	427.3	769.8	1095.0	578.5	908.8	1334.4	1841.7	2144.6	2487.1	2812.3	3202.6	3532.9	3958.5

说明：1. 本塔所有构件（含螺栓、脚钉、垫圈）均采用热浸镀锌防腐。

2. M16 螺栓（含 M16 脚钉）强度等级为 6.8 级；M20（含 M20 脚钉）强度等级为 6.8 级；M24 螺栓（含 M24 脚钉）强度等级为 8.8 级。

3. 钢材材质等级要求：Q235、Q355 钢均选用 B 级。

4. 地脚螺栓材质为 Q235 钢。

图 13－29 10GS10－Z2 直线塔总图及材料汇总表［10GS10－Z2－00（2/2）］

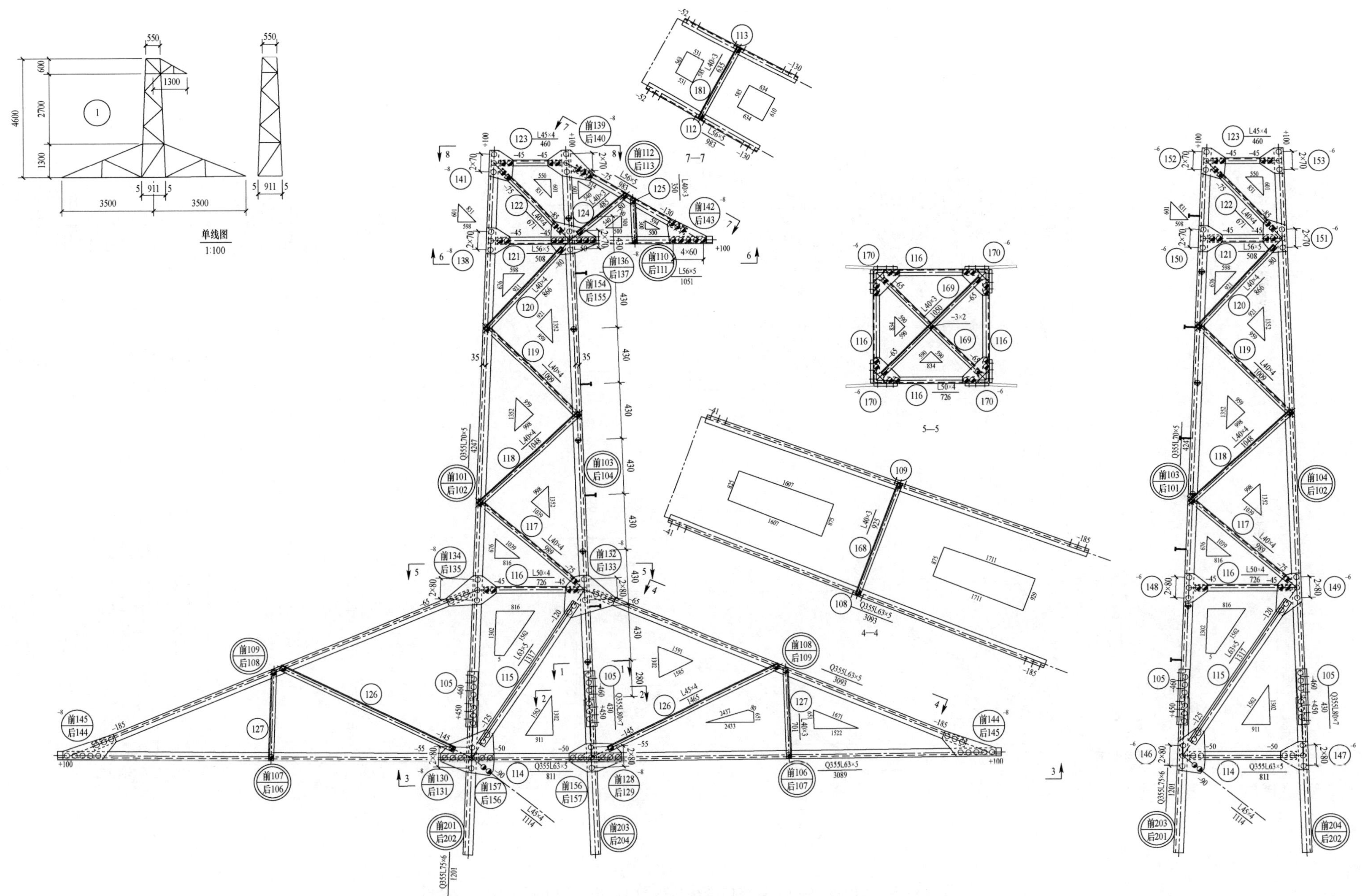

图 13-30　10GS10-Z2 直线塔塔头结构图①［10GS10-Z2-01（1/2）］

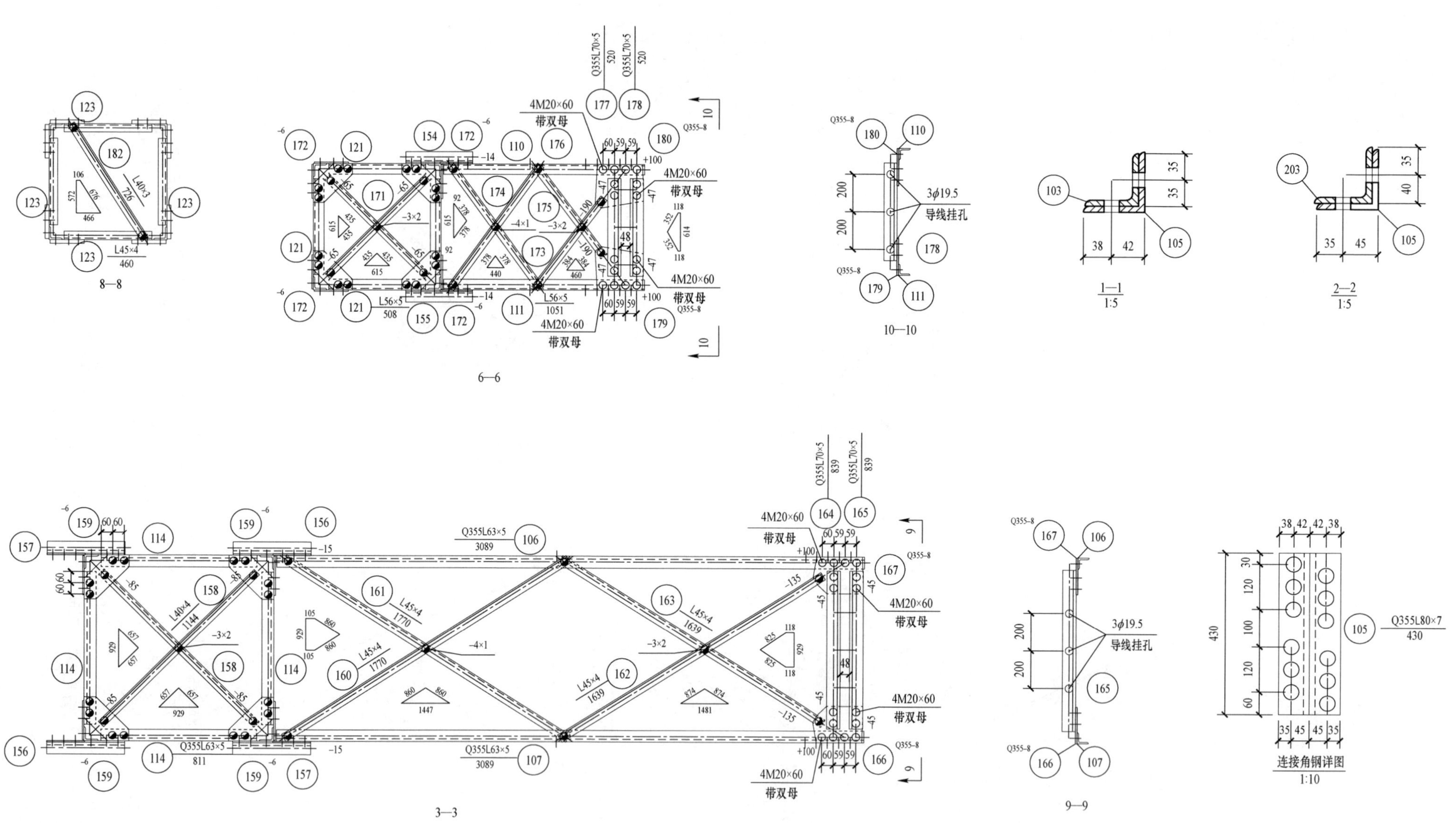

图 13-31 10GS10-Z2 直线塔塔头结构图① [10GS10-Z2-01（2/2）]

构件明细表

编号	规格	长度（mm）	数量	质量（kg）		备注
				单件	小计	
101	Q355L70×5	4247	1	22.92	22.9	
102	Q355L70×5	4247	1	22.92	22.9	
103	Q355L70×5	4247	1	22.92	22.9	带脚钉
104	Q355L70×5	4247	1	22.92	22.9	
105	Q355L80×7	430	4	3.67	14.7	清根
106	Q355L63×5	3089	2	14.90	29.8	
107	Q355L63×5	3089	2	14.90	29.8	
108	Q355L63×5	3093	2	14.91	29.8	
109	Q355L63×5	3093	2	14.91	29.8	
110	L56×5	1051	1	4.47	4.5	
111	L56×5	1051	1	4.47	4.5	
112	L56×5	983	1	4.18	4.2	
113	L56×5	983	1	4.18	4.2	
114	Q355L63×5	811	4	3.91	15.6	
115	L63×5	1317	4	6.35	25.4	
116	L50×4	726	4	2.22	8.9	
117	L40×4	989	4	2.40	9.6	切角
118	L40×4	1048	4	2.54	10.2	
119	L40×4	1009	4	2.44	9.8	切角切背
120	L40×4	866	4	2.10	8.4	
121	L56×5	508	4	2.16	8.6	
122	L40×4	671	4	1.63	6.5	
123	L45×4	460	4	1.26	5.0	
124	L40×3	485	2	0.90	1.8	
125	L40×3	350	2	0.65	1.3	
126	L45×4	1465	4	4.01	16.0	
127	L40×3	701	4	1.30	5.2	
128	−8×220	410	1	5.66	5.7	
129	−8×220	410	1	5.66	5.7	
130	−8×355	410	1	9.14	9.1	
131	−8×355	410	1	9.14	9.1	
132	−8×295	415	1	7.69	7.7	火曲
133	−8×295	415	1	7.69	7.7	火曲
134	−8×220	370	1	5.11	5.1	火曲
135	−8×220	370	1	5.11	5.1	火曲
136	−8×240	370	1	5.58	5.6	
137	−8×240	370	1	5.58	5.6	
138	−8×185	200	2	2.32	4.6	
139	−8×215	340	1	4.59	4.6	火曲
140	−8×215	340	1	4.59	4.6	火曲
141	−8×185	240	2	2.79	5.6	
142	−8×195	315	1	3.86	3.9	卷边高 50mm
143	−8×195	315	1	3.86	3.9	卷边高 50mm
144	−8×160	435	2	4.37	8.7	卷边高 50mm
145	−8×160	435	2	4.37	8.7	卷边高 50mm
146	−6×215	355	2	3.59	7.2	
147	−6×215	220	2	2.23	4.5	
148	−6×185	220	2	1.92	3.8	
149	−6×200	325	2	3.06	6.1	

续表

编号	规格	长度（mm）	数量	质量（kg）		备注
				单件	小计	
150	−6×185	200	2	1.74	3.5	
151	−6×185	260	2	2.27	4.5	
152	−6×185	240	2	2.09	4.2	
153	−6×185	200	2	1.74	3.5	
154	L56×5	345	1	1.47	1.5	
155	L56×5	345	1	1.47	1.5	
156	Q355L63×5	405	2	1.95	3.9	
157	Q355L63×5	405	2	1.95	3.9	
158	L40×4	1144	2	2.77	5.5	
159	−6×125	335	4	1.97	7.9	
160	L45×4	1770	2	4.84	9.7	
161	L45×4	1770	2	4.84	9.7	切角切背
162	L45×4	1639	2	4.48	9.0	
163	L45×4	1639	2	4.48	9.0	切背
164	Q355L70×5	839	2	4.53	9.1	
165	Q355L70×5	839	2	4.53	9.1	
166	Q355−8×195	265	2	3.25	6.5	
167	Q355−8×195	265	2	3.25	6.5	
168	L40×3	925	2	1.71	3.4	
169	L40×3	1050	2	1.94	3.9	
170	−6×110	290	4	1.50	6.0	
171	L40×4	739	2	1.79	3.6	
172	−6×110	295	4	1.53	6.1	
173	L40×4	806	1	1.95	2.0	
174	L40×4	806	1	1.95	2.0	切角切背
175	L40×4	603	1	1.46	1.5	
176	L40×4	603	1	1.46	1.5	切背
177	Q355L70×5	520	1	2.81	2.8	
178	Q355L70×5	520	1	2.81	2.8	
179	Q355−8×235	255	1	3.76	3.8	
180	Q355−8×235	255	1	3.76	3.8	
181	L40×3	635	1	1.18	1.2	
182	L40×3	726	1	1.34	1.3	
合计		662.0kg				

螺栓、脚钉、垫圈明细表

名称	级别	规格	符号	数量	质量（kg）	备注
螺栓	6.8	M16×40		180	25.2	
		M16×50		59	9.4	
		M20×45	○	206	55.6	
		M20×55		26	7.8	
		M20×60	○	48	17.3	双母
脚钉	6.8	M16×180		9	3.4	
垫圈	Q235	−3（ϕ17.5）	规格×个数	12	0.1	
		−4（ϕ17.5）		3	0.1	
合计			118.9kg			

图 13−31　10GS10−Z2 直线塔塔头结构图①［10GS10−Z2−01（2/2）］（续）

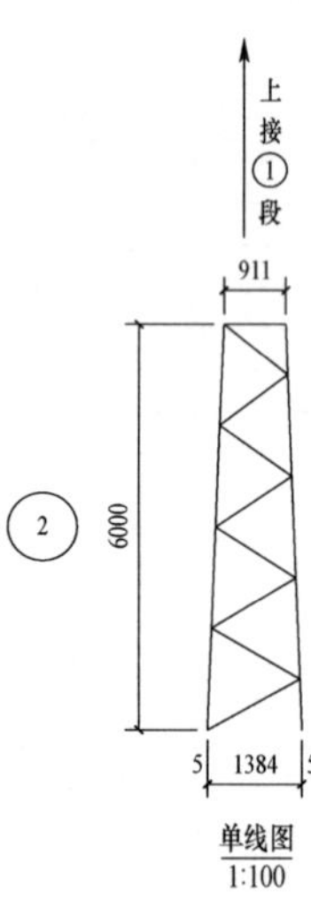

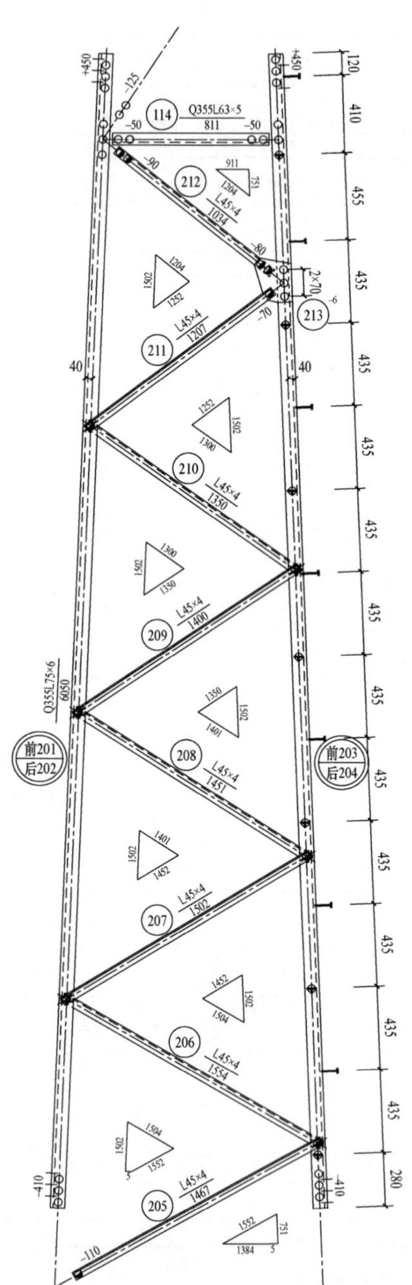

构 件 明 细 表

编号	规格	长度（mm）	数量	质量（kg）		备注
				单件	小计	
201	Q355L75×6	6050	1	41.78	41.8	
202	Q355L75×6	6050	1	41.78	41.8	
203	Q355L75×6	6050	1	41.78	41.8	带脚钉
204	Q355L75×6	6050	1	41.78	41.8	
205	L45×4	1467	4	4.01	16.0	
206	L45×4	1554	4	4.25	17.0	切角切背
207	L45×4	1502	4	4.11	16.4	
208	L45×4	1451	4	3.97	15.9	切角切背
209	L45×4	1400	4	3.83	15.3	
210	L45×4	1350	4	3.69	14.8	切角切背
211	L45×4	1207	4	3.30	13.2	
212	L45×4	1034	4	2.83	11.3	
213	−6×195	235	4	2.16	8.6	
合计		295.7kg				

螺栓、脚钉、垫圈明细表

名称	级别	规格	符号	数量	质量（kg）	备注
螺栓	6.8	M16×40		12	1.7	
		M16×50		24	3.8	
		M20×45	○	12	3.2	
脚钉	6.8	M16×180		12	4.6	
		M20×200		2	1.3	
合计		14.6kg				

图 13－32　10GS10－Z2 直线塔塔身结构图②（10GS10－Z2－02）

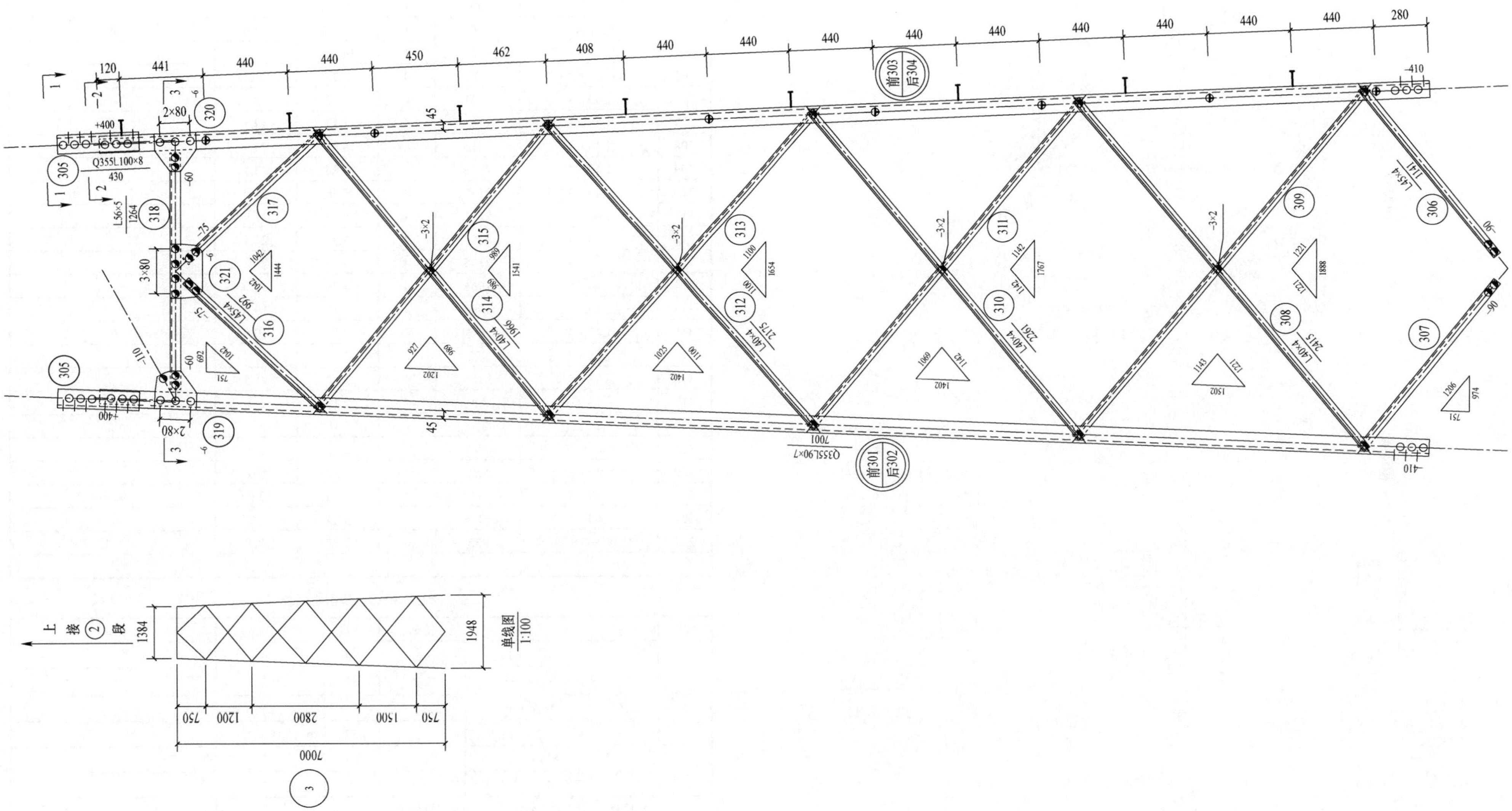

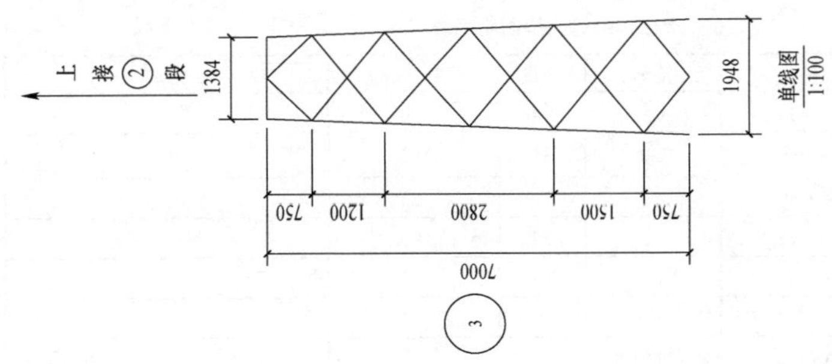

图 13-33　10GS10-Z2 直线塔塔身结构图③［10GS10-Z2-03（1/2）］

3—3

1—1
1:5

2—2
1:5

连接角钢详图
1:10

构 件 明 细 表

编号	规格	长度（mm）	数量	质量（kg）		备注
				单件	小计	
301	Q355L90×7	7001	1	66.96	67.0	
302	Q355L90×7	7001	1	66.96	67.0	
303	Q355L90×7	7001	1	66.96	67.0	带脚钉
304	Q355L90×7	7001	1	66.96	67.0	
305	Q355L100×8	430	4	5.28	21.1	清根
306	L45×4	1141	4	3.12	12.5	
307	L45×4	1141	4	3.12	12.5	
308	L40×4	2415	4	5.85	23.4	
309	L40×4	2415	4	5.85	23.4	
310	L40×4	2261	4	5.48	21.9	
311	L40×4	2261	4	5.48	21.9	
312	L40×4	2175	4	5.27	21.1	
313	L40×4	2175	4	5.27	21.1	
314	L40×4	1966	4	4.76	19.0	
315	L40×4	1966	4	4.76	19.0	
316	L45×4	992	4	2.71	10.8	
317	L45×4	992	4	2.71	10.8	
318	L56×5	1264	4	5.37	21.5	
319	−6×210	220	4	2.18	8.7	
320	−6×210	220	4	2.18	8.7	
321	−6×170	290	4	2.32	9.3	
322	L45×4	851	4	2.33	9.3	
323	L40×4	1336	1	3.24	3.2	中间压扁
324	L40×4	1336	1	3.24	3.2	
325	Q355−6×210	235	4	2.32	9.3	火曲
合计	579.7kg					

螺栓、脚钉、垫圈明细表

名称	级别	规格	符号	数量	质量（kg）	备注
螺栓	6.8	M16×40		64	9.0	
		M16×50		56	9.0	
		M16×50		12	2.3	双母
		M20×45		72	19.4	
脚钉	6.8	M16×180		15	5.7	
		M20×200		1	0.7	
垫圈	Q235	−3（ϕ17.5）	规格×个数	32	0.3	
合计		46.4kg				

图 13−34 10GS10−Z2 直线塔塔身结构图③［10GS10−Z2−03（2/2）］

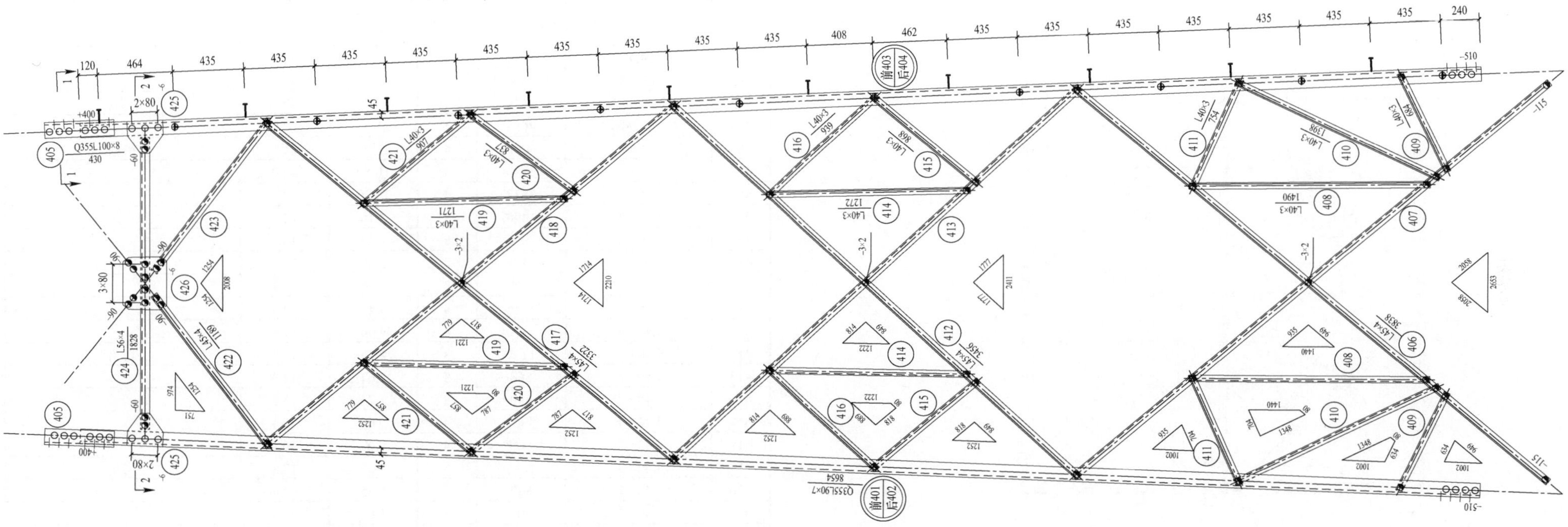

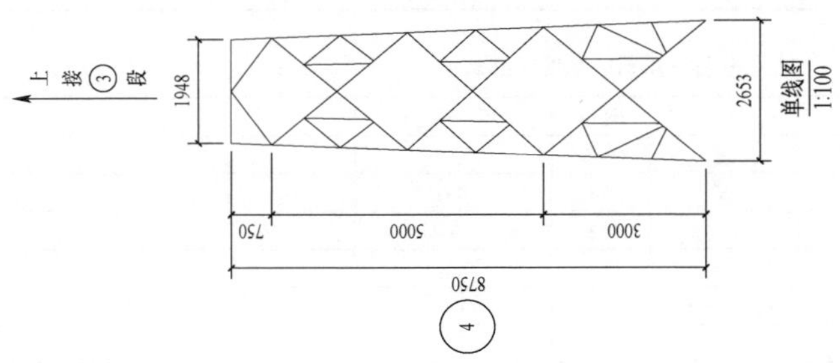

图 13-35　10GS10-Z2 直线塔塔身结构图④［10GS10-Z2-04（1/2）］

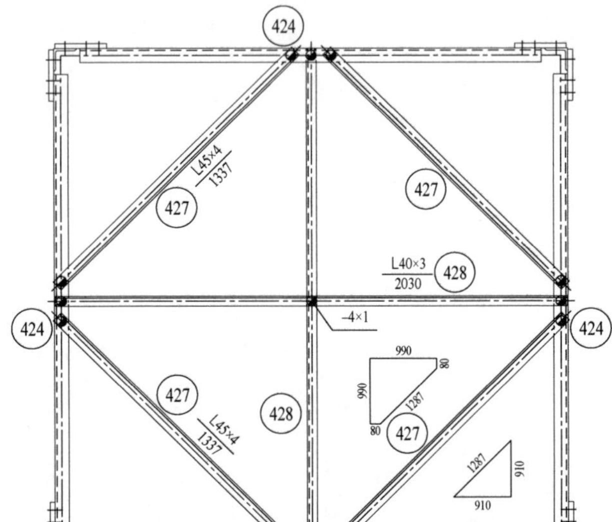

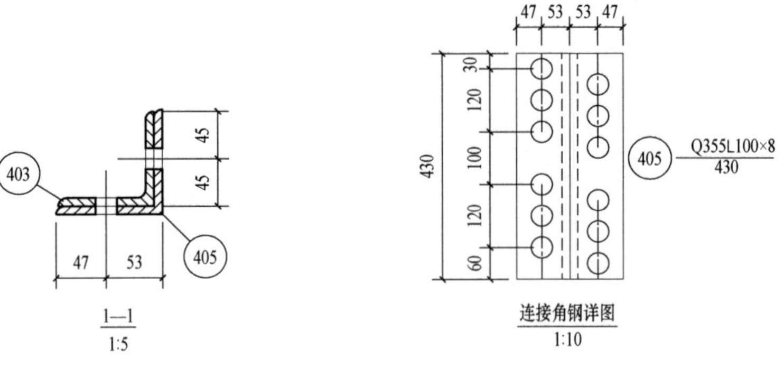

构件明细表

编号	规格	长度（mm）	数量	质量（kg）		备注
				单件	小计	
401	Q355L90×7	8654	1	82.78	82.8	
402	Q355L90×7	8654	1	82.78	82.8	
403	Q355L90×7	8654	1	82.78	82.8	带脚钉
404	Q355L90×7	8654	1	82.78	82.8	
405	Q355L100×8	430	4	5.28	21.1	清根
406	L45×4	3838	4	10.50	42.0	
407	L45×4	3838	4	10.50	42.0	
408	L40×3	1490	8	2.76	22.1	切角
409	L40×3	684	8	1.27	10.2	
410	L40×3	1398	8	2.59	20.7	
411	L40×3	754	8	1.40	11.2	
412	L45×4	3456	4	9.46	37.8	
413	L45×4	3456	4	9.46	37.8	
414	L40×3	1272	8	2.36	18.9	切角
415	L40×3	868	8	1.61	12.9	
416	L40×3	939	8	1.74	13.9	
417	L45×4	3322	4	9.09	36.4	
418	L45×4	3322	4	9.09	36.4	
419	L40×3	1271	8	2.35	18.8	切角
420	L40×3	837	8	1.55	12.4	
421	L40×3	907	8	1.68	13.4	
422	L45×4	1189	4	3.25	13.0	
423	L45×4	1189	4	3.25	13.0	
424	L56×4	1828	4	6.30	25.2	
425	−6×210	220	8	2.18	17.4	
426	−6×270	335	4	4.26	17.0	
427	L45×4	1337	4	3.66	14.6	
428	L40×3	2030	2	3.76	7.5	
合计		846.9kg				

螺栓、脚钉、垫圈明细表

名称	级别	规格	符号	数量	质量（kg）	备注
螺栓	6.8	M16×40		165	23.1	
		M16×50		56	9.0	
		M20×45		72	19.4	
脚钉	6.8	M16×180		18	6.8	
		M20×200		2	1.3	
垫圈	Q235	−3（ϕ17.5）	规格×个数	24	0.2	
		−4（ϕ17.5）		1	0.1	
合计			59.9kg			

图 13－36　10GS10－Z2 直线塔塔身结构图④［10GS10－Z2－04（2/2）］

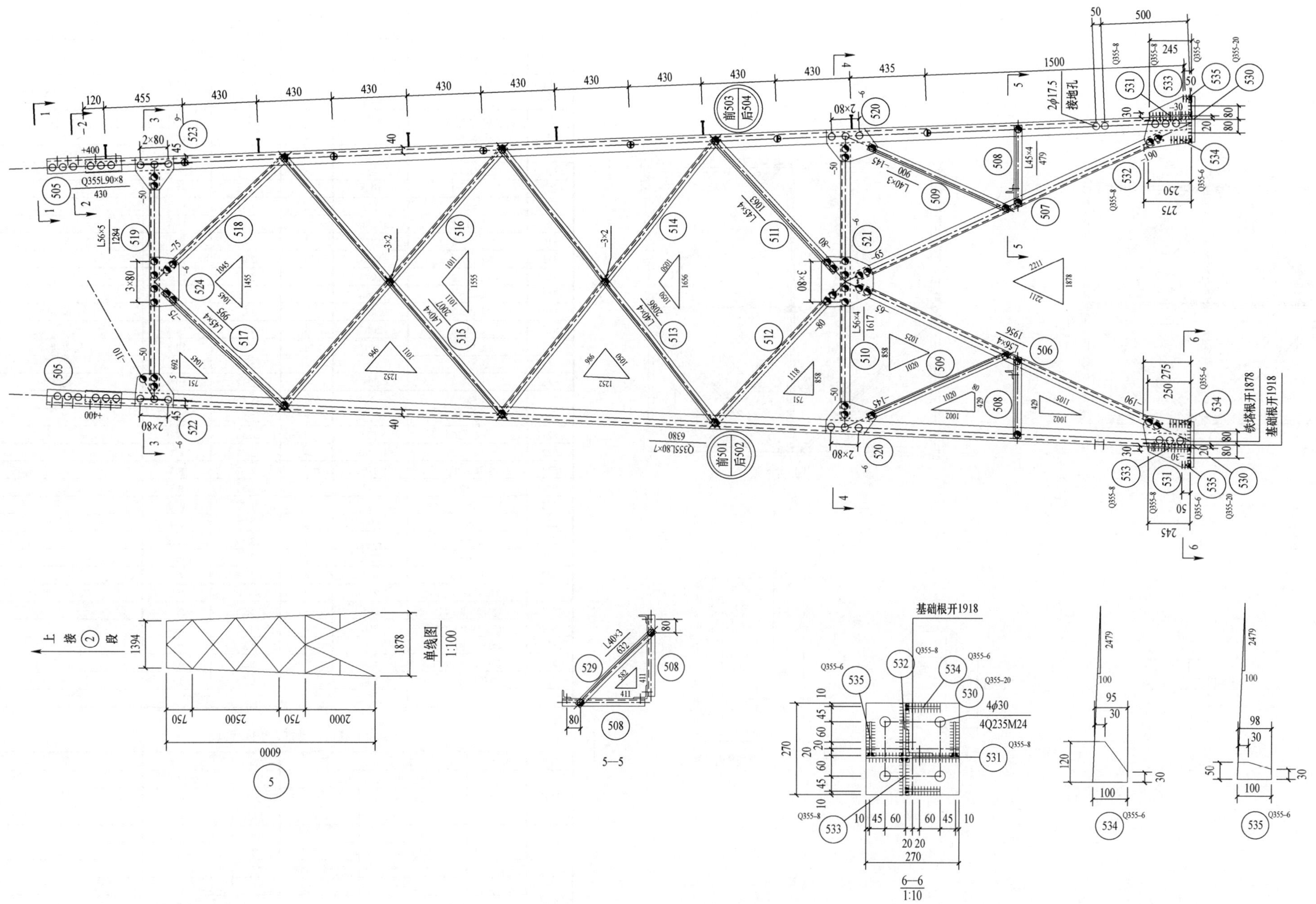

图 13－37　10GS10－Z2 直线塔 12.0m 呼称高塔腿结构图⑤［10GS10－Z2－05（1/2）］

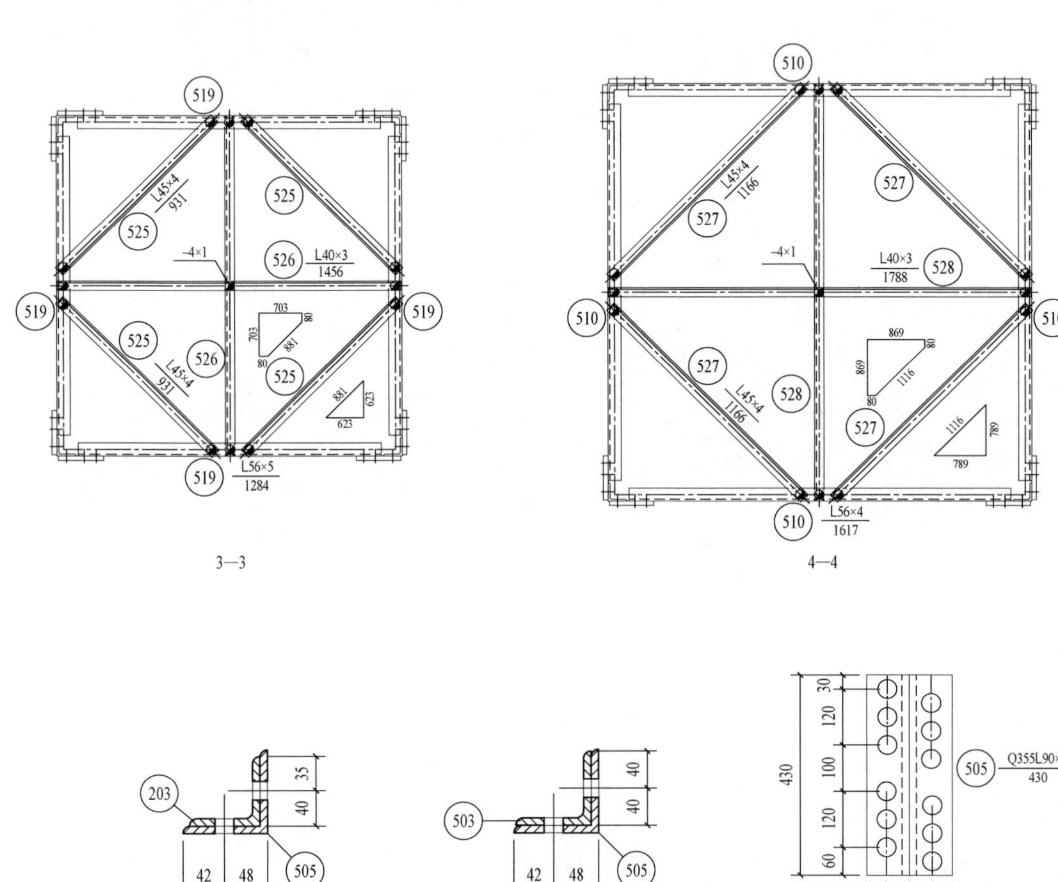

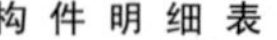
构件明细表

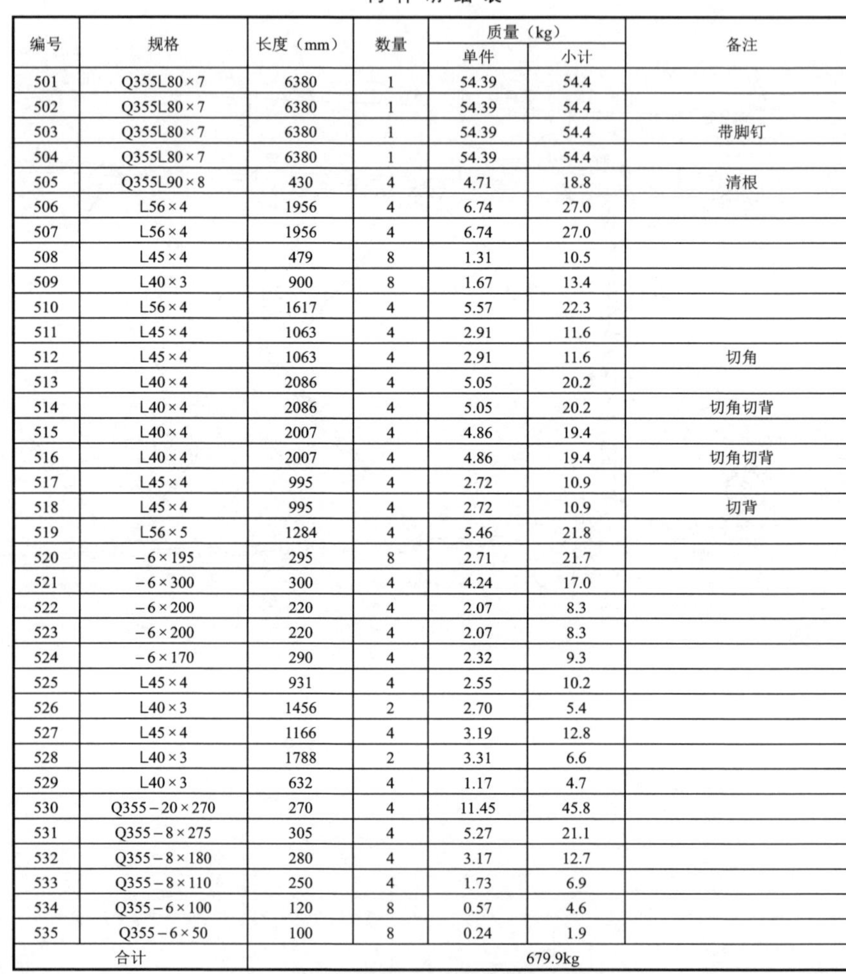

编号	规格	长度（mm）	数量	质量（kg）		备注
				单件	小计	
501	Q355L80×7	6380	1	54.39	54.4	
502	Q355L80×7	6380	1	54.39	54.4	
503	Q355L80×7	6380	1	54.39	54.4	带脚钉
504	Q355L80×7	6380	1	54.39	54.4	
505	Q355L90×8	430	4	4.71	18.8	清根
506	L56×4	1956	4	6.74	27.0	
507	L56×4	1956	4	6.74	27.0	
508	L45×4	479	8	1.31	10.5	
509	L40×3	900	8	1.67	13.4	
510	L56×4	1617	4	5.57	22.3	
511	L45×4	1063	4	2.91	11.6	
512	L45×4	1063	4	2.91	11.6	切角
513	L40×4	2086	4	5.05	20.2	
514	L40×4	2086	4	5.05	20.2	切角切背
515	L40×4	2007	4	4.86	19.4	
516	L40×4	2007	4	4.86	19.4	切角切背
517	L45×4	995	4	2.72	10.9	
518	L45×4	995	4	2.72	10.9	切背
519	L56×5	1284	4	5.46	21.8	
520	−6×195	295	8	2.71	21.7	
521	−6×300	300	4	4.24	17.0	
522	−6×200	220	4	2.07	8.3	
523	−6×200	220	4	2.07	8.3	
524	−6×170	290	4	2.32	9.3	
525	L45×4	931	4	2.55	10.2	
526	L40×3	1456	2	2.70	5.4	
527	L45×4	1166	4	3.19	12.8	
528	L40×3	1788	2	3.31	6.6	
529	L40×3	632	4	1.17	4.7	
530	Q355−20×270	270	4	11.45	45.8	
531	Q355−8×275	305	4	5.27	21.1	
532	Q355−8×180	280	4	3.17	12.7	
533	Q355−8×110	250	4	1.73	6.9	
534	Q355−6×100	120	8	0.57	4.6	
535	Q355−6×50	100	8	0.24	1.9	
合计		679.9kg				

螺栓、脚钉、垫圈明细表

名称	级别	规格	符号	数量	质量（kg）	备注
螺栓	6.8	M16×40		198	27.7	
		M16×50		32	5.1	
		M20×45		120	32.4	
脚钉	6.8	M16×180		10	3.8	
		M20×200		2	1.3	
垫圈	Q235	−3（ϕ17.5）	规格×个数	16	0.2	
		−4（ϕ17.5）		2	0.1	
合计			70.6kg			

图 13－38 10GS10－Z2 直线塔 12.0m 呼称高塔腿结构图⑤［10GS10－Z2－05（2/2）］

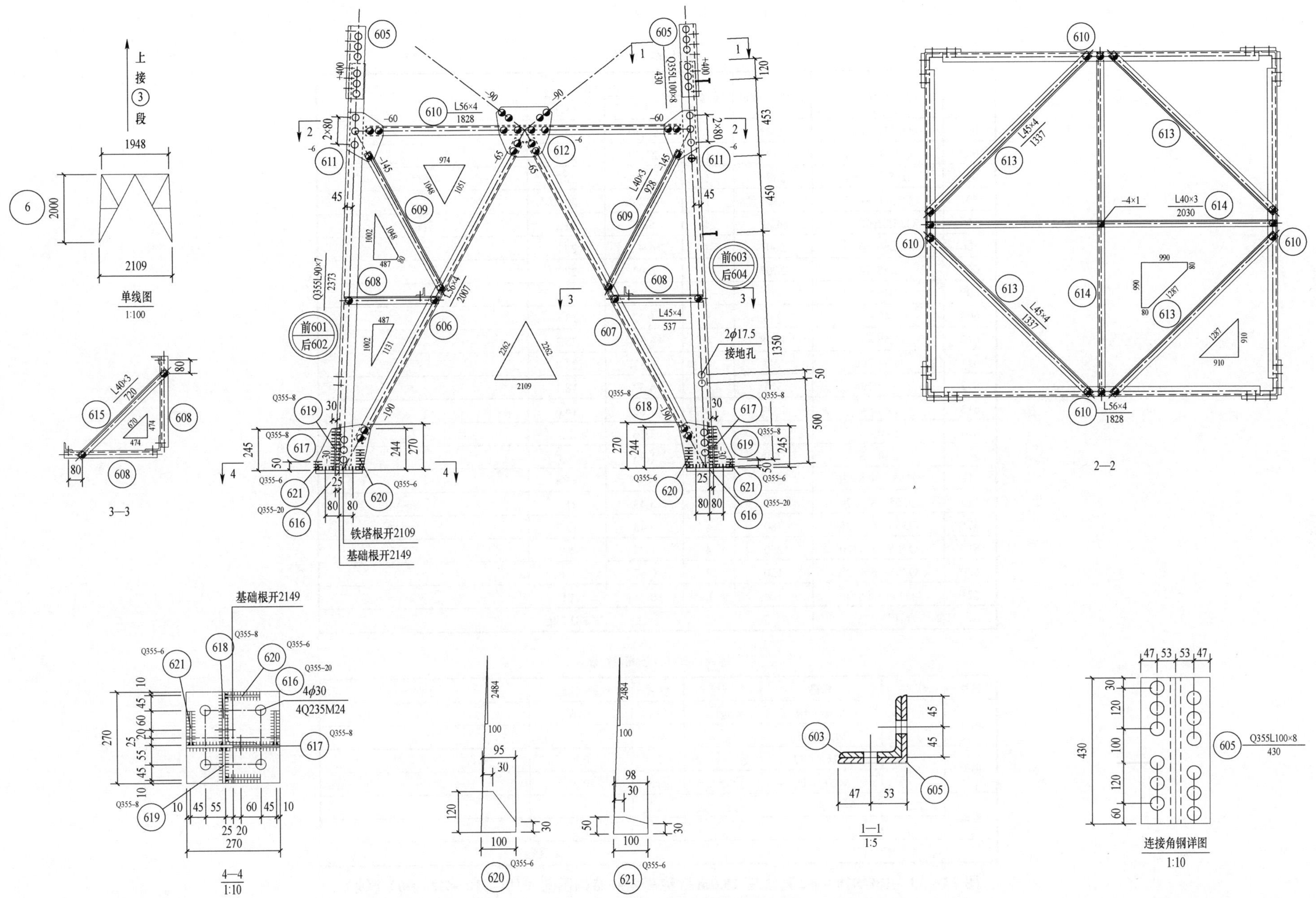

图 13－39　10GS10－Z2 直线塔 15.0m 呼称高塔腿结构图⑥（10GS10－Z2－06）

构件明细表

编号	规格	长度（mm）	数量	质量（kg）		备注
				单件	小计	
601	Q355L90×7	2373	1	22.70	22.7	
602	Q355L90×7	2373	1	22.70	22.7	
603	Q355L90×7	2373	1	22.70	22.7	带脚钉
604	Q355L90×7	2373	1	22.70	22.7	
605	Q355L100×8	430	4	5.28	21.1	清根
606	L56×4	2007	4	6.92	27.7	
607	L56×4	2007	4	6.92	27.7	
608	L45×4	537	8	1.47	11.8	
609	L40×3	928	8	1.72	13.8	
610	L56×4	1828	4	6.30	25.2	
611	−6×210	290	8	2.87	23.0	
612	−6×295	325	4	4.52	18.1	
613	L45×4	1337	4	3.66	14.6	
614	L40×3	2030	2	3.76	7.5	
615	L40×3	720	4	1.33	5.3	
616	Q355−20×270	270	4	11.45	45.8	
617	Q355−8×270	320	4	5.43	21.7	
618	Q355−8×195	280	4	3.43	13.7	
619	Q355−8×110	250	4	1.73	6.9	
620	Q355−6×100	120	8	0.57	4.6	
621	Q355−6×50	100	8	0.24	1.9	
合计		381.2kg				

螺栓、脚钉、垫圈明细表

名称	级别	规格	符号	数量	质量（kg）	备注
螺栓	6.8	M16×40		133	18.6	
		M20×45		96	25.9	
脚钉	6.8	M16×180		2	0.8	
		M20×200		1	0.7	
垫圈	Q235	−4（φ17.5）	规格×个数	1	0.1	
合计			46.1kg			

图 13－39　10GS10－Z2 直线塔 15.0m 呼称高塔腿结构图⑥（10GS10－Z2－06）（续）

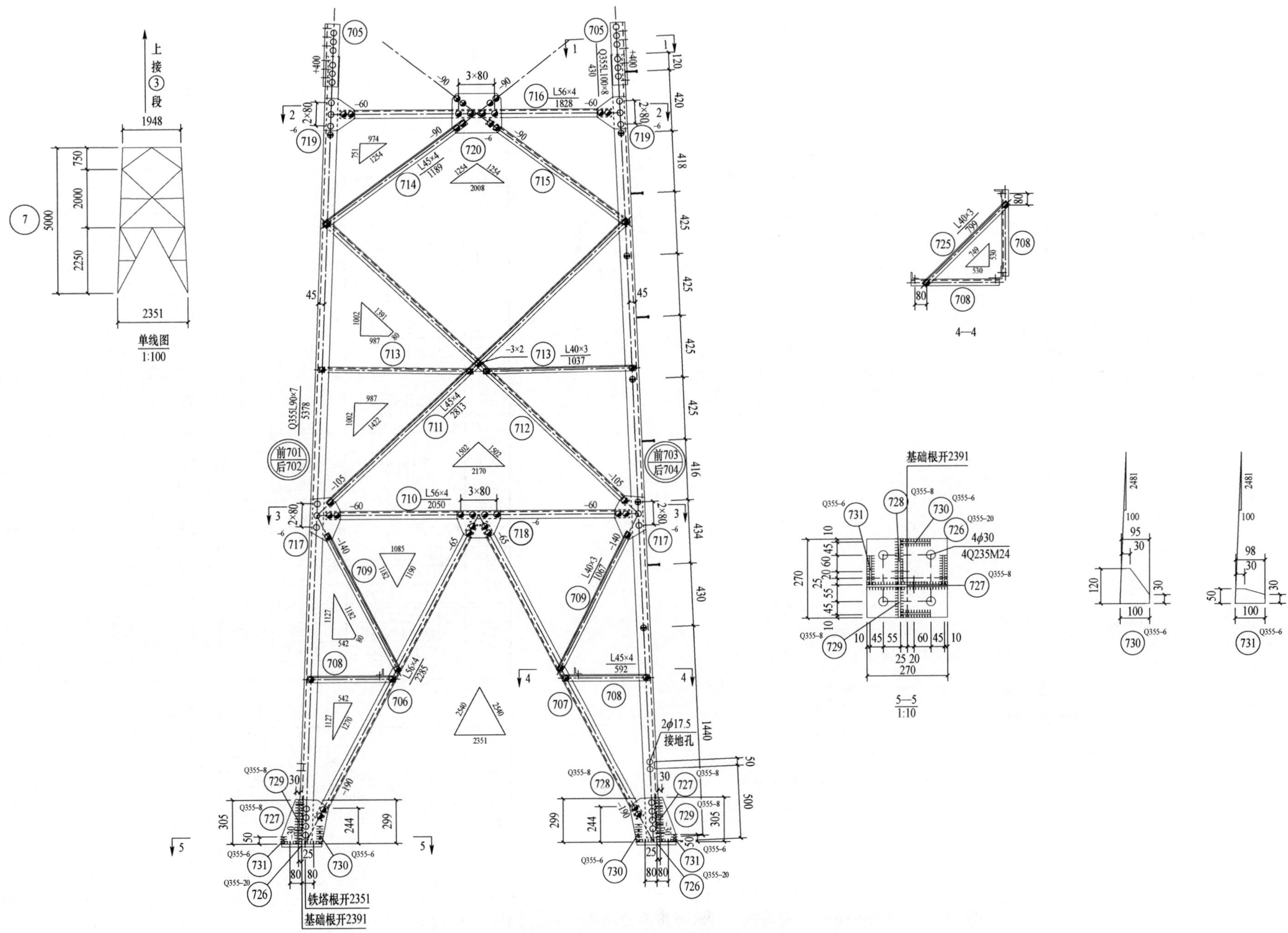

图 13-40　10GS10-Z2 直线塔 18.0m 呼称高塔腿结构图⑦［10GS10-Z2-07（1/2）］

2—2

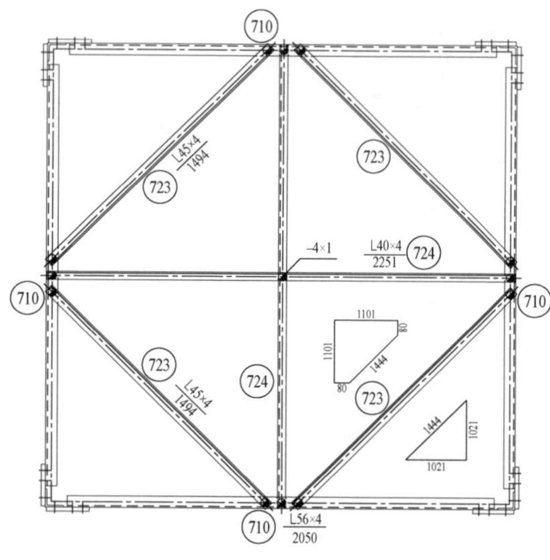

3—3

构件明细表

编号	规格	长度（mm）	数量	质量（kg）		备注
				单件	小计	
701	Q355L90×7	5378	1	51.44	51.4	
702	Q355L90×7	5378	1	51.44	51.4	
703	Q355L90×7	5378	1	51.44	51.4	带脚钉
704	Q355L90×7	5378	1	51.44	51.4	
705	Q355L100×8	430	4	5.28	21.1	清根
706	L56×4	2285	4	7.87	31.5	
707	L56×4	2285	4	7.87	31.5	
708	L45×4	592	8	1.62	13.0	
709	L40×3	1067	8	1.98	15.8	
710	L56×4	2050	4	7.06	28.2	
711	L45×4	2813	4	7.70	30.8	
712	L45×4	2813	4	7.70	30.8	
713	L40×3	1037	8	1.92	15.4	
714	L45×4	1189	4	3.25	13.0	
715	L45×4	1189	4	3.25	13.0	
716	L56×4	1828	4	6.30	25.2	
717	−6×210	305	8	3.02	24.2	
718	−6×190	290	4	2.60	10.4	
719	−6×210	220	8	2.18	17.4	
720	−6×270	335	4	4.26	17.0	
721	L45×4	1337	4	3.66	14.6	
722	L40×3	2030	2	3.76	7.5	
723	L45×4	1494	4	4.09	16.4	
724	L40×4	2251	2	5.45	10.9	
725	L40×3	799	4	1.48	5.9	
726	Q355−20×270	270	4	11.45	45.8	
727	Q355−8×275	340	4	5.87	23.5	
728	Q355−8×195	305	4	3.74	15.0	
729	Q355−8×110	310	4	2.14	8.6	
730	Q355−6×100	120	8	0.57	4.6	
731	Q355−6×50	100	8	0.24	1.9	
合计	698.6kg					

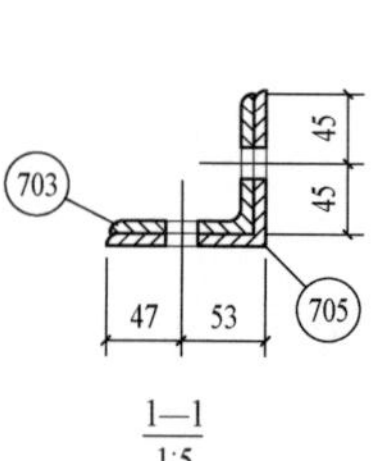

1—1
1:5

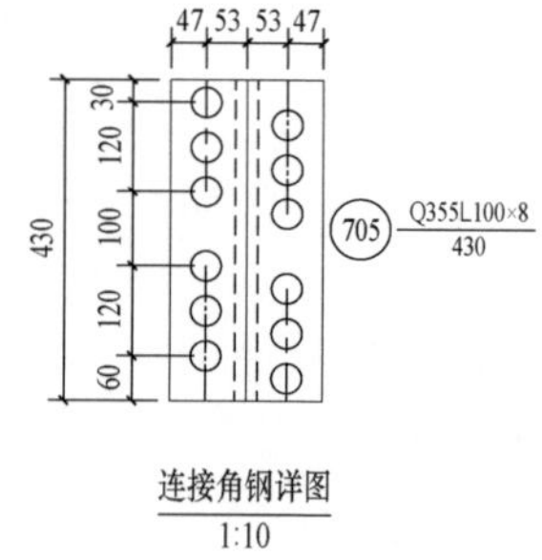

连接角钢详图
1:10

螺栓、脚钉、垫圈明细表

名称	级别	规格	符号	数量	质量（kg）	备注
螺栓	6.8	M16×40		218	30.5	
		M16×50		12	1.9	
		M20×45		127	34.3	
脚钉	6.8	M16×180		8	3.0	
		M20×200		2	1.3	
垫圈	Q235	−3（ϕ17.5）	规格×个数	8	0.1	
		−4（ϕ17.5）		2	0.1	
合计			71.2kg			

图 13－41　10GS10－Z2 直线塔 18.0m 呼称高塔腿结构图⑦［10GS10－Z2－07（2/2）］

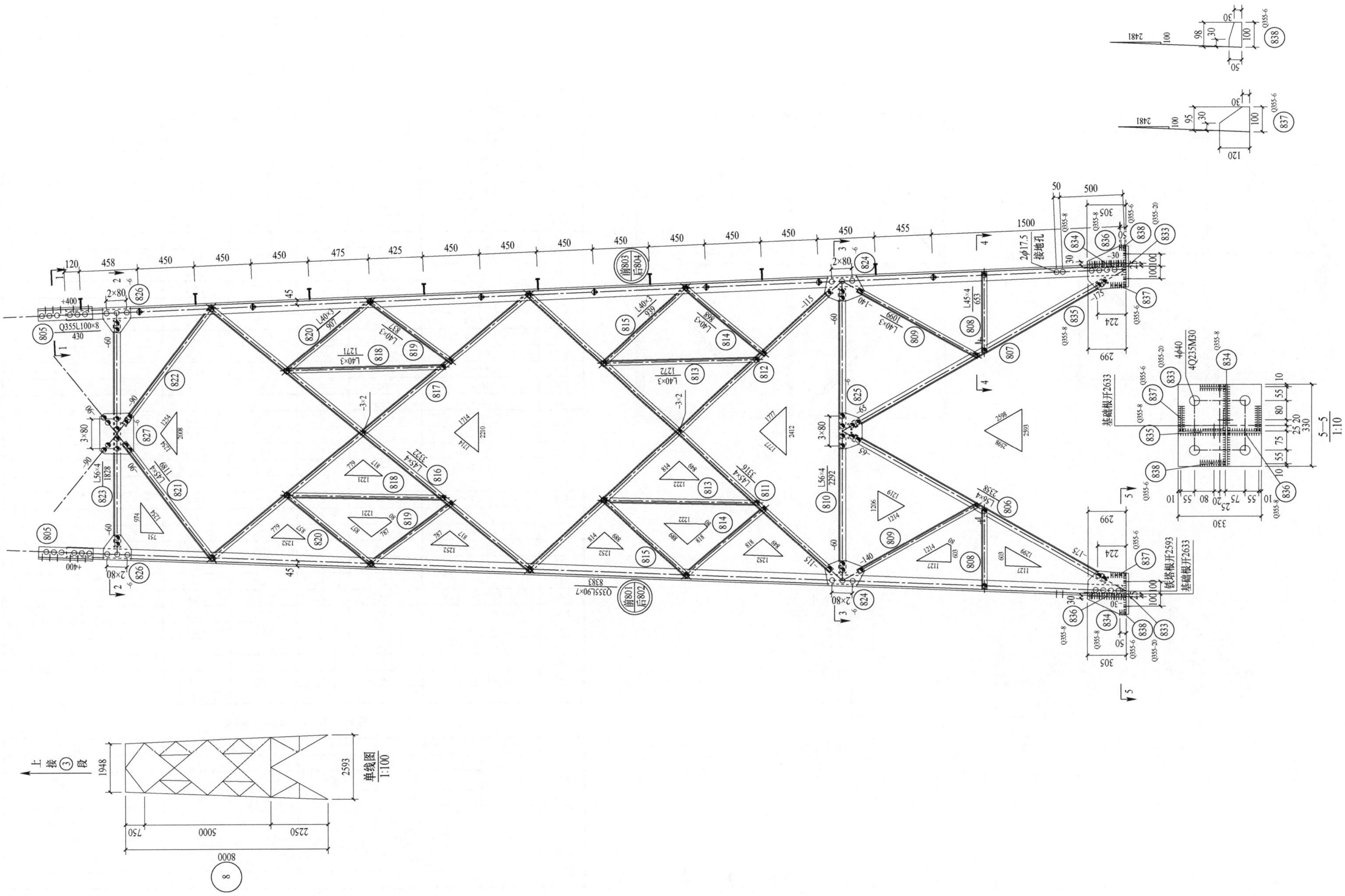

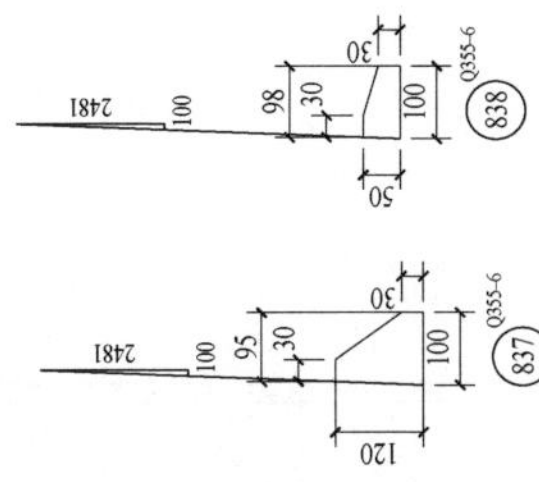

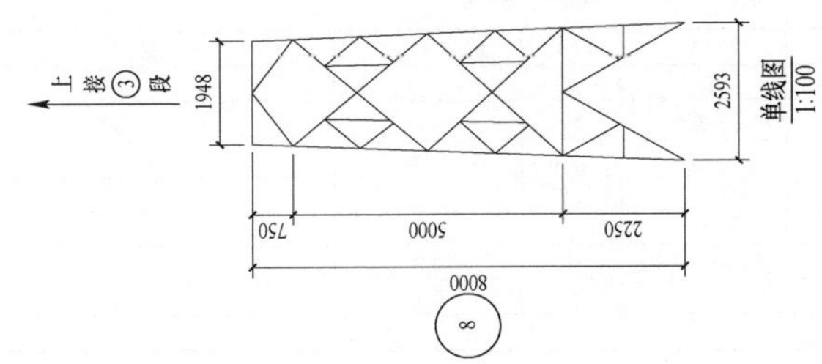

图 13-42　10GS10-Z2 直线塔 21.0m 呼称高塔腿结构图⑧［10GS10-Z2-08（1/2）］

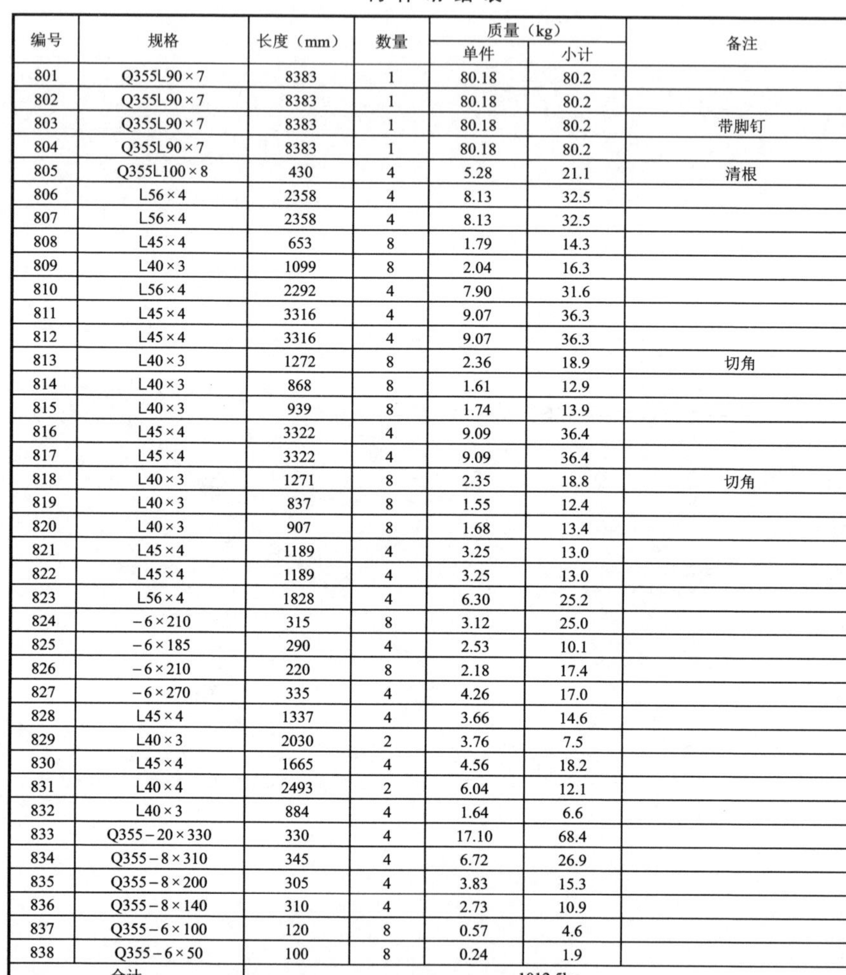

构 件 明 细 表

编号	规格	长度（mm）	数量	质量（kg） 单件	小计	备注
801	Q355L90×7	8383	1	80.18	80.2	
802	Q355L90×7	8383	1	80.18	80.2	
803	Q355L90×7	8383	1	80.18	80.2	带脚钉
804	Q355L90×7	8383	1	80.18	80.2	
805	Q355L100×8	430	4	5.28	21.1	清根
806	L56×4	2358	4	8.13	32.5	
807	L56×4	2358	4	8.13	32.5	
808	L45×4	653	8	1.79	14.3	
809	L40×3	1099	8	2.04	16.3	
810	L56×4	2292	4	7.90	31.6	
811	L45×4	3316	4	9.07	36.3	
812	L45×4	3316	4	9.07	36.3	
813	L40×3	1272	8	2.36	18.9	切角
814	L40×3	868	8	1.61	12.9	
815	L40×3	939	8	1.74	13.9	
816	L45×4	3322	4	9.09	36.4	
817	L45×4	3322	4	9.09	36.4	
818	L40×3	1271	8	2.35	18.8	切角
819	L40×3	837	8	1.55	12.4	
820	L40×3	907	8	1.68	13.4	
821	L45×4	1189	4	3.25	13.0	
822	L45×4	1189	4	3.25	13.0	
823	L56×4	1828	4	6.30	25.2	
824	−6×210	315	8	3.12	25.0	
825	−6×185	290	4	2.53	10.1	
826	−6×210	220	8	2.18	17.4	
827	−6×270	335	4	4.26	17.0	
828	L45×4	1337	4	3.66	14.6	
829	L40×3	2030	2	3.76	7.5	
830	L45×4	1665	4	4.56	18.2	
831	L40×4	2493	2	6.04	12.1	
832	L40×3	884	4	1.64	6.6	
833	Q355−20×330	330	4	17.10	68.4	
834	Q355−8×310	345	4	6.72	26.9	
835	Q355−8×200	305	4	3.83	15.3	
836	Q355−8×140	310	4	2.73	10.9	
837	Q355−6×100	120	8	0.57	4.6	
838	Q355−6×50	100	8	0.24	1.9	
合计		1012.5kg				

螺栓、脚钉、垫圈明细表

名称	级别	规格	符号	数量	质量（kg）	备注
螺栓	6.8	M16×40		250	35.0	
		M16×50		39	6.2	
		M20×45		128	34.6	
脚钉	6.8	M16×180		15	5.7	
		M20×200		1	0.7	
垫圈	Q235	−3（ϕ17.5）	规格×个数	16	0.2	
		−4（ϕ17.5）		2	0.1	
合计			82.5kg			

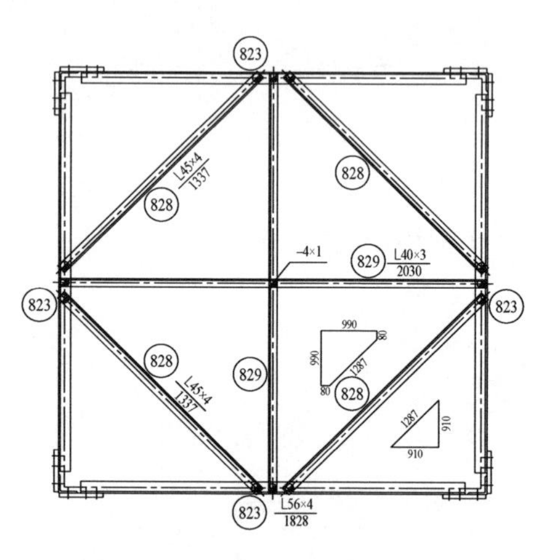

2—2

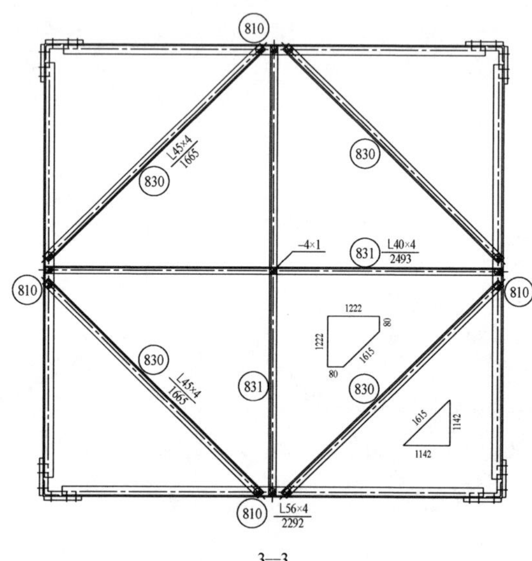

3—3

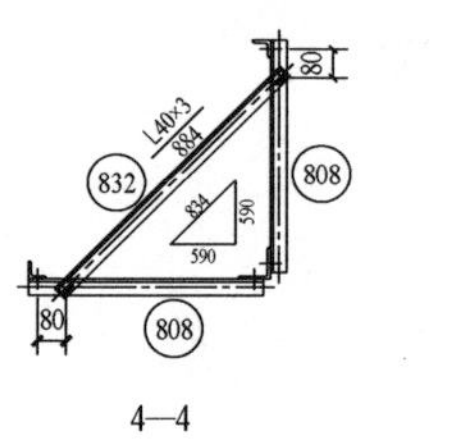

4—4

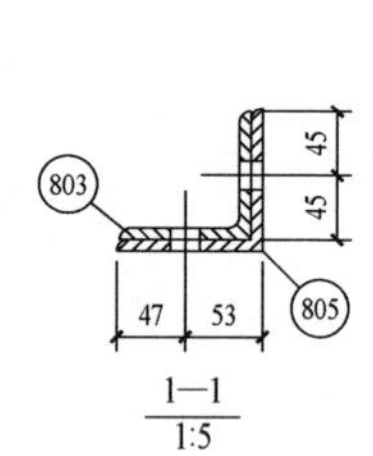

1—1
1:5

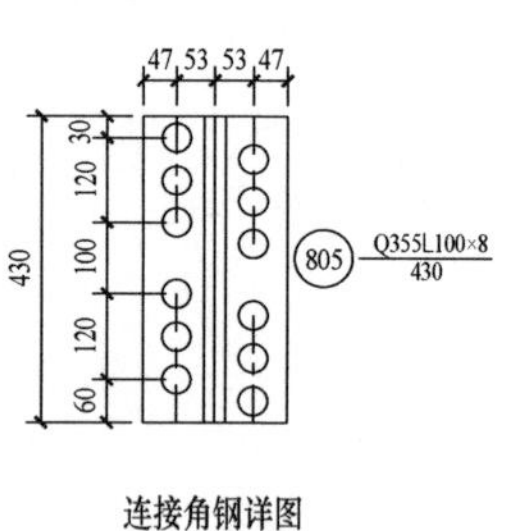

连接角钢详图
1:10

图 13-43 10GS10-Z2 直线塔 21.0m 呼称高塔腿结构图⑧［10GS10-Z2-08（2/2）］

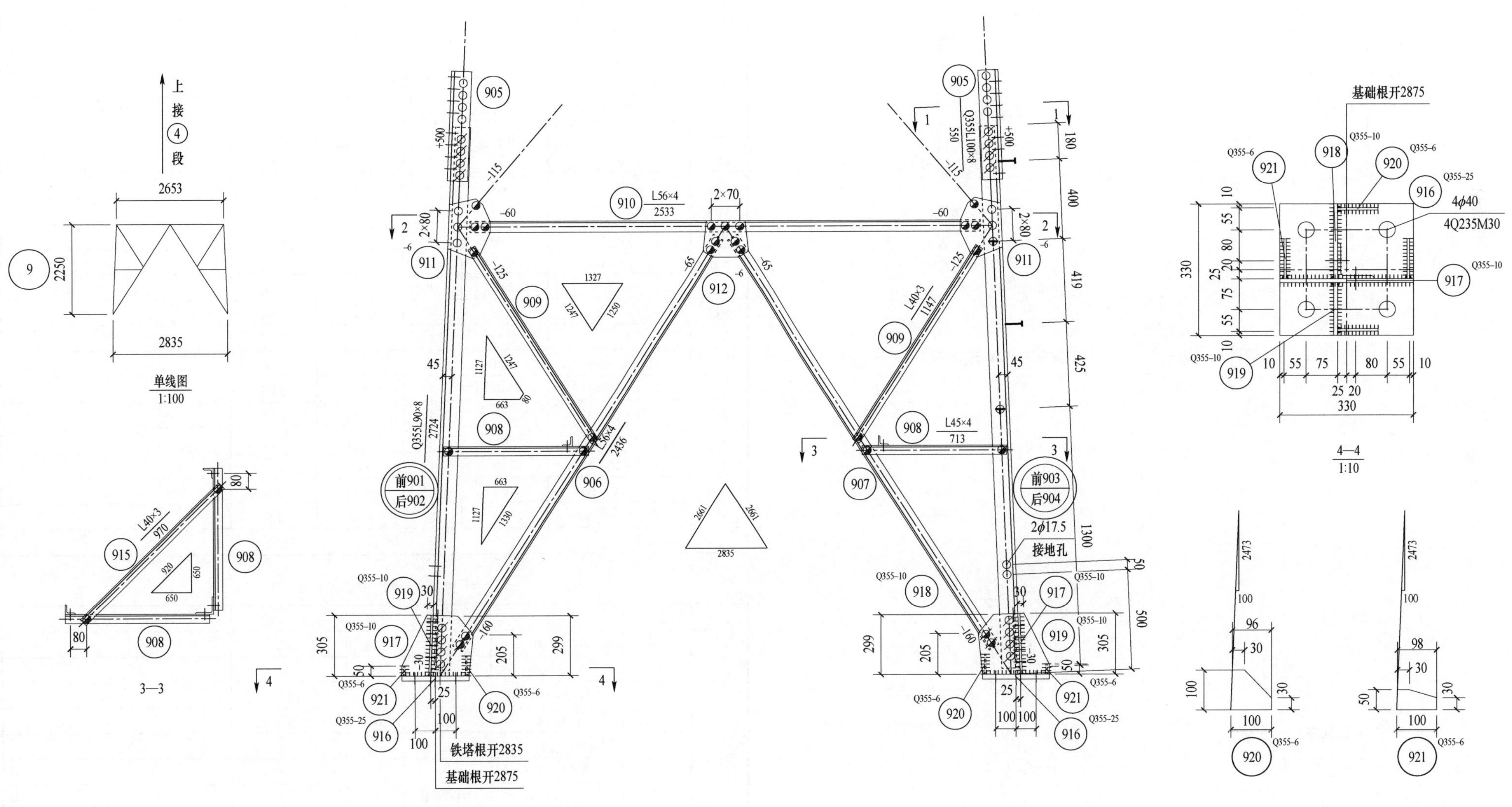

图 13－44　10GS10－Z2 直线塔 24.0m 呼称高塔腿结构图⑨［10GS10－Z2－09（1/2）］

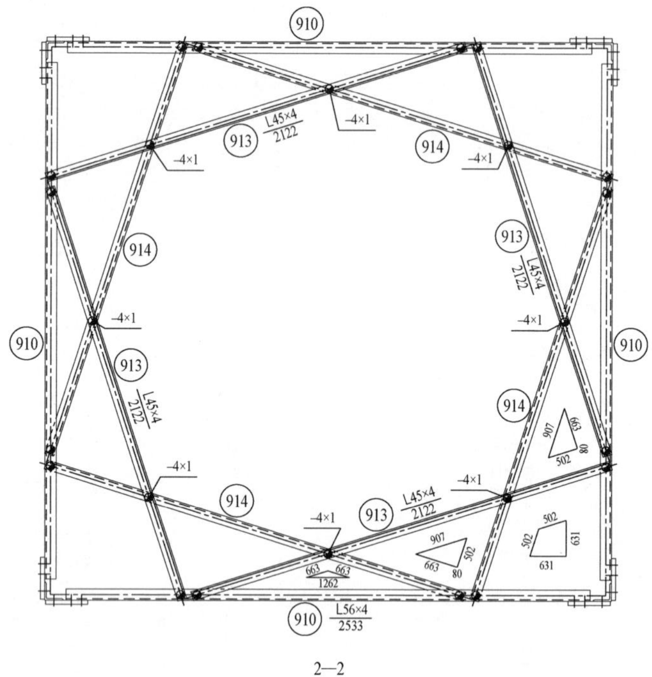

2—2

构件明细表

编号	规格	长度（mm）	数量	质量（kg）		备注
				单件	小计	
901	Q355L90×8	2724	1	29.82	29.8	
902	Q355L90×8	2724	1	29.82	29.8	
903	Q355L90×8	2724	1	29.82	29.8	带脚钉
904	Q355L90×8	2724	1	29.82	29.8	
905	Q355L100×8	550	4	6.75	27.0	清根
906	L56×4	2436	4	8.39	33.6	
907	L56×4	2436	4	8.39	33.6	
908	L45×4	713	8	1.95	15.6	
909	L40×3	1147	8	2.12	17.0	
910	L56×4	2533	4	8.73	34.9	
911	−6×210	300	8	2.97	23.8	
912	−6×185	225	4	1.96	7.8	
913	L45×4	2122	4	5.81	23.2	
914	L45×4	2122	4	5.81	23.2	切角
915	L40×3	970	4	1.80	7.2	
916	Q355−25×330	330	4	21.37	85.5	
917	Q355−10×310	345	4	8.40	33.6	
918	Q355−10×200	305	4	4.79	19.2	
919	Q355−10×135	310	4	3.29	13.2	
920	Q355−6×100	100	8	0.47	3.8	
921	Q355−6×50	100	8	0.24	1.9	
合计		523.3kg				

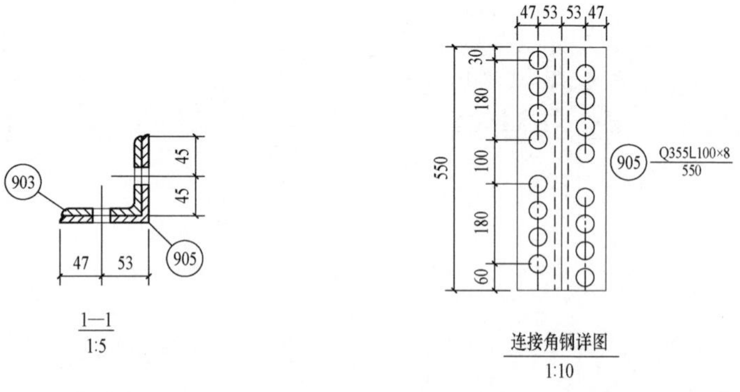

1—1
1:5

连接角钢详图
1:10

螺栓、脚钉、垫圈明细表

名称	级别	规格	符号	数量	质量（kg）	备注
螺栓	6.8	M16×40		116	16.2	
		M16×50		16	2.6	
		M20×45		55	14.9	
		M20×55		64	19.2	
脚钉	6.8	M16×180		2	0.8	
		M20×200		2	1.3	
垫圈	Q235	−4（ϕ17.5）	规格×个数	8	0.2	
合计			55.2kg			

图 13−45　10GS10−Z2 直线塔 24.0m 呼称高塔腿结构图⑨［10GS10−Z2−09（2/2）］

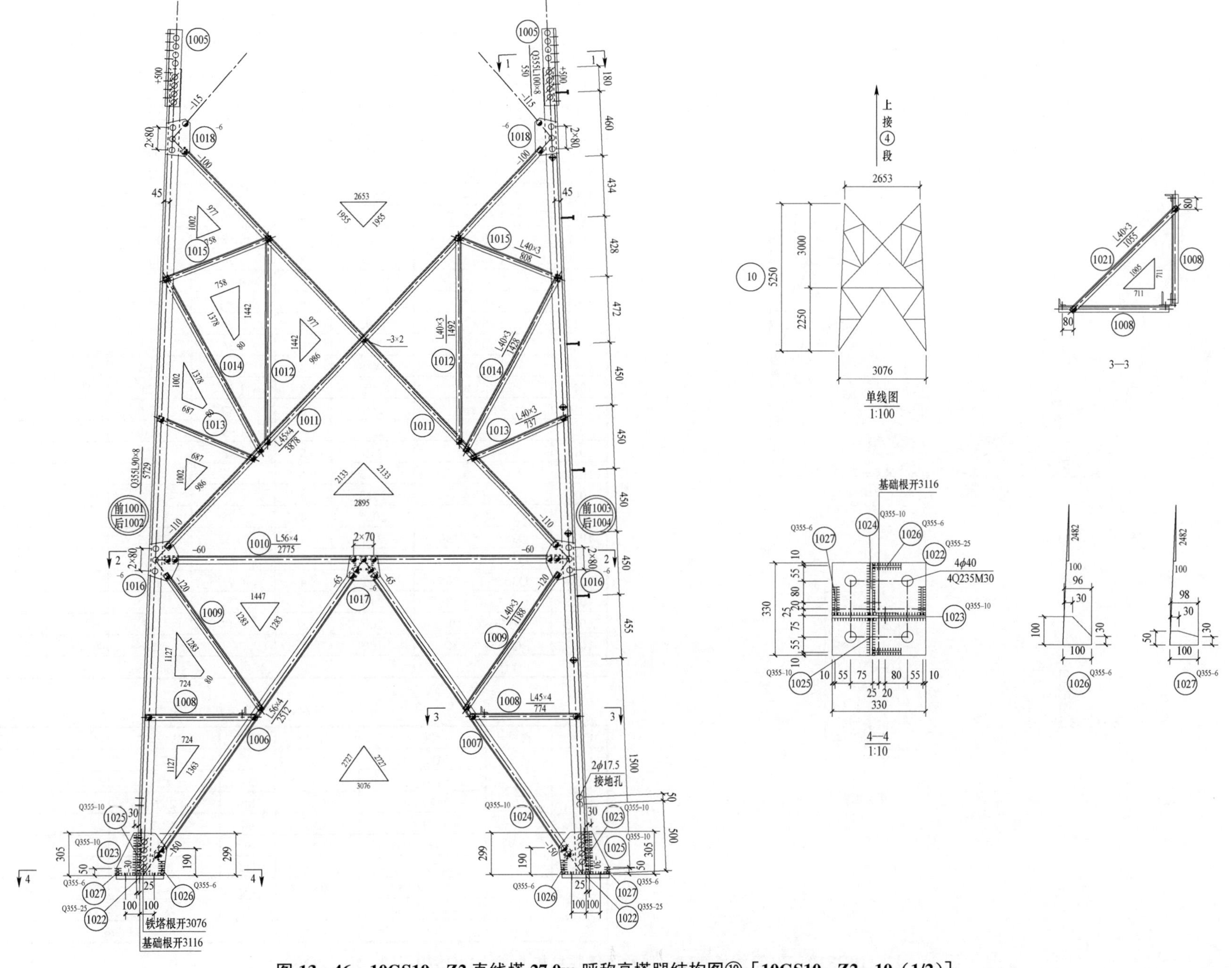

图 13-46 10GS10-Z2 直线塔 27.0m 呼称高塔腿结构图⑩［10GS10-Z2-10（1/2）］

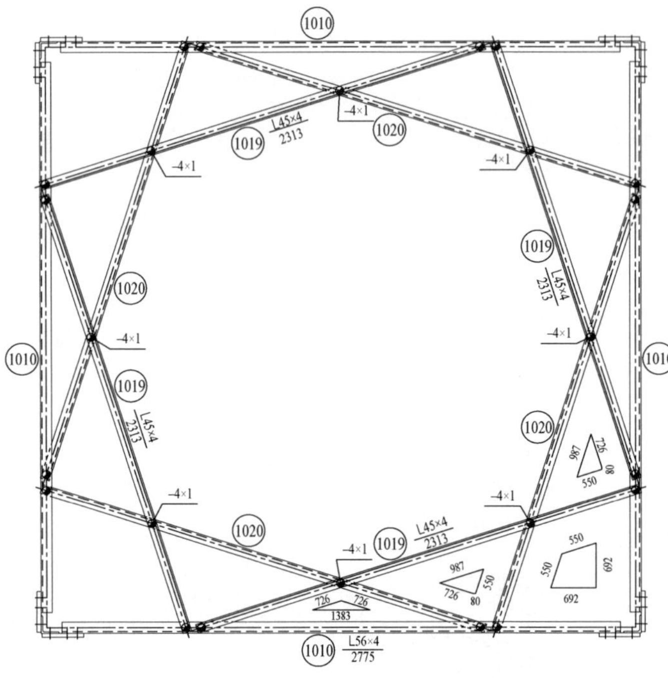

2—2

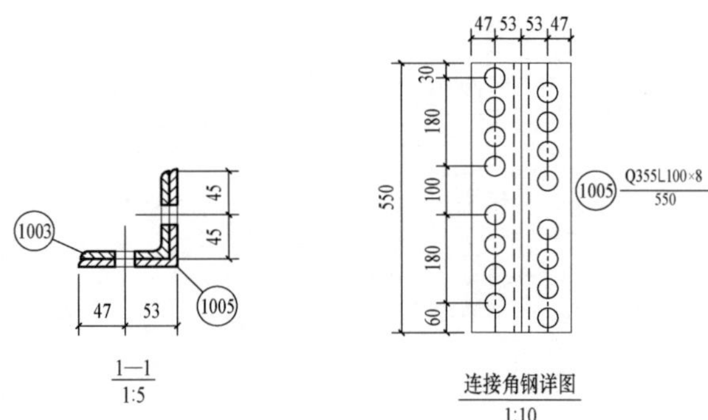

1—1
1:5

连接角钢详图
1:10

构 件 明 细 表

编号	规格	长度（mm）	数量	质量（kg）		备注
				单件	小计	
1001	Q355L90×8	5729	1	62.71	62.7	
1002	Q355L90×8	5729	1	62.71	62.7	
1003	Q355L90×8	5729	1	62.71	62.7	带脚钉
1004	Q355L90×8	5729	1	62.71	62.7	
1005	Q355L100×8	550	4	6.75	27.0	清根
1006	L56×4	2512	4	8.66	34.6	
1007	L56×4	2512	4	8.66	34.6	
1008	L45×4	774	8	2.12	17.0	
1009	L40×3	1188	8	2.20	17.6	
1010	L56×4	2775	4	9.56	38.2	
1011	L45×4	3878	8	10.61	84.9	
1012	L40×3	1492	8	2.76	22.1	切角
1013	L40×3	737	8	1.36	10.9	
1014	L40×3	1428	8	2.64	21.1	
1015	L40×3	808	8	1.50	12.0	
1016	−6×210	285	8	2.82	22.6	
1017	−6×180	235	4	1.99	8.0	
1018	−6×170	270	8	2.16	17.3	
1019	L45×4	2313	4	6.33	25.3	
1020	L45×4	2313	4	6.33	25.3	切角
1021	L40×3	1055	4	1.95	7.8	
1022	Q355−25×330	330	4	21.37	85.5	
1023	Q355−10×310	350	4	8.52	34.1	
1024	Q355−10×205	305	4	4.91	19.6	
1025	Q355−10×135	310	4	3.29	13.2	
1026	Q355−6×100	100	8	0.47	3.8	
1027	Q355−6×50	100	8	0.24	1.9	
合计		835.2kg				

螺栓、脚钉、垫圈明细表

名称	级别	规格	符号	数量	质量（kg）	备注
螺栓	6.8	M16×40		172	24.1	
		M16×50		27	4.3	
		M20×45		80	21.6	
		M20×55		64	19.2	
脚钉	6.8	M16×180		9	3.4	
		M20×200		1	0.7	
垫圈	Q235	−3（ϕ17.5）	规格×个数	8	0.1	
		−4（ϕ17.5）		8	0.2	
合计		73.6kg				

图 13−47　10GS10−Z2 直线塔 27.0m 呼称高塔腿结构图⑩［10GS10−Z2−10（2/2）］

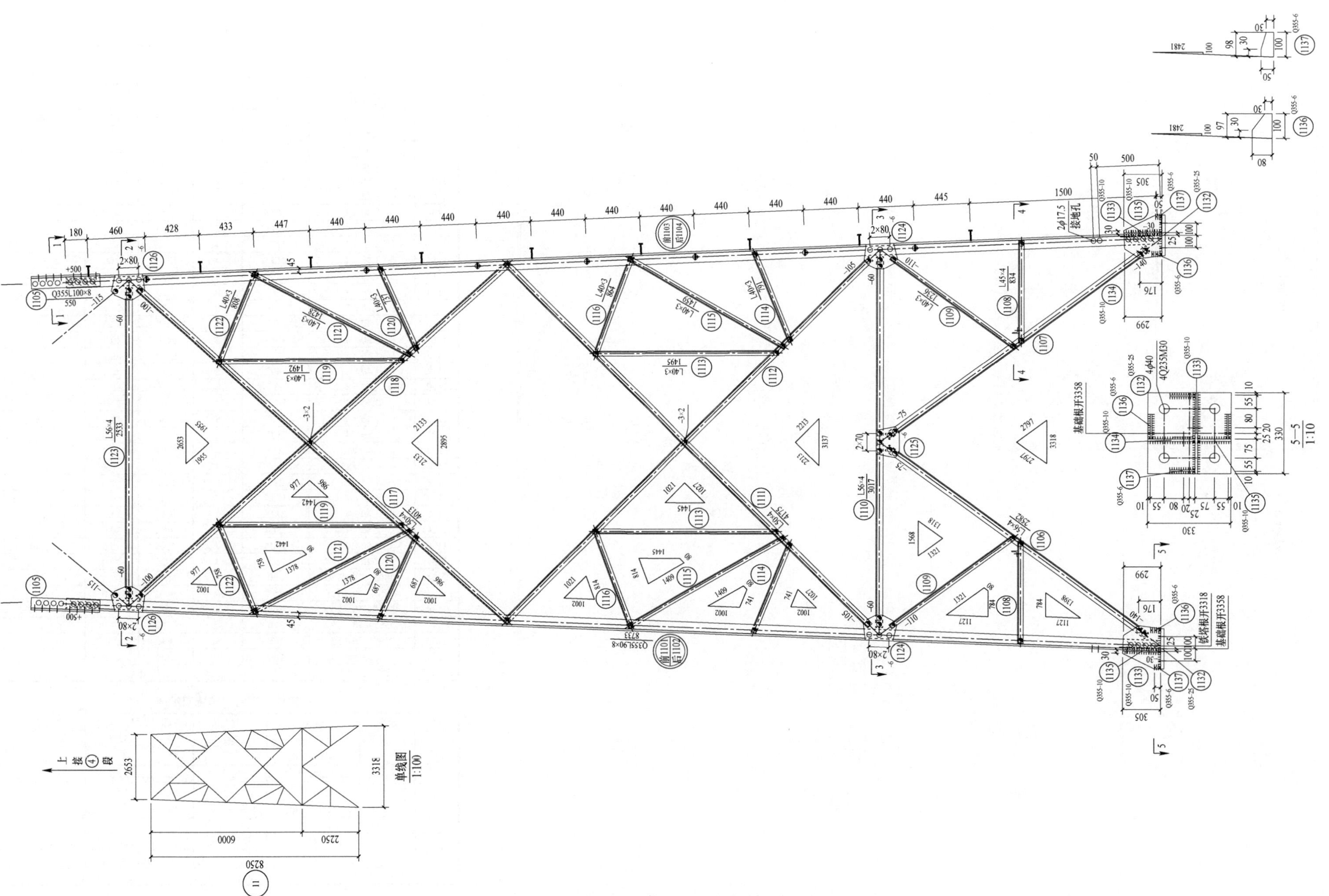

图 13-48　10GS10-Z2 直线塔 30.0m 呼称高塔腿结构图⑪［10GS10-Z2-11（1/2）］

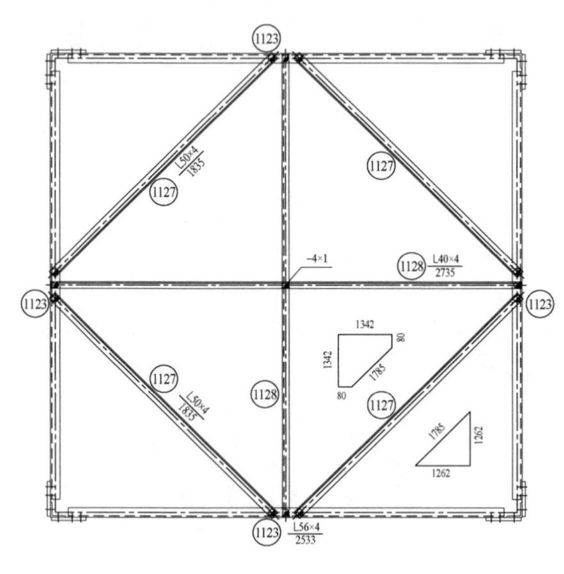

2—2

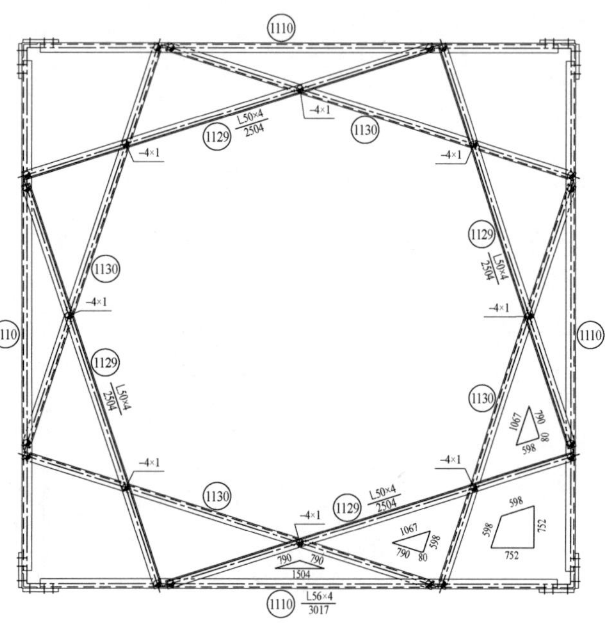

3—3

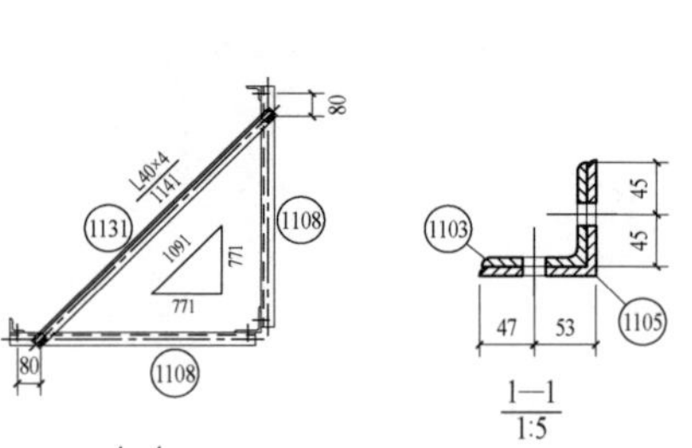

4—4

1—1
1:5

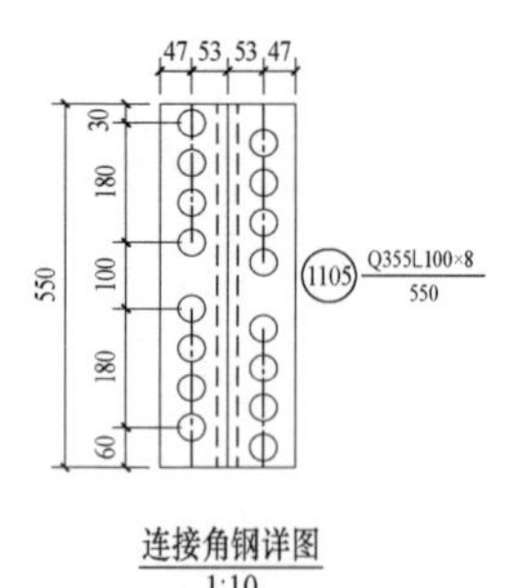

连接角钢详图
1:10

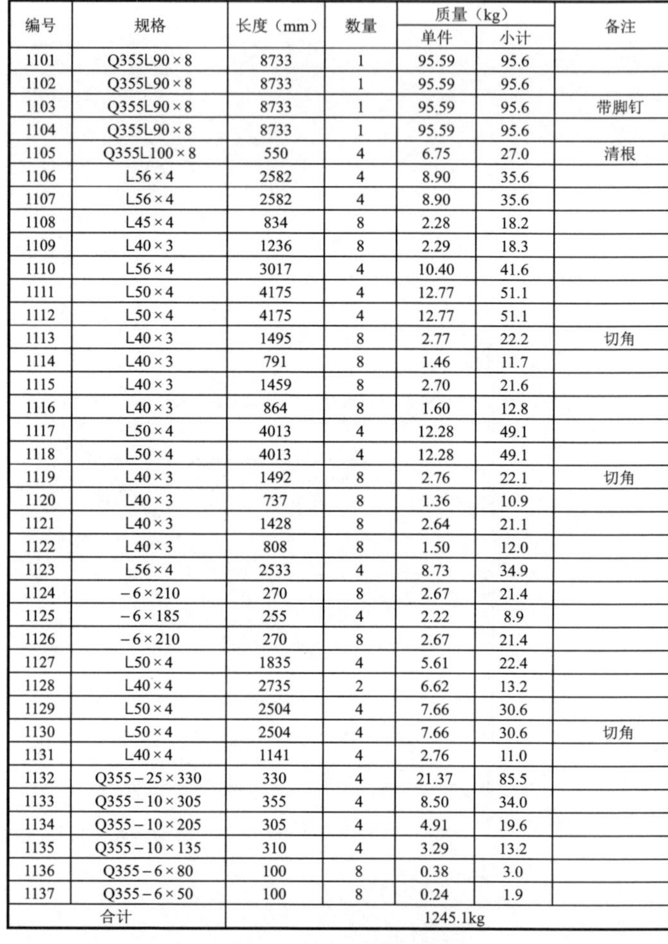

构 件 明 细 表

编号	规格	长度（mm）	数量	质量（kg）		备注
				单件	小计	
1101	Q355L90×8	8733	1	95.59	95.6	
1102	Q355L90×8	8733	1	95.59	95.6	
1103	Q355L90×8	8733	1	95.59	95.6	带脚钉
1104	Q355L90×8	8733	1	95.59	95.6	
1105	Q355L100×8	550	4	6.75	27.0	清根
1106	L56×4	2582	4	8.90	35.6	
1107	L56×4	2582	4	8.90	35.6	
1108	L45×4	834	8	2.28	18.2	
1109	L40×3	1236	8	2.29	18.3	
1110	L56×4	3017	4	10.40	41.6	
1111	L50×4	4175	4	12.77	51.1	
1112	L50×4	4175	4	12.77	51.1	
1113	L40×3	1495	8	2.77	22.2	切角
1114	L40×3	791	8	1.46	11.7	
1115	L40×3	1459	8	2.70	21.6	
1116	L40×3	864	8	1.60	12.8	
1117	L50×4	4013	4	12.28	49.1	
1118	L50×4	4013	4	12.28	49.1	
1119	L40×3	1492	8	2.76	22.1	切角
1120	L40×3	737	8	1.36	10.9	
1121	L40×3	1428	8	2.64	21.1	
1122	L40×3	808	8	1.50	12.0	
1123	L56×4	2533	4	8.73	34.9	
1124	−6×210	270	8	2.67	21.4	
1125	−6×185	255	4	2.22	8.9	
1126	−6×210	270	8	2.67	21.4	
1127	L50×4	1835	4	5.61	22.4	
1128	L40×4	2735	2	6.62	13.2	
1129	L50×4	2504	4	7.66	30.6	
1130	L50×4	2504	4	7.66	30.6	切角
1131	L40×4	1141	4	2.76	11.0	
1132	Q355−25×330	330	4	21.37	85.5	
1133	Q355−10×305	355	4	8.50	34.0	
1134	Q355−10×205	305	4	4.91	19.6	
1135	Q355−10×135	310	4	3.29	13.2	
1136	Q355−6×80	100	8	0.38	3.0	
1137	Q355−6×50	100	8	0.24	1.9	
合计		1245.1kg				

螺栓、脚钉、垫圈明细表

名称	级别	规格	符号	数量	质量（kg）	备注
螺栓	6.8	M16×40		241	33.7	
		M16×50		47	7.5	
		M20×45		80	21.6	
		M20×55		64	19.2	
脚钉	6.8	M16×180		16	6.1	
		M20×200		1	0.7	
垫圈	Q235	−3（ϕ17.5）	规格×个数	16	0.2	
		−4（ϕ17.5）		9	0.3	
合计			89.3kg			

图 13－49　10GS10－Z2 直线塔 30.0m 呼称高塔腿结构图⑪［10GS10－Z2－11（2/2）］

铁塔加工统一说明

1. 铁塔的设计执行 GB 50017—2017《钢结构设计规范》和 DL/T 5154—2012《架空输电线路杆塔结构设计技术规定》的有关规定。铁塔的加工本说明未列之处，需满足如下国标、规范和行业规定的要求：

GB 50661—2011《钢结构焊接规范》

GB 50205—2020《钢结构工程施工质量验收规范》

GB/T 2694—2018《输电线路铁塔制造技术条件》

GB 50173—2014《电气装置安装工程 66kV 及以下架空电力线路施工及验收规范》

DL/T 5442—2020《输电线路杆塔制图和构造规定》

2. 结构图中图面内的图例，代号等在说明中未提及之处，均按 DL/T 5442—2020《输电线路铁塔制图和构造规定》中的要求执行。

3. 钢材质量标准应符合 GB/T 700—2006《碳素结构钢》及 GB/T 1591—2018《低合金高强度结构钢》的有关要求。

4. 铁塔构件的钢种为 Q235B、Q355B，图中注明 Q355 材料为 Q355B 钢材，未注明者均为 Q235B 钢材。

5. 螺栓、螺母应符合的标准分别为 GB/T 5780—2016《六角头螺栓 C 级》、GB/T 6170—2015《1 型六角螺母》。

6. 所有螺栓（包括防卸螺栓）的强度等级为热镀锌后的强度值，螺栓及脚钉强度级别：M16、M20 为 6.8 级，M24 采用 8.8 级。

7. 垫圈标准应符合 GB/T 95—2002《平垫圈 C 级》，按照螺栓规格不同，分别加工厚度为 3mm（M16 螺栓）和 4mm（M20 螺栓、M24 螺栓）两种垫圈。当需垫的厚度超过 3 个垫圈时，应采用加工相应厚度垫块的形式。

8. 所有材料，包括角钢、钢板、螺栓、防卸螺栓、焊条等均应有出厂合格证书。

9. 所有构件均应作热（浸）镀锌防腐处理。并且不同材质的角钢必须分批镀锌，以免引起镀锌质量的下降。

10. 构件焊接应严格按照焊接规程，规范和有关规定进行，焊缝高度未注明的不得小于连接构件的最小厚度，当被焊接构件厚度不小于 8mm 时，要按规定进行剖口后再焊，以便焊透。厚度不小于 20mm 的焊件应采取焊前预热或焊后保温等相应处理措施，避免焊件的碎裂危险或过高的焊接应力。焊缝等级要求参见施工图纸。

11. Q355 及 Q235 钢构件所对应采用的焊条分别为 E50 系列及 E43 系列。当高级别钢和低级别钢相焊时，应采用低级别钢对应的焊条，所有焊接件均需加封焊，以防酸液进入接触面而造成锈蚀。

12. 加工时如需材料代用及改变结构形式等情况，须征得设计单位的同意。材料代用时，需注意相关影响（螺栓长度、主材接头相平、内垫片增减等），应与图纸对应列表统计，并由加工厂书面通知施工单位，以方便施工安装。

13. 角钢基准线和螺栓准线除图中特殊注明外，一般按表 1 采用。

表 1　　角钢的螺栓准线表

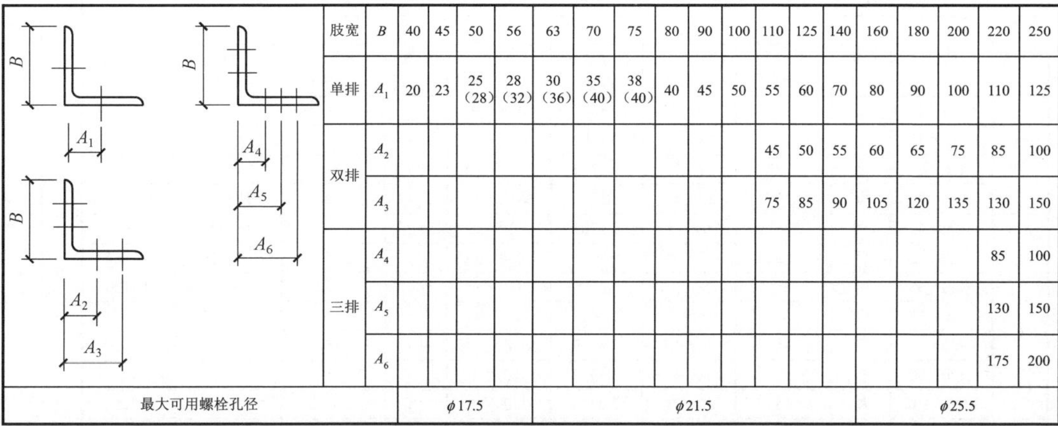

肢宽	B	40	45	50	56	63	70	75	80	90	100	110	125	140	160	180	200	220	250
单排	A_1	20	23	25（28）	28（32）	30（36）	35（40）	38（40）	40	45	50	55	60	70	80	90	100	110	125
双排	A_2											45	50	55	60	65	75	85	100
	A_3											75	85	90	105	120	135	130	150
三排	A_4																	85	100
	A_5																	130	150
	A_6																	175	200
最大可用螺栓孔径		ϕ17.5				ϕ21.5								ϕ25.5					

注　1. 括号内的数字用于当其他构件与本角钢搭接而螺栓边距不足时，在搭接位置上的螺栓孔可使用的准线值。
2. L100 及以下角钢一般不宜采用双排准线，L200 及以下角钢一般不宜采用三排准线。
3. 对于三排准线除非设计有要求，一般不得擅自使用。

14. 当角钢上打双排螺栓或多排螺栓时，螺栓在角钢轴心线上的投影孔距必须满足以下规定：

当用 M16 螺栓时，$L\geqslant 40$mm；

当用 M20 螺栓时，$L\geqslant 50$mm（参见图 1）。

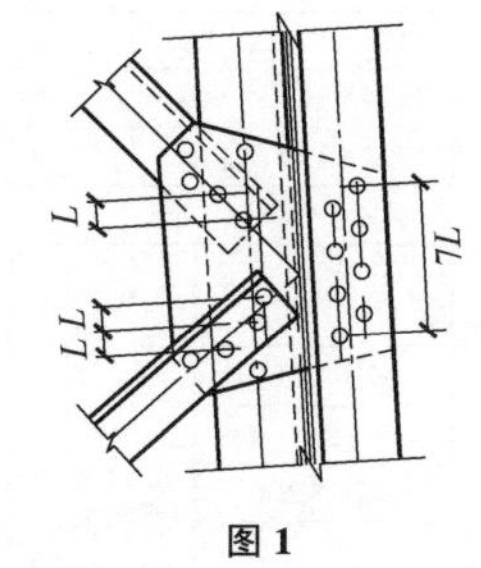

图 1

15. 螺栓、脚钉、垫圈规格按表 2 采用。最短腿离地高 8m 以下的连接螺栓采用防卸螺栓，其他均采用防松措施（采用薄螺母防松）。单帽螺栓配一帽、一垫、一薄螺母；双帽螺栓配两帽、一垫。M16 和 M20 的螺栓规格采用 6.8 级、M24 及以上的螺栓规格采用 8.8 级，防卸螺栓规格由业主及运行单位确定，并保证出扣。但挂线角钢处应采用双帽防松。业主方或运行方有特殊要求的应按照业主方或运行方的要求。螺栓的长度和数量必须经过放样和试组装的检验，当长度或数量有误时，应及时汇报给监理或设计单位。

图 13－50　10GS10－Z2 直线塔加工说明（10GS10－Z2－12）

表 2　　螺栓、脚钉、垫圈规格表

级别	单帽螺栓（带一垫、一扣紧螺母）规格	图例	说明 无扣长（mm）	通过厚度（mm）	每套质量（kg）	双帽螺栓（带一垫双帽）规格	图例	说明 无扣长（mm）	通过厚度（mm）	每套质量（kg）
6.8级	M16×40	◑	6	7～12	0.1442	M16×50	○	6	7～12	0.1875
	M16×50	∅	12	13～22	0.1602	M16×60	○	12	13～22	0.2039
	M16×60	⊗	22	23～32	0.1762	M16×70	○	22	23～32	0.2203
	M16×70	∅	32	33～42	0.1922	M16×80	○	32	33～42	0.2369
6.8级	M20×45	○	8	9～15	0.2701	M20×60	○	8	9～15	0.3605
	M20×55	∅	15	16～25	0.2953	M20×70	○	15	16～25	0.3864
	M20×65	⊗	25	26～35	0.3205	M20×80	○	25	26～35	0.4123
	M20×75	∅	35	36～45	0.3457	M20×90	○	35	36～45	0.4381
	M20×85	⊗	45	46～55	0.3709	M20×100	○	45	46～55	0.4640
	M20×95	⊗	55	56～65	0.3961	M20×110	○	55	56～65	0.4899
	M20×105	⊛	65	66～75	0.4213	M20×120	○	65	66～75	0.5158
8.8级	M24×55	◎	12	13～20	0.4631	M24×75	◎	12	13～20	0.6278
	M24×65	∅	20	21～30	0.5000	M24×85	◎	20	21～30	0.6655
	M24×75	⊗	30	31～40	0.5368	M24×95	◎	30	31～40	0.7033
	M24×85	∅	40	41～50	0.5737	M24×105	◎	40	41～50	0.7410
	M24×95	⊗	50	51～60	0.6105	M24×115	◎	50	51～60	0.7787
	M24×105	⊗	60	61～70	0.6473	M24×125	◎	60	61～70	0.8165
	M24×115	⊛	70	71～80	0.6842	M24×135	◎	70	71～80	0.8541
	M24×130	⊛	80	81～95	0.7375	M24×150	◎	80	81～95	0.9074

脚钉 级别	规格	图例	无扣长（mm）	每只质量（kg）	垫圈 材质	规格	图例	每只质量（kg）	内径（mm）	外径（mm）
6.8级	M16×180	正面 侧面	120	0.3254		−3（ϕ17.5）	规格×个数	0.01065	17.5	30
						−4（ϕ17.5）		0.0142	17.5	30
6.8级	M20×200		120	0.6183		−3（ϕ22）		0.01637	22	37
						−4（ϕ22）		0.02183	22	37
8.8级	M24×240		120	0.9037		−3（ϕ26）		0.02331	26	44
						−4（ϕ26）		0.03108	26	44

注　1. 受剪单帽螺栓和脚钉配一帽、一垫、一薄螺母；受剪或受拉双帽螺栓配两帽、一垫。

2. 螺纹不得进入剪切面。

3. 薄螺母的性能等级为 05 级。

16. 对于 8.8 级及以上的高强度螺栓，除应满足 GB/T 3098《紧固件机械性能》和 DL/T 764.4《输电线路铁塔及电力金具紧固件冷镦热浸镀锌螺栓与螺母》之要求外，还应委托第三方有资质的检测单位对高强度螺栓进行抽检，并提供塑性、强度和硬度的试验合格报告。

17. 角钢及钢板的螺栓间距除图中特殊注明外应按表 3 采用。

螺孔顺力线方向重心最大间距 12*d* 或 18*t*（取二者较小者）其中 *d* 为螺栓直径，*t* 为较薄板的厚度。

表 3　　螺栓边端距要求表

螺栓规格	螺栓孔径	间距 单排孔	间距 双排孔	边距 端边 L_D	边距 轧制边 L_Z	边距 切角边 L_Q
M12	ϕ13.5	40	60	20	≥17	≥18
M16	ϕ17.5	50	80	25	≥21*	≥23
M20	ϕ21.5	60	100	30	≥26	≥28
M24	ϕ25.5	80	120	40	≥31	≥33

* 当用 L40 角钢时，轧制边距 L_z=20。

18. 脚钉从基础顶面以上 1.5m 左右起装，间距一般按 400mm，当某一个脚钉位于节点板、主材接头、塔身变坡等位置，上下脚钉间距不能满足标准 400mm 时，该脚钉上下相邻的两个或三个脚钉间距之和需满足 400mm 的倍数。

当脚钉代替螺栓时，脚钉级别应与被代螺栓等强度。

脚钉型式采用防滑带弯钩型式。

19. 节点板考虑到刚度和稳定要求，形状不宜狭长，节点板边缘与构件轴线夹角 α 不小于 15°，1—1 段面的节点板断面面积不小于被连接角钢截面积的 1.2 倍。参见图 2。

节点板边距及构件间隙如图 3 所示。

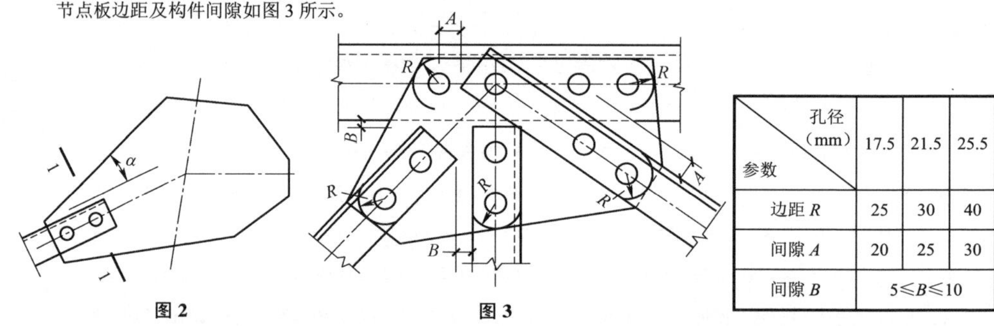

参数 \ 孔径（mm）	17.5	21.5	25.5
边距 *R*	25	30	40
间隙 *A*	20	25	30
间隙 *B*	5≤*B*≤10		

图 2　　图 3

20. 构件接头中包角钢接头间隙按图放样，一般为 10mm 左右。其中外包角钢清根，内包角钢铲背。

21. 凡图中所要求的火曲、开合角、切肢、压扁、切角的尺寸均由加工放样决定。角钢肢宽大于 100mm 以上，两构件连接面间的夹角大于 2°时，构件应局部开、合角或制弯。

22. 如没有注明，长度单位均为毫米。

23. 结构图中尺寸仅供备料用，加工前应放样，以实际放样尺寸为准。

24. 角钢对接处外贴连接钢板的螺栓孔最小边距 M20 取 40mm、M24 取 50mm。

25. 当螺栓采用一垫一帽一薄螺母时应确保装好螺帽后螺杆出扣。

26. 制孔方式按照铁塔招标技术规范书的要求执行。

27. 铁塔放样后应加工一基样塔，经试组装检验合格后方能批量生产。

28. 本工程参照国家电网公司基建部监制的"工艺标准库（2012 版）"，本册施工图按以下工艺标准进行施工。

工艺编号	项目/工艺名称	注意事项
0201020101	角钢铁塔分解组立	

图 13－50　10GS10－Z2 直线塔加工说明（10GS10－Z2－12）（续）

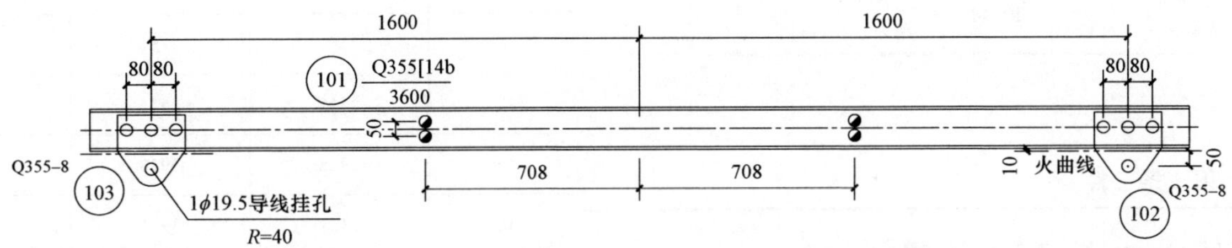

10GS10–Z2塔

10GS10－Z2、10GS10－J1、10GS10－J2、10GS10－J3 塔构件明细表						
编号	规格	长度（mm）	数量	质量（kg）		备注
				单件	小计	
101	Q355［14b	3600	1	60.24	60.2	槽钢
102	Q355－8×220	220	1	3.04	3.0	火曲
103	Q355－8×220	220	1	3.04	3.0	火曲
合计		66.2kg				

螺栓、脚钉、垫圈明细表						
名称	级别	规格	符号	数量	质量（kg）	备注
螺栓	6.8	M16×40	◐	4	0.6	
		M20×70	○	6	2.3	双母
合计			2.9kg			

说明：耐张塔 12m 呼称高及以上、直线塔 15m 呼称高及以上安装以上 T 接横担。

图 13－51　10GS10－Z2 直线塔 T 接横担加工图（10GS10－Z2－13）

13.8　10GS10－J1 塔

13.8.1　10GS10－J1 塔设计条件

导线型号及张力见表 13－17。

表 13－17　　导 线 型 号 及 张 力

电压等级	10kV	导线	JL/G1A－150/25	导线最大使用张力（N）	20394	导线不平衡张力取值（%）	30

使用条件见表 13－18。

表 13－18　　使 用 条 件

水平档距（m）	垂直档距（m）	代表档距（m）	使用档距（m）	转角度数（°）	计算高度（m）	档距系数 K_v
400	600	200/500	500	0～30	21	

荷载表见表 13－19。

表 13－19　　荷 载 表　　N

项目		正常运行情况			事故情况		安装情况	不均匀冰
		基本风速	覆冰	最低气温	未断线	断线		
气象条件（T/V/B）		－5/27/0	－5/10/10	－30/0/0	－5/0/10	－5/0/10	－15/10/0	－5/10/10
水平荷载	导线	3639	1390	0	0	0	587	1390
	绝缘子及金具	159	22	0	0	0	22	22
	跳线串							
垂直荷载	导线	3533	8042	3533	8042	8042	3533	8042
	绝缘子及金具	1196	1376	1196	1376	1376	1196	1376
	跳线串							
导线张力	一侧	17456	20395	18966	14276	0	19495	
	另一侧	15194	20395	10315	14276	14276	10724	
	张力差	2262	0	8651	0	14276	8771	0

注　导线水平荷载为下相导线荷载。

13.8.2　10GS10－J1 塔根开尺寸及基础作用力

根开尺寸见表 13－20。

表 13－20　　根 开 尺 寸

呼称高（m）	基础根开（mm）		地脚螺栓根开（mm）		地脚螺栓规格
	正面根开	侧面根开	正面根开	侧面根开	
9	2151	2151	200	200	4×M30
12	2545	2545	200	200	4×M30
15	2928	2928	200	200	4×M30
18	3321	3321	200	200	4×M30
21	3715	3715	200	200	4×M30
24	4108	4108	200	200	4×M30

基础作用力见表 13－21。

表 13－21　　基 础 作 用 力　　kN

呼称高（m）	T_{max}	T_x	T_y	N_{max}	N_x	N_y
9	172.84	19.58	17.91	191.16	20.64	21.75
12	196.75	20.18	17.65	216.38	21.02	21.50
15	215.11	20.97	17.38	237.08	22.01	21.14
18	230.15	21.60	17.43	253.84	22.86	20.84
21	242.36	22.63	18.86	269.16	24.40	22.00
24	253.20	22.92	17.00	282.42	24.42	20.45

13.8.3　10GS10－J1 塔施工图纸目录

10GS10－J1 塔施工图纸目录见表 13－22。

表 13－22　　10GS10－J1 塔施工图纸目录

编号	图号	图名
图 13－52	10GS10－J1－00（1/2）	10GS10－J1 转角塔总图及材料汇总表
图 13－53	10GS10－J1－00（2/2）	10GS10－J1 转角塔总图及材料汇总表
图 13－54	10GS10－J1－01（1/2）	10GS10－J1 转角塔塔头结构图①
图 13－55	10GS10－J1－01（2/2）	10GS10－J1 转角塔塔头结构图①
图 13－56	10GS10－J1－02	10GS10－J1 转角塔塔身结构图②
图 13－57	10GS10－J1－03	10GS10－J1 转角塔塔身结构图③
图 13－58	10GS10－J1－04（1/2）	10GS10－J1 转角塔塔身结构图④
图 13－59	10GS10－J1－04（2/2）	10GS10－J1 转角塔塔身结构图④
图 13－60	10GS10－J1－05	10GS10－J1 转角塔 9.0m 呼称高塔腿结构图⑤
图 13－61	10GS10－J1－06	10GS10－J1 转角塔 12.0m 呼称高塔腿结构图⑥

续表

编号	图号	图名
图 13－62	10GS10－J1－07（1/2）	10GS10－J1 转角塔 15.0m 呼称高塔腿结构图⑦
图 13－63	10GS10－J1－07（2/2）	10GS10－J1 转角塔 15.0m 呼称高塔腿结构图⑦
图 13－64	10GS10－J1－08（1/2）	10GS10－J1 转角塔 18.0m 呼称高塔腿结构图⑧
图 13－65	10GS10－J1－08（2/2）	10GS10－J1 转角塔 18.0m 呼称高塔腿结构图⑧
图 13－66	10GS10－J1－09（1/2）	10GS10－J1 转角塔 21.0m 呼称高塔腿结构图⑨
图 13－67	10GS10－J1－09（2/2）	10GS10－J1 转角塔 21.0m 呼称高塔腿结构图⑨
图 13－68	10GS10－J1－10（1/2）	10GS10－J1 转角塔 24.0m 呼称高塔腿结构图⑩
图 13－69	10GS10－J1－10（2/2）	10GS10－J1 转角塔 24.0m 呼称高塔腿结构图⑩
图 13－70	10GS10－J1－11	10GS10－J1 转角塔加工说明
图 13－71	10GS10－J1－12	10GS10－J1 转角塔 T 接横担加工图

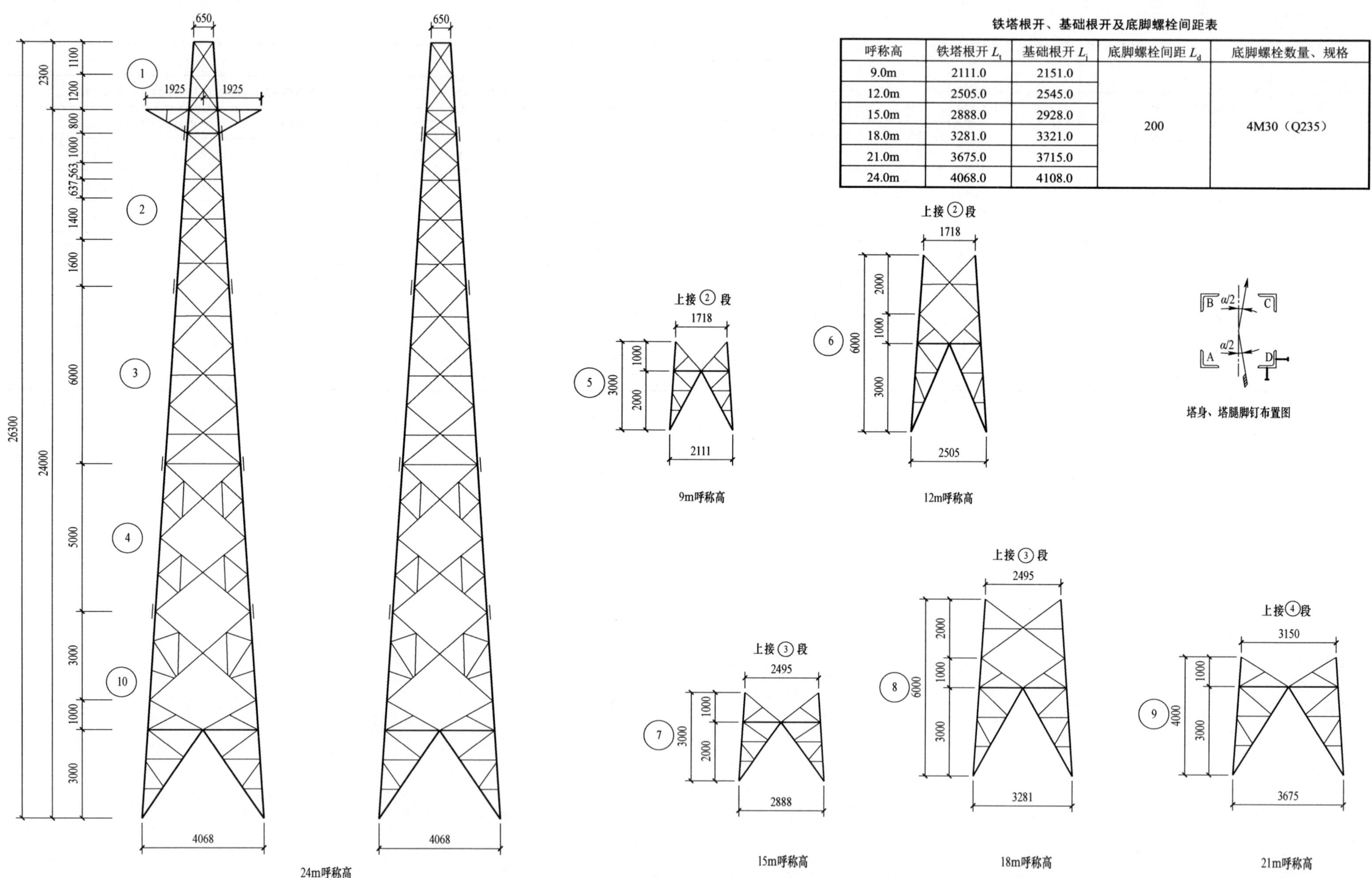

铁塔根开、基础根开及底脚螺栓间距表

呼称高	铁塔根开 L_t	基础根开 L_j	底脚螺栓间距 L_d	底脚螺栓数量、规格
9.0m	2111.0	2151.0	200	4M30（Q235）
12.0m	2505.0	2545.0		
15.0m	2888.0	2928.0		
18.0m	3281.0	3321.0		
21.0m	3675.0	3715.0		
24.0m	4068.0	4108.0		

图 13－52　10GS10－J1 转角塔总图及材料汇总表［10GS10－J1－00（1/2）］

材料汇总表

材料名称	材质	规格	段号										呼称高（m）					
			1	2	3	4	5	6	7	8	9	10	9.0	12.0	15.0	18.0	21.0	24.0
角钢	Q355	L100×8				27.0			27.0	27.0	27.0	27.0			27.0	27.0	54.0	54.0
		L90×8				219.5					196.4	328.4					415.9	547.9
		L90×7			16.4		16.4	16.4	133.2	248.5			16.4	16.4	149.6	264.9	16.4	16.4
		L80×7			201.7										201.7	201.7	201.7	201.7
		L80×6					99.9	188.8					99.9	188.8				
		L75×6	11.9										11.9	11.9	11.9	11.9	11.9	11.9
		L70×6		133.6									133.6	133.6	133.6	133.6	133.6	133.6
		L63×5	82.0										82.0	82.0	82.0	82.0	82.0	82.0
		小计	93.9	133.6	218.1	246.5	116.3	205.2	160.2	275.5	223.4	355.4	343.8	432.7	605.8	721.1	915.5	1047.5
	Q235	L63×5								53.4	61.0	68.6				53.4	61.0	68.6
		L56×5						100.4						100.4				
		L56×4	57.7	15.9		240.3	79.2	27.6	96.6	114.8	90.2	299.8	152.8	101.2	170.2	188.4	404.1	613.7
		L50×4	11.6						22.2		64.0		11.6	11.6	33.8	11.6	75.6	11.6
		L45×5				24.0						52.4					24.0	76.4
		L45×4	35.2	162.0	192.0		49.6	115.2	42.0	134.8	69.2	33.7	246.8	312.4	431.2	524.0	458.4	422.9
		L40×4	73.0	5.8	22.8	6.0			25.3	38.6	22.2	24.7	78.8	78.8	126.9	140.2	129.8	132.3
		L40×3	36.3	22.4	29.1	102.7	57.8	84.5	56.0	66.4	55.1	129.6	116.5	143.2	143.8	154.2	245.6	320.1
		小计	213.8	206.1	243.9	373.0	186.6	327.7	242.1	408.0	361.7	608.8	606.5	747.6	905.9	1071.8	1398.5	1645.6
钢板	Q355	−25									85.5	85.5					85.5	85.5
		−20					68.4	68.4	68.4	68.4			68.4	68.4	68.4	68.4		
		−10	50.0								68.0	67.1	50.0	50.0	50.0	50.0	118.0	117.1
		−8	47.8	27.1			45.7	53.9	54.5	53.0			120.6	128.8	129.4	127.9	74.9	74.9
		−6	44.4				6.5	7.6	4.9	6.5	6.5	5.7	50.9	52.0	49.3	50.9	50.9	50.1
		小计	142.2	27.1			120.6	129.9	127.8	127.9	160.0	158.3	289.9	299.2	297.1	297.2	329.3	327.6
	Q235	−6	13.5	56.6		24.9	34.6	35.6	49.3	52.9	40.1	40.8	104.7	105.7	119.4	123.0	135.1	135.8
		小计	13.5	56.6		24.9	34.6	35.6	49.3	52.9	40.1	40.8	104.7	105.7	119.4	123.0	135.1	135.8
钢管	Q355	ϕ35.5/ϕ19.5	0.5										0.5	0.5	0.5	0.5	0.5	0.5
		小计	0.5										0.5	0.5	0.5	0.5	0.5	0.5
螺栓	6.8	M20×55	1.2			9.6					28.8	28.8	1.2	1.2	1.2	1.2	39.6	39.6
		M20×45	35.6	19.2	13.0	15.1	25.7	28.1	38.6	43.2	10.5	10.8	80.5	82.9	106.4	111.0	93.4	93.7
		M16×50	7.2	3.4	5.8	5.1	1.3	5.8		1.9	3.8	7.0	11.9	16.4	16.4	18.3	25.3	28.5
		M16×40	31.6	24.6	6.7	16.2	26.5	26.3	28.7	28.6	23.5	29.1	82.7	82.5	91.6	91.5	102.6	108.2
		M20×60 双母	5.8										5.8	5.8	5.8	5.8	5.8	5.8
		M16×60 双母	4.8										4.8	4.8	4.8	4.8	4.8	4.8
		小计	86.2	47.2	25.5	46.0	53.5	60.2	67.3	73.7	66.6	75.7	186.9	193.6	226.2	232.6	271.5	280.6
脚钉	6.8	M20×200		2.0	1.3	1.3	1.3	0.7	1.3	0.7	1.3	0.7	3.3	2.7	4.6	4.0	5.9	5.3
		M16×180	2.3	3.4	4.6	3.8	1.1	4.2	1.1	4.2	2.3	4.9	6.8	9.9	11.4	14.5	16.4	19.0
		小计	2.3	5.4	5.9	5.1	2.4	4.9	2.4	4.9	3.6	5.6	10.1	12.6	16.0	18.5	22.3	24.3
垫圈	Q235	−4（ϕ17.5）	0.5			0.2	0.1	0.1	0.1	0.1	0.2	0.5	0.6	0.6	0.6	0.6	0.9	1.2
		−3（ϕ17.5）	0.2	0.2	0.2	0.1		0.1		0.1			0.4	0.5	0.6	0.7	0.7	0.7
		小计	0.7	0.2	0.2	0.3	0.1	0.2	0.1	0.2	0.2	0.5	1.0	1.1	1.2	1.3	1.6	1.9
合计（kg）			553.1	476.2	493.6	695.8	514.1	763.7	649.2	943.1	855.6	1245.1	1543.4	1793.0	2172.1	2466.0	3074.3	3463.8

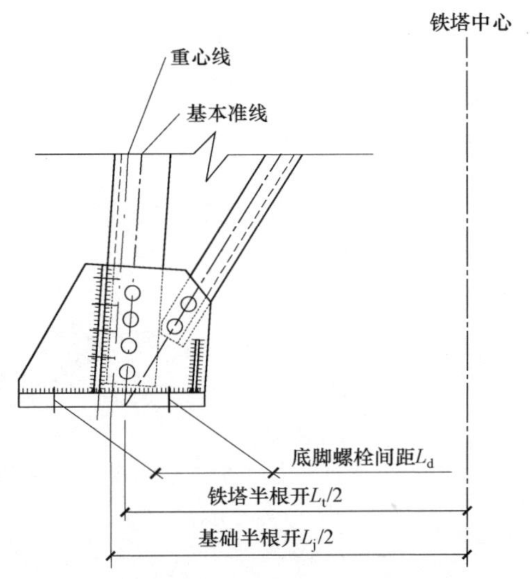

说明：1. 本塔所有构件（含螺栓、脚钉、垫圈）均采用热浸镀锌防腐。
2. M16 螺栓（含 M16 脚钉）强度等级为 6.8 级；M20（含 M20 脚钉）强度等级为 6.8 级；M24 螺栓（含 M24 脚钉）强度等级为 8.8 级。
3. 钢材材质等级要求：Q235、Q355 钢均选用 B 级。
4. 地脚螺栓材质为 Q235 钢。

图 13－53 10GS10－J1 转角塔总图及材料汇总表［10GS10－J1－00（2/2）］

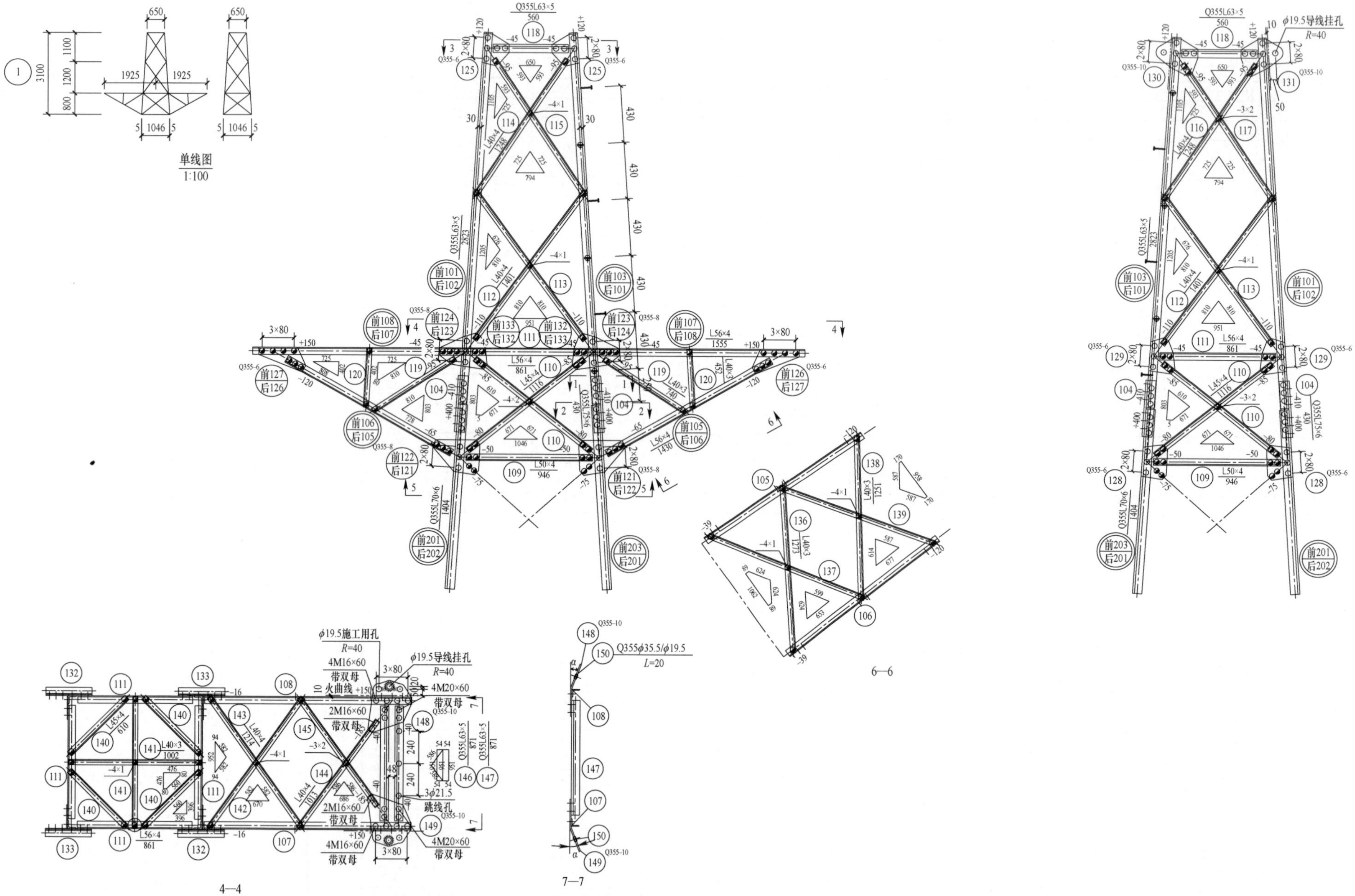

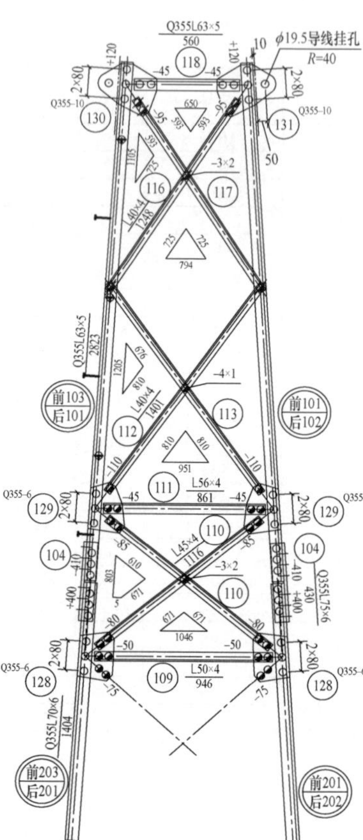

说明：挂线板火曲角度α根据工程实际确定。

图 13－54　10GS10－J1 转角塔塔头结构图①［10GS10－J1－01（1/2）］

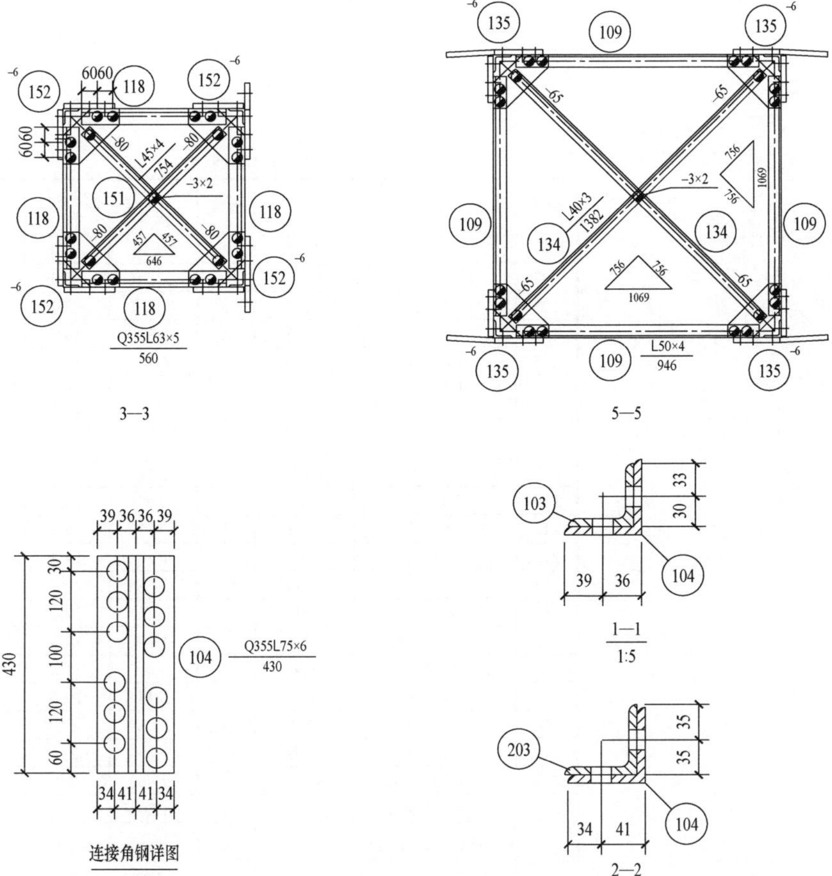

螺栓、脚钉、垫圈明细表

名称	级别	规格	符号	数量	质量（kg）	备注
螺栓	6.8	M16×40		226	31.6	
		M16×50		45	7.2	
		M16×60		24	4.8	双母
		M20×45		132	35.6	
		M20×55		4	1.2	
		M20×60		16	5.8	双母
脚钉	6.8	M16×180		6	2.3	
垫圈	Q235	－3（φ17.5）	规格×个数	16	0.2	
		－4（φ17.5）		17	0.5	
合计		89.2kg				

构 件 明 细 表

编号	规格	长度（mm）	数量	质量（kg）		备注
				单件	小计	
101	Q355L63×5	2823	2	13.61	27.2	
102	Q355L63×5	2823	1	13.61	13.6	
103	Q355L63×5	2823	1	13.61	13.6	带脚钉
104	Q355L75×6	430	4	2.97	11.9	清根
105	L56×4	1430	2	4.93	9.9	
106	L56×4	1430	2	4.93	9.9	
107	L56×4	1555	2	5.36	10.7	
108	L56×4	1555	2	5.36	10.7	
109	L50×4	946	4	2.89	11.6	
110	L45×4	1116	8	3.05	24.4	
111	L56×4	861	4	2.97	11.9	
112	L40×4	1401	4	3.39	13.6	
113	L40×4	1401	4	3.39	13.6	切角
114	L40×4	1248	2	3.02	6.0	
115	L40×4	1248	2	3.02	6.0	切背
116	L40×4	1248	2	3.02	6.0	
117	L40×4	1248	2	3.02	6.0	切背
118	Q355L63×5	560	4	2.70	10.8	
119	L40×3	740	4	1.37	5.5	
120	L40×3	452	4	0.84	3.4	
121	Q355－8×265	355	2	5.91	11.8	火曲
122	Q355－8×265	355	2	5.91	11.8	火曲
123	Q355－8×280	345	2	6.07	12.1	
124	Q355－8×280	345	2	6.07	12.1	
125	Q355－6×200	240	6	2.26	13.6	
126	Q355－6×160	380	2	2.86	5.7	卷边高 50mm
127	Q355－6×160	380	2	2.86	5.7	卷边高 50mm
128	Q355－6×190	265	4	2.37	9.5	
129	Q355－6×195	270	4	2.48	9.9	
130	Q355－10×225	320	1	5.65	5.7	火曲
131	Q355－10×225	320	1	5.65	5.7	火曲
132	L56×4	340	2	1.17	2.3	
133	L56×4	340	2	1.17	2.3	
134	L40×3	1382	2	2.56	5.1	
135	－6×110	300	4	1.55	6.2	
136	L40×3	1273	2	2.36	4.7	
137	L40×3	1273	2	2.36	4.7	切角切背
138	L40×3	1251	2	2.32	4.6	
139	L40×3	1251	2	2.32	4.6	切角切背
140	L45×4	610	4	1.67	6.7	
141	L40×3	1002	2	1.86	3.7	
142	L40×4	1214	2	2.94	5.9	
143	L40×4	1214	2	2.94	5.9	切角切背
144	L40×4	1013	2	2.45	4.9	
145	L40×4	1013	2	2.45	4.9	切背
146	Q355L63×5	871	2	4.20	8.4	
147	Q355L63×5	871	2	4.20	8.4	
148	Q355－10×300	410	2	9.66	19.3	火曲
149	Q355－10×300	410	2	9.66	19.3	火曲
150	Q355φ35.5/φ19.5	20	4	0.12	0.5	塞焊
151	L45×4	754	2	2.06	4.1	
152	－6×125	310	4	1.83	7.3	
合计		463.7kg				

图 13－55　10GS10－J1 转角塔塔头结构图①［10GS10－J1－01（2/2）］

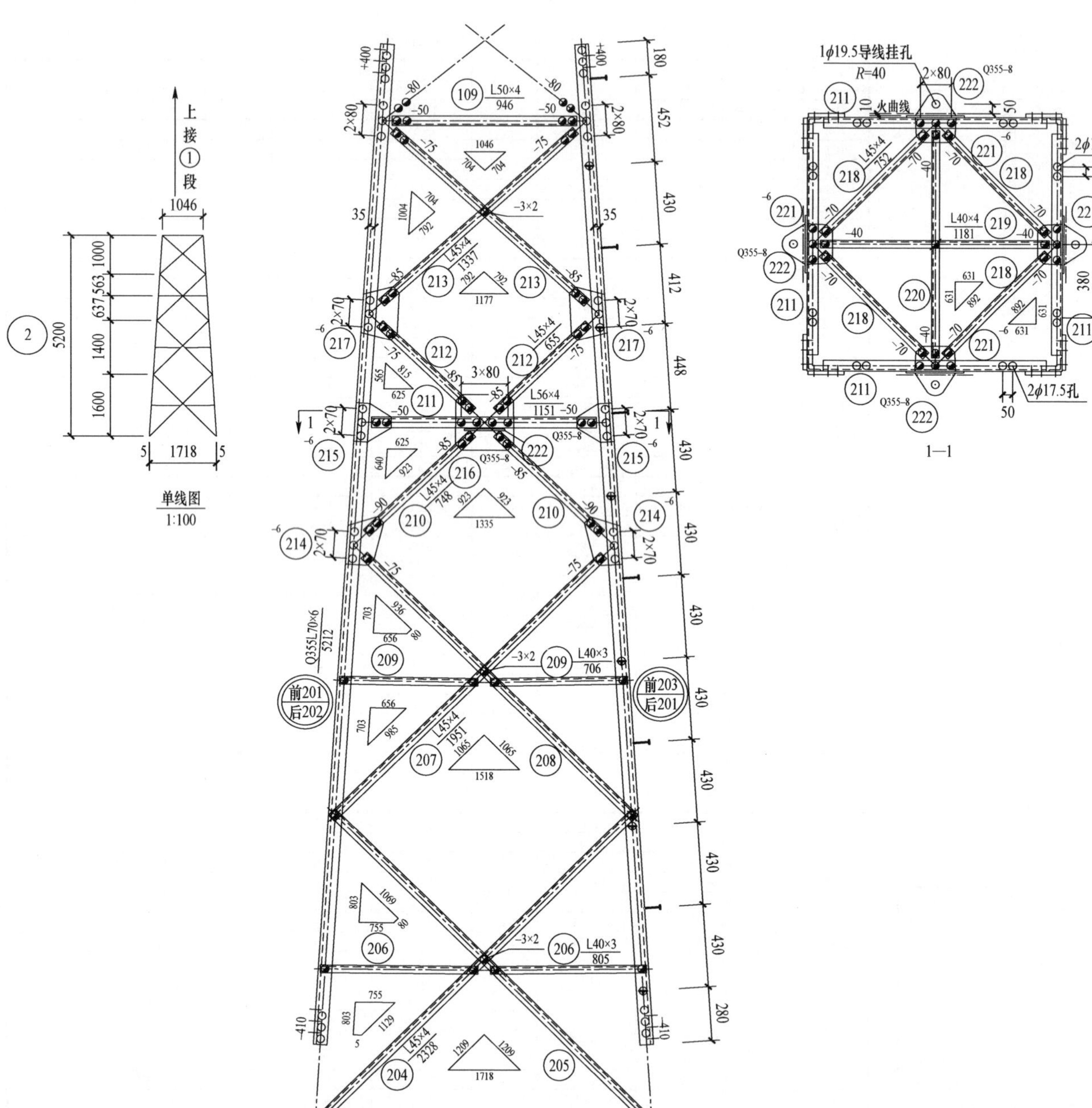

构件明细表

编号	规格	长度（mm）	数量	质量（kg） 单件	质量（kg） 小计	备注
201	Q355L70×6	5212	2	33.39	66.8	
202	Q355L70×6	5212	1	33.39	33.4	
203	Q355L70×6	5212	1	33.39	33.4	带脚钉
204	L45×4	2328	4	6.37	25.5	
205	L45×4	2328	4	6.37	25.5	切角切背
206	L40×3	805	8	1.49	11.9	
207	L45×4	1951	4	5.34	21.4	
208	L45×4	1951	4	5.34	21.4	切背
209	L40×3	706	8	1.31	10.5	
210	L45×4	748	8	2.05	16.4	
211	L56×4	1151	4	3.97	15.9	
212	L45×4	655	8	1.79	14.3	
213	L45×4	1337	8	3.66	29.3	
214	−6×180	260	8	2.20	17.6	
215	−6×190	200	8	1.79	14.3	
216	Q355−8×290	300	4	5.46	21.8	
217	−6×185	280	8	2.44	19.5	
218	L45×4	752	4	2.06	8.2	
219	L40×4	1181	1	2.86	2.9	中间压扁
220	L40×4	1181	1	2.86	2.9	
221	−6×130	210	4	1.29	5.2	
222	Q355−8×100	210	4	1.32	5.3	火曲无缝焊接
合计		423.4kg				

螺栓、脚钉、垫圈明细表

名称	级别	规格	符号	数量	质量（kg）	备注
螺栓	6.8	M16×40		176	24.6	
		M16×50		21	3.4	
		M20×45		71	19.2	
脚钉	6.8	M16×180		9	3.4	
		M20×200		3	2.0	
垫圈	Q235	−3（φ 17.5）	规格×个数	24	0.2	
合计			52.8kg			

图 13−56　10GS10−J1 转角塔塔身结构图②（10GS10−J1−02）

单线图
1:100

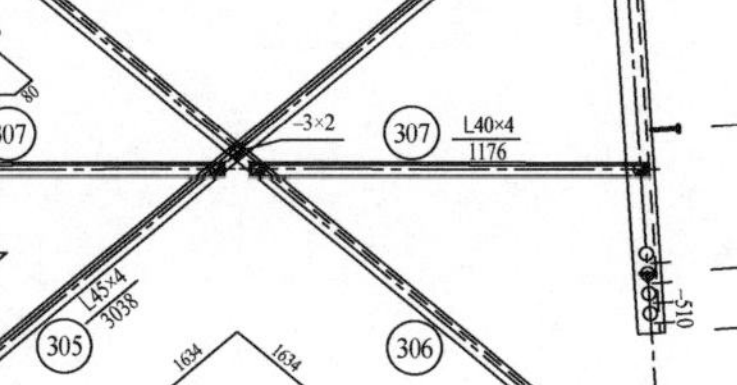

构件明细表

编号	规格	长度（mm）	数量	质量（kg）单件	质量（kg）小计	备注
301	Q355L80×7	5916	2	50.43	100.9	
302	Q355L80×7	5916	1	50.43	50.4	
303	Q355L80×7	5916	1	50.43	50.4	带脚钉
304	Q355L90×7	430	4	4.11	16.4	清根
305	L45×4	3038	4	8.31	33.2	
306	L45×4	3038	4	8.31	33.2	切角
307	L40×4	1176	8	2.85	22.8	
308	L45×4	2961	4	8.10	32.4	
309	L45×4	2961	4	8.10	32.4	切角切背
310	L40×3	1048	8	1.94	15.5	
311	L45×4	2777	4	7.60	30.4	
312	L45×4	2777	4	7.60	30.4	切角切背
313	L40×3	920	8	1.70	13.6	
合计		462.0kg				

螺栓、脚钉、垫圈明细表

名称	级别	规格	符号	数量	质量（kg）	备注
螺栓	6.8	M16×40		48	6.7	
		M16×50		36	5.8	
		M20×45		48	13.0	
脚钉	6.8	M16×180		12	4.6	
		M20×200		2	1.3	
垫圈	Q235	−3（ϕ17.5）	规格×个数	24	0.2	
合计			31.6kg			

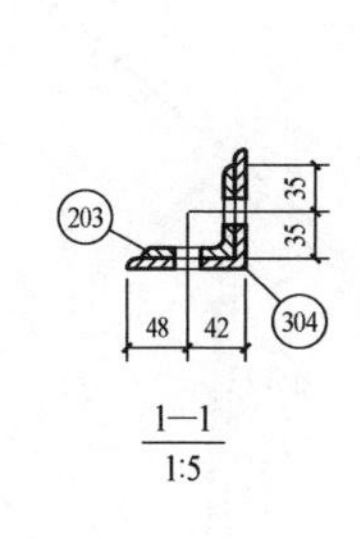

1—1
1:5

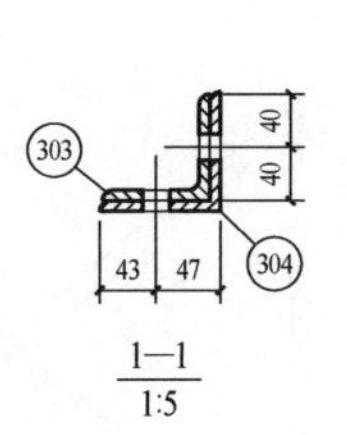

1—1
1:5

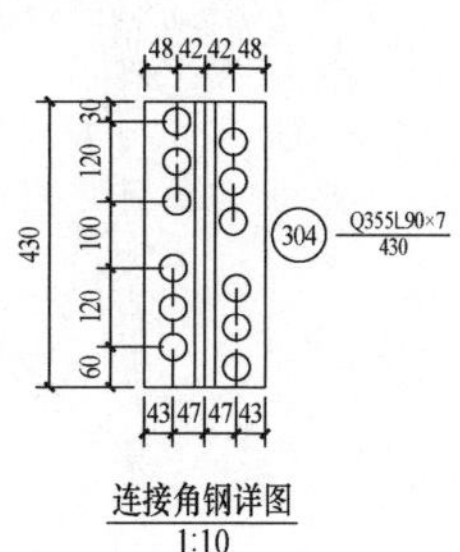

连接角钢详图
1:10

图 13－57　10GS10－J1 转角塔塔身结构图③（10GS10－J1－03）

单线图
1:100

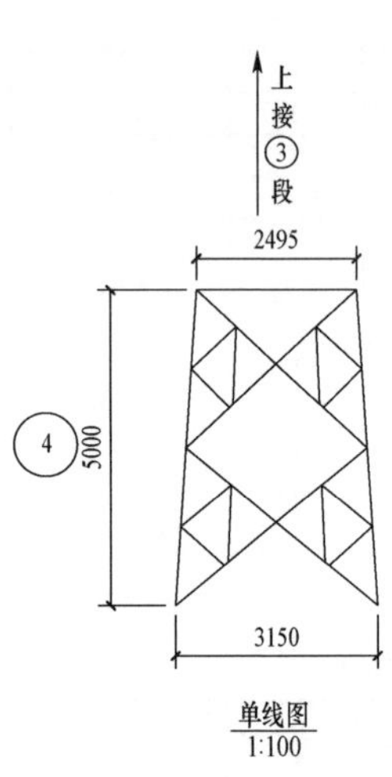

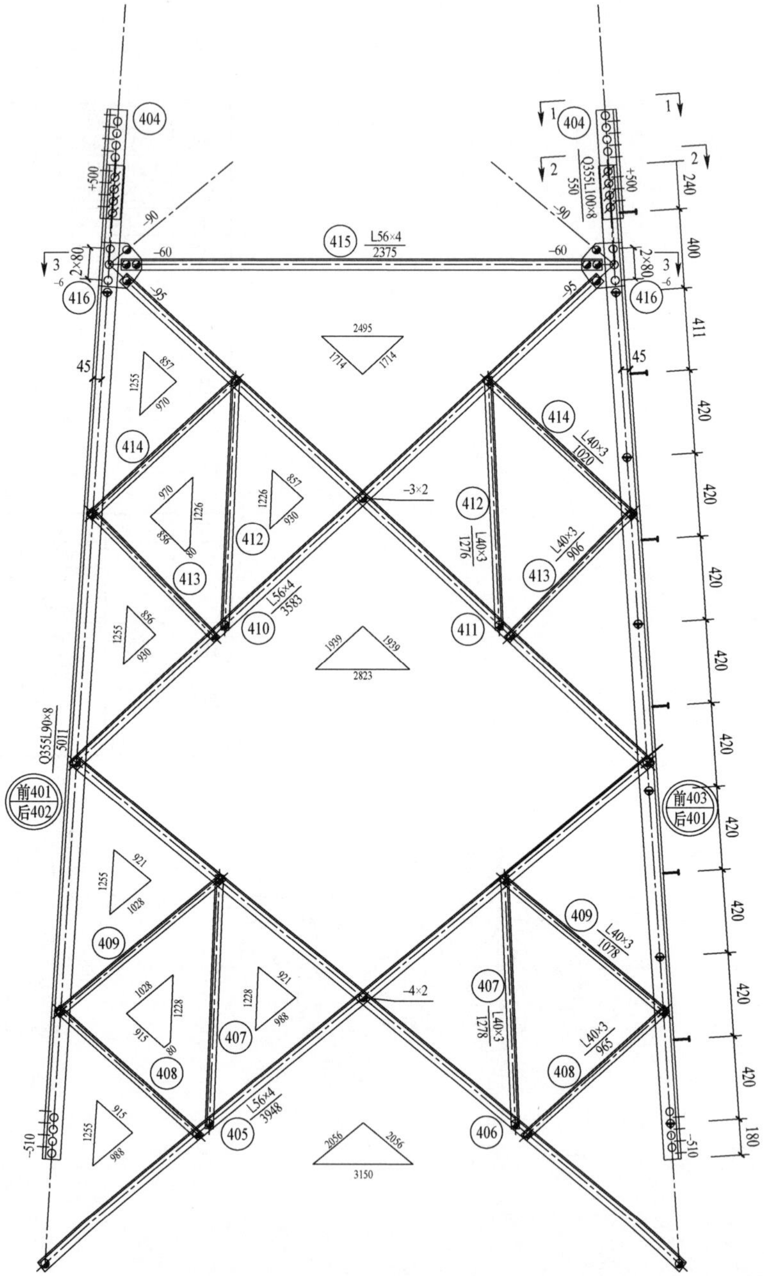

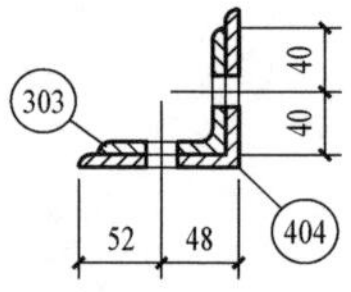

1—1
1:5

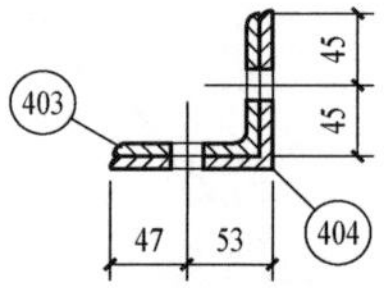

2—2
1:5

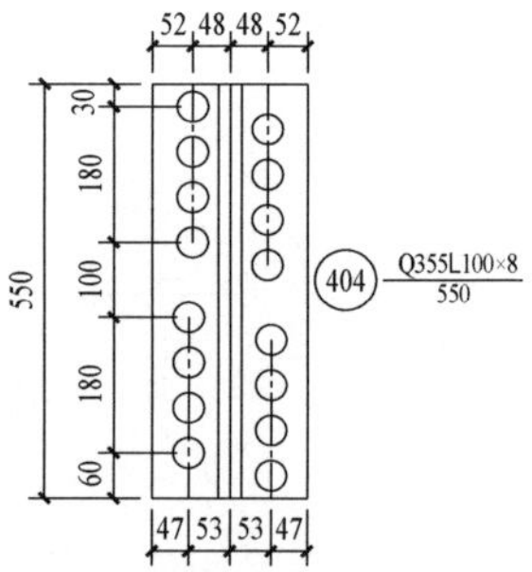

连接角钢详图
1:10

图 13－58　10GS10－J1 转角塔塔身结构图④［10GS10－J1－04（1/2）］

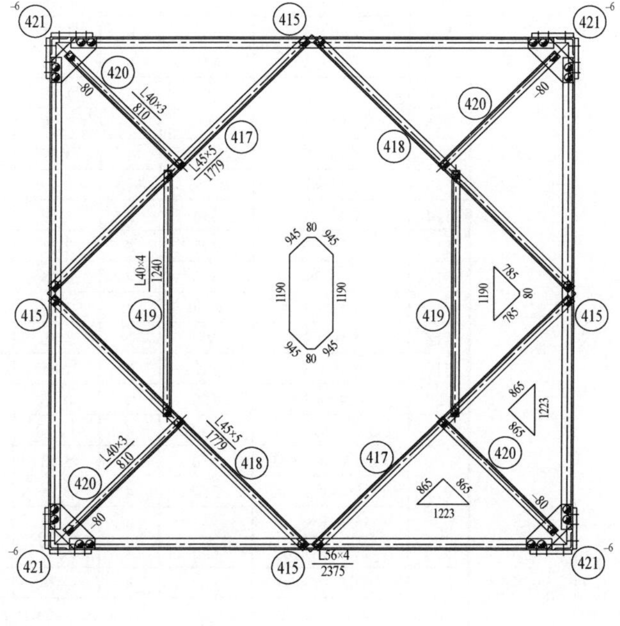

3—3

构件明细表

编号	规格	长度（mm）	数量	质量（kg）		备注
				单件	小计	
401	Q355L90×8	5011	2	54.85	109.7	
402	Q355L90×8	5011	1	54.85	54.9	
403	Q355L90×8	5011	1	54.85	54.9	带脚钉
404	Q355L100×8	550	4	6.75	27.0	清根
405	L56×4	3948	4	13.60	54.4	
406	L56×4	3948	4	13.60	54.4	切角切背
407	L40×3	1278	8	2.37	19.0	切角
408	L40×3	965	8	1.79	14.3	
409	L40×3	1078	8	2.00	16.0	
410	L56×4	3583	4	12.35	49.4	
411	L56×4	3583	4	12.35	49.4	切背
412	L40×3	1276	8	2.36	18.9	切角
413	L40×3	906	8	1.68	13.4	
414	L40×3	1020	8	1.89	15.1	
415	L56×4	2375	4	8.18	32.7	
416	−6×210	230	8	2.27	18.2	
417	L45×5	1779	2	5.99	12.0	
418	L45×5	1779	2	5.99	12.0	
419	L40×4	1240	2	3.00	6.0	
420	L40×3	810	4	1.50	6.0	
421	−6×110	325	4	1.68	6.7	
合计		644.4kg				

螺栓、脚钉、垫圈明细表

名称	级别	规格	符号	数量	质量（kg）	备注
螺栓	6.8	M16×40		116	16.2	
		M16×50		32	5.1	
		M20×45		56	15.1	
		M20×55		32	9.6	
脚钉	6.8	M16×180		10	3.8	
		M20×200		2	1.3	
垫圈	Q235	−3（ϕ17.5）	规格×个数	8	0.1	
		−4（ϕ17.5）		8	0.2	
合计			51.4kg			

图 13－59　10GS10－J1 转角塔塔身结构图④［10GS10－J1－04（2/2）］

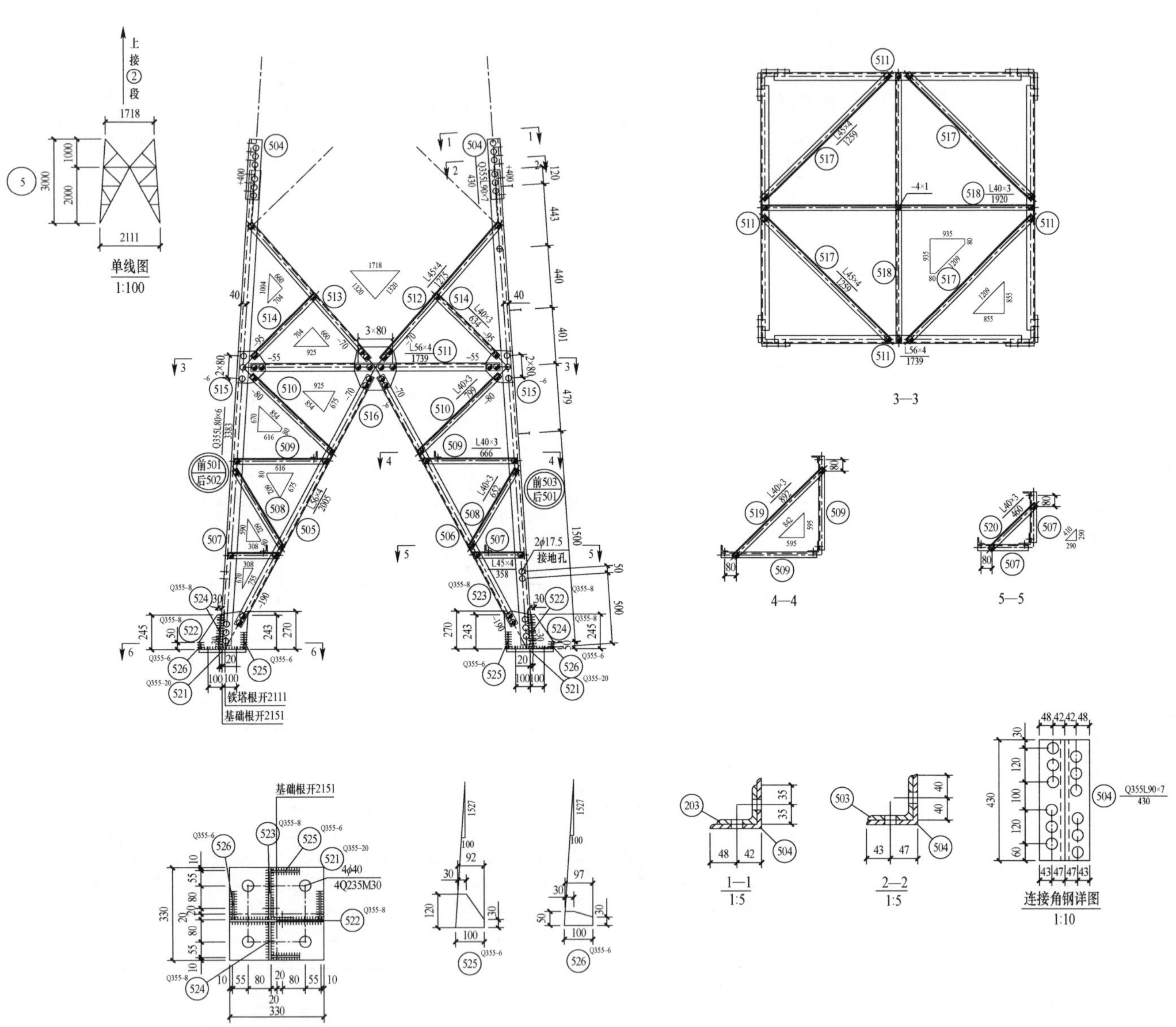

构件明细表

编号	规格	长度（mm）	数量	质量（kg）		备注
				单件	小计	
501	Q355L80×6	3383	2	24.95	49.9	
502	Q355L80×6	3383	1	24.95	25.0	
503	Q355L80×6	3383	1	24.95	25.0	带脚钉
504	Q355L90×7	430	4	4.11	16.4	清根
505	L56×4	2005	4	6.91	27.6	
506	L56×4	2005	4	6.91	27.6	
507	L45×4	358	8	0.98	7.8	
508	L40×3	652	8	1.21	9.7	
509	L40×3	666	8	1.23	9.8	
510	L40×3	799	8	1.48	11.8	
511	L56×4	1739	4	5.99	24.0	
512	L45×4	1275	4	3.49	14.0	
513	L45×4	1275	4	3.49	14.0	切角
514	L40×3	634	8	1.17	9.4	
515	−6×200	235	8	2.21	17.7	
516	−6×290	310	4	4.23	16.9	
517	L45×4	1259	4	3.44	13.8	
518	L40×3	1920	2	3.56	7.1	
519	L40×3	892	4	1.65	6.6	
520	L40×3	460	4	0.85	3.4	
521	Q355−20×330	330	4	17.10	68.4	
522	Q355−8×270	350	4	5.93	23.7	
523	Q355−8×185	280	4	3.25	13.0	
524	Q355−8×140	255	4	2.24	9.0	
525	Q355−6×100	120	8	0.57	4.6	
526	Q355−6×50	100	8	0.24	1.9	
合计		458.1kg				

螺栓、脚钉、垫圈明细表

名称	级别	规格	符号	数量	质量（kg）	备注
螺栓	6.8	M16×40		189	26.5	
		M16×50		8	1.3	
		M20×45		95	25.7	
脚钉	6.8	M16×180		3	1.1	
		M20×200		2	1.3	
垫圈	Q235	−4（ϕ17.5）	规格×个数	1	0.1	
合计			56.0kg			

图 13−60　10GS10−J1 转角塔 9.0m 呼称高塔腿结构图⑤（10GS10−J1−05）

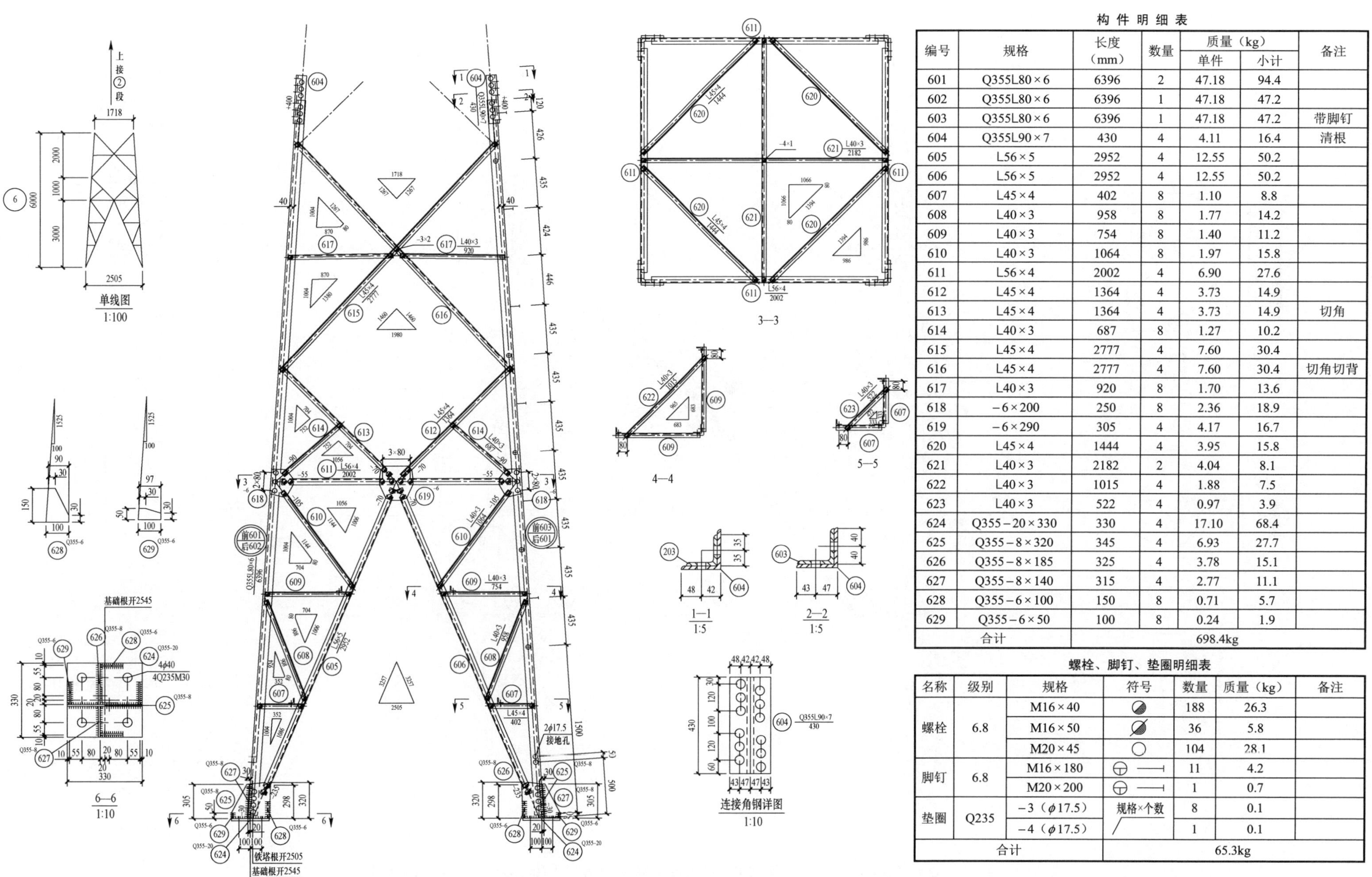

构件明细表

编号	规格	长度（mm）	数量	质量（kg）		备注
				单件	小计	
601	Q355L80×6	6396	2	47.18	94.4	
602	Q355L80×6	6396	1	47.18	47.2	
603	Q355L80×6	6396	1	47.18	47.2	带脚钉
604	Q355L90×7	430	4	4.11	16.4	清根
605	L56×5	2952	4	12.55	50.2	
606	L56×5	2952	4	12.55	50.2	
607	L45×4	402	8	1.10	8.8	
608	L40×3	958	8	1.77	14.2	
609	L40×3	754	8	1.40	11.2	
610	L40×3	1064	8	1.97	15.8	
611	L56×4	2002	4	6.90	27.6	
612	L45×4	1364	4	3.73	14.9	
613	L45×4	1364	4	3.73	14.9	切角
614	L40×3	687	8	1.27	10.2	
615	L45×4	2777	4	7.60	30.4	
616	L45×4	2777	4	7.60	30.4	切角切背
617	L40×3	920	8	1.70	13.6	
618	−6×200	250	8	2.36	18.9	
619	−6×290	305	4	4.17	16.7	
620	L45×4	1444	4	3.95	15.8	
621	L40×3	2182	2	4.04	8.1	
622	L40×3	1015	4	1.88	7.5	
623	L40×3	522	4	0.97	3.9	
624	Q355−20×330	330	4	17.10	68.4	
625	Q355−8×320	345	4	6.93	27.7	
626	Q355−8×185	325	4	3.78	15.1	
627	Q355−8×140	315	4	2.77	11.1	
628	Q355−6×100	150	8	0.71	5.7	
629	Q355−6×50	100	8	0.24	1.9	
合计		698.4kg				

螺栓、脚钉、垫圈明细表

名称	级别	规格	符号	数量	质量（kg）	备注
螺栓	6.8	M16×40		188	26.3	
		M16×50		36	5.8	
		M20×45		104	28.1	
脚钉	6.8	M16×180		11	4.2	
		M20×200		1	0.7	
垫圈	Q235	−3（ϕ17.5）	规格×个数	8	0.1	
		−4（ϕ17.5）		1	0.1	
合计		65.3kg				

图 13－61　10GS10－J1 转角塔 12.0m 呼称高塔腿结构图⑥（10GS10－J1－06）

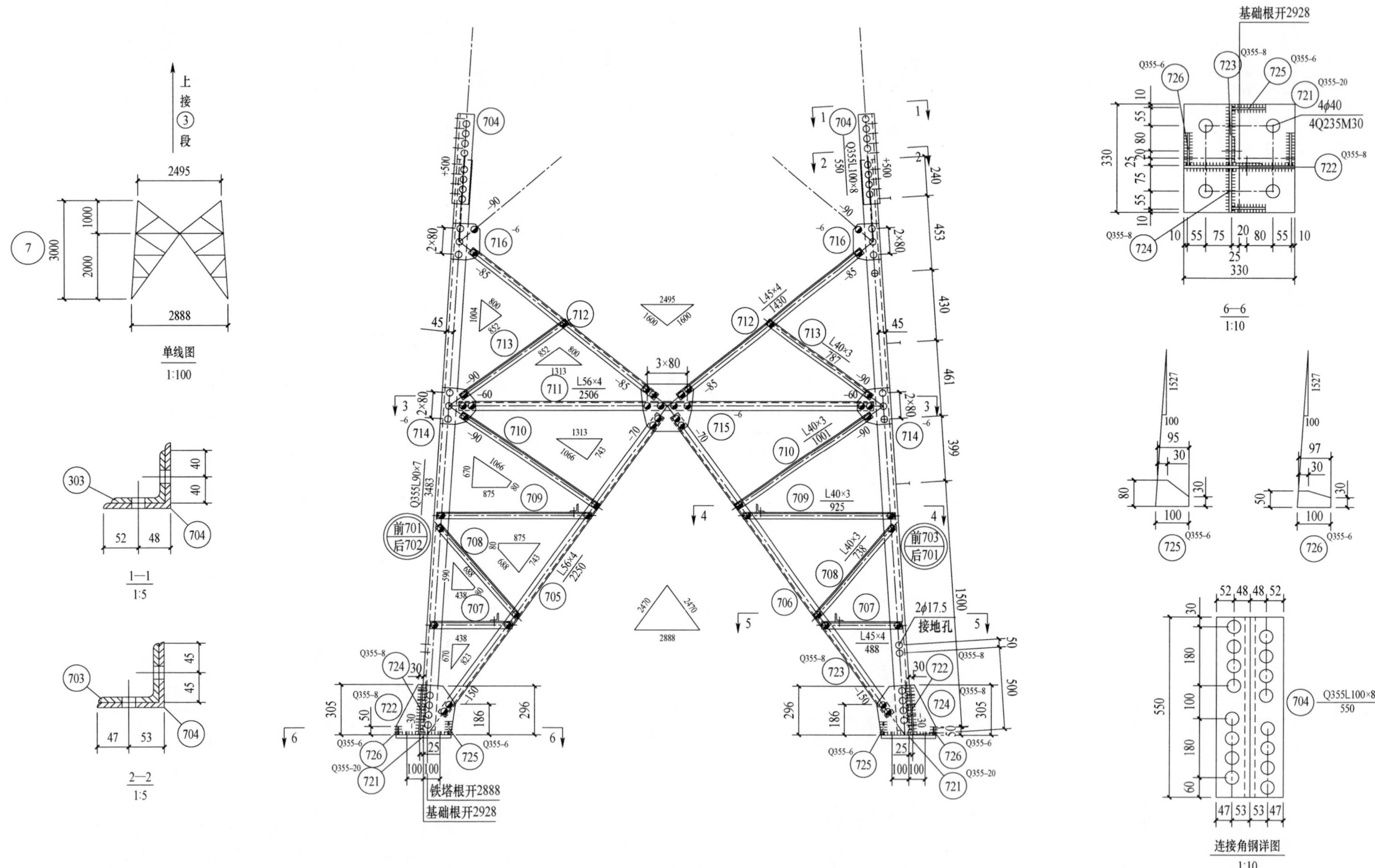

图 13－62　10GS10－J1 转角塔 15.0m 呼称高塔腿结构图⑦［10GS10－J1－07（1/2）］

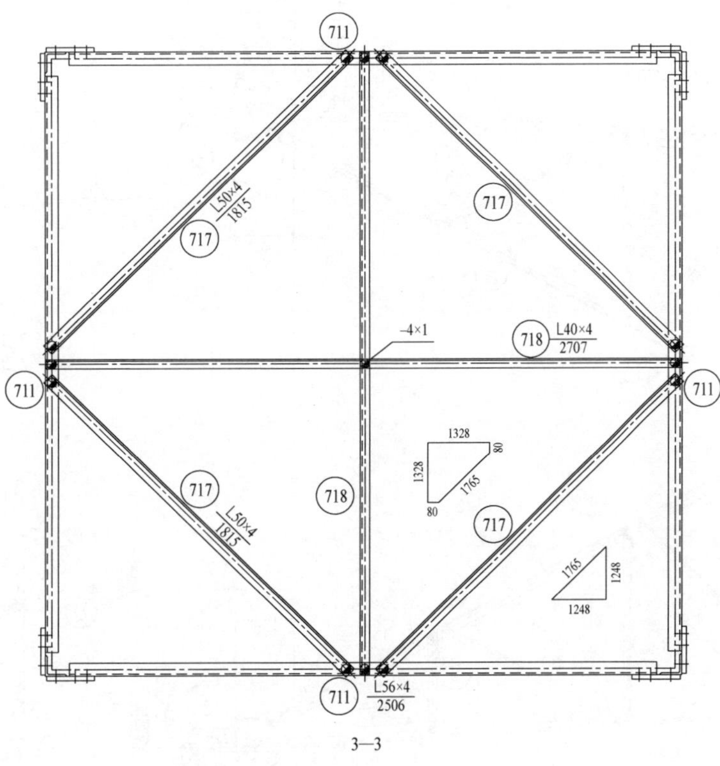

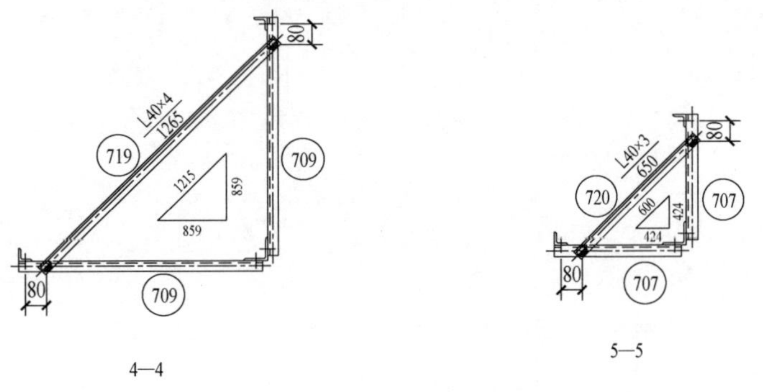

构 件 明 细 表

编号	规格	长度（mm）	数量	质量（kg）		备注
				单件	小计	
701	Q355L90×7	3483	2	33.31	66.6	
702	Q355L90×7	3483	1	33.31	33.3	
703	Q355L90×7	3483	1	33.31	33.3	带脚钉
704	Q355L100×8	550	4	6.75	27.0	清根
705	L56×4	2250	4	7.75	31.0	
706	L56×4	2250	4	7.75	31.0	
707	L45×4	488	8	1.34	10.7	
708	L40×3	738	8	1.37	11.0	
709	L40×3	925	8	1.71	13.7	
710	L40×3	1001	8	1.85	14.8	
711	L56×4	2506	4	8.64	34.6	
712	L45×4	1430	8	3.91	31.3	
713	L40×3	787	8	1.46	11.7	
714	−6×210	220	8	2.18	17.4	
715	−6×290	320	4	4.37	17.5	
716	−6×170	225	8	1.80	14.4	
717	L50×4	1815	4	5.55	22.2	
718	L40×4	2707	2	6.56	13.1	
719	L40×4	1265	4	3.06	12.2	
720	L40×3	650	4	1.20	4.8	
721	Q355−20×330	330	4	17.10	68.4	
722	Q355−8×315	350	4	6.92	27.7	
723	Q355−8×205	305	4	3.93	15.7	
724	Q355−8×140	315	4	2.77	11.1	
725	Q355−6×80	100	8	0.38	3.0	
726	Q355−6×50	100	8	0.24	1.9	
合计		579.4kg				

螺栓、脚钉、垫圈明细表

名称	级别	规格	符号	数量	质量（kg）	备注
螺栓	6.8	M16×40		205	28.7	
		M20×45		143	38.6	
脚钉	6.8	M16×180		3	1.1	
		M20×200		2	1.3	
垫圈	Q235	−4（ϕ17.5）	规格×个数	1	0.1	
合计			69.8kg			

图 13−63　10GS10−J1 转角塔 15.0m 呼称高塔腿结构图⑦［10GS10−J1−07（2/2）］

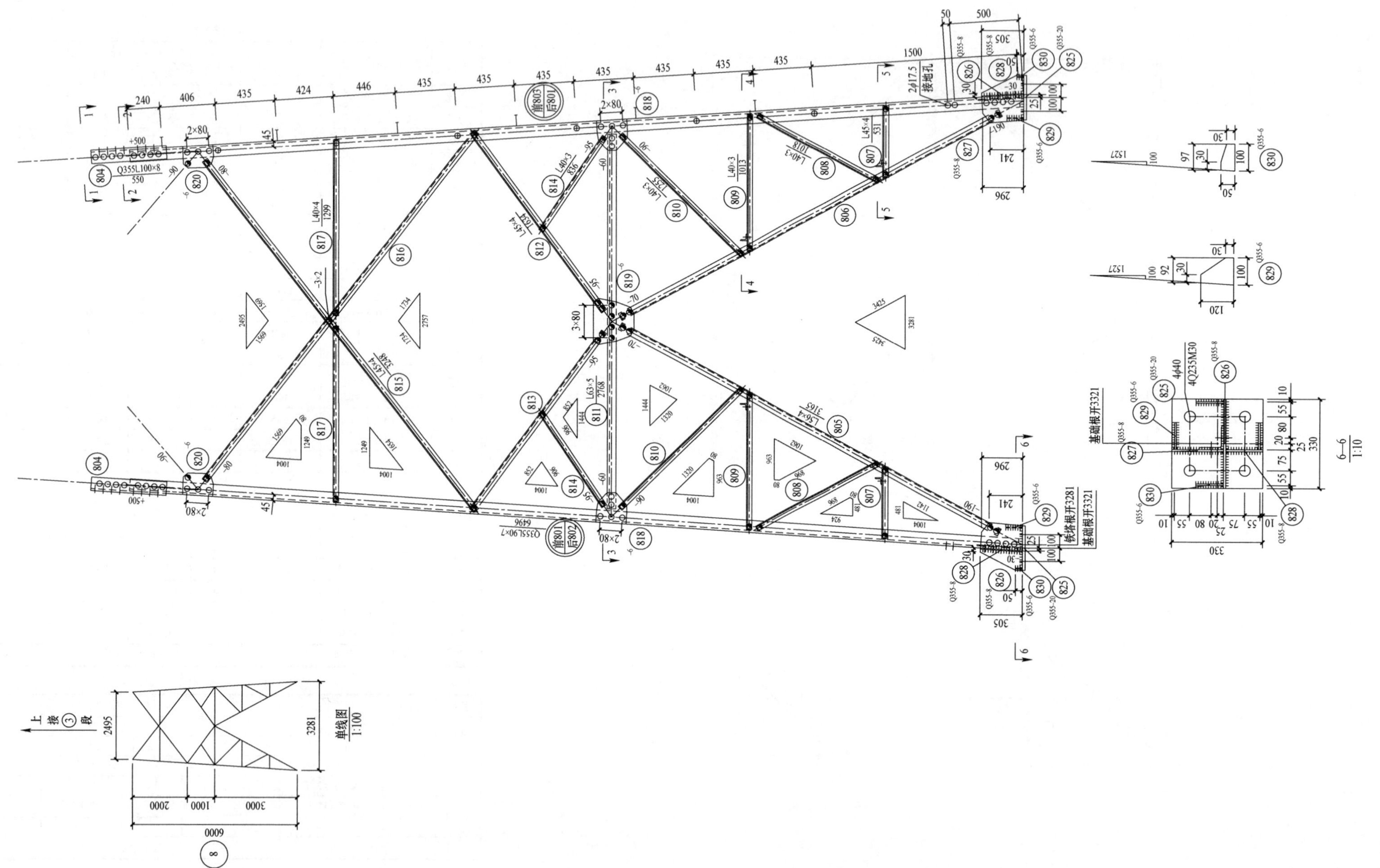

图 13-64　10GS10-J1 转角塔 18.0m 呼称高塔腿结构图⑧［10GS10-J1-08（1/2）］

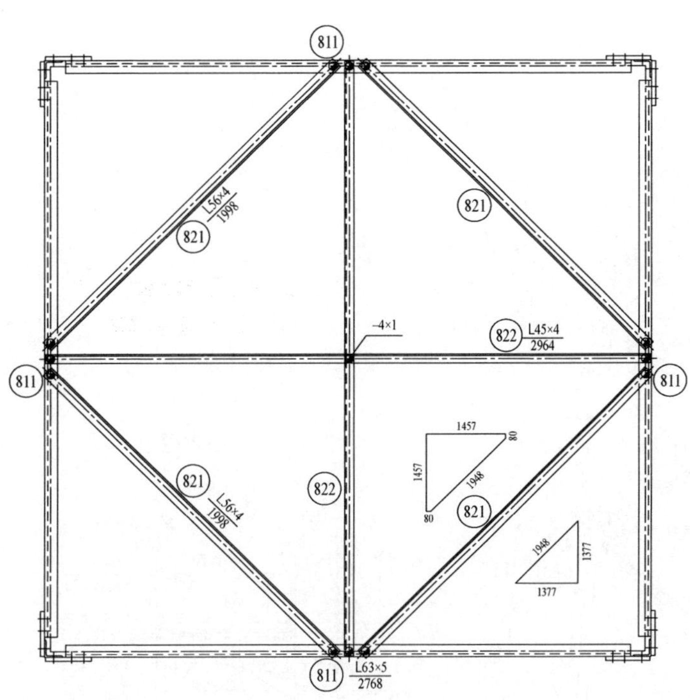

3—3

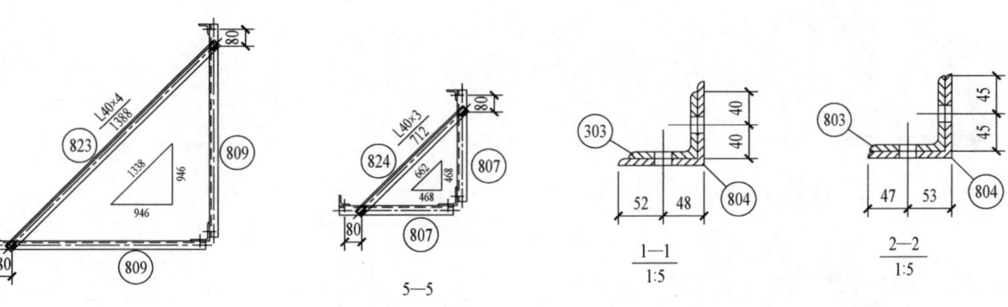

4—4

5—5

1—1
1:5

2—2
1:5

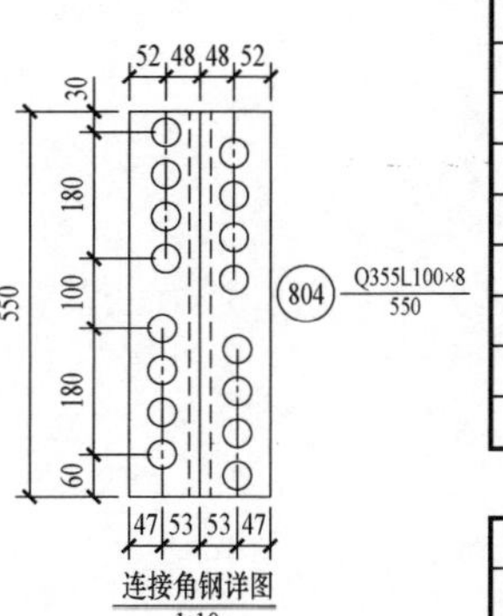

连接角钢详图
1:10

构件明细表

编号	规格	长度（mm）	数量	质量（kg）		备注
				单件	小计	
801	Q355L90×7	6496	2	62.13	124.3	
802	Q355L90×7	6496	1	62.13	62.1	
803	Q355L90×7	6496	1	62.13	62.1	带脚钉
804	Q355L100×8	550	4	6.75	27.0	清根
805	L56×4	3165	4	10.91	43.6	
806	L56×4	3165	4	10.91	43.6	
807	L45×4	531	8	1.45	11.6	
808	L40×3	1018	8	1.89	15.1	
809	L40×3	1013	8	1.88	15.0	
810	L40×3	1255	8	2.32	18.6	
811	L63×5	2768	4	13.35	53.4	
812	L45×4	1634	4	4.47	17.9	
813	L45×4	1634	4	4.47	17.9	
814	L40×3	836	8	1.55	12.4	
815	L45×4	3248	4	8.89	35.6	
816	L45×4	3248	4	8.89	35.6	
817	L40×4	1299	8	3.15	25.2	
818	−6×220	230	8	2.38	19.0	
819	−6×300	345	4	4.87	19.5	
820	−6×170	225	8	1.80	14.4	
821	L56×4	1998	4	6.89	27.6	
822	L45×4	2964	2	8.11	16.2	
823	L40×4	1388	4	3.36	13.4	
824	L40×3	712	4	1.32	5.3	
825	Q355−20×330	330	4	17.10	68.4	
826	Q355−8×315	340	4	6.73	26.9	
827	Q355−8×195	305	4	3.74	15.0	
828	Q355−8×140	315	4	2.77	11.1	
829	Q355−6×100	120	8	0.57	4.6	
830	Q355−6×50	100	8	0.24	1.9	
合计		864.3kg				

螺栓、脚钉、垫圈明细表

名称	级别	规格	符号	数量	质量（kg）	备注
螺栓	6.8	M16×40		204	28.6	
		M16×50		12	1.9	
		M20×45		160	43.2	
脚钉	6.8	M16×180		11	4.2	
		M20×200		1	0.7	
垫圈	Q235	−3（ϕ17.5）	规格×个数	8	0.1	
		−4（ϕ17.5）		1	0.1	
合计			78.8kg			

图 13−65　10GS10−J1 转角塔 18.0m 呼称高塔腿结构图⑧［10GS10−J1−08（2/2）］

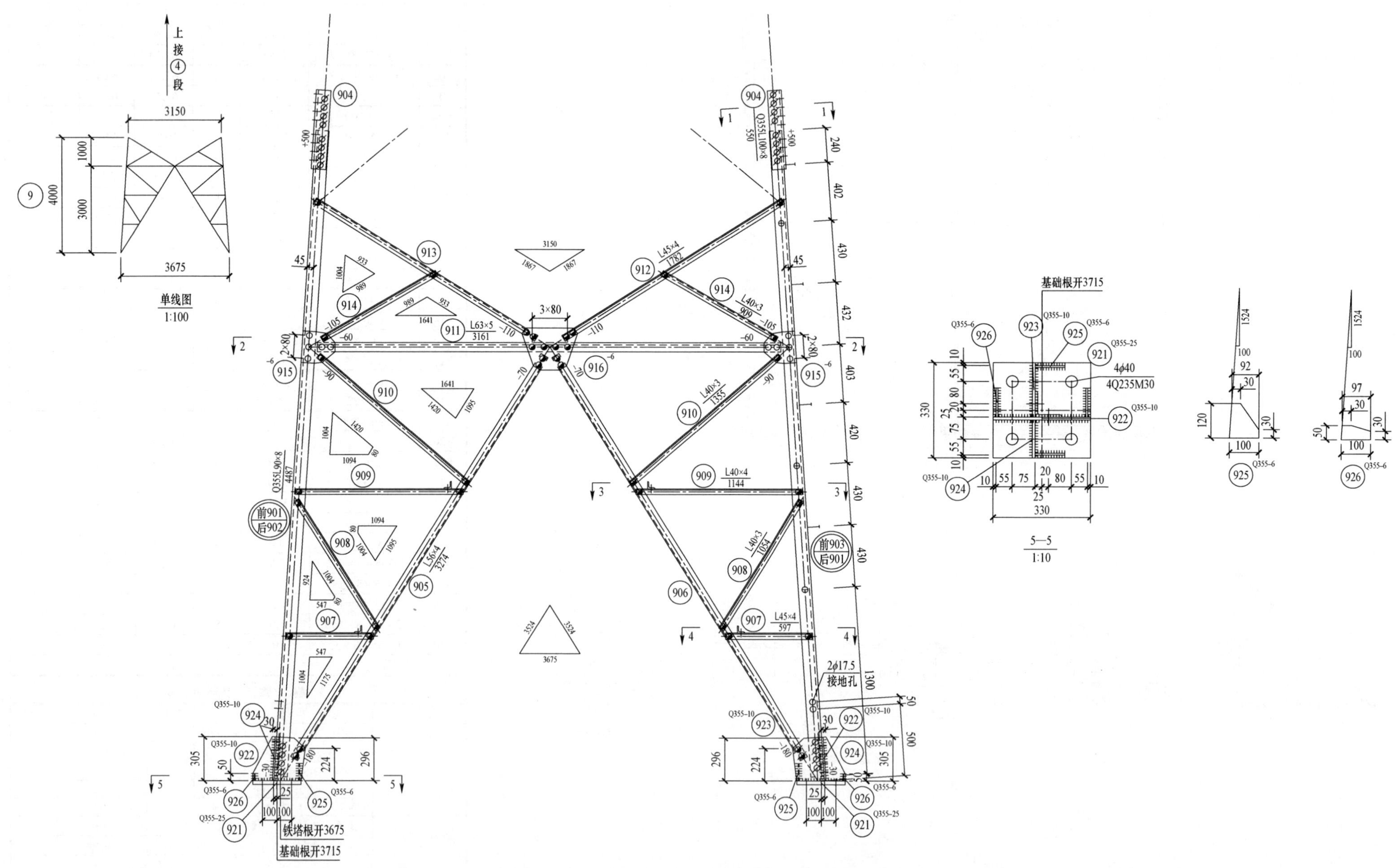

图 13-66　10GS10-J1 转角塔 21.0m 呼称高塔腿结构图⑨［10GS10-J1-09（1/2）］

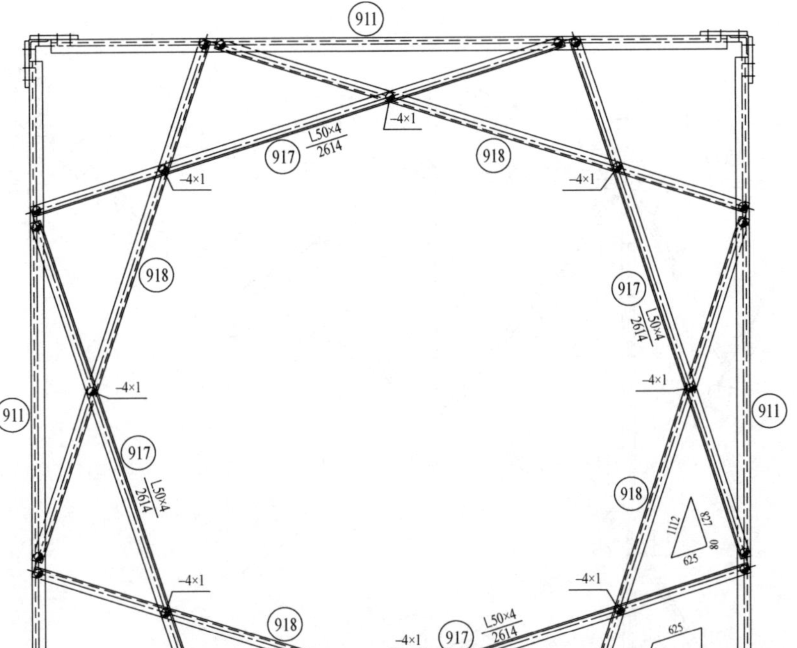

2—2

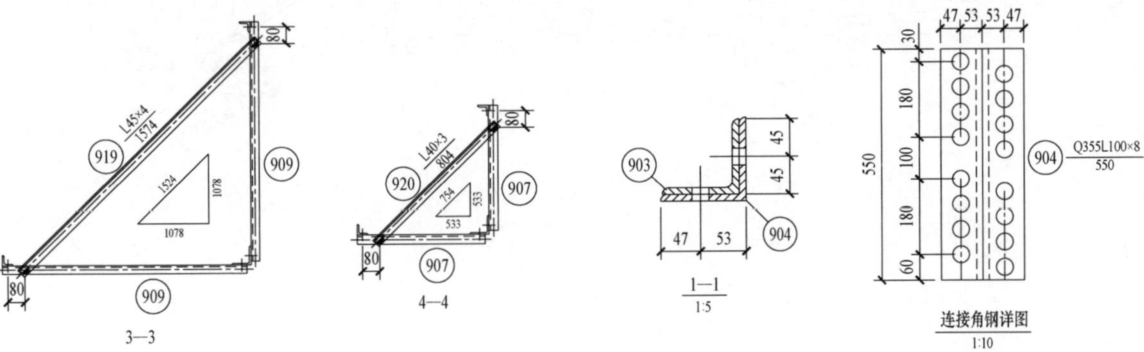

构件明细表

编号	规格	长度（mm）	数量	质量（kg）		备注
				单件	小计	
901	Q355L90×8	4487	2	49.11	98.2	
902	Q355L90×8	4487	1	49.11	49.1	
903	Q355L90×8	4487	1	49.11	49.1	带脚钉
904	Q355L100×8	550	4	6.75	27.0	清根
905	L56×4	3274	4	11.28	45.1	
906	L56×4	3274	4	11.28	45.1	
907	L45×4	597	8	1.63	13.0	
908	L40×3	1054	8	1.95	15.6	
909	L40×4	1144	8	2.77	22.2	
910	L40×3	1355	8	2.51	20.1	
911	L63×5	3161	4	15.24	61.0	
912	L45×4	1782	4	4.88	19.5	
913	L45×4	1782	4	4.88	19.5	
914	L40×3	909	8	1.68	13.4	
915	−6×220	230	8	2.38	19.0	
916	−6×295	380	4	5.28	21.1	
917	L50×4	2614	4	8.00	32.0	
918	L50×4	2614	4	8.00	32.0	切角
919	L45×4	1574	4	4.31	17.2	
920	L40×3	804	4	1.49	6.0	
921	Q355−25×330	330	4	21.37	85.5	
922	Q355−10×315	350	4	8.65	34.6	
923	Q355−10×205	305	4	4.91	19.6	
924	Q355−10×140	315	4	3.46	13.8	
925	Q355−6×100	120	8	0.57	4.6	
926	Q355−6×50	100	8	0.24	1.9	
合计		785.2kg				

螺栓、脚钉、垫圈明细表

名称	级别	规格	符号	数量	质量（kg）	备注
螺栓	6.8	M16×40		168	23.5	
		M16×50		24	3.8	
		M20×45		39	10.5	
		M20×55		96	28.8	
脚钉	6.8	M16×180		6	2.3	
		M20×200		2	1.3	
垫圈	Q235	−4（ϕ17.5）	规格×个数	8	0.2	
合计		70.4kg				

图 13－67　10GS10－J1 转角塔 21.0m 呼称高塔腿结构图⑨［10GS10－J1－09（2/2）］

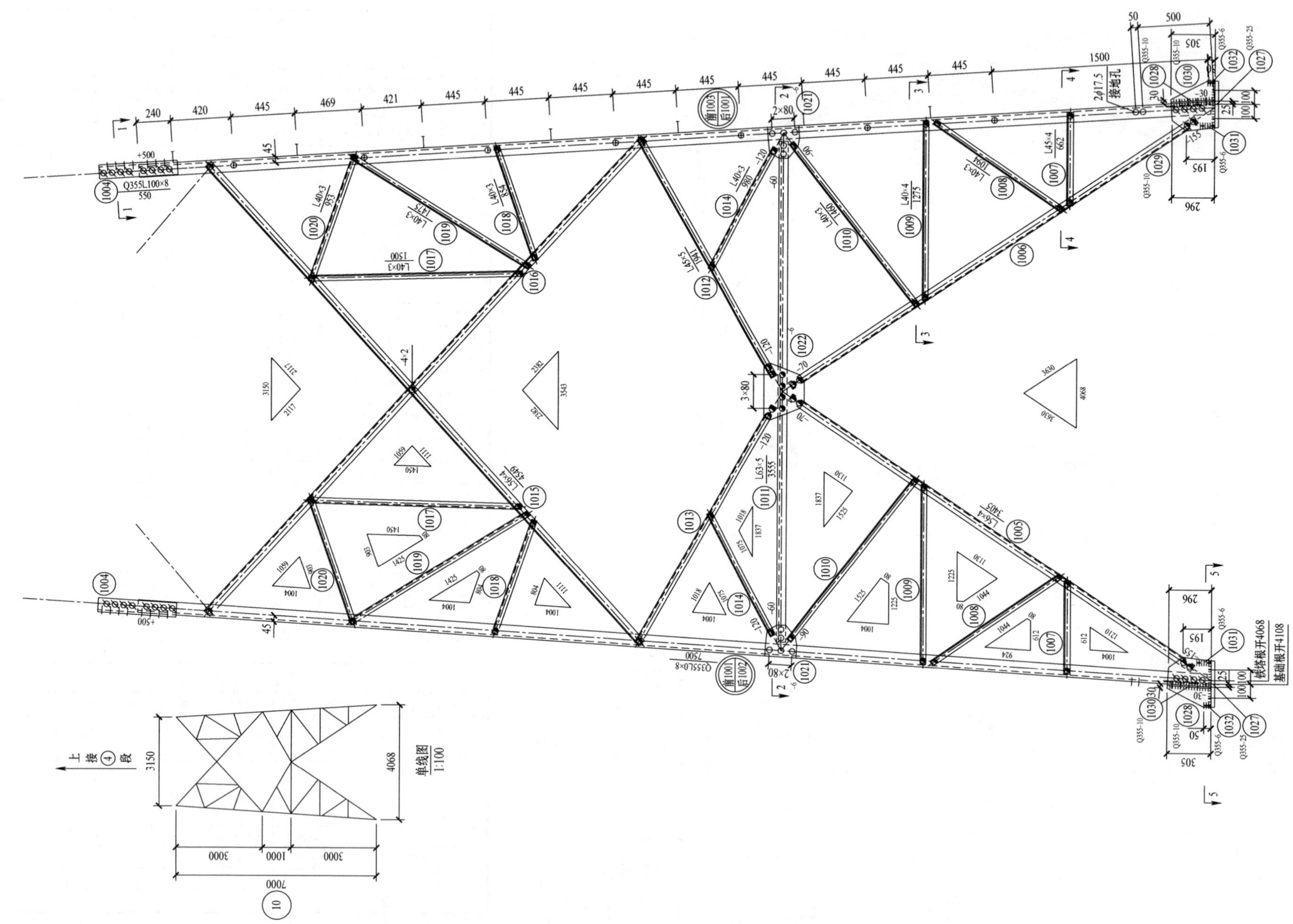

图 13-68　10GS10-J1 转角塔 24.0m 呼称高塔腿结构图⑩［10GS10-J1-10（1/2）］

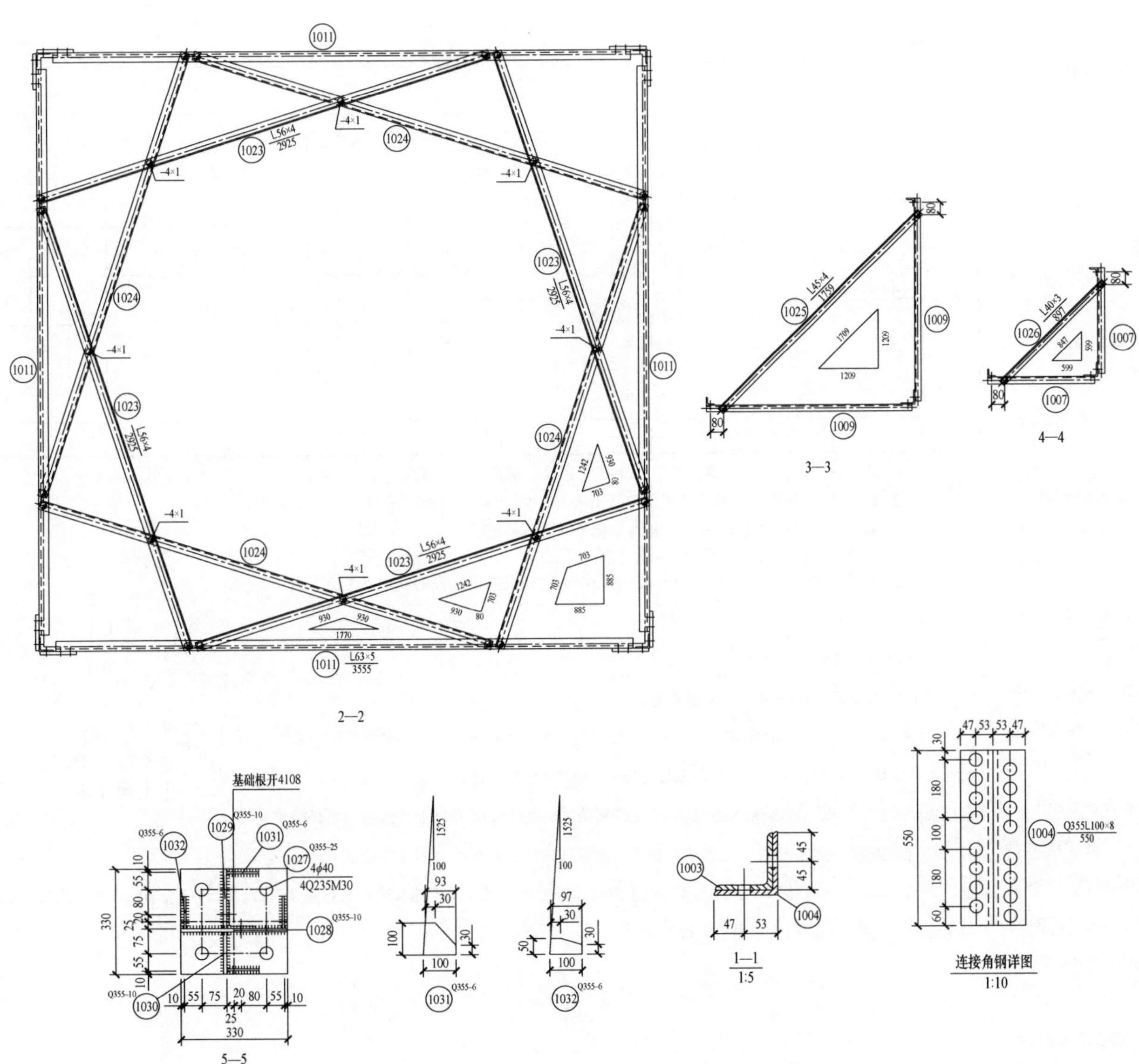

构件明细表

编号	规格	长度（mm）	数量	质量（kg） 单件	小计	备注
1001	Q355L90×8	7500	2	82.10	164.2	
1002	Q355L90×8	7500	1	82.10	82.1	
1003	Q355L90×8	7500	1	82.10	82.1	带脚钉
1004	Q355L100×8	550	4	6.75	27.0	清根
1005	L56×4	3405	4	11.73	46.9	
1006	L56×4	3405	4	11.73	46.9	
1007	L45×4	662	8	1.81	14.5	
1008	L40×3	1094	8	2.03	16.2	
1009	L40×4	1275	8	3.09	24.7	
1010	L40×3	1460	8	2.70	21.6	
1011	L63×5	3555	4	17.14	68.6	
1012	L45×5	1941	4	6.54	26.2	
1013	L45×5	1941	4	6.54	26.2	
1014	L40×3	980	8	1.81	14.5	
1015	L56×4	4549	4	15.68	62.7	
1016	L56×4	4549	4	15.68	62.7	切角切背
1017	L40×3	1500	8	2.78	22.2	切角
1018	L40×3	854	8	1.58	12.6	
1019	L40×3	1475	8	2.73	21.8	
1020	L40×3	953	8	1.76	14.1	
1021	−6×220	230	8	2.38	19.0	
1022	−6×285	405	4	5.44	21.8	
1023	L56×4	2925	4	10.08	40.3	
1024	L56×4	2925	4	10.08	40.3	
1025	L45×4	1759	4	4.81	19.2	
1026	L40×3	897	4	1.66	6.6	
1027	Q355−25×330	330	4	21.37	85.5	
1028	Q355−10×315	345	4	8.53	34.1	
1029	Q355−10×200	305	4	4.79	19.2	
1030	Q355−10×140	315	4	3.46	13.8	
1031	Q355−6×100	100	8	0.47	3.8	
1032	Q355−6×50	100	8	0.24	1.9	
合计		1163.3kg				

螺栓、脚钉、垫圈明细表

名称	级别	规格	符号	数量	质量（kg）	备注
螺栓	6.8	M16×40		208	29.1	
		M16×50		44	7.0	
		M20×45		40	10.8	
		M20×55		96	28.8	
脚钉	6.8	M16×180		13	4.9	
		M20×200		1	0.7	
垫圈	Q235	−4（φ17.5）	规格×个数	16	0.5	
合计			81.8kg			

图 13−69 10GS10−J1 转角塔 24.0m 呼称高塔腿结构图⑩［10GS10−J1−10（2/2）］

铁塔加工统一说明

1. 铁塔的设计执行 GB 50017—2017《钢结构设计规范》和 DL/T 5154—2012《架空输电线路杆塔结构设计技术规定》的有关规定。铁塔的加工本说明未列之处，需满足如下国标、规范和行业规定的要求：

GB 50661—2011《钢结构焊接规范》

GB 50205—2020《钢结构工程施工质量验收规范》

GB/T 2694—2018《输电线路铁塔制造技术条件》

GB 50173—2014《电气装置安装工程 66kV 及以下架空电力线路施工及验收规范》

DL/T 5442—2020《输电线路杆塔制图和构造规定》

2. 结构图中图面内的图例，代号等在说明中未提及之处，均按 DL/T 5442—2020《输电线路铁塔制图和构造规定》中的要求执行。

3. 钢材质量标准应符合 GB/T 700—2006《碳素结构钢》及 GB/T 1591—2018《低合金高强度结构钢》的有关要求。

4. 铁塔构件的钢种为 Q235B、Q355B，图中注明 Q355 材料为 Q355B 钢材，未注明者均为 Q235B 钢材。

5. 螺栓、螺母应符合的标准分别为 GB/T 5780—2016《六角头螺栓 C 级》、GB/T 6170—2015《1 型六角螺母》。

6. 所有螺栓（包括防卸螺栓）的强度等级为热镀锌后的强度值，螺栓及脚钉强度级别：M16、M20 为 6.8 级，M24 采用 8.8 级。

7. 垫圈标准应符合 GB/T 95—2002《平垫圈 C 级》，按照螺栓规格不同，分别加工厚度为 3mm（M16 螺栓）和 4mm（M20 螺栓、M24 螺栓）两种垫圈。当需垫的厚度超过 3 个垫圈时，应采用加工相应厚度垫块的形式。

8. 所有材料，包括角钢、钢板、螺栓、防卸螺栓、焊条等均应有出厂合格证书。

9. 所有构件均应作热（浸）镀锌防腐处理。并且不同材质的角钢必须分批镀锌，以免引起镀锌质量的下降。

10. 构件焊接应严格按照焊接规程，规范和有关规定进行，焊缝高度未注明的不得小于连接构件的最小厚度，当被焊接构件厚度不小于 8mm 时，要按规定进行剖口后再焊，以便焊透。厚度不小于 20mm 的焊件应采取焊前预热或焊后保温等相应处理措施，避免焊件的碎裂危险或过高的焊接应力。焊缝等级要求参见施工图纸。

11. Q355 及 Q235 钢构件所对应采用的焊条分别为 E50 系列及 E43 系列。当高级别钢和低级别钢相焊时，应采用低级别钢对应的焊条，所有焊接件均需加封焊，以防酸液进入接触面而造成锈蚀。

12. 加工时如需材料代用及改变结构形式等情况，须征得设计单位的同意。材料代用时，需注意相关影响（螺栓长度、主材接头相平、内垫片增减等），应与图纸对应列表统计，并由加工厂书面通知施工单位，以方便施工安装。

13. 角钢基准线和螺栓准线除图中特殊注明外，一般按表 1 采用。

表 1　　角钢的螺栓准线表

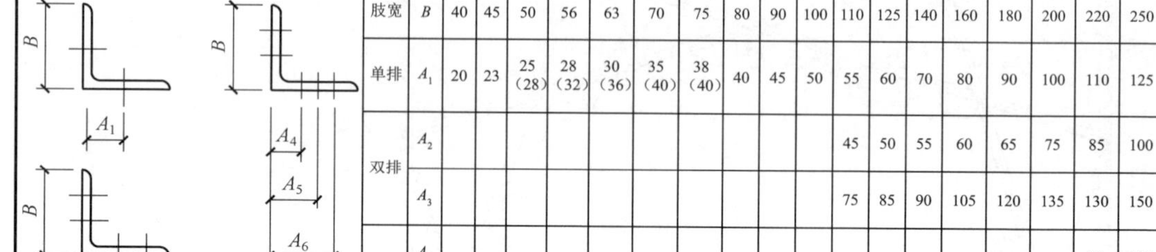

肢宽	B	40	45	50	56	63	70	75	80	90	100	110	125	140	160	180	200	220	250
单排	A_1	20	23	25（28）	28（32）	30（36）	35（40）	38（40）	40	45	50	55	60	70	80	90	100	110	125
双排	A_2											45	50	55	60	65	75	85	100
	A_3											75	85	90	105	120	135	130	150
三排	A_4																	85	100
	A_5																	130	150
	A_6																	175	200
最大可用螺栓孔径		ϕ17.5				ϕ21.5									ϕ25.5				

注　1. 括号内的数字用于当其他构件与本角钢搭接而螺栓边距不足时，在搭接位置上的螺栓孔可使用的准线值。

2. L100 及以下角钢一般不宜采用双排准线，L200 及以下角钢一般不宜采用三排准线。

3. 对于三排准线除非设计有要求，一般不得擅自使用。

14. 当角钢上打双排螺栓或多排螺栓时，螺栓在角钢轴心线上的投影孔距必须满足以下规定：

当用 M16 螺栓时，$L \geqslant 40$mm；

当用 M20 螺栓时，$L \geqslant 50$mm（参见图 1）。

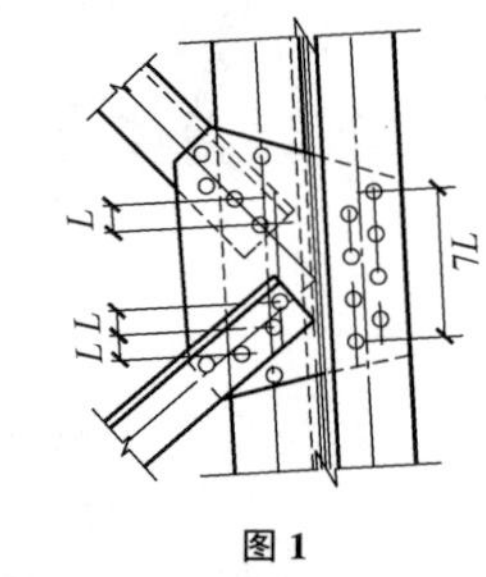

图 1

15. 螺栓、脚钉、垫圈规格按表 2 采用。最短腿离地高 8m 以下的连接螺栓采用防卸螺栓，其他均采用防松措施（采用薄螺母防松）。单帽螺栓配一帽、一垫、一薄螺母；双帽螺栓配两帽、一垫。M16 和 M20 的螺栓规格采用 6.8 级、M24 及以上的螺栓规格采用 8.8 级，防卸螺栓规格由业主及运行单位确定，并保证出扣。但挂线角钢处应采用双帽防松。业主方或运行方有特殊要求的应按照业主方或运行方的要求。螺栓的长度和数量必须经过放样和试组装的检验，当长度或数量有误时，应及时汇报给监理或设计单位。

图 13－70　10GS10－J1 转角塔加工说明（10GS10－J1－11）

表 2　　　　螺栓、脚钉、垫圈规格表

单帽螺栓（带一垫、一扣紧螺母）						双帽螺栓（带一垫双帽）				
级别	规格	图例	说明			规格	图例	说明		
			无扣长（mm）	通过厚度（mm）	每套重量（kg）			无扣长（mm）	通过厚度（mm）	每套重量（kg）
6.8级	M16×40	◒	6	7～12	0.1442	M16×50	○	6	7～12	0.1875
	M16×50	∅	12	13～22	0.1602	M16×60	○	12	13～22	0.2039
	M16×60	⊗	22	23～32	0.1762	M16×70	○	22	23～32	0.2203
	M16×70	∅	32	33～42	0.1922	M16×80	○	32	33～42	0.2369
6.8级	M20×45	○	8	9～15	0.2701	M20×60	○	8	9～15	0.3605
	M20×55	∅	15	16～25	0.2953	M20×70	○	15	16～25	0.3864
	M20×65	⊠	25	26～35	0.3205	M20×80	○	25	26～35	0.4123
	M20×75	∅	35	36～45	0.3457	M20×90	○	35	36～45	0.4381
	M20×85	⊠	45	46～55	0.3709	M20×100	○	45	46～55	0.4640
	M20×95	⊠	55	56～65	0.3961	M20×110	○	55	56～65	0.4899
	M20×105	✹	65	66～75	0.4213	M20×120	○	65	66～75	0.5158
8.8级	M24×55	◎	12	13～20	0.4631	M24×75	◎	12	13～20	0.6278
	M24×65	∅	20	21～30	0.5000	M24×85	◎	20	21～30	0.6655
	M24×75	⊠	30	31～40	0.5368	M24×95	◎	30	31～40	0.7033
	M24×85	∅	40	41～50	0.5737	M24×105	◎	40	41～50	0.7410
	M24×95	⊠	50	51～60	0.6105	M24×115	◎	50	51～60	0.7787
	M24×105	⊠	60	61～70	0.6473	M24×125	◎	60	61～70	0.8165
	M24×115	✹	70	71～80	0.6842	M24×135	◎	70	71～80	0.8541
	M24×130	✹	80	81～95	0.7375	M24×150	◎	80	81～95	0.9074

脚　钉					垫　圈					
级别	规格	图例	无扣长（mm）	每只重量（kg）	材质	规格	图例	每只重量（kg）	内径（mm）	外径（mm）
6.8级	M16×180	正面 侧面	120	0.3254		−3（ϕ17.5）	规格×个数	0.01065	17.5	30
						−4（ϕ17.5）		0.0142	17.5	30
6.8级	M20×200		120	0.6183		−3（ϕ22）		0.01637	22	37
						−4（ϕ22）		0.02183	22	37
8.8级	M24×240		120	0.9037		−3（ϕ26）		0.02331	26	44
						−4（ϕ26）		0.03108	26	44

注　1. 受剪单帽螺栓和脚钉配一帽、一垫、一薄螺母；受剪或受拉双帽螺栓配两帽、一垫。

2. 螺纹不得进入剪切面。

3. 薄螺母的性能等级为 05 级。

16. 对于 8.8 级及以上的高强度螺栓，除应满足 GB/T 3098《紧固件机械性能》和 DL/T 764.4《输电线路铁塔及电力金具紧固件冷镦热浸镀锌螺栓与螺母》之要求外，还应委托第三方有资质的检测单位对高强度螺栓进行抽检，并提供塑性、强度和硬度的试验合格报告。

17. 角钢及钢板的螺栓间距除图中特殊注明外应按表 3 采用。

螺孔顺力线方向重心最大间距 12d 或 18t（取二者较小者）其中 d 为螺栓直径，t 为较薄板的厚度。

表 3　　　　螺栓边端距要求表

螺栓规格	螺栓孔径	间距		边距		
		单排孔	双排孔	端边 L_D	轧制边 L_Z	切角边 L_Q
		L_S L_S	L_S L_S	L_D L_Q L_Z		
M12	ϕ13.5	40	60	20	≥17	≥18
M16	ϕ17.5	50	80	25	≥21*	≥23
M20	ϕ21.5	60	100	30	≥26	≥28
M24	ϕ25.5	80	120	40	≥31	≥33

* 当用 L40 角钢时，轧制边距 L_z=20。

18. 脚钉从基础顶面以上 1.5m 左右起装，间距一般按 400mm，当某一个脚钉位于节点板、主材接头、塔身变坡等位置，上下脚钉间距不能满足标准 400mm 时，该脚钉上下相邻的两个或三个脚钉间距之和需满足 400mm 的倍数。

当脚钉代替螺栓时，脚钉级别应与被代螺栓等强度。

脚钉型式采用防滑带弯钩型式。

19. 节点板考虑到刚度和稳定要求，形状不宜狭长，节点板边缘与构件轴线夹角α不小于 15°，1—1 段面的节点板断面面积不小于被连接角钢截面积的 1.2 倍。参见图 2。

节点板边距及构件间隙如图 3 所示。

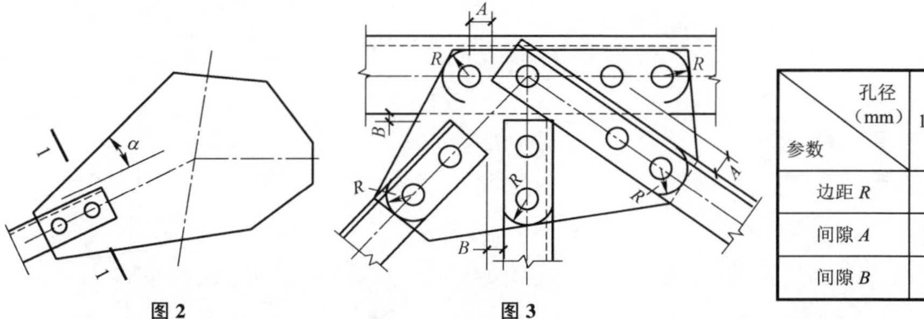

图 2　　图 3

参数 \ 孔径（mm）	17.5	21.5	25.5
边距 R	25	30	40
间隙 A	20	25	30
间隙 B	5≤B≤10		

20. 构件接头中包角钢接头间隙按图放样，一般为 10mm 左右。其中外包角钢清根，内包角钢铲背。

21. 凡图中所要求的火曲、开合角、切肢、压扁、切角的尺寸均由加工放样决定。角钢肢宽大于 100mm 以上，两构件连接面间的夹角大于 2°时，构件应局部开、合角或制弯。

22. 如没有注明，长度单位均为毫米。

23. 结构图中尺寸仅供备料用，加工前应放样，以实际放样尺寸为准。

24. 角钢对接处外贴连接钢板的螺栓孔最小边距 M20 取 40mm、M24 取 50mm。

25. 当螺栓采用一垫一帽一薄螺母时应确保装好螺帽后螺杆出扣。

26. 制孔方式按照铁塔招标技术规范书的要求执行。

27. 铁塔放样后应加工一基样塔，经试组装检验合格后方能批量生产。

28. 本工程参照国家电网公司基建部监制的"工艺标准库（2012 版）"，本册施工图按以下工艺标准进行施工。

工艺编号	项目/工艺名称	注意事项
0201020101	角钢铁塔分解组立	

图 13－70　10GS10－J1 转角塔加工说明（10GS10－J1－11）（续）

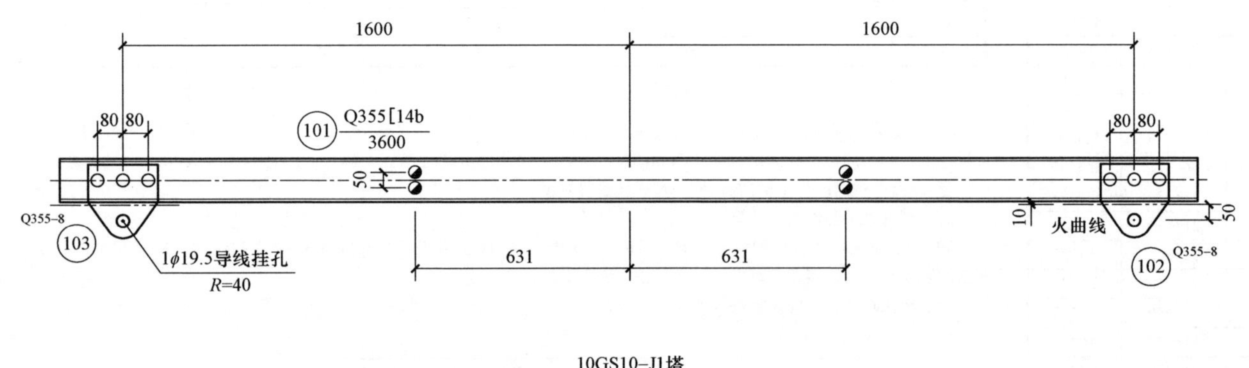

10GS10-Z2、10GS10-J1、10GS10-J2、10GS10-J3 塔构件明细表

编号	规格	长度（mm）	数量	质量（kg）		备注
				单件	小计	
101	Q355［14b	3600	1	60.24	60.2	槽钢
102	Q355-8×220	220	1	3.04	3.0	火曲
103	Q355-8×220	220	1	3.04	3.0	火曲
合计		66.2kg				

螺栓、脚钉、垫圈明细表

名称	级别	规格	符号	数量	质量（kg）	备注
螺栓	6.8	M16×40	◕	4	0.6	
		M20×70	○	6	2.3	双母
合计			2.9kg			

说明：耐张塔 12m 呼称高及以上、直线塔 15m 呼称高及以上安装以上 T 接横担。

图 13-71　10GS10-J1 转角塔 T 接横担加工图（10GS10-J1-12）

13.9 10GS10－J2 塔

13.9.1 10GS10－J2 塔设计条件

导线型号及张力见表 13－23。

表 13－23 导线型号及张力

电压等级	10kV	导线	JL/G1A－150/25	导线最大使用张力（N）	20394	导线不平衡张力取值（%）	30

使用条件见表 13－24。

表 13－24 使用条件

水平档距（m）	垂直档距（m）	代表档距（m）	使用档距（m）	转角度数（°）	计算高度（m）	档距系数 K_v
400	600	200/500	500	30～60	21	

荷载表见表 13－25。

表 13－25 荷载表 N

项目		正常运行情况			事故情况		安装情况	不均匀冰
		基本风速	覆冰	最低气温	未断线	断线		
气象条件（T/V/B）		－5/27/0	－5/10/10	－30/0/0	－5/0/10	－5/0/10	－15/10/0	－5/10/10
水平荷载	导线	3639	1390	0	0	0	587	1390
	绝缘子及金具	159	22	0	0	0	22	22
	跳线串							
垂直荷载	导线	3533	8042	3533	8042	8042	3533	8042
	绝缘子及金具	1196	1376	1196	1376	1376	1196	1376
	跳线串							
导线张力	一侧	17456	20395	18966	14276	0	19495	
	另一侧	15194	20395	10315	14276	14276	10724	
	张力差	2262	0	8651	0	14276	8771	0

注 导线水平荷载为下相导线荷载。

13.9.2 10GS10－J2 塔根开尺寸及基础作用力

根开尺寸见表 13－26。

表 13－26 根开尺寸

呼称高（m）	基础根开（mm）		地脚螺栓根开（mm）		地脚螺栓规格
	正面根开	侧面根开	正面根开	侧面根开	
9	2269	2269	200	200	4×M30
12	2694	2694	200	200	4×M30
15	3118	3118	240	240	4×M36
18	3543	3543	240	240	4×M36
21	3957	3957	240	240	4×M36
24	4382	4382	240	240	4×M36

基础作用力见表 13－27。

表 13－27 基础作用力 kN

呼称高（m）	T_{max}	T_x	T_y	N_{max}	N_x	N_y
9	233.35	27.62	20.65	252.88	29.03	23.70
12	262.75	28.28	20.85	283.41	29.47	23.74
15	284.93	29.17	21.47	308.50	30.60	23.64
18	302.88	29.84	22.81	328.36	31.47	24.74
21	317.16	30.87	26.00	346.60	33.10	28.59
24	329.59	31.33	23.35	362.22	33.32	25.64

13.9.3 10GS10－J2 塔施工图纸目录

10GS10－J2 塔施工图纸目录见表 13－28。

表 13－28 10GS10－J2 塔施工图纸目录

编号	图号	图名
图 13－72	10GS10－J2－00（1/2）	10GS10－J2 转角塔总图及材料汇总表
图 13－73	10GS10－J2－00（2/2）	10GS10－J2 转角塔总图及材料汇总表
图 13－74	10GS10－J2－01（1/2）	10GS10－J2 转角塔塔头结构图①
图 13－75	10GS10－J2－01（2/2）	10GS10－J2 转角塔塔头结构图①
图 13－76	10GS10－J2－02	10GS10－J2 转角塔塔身结构图②
图 13－77	10GS10－J2－03	10GS10－J2 转角塔塔身结构图③

续表

编号	图号	图名
图 13－78	10GS10－J2－04（1/2）	10GS10－J2 转角塔塔身结构图④
图 13－79	10GS10－J2－04（2/2）	10GS10－J2 转角塔塔身结构图④
图 13－80	10GS10－J2－05	10GS10－J2 转角塔 9.0m 呼称高塔腿结构图⑤
图 13－81	10GS10－J2－06	10GS10－J2 转角塔 12.0m 呼称高塔腿结构图⑥
图 13－82	10GS10－J2－07（1/2）	10GS10－J2 转角塔 15.0m 呼称高塔腿结构图⑦
图 13－83	10GS10－J2－07（2/2）	10GS10－J2 转角塔 15.0m 呼称高塔腿结构图⑦
图 13－84	10GS10－J2－08（1/2）	10GS10－J2 转角塔 18.0m 呼称高塔腿结构图⑧

续表

编号	图号	图名
图 13－85	10GS10－J2－08（2/2）	10GS10－J2 转角塔 18.0m 呼称高塔腿结构图⑧
图 13－86	10GS10－J2－09（1/2）	10GS10－J2 转角塔 21.0m 呼称高塔腿结构图⑨
图 13－87	10GS10－J2－09（2/2）	10GS10－J2 转角塔 21.0m 呼称高塔腿结构图⑨
图 13－88	10GS10－J2－10（1/2）	10GS10－J2 转角塔 24.0m 呼称高塔腿结构图⑩
图 13－89	10GS10－J2－10（2/2）	10GS10－J2 转角塔 24.0m 呼称高塔腿结构图⑩
图 13－90	10GS10－J2－11	10GS10－J2 转角塔加工说明
图 13－91	10GS10－J2－12	10GS10－J2 转角塔 T 接横担加工图

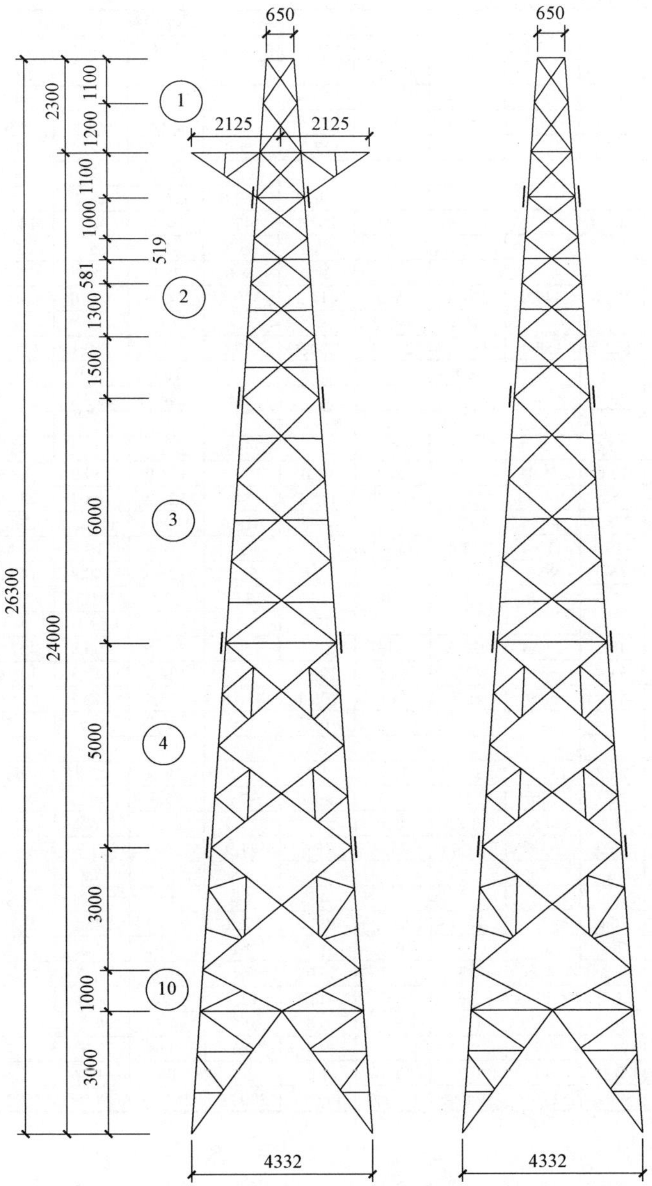

24m呼称高

铁塔根开、基础根开及底脚螺栓间距表

呼称高	铁塔根开 L_t	基础根开 L_j	底脚螺栓间距 L_d	底脚螺栓数量、规格
9.0m	2229.0	2269.0	200	4M30（Q235）
12.0m	2654.0	2694.0		
15.0m	3068.0	3118.0	240	4M36（Q235）
18.0m	3493.0	3543.0		
21.0m	3907.0	3957.0		
24.0m	4332.0	4382.0		

上接②段

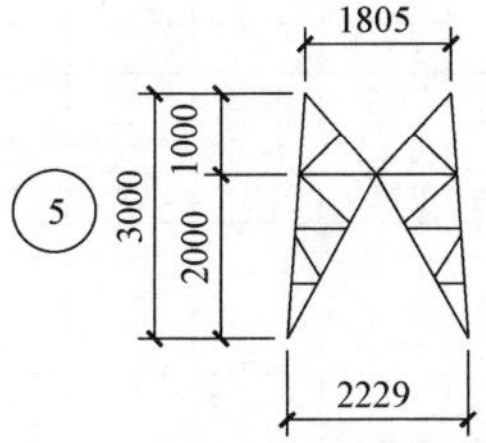

9m呼称高

上接②段

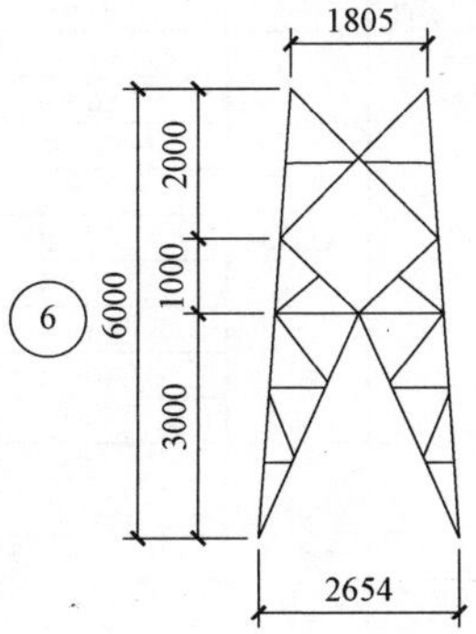

12m呼称高

上接③段

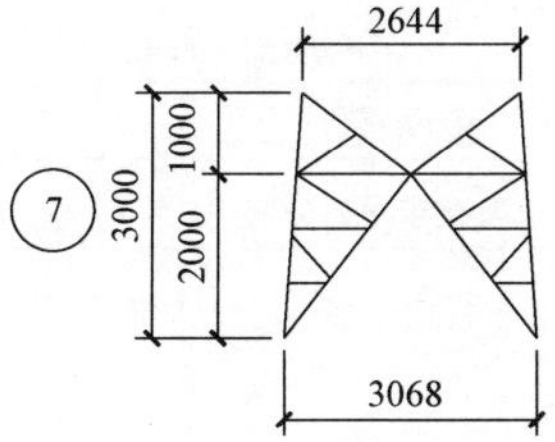

15m呼称高

上接③段

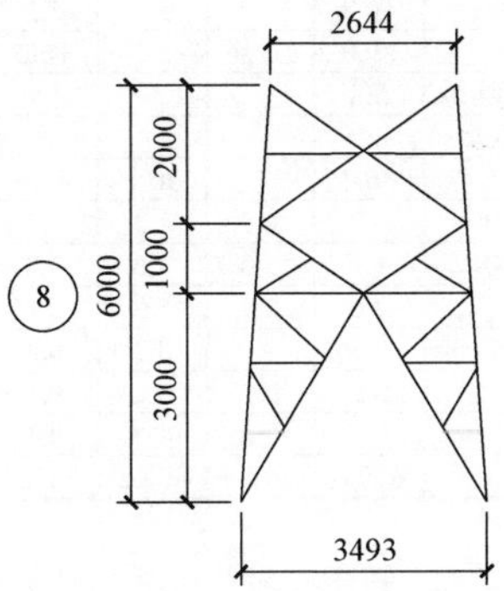

18m呼称高

上接④段

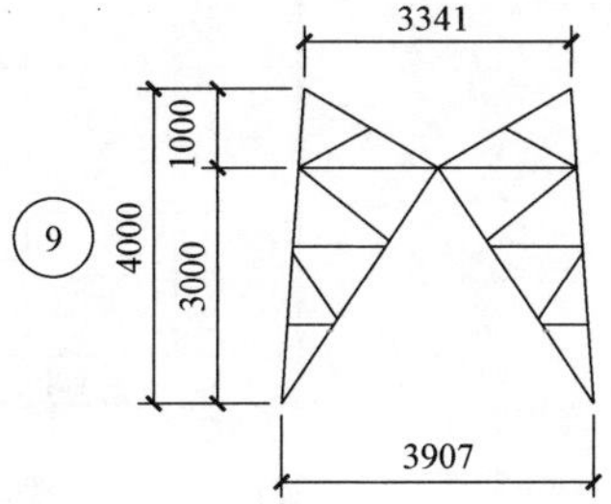

21m呼称高

图 13－72　10GS10－J2 转角塔总图及材料汇总表［10GS10－J2－00（1/2）］

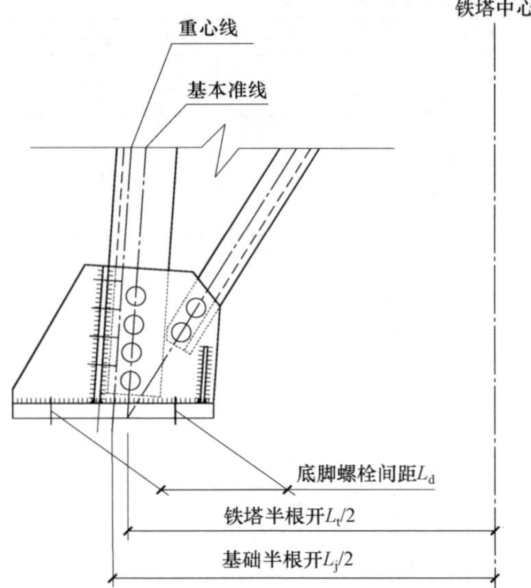

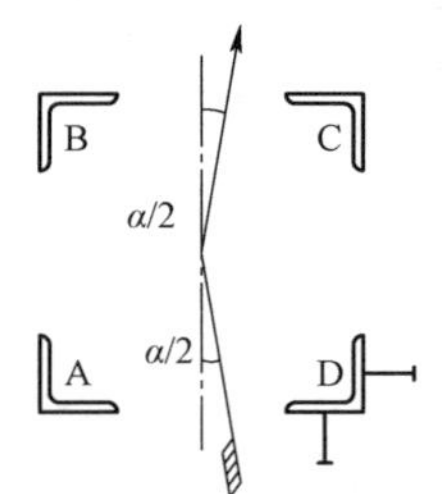

塔身、塔腿脚钉布置图

材料汇总表

材料名称	材质	规格	段号										呼称高（m）					
			1	2	3	4	5	6	7	8	9	10	9.0	12.0	15.0	18.0	21.0	24.0
角钢	Q355	L125×10									51.3	51.3					51.3	51.3
		L125×8				34.1											34.1	34.1
		L110×8				271.5			29.8	29.8	243.1	406.3			29.8	29.8	514.6	677.8
		L100×8			27.0		27.0	27.0	171.2	319.2			27.0	27.0	198.2	346.2	27.0	27.0
		L90×8			260.0										260.0	260.0	260.0	260.0
		L90×7	16.4				130.3	245.6					146.7	262.0	16.4	16.4	16.4	16.4
		L80×6		147.3									147.3	147.3	147.3	147.3	147.3	147.3
		L70×5	65.3										65.3	65.3	65.3	65.3	65.3	65.3
		L63×5	28.0										28.0	28.0	28.0	28.0	28.0	28.0
		小计	109.7	147.3	287.0	305.6	157.3	272.6	201.0	349.0	294.4	457.6	414.3	529.6	745.0	893.0	1144.0	1307.2
	Q235	L63×5									64.5	193.2					64.5	193.2
		L56×5	79.9	20.8		306.8	100.2	136.9	123.4	159.4	113.2	277.4	200.9	237.6	224.1	260.1	520.7	684.9
		L56×4	13.9								76.8		13.9	13.9	13.9	13.9	90.7	13.9
		L50×4			220.4			69.6	23.7	107.4				69.6	244.1	327.8	220.4	220.4
		L45×5				25.4						80.0					25.4	105.4
		L45×4	40.4	162.8			51.4	56.4	59.4	104.0	72.8	15.4	254.6	259.6	262.6	307.2	276.0	218.6
		L40×4	87.2	6.2	45.5	6.4		11.2	13.0	10.1	23.4	26.2	93.4	104.6	151.9	149.0	168.7	171.5
		L40×3	31.9	23.5	14.3	105.1	59.7	78.9	58.5	68.7	57.0	134.3	115.1	134.3	128.2	138.4	231.8	309.1
		小计	253.3	213.3	280.2	443.7	211.3	353.0	278.0	449.6	407.7	726.5	677.9	819.6	1024.8	1196.4	1598.2	1917.0
钢板	Q355	−25					85.5	85.5	119.4	119.4	119.4	119.4	85.5	85.5	119.4	119.4	119.4	119.4
		−10	50.0						76.0	90.8	92.0	92.6	50.0	50.0	126.0	140.8	142.0	142.6
		−8	53.2	28.1			53.0	56.1	7.8	10.2	10.2	9.0	134.3	137.4	89.1	91.5	91.5	90.3
		−6	49.1				6.5	7.6					55.6	56.7	49.1	49.1	49.1	49.1
		小计	152.3	28.1			145.0	149.2	203.2	220.4	221.6	221.0	325.4	329.6	383.6	400.8	402.0	401.4
	Q235	−6	14.1	59.3		29.5	35.7	37.4	54.4	68.9	42.7	44.6	109.1	110.8	127.8	142.3	145.6	147.5
		小计	14.1	59.3		29.5	35.7	37.4	54.4	68.9	42.7	44.6	109.1	110.8	127.8	142.3	145.6	147.5
钢管	Q355	ϕ35.5/ϕ19.5	0.5										0.5	0.5	0.5	0.5	0.5	0.5
		小计	0.5										0.5	0.5	0.5	0.5	0.5	0.5
螺栓	6.8	M20×55	1.2		9.6	19.2			28.8	31.2	36.0	36.0	1.2	1.2	39.6	42.0	66.0	66.0
		M20×45	35.4	19.2	8.6	6.5	32.1	32.4	12.7	13.0	14.9	15.1	86.7	87.0	75.9	76.2	84.6	84.8
		M16×50	10.2	5.9	5.8	5.1	3.8	5.8	2.6	4.5	3.8	8.3	19.9	21.9	24.5	26.4	30.8	35.3
		M16×40	29.0	22.4	6.7	16.2	24.2	26.5	26.5	33.6	21.3	25.8	75.6	77.9	84.6	91.7	95.6	100.1
		M20×60 双母	5.8										5.8	5.8	5.8	5.8	5.8	5.8
		M16×60 双母	4.8										4.8	4.8	4.8	4.8	4.8	4.8
		小计	86.4	47.5	30.7	47.0	60.1	64.7	70.6	82.3	76.0	85.2	194.0	198.6	235.2	246.9	287.6	296.8
脚钉	6.8	M20×200	0.7	2.7	1.3	1.3	1.3	0.7	1.3	0.7	1.3	0.7	4.7	4.1	6.0	5.4	7.3	6.7
		M16×180	1.9	3.0	4.6	3.8	1.1	4.2	1.1	4.2	2.3	4.9	6.0	9.1	10.6	13.7	15.6	18.2
		小计	2.6	5.7	5.9	5.1	2.4	4.9	2.4	4.9	3.6	5.6	10.7	13.2	16.6	19.1	22.9	24.9
垫圈	Q235	−4（ϕ17.5）	0.5		0.2	0.2	0.1	0.1	0.1		0.2	0.5	0.6	0.6	0.8	0.7	1.1	1.4
		−3（ϕ17.5）	0.2	0.2	0.2	0.1		0.1		0.1			0.4	0.5	0.6	0.7	0.7	0.7
		小计	0.7	0.2	0.4	0.3	0.1	0.2	0.1	0.1	0.2	0.5	1.0	1.1	1.4	1.4	1.8	2.1
合计（kg）			619.6	501.4	604.2	831.2	611.9	882.0	809.7	1175.2	1046.2	1541.0	1732.9	2003.0	2534.9	2900.4	3602.6	4097.4

说明：1. 本塔所有构件（含螺栓、脚钉、垫圈）均采用热浸镀锌防腐。

2. M16 螺栓（含 M16 脚钉）强度等级为 6.8 级；M20（含 M20 脚钉）强度等级为 6.8 级；M24 螺栓（含 M24 脚钉）强度等级为 8.8 级。

3. 钢材材质等级要求：Q235、Q355 钢均选用 B 级。

4. 地脚螺栓材质为 Q235 钢。

图 13－73　10GS10－J2 转角塔总图及材料汇总表［10GS10－J2－00（2/2）］

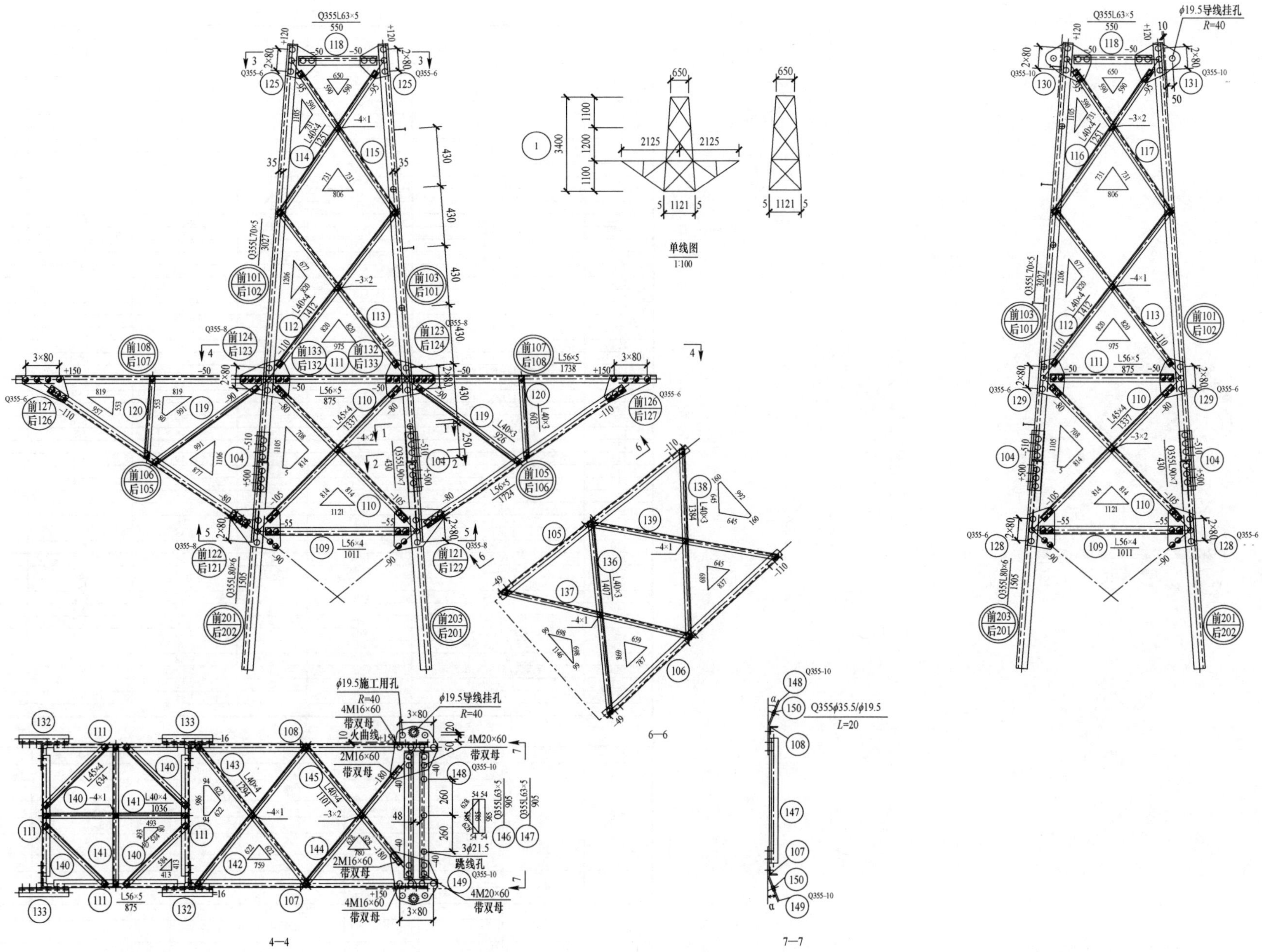

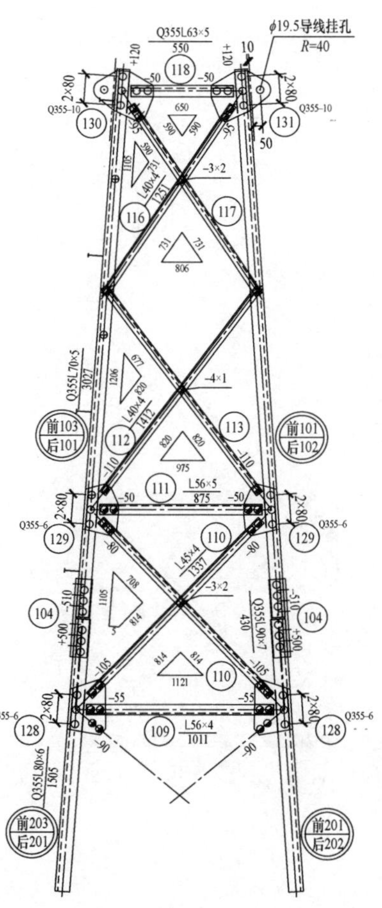

说明：挂线板火曲角度α根据工程实际确定。

图 13－74　10GS10－J2 转角塔塔头结构图①［10GS10－J2－01（1/2)］

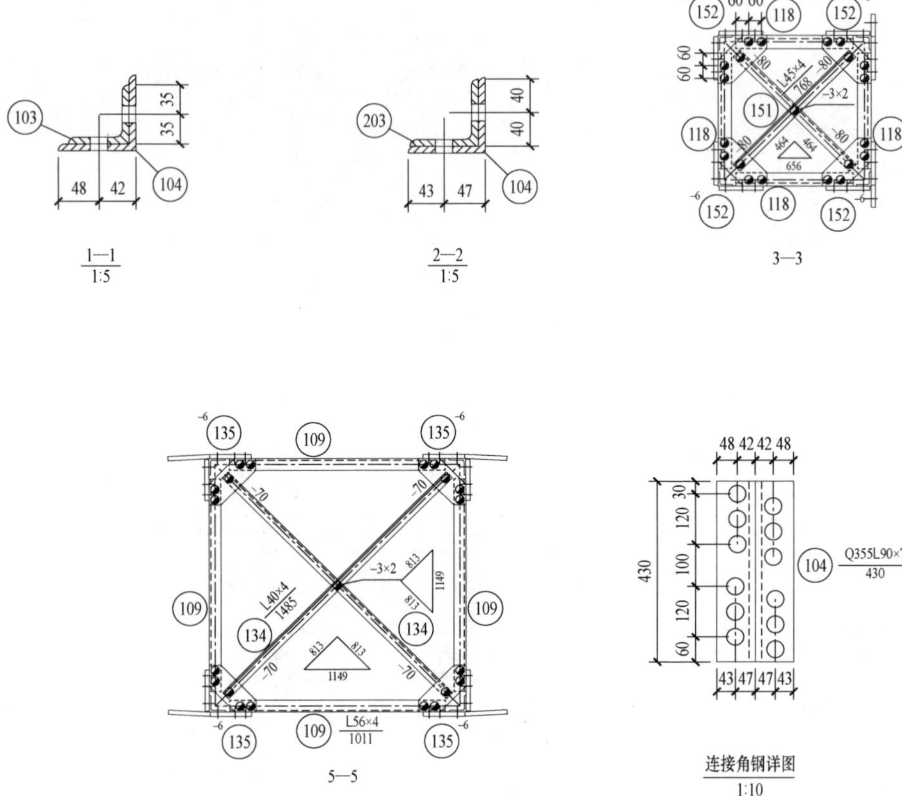

构件明细表

编号	规格	长度（mm）	数量	质量（kg）		备注
				单件	小计	
101	Q355L70×5	3027	2	16.34	32.7	
102	Q355L70×5	3027	1	16.34	16.3	
103	Q355L70×5	3027	1	16.34	16.3	带脚钉
104	Q355L90×7	430	4	4.11	16.4	清根
105	L56×5	1724	2	7.33	14.7	
106	L56×5	1724	2	7.33	14.7	
107	L56×5	1738	2	7.39	14.8	
108	L56×5	1738	2	7.39	14.8	
109	L56×4	1011	4	3.48	13.9	
110	L45×4	1337	8	3.66	29.3	
111	L56×5	875	4	3.72	14.9	
112	L40×4	1412	4	3.42	13.7	
113	L40×4	1412	4	3.42	13.7	切角
114	L40×4	1251	2	3.03	6.1	
115	L40×4	1251	2	3.03	6.1	切背
116	L40×4	1251	2	3.03	6.1	
117	L40×4	1251	2	3.03	6.1	切背
118	Q355L63×5	550	4	2.65	10.6	
119	L40×3	926	4	1.71	6.8	
120	L40×3	603	4	1.12	4.5	
121	Q355－8×305	365	2	6.99	14.0	火曲
122	Q355－8×305	365	2	6.99	14.0	火曲
123	Q355－8×275	365	2	6.30	12.6	
124	Q355－8×275	365	2	6.30	12.6	
125	Q355－6×210	240	6	2.37	14.2	
126	Q355－6×180	370	2	3.14	6.3	卷边高 50mm
127	Q355－6×180	370	2	3.14	6.3	卷边高 50mm
128	Q355－6×210	305	4	3.02	12.1	
129	Q355－6×190	285	4	2.55	10.2	
130	Q355－10×230	320	1	5.78	5.8	火曲
131	Q355－10×230	320	1	5.78	5.8	火曲
132	L56×5	350	2	1.49	3.0	
133	L56×5	350	2	1.49	3.0	
134	L40×4	1485	2	3.60	7.2	
135	－6×110	315	4	1.63	6.5	
136	L40×3	1407	2	2.61	5.2	
137	L40×3	1407	2	2.61	5.2	切角切背
138	L40×3	1384	2	2.56	5.1	
139	L40×3	1384	2	2.56	5.1	切角切背
140	L45×4	634	4	1.73	6.9	
141	L40×4	1036	2	2.51	5.0	
142	L40×4	1294	2	3.13	6.3	
143	L40×4	1294	2	3.13	6.3	切角切背
144	L40×4	1101	2	2.67	5.3	
145	L40×4	1101	2	2.67	5.3	切角
146	Q355L63×5	905	2	4.36	8.7	
147	Q355L63×5	905	2	4.36	8.7	
148	Q355－10×305	400	2	9.58	19.2	火曲
149	Q355－10×305	400	2	9.58	19.2	火曲
150	Q355ϕ35.5/ϕ19.5	20	4	0.12	0.5	塞焊
151	L45×4	768	2	2.10	4.2	
152	－6×125	325	4	1.91	7.6	
合计		529.9kg				

螺栓、脚钉、垫圈明细表

名称	级别	规格	符号	数量	质量（kg）	备注
螺栓	6.8	M16×40		207	29.0	
		M16×50		64	10.2	
		M16×60		24	4.8	双母
		M20×45		131	35.4	
		M20×55		4	1.2	
		M20×60		16	5.8	双母
脚钉	6.8	M16×180		5	1.9	
		M20×200		1	0.7	
垫圈	Q235	－3（ϕ17.5）	规格×个数	20	0.2	
		－4（ϕ17.5）		15	0.5	
合计			89.7kg			

图 13－75　10GS10－J2 转角塔塔头结构图①［10GS10－J2－01（2/2）］

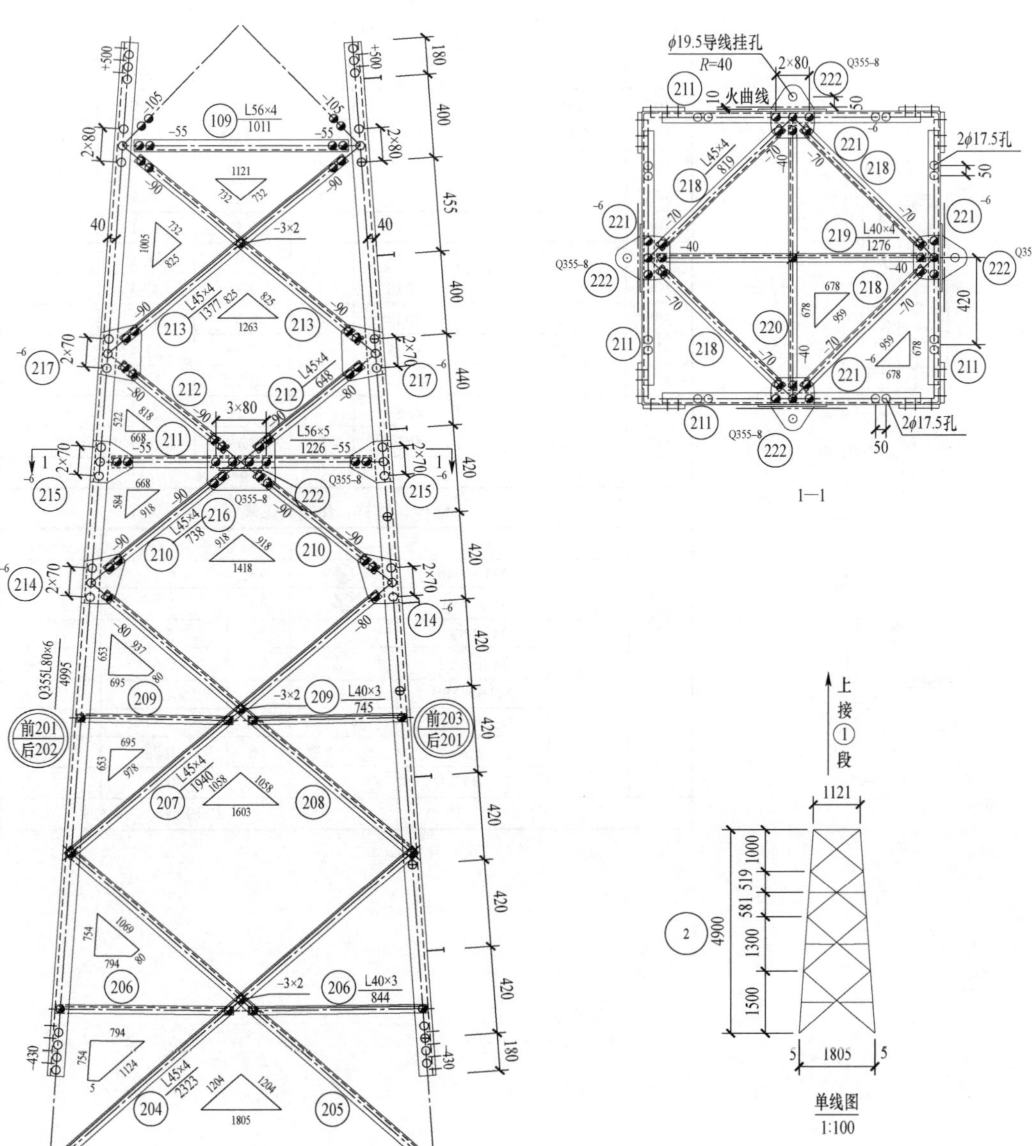

构件明细表

编号	规格	长度（mm）	数量	质量（kg）		备注
				单件	小计	
201	Q355L80×6	4995	2	36.84	73.7	
202	Q355L80×6	4995	1	36.84	36.8	
203	Q355L80×6	4995	1	36.84	36.8	带脚钉
204	L45×4	2323	4	6.36	25.4	
205	L45×4	2323	4	6.36	25.4	切角
206	L40×3	844	8	1.56	12.5	
207	L45×4	1940	4	5.31	21.2	
208	L45×4	1940	4	5.31	21.2	切背
209	L40×3	745	8	1.38	11.0	
210	L45×4	738	8	2.02	16.2	
211	L56×5	1226	4	5.21	20.8	
212	L45×4	648	8	1.77	14.2	
213	L45×4	1377	8	3.77	30.2	
214	−6×195	250	8	2.30	18.4	
215	−6×200	200	8	1.88	15.0	
216	Q355−8×280	325	4	5.71	22.8	
217	−6×200	275	8	2.59	20.7	
218	L45×4	819	4	2.24	9.0	
219	L40×4	1276	1	3.09	3.1	中间压扁
220	L40×4	1276	1	3.09	3.1	
221	−6×130	210	4	1.29	5.2	
222	Q355−8×100	210	4	1.32	5.3	火曲无缝焊接
合计		448.0kg				

螺栓、脚钉、垫圈明细表

名称	级别	规格	符号	数量	质量（kg）	备注
螺栓	6.8	M16×40		160	22.4	
		M16×50		37	5.9	
		M20×45		71	19.2	
脚钉	6.8	M16×180		8	3.0	
		M20×200		4	2.7	
垫圈	Q235	−3（φ17.5）	规格×个数	24	0.2	
合计			53.4kg			

图 13−76 10GS10−J2 转角塔塔身结构图②（10GS10−J2−02）

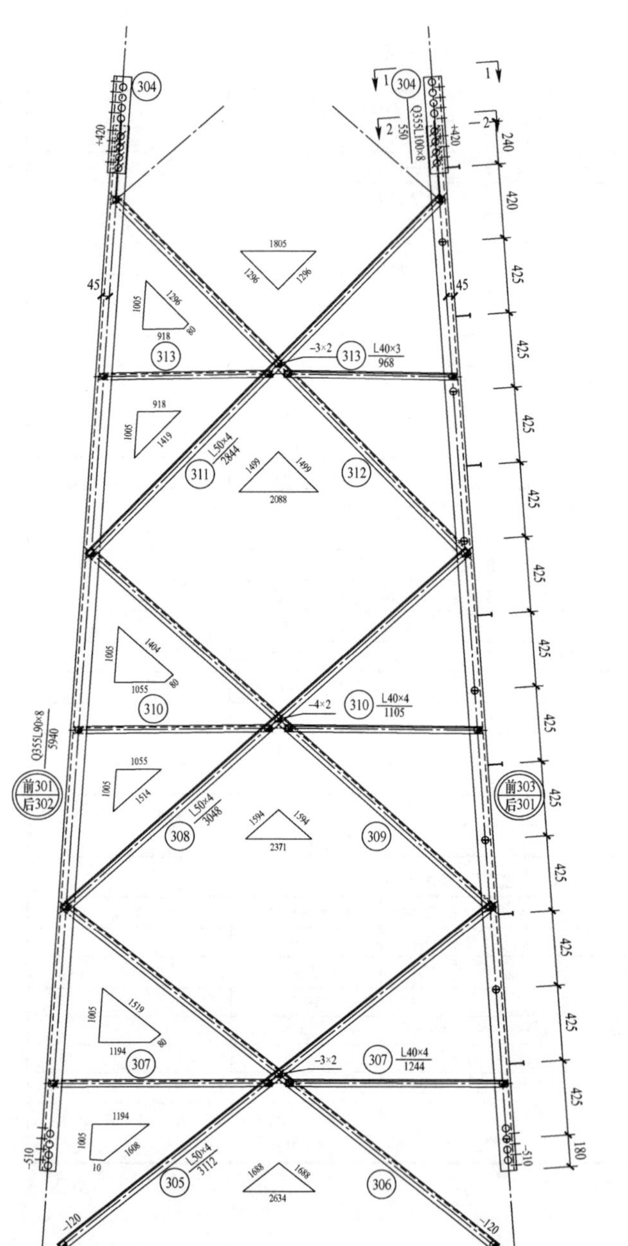

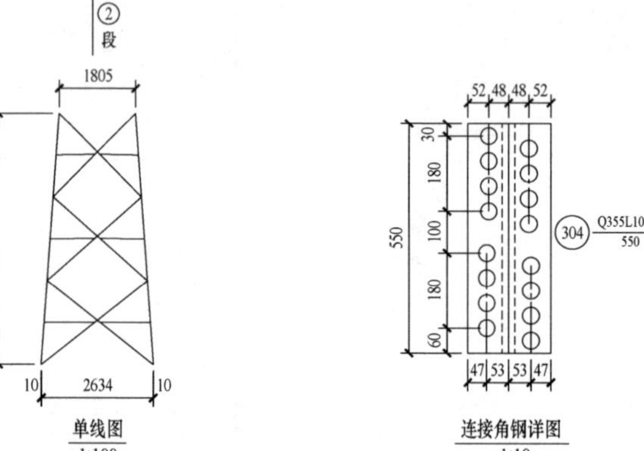

203
40
40
52 48
304
1—1
1:5

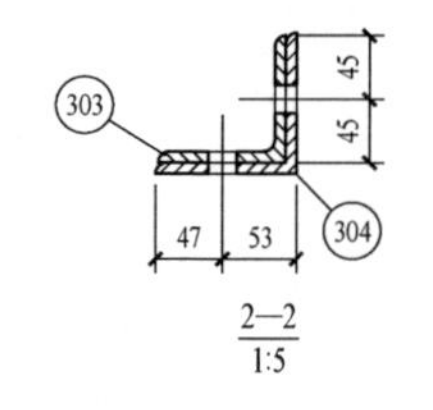

构 件 明 细 表

编号	规格	长度(mm)	数量	质量（kg）		备注
				单件	小计	
301	Q355L90×8	5940	2	65.02	130.0	
302	Q355L90×8	5940	1	65.02	65.0	
303	Q355L90×8	5940	1	65.02	65.0	带脚钉
304	Q355L100×8	550	4	6.75	27.0	清根
305	L50×4	3112	4	9.52	38.1	
306	L50×4	3112	4	9.52	38.1	
307	L40×4	1244	8	3.01	24.1	
308	L50×4	3048	4	9.32	37.3	
309	L50×4	3048	4	9.32	37.3	
310	L40×4	1105	8	2.68	21.4	
311	L50×4	2844	4	8.70	34.8	
312	L50×4	2844	4	8.70	34.8	
313	L40×3	968	8	1.79	14.3	
合计		567.2kg				

螺栓、脚钉、垫圈明细表

名称	级别	规格	符号	数量	质量（kg）	备注
螺栓	6.8	M16×40		48	6.7	
		M16×50		36	5.8	
		M20×45	○	32	8.6	
		M20×55		32	9.6	
脚钉	6.8	M16×180		12	4.6	
		M20×200		2	1.3	
垫圈	Q235	−3（ϕ17.5）	规格×个数	16	0.2	
		−4（ϕ17.5）		8	0.2	
合计			37.0kg			

图 13－77　10GS10－J2 转角塔塔身结构图③（10GS10－J2－03）

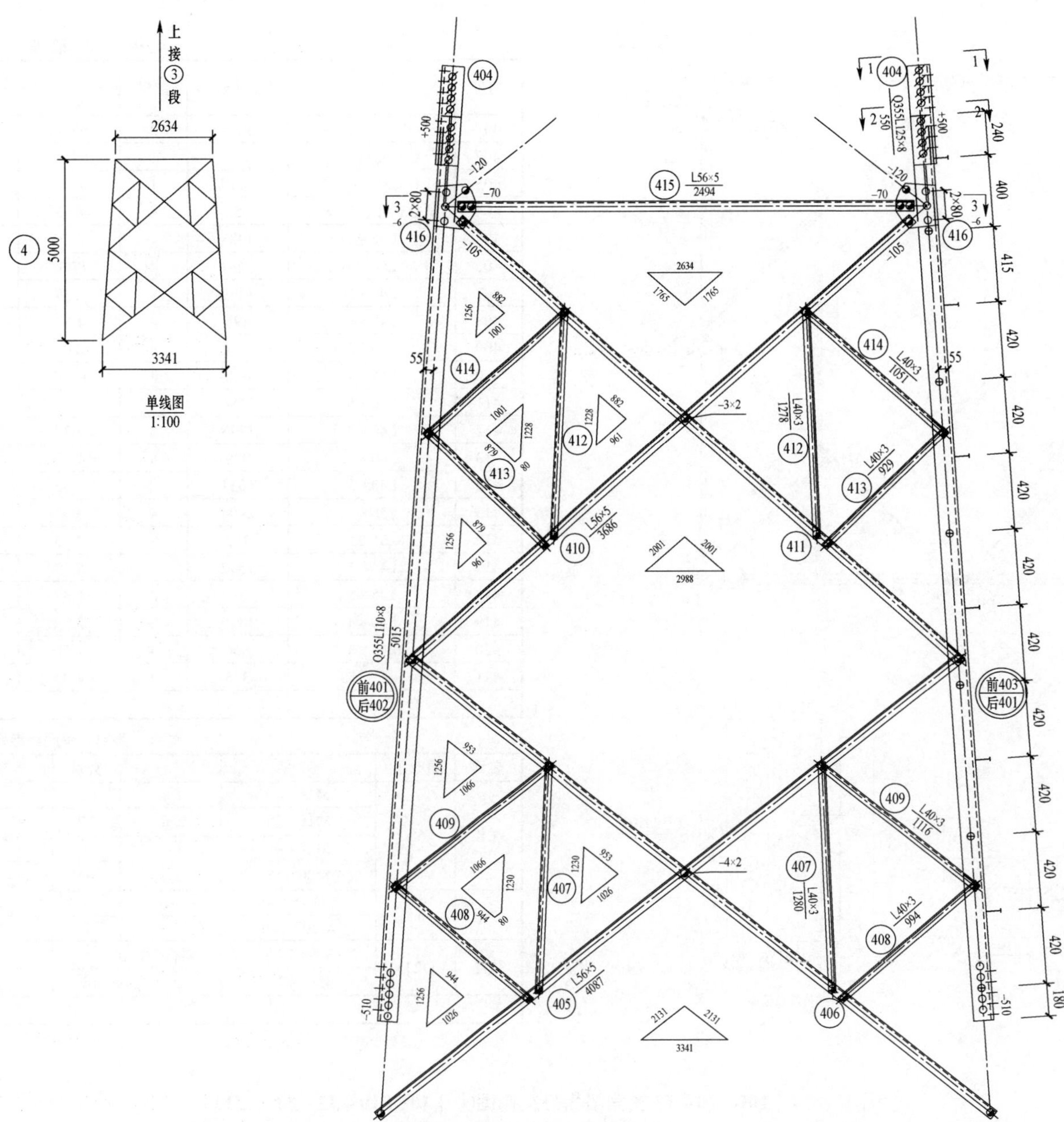

图 13-78　10GS10-J2 转角塔塔身结构图④［10GS10-J2-04（1/2）］

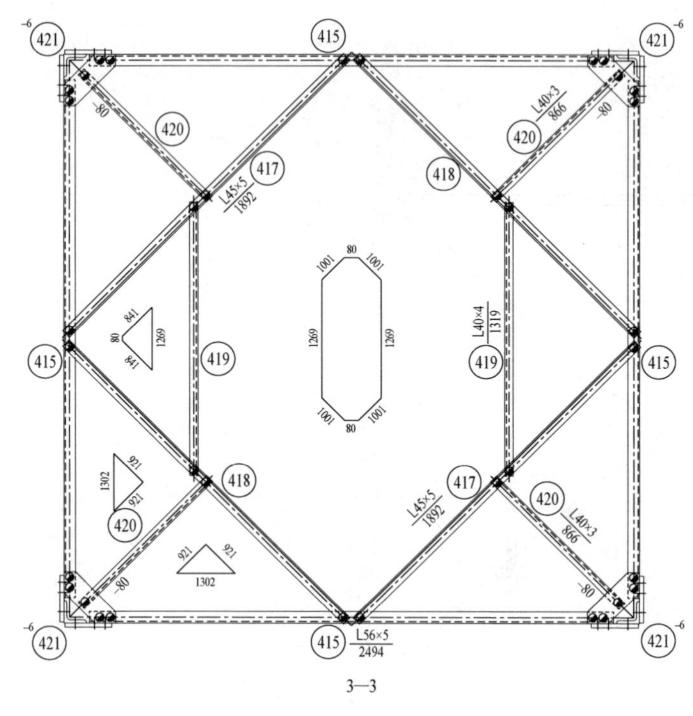

3—3

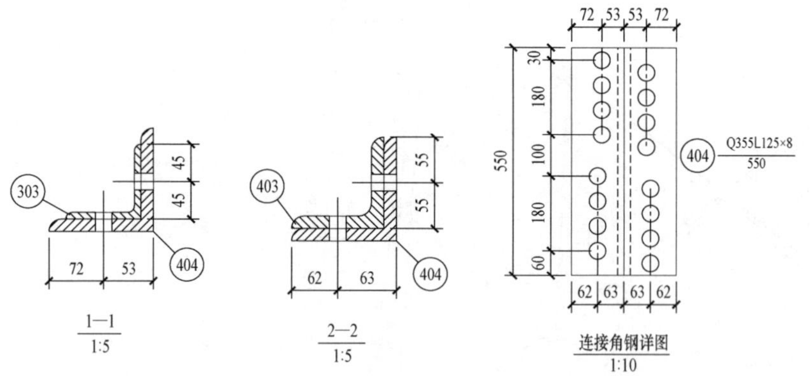

1—1
1:5

2—2
1:5

连接角钢详图
1:10

构件明细表

编号	规格	长度（mm）	数量	质量（kg）		备注
				单件	小计	
401	Q355L110×8	5015	2	67.86	135.7	
402	Q355L110×8	5015	1	67.86	67.9	
403	Q355L110×8	5015	1	67.86	67.9	带脚钉
404	Q355L125×8	550	4	8.53	34.1	清根
405	L56×5	4087	4	17.37	69.5	
406	L56×5	4087	4	17.37	69.5	
407	L40×3	1280	8	2.37	19.0	切角
408	L40×3	994	8	1.84	14.7	
409	L40×3	1116	8	2.07	16.6	
410	L56×5	3686	4	15.67	62.7	
411	L56×5	3686	4	15.67	62.7	
412	L40×3	1278	8	2.37	19.0	切角
413	L40×3	929	8	1.72	13.8	
414	L40×3	1051	8	1.95	15.6	
415	L56×5	2494	4	10.60	42.4	
416	−6×230	255	8	2.76	22.1	
417	L45×5	1892	2	6.37	12.7	
418	L45×5	1892	2	6.37	12.7	
419	L40×4	1319	2	3.19	6.4	
420	L40×3	866	4	1.60	6.4	
421	−6×110	355	4	1.84	7.4	
合计		778.8kg				

螺栓、脚钉、垫圈明细表

名称	级别	规格	符号	数量	质量（kg）	备注
螺栓	6.8	M16×40		116	16.2	
		M16×50		32	5.1	
		M20×45		24	6.5	
		M20×55		64	19.2	
脚钉	6.8	M16×180		10	3.8	
		M20×200		2	1.3	
垫圈	Q235	−3（ϕ17.5）	规格×个数	8	0.1	
		−4（ϕ17.5）		8	0.2	
合计		52.4kg				

图 13−79　10GS10−J2 转角塔塔身结构图④［10GS10−J2−04（2/2）］

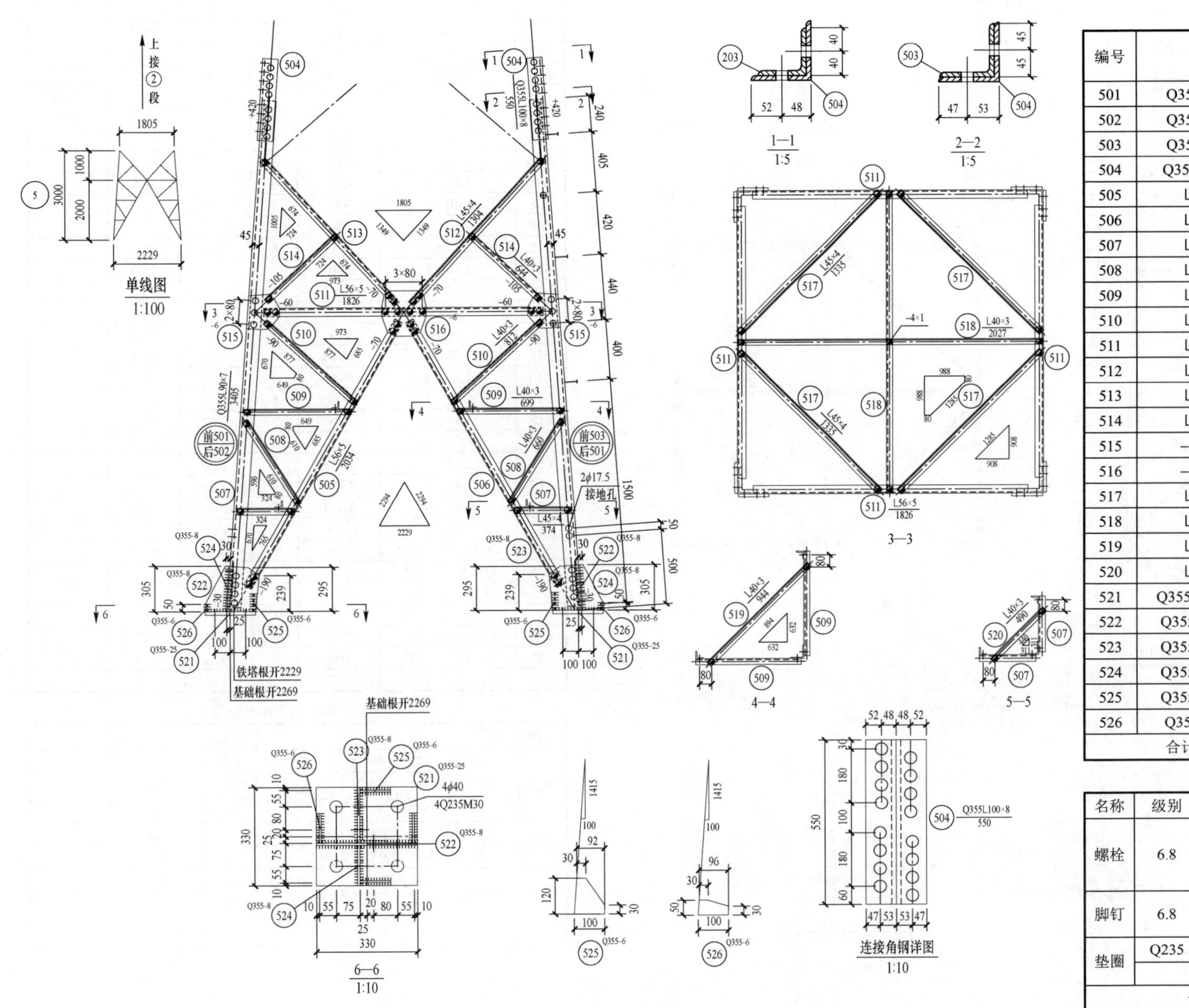

构件明细表

编号	规格	长度(mm)	数量	质量（kg）		备注
				单件	小计	
501	Q355L90×7	3405	2	32.57	65.1	
502	Q355L90×7	3405	1	32.57	32.6	
503	Q355L90×7	3405	1	32.57	32.6	带脚钉
504	Q355L100×8	550	4	6.75	27.0	清根
505	L56×5	2034	4	8.65	34.6	
506	L56×5	2034	4	8.65	34.6	
507	L45×4	374	8	1.02	8.2	
508	L40×3	660	8	1.22	9.8	
509	L40×3	699	8	1.29	10.3	
510	L40×3	812	8	1.50	12.0	
511	L56×5	1826	4	7.76	31.0	
512	L45×4	1304	4	3.57	14.3	
513	L45×4	1304	4	3.57	14.3	
514	L40×3	644	8	1.19	9.5	
515	−6×210	240	8	2.37	19.0	
516	−6×290	305	4	4.17	16.7	
517	L45×4	1335	4	3.65	14.6	
518	L40×3	2027	2	3.75	7.5	
519	L40×3	944	4	1.75	7.0	
520	L40×3	490	4	0.91	3.6	
521	Q355−25×330	330	4	21.37	85.5	
522	Q355−8×315	340	4	6.73	26.9	
523	Q355−8×195	305	4	3.74	15.0	
524	Q355−8×140	315	4	2.77	11.1	
525	Q355−6×100	120	8	0.57	4.6	
526	Q355−6×50	100	8	0.24	1.9	
合计		549.3kg				

螺栓、脚钉、垫圈明细表

名称	级别	规格	符号	数量	质量（kg）	备注
螺栓	6.8	M16×40		173	24.2	
		M16×50		24	3.8	
		M20×45		119	32.1	
脚钉	6.8	M16×180		3	1.1	
		M20×200		2	1.3	
垫圈	Q235	−4（ϕ17.5）	规格×个数	1	0.1	
合计			62.6kg			

图 13－80　10GS10－J2 转角塔 9.0m 呼称高塔腿结构图⑤（10GS10－J2－05）

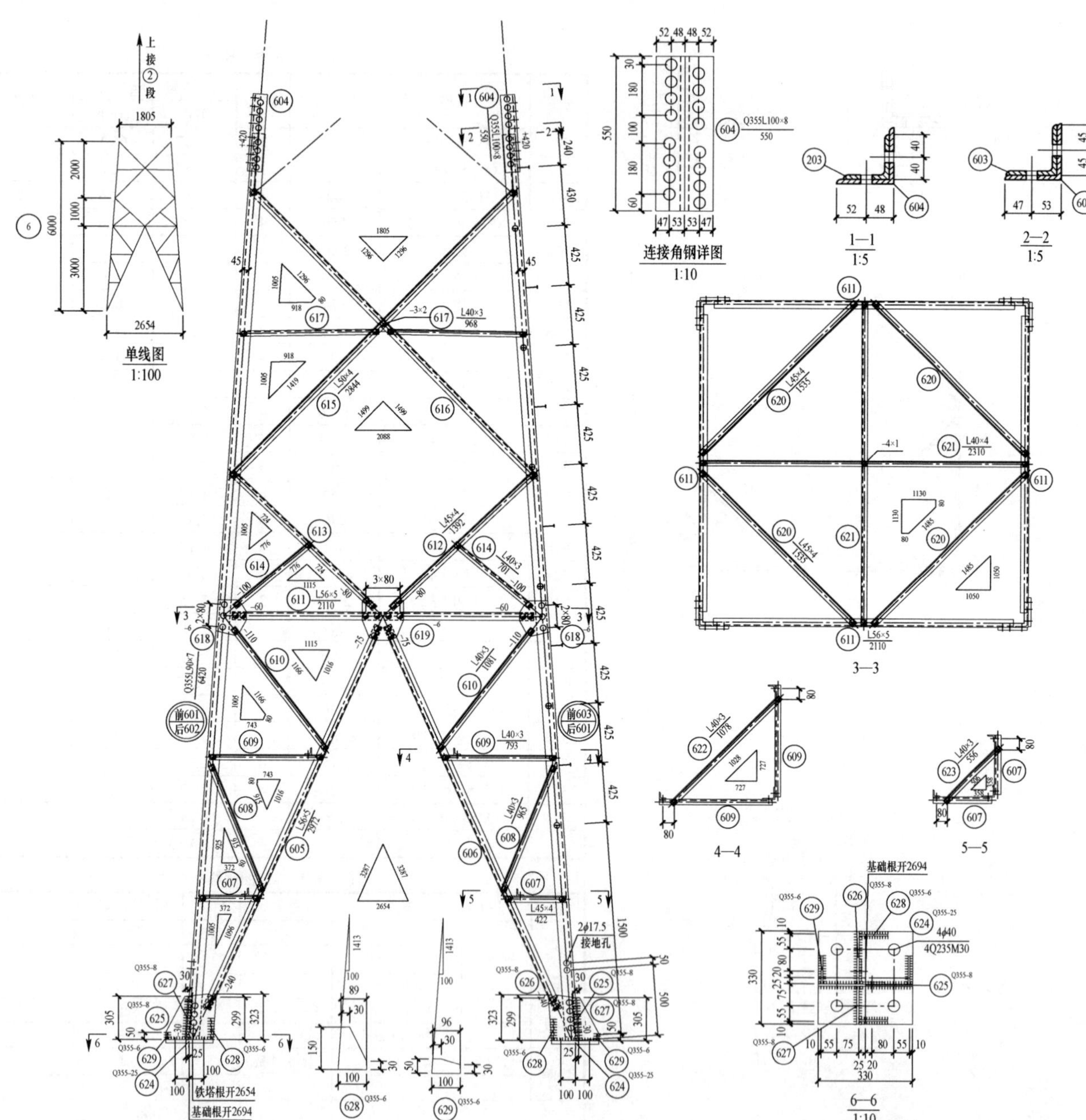

构件明细表

编号	规格	长度（mm）	数量	质量（kg）		备注
				单件	小计	
601	Q355L90×7	6420	2	61.41	122.8	
602	Q355L90×7	6420	1	61.41	61.4	
603	Q355L90×7	6420	1	61.41	61.4	带脚钉
604	Q355L100×8	550	4	6.75	27.0	清根
605	L56×5	2972	4	12.63	50.5	
606	L56×5	2972	4	12.63	50.5	
607	L45×4	422	8	1.15	9.2	
608	L40×3	965	8	1.79	14.3	
609	L40×3	793	8	1.47	11.8	
610	L40×3	1081	8	2.00	16.0	
611	L56×5	2110	4	8.97	35.9	
612	L45×4	1392	4	3.81	15.2	
613	L45×4	1392	4	3.81	15.2	
614	L40×3	701	8	1.30	10.4	
615	L50×4	2844	4	8.70	34.8	
616	L50×4	2844	4	8.70	34.8	
617	L40×3	968	8	1.79	14.3	
618	−6×210	255	8	2.52	20.2	
619	−6×290	315	4	4.30	17.2	
620	L45×4	1535	4	4.20	16.8	
621	L40×4	2310	2	5.59	11.2	
622	L40×3	1078	4	2.00	8.0	
623	L40×3	556	4	1.03	4.1	
624	Q355−25×330	330	4	21.37	85.5	
625	Q355−8×325	355	4	7.25	29.0	
626	Q355−8×190	335	4	4.00	16.0	
627	Q355−8×140	315	4	2.77	11.1	
628	Q355−6×100	150	8	0.71	5.7	
629	Q355−6×50	100	8	0.24	1.9	
合计		812.2kg				

螺栓、脚钉、垫圈明细表

名称	级别	规格	符号	数量	质量（kg）	备注
螺栓	6.8	M16×40		189	26.5	
		M16×50		36	5.8	
		M20×45		120	32.4	
脚钉	6.8	M16×180		11	4.2	
		M20×200		1	0.7	
垫圈	Q235	−3（ϕ17.5）	规格×个数	8	0.1	
		−4（ϕ17.5）		1	0.1	
合计			69.8kg			

图 13−81　10GS10−J2 转角塔 12.0m 呼称高塔腿结构图⑥（10GS10−J2−06）

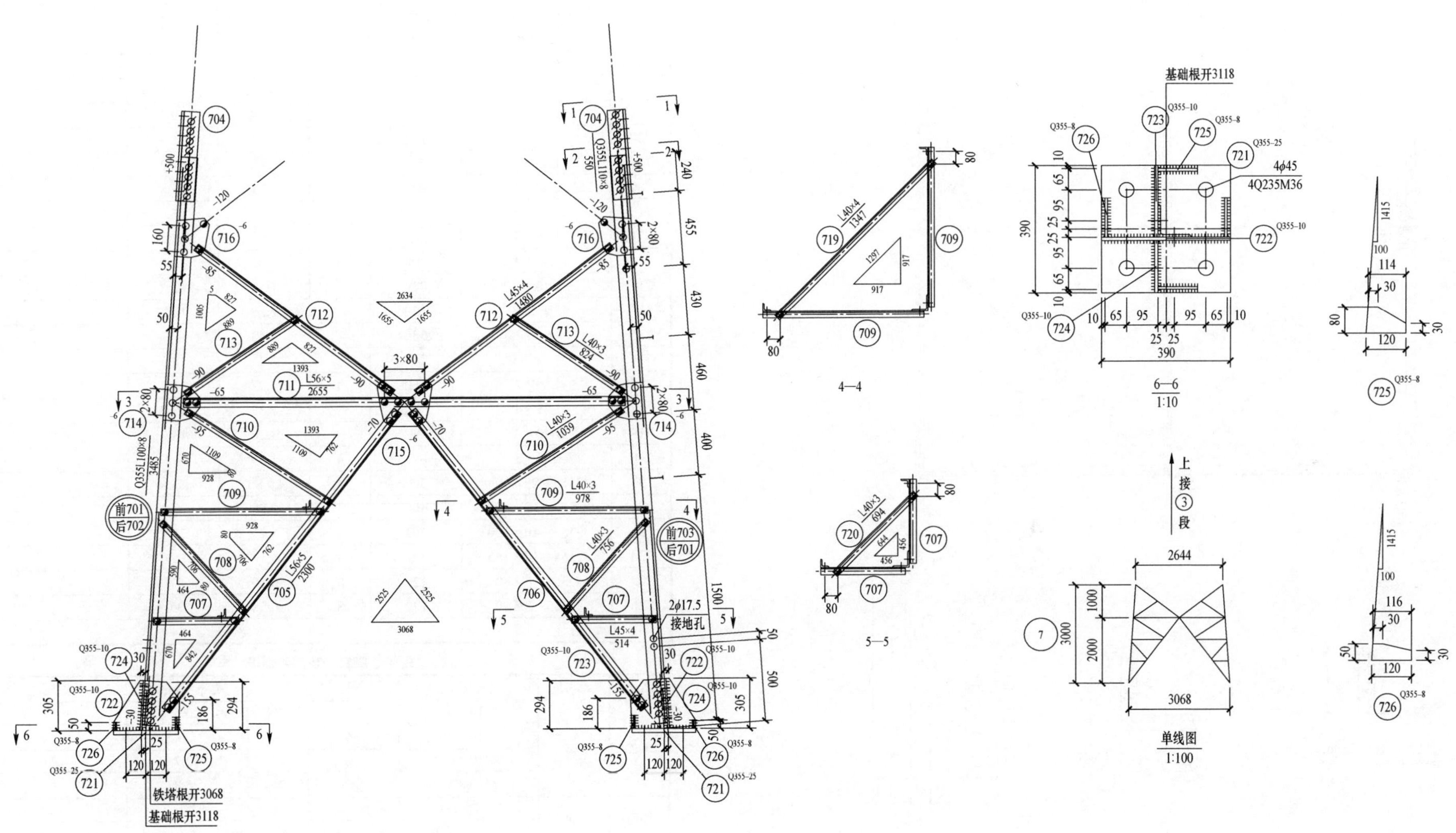

图 13-82　10GS10-J2 转角塔 15.0m 呼称高塔腿结构图⑦［10GS10-J2-07（1/2）］

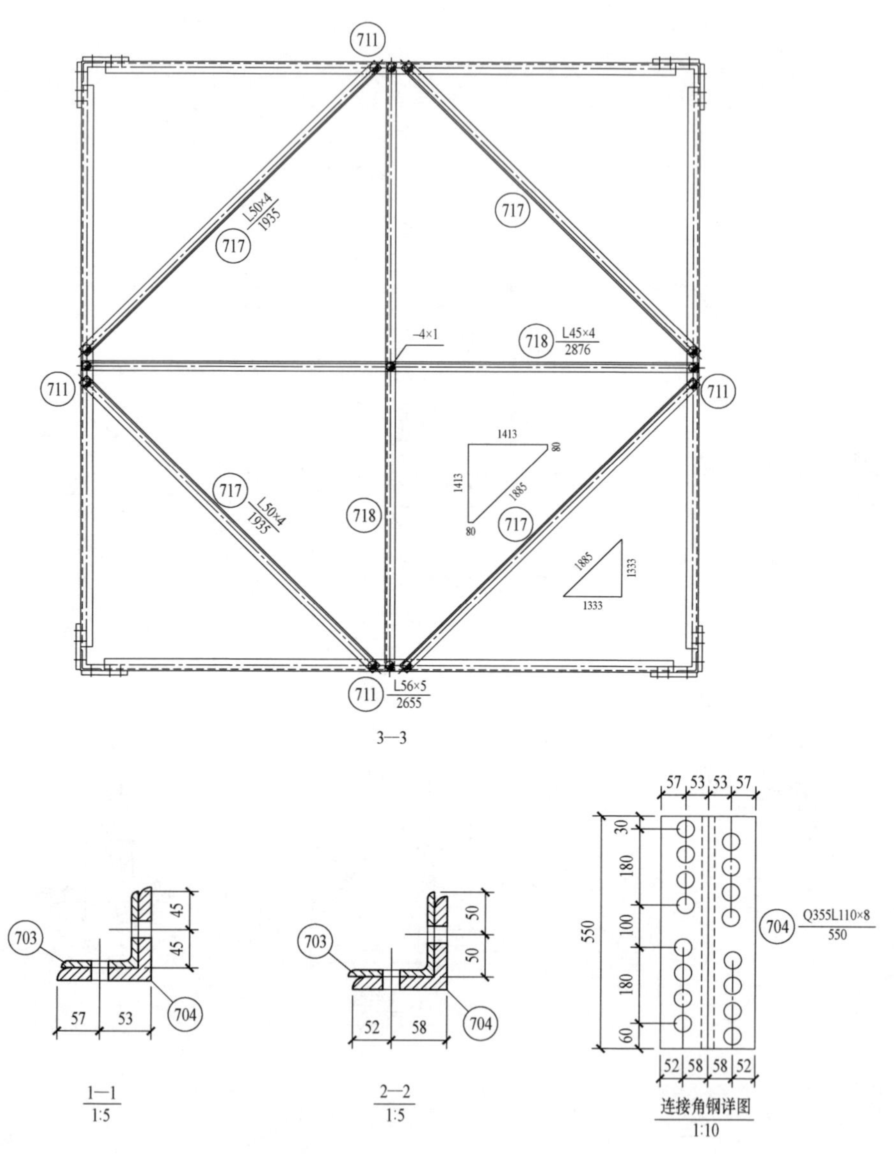

构件明细表

编号	规格	长度（mm）	数量	质量（kg）		备注
				单件	小计	
701	Q355L100×8	3485	2	42.78	85.6	
702	Q355L100×8	3485	1	42.78	42.8	
703	Q355L100×8	3485	1	42.78	42.8	带脚钉
704	Q355L110×8	550	4	7.44	29.8	清根
705	L56×5	2300	4	9.78	39.1	
706	L56×5	2300	4	9.78	39.1	
707	L45×4	514	8	1.41	11.3	
708	L40×3	756	8	1.40	11.2	
709	L40×3	978	8	1.81	14.5	
710	L40×3	1039	8	1.92	15.4	
711	L56×5	2655	4	11.29	45.2	
712	L45×4	1480	8	4.05	32.4	
713	L40×3	824	8	1.53	12.2	
714	−6×220	220	8	2.28	18.2	
715	−6×285	330	4	4.43	17.7	
716	−6×200	245	8	2.31	18.5	
717	L50×4	1935	4	5.92	23.7	
718	L45×4	2876	2	7.87	15.7	
719	L40×4	1347	4	3.26	13.0	
720	L40×3	694	4	1.29	5.2	
721	Q355−25×390	390	4	29.85	119.4	
722	Q355−10×305	400	4	9.58	38.3	
723	Q355−10×220	305	4	5.27	21.1	
724	Q355−10×165	320	4	4.14	16.6	
725	Q355−8×80	120	8	0.60	4.8	
726	Q355−8×50	120	8	0.38	3.0	
合计	736.6kg					

螺栓、脚钉、垫圈明细表

名称	级别	规格	符号	数量	质量（kg）	备注
螺栓	6.8	M16×40		189	26.5	
		M16×50		16	2.6	
		M20×45		47	12.7	
		M20×55		96	28.8	
脚钉	6.8	M16×180		3	1.1	
		M20×200		2	1.3	
垫圈	Q235	−4（ϕ17.5）	规格×个数	1	0.1	
合计			73.1kg			

图 13－83 10GS10－J2 转角塔 15.0m 呼称高塔腿结构图⑦［10GS10－J2－07（2/2）］

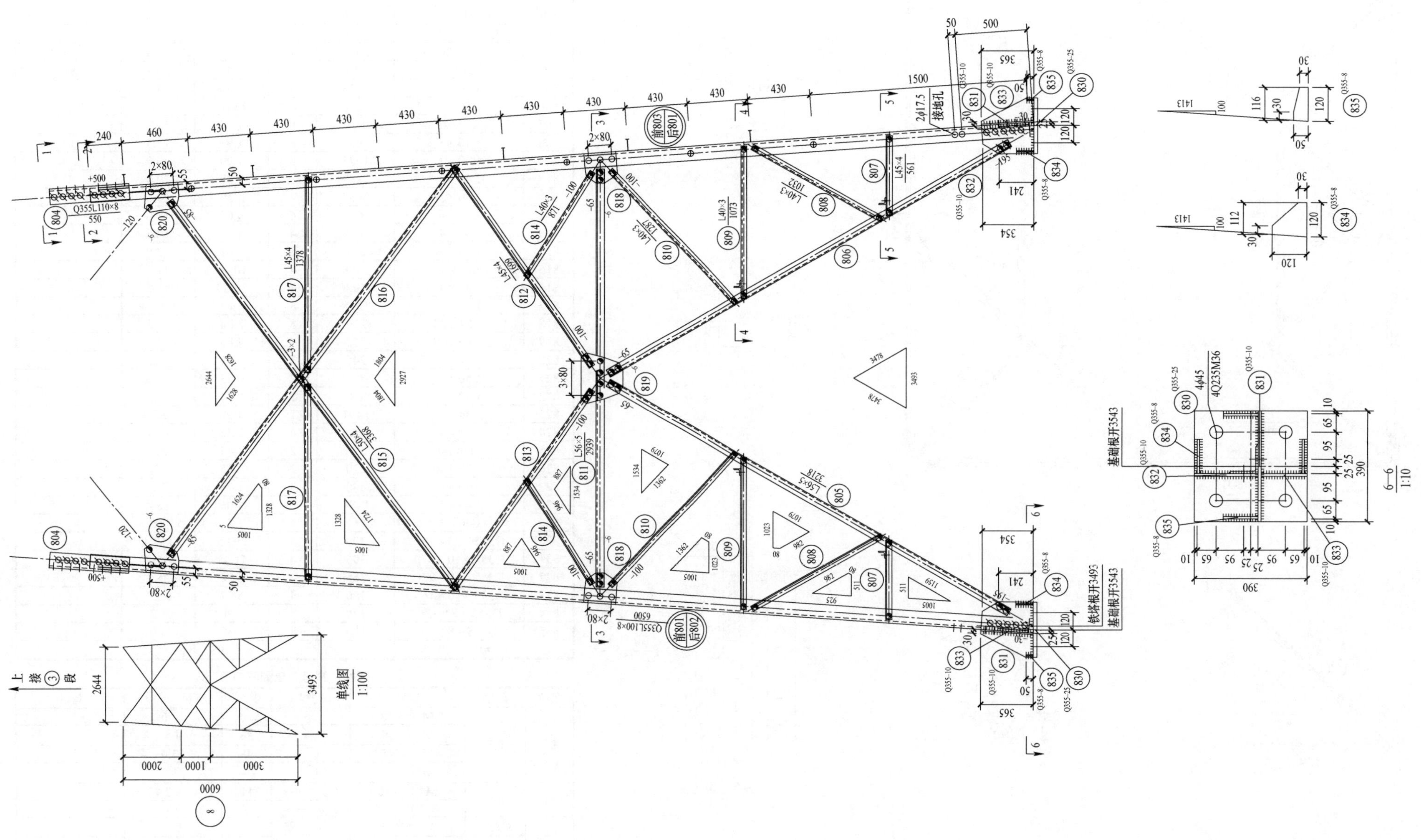

图 13-84　10GS10-J2 转角塔 18.0m 呼称高塔腿结构图⑧［10GS10-J2-08（1/2）］

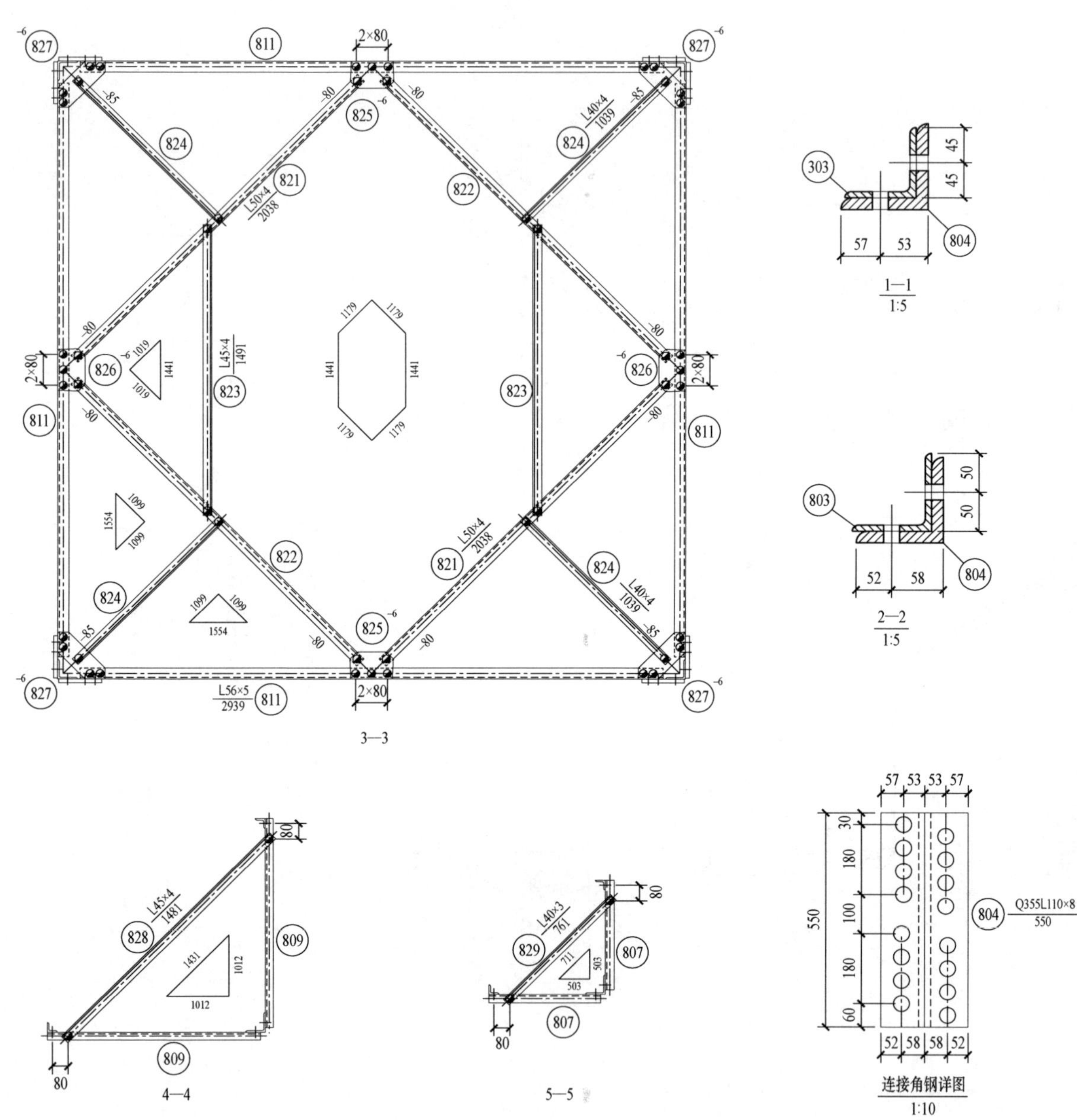

构件明细表

编号	规格	长度（mm）	数量	质量（kg）		备注
				单件	小计	
801	Q355L100×8	6500	2	79.79	159.6	
802	Q355L100×8	6500	1	79.79	79.8	
803	Q355L100×8	6500	1	79.79	79.8	带脚钉
804	Q355L110×8	550	4	7.44	29.8	清根
805	L56×5	3218	4	13.68	54.7	
806	L56×5	3218	4	13.68	54.7	
807	L45×4	561	8	1.53	12.2	
808	L40×3	1032	8	1.91	15.3	
809	L40×3	1073	8	1.99	15.9	
810	L40×3	1287	8	2.38	19.0	
811	L56×5	2939	4	12.49	50.0	
812	L45×4	1699	4	4.65	18.6	
813	L45×4	1699	4	4.65	18.6	
814	L40×3	871	8	1.61	12.9	
815	L50×4	3368	4	10.30	41.2	
816	L50×4	3368	4	10.30	41.2	
817	L45×4	1378	8	3.77	30.2	
818	−6×220	220	8	2.28	18.2	
819	−6×290	355	4	4.85	19.4	
820	−6×200	245	8	2.31	18.5	
821	L50×4	2038	2	6.23	12.5	
822	L50×4	2038	2	6.23	12.5	
823	L45×4	1491	2	4.08	8.2	
824	L40×4	1039	4	2.52	10.1	
825	−6×140	220	2	1.45	2.9	
826	−6×140	220	2	1.45	2.9	
827	−6×110	340	4	1.76	7.0	
828	L45×4	1481	4	4.05	16.2	
829	L40×3	761	4	1.41	5.6	
830	Q355−25×390	390	4	29.85	119.4	
831	Q355−10×370	395	4	11.47	45.9	
832	Q355−10×220	365	4	6.30	25.2	
833	Q355−10×165	380	4	4.92	19.7	
834	Q355−8×120	120	8	0.90	7.2	
835	Q355−8×50	120	8	0.38	3.0	
合计		1087.9kg				

螺栓、脚钉、垫圈明细表

名称	级别	规格	符号	数量	质量（kg）	备注
螺栓	6.8	M16×40		240	33.6	
		M16×50		28	4.5	
		M20×45		48	13.0	
		M20×55		104	31.2	
脚钉	6.8	M16×180		11	4.2	
		M20×200		1	0.7	
垫圈	Q235	−3（ϕ17.5）	规格×个数	8	0.1	
合计			87.3kg			

图 13－85　10GS10－J2 转角塔 18.0m 呼称高塔腿结构图⑧［10GS10－J2－08（2/2）］

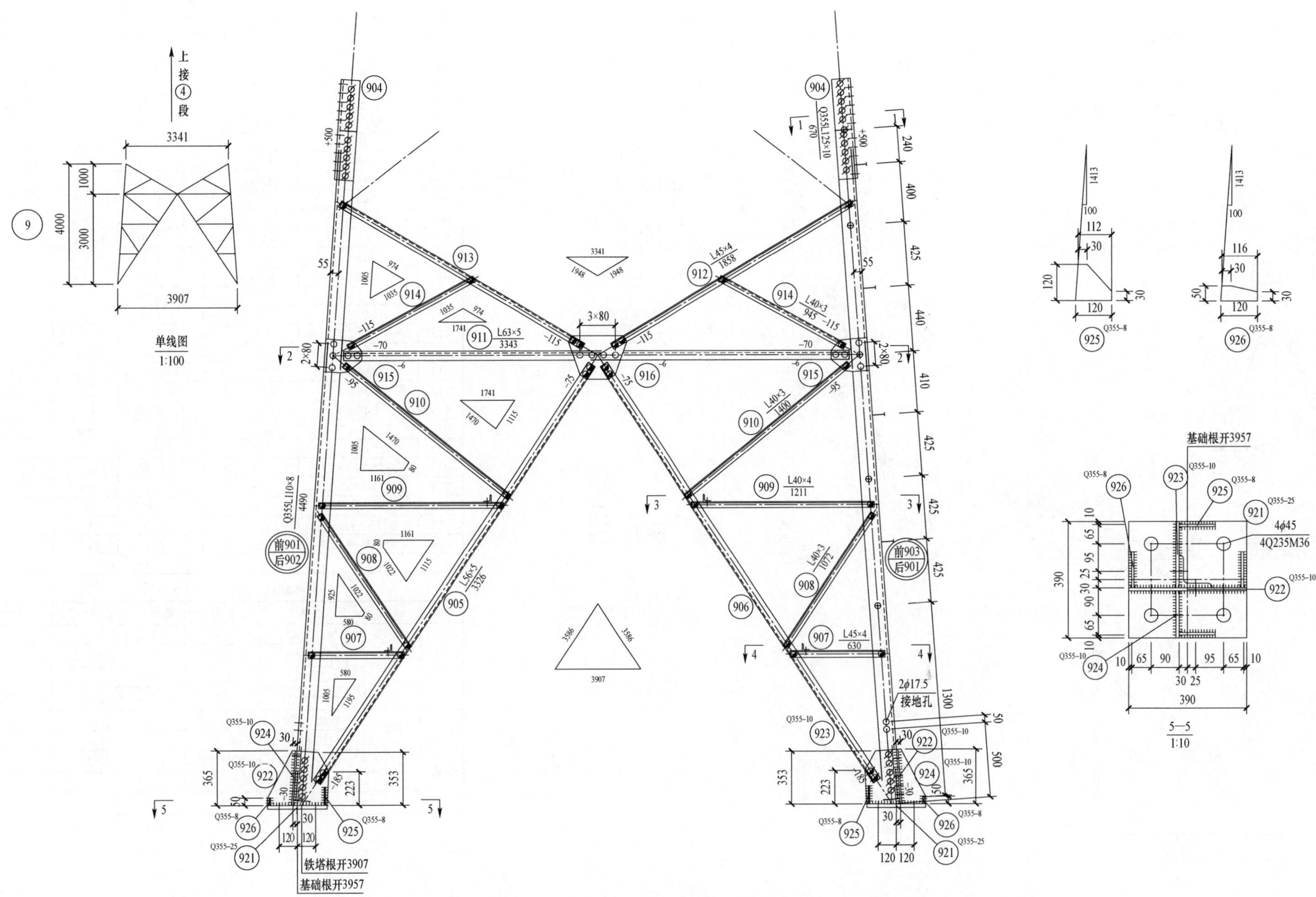

图 13-86 10GS10-J2 转角塔 21.0m 呼称高塔腿结构图⑨［10GS10-J2-09（1/2）］

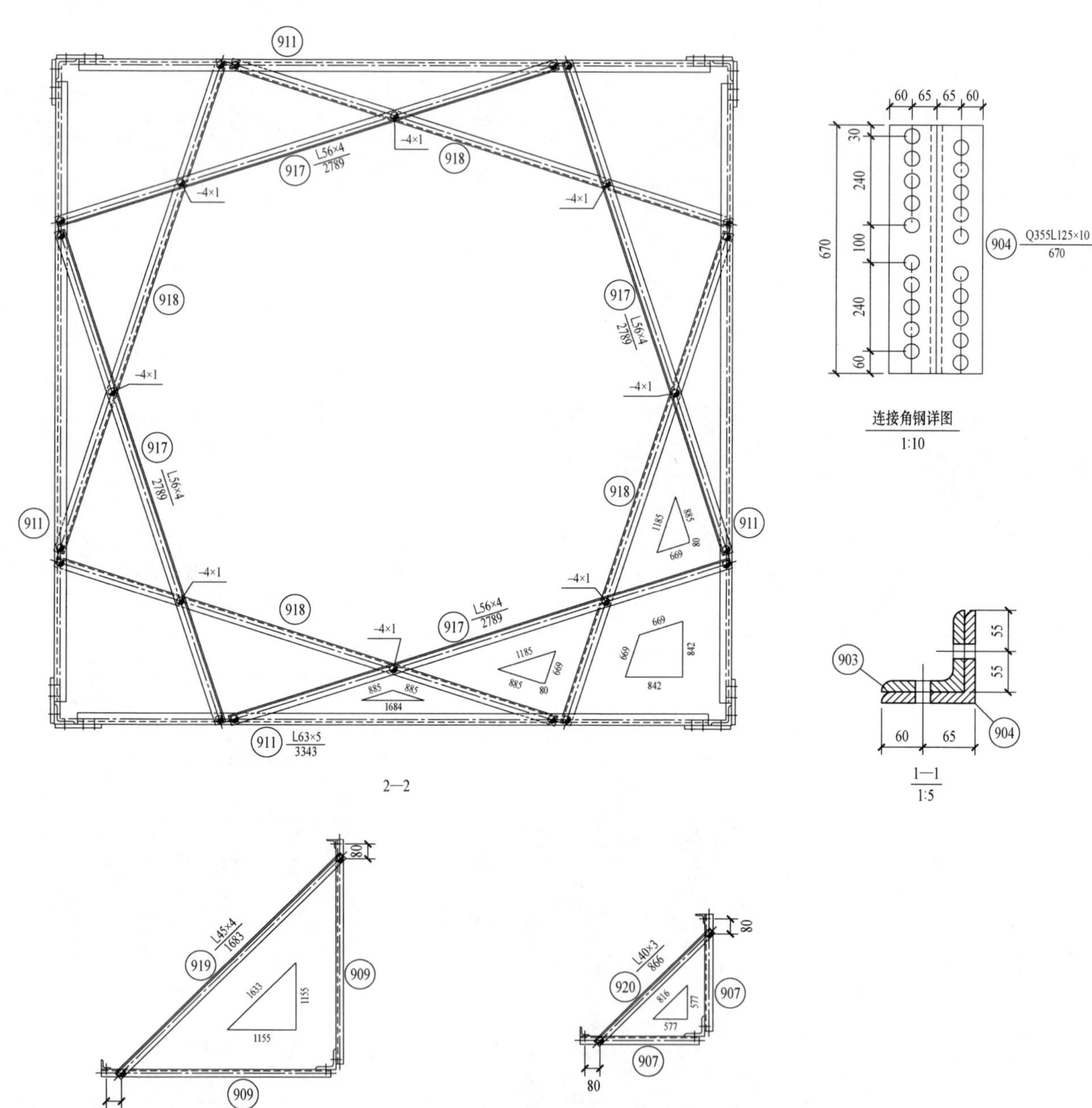

构件明细表

编号	规格	长度（mm）	数量	质量（kg） 单件	质量（kg） 小计	备注
901	Q355L110×8	4490	2	60.76	121.5	
902	Q355L110×8	4490	1	60.76	60.8	
903	Q355L110×8	4490	1	60.76	60.8	带脚钉
904	Q355L125×10	670	4	12.82	51.3	清根
905	L56×5	3326	4	14.14	56.6	
906	L56×5	3326	4	14.14	56.6	
907	L45×4	630	8	1.72	13.8	
908	L40×3	1072	8	1.99	15.9	
909	L40×4	1211	8	2.93	23.4	
910	L40×3	1400	8	2.59	20.7	
911	L63×5	3343	4	16.12	64.5	
912	L45×4	1858	4	5.08	20.3	
913	L45×4	1858	4	5.08	20.3	
914	L40×3	945	8	1.75	14.0	
915	−6×220	250	8	2.59	20.7	
916	−6×295	395	4	5.49	22.0	
917	L56×4	2789	4	9.61	38.4	
918	L56×4	2789	4	9.61	38.4	切角
919	L45×4	1683	4	4.60	18.4	
920	L40×3	866	4	1.60	6.4	
921	Q355−25×390	390	4	29.85	119.4	
922	Q355−10×375	395	4	11.63	46.5	
923	Q355−10×225	365	4	6.45	25.8	
924	Q355−10×165	380	4	4.92	19.7	
925	Q355−8×120	120	8	0.90	7.2	
926	Q355−8×50	120	8	0.38	3.0	
合计		966.4kg				

螺栓、脚钉、垫圈明细表

名称	级别	规格	符号	数量	质量（kg）	备注
螺栓	6.8	M16×40		152	21.3	
		M16×50		24	3.8	
		M20×45		55	14.9	
		M20×55		120	36.0	
脚钉	6.8	M16×180		6	2.3	
		M20×200		2	1.3	
垫圈	Q235	−4（ϕ17.5）	规格×个数	8	0.2	
合计			79.8kg			

图 13−87　10GS10−J2 转角塔 21.0m 呼称高塔腿结构图⑨［10GS10−J2−09（2/2）］

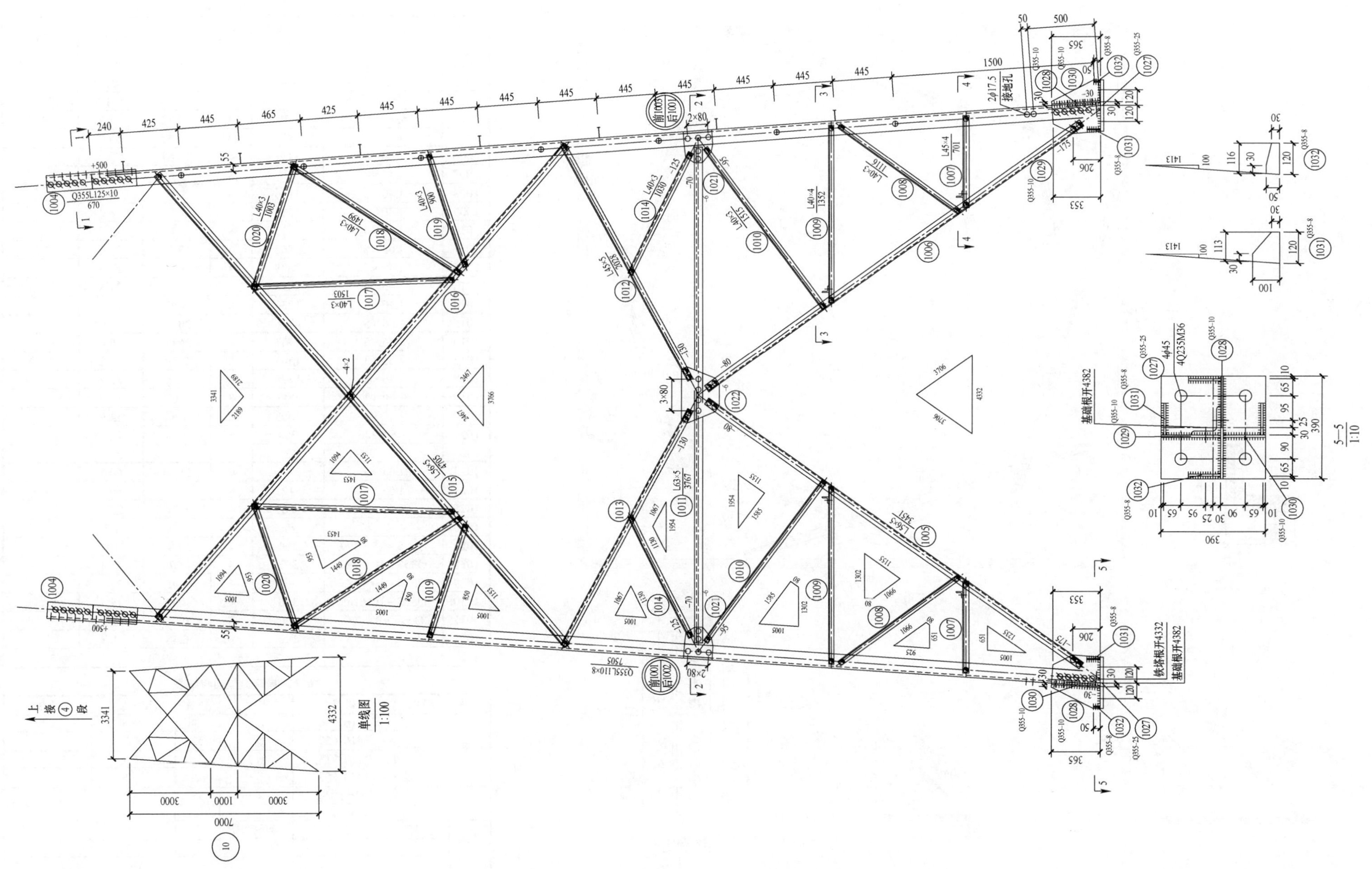

图 13-88　10GS10-J2 转角塔 24.0m 呼称高塔腿结构图⑩［10GS10-J2-10（1/2）］

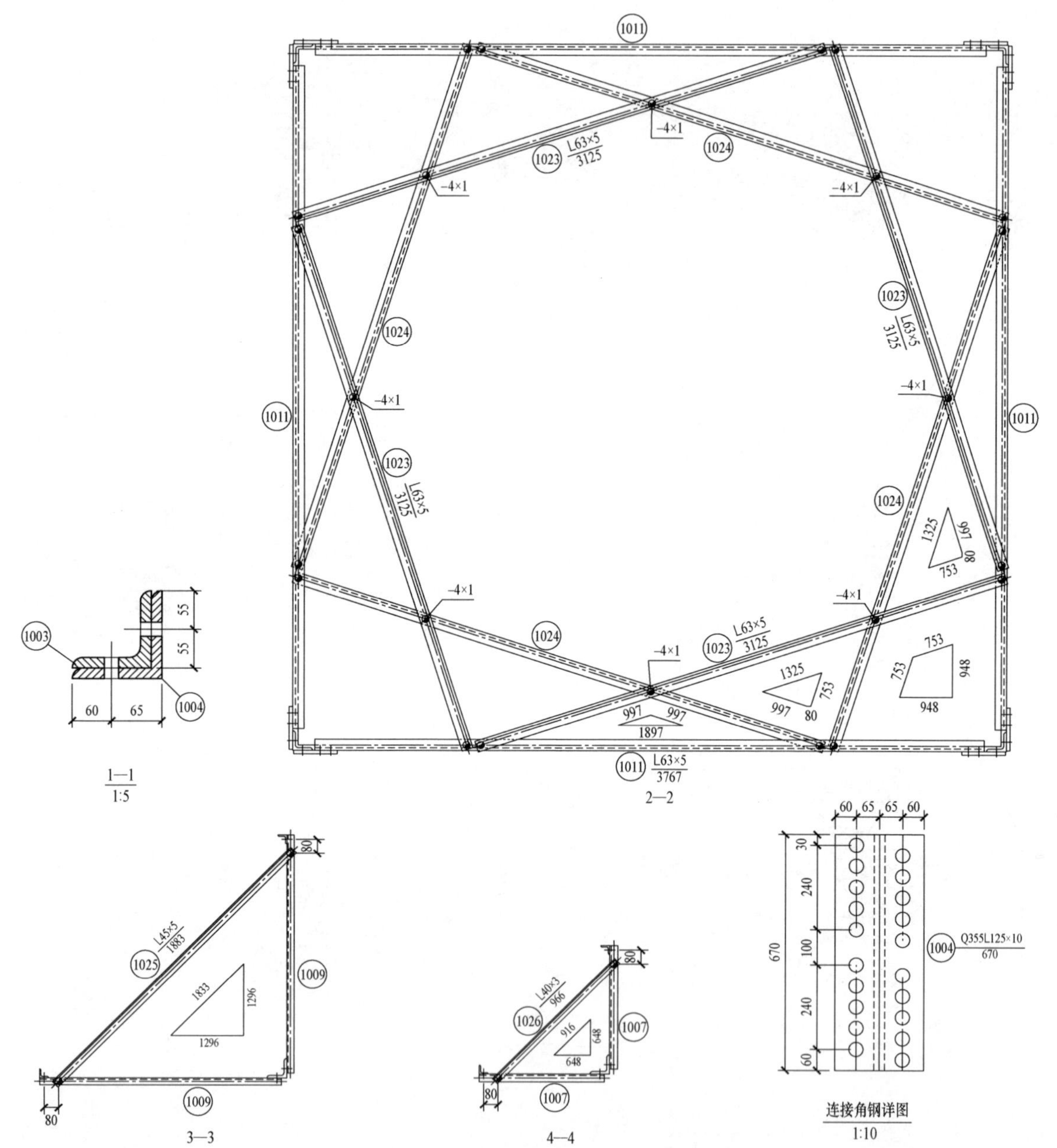

构件明细表

编号	规格	长度（mm）	数量	质量（kg） 单件	小计	备注
1001	Q355L110×8	7505	2	101.56	203.1	
1002	Q355L110×8	7505	1	101.56	101.6	
1003	Q355L110×8	7505	1	101.56	101.6	带脚钉
1004	Q355L125×10	670	4	12.82	51.3	清根
1005	L56×5	3451	4	14.67	58.7	
1006	L56×5	3451	4	14.67	58.7	
1007	L45×4	701	8	1.92	15.4	
1008	L40×3	1116	8	2.07	16.6	
1009	L40×4	1352	8	3.27	26.2	
1010	L40×3	1515	8	2.81	22.5	
1011	L63×5	3767	4	18.16	72.6	
1012	L45×5	2028	4	6.83	27.3	
1013	L45×5	2028	4	6.83	27.3	
1014	L40×3	1030	8	1.91	15.3	
1015	L56×5	4705	4	20.00	80.0	
1016	L56×5	4705	4	20.00	80.0	
1017	L40×3	1503	8	2.78	22.2	切角
1018	L40×3	1499	8	2.78	22.2	
1019	L40×3	900	8	1.67	13.4	
1020	L40×3	1003	8	1.86	14.9	
1021	−6×220	250	8	2.59	20.7	
1022	−6×295	430	4	5.97	23.9	
1023	L63×5	3125	4	15.07	60.3	
1024	L63×5	3125	4	15.07	60.3	切角
1025	L45×5	1883	4	6.34	25.4	
1026	L40×3	966	4	1.79	7.2	
1027	Q355−25×390	390	4	29.85	119.4	
1028	Q355−10×380	395	4	11.78	47.1	
1029	Q355−10×225	365	4	6.45	25.8	
1030	Q355−10×165	380	4	4.92	19.7	
1031	Q355−8×100	120	8	0.75	6.0	
1032	Q355−8×50	120	8	0.38	3.0	
合计		1449.7kg				

螺栓、脚钉、垫圈明细表

名称	级别	规格	符号	数量	质量（kg）	备注
螺栓	6.8	M16×40		184	25.8	
		M16×50		52	8.3	
		M20×45		56	15.1	
		M20×55		120	36.0	
脚钉	6.8	M16×180		13	4.9	
		M20×200		1	0.7	
垫圈	Q235	−4（ϕ17.5）	规格×个数	16	0.5	
合计			91.3kg			

图 13-89　10GS10-J2 转角塔 24.0m 呼称高塔腿结构图⑩［10GS10-J2-10（2/2）］

铁塔加工统一说明

1. 铁塔的设计执行 GB 50017—2017《钢结构设计规范》和 DL/T 5154—2012《架空输电线路杆塔结构设计技术规定》的有关规定。铁塔的加工本说明未列之处，需满足如下国标、规范和行业规定的要求：

GB 50661—2011《钢结构焊接规范》

GB 50205—2020《钢结构工程施工质量验收规范》

GB/T 2694—2018《输电线路铁塔制造技术条件》

GB 50173—2014《电气装置安装工程 66kV 及以下架空电力线路施工及验收规范》

DL/T 5442—2020《输电线路杆塔制图和构造规定》

2. 结构图中图面内的图例，代号等在说明中未提及之处，均按 DL/T 5442—2020《输电线路铁塔制图和构造规定》中的要求执行。

3. 钢材质量标准应符合 GB/T 700—2006《碳素结构钢》及 GB/T 1591—2018《低合金高强度结构钢》的有关要求。

4. 铁塔构件的钢种为 Q235B、Q355B，图中注明 Q355 材料为 Q355B 钢材，未注明者均为 Q235B 钢材。

5. 螺栓、螺母应符合的标准分别为 GB/T 5780—2016《六角头螺栓 C 级》、GB/T 6170—2015《1 型六角螺母》。

6. 所有螺栓（包括防卸螺栓）的强度等级为热镀锌后的强度值，螺栓及脚钉强度级别：M16、M20 为 6.8 级，M24 采用 8.8 级。

7. 垫圈标准应符合 GB/T 95—2002《平垫圈 C 级》，按照螺栓规格不同，分别加工厚度为 3mm（M16 螺栓）和 4mm（M20 螺栓、M24 螺栓）两种垫圈。当需垫的厚度超过 3 个垫圈时，应采用加工相应厚度垫块的形式。

8. 所有材料，包括角钢、钢板、螺栓、防卸螺栓、焊条等均应有出厂合格证书。

9. 所有构件均应作热（浸）镀锌防腐处理。并且不同材质的角钢必须分批镀锌，以免引起镀锌质量的下降。

10. 构件焊接应严格按照焊接规程，规范和有关规定进行，焊缝高度未注明的不得小于连接构件的最小厚度，当被焊接构件厚度不小于 8mm 时，要按规定进行剖口后再焊，以便焊透。厚度不小于 20mm 的焊件应采取焊前预热或焊后保温等相应处理措施，避免焊件的碎裂危险或过高的焊接应力。焊缝等级要求参见施工图纸。

11. Q355 及 Q235 钢构件所对应采用的焊条分别为 E50 系列及 E43 系列。当高级别钢和低级别钢相焊时，应采用低级别钢对应的焊条，所有焊接件均需加封焊，以防酸液进入接触面而造成锈蚀。

12. 加工时如需材料代用及改变结构形式等情况，须征得设计单位的同意。材料代用时，需注意相关影响（螺栓长度、主材接头相平、内垫片增减等），应与图纸对应列表统计，并由加工厂书面通知施工单位，以方便施工安装。

13. 角钢基准线和螺栓准线除图中特殊注明外，一般按表 1 采用。

表 1　角钢的螺栓准线表

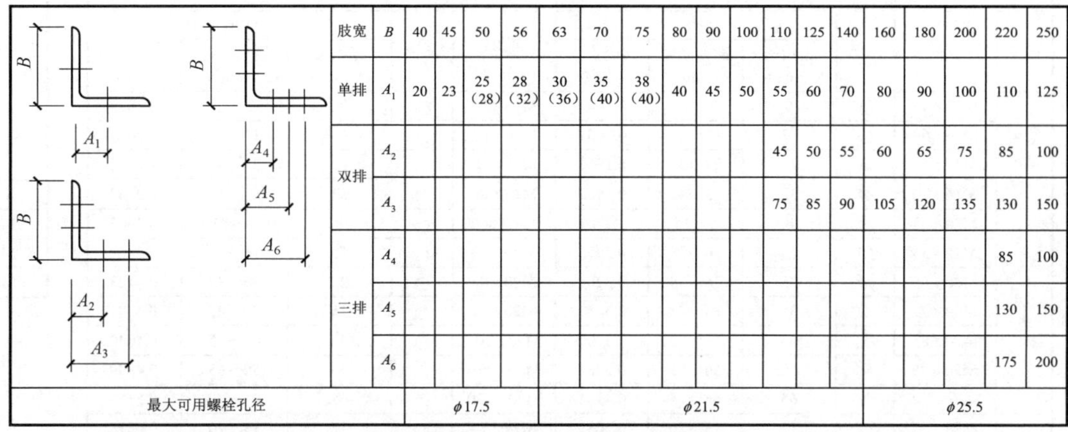

肢宽	B	40	45	50	56	63	70	75	80	90	100	110	125	140	160	180	200	220	250
单排	A_1	20	23	25（28）	28（32）	30（36）	35（40）	38（40）	40	45	50	55	60	70	80	90	100	110	125
双排	A_2											45	50	55	60	65	75	85	100
	A_3											75	85	90	105	120	135	130	150
三排	A_4																	85	100
	A_5																	130	150
	A_6																	175	200
最大可用螺栓孔径		ϕ17.5			ϕ21.5										ϕ25.5				

注　1. 括号内的数字用于当其他构件与本角钢搭接而螺栓边距不足时，在搭接位置上的螺栓孔可使用的准线值。

2. L100 及以下角钢一般不宜采用双排准线，L200 及以下角钢一般不宜采用三排准线。

3. 对于三排准线除非设计有要求，一般不得擅自使用。

14. 当角钢上打双排螺栓或多排螺栓时，螺栓在角钢轴心线上的投影孔距必须满足以下规定：

当用 M16 螺栓时，$L \geqslant 40$mm；

当用 M20 螺栓时，$L \geqslant 50$mm（参见图 1）。

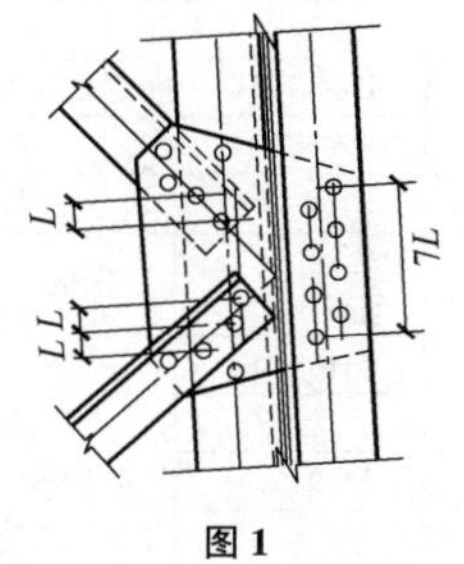

图 1

15. 螺栓、脚钉、垫圈规格按表 2 采用。最短腿离地高 8m 以下的连接螺栓采用防卸螺栓，其他均采用防松措施（采用薄螺母防松）。单帽螺栓配一帽、一垫、一薄螺母；双帽螺栓配两帽、一垫。M16 和 M20 的螺栓规格采用 6.8 级、M24 及以上的螺栓规格采用 8.8 级，防卸螺栓规格由业主及运行单位确定，并保证出扣。但挂线角钢处应采用双帽防松。业主方或运行方有特殊要求的应按照业主方或运行方的要求。螺栓的长度和数量必须经过放样和试组装的检验，当长度或数量有误时，应及时汇报给监理或设计单位。

图 13-90　10GS10-J2 转角塔加工说明（10GS10-J2-11）

表 2　　螺栓、脚钉、垫圈规格表

单帽螺栓（带一垫、一扣紧螺母）						双帽螺栓（带一垫双帽）				
级别	规格	图例	说明 无扣长（mm）	说明 通过厚度（mm）	说明 每套重量（kg）	规格	图例	说明 无扣长（mm）	说明 通过厚度（mm）	说明 每套重量（kg）
6.8级	M16×40		6	7～12	0.1442	M16×50	○	6	7～12	0.1875
	M16×50		12	13～22	0.1602	M16×60	○	12	13～22	0.2039
	M16×60		22	23～32	0.1762	M16×70	○	22	23～32	0.2203
	M16×70		32	33～42	0.1922	M16×80	○	32	33～42	0.2369
6.8级	M20×45	○	8	9～15	0.2701	M20×60	○	8	9～15	0.3605
	M20×55		15	16～25	0.2953	M20×70	○	15	16～25	0.3864
	M20×65		25	26～35	0.3205	M20×80	○	25	26～35	0.4123
	M20×75		35	36～45	0.3457	M20×90	○	35	36～45	0.4381
	M20×85		45	46～55	0.3709	M20×100	○	45	46～55	0.4640
	M20×95		55	56～65	0.3961	M20×110	○	55	56～65	0.4899
	M20×105		65	66～75	0.4213	M20×120	○	65	66～75	0.5158
8.8级	M24×55	◎	12	13～20	0.4631	M24×75	◎	12	13～20	0.6278
	M24×65		20	21～30	0.5000	M24×85	◎	20	21～30	0.6655
	M24×75		30	31～40	0.5368	M24×95	◎	30	31～40	0.7033
	M24×85		40	41～50	0.5737	M24×105	◎	40	41～50	0.7410
	M24×95		50	51～60	0.6105	M24×115	◎	50	51～60	0.7787
	M24×105		60	61～70	0.6473	M24×125	◎	60	61～70	0.8165
	M24×115		70	71～80	0.6842	M24×135	◎	70	71～80	0.8541
	M24×130		80	81～95	0.7375	M24×150	◎	80	81～95	0.9074

脚钉					垫圈					
级别	规格	图例	无扣长（mm）	每只重量（kg）	材质	规格	图例	每只重量（kg）	内径（mm）	外径（mm）
6.8级	M16×180	正面 侧面	120	0.3254		−3（ϕ17.5）	规格×个数	0.01065	17.5	30
						−4（ϕ17.5）		0.0142	17.5	30
6.8级	M20×200		120	0.6183		−3（ϕ22）		0.01637	22	37
						−4（ϕ22）		0.02183	22	37
8.8级	M24×240		120	0.9037		−3（ϕ26）		0.02331	26	44
						−4（ϕ26）		0.03108	26	44

注　1. 受剪单帽螺栓和脚钉配一帽、一垫、一薄螺母；受剪或受拉双帽螺栓配两帽、一垫。

2. 螺纹不得进入剪切面。

3. 薄螺母的性能等级为 05 级。

16. 对于 8.8 级及以上的高强度螺栓，除应满足 GB/T 3098《紧固件机械性能》和 DL/T 764.4《输电线路铁塔及电力金具紧固件冷镦热浸镀锌螺栓与螺母》之要求外，还应委托第三方有资质的检测单位对高强度螺栓进行抽检，并提供塑性、强度和硬度的试验合格报告。

17. 角钢及钢板的螺栓间距除图中特殊注明外应按表 3 采用。

螺孔顺力线方向重心最大间距 12d 或 18t（取二者较小者）其中 d 为螺栓直径，t 为较薄板的厚度。

表 3　　螺栓边端距要求表

螺栓规格	螺栓孔径	间距 单排孔	间距 双排孔	边距 端边 L_D	边距 轧制边 L_Z	边距 切角边 L_Q
M12	ϕ13.5	40	60	20	≥17	≥18
M16	ϕ17.5	50	80	25	≥21*	≥23
M20	ϕ21.5	60	100	30	≥26	≥28
M24	ϕ25.5	80	120	40	≥31	≥33

* 当用 L40 角钢时，轧制边距 L_z=20。

18. 脚钉从基础顶面以上 1.5m 左右起装，间距一般按 400mm，当某一个脚钉位于节点板、主材接头、塔身变坡等位置，上下脚钉间距不能满足标准 400mm 时，该脚钉上下相邻的两个或三个脚钉间距之和需满足 400mm 的倍数。

当脚钉代替螺栓时，脚钉级别应与被代螺栓等强度。

脚钉型式采用防滑带弯钩型式。

19. 节点板考虑到刚度和稳定要求，形状不宜狭长，节点板边缘与构件轴线夹角α不小于 15°，1—1 段面的节点板断面面积不小于被连接角钢截面积的 1.2 倍。参见图 2。

节点板边距及构件间隙如图 3 所示。

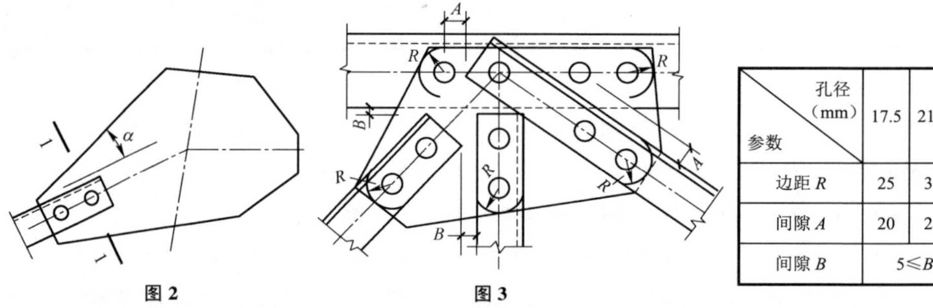

图 2　　图 3

孔径（mm）/参数	17.5	21.5	25.5
边距 R	25	30	40
间隙 A	20	25	30
间隙 B	5≤B≤10		

20. 构件接头中包角钢接头间隙按图放样，一般为 10mm 左右。其中外包角钢清根，内包角钢铲背。

21. 凡图中所要求的火曲、开合角、切肢、压扁、切角的尺寸均由加工放样决定。角钢肢宽大于 100mm 以上，两构件连接面间的夹角大于 2°时，构件应局部开、合角或制弯。

22. 如没有注明，长度单位均为毫米。

23. 结构图中尺寸仅供备料用，加工前应放样，以实际放样尺寸为准。

24. 角钢对接处外贴连接钢板的螺栓孔最小边距 M20 取 40mm、M24 取 50mm。

25. 当螺栓采用一垫一帽一薄螺母时应确保装好螺帽后螺杆出扣。

26. 制孔方式按照铁塔招标技术规范书的要求执行。

27. 铁塔放样后应加工一基样塔，经试组装检验合格后方能批量生产。

28. 本工程参照国家电网公司基建部监制的“工艺标准库（2012 版）”，本册施工图按以下工艺标准进行施工。

工艺编号	项目/工艺名称	注意事项
0201020101	角钢铁塔分解组立	

图 13－90　10GS10－J2 转角塔加工说明（10GS10－J2－11）（续）

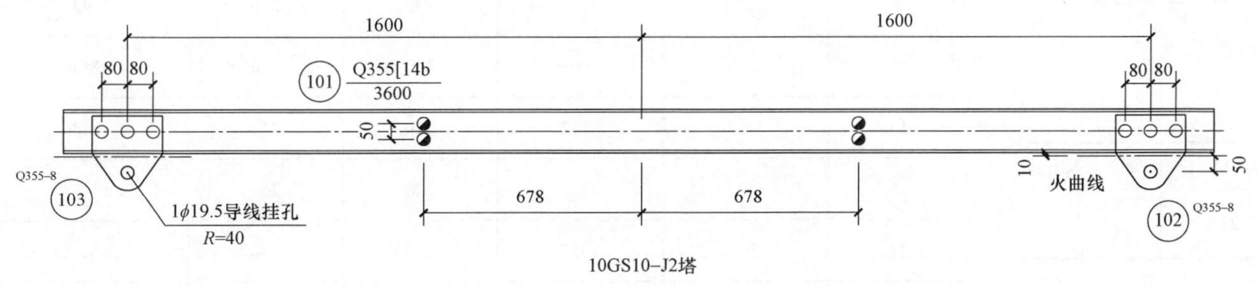

10GS10-Z2、10GS10-J1、10GS10-J2、10GS10-J3 塔构件明细表

编号	规格	长度（mm）	数量	质量（kg）		备注
				单件	小计	
101	Q355 [14b	3600	1	60.24	60.2	槽钢
102	Q355-8×220	220	1	3.04	3.0	火曲
103	Q355-8×220	220	1	3.04	3.0	火曲
合计		66.2kg				

螺栓、脚钉、垫圈明细表

名称	级别	规格	符号	数量	质量（kg）	备注
螺栓	6.8	M16×40	◕	4	0.6	
		M20×70	○	6	2.3	双母
合计			2.9kg			

说明：耐张塔 12m 呼称高及以上、直线塔 15m 呼称高及以上安装以上 T 接横担。

图 13-91　10GS10-J2 转角塔 T 接横担加工图（10GS10-J2-12）

13.10 10GS10－J3 塔

13.10.1 10GS10－J3 塔设计条件

导线型号及张力见表 13－29。

表 13－29　　导线型号及张力

电压等级	10kV	导线	JL/G1A－150/25	导线最大使用张力（N）	20394	导线不平衡张力取值（%）	30

使用条件见表 13－30。

表 13－30　　使用条件

水平档距（m）	垂直档距（m）	代表档距（m）	使用档距（m）	转角度数（°）	计算高度（m）	档距系数 K_v
400	600	200/500	500	60～90 兼 0～90 终	21	

荷载表见表 13－31。

表 13－31　　荷载表　　N

项目		正常运行情况			事故情况		安装情况	不均匀冰
		基本风速	覆冰	最低气温	未断线	断线		
气象条件（T/V/B）		－5/27/0	－5/10/10	－30/0/0	－5/0/10	－5/0/10	－15/10/0	－5/10/10
水平荷载	导线	3639	1390	0	0	0	587	1390
	绝缘子及金具	159	22	0	0	0	22	22
	跳线串							
垂直荷载	导线	3533	8042	3533	8042	8042	3533	8042
	绝缘子及金具	1196	1376	1196	1376	1376	1196	1376
	跳线串							
导线张力	一侧	17456	20395	18966	14276	0	19495	
	另一侧	15194	20395	10315	14276	14276	10724	
	张力差	2262	0	8651	0	14276	8771	0

注　导线水平荷载为下相导线荷载。

13.10.2 10GS10－J3 塔根开尺寸及基础作用力

根开尺寸见表 13－32。

表 13－32　　根开尺寸

呼称高（m）	基础根开（mm）		地脚螺栓根开（mm）		地脚螺栓规格
	正面根开	侧面根开	正面根开	侧面根开	
9	2275	2275	240	240	4×M36
12	2698	2698	240	240	4×M36
15	3112	3112	240	240	4×M36
18	3535	3535	240	240	4×M36
21	3959	3959	240	240	4×M36
24	4382	4382	240	240	4×M36

基础作用力见表 13－33。

表 13－33　　基础作用力　　kN

呼称高（m）	T_{max}	T_x	T_y	N_{max}	N_x	N_y
9	296.78	35.13	24.60	331.49	36.96	27.79
12	330.52	35.79	25.45	367.09	36.97	28.82
15	354.38	36.66	26.31	394.10	38.07	29.64
18	375.15	37.23	28.03	414.64	38.89	30.90
21	391.80	37.96	31.65	432.40	40.28	35.27
24	406.26	38.72	28.59	446.84	40.82	31.30

13.10.3 10GS10－J3 塔施工图纸目录

10GS10－J3 塔施工图纸目录见表 13－34。

表 13-34　　10GS10-J3 塔施工图纸目录

编号	图号	图名
图 13-92	10GS10-J3-00（1/2）	10GS10-J3 转角塔总图及材料汇总表
图 13-93	10GS10-J3-00（2/2）	10GS10-J3 转角塔总图及材料汇总表
图 13-94	10GS10-J3-01（1/2）	10GS10-J3 转角塔塔头结构图①
图 13-95	10GS10-J3-01（2/2）	10GS10-J3 转角塔塔头结构图①
图 13-96	10GS10-J3-02	10GS10-J3 转角塔塔身结构图②
图 13-97	10GS10-J3-03	10GS10-J3 转角塔塔身结构图③
图 13-98	10GS10-J3-04（1/2）	10GS10-J3 转角塔塔身结构图④
图 13-99	10GS10-J3-04（2/2）	10GS10-J3 转角塔塔身结构图④
图 13-100	10GS10-J3-05	10GS10-J3 转角塔 9.0m 呼称高塔腿结构图⑤
图 13-101	10GS10-J3-06	10GS10-J3 转角塔 12.0m 呼称高塔腿结构图⑥

续表

编号	图号	图名
图 13-102	10GS10-J3-07（1/2）	10GS10-J3 转角塔 15.0m 呼称高塔腿结构图⑦
图 13-103	10GS10-J3-07（2/2）	10GS10-J3 转角塔 15.0m 呼称高塔腿结构图⑦
图 13-104	10GS10-J3-08（1/2）	10GS10-J3 转角塔 18.0m 呼称高塔腿结构图⑧
图 13-105	10GS10-J3-08（2/2）	10GS10-J3 转角塔 18.0m 呼称高塔腿结构图⑧
图 13-106	10GS10-J3-09（1/2）	10GS10-J3 转角塔 21.0m 呼称高塔腿结构图⑨
图 13-107	10GS10-J3-09（2/2）	10GS10-J3 转角塔 21.0m 呼称高塔腿结构图⑨
图 13-108	10GS10-J3-10（1/2）	10GS10-J3 转角塔 24.0m 呼称高塔腿结构图⑩
图 13-109	10GS10-J3-10（2/2）	10GS10-J3 转角塔 24.0m 呼称高塔腿结构图⑩
图 13-110	10GS10-J3-11	10GS10-J3 转角塔加工说明
图 13-111	10GS10-J3-12	10GS10-J3 转角塔 T 接横担加工图

铁塔根开、基础根开及底脚螺栓间距表

呼称高	铁塔根开 L_t	基础根开 L_j	底脚螺栓间距 L_d	底脚螺栓数量、规格
9.0m	2225.0	2275.0	240	4M36（Q235）
12.0m	2648.0	2698.0		
15.0m	3062.0	3112.0		
18.0m	3485.0	3535.0		
21.0m	3909.0	3959.0		
24.0m	4332.0	4382.0		

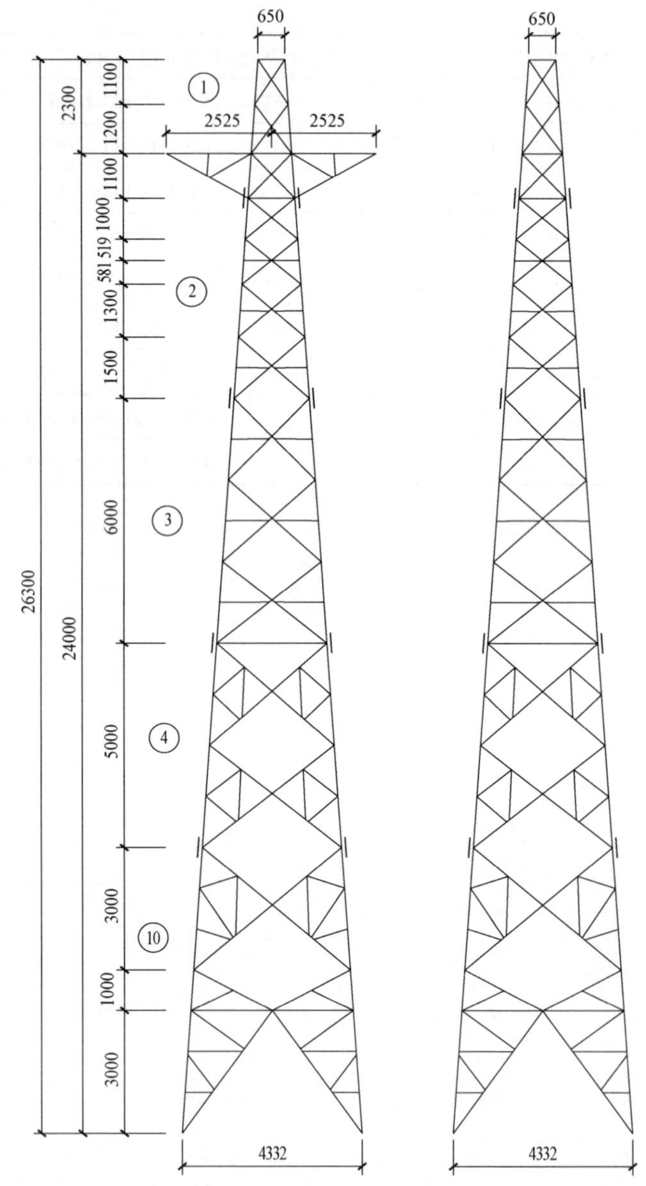

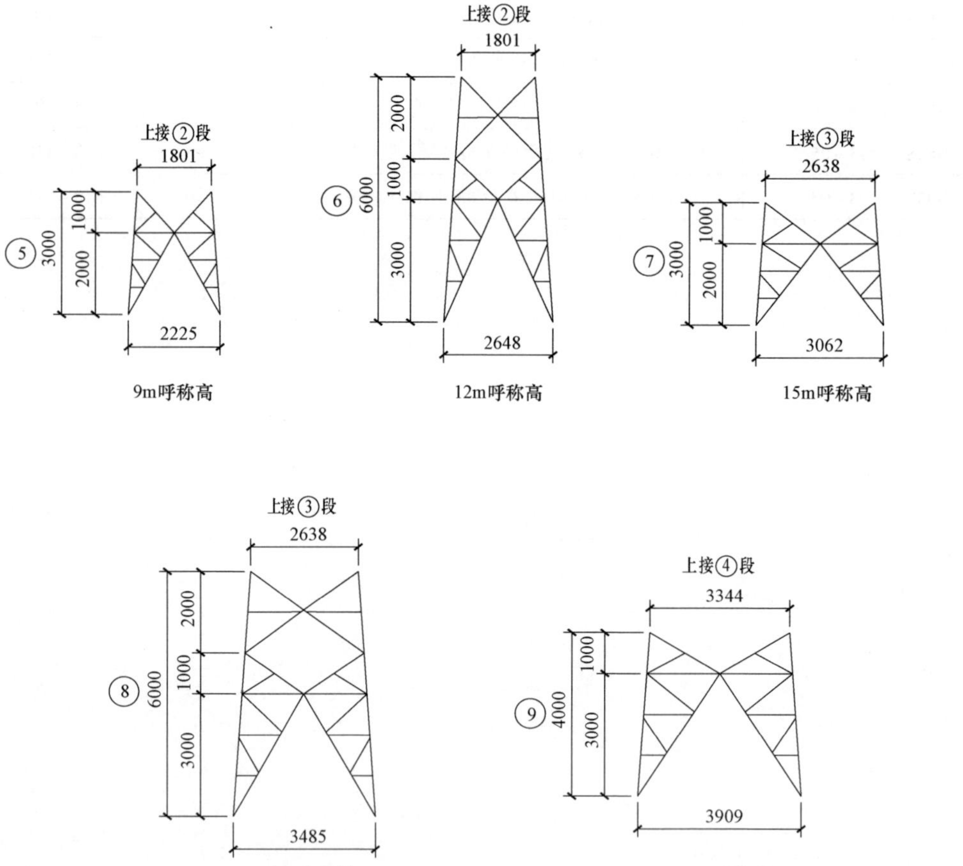

图 13－92 10GS10－J3 转角塔总图及材料汇总表［10GS10－J3－00（1/2）］

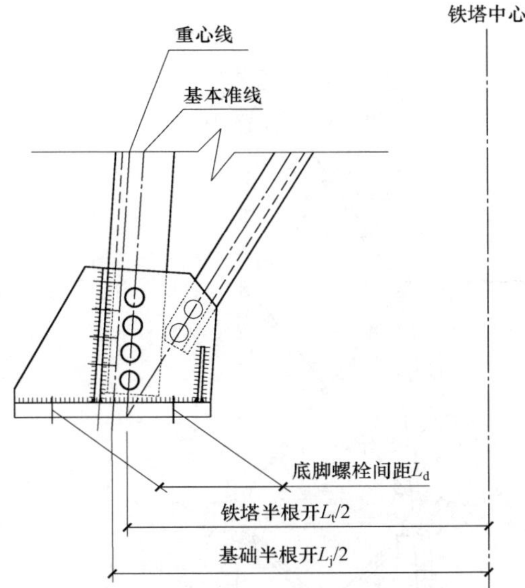

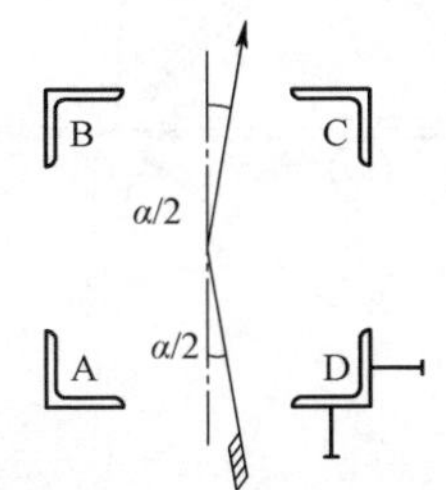

塔身、塔腿脚钉布置图

材料汇总表

材料名称	材质	规格	段号										呼称高（m）					
			1	2	3	4	5	6	7	8	9	10	9.0	12.0	15.0	18.0	21.0	24.0
角钢	Q355	L125×10				55.9			55.9	55.9	60.5	60.5			55.9	55.9	116.4	116.4
		L110×10				334.8					306.4	507.7					641.2	842.5
		L110×8			33.0		29.8	33.0	194.0	357.2			29.8	33.0	227.0	390.2	33.0	33.0
		L100×8	21.1		288.8		169.2	317.2					190.3	338.3	309.9	309.9	309.9	309.9
		L90×7		193.3									193.3	193.3	193.3	193.3	193.3	193.3
		L80×6	86.4										86.4	86.4	86.4	86.4	86.4	86.4
		L70×5	31.0										31.0	31.0	31.0	31.0	31.0	31.0
		L63×5	104.9	23.4									128.3	128.3	128.3	128.3	128.3	128.3
		小计	243.4	216.7	321.8	390.7	199.0	350.2	249.9	413.1	366.9	568.2	659.1	810.3	1031.8	1195.0	1539.5	1740.8
	Q235	L63×5				300.4	112.4	153.2	138.5	179.2	192.1	507.9	112.4	153.2	138.5	179.2	492.5	808.3
		L56×5	17.0			42.5							17.0	17.0	17.0	17.0	59.5	59.5
		L56×4									77.0						77.0	
		L50×5			267.6			81.8		101.2				81.8	267.6	368.8	267.6	267.6
		L50×4	32.2	98.0					23.7	24.8			130.2	130.2	153.9	155.0	130.2	130.2
		L45×5				25.6						80.2					25.6	105.8
		L45×4	97.9	68.3			48.5	56.4	59.0	103.7	73.0	15.4	214.7	222.6	225.2	269.9	239.2	181.6
		L40×4	41.1	6.2	45.5	6.4		11.2	13.1	10.1	23.5	26.2	47.3	58.5	105.9	102.9	122.7	125.4
		L40×3	12.3	23.5	14.3	105.1	59.6	78.7	58.1	68.7	57.0	134.3	95.4	114.5	108.2	118.8	212.2	289.5
		小计	200.5	196.0	327.4	480.0	220.5	381.3	292.4	487.7	422.6	764.0	617.0	777.8	1016.3	1211.6	1626.5	1967.9
钢板	Q355	−30									143.3	143.3					143.3	143.3
		−25					119.4	119.4	119.4	119.4			119.4	119.4	119.4	119.4		
		−12									132.9	132.9					132.9	132.9
		−10	51.4				78.9	95.6	112.8	110.2	12.8	11.3	130.3	147.0	164.2	161.6	64.2	62.7
		−8	63.0	29.7			10.2	12.0	9.0	12.0			102.9	104.7	101.7	104.7	92.7	92.7
		−6	55.9										55.9	55.9	55.9	55.9	55.9	55.9
		小计	170.3	29.7			208.5	227.0	241.2	241.6	289.0	287.5	408.5	427.0	441.2	441.6	489.0	487.5
	Q235	−10				1.1						1.1					1.1	2.2
		−6	15.1	94.0	16.7	30.0	62.8	59.9	58.5	75.7	44.1	45.2	171.9	169.0	184.3	201.5	199.9	201.0
		小计	15.1	94.0	16.7	31.1	62.8	59.9	58.5	75.7	44.1	46.3	171.9	169.0	184.3	201.5	201.0	203.2
钢管	Q355	ϕ35.5/ϕ19.5	0.5										0.5	0.5	0.5	0.5	0.5	0.5
		小计	0.5										0.5	0.5	0.5	0.5	0.5	0.5
螺栓	6.8	M20×55	10.8		12.0	38.1	19.2	24.0	40.8	40.8	55.2	56.4	30.0	34.8	63.6	63.6	116.1	117.3
		M20×45	45.4	34.6	8.6	2.2	32.1	32.4	30.0	30.0	13.0	13.0	112.1	112.4	118.6	118.6	103.8	103.8
		M16×50	7.7	2.1	9.0	2.6	4.5	6.4		1.9	5.1	10.1	14.3	16.2	18.8	20.7	26.5	31.5
		M16×40	21.7	25.8	8.4	15.1	20.3	21.4	19.7	26.9	15.7	19.0	67.8	68.9	75.6	82.8	86.7	90.0
		M20×60 双母	11.5										11.5	11.5	11.5	11.5	11.5	11.5
		M16×60 双母	1.6										1.6	1.6	1.6	1.6	1.6	1.6
		小计	98.7	62.5	38.0	58.0	76.1	84.2	90.5	99.6	89.0	98.5	237.3	245.4	289.7	298.8	346.2	355.7
脚钉	6.8	M20×200		3.4	1.3	2.0	1.3	0.7	1.3	1.3	0.7	0.7	4.7	4.1	6.0	6.0	7.4	7.4
		M16×180	2.3	2.7	4.6	3.4	1.1	4.2	1.1	3.8	2.7	5.3	6.1	9.2	10.7	13.4	15.7	18.3
		小计	2.3	6.1	5.9	5.4	2.4	4.9	2.4	5.1	3.4	6.0	10.8	13.3	16.7	19.4	23.1	25.7
垫圈	Q235	−4（ϕ22）				0.2											0.2	0.2
		−4（ϕ17.5）	0.5		0.5		0.3	0.3	0.1		0.2	0.2	0.8	0.8	1.1	1.0	1.2	1.2
		−3（ϕ17.5）	0.2	0.2	0.2			0.1		0.1			0.4	0.5	0.6	0.7	0.6	0.6
		小计	0.7	0.2	0.7	0.2	0.3	0.4	0.1	0.1	0.2	0.2	1.2	1.3	1.7	1.7	2.0	2.0
合计（kg）			731.5	605.2	710.5	965.4	769.6	1107.9	935.0	1322.9	1215.2	1770.7	2106.3	2444.6	2982.2	3370.1	4227.8	4783.3

说明：1. 本塔所有构件（含螺栓、脚钉、垫圈）均采用热浸镀锌防腐。
2. M16 螺栓（含 M16 脚钉）强度等级为 6.8 级；M20（含 M20 脚钉）强度等级为 6.8 级；M24 螺栓（含 M24 脚钉）强度等级为 8.8 级。
3. 钢材材质等级要求：Q235、Q355 钢均选用 B 级。
4. 地脚螺栓材质为 Q235 钢。

图 13－93　10GS10－J3 转角塔总图及材料汇总表［10GS10－J3－00（2/2）］

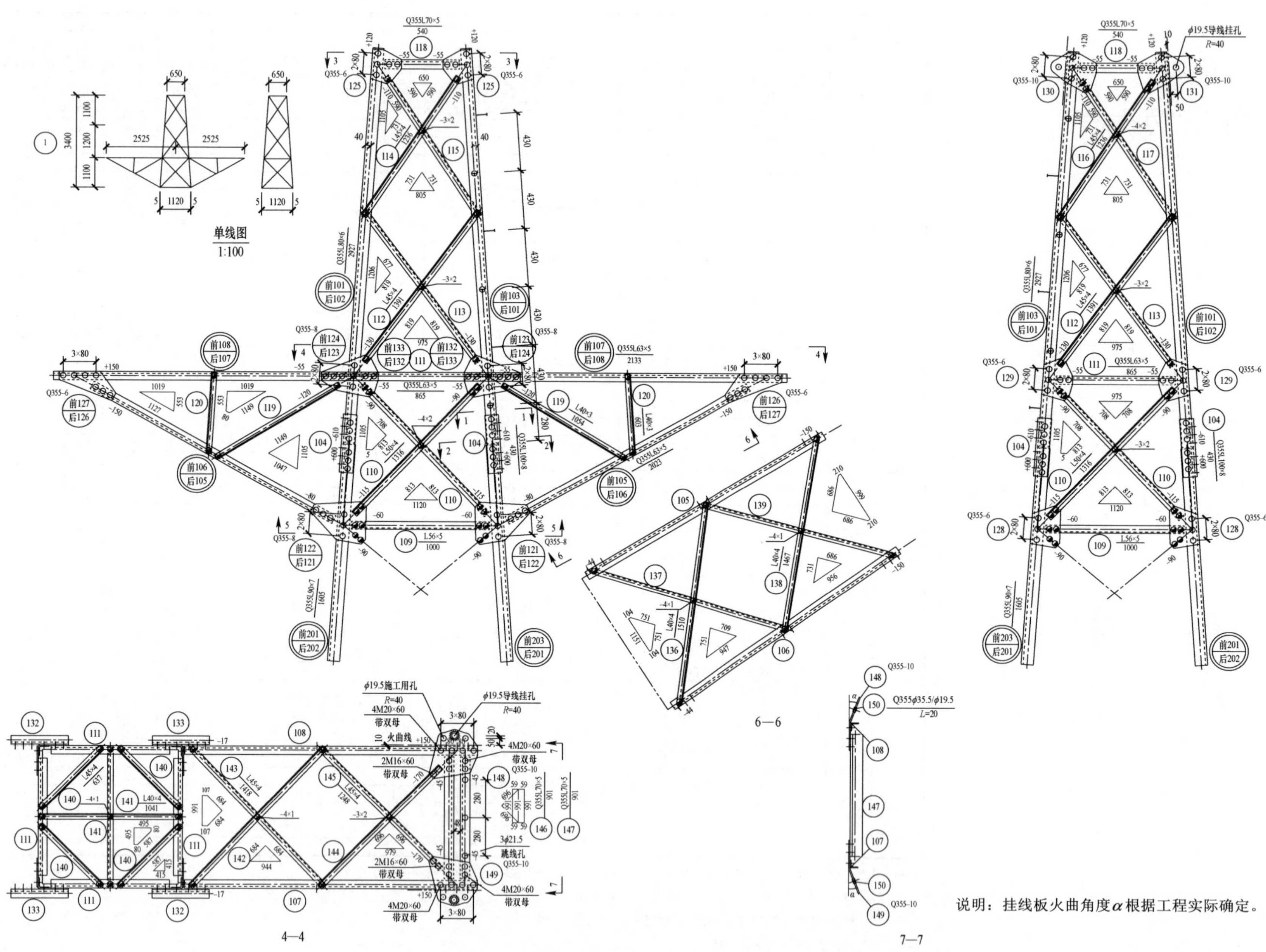

说明：挂线板火曲角度α根据工程实际确定。

图 13－94　10GS10－J3 转角塔塔头结构图①［10GS10－J3－01（1/2）］

1—1
1:5

2—2
1:5

3—3

5—5

连接角钢详图
1:10

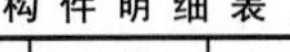

构 件 明 细 表

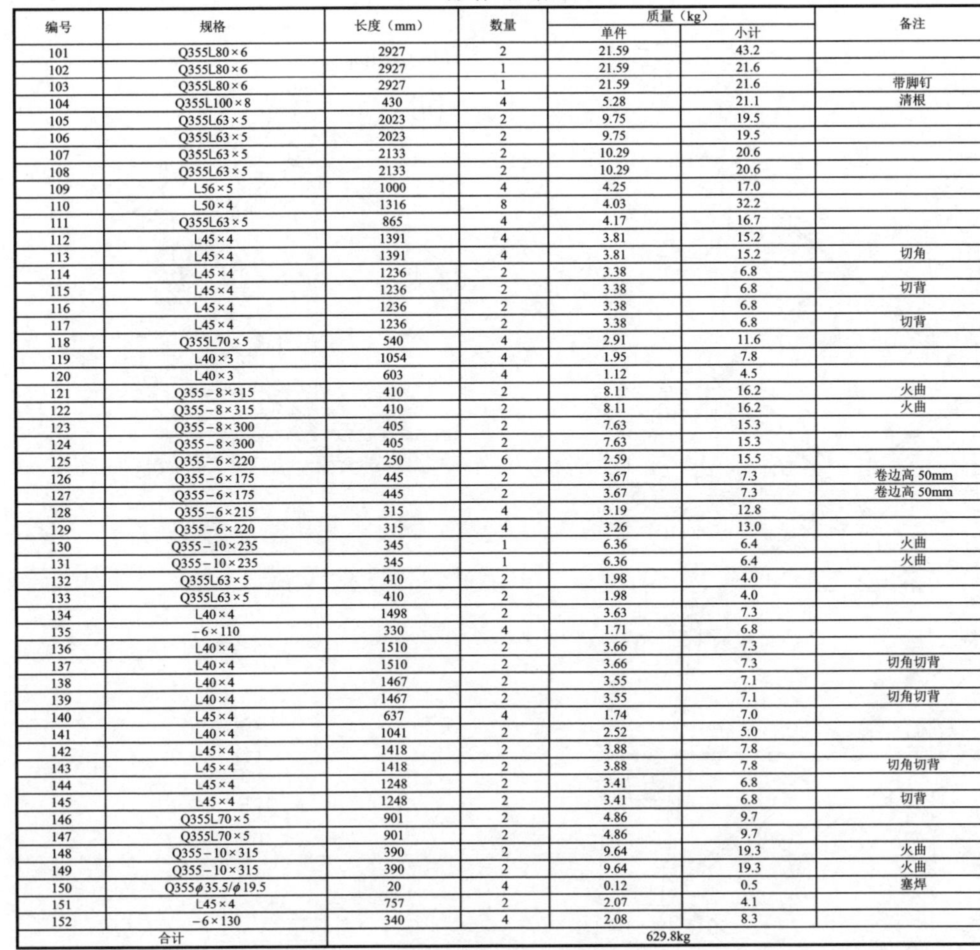

编号	规格	长度（mm）	数量	质量（kg）		备注
				单件	小计	
101	Q355L80×6	2927	2	21.59	43.2	
102	Q355L80×6	2927	1	21.59	21.6	
103	Q355L80×6	2927	1	21.59	21.6	带脚钉
104	Q355L100×8	430	4	5.28	21.1	清根
105	Q355L63×5	2023	2	9.75	19.5	
106	Q355L63×5	2023	2	9.75	19.5	
107	Q355L63×5	2133	2	10.29	20.6	
108	Q355L63×5	2133	2	10.29	20.6	
109	L56×5	1000	4	4.25	17.0	
110	L50×4	1316	8	4.03	32.2	
111	Q355L63×5	865	4	4.17	16.7	
112	L45×4	1391	4	3.81	15.2	
113	L45×4	1391	4	3.81	15.2	切角
114	L45×4	1236	2	3.38	6.8	
115	L45×4	1236	2	3.38	6.8	切背
116	L45×4	1236	2	3.38	6.8	
117	L45×4	1236	2	3.38	6.8	切背
118	Q355L70×5	540	4	2.91	11.6	
119	L40×3	1054	4	1.95	7.8	
120	L40×3	603	4	1.12	4.5	
121	Q355−8×315	410	2	8.11	16.2	火曲
122	Q355−8×315	410	2	8.11	16.2	火曲
123	Q355−8×300	405	2	7.63	15.3	
124	Q355−8×300	405	2	7.63	15.3	
125	Q355−6×220	250	6	2.59	15.5	
126	Q355−6×175	445	2	3.67	7.3	卷边高 50mm
127	Q355−6×175	445	2	3.67	7.3	卷边高 50mm
128	Q355−6×215	315	4	3.19	12.8	
129	Q355−6×220	315	4	3.26	13.0	
130	Q355−10×235	345	1	6.36	6.4	火曲
131	Q355−10×235	345	1	6.36	6.4	火曲
132	Q355L63×5	410	2	1.98	4.0	
133	Q355L63×5	410	2	1.98	4.0	
134	L40×4	1498	2	3.63	7.3	
135	−6×110	330	4	1.71	6.8	
136	L40×4	1510	2	3.66	7.3	
137	L40×4	1510	2	3.66	7.3	切角切背
138	L40×4	1467	2	3.55	7.1	
139	L40×4	1467	2	3.55	7.1	切角切背
140	L45×4	637	4	1.74	7.0	
141	L40×4	1041	2	2.52	5.0	
142	L45×4	1418	2	3.88	7.8	
143	L45×4	1418	2	3.88	7.8	切角切背
144	L45×4	1248	2	3.41	6.8	
145	L45×4	1248	2	3.41	6.8	切背
146	Q355L70×5	901	2	4.86	9.7	
147	Q355L70×5	901	2	4.86	9.7	
148	Q355−10×315	390	2	9.64	19.3	火曲
149	Q355−10×315	390	2	9.64	19.3	火曲
150	Q355ϕ35.5/ϕ19.5	20	4	0.12	0.5	塞焊
151	L45×4	757	2	2.07	4.1	
152	−6×130	340	4	2.08	8.3	
合计		629.8kg				

螺栓、脚钉、垫圈明细表

名称	级别	规格	符号	数量	质量（kg）	备注
螺栓	6.8	M16×40		155	21.7	
		M16×50		48	7.7	
		M16×60		8	1.6	双母
		M20×45		168	45.4	
		M20×55		36	10.8	
		M20×60		32	11.5	双母
脚钉	6.8	M16×180		6	2.3	
垫圈	Q235	−3（ϕ17.5）	规格×个数	24	0.2	
		−4（ϕ17.5）		15	0.5	
合计			101.7kg			

图 13−95　10GS10−J3 转角塔塔头结构图①［10GS10−J3−01（2/2）］

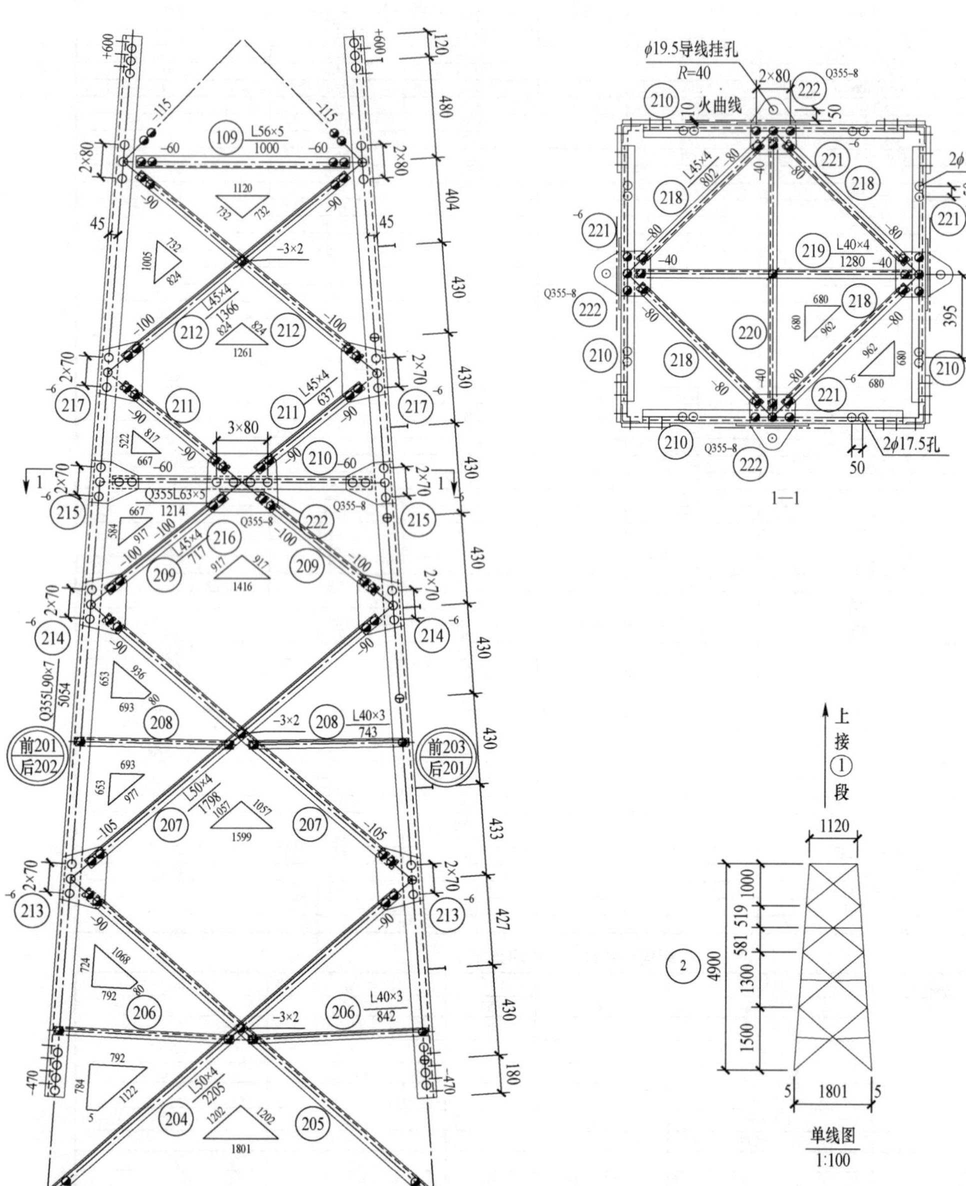

ϕ19.5导线挂孔
R=40
火曲线
2ϕ17.5孔
L40×4
1280

1—1

上接①段

单线图
1:100

构件明细表

编号	规格	长度（mm）	数量	质量（kg）		备注
				单件	小计	
201	Q355L90×7	5054	2	48.34	96.7	
202	Q355L90×7	5054	1	48.34	48.3	
203	Q355L90×7	5054	1	48.34	48.3	带脚钉
204	L50×4	2205	4	6.75	27.0	
205	L50×4	2205	4	6.75	27.0	
206	L40×3	842	8	1.56	12.5	
207	L50×4	1798	8	5.50	44.0	
208	L40×3	743	8	1.38	11.0	
209	L45×4	717	8	1.96	15.7	
210	Q355L63×5	1214	4	5.85	23.4	
211	L45×4	637	8	1.74	13.9	
212	L45×4	1366	8	3.74	29.9	
213	−6×215	300	8	3.04	24.3	
214	−6×215	290	8	2.94	23.5	
215	−6×200	230	8	2.17	17.4	
216	Q355−8×285	340	4	6.09	24.4	
217	−6×215	285	8	2.89	23.1	
218	L45×4	802	4	2.19	8.8	
219	L40×4	1280	1	3.10	3.1	中间压扁
220	L40×4	1280	1	3.10	3.1	
221	−6×140	215	4	1.42	5.7	
222	Q355−8×100	210	4	1.32	5.3	火曲无缝焊接
合计	536.4kg					

螺栓、脚钉、垫圈明细表

名称	级别	规格	符号	数量	质量（kg）	备注
螺栓	6.8	M16×40		184	25.8	
		M16×50		13	2.1	
		M20×45		128	34.6	
脚钉	6.8	M16×180		7	2.7	
		M20×200		5	3.4	
垫圈	Q235	−3（ϕ17.5）	规格×个数	24	0.2	
合计			68.8kg			

图 13−96　10GS10−J3 转角塔塔身结构图②（10GS10−J3−02）

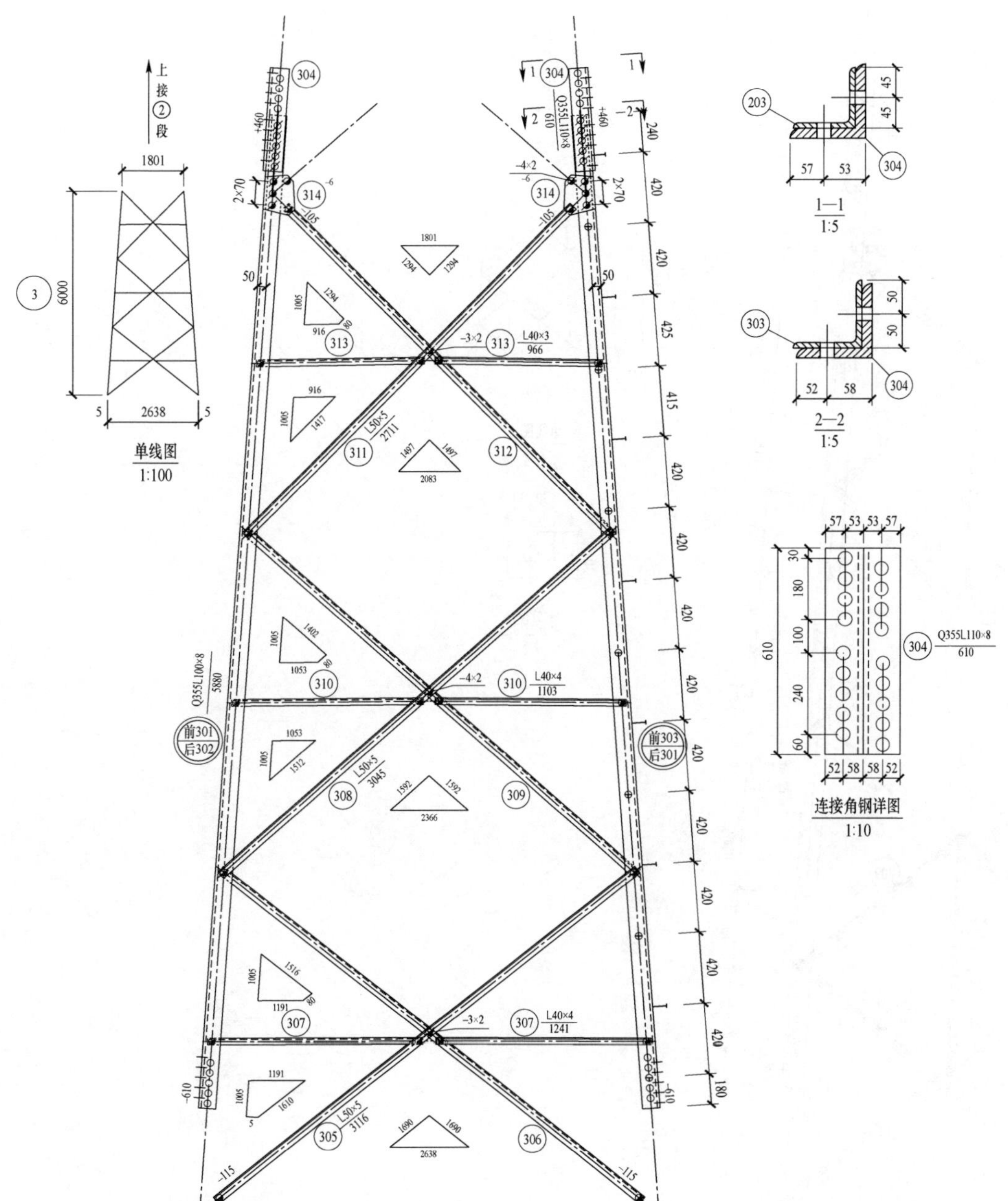

构件明细表

编号	规格	长度（mm）	数量	质量（kg）		备注
				单件	小计	
301	Q355L100×8	5880	2	72.18	144.4	
302	Q355L100×8	5880	1	72.18	72.2	
303	Q355L100×8	5880	1	72.18	72.2	带脚钉
304	Q355L110×8	610	4	8.25	33.0	清根
305	L50×5	3116	4	11.75	47.0	
306	L50×5	3116	4	11.75	47.0	
307	L40×4	1241	8	3.01	24.1	
308	L50×5	3045	4	11.48	45.9	
309	L50×5	3045	4	11.48	45.9	
310	L40×4	1103	8	2.67	21.4	
311	L50×5	2711	4	10.22	40.9	
312	L50×5	2711	4	10.22	40.9	
313	L40×3	966	8	1.79	14.3	
314	−6×185	240	8	2.09	16.7	
合计		665.9kg				

螺栓、脚钉、垫圈明细表

名称	级别	规格	符号	数量	质量（kg）	备注
螺栓	6.8	M16×40		60	8.4	
		M16×50		56	9.0	
		M20×45		32	8.6	
		M20×55		40	12.0	
脚钉	6.8	M16×180		12	4.6	
		M20×200		2	1.3	
垫圈	Q235	−3（ϕ17.5）	规格×个数	16	0.2	
		−4（ϕ17.5）		16	0.5	
合计			44.6kg			

图 13－97　10GS10－J3 转角塔塔身结构图③（10GS10－J3－03）

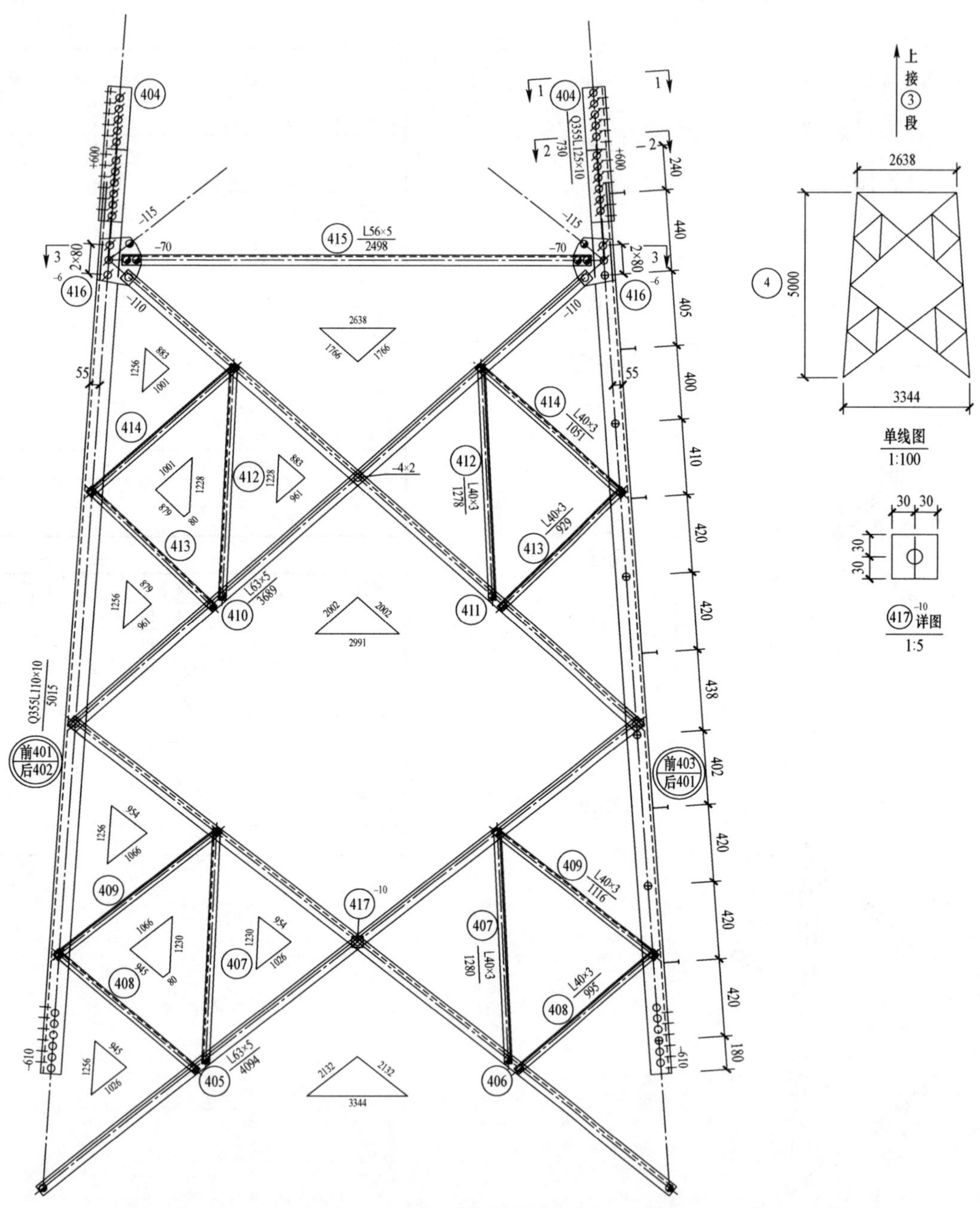

图 13-98　10GS10-J3 转角塔塔身结构图④［10GS10-J3-04（1/2）］

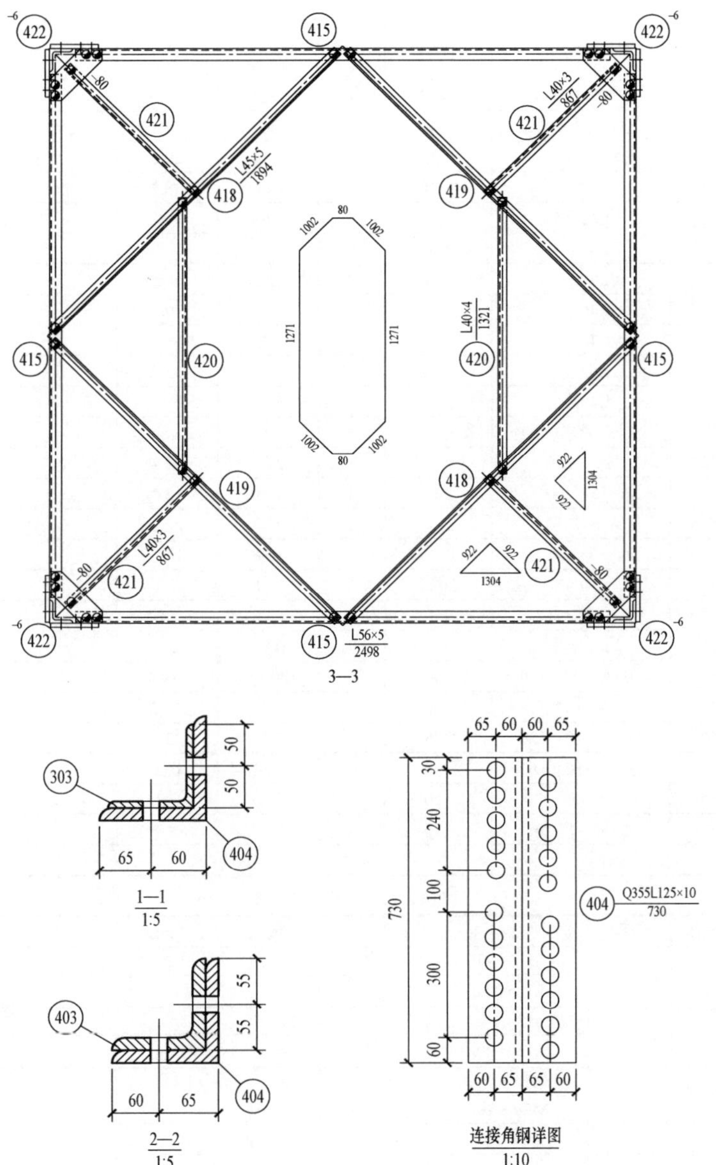

构件明细表

编号	规格	长度（mm）	数量	质量（kg）		备注
				单件	小计	
401	Q355L110×10	5015	2	83.70	167.4	
402	Q355L110×10	5015	1	83.70	83.7	
403	Q355L110×10	5015	1	83.70	83.7	带脚钉
404	Q355L125×10	730	4	13.97	55.9	清根
405	L63×5	4094	4	19.74	79.0	
406	L63×5	4094	4	19.74	79.0	
407	L40×3	1280	8	2.37	19.0	切角
408	L40×3	995	8	1.84	14.7	
409	L40×3	1116	8	2.07	16.6	
410	L63×5	3689	4	17.79	71.2	
411	L63×5	3689	4	17.79	71.2	
412	L40×3	1278	8	2.37	19.0	切角
413	L40×3	929	8	1.72	13.8	
414	L40×3	1051	8	1.95	15.6	
415	L56×5	2498	4	10.62	42.5	
416	−6×230	260	8	2.82	22.6	
417	−10×60	60	4	0.28	1.1	垫块
418	L45×5	1894	2	6.38	12.8	
419	L45×5	1894	2	6.38	12.8	
420	L40×4	1321	2	3.20	6.4	
421	L40×3	867	4	1.61	6.4	
422	−6×110	355	4	1.84	7.4	
合计	901.8kg					

螺栓、脚钉、垫圈明细表

名称	级别	规格	符号	数量	质量（kg）	备注
螺栓	6.8	M16×40		108	15.1	
		M16×50		16	2.6	
		M20×45		8	2.2	
		M20×55		127	38.1	
脚钉	6.8	M16×180		9	3.4	
		M20×200		3	2.0	
垫圈	Q235	−4（φ22）	规格×个数	8	0.2	
合计			63.6kg			

图 13−99　10GS10−J3 转角塔塔身结构图④［10GS10−J3−04（2/2）］

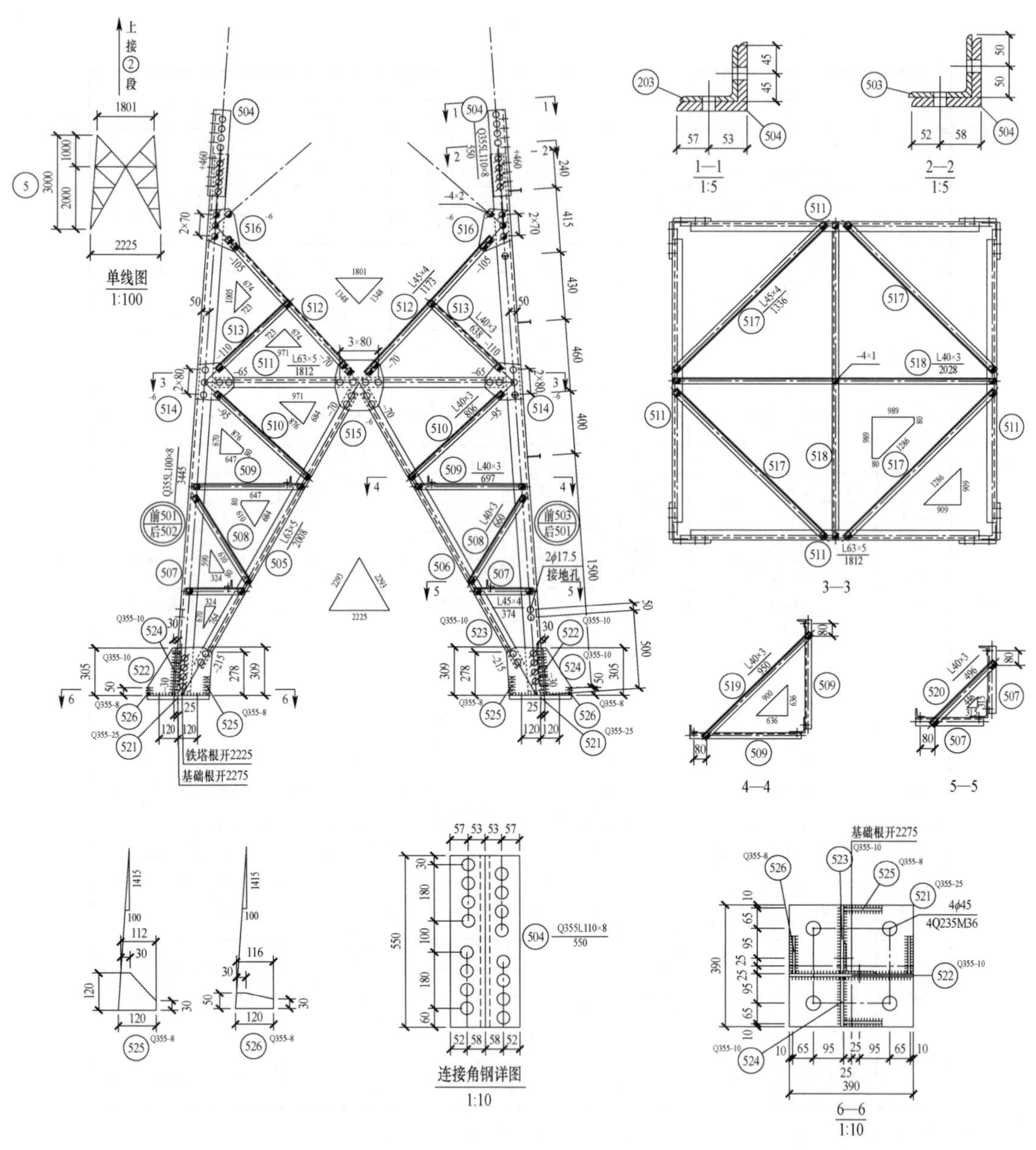

构件明细表

编号	规格	长度（mm）	数量	质量（kg）		备注
				单件	小计	
501	Q355L100×8	3445	2	42.29	84.6	
502	Q355L100×8	3445	1	42.29	42.3	
503	Q355L100×8	3445	1	42.29	42.3	带脚钉
504	Q355L110×8	550	4	7.44	29.8	清根
505	L63×5	2008	4	9.68	38.7	
506	L63×5	2008	4	9.68	38.7	
507	L45×4	374	8	1.02	8.2	
508	L40×3	660	8	1.22	9.8	
509	L40×3	697	8	1.29	10.3	
510	L40×3	806	8	1.49	11.9	
511	L63×5	1812	4	8.74	35.0	
512	L45×4	1173	8	3.21	25.7	
513	L40×3	638	8	1.18	9.4	
514	−6×240	245	8	2.77	22.2	
515	−6×300	325	4	4.59	18.4	
516	−6×210	280	8	2.77	22.2	
517	L45×4	1336	4	3.66	14.6	
518	L40×3	2028	2	3.76	7.5	
519	L40×3	950	4	1.76	7.0	
520	L40×3	496	4	0.92	3.7	
521	Q355−25×390	390	4	29.85	119.4	
522	Q355−10×310	410	4	9.98	39.9	
523	Q355−10×220	325	4	5.61	22.4	
524	Q355−10×165	320	4	4.14	16.6	
525	Q355−8×120	120	8	0.90	7.2	
526	Q355−8×50	120	8	0.38	3.0	
合计	690.8kg					

螺栓、脚钉、垫圈明细表

名称	级别	规格	符号	数量	质量（kg）	备注
螺栓	6.8	M16×40		145	20.3	
		M16×50		28	4.5	
		M20×45		119	32.1	
		M20×55		64	19.2	
脚钉	6.8	M16×180		3	1.1	
		M20×200		2	1.3	
垫圈	Q235	−4（φ17.5）	规格×个数	9	0.3	
合计			78.8kg			

图 13−100　10GS10−J3 转角塔 9.0m 呼称高塔腿结构图⑤（10GS10−J3−05）

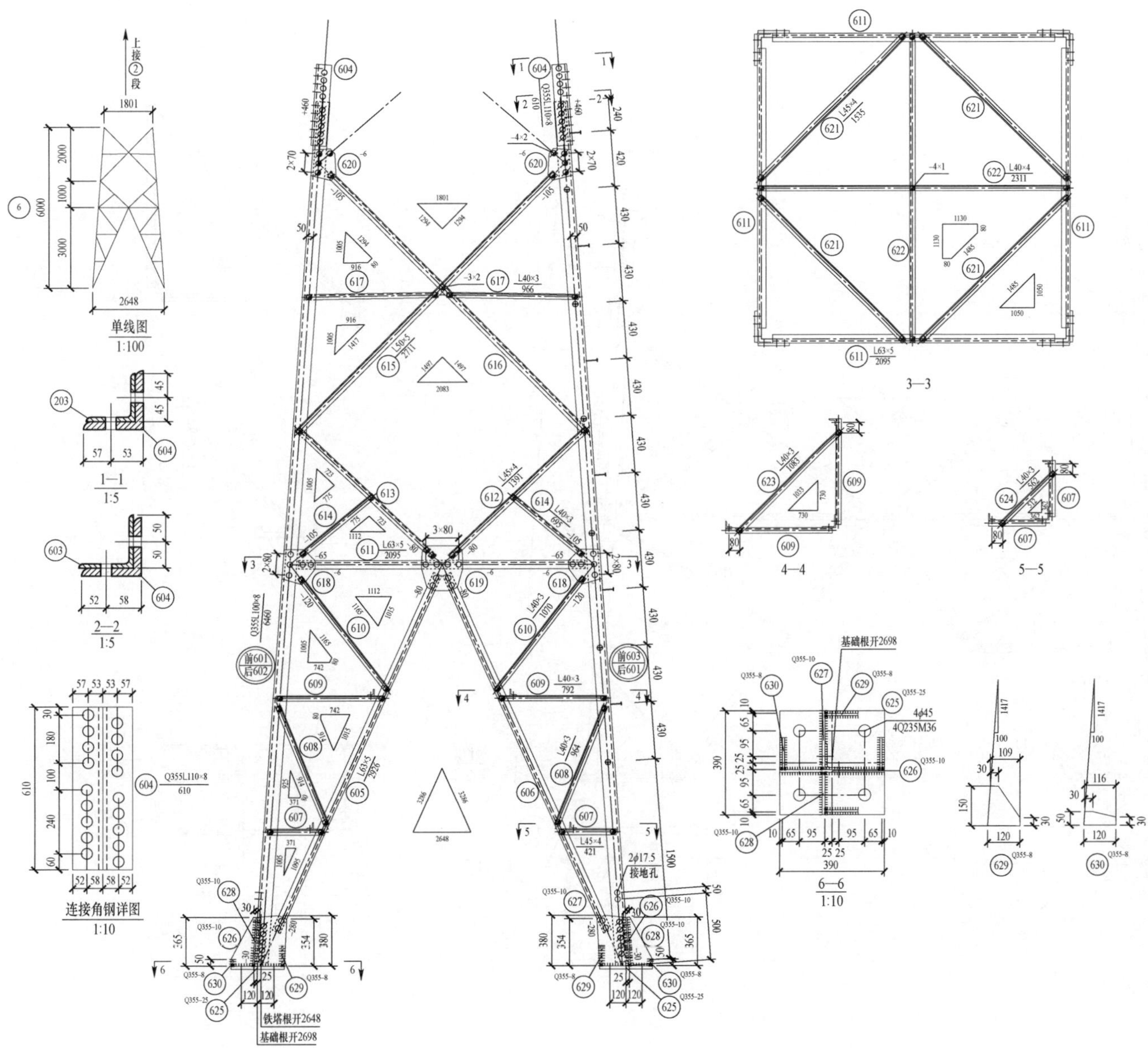

构件明细表

编号	规格	长度（mm）	数量	质量（kg） 单件	质量（kg） 小计	备注
601	Q355L100×8	6460	2	79.30	158.6	
602	Q355L100×8	6460	1	79.30	79.3	
603	Q355L100×8	6460	1	79.30	79.3	带脚钉
604	Q355L110×8	610	4	8.25	33.0	清根
605	L63×5	2926	4	14.11	56.4	
606	L63×5	2926	4	14.11	56.4	
607	L45×4	421	8	1.15	9.2	
608	L40×3	964	8	1.79	14.3	
609	L40×3	792	8	1.47	11.8	
610	L40×3	1070	8	1.98	15.8	
611	L63×5	2095	4	10.10	40.4	
612	L45×4	1391	4	3.81	15.2	
613	L45×4	1391	4	3.81	15.2	
614	L40×3	695	8	1.29	10.3	
615	L50×5	2711	4	10.22	40.9	
616	L50×5	2711	4	10.22	40.9	
617	L40×3	966	8	1.79	14.3	
618	−6×240	265	8	3.00	24.0	
619	−6×300	340	4	4.80	19.2	
620	−6×185	240	8	2.09	16.7	
621	L45×4	1535	4	4.20	16.8	
622	L40×4	2311	2	5.60	11.2	
623	L40×3	1083	4	2.01	8.0	
624	L40×3	562	4	1.04	4.2	
625	Q355−25×390	390	4	29.85	119.4	
626	Q355−10×380	410	4	12.23	48.9	
627	Q355−10×220	390	4	6.74	27.0	
628	Q355−10×165	380	4	4.92	19.7	
629	Q355−8×120	150	8	1.13	9.0	
630	Q355−8×50	120	8	0.38	3.0	
合计		1018.4kg				

螺栓、脚钉、垫圈明细表

名称	级别	规格	符号	数量	质量（kg）	备注
螺栓	6.8	M16×40		153	21.4	
		M16×50		40	6.4	
		M20×45		120	32.4	
		M20×55		80	24.0	
脚钉	6.8	M16×180		11	4.2	
		M20×200		1	0.7	
垫圈	Q235	−3（ϕ17.5）	规格×个数	8	0.1	
		−4（ϕ17.5）		9	0.3	
合计			89.5kg			

图 13-101 10GS10-J3 转角塔 12.0m 呼称高塔腿结构图⑥（10GS10-J3-06）

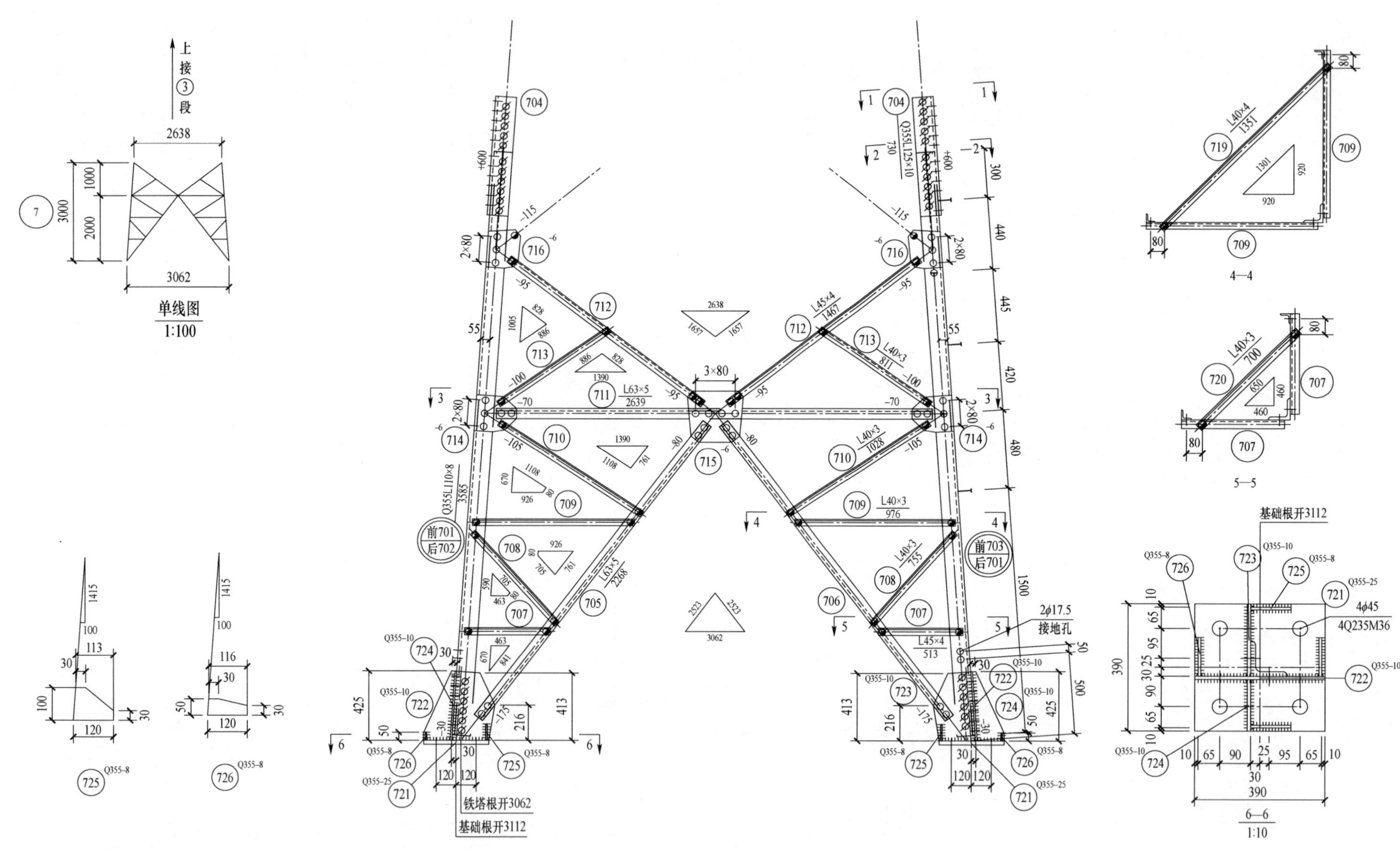

图 13-102　10GS10-J3 转角塔 15.0m 呼称高塔腿结构图⑦［10GS10-J3-07（1/2）］

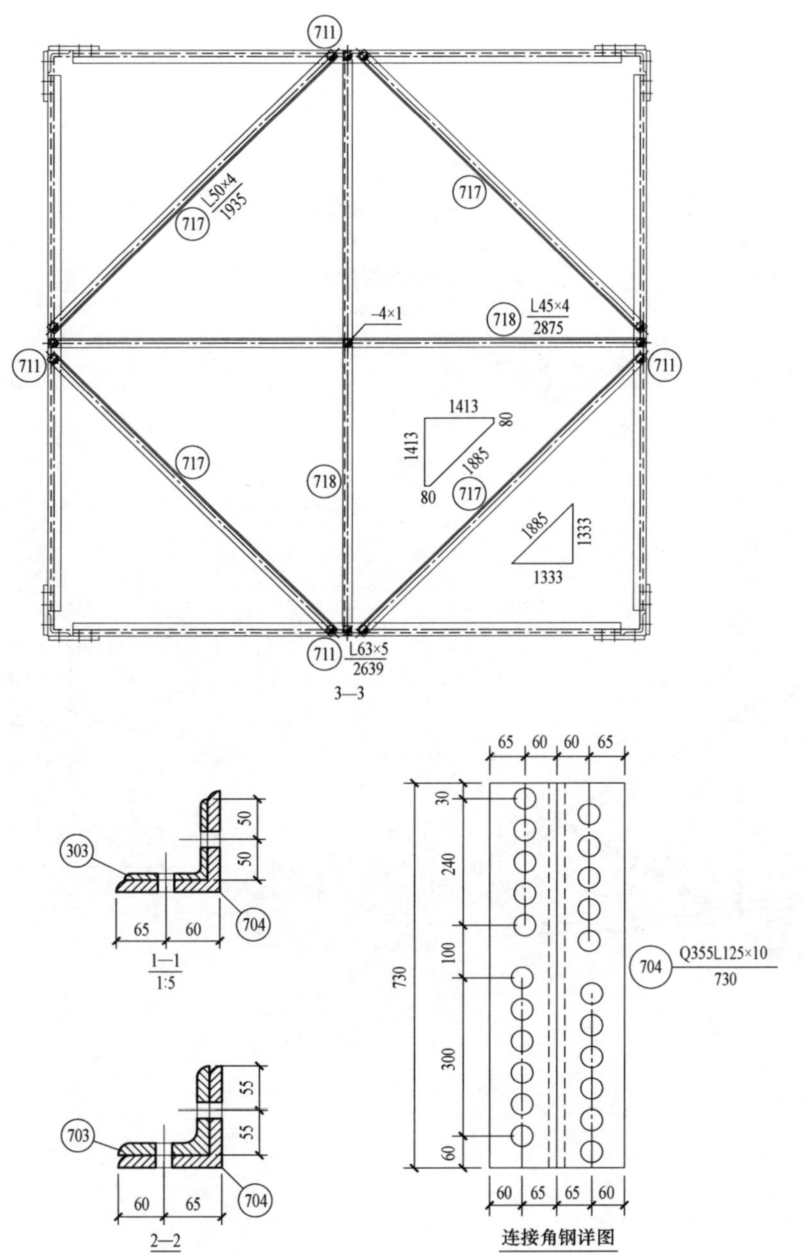

构件明细表

编号	规格	长度（mm）	数量	质量（kg）		备注
				单件	小计	
701	Q355L110×8	3585	2	48.51	97.0	
702	Q355L110×8	3585	1	48.51	48.5	
703	Q355L110×8	3585	1	48.51	48.5	带脚钉
704	Q355L125×10	730	4	13.97	55.9	清根
705	L63×5	2268	4	10.94	43.8	
706	L63×5	2268	4	10.94	43.8	
707	L45×4	513	8	1.40	11.2	
708	L40×3	755	8	1.40	11.2	
709	L40×3	976	8	1.81	14.5	
710	L40×3	1028	8	1.90	15.2	
711	L63×5	2639	4	12.73	50.9	
712	L45×4	1467	8	4.01	32.1	
713	L40×3	811	8	1.50	12.0	
714	−6×220	250	8	2.59	20.7	
715	−6×315	340	4	5.04	20.2	
716	−6×195	240	8	2.20	17.6	
717	L50×4	1935	4	5.92	23.7	
718	L45×4	2875	2	7.87	15.7	
719	L40×4	1351	4	3.27	13.1	
720	L40×3	700	4	1.30	5.2	
721	Q355−25×390	390	4	29.85	119.4	
722	Q355−10×415	440	4	14.33	57.3	
723	Q355−10×245	425	4	8.17	32.7	
724	Q355−10×165	440	4	5.70	22.8	
725	Q355−8×100	120	8	0.75	6.0	
726	Q355−8×50	120	8	0.38	3.0	
合计		842.0kg				

螺栓、脚钉、垫圈明细表

名称	级别	规格	符号	数量	质量（kg）	备注
螺栓	6.8	M16×40		141	19.7	
		M20×45		111	30.0	
		M20×55		136	40.8	
脚钉	6.8	M16×180		3	1.1	
		M20×200		2	1.3	
垫圈	Q235	−4（ϕ17.5）	规格×个数	1	0.1	
合计			93.0kg			

图 13－103 10GS10－J3 转角塔 15.0m 呼称高塔腿结构图⑦［10GS10－J3－07（2/2）］

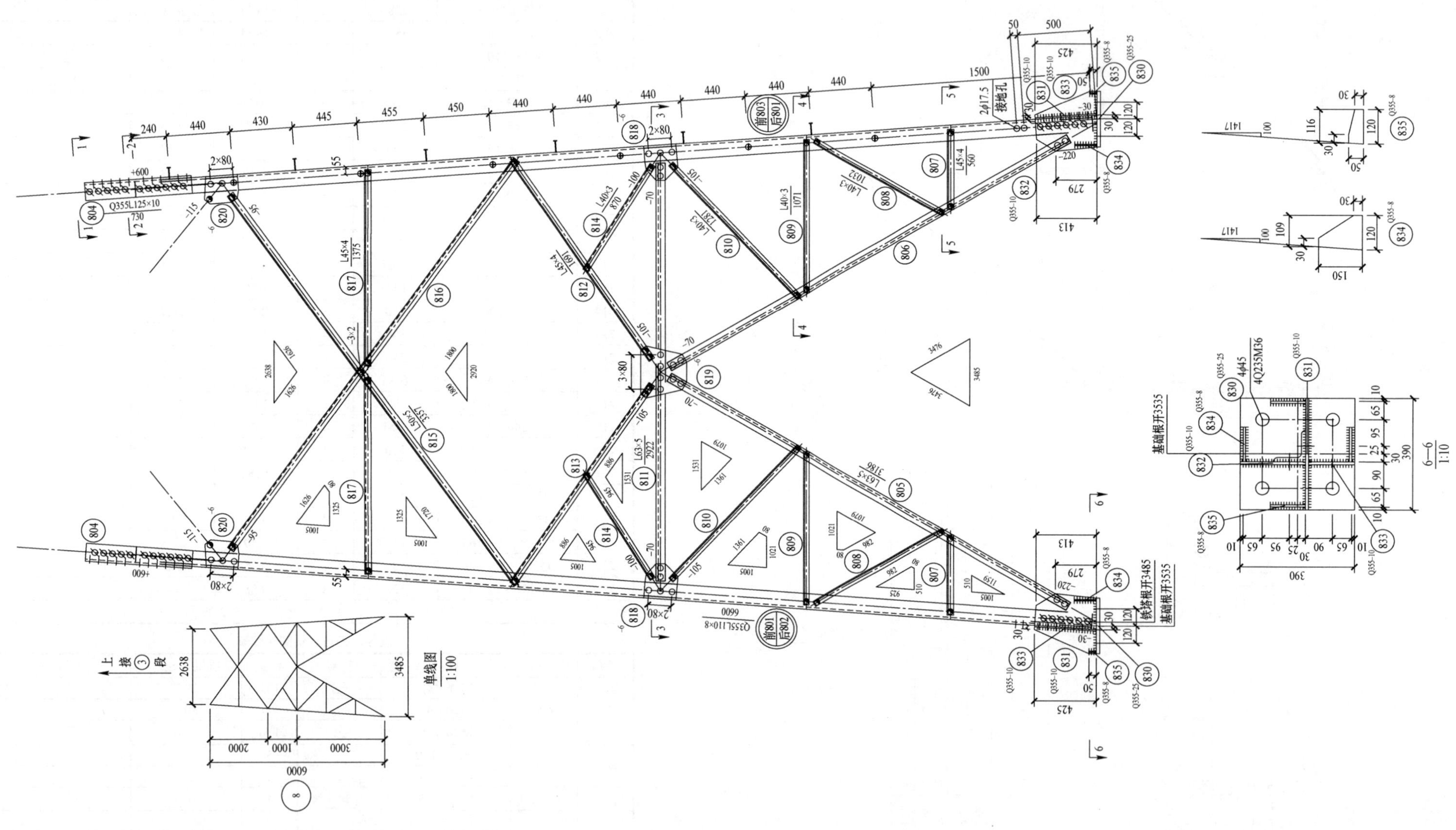

图 13-104　10GS10-J3 转角塔 18.0m 呼称高塔腿结构图⑧［10GS10-J3-08（1/2）］

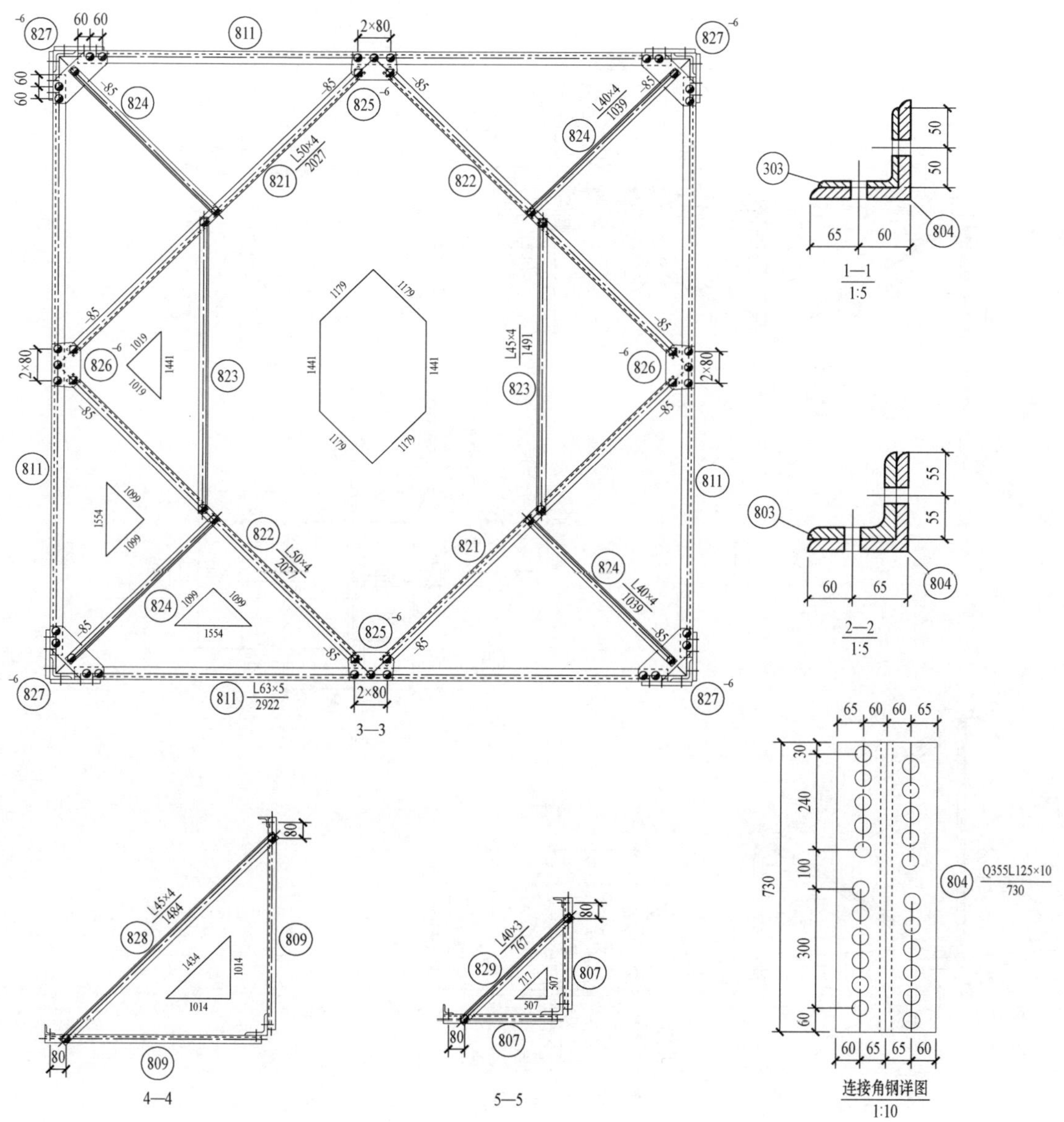

构件明细表

编号	规格	长度（mm）	数量	质量（kg）		备注
				单件	小计	
801	Q355L110×8	6600	2	89.31	178.6	
802	Q355L110×8	6600	1	89.31	89.3	
803	Q355L110×8	6600	1	89.31	89.3	带脚钉
804	Q355L125×10	730	4	13.97	55.9	清根
805	L63×5	3186	4	15.36	61.4	
806	L63×5	3186	4	15.36	61.4	
807	L45×4	560	8	1.53	12.2	
808	L40×3	1032	8	1.91	15.3	
809	L40×3	1071	8	1.98	15.8	
810	L40×3	1281	8	2.37	19.0	
811	L63×5	2922	4	14.09	56.4	
812	L45×4	1691	4	4.63	18.5	
813	L45×4	1691	4	4.63	18.5	
814	L40×3	870	8	1.61	12.9	
815	L50×5	3357	4	12.66	50.6	
816	L50×5	3357	4	12.66	50.6	
817	L45×4	1375	8	3.76	30.1	
818	−6×225	250	8	2.65	21.2	
819	−6×315	365	4	5.42	21.7	
820	−6×195	240	8	2.20	17.6	
821	L50×4	2027	2	6.20	12.4	
822	L50×4	2027	2	6.20	12.4	
823	L45×4	1491	2	4.08	8.2	
824	L40×4	1039	4	2.52	10.1	
825	−6×145	230	2	1.57	3.1	
826	−6×145	230	2	1.57	3.1	
827	−6×125	380	4	2.24	9.0	
828	L45×4	1484	4	4.06	16.2	
829	L40×3	767	4	1.42	5.7	
830	Q355−25×390	390	4	29.85	119.4	
831	Q355−10×405	440	4	13.99	56.0	
832	Q355−10×235	425	4	7.84	31.4	
833	Q355−10×165	440	4	5.70	22.8	
834	Q355−8×120	150	8	1.13	9.0	
835	Q355−8×50	120	8	0.38	3.0	
合计		1218.1kg				

螺栓、脚钉、垫圈明细表

名称	级别	规格	符号	数量	质量（kg）	备注
螺栓	6.8	M16×40		192	26.9	
		M16×50		12	1.9	
		M20×45		111	30.0	
		M20×55		136	40.8	
脚钉	6.8	M16×180		10	3.8	
		M20×200		2	1.3	
垫圈	Q235	−3（ϕ17.5）	规格×个数	8	0.1	
合计			104.8kg			

图 13－105　10GS10－J3 转角塔 18.0m 呼称高塔腿结构图⑧［10GS10－J3－08（2/2）］

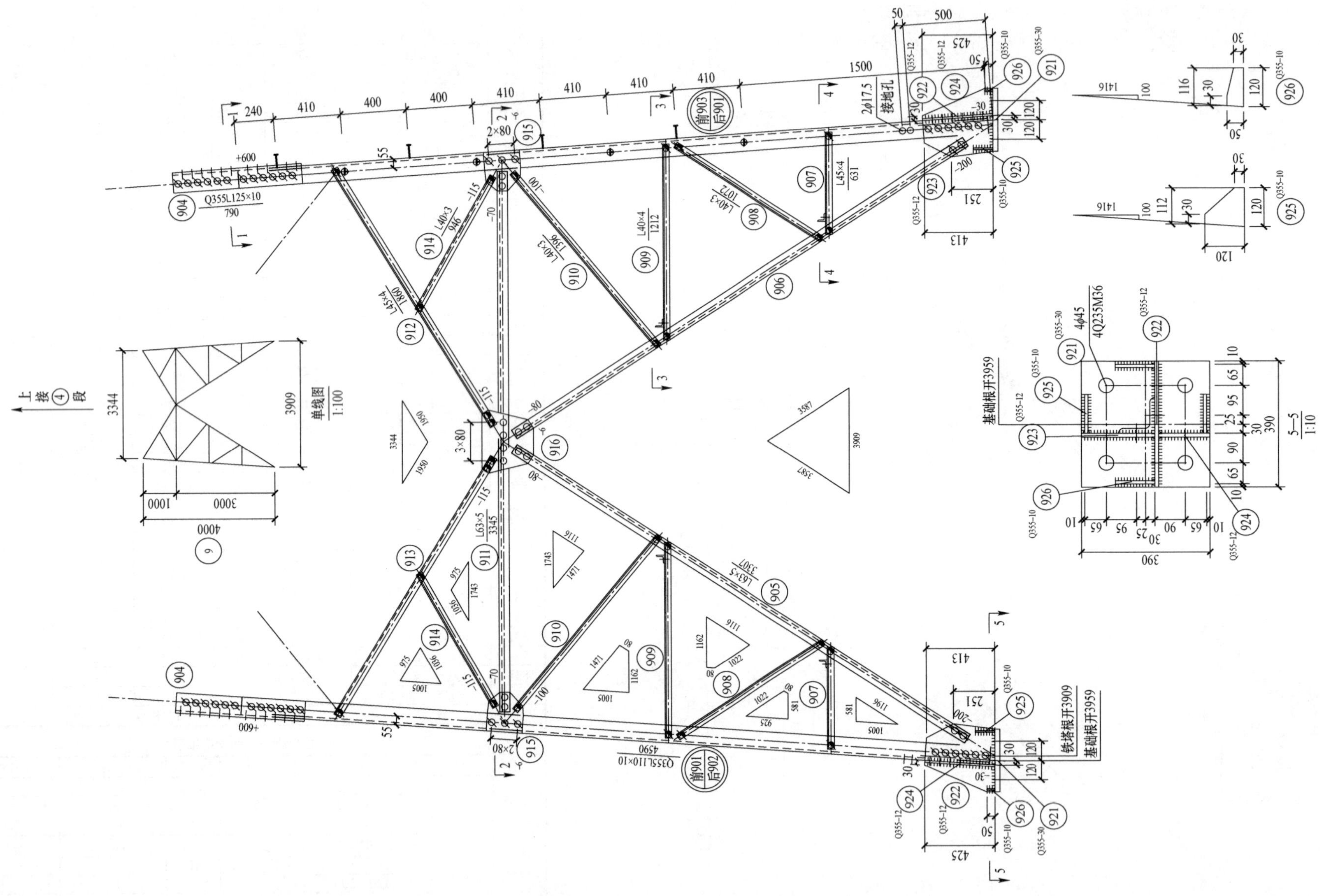

图 13-106　10GS10-J3 转角塔 21.0m 呼称高塔腿结构图⑨［10GS10-J3-09（1/2）］

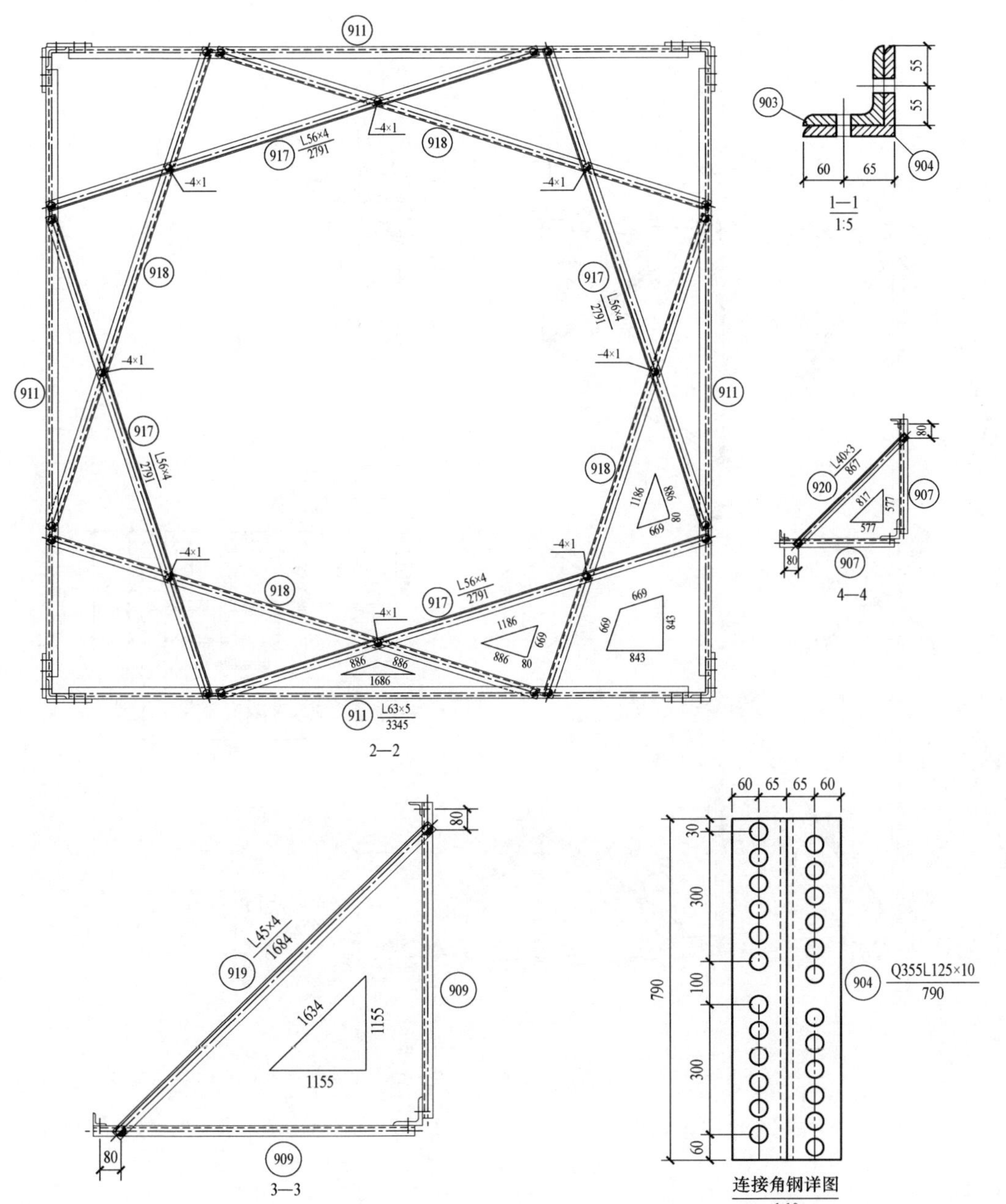

构件明细表

编号	规格	长度（mm）	数量	质量（kg）		备注
				单件	小计	
901	Q355L110×10	4590	2	76.61	153.2	
902	Q355L110×10	4590	1	76.61	76.6	
903	Q355L110×10	4590	1	76.61	76.6	带脚钉
904	Q355L125×10	790	4	15.12	60.5	清根
905	L63×5	3307	4	15.95	63.8	
906	L63×5	3307	4	15.95	63.8	
907	L45×4	631	8	1.73	13.8	
908	L40×3	1072	8	1.99	15.9	
909	L40×4	1212	8	2.94	23.5	
910	L40×3	1396	8	2.59	20.7	
911	L63×5	3345	4	16.13	64.5	
912	L45×4	1860	4	5.09	20.4	
913	L45×4	1860	4	5.09	20.4	
914	L40×3	946	8	1.75	14.0	
915	−6×220	250	8	2.59	20.7	
916	−6×315	395	4	5.86	23.4	
917	L56×4	2791	4	9.62	38.5	
918	L56×4	2791	4	9.62	38.5	切角
919	L45×4	1684	4	4.61	18.4	
920	L40×3	867	4	1.61	6.4	
921	Q355−30×390	390	4	35.82	143.3	
922	Q355−12×410	440	4	16.99	68.0	
923	Q355−12×240	425	4	9.61	38.4	
924	Q355−12×160	440	4	6.63	26.5	
925	Q355−10×120	120	8	1.13	9.0	
926	Q355−10×50	120	8	0.47	3.8	
合计		1122.6kg				

螺栓、脚钉、垫圈明细表

名称	级别	规格	符号	数量	质量（kg）	备注
螺栓	6.8	M16×40		112	15.7	
		M16×50		32	5.1	
		M20×45		48	13.0	
		M20×55		184	55.2	
脚钉	6.8	M16×180		7	2.7	
		M20×200		1	0.7	
垫圈	Q235	−4（ϕ17.5）	规格×个数	8	0.2	
合计			92.6kg			

图 13−107　10GS10−J3 转角塔 21.0m 呼称高塔腿结构图⑨［10GS10−J3−09（2/2）］

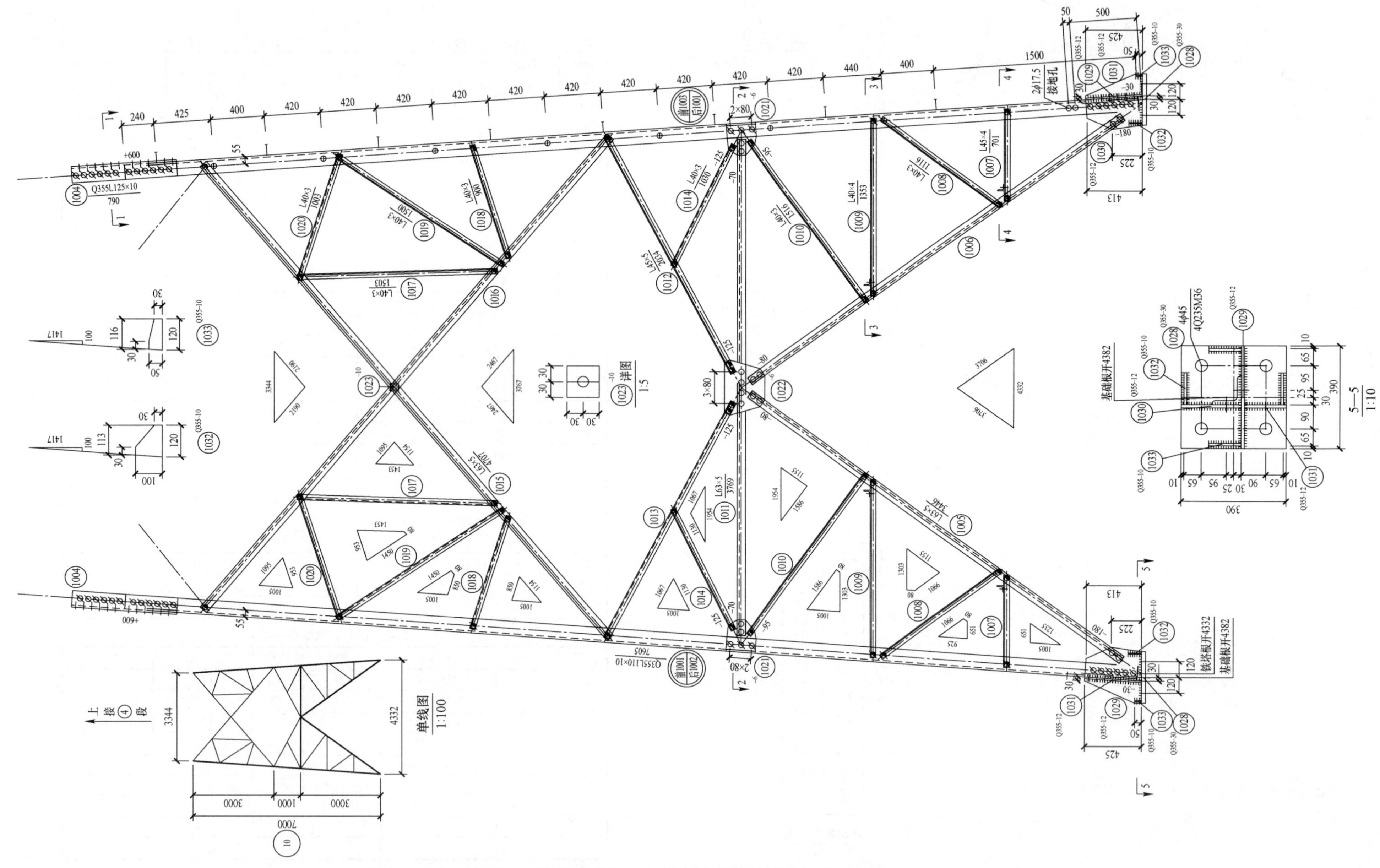

图 13－108　10GS10－J3 转角塔 24.0m 呼称高塔腿结构图⑩［10GS10－J3－10（1/2）］

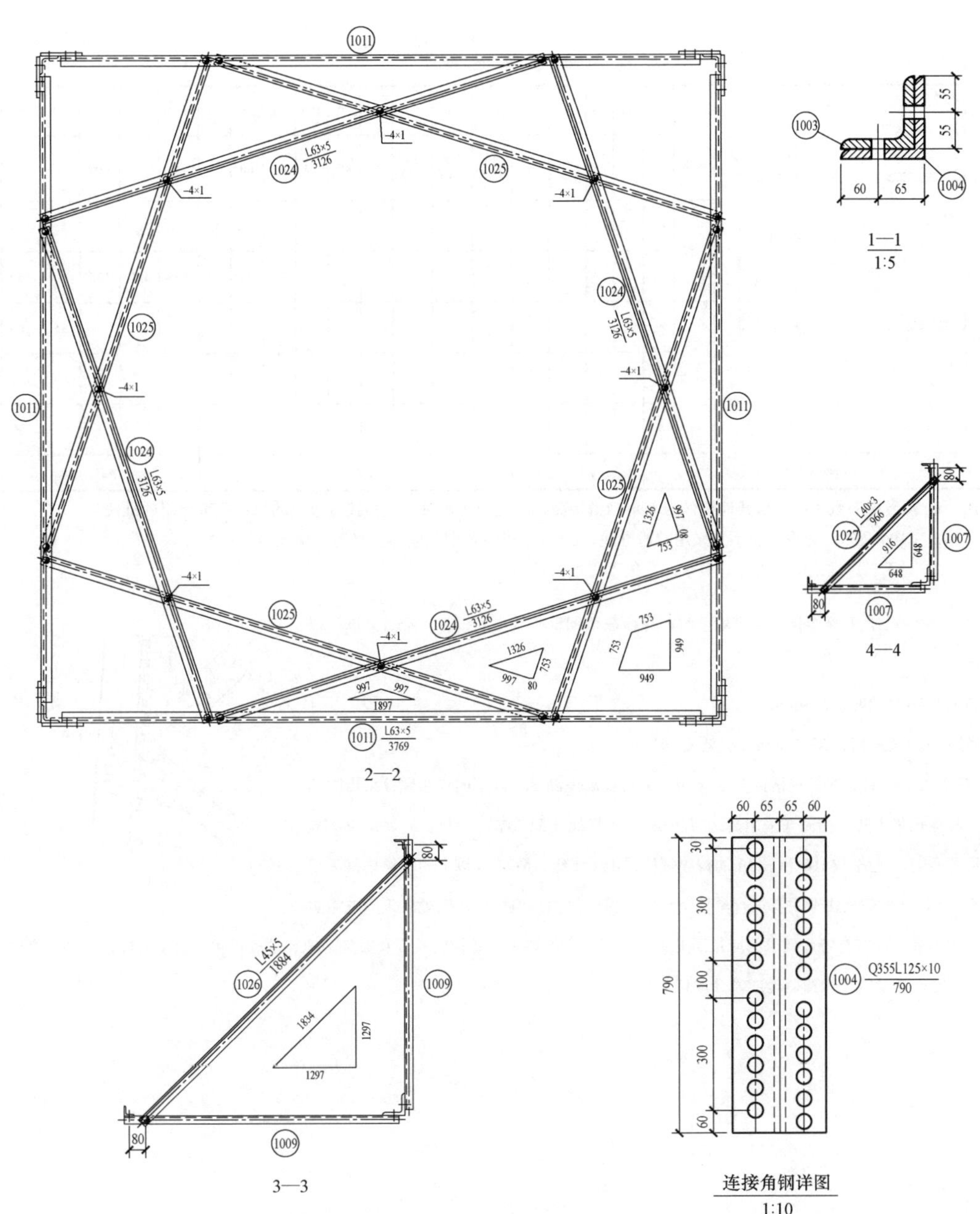

构件明细表

编号	规格	长度（mm）	数量	质量（kg）		备注
				单件	小计	
1001	Q355L110×10	7605	2	126.93	253.9	
1002	Q355L110×10	7605	1	126.93	126.9	
1003	Q355L110×10	7605	1	126.93	126.9	带脚钉
1004	Q355L125×10	790	4	15.12	60.5	清根
1005	L63×5	3446	4	16.62	66.5	
1006	L63×5	3446	4	16.62	66.5	
1007	L45×4	701	8	1.92	15.4	
1008	L40×3	1116	8	2.07	16.6	
1009	L40×4	1353	8	3.28	26.2	
1010	L40×3	1516	8	2.81	22.5	
1011	L63×5	3769	4	18.17	72.7	
1012	L45×5	2034	4	6.85	27.4	
1013	L45×5	2034	4	6.85	27.4	
1014	L40×3	1030	8	1.91	15.3	
1015	L63×5	4707	4	22.70	90.8	
1016	L63×5	4707	4	22.70	90.8	
1017	L40×3	1503	8	2.78	22.2	切角
1018	L40×3	900	8	1.67	13.4	
1019	L40×3	1500	8	2.78	22.2	
1020	L40×3	1003	8	1.86	14.9	
1021	−6×220	250	8	2.59	20.7	
1022	−6×310	420	4	6.13	24.5	
1023	−10×60	60	4	0.28	1.1	垫块
1024	L63×5	3126	4	15.07	60.3	
1025	L63×5	3126	4	15.07	60.3	切角
1026	L45×5	1884	4	6.35	25.4	
1027	L40×3	966	4	1.79	7.2	
1028	Q355−30×390	390	4	35.82	143.3	
1029	Q355−12×410	440	4	16.99	68.0	
1030	Q355−12×240	425	4	9.61	38.4	
1031	Q355−12×160	440	4	6.63	26.5	
1032	Q355−10×100	120	8	0.94	7.5	
1033	Q355−10×50	120	8	0.47	3.8	
合计				1666.0kg		

螺栓、脚钉、垫圈明细表

名称	级别	规格	符号	数量	质量（kg）	备注
螺栓	6.8	M16×40		136	19.0	
		M16×50		63	10.1	
		M20×45		48	13.0	
		M20×55		188	56.4	
脚钉	6.8	M16×180		14	5.3	
		M20×200		1	0.7	
垫圈	Q235	−4（ϕ17.5）	规格×个数	8	0.2	
合计			104.7kg			

图 13－109　10GS10－J3 转角塔 24.0m 呼称高塔腿结构图⑩［10GS10－J3－10（2/2）］

铁塔加工统一说明

1. 铁塔的设计执行 GB 50017—2017《钢结构设计规范》和 DL/T 5154—2012《架空输电线路杆塔结构设计技术规定》的有关规定。铁塔的加工本说明未列之处，需满足如下国标、规范和行业规定的要求：

GB 50661—2011《钢结构焊接规范》

GB 50205—2020《钢结构工程施工质量验收规范》

GB/T 2694—2018《输电线路铁塔制造技术条件》

GB 50173—2014《电气装置安装工程 66kV 及以下架空电力线路施工及验收规范》

DL/T 5442—2020《输电线路杆塔制图和构造规定》

2. 结构图中图面内的图例，代号等在说明中未提及之处，均按 DL/T 5442—2020《输电线路铁塔制图和构造规定》中的要求执行。

3. 钢材质量标准应符合 GB/T 700—2006《碳素结构钢》及 GB/T 1591—2018《低合金高强度结构钢》的有关要求。

4. 铁塔构件的钢种为 Q235B、Q355B，图中注明 Q355 材料为 Q355B 钢材，未注明者均为 Q235B 钢材。

5. 螺栓、螺母应符合的标准分别为 GB/T 5780—2016《六角头螺栓 C 级》、GB/T 6170—2015《1 型六角螺母》。

6. 所有螺栓（包括防卸螺栓）的强度等级为热镀锌后的强度值，螺栓及脚钉强度级别：M16、M20 为 6.8 级，M24 采用 8.8 级。

7. 垫圈标准应符合 GB/T 95—2002《平垫圈 C 级》，按照螺栓规格不同，分别加工厚度为 3mm（M16 螺栓）和 4mm（M20 螺栓、M24 螺栓）两种垫圈。当需垫的厚度超过 3 个垫圈时，应采用加工相应厚度垫块的形式。

8. 所有材料，包括角钢、钢板、螺栓、防卸螺栓、焊条等均应有出厂合格证书。

9. 所有构件均应作热（浸）镀锌防腐处理。并且不同材质的角钢必须分批镀锌，以免引起镀锌质量的下降。

10. 构件焊接应严格按照焊接规程，规范和有关规定进行，焊缝高度未注明的不得小于连接构件的最小厚度，当被焊接构件厚度不小于 8mm 时，要按规定进行剖口后再焊，以便焊透。厚度不小于 20mm 的焊件应采取焊前预热或焊后保温等相应处理措施，避免焊件的碎裂危险或过高的焊接应力。焊缝等级要求参见施工图纸。

11. Q355 及 Q235 钢构件所对应采用的焊条分别为 E50 系列及 E43 系列。当高级别钢和低级别钢相焊时，应采用低级别钢对应的焊条，所有焊接件均需加封焊，以防酸液进入接触面而造成锈蚀。

12. 加工时如需材料代用及改变结构形式等情况，须征得设计单位的同意。材料代用时，需注意相关影响（螺栓长度、主材接头相平、内垫片增减等），应与图纸对应列表统计，并由加工厂书面通知施工单位，以方便施工安装。

13. 角钢基准线和螺栓准线除图中特殊注明外，一般按表 1 采用。

表 1　　角钢的螺栓准线表

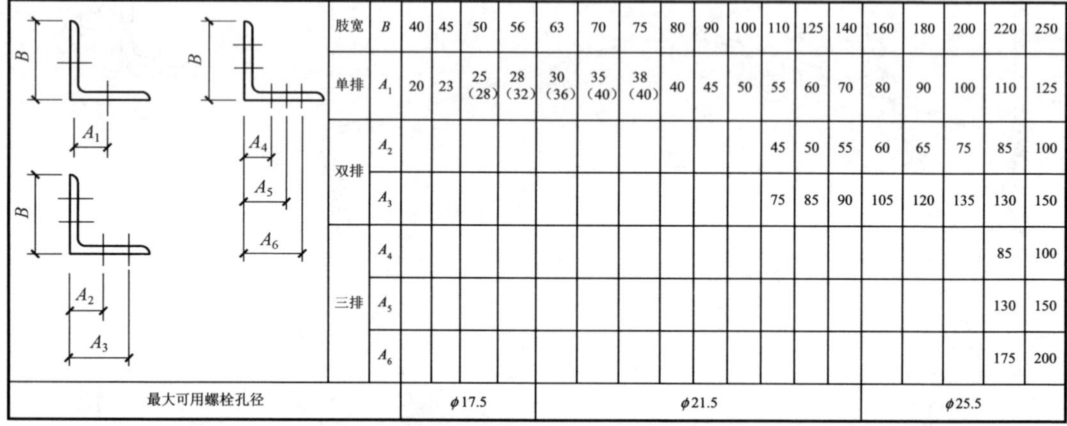

肢宽	B	40	45	50	56	63	70	75	80	90	100	110	125	140	160	180	200	220	250
单排	A_1	20	23	25（28）	28（32）	30（36）	35（40）	38（40）	40	45	50	55	60	70	80	90	100	110	125
双排	A_2											45	50	55	60	65	75	85	100
	A_3											75	85	90	105	120	135	130	150
三排	A_4																	85	100
	A_5																	130	150
	A_6																	175	200
最大可用螺栓孔径		ϕ17.5				ϕ21.5									ϕ25.5				

注　1. 括号内的数字用于当其他构件与本角钢搭接而螺栓边距不足时，在搭接位置上的螺栓孔可使用的准线值。

2. L100 及以下角钢一般不宜采用双排准线，L200 及以下角钢一般不宜采用三排准线。

3. 对于三排准线除非设计有要求，一般不得擅自使用。

14. 当角钢上打双排螺栓或多排螺栓时，螺栓在角钢轴心线上的投影孔距必须满足以下规定：

当用 M16 螺栓时，$L \geqslant 40$mm；

当用 M20 螺栓时，$L \geqslant 50$mm（参见图 1）。

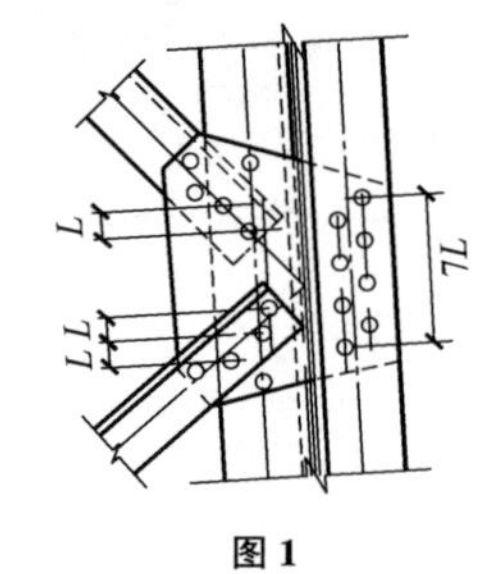

图 1

15. 螺栓、脚钉、垫圈规格按表 2 采用。最短腿离地高 8m 以下的连接螺栓采用防卸螺栓，其他均采用防松措施（采用薄螺母防松）。单帽螺栓配一帽、一垫、一薄螺母；双帽螺栓配两帽、一垫。M16 和 M20 的螺栓规格采用 6.8 级、M24 及以上的螺栓规格采用 8.8 级，防卸螺栓规格由业主及运行单位确定，并保证出扣。但挂线角钢处应采用双帽防松。业主方或运行方有特殊要求的应按照业主方或运行方的要求。螺栓的长度和数量必须经过放样和试组装的检验，当长度或数量有误时，应及时汇报给监理或设计单位。

图 13－110　10GS10－J3 转角塔加工说明（10GS10－J3－11）

表 2　　螺栓、脚钉、垫圈规格表

单帽螺栓（带一垫、一扣紧螺母）						双帽螺栓（带一垫双帽）				
级别	规格	图例	说明			规格	图例	说明		
			无扣长（mm）	通过厚度（mm）	每套重量（kg）			无扣长（mm）	通过厚度（mm）	每套重量（kg）
6.8级	M16×40		6	7～12	0.1442	M16×50	○	6	7～12	0.1875
	M16×50		12	13～22	0.1602	M16×60	○	12	13～22	0.2039
	M16×60		22	23～32	0.1762	M16×70	○	22	23～32	0.2203
	M16×70		32	33～42	0.1922	M16×80	○	32	33～42	0.2369
6.8级	M20×45	○	8	9～15	0.2701	M20×60	○	8	9～15	0.3605
	M20×55		15	16～25	0.2953	M20×70	○	15	16～25	0.3864
	M20×65		25	26～35	0.3205	M20×80	○	25	26～35	0.4123
	M20×75		35	36～45	0.3457	M20×90	○	35	36～45	0.4381
	M20×85		45	46～55	0.3709	M20×100	○	45	46～55	0.4640
	M20×95		55	56～65	0.3961	M20×110	○	55	56～65	0.4899
	M20×105		65	66～75	0.4213	M20×120	○	65	66～75	0.5158
8.8级	M24×55	◎	12	13～20	0.4631	M24×75	◎	12	13～20	0.6278
	M24×65		20	21～30	0.5000	M24×85	◎	20	21～30	0.6655
	M24×75		30	31～40	0.5368	M24×95	◎	30	31～40	0.7033
	M24×85		40	41～50	0.5737	M24×105	◎	40	41～50	0.7410
	M24×95		50	51～60	0.6105	M24×115	◎	50	51～60	0.7787
	M24×105		60	61～70	0.6473	M24×125	◎	60	61～70	0.8165
	M24×115		70	71～80	0.6842	M24×135	◎	70	71～80	0.8541
	M24×130		80	81～95	0.7375	M24×150	◎	80	81～95	0.9074

脚钉					垫圈					
级别	规格	图例	无扣长（mm）	每只重量（kg）	材质	规格	图例	每只重量（kg）	内径（mm）	外径（mm）
6.8级	M16×180	正面、侧面	120	0.3254		-3（ϕ17.5）	规格×个数	0.01065	17.5	30
						-4（ϕ17.5）		0.0142	17.5	30
6.8级	M20×200		120	0.6183		-3（ϕ22）		0.01637	22	37
						-4（ϕ22）		0.02183	22	37
8.8级	M24×240		120	0.9037		-3（ϕ26）		0.02331	26	44
						-4（ϕ26）		0.03108	26	44

注　1. 受剪单帽螺栓和脚钉配一帽、一垫、一薄螺母；受剪或受拉双帽螺栓配两帽、一垫。

2. 螺纹不得进入剪切面。

3. 薄螺母的性能等级为 05 级。

16. 对于 8.8 级及以上的高强度螺栓，除应满足 GB/T 3098《紧固件机械性能》和 DL/T 764.4《输电线路铁塔及电力金具紧固件冷镦热浸镀锌螺栓与螺母》之要求外，还应委托第三方有资质的检测单位对高强度螺栓进行抽检，并提供塑性、强度和硬度的试验合格报告。

17. 角钢及钢板的螺栓间距除图中特殊注明外应按表 3 采用。

螺孔顺力线方向重心最大间距 12*d* 或 18*t*（取二者较小者）其中 *d* 为螺栓直径，*t* 为较薄板的厚度。

表 3　　螺栓边端距要求表

螺栓规格	螺栓孔径	间距		边距		
		单排孔	双排孔	端边 L_D	轧制边 L_Z	切角边 L_Q
		L_S　L_S	L_S　L_S	L_D　L_Q　L_Z		
M12	ϕ13.5	40	60	20	≥17	≥18
M16	ϕ17.5	50	80	25	≥21*	≥23
M20	ϕ21.5	60	100	30	≥26	≥28
M24	ϕ25.5	80	120	40	≥31	≥33

* 当用 L40 角钢时，轧制边距 L_z=20。

18. 脚钉从基础顶面以上 1.5m 左右起装，间距一般按 400mm，当某一个脚钉位于节点板、主材接头、塔身变坡等位置，上下脚钉间距不能满足标准 400mm 时，该脚钉上下相邻的两个或三个脚钉间距之和需满足 400mm 的倍数。

当脚钉代替螺栓时，脚钉级别应与被代螺栓等强度。

脚钉型式采用防滑带弯钩型式。

19. 节点板考虑到刚度和稳定要求，形状不宜狭长，节点板边缘与构件轴线夹角 α 不小于 15°，1—1 段面的节点板断面面积不小于被连接角钢截面积的 1.2 倍。参见图 2。

节点板边距及构件间隙如图 3 所示。

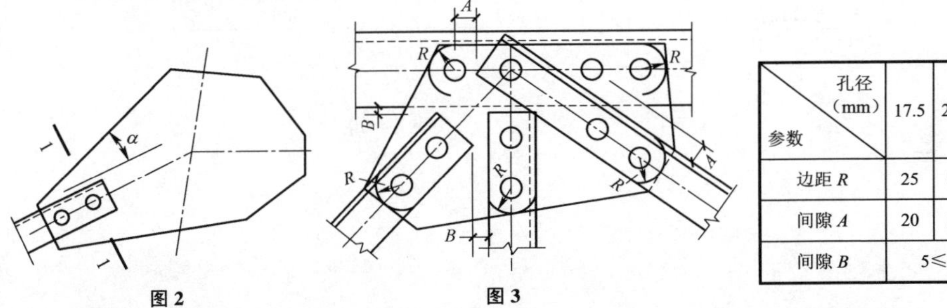

图 2　　图 3

参数 \ 孔径（mm）	17.5	21.5	25.5
边距 *R*	25	30	40
间隙 *A*	20	25	30
间隙 *B*	5≤*B*≤10		

20. 构件接头中包角钢接头间隙按图放样，一般为 10mm 左右。其中外包角钢清根，内包角钢铲背。

21. 凡图中所要求的火曲、开合角、切肢、压扁、切角的尺寸均由加工放样决定。角钢肢宽大于 100mm 以上，两构件连接面间的夹角大于 2° 时，构件应局部开、合角或制弯。

22. 如没有注明，长度单位均为毫米。

23. 结构图中尺寸仅供备料用，加工前应放样，以实际放样尺寸为准。

24. 角钢对接处外贴连接钢板的螺栓孔最小边距 M20 取 40mm、M24 取 50mm。

25. 当螺栓采用一垫一帽一薄螺母时应确保装好螺帽后螺杆出扣。

26. 制孔方式按照铁塔招标技术规范书的要求执行。

27. 铁塔放样后应加工一基样塔，经试组装检验合格后方能批量生产。

28. 本工程参照国家电网公司基建部监制的“工艺标准库（2012 版）”，本册施工图按以下工艺标准进行施工。

工艺编号	项目/工艺名称	注意事项
0201020101	角钢铁塔分解组立	

图 13－110　10GS10－J3 转角塔加工说明（10GS10－J3－11）（续）

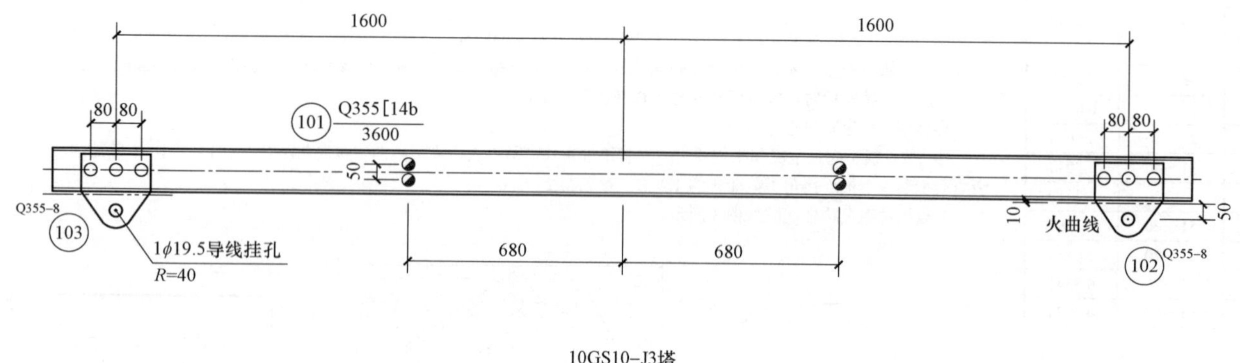

10GS10-Z2、10GS10-J1、10GS10-J2、10GS10-J3 塔构件明细表

编号	规格	长度(mm)	数量	质量(kg)		备注
				单件	小计	
101	Q355 [14b	3600	1	60.24	60.2	槽钢
102	Q355-8×220	220	1	3.04	3.0	火曲
103	Q355-8×220	220	1	3.04	3.0	火曲
合计		66.2kg				

螺栓、脚钉、垫圈明细表

名称	级别	规格	符号	数量	质量(kg)	备注
螺栓	6.8	M16×40	◐	4	0.6	
		M20×70	○	6	2.3	双母
合计			2.9kg			

说明:耐张塔 12m 呼称高及以上、直线塔 15m 呼称高及以上安装以上 T 接横担。

图 13-111　10GS10-J3 转角塔 T 接横担加工图(10GS10-J3-12)

第三篇

中冰区 10kV 大档距铁塔典型设计施工图

第 14 章　10GS20 模块说明

（1）模块编号 10GS20。

（2）设计海拔 2500m，设计基本风速 27m/s，设计覆冰厚 20mm（同时兼顾 15mm），1×JL/G1A－120/70（兼顾 1×JL/G1A－95/55、1×JL/G1A－150/35）导线的单回路铁塔，不考虑地线。悬垂串按 I 型布置。

（3）10GS20 模块铁塔共计 6 种塔型，其中 3 种直线塔，3 种耐张塔（终端塔和 J3 塔共用）。

（4）所有塔型不考虑 T 接工况。

14.1　10GS20 模块设计气象条件

10GS20 模块设计气象条件见表 14－1。

表 14－1　　10GS20 模块设计气象条件

气象条件	气温（℃）	风速（m/s）	覆冰厚度（mm）
最高气温	+40	0	0
最低气温	－30	0	0
基本风速	－5	27	0
覆冰情况	－5	10	20
平均气温	5	0	0
外过电压（有风）	15	10	0
外过电压（无风）	15	0	0
内过电压	0	15	0

续表

气象条件	气温（℃）	风速（m/s）	覆冰厚度（mm）
安装情况	－15	10	0
冰比重	0.9g/cm^3		

14.2　10GS20 模块铁塔设计条件

10GS20 模块铁塔设计条件见表 14－2。

表 14－2　　10GS20 模块铁塔设计条件

塔型名称	呼称高范围（m）	水平档距（m）	垂直档距（m）	允许角度（°）	串型
Z1	12～21	300	450		I 型串
Z2	15～24	400	600		I 型串
Z3	15～27	450	750		I 型串
J1	9～18	300	450	0～30	
J2	9～18	300	450	30～60	
J3	9～18	300	450	60～90 兼 0～90 终端	

14.3　10GS20 模块铁塔塔重及基础作用力

10GS20 模块铁塔塔重及基础作用力见表 14－3。

表 14-3　　10GS20 模块铁塔塔重及基础作用力

塔型名称	铁塔根开范围（mm）	基础作用力范围（kN）					
		T_{max}	T_x	T_y	N_{max}	N_x	N_y
Z1	1922～2710	78～91	6～8	6～7	116～137	7～9	9～10
Z2	2288～3080	86～118	7～9	6～8	136～156	8～10	9
Z3	2679～3474	113～149	9～11	8～10	155～186	11～13	10～12
J1	1906～2892	238～298	23～25	26～29	283～354	28～29	28～30
J2	2050～3122	278～348	29～30	30～31	324～407	35～36	31～32
J3	2196～3362	343～433	40	32～36	395～498	44	32～36

14.4　10GS20 模块铁塔使用特别说明

（1）工程设计若超出模块设计条件时，设计应经过校核后使用。

（2）为保证模块的通用性，10GS20 模块铁塔按覆冰厚度 20mm 设计，同时兼顾覆冰厚度 15mm 情况。但在不同的设计覆冰厚度、不同的导线、不同的导线安全系数情况下，导线的弧垂差异明显，模块铁塔的使用条件差异较大。最关键的是导线档中的线间距和塔头间隙。

（3）当 10GS20 模块铁塔使用在 15mm 冰区，采用大钢芯导线时时，建议的使用条件为：设计海拔 2500m，设计基本风速 27m/s，设计覆冰厚 15mm，1×JL/G1A－120/70（兼顾 1×JL/G1A－95/55、1×JL/G1A－150/35）导线的单回路铁塔，不考虑地线。悬垂串按 I 型布置。

建议使用条件见表 14-4。

表 14-4　　建 议 使 用 条 件

塔型名称	水平档距（m）	垂直档距（m）	代表档距（m）	最大使用档距（m）	允许角度（°）
Z1	400	500	400	400	
Z2	450	650	450	450	
Z3	500	800	500	500	
J1	300	450	200/500	400	0～30
J2	300	450	200/500	400	30～60
J3	300	450	200/500	350	60～90 兼 0～90 终端

（4）当 10GS20 模块铁塔使用在 15mm 冰区，采用普通导线时时，建议的使用条件为：设计海拔 2500m，设计基本风速 27m/s，设计覆冰厚 15mm，1×JL/G1A－150/25（兼顾 1×JL/G1A－120/25）导线的单回路铁塔，不考虑地线。悬垂串按 I 型布置。

建议使用条件见表 14-5。

表 14-5　　建 议 使 用 条 件

塔型名称	水平档距（m）	垂直档距（m）	代表档距（m）	最大使用档距（m）	允许角度（°）
Z1	300	450	300	350	
Z2	350	500	350	390	
Z3	450	650	450	450	
J1	300	450	200/350	360	0～30
J2	300	450	200/350	340	30～60
J3	300	450	200/350	320	60～90 兼 0～90 终端

（5）根据目前国家电网公司的金具通用设计、物料采购的现状，当采用大钢芯导线时，导线、金具串（主要指耐张金具）等物资的采购可能会存在一定的问题，设计应特别注意和委建方进行充分的沟通汇报，明确相关物资的采购方式。

14.5　10GS20 模块直线铁塔间隙圆

10GS20－Z1 直线塔间隙圆图如图 14-1 所示。

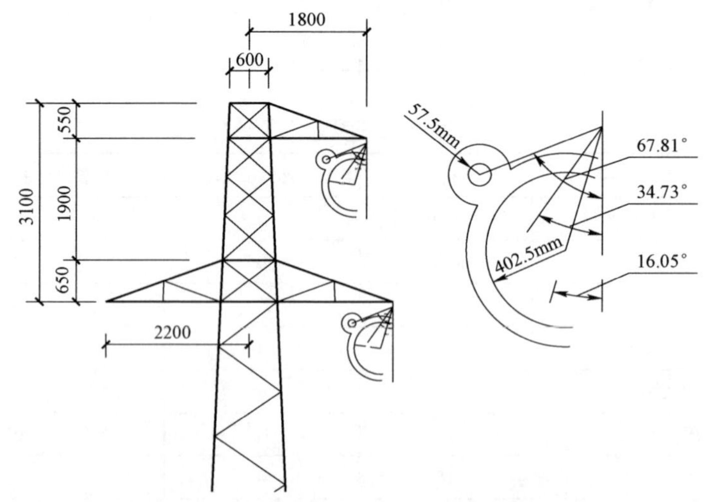

图 14-1　10GS20－Z1 直线塔间隙圆图

10GS20－Z2 直线塔间隙圆图如图 14－2 所示。

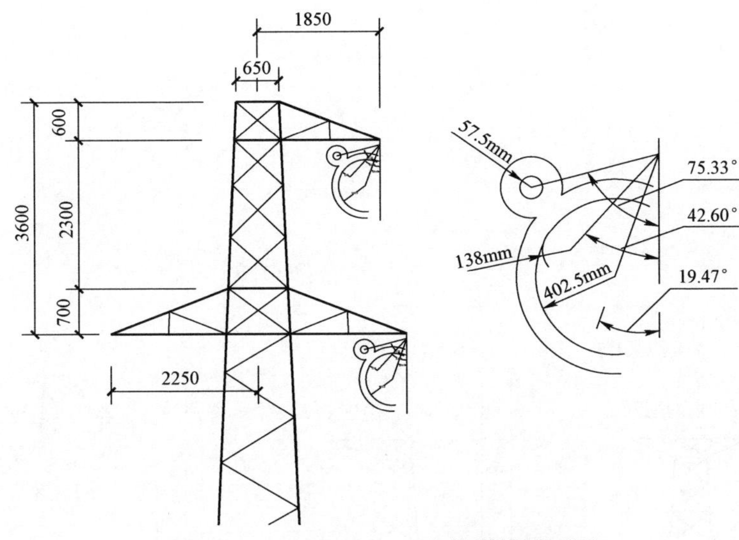

图 14－2 10GS20－Z2 直线塔间隙圆图

10GS20－Z3 直线塔间隙圆图如图 14－3 所示。

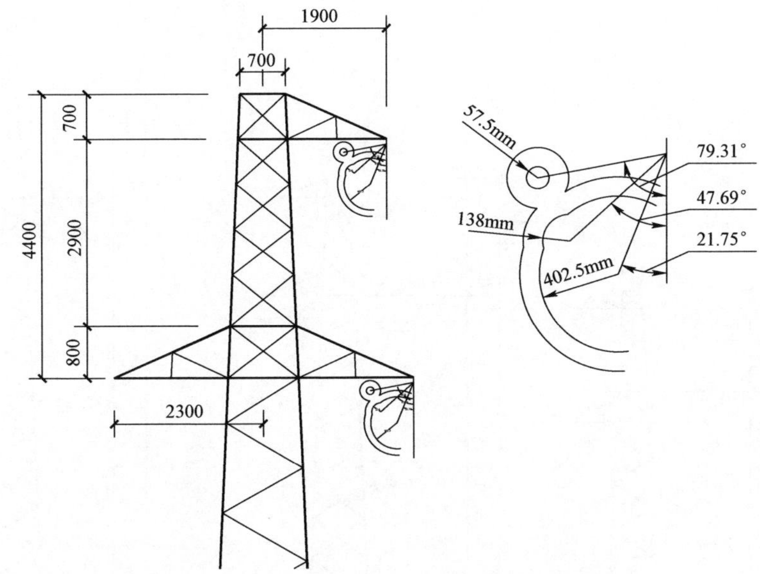

图 14－3 10GS20－Z3 直线塔间隙圆图

10GS20 模块铁塔一览图如图 14－4 所示。

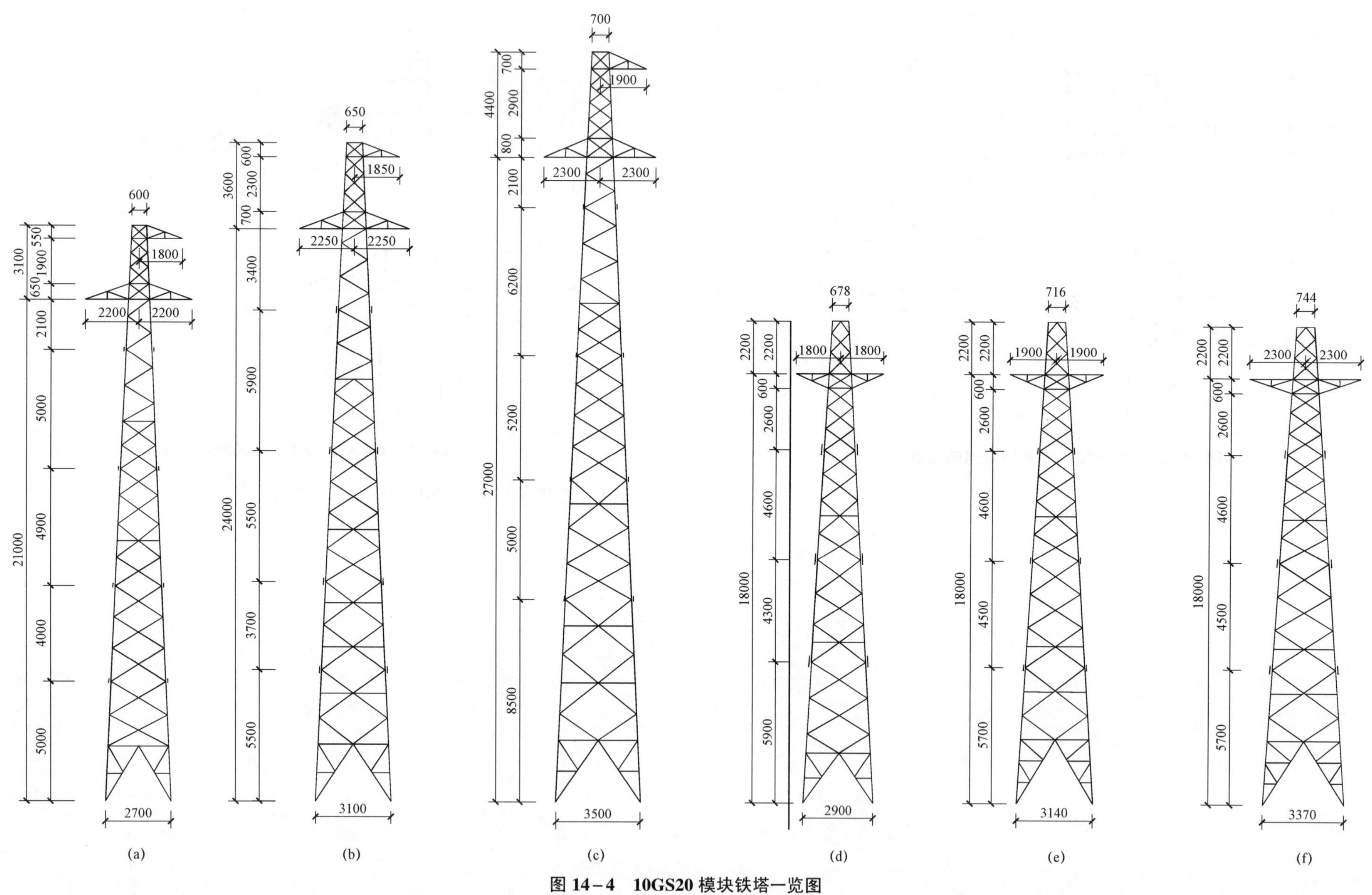

图 14-4　10GS20 模块铁塔一览图

(a) 10GS20 - Z1 直线塔；(b) 10GS20 - Z2 直线塔；(c) 10GS20 - Z3 直线塔；(d) 10GS20 - J1 耐张塔；(e) 10GS20 - J2 耐张塔；(f) 10GS20 - J3 耐张塔

14.6 10GS20－Z1 塔

14.6.1 10GS20－Z1 塔设计条件

导线型号及张力见表 14－6。

表 14－6 导线型号及张力

电压等级	10kV	导线	JL/G1A－120/70	导线最大使用张力（N）	26578	导线不平衡张力取值（%）	20

使用条件见表 14－7。

表 14－7 使用条件

水平档距（m）	垂直档距（m）	代表档距（m）	使用档距（m）	转角度数（°）	计算高度（m）	档距系数 K_v
300	450	300	350	0	18	0.85

荷重表见表 14－8。

表 14－8 荷重表 N

项目		正常运行情况			事故情况		安装情况	不均匀冰
		基本风速	覆冰	最低气温	未断线	断线		
气象条件（T/V/B）		－5/27/0	－5/10/20	－30/0/0	－5/0/20	－5/0/20	－15/10/0	－5/10/20
水平荷载	导线	2698	1403	0	0	0	435	1403
	绝缘子及金具	75	10	0	0	0	10	10
	跳线串							
垂直荷载	导线	3945	13428	3945	13428	13428	3945	13428
	绝缘子及金具	583	758	583	758	758	583	758
	跳线串							
导线张力	一侧	11077	26578	8411	13289	0	8688	
	另一侧	11077	26578	8411	13289	13289	8688	
	张力差	0	0	0	0	13289	0	5316

注　导线水平荷载为下相导线荷载。

14.6.2 10GS20－Z1 塔根开尺寸及基础作用力

根开尺寸见表 14－9。

表 14－9 根开尺寸

呼称高（m）	基础根开（mm）		地脚螺栓根开（mm）		地脚螺栓规格
	正面根开	侧面根开	正面根开	侧面根开	
12	1962	1962	160	160	4×M24
15	2225	2225	160	160	4×M24
18	2481	2481	160	160	4×M24
21	2744	2744	160	160	4×M24

基础作用力见表 14－10。

表 14－10 基础作用力 kN

呼称高（m）	T_{max}	T_x	T_y	N_{max}	N_x	N_y
12	78.16	7.54	6.79	115.71	8.64	10.07
15	83.48	6.80	6.43	124.16	7.33	8.77
18	87.61	6.40	5.99	131.19	7.32	8.74
21	90.92	6.95	6.16	137.14	8.03	8.75

14.6.3 10GS20－Z1 塔施工图纸目录

10GS20－Z1 塔施工图纸目录见表 14－11。

表 14－11 10GS20－Z1 塔施工图纸目录

编号	图号	图名
图 14－5	10GS20－Z1－00（1/2）	10GS20－Z1 直线塔总图及材料汇总表
图 14－6	10GS20－Z1－00（2/2）	10GS20－Z1 直线塔总图及材料汇总表
图 14－7	10GS20－Z1－01（1/3）	10GS20－Z1 直线塔塔头结构图①
图 14－8	10GS20－Z1－01（2/3）	10GS20－Z1 直线塔塔头结构图①
图 14－9	10GS20－Z1－01（3/3）	10GS20－Z1 直线塔塔头结构图①
图 14－10	10GS20－Z1－02	10GS20－Z1 直线塔塔身结构图②
图 14－11	10GS20－Z1－03	10GS20－Z1 直线塔塔身结构图③

续表

编号	图号	图名
图 14－12	10GS20－Z1－04	10GS20－Z1 直线塔塔身结构图④
图 14－13	10GS20－Z1－05（1/2）	10GS20－Z1 直线塔 12.0m 呼称高塔腿结构图⑤
图 14－14	10GS20－Z1－05（2/2）	10GS20－Z1 直线塔 12.0m 呼称高塔腿结构图⑤
图 14－15	10GS20－Z1－06（1/2）	10GS20－Z1 直线塔 15.0m 呼称高塔腿结构图⑥
图 14－16	10GS20－Z1－06（2/2）	10GS20－Z1 直线塔 15.0m 呼称高塔腿结构图⑥

续表

编号	图号	图名
图 14－17	10GS20－Z1－07（1/2）	10GS20－Z1 直线塔 18.0m 呼称高塔腿结构图⑦
图 14－18	10GS20－Z1－07（2/2）	10GS20－Z1 直线塔 18.0m 呼称高塔腿结构图⑦
图 14－19	10GS20－Z1－08（1/2）	10GS20－Z1 直线塔 21.0m 呼称高塔腿结构图⑧
图 14－20	10GS20－Z1－08（2/2）	10GS20－Z1 直线塔 21.0m 呼称高塔腿结构图⑧
图 14－21	10GS20－Z1－09	10GS20－Z1 直线塔加工说明

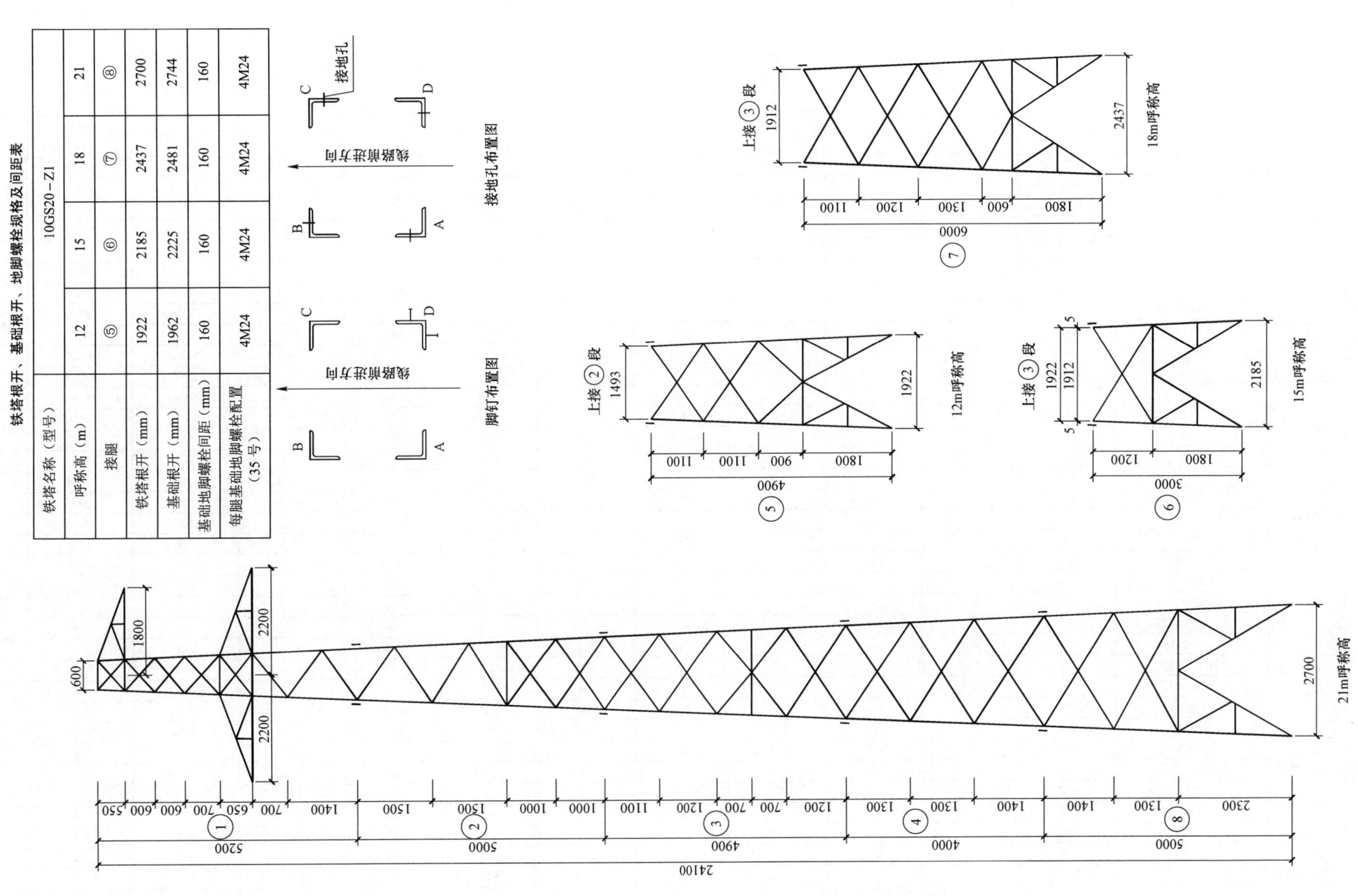

铁塔根开、基础根开、地脚螺栓规格及间距表

铁塔名称（型号）	10GS20-Z1			
呼称高（m）	12	15	18	21
接腿	⑤	⑥	⑦	⑧
铁塔根开（mm）	1922	2185	2437	2700
基础根开（mm）	1962	2225	2481	2744
基础地脚螺栓间距（mm）	160	160	160	160
每腿基础地脚螺栓配置（35号）	4M24	4M24	4M24	4M24

图 14-5 10GS20-Z1 直线塔总图及材料汇总表［10GS20-Z1-00（1/2）］

材料汇总表

材料	材质	规格	段号								呼称高（m）			
			1	2	3	4	5	6	7	8	12.0	15.0	18.0	21.0
角钢	Q355	L100×8								27.0				27.0
		L90×8				24.1		24.1	24.1	233.7		24.1	24.1	257.8
		L90×7				154.4			244.9				244.9	154.4
		L80×7	43.8		185.9		18.8	113.7			62.6	343.4	229.7	229.7
		L80×6		15.2			154.5				169.7	15.2	15.2	15.2
		L75×6		138.0							138.0	138.0	138.0	138.0
		L70×5	105.2								105.2	105.2	105.2	105.2
		L63×5	105.0				32.1	37.2	41.9	46.1	137.1	142.2	146.9	151.1
		小计	254.0	153.2	185.9	178.5	205.4	175.0	310.9	306.8	612.6	768.1	904.0	1078.4
	Q235	L56×5	6.2								6.2	6.2	6.2	6.2
		L56×4	15.0								15.0	15.0	15.0	15.0
		L50×5	38.2	20.7							58.9	58.9	58.9	58.9
		L50×4	26.3	71.1	22.1		44.8	46.6	48.4	81.3	142.2	166.1	167.9	200.8
		L45×4	7.5					15.4	17.4		7.5	22.9	24.9	7.5
		L40×4	69.2		11.8		11.8		34.2	64.2	81.0	81.0	115.2	145.2
		L40×3	81.2	59.4	131.8	112.2	126.7	88.7	159.4	100.7	267.3	361.1	431.8	485.3
		小计	243.6	151.2	165.7	112.2	183.3	150.7	259.4	246.2	578.1	711.2	819.9	918.9
钢板	Q355	−6	77.1				15.5	16.3	15.9	16.4	92.6	93.4	93.0	93.5
		−8	15.2				10.1	10.1	10.1	10.1	25.3	25.3	25.3	25.3
		−10					58.3	58.3	59.3	59.2	58.3	58.3	59.3	59.2
		−18					41.2	41.2	41.2	41.2	41.2	41.2	41.2	41.2
		小计	92.3				125.1	125.9	126.5	126.9	217.4	218.2	218.8	219.2
	Q235	−6	24.7		8.2		24.2	21.2	27.0	23.2	48.9	54.1	59.9	56.1
		−12	0.7								0.7	0.7	0.7	0.7
		小计	25.4		8.2		24.2	21.2	27.0	23.2	49.6	54.8	60.6	56.8
螺栓	6.8 级	M16×40	28.8	3.6	10.5	1.7	27.8	22.6	24.9	23.2	60.2	65.5	67.8	67.8
		M16×50	8.8	3.2	3.8	3.8	2.6	5.1	7.7	6.4	14.6	20.9	23.5	26.0
		M16×60 双帽	6.1								6.1	6.1	6.1	6.1
		M16×70 双帽	1.3								1.3	1.3	1.3	1.3
		小计	45.0	6.8	14.3	5.5	30.4	27.7	32.6	29.6	82.2	93.8	98.7	101.2
	6.8 级	M20×45	32.4	14.0	17.3	17.3	22.7	22.7	22.7	14.0	69.1	86.4	86.4	95.0
		M20×55					9.4	9.4	9.4	18.9	9.4	9.4	9.4	18.9
		小计	32.4	14.0	17.3	17.3	32.1	32.1	32.1	32.9	78.5	95.8	95.8	113.9
		螺栓合计	77.4	20.8	31.6	22.8	62.5	59.8	64.7	62.5	160.7	189.6	194.5	215.1
脚钉	6.8 级	M20×200	1.3	0.7	0.7	0.7	0.7	0.7	0.7	0.7	2.7	3.4	3.4	4.1
		M16×180	3.4	4.6	4.2	3.4	3.4	1.5	4.6	3.4	11.4	13.7	16.8	19.0
		小计	4.7	5.3	4.9	4.1	4.1	2.2	5.3	4.1	14.1	17.1	20.2	23.1
垫圈	Q235	−3A（ϕ17.5）	0.2	0.2	0.3		0.3	0.2	0.3	0.1	0.7	0.9	1.0	0.8
		−4A（ϕ17.5）	0.7			0.5	0.1	0.1	0.1	0.3	0.8	0.8	0.8	1.5
		小计	0.9	0.2	0.3	0.5	0.4	0.3	0.4	0.4	1.5	1.7	1.8	2.3
不含防盗螺栓总质量（kg）			705.5	334.7	396.6	318.1	605.0	535.1	794.2	770.1	1645.2	1971.9	2231.0	2525.0
各呼称高含防盗螺栓总质量（kg）											1677.9	2011.1	2275.4	2575.3

图 14－6　10GS20－Z1 直线塔总图及材料汇总表［10GS20－Z1－00（2/2）］

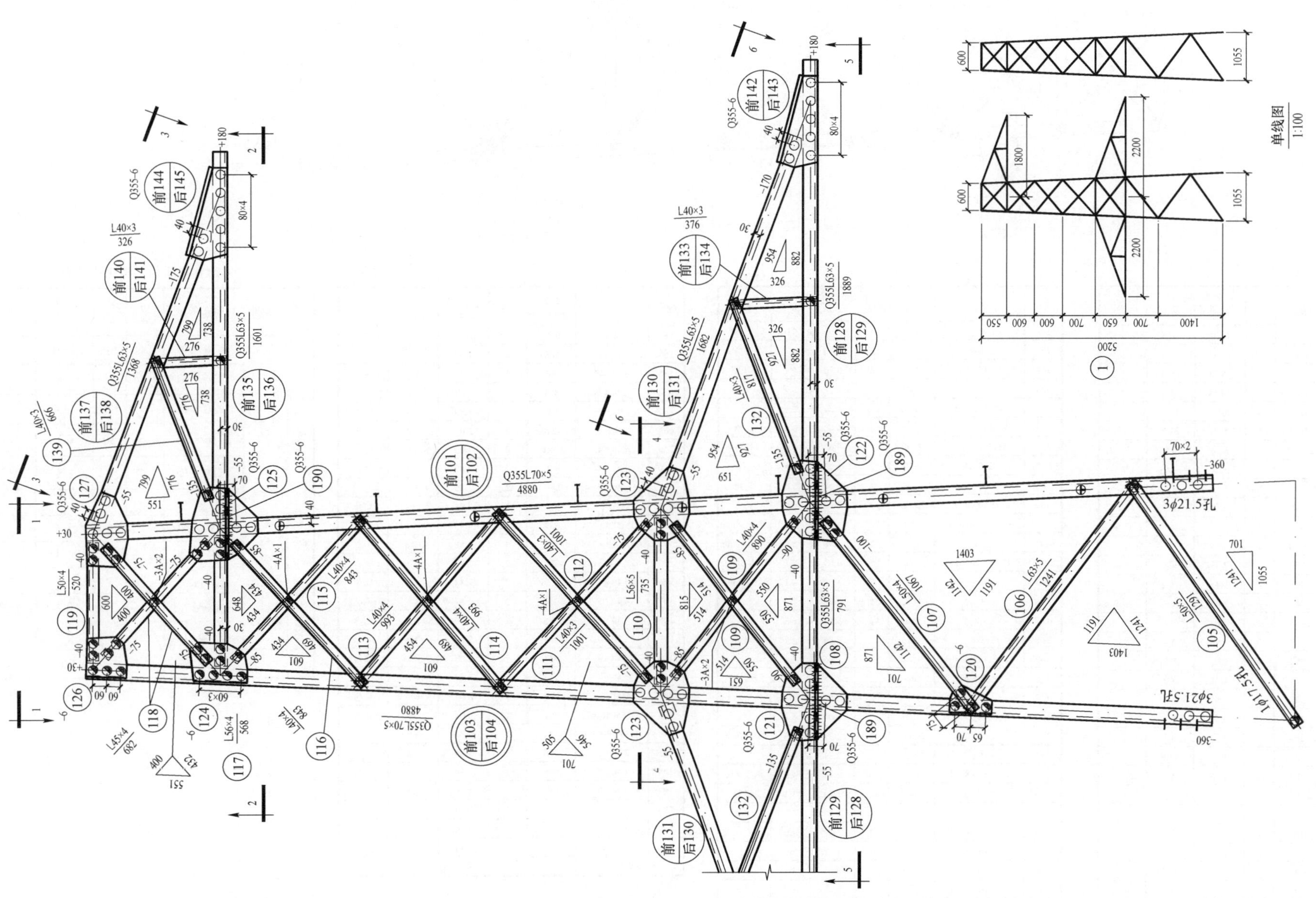

图 14-7　10GS20-Z1 直线塔塔头结构图①［10GS20-Z1-01（1/3）］

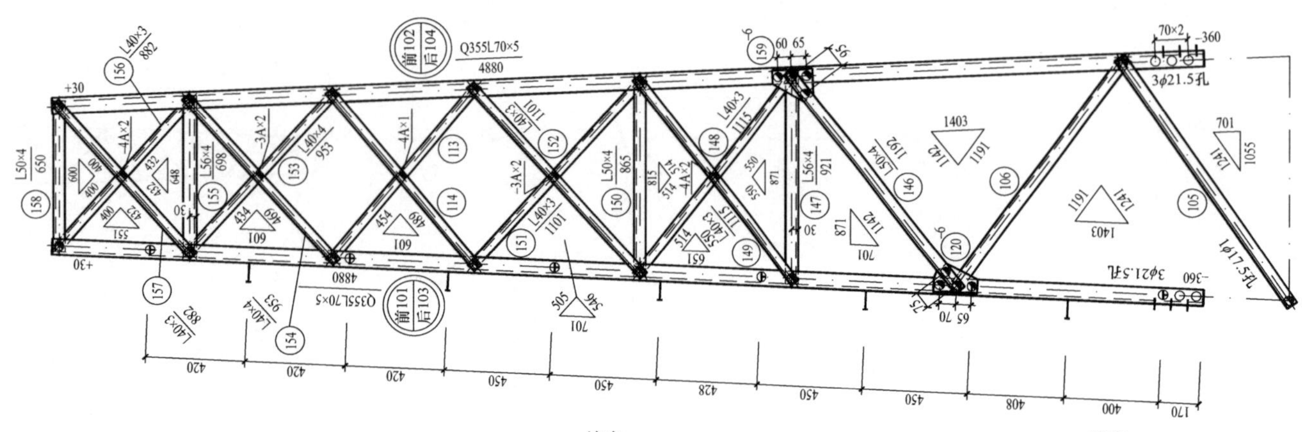

构 件 明 细 表

编号	规格	长度（mm）	数量	质量（kg）		备注
				单件	小计	
101	Q355L70×5	4880	1	26.34	26.3	带脚钉
102	Q355L70×5	4880	1	26.34	26.3	
103	Q355L70×5	4880	1	26.34	26.3	
104	Q355L70×5	4880	1	26.34	26.3	
105	L50×5	1291	4	4.87	19.5	
106	L63×5	1241	4	5.98	23.9	切角
107	L50×4	1067	2	3.26	6.5	
108	Q355L63×5	791	2	3.81	7.6	
109	L40×4	890	4	2.15	8.6	
110	L56×5	735	2	3.12	6.2	
111	L40×3	1001	2	1.85	3.7	切角
112	L40×3	1001	2	1.85	3.7	
113	L40×4	993	4	2.41	9.6	切角
114	L40×4	993	4	2.41	9.6	
115	L40×4	843	2	2.04	4.1	切角
116	L40×4	843	2	2.04	4.1	
117	L56×4	568	2	1.96	3.9	
118	L45×4	682	4	1.87	7.5	
119	L50×4	520	2	1.59	3.2	
120	−6×123	185	4	1.07	4.3	
121	Q355−6×341	283	2	4.55	9.1	焊接
122	Q355−6×354	283	2	4.72	9.4	焊接
123	Q355−6×243	325	4	3.72	14.9	
124	−6×172	253	2	2.05	4.1	
125	Q355−6×326	295	2	4.53	9.1	焊接
126	−6×176	181	2	1.50	3.0	
127	Q355−6×183	331	2	2.85	5.7	
128	Q355L63×5	1889	2	9.11	18.2	
129	Q355L63×5	1889	2	9.11	18.2	
130	Q355L63×5	1682	2	8.11	16.2	切角
131	Q355L63×5	1682	2	8.11	16.2	切角

续表

编号	规格	长度（mm）	数量	质量（kg）		备注
				单件	小计	
132	L40×3	817	4	1.51	6.0	
133	L40×3	376	2	0.70	1.4	切角
134	L40×3	376	2	0.70	1.4	切角
135	Q355L63×5	1601	1	7.72	7.7	
136	Q355L63×5	1601	1	7.72	7.7	
137	Q355L63×5	1368	1	6.60	6.6	切角
138	Q355L63×5	1368	1	6.60	6.6	切角
139	L40×3	666	2	1.23	2.5	
140	L40×3	326	1	0.60	0.6	切角
141	L40×3	326	1	0.60	0.6	切角
142	Q355−6×404	209	2	3.98	8.0	卷边 50mm
143	Q355−6×404	209	2	3.98	8.0	卷边 50mm
144	Q355−6×408	212	1	4.07	4.1	卷边 50mm
145	Q355−6×408	212	1	4.07	4.1	卷边 50mm
146	L50×4	1192	2	3.65	7.3	
147	L56×4	921	2	3.17	6.3	
148	L40×3	1115	2	2.06	4.1	切角
149	L40×3	1115	2	2.06	4.1	
150	L50×4	865	2	2.65	5.3	两端切肢
151	L40×3	1101	2	2.04	4.1	切角
152	L40×3	1101	2	2.04	4.1	
153	L40×4	953	2	2.31	4.6	切角
154	L40×4	953	2	2.31	4.6	
155	L56×4	698	2	2.41	4.8	两端切肢
156	L40×3	882	2	1.63	3.3	切角
157	L40×3	882	2	1.63	3.3	
158	L50×4	650	2	1.99	4.0	
159	−6×135	175	2	1.11	2.2	
160	L40×3	1105	2	2.05	4.1	
161	−6×142	212	4	1.42	5.7	
162	L40×3	1098	1	2.03	2.0	

续表

编号	规格	长度（mm）	数量	质量（kg）		备注
				单件	小计	
163	L40×3	1097	1	2.03	2.0	中间切肢
164	L40×3	806	2	1.49	3.0	
165	−6×142	202	4	1.35	5.4	
166	L40×3	804	1	1.49	1.5	
167	L40×3	802	1	1.49	1.5	中间切肢
168	L40×4	1246	2	3.02	6.0	切角
169	L40×4	1246	2	3.02	6.0	
170	L40×4	1177	2	2.85	5.7	切角
171	L40×4	1177	2	2.85	5.7	
172	Q355L80×7	932	2	7.95	15.9	切角
173	Q355L80×7	932	2	7.95	15.9	切角
174	Q355−8×318	129	4	2.58	10.3	
175	L40×3	1256	2	2.33	4.7	
176	L40×3	1256	2	2.33	4.7	切角
177	L40×3	900	2	1.67	3.3	两端切肢
178	L40×4	985	1	2.39	2.4	切角
179	L40×4	985	1	2.39	2.4	
180	L40×4	922	1	2.23	2.2	切角
181	L40×4	922	1	2.23	2.2	
182	Q355L80×7	709	1	6.04	6.0	切角
183	Q355L80×7	709	1	6.04	6.0	切角
184	Q355−8×318	122	2	2.44	4.9	
185	L40×3	996	1	1.84	1.8	
186	L40×3	996	1	1.84	1.8	切角
187	L40×3	681	1	1.26	1.3	两端切肢
188	−12×50	50	3	0.24	0.7	垫板
189	Q355−6×50	340	4	0.80	3.2	焊接
190	Q355−6×50	315	2	0.74	1.5	焊接
总质量		622.5kg				

螺栓、脚钉、垫圈明细表

名称	级别	规格	符号	数量	质量（kg）	备注
螺栓	6.8级	M16×40		200	28.8	
		M16×50		55	8.8	
		M20×45		120	32.4	
		M16×60		30	6.1	带双帽
		M16×70		6	1.3	带双帽
脚钉	6.8级	M16×180		9	3.4	
		M20×200		2	1.3	
垫圈	Q235	−3A（φ17.5）		20	0.2	规格×个数
		−4A（φ17.5）		34	0.7	
总质量			83.0kg			

图 14−8　10GS20−Z1 直线塔塔头结构图①［10GS20−Z1−01（2/3）］

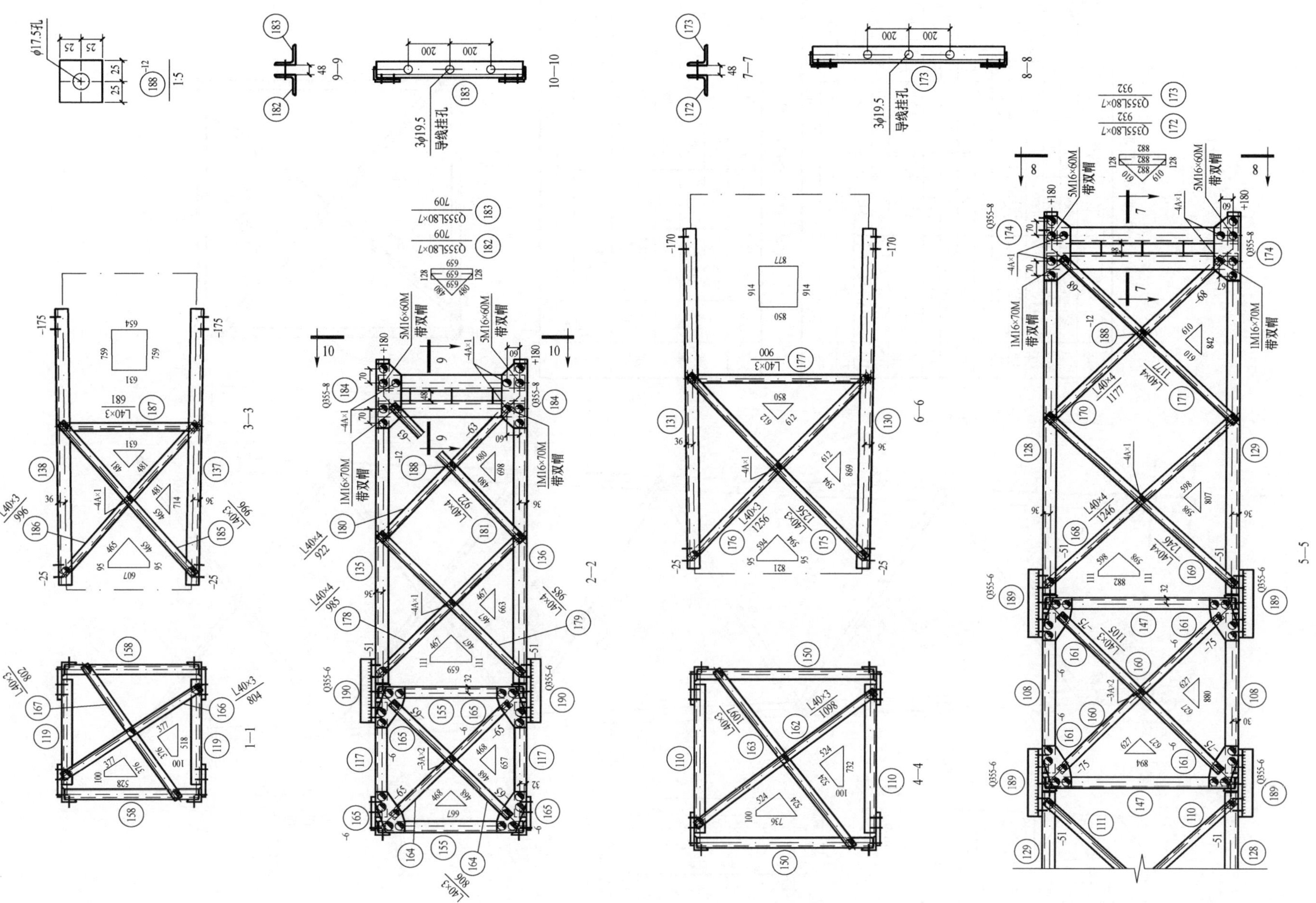

图 14-9 10GS20-Z1 直线塔塔头结构图① [10GS20-Z1-01（3/3）]

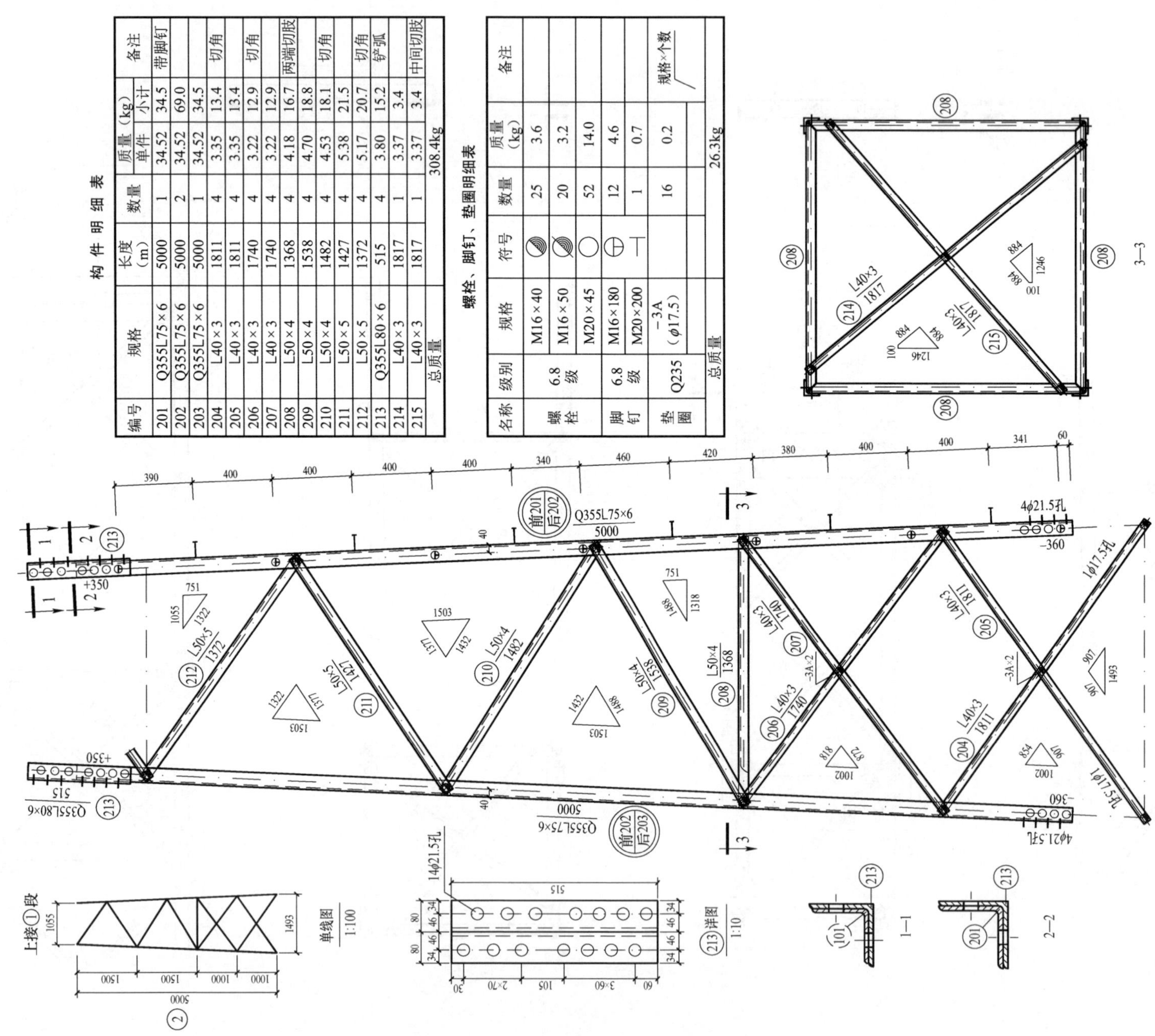

图 14－10　10GS20－Z1 直线塔塔身结构图②（10GS20－Z1－02）

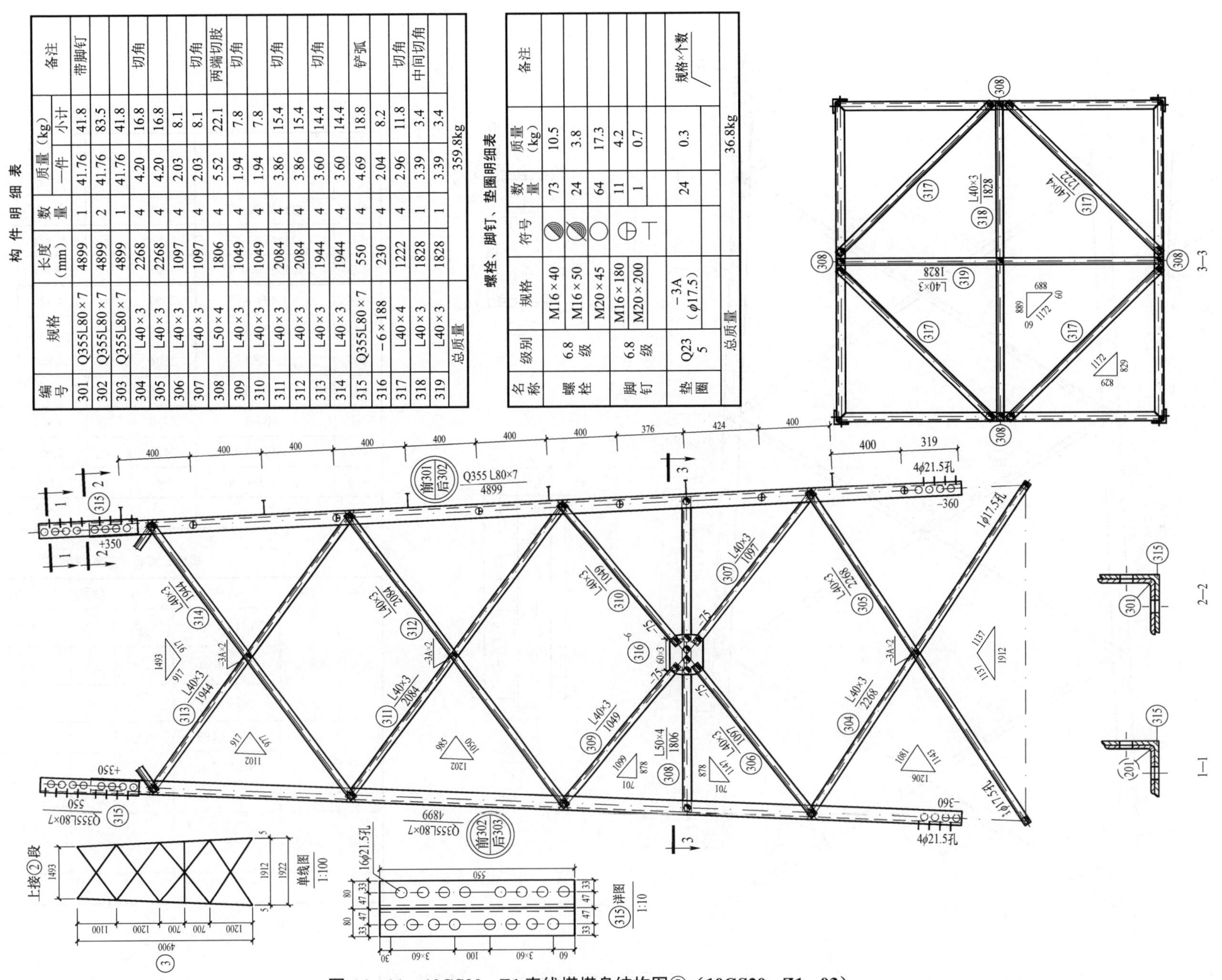

构 件 明 细 表

编号	规格	长度(mm)	数量	质量(kg) 一件	质量(kg) 小计	备注
301	Q355L80×7	4899	1	41.76	41.8	带脚钉
302	Q355L80×7	4899	2	41.76	83.5	
303	Q355L80×7	4899	1	41.76	41.8	
304	L40×3	2268	4	4.20	16.8	切角
305	L40×3	2268	4	4.20	16.8	
306	L40×3	1097	4	2.03	8.1	
307	L40×3	1097	4	2.03	8.1	切角
308	L50×4	1806	4	5.52	22.1	两端切肢
309	L40×3	1049	4	1.94	7.8	切角
310	L40×3	1049	4	1.94	7.8	
311	L40×3	2084	4	3.86	15.4	切角
312	L40×3	2084	4	3.86	15.4	
313	L40×3	1944	4	3.60	14.4	切角
314	L40×3	1944	4	3.60	14.4	
315	Q355L80×7	550	4	4.69	18.8	铲弧
316	−6×188	230	4	2.04	8.2	
317	L40×4	1222	4	2.96	11.8	切角
318	L40×3	1828	1	3.39	3.4	中间切角
319	L40×3	1828	1	3.39	3.4	
总质量				359.8kg		

螺栓、脚钉、垫圈明细表

名称	级别	规格	符号	数量	质量(kg)	备注
螺栓	6.8级	M16×40		73	10.5	
		M16×50		24	3.8	
		M20×45		64	17.3	
脚钉	6.8级	M16×180		11	4.2	
		M20×200		1	0.7	
垫圈	Q235	−3A (φ17.5)		24	0.3	规格×个数
总质量				36.8kg		

图 14-11 10GS20-Z1直线塔塔身结构图③（10GS20-Z1-03）

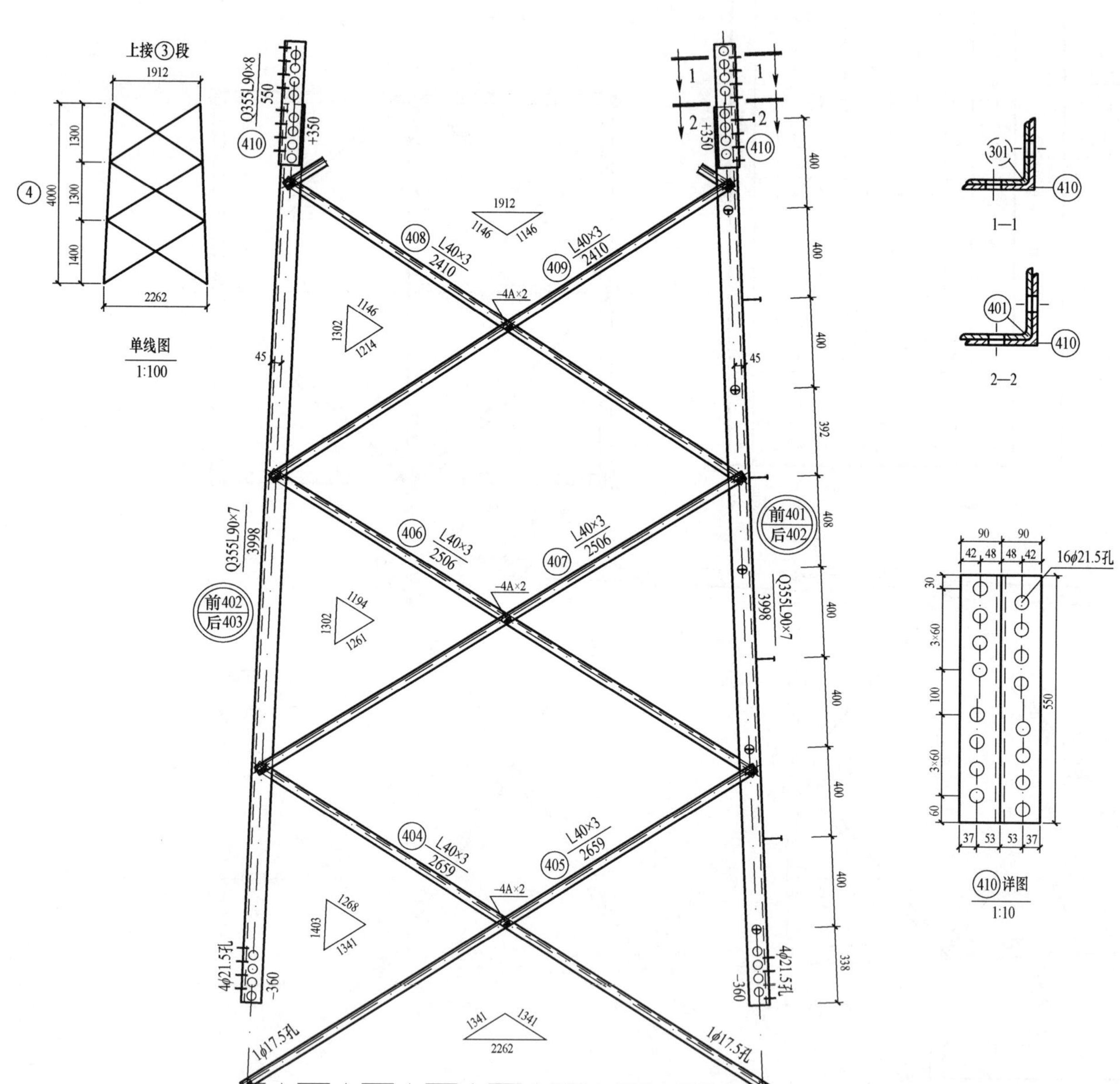

构件明细表

编号	规格	长度（mm）	数量	质量（kg）		备注
				单件	小计	
401	Q355L90×7	3998	1	38.60	38.6	带脚钉
402	Q355L90×7	3998	2	38.60	77.2	
403	Q355L90×7	3998	1	38.60	38.6	
404	L40×3	2659	4	4.92	19.7	切角
405	L40×3	2659	4	4.92	19.7	
406	L40×3	2506	4	4.64	18.6	切角
407	L40×3	2506	4	4.64	18.6	
408	L40×3	2410	4	4.46	17.8	切角
409	L40×3	2410	4	4.46	17.8	
410	Q355L90×8	550	4	6.02	24.1	铲弧
总质量		290.7kg				

螺栓、脚钉、垫圈明细表

名称	级别	规格	符号	数量	质量（kg）	备注
螺栓	6.8级	M16×40		12	1.7	
		M16×50		24	3.8	
		M20×45		64	17.3	
脚钉	6.8级	M16×180		9	3.4	
		M20×200		1	0.7	
垫圈	Q235	−4A（ϕ17.5）		24	0.5	规格×个数
总质量			27.4kg			

图 14−12　10GS20−Z1 直线塔塔身结构图④（10GS20−Z1−04）

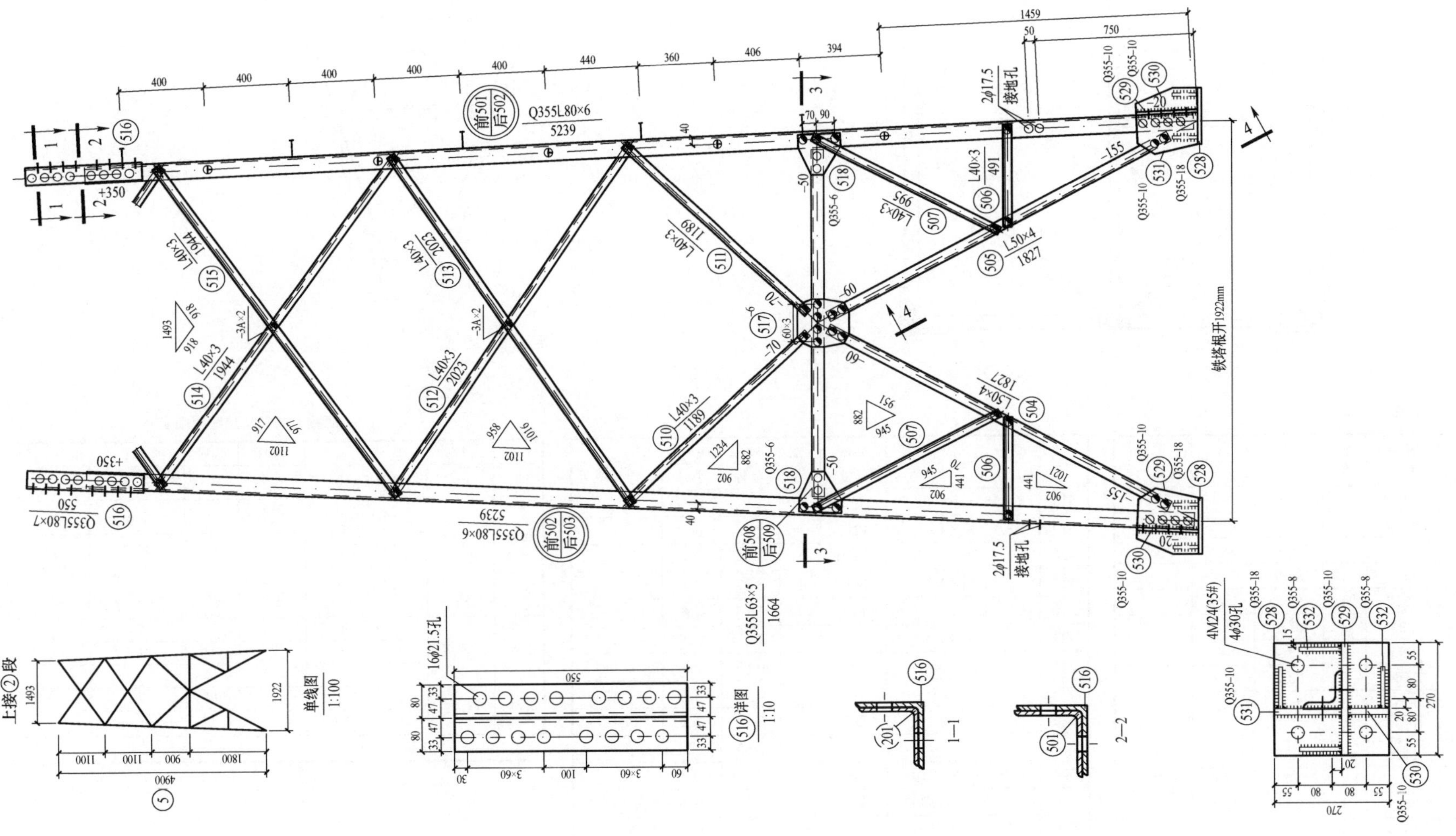

图 14-13　10GS20-Z1 直线塔 12.0m 呼称高塔腿结构图⑤［10GS20-Z1-05（1/2）］

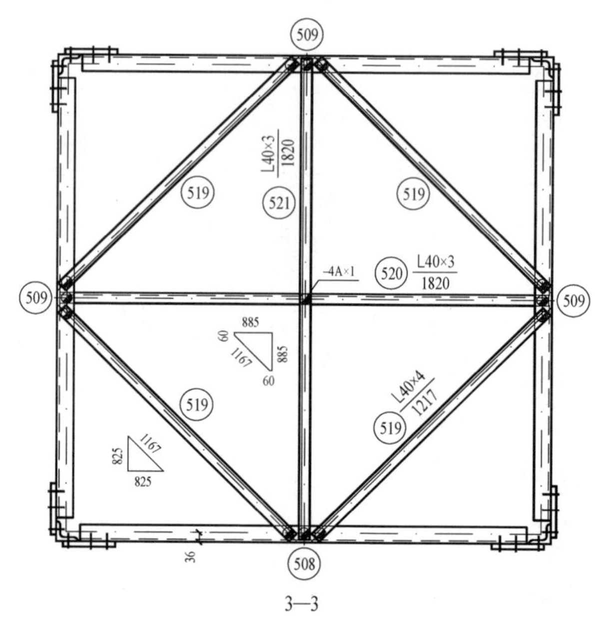

3—3

4—4

构件明细表

编号	规格	长度（mm）	数量	质量（kg） 单件	小计	备注
501	Q355L80×6	5239	1	38.64	38.6	带脚钉
502	Q355L80×6	5239	2	38.64	77.3	
503	Q355L80×6	5239	1	38.64	38.6	
504	L50×4	1827	4	5.59	22.4	
505	L50×4	1827	4	5.59	22.4	
506	L40×3	491	8	0.91	7.3	
507	L40×3	995	8	1.84	14.7	
508	Q355L63×5	1664	1	8.02	8.0	
509	Q355L63×5	1664	3	8.02	24.1	
510	L40×3	1189	4	2.20	8.8	切角
511	L40×3	1189	4	2.20	8.8	
512	L40×3	2023	4	3.75	15.0	切角
513	L40×3	2023	4	3.75	15.0	
514	L40×3	1944	4	3.60	14.4	切角
515	L40×3	1944	4	3.60	14.4	
516	Q355L80×7	550	4	4.69	18.8	铲弧
517	−6×230	254	4	2.75	11.0	

续表

编号	规格	长度（mm）	数量	质量（kg） 单件	小计	备注
518	Q355−6×196	210	8	1.94	15.5	
519	L40×4	1217	4	2.95	11.8	
520	L40×3	1820	1	3.37	3.4	
521	L40×3	1820	1	3.37	3.4	
522	L40×3	622	4	1.15	4.6	
523	L40×3	1138	8	2.11	16.9	
524	−6×110	166	4	0.86	3.4	火曲
525	−6×110	166	4	0.86	3.4	火曲
526	−6×119	142	4	0.80	3.2	火曲
527	−6×119	142	4	0.80	3.2	火曲
528	Q355−18×270	270	4	10.30	41.2	焊接
529	Q355−10×320	294	4	7.39	29.6	打破口焊接
530	Q355−10×104	294	4	2.40	9.6	打破口焊接
531	Q355−10×208	292	4	4.77	19.1	打破口焊接
532	Q355−8×100	100	16	0.63	10.1	打破口焊接
总质量		538.0kg				

螺栓、脚钉、垫圈明细表

名称	级别	规格	符号	数量	质量（kg）	备注
螺栓	6.8 级	M16×40		193	27.8	
		M16×50		16	2.6	
		M20×45		84	22.7	
		M20×55		32	9.4	
脚钉	6.8 级	M16×180		9	3.4	
		M20×200		1	0.7	
垫圈	Q235	−3A（φ17.5）		24	0.3	规格×个数
		−4A（φ17.5）		1	0.1	
总质量			67.0kg			

图 14－14　10GS20－Z1 直线塔 12.0m 呼称高塔腿结构图⑤［10GS20－Z1－05（2/2）］

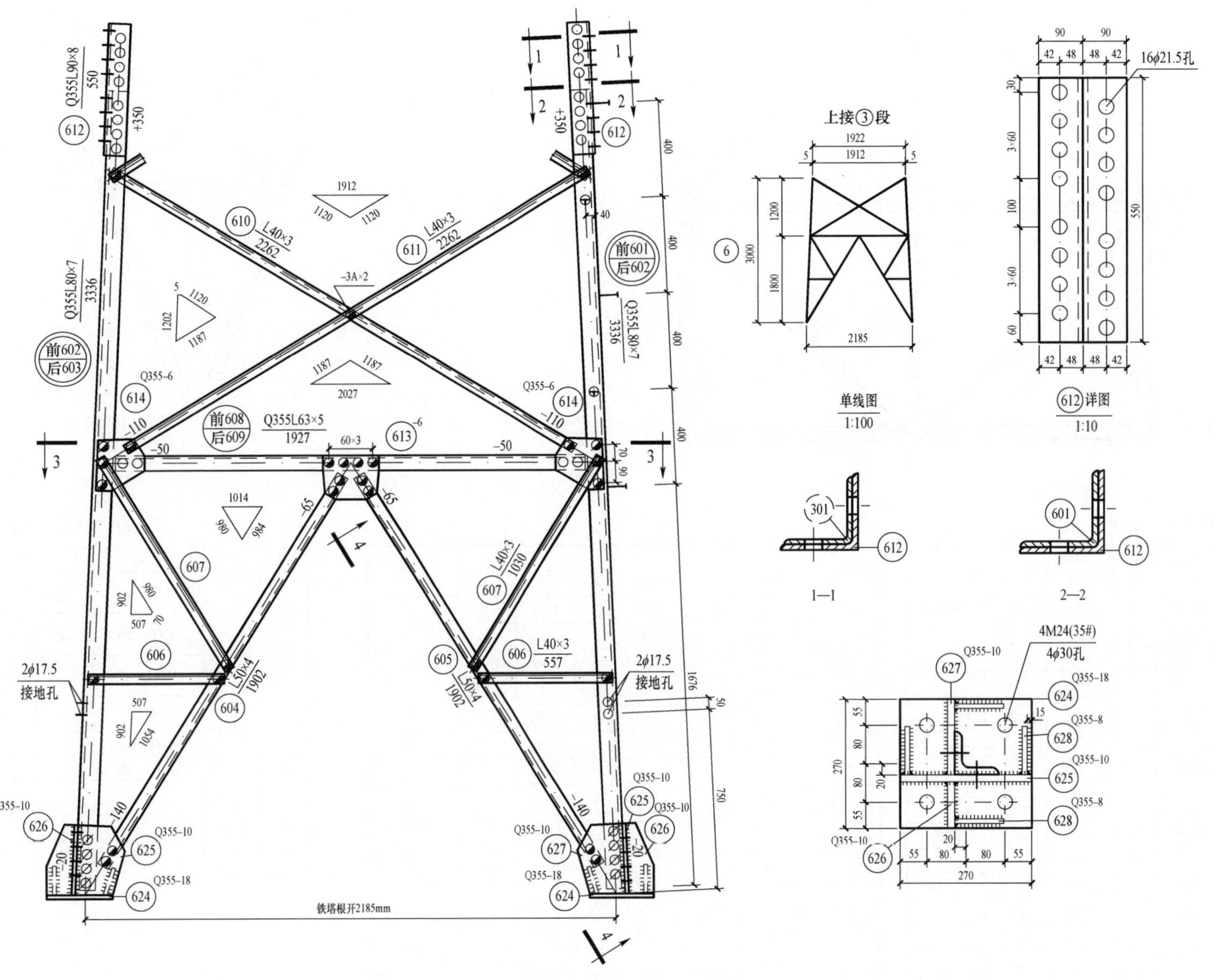

图 14-15　10GS20-Z1 直线塔 15.0m 呼称高塔腿结构图⑥［10GS20-Z1-06（1/2）］

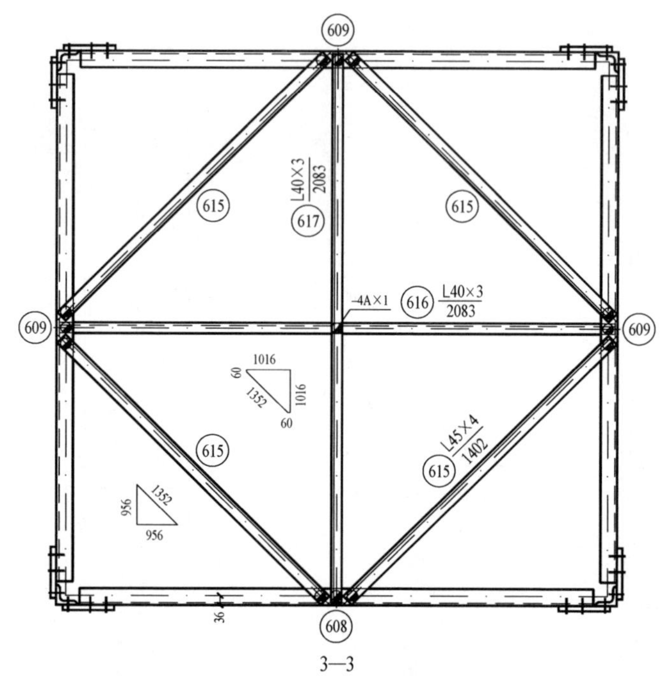

3—3

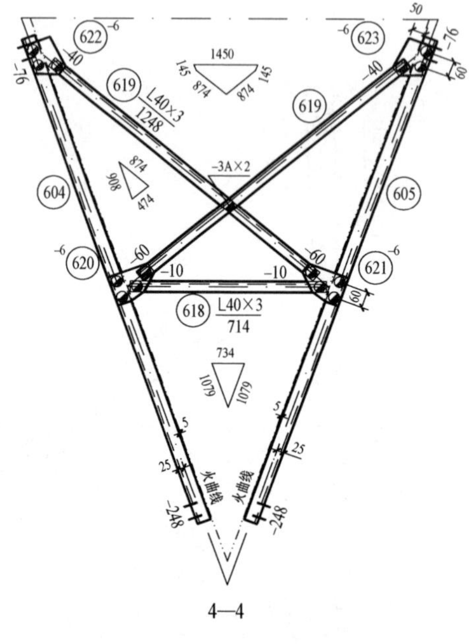

4—4

构 件 明 细 表

编号	规格	长度（mm）	数量	质量（kg）		备注
				单件	小计	
601	Q355L80×7	3336	1	28.44	28.4	带脚钉
602	Q355L80×7	3336	2	28.44	56.9	
603	Q355L80×7	3336	1	28.44	28.4	
604	L50×4	1902	4	5.82	23.3	
605	L50×4	1902	4	5.82	23.3	
606	L40×3	557	8	1.03	8.2	
607	L40×3	1030	8	1.91	15.3	
608	Q355L63×5	1927	1	9.29	9.3	
609	Q355L63×5	1927	3	9.29	27.9	
610	L40×3	2262	4	4.19	16.8	切角
611	L40×3	2262	4	4.19	16.8	
612	Q355L90×8	550	4	6.02	24.1	铲弧
613	-6×184	230	4	1.99	8.0	
614	Q355-6×196	221	8	2.04	16.3	
615	L45×4	1402	4	3.84	15.4	

续表

编号	规格	长度（mm）	数量	质量（kg）		备注
				单件	小计	
616	L40×3	2083	1	3.86	3.9	
617	L40×3	2083	1	3.86	3.9	
618	L40×3	714	4	1.32	5.3	
619	L40×3	1248	8	2.31	18.5	
620	-6×110	166	4	0.86	3.4	火曲
621	-6×110	166	4	0.86	3.4	火曲
622	-6×119	142	4	0.80	3.2	火曲
623	-6×119	142	4	0.80	3.2	火曲
624	Q355-18×270	270	4	10.30	41.2	焊接
625	Q355-10×320	294	4	7.39	29.6	打破口焊接
626	Q355-10×104	294	4	2.40	9.6	打破口焊接
627	Q355-10×208	292	4	4.77	19.1	打破口焊接
628	Q355-8×100	100	16	0.63	10.1	打破口焊接
总质量		472.8kg				

螺栓、脚钉、垫圈明细表

名称	级别	规格	符号	数量	质量（kg）	备注
螺栓	6.8 级	M16×40		157	22.6	
		M16×50		32	5.1	
		M20×45		84	22.7	
		M20×55		32	9.4	
脚钉	6.8 级	M16×180		4	1.5	
		M20×200		1	0.7	
垫圈	Q235	-3A（φ17.5）		16	0.2	规格×个数
		-4A（φ17.5）		1	0.1	
总质量			62.3kg			

图 14-16　10GS20-Z1 直线塔 15.0m 呼称高塔腿结构图⑥［10GS20-Z1-06（2/2）］

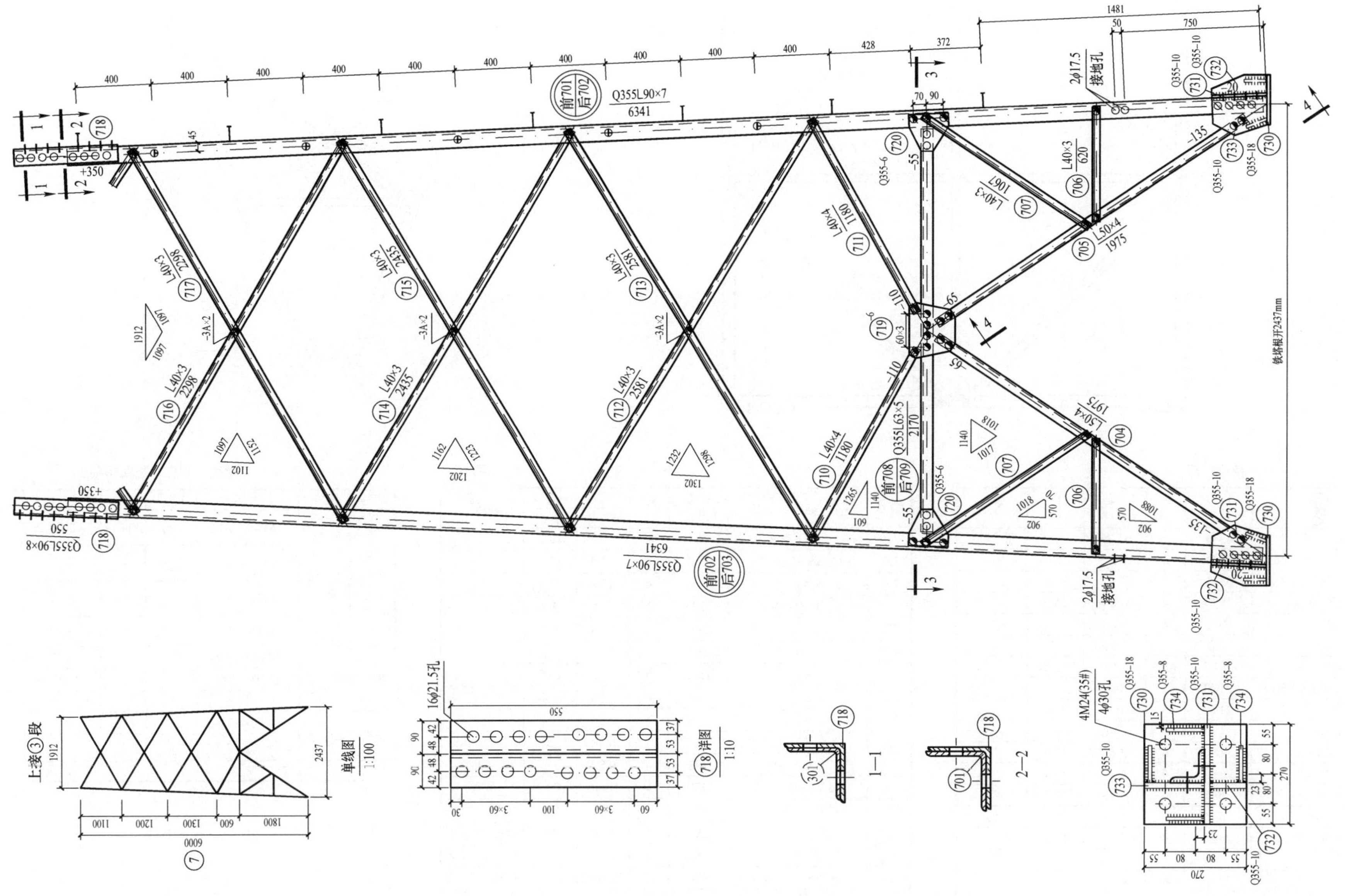

图 14－17　10GS20－Z1 直线塔 18.0m 呼称高塔腿结构图⑦［10GS20－Z1－07（1/2）］

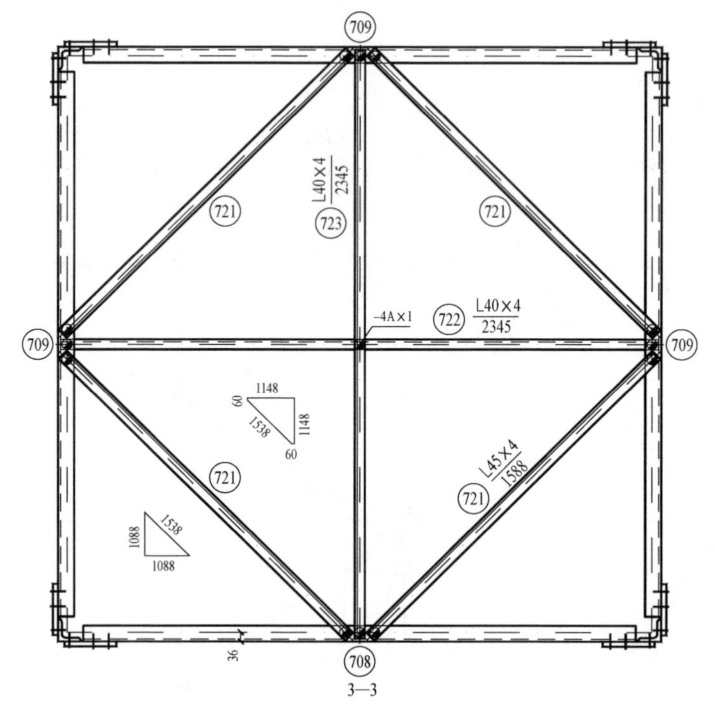

3—3

4—4

构件明细表

编号	规格	长度（mm）	数量	质量（kg） 单件	小计	备注
701	Q355L90×7	6341	1	61.23	61.2	带脚钉
702	Q355L90×7	6341	2	61.23	122.5	
703	Q355L90×7	6341	1	61.23	61.2	
704	L50×4	1975	4	6.04	24.2	
705	L50×4	1975	4	6.04	24.2	
706	L40×3	620	8	1.15	9.2	
707	L40×3	1067	8	1.98	15.8	
708	Q355L63×5	2170	1	10.46	10.5	
709	Q355L63×5	2170	3	10.46	31.4	
710	L40×4	1180	4	2.86	11.4	切角
711	L40×4	1180	4	2.86	11.4	
712	L40×3	2581	4	4.78	19.1	切角
713	L40×3	2581	4	4.78	19.1	
714	L40×3	2435	4	4.51	18.0	切角
715	L40×3	2435	4	4.51	18.0	
716	L40×3	2298	4	4.26	17.0	切角
717	L40×3	2298	4	4.26	17.0	
718	Q355L90×8	550	4	6.02	24.1	铲弧

续表

编号	规格	长度（mm）	数量	质量（kg） 单件	小计	备注
719	−6×244	301	4	3.46	13.8	
720	Q355−6×201	210	8	1.99	15.9	
721	L45×4	1588	4	4.34	17.4	
722	L40×4	2345	1	5.68	5.7	
723	L40×4	2345	1	5.68	5.7	
724	L40×3	802	4	1.49	6.0	
725	L40×3	1362	8	2.52	20.2	
726	−6×110	166	4	0.86	3.4	火曲
727	−6×110	166	4	0.86	3.4	火曲
728	−6×119	142	4	0.80	3.2	火曲
729	−6×119	142	4	0.80	3.2	火曲
730	Q355−18×270	270	4	10.30	41.2	焊接
731	Q355−10×326	294	4	7.52	30.1	打破口焊接
732	Q355−10×104	294	4	2.40	9.6	打破口焊接
733	Q355−10×214	292	4	4.91	19.6	打破口焊接
734	Q355−8×100	100	16	0.63	10.1	打破口焊接
总质量		723.8kg				

螺栓、脚钉、垫圈明细表

名称	级别	规格	符号	数量	质量（kg）	备注
螺栓	6.8 级	M16×40		173	24.9	
		M16×50		48	7.7	
		M20×45		84	22.7	
		M20×55		32	9.4	
脚钉	6.8 级	M16×180		12	4.6	
		M20×200		1	0.7	
垫圈	Q235	−3A（ϕ17.5）		32	0.3	规格×个数
		−4A（ϕ17.5）		1	0.1	
总质量			70.4kg			

图 14－18　10GS20－Z1 直线塔 18.0m 呼称高塔腿结构图⑦［10GS20－Z1－07（2/2）］

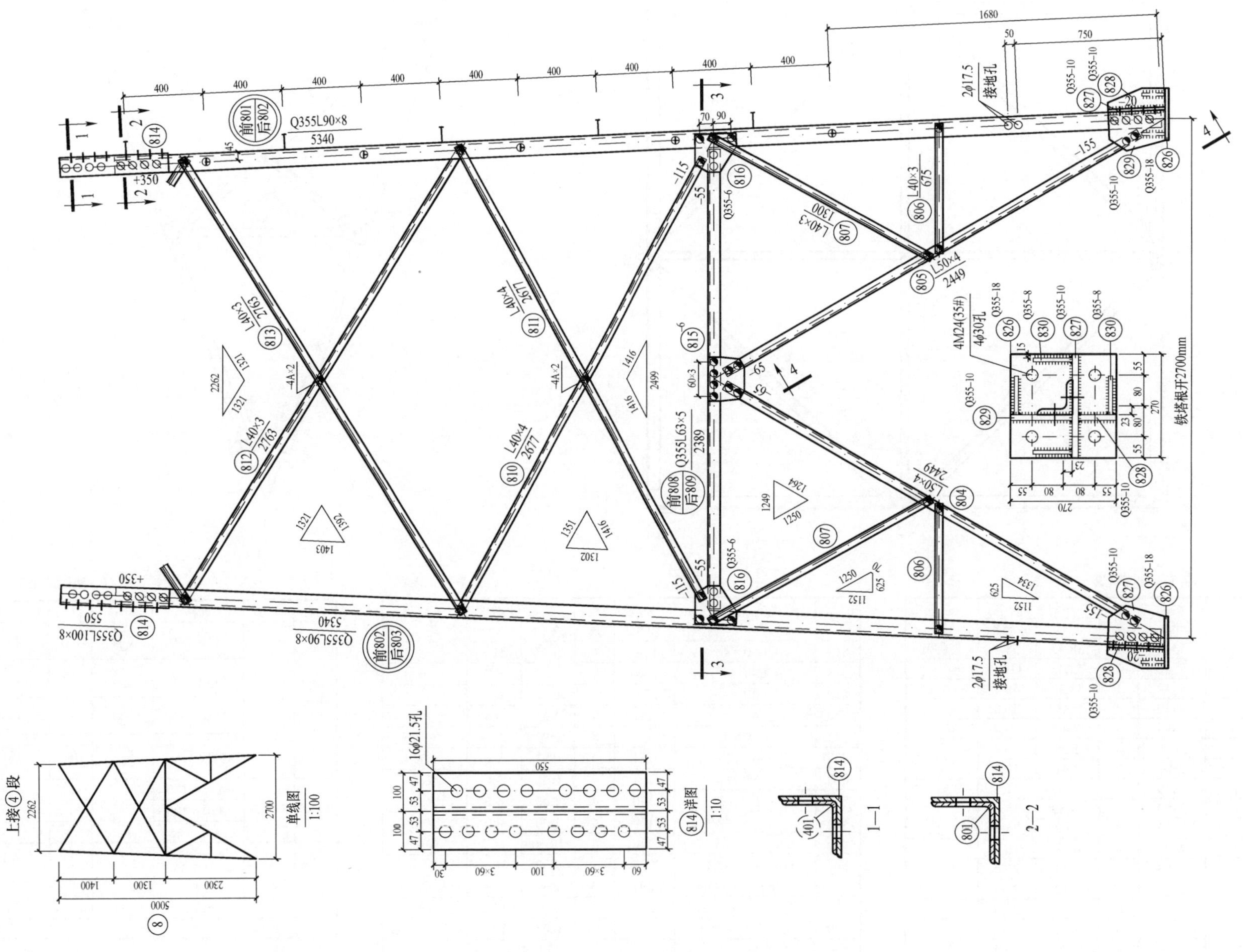

图 14－19　10GS20－Z1 直线塔 21.0m 呼称高塔腿结构图⑧［10GS20－Z1－08（1/2）］

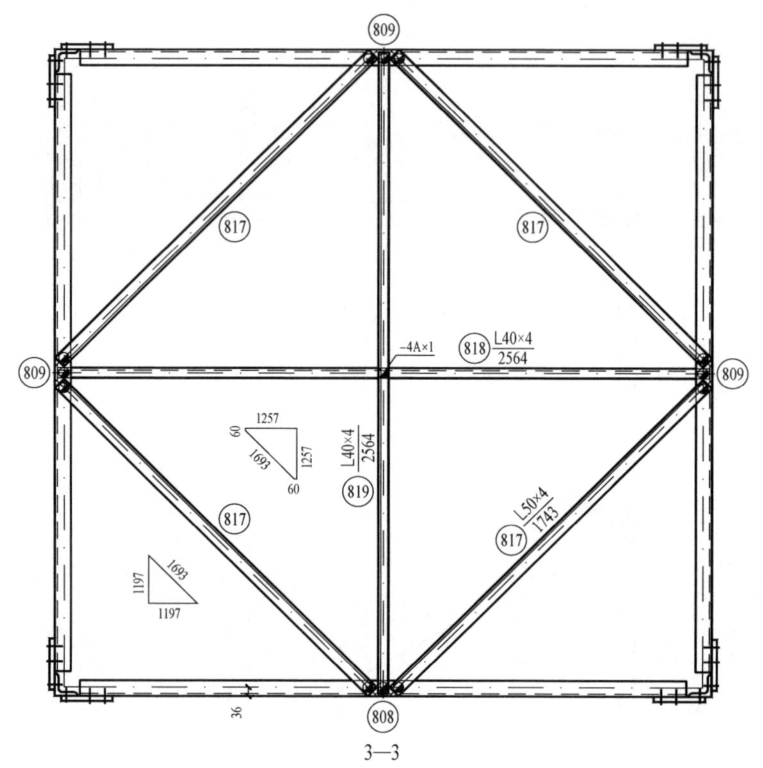

3—3

4—4

构件明细表

编号	规格	长度（mm）	数量	质量（kg）		备注
				单件	小计	
801	Q355L90×8	5340	1	58.45	58.4	带脚钉
802	Q355L90×8	5340	2	58.45	116.9	
803	Q355L90×8	5340	1	58.45	58.4	
804	L50×4	2449	4	7.49	30.0	
805	L50×4	2449	4	7.49	30.0	
806	L40×3	675	8	1.25	10.0	
807	L40×3	1300	8	2.41	19.3	
808	Q355L63×5	2389	1	11.52	11.5	
809	Q355L63×5	2389	3	11.52	34.6	
810	L40×4	2677	4	6.48	25.9	切角
811	L40×4	2677	4	6.48	25.9	
812	L40×3	2763	4	5.12	20.5	切角
813	L40×3	2763	4	5.12	20.5	
814	Q355L100×8	550	4	6.75	27.0	铲弧
815	−6×185	230	4	2.00	8.0	
816	Q355−6×201	217	8	2.05	16.4	

续表

编号	规格	长度（mm）	数量	质量（kg）		备注
				单件	小计	
817	L50×4	1743	4	5.33	21.3	
818	L40×4	2564	1	6.21	6.2	
819	L40×4	2564	1	6.21	6.2	
820	L40×3	881	4	1.63	6.5	
821	L40×3	1613	8	2.99	23.9	
822	−6×118	164	4	0.91	3.6	火曲
823	−6×118	164	4	0.91	3.6	火曲
824	−6×142	150	4	1.00	4.0	火曲
825	−6×142	150	4	1.00	4.0	火曲
826	Q355−18×270	270	4	10.30	41.2	焊接
827	Q355−10×325	294	4	7.50	30.0	打破口焊接
828	Q355−10×104	294	4	2.40	9.6	打破口焊接
829	Q355−10×214	292	4	4.91	19.6	打破口焊接
830	Q355−8×100	100	16	0.63	10.1	打破口焊接
总质量		703.1kg				

螺栓、脚钉、垫圈明细表

名称	级别	规格	符号	数量	质量（kg）	备注
螺栓	6.8 级	M16×40		161	23.2	
		M16×50		40	6.4	
		M20×45		52	14.0	
		M20×55		64	18.9	
脚钉	6.8 级	M16×180		9	3.4	
		M20×200		1	0.7	
垫圈	Q235	−3A（ϕ17.5）		8	0.1	规格×个数
		−4A（ϕ17.5）		17	0.3	
总质量			67.0kg			

图 14−20　10GS20−Z1 直线塔 21.0m 呼称高塔腿结构图⑧［10GS20−Z1−08（2/2）］

铁塔加工统一说明

1. 铁塔的设计执行 GB 50017—2017《钢结构设计规范》和 DL/T 5154—2012《架空输电线路杆塔结构设计技术规定》的有关规定。铁塔的加工本说明未列之处，需满足如下国标、规范和行业规定的要求：

GB 50661—2011《钢结构焊接规范》

GB 50205—2020《钢结构工程施工质量验收规范》

GB/T 2694—2018《输电线路铁塔制造技术条件》

GB 50173—2014《电气装置安装工程 66kV 及以下架空电力线路施工及验收规范》

DL/T 5442—2020《输电线路杆塔制图和构造规定》

2. 结构图中图面内的图例，代号等在说明中未提及之处，均按 DL/T 5442—2020《输电线路铁塔制图和构造规定》中的要求执行。

3. 钢材质量标准应符合 GB/T 700—2006《碳素结构钢》及 GB/T 1591—2018《低合金高强度结构钢》的有关要求。

4. 铁塔构件的钢种为 Q235B、Q355B，图中注明 Q355 材料为 Q355B 钢材，未注明者均为 Q235B 钢材。

5. 螺栓、螺母应符合的标准分别为 GB/T 5780—2016《六角头螺栓 C 级》、GB/T 6170—2015《1 型六角螺母》。

6. 所有螺栓（包括防卸螺栓）的强度等级为热镀锌后的强度值，螺栓及脚钉强度级别：M16、M20 为 6.8 级，M24 采用 8.8 级。

7. 垫圈标准应符合 GB/T 95—2002《平垫圈 C 级》，按照螺栓规格不同，分别加工厚度为 3mm（M16 螺栓）和 4mm（M20 螺栓、M24 螺栓）两种垫圈。当需垫的厚度超过 3 个垫圈时，应采用加工相应厚度垫块的形式。

8. 所有材料，包括角钢、钢板、螺栓、防卸螺栓、焊条等均应有出厂合格证书。

9. 所有构件均应作热（浸）镀锌防腐处理。并且不同材质的角钢必须分批镀锌，以免引起镀锌质量的下降。

10. 构件焊接应严格按照焊接规程，规范和有关规定进行，焊缝高度未注明的不得小于连接构件的最小厚度，当被焊接构件厚度不小于 8mm 时，要按规定进行剖口后再焊，以便焊透。厚度不小于 20mm 的焊件应采取焊前预热或焊后保温等相应处理措施，避免焊件的碎裂危险或过高的焊接应力。焊缝等级要求参见施工图纸。

11. Q355 及 Q235 钢构件所对应采用的焊条分别为 E50 系列及 E43 系列。当高级别钢和低级别钢相焊时，应采用低级别钢对应的焊条，所有焊接件均需加封焊，以防酸液进入接触面而造成锈蚀。

12. 加工时如需材料代用及改变结构形式等情况，须征得设计单位的同意。材料代用时，需注意相关影响（螺栓长度、主材接头相平、内垫片增减等），应与图纸对应列表统计，并由加工厂书面通知施工单位，以方便施工安装。

13. 角钢基准线和螺栓准线除图中特殊注明外，一般按表 1 采用。

表 1　　角钢的螺栓准线表

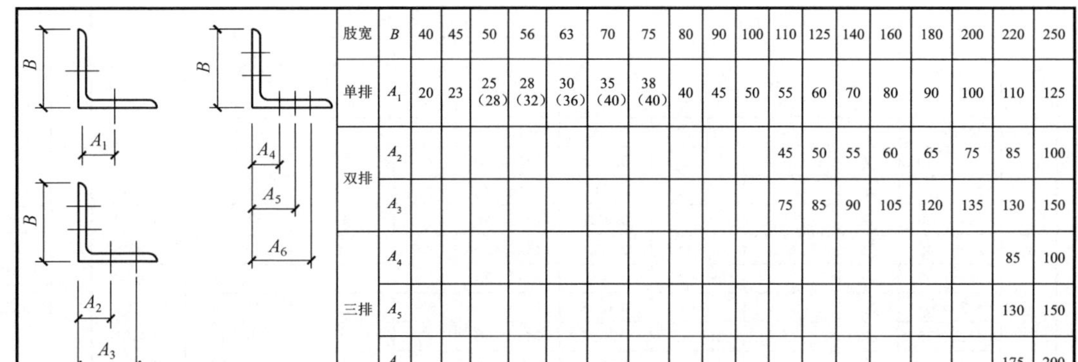

	肢宽	B	40	45	50	56	63	70	75	80	90	100	110	125	140	160	180	200	220	250
	单排	A_1	20	23	25 (28)	28 (32)	30 (36)	35 (40)	38 (40)	40	45	50	55	60	70	80	90	100	110	125
	双排	A_2											45	50	55	60	65	75	85	100
		A_3											75	85	90	105	120	135	130	150
	三排	A_4																	85	100
		A_5																	130	150
		A_6																	175	200
最大可用螺栓孔径			ϕ17.5				ϕ21.5									ϕ25.5				

注　1. 括号内的数字用于当其他构件与本角钢搭接而螺栓边距不足时，在搭接位置上的螺栓孔可使用的准线值。

2. L100 及以下角钢一般不宜采用双排准线，L200 及以下角钢一般不宜采用三排准线。

3. 对于三排准线除非设计有要求，一般不得擅自使用。

14. 当角钢上打双排螺栓或多排螺栓时，螺栓在角钢轴心线上的投影孔距必须满足以下规定：

当用 M16 螺栓时，$L \geqslant 40$mm；

当用 M20 螺栓时，$L \geqslant 50$mm（参见图 1）。

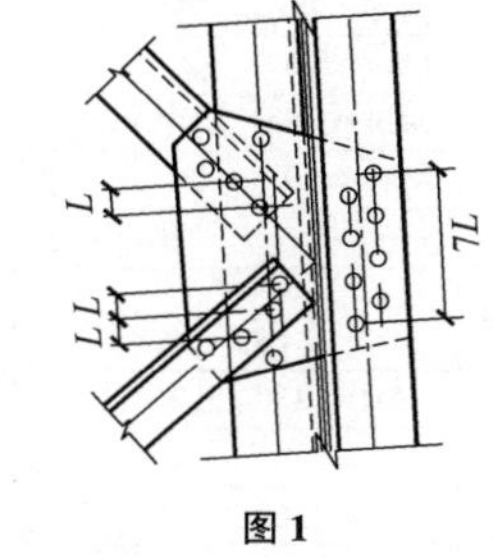

图 1

15. 螺栓、脚钉、垫圈规格按表 2 采用。最短腿离地高 8m 以下的连接螺栓采用防卸螺栓，其他均采用防松措施（采用薄螺母防松）。单帽螺栓配一帽、一垫、一薄螺母；双帽螺栓配两帽、一垫。M16 和 M20 的螺栓规格采用 6.8 级、M24 及以上的螺栓规格采用 8.8 级，防卸螺栓规格由业主及运行单位确定，并保证出扣。但挂线角钢处应采用双帽防松。业主方或运行方有特殊要求的应按照业主方或运行方的要求。螺栓的长度和数量必须经过放样和试组装的检验，当长度或数量有误时，应及时汇报给监理或设计单位。

图 14－21　10GS20－Z1 直线塔加工说明（10GS20－Z1－09）

表 2　　螺栓、脚钉、垫圈规格表

单帽螺栓（带一垫、一扣紧螺母）						双帽螺栓（带一垫双帽）				
级别	规格	图例	说明			规格	图例	说明		
			无扣长（mm）	通过厚度（mm）	每套重量（kg）			无扣长（mm）	通过厚度（mm）	每套重量（kg）
6.8级	M16×40	◐	6	7～12	0.1442	M16×50	○	6	7～12	0.1875
	M16×50	∅	12	13～22	0.1602	M16×60	○	12	13～22	0.2039
	M16×60	⊠	22	23～32	0.1762	M16×70	○	22	23～32	0.2203
	M16×70	∅	32	33～42	0.1922	M16×80	○	32	33～42	0.2369
6.8级	M20×45	○	8	9～15	0.2701	M20×60	○	8	9～15	0.3605
	M20×55	∅	15	16～25	0.2953	M20×70	○	15	16～25	0.3864
	M20×65	⊠	25	26～35	0.3205	M20×80	○	25	26～35	0.4123
	M20×75	∅	35	36～45	0.3457	M20×90	○	35	36～45	0.4381
	M20×85	⊠	45	46～55	0.3709	M20×100	○	45	46～55	0.4640
	M20×95	⊠	55	56～65	0.3961	M20×110	○	55	56～65	0.4899
	M20×105	⊛	65	66～75	0.4213	M20×120	○	65	66～75	0.5158
8.8级	M24×55	◎	12	13～20	0.4631	M24×75	◎	12	13～20	0.6278
	M24×65	∅	20	21～30	0.5000	M24×85	◎	20	21～30	0.6655
	M24×75	⊠	30	31～40	0.5368	M24×95	◎	30	31～40	0.7033
	M24×85	∅	40	41～50	0.5737	M24×105	◎	40	41～50	0.7410
	M24×95	⊠	50	51～60	0.6105	M24×115	◎	50	51～60	0.7787
	M24×105	⊠	60	61～70	0.6473	M24×125	◎	60	61～70	0.8165
	M24×115	⊛	70	71～80	0.6842	M24×135	◎	70	71～80	0.8541
	M24×130	⊛	80	81～95	0.7375	M24×150	◎	80	81～95	0.9074
脚　　钉					垫　圈					
级别	规格	图例	无扣长（mm）	每只重量（kg）	材质	规格	图例	每只重量（kg）	内径（mm）	外径（mm）
6.8级	M16×180	正面 侧面	120	0.3254		-3（ϕ17.5）	规格×个数	0.01065	17.5	30
						-4（ϕ17.5）		0.0142	17.5	30
6.8级	M20×200		120	0.6183		-3（ϕ22）		0.01637	22	37
						-4（ϕ22）		0.02183	22	37
8.8级	M24×240		120	0.9037		-3（ϕ26）		0.02331	26	44
						-4（ϕ26）		0.03108	26	44

注　1. 受剪单帽螺栓和脚钉配一帽、一垫、一薄螺母；受剪或受拉双帽螺栓配两帽、一垫。
2. 螺纹不得进入剪切面。
3. 薄螺母的性能等级为 05 级。

16. 对于 8.8 级及以上的高强度螺栓，除应满足 GB/T 3098《紧固件机械性能》和 DL/T 764.4《输电线路铁塔及电力金具紧固件冷镦热浸镀锌螺栓与螺母》之要求外，还应委托第三方有资质的检测单位对高强度螺栓进行抽检，并提供塑性、强度和硬度的试验合格报告。

17. 角钢及钢板的螺栓间距除图中特殊注明外应按表 3 采用。

螺孔顺力线方向重心最大间距 12d 或 18t（取二者较小者）其中 d 为螺栓直径，t 为较薄板的厚度。

表 3　　螺 栓 边 端 距 要 求 表

螺栓规格	螺栓孔径	间距		边距		
		单排孔	双排孔	端边 L_D	轧制边 L_Z	切角边 L_Q
M12	ϕ13.5	40	60	20	≥17	≥18
M16	ϕ17.5	50	80	25	≥21*	≥23
M20	ϕ21.5	60	100	30	≥26	≥28
M24	ϕ25.5	80	120	40	≥31	≥33

* 当用 L40 角钢时，轧制边距 L_z=20。

18. 脚钉从基础顶面以上 1.5m 左右起装，间距一般按 400mm，当某一个脚钉位于节点板、主材接头、塔身变坡等位置，上下脚钉间距不能满足标准 400mm 时，该脚钉上下相邻的两个或三个脚钉间距之和需满足 400mm 的倍数。

当脚钉代替螺栓时，脚钉级别应与被代螺栓等强度。

脚钉型式采用防滑带弯钩型式。

19. 节点板考虑到刚度和稳定要求，形状不宜狭长，节点板边缘与构件轴线夹角 α 不小于 15°，1—1 段面的节点板断面面积不小于被连接角钢截面积的 1.2 倍。参见图 2。

节点板边距及构件间隙如图 3 所示。

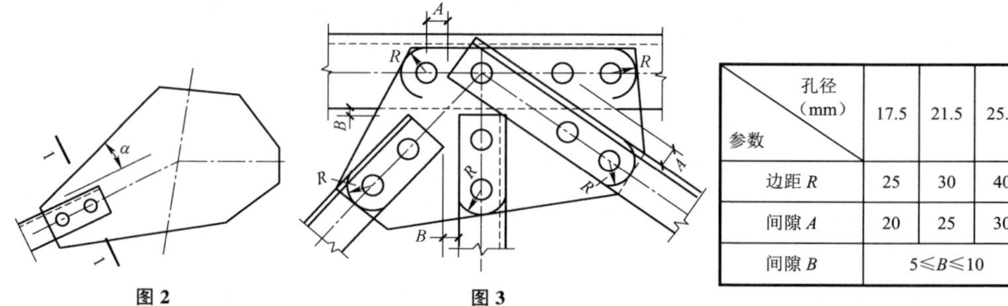

图 2　　图 3

参数 \ 孔径（mm）	17.5	21.5	25.5
边距 R	25	30	40
间隙 A	20	25	30
间隙 B	5≤B≤10		

20. 构件接头中包角钢接头间隙按图放样，一般为 10mm 左右。其中外包角钢清根，内包角钢铲背。

21. 凡图中所要求的火曲、开合角、切肢、压扁、切角的尺寸均由加工放样决定。角钢肢宽大于 100mm 以上，两构件连接面间的夹角大于 2°时，构件应局部开、合角或制弯。

22. 如没有注明，长度单位均为毫米。

23. 结构图中尺寸仅供备料用，加工前应放样，以实际放样尺寸为准。

24. 角钢对接处外贴连接钢板的螺栓孔最小边距 M20 取 40mm、M24 取 50mm。

25. 当螺栓采用一垫一帽一薄螺母时应确保装好螺帽后螺杆出扣。

26. 制孔方式按照铁塔招标技术规范书的要求执行。

27. 铁塔放样后应加工一基样塔，经试组装检验合格后方能批量生产。

28. 本工程参照国家电网公司基建部监制的“工艺标准库（2012 版）”，本册施工图按以下工艺标准进行施工。

工艺编号	项目/工艺名称	注意事项
0201020101	角钢铁塔分解组立	

图 14－21　10GS20－Z1 直线塔加工说明（10GS20－Z1－09）（续）

14.7 10GS20－Z2 塔

14.7.1 10GS20－Z2 塔设计条件

导线型号及张力见表 14－12。

表 14－12　　导线型号及张力

电压等级	10kV	导线	JL/G1A－120/70	导线最大使用张力（N）	26578	导线不平衡张力取值（%）	20

使用条件见表 14－13。

表 14－13　　使用条件

水平档距（m）	垂直档距（m）	代表档距（m）	使用档距（m）	转角度数（°）	计算高度（m）	档距系数 K_v
400	600	400	400	0	21	0.75

荷重表见表 14－14。

表 14－14　　荷重表　　N

项目		正常运行情况			事故情况		安装情况	不均匀冰
		基本风速	覆冰	最低气温	未断线	断线		
气象条件（T/V/B）		－5/27/0	－5/10/20	－30/0/0	－5/0/20	－5/0/20	－15/10/0	－5/10/20
水平荷载	导线	3776	1963	0	0	0	609	1963
	绝缘子及金具	79	11	0	0	0	11	11
	跳线串							
垂直荷载	导线	5260	17904	5260	17904	17904	5260	17904
	绝缘子及金具	583	758	583	758	758	583	758
	跳线串							
导线张力	一侧	10967	26578	8262	13289	0	8535	
	另一侧	10967	26578	8262	13289	13289	8535	
	张力差	0	0	0	0	13289	0	5316

注　导线水平荷载为下相导线荷载。

14.7.2 10GS20－Z2 塔根开尺寸及基础作用力

根开尺寸见表 14－15。

表 14－15　　根开尺寸

呼称高（m）	基础根开（mm）		地脚螺栓根开（mm）		地脚螺栓规格
	正面根开	侧面根开	正面根开	侧面根开	
15	2349	2349	200	200	4×M30
18	2613	2613	200	200	4×M30
21	2882	2882	200	200	4×M30
24	3150	3150	200	200	4×M30

基础作用力见表 14－16。

表 14－16　　基础作用力　　kN

呼称高（m）	T_{max}	T_x	T_y	N_{max}	N_x	N_y
15	85.58	7.14	6.20	136.00	8.21	9.34
18	95.70	7.82	6.44	143.64	8.99	9.38
21	106.88	8.31	7.17	149.77	9.56	9.36
24	117.93	9.13	8.07	155.95	10.43	9.42

14.7.3 10GS20－Z2 塔施工图纸目录

10GS20－Z2 塔施工图纸目录见表 14－17。

表 14－17　　10GS20－Z2 塔施工图纸目录

编号	图号	图名
图 14－22	10GS20－Z2－00（1/2）	10GS20－Z2 直线塔总图及材料汇总表
图 14－23	10GS20－Z2－00（2/2）	10GS20－Z2 直线塔总图及材料汇总表
图 14－24	10GS20－Z2－01（1/3）	10GS20－Z2 直线塔塔头结构图①
图 14－25	10GS20－Z2－01（2/3）	10GS20－Z2 直线塔塔头结构图①
图 14－26	10GS20－Z2－01（3/3）	10GS20－Z2 直线塔塔头结构图①
图 14－27	10GS20－Z2－02（1/2）	10GS20－Z2 直线塔塔身结构图②
图 14－28	10GS20－Z2－02（2/2）	10GS20－Z2 直线塔塔身结构图②

续表

编号	图号	图名
图 14－29	10GS20－Z2－03（1/2）	10GS20－Z2 直线塔塔身结构图③
图 14－30	10GS20－Z2－03（2/2）	10GS20－Z2 直线塔塔身结构图③
图 14－31	10GS20－Z2－04	10GS20－Z2 直线塔塔身结构图④
图 14－32	10GS20－Z2－05（1/2）	10GS20－Z2 直线塔 15.0m 呼称高塔腿结构图⑤
图 14－33	10GS20－Z2－05（2/2）	10GS20－Z2 直线塔 15.0m 呼称高塔腿结构图⑤
图 14－34	10GS20－Z2－06（1/2）	10GS20－Z2 直线塔 18.0m 呼称高塔腿结构图⑥

续表

编号	图号	图名
图 14－35	10GS20－Z2－06（2/2）	10GS20－Z2 直线塔 18.0m 呼称高塔腿结构图⑥
图 14－36	10GS20－Z2－07（1/2）	10GS20－Z2 直线塔 21.0m 呼称高塔腿结构图⑦
图 14－37	10GS20－Z2－07（2/2）	10GS20－Z2 直线塔 21.0m 呼称高塔腿结构图⑦
图 14－38	10GS20－Z2－08（1/2）	10GS20－Z2 直线塔 24.0m 呼称高塔腿结构图⑧
图 14－39	10GS20－Z2－08（2/2）	10GS20－Z2 直线塔 24.0m 呼称高塔腿结构图⑧
图 14－40	10GS20－Z2－09	10GS20－Z2 直线塔加工说明

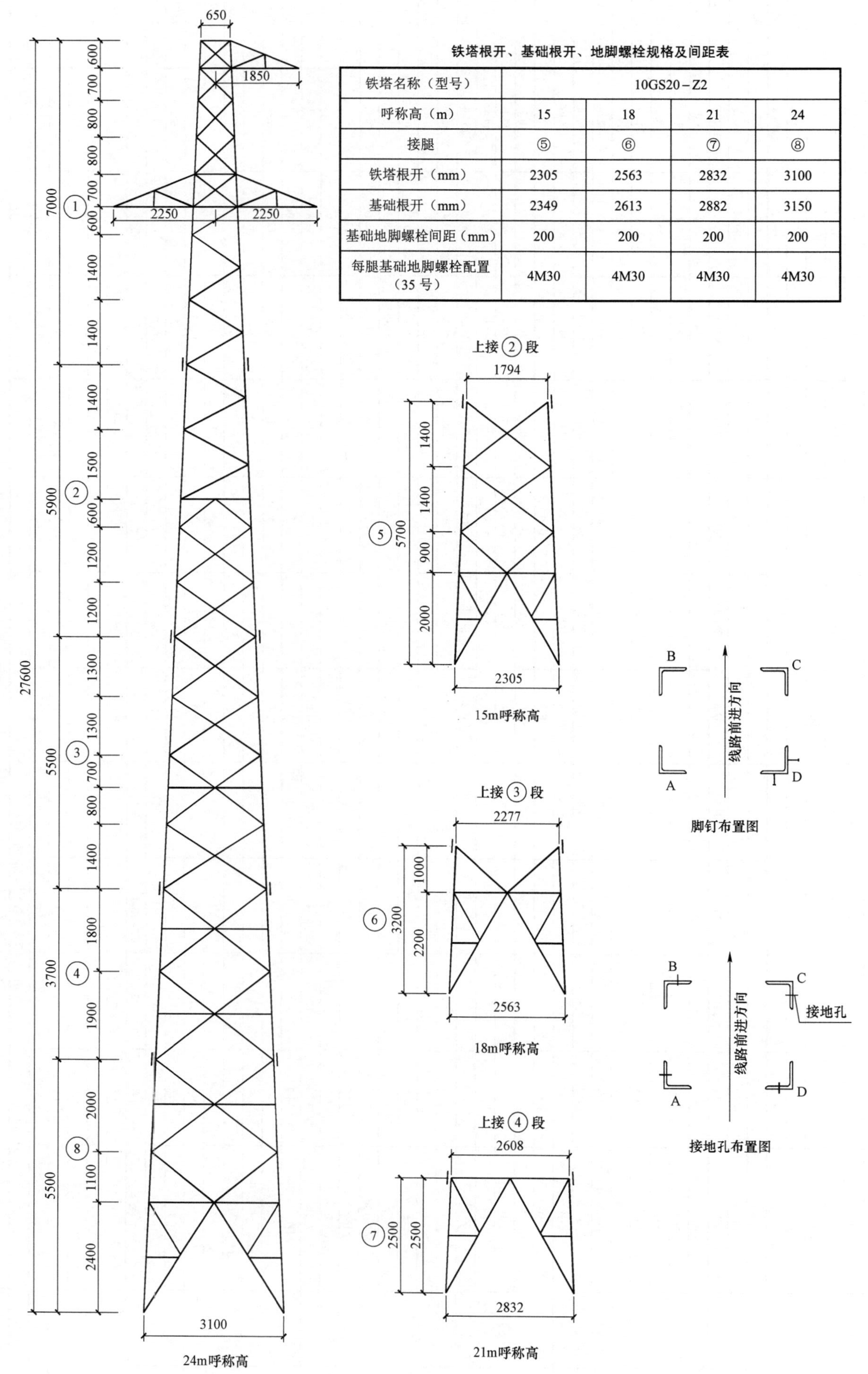

铁塔根开、基础根开、地脚螺栓规格及间距表

铁塔名称（型号）	10GS20-Z2			
呼称高（m）	15	18	21	24
接腿	⑤	⑥	⑦	⑧
铁塔根开（mm）	2305	2563	2832	3100
基础根开（mm）	2349	2613	2882	3150
基础地脚螺栓间距（mm）	200	200	200	200
每腿基础地脚螺栓配置（35号）	4M30	4M30	4M30	4M30

图 14-22　10GS20-Z2 直线塔总图及材料汇总表［10GS20-Z2-00（1/2）］

材料汇总表

材料	材质	规格	段号 1	2	3	4	5	6	7	8	呼称高（m）15.0	18.0	21.0	24.0
角钢	Q355	L110×8				29.8		33.6	33.6	33.6		33.6	63.4	63.4
		L100×8	70.2		28.7		27.0				97.2	98.9	98.9	98.9
		L100×7			238.4	158.0		155.3	124.9	255.2		393.7	521.3	651.6
		L90×8					266.7				266.7			
		L90×7		245.2							245.2	245.2	245.2	245.2
		L75×6	184.8								184.8	184.8	184.8	184.8
		L70×5	9.5								9.5	9.5	9.5	9.5
		L63×5	107.5				38.9	43.3	46.8	53.3	146.4	150.8	154.3	160.8
		小计	372.0	245.2	267.1	187.8	332.6	232.2	205.3	342.1	949.8	1116.5	1277.4	1414.2
	Q235	L63×4	8.0								8.0	8.0	8.0	8.0
		L56×4	9.4							27.9	9.4	9.4	9.4	37.3
		L50×5	68.4								68.4	68.4	68.4	68.4
		L50×4	31.3	98.5	26.1		51.2	56.8	87.0	64.6	181.0	212.7	242.9	220.5
		L45×4	44.1			70.2	16.1	18.1		128.4	60.2	62.2	114.3	242.7
		L40×4	31.4			48.2		11.8	13.0	26.6	31.4	43.2	92.6	106.2
		L40×3	104.1	90.7	165.0	44.8	150.1	78.3	61.2	66.6	344.9	438.1	465.8	471.2
		小计	296.7	189.2	191.1	163.2	217.4	165.0	161.2	314.1	703.3	842.0	1001.4	1154.3
钢板	Q355	−6	80.9				16.3	16.3	16.4	16.4	97.2	97.2	97.3	97.3
		−8					10.1	10.1	10.1	10.1	10.1	10.1	10.1	10.1
		−10	25.0				63.9	65.1	65.1	65.7	88.9	90.1	90.1	90.7
		−18					57.9	57.9	57.9	57.9	57.9	57.9	57.9	57.9
		小计	105.9				148.2	149.4	149.5	150.1	254.1	255.3	255.4	256.0
	Q235	−6	18.3	5.2	7.6		26.3	26.3	22.8	26.2	49.8	57.4	53.9	57.3
		−10	0.4								0.4	0.4	0.4	0.4
		−14	0.8								0.8	0.8	0.8	0.8
		小计	19.5	5.2	7.6		26.3	26.3	22.8	26.2	51.0	58.6	55.1	58.5
螺栓	6.8 级	M16×40	25.7	7.1	11.7	2.3	22.1	22.1	22.1	24.9	54.9	66.6	68.9	71.7
		M16×50	10.4	5.8	2.6	3.8	9.0	5.1	5.1	5.1	25.2	23.9	27.7	27.7
		M16×70 双帽	1.3								1.3	1.3	1.3	1.3
		小计	37.4	12.9	14.3	6.1	31.1	27.2	27.2	30.0	81.4	91.8	97.9	100.7
	6.8 级	M20×45	38.9	18.4	14.0	17.3	14.0	22.7	22.7	22.7	71.3	94.0	111.3	111.3
		M20×55			3.5		18.9	9.4	9.4	9.4	18.9	12.9	12.9	12.9
		M20×60 双帽	6.5								6.5	6.5	6.5	6.5
		M20×70 双帽	7.0								7.0	7.0	7.0	7.0
		小计	52.4	18.4	17.5	17.3	32.9	32.1	32.1	32.1	103.7	120.4	137.7	137.7
		螺栓合计	89.8	31.3	31.8	23.4	64.0	59.3	59.3	62.1	185.1	212.2	235.6	238.4
脚钉	6.8	M20×200	2.7	1.3	0.7	0.7	0.7	0.7	0.7	0.7	4.7	5.4	6.1	6.1
		M16×180	4.9	4.9	4.9	3.0	4.2	1.5	1.1	3.8	14.0	16.2	18.8	21.5
		小计	7.6	6.2	5.6	3.7	4.9	2.2	1.8	4.5	18.7	21.6	24.9	27.6
垫圈	Q235	−3A（ϕ17.5）	0.3	0.2	0.3		0.1	0.1	0.1	0.1	0.6	0.9	0.9	0.9
		−4A（ϕ17.5）	0.4				0.3	0.1	0.1	0.1	0.7	0.5	0.5	0.5
		−4B（ϕ22）	0.1								0.1	0.1	0.1	0.1
		小计	0.8	0.2	0.3		0.4	0.2	0.2	0.2	1.4	1.5	1.5	1.5
不含防盗螺栓总质量（kg）			895.2	479.7	508.7	378.1	797.5	638.3	603.8	903.0	2172.4	2521.9	2865.5	3164.7
各呼称高含防盗螺栓总质量（kg）											2215.7	2572.1	2922.5	3227.7

图 14－23　10GS20－Z2 直线塔总图及材料汇总表［10GS20－Z2－00（2/2）］

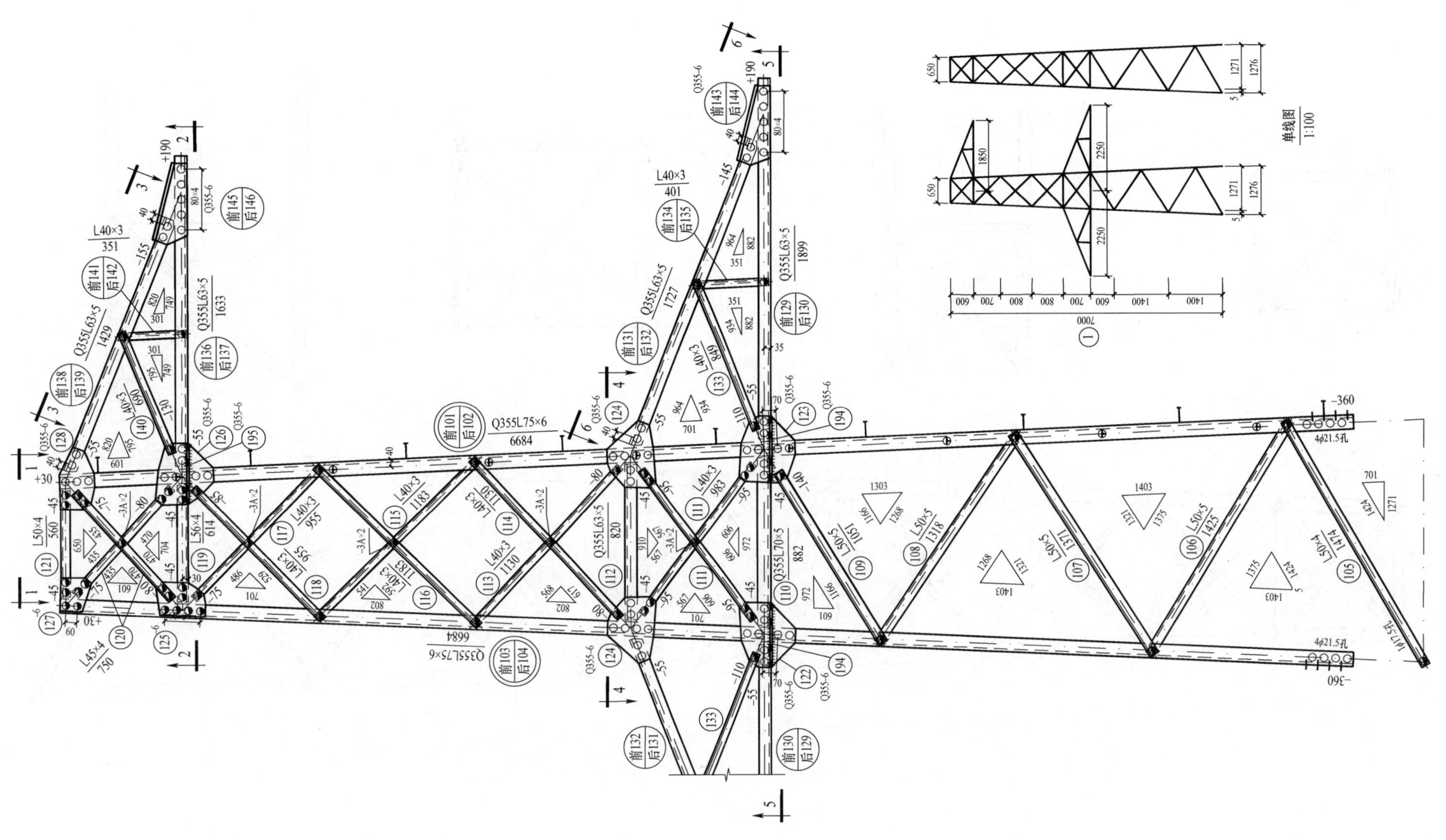

图 14-24　10GS20-Z2 直线塔塔头结构图①［10GS20-Z2-01（1/3）］

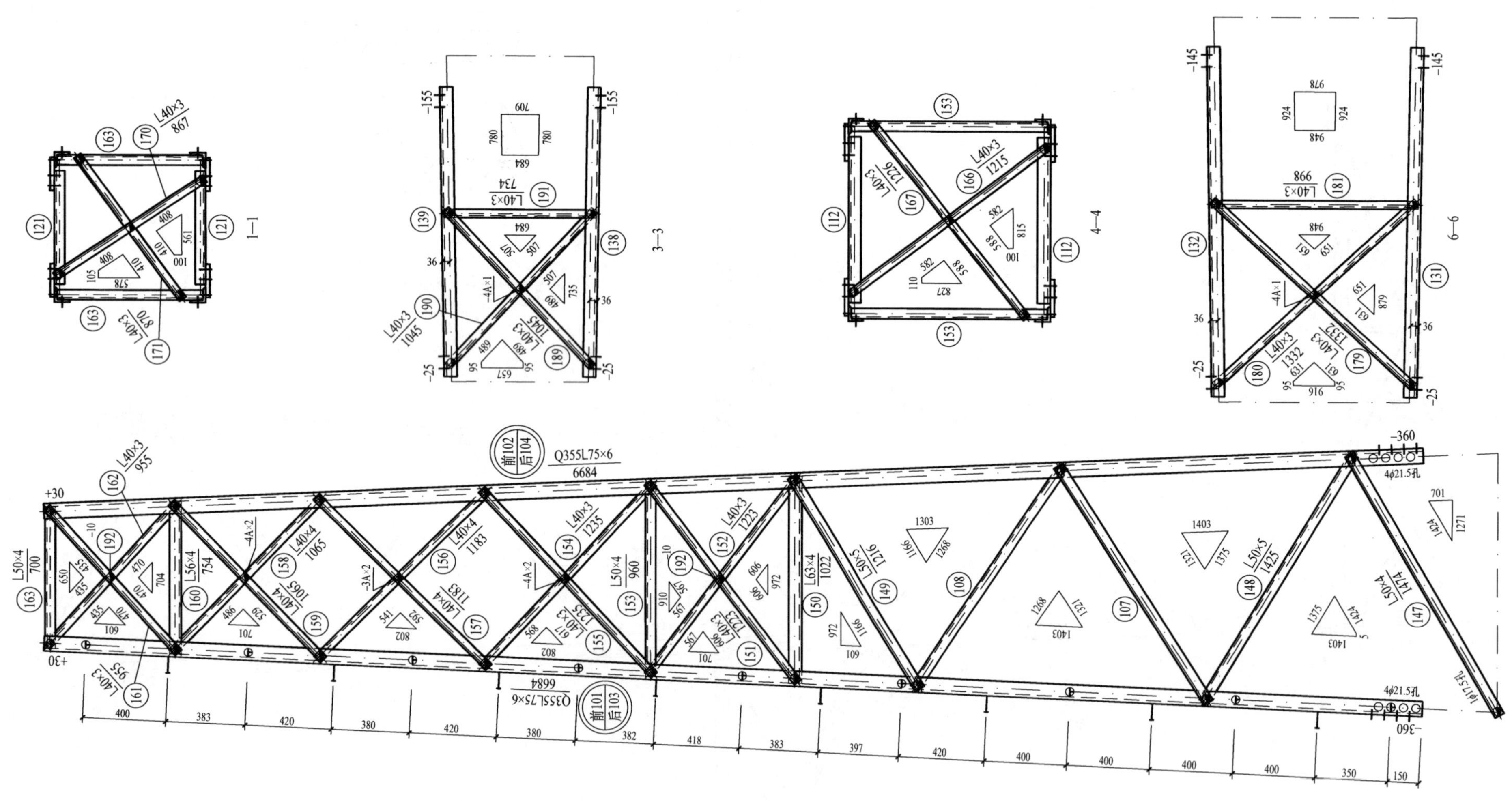

图 14-25　10GS20-Z2 直线塔塔头结构图①［10GS20-Z2-01（2/3）］

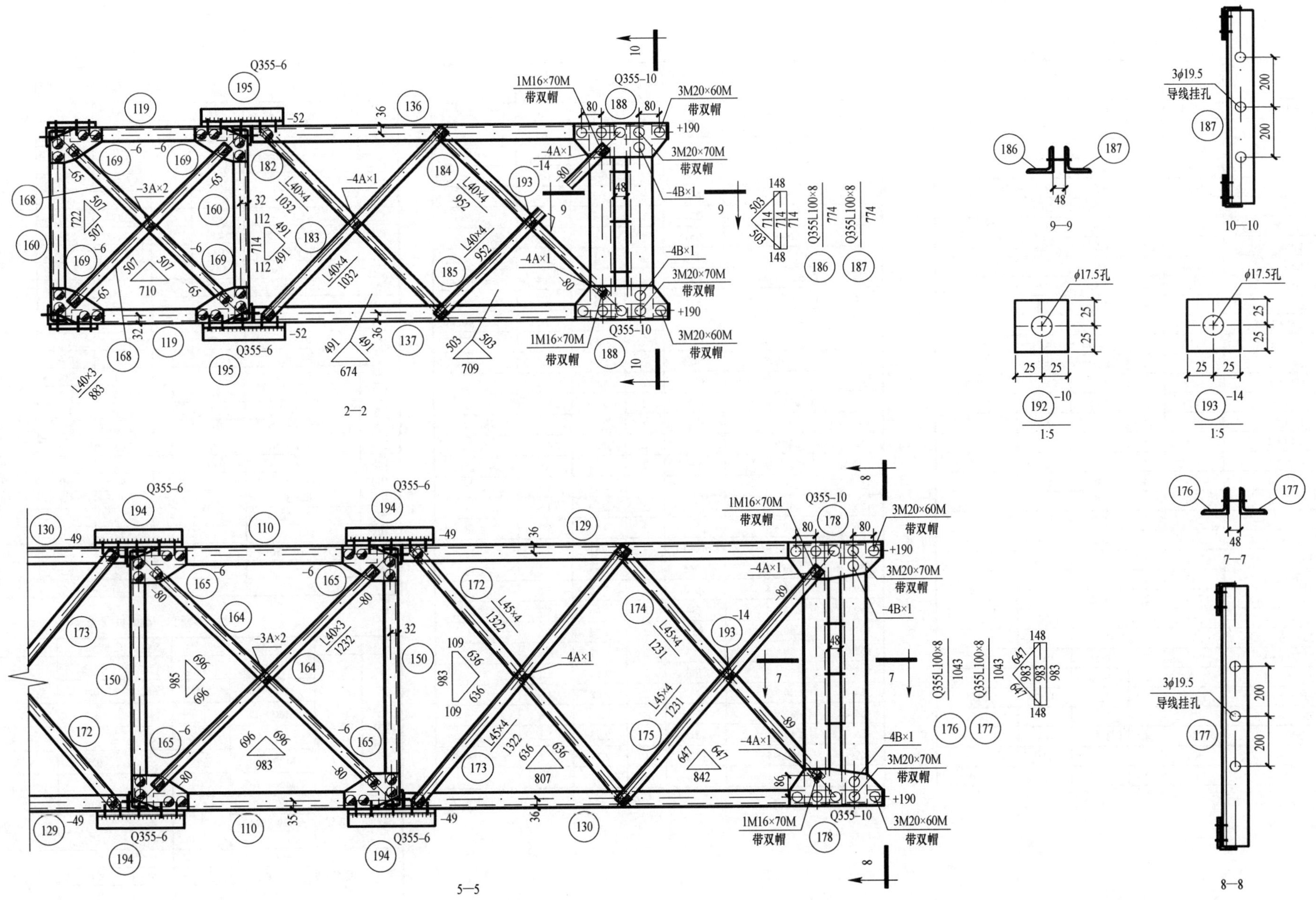

图 14-26　10GS20-Z2 直线塔塔头结构图①［10GS20-Z2-01（3/3）］

构件明细表

编号	规格	长度（mm）	数量	质量（kg）		备注
				单件	小计	
101	Q355L75×6	6684	1	46.15	46.2	带脚钉
102	Q355L75×6	6684	1	46.15	46.2	
103	Q355L75×6	6684	1	46.15	46.2	
104	Q355L75×6	6684	1	46.15	46.2	
105	L50×4	1474	2	4.51	9.0	
106	L50×5	1425	2	5.37	10.7	切角
107	L50×5	1371	4	5.17	20.7	
108	L50×5	1318	4	4.97	19.9	切角
109	L50×5	1051	2	3.96	7.9	
110	Q355L70×5	882	2	4.76	9.5	局部合角
111	L40×3	983	4	1.82	7.3	
112	Q355L63×5	820	2	3.95	7.9	
113	L40×3	1130	2	2.09	4.2	切角
114	L40×3	1130	2	2.09	4.2	
115	L40×3	1183	2	2.19	4.4	切角
116	L40×3	1183	2	2.19	4.4	
117	L40×3	955	2	1.77	3.5	切角
118	L40×3	955	2	1.77	3.5	
119	L56×4	614	2	2.12	4.2	
120	L45×4	750	4	2.05	8.2	
121	L50×4	560	2	1.71	3.4	
122	Q355－6×344	294	2	4.76	9.5	
123	Q355－6×351	294	2	4.86	9.7	
124	Q355－6×255	352	4	4.23	16.9	
125	－6×177	257	2	2.14	4.3	
126	Q355－6×325	299	2	4.58	9.2	
127	－6×159	181	2	1.36	2.7	
128	Q355－6×184	330	2	2.86	5.7	
129	Q355L63×5	1899	2	9.16	18.3	
130	Q355L63×5	1899	2	9.16	18.3	
131	Q355L63×5	1727	2	8.33	16.7	切角
132	Q355L63×5	1727	2	8.33	16.7	切角
133	L40×3	849	4	1.57	6.3	
134	L40×3	401	2	0.74	1.5	切角
135	L40×3	401	2	0.74	1.5	切角

续表

编号	规格	长度（mm）	数量	质量（kg）		备注
				单件	小计	
136	Q355L63×5	1633	1	7.87	7.9	
137	Q355L63×5	1633	1	7.87	7.9	
138	Q355L63×5	1429	1	6.89	6.9	切角
139	Q355L63×5	1429	1	6.89	6.9	切角
140	L40×3	690	2	1.28	2.6	
141	L40×3	351	1	0.65	0.6	切角
142	L40×3	351	1	0.65	0.6	切角
143	Q355－6×419	212	2	4.18	8.4	卷边 50mm
144	Q355－6×419	212	2	4.18	8.4	卷边 50mm
145	Q355－6×428	211	1	4.25	4.2	卷边 50mm
146	Q355－6×428	211	1	4.25	4.2	卷边 50mm
147	L50×4	1474	2	4.51	9.0	
148	L50×5	1425	2	5.37	10.7	切角
149	L50×5	1216	2	4.58	9.2	
150	L63×4	1022	2	3.99	8.0	
151	L40×3	1223	2	2.26	4.5	切角
152	L40×3	1223	2	2.26	4.5	切角
153	L50×4	960	2	2.94	5.9	两端切肢
154	L40×3	1235	2	2.29	4.6	切角
155	L40×3	1235	2	2.29	4.6	
156	L40×4	1183	2	2.87	5.7	切角
157	L40×4	1183	2	2.87	5.7	
158	L40×4	1065	2	2.58	5.2	切角
159	L40×4	1065	2	2.58	5.2	
160	L56×4	754	2	2.60	5.2	两端切肢
161	L40×3	955	2	1.77	3.5	切角
162	L40×3	955	2	1.77	3.5	
163	L50×4	700	2	2.14	4.3	
164	L40×3	1232	2	2.28	4.6	
165	－6×218	142	4	1.46	5.8	
166	L40×3	1215	1	2.25	2.2	
167	L40×3	1226	1	2.27	2.3	中间切肢
168	L40×3	883	2	1.64	3.3	

构件明细表

编号	规格	长度（mm）	数量	质量（kg）		备注
				单件	小计	
169	－6×206	142	4	1.38	5.5	
170	L40×3	867	1	1.61	1.6	
171	L40×3	870	1	1.61	1.6	中间切肢
172	L45×4	1322	2	3.62	7.2	切角
173	L45×4	1322	2	3.62	7.2	
174	L45×4	1231	2	3.37	6.7	切角
175	L45×4	1231	2	3.37	6.7	
176	Q355L100×8	1043	2	12.80	25.6	切角
177	Q355L100×8	1043	2	12.80	25.6	切角
178	Q355－10×368	148	4	4.28	17.1	
179	L40×3	1332	2	2.47	4.9	
180	L40×3	1332	2	2.47	4.9	切角
181	L40×3	998	2	1.85	3.7	两端切肢
182	L40×4	1032	1	2.50	2.5	切角
183	L40×4	1032	1	2.50	2.5	
184	L40×4	952	1	2.31	2.3	切角
185	L40×4	952	1	2.31	2.3	
186	Q355L100×8	774	1	9.50	9.5	切角
187	Q355L100×8	774	1	9.50	9.5	切角
188	Q355－10×368	136	2	3.93	7.9	
189	L40×3	1045	1	1.94	1.9	
190	L40×3	1045	1	1.94	1.9	切角
191	L40×3	734	1	1.36	1.4	两端切肢
192	－10×50	50	2	0.20	0.4	垫板
193	－14×50	50	3	0.27	0.8	垫板
194	Q355－6×50	340	4	0.80	3.2	焊接
195	Q355－6×50	320	2	0.75	1.5	焊接
总质量		797.0kg				

螺栓、脚钉、垫圈明细表

名称	级别	规格	符号	数量	质量（kg）	备注
螺栓	6.8 级	M16×40		178	25.7	
		M16×50		65	10.4	
		M20×45		144	38.9	
		M16×70		6	1.3	带双帽
		M20×60		18	6.5	带双帽
		M20×70		18	7.0	带双帽
脚钉	6.8 级	M16×180		13	4.9	
		M20×200		4	2.7	
垫圈	Q235	－3A（φ17.5）		28	0.3	规格×个数
		－4A（φ17.5）		20	0.4	
		－4B（φ22）		6	0.1	
总质量			98.2kg			

图 14－26　10GS20－Z2 直线塔塔头结构图①［10GS20－Z2－01（3/3）］（续）

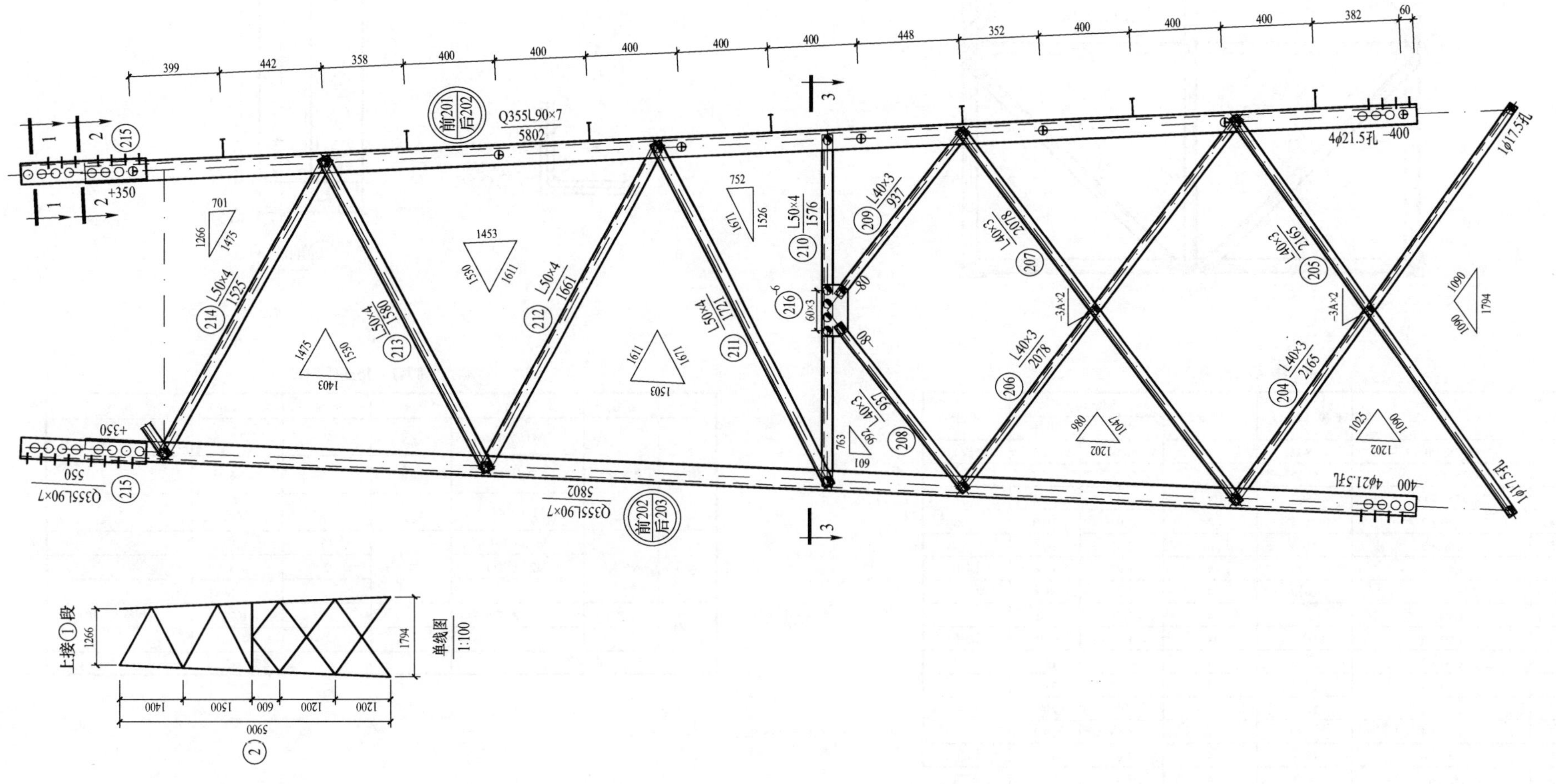

图 14-27　10GS20-Z2 直线塔塔身结构图②［10GS20-Z2-02（1/2）］

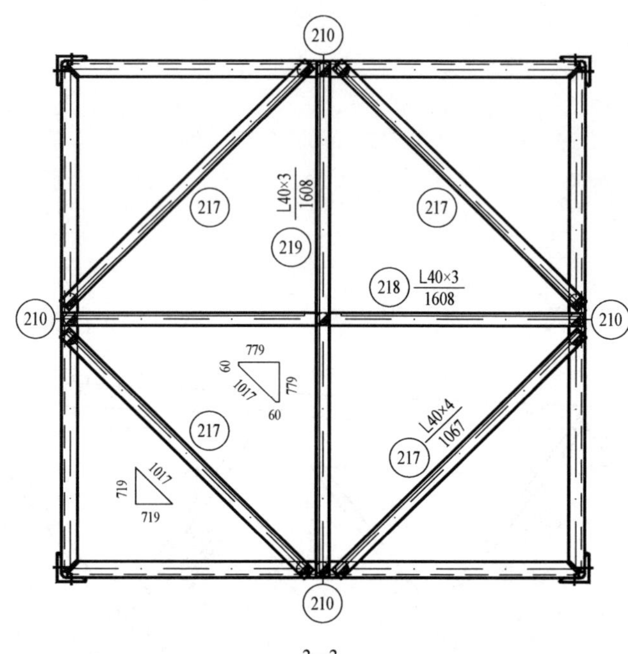

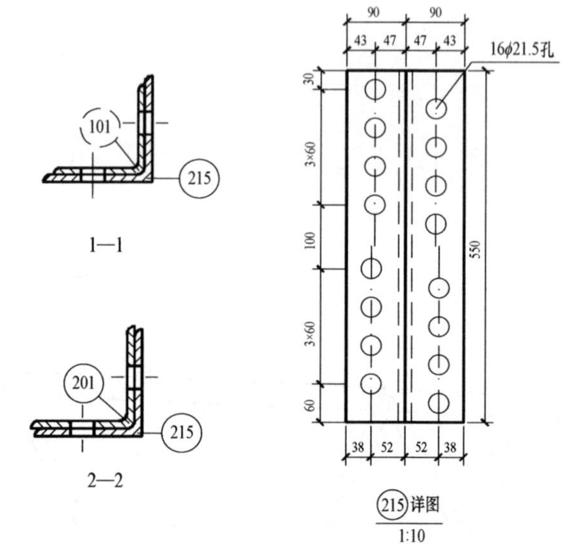

构 件 明 细 表

编号	规格	长度（mm）	数量	质量（kg）		备注
				单件	小计	
201	Q355L90×7	5802	1	56.02	56.0	带脚钉
202	Q355L90×7	5802	2	56.02	112.0	
203	Q355L90×7	5802	1	56.02	56.0	
204	L40×3	2165	4	4.01	16.0	切角
205	L40×3	2165	4	4.01	16.0	
206	L40×3	2078	4	3.85	15.4	切角
207	L40×3	2078	4	3.85	15.4	
208	L40×3	937	4	1.74	7.0	
209	L40×3	937	4	1.74	7.0	切角
210	L50×4	1576	4	4.82	19.3	切角
211	L50×4	1721	4	5.26	21.0	
212	L50×4	1661	4	5.08	20.3	切角
213	L50×4	1580	4	4.83	19.3	
214	L50×4	1525	4	4.66	18.6	切角
215	Q355L90×7	550	4	5.31	21.2	铲弧
216	−6×120	231	4	1.31	5.2	
217	L40×4	1067	4	2.58	10.3	切角
218	L40×3	1608	1	2.98	3.0	中间切肢
219	L40×3	1608	1	2.98	3.0	
总质量		442.0kg				

螺栓、脚钉、垫圈明细表

名称	级别	规格	符号	数量	质量（kg）	备注
螺栓	6.8 级	M16×40		49	7.1	
		M16×50		36	5.8	
		M20×45		68	18.4	
脚钉	6.8 级	M16×180		13	4.9	
		M20×200		2	1.3	
垫圈	Q235	−3A（ϕ17.5）		16	0.2	规格×个数
总质量			37.7kg			

图 14-28　10GS20-Z2 直线塔塔身结构图②［10GS20-Z2-02（2/2）］

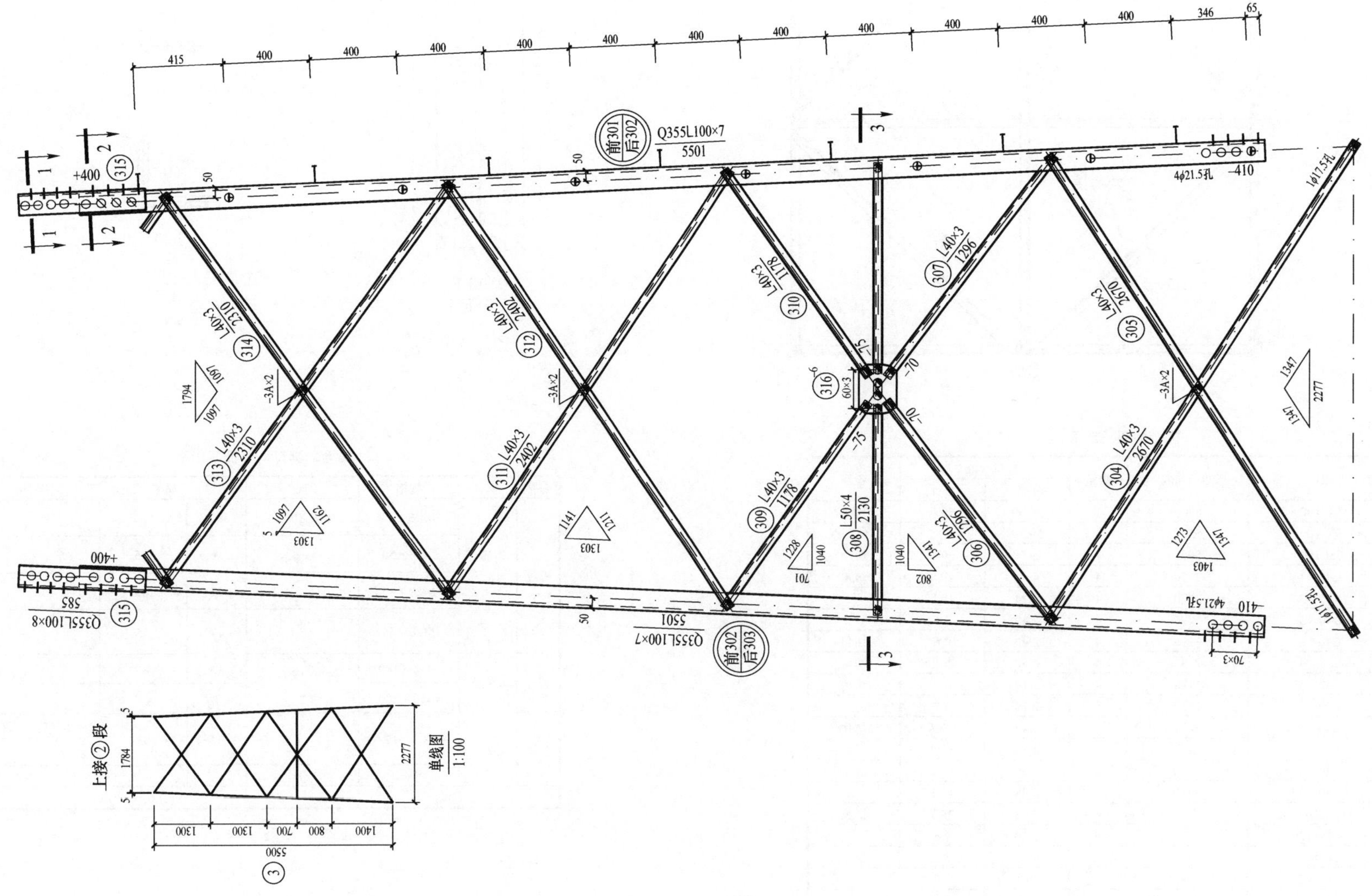

图 14－29　10GS20－Z2 直线塔塔身结构图③［10GS20－Z2－03（1/2）］

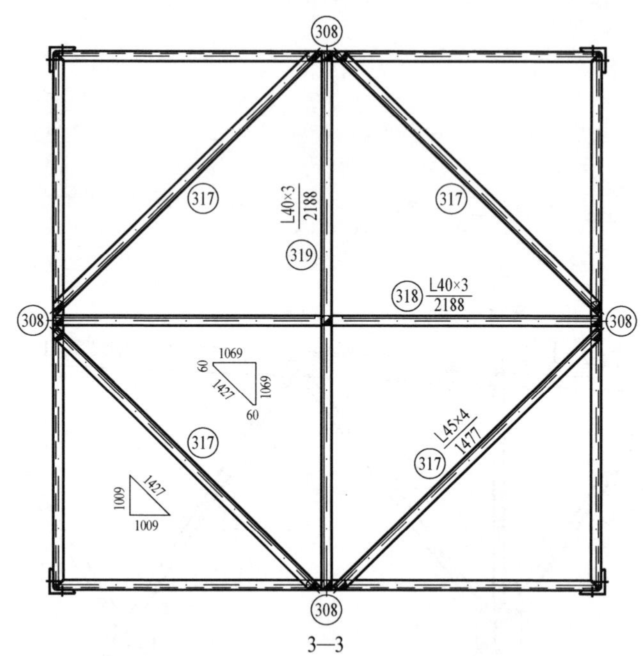

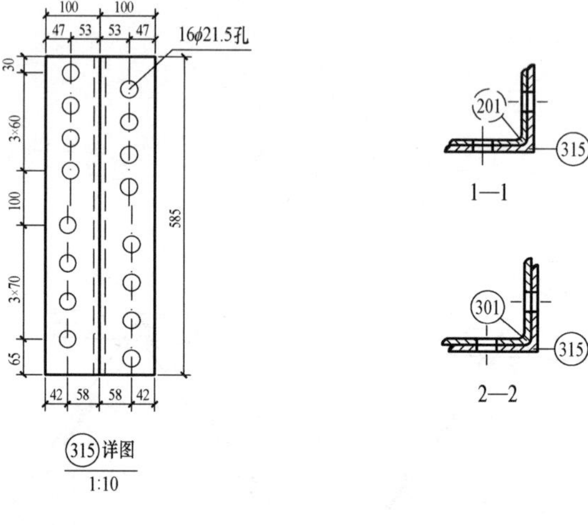

构 件 明 细 表

编号	规格	长度（mm）	数量	质量（kg）		备注
				单件	小计	
301	Q355L100×7	5501	1	59.59	59.6	带脚钉
302	Q355L100×7	5501	2	59.59	119.2	
303	Q355L100×7	5501	1	59.59	59.6	切角
304	L40×3	2670	4	4.94	19.8	切角
305	L40×3	2670	4	4.94	19.8	
306	L40×3	1296	4	2.40	9.6	
307	L40×3	1296	4	2.40	9.6	切角
308	L50×4	2130	4	6.52	26.1	切角
309	L40×3	1178	4	2.18	8.7	切角
310	L40×3	1178	4	2.18	8.7	
311	L40×3	2402	4	4.45	17.8	切角
312	L40×3	2402	4	4.45	17.8	
313	L40×3	2310	4	4.28	17.1	切角
314	L40×3	2310	4	4.28	17.1	
315	Q355L100×8	585	4	7.18	28.7	铲弧
316	−6×175	230	4	1.90	7.6	
317	L45×4	1477	4	4.05	16.2	切角
318	L40×3	2188	1	4.05	4.0	中间切肢
319	L40×3	2188	1	4.05	4.0	
总质量		471.0kg				

螺栓、脚钉、垫圈明细表

名称	级别	规格	符号	数量	质量（kg）	备注
螺栓	6.8 级	ML6×40		81	11.7	
		M16×50		16	2.6	
		M20×45		52	14.0	
		M20×55		12	35	
脚钉	6.8 级	M16×180		13	4.9	
		M20×200		1	0.7	
垫圈	Q225	−3A（ϕ17.5）		24	03	规格×个数
总质量			37.7kg			

图 14－30　10GS20－Z2 直线塔塔身结构图③［10GS20－Z2－03（2/2）］

构 件 明 细 表

编号	规格	长度（mm）	数量	质量（kg）		备注
				单件	小计	
401	Q355L100×7	3697	1	39.51	39.5	带脚钉
402	Q355L100×7	3697	2	39.51	79.0	
403	Q355L100×7	3697	1	39.51	39.5	
404	L45×4	3209	4	8.78	35.1	切角
405	L45×4	3209	4	8.78	35.1	
406	L40×4	2570	4	6.22	24.9	
407	L40×3	3017	4	5.59	22.4	切角
408	L40×3	3017	4	5.59	22.4	
409	L40×4	2404	4	5.82	23.3	中间压扁
410	Q355L110×8	620	4	7.44	29.8	铲弧
总质量		351.0kg				

螺栓、脚钉、垫圈明细表

名称	级别	规格	符号	数量	质量（kg）	备注
螺栓	6.8级	M16×40		16	2.3	
		M16×50		24	3.8	
		M20×45		64	17.3	
脚钉	6.8级	M16×180		8	3.0	
		M20×200		1	0.7	
垫圈	Q235					规格×个数
总质量			27.1kg			

1—1

2—2

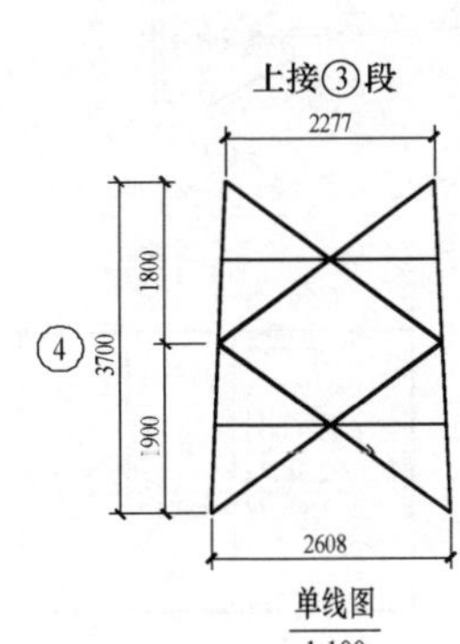

单线图
1:100

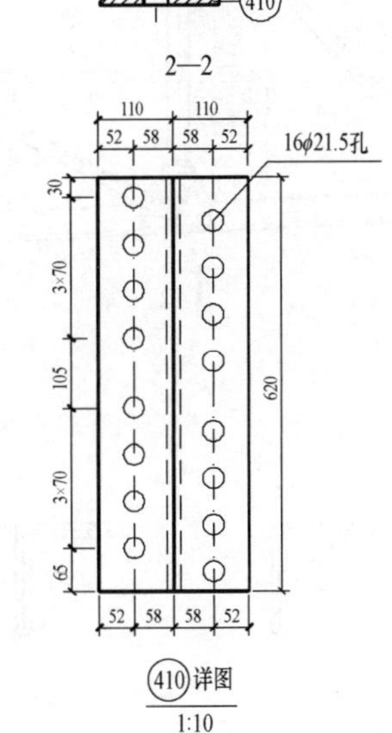

410详图
1:10

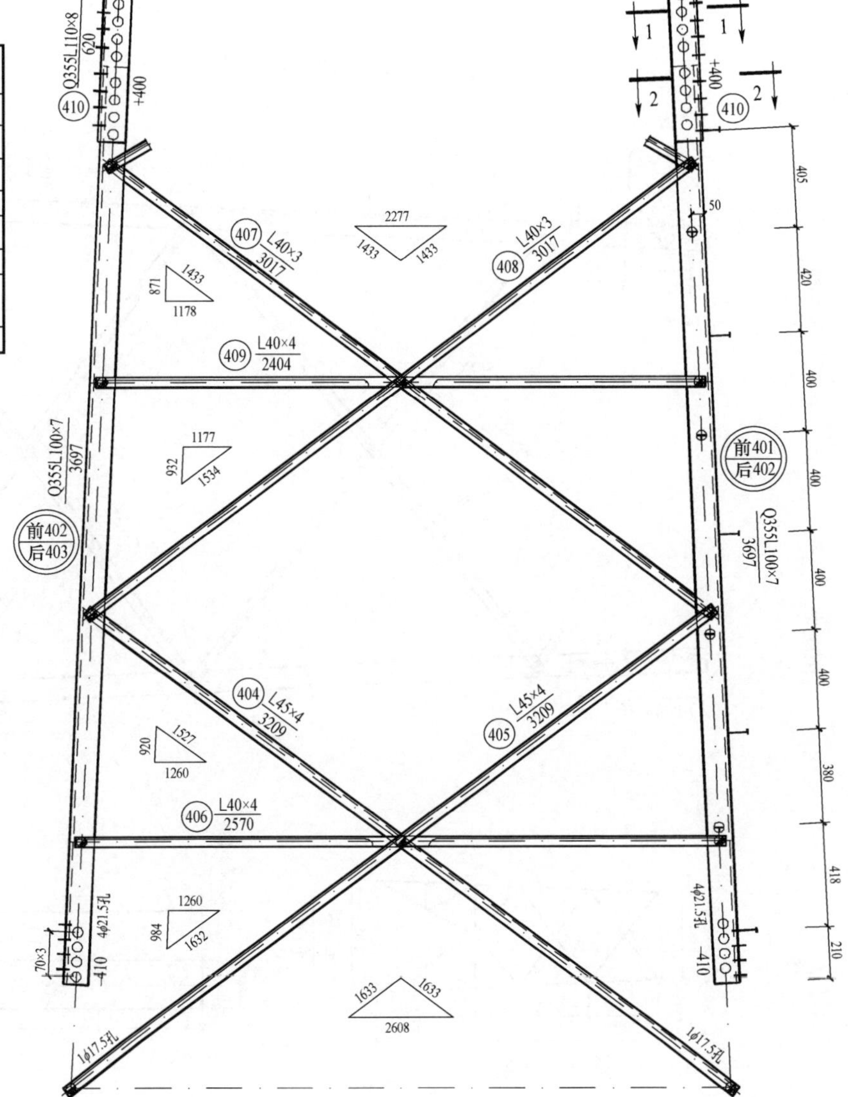

图 14-31 10GS20-Z2 直线塔塔身结构图④（10GS20-Z2-04）

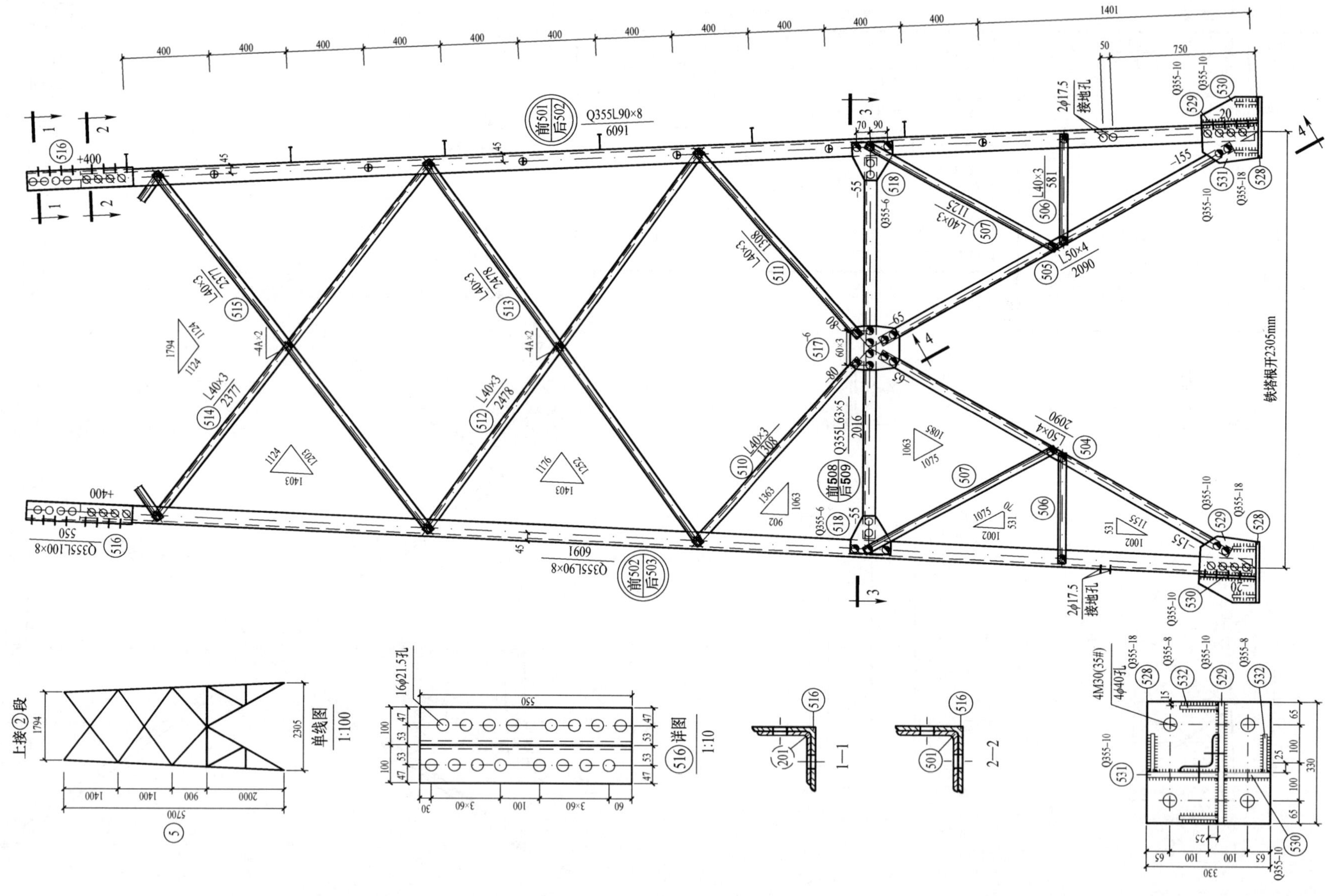

图 14－32　10GS20－Z2 直线塔 15.0m 呼称高塔腿结构图⑤［10GS20－Z2－05（1/2）］

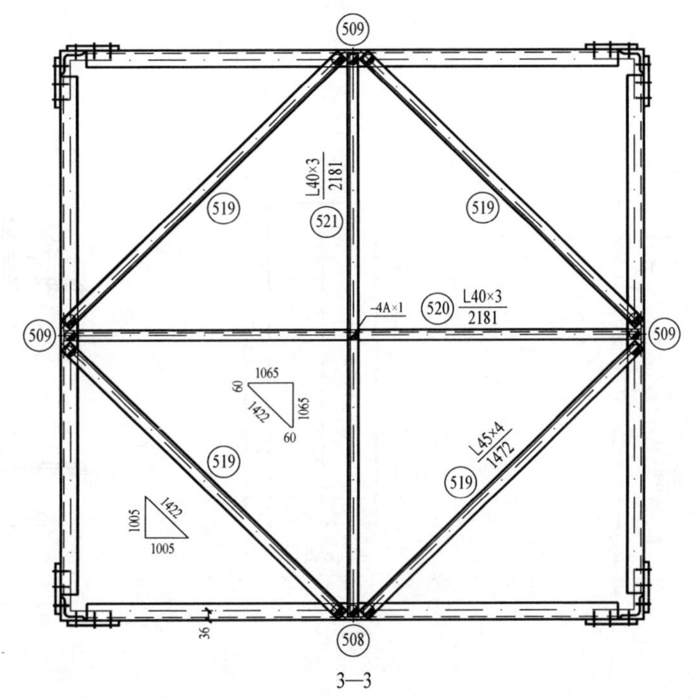

3—3

4—4

构 件 明 细 表

编号	规格	长度（mm）	数量	质量（kg）		备注
				单件	小计	
501	Q355L90×8	6091	1	66.67	66.7	带脚钉
502	Q355L90×8	6091	2	66.67	133.3	
503	Q355L90×8	6091	1	66.67	66.7	
504	L50×4	2090	4	6.39	25.6	
505	L50×4	2090	4	6.39	25.6	
506	L40×3	581	8	1.08	8.6	
507	L40×3	1125	8	2.08	16.6	
508	Q355L63×5	2016	1	9.72	9.7	
509	Q355L63×5	2016	3	9.72	29.2	
510	L40×3	1308	4	2.42	9.7	切角
511	L40×3	1308	4	2.42	9.7	
512	L40×3	2478	4	4.59	18.4	切角
513	L40×3	2478	4	4.59	18.4	
514	L40×3	2377	4	4.40	17.6	切角
515	L40×3	2377	4	4.40	17.6	
516	Q355L100×8	550	4	6.75	27.0	铲弧
517	-6×230	256	4	2.77	11.1	

续表

编号	规格	长度（mm）	数量	质量（kg）		备注
				单件	小计	
518	Q355-6×206	210	8	2.04	16.3	
519	L45×4	1472	4	4.03	16.1	切角
520	L40×3	2181	1	4.04	4.0	
521	L40×3	2181	1	4.04	4.0	
522	L40×3	745	4	1.38	5.5	
523	L40×3	1351	8	2.50	20.0	
524	-6×115	165	4	0.89	3.6	火曲
525	-6×115	165	4	0.89	3.6	火曲
526	-6×139	154	4	1.01	4.0	火曲
527	-6×139	154	4	1.01	4.0	火曲
528	Q355-18×330	330	4	15.39	61.6	焊接
529	Q355-10×347	294	4	8.01	32.0	打坡口焊接
530	Q355-10×135	294	4	3.12	12.5	打坡口焊接
531	Q355-10×211	292	4	4.84	19.4	打坡口焊接
532	Q355-8×100	100	16	0.63	10.1	打坡口焊接
总质量	728.2kg					

螺栓、脚钉、垫圈明细表

名称	级别	规格	符号	数量	质量（kg）	备注
螺栓	6.8 级	M16×40		153	22.1	
		M16×50		56	9.0	
		M20×45		52	14.0	
		M20×55		64	18.9	
脚钉	6.8 级	M16×180		11	4.2	
		M20×200		1	0.7	
垫圈	Q235	-3A（ϕ17.5）		8	0.1	规格×个数
		-4A（ϕ17.5）		17	0.3	
总质量			69.3kg			

图 14-33　10GS20-Z2 直线塔 15.0m 呼称高塔腿结构图⑤［10GS20-Z2-05（2/2）］

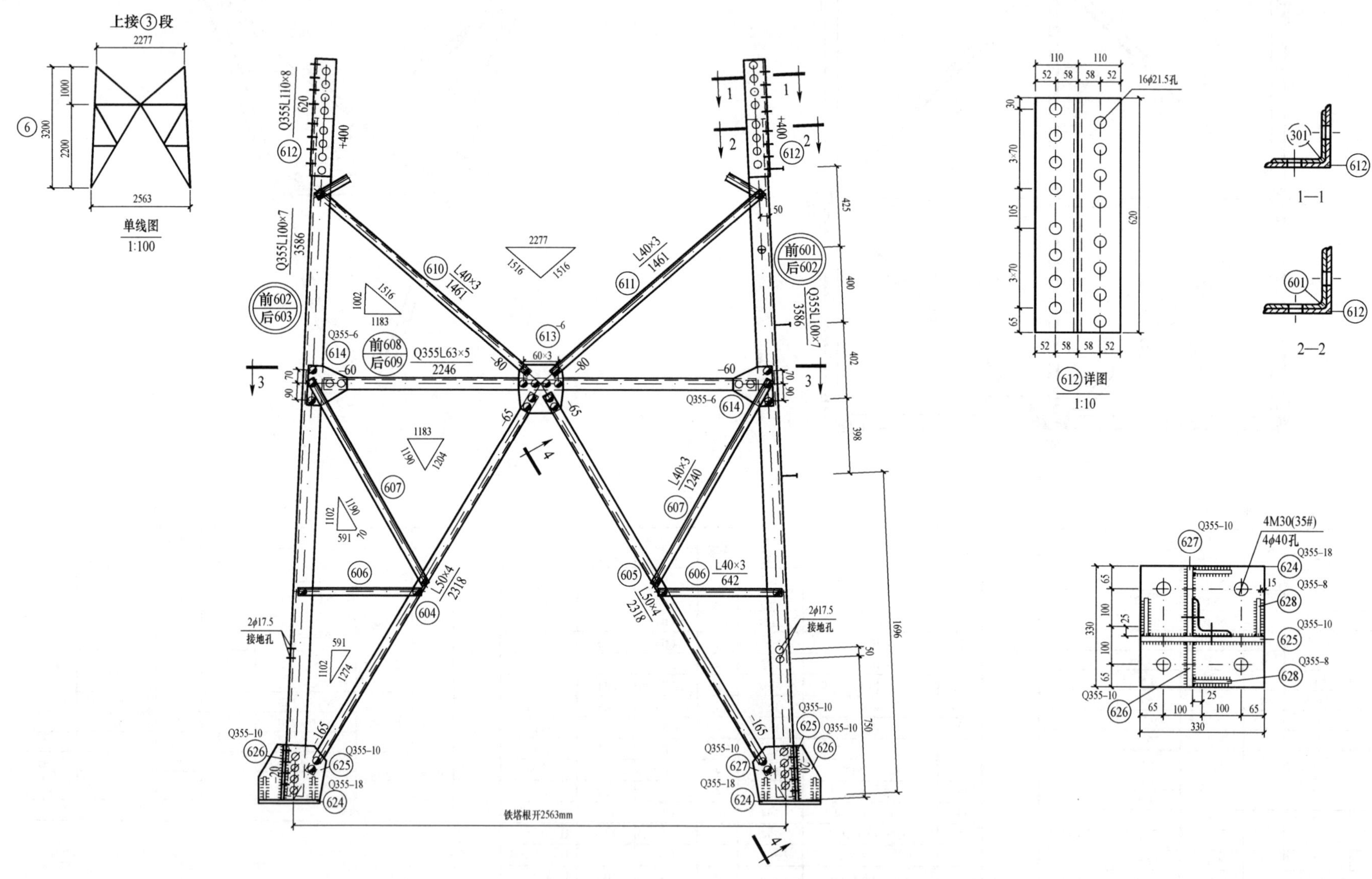

图 14-34　10GS20-Z2 直线塔 18.0m 呼称高塔腿结构图⑥［10GS20-Z2-06（1/2）］

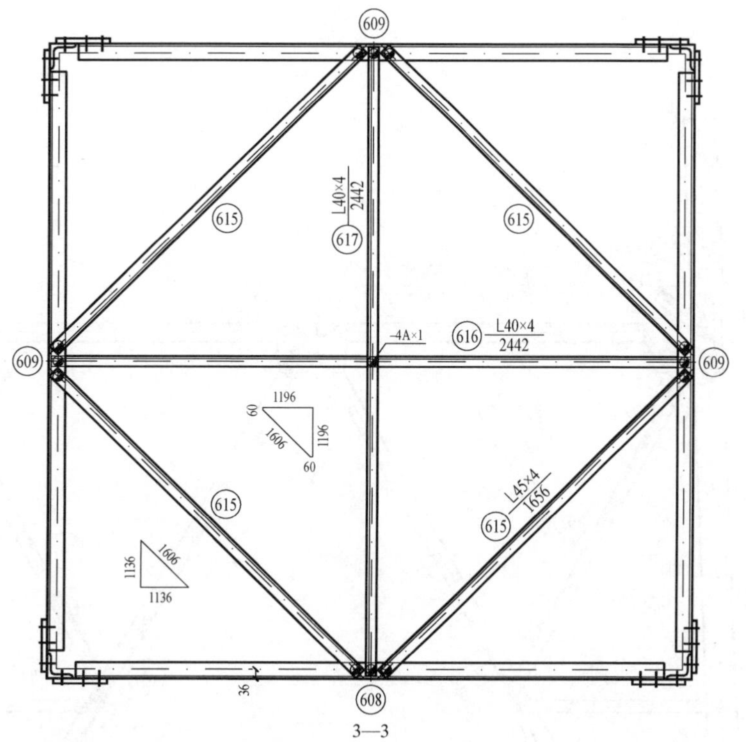

3—3

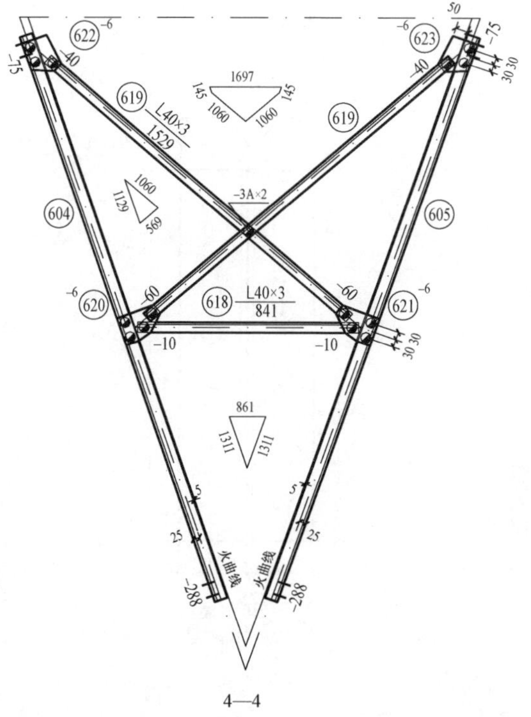

4—4

构 件 明 细 表

编号	规格	长度（mm）	数量	质量（kg） 单件	质量（kg） 小计	备注
601	Q355L100×7	3586	1	38.85	38.8	带脚钉
602	Q355L100×7	3586	2	38.85	77.7	
603	Q355L100×7	3586	1	38.85	38.8	
604	L50×4	2318	4	7.09	28.4	
605	L50×4	2318	4	7.09	28.4	
606	L40×3	642	8	1.19	9.5	
607	L40×3	1240	8	2.30	18.4	
608	Q355L63×5	2246	1	10.83	10.8	
609	Q355L63×5	2246	3	10.83	32.5	
610	L40×3	1461	4	2.71	10.8	
611	L40×3	1461	4	2.71	10.8	
612	Q355L110×8	620	4	8.39	33.6	铲弧
613	−6×230	256	4	2.77	11.1	
614	Q355−6×206	210	8	2.04	16.3	
615	L45×4	1656	4	4.53	18.1	切角

续表

编号	规格	长度（mm）	数量	质量（kg） 单件	质量（kg） 小计	备注
616	L40×4	2442	1	5.91	5.9	
617	L40×4	2442	1	5.91	5.9	
618	L40×3	841	4	1.56	6.2	
619	L40×3	1529	8	2.83	22.6	
620	−6×115	165	4	0.89	3.6	火曲
621	−6×115	165	4	0.89	3.6	火曲
622	−6×139	154	4	1.01	4.0	火曲
623	−6×139	154	4	1.01	4.0	火曲
624	Q355−18×330	330	4	15.39	61.6	焊接
625	Q355−10×354	294	4	8.17	32.7	打坡口焊接
626	Q355−10×130	294	4	3.00	12.0	打坡口焊接
627	Q355−10×222	292	4	5.09	20.4	打坡口焊接
628	Q355−8×100	100	16	0.63	10.1	打坡口焊接
总质量		576.6kg				

螺栓、脚钉、垫圈明细表

名称	级别	规格	符号	数量	质量（kg）	备注
螺栓	6.8级	M16×40		153	22.1	
		M16×50		32	5.1	
		M20×45		84	22.7	
		M20×55		32	9.4	
脚钉	6.8级	M16×180		4	1.5	
		M20×200		1	0.7	
垫圈	Q235	−3A（ϕ17.5）		8	0.1	规格×个数
		−4A（ϕ17.5）		1	0.1	
总质量			61.7kg			

图 14−35　10GS20−Z2 直线塔 18.0m 呼称高塔腿结构图⑥［10GS20−Z2−06（2/2）］

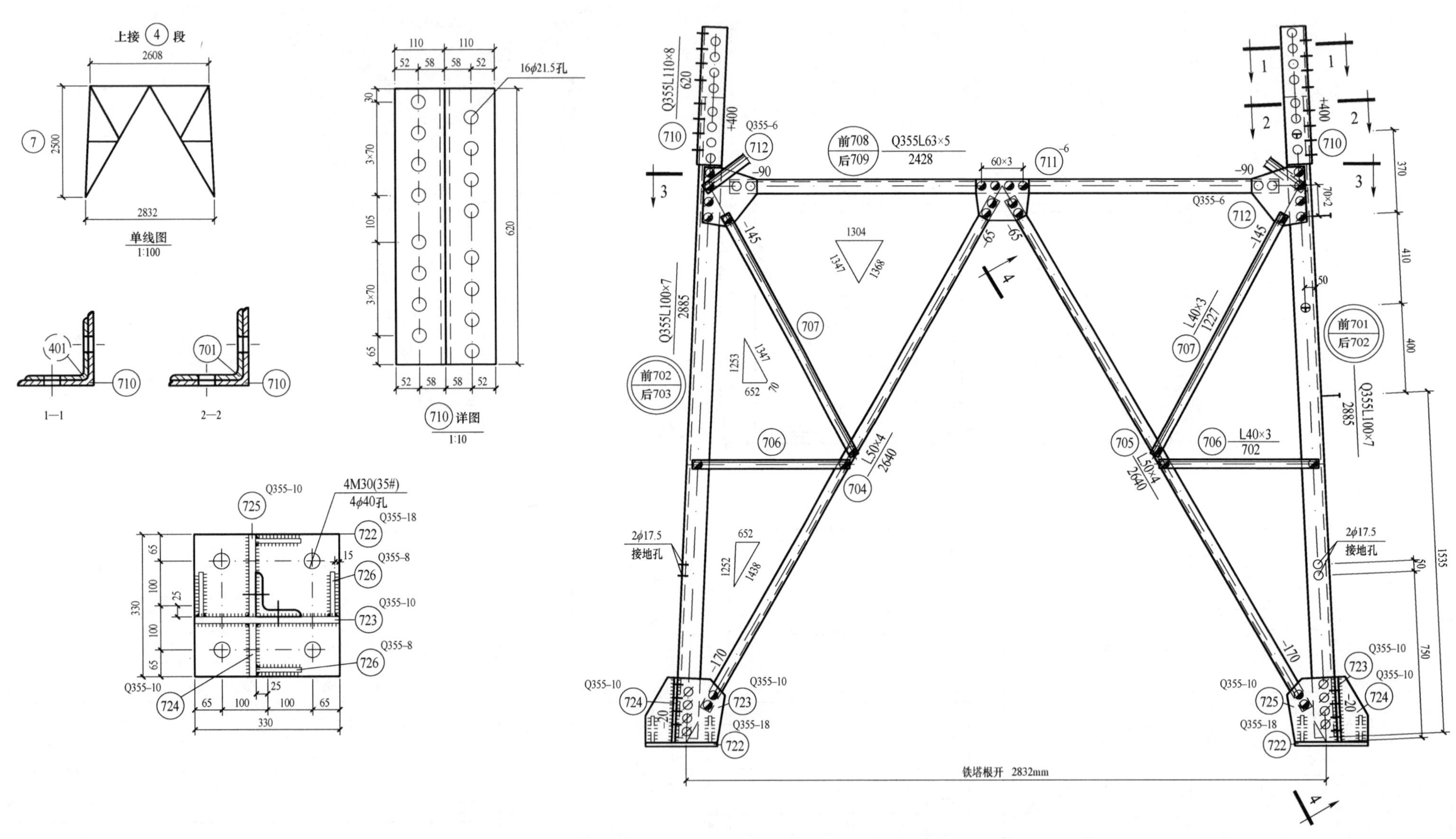

图 14-36　10GS20-Z2 直线塔 21.0m 呼称高塔腿结构图⑦［10GS20-Z2-07（1/2）］

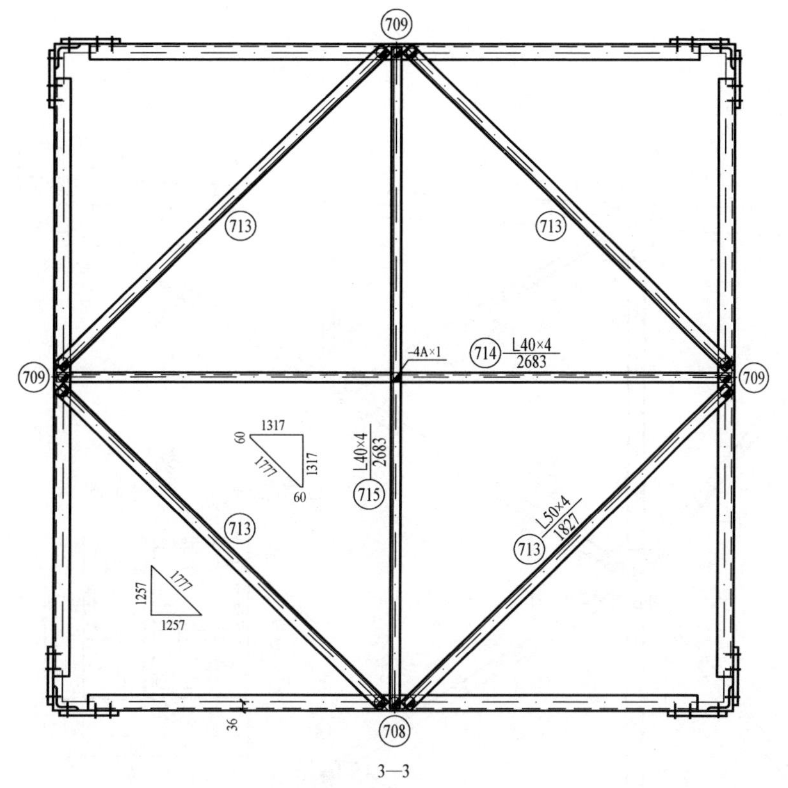

3—3

4—4

构件明细表

编号	规格	长度（mm）	数量	质量（kg）		备注
				单件	小计	
701	Q355L100×7	2885	1	31.25	31.2	带脚钉
702	Q355L100×7	2885	2	31.25	62.5	
703	Q355L100×7	2885	1	31.25	31.2	
704	L50×4	2640	4	8.08	32.3	
705	L50×4	2640	4	8.08	32.3	
706	L40×3	702	8	1.30	10.4	
707	L40×3	1227	8	2.27	18.2	
708	Q355L63×5	2428	1	11.71	11.7	
709	Q355L63×5	2428	3	11.71	35.1	
710	Q355L110×8	620	4	8.39	33.6	铲弧
711	−6×186	230	4	2.01	8.0	
712	Q355−6×207	210	8	2.05	16.4	
713	L50×4	1827	4	5.59	22.4	切角

续表

编号	规格	长度（mm）	数量	质量（kg）		备注
				单件	小计	
714	L40×4	2683	1	6.50	6.5	
715	L40×4	2683	1	6.50	6.5	
716	L40×3	927	4	1.72	6.9	
717	L40×3	1731	8	3.21	25.7	
718	−6×110	166	4	0.86	3.4	火曲
719	−6×110	166	4	0.86	3.4	火曲
720	−6×139	154	4	1.01	4.0	火曲
721	−6×139	154	4	1.01	4.0	火曲
722	Q355−18×330	330	4	15.39	61.6	焊接
723	Q355−10×354	294	4	8.17	32.7	打坡口焊接
724	Q355−10×130	294	4	3.00	12.0	打坡口焊接
725	Q355−10×222	292	4	5.09	20.4	打坡口焊接
726	Q355−8×100	100	16	0.63	10.1	打坡口焊接
总质量		542.5kg				

螺栓、脚钉、垫圈明细表

名称	级别	规格	符号	数量	质量（kg）	备注
螺栓	6.8 级	M16×40		153	22.1	
		M16×50		32	5.1	
		M20×45		84	22.7	
		M20×55		32	9.4	
脚钉	6.8 级	M16×180		3	1.1	
		M20×200		1	0.7	
垫圈	Q235	−3A（ϕ17.5）		8	0.1	规格×个数
		−4A（ϕ17.5）		1	0.1	
总质量				61.3kg		

图 14－37　10GS20－Z2 直线塔 21.0m 呼称高塔腿结构图⑦［10GS20－Z2－07（2/2）］

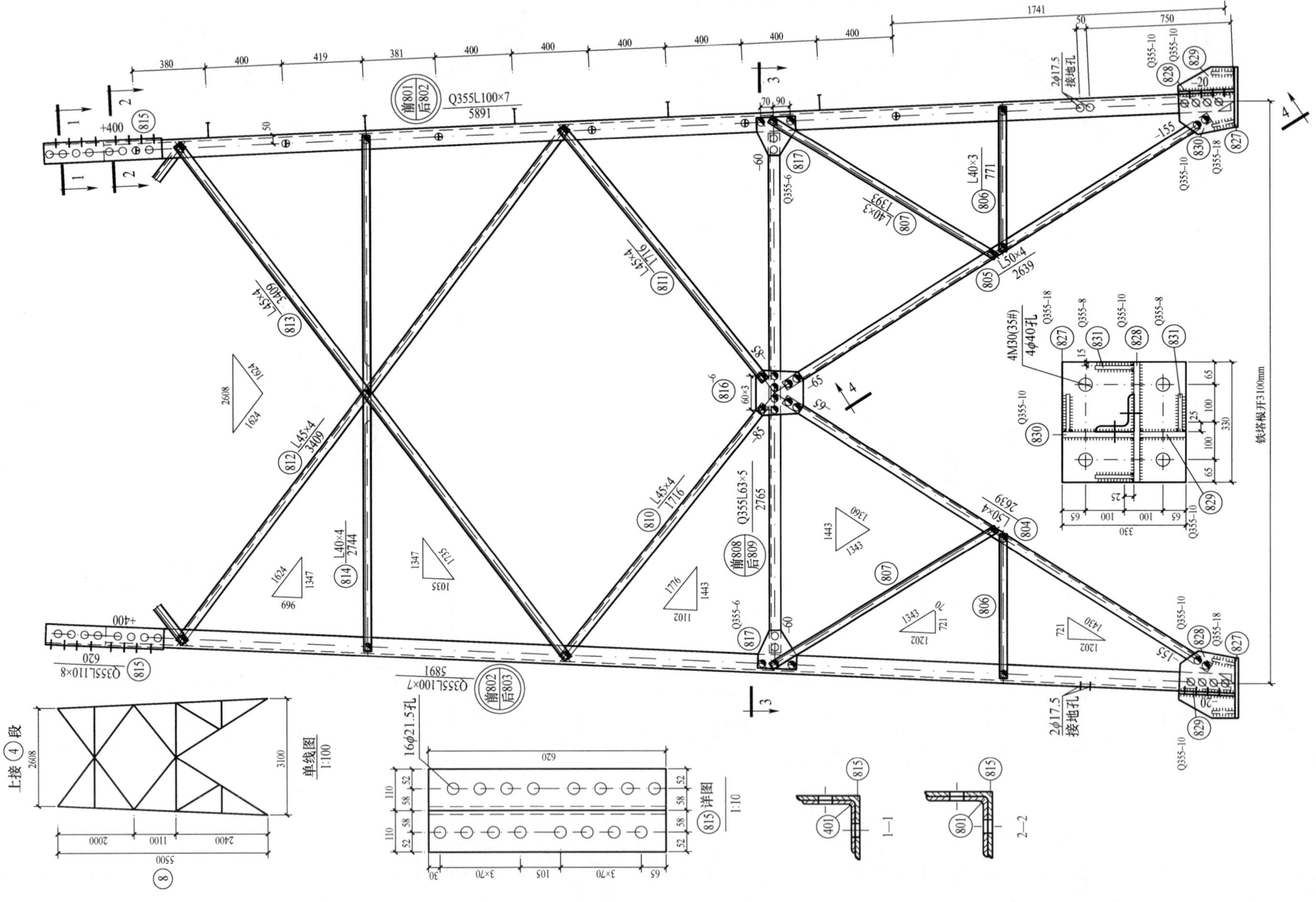

图 14－38　10GS20－Z2 直线塔 24.0m 呼称高塔腿结构图⑧［10GS20－Z2－08（1/2）］

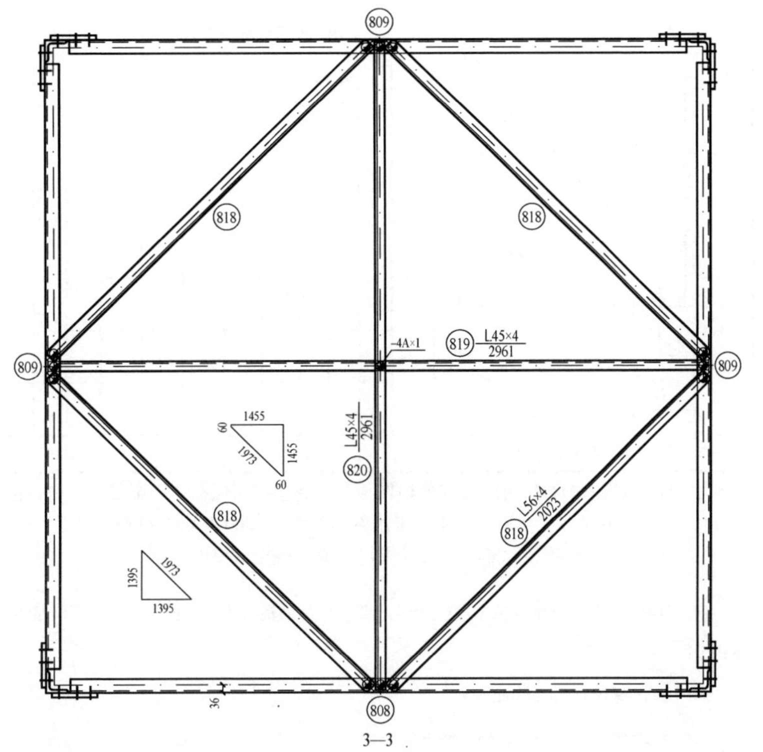

3—3

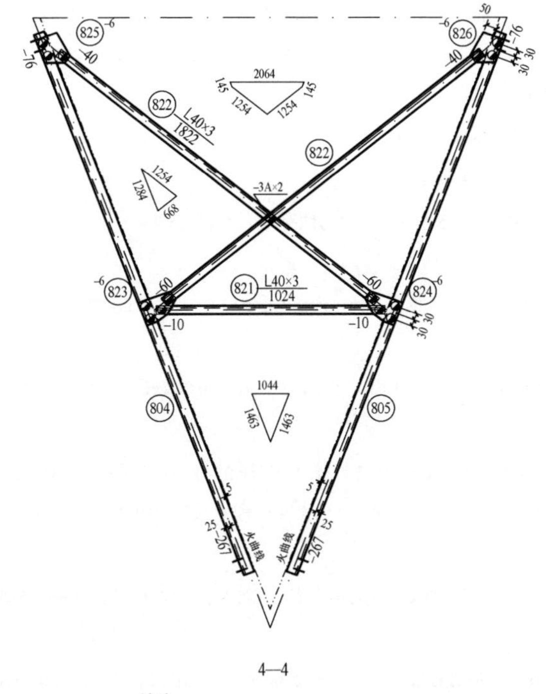

4—4

构 件 明 细 表

编号	规格	长度（mm）	数量	质量（kg）		备注
				单件	小计	
801	Q355L100 × 7	5891	1	63.82	63.8	带脚钉
802	0355L100 × 7	5891	2	63.82	127.6	
803	0355L100 × 7	5891	1	63.82	63.8	
804	L50 × 4	2639	4	8.07	32.3	
805	L50 × 4	2639	4	8.07	32.3	
806	L40 × 3	771	8	1.43	11.4	
807	L40 × 3	1393	8	2.58	20.6	
808	0355L63 × 5	2765	1	13.33	13.3	
809	Q355L63 × 5	2765	3	13.33	40.0	
810	L45 × 4	1716	4	4.69	18.8	切角
811	L45 × 4	1716	4	4.69	18.8	
812	L45 × 4	3409	4	9.33	37.3	切角
813	L45 × 4	3409	4	9.33	37.3	
814	L40 × 4	2744	4	6.65	26.6	中间压扁
815	0355L110 × 8	620	4	8.39	33.6	铲弧
816	−6 × 239	254	4	2.86	11.4	

续表

编号	规格	长度（mm）	数量	质量（kg）		备注
				单件	小计	
817	Q355 − 6 × 207	210	8	2.05	16.4	
818	L56 × 4	2023	4	6.97	27.9	切角
819	L45 × 4	2961	1	8.10	8.1	
820	L45 × 4	2961	1	8.10	8.1	
821	L40 × 3	1024	4	1.90	7.6	
822	L40 × 3	1822	8	3.37	27.0	
823	−6 × 110	166	4	0.86	3.4	火曲
824	−6 × 110	166	4	0.86	3.4	火曲
825	−6 × 139	154	4	1.01	4.0	火曲
826	−6 × 139	154	4	1.01	4.0	火曲
827	Q355 − 18 × 330	330	4	15.39	61.6	焊接
828	Q355 − 10 × 358	294	4	8.26	33.0	打坡口焊接
829	0355 − 10 × 130	294	4	3.00	12.0	打坡口焊接
830	Q355 − 10 × 226	292	4	5.18	20.7	打坡口焊接
831	Q355 − 8 × 100	100	16	0.63	10.1	打坡口焊接
总质量	836.2kg					

螺栓、脚钉、垫圈明细表

名称	级别	规格	符号	数量	质量（kg）	备注
螺栓	6.8 级	M16 × 40		173	249	
		M16 × 50		32	5.1	
		M20 × 45		84	22.7	
		M20 × 55		32	9.4	
脚钉	6.8 级	M16 × 180		10	3.8	
		M20 × 200		1	0.7	
垫圈	Q235	−3A（φ17.5）		8	0.1	规格×个数
		−4A（φ17.5）		1	0.1	
总质量			66.8kg			

图 14－39　10GS20－Z2 直线塔 24.0m 呼称高塔腿结构图⑧［10GS20－Z2－08（2/2）］

铁塔加工统一说明

1. 铁塔的设计执行 GB 50017—2017《钢结构设计规范》和 DL/T 5154—2012《架空输电线路杆塔结构设计技术规定》的有关规定。铁塔的加工本说明未列之处，需满足如下国标、规范和行业规定的要求：

GB 50661—2011《钢结构焊接规范》

GB 50205—2020《钢结构工程施工质量验收规范》

GB/T 2694—2018《输电线路铁塔制造技术条件》

GB 50173—2014《电气装置安装工程 66kV 及以下架空电力线路施工及验收规范》

DL/T 5442—2020《输电线路杆塔制图和构造规定》

2. 结构图中图面内的图例，代号等在说明中未提及之处，均按 DL/T 5442—2020《输电线路铁塔制图和构造规定》中的要求执行。

3. 钢材质量标准应符合 GB/T 700—2006《碳素结构钢》及 GB/T 1591—2018《低合金高强度结构钢》的有关要求。

4. 铁塔构件的钢种为 Q235B、Q355B，图中注明 Q355 材料为 Q355B 钢材，未注明者均为 Q235B 钢材。

5. 螺栓、螺母应符合的标准分别为 GB/T 5780—2016《六角头螺栓 C 级》、GB/T 6170—2015《1 型六角螺母》。

6. 所有螺栓（包括防卸螺栓）的强度等级为热镀锌后的强度值，螺栓及脚钉强度级别：M16、M20 为 6.8 级，M24 采用 8.8 级。

7. 垫圈标准应符合 GB/T 95—2002《平垫圈 C 级》，按照螺栓规格不同，分别加工厚度为 3mm（M16 螺栓）和 4mm（M20 螺栓、M24 螺栓）两种垫圈。当需垫的厚度超过 3 个垫圈时，应采用加工相应厚度垫块的形式。

8. 所有材料，包括角钢、钢板、螺栓、防卸螺栓、焊条等均应有出厂合格证书。

9. 所有构件均应作热（浸）镀锌防腐处理。并且不同材质的角钢必须分批镀锌，以免引起镀锌质量的下降。

10. 构件焊接应严格按照焊接规程，规范和有关规定进行，焊缝高度未注明的不得小于连接构件的最小厚度，当被焊接构件厚度不小于 8mm 时，要按规定进行剖口后再焊，以便焊透。厚度不小于 20mm 的焊件应采取焊前预热或焊后保温等相应处理措施，避免焊件的碎裂危险或过高的焊接应力。焊缝等级要求参见施工图纸。

11. Q355 及 Q235 钢构件所对应采用的焊条分别为 E50 系列及 E43 系列。当高级别钢和低级别钢相焊时，应采用低级别钢对应的焊条，所有焊接件均需加封焊，以防酸液进入接触面而造成锈蚀。

12. 加工时如需材料代用及改变结构形式等情况，须征得设计单位的同意。材料代用时，需注意相关影响（螺栓长度、主材接头相平、内垫片增减等），应与图纸对应列表统计，并由加工厂书面通知施工单位，以方便施工安装。

13. 角钢基准线和螺栓准线除图中特殊注明外，一般按表 1 采用。

表 1　角钢的螺栓准线表

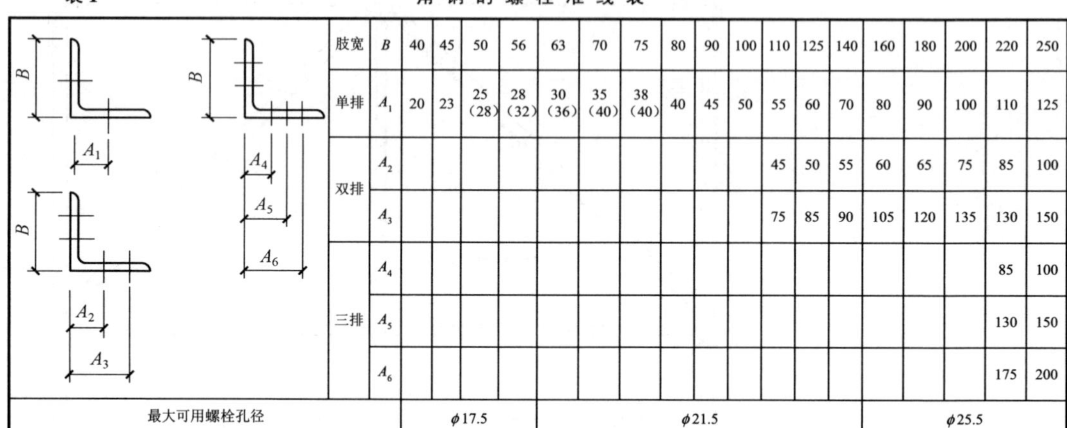

	肢宽	B	40	45	50	56	63	70	75	80	90	100	110	125	140	160	180	200	220	250
	单排	A_1	20	23	25（28）	28（32）	30（36）	35（40）	38（40）	40	45	50	55	60	70	80	90	100	110	125
	双排	A_2											45	50	55	60	65	75	85	100
		A_3											75	85	90	105	120	135	130	150
	三排	A_4																	85	100
		A_5																	130	150
		A_6																	175	200
最大可用螺栓孔径			φ17.5				φ21.5									φ25.5				

注　1. 括号内的数字用于当其他构件与本角钢搭接而螺栓边距不足时，在搭接位置上的螺栓孔可使用的准线值。
2. L100 及以下角钢一般不宜采用双排准线，L200 及以下角钢一般不宜采用三排准线。
3. 对于三排准线除非设计有要求，一般不得擅自使用。

14. 当角钢上打双排螺栓或多排螺栓时，螺栓在角钢轴心线上的投影孔距必须满足以下规定：

当用 M16 螺栓时，$L\geqslant40$mm；

当用 M20 螺栓时，$L\geqslant50$mm（参见图 1）。

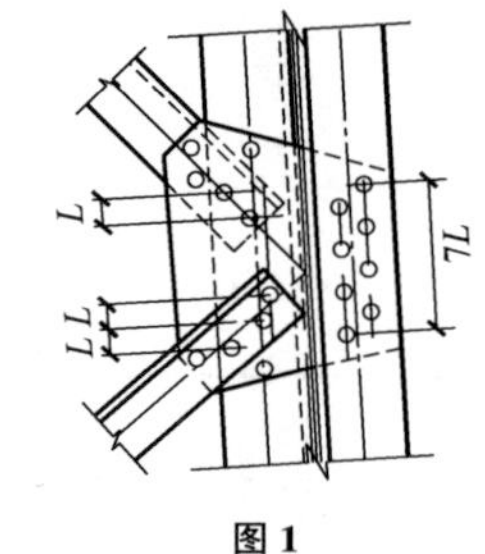

图 1

15. 螺栓、脚钉、垫圈规格按表 2 采用。最短腿离地高 8m 以下的连接螺栓采用防卸螺栓，其他均采用防松措施（采用薄螺母防松）。单帽螺栓配一帽、一垫、一薄螺母；双帽螺栓配两帽、一垫。M16 和 M20 的螺栓规格采用 6.8 级、M24 及以上的螺栓规格采用 8.8 级，防卸螺栓规格由业主及运行单位确定，并保证出扣。但挂线角钢处应采用双帽防松。业主方或运行方有特殊要求的应按照业主方或运行方的要求。螺栓的长度和数量必须经过放样和试组装的检验，当长度或数量有误时，应及时汇报给监理或设计单位。

图 14-40　10GS20-Z2 直线塔加工说明（10GS20-Z2-09）

表 2　　螺栓、脚钉、垫圈规格表

单帽螺栓（带一垫、一扣紧螺母）						双帽螺栓（带一垫双帽）				
级别	规格	图例	说明			规格	图例	说明		
			无扣长（mm）	通过厚度（mm）	每套重量（kg）			无扣长（mm）	通过厚度（mm）	每套重量（kg）
6.8级	M16×40		6	7～12	0.1442	M16×50	○	6	7～12	0.1875
	M16×50		12	13～22	0.1602	M16×60	○	12	13～22	0.2039
	M16×60		22	23～32	0.1762	M16×70	○	22	23～32	0.2203
	M16×70		32	33～42	0.1922	M16×80	○	32	33～42	0.2369
6.8级	M20×45	○	8	9～15	0.2701	M20×60	○	8	9～15	0.3605
	M20×55		15	16～25	0.2953	M20×70	○	15	16～25	0.3864
	M20×65		25	26～35	0.3205	M20×80	○	25	26～35	0.4123
	M20×75		35	36～45	0.3457	M20×90	○	35	36～45	0.4381
	M20×85		45	46～55	0.3709	M20×100	○	45	46～55	0.4640
	M20×95		55	56～65	0.3961	M20×110	○	55	56～65	0.4899
	M20×105		65	66～75	0.4213	M20×120	○	65	66～75	0.5158
8.8级	M24×55	◎	12	13～20	0.4631	M24×75	◎	12	13～20	0.6278
	M24×65		20	21～30	0.5000	M24×85	◎	20	21～30	0.6655
	M24×75		30	31～40	0.5368	M24×95	◎	30	31～40	0.7033
	M24×85		40	41～50	0.5737	M24×105	◎	40	41～50	0.7410
	M24×95		50	51～60	0.6105	M24×115	◎	50	51～60	0.7787
	M24×105		60	61～70	0.6473	M24×125	◎	60	61～70	0.8165
	M24×115		70	71～80	0.6842	M24×135	◎	70	71～80	0.8541
	M24×130		80	81～95	0.7375	M24×150	◎	80	81～95	0.9074

脚　钉					垫　圈					
级别	规格	图例	无扣长（mm）	每只重量（kg）	材质	规格	图例	每只重量（kg）	内径（mm）	外径（mm）
6.8级	M16×180	正面 侧面	120	0.3254		−3（ϕ17.5）	规格×个数	0.01065	17.5	30
						−4（ϕ17.5）		0.0142	17.5	30
6.8级	M20×200		120	0.6183		−3（ϕ22）		0.01637	22	37
						−4（ϕ22）		0.02183	22	37
8.8级	M24×240		120	0.9037		−3（ϕ26）		0.02331	26	44
						−4（ϕ26）		0.03108	26	44

注　1. 受剪单帽螺栓和脚钉配一帽、一垫、一薄螺母；受剪或受拉双帽螺栓配两帽、一垫。

2. 螺纹不得进入剪切面。

3. 薄螺母的性能等级为 05 级。

16. 对于 8.8 级及以上的高强度螺栓，除应满足 GB/T 3098《紧固件机械性能》和 DL/T 764.4《输电线路铁塔及电力金具紧固件冷镦热浸镀锌螺栓与螺母》之要求外，还应委托第三方有资质的检测单位对高强度螺栓进行抽检，并提供塑性、强度和硬度的试验合格报告。

17. 角钢及钢板的螺栓间距除图中特殊注明外应按表 3 采用。

螺孔顺力线方向重心最大间距 12d 或 18t（取二者较小者）其中 d 为螺栓直径，t 为较薄板的厚度。

表 3　　螺栓边端距要求表

螺栓规格	螺栓孔径	间距		边距		
		单排孔	双排孔	端边 L_D	轧制边 L_Z	切角边 L_Q
		L_S　L_S	L_S　L_S	L_D　L_Q　L_Z		
M12	ϕ13.5	40	60	20	≥17	≥18
M16	ϕ17.5	50	80	25	≥21*	≥23
M20	ϕ21.5	60	100	30	≥26	≥28
M24	ϕ25.5	80	120	40	≥31	≥33

* 当用 L40 角钢时，轧制边距 L_z=20。

18. 脚钉从基础顶面以上 1.5m 左右起装，间距一般按 400mm，当某一个脚钉位于节点板、主材接头、塔身变坡等位置，上下脚钉间距不能满足标准 400mm 时，该脚钉上下相邻的两个或三个脚钉间距之和需满足 400mm 的倍数。

当脚钉代替螺栓时，脚钉级别应与被代螺栓等强度。

脚钉型式采用防滑带弯钩型式。

19. 节点板考虑到刚度和稳定要求，形状不宜狭长，节点板边缘与构件轴线夹角α不小于 15°，1—1 段面的节点板断面面积不小于被连接角钢截面积的 1.2 倍。参见图 2。

节点板边距及构件间隙如图 3 所示。

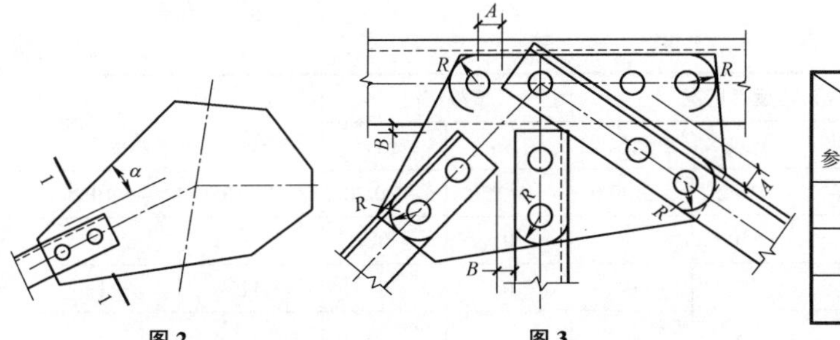

图 2　　图 3

孔径（mm）/参数	17.5	21.5	25.5
边距 R	25	30	40
间隙 A	20	25	30
间隙 B	5≤B≤10		

20. 构件接头中包角钢接头间隙按图放样，一般为 10mm 左右。其中外包角钢清根，内包角钢铲背。

21. 凡图中所要求的火曲、开合角、切肢、压扁、切角的尺寸均由加工放样决定。角钢肢宽大于 100mm 以上，两构件连接面间的夹角大于 2°时，构件应局部开、合角或制弯。

22. 如没有注明，长度单位均为毫米。

23. 结构图中尺寸仅供备料用，加工前应放样，以实际放样尺寸为准。

24. 角钢对接处外贴连接钢板的螺栓孔最小边距 M20 取 40mm、M24 取 50mm。

25. 当螺栓采用一垫一帽一薄螺母时应确保装好螺帽后螺杆出扣。

26. 制孔方式按照铁塔招标技术规范书的要求执行。

27. 铁塔放样后应加工一基样塔，经试组装检验合格后方能批量生产。

28. 本工程参照国家电网公司基建部监制的“工艺标准库（2012 版）”，本册施工图按以下工艺标准进行施工。

工艺编号	项目/工艺名称	注意事项
0201020101	角钢铁塔分解组立	

图 14－40　10GS20－Z2 直线塔加工说明（10GS20－Z2－09）（续）

14.8 10GS20－Z3 塔

14.8.1 10GS20－Z3 塔设计条件

导线型号及张力见表 14－18。

表 14－18 导线型号及张力

电压等级	10kV	导线	JL/G1A－120/70	导线最大使用张力（N）	26578	导线不平衡张力取值（%）	20

使用条件见表 14－19。

表 14－19 使用条件

水平档距（m）	垂直档距（m）	代表档距（m）	使用档距（m）	转角度数（°）	计算高度（m）	档距系数 K_v
450	750	450	450	0	24	0.7

荷重表见表 14－20。

表 14－20 荷重表 N

项目		正常运行情况			事故情况		安装情况	不均匀冰
		基本风速	覆冰	最低气温	未断线	断线		
气象条件（T/V/B）		－5/27/0	－5/10/20	－30/0/0	－5/0/20	－5/0/20	－15/10/0	－5/10/20
水平荷载	导线	4923	2560	0	0	0	794	2560
	绝缘子及金具	82	11	0	0	0	11	11
	跳线串							
垂直荷载	导线	6575	22380	6575	22380	22380	6575	22380
	绝缘子及金具	583	758	583	758	758	583	758
	跳线串							
导线张力	一侧	10889	26578	8159	13289	0	8429	
	另一侧	10889	26578	8159	13289	13289	8429	
	张力差	0	0	0	0	13289	0	5316

注 导线水平荷载为下相导线荷载。

14.8.2 10GS20－Z3 塔根开尺寸及基础作用力

根开尺寸见表 14－21。

表 14－21 根开尺寸

呼称高（m）	基础根开（mm）		地脚螺栓根开（mm）		地脚螺栓规格
	正面根开	侧面根开	正面根开	侧面根开	
18	2742	2742	200	200	4×M30
21	3011	3011	200	200	4×M30
24	3281	3281	200	200	4×M30
27	3550	3550	200	200	4×M30

基础作用力见表 14－22。

表 14－22 基础作用力 kN

呼称高（m）	T_{max}	T_x	T_y	N_{max}	N_x	N_y
18	112.63	9.46	7.64	155.60	10.83	10.05
21	125.00	10.07	8.32	163.14	11.48	10.02
24	137.10	10.73	9.41	171.43	12.42	11.21
27	149.03	11.42	10.08	185.92	13.29	11.97

14.8.3 10GS20－Z3 塔施工图纸目录

10GS20－Z3 塔施工图纸目录见表 14－23。

表 14－23 10GS20－Z3 塔施工图纸目录

编号	图号	图名
图 14－41	10GS20－Z3－00（1/2）	10GS20－Z3 直线塔总图及材料汇总表
图 14－42	10GS20－Z3－00（2/2）	10GS20－Z3 直线塔总图及材料汇总表
图 14－43	10GS20－Z3－01（1/3）	10GS20－Z3 直线塔塔头结构图①
图 14－44	10GS20－Z3－01（2/3）	10GS20－Z3 直线塔塔头结构图①
图 14－45	10GS20－Z3－01（3/3）	10GS20－Z3 直线塔塔头结构图①
图 14－46	10GS20－Z3－02（1/2）	10GS20－Z3 直线塔塔身结构图②
图 14－47	10GS20－Z3－02（2/2）	10GS20－Z3 直线塔塔身结构图②
图 14－48	10GS20－Z3－03	10GS20－Z3 直线塔塔身结构图③
图 14－49	10GS20－Z3－04（1/2）	10GS20－Z3 直线塔塔身结构图④

续表

编号	图号	图名
图 14－50	10GS20－Z3－04（2/2）	10GS20－Z3 直线塔塔身结构图④
图 14－51	10GS20－Z3－05（1/2）	10GS20－Z3 直线塔 18.0m 呼称高塔腿结构图⑤
图 14－52	10GS20－Z3－05（2/2）	10GS20－Z3 直线塔 18.0m 呼称高塔腿结构图⑤
图 14－53	10GS20－Z3－06（1/2）	10GS20－Z3 直线塔 21.0m 呼称高塔腿结构图⑥
图 14－54	10GS20－Z3－06（2/2）	10GS20－Z3 直线塔 21.0m 呼称高塔腿结构图⑥

续表

编号	图号	图名
图 14－55	10GS20－Z3－07（1/2）	10GS20－Z3 直线塔 24.0m 呼称高塔腿结构图⑦
图 14－56	10GS20－Z3－07（2/2）	10GS20－Z3 直线塔 24.0m 呼称高塔腿结构图⑦
图 14－57	10GS20－Z3－08（1/2）	10GS20－Z3 直线塔 27.0m 呼称高塔腿结构图⑧
图 14－58	10GS20－Z3－08（2/2）	10GS20－Z3 直线塔 27.0m 呼称高塔腿结构图⑧
图 14－59	10GS20－Z3－09	10GS20－Z3 直线塔加工说明

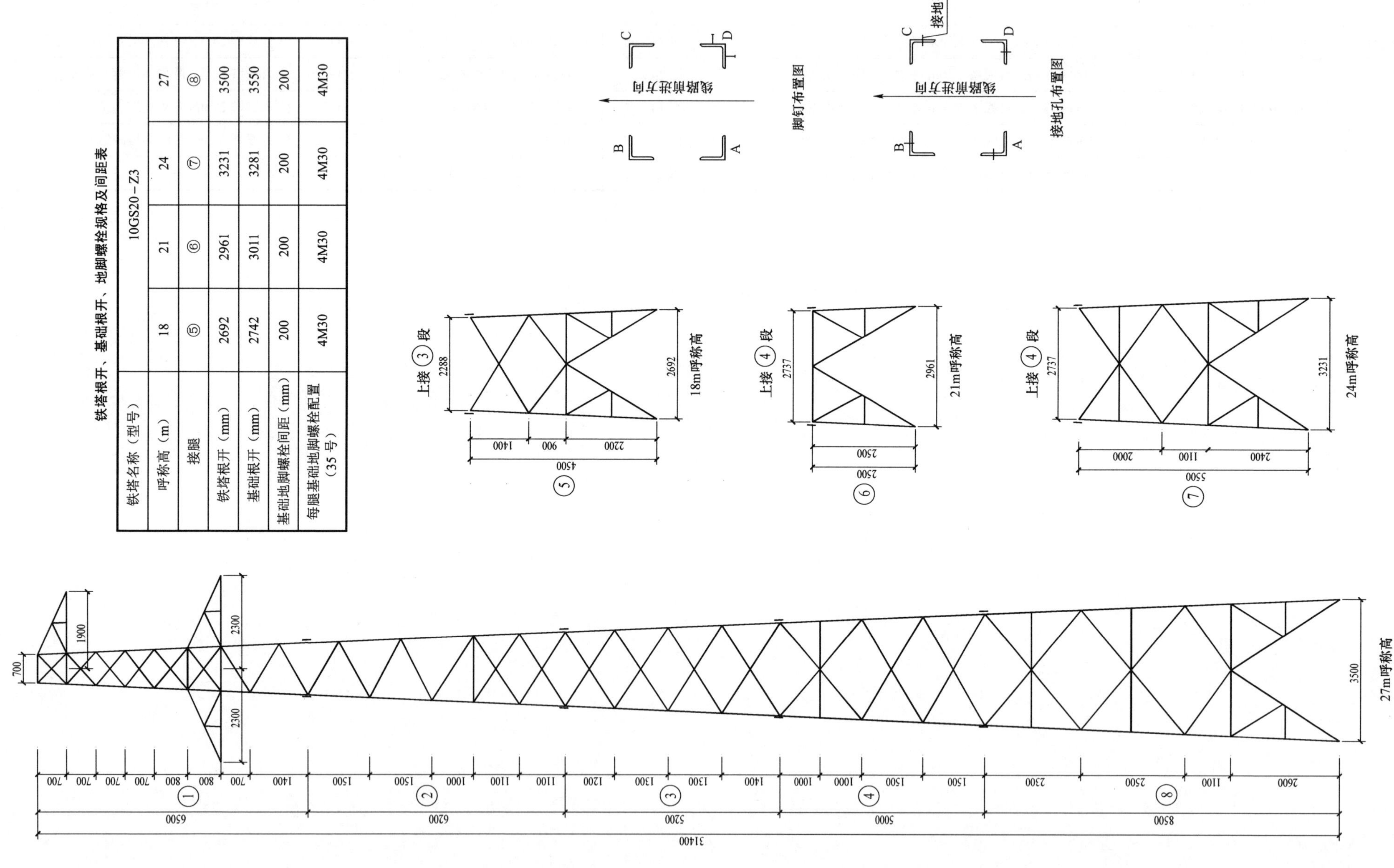

铁塔根开、基础根开、地脚螺栓规格及间距表

铁塔名称（型号）	10GS20－Z3			
呼称高（m）	18	21	24	27
接腿	⑤	⑥	⑦	⑧
铁塔根开（mm）	2692	2961	3231	3500
基础根开（mm）	2742	3011	3281	3550
基础地脚螺栓间距（mm）	200	200	200	200
每腿基础地脚螺栓配置（35号）	4M30	4M30	4M30	4M30

图 14－41　10GS20－Z3 直线塔总图及材料汇总表［10GS20－Z3－00（1/2）］

材料汇总表

材料	材质	规格	段号								呼称高（m）			
			1	2	3	4	5	6	7	8	18.0	21.0	24.0	27.0
角钢	Q355	L110×12						49.0	49.0	49.0		49.0	49.0	49.0
		L110×10				41.4	41.4				41.4	41.4	41.4	41.4
		L100×10				302.4		174.4	356.3	538.0		476.8	658.7	840.4
		L100×8	77.6		284.0		240.0				601.6	361.6	361.6	361.6
		L90×7		258.8							258.8	258.8	258.8	258.8
		L80×6	182.4								182.4	182.4	182.4	182.4
		L70×5	54.6								54.6	54.6	54.6	54.6
		L63×5	61.3				45.7	48.8	55.9	60.7	107.0	110.1	117.2	122.0
		小计	375.9	258.8	284.0	343.8	327.1	272.2	461.2	647.7	1245.8	1534.7	1723.7	1910.2
	Q235	L70×6	12.7								12.7	12.7	12.7	12.7
		L63×4	8.9								8.9	8.9	8.9	8.9
		L56×5		67.8							67.8	67.8	67.8	67.8
		L56×4	10.2							110.2	10.2	10.2	10.2	120.4
		L50×5	55.8	73.2						33.0	129.0	129.0	129.0	162.0
		L50×4	64.9	41.8		29.7	79.0	87.8	219.2	207.8	185.7	224.2	355.6	344.2
		L45×4	11.4			52.0			47.5	83.0	11.4	63.4	110.9	146.4
		L40×4	11.1	11.1		101.0	12.4	12.9	20.1	21.8	34.6	136.1	143.3	145.0
		L40×3	138.8	53.3	146.8	44.4	121.3	69.8	60.7	66.0	460.2	453.1	444.0	449.3
		小计	313.8	247.2	146.8	227.1	212.7	170.5	347.5	521.8	920.5	1105.4	1282.4	1456.7
钢板	Q355	−6	56.2				16.3	25.8	16.9	17.1	72.5	82.0	73.1	73.3
		−8	22.4								22.4	22.4	22.4	22.4
		−10	26.5				12.5	12.5	12.5	12.5	39.0	39.0	39.0	39.0
		−12					78.6	78.9	79.1	78.9	78.6	78.9	79.1	78.9
		−20					64.3	64.3	64.3	64.3	64.3	64.3	64.3	64.3
		小计	105.1				171.7	181.5	172.8	172.8	276.8	286.6	277.9	277.9
	Q235	−6	23.3			8.4	26.2	35.1	38.2	35.8	49.5	66.8	69.9	67.5
		−10	0.8			1.6					0.8	2.4	2.4	2.4
		−16	0.9								0.9	0.9	0.9	0.9
		小计	25.0			10.0	26.2	35.1	38.2	35.8	51.2	70.1	73.2	70.8
螺栓	6.8 级	M16×40	28.6	3.0	2.3	7.6	22.6	26.5	27.7	27.7	56.5	68.0	69.2	69.2
		M16×50	8.3	5.8	5.1	5.1	6.4	6.4	8.3	11.5	25.6	30.7	32.6	35.8
		M16×60	0.5								0.5	0.5	0.5	0.5
		M16×70 双帽	1.3								1.3	1.3	1.3	1.3
		小计	38.7	8.8	7.4	12.7	29.0	32.9	36.0	39.2	83.9	100.5	103.6	106.8
	6.8 级	M20×45	34.6	17.3	8.6		5.4	5.4	5.4	4.3	65.9	65.9	65.9	64.8
		M20×55			9.4	18.9	28.3	28.3	28.3	28.3	37.7	56.6	56.6	56.6
		M20×60 双帽	6.5								6.5	6.5	6.5	6.5
		M20×70 双帽	7.0								7.0	7.0	7.0	7.0
		小计	48.1	17.3	18.0	18.9	33.7	33.7	33.7	32.6	117.1	136.0	136.0	134.9
		螺栓合计	86.8	26.1	25.4	31.6	62.7	66.6	69.7	71.8	201.0	236.5	239.6	241.7
脚钉	6.8 级	M20×200	0.7	0.7	0.7	1.3	0.7	0.7	0.7	0.7	2.8	4.1	4.1	4.1
		M16×180	4.9	5.3	4.6	4.2	3.0	1.1	3.8	6.8	17.8	20.1	22.8	25.8
		小计	5.6	6.0	5.3	5.5	3.7	1.8	4.5	7.5	20.6	24.2	26.9	29.9
垫圈	Q235	−3A（ϕ17.5）	0.5	0.2			0.1	0.1	0.1	0.1	0.8	0.8	0.8	0.8
		−4A（ϕ17.5）	0.4		0.7		0.2				1.3	1.1	1.1	1.1
		−4B（ϕ22）	0.1								0.1	0.1	0.1	0.1
		小计	1.0	0.2	0.7		0.3	0.1	0.1	0.1	2.2	2.0	2.0	2.0
不含防盗螺栓总质量（kg）			915.3	538.3	462.2	618.0	808.5	731.9	1098.1	1461.6	2724.3	3265.7	3631.9	3995.4
各呼称高含防盗螺栓总质量（kg）											2778.7	3330.9	3704.4	4075.2

图 14−42　10GS20−Z3 直线塔总图及材料汇总表［10GS20−Z3−00（2/2）］

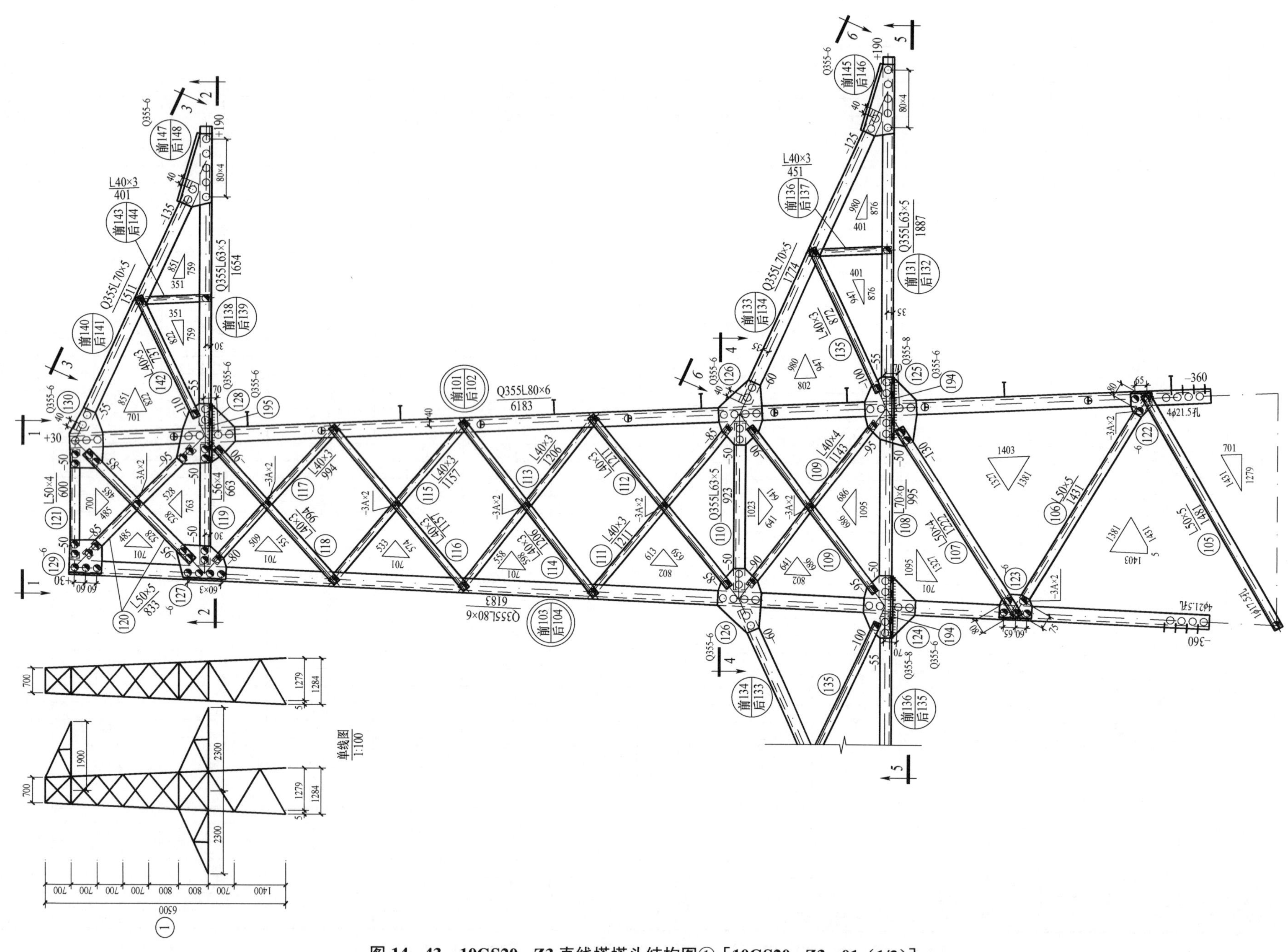

图 14-43 10GS20-Z3 直线塔塔头结构图①［10GS20-Z3-01（1/3）］

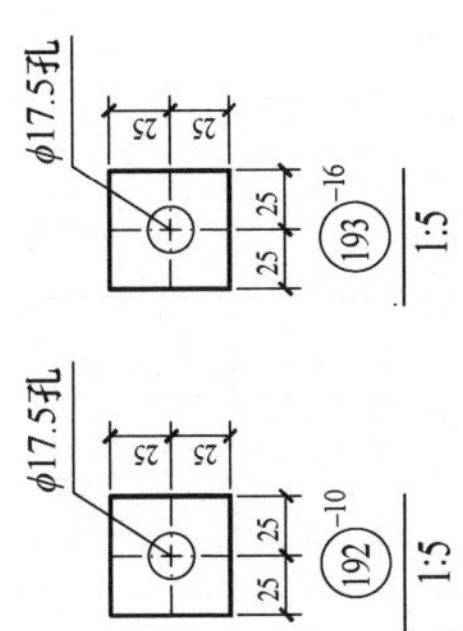

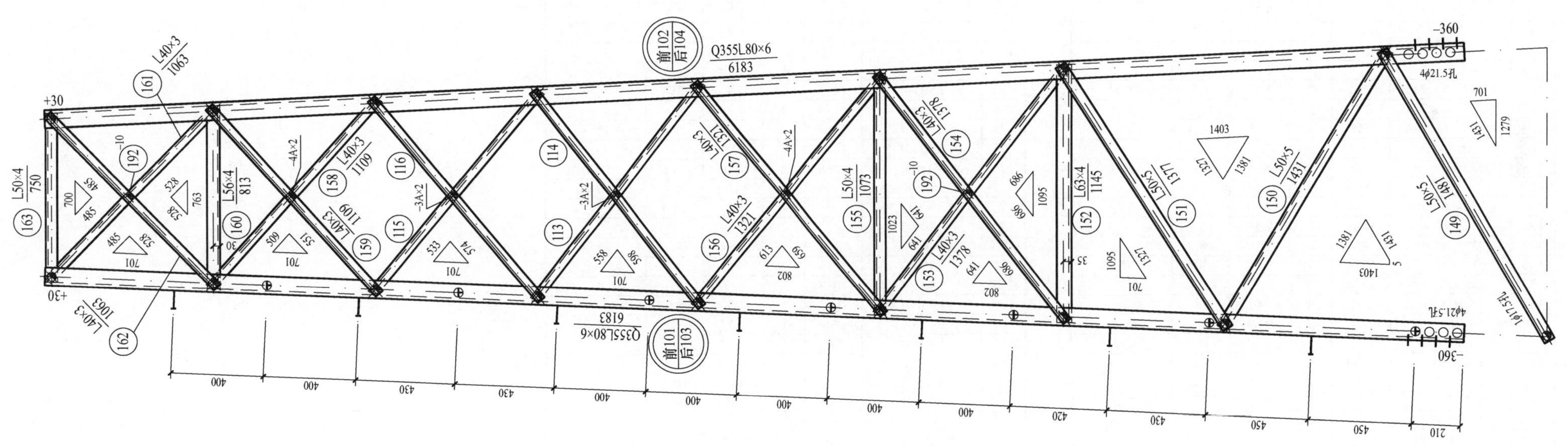

图 14-44　10GS20-Z3 直线塔塔头结构图①［10GS20-Z3-01（2/3）］

构件明细表

编号	规格	长度（mm）	数量	质量（kg）		备注
				单件	小计	
101	Q355L80×6	6183	1	45.61	45.6	带脚钉
102	Q355L80×6	6183	1	45.61	45.6	
103	Q355L80×6	6183	1	45.61	45.6	
104	Q355L80×6	6183	1	45.61	45.6	
105	L50×5	1481	2	5.58	11.2	
106	L50×5	1431	2	5.39	10.8	切角
107	L50×4	1222	2	3.74	7.5	
108	L70×6	995	2	6.37	12.7	局部合角
109	L40×4	1143	4	2.77	11.1	
110	Q355L63×5	923	2	4.45	8.9	
111	L40×3	1211	2	2.24	4.5	切角
112	L40×3	1211	2	2.24	4.5	
113	L40×3	1206	4	2.23	8.9	切角
114	L40×3	1206	4	2.23	8.9	
115	L40×3	1157	4	2.14	8.6	切角
116	L40×3	1157	4	2.14	8.6	
117	L40×3	994	2	1.84	3.7	切角
118	L40×3	994	2	1.84	3.7	
119	L56×4	663	2	2.28	4.6	
120	L50×5	833	4	3.14	12.6	
121	L50×4	600	2	1.84	3.7	
122	−6×132	115	2	0.71	1.4	
123	−6×131	175	2	1.08	2.2	
124	Q355−8×245	284	2	4.37	8.7	焊接
125	Q355−8×384	284	2	6.85	13.7	焊接
126	Q355−6×244	358	4	4.11	16.4	
127	−6×183	274	2	2.36	4.7	
128	Q355−6×334	315	2	4.96	9.9	焊接
129	−6×177	186	2	1.55	3.1	
130	Q355−6×184	334	2	2.89	5.8	
131	Q355L63×5	1887	2	9.10	18.2	
132	Q355L63×5	1887	2	9.10	18.2	
133	Q355L70×5	1774	2	9.57	19.1	切角
134	Q355L70×5	1774	2	9.57	19.1	切角
135	L40×3	872	4	1.61	6.4	切角
136	L40×3	451	2	0.84	1.7	切角
137	L40×3	451	2	0.84	1.7	切角
138	Q355L63×5	1654	1	7.98	8.0	
139	Q355L63×5	1654	1	7.98	8.0	
140	Q355L70×5	1511	1	8.15	8.2	切角
141	Q355L70×5	1511	1	8.15	8.2	切角
142	L40×3	737	2	1.36	2.7	
143	L40×3	401	1	0.74	0.7	切角
144	L40×3	401	1	0.74	0.7	切角
145	Q355−6×172	397	2	3.22	6.4	卷边 50mm
146	Q355−6×172	397	2	3.22	6.4	卷边 50mm
147	Q355−6×171	406	1	3.27	3.3	卷边 50mm
148	Q355−6×171	406	1	3.27	3.3	卷边 50mm

续表

编号	规格	长度（mm）	数量	质量（kg）		备注
				单件	小计	
149	L50×5	1481	2	5.58	11.2	
150	L50×5	1431	2	5.39	10.8	切角
151	L50×5	1377	2	5.19	10.4	
152	L63×4	1145	2	4.47	8.9	
153	L40×3	1378	2	2.55	5.1	切角
154	L40×3	1378	2	2.55	5.1	
155	L50×4	1073	2	3.28	6.6	两端切肢
156	L40×3	1321	2	2.45	4.9	切角
157	L40×3	1321	2	2.45	4.9	
158	L40×3	1109	2	2.05	4.1	切角
159	L40×3	1109	2	2.05	4.1	
160	L56×4	813	2	2.80	5.6	两端切肢
161	L40×3	1063	2	1.97	3.9	切角
162	L40×3	1063	2	1.97	3.9	
163	L50×4	750	2	2.29	4.6	
164	L40×3	1406	2	2.60	5.2	
165	−6×152	221	4	1.58	6.3	
166	L40×3	1362	1	2.52	2.5	
167	L40×3	1386	1	2.57	2.6	中间切肢
168	L40×3	967	2	1.79	3.6	
169	−6×142	211	4	1.41	5.6	
170	L40×3	931	1	1.72	1.7	
171	L40×3	939	1	1.74	1.7	中间切肢
172	L50×4	1416	2	4.33	8.7	切角
173	L50×4	1416	2	4.33	8.7	
174	L50×4	1314	2	4.02	8.0	切角
175	L50×4	1314	2	4.02	8.0	
176	Q355L100×8	1166	2	14.31	28.6	切角
177	Q355L100×8	1166	2	14.31	28.6	切角
178	Q355−10×368	159	4	4.59	18.4	
179	L40×3	1427	2	2.64	5.3	
180	L40×3	1427	2	2.64	5.3	切角
181	L40×3	1118	2	2.07	4.1	两端切肢
182	L45×4	1083	1	2.96	3.0	切角
183	L45×4	1083	1	2.96	3.0	
184	L45×4	998	1	2.73	2.7	切角
185	L45×4	998	1	2.73	2.7	
186	Q355L100×8	834	1	10.24	10.2	切角
187	Q355L100×8	834	1	10.24	10.2	切角
188	Q355−10×368	141	2	4.07	8.1	
189	L40×3	1105	1	2.05	2.0	
190	L40×3	1105	1	2.05	2.0	切角
191	L40×3	790	1	1.46	1.5	两端切肢
192	−10×50	50	4	0.20	0.8	垫板
193	−16×50	50	3	0.31	0.9	垫板
194	Q355−6×50	345	4	0.81	3.2	焊接
195	Q355−6×50	325	2	0.77	1.5	焊接
总质量		821.9kg				

螺栓、脚钉、垫圈明细表

名称	级别	规格	符号	数量	质量（kg）	备注
螺栓	6.8 级	M16×40		198	28.6	
		M16×50		52	8.3	
		M16×60		3	0.5	
		M20×45		128	34.6	
		M16×70		6	1.3	带双帽
		M20×60		18	6.5	带双帽
		M20×70		18	7.0	带双帽
脚钉	6.8 级	M16×180		13	4.9	
		M20×200		1	0.7	
垫圈	Q235	−3A（ϕ17.5）		44	0.5	规格×个数
		−4A（ϕ17.5）		20	0.4	
		−4B（ϕ22）		6	0.1	
总质量			93.4kg			

图 14−44 10GS20−Z3 直线塔塔头结构图①［10GS20−Z3−01（2/3）］（续）

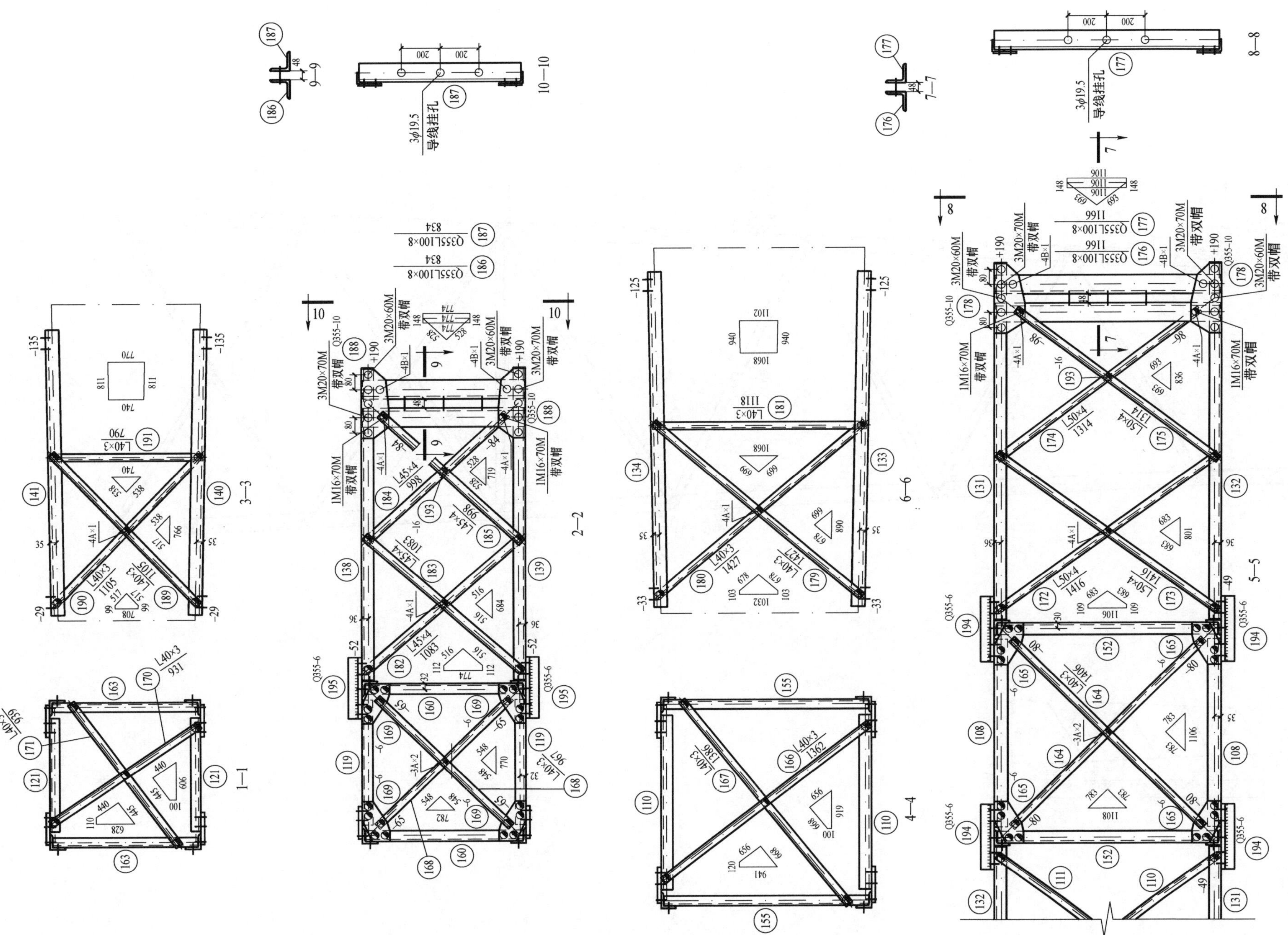

图 14－45　10GS20－Z3 直线塔塔头结构图①［10GS20－Z3－01（3/3）］

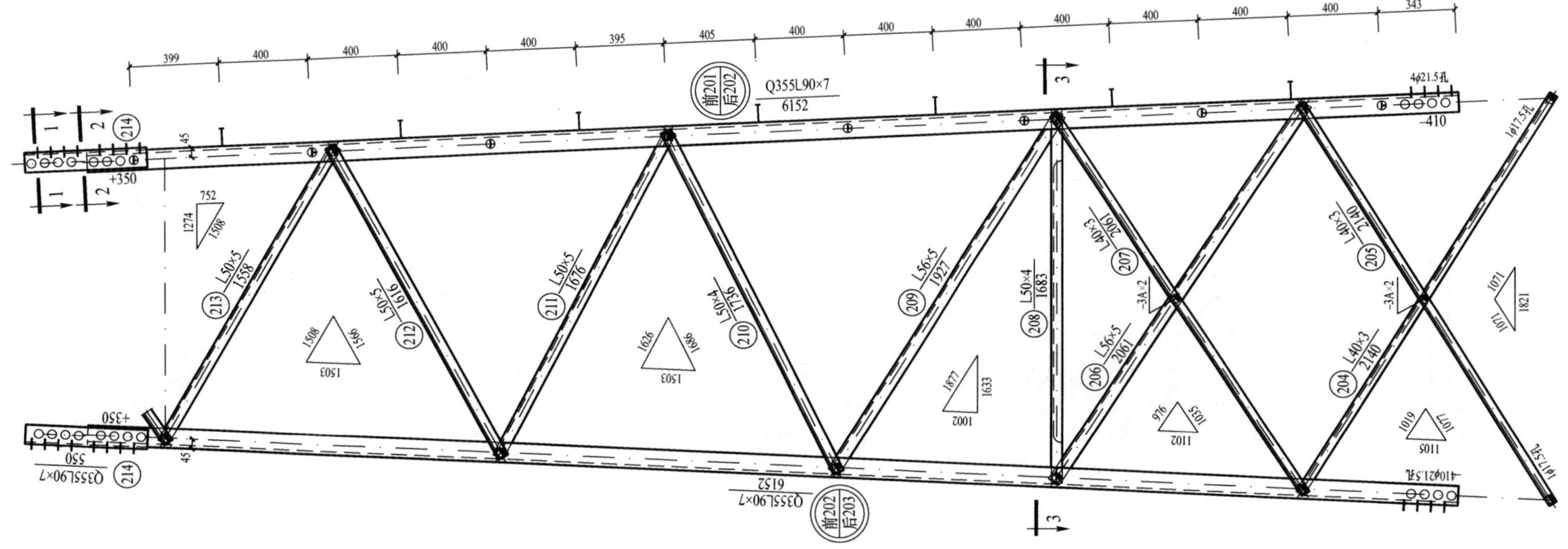

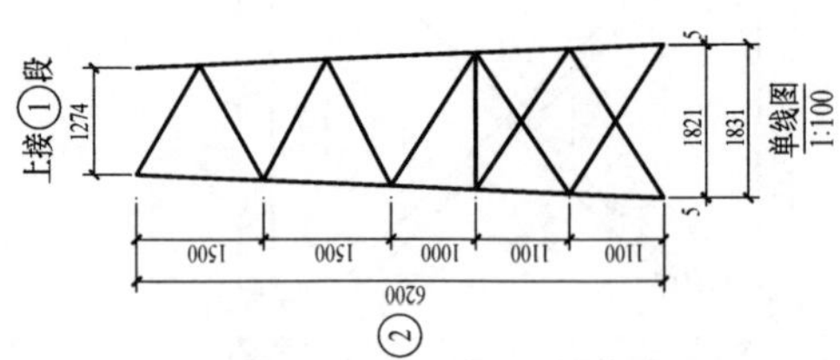

图 14-46　10GS20-Z3 直线塔塔身结构图②［10GS20-Z3-02（1/2）］

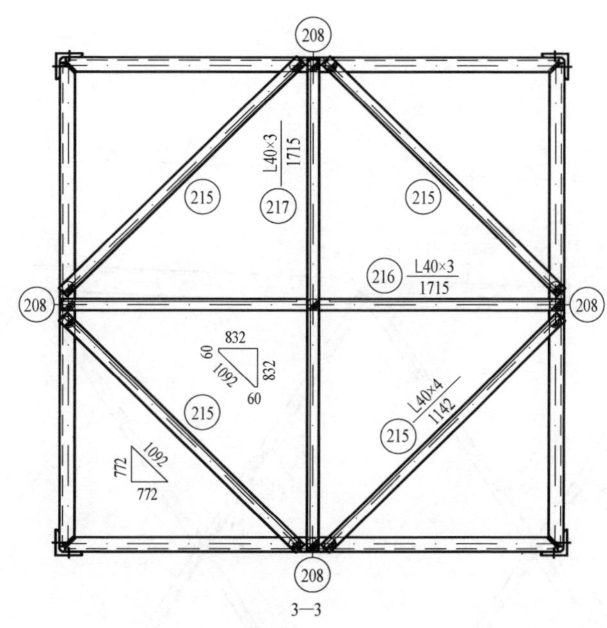

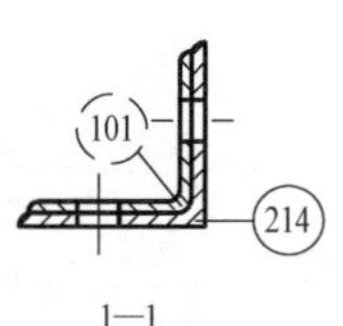

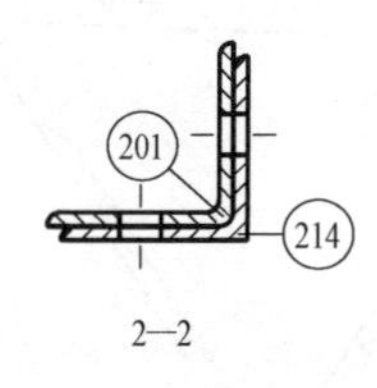

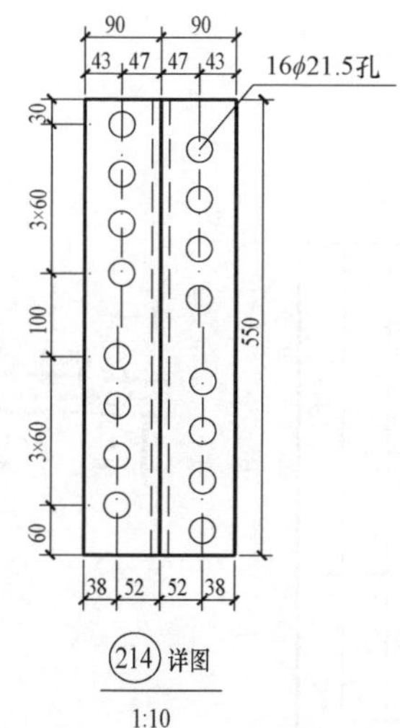

构 件 明 细 表

编号	规格	长度（mm）	数量	质量（kg）		备注
				单件	小计	
201	Q355L90×7	6152	1	59.40	59.4	带脚钉
202	Q355L90×7	6152	2	59.40	118.8	
203	Q355L90×7	6152	1	59.40	59.4	
204	L40×3	2140	4	3.96	15.8	切角
205	L40×3	2140	4	3.96	15.8	
206	L56×5	2061	4	8.76	35.0	切角
207	L40×3	2061	4	3.82	15.3	
208	L50×4	1683	4	5.15	20.6	两端切肢
209	L56×5	1927	4	8.19	32.8	切角
210	L50×4	1736	4	5.31	21.2	
211	L50×5	1676	4	6.32	25.3	切角
212	L50×5	1616	4	6.09	24.4	
213	L50×5	1558	4	5.87	23.5	切角
214	Q355L90×7	550	4	5.31	21.2	铲弧
215	L40×4	1142	4	2.77	11.1	
216	L40×3	1715	1	3.18	3.2	中间切肢
217	L40×3	1715	1	3.18	3.2	
总质量		506.0kg				

螺栓、脚钉、垫圈明细表

名称	级别	规格	符号	数量	质量（kg）	备注
螺栓	6.8 级	M16×40		21	3.0	
		M16×50		36	5.8	
		M20×45		64	17.3	
脚钉	6.8 级	M16×180		14	5.3	
		M20×200		1	0.7	
垫圈	Q235	−3A（φ17.5）		16	0.2	规格×个数
总质量			32.3kg			

图 14−47　10GS20−Z3 直线塔塔身结构图②［10GS20−Z3−02（2/2）］

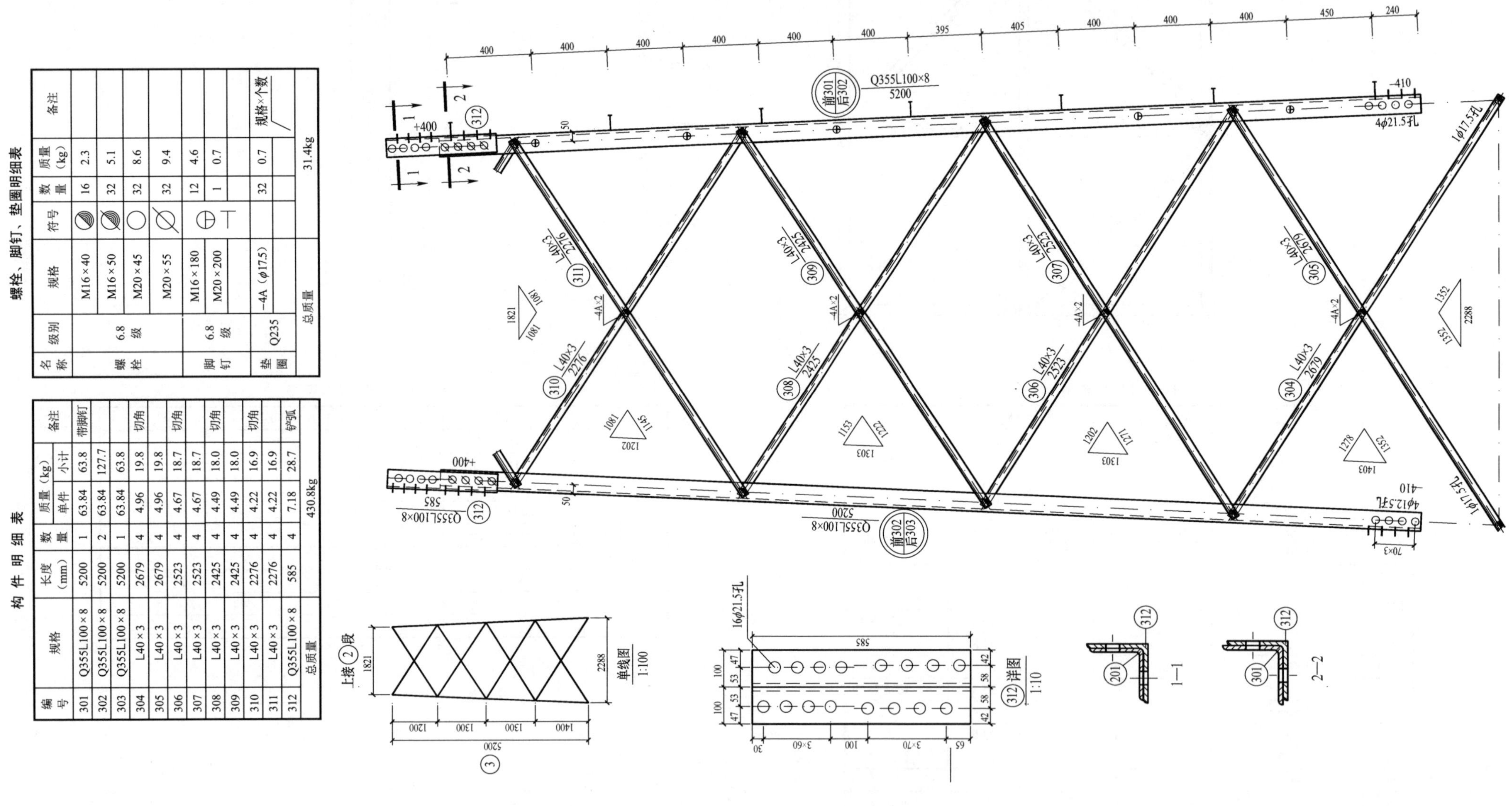

构件明细表

编号	规格	长度（mm）	数量	质量（kg） 单件	小计	备注
301	Q355L100×8	5200	1	63.84	63.8	带脚钉
302	Q355L100×8	5200	2	63.84	127.7	
303	Q355L100×8	5200	1	63.84	63.8	
304	L40×3	2679	4	4.96	19.8	切角
305	L40×3	2679	4	4.96	19.8	
306	L40×3	2523	4	4.67	18.7	切角
307	L40×3	2523	4	4.67	18.7	
308	L40×3	2425	4	4.49	18.0	切角
309	L40×3	2425	4	4.49	18.0	
310	L40×3	2276	4	4.22	16.9	切角
311	L40×3	2276	4	4.22	16.9	
312	Q355L100×8	585	4	7.18	28.7	铲弧
总质量		430.8kg				

螺栓、脚钉、垫圈明细表

名称	级别	规格	符号	数量	质量（kg）	备注
螺栓	6.8级	M16×40		16	2.3	
		M16×50		32	5.1	
		M20×45		32	8.6	
		M20×55		32	9.4	
脚钉	6.8级	M16×180		12	4.6	
		M20×200		1	0.7	
垫圈	Q235	-4A（φ17.5）		32	0.7	规格×个数
总质量				31.4kg		

图 14－48　10GS20－Z3 直线塔塔身结构图③（10GS20－Z3－03）

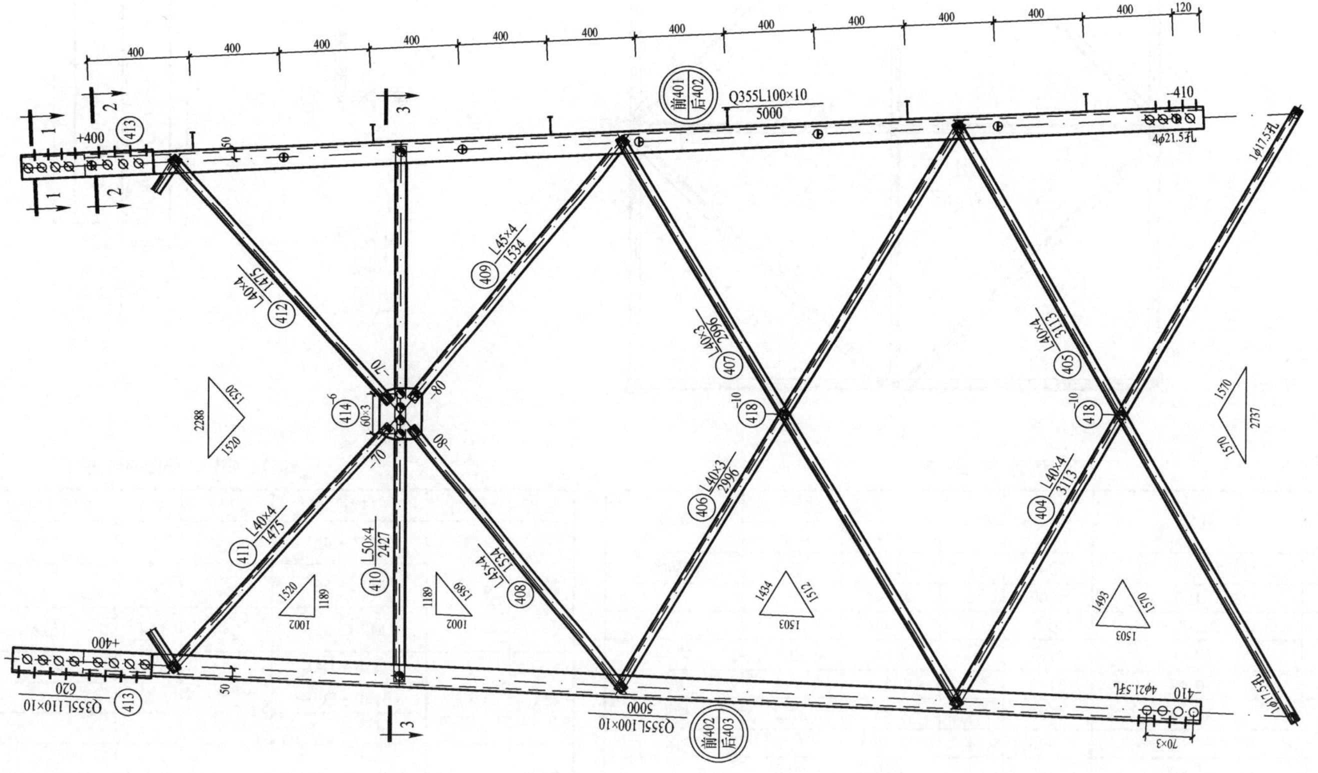

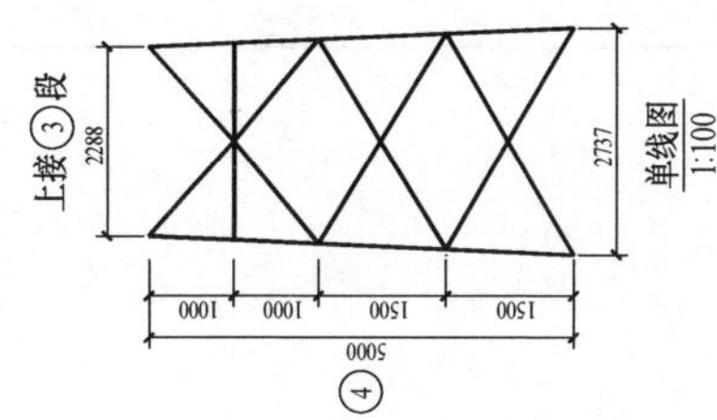

图 14-49　10GS20-Z3 直线塔塔身结构图④［10GS20-Z3-04（1/2）］

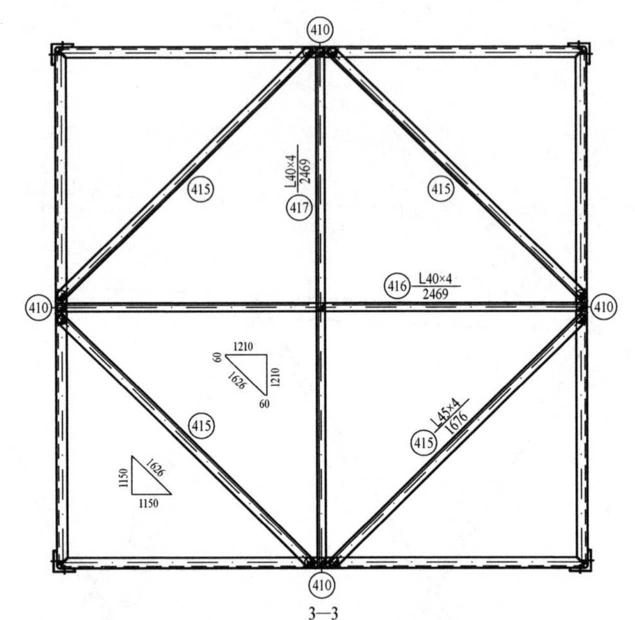

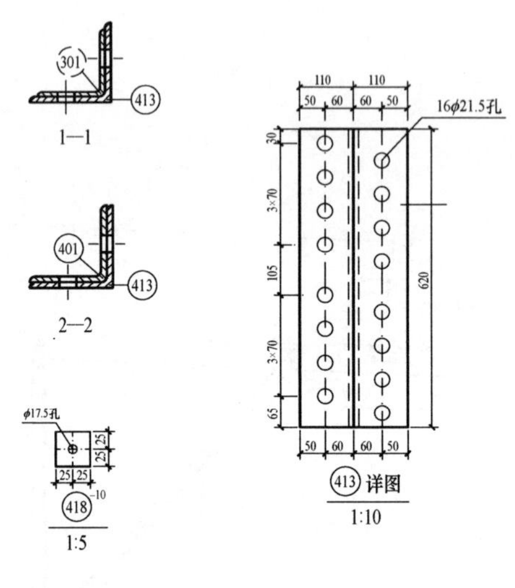

构件明细表

编号	规格	长度（m）	数量	质量（kg）		备注
				单件	小计	
401	Q355L100×10	5000	1	75.60	75.6	带脚钉
402	Q355L100×10	5000	2	75.60	151.2	
403	Q355L100×10	5000	1	75.60	75.6	
404	L40×4	3113	4	7.54	30.2	切角
405	L40×4	3113	4	7.54	30.2	
406	L40×3	2996	4	5.55	22.2	切角
407	L40×3	2996	4	5.55	22.2	
408	L45×4	1534	4	4.20	16.8	
409	L45×4	1534	4	4.20	16.8	切角
410	L50×4	2427	4	7.42	29.7	两端切肢
411	L40×4	1475	4	3.57	14.3	切角
412	L40×4	1475	4	3.57	14.3	
413	Q355L110×10	620	4	10.35	41.4	铲弧
414	−6×193	232	4	2.11	8.4	
415	L45×4	1676	4	4.59	18.4	切角
416	L40×4	2469	1	5.98	6.0	中间切肢
417	L40×4	2469	1	5.98	6.0	
418	−10×50	50	8	0.20	1.6	垫板
总质量		580.9kg				

螺栓、脚钉、垫圈明细表

名称	级别	规格	符号	数量	质量（kg）	备注
螺栓	6.8 级	M16×40		53	7.6	
		M16×50		32	5.1	
		M20×55		64	18.9	
脚钉	6.8 级	M16×180		11	4.2	
		M20×200		2	1.3	
垫圈	Q235					规格×个数
总质量			37.1kg			

图 14－50　10GS20－Z3 直线塔塔身结构图④［10GS20－Z3－04（2/2）］

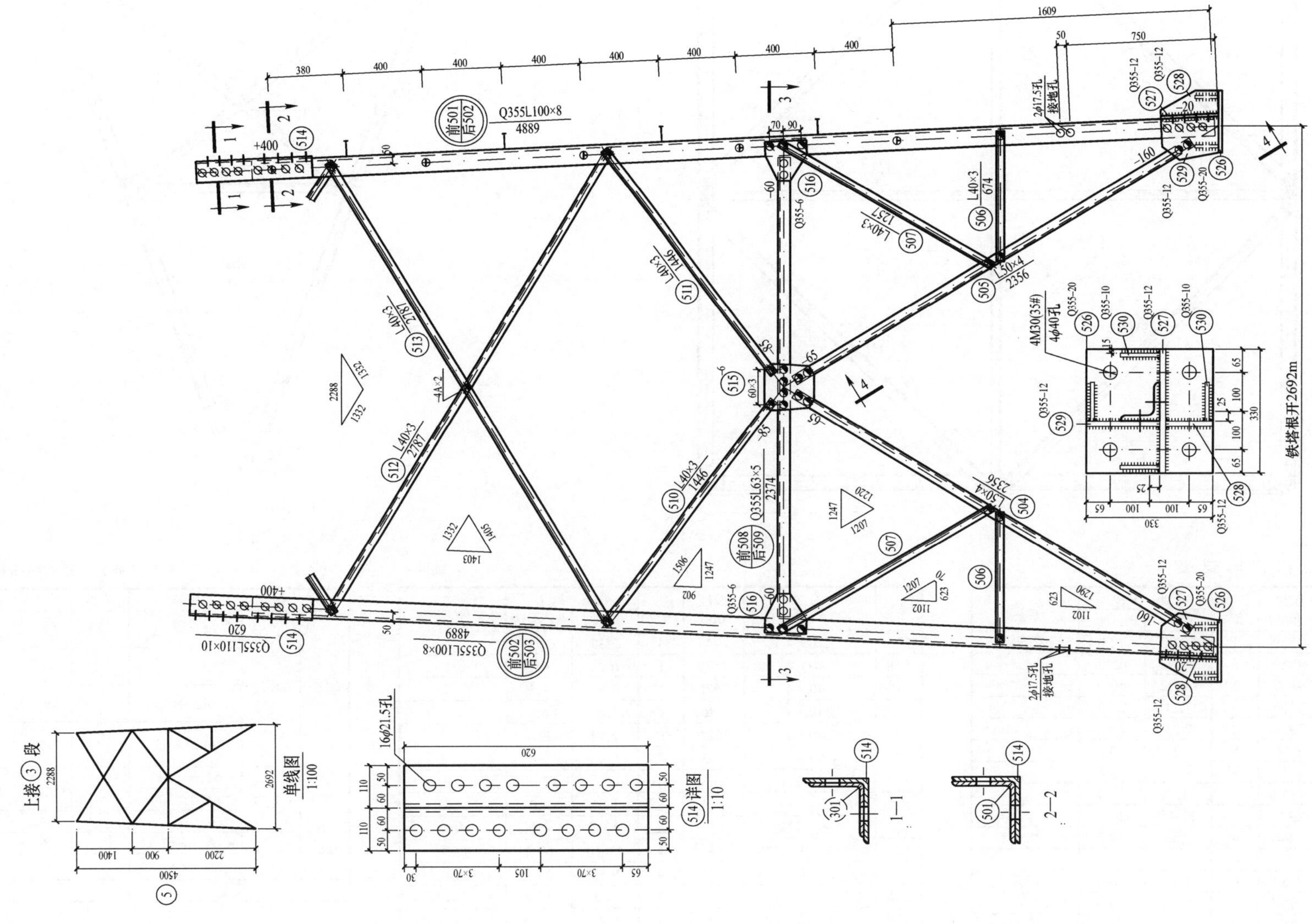

图 14-51　10GS20-Z3 直线塔 18.0m 呼称高塔腿结构图⑤［10GS20-Z3-05（1/2）］

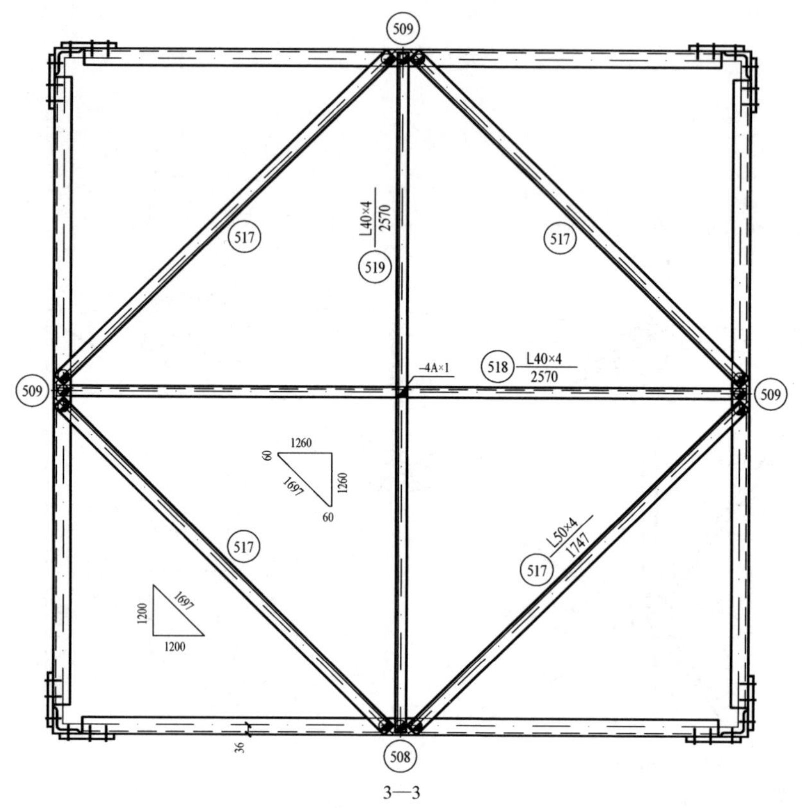

3—3

4—4

构件明细表

编号	规格	长度（mm）	数量	质量（kg）		备注
				单件	小计	
501	Q355L100×8	4889	1	60.02	60.0	带脚钉
502	Q355L100×8	4889	2	60.02	120.0	
503	Q355L100×8	4889	1	60.02	60.0	
504	L50×4	2356	4	7.21	28.8	
505	L50×4	2356	4	7.21	28.8	
506	L40×3	674	8	1.25	10.0	
507	L40×3	1257	8	2.33	18.6	
508	Q355L63×5	2374	1	11.45	11.4	
509	Q355L63×5	2374	3	11.45	34.3	
510	L40×3	1446	4	2.68	10.7	切角
511	L40×3	1446	4	2.68	10.7	
512	L40×3	2787	4	5.16	20.6	切角
513	L40×3	2787	4	5.16	20.6	
514	Q355L110×10	620	4	10.35	41.4	铲弧
515	−6×240	251	4	2.84	11.4	
516	Q355−6×206	210	8	2.04	16.3	

续表

编号	规格	长度（mm）	数量	质量（kg）		备注
				单件	小计	
517	L50×4	1747	4	5.34	21.4	
518	L40×4	2570	1	6.22	6.2	
519	L40×4	2570	1	6.22	6.2	
520	L40×3	886	4	1.64	6.6	
521	L40×3	1586	8	2.94	23.5	
522	−6×111	165	4	0.86	3.4	火曲
523	−6×111	165	4	0.86	3.4	火曲
524	−6×139	154	4	1.01	4.0	火曲
525	−6×139	154	4	1.01	4.0	火曲
526	Q355−20×330	330	4	17.10	68.4	焊接
527	Q355−12×294	355	4	9.83	39.3	打坡口焊接
528	Q355−12×130	294	4	3.60	14.4	打坡口焊接
529	Q355−12×226	292	4	6.22	24.9	打坡口焊接
530	Q355−10×100	100	16	0.78	12.5	打坡口焊接
总质量		741.8kg				

螺栓、脚钉、垫圈明细表

名称	级别	规格	符号	数量	质量（kg）	备注
螺栓	6.8 级	M16×40		157	22.6	
		M16×50		40	6.4	
		M20×45		20	5.4	
		M20×55		96	28.3	
脚钉	6.8 级	M16×180		8	3.0	
		M20×200		1	0.7	
垫圈	Q235	−3A（φ17.5）		8	0.1	规格×个数
		−4A（φ17.5）		9	0.2	
总质量			66.7kg			

图 14－52　10GS20－Z3 直线塔 18.0m 呼称高塔腿结构图⑤［10GS20－Z3－05（2/2）］

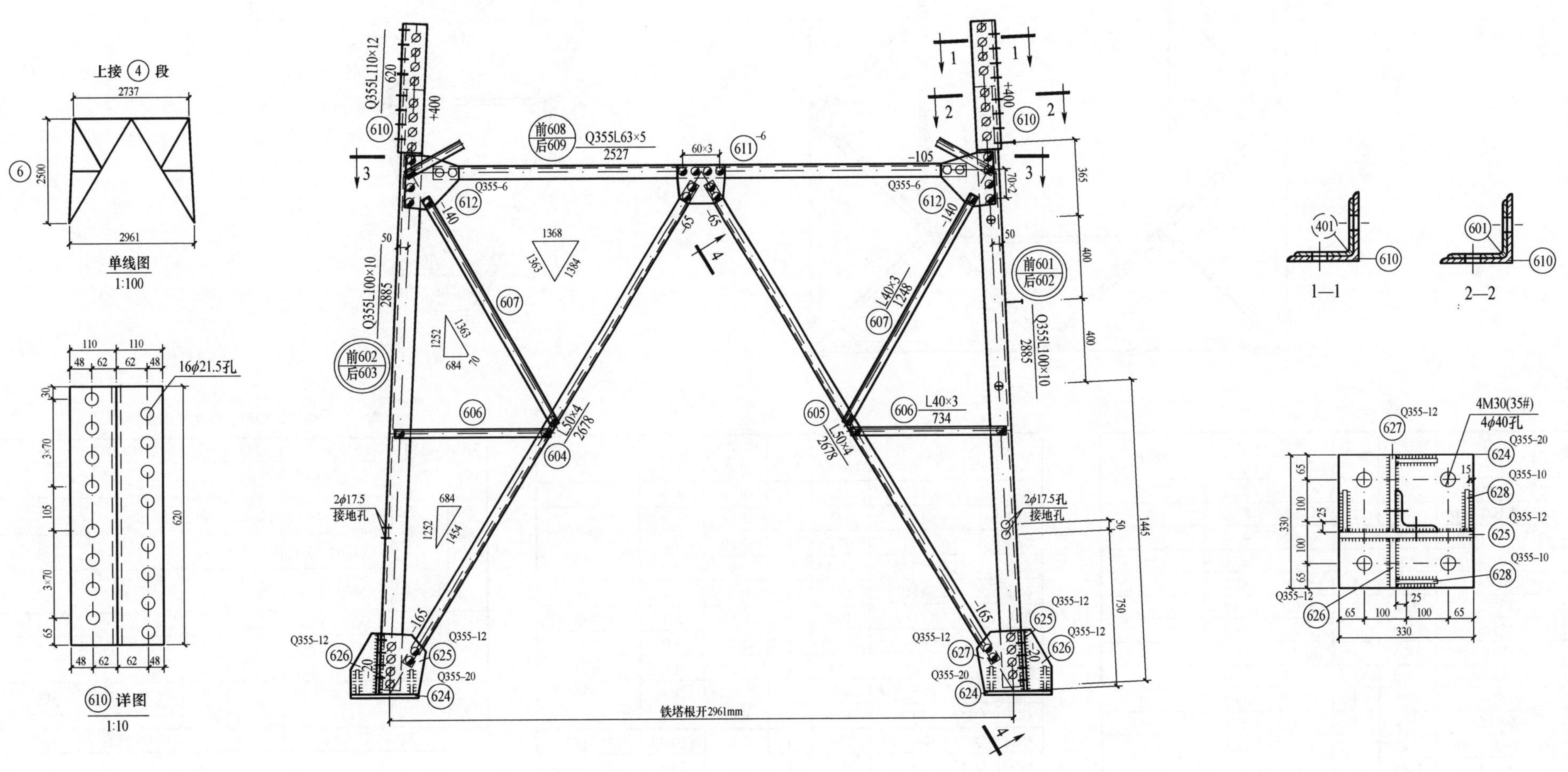

图 14－53 10GS20－Z3 直线塔 21.0m 呼称高塔腿结构图⑥［10GS20－Z3－06（1/2）］

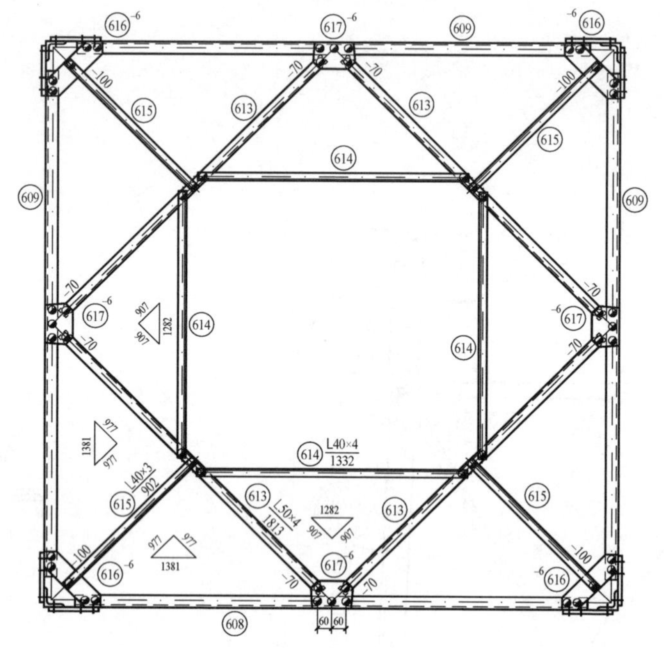

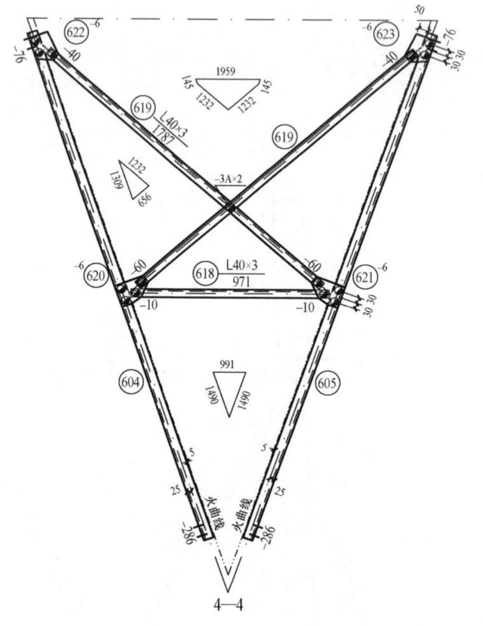

构件明细表

编号	规格	长度（mm）	数量	质量（kg）		备注
				单件	小计	
601	Q355L100×10	2885	1	43.62	43.6	带脚钉
602	Q355L100×10	2885	2	43.62	87.2	
603	Q355L100×10	2885	1	43.62	43.6	
604	L50×4	2678	4	8.19	32.8	
605	L50×4	2678	4	8.19	32.8	
606	L40×3	734	8	1.36	10.9	
607	L40×3	1248	8	2.31	18.5	
608	Q355L63×5	2527	1	12.19	12.2	
609	Q355L63×5	2527	3	12.19	36.6	
610	Q355L110×12	620	4	12.26	49.0	铲弧
611	−6×185	230	4	2.00	8.0	
612	Q355−6×259	264	8	3.22	25.8	
613	L50×4	1813	4	5.55	22.2	
614	L40×4	1332	4	3.23	12.9	
615	L40×3	902	4	1.67	6.7	

续表

编号	规格	长度（mm）	数量	质量（kg）		备注
				单件	小计	
616	−6×112	328	4	1.73	6.9	
617	−6×139	205	4	1.34	5.4	
618	L40×3	971	4	1.80	7.2	
619	L40×3	1787	8	3.31	26.5	
620	−6×111	165	4	0.86	3.4	火曲
621	−6×111	165	4	0.86	3.4	火曲
622	−6×139	154	4	1.01	4.0	火曲
623	−6×139	154	4	1.01	4.0	火曲
624	Q355−20×330	330	4	17.10	68.4	焊接
625	Q355−12×294	358	4	9.91	39.6	打坡口焊接
626	Q355−12×130	294	4	3.60	14.4	打坡口焊接
627	Q355−12×226	292	4	6.22	24.9	打坡口焊接
628	Q355−10×100	100	16	0.78	12.5	打坡口焊接
总质量		663.4kg				

螺栓、脚钉、垫圈明细表

名称	级别	规格	符号	数量	质量（kg）	备注
螺栓	6.8 级	M16×40		184	26.5	
		M16×50		40	6.4	
		M20×45		20	5.4	
		M20×55		96	28.3	
脚钉	6.8 级	M16×180		3	1.1	
		M20×200		1	0.7	
垫圈	Q235	−3A（ϕ17.5）		8	0.1	规格×个数
总质量		68.5kg				

图 14－54　10GS20－Z3 直线塔 21.0m 呼称高塔腿结构图⑥［10GS20－Z3－06（2/2）］

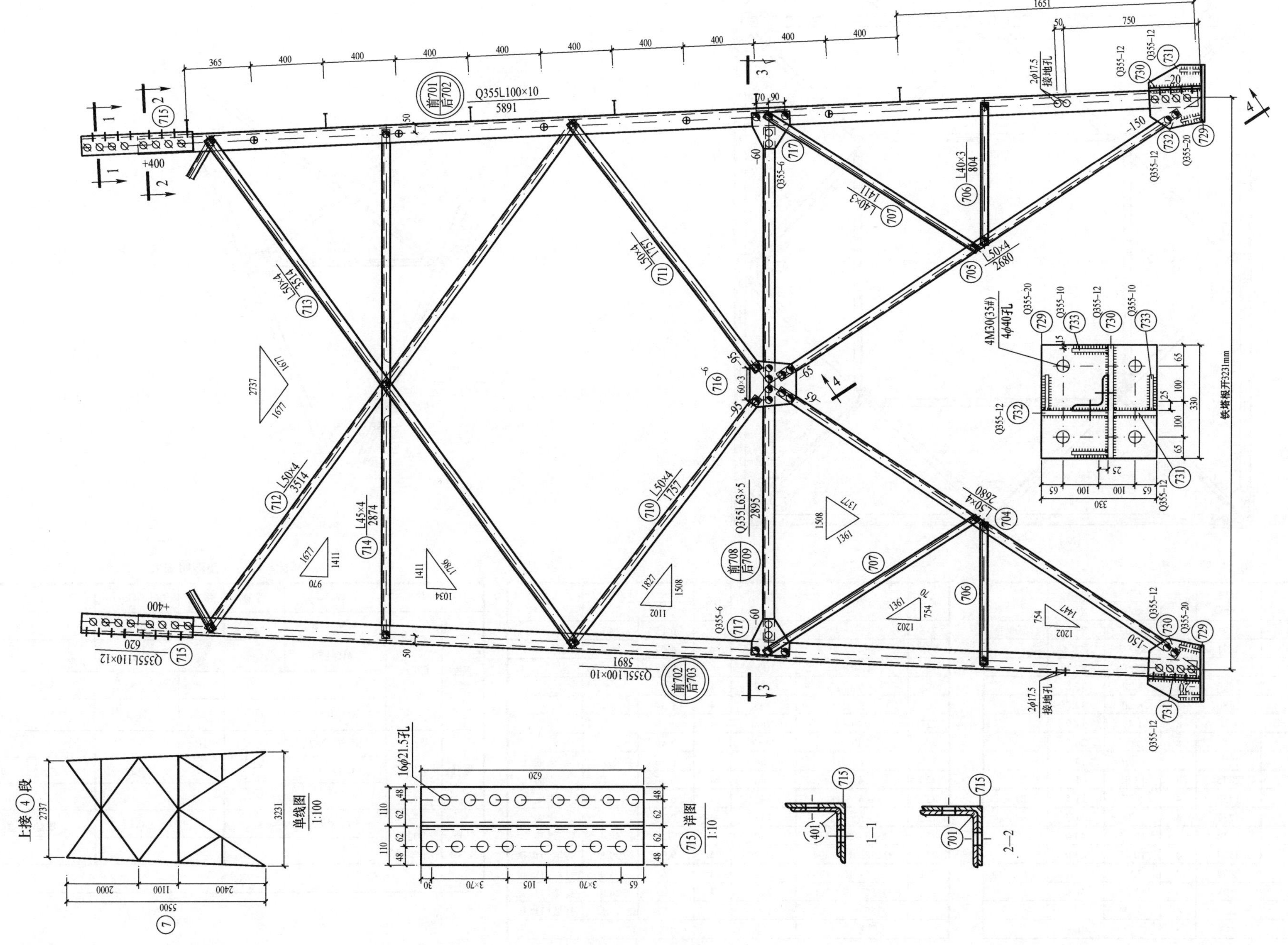

图 14－55　10GS20－Z3 直线塔 24.0m 呼称高塔腿结构图⑦［10GS20－Z3－07（1/2）］

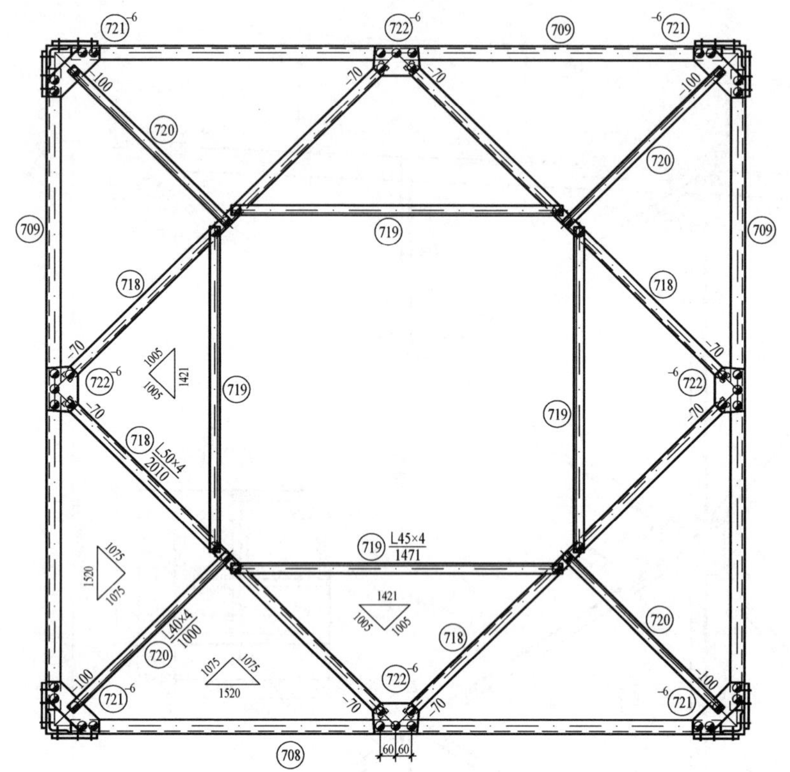

4—4

构件明细表

编号	规格	长度（mm）	数量	质量（kg）		备注
				单件	小计	
701	Q355L100×10	5891	1	89.07	89.1	带脚钉
702	Q355L100×10	5891	2	89.07	178.1	
703	Q355L100×10	5891	1	89.07	89.1	
704	L50×4	2680	4	8.20	32.8	
705	L50×4	2680	4	8.20	32.8	
706	L40×3	804	8	1.49	11.9	
707	L40×3	1411	8	2.61	20.9	
708	Q355L63×5	2895	1	13.96	14.0	
709	Q355L63×5	2895	3	13.96	41.9	
710	L50×4	1757	4	5.37	21.5	切角
711	L50×4	1757	4	5.37	21.5	
712	L50×4	3514	4	10.75	43.0	切角
713	L50×4	3514	4	10.75	43.0	
714	L45×4	2874	4	7.86	31.4	中间压扁
715	Q355L110×12	620	4	12.26	49.0	铲弧
716	−6×258	262	4	3.18	12.7	
717	Q355−6×210	213	8	2.11	16.9	

续表

编号	规格	长度（mm）	数量	质量（kg）		备注
				单件	小计	
718	L50×4	2010	4	6.15	24.6	
719	L45×4	1471	4	4.02	16.1	
720	L40×4	1000	4	2.42	9.7	
721	−6×112	328	4	1.73	6.9	
722	−6×139	205	4	1.34	5.4	
723	L40×4	1069	4	2.59	10.4	
724	L40×3	1882	8	3.49	27.9	
725	−6×110	166	4	0.86	3.4	火曲
726	−6×110	166	4	0.86	3.4	火曲
727	−6×118	143	4	0.79	3.2	火曲
728	−6×118	143	4	0.79	3.2	火曲
729	Q355−20×330	330	4	17.10	68.4	焊接
730	Q355−12×294	359	4	9.94	39.8	打坡口焊接
731	Q355−12×130	294	4	3.60	14.4	打坡口焊接
732	Q355−12×226	292	4	6.22	24.9	打坡口焊接
733	Q355−10×100	100	16	0.78	12.5	打坡口焊接
总质量		1023.8kg				

螺栓、脚钉、垫圈明细表

名称	级别	规格	符号	数量	质量（kg）	备注
螺栓	6.8 级	M16×40		192	27.7	
		M16×50		52	8.3	
		M20×45		20	5.4	
		M20×55		96	28.3	
脚钉	6.8 级	M16×180		10	3.8	
		M20×200		1	0.7	
垫圈	Q235	−3A（ϕ7.5）		8	0.1	规格×个数
总质量			74.3kg			

图 14−56　10GS20−Z3 直线塔 24.0m 呼称高塔腿结构图⑦［10GS20−Z3−07（2/2）］

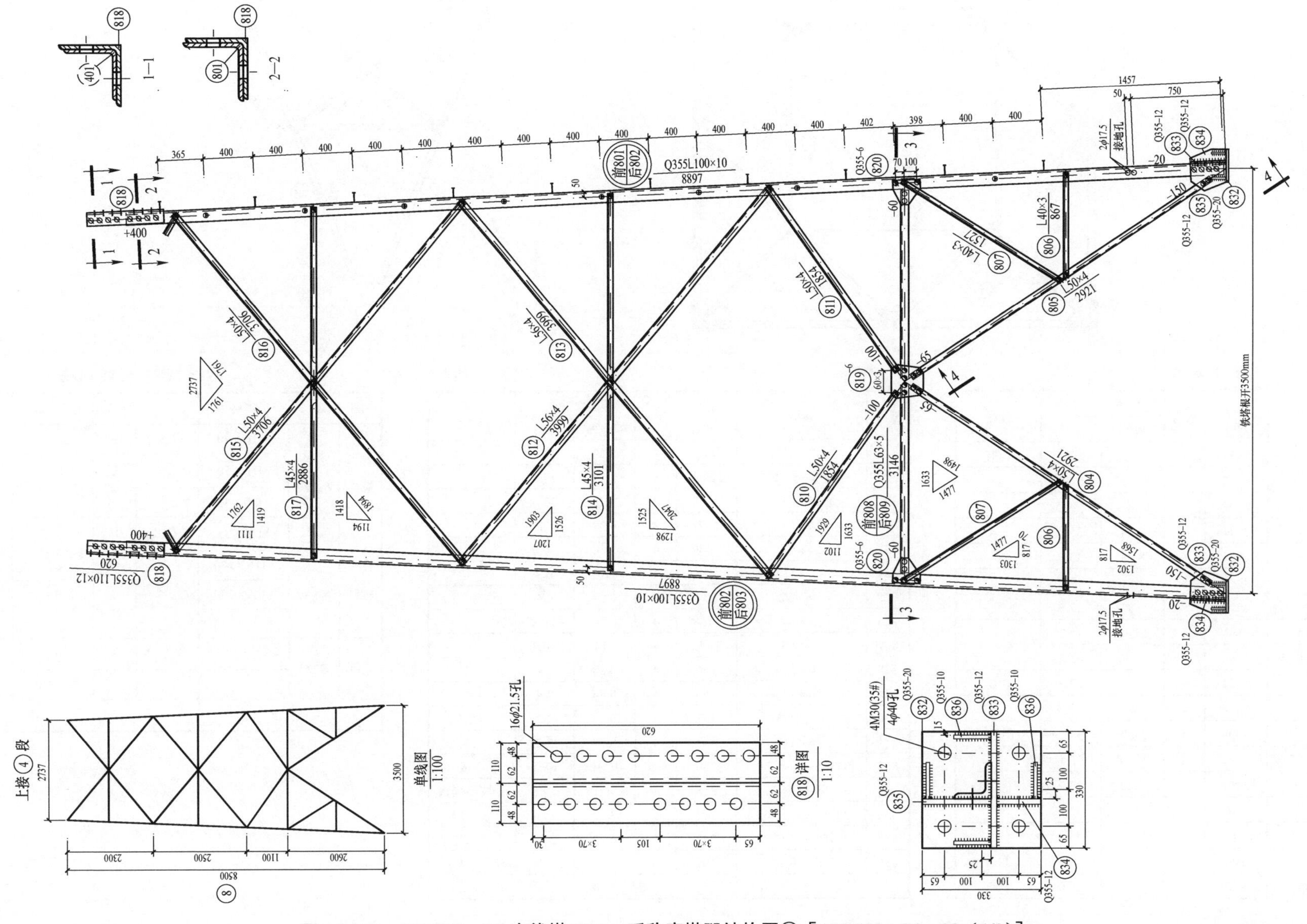

图 14－57　10GS20－Z3 直线塔 27.0m 呼称高塔腿结构图⑧［10GS20－Z3－08（1/2）］

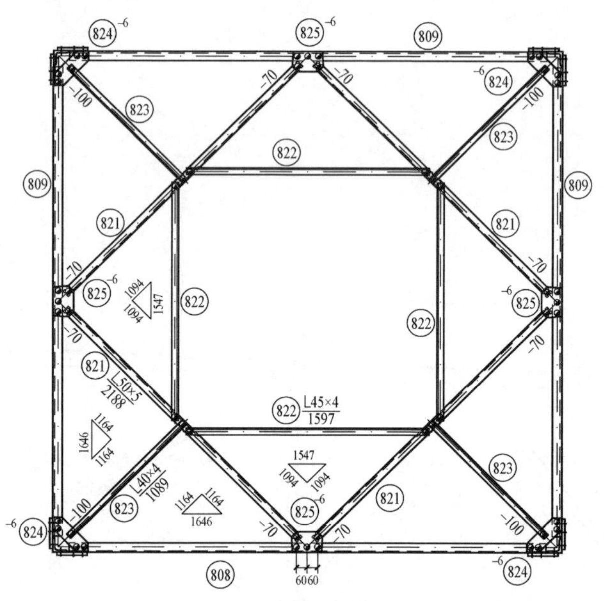

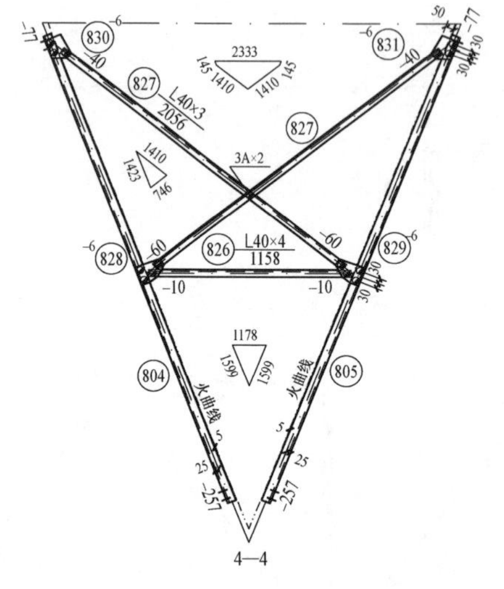

构件明细表

编号	规格	长度（mm）	数量	质量（kg）		备注
				单件	小计	
801	Q355L100×10	8897	1	134.52	134.5	带脚钉
802	Q355L100×10	8897	2	134.52	269.0	
803	Q355L100×10	8897	1	134.52	134.5	
804	L50×4	2921	4	8.94	35.8	
805	L50×4	2921	4	8.94	35.8	
806	L40×3	867	8	1.61	12.9	
807	L40×3	1527	8	2.83	22.6	
808	Q355L63×5	3146	1	15.17	15.2	
809	Q355L63×5	3146	3	15.17	45.5	
810	L50×4	1854	4	5.67	22.7	切角
811	L50×4	1854	4	5.67	22.7	
812	L56×4	3999	4	13.78	55.1	切角
813	L56×4	3999	4	13.78	55.1	
814	L45×4	3101	4	8.48	33.9	中间压扁
815	L50×4	3706	4	11.34	45.4	切角
816	L50×4	3706	4	11.34	45.4	
817	L45×4	2886	4	7.90	31.6	中间压扁
818	Q355L110×12	620	4	12.26	49.0	铲弧

续表

编号	规格	长度（mm）	数量	质量（kg）		备注
				单件	小计	
819	－6×257	275	4	3.33	13.3	
820	Q355－6×207	220	8	2.14	17.1	
821	L50×5	2188	4	8.25	33.0	
822	L45×4	1597	4	4.37	17.5	
823	L40×4	1089	4	2.64	10.6	
824	－6×112	328	4	1.73	6.9	
825	－6×92	137	4	0.59	2.4	
826	L40×4	1158	4	2.80	11.2	
827	L40×3	2056	8	3.81	30.5	
828	－6×110	166	4	0.86	3.4	火曲
829	－6×110	166	4	0.86	3.4	火曲
830	－6×118	143	4	0.79	3.2	火曲
831	－6×118	143	4	0.79	3.2	火曲
832	Q355－20×330	330	4	17.10	68.4	焊接
833	Q355－12×294	358	4	9.91	39.6	打坡口焊接
834	Q355－12×130	294	4	3.60	14.4	打坡口焊接
835	Q355－12×226	292	4	6.22	24.9	打坡口焊接
836	Q355－10×100	100	16	0.78	12.5	打坡口焊接
总质量		1382.2kg				

螺栓、脚钉、垫圈明细表

名称	级别	规格	符号	数量	质量（kg）	备注
螺栓	6.8 级	M16×40		192	27.7	
		M16×50		72	11.5	
		M20×45		16	4.3	
		M20×55		96	28.3	
脚钉	6.8 级	M16×180		18	6.8	
		M20×200		1	0.7	
垫圈	Q235	－3A（17.5）		8	0.1	规格×个数
总质量			79.4kg			

图 14－58　10GS20－Z3 直线塔 27.0m 呼称高塔腿结构图⑧［10GS20－Z3－08（2/2）］

铁塔加工统一说明

1. 铁塔的设计执行 GB 50017—2017《钢结构设计规范》和 DL/T 5154—2012《架空输电线路杆塔结构设计技术规定》的有关规定。铁塔的加工本说明未列之处，需满足如下国标、规范和行业规定的要求：

GB 50661—2011《钢结构焊接规范》

GB 50205—2020《钢结构工程施工质量验收规范》

GB/T 2694—2018《输电线路铁塔制造技术条件》

GB 50173—2014《电气装置安装工程 66kV 及以下架空电力线路施工及验收规范》

DL/T 5442—2020《输电线路杆塔制图和构造规定》

2. 结构图中图面内的图例，代号等在说明中未提及之处，均按 DL/T 5442—2020《输电线路铁塔制图和构造规定》中的要求执行。

3. 钢材质量标准应符合 GB/T 700—2006《碳素结构钢》及 GB/T 1591—2018《低合金高强度结构钢》的有关要求。

4. 铁塔构件的钢种为 Q235B、Q355B，图中注明 Q355 材料为 Q355B 钢材，未注明者均为 Q235B 钢材。

5. 螺栓、螺母应符合的标准分别为 GB/T 5780—2016《六角头螺栓 C 级》、GB/T 6170—2015《1 型六角螺母》。

6. 所有螺栓（包括防卸螺栓）的强度等级为热镀锌后的强度值，螺栓及脚钉强度级别：M16、M20 为 6.8 级，M24 采用 8.8 级。

7. 垫圈标准应符合 GB/T 95—2002《平垫圈 C 级》，按照螺栓规格不同，分别加工厚度为 3mm（M16 螺栓）和 4mm（M20 螺栓、M24 螺栓）两种垫圈。当需垫的厚度超过 3 个垫圈时，应采用加工相应厚度垫块的形式。

8. 所有材料，包括角钢、钢板、螺栓、防卸螺栓、焊条等均应有出厂合格证书。

9. 所有构件均应作热（浸）镀锌防腐处理。并且不同材质的角钢必须分批镀锌，以免引起镀锌质量的下降。

10. 构件焊接应严格按照焊接规程，规范和有关规定进行，焊缝高度未注明的不得小于连接构件的最小厚度，当被焊接构件厚度不小于 8mm 时，要按规定进行剖口后再焊，以便焊透。厚度不小于 20mm 的焊件应采取焊前预热或焊后保温等相应处理措施，避免焊件的碎裂危险或过高的焊接应力。焊缝等级要求参见施工图纸。

11. Q355 及 Q235 钢构件所对应采用的焊条分别为 E50 系列及 E43 系列。当高级别钢和低级别钢相焊时，应采用低级别钢对应的焊条，所有焊接件均需加封焊，以防酸液进入接触面而造成锈蚀。

12. 加工时如需材料代用及改变结构形式等情况，须征得设计单位的同意。材料代用时，需注意相关影响（螺栓长度、主材接头相平、内垫片增减等），应与图纸对应列表统计，并由加工厂书面通知施工单位，以方便施工安装。

13. 角钢基准线和螺栓准线除图中特殊注明外，一般按表 1 采用。

表 1　　角钢的螺栓准线表

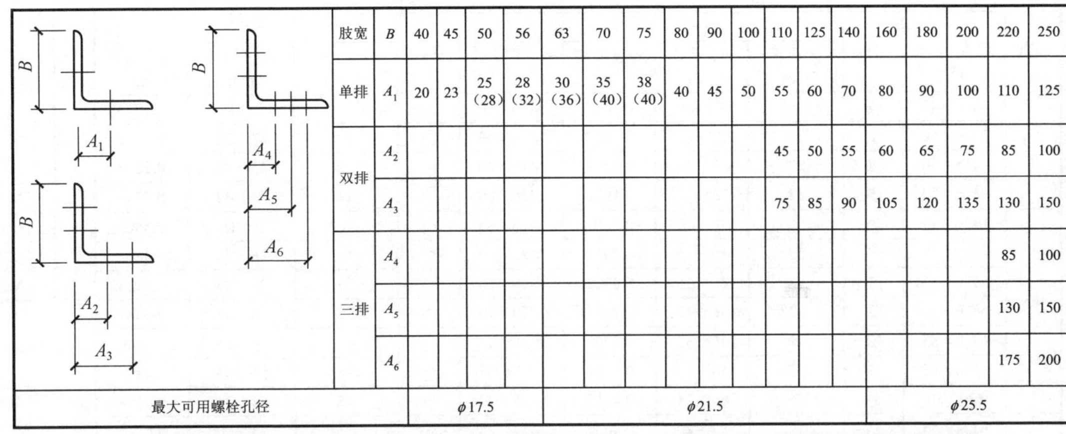

肢宽	B	40	45	50	56	63	70	75	80	90	100	110	125	140	160	180	200	220	250
单排	A_1	20	23	25（28）	28（32）	30（36）	35（40）	38（40）	40	45	50	55	60	70	80	90	100	110	125
双排	A_2											45	50	55	60	65	75	85	100
	A_3											75	85	90	105	120	135	130	150
三排	A_4																	85	100
	A_5																	130	150
	A_6																	175	200
最大可用螺栓孔径		ϕ17.5				ϕ21.5									ϕ25.5				

注 1. 括号内的数字用于当其他构件与本角钢搭接而螺栓边距不足时，在搭接位置上的螺栓孔可使用的准线值。

2. L100 及以下角钢一般不宜采用双排准线，L200 及以下角钢一般不宜采用三排准线。

3. 对于三排准线除非设计有要求，一般不得擅自使用。

14. 当角钢上打双排螺栓或多排螺栓时，螺栓在角钢轴心线上的投影孔距必须满足以下规定：

当用 M16 螺栓时，$L\geqslant 40$mm；

当用 M20 螺栓时，$L\geqslant 50$mm（参见图 1）。

图 1

15. 螺栓、脚钉、垫圈规格按表 2 采用。最短腿离地高 8m 以下的连接螺栓采用防卸螺栓，其他均采用防松措施（采用薄螺母防松）。单帽螺栓配一帽、一垫、一薄螺母；双帽螺栓配两帽、一垫。M16 和 M20 的螺栓规格采用 6.8 级、M24 及以上的螺栓规格采用 8.8 级，防卸螺栓规格由业主及运行单位确定，并保证出扣。但挂线角钢处应采用双帽防松。业主方或运行方有特殊要求的应按照业主方或运行方的要求。螺栓的长度和数量必须经过放样和试组装的检验，当长度或数量有误时，应及时汇报给监理或设计单位。

图 14－59　10GS20－Z3 直线塔加工说明（10GS20－Z3－09）

表 2　　　　螺栓、脚钉、垫圈规格表

单帽螺栓（带一垫、一扣紧螺母）						双帽螺栓（带一垫双帽）				
级别	规格	图例	说明			规格	图例	说明		
			无扣长（mm）	通过厚度（mm）	每套质量（kg）			无扣长（mm）	通过厚度（mm）	每套质量（kg）
6.8 级	M16×40		6	7～12	0.1442	M16×50	○	6	7～12	0.1875
	M16×50		12	13～22	0.1602	M16×60	○	12	13～22	0.2039
	M16×60		22	23～32	0.1762	M16×70	○	22	23～32	0.2203
	M16×70		32	33～42	0.1922	M16×80	○	32	33～42	0.2369
6.8 级	M20×45	○	8	9～15	0.2701	M20×60	○	8	9～15	0.3605
	M20×55	∅	15	16～25	0.2953	M20×70	○	15	16～25	0.3864
	M20×65		25	26～35	0.3205	M20×80	○	25	26～35	0.4123
	M20×75		35	36～45	0.3457	M20×90	○	35	36～45	0.4381
	M20×85		45	46～55	0.3709	M20×100	○	45	46～55	0.4640
	M20×95		55	56～65	0.3961	M20×110	○	55	56～65	0.4899
	M20×105		65	66～75	0.4213	M20×120	○	65	66～75	0.5158
8.8 级	M24×55	◎	12	13～20	0.4631	M24×75	◎	12	13～20	0.6278
	M24×65		20	21～30	0.5000	M24×85	◎	20	21～30	0.6655
	M24×75		30	31～40	0.5368	M24×95	◎	30	31～40	0.7033
	M24×85		40	41～50	0.5737	M24×105	◎	40	41～50	0.7410
	M24×95		50	51～60	0.6105	M24×115	◎	50	51～60	0.7787
	M24×105		60	61～70	0.6473	M24×125	◎	60	61～70	0.8165
	M24×115		70	71～80	0.6842	M24×135	◎	70	71～80	0.8541
	M24×130		80	81～95	0.7375	M24×150	◎	80	81～95	0.9074

脚　钉					垫　圈					
级别	规格	图例	无扣长（mm）	每只质量（kg）	材质	规格	图例	每只质量（kg）	内径（mm）	外径（mm）
6.8 级	M16×180	正面 侧面	120	0.3254		−3（ϕ17.5）	规格×个数	0.01065	17.5	30
						−4（ϕ17.5）		0.0142	17.5	30
6.8 级	M20×200		120	0.6183		−3（ϕ22）		0.01637	22	37
						−4（ϕ22）		0.02183	22	37
8.8 级	M24×240		120	0.9037		−3（ϕ26）		0.02331	26	44
						−4（ϕ26）		0.03108	26	44

注　1. 受剪单帽螺栓和脚钉配一帽、一垫、一薄螺母；受剪或受拉双帽螺栓配两帽、一垫。

2. 螺纹不得进入剪切面。

3. 薄螺母的性能等级为 05 级。

16. 对于 8.8 级及以上的高强度螺栓，除应满足 GB/T 3098《紧固件机械性能》和 DL/T 764.4《输电线路铁塔及电力金具紧固件冷镦热浸镀锌螺栓与螺母》之要求外，还应委托第三方有资质的检测单位对高强度螺栓进行抽检，并提供塑性、强度和硬度的试验合格报告。

17. 角钢及钢板的螺栓间距除图中特殊注明外应按表 3 采用。

螺孔顺力线方向重心最大间距 12d 或 18t（取二者较小者）其中 d 为螺栓直径，t 为较薄板的厚度。

表 3　　　　螺 栓 边 端 距 要 求 表

螺栓规格	螺栓孔径	间距		边距		
		单排孔	双排孔	端边 L_D	轧制边 L_Z	切角边 L_Q
M12	ϕ13.5	40	60	20	≥17	≥18
M16	ϕ17.5	50	80	25	≥21*	≥23
M20	ϕ21.5	60	100	30	≥26	≥28
M24	ϕ25.5	80	120	40	≥31	≥33

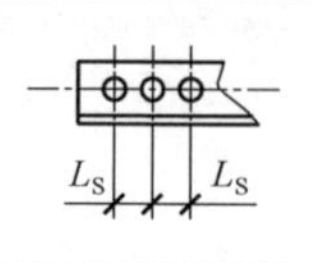

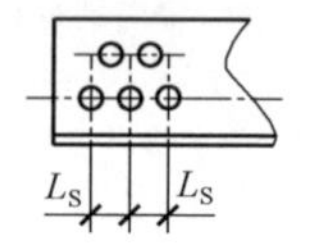

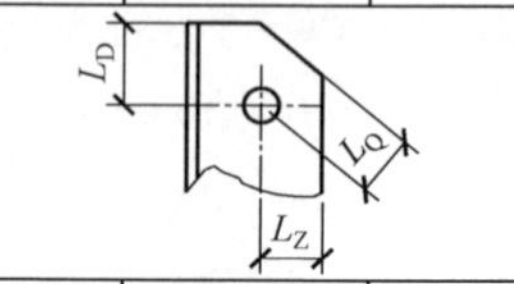

* 当用 L40 角钢时，轧制边距 L_z=20。

18. 脚钉从基础顶面以上 1.5m 左右起装，间距一般按 400mm，当某一个脚钉位于节点板、主材接头、塔身变坡等位置，上下脚钉间距不能满足标准 400mm 时，该脚钉上下相邻的两个或三个脚钉间距之和需满足 400mm 的倍数。

当脚钉代替螺栓时，脚钉级别应与被代螺栓等强度。

脚钉型式采用防滑带弯钩型式。

19. 节点板考虑到刚度和稳定要求，形状不宜狭长，节点板边缘与构件轴线夹角 α 不小于 15°，1—1 段面的节点板断面面积不小于被连接角钢截面积的 1.2 倍。参见图 2。

节点板边距及构件间隙如图 3 所示。

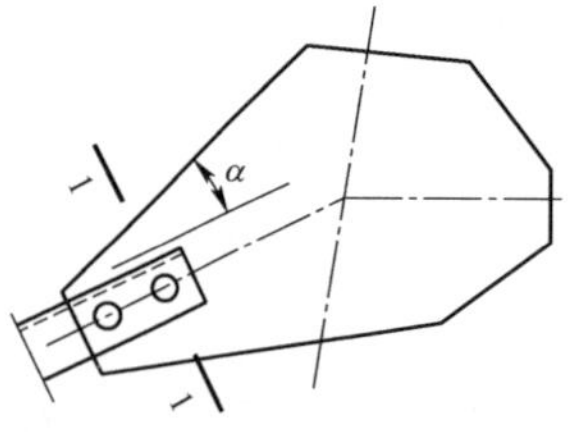

图 2

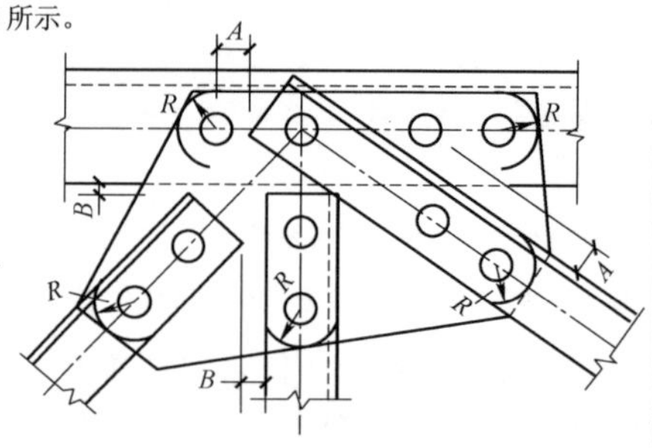

图 3

参数 \ 孔径（mm）	17.5	21.5	25.5
边距 R	25	30	40
间隙 A	20	25	30
间隙 B	5≤B≤10		

20. 构件接头中包角钢接头间隙按图放样，一般为 10mm 左右。其中外包角钢清根，内包角钢铲背。

21. 凡图中所要求的火曲、开合角、切肢、压扁、切角的尺寸均由加工放样决定。角钢肢宽大于 100mm 以上，两构件连接面间的夹角大于 2°时，构件应局部开、合角或制弯。

22. 如没有注明，长度单位均为毫米。

23. 结构图中尺寸仅供备料用，加工前应放样，以实际放样尺寸为准。

24. 角钢对接处外贴连接钢板的螺栓孔最小边距 M20 取 40mm、M24 取 50mm。

25. 当螺栓采用一垫一帽一薄螺母时应确保装好螺帽后螺杆出扣。

26. 制孔方式按照铁塔招标技术规范书的要求执行。

27. 铁塔放样后应加工一基样塔，经试组装检验合格后方能批量生产。

28. 本工程参照国家电网公司基建部监制的“工艺标准库（2012 版）”，本册施工图按以下工艺标准进行施工。

工艺编号	项目/工艺名称	注意事项
0201020101	角钢铁塔分解组立	

图 14－59　10GS20－Z3 直线塔加工说明（10GS20－Z3－09）（续）

14.9　10GS20－J1 塔

14.9.1　10GS20－J1 塔设计条件

导线型号及张力见表 14－24。

表 14－24　　导线型号及张力

电压等级	10kV	导线	JL/G1A－120/70	导线最大使用张力（N）	26578	导线不平衡张力取值（%）	40

使用条件见表 14－25。

表 14－25　　使用条件

水平档距（m）	垂直档距（m）	代表档距（m）	使用档距（m）	转角度数（°）	计算高度（m）	档距系数 K_v
300	450	200/500	350	0～30	15	

荷重表见表 14－26。

表 14－26　　荷重表　　N

项目		正常运行情况			事故情况		安装情况	不均匀冰
		基本风速	覆冰	最低气温	未断线	断线		
气象条件（T/V/B）		－5/27/0	－5/10/20	－30/0/0	－5/0/20	－5/0/20	－15/10/0	－5/10/20
水平荷载	导线	3030	1576	0	0	0	489	1576
	绝缘子及金具	144	20	0	0	0	20	20
	跳线串							
垂直荷载	导线	4822	16412	4822	16412	16412	4822	16412
	绝缘子及金具	1196	1555	1196	1555	1555	1196	1555
	跳线串							
导线张力	一侧	12811	26578	11347	26578	0	11703	
	另一侧	10889	26578	8159	26578	26578	8429	
	张力差	1922	0	3187	0	26578	3274	10631

注　导线水平荷载为下相导线荷载。

14.9.2　10GS20－J1 塔根开尺寸及基础作用力

根开尺寸见表 14－27。

表 14－27　　根开尺寸

呼称高（m）	基础根开（mm）		地脚螺栓根开（mm）		地脚螺栓规格
	正面根开	侧面根开	正面根开	侧面根开	
9	1961	1961	200	200	4×M30
12	2291	2291	200	200	4×M30
15	2626	2626	200	200	4×M30
18	2950	2950	200	200	4×M30

基础作用力见表 14－28。

表 14－28　　基础作用力　　kN

呼称高（m）	T_{max}	T_x	T_y	N_{max}	N_x	N_y
9	238.23	24.51	28.50	282.75	29.03	29.54
12	264.86	23.97	27.54	312.70	28.15	28.86
15	284.16	23.65	26.86	335.55	27.75	28.47
18	298.19	23.40	26.29	354.07	27.65	28.33

14.9.3　10GS20－J1 塔施工图纸目录

10GS20－J1 塔施工图纸目录见表 14－29。

表 14－29　　10GS20－J1 塔施工图纸目录

编号	图号	图名
图 14－60	10GS20－J1－00（1/2）	10GS20－J1 转角塔总图及材料汇总表
图 14－61	10GS20－J1－00（2/2）	10GS20－J1 转角塔总图及材料汇总表
图 14－62	10GS20－J1－01	10GS20－J1 转角塔横担结构图①
图 14－63	10GS20－J1－02（1/2）	10GS20－J1 转角塔塔身结构图②
图 14－64	10GS20－J1－02（2/2）	10GS20－J1 转角塔塔身结构图②
图 14－65	10GS20－J1－03	10GS20－J1 转角塔塔身结构图③
图 14－66	10GS20－J1－04（1/2）	10GS20－J1 转角塔塔身结构图④

续表

编号	图号	图名
图 14－67	10GS20－J1－04（2/2）	10GS20－J1 转角塔塔身结构图④
图 14－68	10GS20－J1－05（1/2）	10GS20－J1 转角塔 9.0m 呼称高塔腿结构图⑤
图 14－69	10GS20－J1－05（2/2）	10GS20－J1 转角塔 9.0m 呼称高塔腿结构图⑤
图 14－70	10GS20－JI－06（1/2）	10GS20－J1 转角塔 12.0m 呼称高塔腿结构图⑥
图 14－71	10GS20－J1－06（2/2）	10GS20－J1 转角塔 12.0m 呼称高塔腿结构图⑥

续表

编号	图号	图名
图 14－72	10GS20－JI－07（1/2）	10GS20－J1 转角塔 15.0m 呼称高塔腿结构图⑦
图 14－73	10GS20－J1－07（2/2）	10GS20－J1 转角塔 15.0m 呼称高塔腿结构图⑦
图 14－74	10GS20－J1－08（1/2）	10GS20－J1 转角塔 18.0m 呼称高塔腿结构图⑧
图 14－75	10GS20－J1－08（2/2）	10GS20－JI 转角塔 18.0m 呼称高塔腿结构图⑧
图 14－76	10GS20－J1－09	10GS20－J1 转角塔加工说明

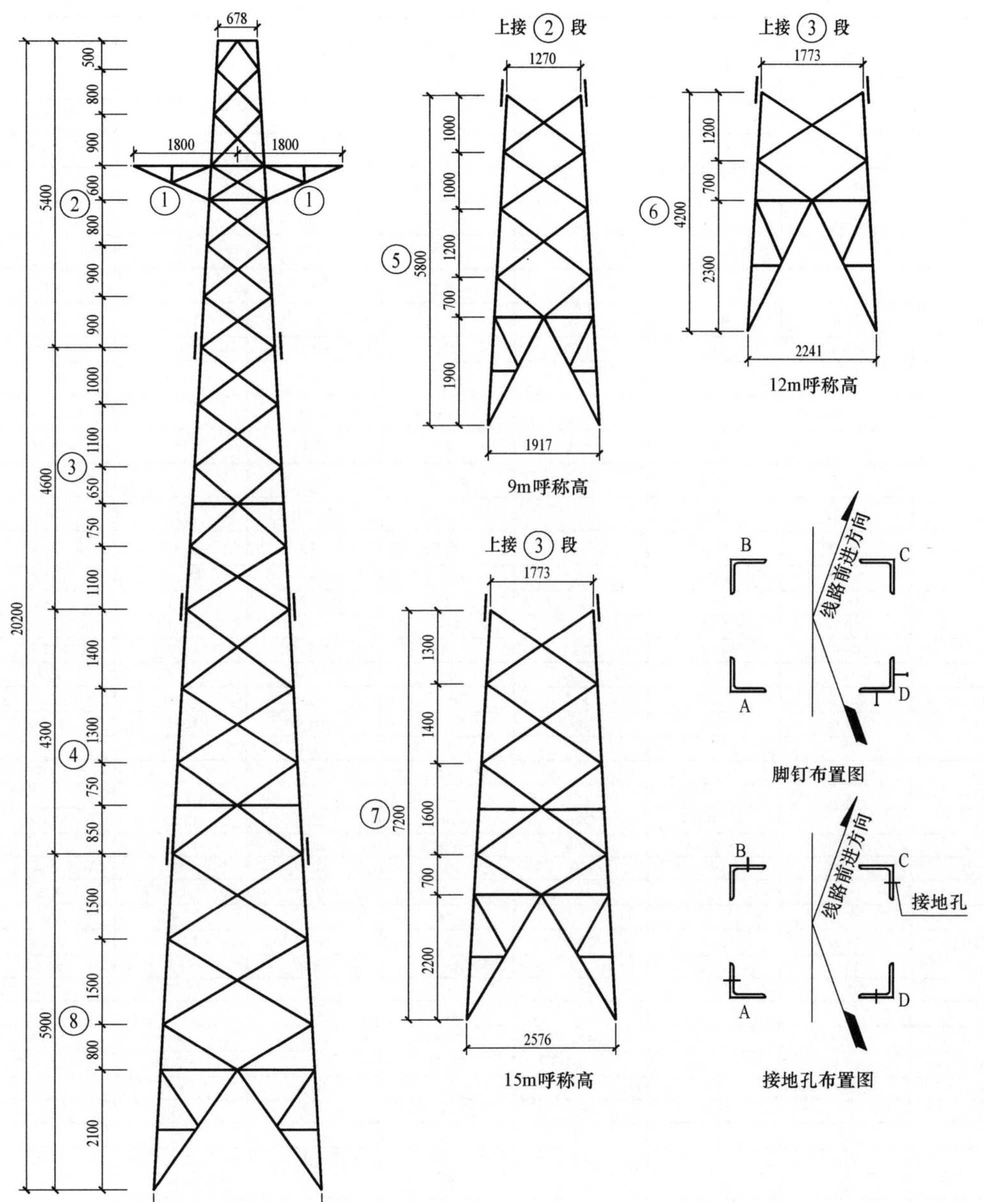

铁塔根开、基础根开、地脚螺栓规格及间距表

铁塔名称（型号）	10GS20－J1			
呼称高（m）	9	12	15	18
接腿	⑤	⑥	⑦	⑧
铁塔根开（mm）	1917	2241	2576	2900
基础根开（mm）	1961	2291	2626	2950
基础地脚螺栓间距（mm）	200	200	200	200
每腿基础地脚螺栓配置（35 号）	4M30	4M30	4M30	4M30

图 14－60　10GS20－J1 转角塔总图及材料汇总表［10GS20－J1－00（1/2）］

材料汇总表

材料	材质	规格	段号								呼称高（m）			
			1	2	3	4	5	6	7	8	9.0	12.0	15.0	18.0
角钢	Q355	L110×10								43.1				43.1
		L110×8								343.3				343.3
		L100×8				239.9		28.7	404.2			28.7	404.2	239.9
		L100×7						200.9				200.9		
		L90×7			199.1		262.4				262.4	199.1	199.1	199.1
		L75×6		137.7							137.7	137.7	137.7	137.7
		L70×5	30.2								30.2	30.2	30.2	30.2
		L63×5	29.8	36.5			30.8	36.0	42.7	48.9	97.1	102.3	109.0	115.2
		小计	60.0	174.2	199.1	239.9	293.2	265.6	446.9	435.3	527.4	698.9	880.2	1108.5
	Q235	L56×5		10.0							10.0	10.0	10.0	10.0
		L56×4					51.6	63.0			51.6	63.0		
		L50×4		52.8	46.1	60.0			56.8	79.9	52.8	98.9	155.7	238.8
		L45×4	10.8	67.2	37.4	16.6	59.8	15.3	77.9	61.6	137.8	130.7	193.3	193.6
		L40×4	10.2	38.1	105.6	127.8	85.5	65.2	149.6	98.8	133.8	219.1	303.5	380.5
		L40×3	20.1	26.6	6.2		49.8	59.7	55.9	59.9	96.5	112.6	108.8	112.8
		小计	41.1	194.7	195.3	204.4	246.7	203.2	340.2	300.2	482.5	634.3	771.3	935.7
钢板	Q355	−6	11.0	58.1			16.4	16.8	16.0	17.5	85.5	85.9	85.1	86.6
		−10					18.1	18.1	18.1	18.1	18.1	18.1	18.1	18.1
		−12	21.0	8.4			80.8	83.6	82.3	102.3	110.2	113.0	111.7	131.7
		−28					95.8	95.8	95.8	95.8	95.8	95.8	95.8	95.8
		小计	32.0	66.5			211.1	214.3	212.2	233.7	309.6	312.8	310.7	332.2
	Q235	−6		51.8	26.1	8.8	44.5	27.0	27.4	26.6	96.3	104.9	105.3	113.3
		−8		13.4							13.4	13.4	13.4	13.4
		−10		0.8	0.8		0.8				1.6	1.6	1.6	1.6
		−12		1.9	1.0		1.0				2.9	2.9	2.9	2.9
		小计		67.9	27.9	8.8	46.3	27.0	27.4	26.6	114.2	122.8	123.2	131.2
螺栓	6.8 级	M16×40	4.0	29.1	9.4	7.6	22.1	19.8	22.1	19.8	55.2	62.3	64.6	69.9
		M16×50	0.3	16.7	16.7	7.7	19.9	7.0	10.9	9.0	36.9	40.7	44.6	50.4
		M16×50 双帽		0.8							0.8	0.8	0.8	0.8
		M16×60 双帽	0.8	1.6							2.4	2.4	2.4	2.4
		小计	5.1	48.2	26.1	15.3	42.0	26.8	33.0	28.8	95.3	106.2	112.4	123.5
	6.8 级	M20×45	6.5	28.1	17.3	8.6	10.8	13.0	13.0	4.3	45.4	64.9	64.9	64.8
		M20×55				9.4	23.6	26.0	26.0	37.8	23.6	26.0	26.0	47.2
		M20×70 双帽	7.7	0.8							8.5	8.5	8.5	8.5
		小计	14.2	28.9	17.3	18.0	34.4	39.0	39.0	42.1	77.5	99.4	99.4	120.5
		螺栓合计	19.3	77.1	43.4	33.3	76.4	65.8	72.0	70.9	172.8	205.6	211.8	244.0
脚钉	6.8 级	M16×180		4.2	3.8	3.4	4.2	2.3	5.7	3.8	8.4	10.3	13.7	15.2
		M20×200		1.3	1.3	1.3	0.7	1.3	0.7	1.3	2.0	3.9	3.3	5.2
		小计		5.5	5.1	4.7	4.9	3.6	6.4	5.1	10.4	14.2	17.0	20.4
垫圈	Q235	−3A（ϕ17.5）		0.6	0.1		0.2	0.2		0.1	0.8	0.9	0.7	0.8
		−4A（ϕ17.5）	0.2	0.2		0.3	0.1	0.1	0.5	0.4	0.5	0.5	0.9	1.1
		小计	0.2	0.8	0.1	0.3	0.3	0.3	0.5	0.5	1.3	1.4	1.6	1.9
不含防盗螺栓总质量（kg）			155.2	586.7	498.3	491.4	912.9	779.8	1105.6	1072.3	1654.8	2020.0	2345.8	2803.9
各呼称高含防盗螺栓总质量（kg）											1671.0	2039.9	2369.0	2831.6

图 14－61　10GS20－J1 转角塔总图及材料汇总表［10GS20－J1－00（2/2）］

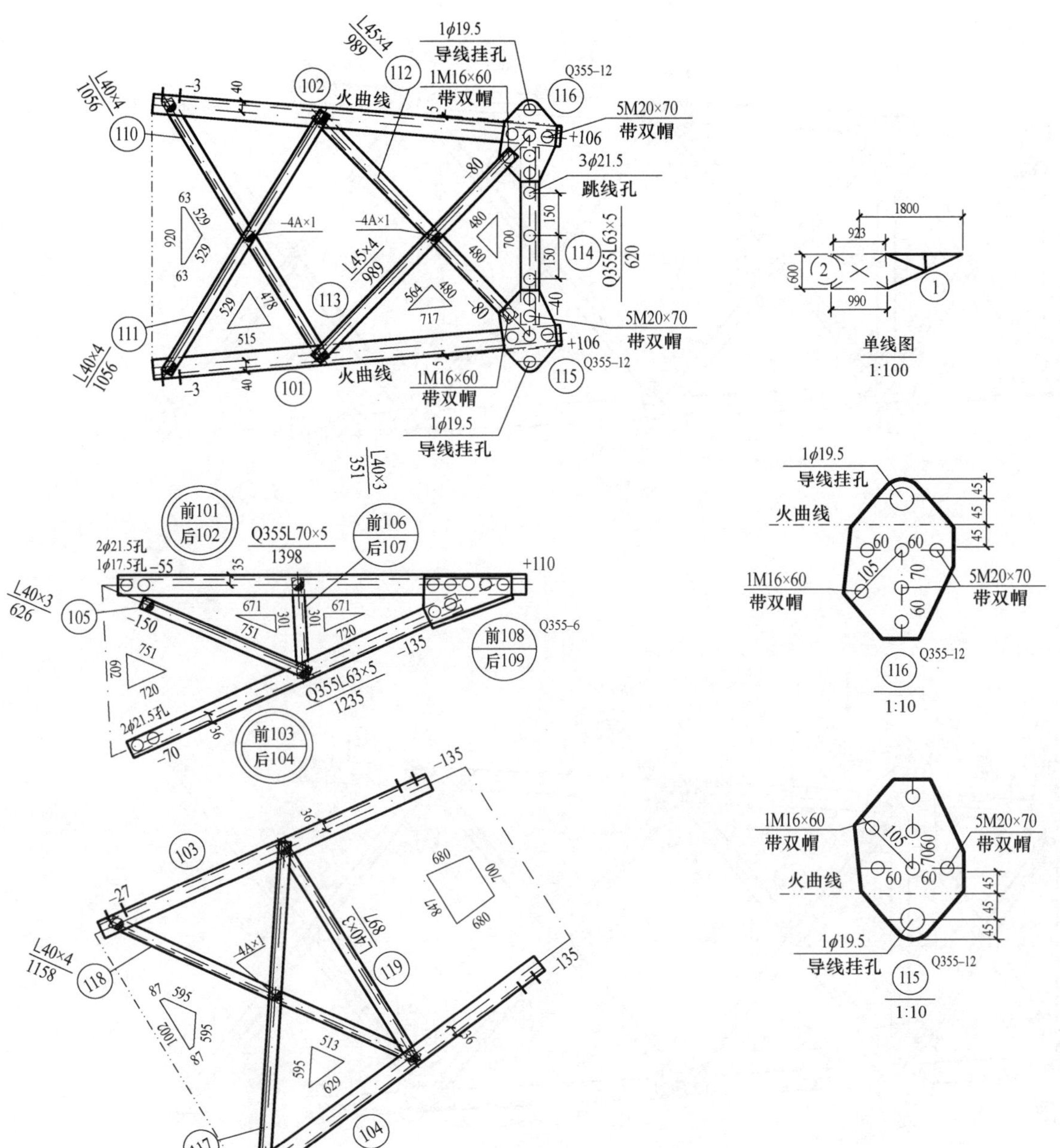

构件明细表

编号	规格	长度（mm）	数量	质量（kg） 单件	质量（kg） 小计	备注
101	Q355L70×5	1398	2	7.55	15.1	
102	Q355L70×5	1398	2	7.55	15.1	
103	Q355L63×5	1235	2	5.96	11.9	
104	Q355L63×5	1235	2	5.96	11.9	
105	L40×3	626	4	1.41	5.6	
106	L40×3	351	2	0.65	1.3	切角
107	L40×3	351	2	0.65	1.3	切角
108	Q355-6×184	318	2	2.76	5.5	卷边 50mm
109	Q355-6×184	318	2	2.76	5.5	卷边 50mm
110	L40×4	1056	2	2.56	5.1	切角
111	L40×4	1056	2	2.56	5.1	
112	L45×4	989	2	2.71	5.4	切角
113	L45×4	989	2	2.71	5.4	
114	Q355L63×5	620	2	2.99	6.0	
115	Q355-12×199	280	2	5.25	10.5	火曲
116	Q355-12×199	280	2	5.25	10.5	火曲
117	L40×4	1158	2	2.80	5.6	
118	L40×4	1158	2	2.80	5.6	切角
119	L40×3	897	2	1.66	3.3	端切肢
总质量		135.7kg				

螺栓、脚钉、垫圈明细表

名称	级别	规格	符号	数量	质量（kg）	备注
螺栓	6.8 级	M16×40		28	4.0	
		M16×50		2	0.3	
		M20×45		24	6.5	
		M16×60		4	0.8	带双帽
		M20×70		20	7.7	带双帽
脚钉	6.8 级					
垫圈	Q235	-4A（φ17.5）		8	0.2	规格×个数
总质量		19.5kg				

图 14-62 10GS20-J1 转角塔横担结构图①（10GS20-J1-01）

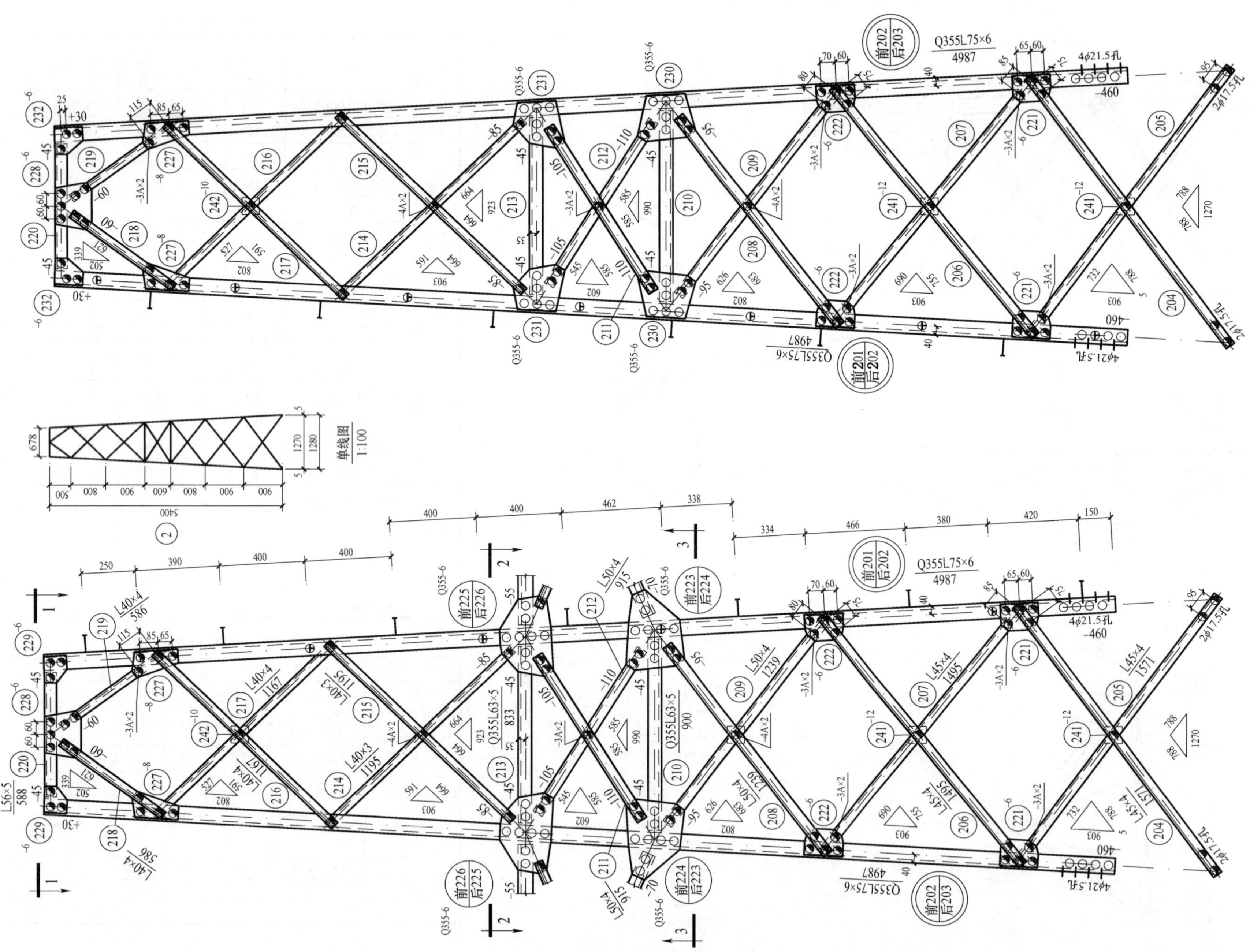

图 14－63　10GS20－J1 转角塔塔身结构图②［10GS20－JI－02（1/2）］

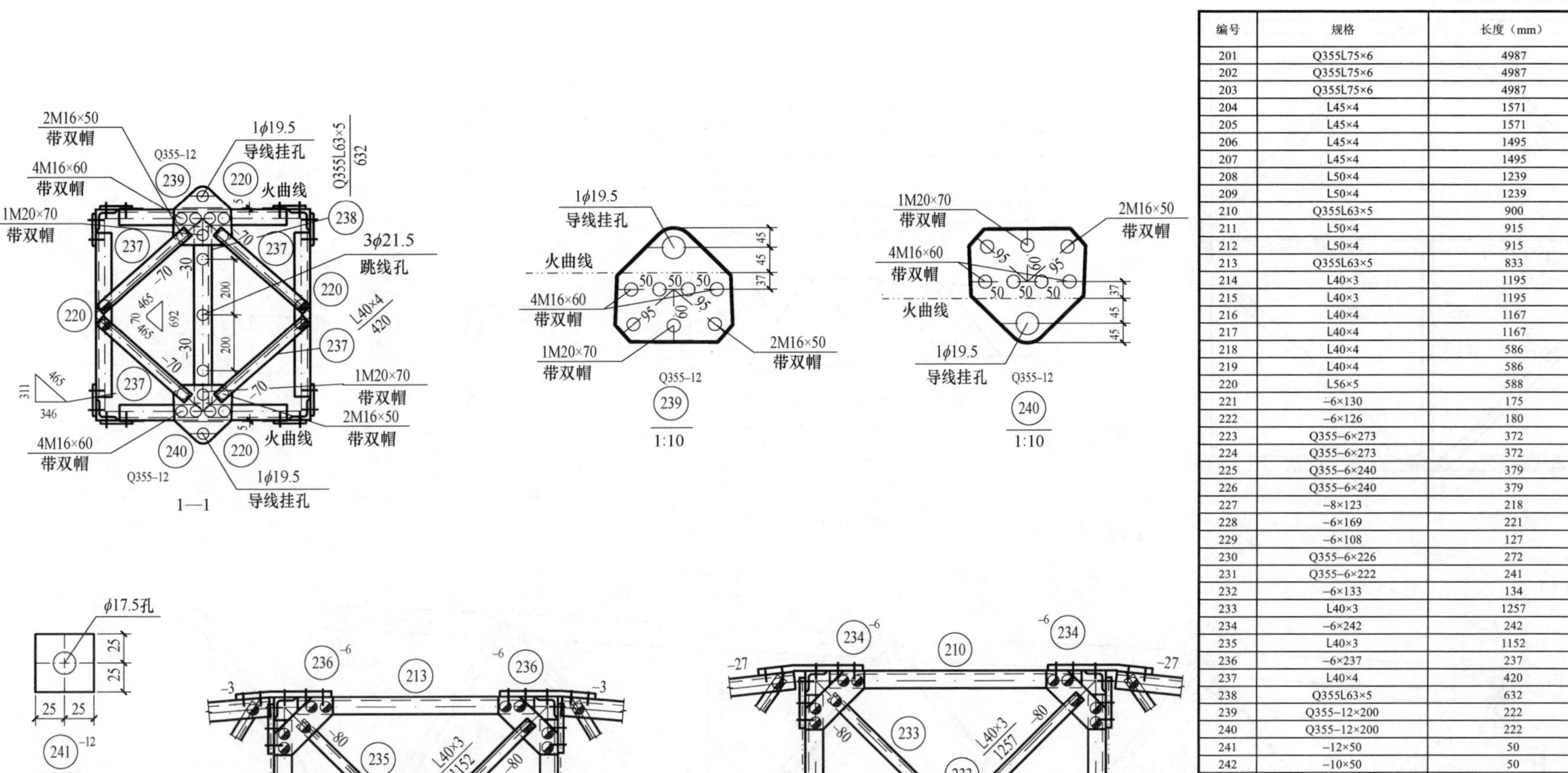

构件明细表

编号	规格	长度（mm）	数量	质量（kg）		备注
				单件	小计	
201	Q355L75×6	4987	1	34.44	34.4	带脚钉
202	Q355L75×6	4987	2	34.44	68.9	
203	Q355L75×6	4987	1	34.44	34.4	
204	L45×4	1571	4	4.30	17.2	
205	L45×4	1571	4	4.30	17.2	切角
206	L45×4	1495	4	4.09	16.4	
207	L45×4	1495	4	4.09	16.4	切角
208	L50×4	1239	4	3.79	15.2	
209	L50×4	1239	4	3.79	15.2	切角
210	Q355L63×5	900	4	4.34	17.4	
211	L50×4	915	4	2.80	11.2	
212	L50×4	915	4	2.80	11.2	
213	Q355L63×5	833	4	4.02	16.1	
214	L40×3	1195	4	2.21	8.8	切角
215	L40×3	1195	4	2.21	8.8	
216	L40×4	1167	4	2.83	11.3	
217	L40×4	1167	4	2.83	11.3	切角
218	L40×4	586	4	1.42	57	
219	L40×4	586	4	1.42	5.7	切角
220	L56×5	588	4	2.50	10.0	
221	–6×130	175	8	1.07	8.6	
222	–6×126	180	8	1.07	8.6	
223	Q355–6×273	372	2	4.78	9.6	火曲
224	Q355–6×273	372	2	4.78	9.6	火曲
225	Q355–6×240	379	2	4.28	8.6	火曲
226	Q355–6×240	379	2	4.28	8.6	火曲
227	–8×123	218	8	1.68	13.4	
228	–6×169	221	4	1.76	7.0	
229	–6×108	127	4	0.65	2.6	
230	Q355–6×226	272	4	2.90	11.6	
231	Q355–6×222	241	4	2.52	10.1	
232	–6×133	134	4	0.84	3.4	
233	L40×3	1257	2	2.33	4.7	
234	–6×242	242	4	2.76	11.0	
235	L40×3	1152	2	2.13	4.3	
236	–6×237	237	4	2.65	10.6	
237	L40×4	420	4	1.02	4.1	
238	Q355L63×5	632	1	3.05	3.0	
239	Q355–12×200	222	1	418	4.2	火曲
240	Q355–12×200	222	1	4.18	4.2	火曲
241	–12×50	50	8	0.24	1.9	垫板
242	–10×50	50	4	0.20	0.8	垫板
总质量		503.3kg				

螺栓、脚钉、垫圈明细表

名称	级别	规格	符号	数量	质量（kg）	备注
螺栓	6.8 级	M16×40		202	29.1	
		M16×50		104	16.7	
		M20×45		104	28.1	
		M16×50		4	0.8	带双帽
		M16×60		8	1.6	带双帽
		M20×70		2	0.8	带双帽
脚钉	6.8 级	M16×180		11	4.2	
		M20×200		2	1.3	
垫	Q235	–3A（ϕ17.5）		52	0.6	规格×个数
		–4A（ϕ17.5）		16	0.2	
总质量			83.4kg			

图 14–64　10GS20–J1 转角塔塔身结构图②［10GS20–J1–02（2/2）］

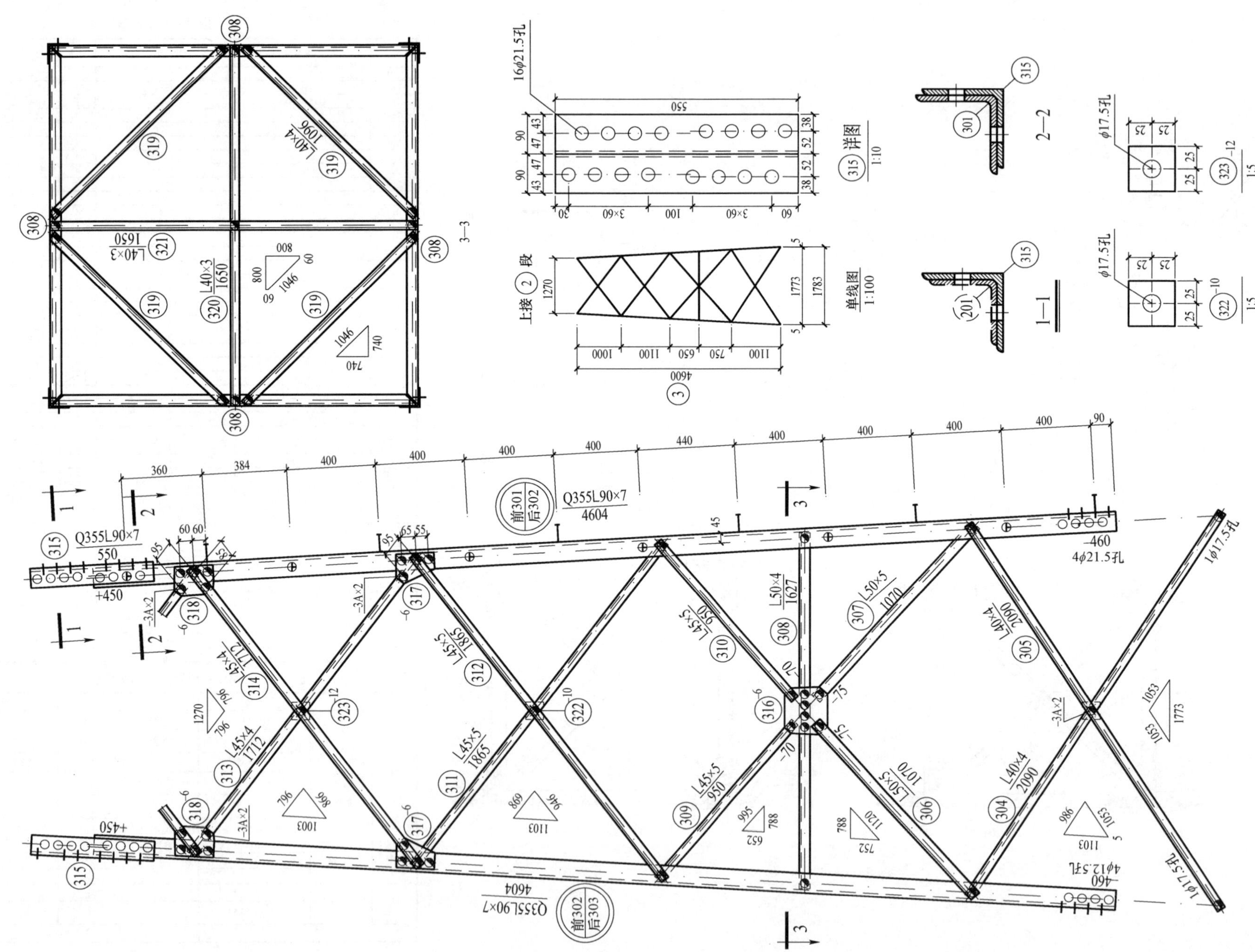

图 14-65　10GS20-J1 转角塔塔身结构图③（10GS20-J1-03）

构件明细表

编号	规格	长度（mm）	数量	质量（kg）		备注
				单件	小计	
301	Q355L90×7	4604	1	44.46	44.5	带脚钉
302	Q355L90×7	4604	2	44.46	88.9	
303	Q355L90×7	4604	1	44.46	44.5	
304	L40×4	2090	4	5.06	20.2	切角
305	L40×4	2090	4	5.06	20.2	
306	L50×5	1070	4	4.03	16.1	
307	L50×5	1070	4	4.03	16.1	切角
308	L50×4	1627	4	4.98	19.9	
309	L45×5	950	4	3.20	12.8	切角
310	L45×5	950	4	3.20	12.8	
311	L45×5	1865	4	6.29	25.2	切角
312	L45×5	1865	4	6.29	25.2	
313	L45×4	1712	4	4.68	18.7	切角
314	L45×4	1712	4	4.68	18.7	
315	Q355L90×7	550	4	5.31	21.2	铲弧
316	−6×196	219	4	2.02	8.1	
317	−6×136	175	8	1.12	9.0	
318	−6×136	177	8	1.13	9.0	
319	L40×4	1096	4	2.65	10.6	切角
320	L40×3	1650	1	3.06	3.1	中间切肢
321	L40×3	1650	1	3.06	3.1	
322	−10×50	50	4	0.20	0.8	垫板
323	−12×50	50	4	0.24	1.0	垫板
总质量		449.7kg				

螺栓、脚钉、垫圈明细表

名称	级别	规格	符号	数量	质量（kg）	备注
螺栓	6.8级	M16×40		65	9.4	
		M16×50		104	16.7	
		M20×45	○	64	17.3	
脚钉	6.8级	M16×180		10	3.8	
		M20×200		2	1.3	
垫圈	Q235	−3A（ϕ17.5）		8	0.1	规格×个数
总质量			48.6kg			

图14－65　10GS20－J1转角塔塔身结构图③（10GS20－J1－03）（续）

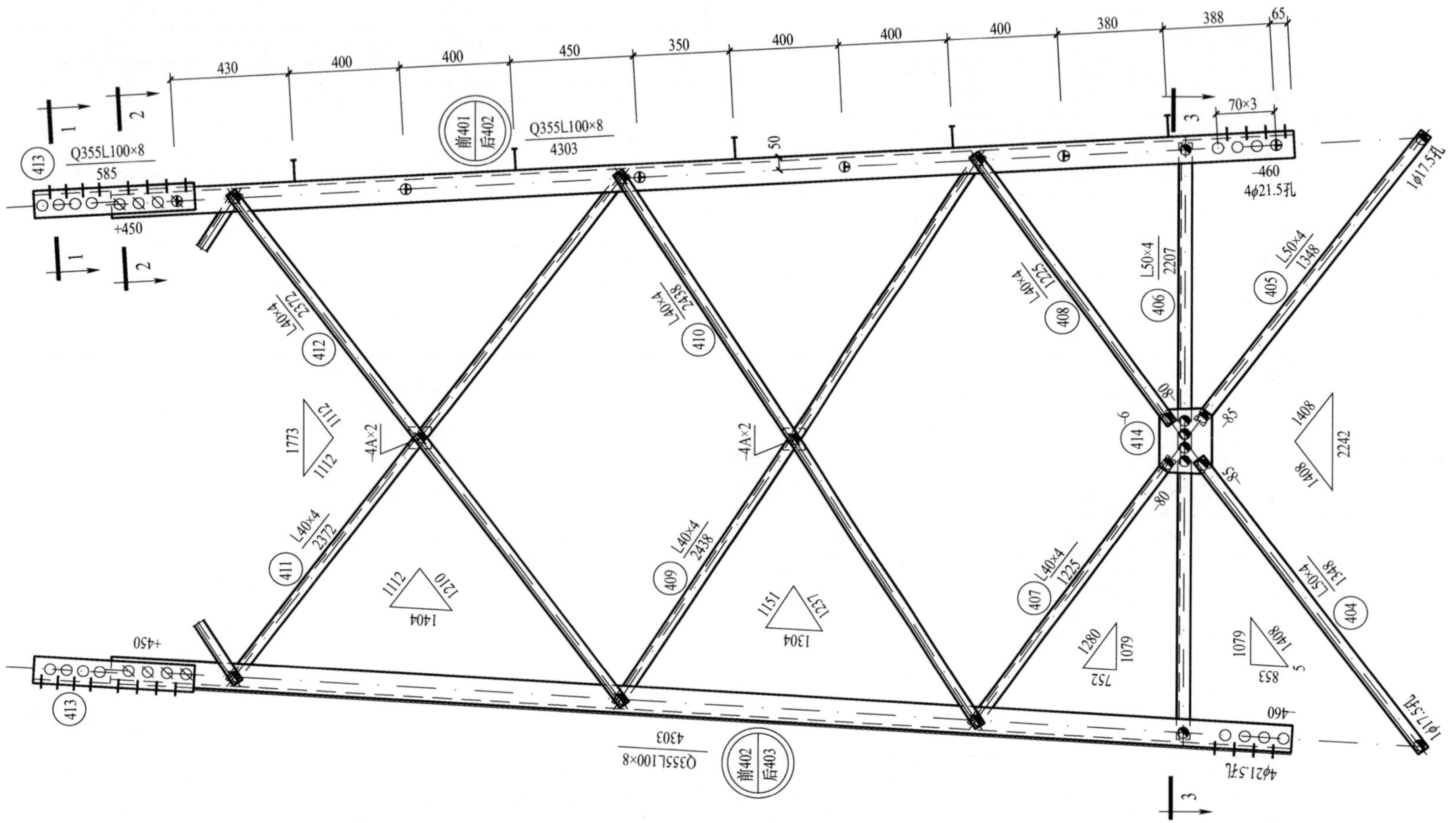

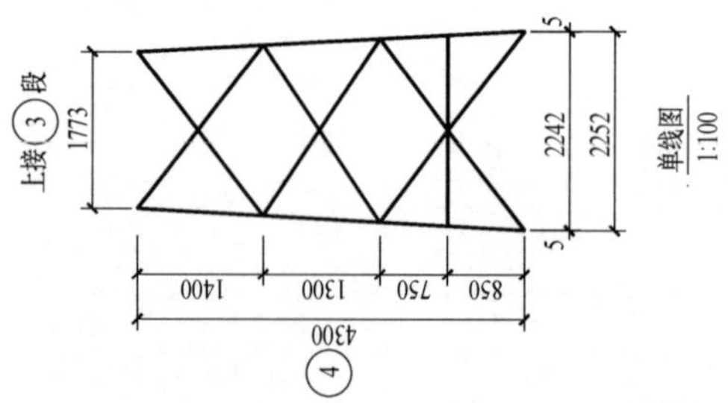

图 14－66　10GS20－J1 转角塔塔身结构图④［10GS20－J1－04（1/2）］

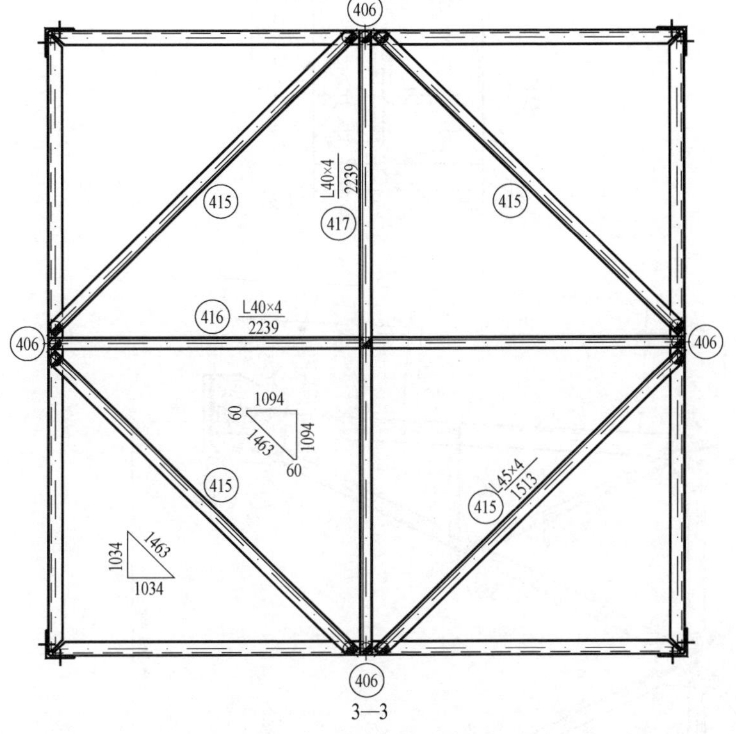

3—3

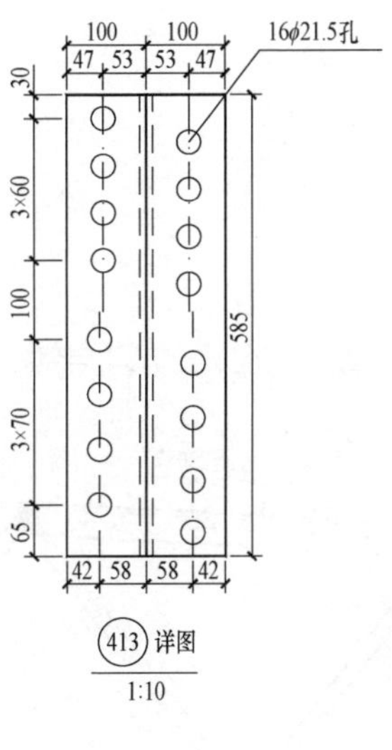

413 详图
1:10

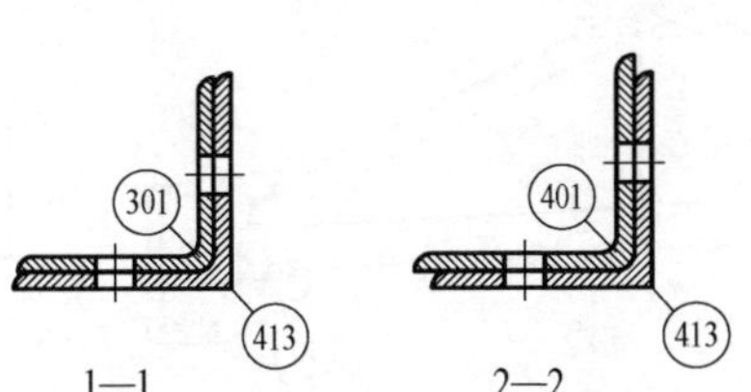

1—1　　2—2

构 件 明 细 表

编号	规格	长度（mm）	数量	质量（kg）		备注
				单件	小计	
401	Q355L100×8	4303	1	52.82	52.8	带脚钉
402	Q355L100×8	4303	2	52.82	105.6	
403	Q355L100×8	4303	1	52.82	52.8	
404	L50×4	1348	4	4.12	16.5	
405	L50×4	1348	4	4.12	16.5	
406	L50×4	2207	4	6.75	27.0	
407	L40×4	1225	4	2.97	11.9	切角
408	L40×4	1225	4	2.97	11.9	
409	L40×4	2438	4	5.90	23.6	切角
410	L40×4	2438	4	5.90	23.6	
411	L40×4	2372	4	5.74	23.0	切角
412	L40×4	2372	4	5.74	23.0	
413	Q355L100×8	585	4	7.18	28.7	铲弧
414	−6×192	243	4	2.20	8.8	
415	L45×4	1513	4	4.14	16.6	切角
416	L40×4	2239	1	5.42	5.4	
417	L40×4	2239	1	5.42	5.4	
总质量		453.1kg				

螺栓、脚钉、垫圈明细表

名称	级别	规格	符号	数量	质量（kg）	备注
螺栓	6.8 级	M16×40		53	7.6	
		M16×50		48	7.7	
		M20×45		32	8.6	
		M20×55		32	9.4	
脚钉	6.8 级	M16×180		9	3.4	
		M20×200		2	1.3	
垫圈	Q235	−4A（ϕ17.5）		16	0.3	规格×个数
总质量			38.3kg			

图 14－67　10GS20－J1 转角塔塔身结构图④［10GS20－J1－04（2/2）］

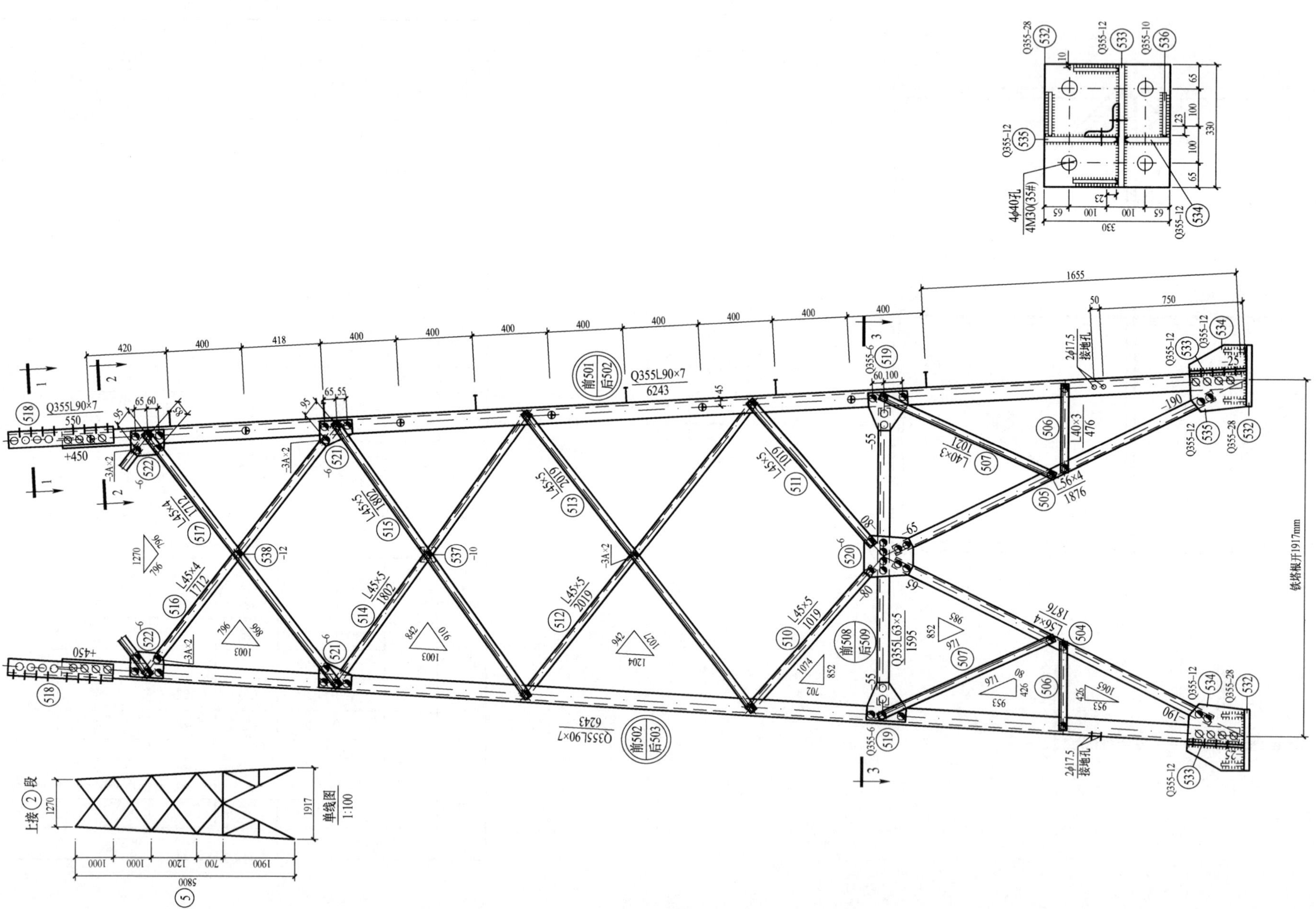

图 14-68 10GS20-J1 转角塔 9.0m 呼称高塔腿结构图⑤［10GS20-J1-05（1/2）］

构件明细表

编号	规格	长度（mm）	数量	质量（kg）		备注
				单件	小计	
501	Q355L90×7	6243	1	60.28	60.3	带脚钉
502	Q355L90×7	6243	2	60.28	120.6	
503	Q355L90×7	6243	1	60.28	60.3	
504	L56×4	1876	4	6.46	25.8	
505	L56×4	1876	4	6.46	25.8	
506	L40×3	476	8	0.88	7.0	
507	L40×3	1021	8	1.89	15.1	
508	Q355L53×5	1595	1	7.69	7.7	
509	Q355L63×5	1595	3	7.69	231	
510	L45×5	1019	4	3.43	13.7	切角
511	L45×5	1019	4	3.43	13.7	
512	L45×5	2019	4	6.80	27.2	切角
513	L45×5	2019	4	6.80	27.2	
514	L45×5	1802	4	6.07	24.3	切角
515	L45×5	1802	4	6.07	24.3	
516	L45×4	1712	4	4.68	18.7	切角
517	L45×4	1712	4	4.68	18.7	
518	Q355L90×7	550	4	5.31	21.2	铲弧
519	Q355－6×207	210	8	2.05	16.4	
520	－5×226	263	4	2.80	112	
521	－6×136	175	8	1.12	9.0	
522	－6×137	180	8	1.16	9.3	
523	L40×4	1190	4	2.88	11.5	切角
524	L40×3	1782	1	3.30	3.3	
525	L40×3	1782	1	3.30	3.3	
526	L40×3	587	4	1.09	4.4	
527	L40×3	1130	8	2.09	16.7	
528	－6×123	163	4	0.94	3.8	火曲
529	－6×123	163	4	0.94	3.8	火曲
530	－6×127	153	4	0.92	3.7	火曲
531	－6×127	153	4	0.92	3.7	火曲
532	Q355－28×330	330	4	23.94	95.8	电焊
533	Q355－12×358	300	4	10.12	40.5	打坡口焊
534	Q355－12×141	300	4	3.98	15.9	打坡口焊
535	Q355－12×218	297	4	6.10	24.4	打坡口焊
536	Q355－10×120	120	16	1.13	18.1	打坡口焊
537	－10×50	50	4	0.20	0.8	
538	－12×50	50	4	0.24	10	
总质量		831.3kg				

螺栓、脚钉、垫圈明细表

名称	级别	规格	符号	数量	质量（kg）	备注
螺栓	6.8 级	M16×40		153	22.1	
		M16×50		124	19.9	
		M20×45		40	10.8	
		M20×55		80	23.6	
脚钉	68 级	M16×180		11	4.2	
		M20×200		1	0.7	
垫圈	Q235	－3A（ϕ175）		16	0.2	规格×个数
		－4A（ϕ15）		1	0.1	
总质量			81.6kg			

图 14－68　10GS20－J1 转角塔 9.0m 呼称高塔腿结构图⑤［10GS20－J1－05（1/2）］（续）

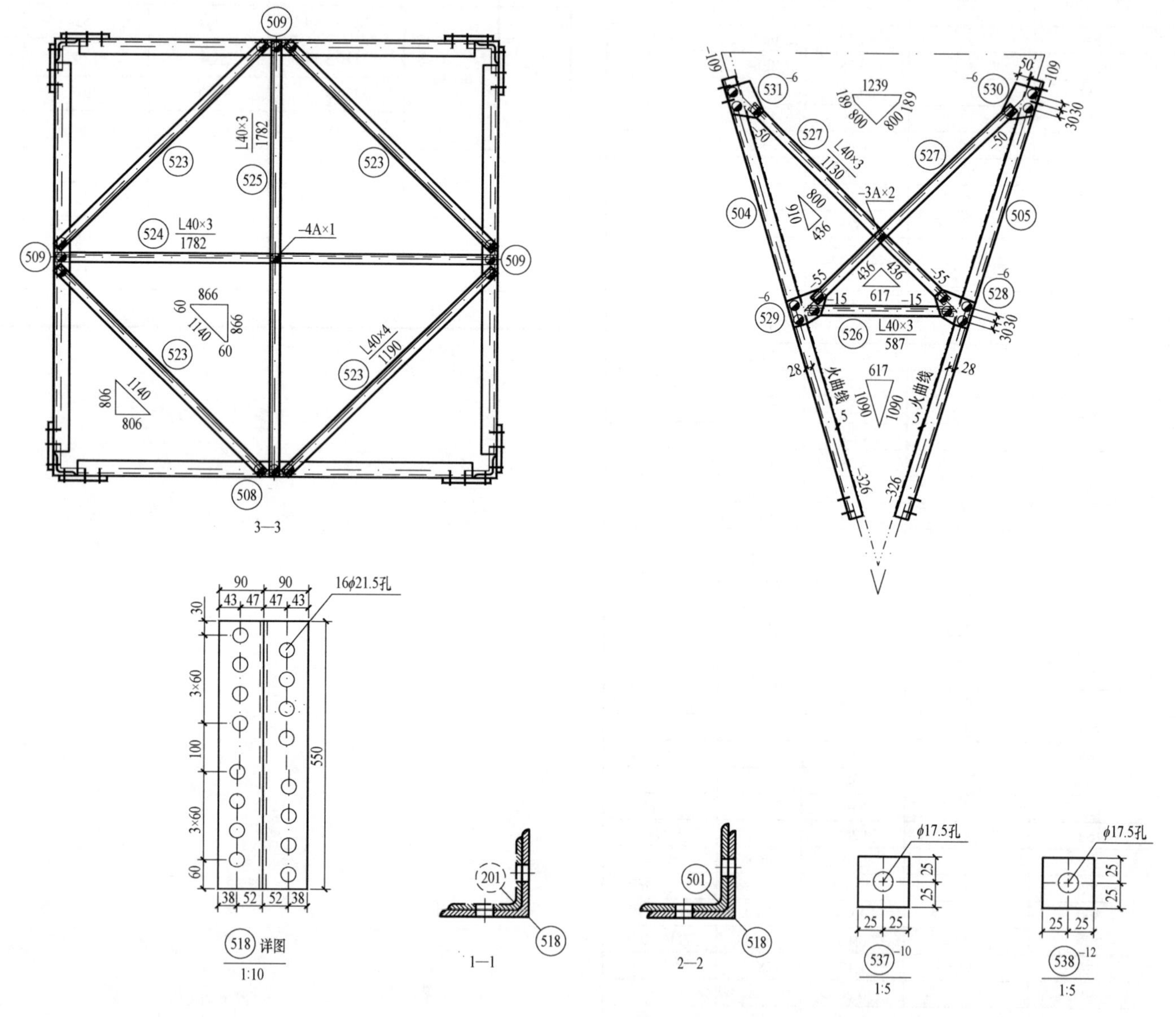

图 14-69　10GS20-J1 转角塔 9.0m 呼称高塔腿结构图⑤［10GS20-J1-05（2/2）］

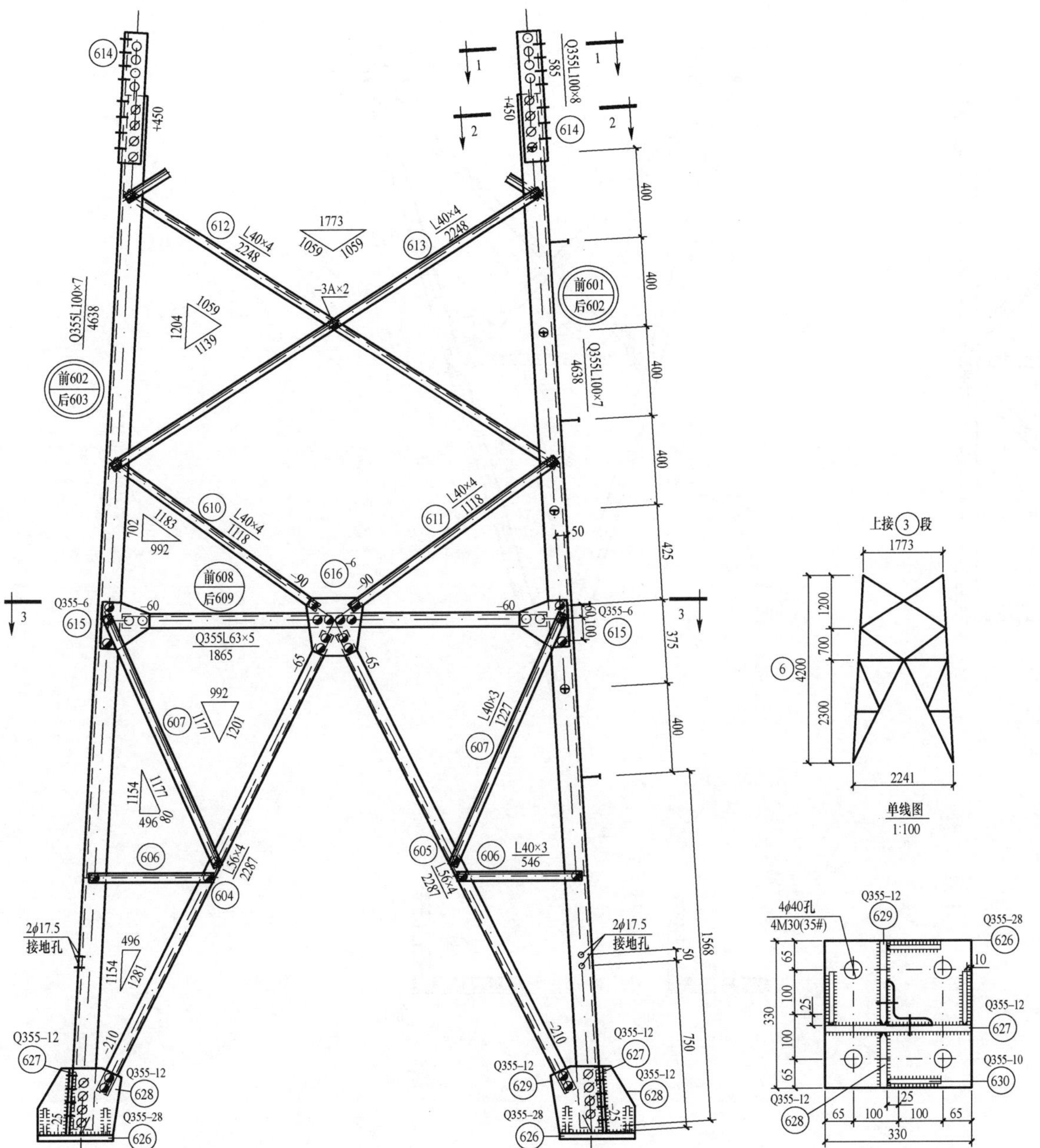

构件明细表

编号	规格	长度（mm）	数量	质量（kg）		备注
				单件	小计	
601	Q355L100×7	4638	1	50.23	50.2	带脚钉
602	Q355L100×7	4638	2	50.23	100.5	
603	Q355L100×7	4638	1	50.23	50.2	
604	L56×4	2287	4	7.88	315	
605	L56×4	2287	4	7.88	31.5	
606	L40×3	546	8	1.01	8.1	
607	L40×3	1227	8	2.27	18.2	
608	Q355L63×5	1865	1	8.99	9.0	
609	Q355L63×5	1865	3	8.99	27.0	
610	L40×4	1118	4	2.71	10.8	切角
611	L40×4	1118	4	2.71	10.8	
612	L40×4	2248	4	5.44	21.8	切角
613	L40×4	2248	4	5.44	21.8	
614	Q355L100×8	585	4	7.18	28.7	铲弧
615	Q355－6×212	210	8	2.10	16.8	
616	－6×250	260	4	3.06	12.2	
617	L45×4	1395	4	3.82	15.3	切角
618	L40×3	2071	1	3.84	3.8	
619	L40×3	2071	1	3.84	3.8	
620	L40×3	703	4	1.30	5.2	
621	L40×3	1390	8	2.57	20.6	
622	－6×126	162	4	0.96	3.8	火曲
623	－6×126	162	4	0.96	3.8	火曲
624	－6×126	153	4	0.91	3.6	火曲
625	－6×126	153	4	0.91	3.6	火曲
626	Q355－28×330	330	4	23.94	95.8	电焊
627	Q355－12×369	300	4	10.43	41.7	打坡口焊
628	Q355－12×142	300	4	4.01	16.0	打坡口焊
629	Q355－12×229	300	4	6.47	25.9	打坡口焊
630	Q355－10×120	120	16	1.13	18.1	打坡口焊
总质量		710.1kg				

螺栓、脚钉、垫圈明细表

名称	级别	规格	符号	数量	质量（kg）	备注
螺栓	6.8 级	M16×40		137	19.8	
		M16×50		44	7.0	
		M20×45		48	13.0	
		M20×55		88	26.0	
脚钉	6.8 级	M16×180		6	2.3	
		M20×200		2	1.3	
垫圈	Q235	－3A（ϕ17.5）		16	0.2	规格×个数
		－4A（ϕ17.5）		1	0.1	
总质量		69.7kg				

图 14－70　10GS20－J1 转角塔 12.0m 呼称高塔腿结构图⑥［10GS20－JI－06（1/2）］

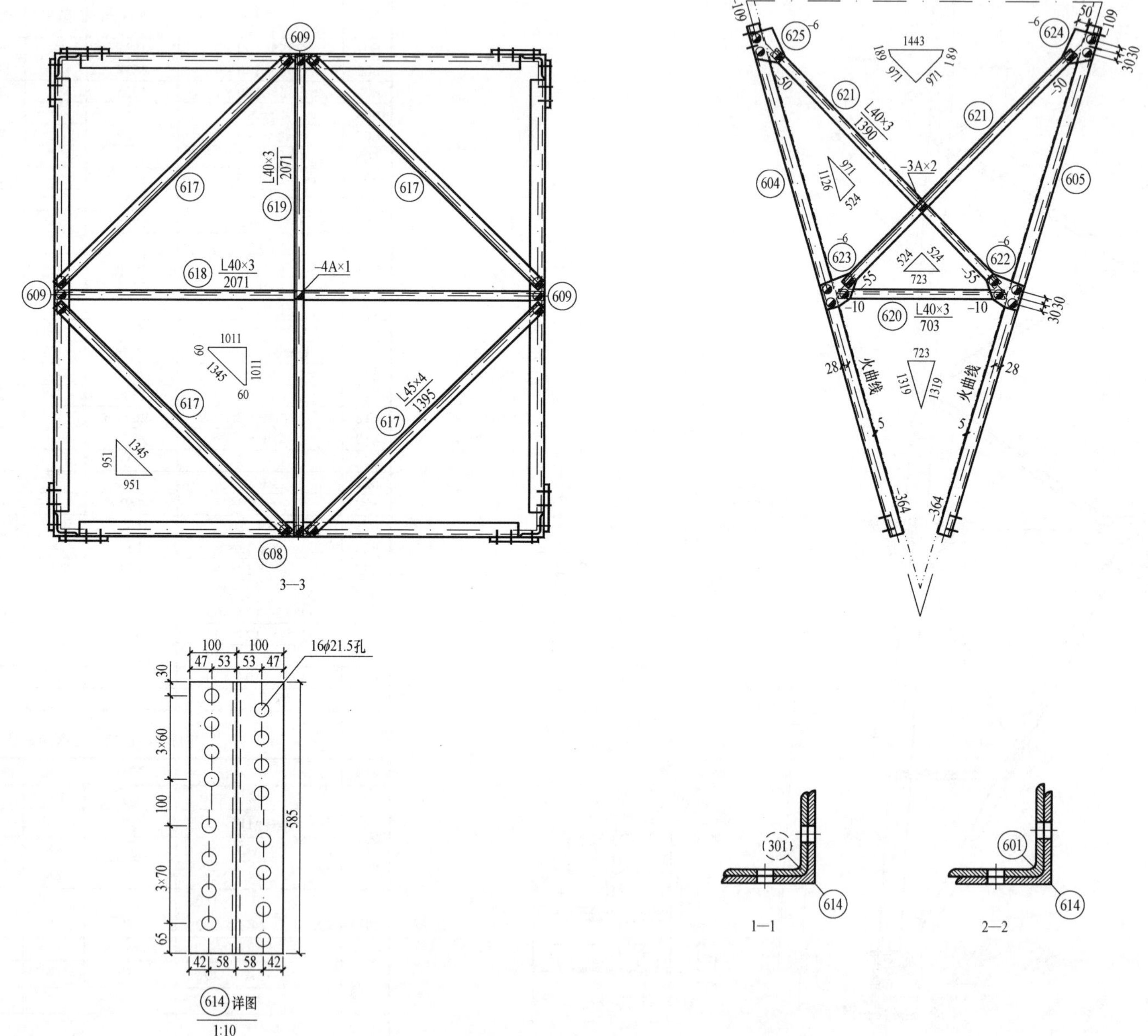

图 14-71　10GS20-J1 转角塔 12.0m 呼称高塔腿结构图⑥［10GS20-J1-06（2/2）］

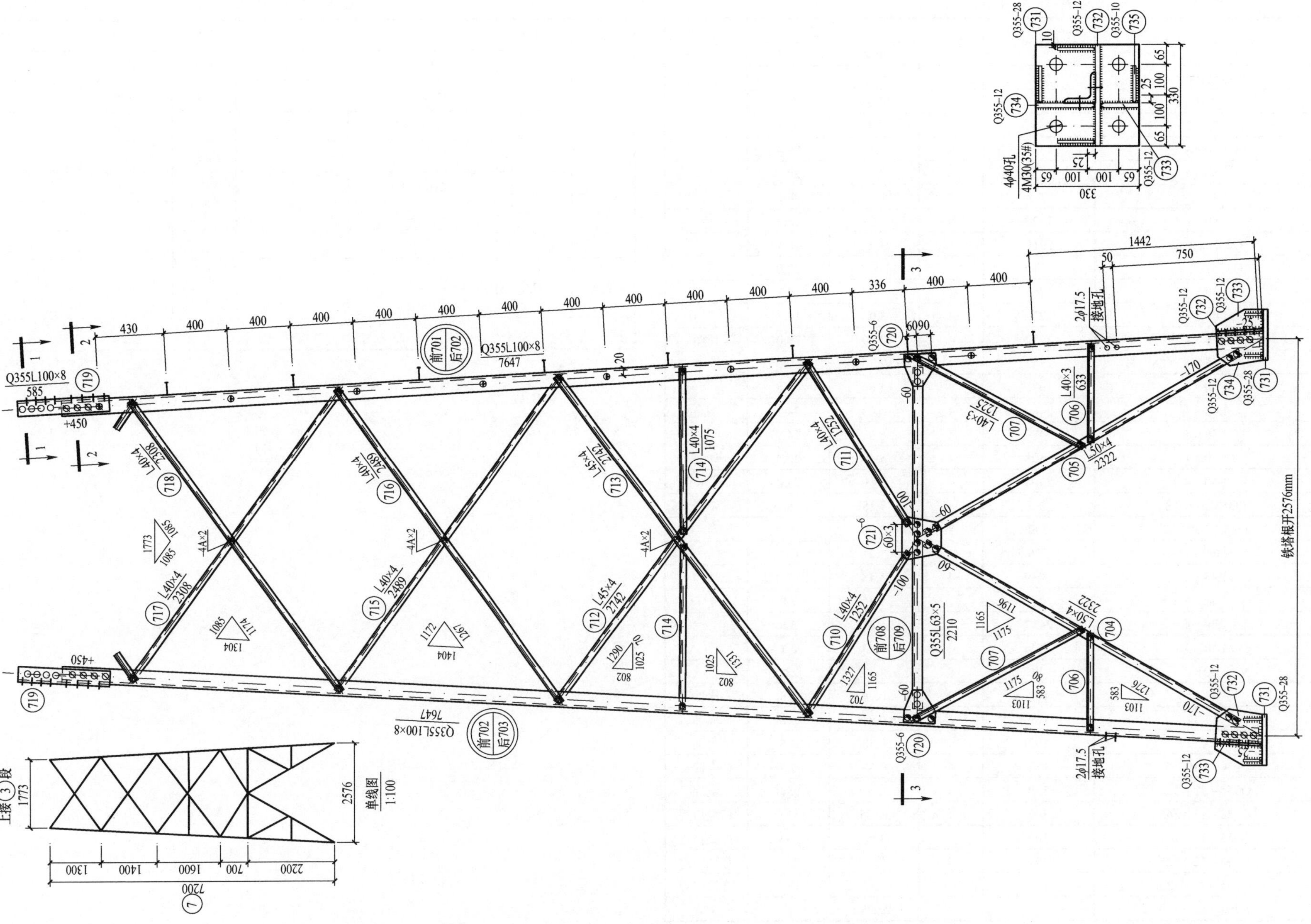

图 14－72　10GS20－J1 转角塔 15.0m 呼称高塔腿结构图⑦［10GS20－JI－07（1/2）］

构 件 明 细 表

编号	规格	长度（mm）	数量	质量（kg）		备注
				单件	小计	
701	Q355L100×8	7647	1	93.87	93.9	带脚钉
702	Q355L100×8	7647	2	93.87	187.7	
703	Q355L100×8	7647	1	93.87	93.9	
704	L50×4	2322	4	7.10	28.4	
705	L50×4	2322	4	7.10	28.4	
706	L40×3	633	8	1.17	9.4	
707	L40×3	1225	8	2.27	18.2	
708	Q355L63×5	2210	1	10.66	10.7	
709	Q355L63×5	2210	3	10.66	32.0	
710	L40×4	1252	4	3.03	12.1	
711	L40×4	1252	4	3.03	12.1	
712	L45×4	2742	4	7.50	30.0	切角
713	L45×4	2742	4	7.50	30.0	
714	L40×4	1075	8	2.60	20.8	
715	L40×4	2489	4	6.03	24.1	切角
716	L40×4	2489	4	6.03	24.1	
717	L40×4	2308	4	5.59	22.4	切角
718	L40×4	2308	4	5.59	22.4	
719	Q355L100×8	585	4	7.18	28.7	铲弧
720	Q355－6×212	200	8	2.00	16.0	
721	－6×247	276	4	3.21	12.8	
722	L45×4	1639	4	4.48	17.9	切角
723	L40×4	2417	1	5.85	5.8	
724	L40×4	2417	1	5.85	5.8	
725	L40×3	828	4	1.53	6.1	
726	L40×3	1499	8	2.78	222	
727	－6×118	169	4	0.94	3.8	火曲
728	－6×118	169	4	0.94	3.8	火曲
729	－6×123	152	4	0.88	3.5	火曲
730	－6×123	152	4	0.88	3.5	火曲
731	Q355－28×330	330	4	23.94	95.8	电焊
732	Q355－12×365	300	4	10.31	41.2	打坡口焊
733	Q355－12×141	300	4	3.98	15.9	打坡口焊
734	Q355－12×225	297	4	6.29	25.2	打坡口焊
735	Q355－10×120	120	16	1.13	18.1	打坡口焊
总质量		1026.7kg				

螺栓、脚钉、垫圈明细表

名称	级别	规格	符号	数量	质量（kg）	备注
螺栓	6.8 级	M16×40		153	22.1	
		M16×50		68	10.9	
		M20×45		48	13.0	
		M20×55		88	26.0	
脚钉	6.8 级	M16×180		15	5.7	
		M20×200		1	0.7	
垫圈	Q235	－4A（ϕ17.5）		25	0.5	规格×个数
总质量			78.9kg			

图 14－72　10GS20－J1 转角塔 15.0m 呼称高塔腿结构图⑦［10GS20－JI－07（1/2）］（续）

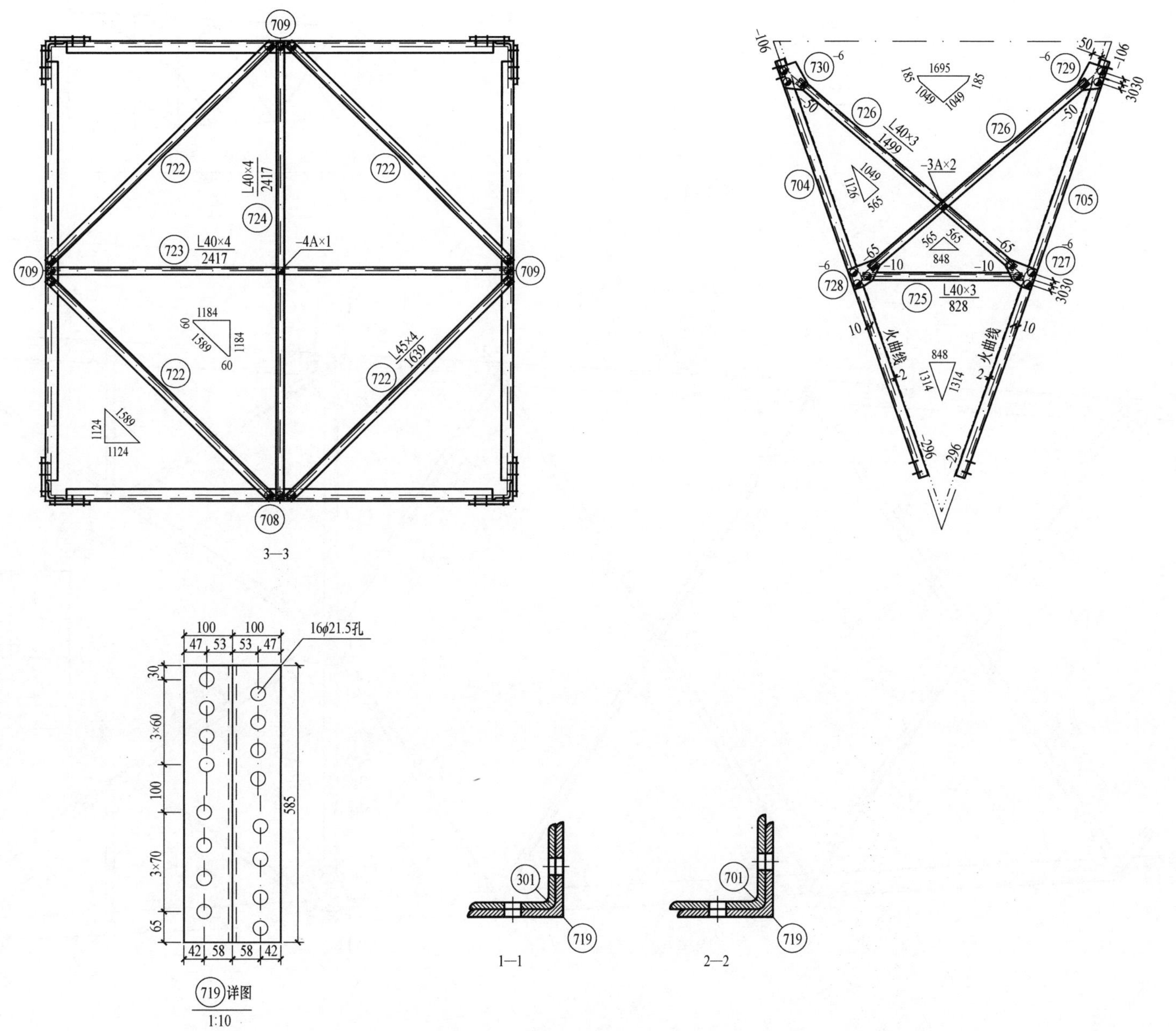

图 14-73 10GS20-J1 转角塔 15.0m 呼称高塔腿结构图⑦［10GS20-J1-07（2/2）］

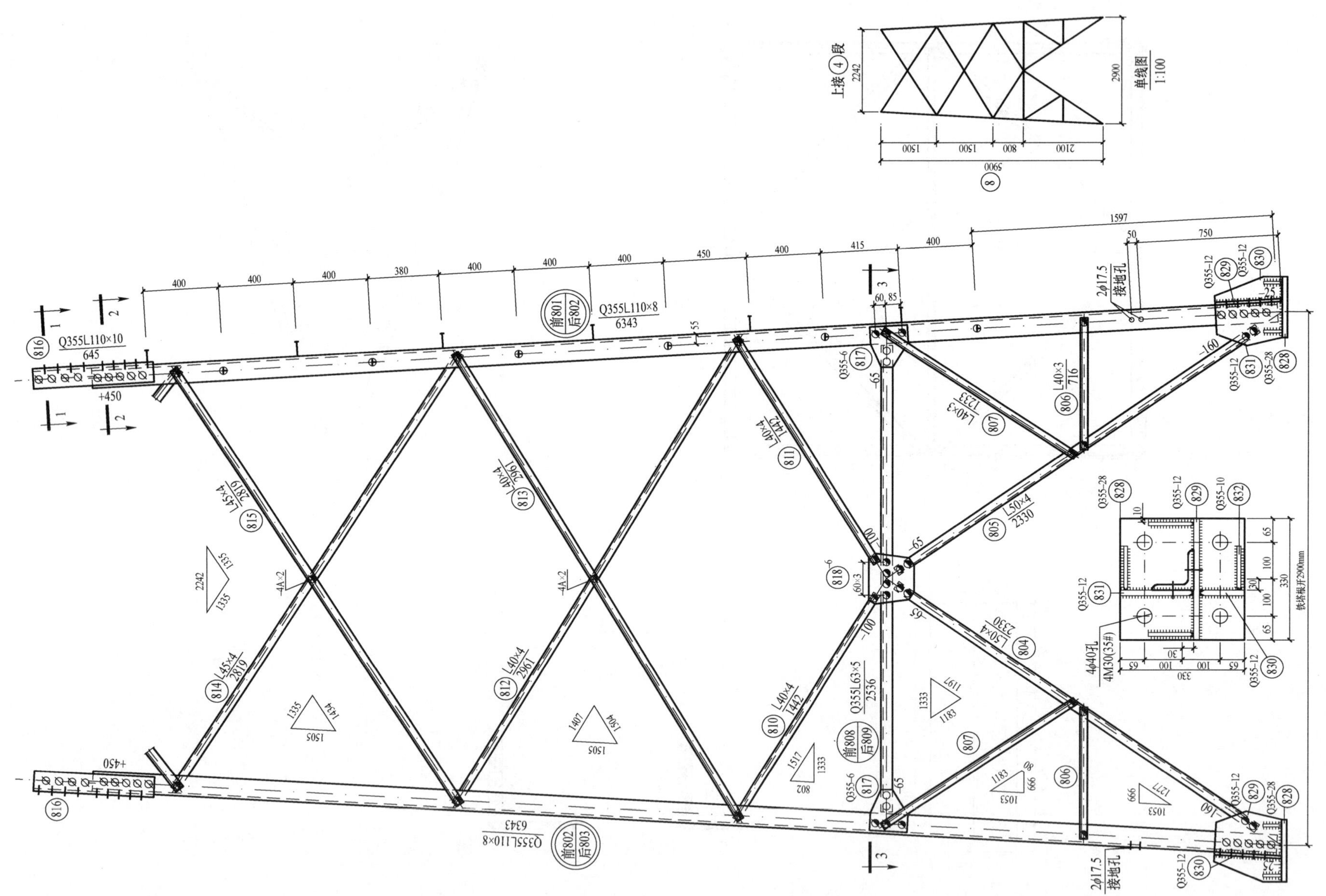

图 14-74　10GS20-J1 转角塔 18.0m 呼称高塔腿结构图⑧［10GS20-J1-08（1/2）］

构件明细表

编号	规格	长度（mm）	数量	质量（kg）		备注
				单件	小计	
801	Q355L110×8	6343	1	85.83	85.8	带脚钉
802	Q355L110×8	6343	2	85.83	171.7	
803	Q355L110×8	6343	1	85.83	85.8	
804	L50×4	2330	4	7.13	28.5	
805	L50×4	2330	4	7.13	28.5	
806	L40×3	716	8	1.33	10.6	
807	L40×3	1233	8	2.28	18.2	
808	Q355L63×5	2536	1	12.23	12.2	
809	Q355L63×5	2536	3	12.23	36.7	
810	L40×4	1442	4	3.49	14.0	切角
811	L40×4	1442	4	3.49	14.0	
812	L40×4	2961	4	7.17	28.7	切角
813	L40×4	2361	4	7.17	28.7	
814	L40×4	2819	4	7.71	30.8	切角
815	L45×4	2819	4	7.71	30.8	
816	Q355L110×10	645	4	10.77	43.1	铲弧
817	Q355－6×205	227	8	2.19	17.5	
818	－6×247	276	4	3.21	12.8	
819	L50×4	1869	4	5.72	22.9	切角
820	L40×4	2763	1	6.69	6.7	
821	L40×4	2763	1	6.69	6.7	
822	L40×3	943	4	1.75	7.0	
823	L40×3	1625	8	3.01	24.1	
824	－6×110	176	4	0.91	3.6	火曲
825	－6×110	176	4	0.91	3.6	火曲
826	－6×122	143	4	0.82	3.3	火曲
827	－6×122	143	4	0.82	3.3	火曲
828	Q355－28×330	330	4	23.94	95.8	电焊
829	Q355－12×375	360	4	12.72	50.9	打坡口焊
830	Q355－12×140	360	4	4.75	19.0	打坡口焊
831	Q355－12×240	358	4	8.09	32.4	打坡口焊
832	Q355－10×120	120	16	1.13	18.1	打披口焊
总质量		995.8kg				

螺栓、脚钉、垫圈明细表

名称	级别	规格	符号	数量	质量（kg）	备注
螺栓	6.8 级	M16×40		137	19.8	
		M16×50		56	9.0	
		M20×45		16	4.3	
		M20×55		128	37.8	
脚钉	6.8 级	M16×180		10	3.8	
		M20×200		2	1.3	
垫圈	Q235	－3（ϕ17.5）		8	0.1	规格×个数
		－4A（ϕ17.5）		17	0.4	
总质量			76.5kg			

图 14－74　10GS20－J1 转角塔 18.0m 呼称高塔腿结构图⑧［10GS20－J1－08（1/2）］（续）

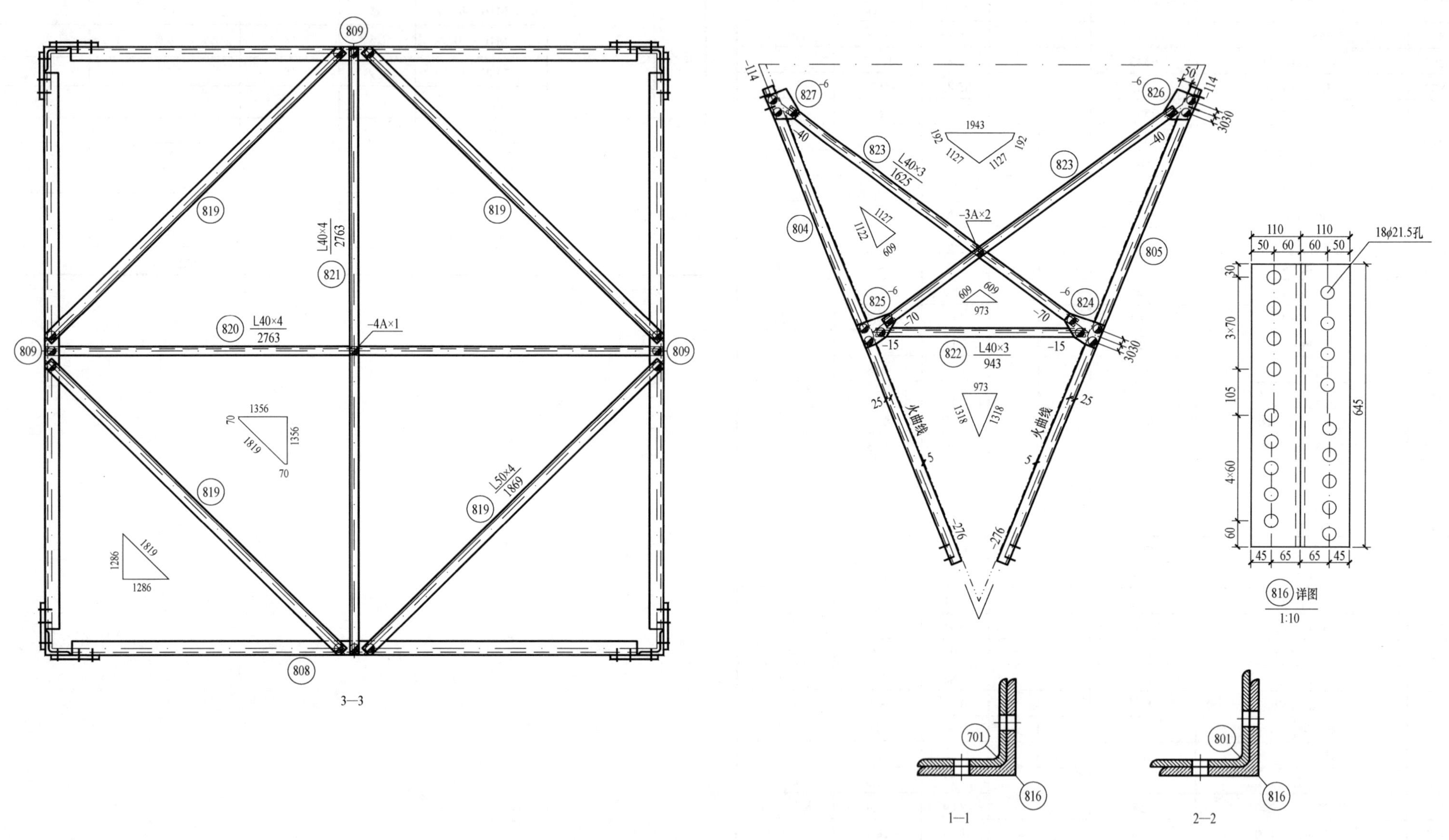

图 14-75　10GS20-Jl 转角塔 18.0m 呼称高塔腿结构图⑧［10GS20-J1-08（2/2）］

铁塔加工统一说明

1. 铁塔的设计执行 GB 50017—2017《钢结构设计规范》和 DL/T 5154—2012《架空输电线路杆塔结构设计技术规定》的有关规定。铁塔的加工本说明未列之处，需满足如下国标、规范和行业规定的要求：

GB 50661—2011《钢结构焊接规范》

GB 50205—2020《钢结构工程施工质量验收规范》

GB/T 2694—2018《输电线路铁塔制造技术条件》

GB 50173—2014《电气装置安装工程 66kV 及以下架空电力线路施工及验收规范》

DL/T 5442—2020《输电线路杆塔制图和构造规定》

2. 结构图中图面内的图例，代号等在说明中未提及之处，均按 DL/T 5442—2020《输电线路铁塔制图和构造规定》中的要求执行。

3. 钢材质量标准应符合 GB/T 700—2006《碳素结构钢》及 GB/T 1591—2018《低合金高强度结构钢》的有关要求。

4. 铁塔构件的钢种为 Q235B、Q355B，图中注明 Q355 材料为 Q355B 钢材，未注明者均为 Q235B 钢材。

5. 螺栓、螺母应符合的标准分别为 GB/T 5780—2016《六角头螺栓 C 级》、GB/T 6170—2015《1 型六角螺母》。

6. 所有螺栓（包括防卸螺栓）的强度等级为热镀锌后的强度值，螺栓及脚钉强度级别：M16、M20 为 6.8 级，M24 采用 8.8 级。

7. 垫圈标准应符合 GB/T 95—2002《平垫圈 C 级》，按照螺栓规格不同，分别加工厚度为 3mm（M16 螺栓）和 4mm（M20 螺栓、M24 螺栓）两种垫圈。当需垫的厚度超过 3 个垫圈时，应采用加工相应厚度垫块的形式。

8. 所有材料，包括角钢、钢板、螺栓、防卸螺栓、焊条等均应有出厂合格证书。

9. 所有构件均应作热（浸）镀锌防腐处理。并且不同材质的角钢必须分批镀锌，以免引起镀锌质量的下降。

10. 构件焊接应严格按照焊接规程，规范和有关规定进行，焊缝高度未注明的不得小于连接构件的最小厚度，当被焊接构件厚度不小于 8mm 时，要按规定进行剖口后再焊，以便焊透。厚度不小于 20mm 的焊件应采取焊前预热或焊后保温等相应处理措施，避免焊件的碎裂危险或过高的焊接应力。焊缝等级要求参见施工图纸。

11. Q355 及 Q235 钢构件所对应采用的焊条分别为 E50 系列及 E43 系列。当高级别钢和低级别钢相焊时，应采用低级别钢对应的焊条，所有焊接件均需加封焊，以防酸液进入接触面而造成锈蚀。

12. 加工时如需材料代用及改变结构形式等情况，须征得设计单位的同意。材料代用时，需注意相关影响（螺栓长度、主材接头相平、内垫片增减等），应与图纸对应列表统计，并由加工厂书面通知施工单位，以方便施工安装。

13. 角钢基准线和螺栓准线除图中特殊注明外，一般按表 1 采用。

表 1　　角钢的螺栓准线表

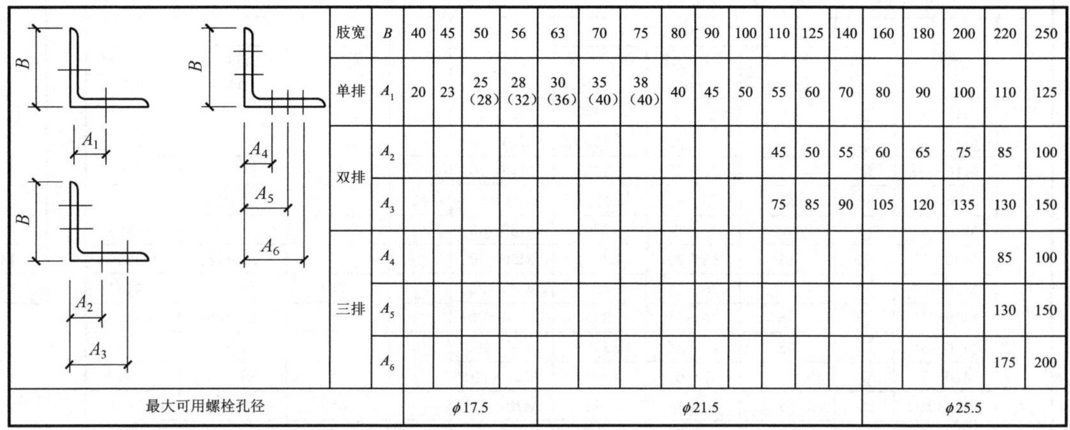

肢宽	B	40	45	50	56	63	70	75	80	90	100	110	125	140	160	180	200	220	250
单排	A_1	20	23	25（28）	28（32）	30（36）	35（40）	38（40）	40	45	50	55	60	70	80	90	100	110	125
双排	A_2											45	50	55	60	65	75	85	100
	A_3											75	85	90	105	120	135	130	150
三排	A_4																	85	100
	A_5																	130	150
	A_6																	175	200
最大可用螺栓孔径		ϕ17.5				ϕ21.5									ϕ25.5				

注　1. 括号内的数字用于当其他构件与本角钢搭接而螺栓边距不足时，在搭接位置上的螺栓孔可使用的准线值。

2. L100 及以下角钢一般不宜采用双排准线，L200 及以下角钢一般不宜采用三排准线。

3. 对于三排准线除非设计有要求，一般不得擅自使用。

14. 当角钢上打双排螺栓或多排螺栓时，螺栓在角钢轴心线上的投影孔距必须满足以下规定：

当用 M16 螺栓时，$L \geqslant 40$mm；

当用 M20 螺栓时，$L \geqslant 50$mm（参见图 1）。

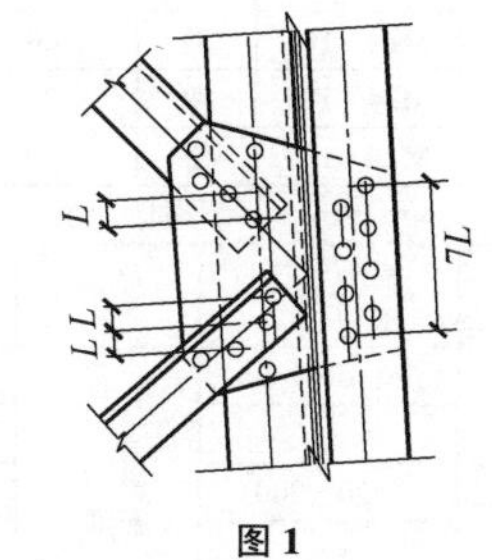

图 1

15. 螺栓、脚钉、垫圈规格按表 2 采用。最短腿离地高 8m 以下的连接螺栓采用防卸螺栓，其他均采用防松措施（采用薄螺母防松）。单帽螺栓配一帽、一垫、一薄螺母；双帽螺栓配两帽、一垫。M16 和 M20 的螺栓规格采用 6.8 级、M24 及以上的螺栓规格采用 8.8 级，防卸螺栓规格由业主及运行单位确定，并保证出扣。但挂线角钢处应采用双帽防松。业主方或运行方有特殊要求的应按照业主方或运行方的要求。螺栓的长度和数量必须经过放样和试组装的检验，当长度或数量有误时，应及时汇报给监理或设计单位。

图 14-76　10GS20-J1 转角塔加工说明（10GS20-J1-09）

表 2　　螺栓、脚钉、垫圈规格表

级别	单帽螺栓（带一垫、一扣紧螺母）					双帽螺栓（带一垫双帽）				
	规格	图例	说明			规格	图例	说明		
			无扣长（mm）	通过厚度（mm）	每套质量（kg）			无扣长（mm）	通过厚度（mm）	每套质量（kg）
6.8级	M16×40		6	7～12	0.1442	M16×50	○	6	7～12	0.1875
	M16×50		12	13～22	0.1602	M16×60	○	12	13～22	0.2039
	M16×60		22	23～32	0.1762	M16×70	○	22	23～32	0.2203
	M16×70		32	33～42	0.1922	M16×80	○	32	33～42	0.2369
6.8级	M20×45	○	8	9～15	0.2701	M20×60	○	8	9～15	0.3605
	M20×55		15	16～25	0.2953	M20×70	○	15	16～25	0.3864
	M20×65		25	26～35	0.3205	M20×80	○	25	26～35	0.4123
	M20×75		35	36～45	0.3457	M20×90	○	35	36～45	0.4381
	M20×85		45	46～55	0.3709	M20×100	○	45	46～55	0.4640
	M20×95		55	56～65	0.3961	M20×110	○	55	56～65	0.4899
	M20×105		65	66～75	0.4213	M20×120	○	65	66～75	0.5158
8.8级	M24×55	◎	12	13～20	0.4631	M24×75	◎	12	13～20	0.6278
	M24×65		20	21～30	0.5000	M24×85	◎	20	21～30	0.6655
	M24×75		30	31～40	0.5368	M24×95	◎	30	31～40	0.7033
	M24×85		40	41～50	0.5737	M24×105	◎	40	41～50	0.7410
	M24×95		50	51～60	0.6105	M24×115	◎	50	51～60	0.7787
	M24×105		60	61～70	0.6473	M24×125	◎	60	61～70	0.8165
	M24×115		70	71～80	0.6842	M24×135	◎	70	71～80	0.8541
	M24×130		80	81～95	0.7375	M24×150	◎	80	81～95	0.9074

脚钉					垫圈					
级别	规格	图例	无扣长（mm）	每只质量（kg）	材质	规格	图例	每只质量（kg）	内径（mm）	外径（mm）
6.8级	M16×180	正面 侧面	120	0.3254		−3（ϕ17.5）	规格×个数	0.01065	17.5	30
						−4（ϕ17.5）		0.0142	17.5	30
6.8级	M20×200		120	0.6183		−3（ϕ22）		0.01637	22	37
						−4（ϕ22）		0.02183	22	37
8.8级	M24×240		120	0.9037		−3（ϕ26）		0.02331	26	44
						−4（ϕ26）		0.03108	26	44

注　1. 受剪单帽螺栓和脚钉配一帽、一垫、一薄螺母；受剪或受拉双帽螺栓配两帽、一垫。

2. 螺纹不得进入剪切面。

3. 薄螺母的性能等级为 05 级。

16. 对于 8.8 级及以上的高强度螺栓，除应满足 GB/T 3098《紧固件机械性能》和 DL/T 764.4《输电线路铁塔及电力金具紧固件冷镦热浸镀锌螺栓与螺母》之要求外，还应委托第三方有资质的检测单位对高强度螺栓进行抽检，并提供塑性、强度和硬度的试验合格报告。

17. 角钢及钢板的螺栓间距除图中特殊注明外应按表 3 采用。

螺孔顺力线方向重心最大间距 12*d* 或 18*t*（取二者较小者）其中 *d* 为螺栓直径，*t* 为较薄板的厚度。

表 3　　螺栓边端距要求表

螺栓规格	螺栓孔径	间距		边距		
		单排孔	双排孔	端边 L_D	轧制边 L_Z	切角边 L_Q
M12	ϕ13.5	40	60	20	≥17	≥18
M16	ϕ17.5	50	80	25	≥21*	≥23
M20	ϕ21.5	60	100	30	≥26	≥28
M24	ϕ25.5	80	120	40	≥31	≥33

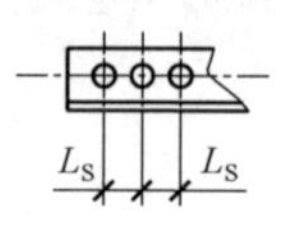

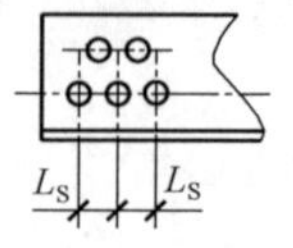

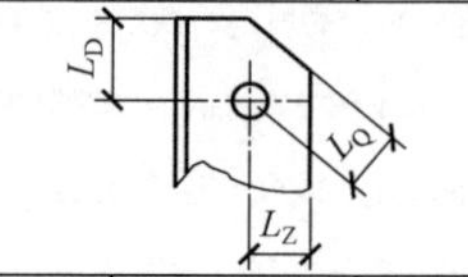

* 当用 L40 角钢时，轧制边距 L_z=20。

18. 脚钉从基础顶面以上 1.5m 左右起装，间距一般按 400mm，当某一个脚钉位于节点板、主材接头、塔身变坡等位置，上下脚钉间距不能满足标准 400mm 时，该脚钉上下相邻的两个或三个脚钉间距之和需满足 400mm 的倍数。

当脚钉代替螺栓时，脚钉级别应与被代螺栓等强度。

脚钉型式采用防滑带弯钩型式。

19. 节点板考虑到刚度和稳定要求，形状不宜狭长，节点板边缘与构件轴线夹角 α 不小于 15°，1—1 段面的节点板断面面积不小于被连接角钢截面积的 1.2 倍。参见图 2。

节点板边距及构件间隙如图 3 所示。

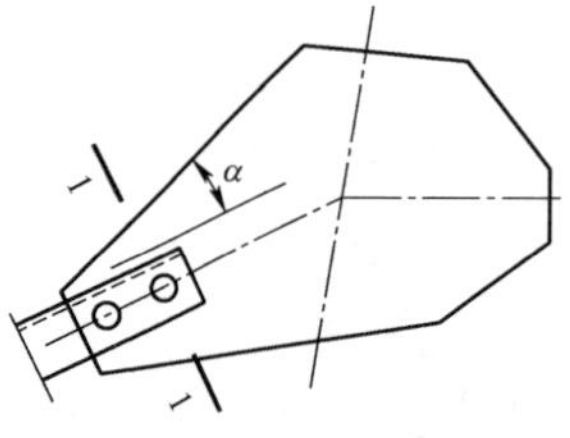

图 2

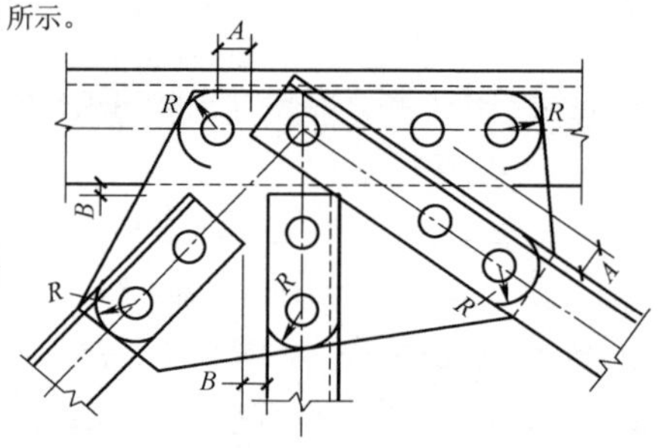

图 3

参数 \ 孔径（mm）	17.5	21.5	25.5
边距 *R*	25	30	40
间隙 *A*	20	25	30
间隙 *B*	5≤*B*≤10		

20. 构件接头中包角钢接头间隙按图放样，一般为 10mm 左右。其中外包角钢清根，内包角钢铲背。

21. 凡图中所要求的火曲、开合角、切肢、压扁、切角的尺寸均由加工放样决定。角钢肢宽大于 100mm 以上，两构件连接面间的夹角大于 2° 时，构件应局部开、合角或制弯。

22. 如没有注明，长度单位均为毫米。

23. 结构图中尺寸仅供备料用，加工前应放样，以实际放样尺寸为准。

24. 角钢对接处外贴连接钢板的螺栓孔最小边距 M20 取 40mm、M24 取 50mm。

25. 当螺栓采用一垫一帽一薄螺母时应确保装好螺帽后螺杆出扣。

26. 制孔方式按照铁塔招标技术规范书的要求执行。

27. 铁塔放样后应加工一基样塔，经试组装检验合格后方能批量生产。

28. 本工程参照国家电网公司基建部监制的“工艺标准库（2012 版）”，本册施工图按以下工艺标准进行施工。

工艺编号	项目/工艺名称	注意事项
0201020101	角钢铁塔分解组立	

图 14－76　10GS20－J1 转角塔加工说明（10GS20－J1－09）（续）

14.10 10GS20－J2塔

14.10.1 10GS20－J2塔设计条件

导线型号及张力见表14－30。

表14－30 导线型号及张力

电压等级	10kV	导线	JL/G1A－120/70	导线最大使用张力（N）	26578	导线不平衡张力取值（%）	40

使用条件见表14－31。

表14－31 使用条件

水平档距（m）	垂直档距（m）	代表档距（m）	使用档距（m）	转角度数（°）	计算高度（m）	档距系数 K_v
300	450	200/500	350	30～60	15	

荷重表见表14－32。

表14－32 荷重表 N

项目		正常运行情况			事故情况		安装情况	不均匀冰
		基本风速	覆冰	最低气温	未断线	断线		
气象条件（T/V/B）		－5/27/0	－5/10/20	－30/0/0	－5/0/20	－5/0/20	－15/10/0	－5/10/20
水平荷载	导线	3030	1576	0	0	0	489	1576
	绝缘子及金具	144	20	0	0	0	20	20
	跳线串							
垂直荷载	导线	4822	16412	4822	16412	16412	4822	16412
	绝缘子及金具	1196	1555	1196	1555	1555	1196	1555
	跳线串							
导线张力	一侧	12811	26578	11347	26578	0	11703	
	另一侧	10889	26578	8159	26578	26578	8429	
	张力差	1922	0	3187	0	26578	3274	10631

注 导线水平荷载为下相导线荷载。

14.10.2 10GS20－J2塔根开尺寸及基础作用力

根开尺寸见表14－33。

表14－33 根开尺寸

呼称高（m）	基础根开（mm）		地脚螺栓根开（mm）		地脚螺栓规格
	正面根开	侧面根开	正面根开	侧面根开	
9	2111	2111	240	240	4×M36
12	2464	2464	240	240	4×M36
15	2827	2827	240	240	4×M36
18	3190	3190	240	240	4×M36

基础作用力见表14－34。

表14－34 基础作用力 kN

呼称高（m）	T_{max}	T_x	T_y	N_{max}	N_x	N_y
9	277.70	29.63	31.12	323.66	35.73	31.06
12	308.79	29.42	30.67	358.73	35.11	31.17
15	330.87	29.16	30.22	385.79	34.68	31.26
18	347.71	29.28	30.12	406.83	34.63	31.84

14.10.3 10GS20－J2塔施工图纸目录

10GS20－J2塔施工图纸目录见表14－35。

表14－35 10GS20－J2塔施工图纸目录

编号	图号	图名
图14－77	10GS20－J2－00（1/2）	10GS20－J2转角塔总图及材料汇总表
图14－78	10GS20－J2－00（2/2）	10GS20－J2转角塔总图及材料汇总表
图14－79	10GS20－J2－01	10GS20－J2转角塔横担结构图①
图14－80	10GS20－J2－02（1/2）	10GS20－J2转角塔塔身结构图②
图14－81	10GS20－J2－02（2/2）	10GS20－J2转角塔塔身结构图②
图14－82	10GS20－J2－03	10GS20－J2转角塔塔身结构图③
图14－83	10GS20－J2－04（1/2）	10GS20－J2转角塔塔身结构图④
图14－84	10GS20－J2－04（2/2）	10GS20－J2转角塔塔身结构图④
图14－85	10GS20－J2－05（1/2）	10GS20－J2转角塔9.0m呼称高塔腿结构图⑤
图14－86	10GS20－J2－05（2/2）	10GS20－J2转角塔9.0m呼称高塔腿结构图⑤
图14－87	10GS20－J2－06（1/2）	10GS20－J2转角塔12.0m呼称高塔腿结构图⑥
图14－88	10GS20－J2－06（2/2）	10GS20－J2转角塔12.0m呼称高塔腿结构图⑥
图14－89	10GS20－J2－07（1/2）	10GS20－J2转角塔15.0m呼称高塔腿结构图⑦
图14－90	10GS20－J2－07（2/2）	10GS20－J2转角塔15.0m呼称高塔腿结构图⑦
图14－91	10GS20－J2－08（1/2）	10GS20－J2转角塔18.0m呼称高塔腿结构图⑧
图14－92	10GS20－J2－08（2/2）	10GS20－J2转角塔18.0m呼称高塔腿结构图⑧
图14－93	10GS20－J2－09	10GS20－J2转角塔加工说明

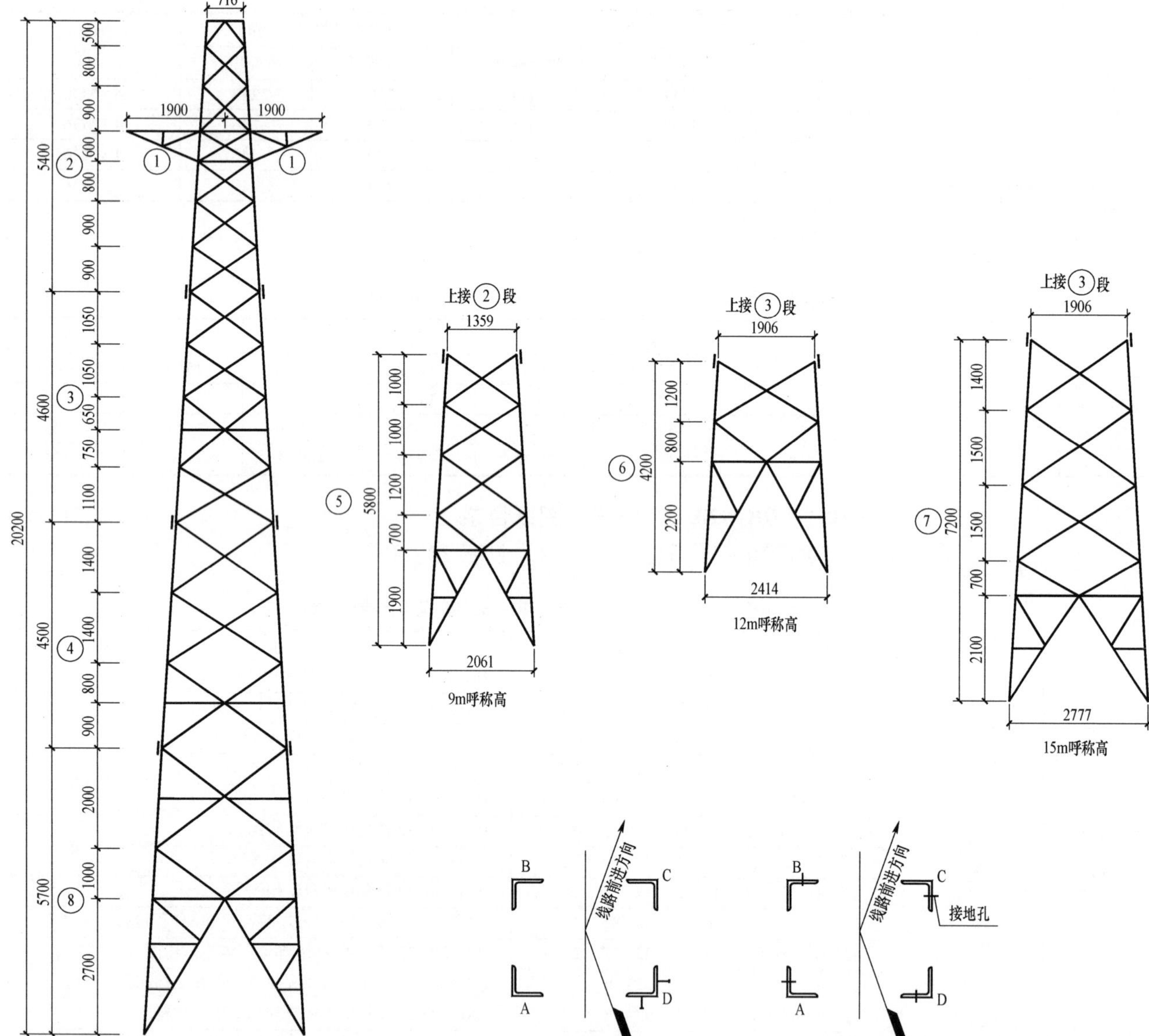

铁塔根开、基础根开、地脚螺栓规格及间距表

铁塔名称（型号）	10GS20－J2			
呼称高（m）	9	12	15	18
接腿	⑤	⑥	⑦	⑧
铁塔根开（mm）	2061	2414	2777	3140
基础根开（mm）	2111	2464	2827	3190
基础地脚螺栓间距（mm）	240	240	240	240
每腿基础地脚螺栓配置（35#）	4M36	4M36	4M36	4M36

图 14－77　10GS20－J2 转角塔总图及材料汇总表［10GS20－J2－00（1/2）］

材料汇总表

材料	材质	规格	段号								呼称高（m）			
			1	2	3	4	5	6	7	8	9.0	12.0	15.0	18.0
角钢	Q355	L110×10				343.9		43.1	553.9	410.4		43.1	553.9	754.3
		L110×8						251.2				251.2		
		L100×8			255.0		335.5			27.0	335.5	255.0	255.0	282.0
		L90×6		166.8							166.8	166.8	166.8	166.8
		L70×6	37.8								37.8	37.8	37.8	37.8
		L63×5	31.2	38.2			33.0	38.9	134.1	51.7	102.4	108.3	203.5	121.1
		小计	69.0	205.0	255.0	343.9	368.5	333.2	688.0	489.1	642.5	862.2	1217.0	1362.0
	Q235	L56×4		8.4		40.2	52.6	62.0	24.4	27.2	61.0	70.4	32.8	75.8
		L50×4		23.4	48.5	29.2				190.8	23.4	71.9	71.9	291.9
		L45×4		137.8	88.0	158.6	62.4	43.6	204.0	16.0	200.2	269.4	429.8	400.4
		L40×4	10.0	27.9	67.9	11.8	89.7	56.6	12.8	24.6	127.6	162.4	118.6	142.2
		L40×3	28.1	9.6	6.6		52.5	53.5	57.5	106.2	90.2	97.8	101.8	150.5
		小计	38.1	207.1	211.0	239.8	257.2	215.7	298.7	364.8	502.4	671.9	754.9	1060.8
钢板	Q355	−6	10.8	41.4			16.4	17.5	31.3	14.6	68.6	69.7	83.5	66.8
		−8		24.0			19.5	19.5	17.0	47.1	43.5	43.5	41.0	71.1
		−12	20.8	8.0			91.3	111.9	117.1	110.1	120.1	140.7	145.9	138.9
		−32					152.8	152.8	152.8	152.8	152.8	152.8	152.8	152.8
		小计	31.6	73.4			280.0	301.7	318.2	324.6	385.0	406.7	423.2	429.6
	Q235	−6		61.9	53.2	9.9	69.0	26.1	15.0	34.7	130.9	141.2	130.1	159.7
		−8		16.6							16.6	16.6	16.6	16.6
		−10		1.6		1.6		0.8	2.4	0.8	1.6	2.4	4.0	4.0
		−12		2.9	1.0						2.9	3.9	3.9	3.9
		−14			2.2		3.2				3.2	2.2	2.2	2.2
		小计		83.0	56.4	11.5	72.2	26.9	17.4	35.5	155.2	166.3	156.8	186.4
螺栓	6.8 级	M16×40	4.0	32.6	14.0	6.5	27.8	22.1	14.0	29.6	64.4	72.7	64.6	86.7
		M16×50	0.3	19.2	21.8	6.4	26.3	7.0	12.2	12.2	45.8	48.3	53.5	59.9
		M16×50 双帽		0.8							0.8	0.8	0.8	0.8
		M16×60 双帽	0.8	1.6							2.4	2.4	2.4	2.4
		小计	5.1	54.2	35.8	12.9	54.1	29.1	26.2	41.8	113.4	124.2	121.3	149.8
	6.8 级	M20×45	6.5	29.2			4.3	4.3	13.0	4.3	40.0	40.0	48.7	40.0
		M20×55			18.9	21.3	28.3	33.1	37.8	11.8	28.3	52.0	56.7	52.0
		M20×65								20.5				20.5
		M20×70 双帽	7.7	0.8							8.5	8.5	8.5	8.5
		小计	14.2	30.0	18.9	21.3	32.6	37.4	50.8	36.6	76.8	100.5	113.9	121.0
		螺栓合计	19.3	84.2	54.7	34.2	86.7	66.5	77.0	78.4	190.2	224.7	235.2	270.8
脚钉	6.8	M16×180		4.2	3.8	3.8	4.6	3.0	5.7	4.2	8.8	11.0	13.7	16.0
		M20×200		1.3	1.3	1.3	0.7	0.7	0.7	0.7	2.0	3.3	3.3	4.6
		小计		5.5	5.1	5.1	5.3	3.7	6.4	4.9	10.8	14.3	17.0	20.6
垫圈	Q235	−3A（ϕ17.5）		0.9							0.9	0.9	0.9	0.9
		−4A（ϕ17.5）	0.2		1.1		1.4	0.1	0.1	0.1	1.6	1.4	1.4	1.4
		小计	0.2	0.9	1.1		1.4	0.1	0.1	0.1	2.5	2.3	2.3	2.3
不含防盗螺栓总质量（kg）			161.0	659.1	583.3	634.5	1071.3	947.8	1405.8	1297.4	1891.4	2351.2	2809.2	3335.3
各呼称高含防盗螺栓总质量（kg）											1910.3	2374.7	2837.3	3368.6

图 14－78　10GS20－J2 转角塔总图及材料汇总表［10GS20－J2－00（2/2）］

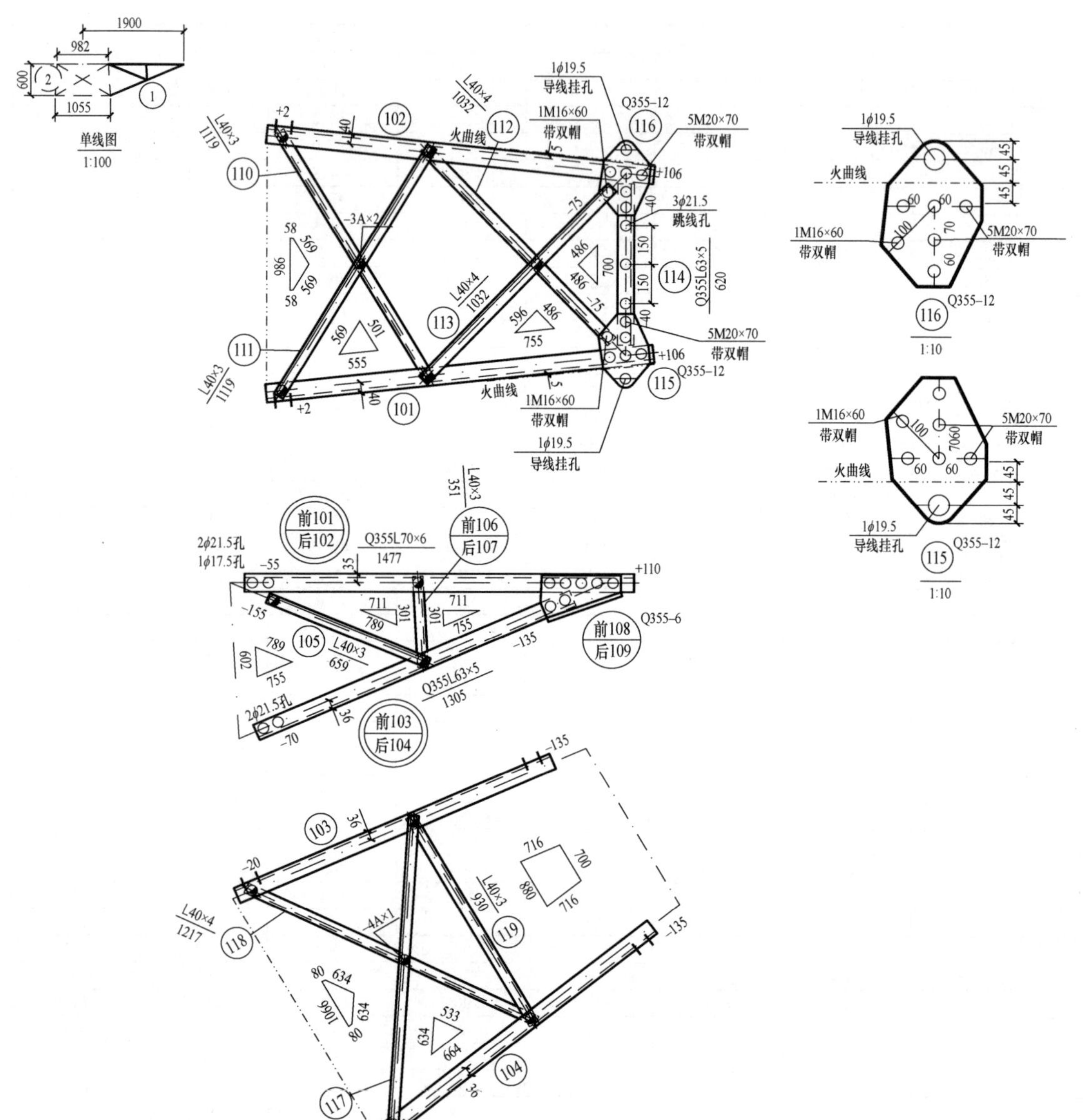

构 件 明 细 表

编号	规格	长度（mm）	数量	质量（kg）		备注
				单件	小计	
101	Q355L70×6	1477	2	9.46	18.9	
102	Q355L70×6	1477	2	9.46	18.9	
103	Q355L63×5	1305	2	6.29	12.6	
104	Q355L63×5	1305	2	6.29	12.6	
105	L40×3	659	4	1.22	4.9	
106	L40×3	351	2	0.65	1.3	切角
107	L40×3	351	2	0.65	1.3	切角
108	Q355-6×180	320	2	2.71	5.4	卷边 50mm
109	Q355-6×180	320	2	2.71	5.4	卷边 50mm
110	L40×3	1119	2	2.07	4.1	切角
111	L40×3	1119	2	2.07	4.1	
112	L40×4	1032	2	2.50	5.0	切角
113	L40×4	1032	2	2.50	5.0	
114	Q355L63×5	620	2	2.99	6.0	
115	Q355-12×197	280	2	5.20	10.4	火曲
116	Q355-12×197	280	2	5.20	10.4	火曲
117	L40×4	1217	2	2.95	5.9	
118	L40×4	1217	2	2.95	5.9	切角
119	L40×3	930	2	1.72	3.4	一端切肢
总质量		141.5kg				

螺栓、脚钉、垫圈明细表

名称	级别	规格	符号	数量	质量（kg）	备注
螺栓	6.8 级	M16×40		28	4.0	
		M16×50		2	0.3	
		M20×45	○	24	6.5	
		M16×60		4	0.8	带双帽
		M20×70	○	20	7.7	带双帽
脚钉	6.8 级					
垫圈	Q235	-4A（ϕ17.5）		8	0.2	规格×个数
总质量			19.5kg			

图 14-79 10GS20-J2 转角塔横担结构图①（10GS20-J2-01）

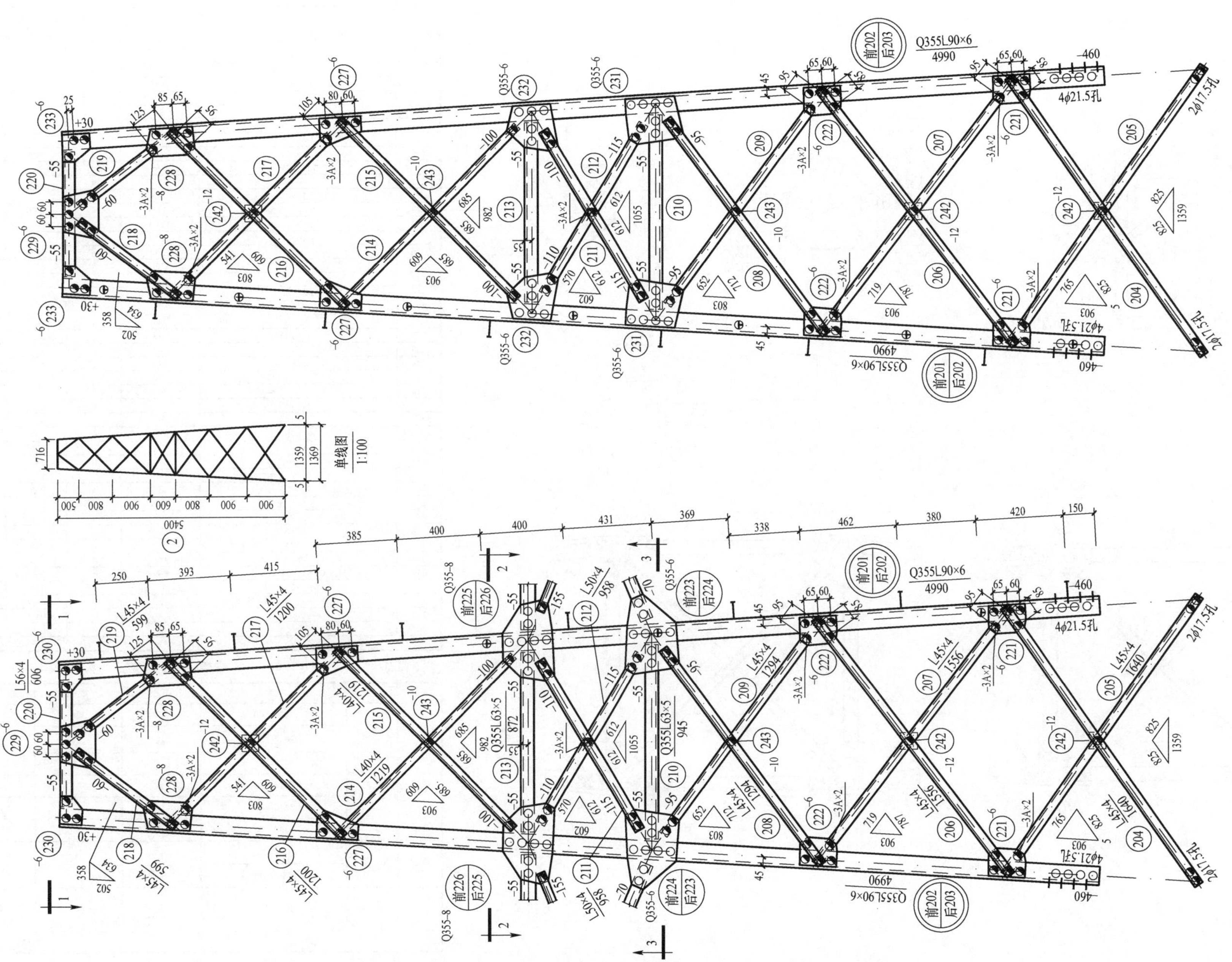

图 14－80 10GS20－J2 转角塔塔身结构图②［10GS20－J2－02（1/2）］

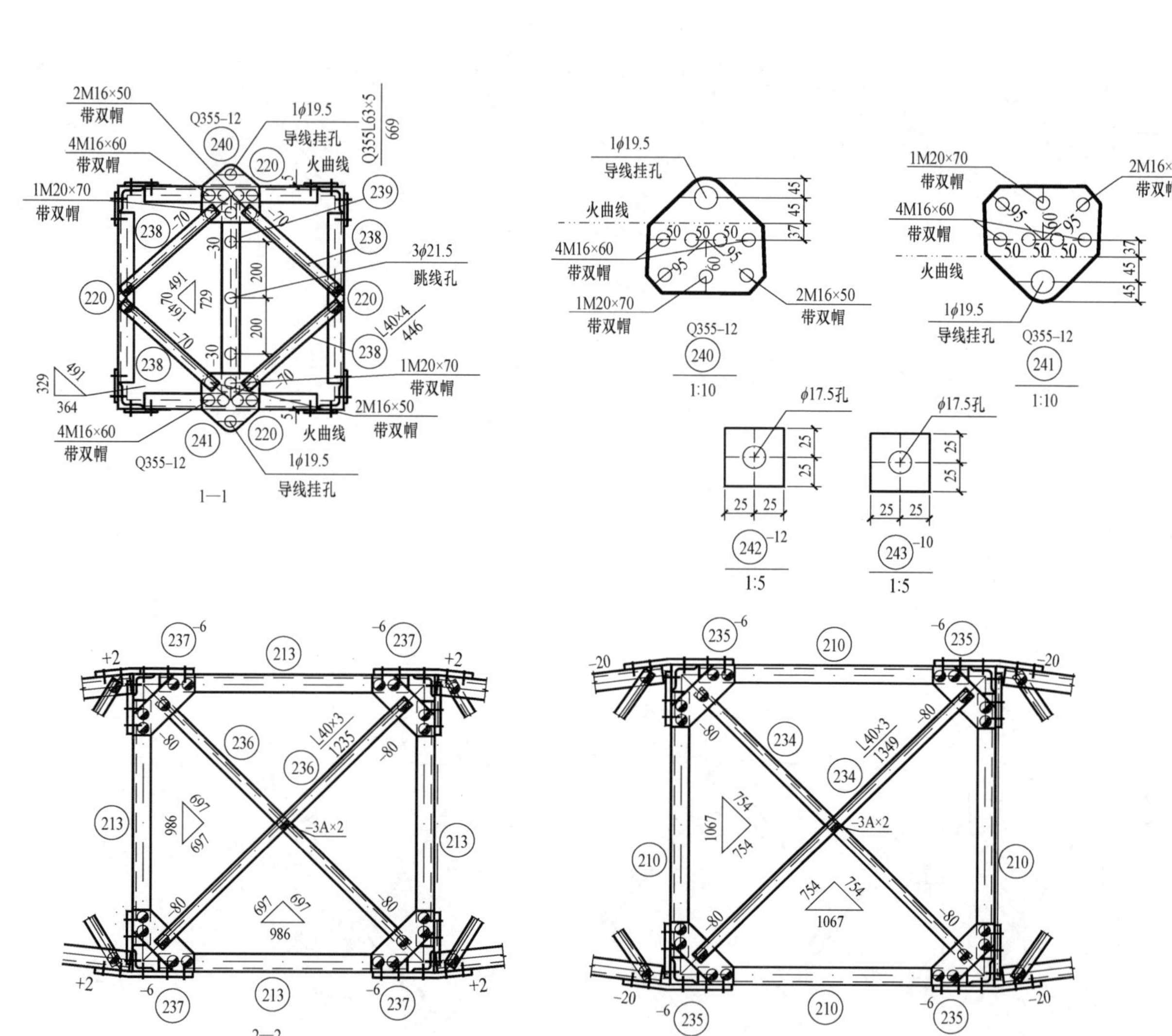

构件明细表

编号	规格	长度（mm）	数量	质量（kg）		备注
				单件	小计	
201	Q355L90×6	4990	1	41.68	41.7	带脚钉
202	Q355L90×6	4990	2	41.68	83.4	
203	Q355L90×6	4990	1	41.68	41.7	
204	L45×4	1640	4	4.49	18.0	
205	L45×4	1640	4	4.49	18.0	切角
206	L45×4	1556	4	4.26	17.0	
207	L45×4	1556	4	4.26	17.0	切角
208	L45×4	1294	4	3.54	14.2	
209	L45×4	1294	4	3.54	14.2	切角
210	Q355L63×5	945	4	4.56	18.2	
211	L50×4	958	4	2.93	11.7	
212	L50×4	958	4	2.93	11.7	
213	Q355L63×5	872	4	4.20	16.8	
214	L40×4	1219	4	2.95	11.8	切角
215	L40×4	1219	4	2.95	118	
216	45×4	1200	4	3.28	13.1	
217	L45×4	1200	4	3.28	13.1	切角
218	L45×4	599	4	1.64	6.6	
219	L45×4	599	4	1.64	6.6	切角
220	L56×4	606	4	2.09	8.4	
221	-6×136	183	8	1.17	9.4	
222	-6×137	179	8	1.16	9.3	
223	Q355-6×265	382	2	4.77	9.5	火曲
224	Q355-6×265	382	2	4.77	9.5	火
225	Q355-8×244	392	2	6.01	12.0	火曲
226	Q355-8×244	392	2	6.01	12.0	火曲
227	-6×147	204	8	1.41	11.3	
228	-8×144	230	8	2.08	16.6	
229	-6×169	231	4	1.84	7.4	
230	-6×109	135	4	0.70	2.8	
231	Q355-6×233	270	4	2.96	11.8	
232	Q355-6×229	246	4	2.65	10.6	
233	-6×135	135	4	0.86	3.4	
234	L40×3	1349	2	2.50	5.0	
235	-6×222	222	4	2.32	9.3	
236	L40×3	1235	2	2.29	4.6	
237	-6×218	218	4	2.24	9.0	
238	L40×4	446	4	1.08	4.3	
239	Q355L63×5	669	1	3.23	3.2	
240	Q355-12×195	220	1	4.04	4.0	火曲
241	Q355-12×195	220	1	4.04	4.0	火曲
242	-12×50	50	12	0.24	2.9	垫板
243	-10×50	50	8	0.20	1.6	垫板
总质量		568.5kg				

螺栓、脚钉、垫圈明细表

名称	级别	规格	符号	数量	质量（kg）	备注
螺栓	6.8 级	M16×40		226	32.6	
		M16×50		120	19.2	
		M20×45		108	29.2	
		M16×50		4	0.8	带双帽
		M16×60		8	1.6	带双帽
		M20×70		2	0.8	带双帽
脚钉	6.8 级	M16×180		11	4.2	
		M20×200		2	1.3	
垫圈	0235	-3A（ϕ17.5）		64	0.9	规格×个数
总质量			90.6kg			

图 14-81　10GS20-J2 转角塔塔身结构图②［10GS20-J2-02（2/2）］

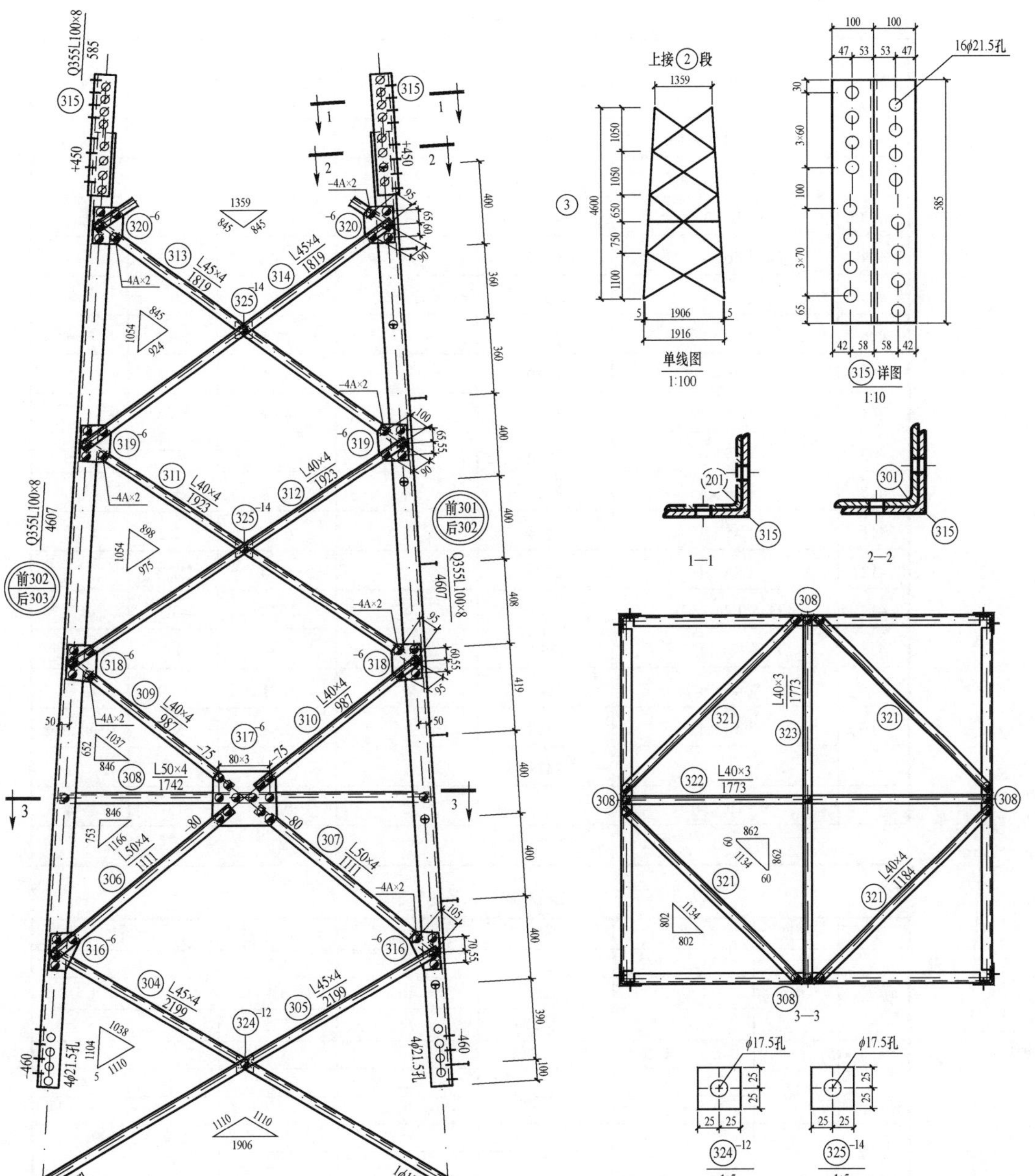

构件明细表

编号	规格	长度（mm）	数量	质量（kg）		备注
				单件	小计	
301	Q355L100×8	4607	1	56.56	56.6	带脚钉
302	Q355L100×8	4607	2	56.56	113.1	
303	Q355L100×8	4607	1	56.56	56.6	
304	L45×4	2199	4	6.02	24.1	切角
305	L45×4	2199	4	6.02	24.1	
306	L50×4	1111	4	3.40	13.6	
307	L50×4	1111	4	3.40	13.6	切角
308	L50×4	1742	4	5.33	21.3	局部开角
309	L40×4	987	4	2.39	9.6	切角
310	L40×4	987	4	2.39	9.6	
311	L40×4	1923	4	4.66	18.6	切角
312	L40×4	1923	4	4.66	18.6	
313	L45×4	1819	4	4.98	19.9	切角
314	L45×4	1819	4	4.98	19.9	
315	Q355L100×8	585	4	7.18	28.7	铲弧
316	−6×142	188	8	1.26	10.1	
317	−6×261	308	4	3.79	15.2	
318	−6×140	175	8	1.15	9.2	
319	−6×140	178	8	1.17	9.4	
320	−6×139	177	8	1.16	9.3	
321	L40×4	1184	4	2.87	11.5	切角
322	L40×3	1773	1	3.28	3.3	中间切肢
323	L40×3	1773	1	3.28	3.3	
324	−12×50	50	4	0.24	1.0	垫板
325	−14×50	50	8	0.27	2.2	垫板
总质量		522.4kg				

螺栓、脚钉、垫圈明细表

名称	级别	规格	符号	数量	质量（kg）	备注
螺栓	6.8 级	M16×40		97	14.0	
		M16×50		136	21.8	
		M20×55		64	18.9	
脚钉	6.8 级	M16×180		10	3.8	
		M20×200		2	1.3	
垫圈	Q235	−4A（φ175）		56	1.1	规格×个数
总质量		60.9kg				

图 14－82 10GS20－J2 转角塔塔身结构图③（10GS20－J2－03）

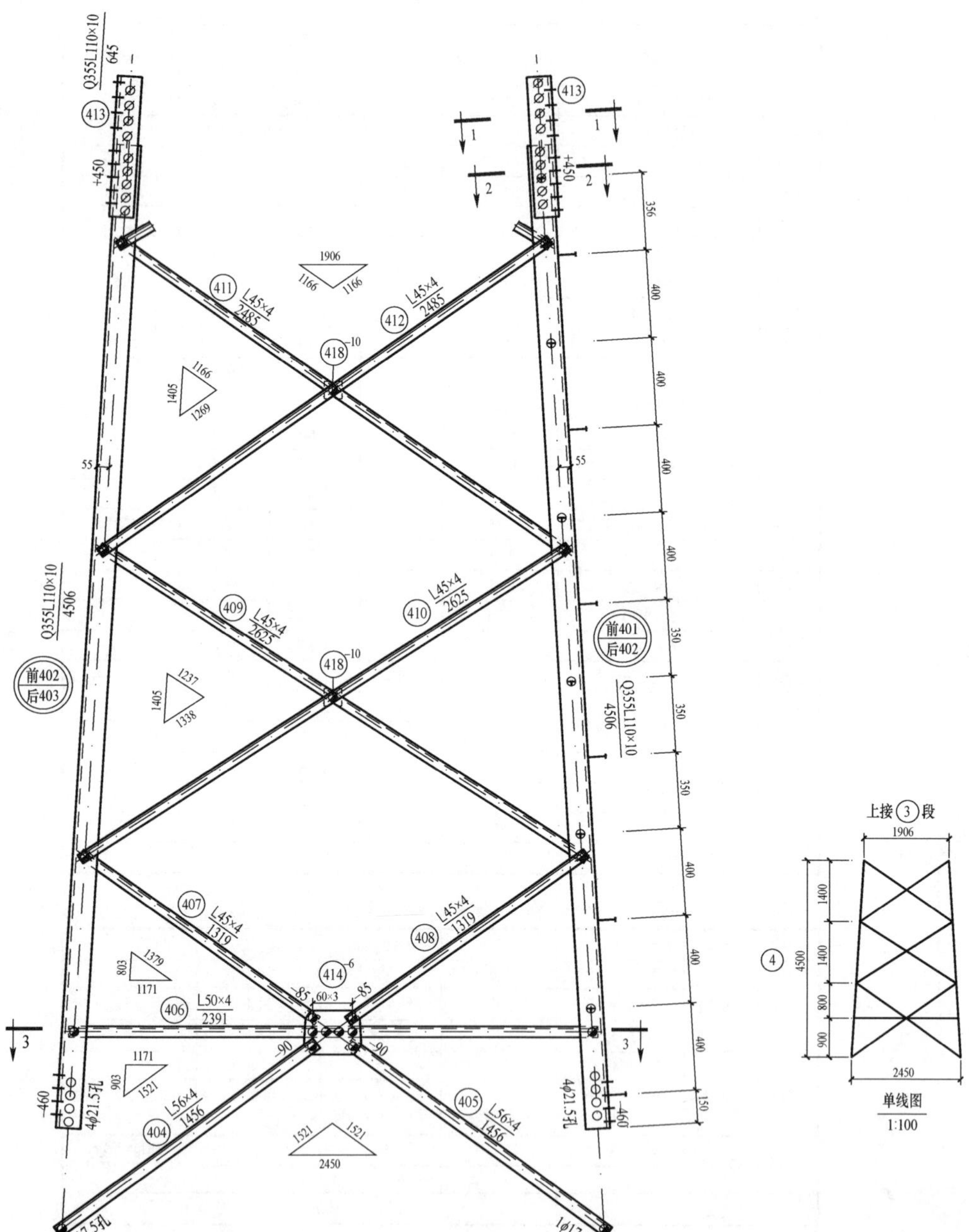

上接③段

1906

④ 4500 1400 1400 800 900

2450

单线图

1:100

构件明细表

编号	规格	长度（m）	数量	质量（kg）		备注
				单件	小计	
401	Q355L110×10	4506	1	75.21	75.2	带脚钉
402	Q355L110×10	4506	2	75.21	150.4	
403	Q355L110×10	4506	1	75.21	75.2	
404	L56×4	1456	4	5.02	20.1	
405	L56×4	1456	4	5.02	20.1	切角
406	L50×4	2391	4	7.31	29.2	局部开角
407	L45×4	1319	4	3.61	14.4	
408	L45×4	1319	4	3.61	14.4	
409	L45×4	2625	4	7.18	28.7	切角
410	L45×4	2625	4	7.18	28.7	
411	L45×4	2485	4	6.80	27.2	切角
412	L45×4	2485	4	6.80	27.2	
413	Q355L110×10	645	4	10.77	43.1	铲弧
414	－6×203	259	4	2.48	9.9	
415	L45×4	1647	4	4.51	18.0	切角
416	L40×4	2429	1	5.88	5.9	中间切肢
417	L40×4	2429	1	5.88	5.9	
418	－10×50	50	8	0.20	1.6	垫板
总质量		595.2kg				

螺栓、脚钉、垫圈明细表

名称	级别	规格	符号	数量	质量（kg）	备注
螺栓	6.8 级	M16×40		45	6.5	
		M16×50		40	6.4	
		M20×55		72	21.3	
脚钉	6.8 级	M16×180		10	3.8	
		M20×200		2	1.3	
垫圈	Q235					规格×个数
总质量		39.3kg				

图 14－83　10GS20－J2 转角塔塔身结构图④［10GS20－J2－04（1/2）］

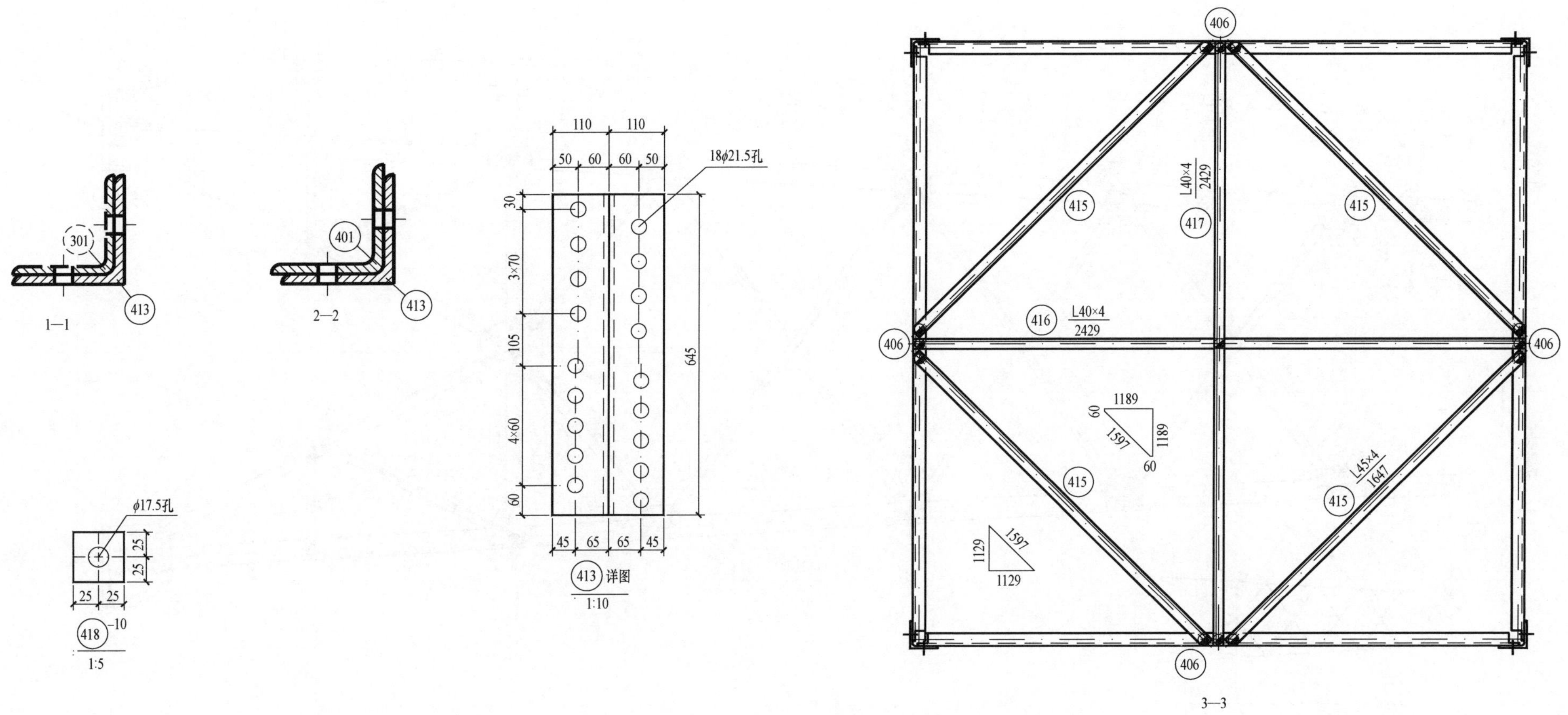

图 14－84 10GS20－J2 转角塔塔身结构图④［10GS20－J2－04（2/2）］

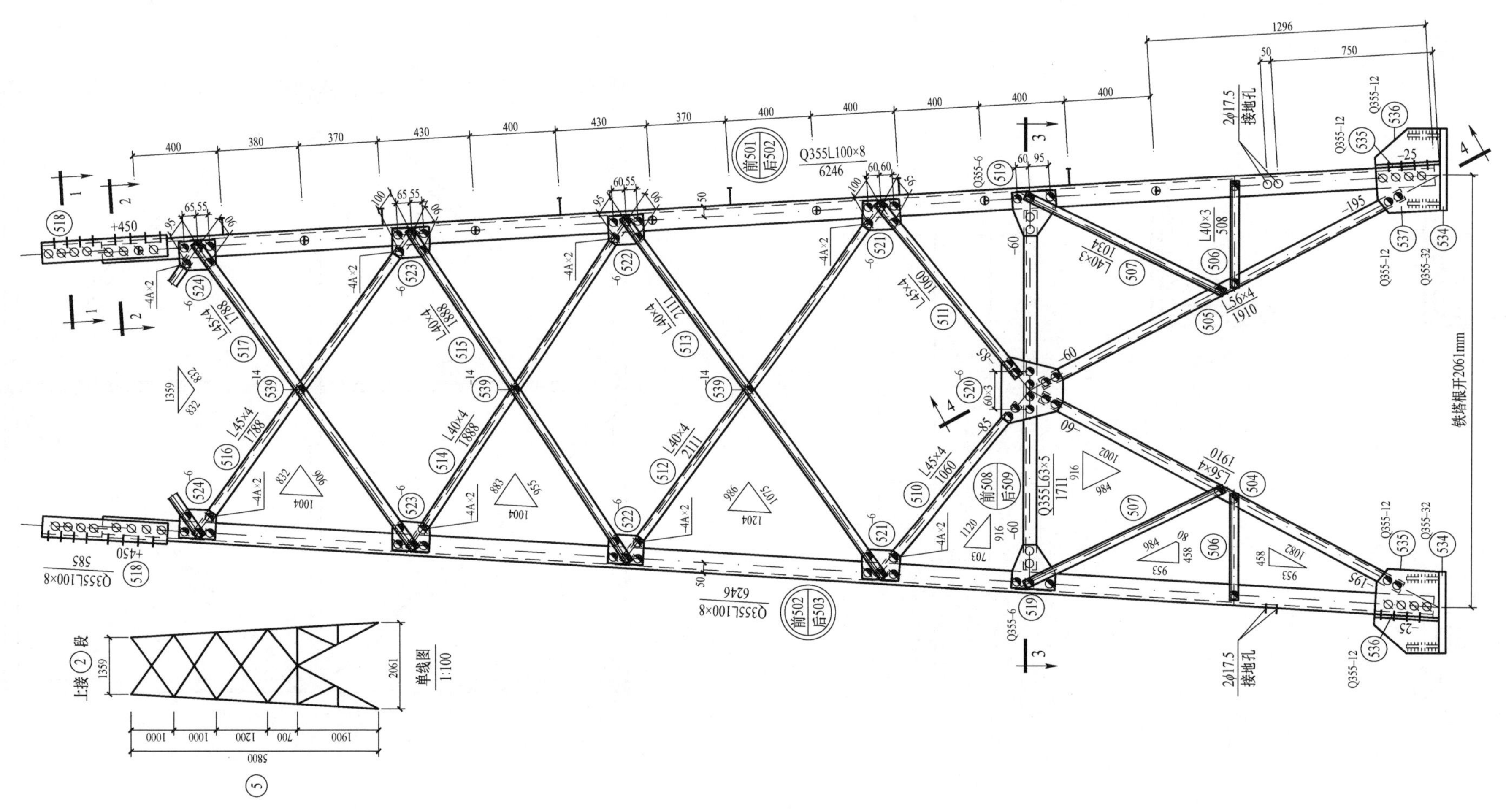

图 14-85　10GS20-J2 转角塔 9.0m 呼称高塔腿结构图⑤［10GS20-J2-05（1/2）］

构 件 明 细 表

编号	规格	长度（m）	数量	质量		备注
				单件	小计	
501	Q355L100×8	6246	1	76.68	76.7	带脚钉
502	Q355L100×8	6246	2	76.68	153.4	
503	Q355L100×8	6246	1	76.68	76.7	
504	L56×4	1910	4	6.58	26.3	
505	L56×4	1910	4	6.58	26.3	
506	L40×3	508	8	0.94	7.5	
507	L40×3	1034	8	1.91	15.3	
508	Q355L63×5	1711	1	8.25	8.2	
509	Q355L63×5	1711	3	8.25	24.8	
510	L45×4	1060	4	2.90	11.6	切角
511	L45×4	1060	4	2.90	11.6	
512	L40×4	2111	4	5.11	20.4	切角
513	L40×4	2111	4	5.11	20.4	
514	L40×4	1888	4	4.57	18.3	切角
515	L40×4	1888	4	4.57	18.3	
516	145×4	1788	4	4.89	19.6	切角
517	L45×4	1788	4	4.89	19.6	
518	Q355L100×8	585	4	7.18	28.7	铲弧
519	Q355－6×205	212	8	2.05	16.4	
520	－6×288	316	4	4.29	17.2	
521	－6×142	182	8	1.22	9.8	
522	－6×139	168	8	1.10	8.8	
523	－6×142	176	8	1.18	9.4	
524	－6×140	172	8	1.13	9.0	
525	L40×4	1272	4	3.08	12.3	切角
526	L40×3	1918	1	3.55	3.6	
527	L40×3	1918	1	3.55	3.6	
528	L40×3	638	4	1.18	47	
529	L40×3	1203	8	2.23	17.8	
530	－6×122	169	4	0.97	3.9	火曲
531	－6×122	169	4	0.97	3.9	火曲
532	－6×125	148	4	0.87	3.5	火曲
533	－6×125	148	4	0.87	3.5	火曲
534	Q355－32×390	390	4	38.21	152.8	焊接
535	Q355－12×403	300	4	11.39	45.6	打坡口焊接
536	Q355－12×173	300	4	4.89	19.6	打坡口焊接
537	Q355－12×233	297	4	6.52	26.1	打坡口焊接
538	Q355－8×150	130	16	1.22	19.5	打坡口焊接
539	－14×50	50	12	0.27	3.2	垫板
总质量		977.9kg				

螺栓、脚钉、垫圈明细表

名称	级别	规格	符号	数量	质量（kg）	备注
螺栓	6.8 级	M16×40		193	27.8	
		M16×50		164	26.3	
		M20×45		16	4.3	
		M20×55		96	28.3	
脚钉	6.8 级	M16×180		12	4.6	
		H20×200		1	0.7	
垫圈	Q235	－4A（ϕ17.5）		66	1.4	规格×个数
总质量			93.4kg			

图 14－85　10GS20－J2 转角塔 9.0m 呼称高塔腿结构图⑤［10GS20－J2－05（1/2）］（续）

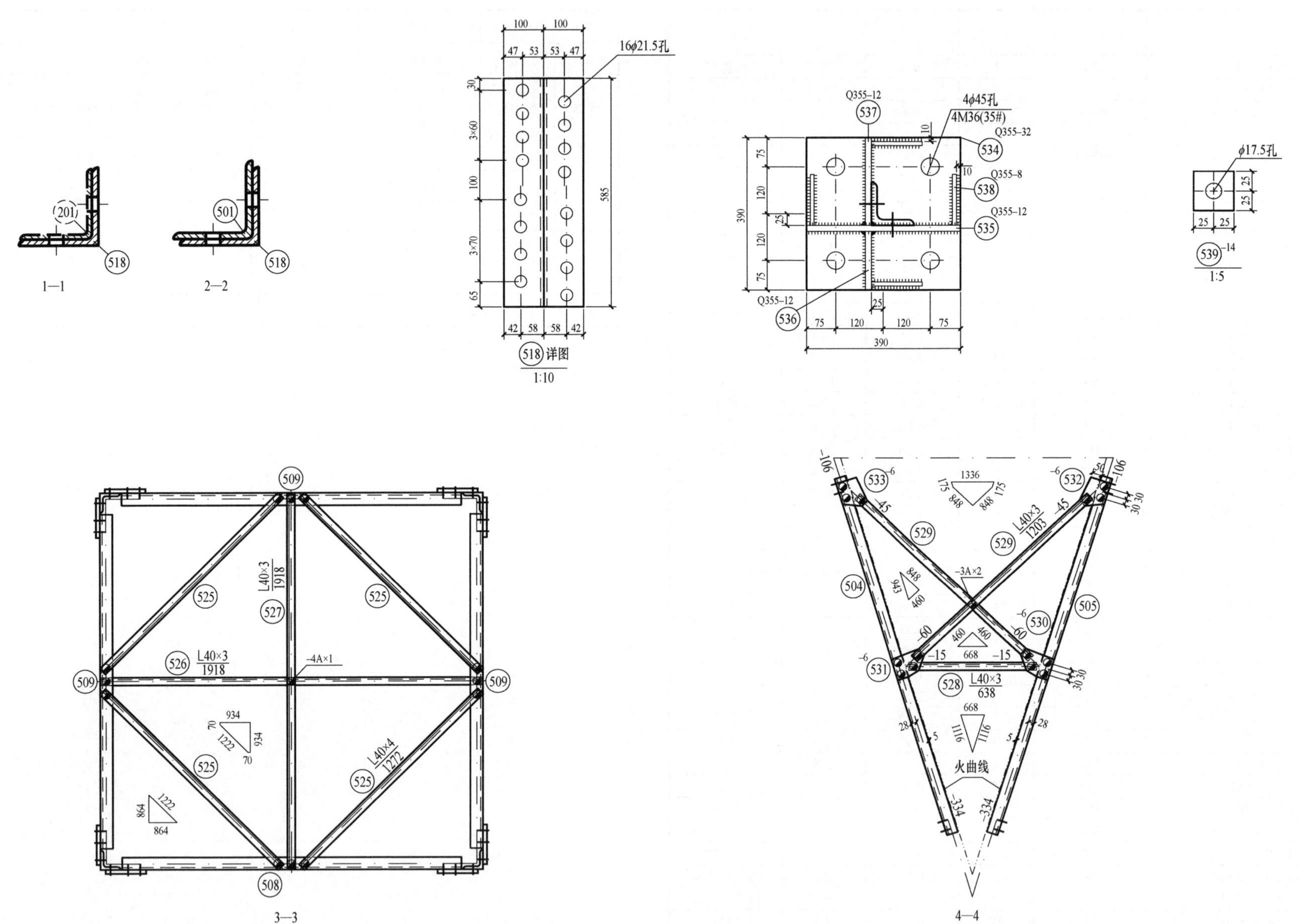

图 14-86　10GS20-J2 转角塔 9.0m 呼称高塔腿结构图⑤［10GS20-J2-05（2/2）］

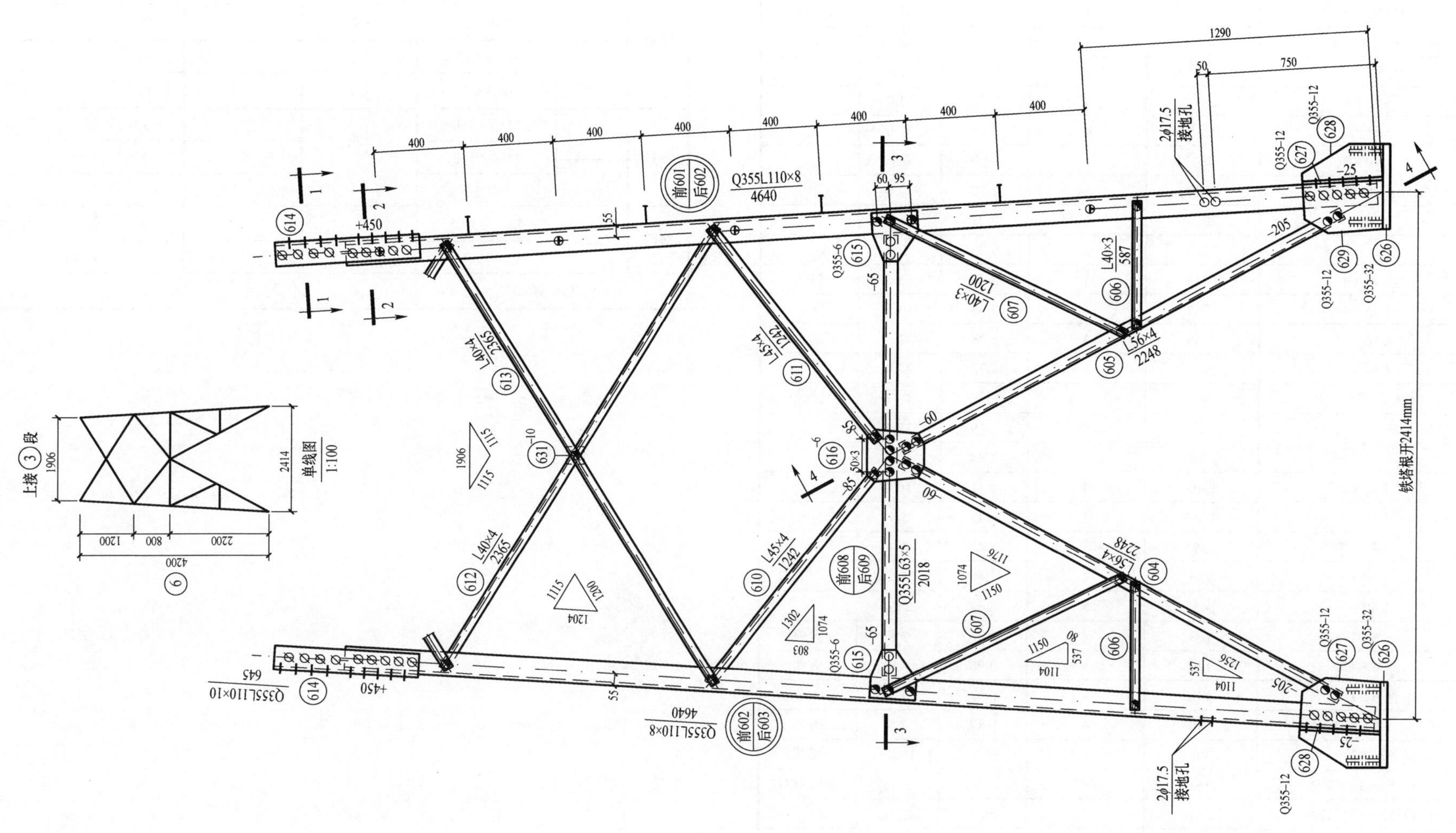

图 14－87　10GS20－J2 转角塔 12.0m 呼称高塔腿结构图⑥［10GS20－J2－06（1/2）］

构件明细表

编号	规格	长度（mm）	数量	质量（kg）		备注
				单件	小计	
601	Q355L110×8	4640	1	62.79	62.8	带脚钉
602	Q355L110×8	4640	2	62.79	125.6	
603	Q355L110×8	4640	1	62.79	62.8	
604	L56×4	2248	4	7.75	31.0	
605	L56×4	2248	4	7.75	31.0	
606	L40×3	587	8	1.09	8.7	
607	L40×3	1200	8	2.22	17.8	
608	Q355L63×5	2018	1	9.73	9.7	
609	Q355L63×5	2018	3	9.73	29.2	
610	L45×4	1242	4	3.40	13.6	切角
611	L45×4	1242	4	3.40	13.6	
612	L40×4	2365	4	5.73	22.9	切角
613	L40×4	2365	4	5.73	22.9	
614	Q355L110×10	645	4	10.77	43.1	铲弧
615	Q355－6×205	227	8	2.19	17.5	
616	－6×240	255	4	2.88	11.5	
617	L45×4	1503	4	4.11	16.4	切角
618	L40×4	2244	1	5.43	5.4	
619	L40×4	2244	1	5.43	5.4	
620	L40×3	756	4	1.40	5.6	
621	L40×3	1443	8	2.67	21.4	
622	－6×121	169	4	0.96	3.8	火曲
623	－6×121	169	4	0.96	3.8	火曲
624	－6×125	148	4	0.87	3.5	火曲
625	－6×125	148	4	0.87	3.5	火曲
626	Q355－32×390	390	4	38.21	152.8	焊接
627	Q355－12×409	361	4	13.91	55.6	打坡口焊接
628	Q355－12×172	361	4	5.85	23.4	打坡口焊接
629	Q355－12×244	358	4	8.23	32.9	打坡口焊接
630	Q355－8×150	130	16	1.22	19.5	打坡口焊接
631	－10×50	50	4	0.20	0.8	垫板
总质量		877.5kg				

螺栓、脚钉、垫圈明细表

名称	级别	规格	符号	数量	质量（kg）	备注
螺栓	6.8 级	M16×40	◍	153	22.1	
		M16×50	⊘	44	7.0	
		M20×45	○	16	4.3	
		M20×55	∅	112	33.1	
脚钉	6.8 级	M16×180	⊖ ⊥	8	3.0	
		M20×200		1	0.7	
垫圈	Q235	－4A（ϕ17.5）		1	0.1	规格×个数
总质量			70.3kg			

图 14－87　10GS20－J2 转角塔 12.0m 呼称高塔腿结构图⑥［10GS20－J2－06（1/2）］（续）

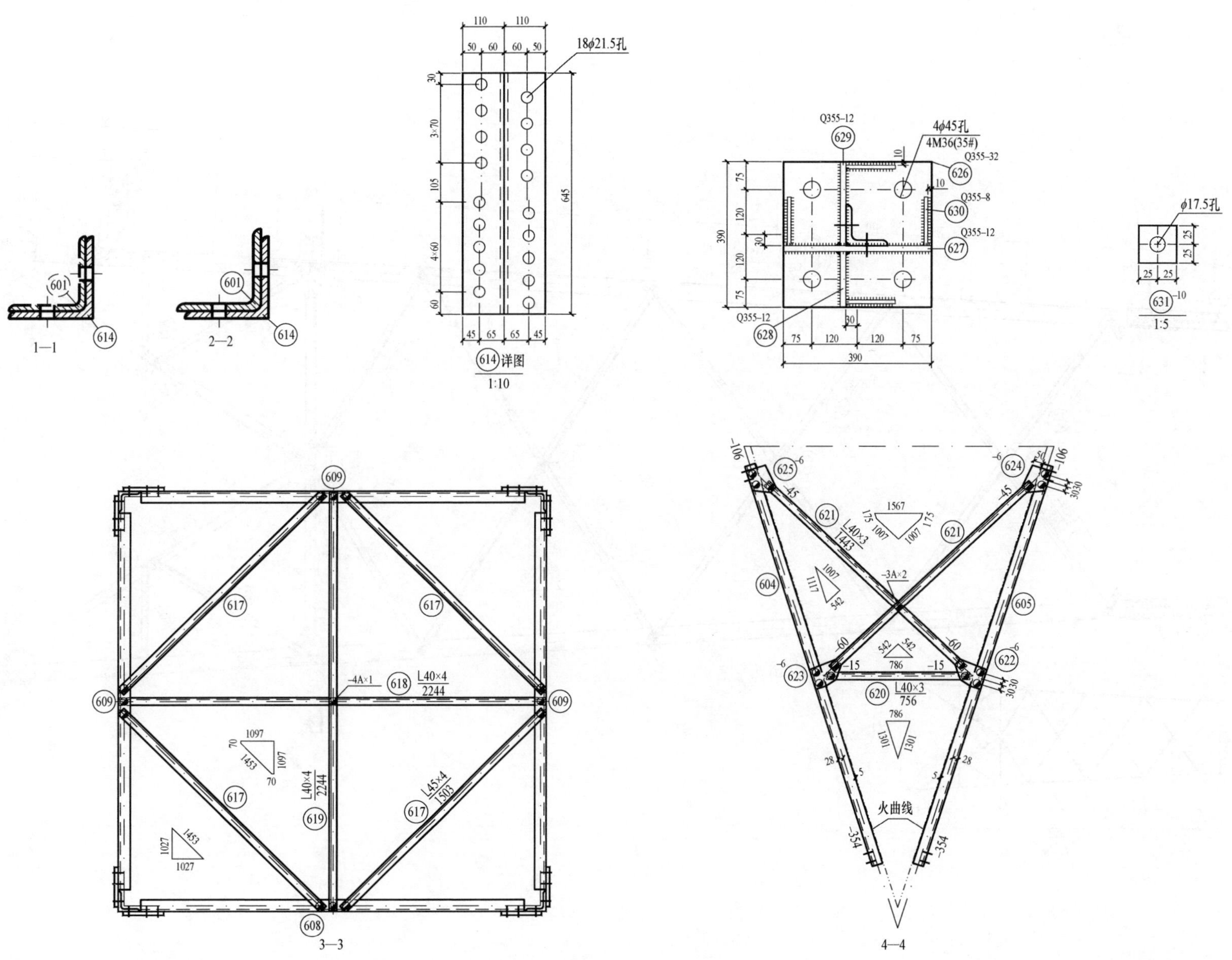

图 14－88　10GS20－J2 转角塔 12.0m 呼称高塔腿结构图⑥［10GS20－J2－06（2/2）］

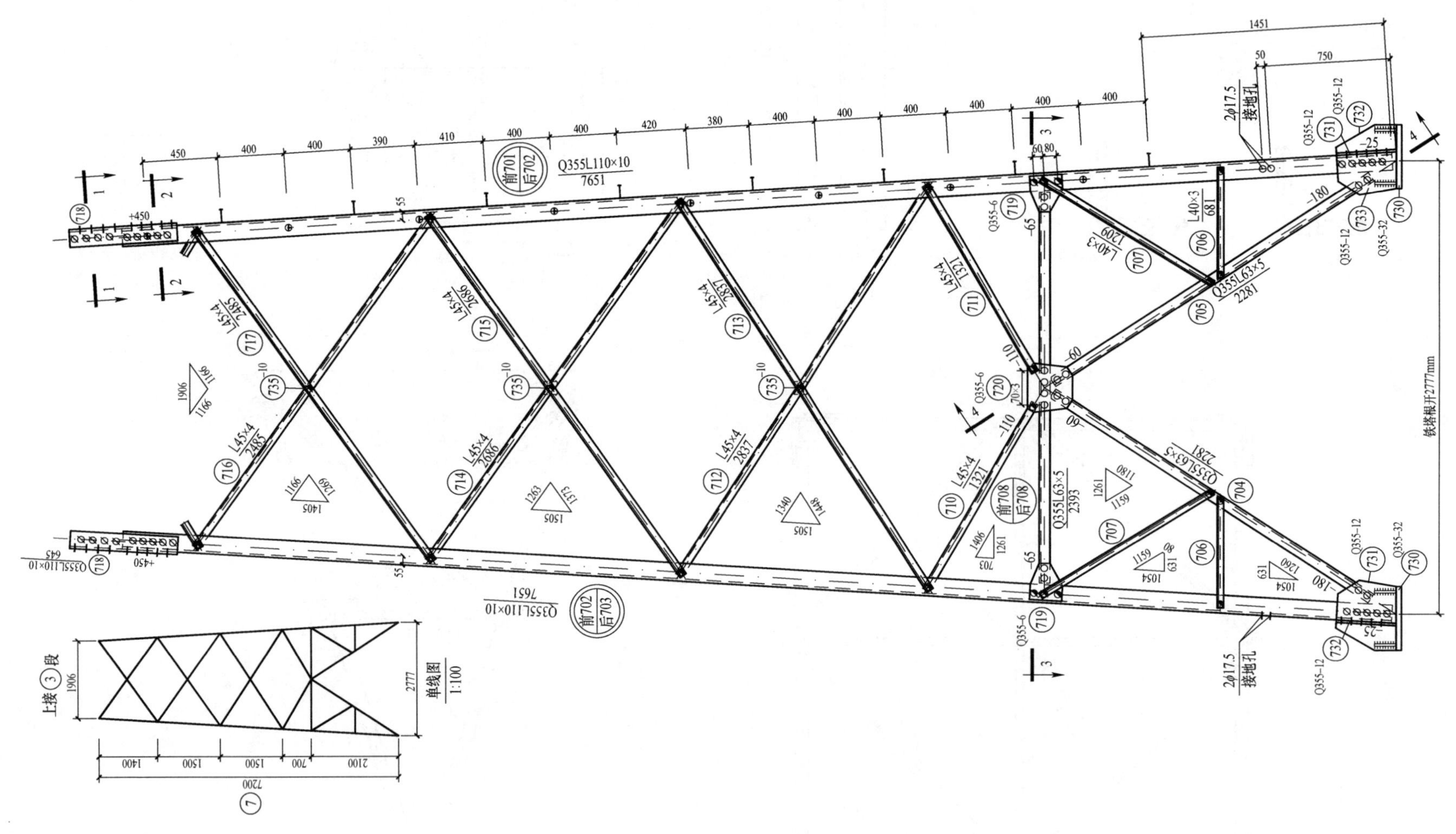

图 14－89　10GS20－J2 转角塔 15.0m 呼称高塔腿结构图⑦［10GS20－J2－07（1/2）］

构 件 明 细 表

编号	规格	长度（mm）	数量	质量（kg）		备注
				单件	小计	
701	Q355L110×10	7651	1	127.70	127.7	带脚钉
702	Q355L110×10	7651	2	127.70	255.4	
703	Q355L110×10	7651	1	127.70	127.7	
704	Q355L63×5	2281	4	11.00	44.0	
705	Q355L63×5	2281	4	11.00	44.0	
706	L40×3	681	8	1.26	10.1	
707	L40×3	1209	8	2.24	17.9	
708	Q355L63×5	2393	1	11.54	11.5	
709	Q355L63×5	2393	3	11.54	34.6	
710	L45×4	1321	4	3.61	14.4	
711	L45×4	1321	4	3.61	14.4	
712	L45×4	2837	4	7.76	31.0	切角
713	L45×4	2837	4	7.76	31.0	
714	L45×4	2686	4	7.35	29.4	切角
715	L45×4	2686	4	7.35	29.4	
716	L45×4	2485	4	6.80	27.2	切角
717	L45×4	2485	4	6.80	27.2	
718	Q355L110×10	645	4	10.77	43.1	铲弧
719	Q355－6×190	227	8	2.03	16.2	
720	Q355－6×267	300	4	3.77	15.1	
721	L56×4	1768	4	6.09	24.4	切角
722	L40×4	2620	1	6.35	6.4	
723	L40×4	2620	1	6.35	6.4	
724	L40×3	880	4	1.63	6.5	
725	L40×3	1557	8	2.88	23.0	
726	－6×110	184	4	0.95	3.8	火曲
727	－6×110	184	4	0.95	3.8	火曲
728	－6×134	147	4	0.93	3.7	火曲
729	－6×134	147	4	093	3.7	火曲
730	Q355－32×390	390	4	38.21	152.8	焊接
731	Q355－12×428	361	4	14.55	58.2	打坡口焊接
732	Q355－12×172	361	4	5.85	23.4	打坡口焊接
733	Q355－12×263	358	4	8.87	35.5	打坡口焊接
734	Q355－8×130	130	16	1.06	17.0	打坡口焊接
735	－10×50	50	12	0.20	2.4	垫板
总质量		1322.3kg				

螺栓、脚钉、垫圈明细表

名称	级别	规格	符号	数量	质量（kg）	备注
螺栓	6.8级	M16×40	◒	97	14.0	
		M16×50	⊘	76	12.2	
		M20×45	○	48	13.0	
		M20×55	⊘	128	37.8	
脚钉	6.8级	M16×180	⊖ ⊣	15	5.7	
		M20×200		1	0.7	
垫圈	Q235	－4A（ϕ17.5）		1	0.1	规格×个数
总质量			83.5kg			

图 14－89　10GS20－J2 转角塔 15.0m 呼称高塔腿结构图⑦［10GS20－J2－07（1/2）］（续）

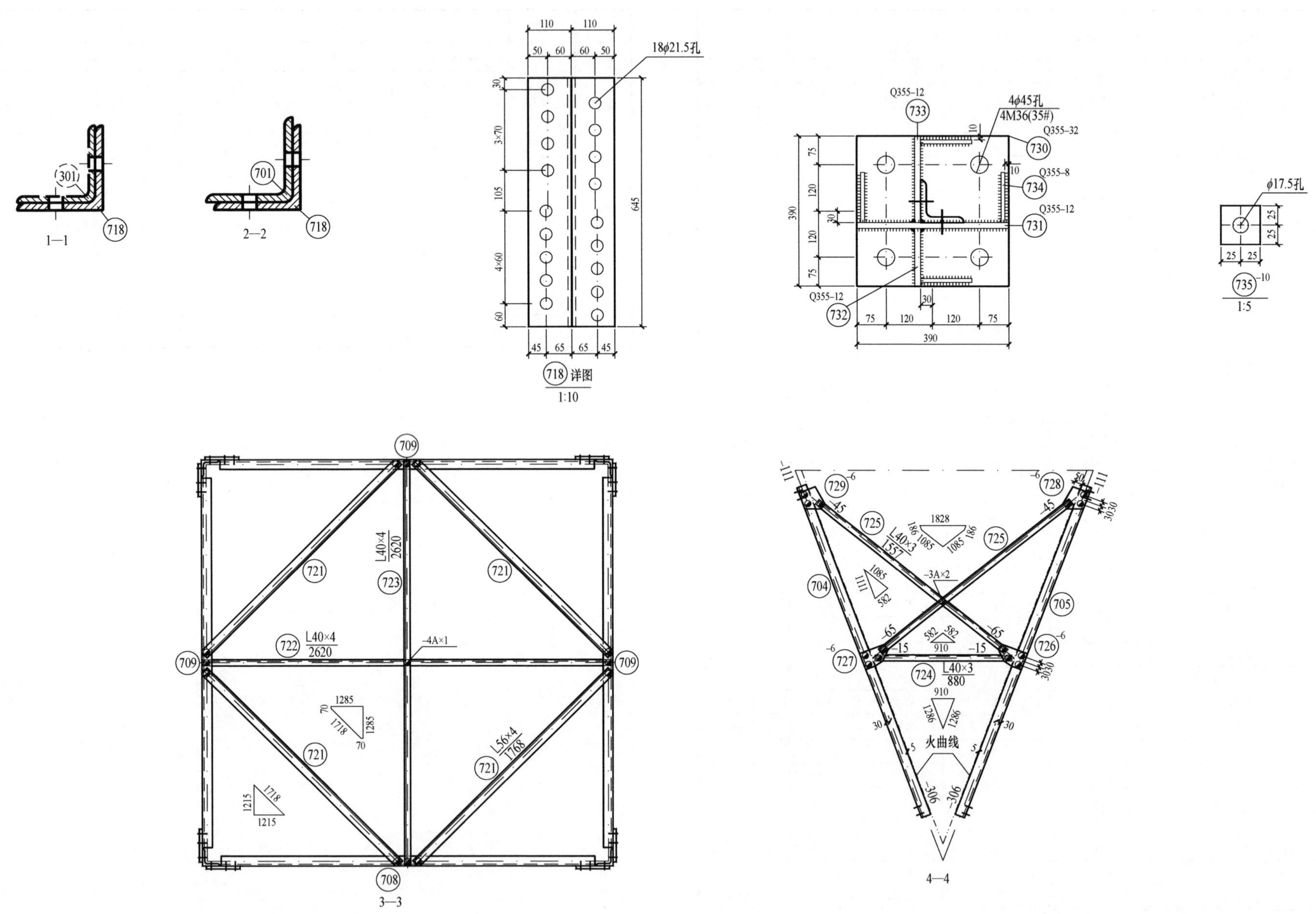

图 14－90　10GS20－J2 转角塔 15.0m 呼称高塔腿结构图⑦［10GS20－J2－07（2/2）］

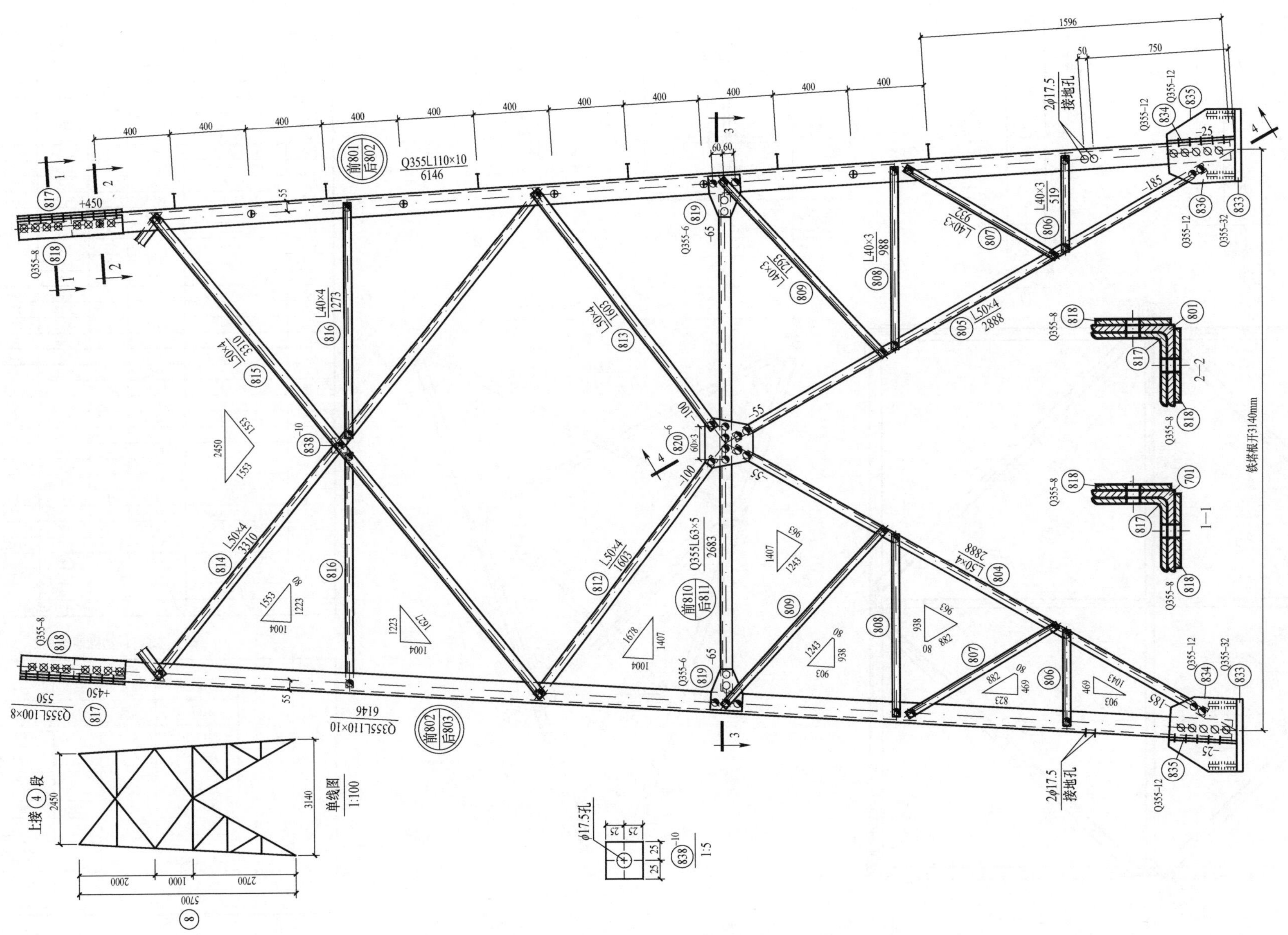

图 14-91 10GS20-J2 转角塔 18.0m 呼称高塔腿结构图⑧ [10GS20-J2-08（1/2）]

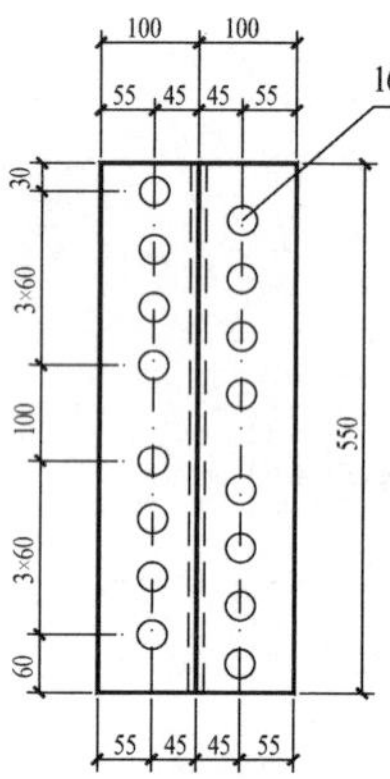

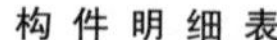

构件明细表

编号	规格	长度（mm）	数量	质量（kg）		备注
				单件	小计	
801	Q355L110×10	6146	1	102.58	102.6	带脚钉
802	0355L110×10	6146	2	102.58	205.2	
803	Q355L110×10	6146	1	102.58	102.6	
804	L50×4	2888	4	8.83	35.3	
805	L50×4	2888	4	8.83	35.3	
806	L40×3	519	8	0.96	7.7	
807	L40×3	932	8	1.73	13.8	
808	L40×3	988	8	183	14.6	
809	L40×3	1293	8	2.39	19.1	
810	Q355L63×5	2683	1	12.94	12.9	
811	Q35SL63×5	2683	3	12.94	38.8	
812	L50×4	1603	4	4.90	19.6	切角
813	L50×4	1603	4	4.90	19.6	
814	L50×4	3310	4	10.13	40.5	切角
815	L50×4	3310	4	10.13	40.5	
816	L40×4	1273	8	3.08	246	
817	Q355L100×8	550	4	6.75	27.0	铲背
818	Q355－8×100	550	8	3.45	27.6	
819	Q355－6×170	227	8	1.82	14.6	
820	－6×257	271	4	3.28	13.1	
821	L56×4	1973	4	6.80	27.2	切角
822	L45×4	2910	1	7.96	8.0	
823	L45×4	2910	1	7.96	8.0	
824	L40×3	665	4	123	4.9	
825	L40×3	1306	8	2.42	19.4	
826	L40×3	1803	8	3.34	26.7	
827	－6×121	163	4	0.93	37	火曲
828	－6×121	163	4	0.93	37	火曲
829	－6×124	162	4	0.95	3.8	火曲
830	－6×124	162	4	0.95	3.8	火曲
831	－6×132	134	4	0.83	3.3	火曲
832	－6×132	134	4	0.83	3.3	火曲
833	Q355－32×390	390	4	38.21	152.8	焊接
834	Q355－12×402	361	4	13.67	5.7	打坡口焊接
835	Q355－12×172	361	4	5.85	23.4	打坡口焊接
836	Q355－12×237	358	4	7.99	32.0	打坡口焊接
837	Q355－8×150	130	16	1.22	19.5	打坡口焊接
838	－10×50	50	4	0.20	0.8	垫板
总质量		1214.0kg				

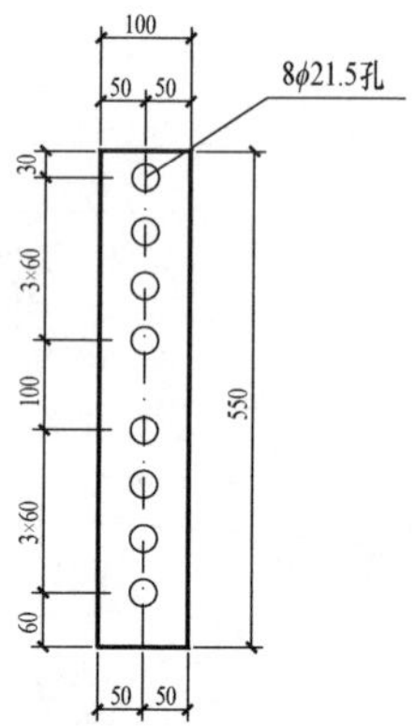

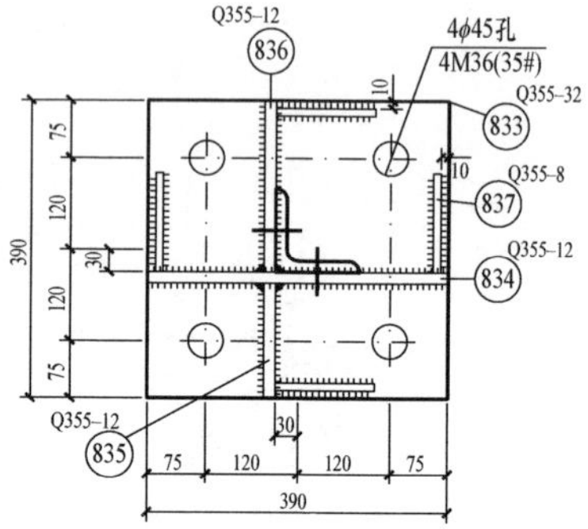

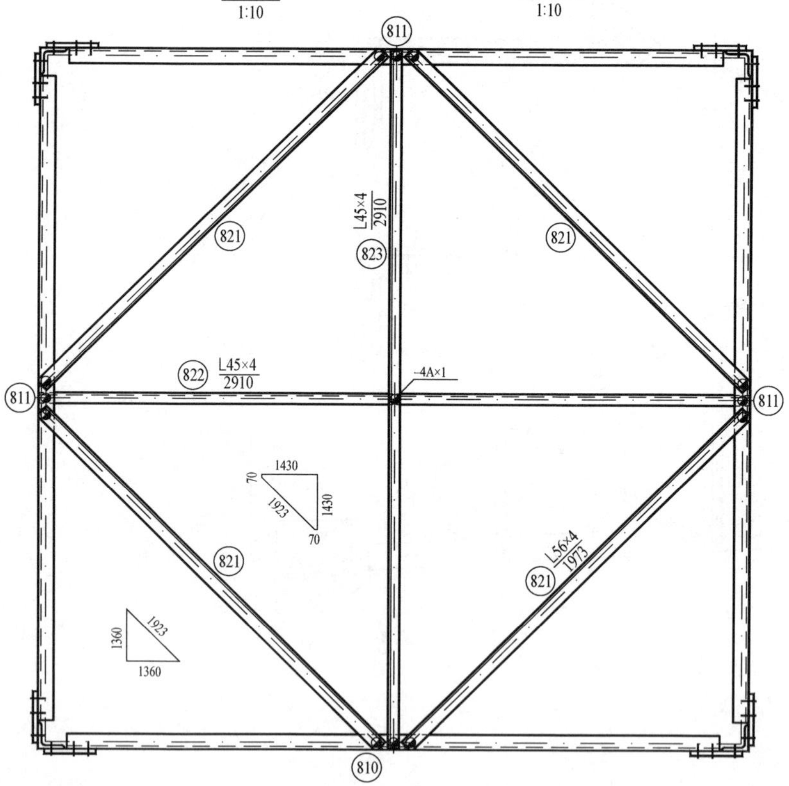

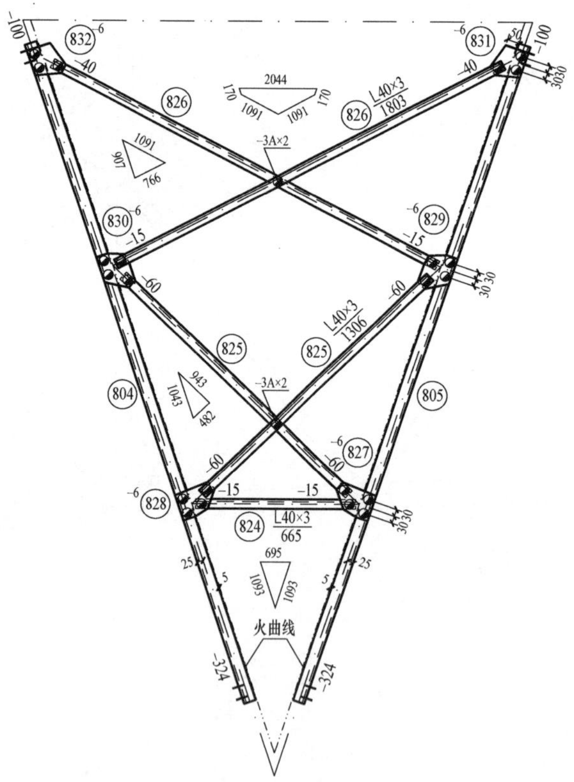

螺栓、脚钉、垫圈明细表

名称	级别	规格	符号	数量	质量（kg）	备注
螺栓	6.8 级	M16×40		205	29.6	
		M16×50		76	12.2	
		M20×45		16	4.3	
		M20×55		40	11.8	
		M20×65		64	20.5	
脚钉	6.8 级	M16×180		11	4.2	
		M20×200		1	0.7	
垫圈	Q235	－4A（ϕ17.5）		1	0.1	规格×个数
总质量			83.4kg			

817 详图 1:10

818 详图 1:10

3—3

4—4

图 14－92　10GS20－J2 转角塔 18.0m 呼称高塔腿结构图⑧［10GS20－J2－08（2/2）］

铁塔加工统一说明

1. 铁塔的设计执行 GB 50017—2017《钢结构设计规范》和 DL/T 5154—2012《架空输电线路杆塔结构设计技术规定》的有关规定。铁塔的加工本说明未列之处，需满足如下国标、规范和行业规定的要求：

GB 50661—2011《钢结构焊接规范》

GB 50205—2020《钢结构工程施工质量验收规范》

GB/T 2694—2018《输电线路铁塔制造技术条件》

GB 50173—2014《电气装置安装工程 66kV 及以下架空电力线路施工及验收规范》

DL/T 5442—2020《输电线路杆塔制图和构造规定》

2. 结构图中图面内的图例，代号等在说明中未提及之处，均按 DL/T 5442—2020《输电线路铁塔制图和构造规定》中的要求执行。

3. 钢材质量标准应符合 GB/T 700—2006《碳素结构钢》及 GB/T 1591—2018《低合金高强度结构钢》的有关要求。

4. 铁塔构件的钢种为 Q235B、Q355B，图中注明 Q355 材料为 Q355B 钢材，未注明者均为 Q235B 钢材。

5. 螺栓、螺母应符合的标准分别为 GB/T 5780—2016《六角头螺栓 C 级》、GB/T 6170—2015《1 型六角螺母》。

6. 所有螺栓（包括防卸螺栓）的强度等级为热镀锌后的强度值，螺栓及脚钉强度级别：M16、M20 为 6.8 级，M24 采用 8.8 级。

7. 垫圈标准应符合 GB/T 95—2002《平垫圈 C 级》，按照螺栓规格不同，分别加工厚度为 3mm（M16 螺栓）和 4mm（M20 螺栓、M24 螺栓）两种垫圈。当需垫的厚度超过 3 个垫圈时，应采用加工相应厚度垫块的形式。

8. 所有材料，包括角钢、钢板、螺栓、防卸螺栓、焊条等均应有出厂合格证书。

9. 所有构件均应作热（浸）镀锌防腐处理。并且不同材质的角钢必须分批镀锌，以免引起镀锌质量的下降。

10. 构件焊接应严格按照焊接规程，规范和有关规定进行，焊缝高度未注明的不得小于连接构件的最小厚度，当被焊接构件厚度不小于 8mm 时，要按规定进行剖口后再焊，以便焊透。厚度不小于 20mm 的焊件应采取焊前预热或焊后保温等相应处理措施，避免焊件的碎裂危险或过高的焊接应力。焊缝等级要求参见施工图纸。

11. Q355 及 Q235 钢构件所对应采用的焊条分别为 E50 系列及 E43 系列。当高级别钢和低级别钢相焊时，应采用低级别钢对应的焊条，所有焊接件均需加封焊，以防酸液进入接触面而造成锈蚀。

12. 加工时如需材料代用及改变结构形式等情况，须征得设计单位的同意。材料代用时，需注意相关影响（螺栓长度、主材接头相平、内垫片增减等），应与图纸对应列表统计，并由加工厂书面通知施工单位，以方便施工安装。

13. 角钢基准线和螺栓准线除图中特殊注明外，一般按表 1 采用。

表 1　角钢的螺栓准线表

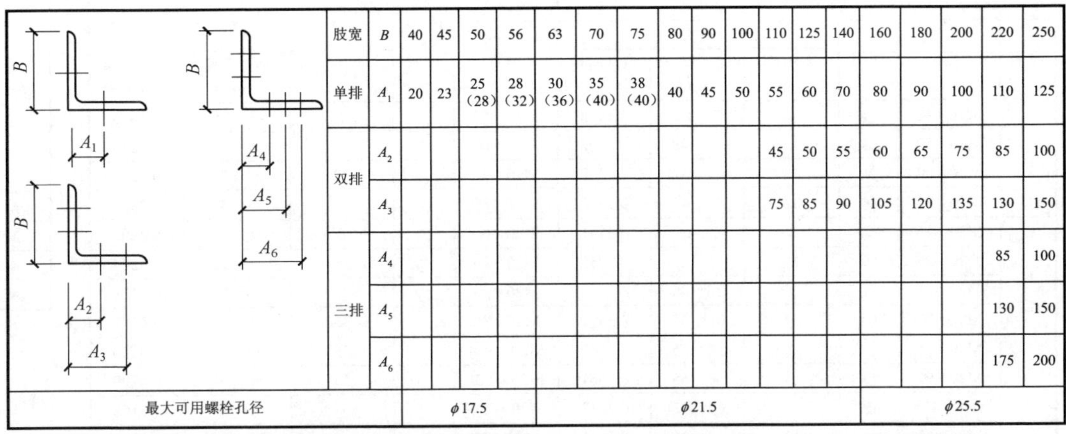

肢宽	B	40	45	50	56	63	70	75	80	90	100	110	125	140	160	180	200	220	250
单排	A_1	20	23	25（28）	28（32）	30（36）	35（40）	38（40）	40	45	50	55	60	70	80	90	100	110	125
双排	A_2											45	50	55	60	65	75	85	100
	A_3											75	85	90	105	120	135	130	150
三排	A_4																	85	100
	A_5																	130	150
	A_6																	175	200
最大可用螺栓孔径		ϕ17.5				ϕ21.5									ϕ25.5				

注 1. 括号内的数字用于当其他构件与本角钢搭接而螺栓边距不足时，在搭接位置上的螺栓孔可使用的准线值。

2. L100 及以下角钢一般不宜采用双排准线，L200 及以下角钢一般不宜采用三排准线。

3. 对于三排准线除非设计有要求，一般不得擅自使用。

14. 当角钢上打双排螺栓或多排螺栓时，螺栓在角钢轴心线上的投影孔距必须满足以下规定：

当用 M16 螺栓时，$L \geqslant 40$mm；

当用 M20 螺栓时，$L \geqslant 50$mm（参见图 1）。

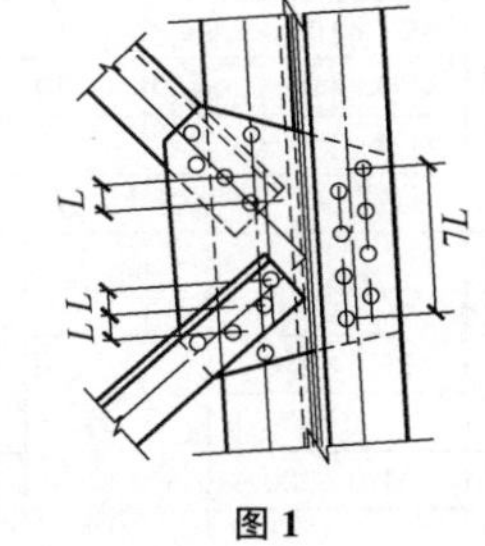

图 1

15. 螺栓、脚钉、垫圈规格按表 2 采用。最短腿离地高 8m 以下的连接螺栓采用防卸螺栓，其他均采用防松措施（采用薄螺母防松）。单帽螺栓配一帽、一垫、一薄螺母；双帽螺栓配两帽、一垫。M16 和 M20 的螺栓规格采用 6.8 级、M24 及以上的螺栓规格采用 8.8 级，防卸螺栓规格由业主及运行单位确定，并保证出扣。但挂线角钢处应采用双帽防松。业主方或运行方有特殊要求的应按照业主方或运行方的要求。螺栓的长度和数量必须经过放样和试组装的检验，当长度或数量有误时，应及时汇报给监理或设计单位。

图 14－93　10GS20－J2 转角塔加工说明（10GS20－J2－09）

表 2　　　　螺栓、脚钉、垫圈规格表

单帽螺栓（带一垫、一扣紧螺母）						双帽螺栓（带一垫双帽）				
级别	规格	图例	说明 无扣长（mm）	通过厚度（mm）	每套质量（kg）	规格	图例	说明 无扣长（mm）	通过厚度（mm）	每套质量（kg）
6.8级	M16×40	◐	6	7～12	0.1442	M16×50	○	6	7～12	0.1875
	M16×50	⊘	12	13～22	0.1602	M16×60	○	12	13～22	0.2039
	M16×60	⊗	22	23～32	0.1762	M16×70	○	22	23～32	0.2203
	M16×70	⊘	32	33～42	0.1922	M16×80	○	32	33～42	0.2369
6.8级	M20×45	○	8	9～15	0.2701	M20×60	○	8	9～15	0.3605
	M20×55	⊘	15	16～25	0.2953	M20×70	○	15	16～25	0.3864
	M20×65	⊗	25	26～35	0.3205	M20×80	○	25	26～35	0.4123
	M20×75	⊘	35	36～45	0.3457	M20×90	○	35	36～45	0.4381
	M20×85	⊗	45	46～55	0.3709	M20×100	○	45	46～55	0.4640
	M20×95	⊗	55	56～65	0.3961	M20×110	○	55	56～65	0.4899
	M20×105	⊛	65	66～75	0.4213	M20×120	○	65	66～75	0.5158
8.8级	M24×55	◎	12	13～20	0.4631	M24×75	◎	12	13～20	0.6278
	M24×65	⊘	20	21～30	0.5000	M24×85	◎	20	21～30	0.6655
	M24×75	⊗	30	31～40	0.5368	M24×95	◎	30	31～40	0.7033
	M24×85	⊘	40	41～50	0.5737	M24×105	◎	40	41～50	0.7410
	M24×95	⊗	50	51～60	0.6105	M24×115	◎	50	51～60	0.7787
	M24×105	⊗	60	61～70	0.6473	M24×125	◎	60	61～70	0.8165
	M24×115	⊛	70	71～80	0.6842	M24×135	◎	70	71～80	0.8541
	M24×130	⊛	80	81～95	0.7375	M24×150	◎	80	81～95	0.9074

脚钉					垫圈					
级别	规格	图例	无扣长（mm）	每只质量（kg）	材质	规格	图例	每只质量（kg）	内径（mm）	外径（mm）
6.8级	M16×180	正面 侧面	120	0.3254		－3（ϕ17.5）	规格×个数	0.01065	17.5	30
						－4（ϕ17.5）		0.0142	17.5	30
6.8级	M20×200		120	0.6183		－3（ϕ22）		0.01637	22	37
						－4（ϕ22）		0.02183	22	37
8.8级	M24×240		120	0.9037		－3（ϕ26）		0.02331	26	44
						－4（ϕ26）		0.03108	26	44

注　1. 受剪单帽螺栓和脚钉配一帽、一垫、一薄螺母；受剪或受拉双帽螺栓配两帽、一垫。

2. 螺纹不得进入剪切面。

3. 薄螺母的性能等级为 05 级。

16. 对于 8.8 级及以上的高强度螺栓，除应满足 GB/T 3098《紧固件机械性能》和 DL/T 764.4《输电线路铁塔及电力金具紧固件冷镦热浸镀锌螺栓与螺母》之要求外，还应委托第三方有资质的检测单位对高强度螺栓进行抽检，并提供塑性、强度和硬度的试验合格报告。

17. 角钢及钢板的螺栓间距除图中特殊注明外应按表 3 采用。

螺孔顺力线方向重心最大间距 12d 或 18t（取二者较小者）其中 d 为螺栓直径，t 为较薄板的厚度。

表 3　　　　螺栓边端距要求表

螺栓规格	螺栓孔径	间距 单排孔	间距 双排孔	边距 端边 L_D	边距 轧制边 L_Z	边距 切角边 L_Q
M12	ϕ13.5	40	60	20	≥17	≥18
M16	ϕ17.5	50	80	25	≥21*	≥23
M20	ϕ21.5	60	100	30	≥26	≥28
M24	ϕ25.5	80	120	40	≥31	≥33

* 当用 L40 角钢时，轧制边距 L_z=20。

18. 脚钉从基础顶面以上 1.5m 左右起装，间距一般按 400mm，当某一个脚钉位于节点板、主材接头、塔身变坡等位置，上下脚钉间距不能满足标准 400mm 时，该脚钉上下相邻的两个或三个脚钉间距之和需满足 400mm 的倍数。

当脚钉代替螺栓时，脚钉级别应与被代螺栓等强度。

脚钉型式采用防滑带弯钩型式。

19. 节点板考虑到刚度和稳定要求，形状不宜狭长，节点板边缘与构件轴线夹角 α 不小于 15°，1—1 段面的节点板断面面积不小于被连接角钢截面积的 1.2 倍。参见图 2。

节点板边距及构件间隙如图 3 所示。

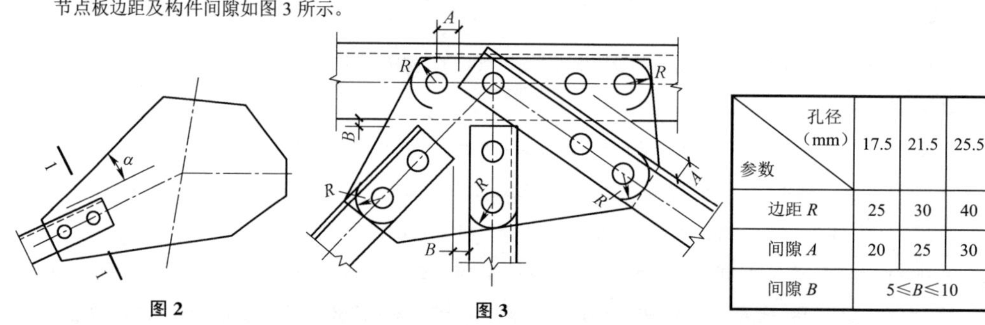

参数 \ 孔径（mm）	17.5	21.5	25.5
边距 R	25	30	40
间隙 A	20	25	30
间隙 B	5≤B≤10		

图 2　　图 3

20. 构件接头中包角钢接头间隙按图放样，一般为 10mm 左右。其中外包角钢清根，内包角钢铲背。

21. 凡图中所要求的火曲、开合角、切肢、压扁、切角的尺寸均由加工放样决定。角钢肢宽大于 100mm 以上，两构件连接面间的夹角大于 2°时，构件应局部开、合角或制弯。

22. 如没有注明，长度单位均为毫米。

23. 结构图中尺寸仅供备料用，加工前应放样，以实际放样尺寸为准。

24. 角钢对接处外贴连接钢板的螺栓孔最小边距 M20 取 40mm、M24 取 50mm。

25. 当螺栓采用一垫一帽一薄螺母时应确保装好螺帽后螺杆出扣。

26. 制孔方式按照铁塔招标技术规范书的要求执行。

27. 铁塔放样后应加工一基样塔，经试组装检验合格后方能批量生产。

28. 本工程参照国家电网公司基建部监制的“工艺标准库（2012 版）”，本册施工图按以下工艺标准进行施工。

工艺编号	项目/工艺名称	注意事项
0201020101	角钢铁塔分解组立	

图 14－93　10GS20－J2 转角塔加工说明（10GS20－J2－09）（续）

14.11 10GS20－J3 塔

14.11.1 10GS20－J3 塔设计条件

导线型号及张力见表 14－36。

表 14－36 导线型号及张力

电压等级	10kV	导线	JL/G1A－120/70	导线最大使用张力（N）	26578	导线不平衡张力取值（%）	40

使用条件见表 14－37。

表 14－37 使用条件

水平档距（m）	垂直档距（m）	代表档距（m）	使用档距（m）	转角度数（°）	计算高度（m）	档距系数 K_v
300	450	200/500	350	60～90 兼 0～90 终端	15	

荷重表见表 14－38。

表 14－38 荷重表 N

项目		正常运行情况			事故情况		安装情况	不均匀冰
		基本风速	覆冰	最低气温	未断线	断线		
气象条件（T/V/B）		－5/27/0	－5/10/20	－30/0/0	－5/0/20	－5/0/20	－15/10/0	－5/10/20
水平荷载	导线	3030	1576	0	0	0	489	1576
	绝缘子及金具	144	20	0	0	0	20	20
	跳线串							
垂直荷载	导线	4822	16412	4822	16412	16412	4822	16412
	绝缘子及金具	1196	1555	1196	1555	1555	1196	1555
	跳线串							
导线张力	一侧	12811	26578	11347	26578	0	11703	
	另一侧	10889	26578	8159	26578	26578	8429	
	张力差	1922	0	3187	0	26578	3274	10631

注 导线水平荷载为下相导线荷载。

14.11.2 10GS20－J3 塔根开尺寸及基础作用力

根开尺寸见表 14－39。

表 14－39 根开尺寸

呼称高（m）	基础根开（mm）		地脚螺栓根开（mm）		地脚螺栓规格
	正面根开	侧面根开	正面根开	侧面根开	
9	2247	2247	240	240	4×M36
12	2641	2641	240	240	4×M36
15	3036	3036	240	240	4×M36
18	3430	3430	240	240	4×M36

基础作用力见表 14－40。

表 14－40 基础作用力 kN

呼称高（m）	T_{max}	T_x	T_y	N_{max}	N_x	N_y
9	346.55	39.72	34.60	396.82	44.21	31.68
12	384.88	39.74	35.13	439.66	44.15	32.52
15	412.36	39.73	35.38	472.48	44.22	33.81
18	433.15	39.77	35.53	498.42	44.07	35.39

14.11.3 10GS20－J3 塔施工图纸目录

10GS20－J3 塔施工图纸目录见表 14－41。

表 14－41 10GS20－J3 塔施工图纸目录

编号	图号	图名
图 14－94	10GS20－J3－00（1/2）	10GS20－J3 转角塔总图及材料汇总表
图 14－95	10GS20－J3－00（2/2）	10GS20－J3 转角塔总图及材料汇总表
图 14－96	10GS20－J3－01	10GS20－J3 转角塔横担结构图①
图 14－97	10GS20－J3－02（1/2）	10GS20－J3 转角塔塔身结构图②
图 14－98	10GS20－J3－02（2/2）	10GS20－J3 转角塔塔身结构图②
图 14－99	10GS20－J3－03	10GS20－J3 转角塔塔身结构图③
图 14－100	10GS20－J3－04（1/2）	10GS20－J3 转角塔塔身结构图④
图 14－101	10GS20－J3－04（2/2）	10GS20－J3 转角塔塔身结构图④
图 14－102	10GS20－J3－05（1/2）	10GS20－J3 转角塔 9.0m 呼称高塔腿结构图⑤
图 14－103	10GS20－J3－05（2/2）	10GS20－J3 转角塔 9.0m 呼称高塔腿结构图⑤
图 14－104	10GS20－J3－06（1/2）	10GS20－J3 转角塔 12.0m 呼称高塔腿结构图⑥
图 14－105	10GS20－J3－06（2/2）	10GS20－J3 转角塔 12.0m 呼称高塔腿结构图⑥
图 14－106	10GS20－J3－07（1/2）	10GS20－J3 转角塔 15.0m 呼称高塔腿结构图⑦
图 14－107	10GS20－J3－07（2/2）	10GS20－J3 转角塔 15.0m 呼称高塔腿结构图⑦
图 14－108	10GS20－J3－08（1/2）	10GS20－J3 转角塔 18.0m 呼称高塔腿结构图⑧
图 14－109	10GS20－J3－08（2/2）	10GS20－J3 转角塔 18.0m 呼称高塔腿结构图⑧
图 14－110	10GS20－J3－09	10GS20－J3 转角塔加工说明

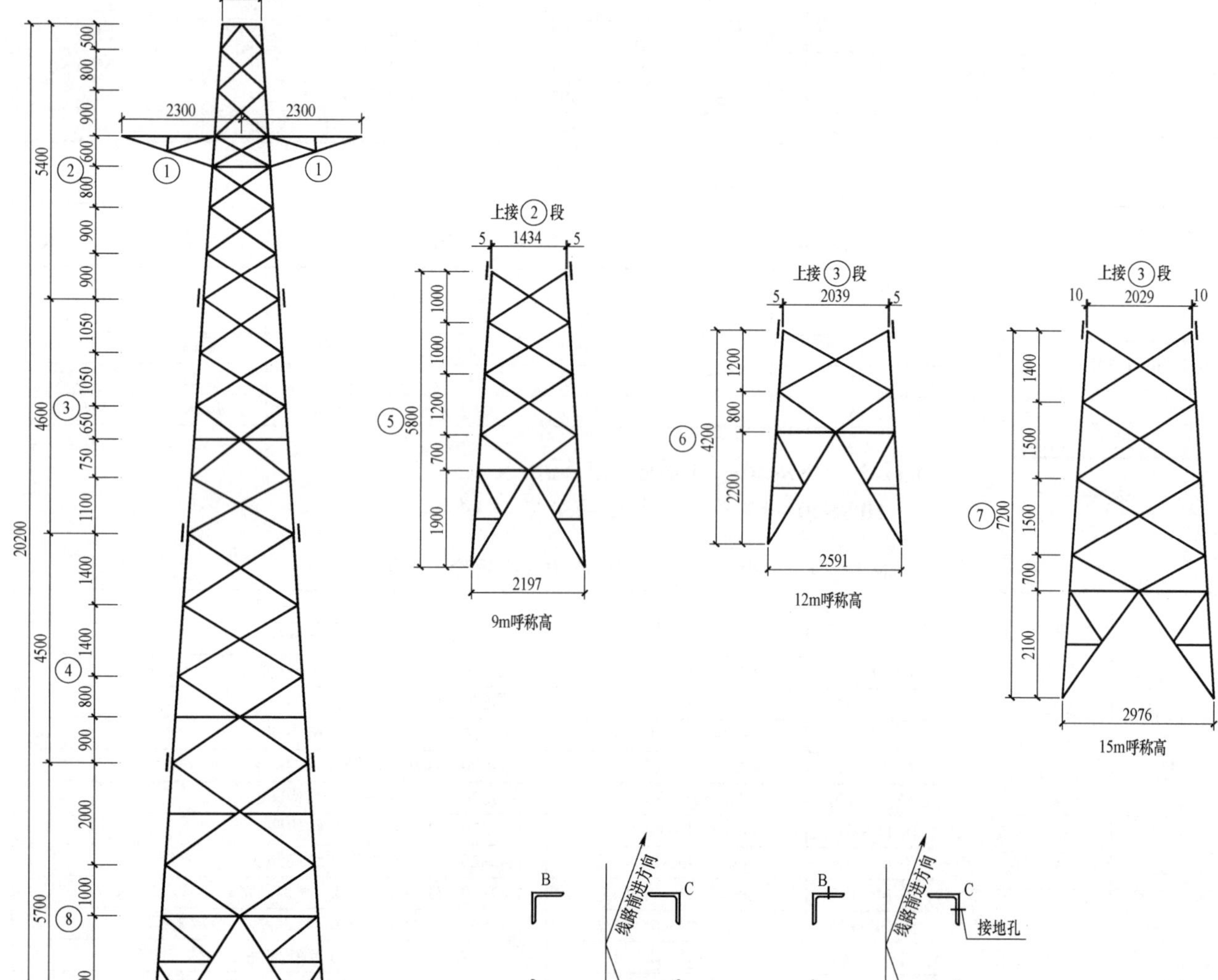

铁塔根开、基础根开、地脚螺栓规格及间距表

铁塔名称（型号）	10GS20－J3			
呼称高（m）	9	12	15	18
接腿	⑤	⑥	⑦	⑧
铁塔根开（mm）	2197	2591	2976	3370
基础根开（mm）	2247	2641	3036	3430
基础地脚螺栓间距（mm）	240	240	240	240
每腿基础地脚螺栓配置（35#）	4M36	4M36	4M36	4M36

图 14－94　10GS20－J3 转角塔总图及材料汇总表［10GS20－J3－00（1/2）］

材 料 汇 总 表

材料	材质	规格	段号								呼称高（m）			
			1	2	3	4	5	6	7	8	9.0	12.0	15.0	18.0
角钢	Q355	L125×10				345.1			586.0	470.7			586.0	815.8
		L110×10					417.2	310.0			417.2	310.0		
		L110×8								36.3				36.3
		L100×10			278.8							278.8	278.8	278.8
		L100×8			28.7		30.0				30.0	28.7	28.7	28.7
		L90×7		192.8		23.6		21.2	23.6		192.8	214.0	216.4	216.4
		L80×6	54.4								54.4	54.4	54.4	54.4
		L63×5	36.6	78.9			35.1	130.5	49.2	55.3	150.6	246.0	164.7	170.8
		小计	91.0	271.7	307.5	368.7	482.3	461.7	658.8	562.3	845.0	1131.9	1329.0	1601.2
	Q235	L56×5		45.2			66.2				111.4	45.2	45.2	45.2
		L56×4		8.7	31.8	42.0			64.4	205.3	8.7	40.5	104.9	287.8
		L50×5		18.4							18.4	18.4	18.4	18.4
		L50×4		81.2	118.3	195.6	80.6	31.8	262.2	41.2	161.8	231.3	461.7	436.3
		L45×4	13.0	26.8	73.0	19.4	98.5	72.0		46.8	138.3	184.8	112.8	179.0
		L40×4		29.0	12.0	12.6		11.6	13.6	37.1	29.0	52.8	54.8	90.9
		L40×3	31.4	14.7	7.0		54.7	55.5	60.6	83.3	100.8	108.6	113.7	136.4
		小计	44.4	224.0	242.3	269.6	300.0	170.9	400.8	413.7	568.4	681.6	911.5	1194.0
钢板	Q355	−6	10.8	45.4			17.1	35.7	16.6	15.2	73.3	91.9	72.8	71.4
		−8		30.8		27.6	17.0	41.8	44.6	54.9	47.8	72.6	75.4	113.3
		−12	21.2	8.4			112.0	117.0	110.8	110.4	141.6	146.6	140.4	140.0
		−34					162.4	162.4	162.4	162.4	162.4	162.4	162.4	162.4
		小计	32.0	84.6		27.6	308.5	356.9	334.4	342.9	425.1	473.5	451.0	487.1
	Q235	−6		62.5	57.6	48.1	77.2	38.6	67.8	35.5	139.7	158.7	187.9	203.7
		−8		16.6							16.6	16.6	16.6	16.6
		−10		1.6	6.4	4.0	6.4	3.2	4.0	0.8	8.0	11.2	12.0	12.8
		−12		2.9					1.0		2.9	2.9	3.9	2.9
		−16			3.7	2.5	3.7	1.2	2.5		3.7	4.9	6.2	6.2
		小计		83.6	67.7	54.6	87.3	43.0	75.3	36.3	170.9	194.3	226.6	242.2
螺栓	6.8 级	M16×40	4.0	31.4	13.4	9.4	26.7	17.4	23.8	29.0	62.1	66.2	72.6	87.2
		M16×50	0.3	21.8	17.9	12.2	20.5	12.8	17.3	12.8	42.6	52.8	57.3	65.0
		M16×60			6.3	5.6	7.8	3.5	6.3		7.8	9.8	12.6	11.9
		M16×50 双帽		0.6							0.6	0.6	0.6	0.6
		M16×60 双帽	0.8	1.6							2.4	2.4	2.4	2.4
		小计	5.1	55.4	37.6	27.2	55.0	33.7	47.4	41.8	115.5	131.8	145.5	167.1
	6.8 级	M20×45	6.5	30.3			13.0	13.0	4.3	4.3	49.8	49.8	41.1	41.1
		M20×55			18.9	21.3	23.6	35.4	33.1	14.2	23.6	54.3	52.0	54.4
		M20×65								25.6				25.6
		M20×70 双帽	7.7	0.8							8.5	8.5	8.5	8.5
		小计	14.2	31.1	18.9	21.3	36.6	48.4	37.4	44.1	81.9	112.6	101.6	129.6
		螺栓合计	19.3	86.5	56.5	48.5	91.6	82.1	84.8	85.9	197.4	244.4	247.1	296.7
脚钉	6.8 级	M16×180		4.2	3.8	3.8	4.6	3.0	5.7	3.8	8.8	11.0	13.7	15.6
		M20×200		1.3	1.3	1.3	0.7	0.7	0.7	0.7	2.0	3.3	3.3	4.6
		小计		5.5	5.1	5.1	5.3	3.7	6.4	4.5	10.8	14.3	17.0	20.2
垫圈	Q235	−3A（ϕ17.5）		0.8							0.8	0.8	0.8	0.8
		−4A（ϕ17.5）	0.2	0.1			0.1	0.1	0.1	0.1	0.4	0.4	0.4	0.4
		小计	0.2	0.9			0.1	0.1	0.1	0.1	1.2	1.2	1.2	1.2
不含防盗螺栓总质量（kg）			195.9	749.9	679.1	776.3	1275.1	1118.4	1560.6	1445.7	2220.9	2743.3	3185.5	3846.9
各呼称高含防盗螺栓总质量（kg）											2243.1	2770.6	3217.2	3885.2

图 14－95　10GS20－J3 转角塔总图及材料汇总表［10GS20－J3－00（2/2）］

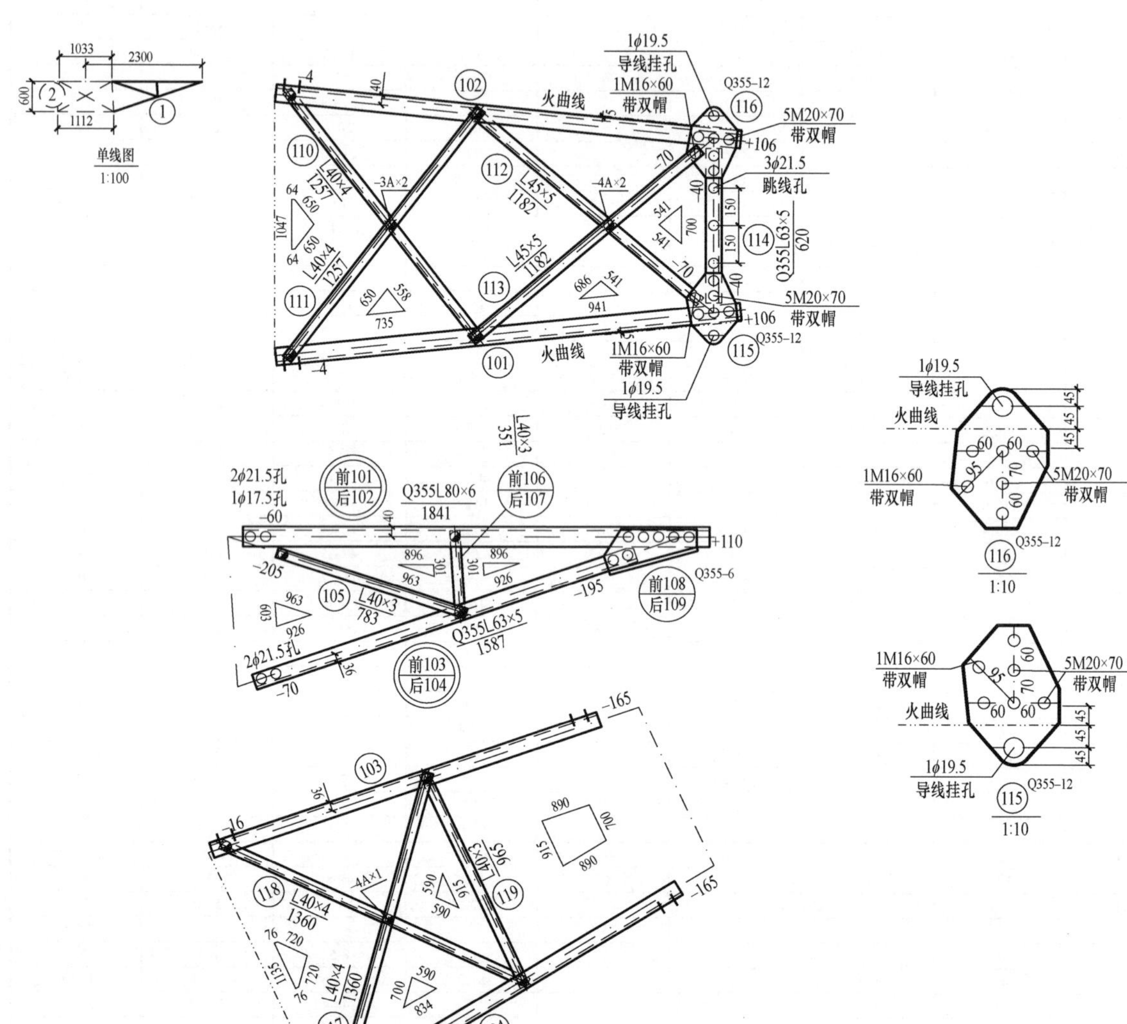

构 件 明 细 表

编号	规格	长度（mm）	数量	质量（kg）		备注
				单件	小计	
101	Q355L80×6	1841	2	13.58	27.2	
102	Q355L80×6	1841	2	13.58	27.2	
103	Q355L63×5	1587	2	7.65	15.3	
104	Q355L63×5	1587	2	7.65	15.3	
105	L40×3	783	4	1.45	5.8	
106	L40×3	351	2	0.65	1.3	切角
107	L40×3	351	2	0.65	1.3	切角
108	Q355-6×180	320	2	2.71	5.4	卷边 50mm
109	Q355-6×180	320	2	2.71	5.4	卷边 50mm
110	L40×4	1257	2	3.04	6.1	切角
111	L40×4	1257	2	3.04	6.1	
112	L45×5	1182	2	3.98	8.0	切角
113	L45×5	1182	2	3.98	8.0	
114	Q355L63×5	620	2	2.99	6.0	
115	Q355-12×200	280	2	5.28	10.6	火曲
116	Q355-12×200	280	2	5.28	10.6	火曲
117	L40×4	1360	2	3.29	6.6	
118	L40×4	1360	2	3.29	6.6	切角
119	L40×3	965	2	1.79	3.6	一端切肢
总质量		176.4kg				

螺栓、脚钉、垫圈明细表

名称	级别	规格	符号	数量	质量（kg）	备注
螺栓	6.8 级	M16×40		28	4.0	
		M16×50		2	0.3	
		M20×45		24	6.5	
		M16×60		4	0.8	带双帽
		M20×70		20	7.7	带双帽
脚钉	6.8 级					
垫圈	Q235	-4A（ϕ17.5）		8	0.2	规格×个数
总质量			19.5kg			

图 14-96　10GS20-J3 转角塔横担结构图①（10GS20-J3-01）

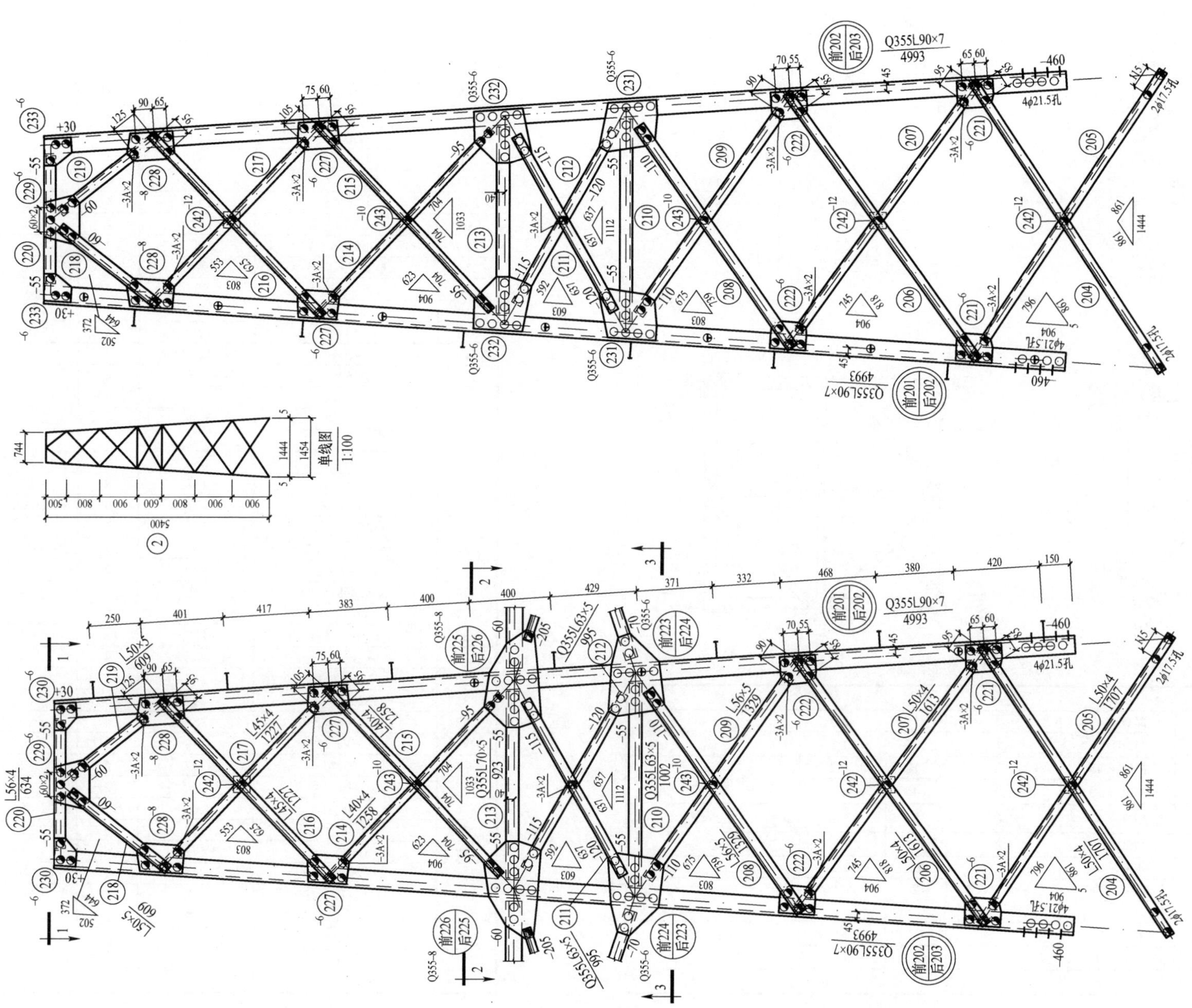

图 14-97 10GS20-J3 转角塔塔身结构图② [10GS20-J3-02（1/2）]

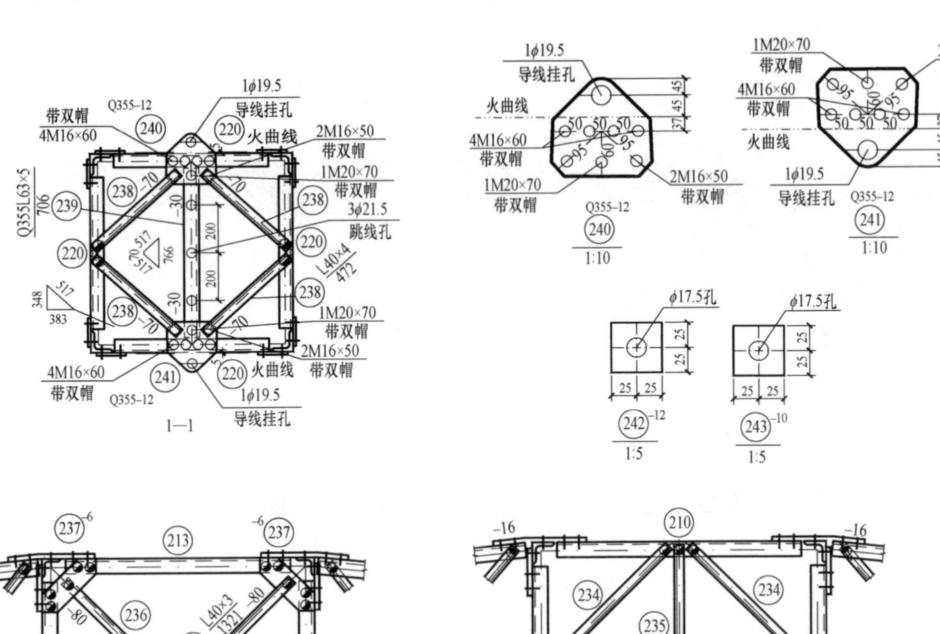

螺栓、脚钉、垫圈明细表

名称	级别	规格	符号	数量	质量（kg）	备注
螺栓	6.8 级	M16×40		218	31.4	
		M16×50		136	21.8	
		M20×45		112	30.3	
		M16×50		4	0.6	带双帽
		M16×60		8	1.6	带双帽
		M20×70		2	0.8	带双帽
脚钉	6.8 级	M16×180		11	4.2	
		M20×200		2	1.3	
垫圈	Q235	－3A（ϕ17.5）		72	0.8	规格×个数
		－4A（ϕ17.5）		1	0.1	
总质量			92.9kg			

构件明细表

编号	规格	长度（mm）	数量	质量（kg） 单件	质量（kg） 小计	备注
201	Q355L90×7	4993	1	48.21	48.2	带脚钉
202	Q355L90×7	4993	2	48.21	95.4	
203	Q355L90×7	4993	1	48.21	48.2	
204	L50×4	1707	4	5.22	209	
205	L50×4	1707	4	5.22	20.9	切角
206	L50×4	1613	4	4.93	19.7	
207	L50×4	1613	4	4.93	19.7	切角
208	L56×5	1329	4	5.65	22.6	
209	L56×5	1329	4	5.65	226	切角
210	0355L63×5	1002	4	4.83	19.3	
211	Q355L63×5	995	4	4.80	19.2	
212	0355L63×5	995	4	4.80	19.2	
213	Q355L70×5	923	4	4.98	19.9	
214	L40×4	1258	4	3.05	12.2	切角
215	L40×4	1258	4	3.05	12.2	
216	L45×4	1227	4	3.36	13.4	
217	L45×4	1227	4	3.36	13.4	切角
218	L50×5	609	4	2.30	9.2	
219	L50×5	609	4	2.30	9.2	切角
220	L56×4	634	4	2.18	8.7	
221	－6×141	178	8	1.18	9.4	
222	－6×145	175	8	1.20	9.6	
223	Q355－6×272	393	2	5.03	10.1	火曲
224	Q355－6×272	393	2	5.03	10.1	火曲
225	0355－8×273	449	2	7.70	15.4	火曲
226	Q355－8×273	449	2	7.70	15.4	火曲
227	－6×144	201	8	1.36	10.9	
228	－8×144	229	8	2.07	16.6	
229	－6×172	240	4	1.94	7.8	
230	－6×111	148	4	0.77	3.1	
231	Q355－6×228	291	4	3.12	12.5	
232	Q355－6×236	285	4	3.17	12.7	
233	－6×135	136	4	0.86	3.4	
234	L40×3	767	4	1.42	5.7	
235	L40×3	1185	2	2.19	4.4	
236	L40×3	1321	2	2.45	4.9	
237	－6×218	218	4	2.24	9.0	
238	L40×4	472	4	1.14	4.6	
239	Q355L63×5	706	1	3.40	3.4	
240	Q355－12×199	222	1	4.16	4.2	火曲
241	Q355－12×199	222	1	4.16	42	火曲
242	－12×50	50	12	0.24	2.9	垫板
243	－10×50	50	8	0.20	1.6	垫板
总质量		657.0kg				

图 14－98　10GS20－J3 转角塔塔身结构图②［10GS20－J3－02（2/2）］

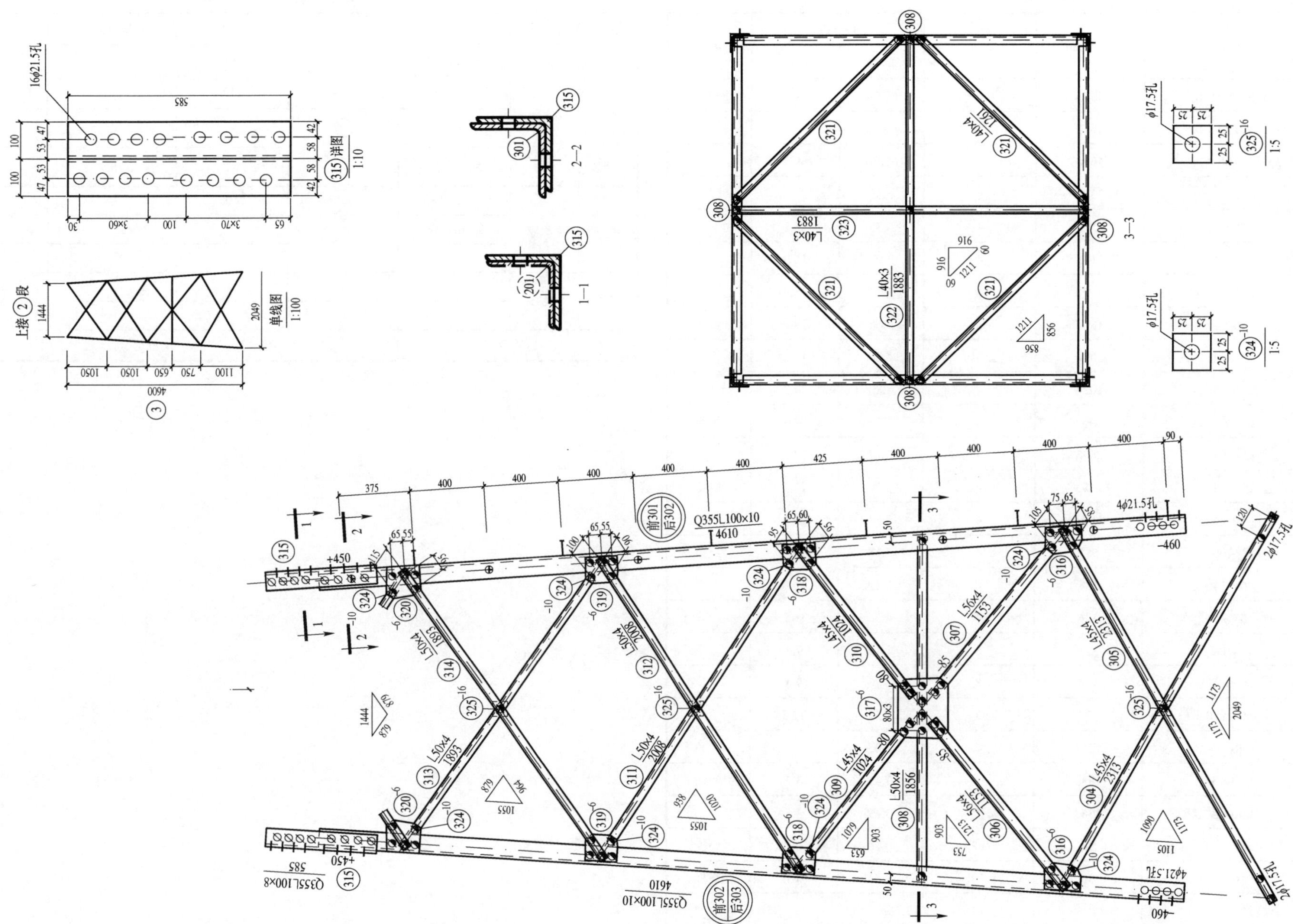

图 14－99　10GS20－J3 转角塔塔身结构图③（10GS20－J3－03）

构件明细表

编号	规格	长度（mm）	数量	质量（kg）		备注
				单件	小计	
301	Q355L100×10	4610	1	69.70	69.7	带脚钉
302	Q355L100×10	4610	2	69.70	139.4	
303	Q355L100×10	4610	1	69.70	69.7	
304	L45×4	2313	4	6.33	25.3	切角
305	L45×4	2313	4	6.33	25.3	
306	L56×4	1153	4	3.97	15.9	
307	L56×4	1153	4	3.97	15.9	切角
308	L50×4	1856	4	5.68	22.7	局部开角
309	L45×4	1024	4	2.80	11.2	切角
310	L45×4	1024	4	2.80	11.2	
311	L50×4	2008	4	6.14	24.6	切角
312	L50×4	2008	4	6.14	24.6	
313	L50×4	1893	4	5.79	23.2	切角
314	L50×4	1893	4	5.79	23.2	
315	Q355L100×8	585	4	7.18	28.7	铲弧
316	−6×146	188	8	1.29	10.3	
317	−6×264	326	4	4.05	16.2	
318	−6×143	175	8	1.18	9.4	
319	−6×142	176	8	1.18	9.4	
320	−6×180	182	8	1.54	12.3	
321	L40×4	1261	4	3.05	12.2	切角
322	L40×3	1883	1	3.49	3.5	中间切肢
323	L40×3	1883	1	3.49	3.5	
324	−10×50	50	32	0.20	6.4	垫板
325	−16×50	50	12	0.31	3.7	垫板
总质量		617.5kg				

螺栓、脚钉、垫圈明细表

名称	级别	规格	符号	数量	质量（kg）	备注
螺栓	6.8 级	M16×40		93	13.4	
		M16×50		112	17.9	
		M16×60		36	6.3	
		M20×55		64	18.9	
脚钉	6.8 级	M16×180		10	3.8	
		M20×200		2	1.3	
垫圈	Q235					规格×个数
总质量		61.6kg				

图 14－99　10GS20－J3 转角塔塔身结构图③（10GS20－J3－03）（续）

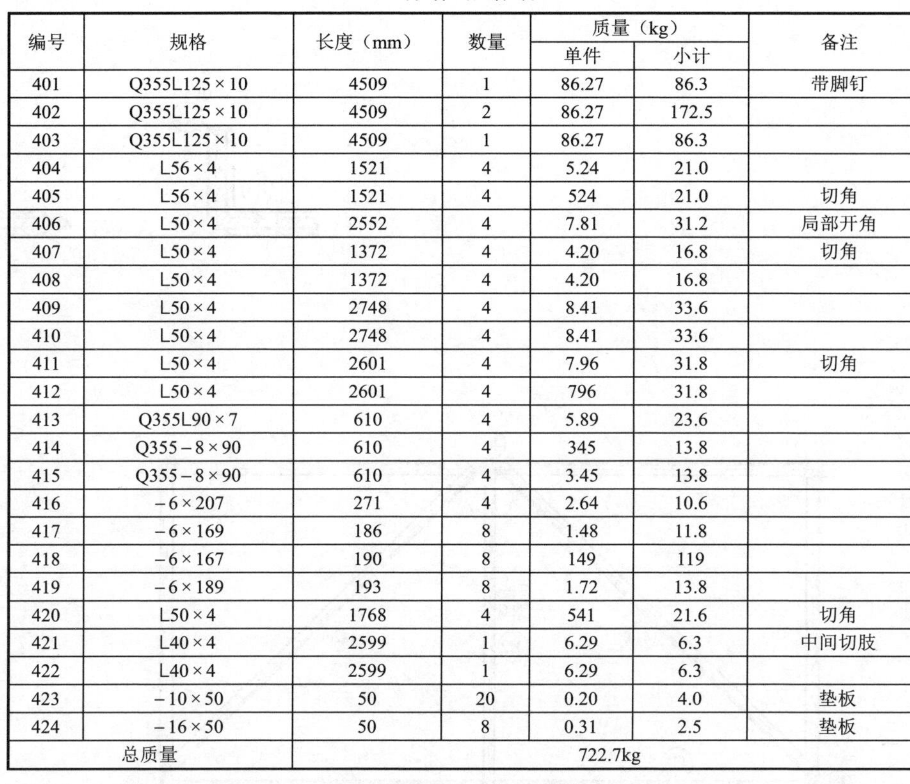

构件明细表

编号	规格	长度（mm）	数量	质量（kg）		备注
				单件	小计	
401	Q355L125×10	4509	1	86.27	86.3	带脚钉
402	Q355L125×10	4509	2	86.27	172.5	
403	Q355L125×10	4509	1	86.27	86.3	
404	L56×4	1521	4	5.24	21.0	
405	L56×4	1521	4	524	21.0	切角
406	L50×4	2552	4	7.81	31.2	局部开角
407	L50×4	1372	4	4.20	16.8	切角
408	L50×4	1372	4	4.20	16.8	
409	L50×4	2748	4	8.41	33.6	
410	L50×4	2748	4	8.41	33.6	
411	L50×4	2601	4	7.96	31.8	切角
412	L50×4	2601	4	796	31.8	
413	Q355L90×7	610	4	5.89	23.6	
414	Q355－8×90	610	4	345	13.8	
415	Q355－8×90	610	4	3.45	13.8	
416	－6×207	271	4	2.64	10.6	
417	－6×169	186	8	1.48	11.8	
418	－6×167	190	8	149	119	
419	－6×189	193	8	1.72	13.8	
420	L50×4	1768	4	541	21.6	切角
421	L40×4	2599	1	6.29	6.3	中间切肢
422	L40×4	2599	1	6.29	6.3	
423	－10×50	50	20	0.20	4.0	垫板
424	－16×50	50	8	0.31	2.5	垫板
总质量		722.7kg				

螺栓、脚钉、垫圈明细表

名称	级别	规格	符号	数量	质量（kg）	备注
螺栓	6.8 级	M16×40		65	9.4	
		M16×50		76	12.2	
		M16×60		32	5.6	
		M20×55		72	213	
脚钉	6.8 级	M16×180		10	3.8	
		M20×200		2	13	
垫圈	Q235					规格×个数
总质量			53.6kg			

图 14－100　10GS20－J3 转角塔塔身结构图④［10GS20－J3－04（1/2）］

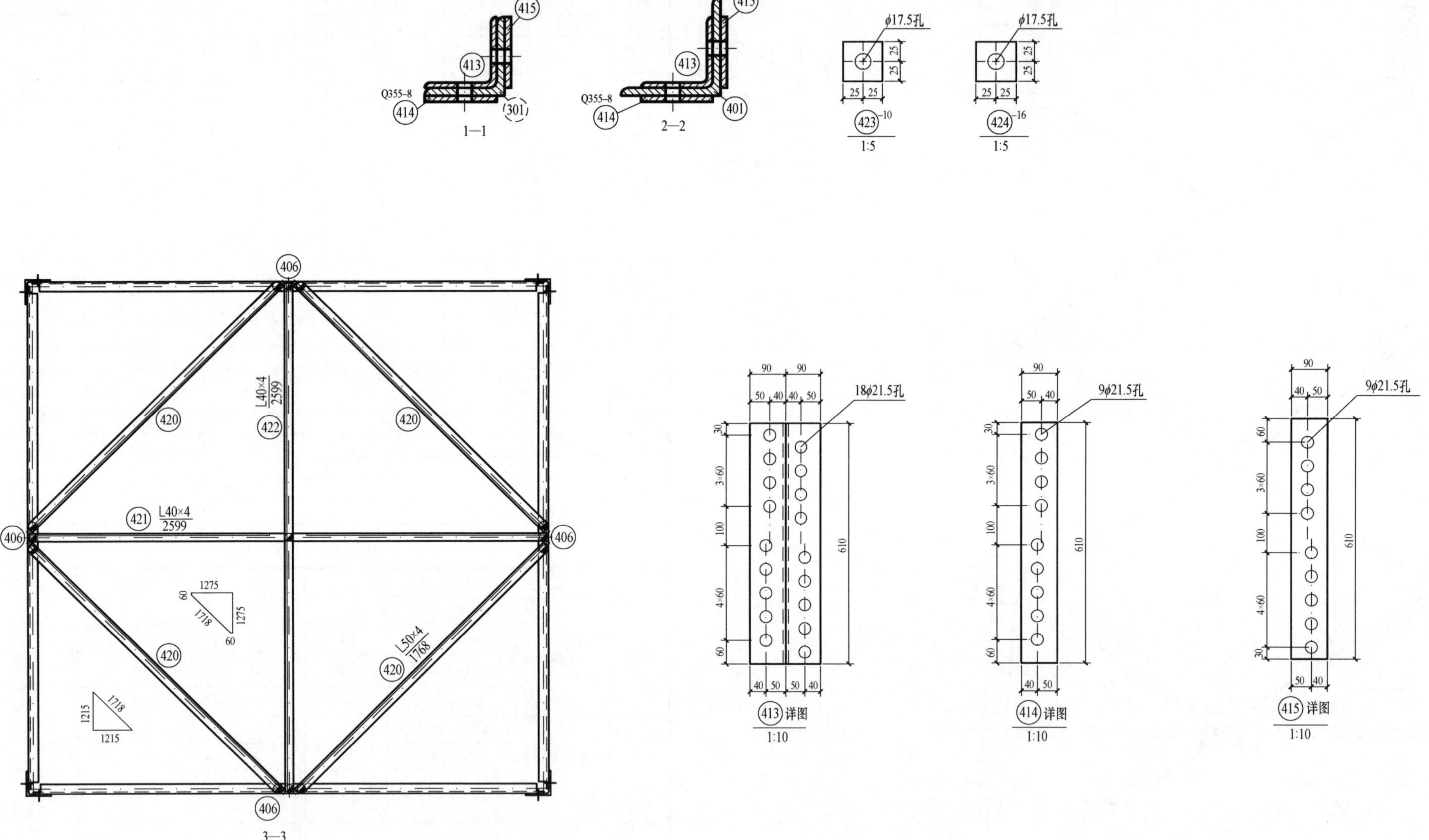

图 14-101　10GS20-J3 转角塔塔身结构图④［10GS20-J3-04（2/2）］

构件明细表

编号	规格	长度（mm）	数量	质量（kg） 单件	质量（kg） 小计	备注
501	Q355L110×10	6250	1	104.31	104.3	带脚钉
502	Q355L110×10	6250	2	104.31	208.6	
503	Q355L110×10	6250	1	104.31	104.3	
504	L56×5	1948	4	8.28	33.1	
505	L56×5	1948	4	8.28	33.1	
506	L40×3	537	8	0.99	7.9	
507	L40×3	1047	8	1.94	15.5	
508	Q355L63×5	1817	1	8.76	8.8	
509	Q355L63×5	1817	3	8.76	26.3	
510	L50×4	1103	4	3.37	13.5	切角
511	L50×4	1103	4	3.37	13.5	
512	L50×4	2195	4	6.71	26.8	切角
513	L50×4	2195	4	6.71	26.8	
514	L45×4	1964	4	5.37	21.5	切角
515	L45×4	1964	4	5.37	21.5	
516	L45×4	1858	4	5.08	20.3	切角
517	L45×4	1858	4	5.08	20.3	
518	Q355L100×8	610	4	7.49	30.0	铲弧
519	Q355−6×200	227	8	2.14	17.1	
520	−6×280	326	4	4.30	17.2	
521	−6×159	190	8	1.42	11.4	
522	−6×157	176	8	1.30	10.4	
523	−6×157	178	8	1.32	10.6	
524	−6×180	186	8	1.58	12.6	
525	L45×4	1360	4	3.72	14.9	切角
526	L40×3	2043	1	3.78	3.8	
527	L40×3	2043	1	3.78	3.8	
528	L40×3	685	4	1.27	5.1	
529	L40×3	1259	8	2.33	18.6	
530	−6×120	175	4	0.99	4.0	火曲
531	−6×120	175	4	0.99	4.0	火曲
532	−6×126	148	4	0.88	3.5	火曲
533	−6×126	148	4	0.88	3.5	火曲
534	Q355−34×390	390	4	40.60	162.4	焊接
535	Q355−12×409	361	4	13.91	55.6	打坡口焊接
536	Q355−12×173	361	4	5.88	23.5	打坡口焊接
537	Q355−12×244	358	4	8.23	32.9	打坡口焊接
538	Q355−8×130	130	16	1.06	17.0	打坡口焊接
539	−10×50	50	32	0.20	6.4	垫板
540	−16×50	50	12	0.31	3.7	垫板
总质量		1178.1kg				

螺栓、脚钉、垫圈明细表

名称	级别	规格	符号	数量	质量（kg）	备注
螺栓	6.8 级	M16×40		185	26.7	
		M16×50		128	20.5	
		M16×60		44	7.8	
		M20×45		48	13.0	
		M20×55		80	23.6	
脚钉	6.8 级	M16×180		12	4.6	
		M20×200		1	0.7	
垫	Q235	−4A（φ17.5）		1	0.1	规格×个数
总质量			97.0kg			

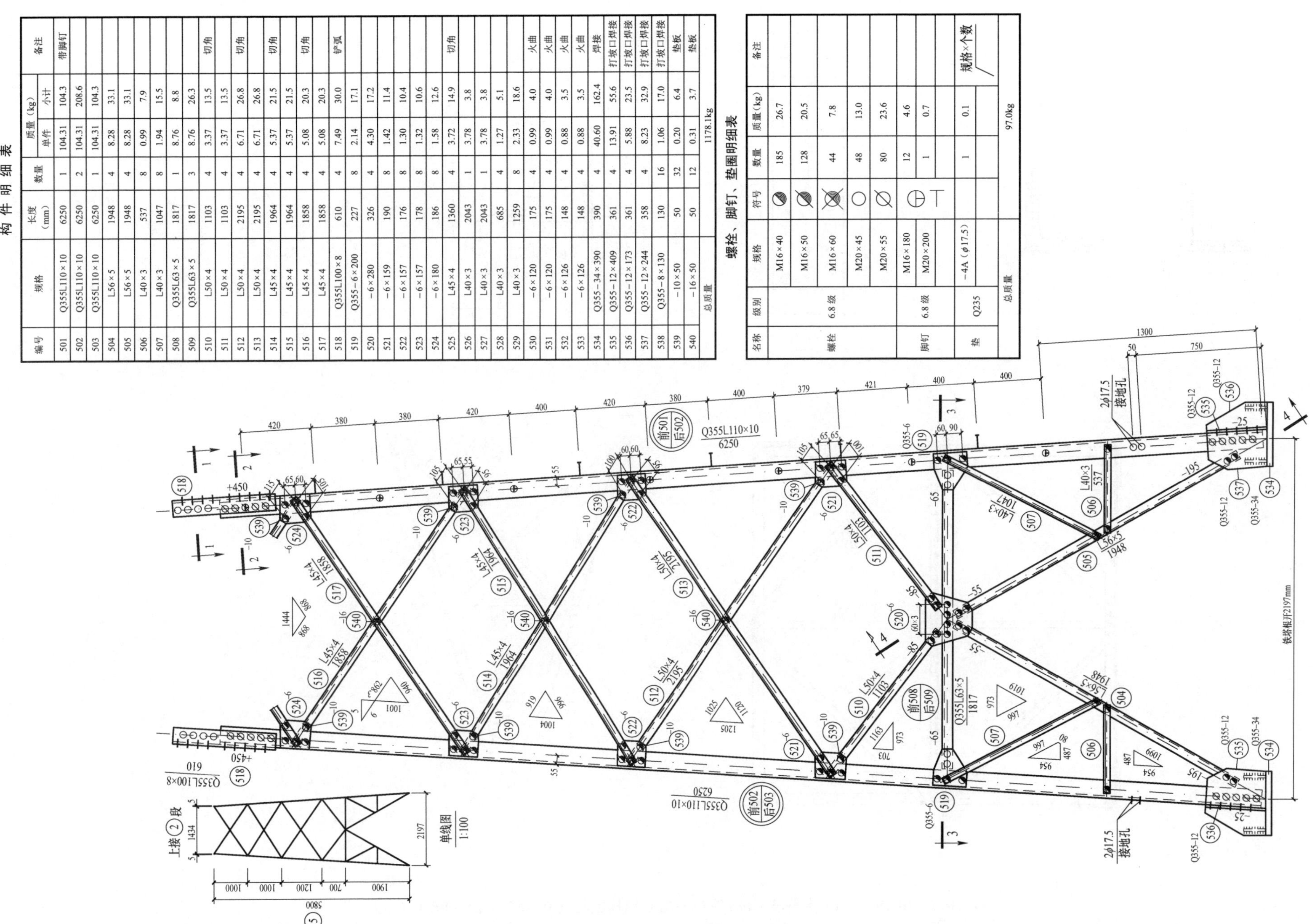

图 14－102 10GS20－J3 转角塔 9.0m 呼称高塔腿结构图⑤［10GS20－J3－05（1/2）］

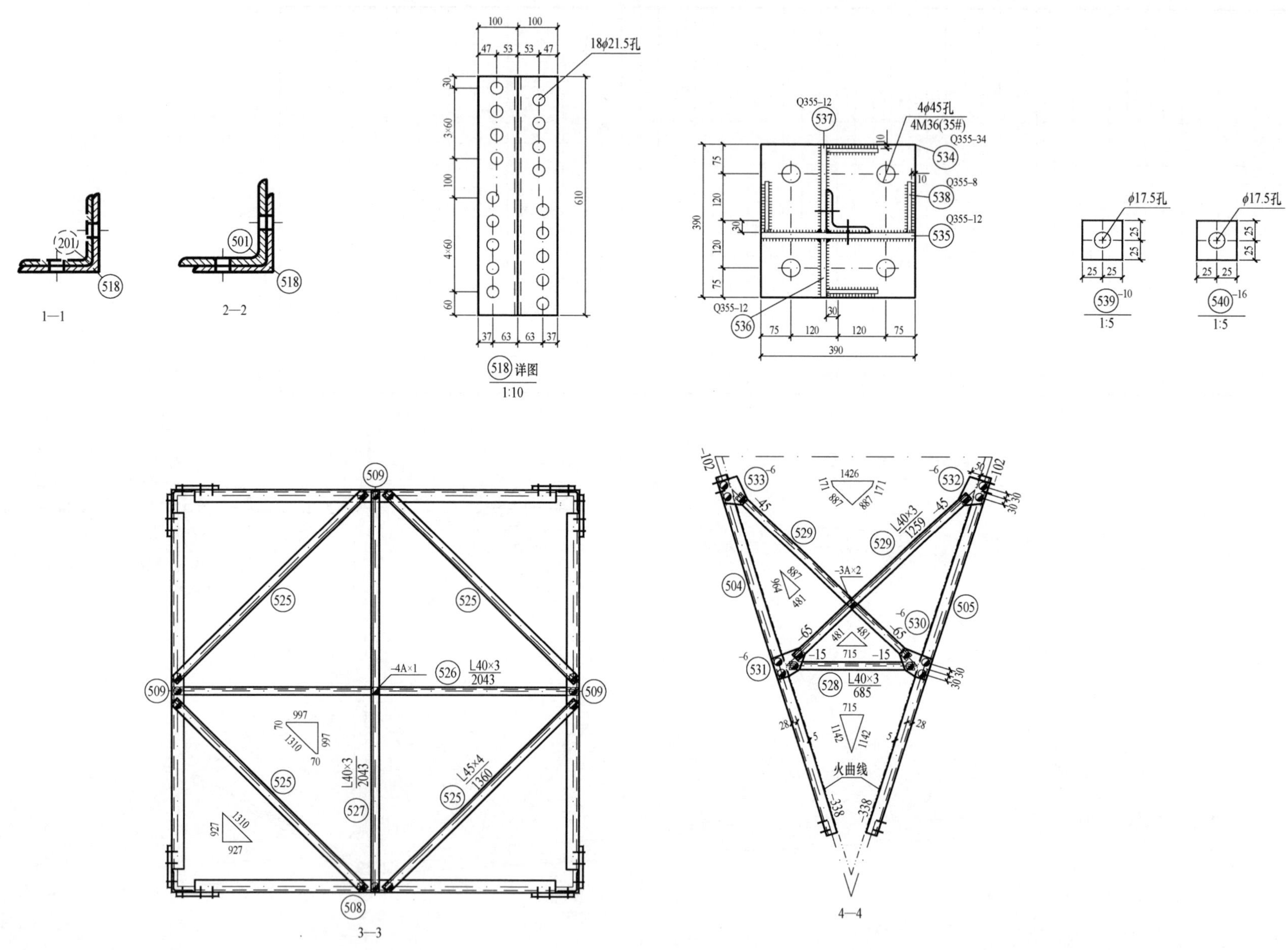

图 14-103　10GS20-J3 转角塔 9.0m 呼称高塔腿结构图⑤［10GS20-J3-05（2/2）］

构件明细表

编号	规格	长度（mm）	数量	质量（kg）		备注
				单件	小计	
601	Q355L110×10	4643	1	77.49	77.5	带脚钉
602	Q355L110×10	4643	2	77.49	155.0	
603	Q355L110×10	4643	1	77.49	77.5	
604	Q355L63×5	2297	4	11.08	443	
605	Q355L63×5	2297	4	11.08	44.3	
606	L40×3	625	8	1.16	9.3	
607	L40×3	1218	8	2.26	18.1	
608	Q355L63×5	2172	1	10.47	10.5	
609	Q355L63×5	2172	3	10.47	31.4	
610	L50×4	1300	4	3.98	15.9	切角
611	L50×4	1300	4	3.98	15.9	
612	L45×4	2490	4	6.81	27.2	切角
613	L45×4	2490	4	6.81	27.2	
614	Q355L90×7	550	4	5.31	21.2	铲背
615	Q355－8×90	550	4	3.11	12.4	
616	Q355－8×90	550	4	3.11	12.4	
617	Q355－6×200	227	8	2.14	17.1	
618	Q355－6×300	329	4	4.65	18.6	
619	－6×157	174	8	1.29	10.3	
620	－6×175	193	8	1.59	12.7	
621	L45×4	1611	4	4.41	17.6	切角
622	L40×4	2398	1	5.81	5.8	
623	L40×4	2398	1	5.81	5.8	
624	L40×3	804	4	1.49	6.0	
625	L40×3	1492	8	2.76	22.1	
626	－6×119	182	4	1.02	4.1	火曲
627	－6×119	182	4	1.02	4.1	火曲
628	－6×133	148	4	0.93	3.7	火曲
629	－6×133	148	4	0.93	3.7	火曲
630	Q355－34×390	390	4	40.60	162.4	焊接
631	Q355－12×427	361	4	14.52	58.1	打坡口焊接
632	Q355－12×173	361	4	5.88	23.5	打坡口焊接
633	Q355－12×262	358	4	8.84	35.4	打坡口焊接
634	Q355－8×130	130	16	1.06	17.0	打坡口焊接
635	－10×50	50	16	0.20	3.2	垫板
636	－16×50	50	4	0.31	1.2	垫板
总质量		1032.5kg				

螺栓、脚钉、垫圈明细表

名称	级别	规格	符号	数量	质量（kg）	备注
螺栓	6.8 级	M16×40		121	17.4	
		M16×50		80	12.8	
		M16×60		20	3.5	
		M20×45		48	13.0	
		M20×55		120	35.4	
脚钉	6.8 级	M16×180		8	3.0	
		M20×200		1	0.7	
垫圈	Q235	－4A（ϕ17.5）		1	0.1	规格×个数
总质量			85.9kg			

图 14－104　10GS20－J3 转角塔 12.0m 呼称高塔腿结构图⑥［10GS20－J3－06（1/2）］

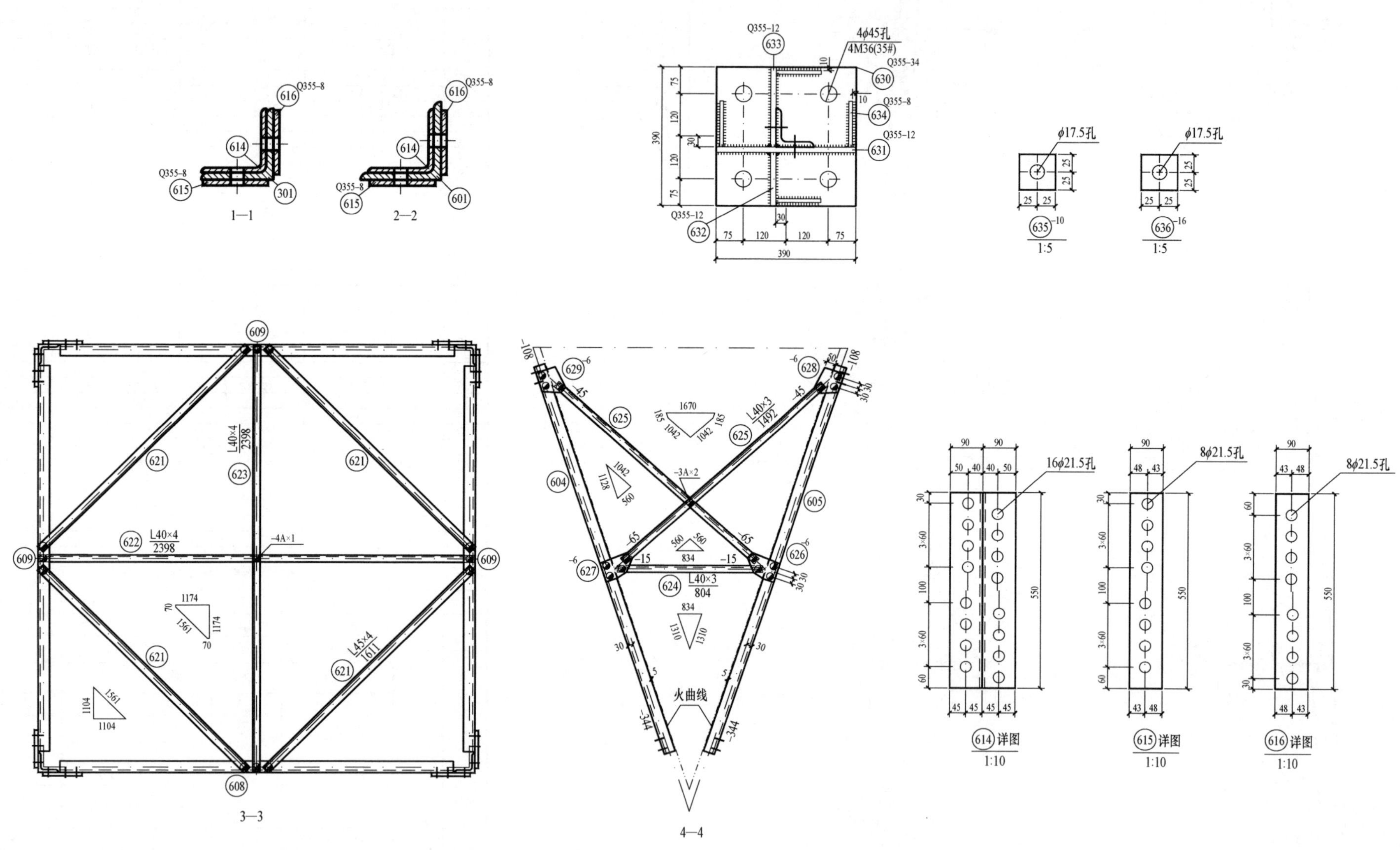

图 14－105　10GS20－J3 转角塔 12.0m 呼称高塔腿结构图⑥［10GS20－J3－06（2/2）］

构 件 明 细 表

编号	规格	长度（mm）	数量	质量（kg）		备注
				单件	小计	
701	Q355L125×10	7656	1	146.48	146.5	带脚钉
702	Q355L125×10	7656	2	146.48	293.0	
703	Q355L125×10	7656	1	146.48	146.5	
704	L56×4	2332	4	8.04	32.2	
705	L56×4	2332	4	8.04	32.2	
706	L40×3	725	8	1.34	10.7	
707	L40×3	1233	8	2.28	18.2	
708	Q355L63×5	2549	1	12.29	12.3	
709	Q355L63×5	2549	3	12.29	35.9	
710	L50×4	1380	4	4.22	16.9	切角
711	L50×4	1380	4	4.22	16.9	
712	L50×4	2975	4	9.10	36.4	切角
713	L50×4	2975	4	9.10	36.4	
714	L50×4	2807	4	8.59	34.4	切角
715	L50×4	2807	4	8.59	34.4	
716	L50×4	2601	4	7.96	31.8	切角
717	L50×4	2601	4	7.96	31.8	
718	Q355L90×7	610	4	5.89	23.6	铲背
719	Q355－8×90	610	4	3.45	13.8	
720	Q355－8×90	610	4	3.45	13.8	
721	Q355－6×185	237	8	2.07	16.6	
722	－6×252	332	4	3.94	15.8	
723	－6×167	189	8	1.49	11.9	
724	－6×166	189	8	1.48	11.8	
725	－6×186	193	8	1.69	13.5	
726	L50×4	1900	4	5.81	23.2	切角
727	L40×4	2806	1	6.80	6.8	
728	L40×4	2806	1	6.80	6.8	
729	L40×3	957	4	1.77	7.1	
730	L40×3	1655	8	3.07	24.6	
731	－6×110	182	4	0.94	3.8	火曲
732	－6×110	182	4	0.94	3.8	火曲
733	－6×128	147	4	0.89	3.6	火曲
734	－6×128	147	4	0.89	3.6	火曲
735	Q355－34×390	390	4	40.60	162.4	焊接
736	Q355－12×429	341	4	13.78	55.1	打坡口焊接
737	Q355－12×172	341	4	5.53	22.1	打坡口焊接
738	Q355－12×264	338	4	8.41	33.6	打坡口焊接
739	Q355－8×130	130	16	1.06	17.0	打坡口焊接
740	－10×50	50	20	0.20	4.0	垫板
741	－12×50	50	4	0.24	1.0	垫板
742	－16×50	50	8	0.31	2.5	垫板
总质量		1469.3kg				

螺栓、脚钉、垫圈明细表

名称	级别	规格	符号	数量	质量（kg）	备注
螺栓	6.8级	M16×40		165	23.8	
		M16×50		108	17.3	
		M16×60		36	6.3	
		M20×45	○	16	4.3	
		M20×55	∅	112	33.1	
脚钉	6.8级	M16×180		15	5.7	
		M20×200		1	0.7	
垫圈	Q235	－4A（ϕ17.5）		1	0.1	规格×个数
总质量		91.3kg				

图 14－106　10GS20－J3 转角塔 15.0m 呼称高塔腿结构图⑦［10GS20－J3－07（1/2）］

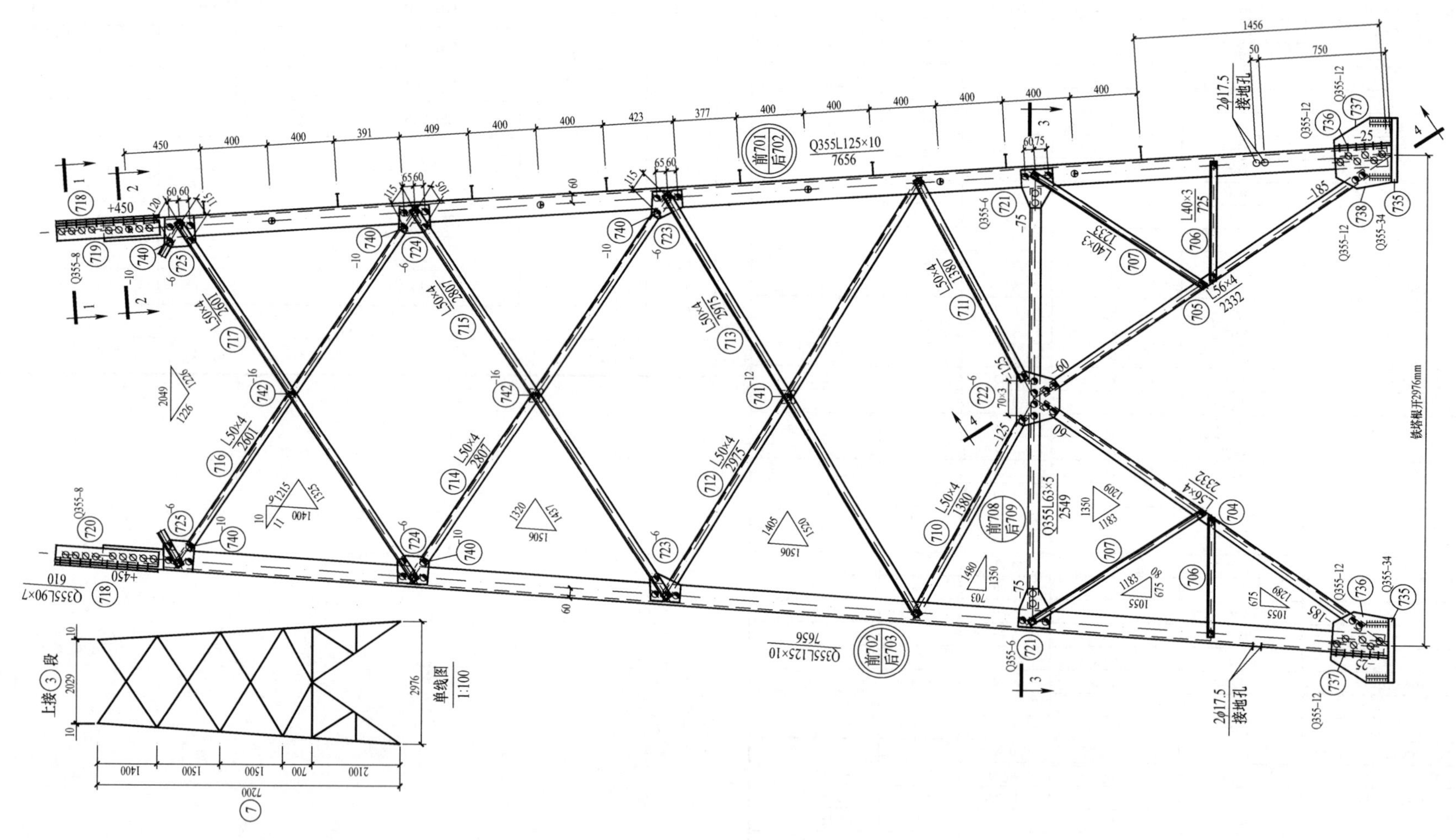

图 14-106　10GS20-J3 转角塔 15.0m 呼称高塔腿结构图⑦［10GS20-J3-07（1/2）］（续）

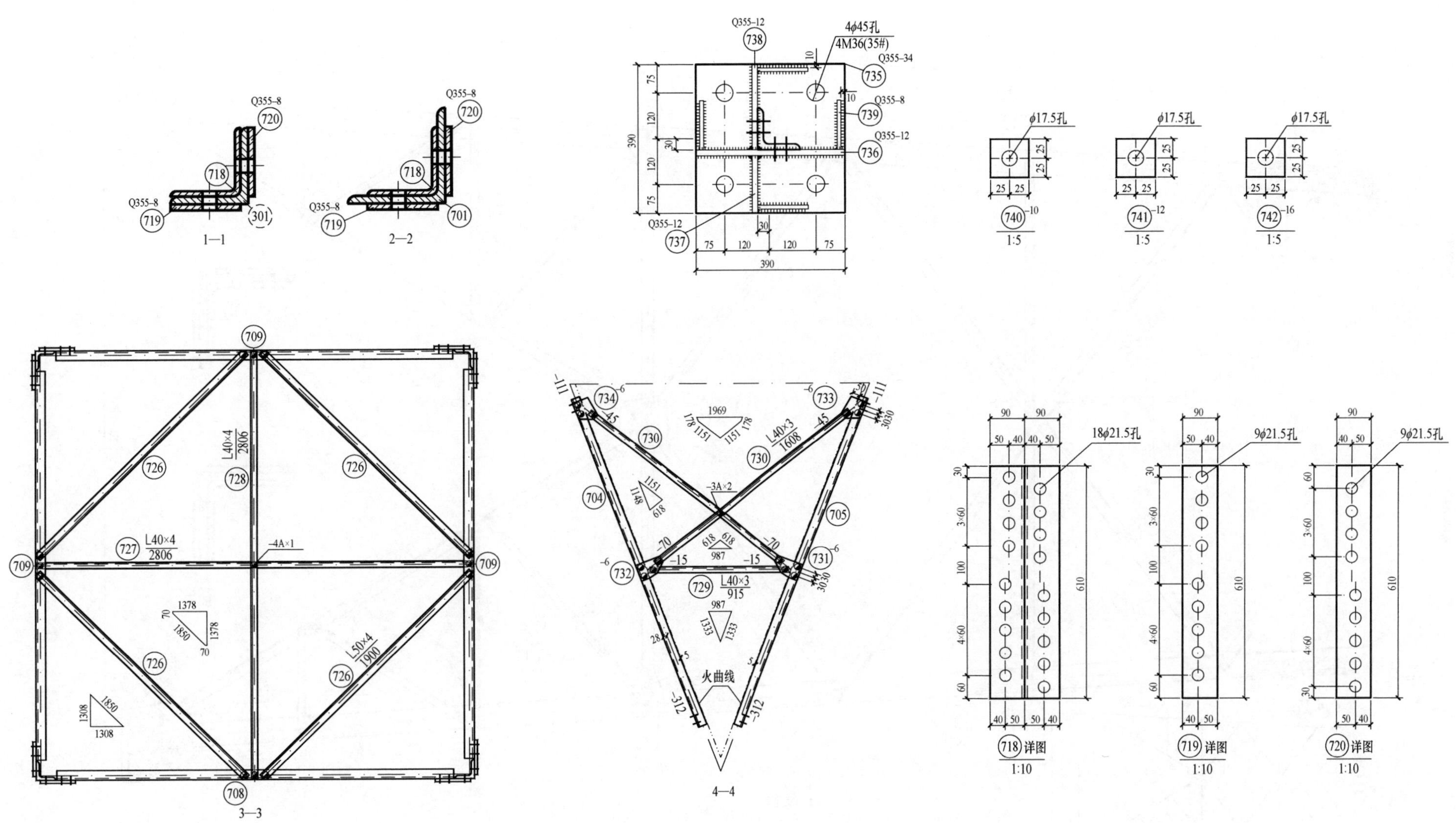

图 14－107　10GS20－J3 转角塔 15.0m 呼称高塔腿结构图⑦［10GS20－J3－07（2/2）］

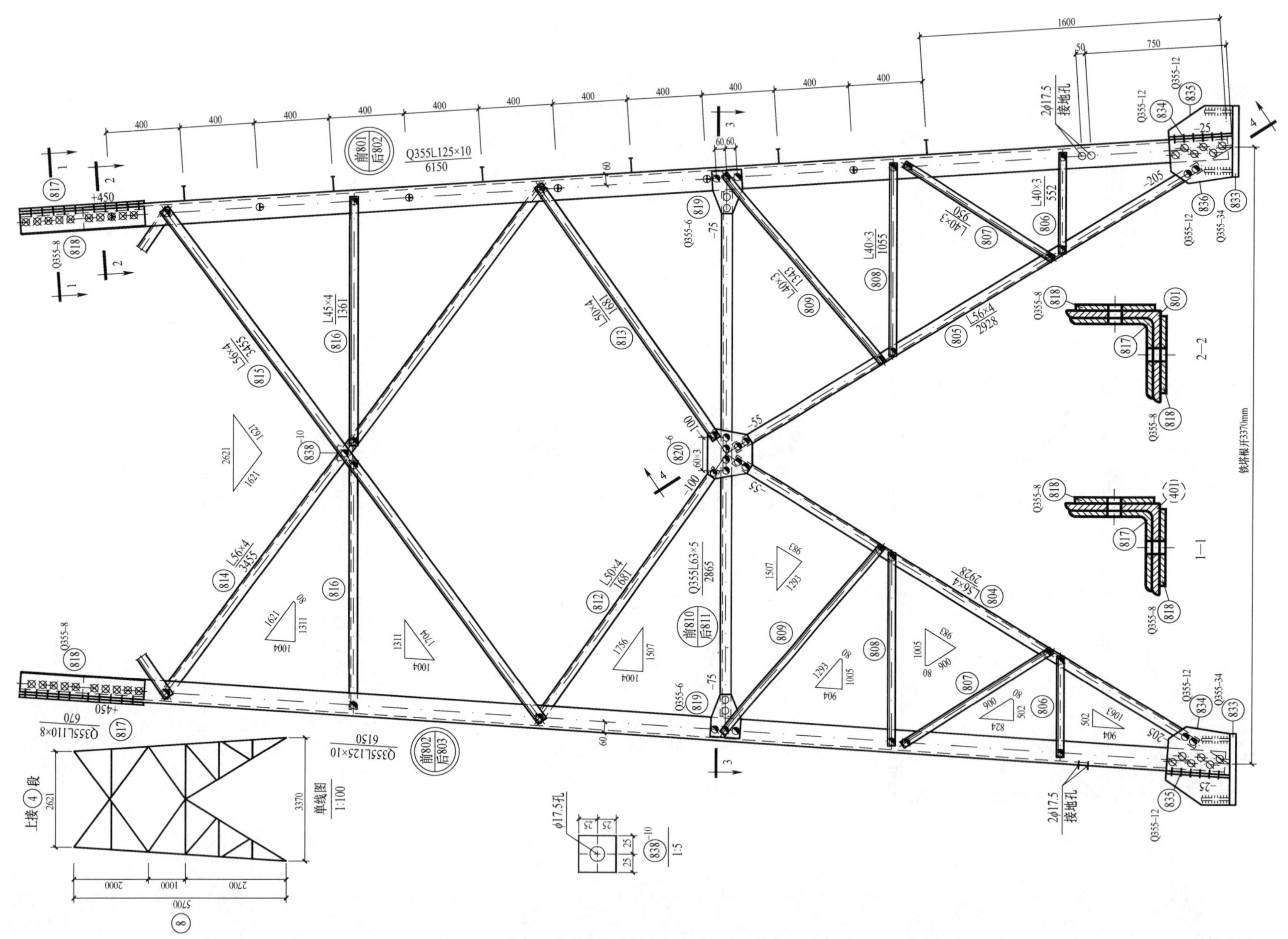

图 14－108　10GS20－J3 转角塔 18.0m 呼称高塔腿结构图⑧［10GS20－J3－08（1/2）］

构 件 明 细 表

编号	规格	长度（mm）	数量	质量（kg）		备注
				单件	小计	
801	Q355L125×10	6150	1	117.67	117.7	带脚钉
802	Q355L125×10	6150	2	117.67	235.3	
803	Q355L125×10	6150	1	117.67	117.7	
804	L56×4	2928	4	10.09	40.4	
805	L56×4	2928	4	10.09	404	
806	L40×3	552	8	1.02	8.2	
807	L40×3	950	8	1.76	14.1	
808	L40×3	1055	8	195	15.6	
809	L40×3	1343	8	2.49	19.9	
810	Q355L63×5	2865	1	13.82	13.8	
811	Q355L63×5	2865	3	13.82	415	
812	L50×4	1681	4	5.14	20.6	切角
813	L50×4	1681	4	5.14	20.6	
814	L56×4	3455	4	11.91	47.6	切角
815	L56×4	3455	4	11.91	47.6	
816	L45×4	1361	8	3.72	298	
817	Q355L110×8	670	4	9.07	363	铲背
818	Q35－8×105	670	8	4.42	35.4	
819	Q355－6×170	237	8	1.90	15.2	
820	－6×253	275	4	3.28	13.1	
821	L56×4	2123	4	732	293	切角
822	L45×4	3121	1	8.54	8.5	
823	L45×4	3121	1	8.54	8.5	
824	L40×3	715	4	132	5.3	
825	L40×3	1368	8	2.53	20.2	
826	L40×4	1914	8	4.64	37.1	
827	－6×116	171	4	0.93	3.7	火曲
828	－6×116	171	4	0.93	3.7	火曲
829	－6×131	162	4	1.00	4.0	火曲
830	－6×131	162	4	1.00	4.0	火曲
831	－6×134	138	4	087	3.5	火曲
832	－6×134	138	4	0.87	3.5	火曲
833	Q355－34×390	390	4	40.60	162.4	焊接
834	Q355－12×427	341	4	13.72	54.9	打坡口焊接
835	Q355－12×172	341	4	5.53	22.1	打坡口焊接
836	Q355－12×262	338	4	834	33.4	打坡口焊接
837	Q355－8×150	130	16	1.22	19.5	打坡口焊接
838	－10×50	50	4	020	0.8	垫板
总质量		1355.2kg				

螺栓、脚钉、垫圈明细表

名称	级别	规格	符号	数量	质量（kg）	备注
螺栓	68 级	M16×40		201	29.0	
		M16×50		80	128	
		M20×45	○	16	4.3	
		M20×55	∅	48	14.2	
		M20×65		80	25.6	
脚钉	68 级	M16×180		10	3.8	
		M20×200		1	0.7	
垫圈	Q235	－4A（ϕ175）		1	0.1	规格×个数
总质量			90.5kg			

图 14－109　10GS20－J3 转角塔 18.0m 呼称高塔腿结构图⑧［10GS20－J3－08（2/2）］

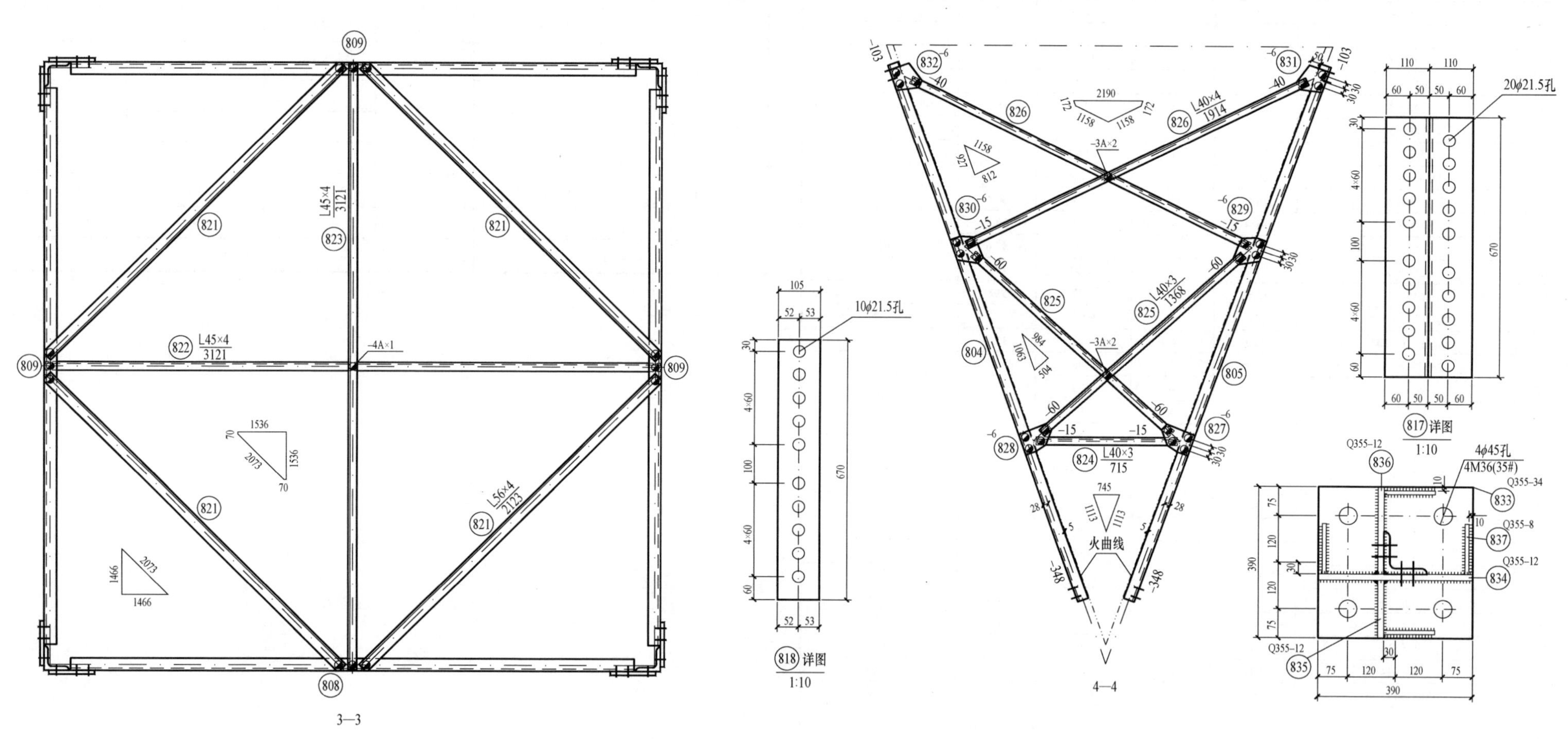

图 14－109　10GS20－J3 转角塔 18.0m 呼称高塔腿结构图⑧［10GS20－J3－08（2/2）］（续）

铁塔加工统一说明

1. 铁塔的设计执行 GB 50017—2017《钢结构设计规范》和 DL/T 5154—2012《架空输电线路杆塔结构设计技术规定》的有关规定。铁塔的加工本说明未列之处，需满足如下国标、规范和行业规定的要求：

GB 50661—2011《钢结构焊接规范》

GB 50205—2020《钢结构工程施工质量验收规范》

GB/T 2694—2018《输电线路铁塔制造技术条件》

GB 50173—2014《电气装置安装工程 66kV 及以下架空电力线路施工及验收规范》

DL/T 5442—2020《输电线路杆塔制图和构造规定》

2. 结构图中图面内的图例，代号等在说明中未提及之处，均按 DL/T 5442—2020《输电线路铁塔制图和构造规定》中的要求执行。

3. 钢材质量标准应符合 GB/T 700—2006《碳素结构钢》及 GB/T 1591—2018《低合金高强度结构钢》的有关要求。

4. 铁塔构件的钢种为 Q235B、Q355B，图中注明 Q355 材料为 Q355B 钢材，未注明者均为 Q235B 钢材。

5. 螺栓、螺母应符合的标准分别为 GB/T 5780—2016《六角头螺栓 C 级》、GB/T 6170—2015《1 型六角螺母》。

6. 所有螺栓（包括防卸螺栓）的强度等级为热镀锌后的强度值，螺栓及脚钉强度级别：M16、M20 为 6.8 级，M24 采用 8.8 级。

7. 垫圈标准应符合 GB/T 95—2002《平垫圈 C 级》，按照螺栓规格不同，分别加工厚度为 3mm（M16 螺栓）和 4mm（M20 螺栓、M24 螺栓）两种垫圈。当需垫的厚度超过 3 个垫圈时，应采用加工相应厚度垫块的形式。

8. 所有材料，包括角钢、钢板、螺栓、防卸螺栓、焊条等均应有出厂合格证书。

9. 所有构件均应作热（浸）镀锌防腐处理。并且不同材质的角钢必须分批镀锌，以免引起镀锌质量的下降。

10. 构件焊接应严格按照焊接规程，规范和有关规定进行，焊缝高度未注明的不得小于连接构件的最小厚度，当被焊接构件厚度不小于 8mm 时，要按规定进行剖口后再焊，以便焊透。厚度不小于 20mm 的焊件应采取焊前预热或焊后保温等相应处理措施，避免焊件的碎裂危险或过高的焊接应力。焊缝等级要求参见施工图纸。

11. Q355 及 Q235 钢构件所对应采用的焊条分别为 E50 系列及 E43 系列。当高级别钢和低级别钢相焊时，应采用低级别钢对应的焊条，所有焊接件均需加封焊，以防酸液进入接触面而造成锈蚀。

12. 加工时如需材料代用及改变结构形式等情况，须征得设计单位的同意。材料代用时，需注意相关影响（螺栓长度、主材接头相平、内垫片增减等），应与图纸对应列表统计，并由加工厂书面通知施工单位，以方便施工安装。

13. 角钢基准线和螺栓准线除图中特殊注明外，一般按表 1 采用。

表 1　角钢的螺栓准线表

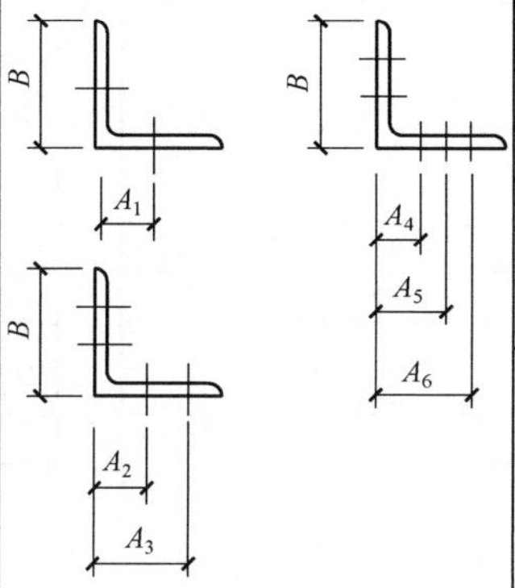

	肢宽	B	40	45	50	56	63	70	75	80	90	100	110	125	140	160	180	200	220	250
	单排	A_1	20	23	25（28）	28（32）	30（36）	35（40）	38（40）	40	45	50	55	60	70	80	90	100	110	125
	双排	A_2											45	50	55	60	65	75	85	100
		A_3											75	85	90	105	120	135	130	150
	三排	A_4																	85	100
		A_5																	130	150
		A_6																	175	200
最大可用螺栓孔径			ϕ17.5				ϕ21.5									ϕ25.5				

注　1. 括号内的数字用于当其他构件与本角钢搭接而螺栓边距不足时，在搭接位置上的螺栓孔可使用的准线值。

2. L100 及以下角钢一般不宜采用双排准线，L200 及以下角钢一般不宜采用三排准线。

3. 对于三排准线除非设计有要求，一般不得擅自使用。

14. 当角钢上打双排螺栓或多排螺栓时，螺栓在角钢轴心线上的投影孔距必须满足以下规定：

当用 M16 螺栓时，$L\geqslant 40$mm；

当用 M20 螺栓时，$L\geqslant 50$mm（参见图 1）。

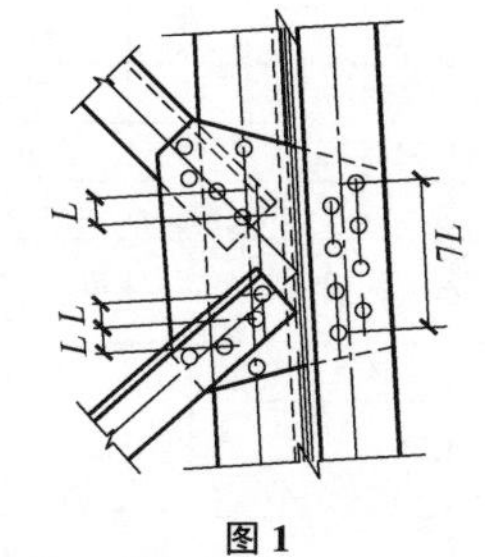

图 1

15. 螺栓、脚钉、垫圈规格按表 2 采用。最短腿离地高 8m 以下的连接螺栓采用防卸螺栓，其他均采用防松措施（采用薄螺母防松）。单帽螺栓配一帽、一垫、一薄螺母；双帽螺栓配两帽、一垫。M16 和 M20 的螺栓规格采用 6.8 级、M24 及以上的螺栓规格采用 8.8 级，防卸螺栓规格由业主及运行单位确定，并保证出扣。但挂线角钢处应采用双帽防松。业主方或运行方有特殊要求的应按照业主方或运行方的要求。螺栓的长度和数量必须经过放样和试组装的检验，当长度或数量有误时，应及时汇报给监理或设计单位。

图 14－110　10GS20－J3 转角塔加工说明（10GS20－J3－09）

表 2　　螺栓、脚钉、垫圈规格表

单帽螺栓（带一垫、一扣紧螺母）						双帽螺栓（带一垫双帽）				
级别	规格	图例	说明			规格	图例	说明		
			无扣长（mm）	通过厚度（mm）	每套质量（kg）			无扣长（mm）	通过厚度（mm）	每套质量（kg）
6.8级	M16×40		6	7～12	0.1442	M16×50		6	7～12	0.1875
	M16×50		12	13～22	0.1602	M16×60		12	13～22	0.2039
	M16×60		22	23～32	0.1762	M16×70		22	23～32	0.2203
	M16×70		32	33～42	0.1922	M16×80		32	33～42	0.2369
6.8级	M20×45		8	9～15	0.2701	M20×60		8	9～15	0.3605
	M20×55		15	16～25	0.2953	M20×70		15	16～25	0.3864
	M20×65		25	26～35	0.3205	M20×80		25	26～35	0.4123
	M20×75		35	36～45	0.3457	M20×90		35	36～45	0.4381
	M20×85		45	46～55	0.3709	M20×100		45	46～55	0.4640
	M20×95		55	56～65	0.3961	M20×110		55	56～65	0.4899
	M20×105		65	66～75	0.4213	M20×120		65	66～75	0.5158
8.8级	M24×55		12	13～20	0.4631	M24×75		12	13～20	0.6278
	M24×65		20	21～30	0.5000	M24×85		20	21～30	0.6655
	M24×75		30	31～40	0.5368	M24×95		30	31～40	0.7033
	M24×85		40	41～50	0.5737	M24×105		40	41～50	0.7410
	M24×95		50	51～60	0.6105	M24×115		50	51～60	0.7787
	M24×105		60	61～70	0.6473	M24×125		60	61～70	0.8165
	M24×115		70	71～80	0.6842	M24×135		70	71～80	0.8541
	M24×130		80	81～95	0.7375	M24×150		80	81～95	0.9074

脚钉					垫圈					
级别	规格	图例	无扣长（mm）	每只质量（kg）	材质	规格	图例	每只质量（kg）	内径（mm）	外径（mm）
6.8级	M16×180	正面 侧面	120	0.3254		−3（ϕ17.5）	规格×个数	0.01065	17.5	30
						−4（ϕ17.5）		0.0142	17.5	30
6.8级	M20×200		120	0.6183		−3（ϕ22）		0.01637	22	37
						−4（ϕ22）		0.02183	22	37
8.8级	M24×240		120	0.9037		−3（ϕ26）		0.02331	26	44
						−4（ϕ26）		0.03108	26	44

注　1. 受剪单帽螺栓和脚钉配一帽、一垫、一薄螺母；受剪或受拉双帽螺栓配两帽、一垫。
2. 螺纹不得进入剪切面。
3. 薄螺母的性能等级为 05 级。

16. 对于 8.8 级及以上的高强度螺栓，除应满足 GB/T 3098《紧固件机械性能》和 DL/T 764.4《输电线路铁塔及电力金具紧固件冷镦热浸镀锌螺栓与螺母》之要求外，还应委托第三方有资质的检测单位对高强度螺栓进行抽检，并提供塑性、强度和硬度的试验合格报告。

17. 角钢及钢板的螺栓间距除图中特殊注明外应按表 3 采用。

螺孔顺力线方向重心最大间距 12d 或 18t（取二者较小者）其中 d 为螺栓直径，t 为较薄板的厚度。

表 3　　螺栓边端距要求表

螺栓规格	螺栓孔径	间距		边距		
		单排孔	双排孔	端边 L_D	轧制边 L_Z	切角边 L_Q
M12	ϕ13.5	40	60	20	≥17	≥18
M16	ϕ17.5	50	80	25	≥21*	≥23
M20	ϕ21.5	60	100	30	≥26	≥28
M24	ϕ25.5	80	120	40	≥31	≥33

* 当用 L40 角钢时，轧制边距 L_z=20。

18. 脚钉从基础顶面以上 1.5m 左右起装，间距一般按 400mm，当某一个脚钉位于节点板、主材接头、塔身变坡等位置，上下脚钉间距不能满足标准 400mm 时，该脚钉上下相邻的两个或三个脚钉间距之和需满足 400mm 的倍数。

当脚钉代替螺栓时，脚钉级别应与被代螺栓等强度。

脚钉型式采用防滑带弯钩型式。

19. 节点板考虑到刚度和稳定要求，形状不宜狭长，节点板边缘与构件轴线夹角 α 不小于 15°，1—1 段面的节点板断面面积不小于被连接角钢截面积的 1.2 倍。参见图 2。

节点板边距及构件间隙如图 3 所示。

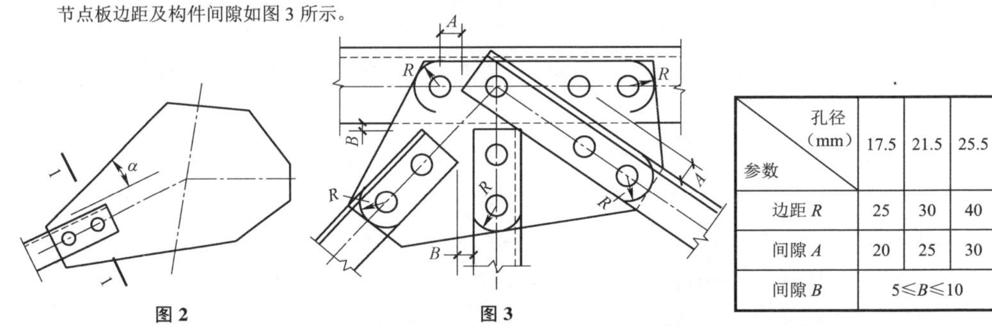

参数 \ 孔径（mm）	17.5	21.5	25.5
边距 R	25	30	40
间隙 A	20	25	30
间隙 B	5≤B≤10		

图 2　　图 3

20. 构件接头中包角钢接头间隙按图放样，一般为 10mm 左右。其中外包角钢清根，内包角钢铲背。

21. 凡图中所要求的火曲、开合角、切肢、压扁、切角的尺寸均由加工放样决定。角钢肢宽大于 100mm 以上，两构件连接面间的夹角大于 2°时，构件应局部开、合角或制弯。

22. 如没有注明，长度单位均为毫米。

23. 结构图中尺寸仅供备料用，加工前应放样，以实际放样尺寸为准。

24. 角钢对接处外贴连接钢板的螺栓孔最小边距 M20 取 40mm、M24 取 50mm。

25. 当螺栓采用一垫一帽一薄螺母时应确保装好螺帽后螺杆出扣。

26. 制孔方式按照铁塔招标技术规范书的要求执行。

27. 铁塔放样后应加工一基样塔，经试组装检验合格后方能批量生产。

28. 本工程参照国家电网公司基建部监制的“工艺标准库（2012 版）”，本册施工图按以下工艺标准进行施工。

工艺编号	项目/工艺名称	注意事项
0201020101	角钢铁塔分解组立	

图 14－110　10GS20－J3 转角塔加工说明（10GS20－J3－09）（续）

第四篇

基础典型设计施工图

第 15 章　基础典型设计说明

本篇为基础典型设计施工图，图纸包括以下内容：

（1）35 个黄土类掏挖基础施工图。

（2）20 个碎石土（卵石）类掏挖基础施工图。

（3）32 个碎石土（卵石）类钢筋混凝土板柱基础。

（4）基础相关配套施工图纸。

15.1　基础设计推荐岩土参数

基础设计推荐岩土参数见表 15–1。

表 15–1　　基础设计推荐岩土参数

岩土名称	重力密度（kN/m^3）	粘聚力 C（kPa）	内摩擦角 Φ（°）	承载力特征值 F_{ak}（kPa）
黄土	13	8	18	120
碎石（卵石）土	18	10	40	180

15.2　基础的设计作用力

由于本书针对的铁塔的根开较小，尤其是低呼称高的基础根开更小影响较大，相邻基础之间的影响较大，基础相关参数选择困难。因此，根据计算情况，对基础的系列进行了部分归并。具体的结果如下：

黄土类掏挖基础见表 15–2。

表 15–2　　黄土类掏挖基础

杆塔类型	T_{max}（kN）	T_x（kN）	T_y（kN）	N_{max}（kN）	N_x（kN）	N_y（kN）	计算根开（mm）
直线	150	12	12	200	15	15	1770/1878
	250	17	17	300	18	18	2118/2598
耐张	250	25	30	300	30	30	1906
	300	35	35	400	40	35	2050
	350	40	35	450	45	35	2196
	400	40	40	500	45	40	2584
	450	40	40	550	45	40	2973

碎石（卵石）类掏挖基础见表 15–3。

表 15–3　　碎石（卵石）类掏挖基础

杆塔类型	T_{max}（kN）	T_x（kN）	T_y（kN）	N_{max}（kN）	N_x（kN）	N_y（kN）	计算根开（mm）
直线	250	17	17	300	18	18	1770/2598
耐张	250	25	30	300	30	30	1906
	350	40	35	450	45	35	2050/2196
	450	40	40	550	45	40	2584/2973

碎石（卵石）类板柱基础见表 15–4。

表 15-4　碎石（卵石）类板柱基础

杆塔类型	T_{max}（kN）	T_x（kN）	T_y（kN）	N_{max}（kN）	N_x（kN）	N_y（kN）	计算根开（mm）
直线	100	9	9	150	10	10	1770
	150	12	12	200	15	15	1878
	200	15	15	250	16	16	2118
	250	17	17	300	18	18	2598
耐张	250	25	30	300	30	30	1906
	300	35	35	400	40	35	2050
	350	40	35	450	45	35	2196
	400	40	40	500	45	40	2584
	450	40	40	550	45	40	2973

15.3　基础图号命名规则

1. 掏挖基础图号命名规则

掏挖基础图号命名规则如图 15-1 所示。

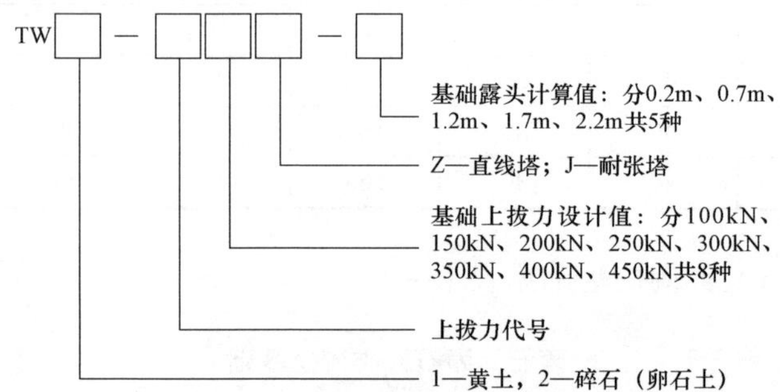

图 15-1　掏挖基础图号命名规则

基础图号包含基础型式、适用的岩土类型、上拔力设计值、适用的铁塔型式、基础露头计算值等信息。

示例："TW2-T250J-1.7"表示适用于碎石（卵石）土质、基础上拔力 250kN、基础露头计算值 1.7m 的耐张塔掏挖基础。

2. 钢筋混凝土板柱基础命名规则

钢筋混凝土板柱基础命名规则如图 15-2 所示。

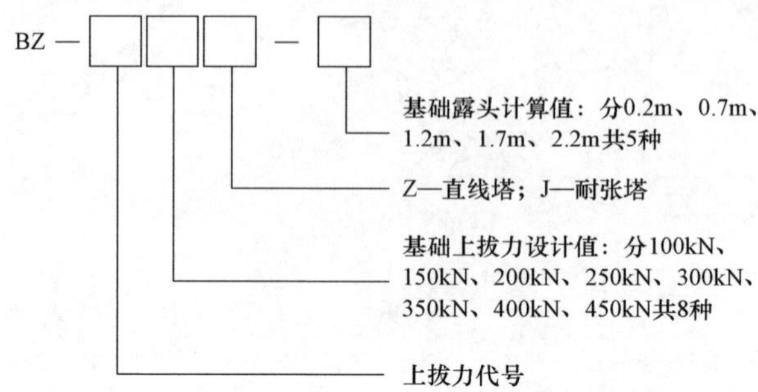

图 15-2　钢筋混凝土板柱基础命名规则

基础图号包含基础型式、上拔力设计值、适用的铁塔型式、基础露头计算值等信息。

示例："BZ-T250Z-0.7"表示适用于碎石（卵石）土质、基础上拔力 250kN、基础露头计算值 0.7m 的《差异化设计》直线塔钢筋混凝土板柱基础。

15.4　基础规格命名规则

挖孔基础规格命名规则如图 15-3 所示。

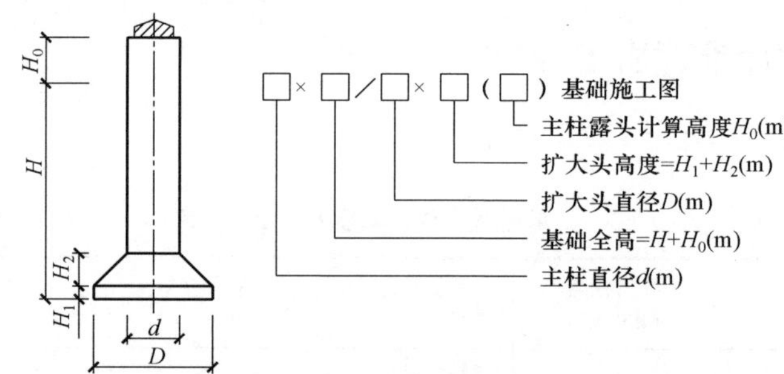

图 15-3　挖孔基础规格命名规则

钢筋混凝土板柱基础规格命名规则如图 15-4 所示。

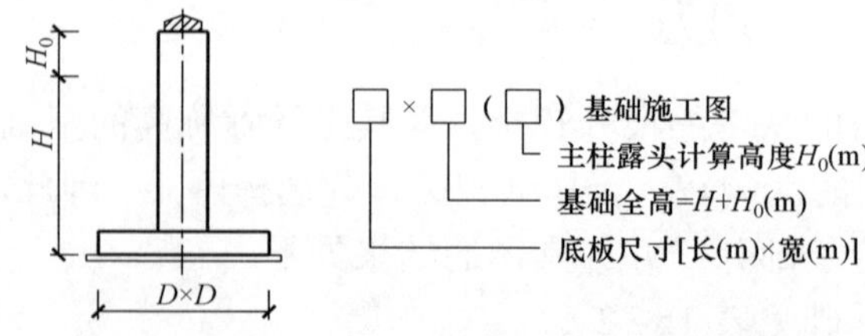

图 15-4　钢筋混凝土板柱基础规格命名规则

15.5　基础典型设计施工图使用方法

设计单位应按照差异化设计成果的要求，结合工程实际情况合理选用。

（1）查询本书，根据使用塔型、岩土类别等查询到相应的模块。在满足差异化设计条件下，一个工程可在不同的模块下选择相应基础。

（2）在初步确定基础后，再根据相应模块的设计说明详细核对基础作用力、岩土类别及力学参数、主柱露头高度、基础根开等设计参数，掌握差异化设计基础的相关设计技术条件。

（3）在施工图阶段，如工程设计条件与差异化设计技术条件存在差异，设计单位应对选定模块的基础施工图开展设计校验、核对地脚螺栓长度、间距是否与基础尺寸匹配，确保工程可靠应用。

15.6　基础典型设计施工图注意事项

15.6.1　部分塔型无法使用板柱基础的特别说明

在计算板柱基础的过程中，由于个别塔型基础根开过小或基础露头过高，使用归并后的基础作用力计算时，计算无法通过。具体情况见表 15-5。

表 15-5　　板柱基础计算无法通过的情况

序号	塔型	呼称高（m）	基础作用力（kN）		基础露头高度（m）	不通过原因
			上拔力	下压力		
1	10GS10－Z1	12.0	100	150	1.7	偏心距无法满足
2	10GS10－J1	9.0	250	300	0.2	基础根开小
3					0.7	基础根开小
4					1.2	基础根开小
5					1.7	基础根开小
6	10GS10－J2	9.0	250	300	0.7	偏心距无法满足
7					1.2	基础根开小
8					1.7	基础根开小
9		12.0	300	400	1.2	偏心距无法满足
10	10GS10－J3	9.0	300	400	0.7	基础根开小
11					1.2	基础根开小
12	10GS20－J1	9.0	250	300	0.2	基础根开小
13					0.7	基础根开小
14					1.2	基础根开小
15					1.7	基础根开小
16		12.0	300	400	0.7	基础根开小
17					1.2	基础根开小
18	10GS20－J2	9.0	300	400	0.2	基础根开小
19					0.7	基础根开小
20					1.2	基础根开小
21	10GS20－J3	9.0	350	450	0.2	基础根开小
22					0.7	基础根开小
23					1.2	基础根开小
24		12.0	400	500	1.2	基础根开小
25					1.7	基础根开小

针对以上情况，在工程设计时，建议采取如下措施：

（1）针对 10GS10－J1、10GS10－J2、10GS20－J1、10GS20－J2、10GS20－J3 四种塔型的 9.0 呼称高铁塔，禁止采用板柱基础型式，建议采用如筏板基础、重力基础等其他的基础型式。

（2）针对 10GS10－J3 塔型 9.0m 呼称高；10GS10－Z1、10GS10－J2、10GS20－J1、10GS20－J3 塔型 12.0m 呼称高的铁塔，在使用基础典型设计的板柱基础时，主柱露头高度取 0.2m，禁止采用主柱露头高度大于 0.2m 的基础典型设计。

（3）根据铁塔的实际使用条件，校核基础荷载（作用力），通过计算确定是否采用板柱基础。

15.6.2　其他注意事项

（1）严禁未经验算超条件使用、严禁“以小代大”。

（2）结合工程岩土条件和荷载条件，选择经济、合理的基础模块，避免“以大代小”。

（3）基础分直线基础和耐张基础，应根据铁塔型式正确选择。

（4）基础典型设计未考虑地下水的影响，未考虑岩土和地下水具有弱腐蚀及以上的腐蚀情况。

（5）当工程实际岩土参数与基础设计条件存在差异时，如基础埋深范围内岩土分层时，设计单位应选择适合的基础模块经验算后使用。

（6）由于差异化设计铁塔的基础根开较小，在校核基础典型设计时，应特别注意基础根开较小情况下，相邻基础之间的影响。

（7）在工程使用中，任何情况下必须保证基础埋深不小于基础最小埋深 h_t。

（8）基础边坡距离建议值。

1）基础的内边坡距。各类基础内边坡距最小值为主柱边缘外 1.0m。

2）掏挖基础外边坡距如图 15－5 所示。

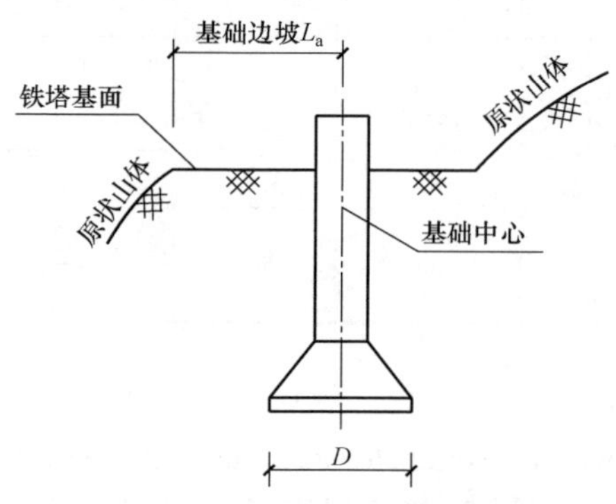

图 15－5　掏挖基础外边坡距

掏挖基础外边坡距为

$$L_a=1.5D+n$$

式中　D——掏挖基础扩大头直径；

n——裕度，当外边坡度α≤30°时，n 取 0.5m；当 30°＜α≤45°时，n 取 0.75m；当α＞45°时，n 取 1.0m。

3）板柱基础外边坡距如图 15－6 所示。

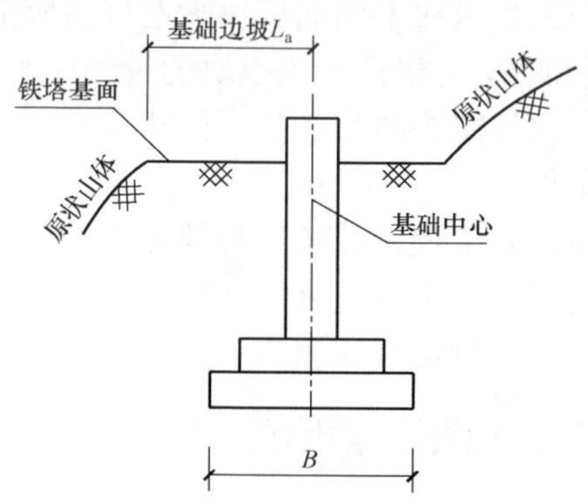

图 15－6　板柱基础外边坡距

板柱基础外边坡距为

$$L_a=B/2+0.42h_t+n$$

式中　B——底板宽度。

h_t——基础有效埋深。

15.7　基础的主要参数汇总

15.7.1　黄土类掏挖基础主要参数汇总

黄土类掏挖基础主要参数汇总见表 15－6。

表 15－6　　黄土类掏挖基础主要参数汇总

基础图纸编号	基础规格编号	主柱直径 d（mm）	底板直径 D（mm）	基础最小埋深 H_t（mm）	基础露头 H_0（mm）	圆台高 H_2（mm）	下圆柱高 H_1（mm）	单腿混凝土量 C25（m³）	地栓护帽 C15（m³）	单腿钢筋量（kg）
TW1－T150Z－0.2	ϕ0.8×3.2/ϕ1.6×0.8（0.2）	800	1600	3000	200	700	100	2.23	0.1	109.1
TW1－T150Z－0.7	ϕ0.8×3.7/ϕ1.6×0.8（0.7）	800	1600	3000	700	700	100	2.48	0.1	124.81
TW1－T150Z－1.2	ϕ0.8×4.4/ϕ1.6×0.8（1.2）	800	1600	3200	1200	700	100	2.84	0.1	149.51
TW1－T150Z－1.7	ϕ0.8×5.1/ϕ1.6×0.8（1.7）	800	1600	3400	1700	700	100	3.19	0.1	173.42
TW1－T150Z－2.2	ϕ0.8×5.8/ϕ1.6×0.9（2.2）	800	1600	3600	2200	800	100	3.61	0.1	198.12

续表

基础图纸编号	基础规格编号	主柱直径 d（mm）	底板直径 D（mm）	基础最小埋深 H_t（mm）	基础露头 H_0（mm）	圆台高 H_2（mm）	下圆柱高 H_1（mm）	单腿混凝土量 C25（m^3）	地栓护帽 C15（m^3）	单腿钢筋量（kg）
TW1－T250Z－0.2	ϕ0.9×3.8/ϕ1.9×0.9（0.2）	900	1900	3600	200	800	100	3.42	0.1	148.83
TW1－T250Z－0.7	ϕ0.9×4.3/ϕ1.9×0.9（0.7）	900	1900	3600	700	800	100	3.73	0.1	166.74
TW1－T250Z－1.2	ϕ0.9×4.8/ϕ1.9×0.9（1.2）	900	1900	3600	1200	800	100	4.05	0.1	185.7
TW1－T250Z－1.7	ϕ0.9×5.3/ϕ1.9×0.9（1.7）	900	1900	3600	1700	800	100	4.37	0.1	203.61
TW1－T250Z－2.2	ϕ0.9×5.8/ϕ1.9×0.9（2.2）	900	1900	3600	2200	800	100	4.69	0.1	225.74
TW1－T250J－0.2	ϕ0.9×4.8/ϕ1.8×0.9（0.2）	900	1800	4600	200	800	100	3.93	0.1	185.7
TW1－T250J－0.7	ϕ0.9×5.3/ϕ1.8×0.9（0.7）	900	1800	4600	700	800	100	4.25	0.1	203.61
TW1－T250J－1.2	ϕ0.9×5.8/ϕ1.8×0.9（1.2）	900	1800	4600	1200	800	100	4.56	0.1	225.74
TW1－T250J－1.7	ϕ0.9×6.3/ϕ1.8×0.9（1.7）	900	1800	4600	1700	800	100	4.88	0.1	243.65
TW1－T250J－2.2	ϕ0.9×6.9/ϕ1.8×0.9（2.2）	900	1800	4700	2200	800	100	5.26	0.1	265.17
TW1－T300J－0.2	ϕ1.0×5.1/ϕ1.9×0.9（0.2）	1000	1900	4900	200	800	100	4.95	0.1	229.91
TW1－T300J－0.7	ϕ1.0×5.6/ϕ1.9×0.9（0.7）	1000	1900	4900	700	800	100	5.34	0.1	252.01
TW1－T300J－1.2	ϕ1.0×6.2/ϕ1.9×0.9（1.2）	1000	1900	5000	1200	800	100	5.81	0.1	280.7
TW1－T300J－1.7	ϕ1.0×6.6/ϕ2.0×0.9（1.7）	1000	2000	4900	1700	800	100	6.26	0.1	298.58
TW1－T300J－2.2	ϕ1.0×7.1/ϕ2.1×1.0（2.2）	1000	2100	4900	2200	900	100	6.91	0.1	319.5
TW1－T350J－0.2	ϕ1.0×5.4/ϕ2.0×1.0（0.2）	1000	2000	5200	200	900	100	5.42	0.1	244.75
TW1－T350J－0.7	ϕ1.0×5.9/ϕ2.0×1.0（0.7）	1000	2000	5200	700	900	100	5.82	0.1	265.67
TW1－T350J－1.2	ϕ1.0×6.4/ϕ2.0×1.0（1.2）	1000	2000	5200	1200	900	100	6.21	0.1	287.77
TW1－T350J－1.7	ϕ1.0×6.7/ϕ2.2×1.1（1.7）	1000	2200	5000	1700	1000	100	6.89	0.1	301.62
TW1－T350J－2.2	ϕ1.0×7.2/ϕ2.2×1.1（2.2）	1000	2200	5000	2200	1000	100	7.28	0.1	323.72
TW1－T400J－0.2	ϕ1.0×5.4/ϕ2.3×1.2（0.2）	1000	2300	5200	200	1100	100	6.19	0.1	244.75
TW1－T400J－0.7	ϕ1.0×5.9/ϕ2.3×1.2（0.7）	1000	2300	5200	700	1100	100	6.59	0.1	265.67
TW1－T400J－1.2	ϕ1.0×6.4/ϕ2.3×1.2（1.2）	1000	2300	5200	1200	1100	100	6.98	0.1	287.77
TW1－T400J－1.7	ϕ1.0×6.9/ϕ2.3×1.2（1.7）	1000	2300	5200	1700	1100	100	7.37	0.1	308.69
TW1－T400J－2.2	ϕ1.0×7.4/ϕ2.3×1.2（2.2）	1000	2300	5200	2200	1100	100	7.76	0.1	334.34
TW1－T450J－0.2	ϕ1.2×5.5/ϕ2.4×1.1（0.2）	1200	2400	5300	200	1000	100	8.07	0.1	308.56
TW1－T450J－0.7	ϕ1.2×6.0/ϕ2.4×1.1（0.7）	1200	2400	5300	700	1000	100	8.64	0.1	336.10
TW1－T450J－1.2	ϕ1.2×6.5/ϕ2.4×1.1（1.2）	1200	2400	5300	1200	1000	100	9.20	0.1	362.22
TW1－T450J－1.7	ϕ1.2×7.0/ϕ2.4×1.1（1.7）	1200	2400	5300	1700	1000	100	9.77	0.1	394.08
TW1－T450J－2.2	ϕ1.2×7.5/ϕ2.4×1.1（2.2）	1200	2400	5300	2200	1000	100	10.33	0.1	420.2

15.7.2 碎石（卵石）土类掏挖基础主要参数汇总

碎石（卵石）土类掏挖基础主要参数汇总见表 15–7。

表 15–7　　碎石（卵石）土类掏挖基础主要参数汇总

基础图纸编号	基础规格编号	主柱直径 d（mm）	底板直径 D（mm）	基础最小埋深 H_t（mm）	基础计算露头 H_0（mm）	圆台高 H_2（mm）	下圆柱高 H_1（mm）	单腿混凝土量 C25（m^3）	地栓护帽 C15（m^3）	单腿钢筋量（kg）
TW2–T250Z–0.2	ϕ0.8×2.8/ϕ1.4×1.0（0.2）	800	1400	2600	200	900	100	1.94	0.1	95.49
TW2–T250Z–0.7	ϕ0.8×3.3/ϕ1.4×1.0（0.7）	800	1400	2600	700	900	100	2.19	0.1	111.2
TW2–T250Z–1.2	ϕ0.8×3.8/ϕ1.4×1.0（1.2）	800	1400	2600	1200	900	100	2.44	0.1	130.63
TW2–T250Z–1.7	ϕ0.8×4.3/ϕ1.4×1.0（1.7）	800	1400	2600	1700	900	100	2.69	0.1	146.34
TW2–T250Z–2.2	ϕ0.8×4.8/ϕ1.4×1.0（2.2）	800	1400	2600	2200	900	100	2.95	0.1	162.98
TW2–T250J–0.2	ϕ0.9×3.4/ϕ1.6×1.1（0.2）	900	1600	3200	200	1000	100	2.93	0.1	133.48
TW2–T250J–0.7	ϕ0.9×3.9/ϕ1.6×1.1（0.7）	900	1600	3200	700	1000	100	3.25	0.1	151.39
TW2–T250J–1.2	ϕ0.9×4.4/ϕ1.6×1.1（1.2）	900	1600	3200	1200	1000	100	3.56	0.1	170.35
TW2–T250J–1.7	ϕ0.9×4.9/ϕ1.6×1.1（1.7）	900	1600	3200	1700	1000	100	3.88	0.1	188.26
TW2–T250J–2.2	ϕ0.9×5.4/ϕ1.6×1.1（2.2）	900	1600	3200	2200	1000	100	4.2	0.1	210.39
TW2–T350J–0.2	ϕ0.9×3.8/ϕ1.8×1.3（0.2）	900	1800	3600	200	1200	100	3.63	0.1	148.83
TW2–T350J–0.7	ϕ0.9×4.3/ϕ1.8×1.3（0.7）	900	1800	3600	700	1200	100	3.95	0.1	166.74
TW2–T350J–1.2	ϕ0.9×4.8/ϕ1.8×1.3（1.2）	900	1800	3600	1200	1200	100	4.27	0.1	185.7
TW2–T350J–1.7	ϕ0.9×5.3/ϕ1.8×1.3（1.7）	900	1800	3600	1700	1200	100	4.58	0.1	203.61
TW2–T350J–2.2	ϕ0.9×5.8/ϕ1.8×1.3（2.2）	900	1800	3600	2200	1200	100	4.9	0.1	225.74
TW2–T450J–0.2	ϕ0.9×4.3/ϕ1.8×1.3（0.2）	900	1800	4100	200	1200	100	3.95	0.1	166.74
TW2–T450J–0.7	ϕ0.9×4.8/ϕ1.8×1.3（0.7）	900	1800	4100	700	1200	100	4.27	0.1	185.7
TW2–T450J–1.2	ϕ0.9×5.3/ϕ1.8×1.3（1.2）	900	1800	4100	1200	1200	100	4.58	0.1	203.61
TW2–T450J–1.7	ϕ0.9×5.8/ϕ1.8×1.3（1.7）	900	1800	4100	1700	1200	100	4.9	0.1	225.74
TW2–T450J–2.2	ϕ0.9×6.3/ϕ1.8×1.3（2.2）	900	1800	4100	2200	1200	100	5.22	0.1	243.65

15.7.3 碎石（卵石）土类钢筋混凝土板柱基础主要参数汇总

碎石（卵石）土类钢筋混凝土板柱基础主要参数汇总见表 15–8。

表 15-8　　碎石（卵石）土类钢筋混凝土板柱基础主要参数汇总

基础图纸编号	基础规格编号	主柱直径 d（mm）	底板直径 D（mm）	基础埋深 H（mm）	基础露头 H_0（mm）	单腿混凝土量 C25（m^3）	地栓护帽及垫层 C15（m^3）	单腿钢筋量（kg）
BZ-T150Z-0.2	1.6×1.6×2.2（0.2）	600	1600	2000	200	1.68	0.24	128.44
BZ-T150Z-0.7	1.6×1.6×2.7（0.7）	600	1600	2000	700	1.86	0.24	140.26
BZ-T150Z-1.2	1.7×1.7×3.2（1.2）	600	1700	2000	1200	2.17	0.26	160.15
BZ-T100Z-1.7	1.6×1.6×3.7（1.7）	600	1600	2000	1700	2.22	0.24	171.05
BZ-T150Z-1.7	1.8×1.8×3.7（1.7）	600	1800	2000	1700	2.49	0.28	184.15
BZ-T200Z-0.2	1.7×1.7×2.4（0.2）	600	1700	2200	200	1.88	0.26	140.51
BZ-T200Z-0.7	1.7×1.7×2.9（0.7）	600	1700	2200	700	2.06	0.26	153.09
BZ-T200Z-1.2	1.7×1.7×3.4（1.2）	600	1700	2200	1200	2.24	0.26	167.22
BZ-T200Z-1.7	1.9×1.9×3.9（1.7）	600	1900	2200	1700	2.71	0.3	198.32
BZ-T250Z-0.2	1.8×1.8×2.5（0.2）	700	1800	2300	200	2.33	0.28	177.24
BZ-T250Z-0.7	1.8×1.8×3.0（0.7）	700	1800	2300	700	2.57	0.28	195.28
BZ-T250Z-1.2	1.8×1.8×3.5（1.2）	700	1800	2300	1200	2.82	0.28	211.52
BZ-T250Z-1.7	1.8×1.8×4.0（1.7）	700	1800	2300	1700	3.06	0.28	229.56
BZ-T250Z-2.2	1.8×1.8×4.5（2.2）	700	1800	2300	2200	3.31	0.28	245.8
BZ-T250J-0.2	2.1×2.1×3.0（0.2）	700	2100	2800	200	3.04	0.34	215.64
BZ-T250J-0.7	2.1×2.1×3.5（0.7）	700	2100	2800	700	3.29	0.34	231.88
BZ-T250J-1.2	2.3×2.3×3.8（1.2）	700	2300	2600	1200	3.79	0.39	270.5
BZ-T250J-1.7	2.4×2.4×4.0（1.7）	700	2400	2300	1700	4.07	0.41	313.08
BZ-T300J-0.2	2.1×2.1×3.1（0.2）	700	2100	2900	200	3.09	0.34	241.4
BZ-T300J-0.7	2.3×2.3×3.6（0.7）	700	2300	2900	700	3.69	0.39	290.3
BZ-T300J-1.2	2.4×2.4×4.0（1.2）	700	2400	2800	1200	4.07	0.41	322.32
BZ-T350J-0.2	2.3×2.3×3.2（0.2）	800	2300	3000	200	3.91	0.39	305.89
BZ-T350J-0.7	2.3×2.3×3.7（0.7）	800	2300	3000	700	4.23	0.39	330.03
BZ-T350J-1.2	2.5×2.5×4.0（1.2）	800	2500	2800	1200	4.81	0.44	366.89
BZ-T400J-0.2	2.3×2.3×3.5（0.2）	800	2300	3300	200	4.10	0.39	319.96
BZ-T400J-0.7	2.4×2.4×3.9（0.7）	800	2400	3200	700	4.55	0.41	346.48
BZ-T400J-1.2	2.5×2.5×4.2（1.2）	800	2500	3000	1200	4.94	0.44	376.96
BZ-T400J-1.7	2.8×2.8×4.7（1.7）	800	2800	3000	1700	5.89	0.52	430.64
BZ-T450J-0.2	2.3×2.3×3.6（0.2）	800	2300	3400	200	4.17	0.39	326.03
BZ-T450J-0.7	2.4×2.4×4.1（0.7）	800	2400	3400	700	4.68	0.41	356.55
BZ-T450J-1.2	2.6×2.6×4.6（1.2）	800	2600	3400	1200	5.40	0.46	403.84
BZ-T450J-1.7	2.7×2.7×4.8（1.7）	800	2700	3100	1700	5.74	0.49	430.95

15.7.4 基础目录

黄土类掏挖基础目录见表 15-9。

表 15-9　黄土类掏挖基础目录

编号	图号	图名
图 15-7	TW1-T150Z-0.2	ϕ0.8×3.2/ϕ1.6×0.8（0.2）基础施工图
图 15-8	TW1-T150Z-0.7	ϕ0.8×3.7/ϕ1.6×0.8（0.7）基础施工图
图 15-9	TW1-T150Z-1.2	ϕ0.8×4.4/ϕ1.6×0.8（1.2）基础施工图
图 15-10	TW1-T150Z-1.7	ϕ0.8×5.1/ϕ1.6×0.8（1.7）基础施工图
图 15-11	TW1-T150Z-2.2	ϕ0.8×5.8/ϕ1.6×0.9（2.2）基础施工图
图 15-12	TW1-T250Z-0.2	ϕ0.9×3.8/ϕ1.9×0.9（0.2）基础施工图
图 15-13	TW1-T250Z-0.7	ϕ0.9×4.3/ϕ1.9×0.9（0.7）基础施工图
图 15-14	TW1-T250Z-1.2	ϕ0.9×4.8/ϕ1.9×0.9（1.2）基础施工图
图 15-15	TW1-T250Z-1.7	ϕ0.9×5.3/ϕ1.9×0.9（1.7）基础施工图
图 15-16	TW1-T250Z-2.2	ϕ0.9×5.8/ϕ1.9×0.9（2.2）基础施工图
图 15-17	TW1-T250J-0.2	ϕ0.9×4.8/ϕ1.8×0.9（0.2）基础施工图
图 15-18	TW1-T250J-0.7	ϕ0.9×5.3/ϕ1.8×0.9（0.7）基础施工图
图 15-19	TW1-T250J-1.2	ϕ0.9×5.8/ϕ1.8×0.9（1.2）基础施工图
图 15-20	TW1-T250J-1.7	ϕ0.9×6.3/ϕ1.8×0.9（1.7）基础施工图
图 15-21	TW1-T250J-2.2	ϕ0.9×6.9/ϕ1.8×0.9（2.2）基础施工图
图 15-22	TW1-T300J-0.2	ϕ1.0×5.1/ϕ1.9×0.9（0.2）基础施工图
图 15-23	TW1-T300J-0.7	ϕ1.0×5.6/ϕ1.9×0.9（0.7）基础施工图
图 15-24	TW1-T300J-1.2	ϕ1.0×6.2/ϕ1.9×0.9（1.2）基础施工图
图 15-25	TW1-T300J-1.7	ϕ1.0×6.6/ϕ2.0×0.9（1.7）基础施工图
图 15-26	TW1-T300J-2.2	ϕ1.0×7.1/ϕ2.1×1.0（2.2）基础施工图
图 15-27	TW1-T350J-0.2	ϕ1.0×5.4/ϕ2.0×1.0（0.2）基础施工图
图 15-28	TW1-T350J-0.7	ϕ1.0×5.9/ϕ2.0×1.0（0.7）基础施工图
图 15-29	TW1-T350J-1.2	ϕ1.0×6.4/ϕ2.0×1.0（1.2）基础施工图
图 15-30	TW1-T350J-1.7	ϕ1.0×6.7/ϕ2.2×1.1（1.7）基础施工图
图 15-31	TW1-T350J-2.2	ϕ1.0×7.2/ϕ2.2×1.1（2.2）基础施工图
图 15-32	TW1-T400J-0.2	ϕ1.0×5.4/ϕ2.3×1.2（0.2）基础施工图
图 15-33	TW1-T400J-0.7	ϕ1.0×5.9/ϕ2.3×1.2（0.7）基础施工图
图 15-34	TW1-T400J-1.2	ϕ1.0×6.4/ϕ2.3×1.2（1.2）基础施工图
图 15-35	TW1-T400J-1.7	ϕ1.0×6.9/ϕ2.3×1.2（1.7）基础施工图
图 15-36	TW1-T400J-2.2	ϕ1.0×7.4/ϕ2.3×1.2（2.2）基础施工图
图 15-37	TW1-T450J-0.2	ϕ1.2×5.5/ϕ2.4×1.1（0.2）基础施工图
图 15-38	TW1-T450J-0.7	ϕ1.2×6.0/ϕ2.4×1.1（0.7）基础施工图
图 15-39	TW1-T450J-1.2	ϕ1.2×6.5/ϕ2.4×1.1（1.2）基础施工图
图 15-40	TW1-T450J-1.7	ϕ1.2×7.0/ϕ2.4×1.1（1.7）基础施工图
图 15-41	TW1-T450J-2.2	ϕ1.2×7.5/ϕ2.4×1.1（2.2）基础施工图

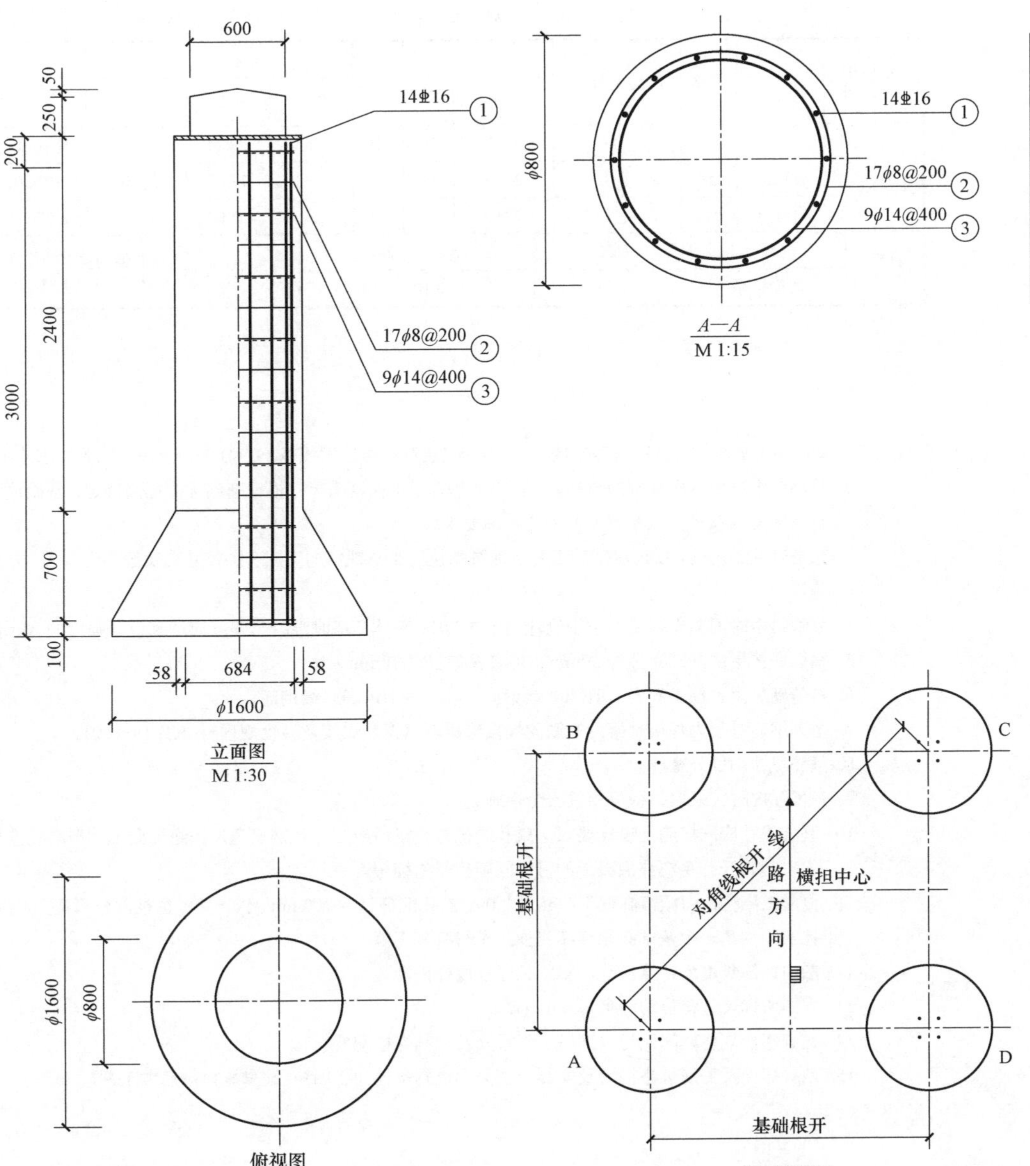

材 料 表

部位	编号	名称A（B、C、D）	规格	简图及尺寸	长度（mm）	数量	单位	质量（kg）单件	质量（kg）小计	质量（kg）合计	备注
主柱	①	主筋	Φ16	3080	3080	14	根	4.87	68.18	109.10	HRB400
	②	外箍筋	φ8	692	2348	17	根	0.93	15.81		HPB300
	③	内箍筋	φ14	638	2310	9	根	2.79	25.11		HPB300
混凝土（m³）	混凝土	C25	1×2.23=2.23					合计 2.33		钢材合计（kg）109.10	
	地栓护帽	C15	1×0.10=0.10								

说明：1. 基础施工要求详见《铁塔基础施工总说明》《建筑桩基技术规范》（JGJ 94—2008）相关要求施工。

2. 基础图中只表示出基础的全高，实际基础埋深，主柱露头尺寸根据基础顶面标高确定，基础顶面标高详见《铁塔基础配置表》中的标高要求。
3. 在基础施工之前，要核对基础根开及地脚螺栓间距与铁塔加工图有关尺寸确实统一无误后，方可施工。
4. 分解组塔时混凝土强度不小于设计强度的70%，整体立塔时混凝土强度应达到设计强度的100%。
5. 钢筋保护层：基础立柱为50mm、扩底保护层为70mm。
6. 本基础所用主柱主筋为HRB400级钢筋，其余为HPB300级钢筋。
7. 基础钢筋骨架为焊接骨架，钢筋的焊接应符合《钢筋焊接及验收规程》（JGJ 18—2012）。
8. 箍筋尺寸均以外缘计。
9. 基坑开挖时应采取护壁等相关安全措施。
10. 基坑尺寸应严格满足设计要求，成孔经检查合格后应立即装钢筋笼，浇注混凝土，严防孔内积水，基础开孔至浇注混凝土的时间间隙应尽量缩短。
11. 混凝土浇注自由倾落高度不应超过3.0m，扩孔部分每浇200mm捣实一次，主柱部分每浇300mm捣实一次，一个基础必须连续浇注，不得有施工缝。
12. 图中钢筋长度为计算尺寸，实际长度以放样为准。
13. 本图所标尺寸单位均为毫米（mm）。
14. 地脚螺栓规格、间距见《铁塔基础根开及地脚螺栓配置表》。
15. 地脚螺栓及箍筋规格构造及安装分别见《地脚螺栓加工图》《地脚螺栓箍筋加工图》。

图 15－7　φ0.8×3.2/φ1.6×0.8（0.2）基础施工图（TW1－T150Z－0.2）

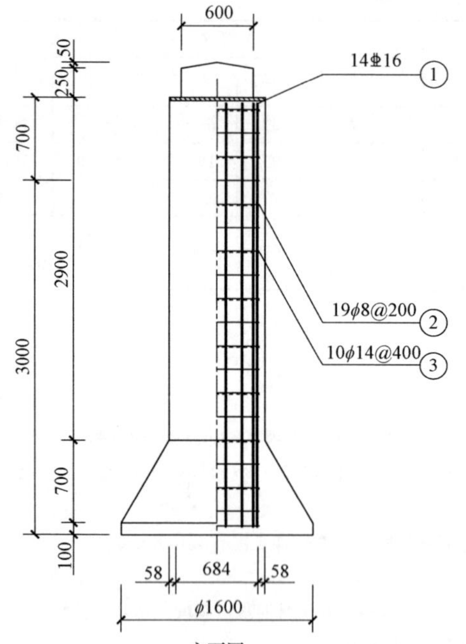

立面图
M 1:40

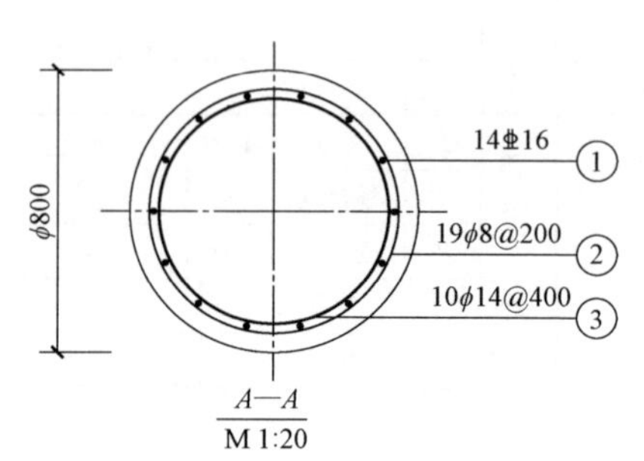

A—A
M 1:20

材 料 表

部位	编号	名称A（B、C、D）	规格	简图及尺寸	长度（mm）	数量	单位	质量（kg）单件	小计	合计	备注
主柱	①	主筋	⏀16	3580	3580	14	根	5.66	79.24	124.81	HRB400
	②	外箍筋	ϕ8	692	2348	19	根	0.93	17.67		HPB300
	③	内箍筋	ϕ14	638	2310	10	根	2.79	27.90		HPB300
混凝土（m^3）	混凝土		C25		1×2.48=2.48			合计 2.58		钢材合计（kg）124.81	
	地栓护帽		C15		1×0.10=0.10						

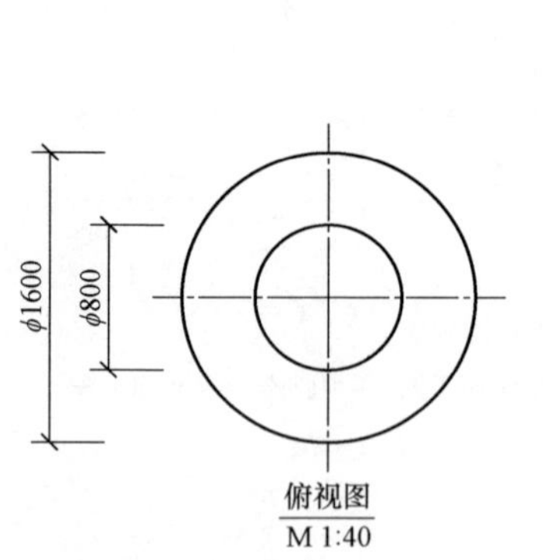

俯视图
M 1:40

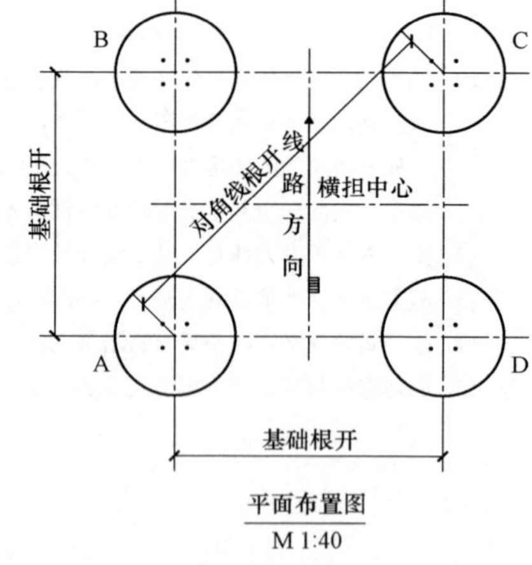

平面布置图
M 1:40

说明：1. 基础施工要求详见《铁塔基础施工总说明》《建筑桩基技术规范》（JGJ 94—2008）相关要求施工。

2. 基础图中只表示出基础的全高，实际基础埋深，主柱露头尺寸根据基础顶面标高确定，基础顶面标高详见《铁塔基础配置表》中的标高要求。

3. 在基础施工之前，要核对基础根开及地脚螺栓间距与铁塔加工图有关尺寸确实统一无误后，方可施工。

4. 分解组塔时混凝土强度不小于设计强度的70%，整体立塔时混凝土强度应达到设计强度的100%。

5. 钢筋保护层：基础立柱为50mm、扩底保护层为70mm。

6. 本基础所用主柱主筋为HRB400级钢筋，其余为HPB300级钢筋。

7. 基础钢筋骨架为焊接骨架，钢筋的焊接应符合《钢筋焊接及验收规程》（JGJ 18—2012）。

8. 箍筋尺寸均以外缘计。

9. 基坑开挖时应采取护壁等相关安全措施。

10. 基坑尺寸应严格满足设计要求，成孔经检查合格后应立即装钢筋笼，浇注混凝土，严防孔内积水，基础开孔至浇注混凝土的时间间隙应尽量缩短。

11. 混凝土浇注自由倾落高度不应超过3.0m，扩孔部分每浇200mm捣实一次，主柱部分每浇300mm捣实一次，一个基础必须连续浇注，不得有施工缝。

12. 图中钢筋长度为计算尺寸，实际长度以放样为准。

13. 本图所标尺寸单位均为毫米（mm）。

14. 地脚螺栓规格、间距见《铁塔基础根开及地脚螺栓配置表》。

15. 地脚螺栓及箍筋规格构造及安装分别见《地脚螺栓加工图》《地脚螺栓箍筋加工图》。

图 15－8　ϕ0.8×3.7/ϕ1.6×0.8（0.7）基础施工图（TW1－T150Z－0.7）

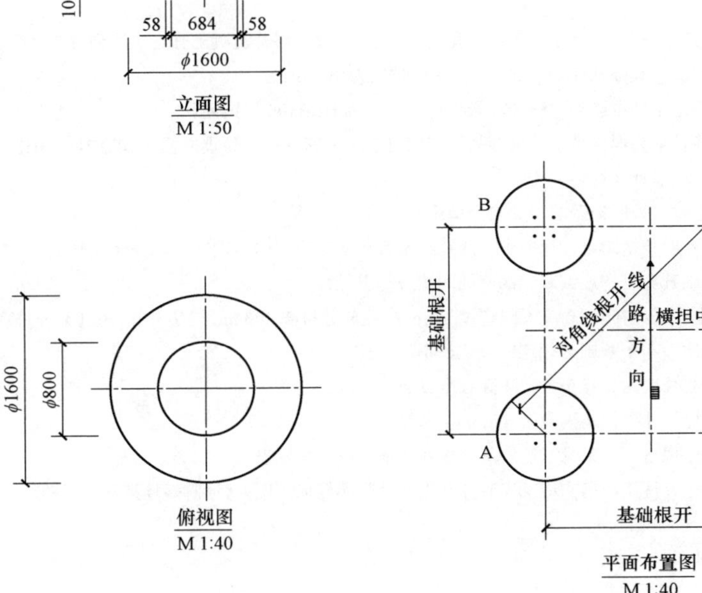

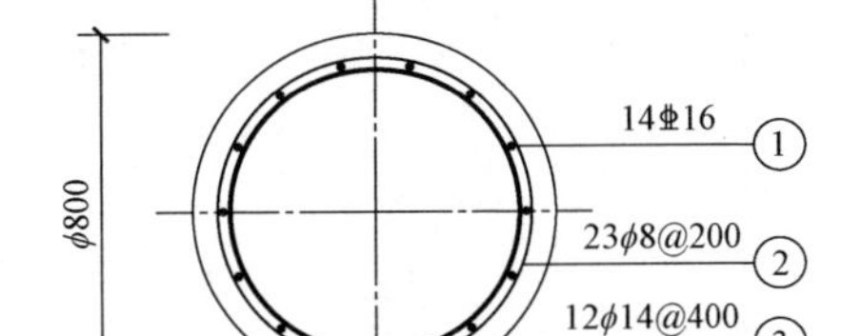

B
C
A
D
基础根开
对角线根开
线
路
方
向
横担中心
基础根开

平面布置图

M 1:40

材　料　表

部位	编号	名称A（B、C、D）	规格	简图及尺寸	长度（mm）	数量	单位	质量（kg）单件	质量（kg）小计	质量（kg）合计	备注
主柱	①	主筋	⌀16	4280	4280	14	根	6.76	94.64	149.51	HRB400
	②	外箍筋	ϕ8	692	2348	23	根	0.93	21.39		HPB300
	③	内箍筋	ϕ14	638	2310	12	根	2.79	33.48		HPB300
混凝土（m^3）	混凝土	C25	1×2.83=2.83					合计 2.93		钢材合计（kg）149.51	
	地栓护帽	C15	1×0.10=0.10								

说明：1. 基础施工要求详见《铁塔基础施工总说明》《建筑桩基技术规范》（JGJ 94—2008）相关要求施工。

2. 基础图中只表示出基础的全高，实际基础埋深，主柱露头尺寸根据基础顶面标高确定，基础顶面标高详见《铁塔基础配置表》中的标高要求。

3. 在基础施工之前，要核对基础根开及地脚螺栓间距与铁塔加工图有关尺寸确实统一无误后，方可施工。

4. 分解组塔时混凝土强度不小于设计强度的70%，整体立塔时混凝土强度应达到设计强度的100%。

5. 钢筋保护层：基础立柱为50mm、扩底保护层为70mm。

6. 本基础所用主柱主筋为HRB400级钢筋，其余为HPB300级钢筋。

7. 基础钢筋骨架为焊接骨架，钢筋的焊接应符合《钢筋焊接及验收规程》（JGJ 18—2012）。

8. 箍筋尺寸均以外缘计。

9. 基坑开挖时应采取护壁等相关安全措施。

10. 基坑尺寸应严格满足设计要求，成孔经检查合格后应立即装钢筋笼，浇注混凝土，严防孔内积水，基础开孔至浇注混凝土的时间间隙应尽量缩短。

11. 混凝土浇注自由倾落高度不应超过3.0m，扩孔部分每浇200mm捣实一次，主柱部分每浇300mm捣实一次，一个基础必须连续浇注，不得有施工缝。

12. 图中钢筋长度为计算尺寸，实际长度以放样为准。

13. 本图所标尺寸单位均为毫米（mm）。

14. 地脚螺栓规格、间距见《铁塔基础根开及地脚螺栓配置表》。

15. 地脚螺栓及箍筋规格构造及安装分别见《地脚螺栓加工图》《地脚螺栓箍筋加工图》。

图 15－9　ϕ0.8×4.4/ϕ1.6×0.8（1.2）基础施工图（TW1－T150Z－1.2）

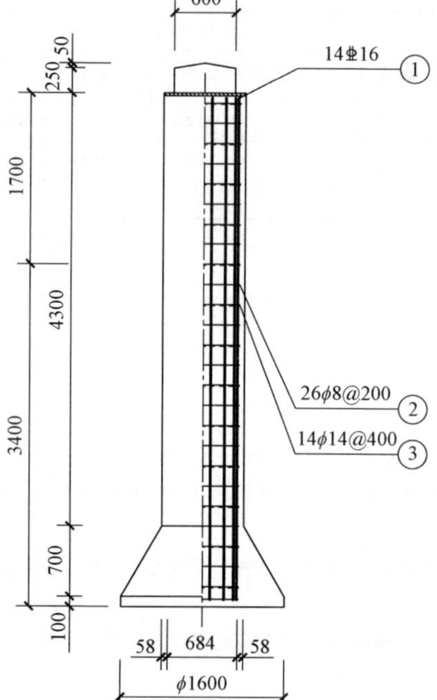

立面图
M 1:50

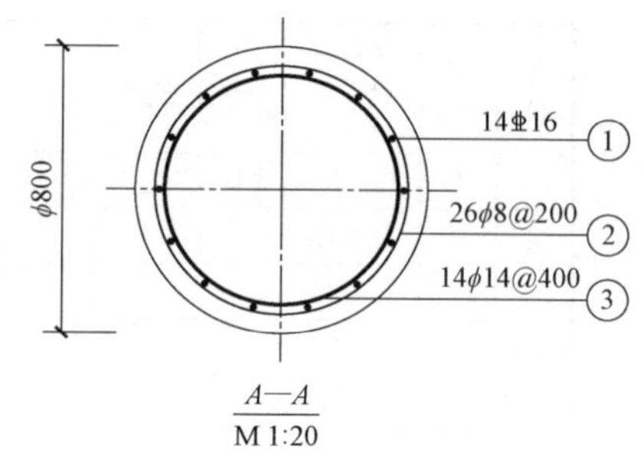

A—A
M 1:20

材 料 表

部位	编号	名称A（B、C、D）	规格	简图及尺寸	长度（mm）	数量	单位	质量（kg） 单件	小计	合计	备注
主柱	①	主筋	⌀16	4980	4980	14	根	7.87	110.18	173.42	HRB400
	②	外箍筋	ϕ8	692	2348	26	根	0.93	24.18		HPB300
	③	内箍筋	ϕ14	638	2310	14	根	2.79	39.06		HPB300
混凝土（m^3）	混凝土		C25		1×3.18=3.18			合计 3.28		钢材合计（kg）173.42	
	地栓护帽		C15		1×0.10=0.10						

说明：1. 基础施工要求详见《铁塔基础施工总说明》《建筑桩基技术规范》（JGJ 94—2008）相关要求施工。

2. 基础图中只表示出基础的全高，实际基础埋深，主柱露头尺寸根据基础顶面标高确定，基础顶面标高详见《铁塔基础配置表》中的标高要求。
3. 在基础施工之前，要核对基础根开及地脚螺栓间距与铁塔加工图有关尺寸确实统一无误后，方可施工。
4. 分解组塔时混凝土强度不小于设计强度的70%，整体立塔时混凝土强度应达到设计强度的100%。
5. 钢筋保护层：基础立柱为50mm、扩底保护层为70mm。
6. 本基础所用主柱主筋为HRB400级钢筋，其余为HPB300级钢筋。
7. 基础钢筋骨架为焊接骨架，钢筋的焊接应符合《钢筋焊接及验收规程》（JGJ 18—2012）。
8. 箍筋尺寸均以外缘计。
9. 基坑开挖时应采取护壁等相关安全措施。
10. 基坑尺寸应严格满足设计要求，成孔经检查合格后应立即装钢筋笼，浇注混凝土，严防孔内积水，基础开孔至浇注混凝土的时间间隙应尽量缩短。
11. 混凝土浇注自由倾落高度不应超过3.0m，扩孔部分每浇200mm捣实一次，主柱部分每浇300mm捣实一次，一个基础必须连续浇注，不得有施工缝。
12. 图中钢筋长度为计算尺寸，实际长度以放样为准。
13. 本图所标尺寸单位均为毫米（mm）。
14. 地脚螺栓规格、间距见《铁塔基础根开及地脚螺栓配置表》。
15. 地脚螺栓及箍筋规格构造及安装分别见《地脚螺栓加工图》《地脚螺栓箍筋加工图》。

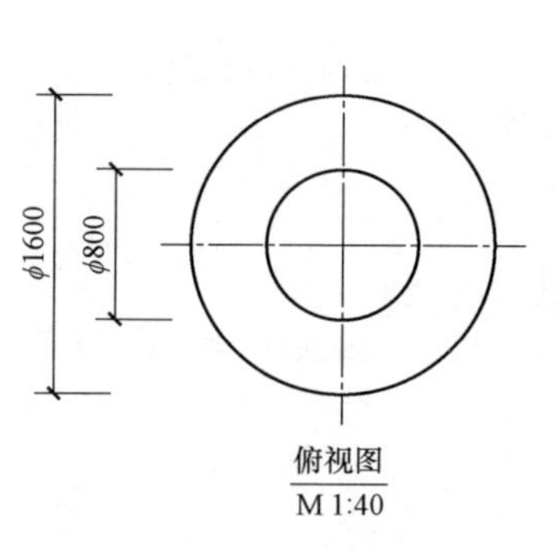

俯视图
M 1:40

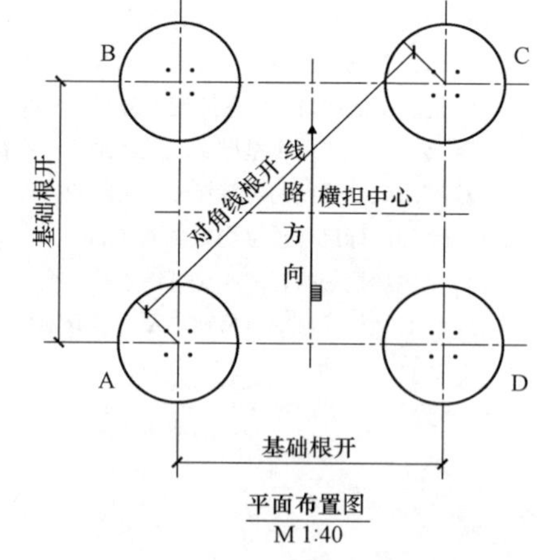

平面布置图
M 1:40

图 15－10 ϕ0.8×5.1/ϕ1.6×0.8（1.7）基础施工图（TW1－T150Z－1.7）

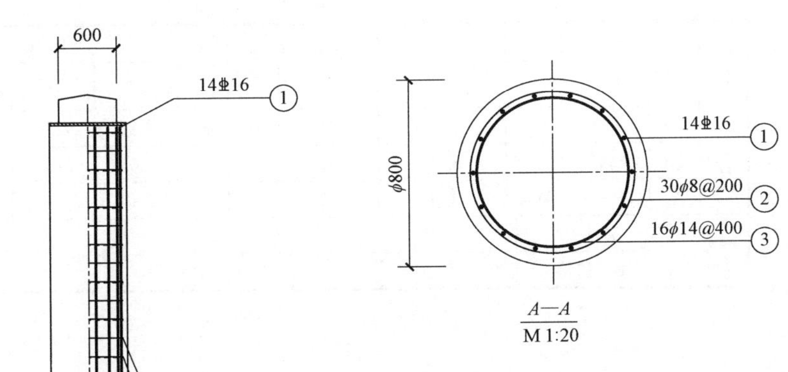

材　料　表

部位	编号	名称A（B、C、D）	规格	简图及尺寸	长度（mm）	数量	单位	质量（kg） 单件	小计	合计	备注
主柱	①	主筋	⏀16	5680	5680	14	根	8.97	125.58	198.12	HRB400
	②	外箍筋	ϕ8	692	2348	30	根	0.93	27.90		HPB300
	③	内箍筋	ϕ14	638	2310	16	根	2.79	44.64		HPB300
混凝土（m^3）	混凝土		C25	1×3.60=3.60				合计 3.70		钢材合计（kg）198.12	
	地栓护帽		C15	1×0.10=0.10							

说明：1. 基础施工要求详见《铁塔基础施工总说明》《建筑桩基技术规范》（JGJ 94—2008）相关要求施工。

2. 基础图中只表示出基础的全高，实际基础埋深，主柱露头尺寸根据基础顶面标高确定，基础顶面标高详见《铁塔基础配置表》中的标高要求。

3. 在基础施工之前，要核对基础根开及地脚螺栓间距与铁塔加工图有关尺寸确实统一无误后，方可施工。

4. 分解组塔时混凝土强度不小于设计强度的70%，整体立塔时混凝土强度应达到设计强度的100%。

5. 钢筋保护层：基础立柱为50mm、扩底保护层为70mm。

6. 本基础所用主柱主筋为HRB400级钢筋，其余为HPB300级钢筋。

7. 基础钢筋骨架为焊接骨架，钢筋的焊接应符合《钢筋焊接及验收规程》（JGJ 18—2012）。

8. 箍筋尺寸均以外缘计。

9. 基坑开挖时应采取护壁等相关安全措施。

10. 基坑尺寸应严格满足设计要求，成孔经检查合格后应立即装钢筋笼，浇注混凝土，严防孔内积水，基础开孔至浇注混凝土的时间间隙应尽量缩短。

11. 混凝土浇注自由倾落高度不应超过3.0m，扩孔部分每浇200mm捣实一次，主柱部分每浇300mm捣实一次，一个基础必须连续浇注，不得有施工缝。

12. 图中钢筋长度为计算尺寸，实际长度以放样为准。

13. 本图所标尺寸单位均为毫米（mm）。

14. 地脚螺栓规格、间距见《铁塔基础根开及地脚螺栓配置表》。

15. 地脚螺栓及箍筋规格构造及安装分别见《地脚螺栓加工图》《地脚螺栓箍筋加工图》。

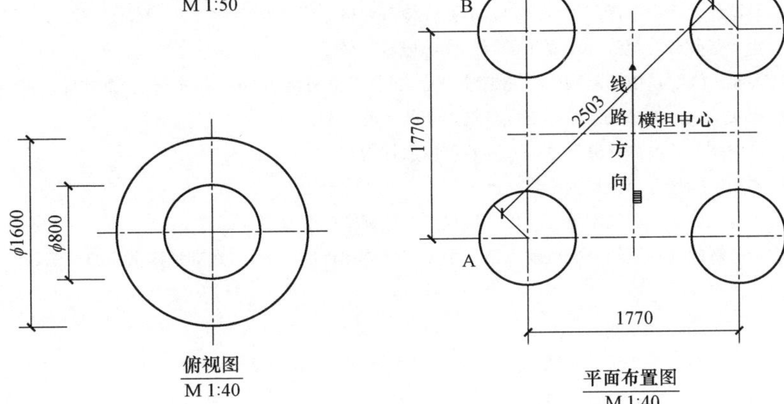

图 15－11　ϕ0.8×5.8/ϕ1.6×0.9（2.2）基础施工图（TW1－T150Z－2.2）

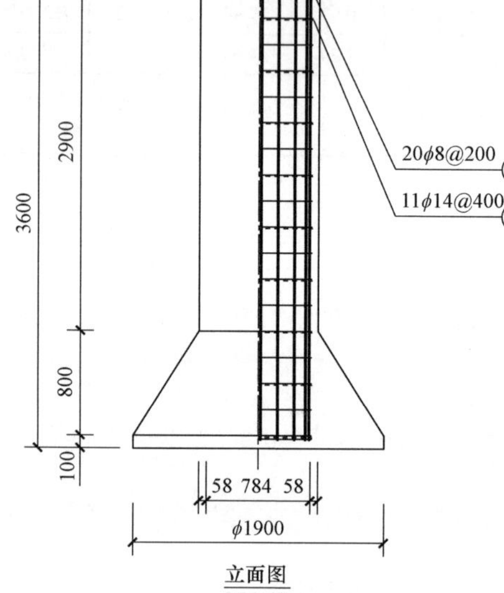

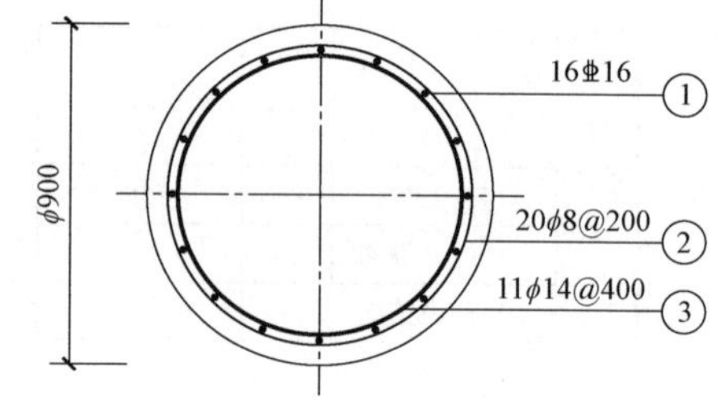
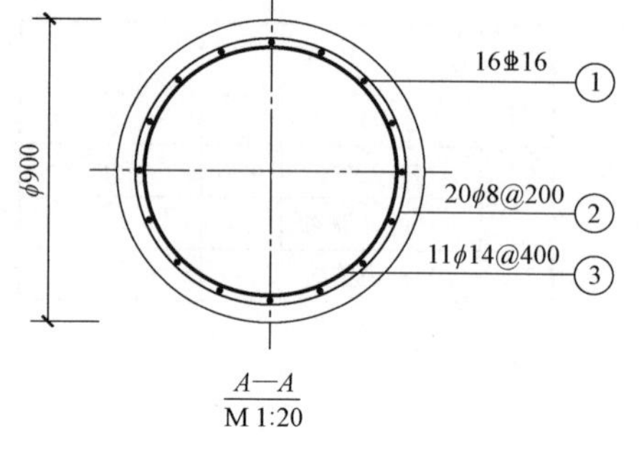

材　料　表

部位	编号	名称A（B、C、D）	规格	简图及尺寸	长度（mm）	数量	单位	质量（kg）单件	小计	合计	备注
主柱	①	主筋	Φ16	3680	3680	16	根	5.81	92.96	148.83	HRB400
	②	外箍筋	ϕ8	(792)	2663	20	根	1.05	21.00		HPB300
	③	内箍筋	ϕ14	(738)	2624	11	根	3.17	34.87		HPB300
混凝土（m^3）	混凝土		C25	1×3.41=3.41				合计 3.51		钢材合计（kg）148.83	
	地栓护帽		C15	1×0.10=0.10							

说明：1. 基础施工要求详见《铁塔基础施工总说明》《建筑桩基技术规范》（JGJ 94—2008）相关要求施工。

2. 基础图中只表示出基础的全高，实际基础埋深，主柱露头尺寸根据基础顶面标高确定，基础顶面标高详见《铁塔基础配置表》中的标高要求。
3. 在基础施工之前，要核对基础根开及地脚螺栓间距与铁塔加工图有关尺寸确实统一无误后，方可施工。
4. 分解组塔时混凝土强度不小于设计强度的70%，整体立塔时混凝土强度应达到设计强度的100%。
5. 钢筋保护层：基础立柱为50mm、扩底保护层为70mm。
6. 本基础所用主柱主筋为HRB400级钢筋，其余为HPB300级钢筋。
7. 基础钢筋骨架为焊接骨架，钢筋的焊接应符合《钢筋焊接及验收规程》（JGJ 18—2012）。
8. 箍筋尺寸均以外缘计。
9. 基坑开挖时应采取护壁等相关安全措施。
10. 基坑尺寸应严格满足设计要求，成孔经检查合格后应立即装钢筋笼，浇注混凝土，严防孔内积水，基础开孔至浇注混凝土的时间间隙应尽量缩短。
11. 混凝土浇注自由倾落高度不应超过3.0m，扩孔部分每浇200mm捣实一次，主柱部分每浇300mm捣实一次，一个基础必须连续浇注，不得有施工缝。
12. 图中钢筋长度为计算尺寸，实际长度以放样为准。
13. 本图所标尺寸单位均为毫米（mm）。
14. 地脚螺栓规格、间距见《铁塔基础根开及地脚螺栓配置表》。
15. 地脚螺栓及箍筋规格构造及安装分别见《地脚螺栓加工图》《地脚螺栓箍筋加工图》。

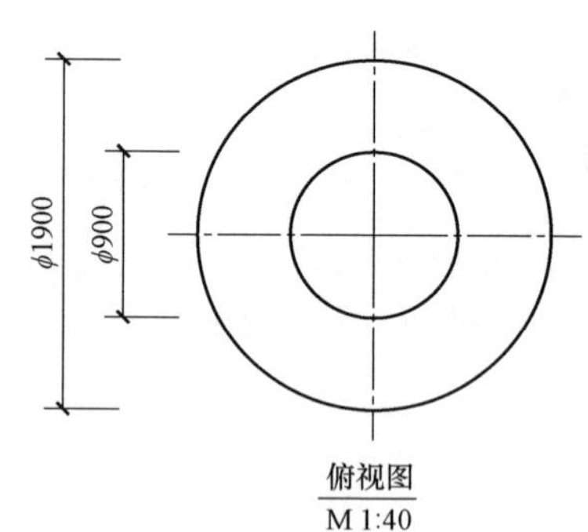

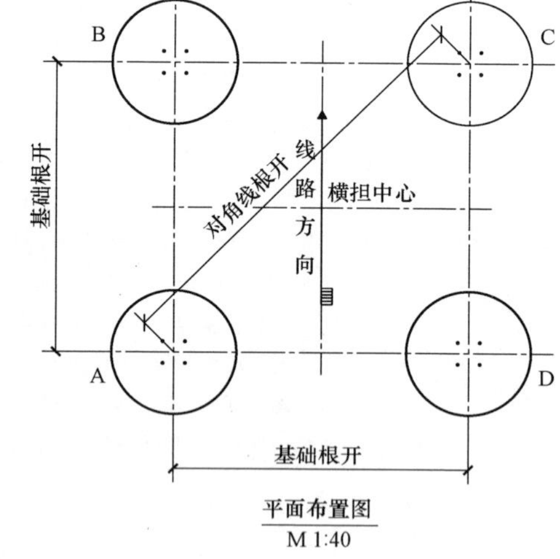

图 15－12　ϕ0.9×3.8/ϕ1.9×0.9（0.2）基础施工图（TW1－T250Z－0.2）

材料表

部位	编号	名称A（B、C、D）	规格	简图及尺寸	长度（mm）	数量	单位	质量（kg）			备注
								单件	小计	合计	
主柱	①	主筋	Φ16	4180	4180	16	根	6.60	105.60	166.74	HRB400
	②	外箍筋	ϕ8	792	2663	22	根	1.05	23.10		HPB300
	③	内箍筋	ϕ14	738	2624	12	根	3.17	38.04		HPB300
混凝土（m^3）	混凝土	C25	1×3.73=3.73			合计 3.83			钢材合计（kg）166.74		
	地栓护帽	C15	1×0.10=0.10								

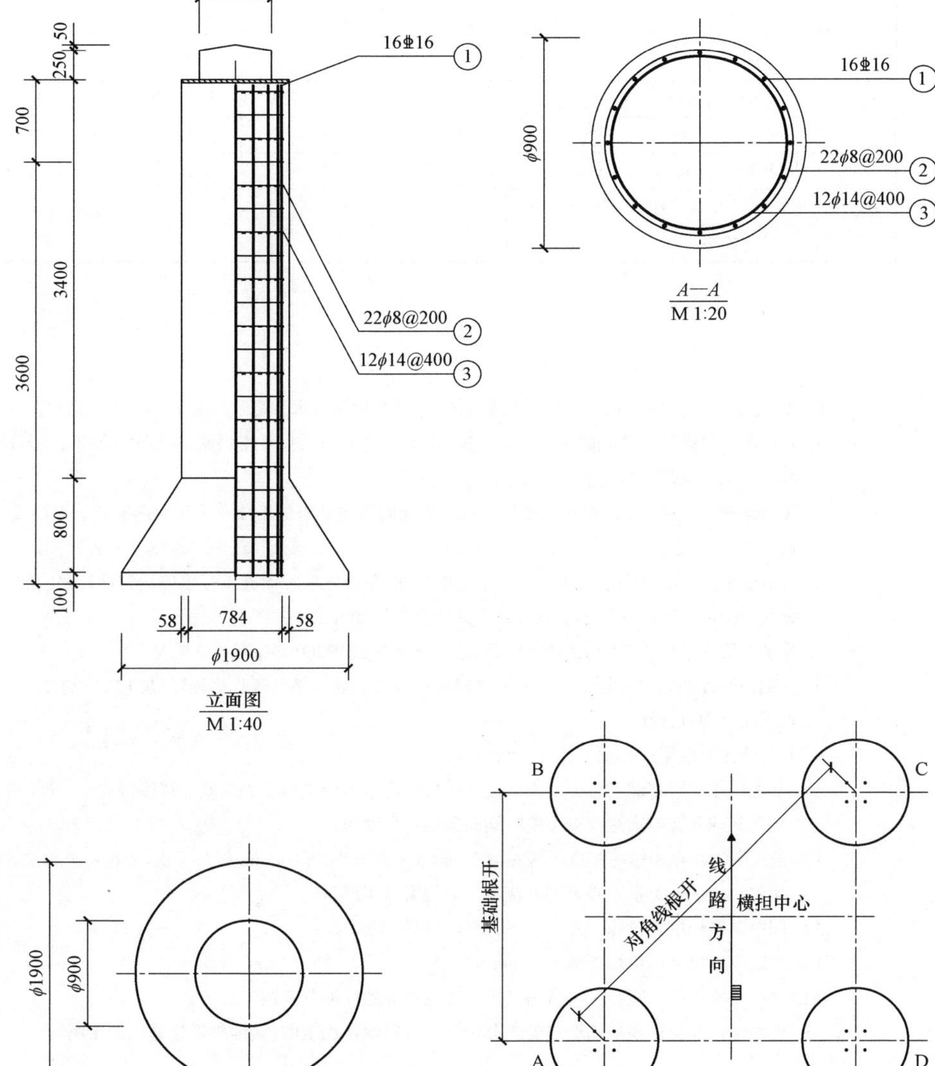

说明：1. 基础施工要求详见《铁塔基础施工总说明》《建筑桩基技术规范》（JGJ 94—2008）相关要求施工。

2. 基础图中只表示出基础的全高，实际基础埋深，主柱露头尺寸根据基础顶面标高确定，基础顶面标高详见《铁塔基础配置表》中的标高要求。

3. 在基础施工之前，要核对基础根开及地脚螺栓间距与铁塔加工图有关尺寸确实统一无误后，方可施工。

4. 分解组塔时混凝土强度不小于设计强度的70%，整体立塔时混凝土强度应达到设计强度的100%。

5. 钢筋保护层：基础立柱为50mm、扩底保护层为70mm。

6. 本基础所用主柱主筋为HRB400级钢筋，其余为HPB300级钢筋。

7. 基础钢筋骨架为焊接骨架，钢筋的焊接应符合《钢筋焊接及验收规程》（JGJ 18—2012）。

8. 箍筋尺寸均以外缘计。

9. 基坑开挖时应采取护壁等相关安全措施。

10. 基坑尺寸应严格满足设计要求，成孔经检查合格后应立即装钢筋笼，浇注混凝土，严防孔内积水，基础开孔至浇注混凝土的时间间隙应尽量缩短。

11. 混凝土浇注自由倾落高度不应超过3.0m，扩孔部分每浇200mm捣实一次，主柱部分每浇300mm捣实一次，一个基础必须连续浇注，不得有施工缝。

12. 图中钢筋长度为计算尺寸，实际长度以放样为准。

13. 本图所标尺寸单位均为毫米（mm）。

14. 地脚螺栓规格、间距见《铁塔基础根开及地脚螺栓配置表》。

15. 地脚螺栓及箍筋规格构造及安装分别见《地脚螺栓加工图》《地脚螺栓箍筋加工图》。

图 15－13　ϕ0.9×4.3/ϕ1.9×0.9（0.7）基础施工图（TW1－T250Z－0.7）

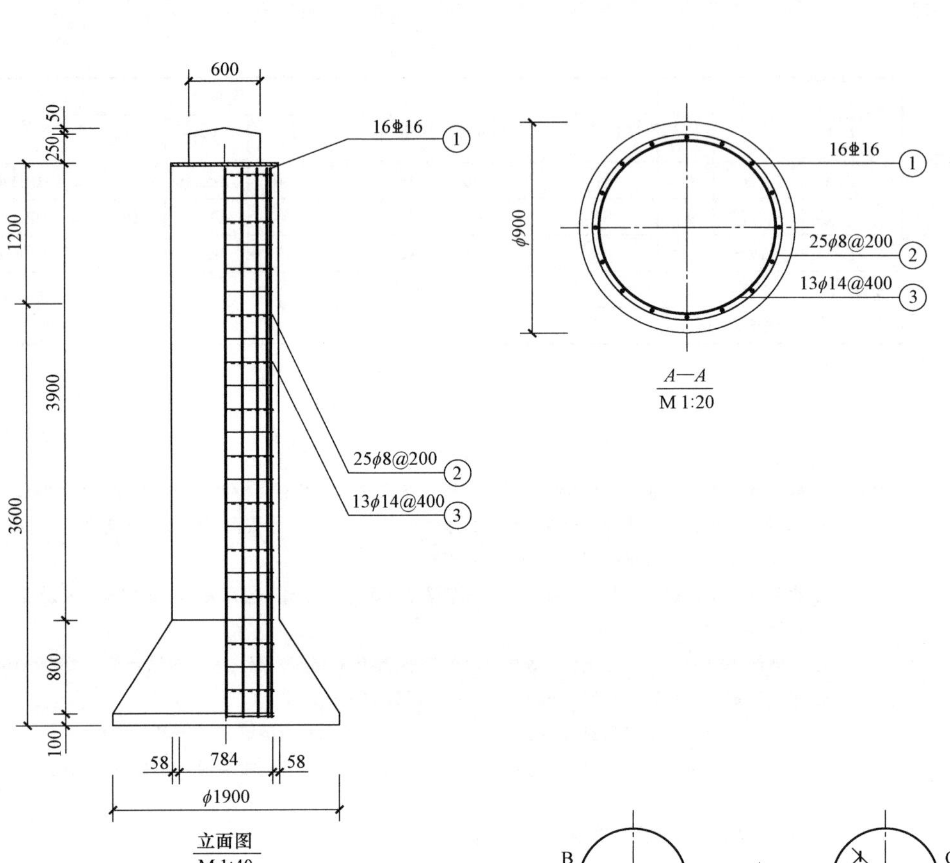

材 料 表

部位	编号	名称A（B、C、D）	规格	简图及尺寸	长度（mm）	数量	单位	质量（kg）			备注
								单件	小计	合计	
主柱	①	主筋	⌀16	4680	4680	16	根	7.39	118.24	185.70	HRB400
	②	外箍筋	ϕ8	792	2663	25	根	1.05	26.25		HPB300
	③	内箍筋	ϕ14	738	2624	13	根	3.17	41.21		HPB300
混凝土（m³）	混凝土		C25		1×4.05=4.05			合计 4.15		钢材合计（kg）185.70	
	地栓护帽		C15		1×0.10=0.10						

说明：1. 基础施工要求详见《铁塔基础施工总说明》《建筑桩基技术规范》（JGJ 94—2008）相关要求施工。

2. 基础图中只表示出基础的全高，实际基础埋深，主柱露头尺寸根据基础顶面标高确定，基础顶面标高详见《铁塔基础配置表》中的标高要求。
3. 在基础施工之前，要核对基础根开及地脚螺栓间距与铁塔加工图有关尺寸确实统一无误后，方可施工。
4. 分解组塔时混凝土强度不小于设计强度的70%，整体立塔时混凝土强度应达到设计强度的100%。
5. 钢筋保护层：基础立柱为50mm、扩底保护层为70mm。
6. 本基础所用主柱主筋为HRB400级钢筋，其余为HPB300级钢筋。
7. 基础钢筋骨架为焊接骨架，钢筋的焊接应符合《钢筋焊接及验收规程》（JGJ 18—2012）。
8. 箍筋尺寸均以外缘计。
9. 基坑开挖时应采取护壁等相关安全措施。
10. 基坑尺寸应严格满足设计要求，成孔经检查合格后应立即装钢筋笼，浇注混凝土，严防孔内积水，基础开孔至浇注混凝土的时间间隙应尽量缩短。
11. 混凝土浇注自由倾落高度不应超过3.0m，扩孔部分每浇200mm捣实一次，主柱部分每浇300mm捣实一次，一个基础必须连续浇注，不得有施工缝。
12. 图中钢筋长度为计算尺寸，实际长度以放样为准。
13. 本图所标尺寸单位均为毫米（mm）。
14. 地脚螺栓规格、间距见《铁塔基础根开及地脚螺栓配置表》。
15. 地脚螺栓及箍筋规格构造及安装分别见《地脚螺栓加工图》《地脚螺栓箍筋加工图》。

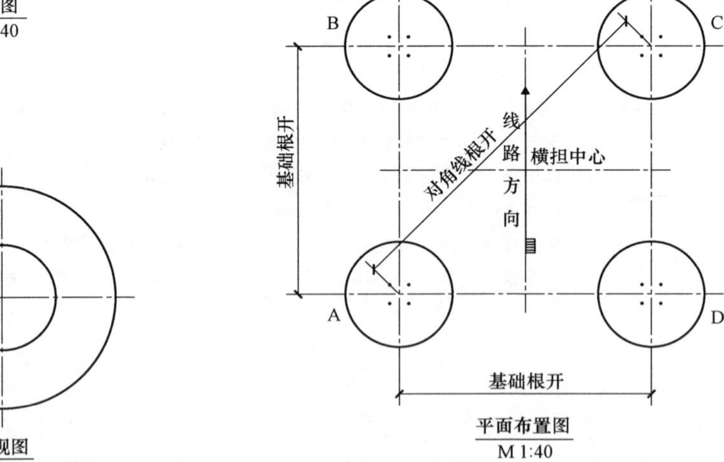

图 15－14　ϕ0.9×4.8/ϕ1.9×0.9（1.2）基础施工图（TW1－T250Z－1.2）

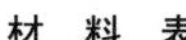

材 料 表

部位	编号	名称A（B、C、D）	规格	简图及尺寸	长度（mm）	数量	单位	质量（kg） 单件	小计	合计	备注
主柱	①	主筋	⌀16	5180	5180	16	根	8.18	130.88	203.61	HRB400
	②	外箍筋	ϕ8	792	2663	27	根	1.05	28.35		HPB300
	③	内箍筋	ϕ14	738	2624	14	根	3.17	44.38		HPB300
混凝土（m³）	混凝土		C25		1×4.37=4.37			合计 4.47		钢材合计（kg）203.61	
	地栓护帽		C15		1×0.10=0.10						

立面图
M 1:50

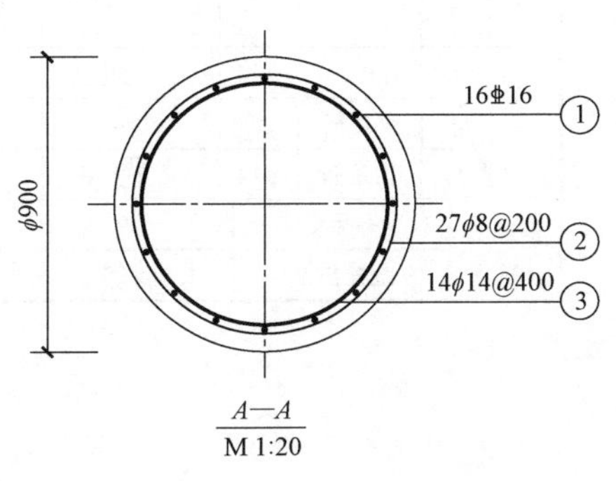

A—A
M 1:20

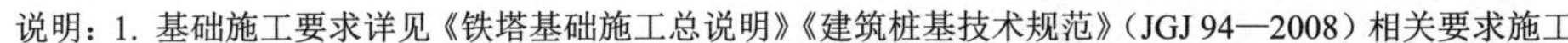

说明：1. 基础施工要求详见《铁塔基础施工总说明》《建筑桩基技术规范》（JGJ 94—2008）相关要求施工。

2. 基础图中只表示出基础的全高，实际基础埋深，主柱露头尺寸根据基础顶面标高确定，基础顶面标高详见《铁塔基础配置表》中的标高要求。
3. 在基础施工之前，要核对基础根开及地脚螺栓间距与铁塔加工图有关尺寸确实统一无误后，方可施工。
4. 分解组塔时混凝土强度不小于设计强度的70%，整体立塔时混凝土强度应达到设计强度的100%。
5. 钢筋保护层：基础立柱为50mm、扩底保护层为70mm。
6. 本基础所用主柱主筋为HRB400级钢筋，其余为HPB300级钢筋。
7. 基础钢筋骨架为焊接骨架，钢筋的焊接应符合《钢筋焊接及验收规程》（JGJ 18—2012）。
8. 箍筋尺寸均以外缘计。
9. 基坑开挖时应采取护壁等相关安全措施。
10. 基坑尺寸应严格满足设计要求，成孔经检查合格后应立即装钢筋笼，浇注混凝土，严防孔内积水，基础开孔至浇注混凝土的时间间隙应尽量缩短。
11. 混凝土浇注自由倾落高度不应超过3.0m，扩孔部分每浇200mm捣实一次，主柱部分每浇300mm捣实一次，一个基础必须连续浇注，不得有施工缝。
12. 图中钢筋长度为计算尺寸，实际长度以放样为准。
13. 本图所标尺寸单位均为毫米（mm）。
14. 地脚螺栓规格、间距见《铁塔基础根开及地脚螺栓配置表》。
15. 地脚螺栓及箍筋规格构造及安装分别见《地脚螺栓加工图》《地脚螺栓箍筋加工图》。

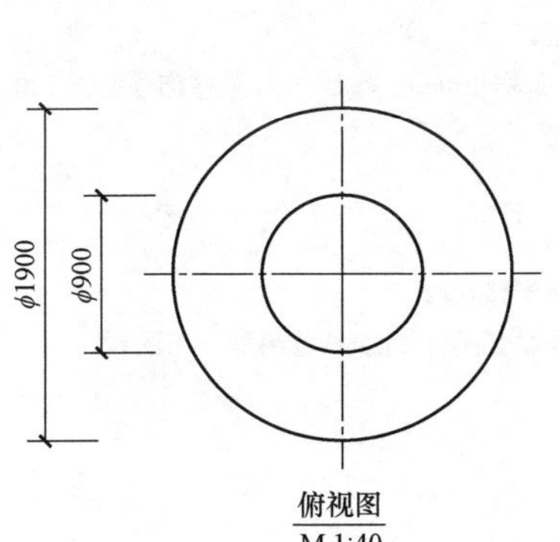

俯视图
M 1:40

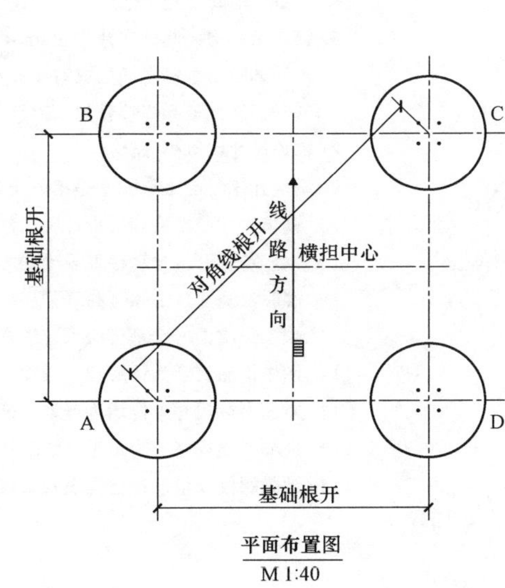

平面布置图
M 1:40

图 15－15 ϕ0.9×5.3/ϕ1.9×0.9（1.7）基础施工图（TW1－T250Z－1.7）

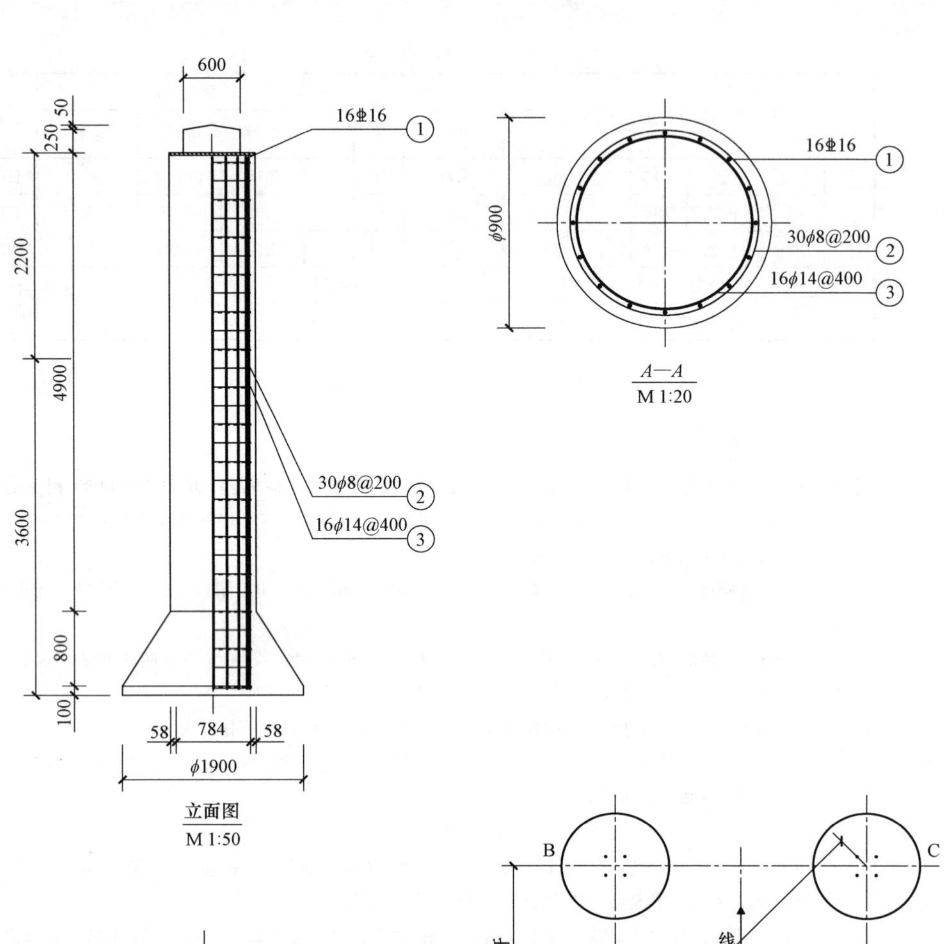

材 料 表

部位	编号	名称A（B、C、D）	规格	简图及尺寸	长度（mm）	数量	单位	质量（kg）单件	小计	合计	备注
主柱	①	主筋	Φ16	5680	5680	16	根	8.97	143.52	225.74	HRB400
	②	外箍筋	ϕ8	792	2663	30	根	1.05	31.50		HPB300
	③	内箍筋	ϕ14	738	2624	16	根	3.17	50.72		HPB300
混凝土（m^3）	混凝土		C25	1×4.68=4.68				合计 4.78		钢材合计（kg）225.74	
	地栓护帽		C15	1×0.10=0.10							

说明：1. 基础施工要求详见《铁塔基础施工总说明》《建筑桩基技术规范》（JGJ 94—2008）相关要求施工。

2. 基础图中只表示出基础的全高，实际基础埋深，主柱露头尺寸根据基础顶面标高确定，基础顶面标高详见《铁塔基础配置表》中的标高要求。

3. 在基础施工之前，要核对基础根开及地脚螺栓间距与铁塔加工图有关尺寸确实统一无误后，方可施工。

4. 分解组塔时混凝土强度不小于设计强度的70%，整体立塔时混凝土强度应达到设计强度的100%。

5. 钢筋保护层：基础立柱为50mm、扩底保护层为70mm。

6. 本基础所用主柱主筋为HRB400级钢筋，其余为HPB300级钢筋。

7. 基础钢筋骨架为焊接骨架，钢筋的焊接应符合《钢筋焊接及验收规程》（JGJ 18—2012）。

8. 箍筋尺寸均以外缘计。

9. 基坑开挖时应采取护壁等相关安全措施。

10. 基坑尺寸应严格满足设计要求，成孔经检查合格后应立即装钢筋笼，浇注混凝土，严防孔内积水，基础开孔至浇注混凝土的时间间隙应尽量缩短。

11. 混凝土浇注自由倾落高度不应超过3.0m，扩孔部分每浇200mm捣实一次，主柱部分每浇300mm捣实一次，一个基础必须连续浇注，不得有施工缝。

12. 图中钢筋长度为计算尺寸，实际长度以放样为准。

13. 本图所标尺寸单位均为毫米（mm）。

14. 地脚螺栓规格、间距见《铁塔基础根开及地脚螺栓配置表》。

15. 地脚螺栓及箍筋规格构造及安装分别见《地脚螺栓加工图》《地脚螺栓箍筋加工图》。

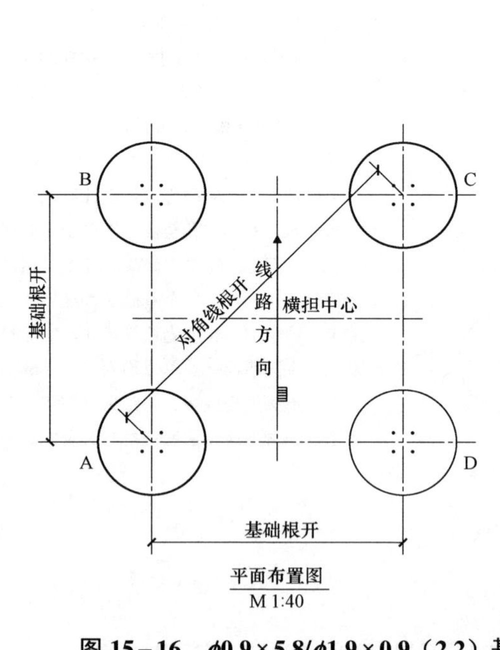

图 15-16　ϕ0.9×5.8/ϕ1.9×0.9（2.2）基础施工图（TW1-T250Z-2.2）

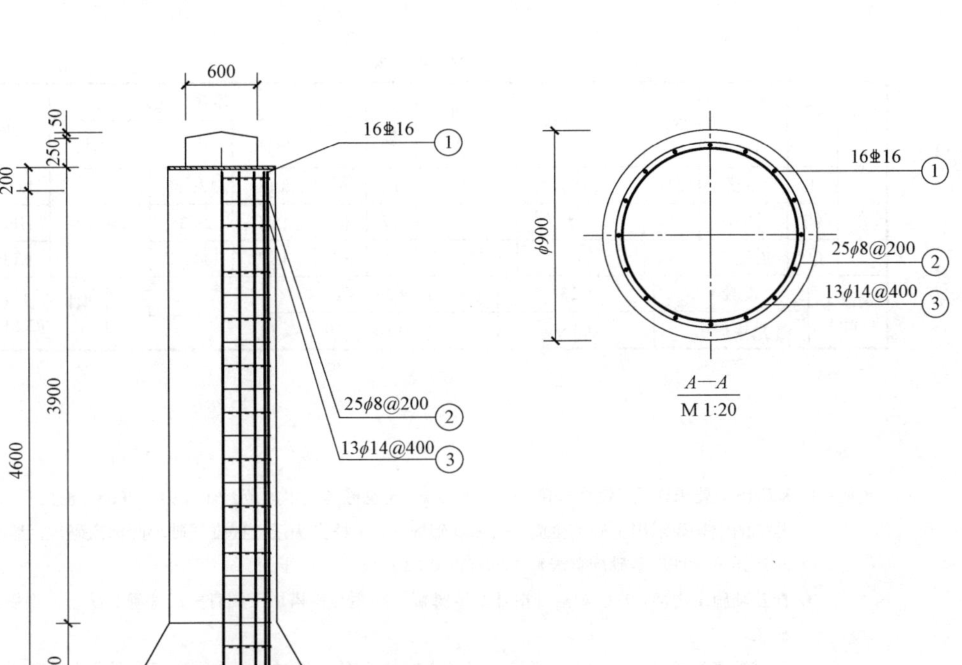

俯视图
M 1:40

⌀1800
⌀900

平面布置图
M 1:40

B
C
A
D
基础根开
对角线根开
线路方向
横担中心

材 料 表

部位	编号	名称A（B、C、D）	规格	简图及尺寸	长度（mm）	数量	单位	质量（kg）			备注
								单件	小计	合计	
主柱	①	主筋	⌀16	4680	4680	16	根	7.39	118.24	185.70	HRB400
	②	外箍筋	ϕ8	792	2663	25	根	1.05	26.25		HPB300
	③	内箍筋	ϕ14	738	2624	13	根	3.17	41.21		HPB300
混凝土（m^3）	混凝土		C25	1×3.92＝3.92				合计 4.02		钢材合计（kg）185.70	
	地栓护帽		C15	1×0.10＝0.10							

说明：1. 基础施工要求详见《铁塔基础施工总说明》《建筑桩基技术规范》（JGJ 94—2008）相关要求施工。

2. 基础图中只表示出基础的全高，实际基础埋深，主柱露头尺寸根据基础顶面标高确定，基础顶面标高详见《铁塔基础配置表》中的标高要求。
3. 在基础施工之前，要核对基础根开及地脚螺栓间距与铁塔加工图有关尺寸确实统一无误后，方可施工。
4. 分解组塔时混凝土强度不小于设计强度的70%，整体立塔时混凝土强度应达到设计强度的100%。
5. 钢筋保护层：基础立柱为50mm、扩底保护层为70mm。
6. 本基础所用主柱主筋为HRB400级钢筋，其余为HPB300级钢筋。
7. 基础钢筋骨架为焊接骨架，钢筋的焊接应符合《钢筋焊接及验收规程》（JGJ 18—2012）。
8. 箍筋尺寸均以外缘计。
9. 基坑开挖时应采取护壁等相关安全措施。
10. 基坑尺寸应严格满足设计要求，成孔经检查合格后应立即装钢筋笼，浇注混凝土，严防孔内积水，基础开孔至浇注混凝土的时间间隙应尽量缩短。
11. 混凝土浇注自由倾落高度不应超过3.0m，扩孔部分每浇200mm捣实一次，主柱部分每浇300mm捣实一次，一个基础必须连续浇注，不得有施工缝。
12. 图中钢筋长度为计算尺寸，实际长度以放样为准。
13. 本图所标尺寸单位均为毫米（mm）。
14. 地脚螺栓规格、间距见《铁塔基础根开及地脚螺栓配置表》。
15. 地脚螺栓及箍筋规格构造及安装分别见《地脚螺栓加工图》《地脚螺栓箍筋加工图》。

图 15－17　ϕ0.9×4.8/ϕ1.8×0.9（0.2）基础施工图（TW1－T250J－0.2）

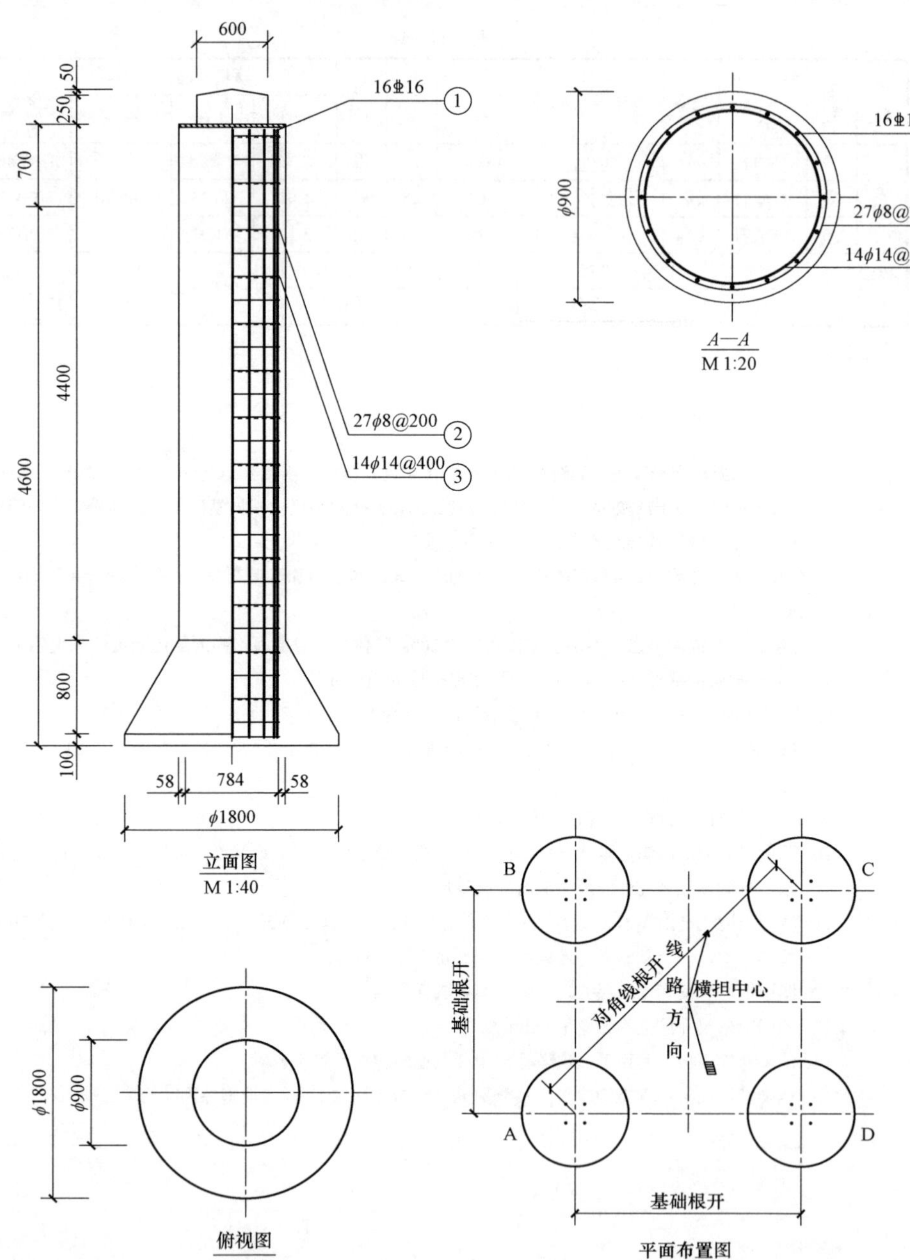

材 料 表

部位	编号	名称A（B、C、D）	规格	简图及尺寸	长度（mm）	数量	单位	质量（kg） 单件	小计	合计	备注
主柱	①	主筋	⌀16	5180	5180	16	根	8.18	130.88	203.61	HRB400
	②	外箍筋	φ8	792	2663	27	根	1.05	28.35		HPB300
	③	内箍筋	φ14	738	2624	14	根	3.17	44.38		HPB300
混凝土（m³）	混凝土		C25		1×4.24=4.24			合计 4.34		钢材合计（kg）203.61	
	地栓护帽		C15		1×0.10=0.10						

说明：1. 基础施工要求详见《铁塔基础施工总说明》《建筑桩基技术规范》（JGJ 94—2008）相关要求施工。
2. 基础图中只表示出基础的全高，实际基础埋深，主柱露头尺寸根据基础顶面标高确定，基础顶面标高详见《铁塔基础配置表》中的标高要求。
3. 在基础施工之前，要核对基础根开及地脚螺栓间距与铁塔加工图有关尺寸确实统一无误后，方可施工。
4. 分解组塔时混凝土强度不小于设计强度的70%，整体立塔时混凝土强度应达到设计强度的100%。
5. 钢筋保护层：基础立柱为50mm、扩底保护层为70mm。
6. 本基础所用主柱主筋为HRB400级钢筋，其余为HPB300级钢筋。
7. 基础钢筋骨架为焊接骨架，钢筋的焊接应符合《钢筋焊接及验收规程》（JGJ 18—2012）。
8. 箍筋尺寸均以外缘计。
9. 基坑开挖时应采取护壁等相关安全措施。
10. 基坑尺寸应严格满足设计要求，成孔经检查合格后应立即装钢筋笼，浇注混凝土，严防孔内积水，基础开孔至浇注混凝土的时间间隙应尽量缩短。
11. 混凝土浇注自由倾落高度不应超过3.0m，扩孔部分每浇200mm捣实一次，主柱部分每浇300mm捣实一次，一个基础必须连续浇注，不得有施工缝。
12. 图中钢筋长度为计算尺寸，实际长度以放样为准。
13. 本图所标尺寸单位均为毫米（mm）。
14. 地脚螺栓规格、间距见《铁塔基础根开及地脚螺栓配置表》。
15. 地脚螺栓及箍筋规格构造及安装分别见《地脚螺栓加工图》《地脚螺栓箍筋加工图》。

图 15－18　φ0.9×5.3/φ1.8×0.9（0.7）基础施工图（TW1－T250J－0.7）

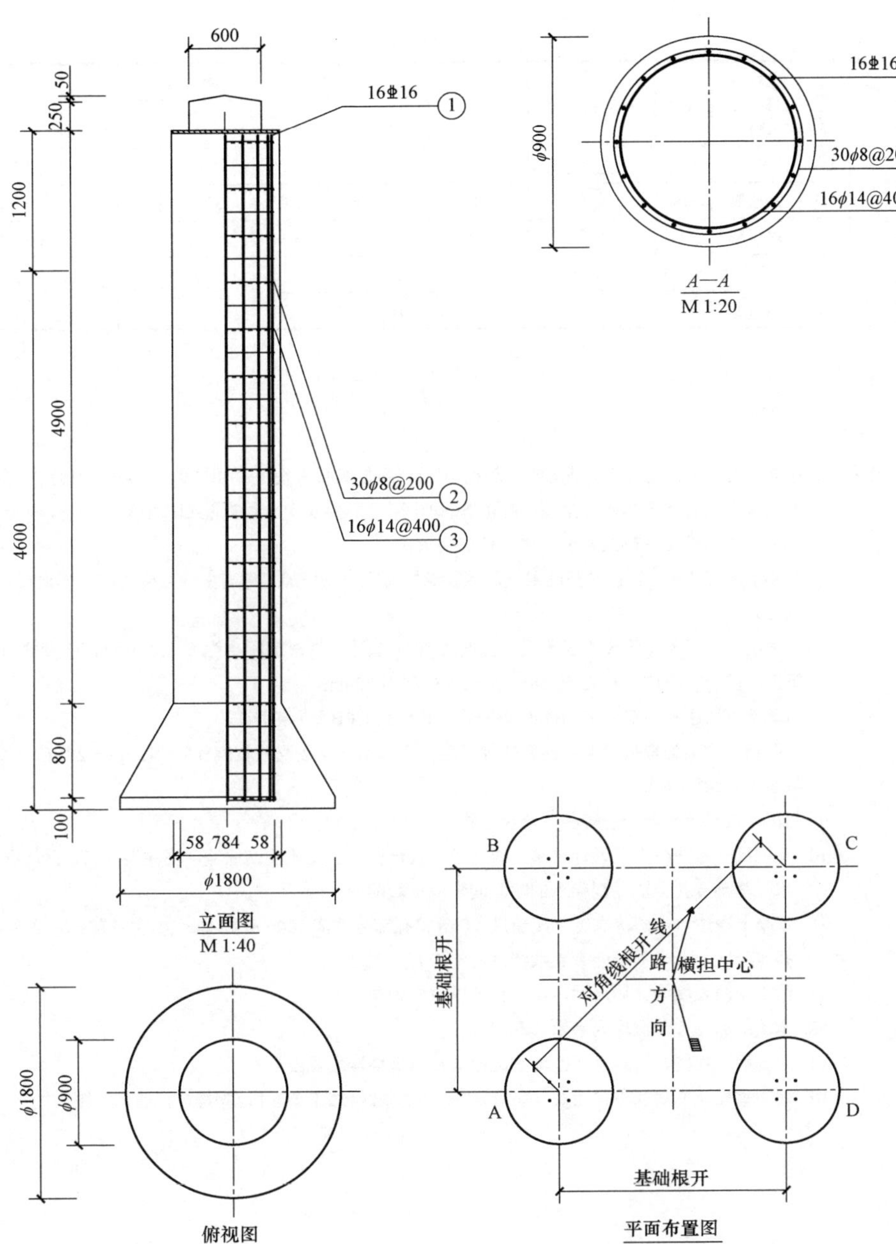

材 料 表

部位	编号	名称A（B、C、D）	规格	简图及尺寸	长度（mm）	数量	单位	质量（kg） 单件	小计	合计	备注
主柱	①	主筋	⌀16	5680	5680	16	根	8.97	143.52	225.74	HRB400
	②	外箍筋	ϕ8	792	2663	30	根	1.05	31.50		HPB300
	③	内箍筋	ϕ14	738	2624	16	根	3.17	50.72		HPB300
混凝土（m³）	混凝土		C25		1×4.56=4.56			合计 4.66		钢材合计（kg）225.74	
	地栓护帽		C15		1×0.10=0.10						

说明：1. 基础施工要求详见《铁塔基础施工总说明》《建筑桩基技术规范》（JGJ 94—2008）相关要求施工。

2. 基础图中只表示出基础的全高，实际基础埋深，主柱露头尺寸根据基础顶面标高确定，基础顶面标高详见《铁塔基础配置表》中的标高要求。

3. 在基础施工之前，要核对基础根开及地脚螺栓间距与铁塔加工图有关尺寸确实统一无误后，方可施工。

4. 分解组塔时混凝土强度不小于设计强度的70%，整体立塔时混凝土强度应达到设计强度的100%。

5. 钢筋保护层：基础立柱为50mm、扩底保护层为70mm。

6. 本基础所用主柱主筋为HRB400级钢筋，其余为HPB300级钢筋。

7. 基础钢筋骨架为焊接骨架，钢筋的焊接应符合《钢筋焊接及验收规程》（JGJ 18—2012）。

8. 箍筋尺寸均以外缘计。

9. 基坑开挖时应采取护壁等相关安全措施。

10. 基坑尺寸应严格满足设计要求，成孔经检查合格后应立即装钢筋笼，浇注混凝土，严防孔内积水，基础开孔至浇注混凝土的时间间隙应尽量缩短。

11. 混凝土浇注自由倾落高度不应超过3.0m，扩孔部分每浇200mm捣实一次，主柱部分每浇300mm捣实一次，一个基础必须连续浇注，不得有施工缝。

12. 图中钢筋长度为计算尺寸，实际长度以放样为准。

13. 本图所标尺寸单位均为毫米（mm）。

14. 地脚螺栓规格、间距见《铁塔基础根开及地脚螺栓配置表》。

15. 地脚螺栓及箍筋规格构造及安装分别见《地脚螺栓加工图》《地脚螺栓箍筋加工图》。

图 15－19 ϕ0.9×5.8/ϕ1.8×0.9（1.2）基础施工图（TW1－T250J－1.2）

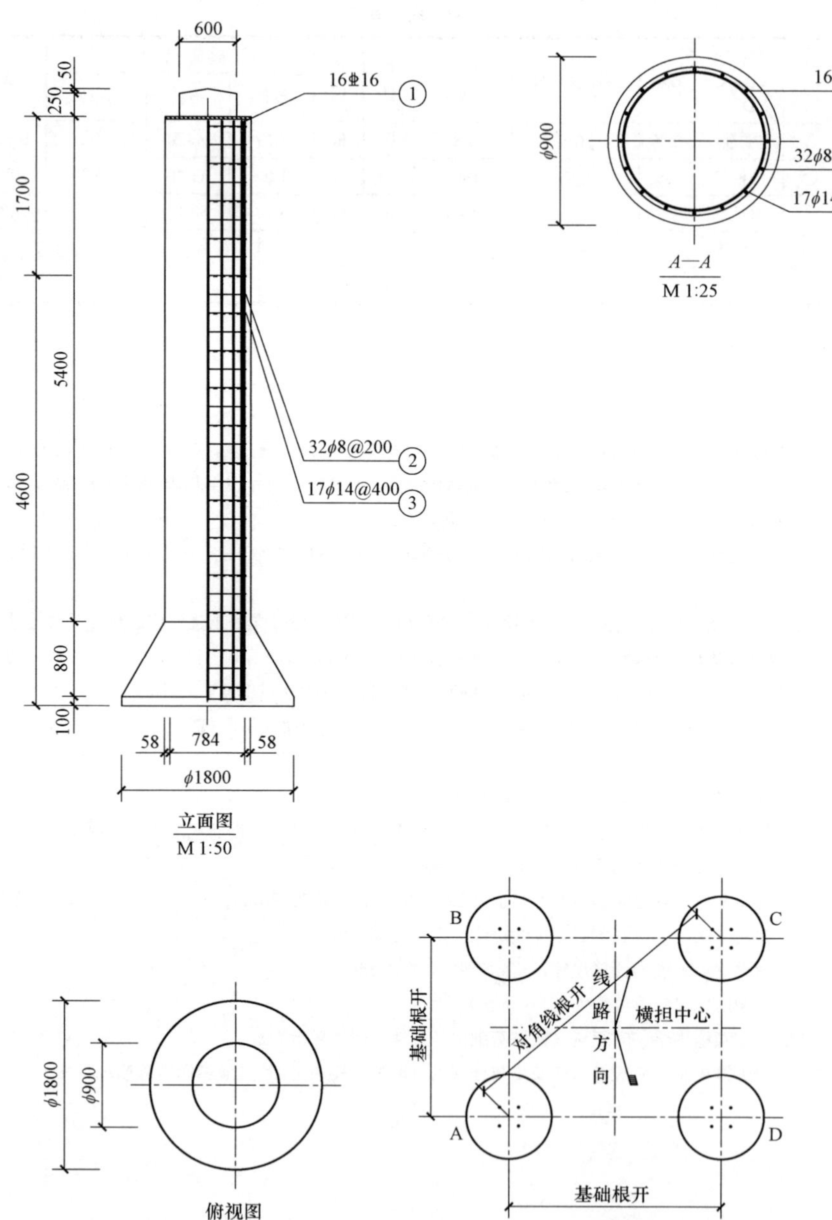

材 料 表

部位	编号	名称A（B、C、D）	规格	简图及尺寸	长度（mm）	数量	单位	质量（kg）			备注
								单件	小计	合计	
主柱	①	主筋	⌀16	6180	6180	16	根	9.76	156.16	243.65	HRB400
	②	外箍筋	ϕ8	792	2663	32	根	1.05	33.60		HPB300
	③	内箍筋	ϕ14	738	2624	17	根	3.17	53.89		HPB300
混凝土（m^3）	混凝土		C25		1×4.88=4.88			合计 4.98		钢材合计（kg）243.65	
	地栓护帽		C15		1×0.10=0.10						

说明：1. 基础施工要求详见《铁塔基础施工总说明》《建筑桩基技术规范》（JGJ 94—2008）相关要求施工。

2. 基础图中只表示出基础的全高，实际基础埋深，主柱露头尺寸根据基础顶面标高确定，基础顶面标高详见《铁塔基础配置表》中的标高要求。

3. 在基础施工之前，要核对基础根开及地脚螺栓间距与铁塔加工图有关尺寸确实统一无误后，方可施工。

4. 分解组塔时混凝土强度不小于设计强度的70%，整体立塔时混凝土强度应达到设计强度的100%。

5. 钢筋保护层：基础立柱为50mm、扩底保护层为70mm。

6. 本基础所用主柱主筋为HRB400级钢筋，其余为HPB300级钢筋。

7. 基础钢筋骨架为焊接骨架，钢筋的焊接应符合《钢筋焊接及验收规程》（JGJ 18—2012）。

8. 箍筋尺寸均以外缘计。

9. 基坑开挖时应采取护壁等相关安全措施。

10. 基坑尺寸应严格满足设计要求，成孔经检查合格后应立即装钢筋笼，浇注混凝土，严防孔内积水，基础开孔至浇注混凝土的时间间隙应尽量缩短。

11. 混凝土浇注自由倾落高度不应超过3.0m，扩孔部分每浇200mm捣实一次，主柱部分每浇300mm捣实一次，一个基础必须连续浇注，不得有施工缝。

12. 图中钢筋长度为计算尺寸，实际长度以放样为准。

13. 本图所标尺寸单位均为毫米（mm）。

14. 地脚螺栓规格、间距见《铁塔基础根开及地脚螺栓配置表》。

15. 地脚螺栓及箍筋规格构造及安装分别见《地脚螺栓加工图》《地脚螺栓箍筋加工图》。

图 15－20 ϕ0.9×6.3/ϕ1.8×0.9（1.7）基础施工图（TW1－T250J－1.7）

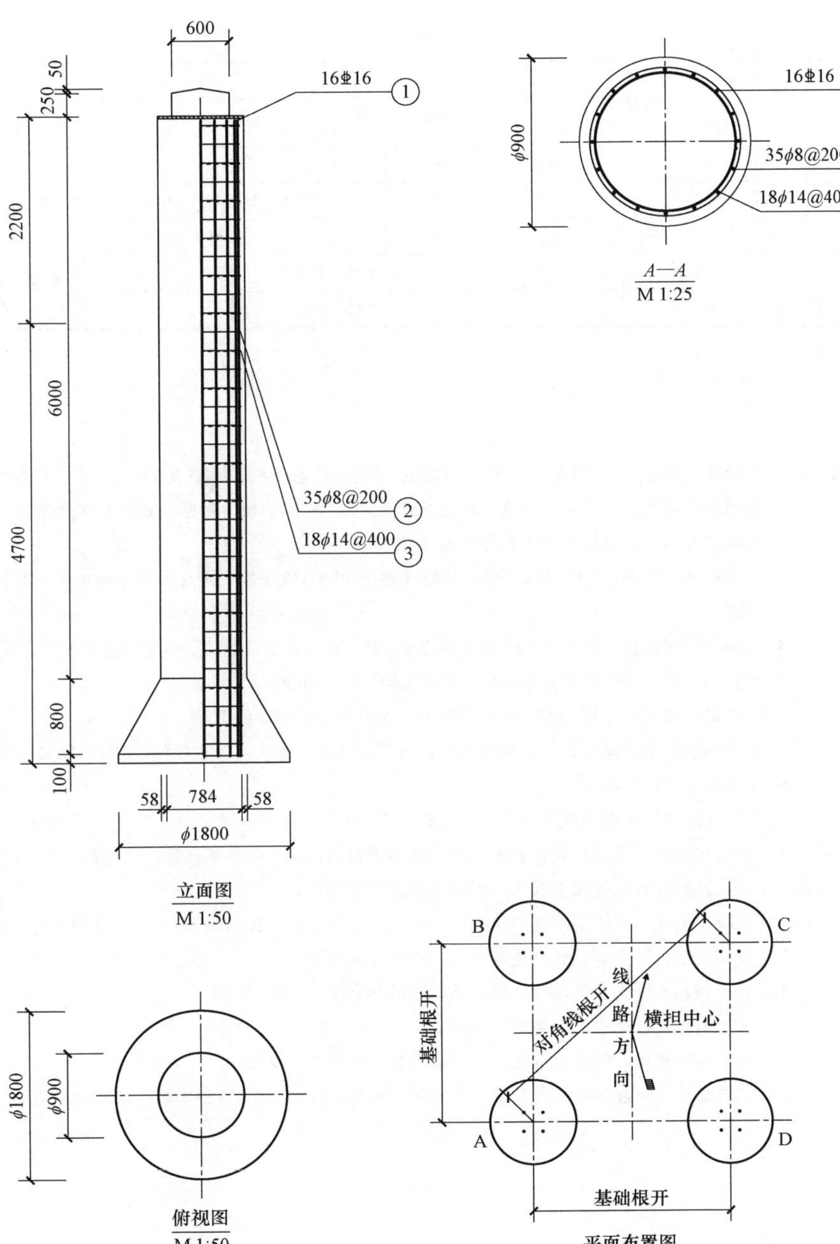

材　料　表

部位	编号	名称A（B、C、D）	规格	简图及尺寸	长度（mm）	数量	单位	质量（kg）单件	质量（kg）小计	质量（kg）合计	备注
主柱	①	主筋	⌀16	6780	6780	16	根	10.71	171.36	265.17	HRB400
	②	外箍筋	ϕ8	792	2663	35	根	1.05	36.75		HPB300
	③	内箍筋	ϕ14	738	2624	18	根	3.17	57.06		HPB300
混凝土（m^3）		混凝土	C25	1×5.26=5.26				合计 5.36		钢材合计（kg）265.17	
		地栓护帽	C15	1×0.10=0.10							

说明：1. 基础施工要求详见《铁塔基础施工总说明》《建筑桩基技术规范》（JGJ 94—2008）相关要求施工。

2. 基础图中只表示出基础的全高，实际基础埋深，主柱露头尺寸根据基础顶面标高确定，基础顶面标高详见《铁塔基础配置表》中的标高要求。

3. 在基础施工之前，要核对基础根开及地脚螺栓间距与铁塔加工图有关尺寸确实统一无误后，方可施工。

4. 分解组塔时混凝土强度不小于设计强度的70%，整体立塔时混凝土强度应达到设计强度的100%。

5. 钢筋保护层：基础立柱为50mm、扩底保护层为70mm。

6. 本基础所用主柱主筋为HRB400级钢筋，其余为HPB300级钢筋。

7. 基础钢筋骨架为焊接骨架，钢筋的焊接应符合《钢筋焊接及验收规程》（JGJ 18—2012）。

8. 箍筋尺寸均以外缘计。

9. 基坑开挖时应采取护壁等相关安全措施。

10. 基坑尺寸应严格满足设计要求，成孔经检查合格后应立即装钢筋笼，浇注混凝土，严防孔内积水，基础开孔至浇注混凝土的时间间隙应尽量缩短。

11. 混凝土浇注自由倾落高度不应超过3.0m，扩孔部分每浇200mm捣实一次，主柱部分每浇300mm捣实一次，一个基础必须连续浇注，不得有施工缝。

12. 图中钢筋长度为计算尺寸，实际长度以放样为准。

13. 本图所标尺寸单位均为毫米（mm）。

14. 地脚螺栓规格、间距见《铁塔基础根开及地脚螺栓配置表》。

15. 地脚螺栓及箍筋规格构造及安装分别见《地脚螺栓加工图》《地脚螺栓箍筋加工图》。

图15-21　ϕ0.9×6.9/ϕ1.8×0.9（2.2）基础施工图（TW1-T250J-2.2）

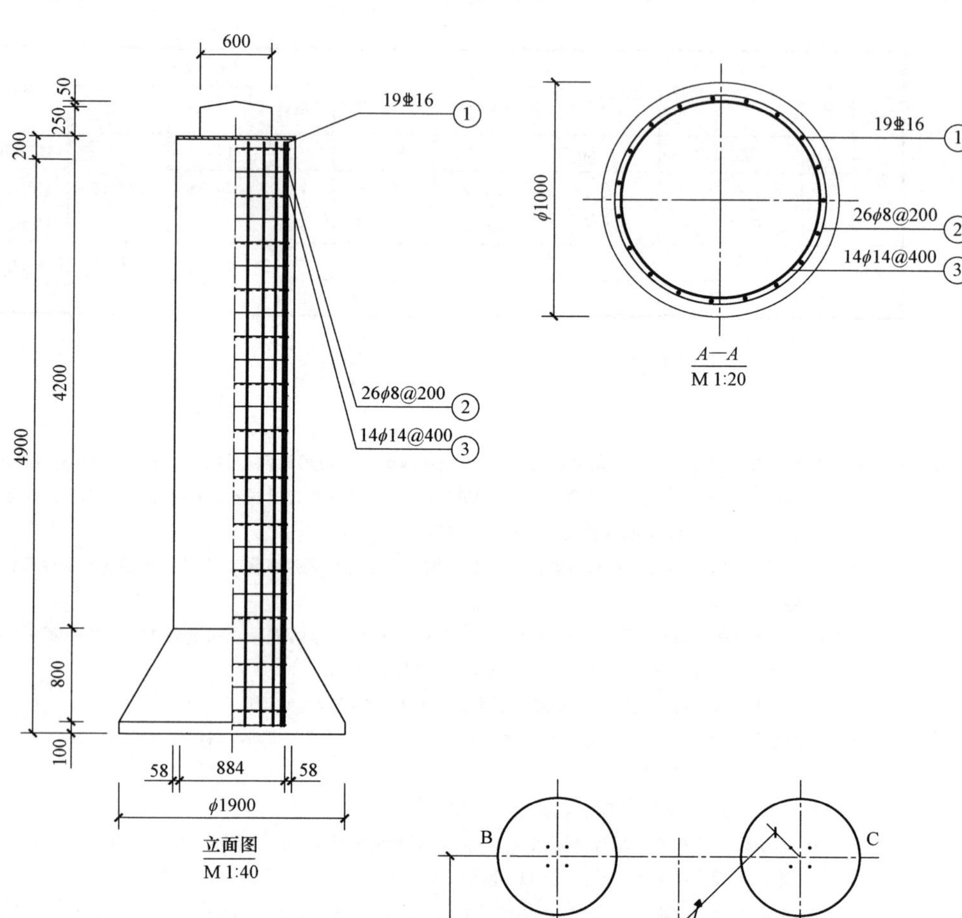

材 料 表

部位	编号	名称A（B、C、D）	规格	简图及尺寸	长度（mm）	数量	单位	质量（kg） 单件	小计	合计	备注
主柱	①	主筋	⌀16	4980	4980	19	根	7.87	149.53	229.91	HRB400
	②	外箍筋	φ8	892	2977	26	根	1.18	30.68		HPB300
	③	内箍筋	φ14	838	2938	14	根	3.55	49.70		HPB300
混凝土（m^3）	混凝土		C25		1×4.95=4.95			合计 5.05			钢材合计（kg） 229.91
	地栓护帽		C15		1×0.10=0.10						

说明：1. 基础施工要求详见《铁塔基础施工总说明》《建筑桩基技术规范》（JGJ 94—2008）相关要求施工。

2. 基础图中只表示出基础的全高，实际基础埋深，主柱露头尺寸根据基础顶面标高确定，基础顶面标高详见《铁塔基础配置表》中的标高要求。

3. 在基础施工之前，要核对基础根开及地脚螺栓间距与铁塔加工图有关尺寸确实统一无误后，方可施工。

4. 分解组塔时混凝土强度不小于设计强度的70%，整体立塔时混凝土强度应达到设计强度的100%。

5. 钢筋保护层：基础立柱为50mm、扩底保护层为70mm。

6. 本基础所用主柱主筋为HRB400级钢筋，其余为HPB300级钢筋。

7. 基础钢筋骨架为焊接骨架，钢筋的焊接应符合《钢筋焊接及验收规程》（JGJ 18—2012）。

8. 箍筋尺寸均以外缘计。

9. 基坑开挖时应采取护壁等相关安全措施。

10. 基坑尺寸应严格满足设计要求，成孔经检查合格后应立即装钢筋笼，浇注混凝土，严防孔内积水，基础开孔至浇注混凝土的时间间隙应尽量缩短。

11. 混凝土浇注自由倾落高度不应超过3.0m，扩孔部分每浇200mm捣实一次，主柱部分每浇300mm捣实一次，一个基础必须连续浇注，不得有施工缝。

12. 图中钢筋长度为计算尺寸，实际长度以放样为准。

13. 本图所标尺寸单位均为毫米（mm）。

14. 地脚螺栓规格、间距见《铁塔基础根开及地脚螺栓配置表》。

15. 地脚螺栓及箍筋规格构造及安装分别见《地脚螺栓加工图》《地脚螺栓箍筋加工图》。

图 15－22　φ1.0×5.1/φ1.9×0.9（0.2）基础施工图（TW1－T300J－0.2）

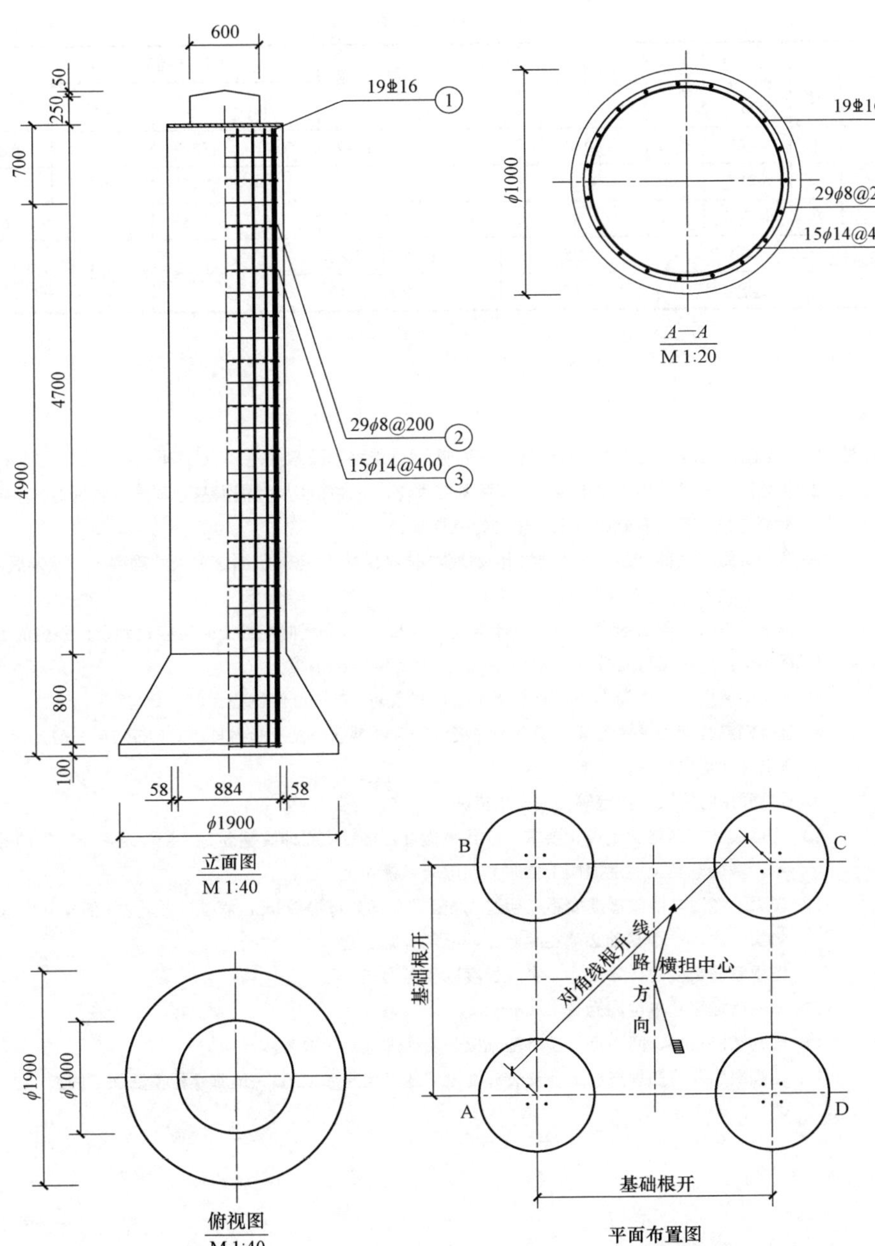

材 料 表

部位	编号	名称A（B、C、D）	规格	简图及尺寸	长度（mm）	数量	单位	质量（kg） 单件	小计	合计	备注
主柱	①	主筋	⌀16	5480	5480	19	根	8.66	164.54	252.01	HRB400
	②	外箍筋	φ8	892	2977	29	根	1.18	34.22		HPB300
	③	内箍筋	φ14	838	2938	15	根	3.55	53.25		HPB300
混凝土（m^3）	混凝土		C25	1×5.34=5.34				合计 5.44		钢材合计（kg）252.01	
	地栓护帽		C15	1×0.10=0.10							

说明：1. 基础施工要求详见《铁塔基础施工总说明》《建筑桩基技术规范》（JGJ 94—2008）相关要求施工。

2. 基础图中只表示出基础的全高，实际基础埋深，主柱露头尺寸根据基础顶面标高确定，基础顶面标高详见《铁塔基础配置表》中的标高要求。

3. 在基础施工之前，要核对基础根开及地脚螺栓间距与铁塔加工图有关尺寸确实统一无误后，方可施工。

4. 分解组塔时混凝土强度不小于设计强度的70%，整体立塔时混凝土强度应达到设计强度的100%。

5. 钢筋保护层：基础立柱为50mm、扩底保护层为70mm。

6. 本基础所用主柱主筋为HRB400级钢筋，其余为HPB300级钢筋。

7. 基础钢筋骨架为焊接骨架，钢筋的焊接应符合《钢筋焊接及验收规程》（JGJ 18—2012）。

8. 箍筋尺寸均以外缘计。

9. 基坑开挖时应采取护壁等相关安全措施。

10. 基坑尺寸应严格满足设计要求，成孔经检查合格后应立即装钢筋笼，浇注混凝土，严防孔内积水，基础开孔至浇注混凝土的时间间隙应尽量缩短。

11. 混凝土浇注自由倾落高度不应超过3.0m，扩孔部分每浇200mm捣实一次，主柱部分每浇300mm捣实一次，一个基础必须连续浇注，不得有施工缝。

12. 图中钢筋长度为计算尺寸，实际长度以放样为准。

13. 本图所标尺寸单位均为毫米（mm）。

14. 地脚螺栓规格、间距见《铁塔基础根开及地脚螺栓配置表》。

15. 地脚螺栓及箍筋规格构造及安装分别见《地脚螺栓加工图》《地脚螺栓箍筋加工图》。

图 15－23 φ1.0×5.6/φ1.9×0.9（0.7）基础施工图（TW1－T300J－0.7）

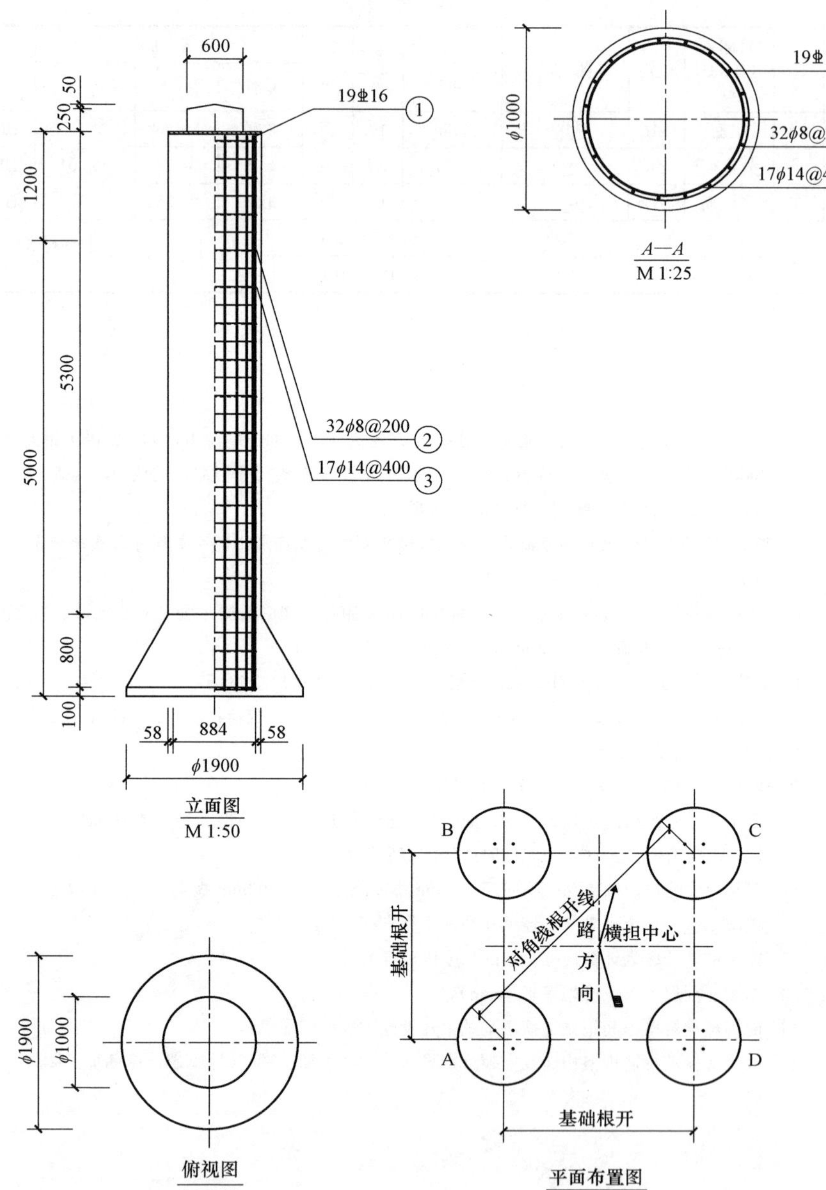

材 料 表

部位	编号	名称A（B、C、D）	规格	简图及尺寸	长度（mm）	数量	单位	质量（kg）单件	质量（kg）小计	质量（kg）合计	备注
主柱	①	主筋	Φ16	6080	6080	19	根	9.61	182.59	280.70	HRB400
	②	外箍筋	φ8	892	2977	32	根	1.18	37.76		HPB300
	③	内箍筋	φ14	838	2938	17	根	3.55	60.35		HPB300
混凝土（m^3）	混凝土	C25		1×5.81＝5.81				合计 5.91		钢材合计（kg）280.70	
	地栓护帽	C15		1×0.10＝0.10							

说明：1. 基础施工要求详见《铁塔基础施工总说明》《建筑桩基技术规范》（JGJ 94—2008）相关要求施工。

2. 基础图中只表示出基础的全高，实际基础埋深，主柱露头尺寸根据基础顶面标高确定，基础顶面标高详见《铁塔基础配置表》中的标高要求。
3. 在基础施工之前，要核对基础根开及地脚螺栓间距与铁塔加工图有关尺寸确实统一无误后，方可施工。
4. 分解组塔时混凝土强度不小于设计强度的70%，整体立塔时混凝土强度应达到设计强度的100%。
5. 钢筋保护层：基础立柱为50mm、扩底保护层为70mm。
6. 本基础所用主柱主筋为HRB400级钢筋，其余为HPB300级钢筋。
7. 基础钢筋骨架为焊接骨架，钢筋的焊接应符合《钢筋焊接及验收规程》（JGJ 18—2012）。
8. 箍筋尺寸均以外缘计。
9. 基坑开挖时应采取护壁等相关安全措施。
10. 基坑尺寸应严格满足设计要求，成孔经检查合格后应立即装钢筋笼，浇注混凝土，严防孔内积水，基础开孔至浇注混凝土的时间间隙应尽量缩短。
11. 混凝土浇注自由倾落高度不应超过3.0m，扩孔部分每浇200mm捣实一次，主柱部分每浇300mm捣实一次，一个基础必须连续浇注，不得有施工缝。
12. 图中钢筋长度为计算尺寸，实际长度以放样为准。
13. 本图所标尺寸单位均为毫米（mm）。
14. 地脚螺栓规格、间距见《铁塔基础根开及地脚螺栓配置表》。
15. 地脚螺栓及箍筋规格构造及安装分别见《地脚螺栓加工图》《地脚螺栓箍筋加工图》。

图 15－24 φ1.0×6.2/φ1.9×0.9（1.2）基础施工图（TW1－T300J－1.2）

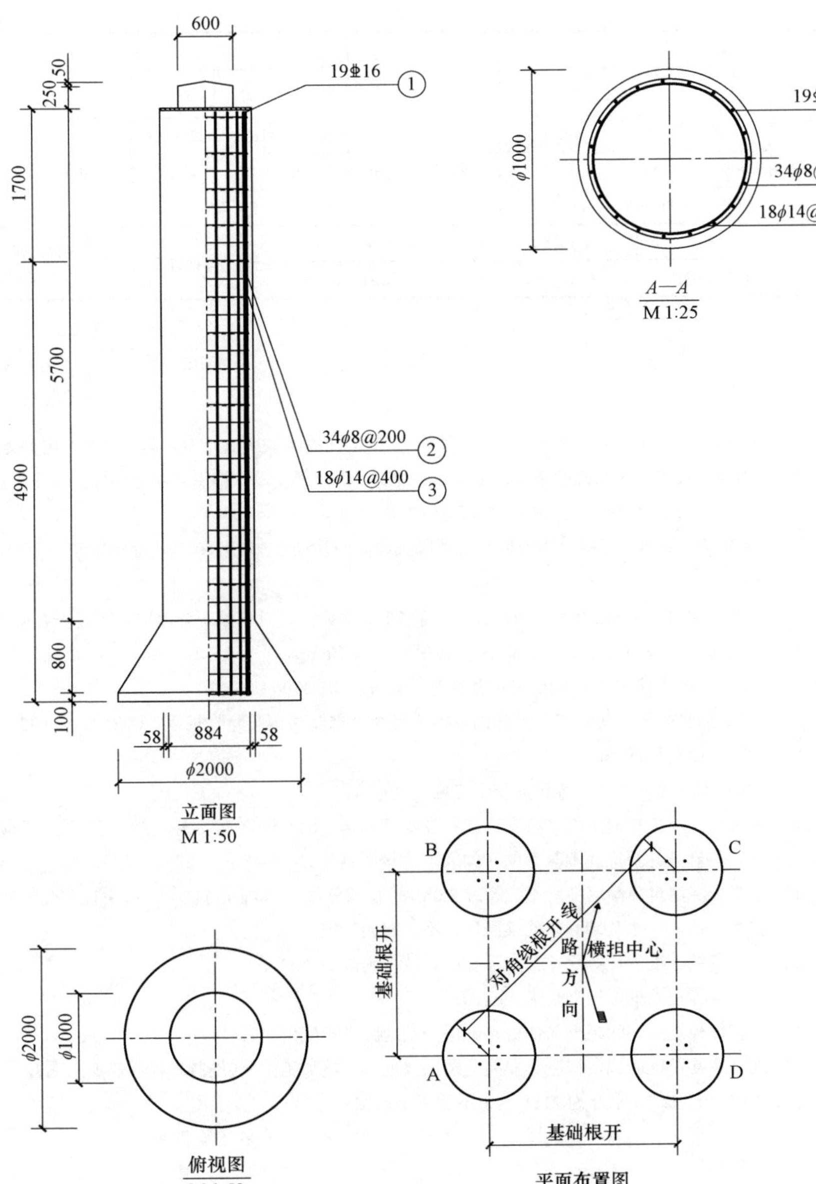

材 料 表

部位	编号	名称 A（B、C、D）	规格	简图及尺寸	长度（mm）	数量	单位	质量（kg） 单件	小计	合计	备注
主柱	①	主筋	Φ16	6480	6480	19	根	10.24	194.56	298.58	HRB400
	②	外箍筋	ϕ8	892	2977	34	根	1.18	40.12		HPB300
	③	内箍筋	ϕ14	838	2938	18	根	3.55	63.90		HPB300
混凝土（m^3）	混凝土	C25	1×6.26=6.26					合计 6.36		钢材合计（kg）298.58	
	地栓护帽	C15	1×0.10=0.10								

说明：1. 基础施工要求详见《铁塔基础施工总说明》《建筑桩基技术规范》（JGJ 94—2008）相关要求施工。

2. 基础图中只表示出基础的全高，实际基础埋深，主柱露头尺寸根据基础顶面标高确定，基础顶面标高详见《铁塔基础配置表》中的标高要求。

3. 在基础施工之前，要核对基础根开及地脚螺栓间距与铁塔加工图有关尺寸确实统一无误后，方可施工。

4. 分解组塔时混凝土强度不小于设计强度的70%，整体立塔时混凝土强度应达到设计强度的100%。

5. 钢筋保护层：基础立柱为50mm、扩底保护层为70mm。

6. 本基础所用主柱主筋为HRB400级钢筋，其余为HPB300级钢筋。

7. 基础钢筋骨架为焊接骨架，钢筋的焊接应符合《钢筋焊接及验收规程》（JGJ 18—2012）。

8. 箍筋尺寸均以外缘计。

9. 基坑开挖时应采取护壁等相关安全措施。

10. 基坑尺寸应严格满足设计要求，成孔经检查合格后应立即装钢筋笼，浇注混凝土，严防孔内积水，基础开孔至浇注混凝土的时间间隙应尽量缩短。

11. 混凝土浇注自由倾落高度不应超过3.0m，扩孔部分每浇200mm捣实一次，主柱部分每浇300mm捣实一次，一个基础必须连续浇注，不得有施工缝。

12. 图中钢筋长度为计算尺寸，实际长度以放样为准。

13. 本图所标尺寸单位均为毫米（mm）。

14. 地脚螺栓规格、间距见《铁塔基础根开及地脚螺栓配置表》。

15. 地脚螺栓及箍筋规格构造及安装分别见《地脚螺栓加工图》《地脚螺栓箍筋加工图》。

图 15－25　ϕ1.0×6.6/ϕ2.0×0.9（1.7）基础施工图（TW1－T300J－1.7）

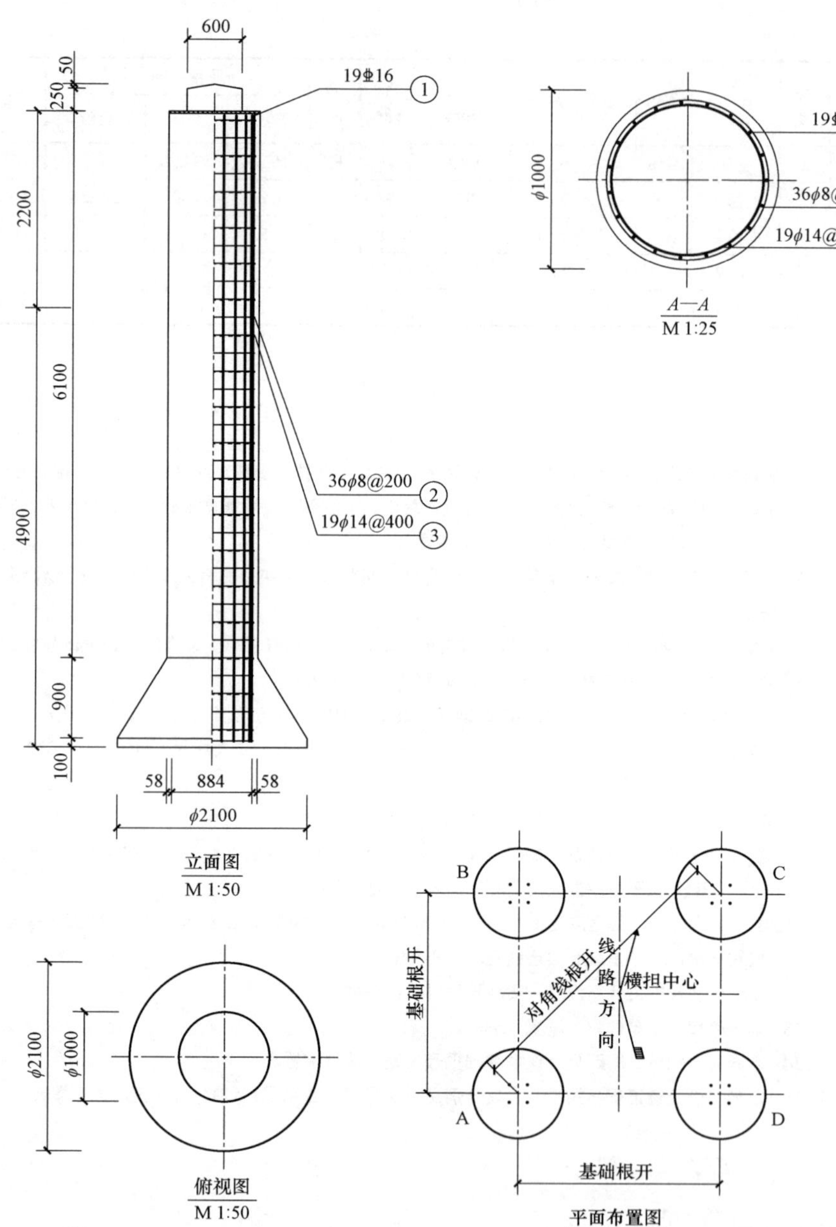

材 料 表

部位	编号	名称 A（B、C、D）	规格	简图及尺寸	长度（mm）	数量	单位	质量（kg）单件	质量（kg）小计	质量（kg）合计	备注
主柱	①	主筋	⌀16	6980	6980	19	根	11.03	209.57	319.50	HRB400
	②	外箍筋	ϕ8	892	2977	36	根	1.18	42.48		HPB300
	③	内箍筋	ϕ14	838	2938	19	根	3.55	67.45		HPB300
混凝土（m^3）	混凝土		C25		1×6.91＝6.91			合计 7.01		钢材合计（kg）319.50	
	地栓护帽		C15		1×0.10＝0.10						

说明：1. 基础施工要求详见《铁塔基础施工总说明》《建筑桩基技术规范》（JGJ 94—2008）相关要求施工。

2. 基础图中只表示出基础的全高，实际基础埋深，主柱露头尺寸根据基础顶面标高确定，基础顶面标高详见《铁塔基础配置表》中的标高要求。

3. 在基础施工之前，要核对基础根开及地脚螺栓间距与铁塔加工图有关尺寸确实统一无误后，方可施工。

4. 分解组塔时混凝土强度不小于设计强度的70%，整体立塔时混凝土强度应达到设计强度的100%。

5. 钢筋保护层：基础立柱为50mm、扩底保护层为70mm。

6. 本基础所用主柱主筋为HRB400级钢筋，其余为HPB300级钢筋。

7. 基础钢筋骨架为焊接骨架，钢筋的焊接应符合《钢筋焊接及验收规程》（JGJ 18—2012）。

8. 箍筋尺寸均以外缘计。

9. 基坑开挖时应采取护壁等相关安全措施。

10. 基坑尺寸应严格满足设计要求，成孔经检查合格后应立即装钢筋笼，浇注混凝土，严防孔内积水，基础开孔至浇注混凝土的时间间隙应尽量缩短。

11. 混凝土浇注自由倾落高度不应超过3.0m，扩孔部分每浇200mm捣实一次，主柱部分每浇300mm捣实一次，一个基础必须连续浇注，不得有施工缝。

12. 图中钢筋长度为计算尺寸，实际长度以放样为准。

13. 本图所标尺寸单位均为毫米（mm）。

14. 地脚螺栓规格、间距见《铁塔基础根开及地脚螺栓配置表》。

15. 地脚螺栓及箍筋规格构造及安装分别见《地脚螺栓加工图》《地脚螺栓箍筋加工图》。

注：10GS20－J2－9根开为2111太小不适用于该图。

图 15－26　ϕ1.0×7.1/ϕ2.1×1.0（2.2）基础施工图（TW1－T300J－2.2）

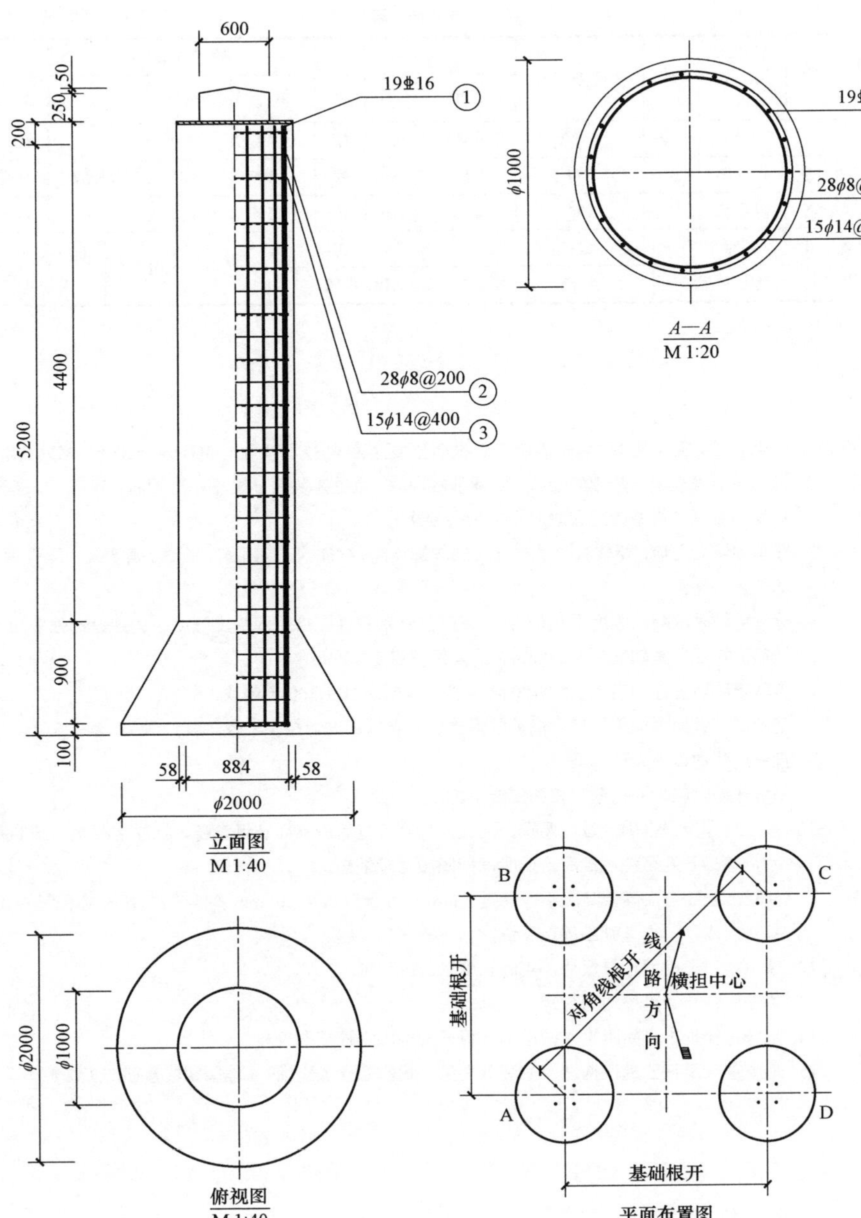

材 料 表

部位	编号	名称A（B、C、D）	规格	简图及尺寸	长度（mm）	数量	单位	质量（kg） 单件	小计	合计	备注
主柱	①	主筋	⌀16	5280	5280	19	根	8.34	158.46	244.75	HRB400
	②	外箍筋	ϕ8	892	2977	28	根	1.18	33.04		HPB300
	③	内箍筋	ϕ14	838	2938	15	根	3.55	53.25		HPB300
混凝土（m³）	混凝土		C25	1×5.42=5.42				合计 5.52		钢材合计（kg） 244.75	
	地栓护帽		C15	1×0.10=0.10							

说明：1. 基础施工要求详见《铁塔基础施工总说明》《建筑桩基技术规范》（JGJ 94—2008）相关要求施工。

2. 基础图中只表示出基础的全高，实际基础埋深，主柱露头尺寸根据基础顶面标高确定，基础顶面标高详见《铁塔基础配置表》中的标高要求。

3. 在基础施工之前，要核对基础根开及地脚螺栓间距与铁塔加工图有关尺寸确实统一无误后，方可施工。

4. 分解组塔时混凝土强度不小于设计强度的70%，整体立塔时混凝土强度应达到设计强度的100%。

5. 钢筋保护层：基础立柱为50mm、扩底保护层为70mm。

6. 本基础所用主柱主筋为HRB400级钢筋，其余为HPB300级钢筋。

7. 基础钢筋骨架为焊接骨架，钢筋的焊接应符合《钢筋焊接及验收规程》（JGJ 18—2012）。

8. 箍筋尺寸均以外缘计。

9. 基坑开挖时应采取护壁等相关安全措施。

10. 基坑尺寸应严格满足设计要求，成孔经检查合格后应立即装钢筋笼，浇注混凝土，严防孔内积水，基础开孔至浇注混凝土的时间间隙应尽量缩短。

11. 混凝土浇注自由倾落高度不应超过3.0m，扩孔部分每浇200mm捣实一次，主柱部分每浇300mm捣实一次，一个基础必须连续浇注，不得有施工缝。

12. 图中钢筋长度为计算尺寸，实际长度以放样为准。

13. 本图所标尺寸单位均为毫米（mm）。

14. 地脚螺栓规格、间距见《铁塔基础根开及地脚螺栓配置表》。

15. 地脚螺栓及箍筋规格构造及安装分别见《地脚螺栓加工图》《地脚螺栓箍筋加工图》。

图 15－27　ϕ1.0×5.4/ϕ2.0×1.0（0.2）基础施工图（TW1－T350J－0.2）

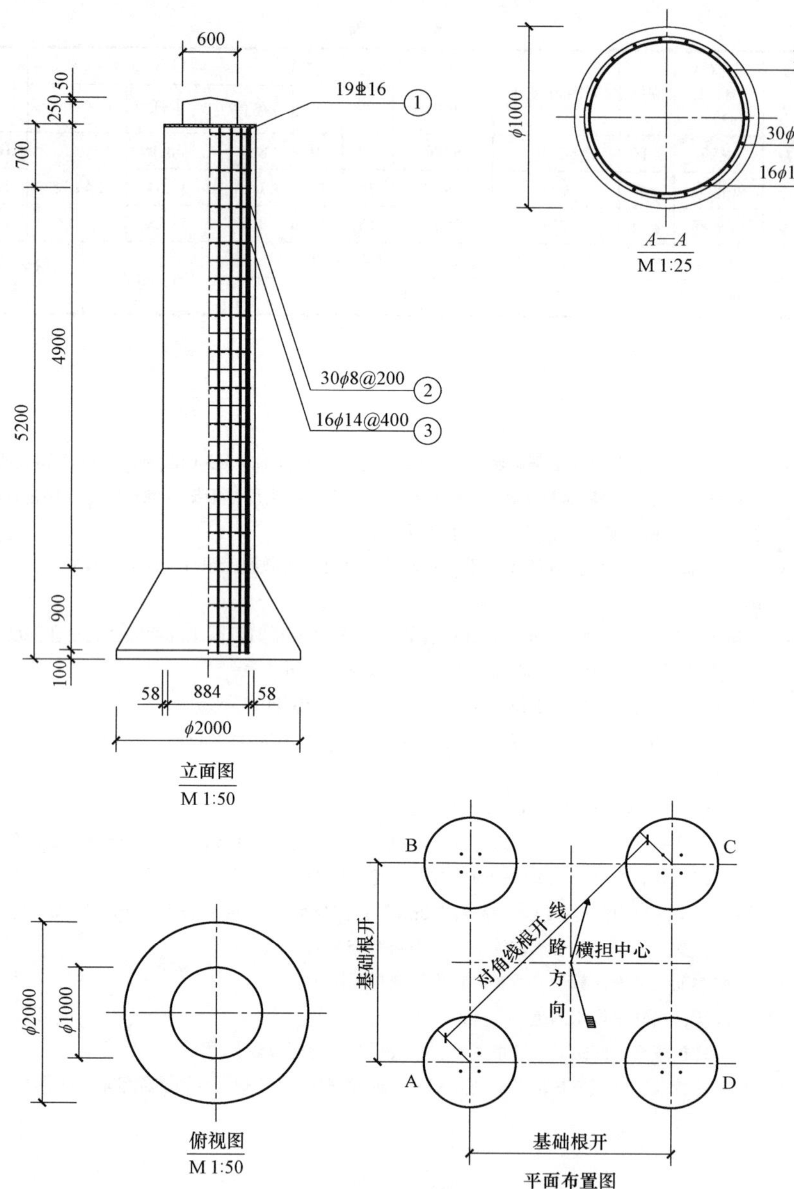

材 料 表

部位	编号	名称A（B、C、D）	规格	简图及尺寸	长度（mm）	数量	单位	质量（kg） 单件	小计	合计	备注
主柱	①	主筋	⌀16	5780	5780	19	根	9.13	173.47	265.67	HRB400
	②	外箍筋	ϕ8	892	2977	30	根	1.18	35.40		HPB300
	③	内箍筋	ϕ14	838	2938	16	根	3.55	56.80		HPB300
混凝土（m^3）	混凝土	C25	1×5.81＝5.81					合计 5.91		钢材合计（kg）265.67	
	地栓护帽	C15	1×0.10＝0.10								

说明：1. 基础施工要求详见《铁塔基础施工总说明》《建筑桩基技术规范》（JGJ 94—2008）相关要求施工。

2. 基础图中只表示出基础的全高，实际基础埋深，主柱露头尺寸根据基础顶面标高确定，基础顶面标高详见《铁塔基础配置表》中的标高要求。

3. 在基础施工之前，要核对基础根开及地脚螺栓间距与铁塔加工图有关尺寸确实统一无误后，方可施工。

4. 分解组塔时混凝土强度不小于设计强度的70%，整体立塔时混凝土强度应达到设计强度的100%。

5. 钢筋保护层：基础立柱为50mm、扩底保护层为70mm。

6. 本基础所用主柱主筋为HRB400级钢筋，其余为HPB300级钢筋。

7. 基础钢筋骨架为焊接骨架，钢筋的焊接应符合《钢筋焊接及验收规程》（JGJ 18—2012）。

8. 箍筋尺寸均以外缘计。

9. 基坑开挖时应采取护壁等相关安全措施。

10. 基坑尺寸应严格满足设计要求，成孔经检查合格后应立即装钢筋笼，浇注混凝土，严防孔内积水，基础开孔至浇注混凝土的时间间隙应尽量缩短。

11. 混凝土浇注自由倾落高度不应超过3.0m，扩孔部分每浇200mm捣实一次，主柱部分每浇300mm捣实一次，一个基础必须连续浇注，不得有施工缝。

12. 图中钢筋长度为计算尺寸，实际长度以放样为准。

13. 本图所标尺寸单位均为毫米（mm）。

14. 地脚螺栓规格、间距见《铁塔基础根开及地脚螺栓配置表》。

15. 地脚螺栓及箍筋规格构造及安装分别见《地脚螺栓加工图》《地脚螺栓箍筋加工图》。

图 15－28　ϕ1.0×5.9/ϕ2.0×1.0（0.7）基础施工图（TW1－T350J－0.7）

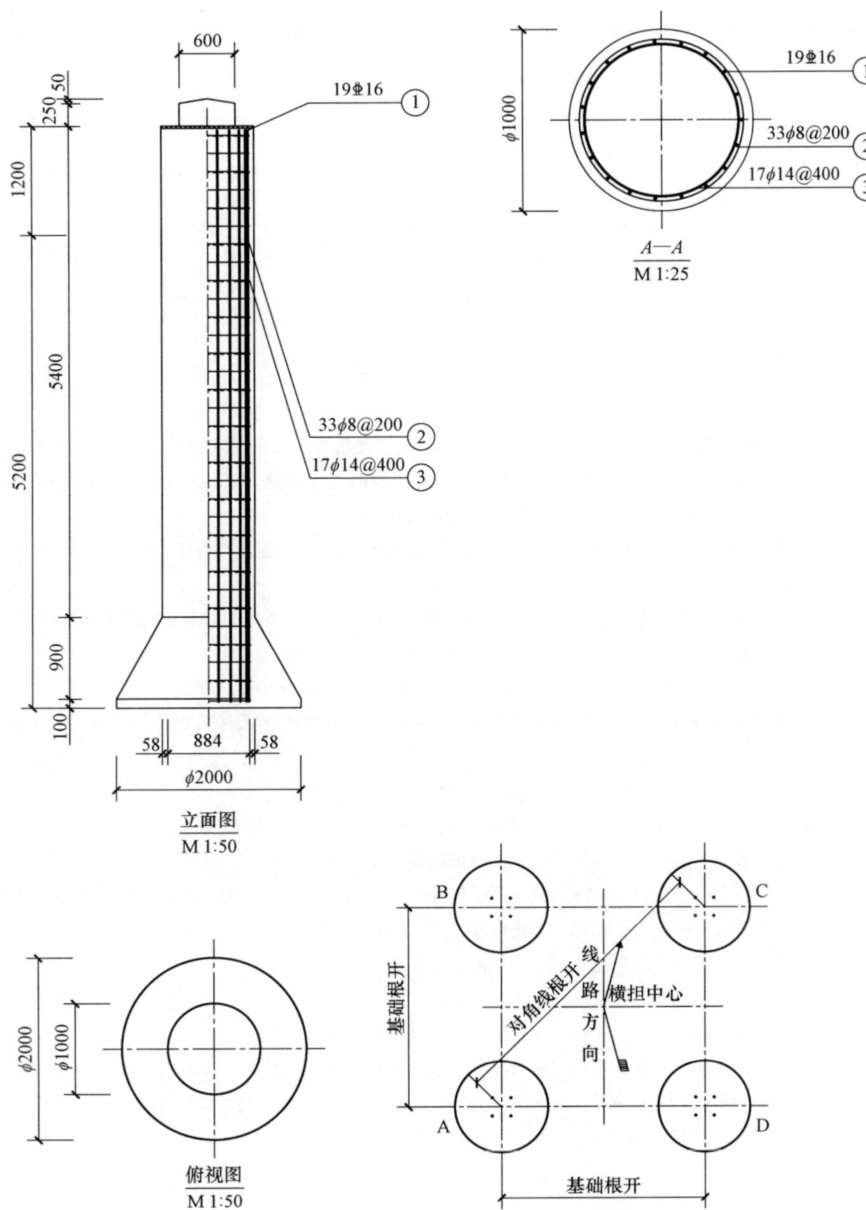

材 料 表

部位	编号	名称A（B、C、D）	规格	简图及尺寸	长度（mm）	数量	单位	质量（kg）单件	质量（kg）小计	质量（kg）合计	备注
主柱	①	主筋	⌀16	6280	6280	19	根	9.92	188.48	287.77	HRB400
	②	外箍筋	$\phi8$	892	2977	33	根	1.18	38.94		HPB300
	③	内箍筋	$\phi14$	838	2938	17	根	3.55	60.35		HPB300
混凝土（m³）	混凝土		C25	1×6.21=6.21				合计 6.31		钢材合计（kg）287.77	
	地栓护帽		C15	1×0.10=0.10							

说明：1. 基础施工要求详见《铁塔基础施工总说明》《建筑桩基技术规范》（JGJ 94—2008）相关要求施工。

2. 基础图中只表示出基础的全高，实际基础埋深，主柱露头尺寸根据基础顶面标高确定，基础顶面标高详见《铁塔基础配置表》中的标高要求。

3. 在基础施工之前，要核对基础根开及地脚螺栓间距与铁塔加工图有关尺寸确实统一无误后，方可施工。

4. 分解组塔时混凝土强度不小于设计强度的70%，整体立塔时混凝土强度应达到设计强度的100%。

5. 钢筋保护层：基础立柱为50mm、扩底保护层为70mm。

6. 本基础所用主柱主筋为HRB400级钢筋，其余为HPB300级钢筋。

7. 基础钢筋骨架为焊接骨架，钢筋的焊接应符合《钢筋焊接及验收规程》（JGJ 18—2012）。

8. 箍筋尺寸均以外缘计。

9. 基坑开挖时应采取护壁等相关安全措施。

10. 基坑尺寸应严格满足设计要求，成孔经检查合格后应立即装钢筋笼，浇注混凝土，严防孔内积水，基础开孔至浇注混凝土的时间间隙应尽量缩短。

11. 混凝土浇注自由倾落高度不应超过3.0m，扩孔部分每浇200mm捣实一次，主柱部分每浇300mm捣实一次，一个基础必须连续浇注，不得有施工缝。

12. 图中钢筋长度为计算尺寸，实际长度以放样为准。

13. 本图所标尺寸单位均为毫米（mm）。

14. 地脚螺栓规格、间距见《铁塔基础根开及地脚螺栓配置表》。

15. 地脚螺栓及箍筋规格构造及安装分别见《地脚螺栓加工图》《地脚螺栓箍筋加工图》。

图 15－29 $\phi1.0\times6.4/\phi2.0\times1.0$（1.2）基础施工图（TW1－T350J－1.2）

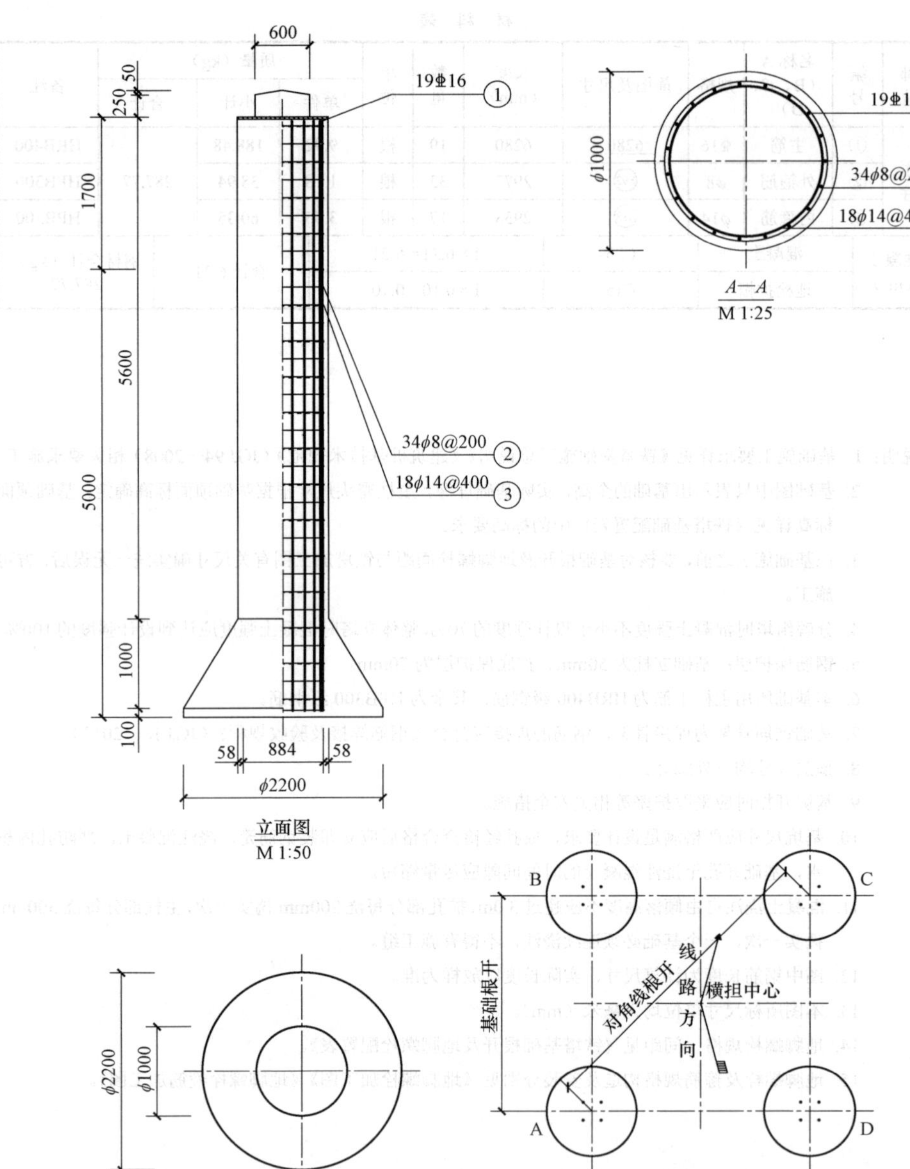

材 料 表

部位	编号	名称A（B、C、D）	规格	简图及尺寸	长度（mm）	数量	单位	质量（kg） 单件	小计	合计	备注
主柱	①	主筋	⌀16	6580	6580	19	根	10.40	197.60	301.62	HRB400
	②	外箍筋	ϕ8	892	2977	34	根	1.18	40.12		HPB300
	③	内箍筋	ϕ14	838	2938	18	根	3.55	63.90		HPB300
混凝土（m^3）	混凝土		C25	$1\times6.88=6.88$				合计 6.98		钢材合计（kg） 301.62	
	地栓护帽		C15	$1\times0.10=0.10$							

说明：1. 基础施工要求详见《铁塔基础施工总说明》《建筑桩基技术规范》（JGJ 94—2008）相关要求施工。

2. 基础图中只表示出基础的全高，实际基础埋深，主柱露头尺寸根据基础顶面标高确定，基础顶面标高详见《铁塔基础配置表》中的标高要求。

3. 在基础施工之前，要核对基础根开及地脚螺栓间距与铁塔加工图有关尺寸确实统一无误后，方可施工。

4. 分解组塔时混凝土强度不小于设计强度的70%，整体立塔时混凝土强度应达到设计强度的100%。

5. 钢筋保护层：基础立柱为50mm、扩底保护层为70mm。

6. 本基础所用主柱主筋为HRB400级钢筋，其余为HPB300级钢筋。

7. 基础钢筋骨架为焊接骨架，钢筋的焊接应符合《钢筋焊接及验收规程》（JGJ 18—2012）。

8. 箍筋尺寸均以外缘计。

9. 基坑开挖时应采取护壁等相关安全措施。

10. 基坑尺寸应严格满足设计要求，成孔经检查合格后应立即装钢筋笼，浇注混凝土，严防孔内积水，基础开孔至浇注混凝土的时间间隙应尽量缩短。

11. 混凝土浇注自由倾落高度不应超过3.0m，扩孔部分每浇200mm捣实一次，主柱部分每浇300mm捣实一次，一个基础必须连续浇注，不得有施工缝。

12. 图中钢筋长度为计算尺寸，实际长度以放样为准。

13. 本图所标尺寸单位均为毫米（mm）。

14. 地脚螺栓规格、间距见《铁塔基础根开及地脚螺栓配置表》。

15. 地脚螺栓及箍筋规格构造及安装分别见《地脚螺栓加工图》《地脚螺栓箍筋加工图》。

注：10GS20－J3（转角）－9根开为2247太小过不去、10GS20－J3（终端）－9根开为2247太小过不去不适用于该图。

图15－30　ϕ1.0×6.7/ϕ2.2×1.1（1.7）基础施工图（TW1－T350J－1.7）

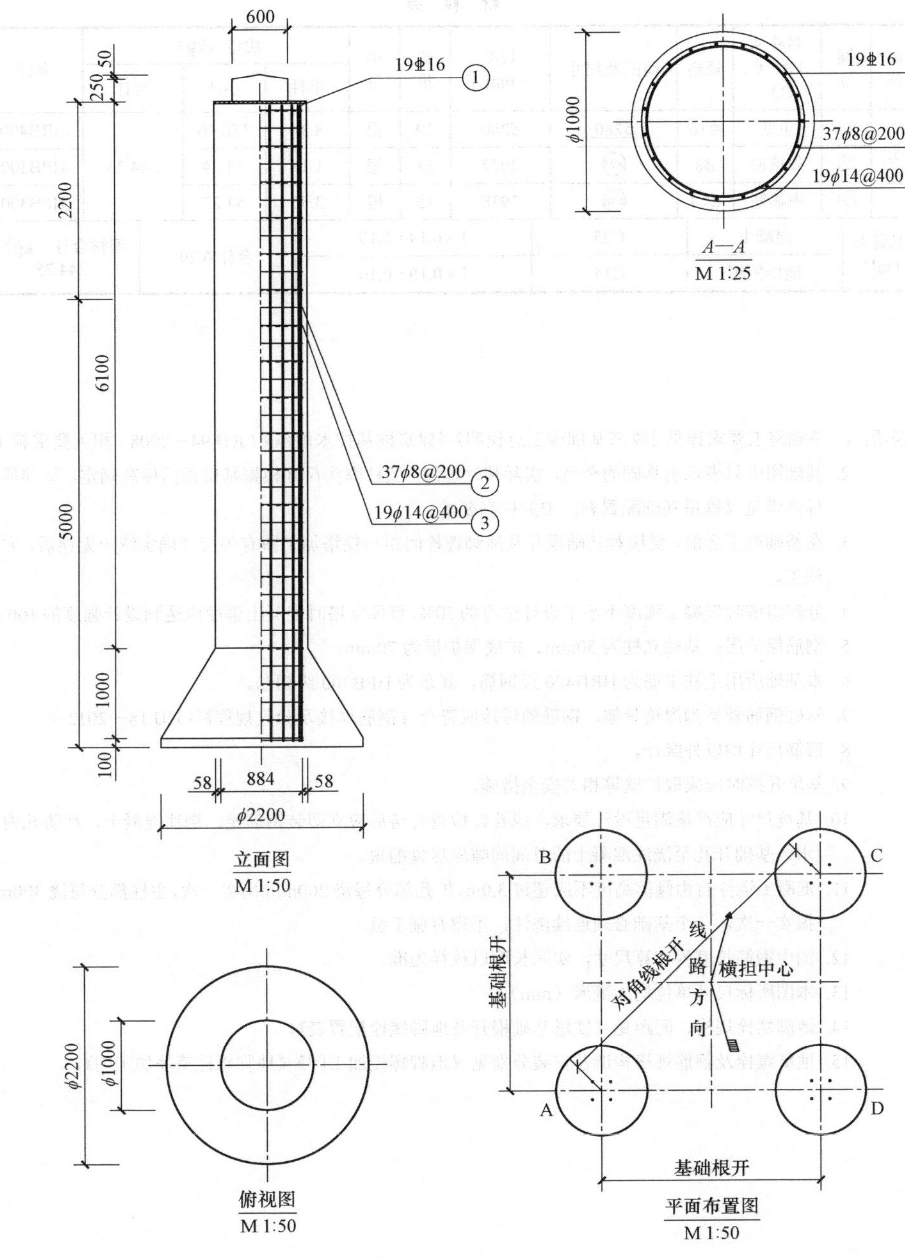

材 料 表

部位	编号	名称A（B、C、D）	规格	简图及尺寸	长度（mm）	数量	单位	质量（kg） 单件	小计	合计	备注
主柱	①	主筋	Φ16	7080	7080	19	根	11.19	212.61	323.72	HRB400
	②	外箍筋	φ8	892	2977	37	根	1.18	43.66		HPB300
	③	内箍筋	φ14	838	2938	19	根	3.55	67.45		HPB300
混凝土（m³）	混凝土		C25	1×7.28=7.28				合计 7.38		钢材合计（kg） 323.72	
	地栓护帽		C15	1×0.10=0.10							

说明：1. 基础施工要求详见《铁塔基础施工总说明》《建筑桩基技术规范》（JGJ 94—2008）相关要求施工。

2. 基础图中只表示出基础的全高，实际基础埋深，主柱露头尺寸根据基础顶面标高确定，基础顶面标高详见《铁塔基础配置表》中的标高要求。

3. 在基础施工之前，要核对基础根开及地脚螺栓间距与铁塔加工图有关尺寸确实统一无误后，方可施工。

4. 分解组塔时混凝土强度不小于设计强度的70%，整体立塔时混凝土强度应达到设计强度的100%。

5. 钢筋保护层：基础立柱为50mm、扩底保护层为70mm。

6. 本基础所用主柱主筋为HRB400级钢筋，其余为HPB300级钢筋。

7. 基础钢筋骨架为焊接骨架，钢筋的焊接应符合《钢筋焊接及验收规程》（JGJ 18—2012）。

8. 箍筋尺寸均以外缘计。

9. 基坑开挖时应采取护壁等相关安全措施。

10. 基坑尺寸应严格满足设计要求，成孔经检查合格后应立即装钢筋笼，浇注混凝土，严防孔内积水，基础开孔至浇注混凝土的时间间隙应尽量缩短。

11. 混凝土浇注自由倾落高度不应超过3.0m，扩孔部分每浇200mm捣实一次，主柱部分每浇300mm捣实一次，一个基础必须连续浇注，不得有施工缝。

12. 图中钢筋长度为计算尺寸，实际长度以放样为准。

13. 本图所标尺寸单位均为毫米（mm）。

14. 地脚螺栓规格、间距见《铁塔基础根开及地脚螺栓配置表》。

15. 地脚螺栓及箍筋规格构造及安装分别见《地脚螺栓加工图》《地脚螺栓箍筋加工图》。

注：10GS20-J3（转角）-9根开为2247太小过不去、10GS20-J3（终端）-9根开为2247太小过不去不适用于该图。

图15-31 φ1.0×7.2/φ2.2×1.1（2.2）基础施工图（TW1-T350J-2.2）

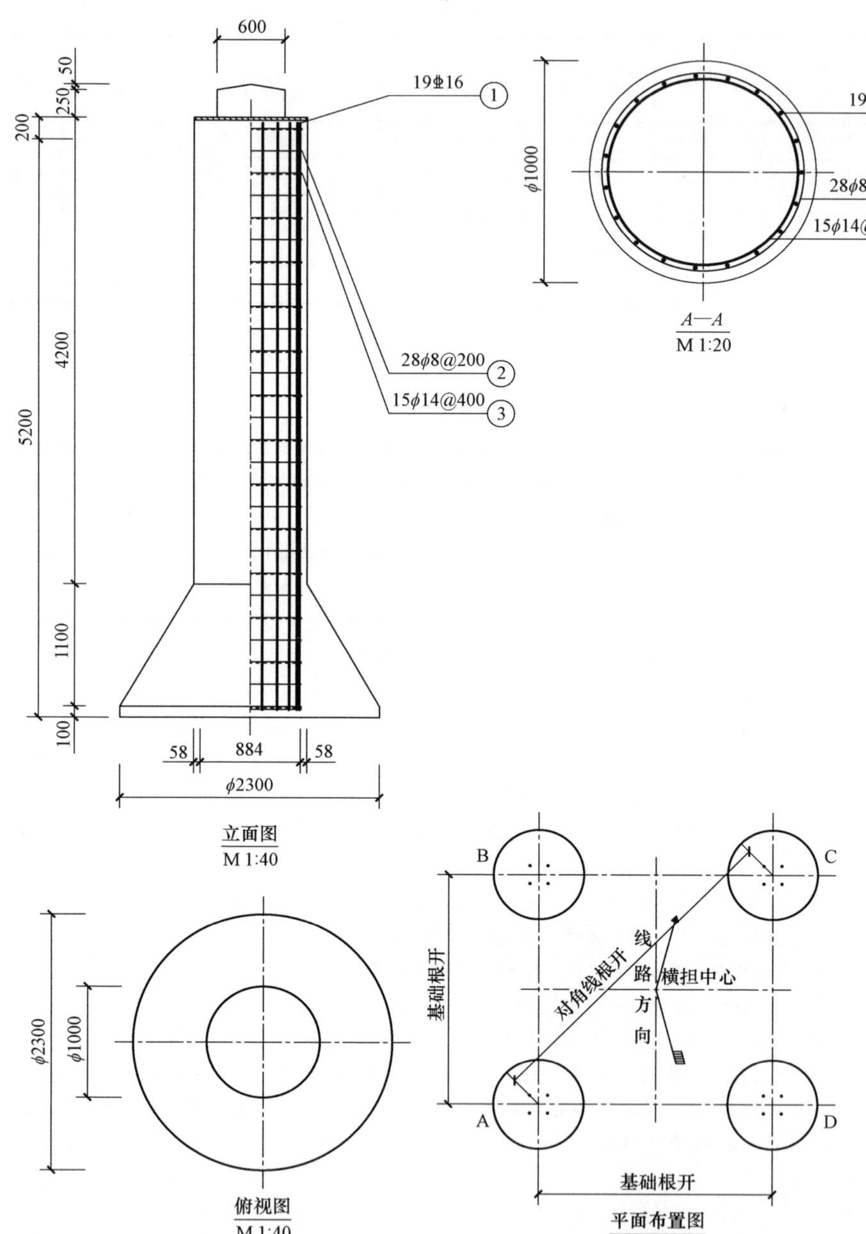

材 料 表

部位	编号	名称A（B、C、D）	规格	简图及尺寸	长度（mm）	数量	单位	质量（kg） 单件	小计	合计	备注
主柱	①	主筋	⌀16	5280	5280	19	根	8.34	158.46	244.75	HRB400
	②	外箍筋	ϕ8	892	2977	28	根	1.18	33.04		HPB300
	③	内箍筋	ϕ14	838	2938	15	根	3.55	53.25		HPB300
混凝土（m^3）	混凝土		C25		1×6.19=6.19			合计 6.29		钢材合计（kg）244.75	
	地栓护帽		C15		1×0.10=0.10						

说明：1. 基础施工要求详见《铁塔基础施工总说明》《建筑桩基技术规范》（JGJ 94—2008）相关要求施工。

2. 基础图中只表示出基础的全高，实际基础埋深，主柱露头尺寸根据基础顶面标高确定，基础顶面标高详见《铁塔基础配置表》中的标高要求。

3. 在基础施工之前，要核对基础根开及地脚螺栓间距与铁塔加工图有关尺寸确实统一无误后，方可施工。

4. 分解组塔时混凝土强度不小于设计强度的70%，整体立塔时混凝土强度应达到设计强度的100%。

5. 钢筋保护层：基础立柱为50mm、扩底保护层为70mm。

6. 本基础所用主柱主筋为HRB400级钢筋，其余为HPB300级钢筋。

7. 基础钢筋骨架为焊接骨架，钢筋的焊接应符合《钢筋焊接及验收规程》（JGJ 18—2012）。

8. 箍筋尺寸均以外缘计。

9. 基坑开挖时应采取护壁等相关安全措施。

10. 基坑尺寸应严格满足设计要求，成孔经检查合格后应立即装钢筋笼，浇注混凝土，严防孔内积水，基础开孔至浇注混凝土的时间间隙应尽量缩短。

11. 混凝土浇注自由倾落高度不应超过3.0m，扩孔部分每浇200mm捣实一次，主柱部分每浇300mm捣实一次，一个基础必须连续浇注，不得有施工缝。

12. 图中钢筋长度为计算尺寸，实际长度以放样为准。

13. 本图所标尺寸单位均为毫米（mm）。

14. 地脚螺栓规格、间距见《铁塔基础根开及地脚螺栓配置表》。

15. 地脚螺栓及箍筋规格构造及安装分别见《地脚螺栓加工图》《地脚螺栓箍筋加工图》。

图 15－32　ϕ1.0×5.4/ϕ2.3×1.2（0.2）基础施工图（TW1－T400J－0.2）

立面图
M 1:50

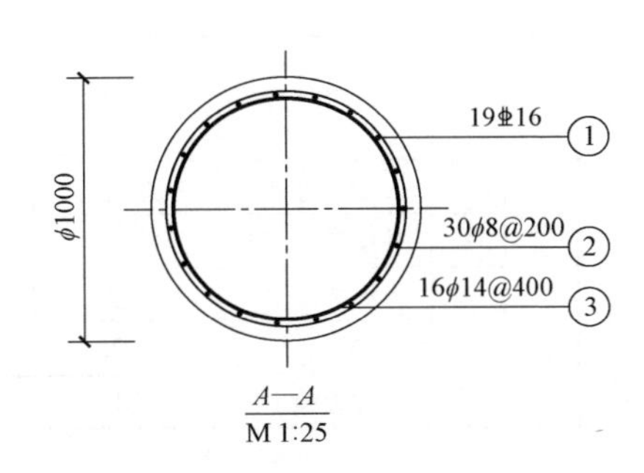

A—A
M 1:25

材 料 表

部位	编号	名称A（B、C、D）	规格	简图及尺寸	长度（mm）	数量	单位	质量（kg）单件	小计	合计	备注
主柱	①	主筋	Φ16	5780	5780	19	根	9.13	173.47	265.67	HRB400
	②	外箍筋	φ8	892	2977	30	根	1.18	35.40		HPB300
	③	内箍筋	φ14	838	2938	16	根	3.55	56.80		HPB300
混凝土（m^3）	混凝土		C25	1×6.58=6.58				合计 6.68		钢材合计（kg）265.67	
	地栓护帽		C15	1×0.10=0.10							

说明：1. 基础施工要求详见《铁塔基础施工总说明》《建筑桩基技术规范》（JGJ 94—2008）相关要求施工。

2. 基础图中只表示出基础的全高，实际基础埋深，主柱露头尺寸根据基础顶面标高确定，基础顶面标高详见《铁塔基础配置表》中的标高要求。
3. 在基础施工之前，要核对基础根开及地脚螺栓间距与铁塔加工图有关尺寸确实统一无误后，方可施工。
4. 分解组塔时混凝土强度不小于设计强度的70%，整体立塔时混凝土强度应达到设计强度的100%。
5. 钢筋保护层：基础立柱为50mm、扩底保护层为70mm。
6. 本基础所用主柱主筋为HRB400级钢筋，其余为HPB300级钢筋。
7. 基础钢筋骨架为焊接骨架，钢筋的焊接应符合《钢筋焊接及验收规程》（JGJ 18—2012）。
8. 箍筋尺寸均以外缘计。
9. 基坑开挖时应采取护壁等相关安全措施。
10. 基坑尺寸应严格满足设计要求，成孔经检查合格后应立即装钢筋笼，浇注混凝土，严防孔内积水，基础开孔至浇注混凝土的时间间隙应尽量缩短。
11. 混凝土浇注自由倾落高度不应超过3.0m，扩孔部分每浇200mm捣实一次，主柱部分每浇300mm捣实一次，一个基础必须连续浇注，不得有施工缝。
12. 图中钢筋长度为计算尺寸，实际长度以放样为准。
13. 本图所标尺寸单位均为毫米（mm）。
14. 地脚螺栓规格、间距见《铁塔基础根开及地脚螺栓配置表》。
15. 地脚螺栓及箍筋规格构造及安装分别见《地脚螺栓加工图》《地脚螺栓箍筋加工图》。

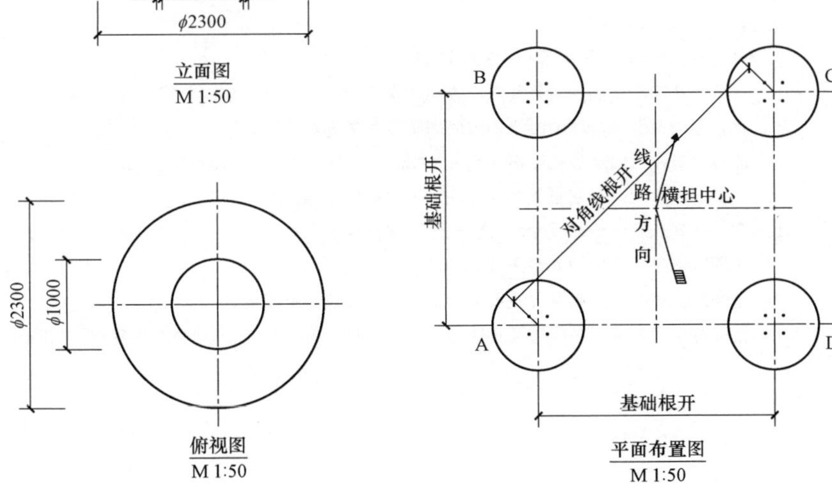

俯视图
M 1:50

平面布置图
M 1:50

图 15－33　φ1.0×5.9/φ2.3×1.2（0.7）基础施工图（TW1－T400J－0.7）

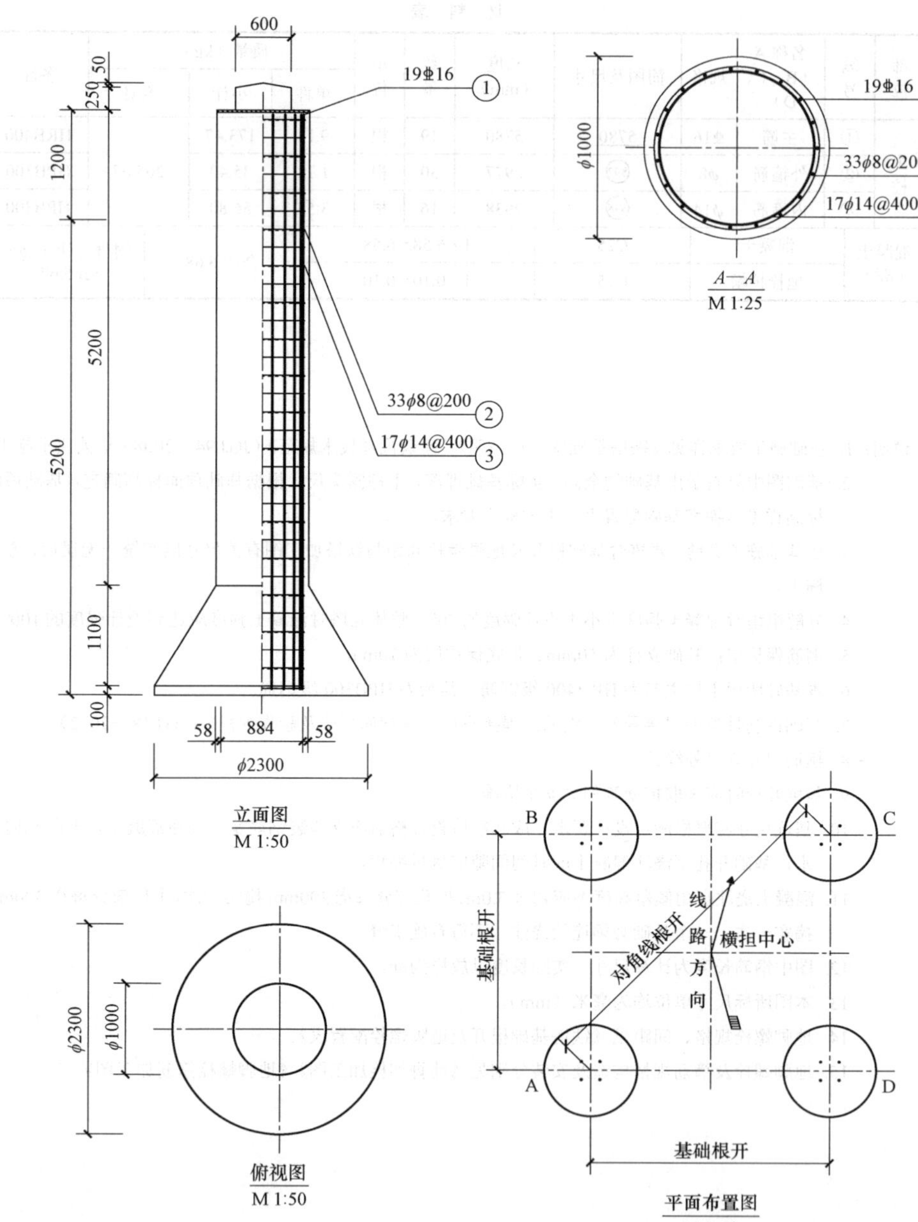

材 料 表

部位	编号	名称A（B、C、D）	规格	简图及尺寸	长度（mm）	数量	单位	质量（kg） 单件	小计	合计	备注
主柱	①	主筋	Φ16	6280	6280	19	根	9.92	188.48	287.77	HRB400
	②	外箍筋	ϕ8	892	2977	33	根	1.18	38.94		HPB300
	③	内箍筋	ϕ14	838	2938	17	根	3.55	60.35		HPB300
混凝土（m^3）	混凝土		C25		1×6.97=6.97			合计 7.07		钢材合计（kg）287.77	
	地栓护帽		C15		1×0.10=0.10						

说明：1. 基础施工要求详见《铁塔基础施工总说明》《建筑桩基技术规范》（JGJ 94—2008）相关要求施工。

2. 基础图中只表示出基础的全高，实际基础埋深，主柱露头尺寸根据基础顶面标高确定，基础顶面标高详见《铁塔基础配置表》中的标高要求。

3. 在基础施工之前，要核对基础根开及地脚螺栓间距与铁塔加工图有关尺寸确实统一无误后，方可施工。

4. 分解组塔时混凝土强度不小于设计强度的70%，整体立塔时混凝土强度应达到设计强度的100%。

5. 钢筋保护层：基础立柱为50mm、扩底保护层为70mm。

6. 本基础所用主柱主筋为HRB400级钢筋，其余为HPB300级钢筋。

7. 基础钢筋骨架为焊接骨架，钢筋的焊接应符合《钢筋焊接及验收规程》（JGJ 18—2012）。

8. 箍筋尺寸均以外缘计。

9. 基坑开挖时应采取护壁等相关安全措施。

10. 基坑尺寸应严格满足设计要求，成孔经检查合格后应立即装钢筋笼，浇注混凝土，严防孔内积水，基础开孔至浇注混凝土的时间间隙应尽量缩短。

11. 混凝土浇注自由倾落高度不应超过3.0m，扩孔部分每浇200mm捣实一次，主柱部分每浇300mm捣实一次，一个基础必须连续浇注，不得有施工缝。

12. 图中钢筋长度为计算尺寸，实际长度以放样为准。

13. 本图所标尺寸单位均为毫米（mm）。

14. 地脚螺栓规格、间距见《铁塔基础根开及地脚螺栓配置表》。

15. 地脚螺栓及箍筋规格构造及安装分别见《地脚螺栓加工图》《地脚螺栓箍筋加工图》。

图 15-34 ϕ1.0×6.4/ϕ2.3×1.2（1.2）基础施工图（TW1-T400J-1.2）

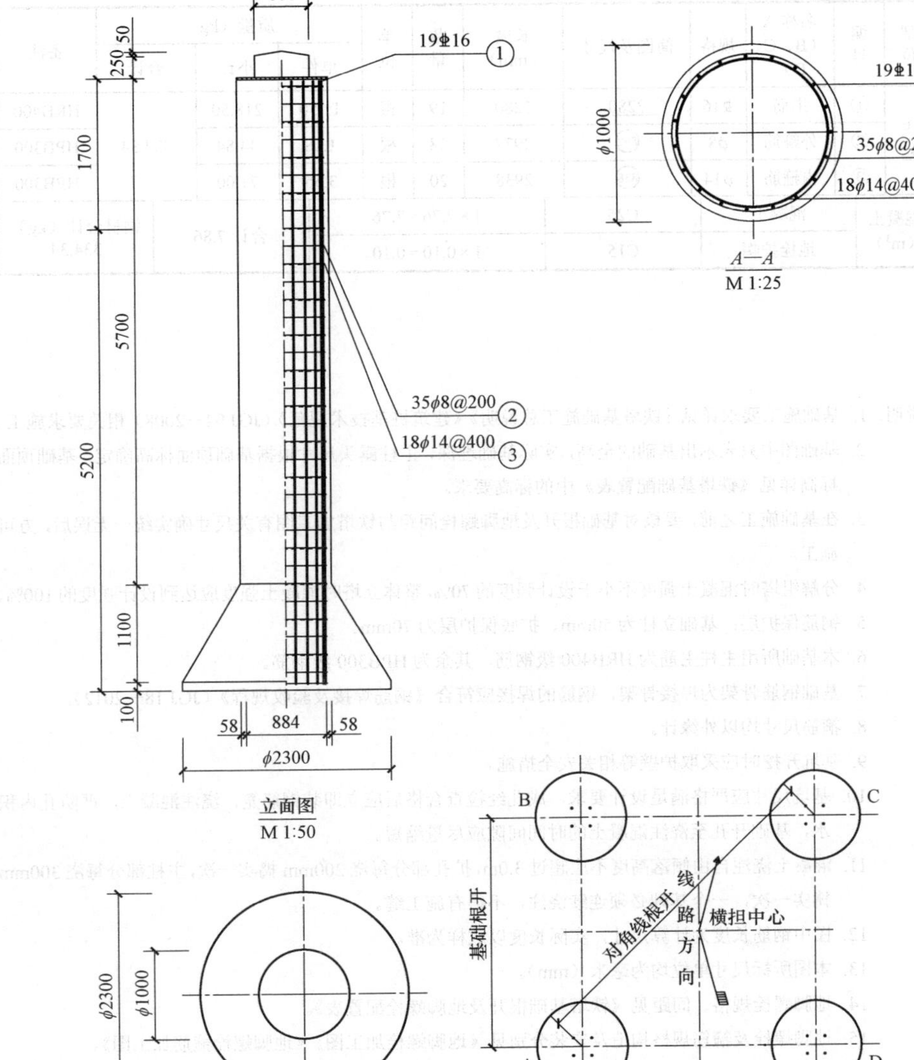

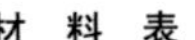

材 料 表

部位	编号	名称A（B、C、D）	规格	简图及尺寸	长度（mm）	数量	单位	质量（kg）单件	质量（kg）小计	质量（kg）合计	备注
主柱	①	主筋	⌀16	6780	6780	19	根	10.71	203.49	308.69	HRB400
	②	外箍筋	ϕ8	892	2977	35	根	1.18	41.30		HPB300
	③	内箍筋	ϕ14	838	2938	18	根	3.55	63.90		HPB300
混凝土（m^3）	混凝土		C25	1×7.37=7.37				合计 7.47		钢材合计（kg）308.69	
	地栓护帽		C15	1×0.10=0.10							

说明：1. 基础施工要求详见《铁塔基础施工总说明》《建筑桩基技术规范》（JGJ 94—2008）相关要求施工。

2. 基础图中只表示出基础的全高，实际基础埋深，主柱露头尺寸根据基础顶面标高确定，基础顶面标高详见《铁塔基础配置表》中的标高要求。

3. 在基础施工之前，要核对基础根开及地脚螺栓间距与铁塔加工图有关尺寸确实统一无误后，方可施工。

4. 分解组塔时混凝土强度不小于设计强度的70%，整体立塔时混凝土强度应达到设计强度的100%。

5. 钢筋保护层：基础立柱为50mm、扩底保护层为70mm。

6. 本基础所用主柱主筋为HRB400级钢筋，其余为HPB300级钢筋。

7. 基础钢筋骨架为焊接骨架，钢筋的焊接应符合《钢筋焊接及验收规程》（JGJ 18—2012）。

8. 箍筋尺寸均以外缘计。

9. 基坑开挖时应采取护壁等相关安全措施。

10. 基坑尺寸应严格满足设计要求，成孔经检查合格后应立即装钢筋笼，浇注混凝土，严防孔内积水，基础开孔至浇注混凝土的时间间隙应尽量缩短。

11. 混凝土浇注自由倾落高度不应超过3.0m，扩孔部分每浇200mm捣实一次，主柱部分每浇300mm捣实一次，一个基础必须连续浇注，不得有施工缝。

12. 图中钢筋长度为计算尺寸，实际长度以放样为准。

13. 本图所标尺寸单位均为毫米（mm）。

14. 地脚螺栓规格、间距见《铁塔基础根开及地脚螺栓配置表》。

15. 地脚螺栓及箍筋规格构造及安装分别见《地脚螺栓加工图》《地脚螺栓箍筋加工图》。

图 15-35　ϕ1.0×6.9/ϕ2.3×1.2（1.7）基础施工图（TW1-T400J-1.7）

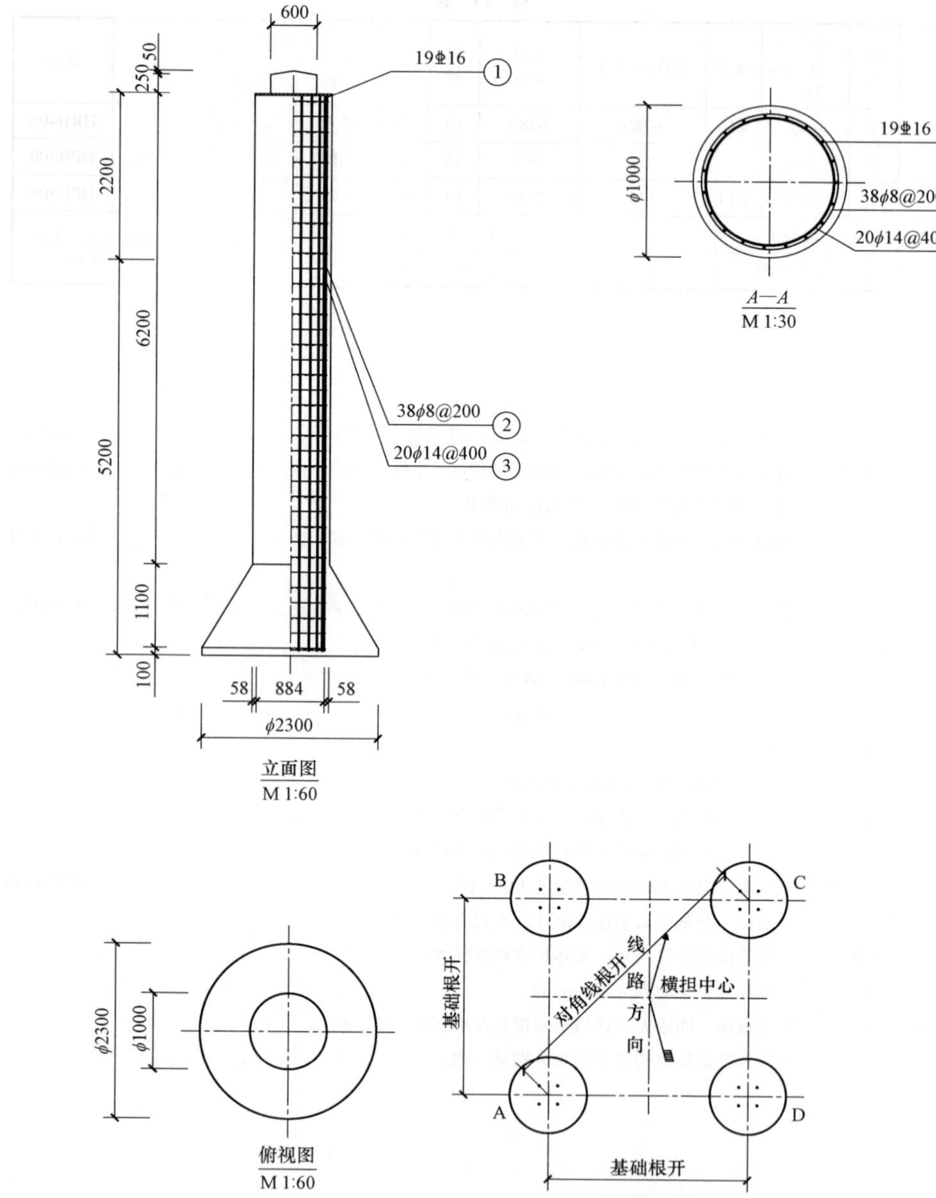

材 料 表

部位	编号	名称A（B、C、D）	规格	简图及尺寸	长度（mm）	数量	单位	质量（kg） 单件	小计	合计	备注
主柱	①	主筋	Φ16	7280	7280	19	根	11.50	218.50	334.34	HRB400
	②	外箍筋	ϕ8	892	2977	38	根	1.18	44.84		HPB300
	③	内箍筋	ϕ14	838	2938	20	根	3.55	71.00		HPB300
混凝土（m³）	混凝土		C25		1×7.76=7.76			合计 7.86		钢材合计（kg）334.34	
	地栓护帽		C15		1×0.10=0.10						

说明：1. 基础施工要求详见《铁塔基础施工总说明》《建筑桩基技术规范》（JGJ 94—2008）相关要求施工。

2. 基础图中只表示出基础的全高，实际基础埋深，主柱露头尺寸根据基础顶面标高确定，基础顶面标高详见《铁塔基础配置表》中的标高要求。

3. 在基础施工之前，要核对基础根开及地脚螺栓间距与铁塔加工图有关尺寸确实统一无误后，方可施工。

4. 分解组塔时混凝土强度不小于设计强度的70%，整体立塔时混凝土强度应达到设计强度的100%。

5. 钢筋保护层：基础立柱为50mm、扩底保护层为70mm。

6. 本基础所用主柱主筋为HRB400级钢筋，其余为HPB300级钢筋。

7. 基础钢筋骨架为焊接骨架，钢筋的焊接应符合《钢筋焊接及验收规程》（JGJ 18—2012）。

8. 箍筋尺寸均以外缘计。

9. 基坑开挖时应采取护壁等相关安全措施。

10. 基坑尺寸应严格满足设计要求，成孔经检查合格后应立即装钢筋笼，浇注混凝土，严防孔内积水，基础开孔至浇注混凝土的时间间隙应尽量缩短。

11. 混凝土浇注自由倾落高度不应超过3.0m，扩孔部分每浇200mm捣实一次，主柱部分每浇300mm捣实一次，一个基础必须连续浇注，不得有施工缝。

12. 图中钢筋长度为计算尺寸，实际长度以放样为准。

13. 本图所标尺寸单位均为毫米（mm）。

14. 地脚螺栓规格、间距见《铁塔基础根开及地脚螺栓配置表》。

15. 地脚螺栓及箍筋规格构造及安装分别见《地脚螺栓加工图》《地脚螺栓箍筋加工图》。

图 15－36　ϕ1.0×7.4/ϕ2.3×1.2（2.2）基础施工图（TW1－T400J－2.2）

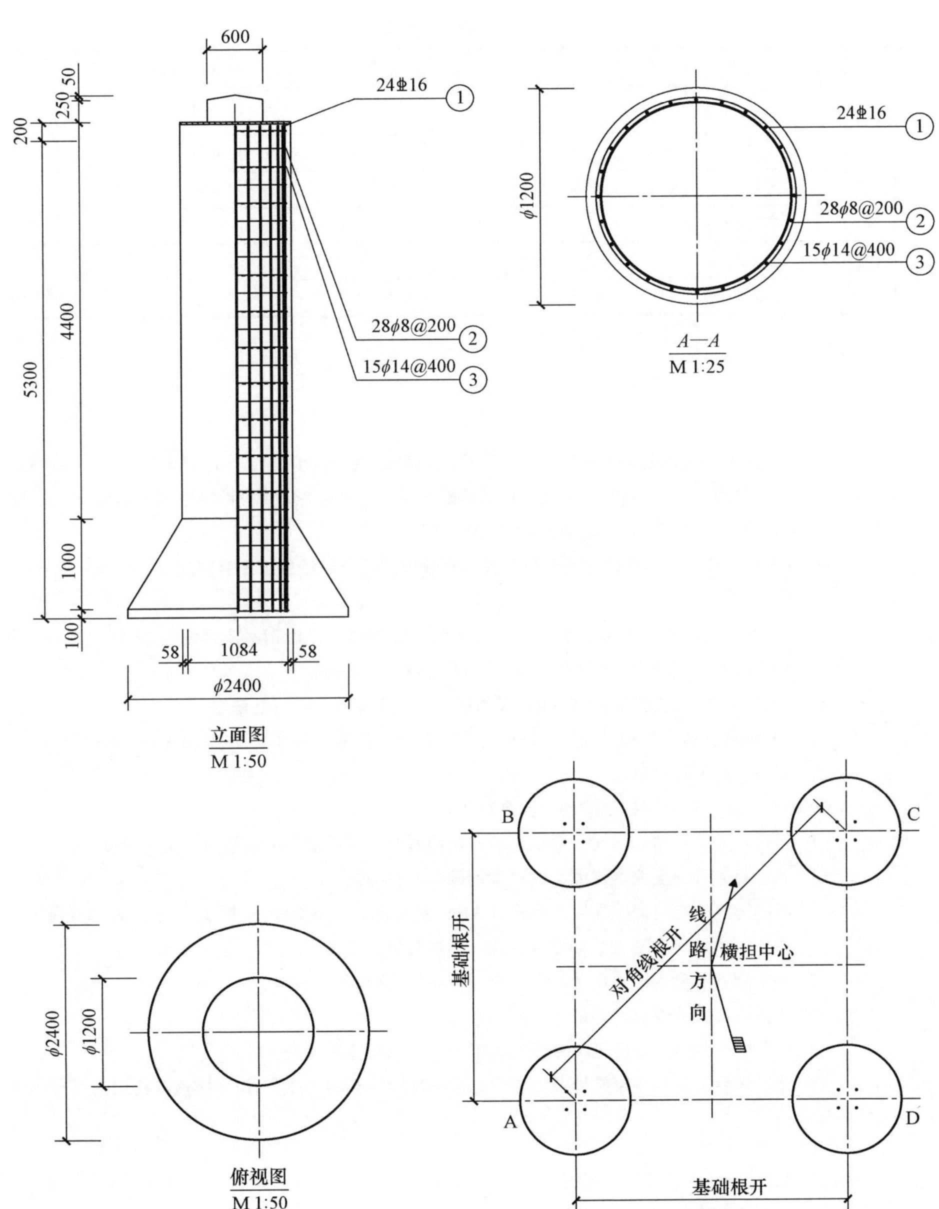

材 料 表

部位	编号	名称A（B、C、D）	规格	简图及尺寸	长度（mm）	数量	单位	质量（kg）单件	质量（kg）小计	质量（kg）合计	备注
主柱	①	主筋	⏀16	5380	5380	24	根	8.50	204.00	308.56	HRB400
	②	外箍筋	ϕ8	(1092)	3605	28	根	1.42	39.76		HPB300
	③	内箍筋	ϕ14	(1038)	3566	15	根	4.32	64.80		HPB300
混凝土（m³）	混凝土		C25	1×8.07=8.07				合计 8.17		钢材合计（kg）308.56	
	地栓护帽		C15	1×0.10=0.10							

说明：1. 基础施工要求详见《铁塔基础施工总说明》《建筑桩基技术规范》（JGJ 94—2008）相关要求施工。

2. 基础图中只表示出基础的全高，实际基础埋深，主柱露头尺寸根据基础顶面标高确定，基础顶面标高详见《铁塔基础配置表》中的标高要求。

3. 在基础施工之前，要核对基础根开及地脚螺栓间距与铁塔加工图有关尺寸确实统一无误后，方可施工。

4. 分解组塔时混凝土强度不小于设计强度的70%，整体立塔时混凝土强度应达到设计强度的100%。

5. 钢筋保护层：基础立柱为50mm、扩底保护层为70mm。

6. 本基础所用主柱主筋为HRB400级钢筋，其余为HPB300级钢筋。

7. 基础钢筋骨架为焊接骨架，钢筋的焊接应符合《钢筋焊接及验收规程》（JGJ 18—2012）。

8. 箍筋尺寸均以外缘计。

9. 基坑开挖时应采取护壁等相关安全措施。

10. 基坑尺寸应严格满足设计要求，成孔经检查合格后应立即装钢筋笼，浇注混凝土，严防孔内积水，基础开孔至浇注混凝土的时间间隙应尽量缩短。

11. 混凝土浇注自由倾落高度不应超过3.0m，扩孔部分每浇200mm捣实一次，主柱部分每浇300mm捣实一次，一个基础必须连续浇注，不得有施工缝。

12. 图中钢筋长度为计算尺寸，实际长度以放样为准。

13. 本图所标尺寸单位均为毫米（mm）。

14. 地脚螺栓规格、间距见《铁塔基础根开及地脚螺栓配置表》。

15. 地脚螺栓及箍筋规格构造及安装分别见《地脚螺栓加工图》《地脚螺栓箍筋加工图》。

图 15－37　ϕ1.2×5.5/ϕ2.4×1.1（0.2）基础施工图（TW1－T450J－0.2）

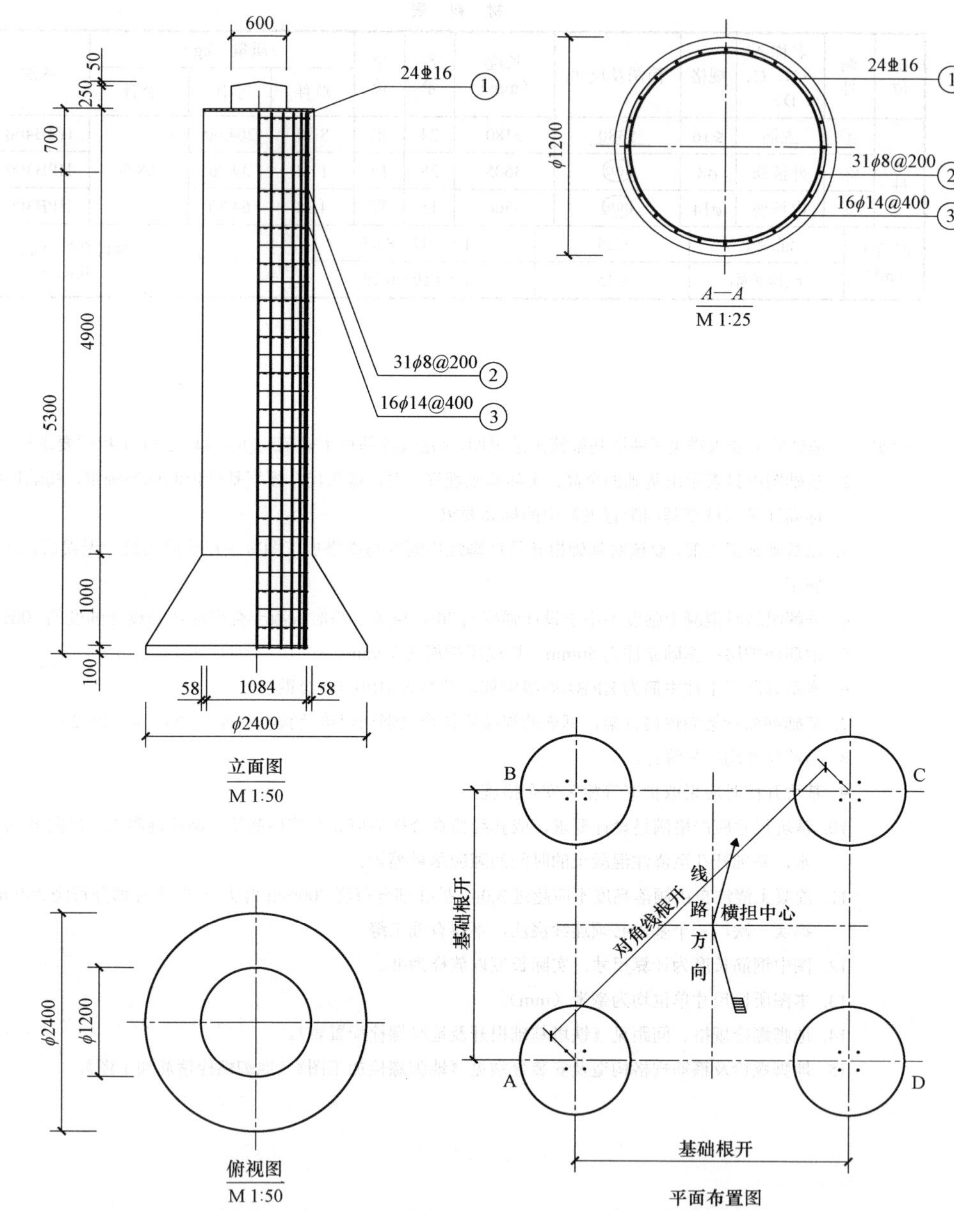

材 料 表

部位	编号	名称A（B、C、D）	规格	简图及尺寸	长度（mm）	数量	单位	质量（kg） 单件	小计	合计	备注
主柱	①	主筋	Φ16	5880	5880	24	根	9.29	222.96	336.10	HRB400
	②	外箍筋	φ8	1092	3605	31	根	1.42	44.02		HPB300
	③	内箍筋	φ14	1038	3566	16	根	4.32	69.12		HPB300
混凝土（m^3）	混凝土		C25	1×8.63=8.63				合计 8.73		钢材合计（kg） 336.10	
	地栓护帽		C15	1×0.10=0.10							

说明：1. 基础施工要求详见《铁塔基础施工总说明》《建筑桩基技术规范》（JGJ 94—2008）相关要求施工。

2. 基础图中只表示出基础的全高，实际基础埋深，主柱露头尺寸根据基础顶面标高确定，基础顶面标高详见《铁塔基础配置表》中的标高要求。

3. 在基础施工之前，要核对基础根开及地脚螺栓间距与铁塔加工图有关尺寸确实统一无误后，方可施工。

4. 分解组塔时混凝土强度不小于设计强度的70%，整体立塔时混凝土强度应达到设计强度的100%。

5. 钢筋保护层：基础立柱为50mm、扩底保护层为70mm。

6. 本基础所用主柱主筋为HRB400级钢筋，其余为HPB300级钢筋。

7. 基础钢筋骨架为焊接骨架，钢筋的焊接应符合《钢筋焊接及验收规程》（JGJ 18—2012）。

8. 箍筋尺寸均以外缘计。

9. 基坑开挖时应采取护壁等相关安全措施。

10. 基坑尺寸应严格满足设计要求，成孔经检查合格后应立即装钢筋笼，浇注混凝土，严防孔内积水，基础开孔至浇注混凝土的时间间隙应尽量缩短。

11. 混凝土浇注自由倾落高度不应超过3.0m，扩孔部分每浇200mm捣实一次，主柱部分每浇300mm捣实一次，一个基础必须连续浇注，不得有施工缝。

12. 图中钢筋长度为计算尺寸，实际长度以放样为准。

13. 本图所标尺寸单位均为毫米（mm）。

14. 地脚螺栓规格、间距见《铁塔基础根开及地脚螺栓配置表》。

15. 地脚螺栓及箍筋规格构造及安装分别见《地脚螺栓加工图》《地脚螺栓箍筋加工图》。

图 15－38 φ1.2×6.0/φ2.4×1.1（0.7）基础施工图（TW1－T450J－0.7）

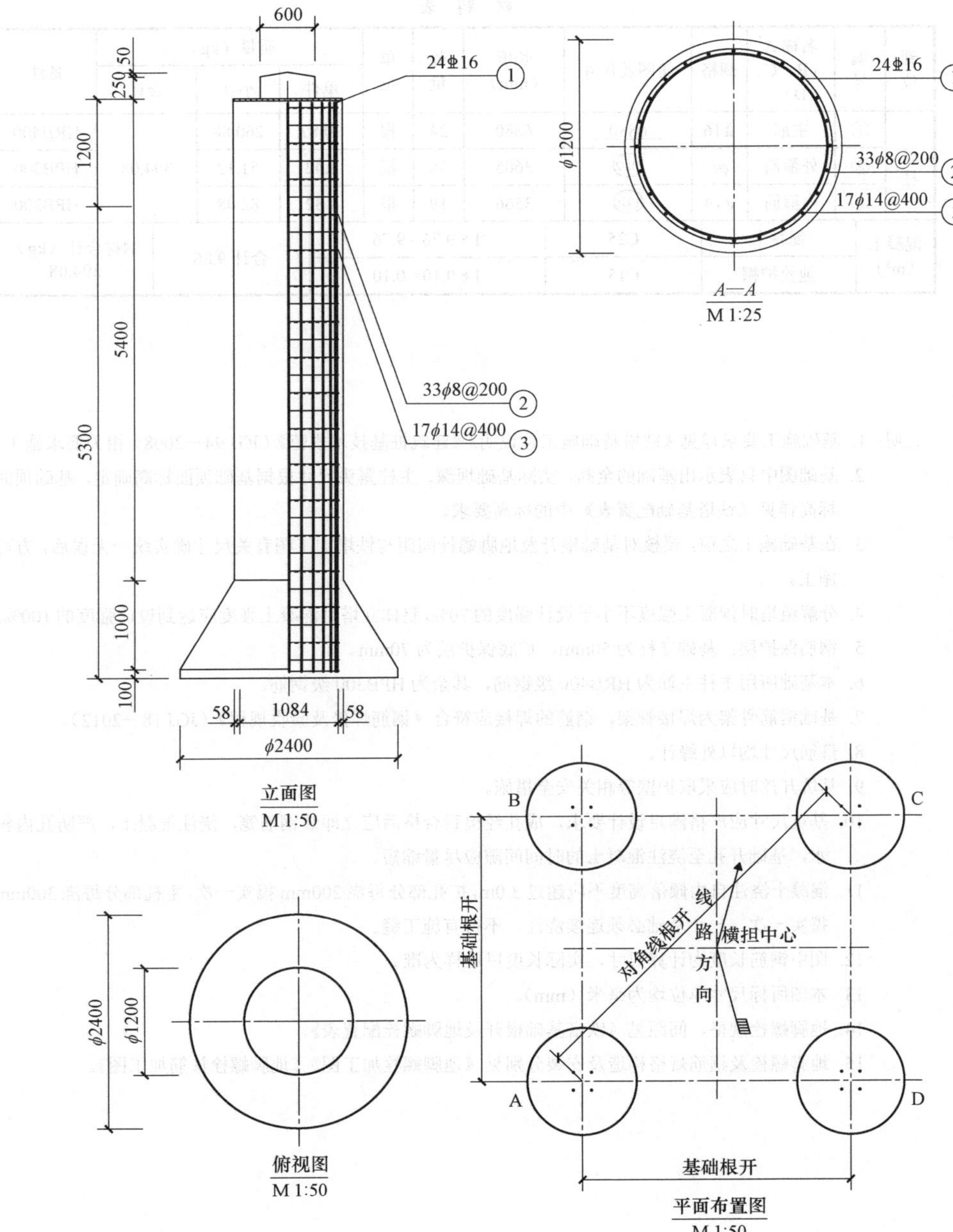

材 料 表

部位	编号	名称A（B、C、D）	规格	简图及尺寸	长度（mm）	数量	单位	质量（kg）单件	质量（kg）小计	质量（kg）合计	备注
主柱	①	主筋	⌀16	6380	6380	24	根	10.08	241.92	362.22	HRB400
	②	外箍筋	⌀8	1092	3605	33	根	1.42	46.86		HPB300
	③	内箍筋	⌀14	1038	3566	17	根	4.32	73.44		HPB300
混凝土（m^3）	混凝土		C25	1×9.20=9.20				合计 9.30		钢材合计（kg）362.22	
	地栓护帽		C15	1×0.10=0.10							

说明：1. 基础施工要求详见《铁塔基础施工总说明》《建筑桩基技术规范》（JGJ 94—2008）相关要求施工。
2. 基础图中只表示出基础的全高，实际基础埋深，主柱露头尺寸根据基础顶面标高确定，基础顶面标高详见《铁塔基础配置表》中的标高要求。
3. 在基础施工之前，要核对基础根开及地脚螺栓间距与铁塔加工图有关尺寸确实统一无误后，方可施工。
4. 分解组塔时混凝土强度不小于设计强度的70%，整体立塔时混凝土强度应达到设计强度的100%。
5. 钢筋保护层：基础立柱为50mm、扩底保护层为70mm。
6. 本基础所用主柱主筋为HRB400级钢筋，其余为HPB300级钢筋。
7. 基础钢筋骨架为焊接骨架，钢筋的焊接应符合《钢筋焊接及验收规程》（JGJ 18—2012）。
8. 箍筋尺寸均以外缘计。
9. 基坑开挖时应采取护壁等相关安全措施。
10. 基坑尺寸应严格满足设计要求，成孔经检查合格后应立即装钢筋笼，浇注混凝土，严防孔内积水，基础开孔至浇注混凝土的时间间隙应尽量缩短。
11. 混凝土浇注自由倾落高度不应超过3.0m，扩孔部分每浇200mm捣实一次，主柱部分每浇300mm捣实一次，一个基础必须连续浇注，不得有施工缝。
12. 图中钢筋长度为计算尺寸，实际长度以放样为准。
13. 本图所标尺寸单位均为毫米（mm）。
14. 地脚螺栓规格、间距见《铁塔基础根开及地脚螺栓配置表》。
15. 地脚螺栓及箍筋规格构造及安装分别见《地脚螺栓加工图》《地脚螺栓箍筋加工图》。

图 15－39　⌀1.2×6.5/⌀2.4×1.1（1.2）基础施工图（TW1－T450J－1.2）

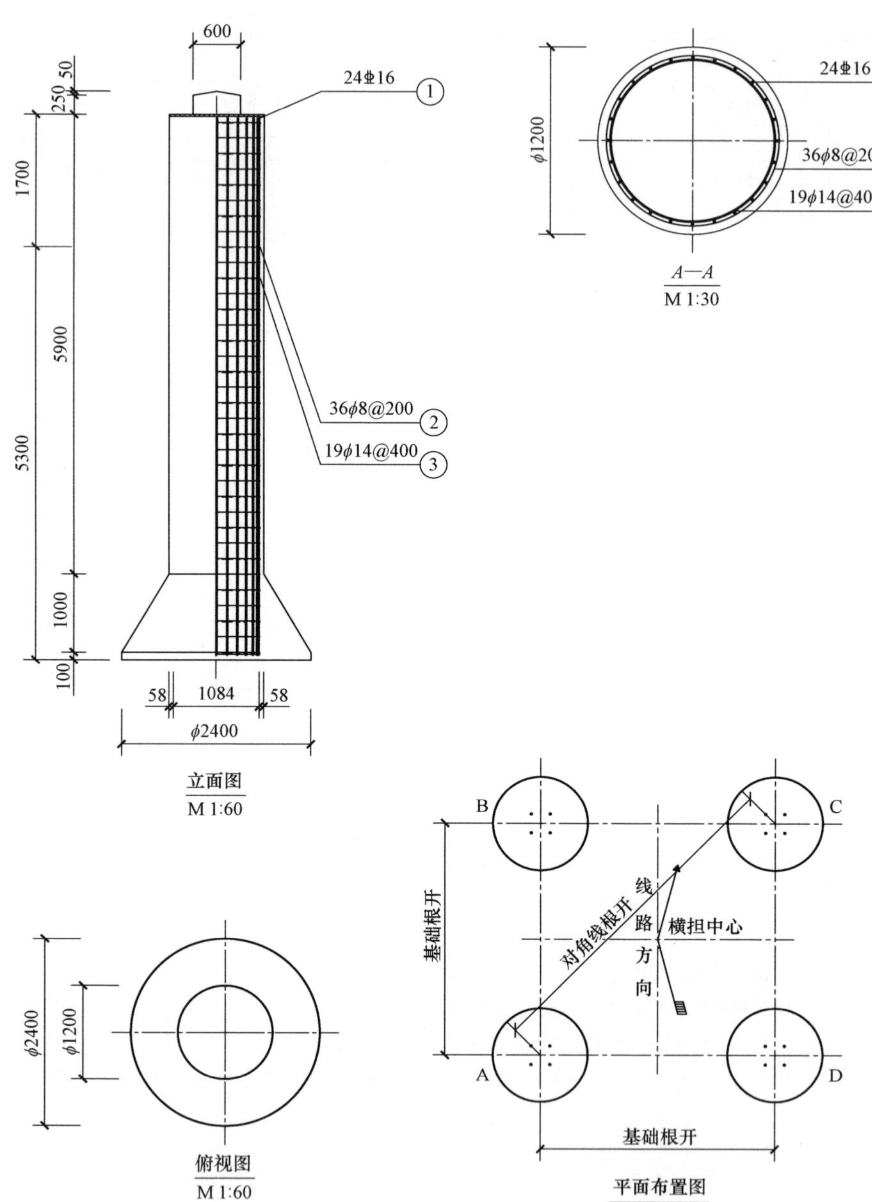

材 料 表

部位	编号	名称A（B、C、D）	规格	简图及尺寸	长度（mm）	数量	单位	质量（kg）单件	小计	合计	备注
主柱	①	主筋	Φ16	6880	6880	24	根	10.87	260.88	394.08	HRB400
	②	外箍筋	φ8	1092	3605	36	根	1.42	51.12		HPB300
	③	内箍筋	φ14	1038	3566	19	根	4.32	82.08		HPB300
混凝土（m³）	混凝土		C25		1×9.76=9.76			合计 9.86		钢材合计（kg）394.08	
	地栓护帽		C15		1×0.10=0.10						

说明：1. 基础施工要求详见《铁塔基础施工总说明》《建筑桩基技术规范》（JGJ 94—2008）相关要求施工。

2. 基础图中只表示出基础的全高，实际基础埋深，主柱露头尺寸根据基础顶面标高确定，基础顶面标高详见《铁塔基础配置表》中的标高要求。

3. 在基础施工之前，要核对基础根开及地脚螺栓间距与铁塔加工图有关尺寸确实统一无误后，方可施工。

4. 分解组塔时混凝土强度不小于设计强度的70%，整体立塔时混凝土强度应达到设计强度的100%。

5. 钢筋保护层：基础立柱为50mm、扩底保护层为70mm。

6. 本基础所用主柱主筋为HRB400级钢筋，其余为HPB300级钢筋。

7. 基础钢筋骨架为焊接骨架，钢筋的焊接应符合《钢筋焊接及验收规程》（JGJ 18—2012）。

8. 箍筋尺寸均以外缘计。

9. 基坑开挖时应采取护壁等相关安全措施。

10. 基坑尺寸应严格满足设计要求，成孔经检查合格后应立即装钢筋笼，浇注混凝土，严防孔内积水，基础开孔至浇注混凝土的时间间隙应尽量缩短。

11. 混凝土浇注自由倾落高度不应超过3.0m，扩孔部分每浇200mm捣实一次，主柱部分每浇300mm捣实一次，一个基础必须连续浇注，不得有施工缝。

12. 图中钢筋长度为计算尺寸，实际长度以放样为准。

13. 本图所标尺寸单位均为毫米（mm）。

14. 地脚螺栓规格、间距见《铁塔基础根开及地脚螺栓配置表》。

15. 地脚螺栓及箍筋规格构造及安装分别见《地脚螺栓加工图》《地脚螺栓箍筋加工图》。

图 15-40 φ1.2×7.0/φ2.4×1.1（1.7）基础施工图（TW1-T450J-1.7）

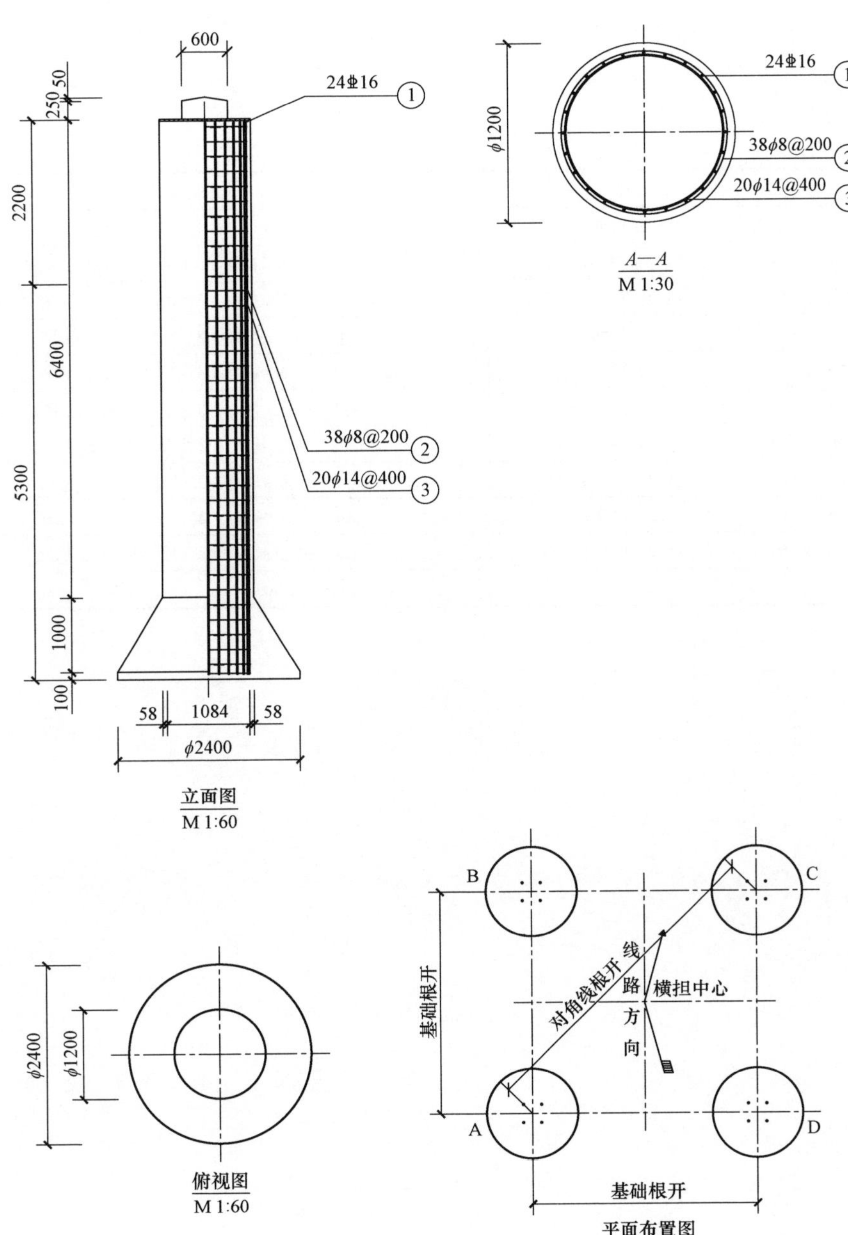

材　料　表

部位	编号	名称A（B、C、D）	规格	简图及尺寸	长度（mm）	数量	单位	质量（kg）单件	质量（kg）小计	质量（kg）合计	备注
主柱	①	主筋	⌀16	7380	7380	24	根	11.66	279.84	420.20	HRB400
	②	外箍筋	ϕ8	(1092)	3605	38	根	1.42	53.96		HPB300
	③	内箍筋	ϕ14	(1038)	3566	20	根	4.32	86.40		HPB300
混凝土（m³）	混凝土		C25	1×10.33=10.33				合计 10.43			钢材合计（kg）420.20
	地栓护帽		C15	1×0.10=0.10							

说明：1. 基础施工要求详见《铁塔基础施工总说明》《建筑桩基技术规范》（JGJ 94—2008）相关要求施工。

2. 基础图中只表示出基础的全高，实际基础埋深，主柱露头尺寸根据基础顶面标高确定，基础顶面标高详见《铁塔基础配置表》中的标高要求。

3. 在基础施工之前，要核对基础根开及地脚螺栓间距与铁塔加工图有关尺寸确实统一无误后，方可施工。

4. 分解组塔时混凝土强度不小于设计强度的70%，整体立塔时混凝土强度应达到设计强度的100%。

5. 钢筋保护层：基础立柱为50mm、扩底保护层为70mm。

6. 本基础所用主柱主筋为HRB400级钢筋，其余为HPB300级钢筋。

7. 基础钢筋骨架为焊接骨架，钢筋的焊接应符合《钢筋焊接及验收规程》（JGJ 18—2012）。

8. 箍筋尺寸均以外缘计。

9. 基坑开挖时应采取护壁等相关安全措施。

10. 基坑尺寸应严格满足设计要求，成孔经检查合格后应立即装钢筋笼，浇注混凝土，严防孔内积水，基础开孔至浇注混凝土的时间间隙应尽量缩短。

11. 混凝土浇注自由倾落高度不应超过3.0m，扩孔部分每浇200mm捣实一次，主柱部分每浇300mm捣实一次，一个基础必须连续浇注，不得有施工缝。

12. 图中钢筋长度为计算尺寸，实际长度以放样为准。

13. 本图所标尺寸单位均为毫米（mm）。

14. 地脚螺栓规格、间距见《铁塔基础根开及地脚螺栓配置表》。

15. 地脚螺栓及箍筋规格构造及安装分别见《地脚螺栓加工图》《地脚螺栓箍筋加工图》。

图 15－41　ϕ1.2×7.5/ϕ2.4×1.1（2.2）基础施工图（TW1－T450J－2.2）

碎石（卵石）土类掏挖基础目录见表15－10。

表15－10　　碎石（卵石）土类掏挖基础目录

编号	图号	图名
图15－42	TW2－T250Z－0.2	ϕ0.8×2.8/ϕ1.4×1.0（0.2）基础施工图
图15－43	TW2－T250Z－0.7	ϕ0.8×3.3/ϕ1.4×1.0（0.7）基础施工图
图15－44	TW2－T250Z－1.2	ϕ0.8×3.8/ϕ1.4×1.0（1.2）基础施工图
图15－45	TW2－T250Z－1.7	ϕ0.8×4.3/ϕ1.4×1.0（1.7）基础施工图
图15－46	TW2－T250Z－2.2	ϕ0.8×4.8/ϕ1.4×1.0（2.2）基础施工图
图15－47	TW2－T250J－0.2	ϕ0.9×3.4/ϕ1.6×1.1（0.2）基础施工图
图15－48	TW2－T250J－0.7	ϕ0.9×3.9/ϕ1.6×1.1（0.7）基础施工图
图15－49	TW2－T250J－1.2	ϕ0.9×4.4/ϕ1.6×1.1（1.2）基础施工图
图15－50	TW2－T250J－1.7	ϕ0.9×4.9/ϕ1.6×1.1（1.7）基础施工图

续表

编号	图号	图名
图15－51	TW2－T250J－2.2	ϕ0.9×5.4/ϕ1.6×1.1（2.2）基础施工图
图15－52	TW2－T350J－0.2	ϕ0.9×3.8/ϕ1.8×1.3（0.2）基础施工图
图15－53	TW2－T350J－0.7	ϕ0.9×4.3/ϕ1.8×1.3（0.7）基础施工图
图15－54	TW2－T350J－1.2	ϕ0.9×4.8/ϕ1.8×1.3（1.2）基础施工图
图15－55	TW2－T350J－1.7	ϕ0.9×5.3/ϕ1.8×1.3（1.7）基础施工图
图15－56	TW2－T350J－2.2	ϕ0.9×5.8/ϕ1.8×1.3（2.2）基础施工图
图15－57	TW2－T450J－0.2	ϕ0.9×4.3/ϕ1.8×1.3（0.2）基础施工图
图15－58	TW2－T450J－0.7	ϕ0.9×4.8/ϕ1.8×1.3（0.7）基础施工图
图15－59	TW2－T450J－1.2	ϕ0.9×5.3/ϕ1.8×1.3（1.2）基础施工图
图15－60	TW2－T450J－1.7	ϕ0.9×5.8/ϕ1.8×1.3（1.7）基础施工图
图15－61	TW2－T450J－2.2	ϕ0.9×6.3/ϕ1.8×1.3（2.2）基础施工图

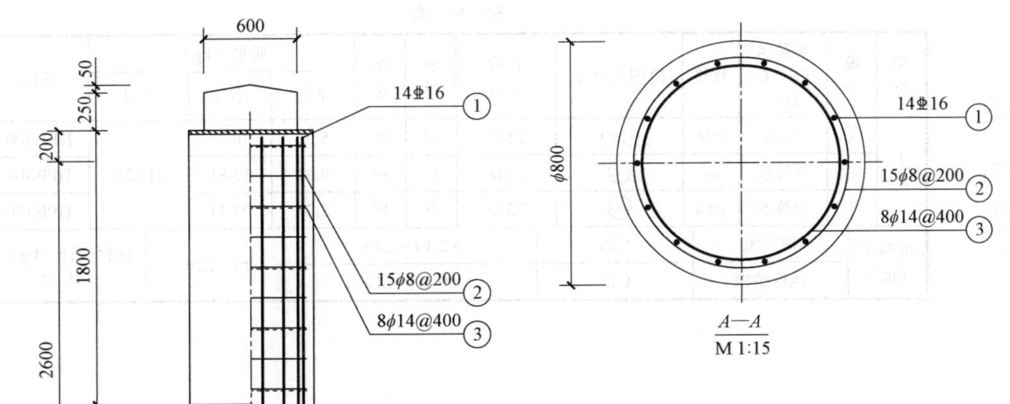

材 料 表

部位	编号	名称A（B、C、D）	规格	简图及尺寸	长度（mm）	数量	单位	质量（kg）单件	小计	合计	备注
主柱	①	主筋	Φ16	2680	2680	14	根	4.23	59.22	95.49	HRB400
	②	外箍筋	φ8	692	2348	15	根	0.93	13.95		HPB300
	③	内箍筋	φ14	638	2310	8	根	2.79	22.32		HPB300
混凝土（m³）	混凝土		C25	1×1.94=1.94				合计 2.04		钢材合计（kg）95.49	
	地栓护帽		C15	1×0.10=0.10							

说明：1. 基础施工要求详见《铁塔基础施工总说明》《建筑桩基技术规范》（JGJ 94—2008）相关要求施工。

2. 基础图中只表示出基础的全高，实际基础埋深，主柱露头尺寸根据基础顶面标高确定，基础顶面标高详见《铁塔基础配置表》中的标高要求。
3. 在基础施工之前，要核对基础根开及地脚螺栓间距与铁塔加工图有关尺寸确实统一无误后，方可施工。
4. 分解组塔时混凝土强度不小于设计强度的70%，整体立塔时混凝土强度应达到设计强度的100%。
5. 钢筋保护层：基础立柱为50mm、扩底保护层为70mm。
6. 本基础所用主柱主筋为HRB400级钢筋，其余为HPB300级钢筋。
7. 基础钢筋骨架为焊接骨架，钢筋的焊接应符合《钢筋焊接及验收规程》（JGJ 18—2012）。
8. 箍筋尺寸均以外缘计。
9. 基坑开挖时应采取护壁等相关安全措施。
10. 基坑尺寸应严格满足设计要求，成孔经检查合格后应立即装钢筋笼，浇注混凝土，严防孔内积水，基础开孔至浇注混凝土的时间间隙应尽量缩短。
11. 混凝土浇注自由倾落高度不应超过3.0m，扩孔部分每浇200mm捣实一次，主柱部分每浇300mm捣实一次，一个基础必须连续浇注，不得有施工缝。
12. 图中钢筋长度为计算尺寸，实际长度以放样为准。
13. 本图所标尺寸单位均为毫米（mm）。
14. 地脚螺栓规格、间距见《铁塔基础根开及地脚螺栓配置表》。
15. 地脚螺栓及箍筋规格构造及安装分别见《地脚螺栓加工图》《地脚螺栓箍筋加工图》。

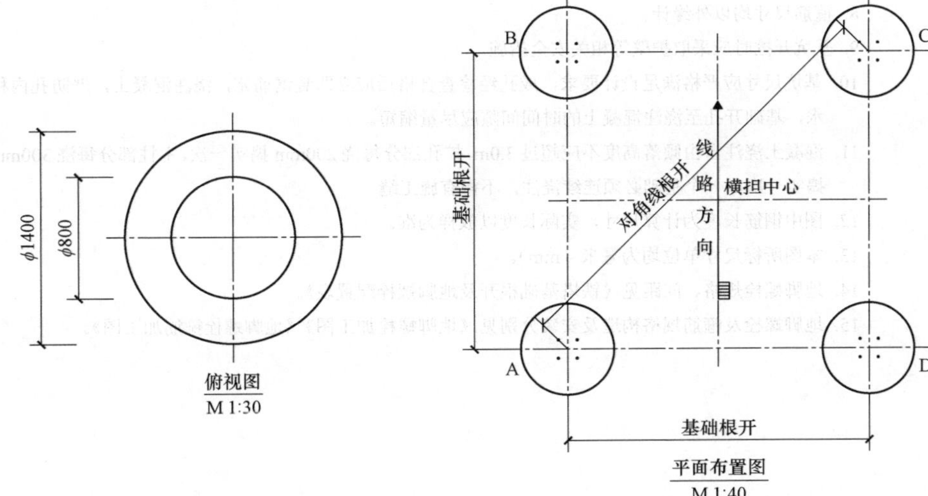

图 15-42 φ0.8×2.8/φ1.4×1.0（0.2）基础施工图（TW2-T250Z-0.2）

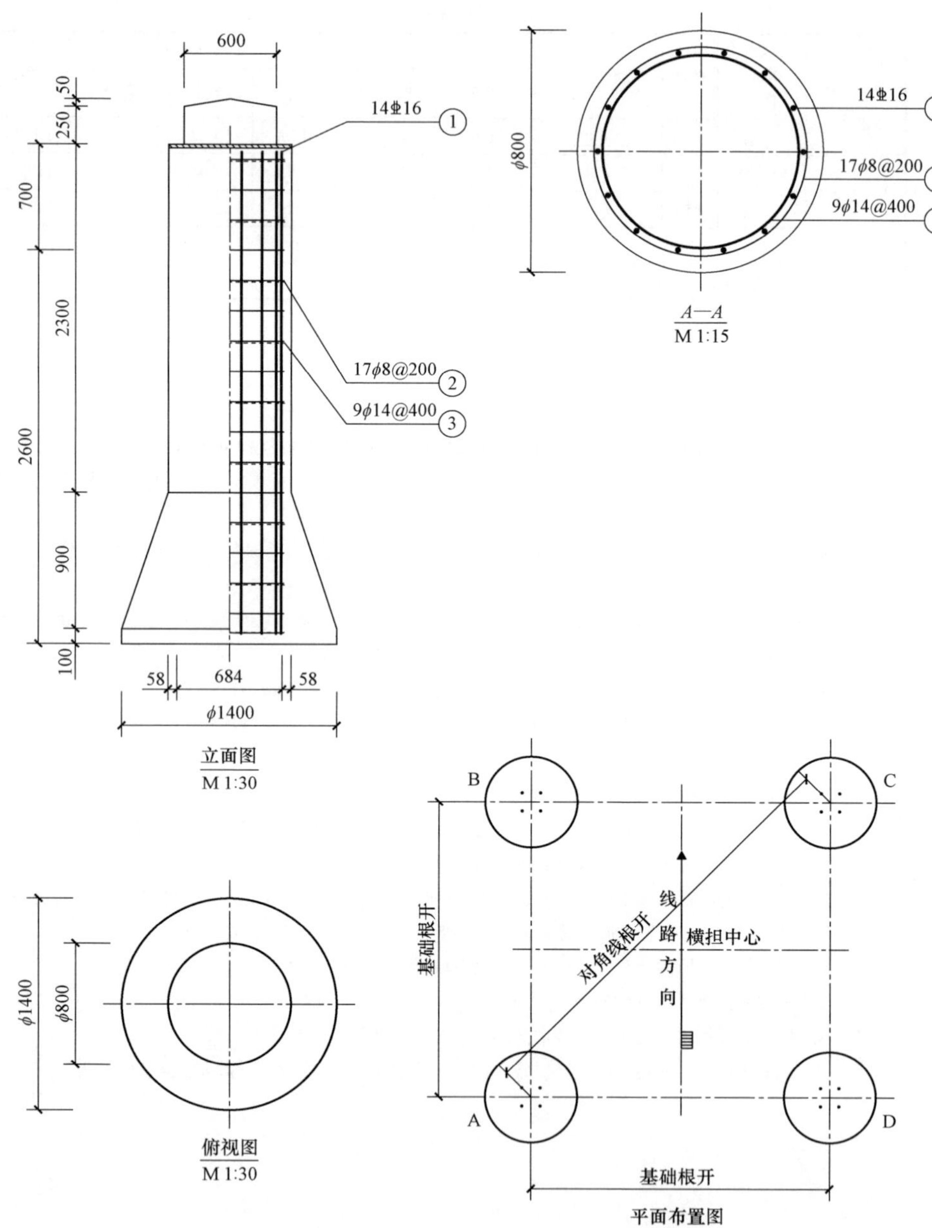

材　料　表

部位	编号	名称A（B、C、D）	规格	简图及尺寸	长度（mm）	数量	单位	质量（kg） 单件	小计	合计	备注
主柱	①	主筋	Φ16	3180	3180	14	根	5.02	70.28	111.20	HRB400
	②	外箍筋	φ8	692	2348	17	根	0.93	15.81		HPB300
	③	内箍筋	φ14	638	2310	9	根	2.79	25.11		HPB300
混凝土（m³）	混凝土		C25	1×2.19=2.19				合计 2.29		钢材合计（kg）111.20	
	地栓护帽		C15	1×0.10=0.10							

说明：1. 基础施工要求详见《铁塔基础施工总说明》《建筑桩基技术规范》（JGJ 94—2008）相关要求施工。

2. 基础图中只表示出基础的全高，实际基础埋深，主柱露头尺寸根据基础顶面标高确定，基础顶面标高详见《铁塔基础配置表》中的标高要求。

3. 在基础施工之前，要核对基础根开及地脚螺栓间距与铁塔加工图有关尺寸确实统一无误后，方可施工。

4. 分解组塔时混凝土强度不小于设计强度的70%，整体立塔时混凝土强度应达到设计强度的100%。

5. 钢筋保护层：基础立柱为50mm、扩底保护层为70mm。

6. 本基础所用主柱主筋为HRB400级钢筋，其余为HPB300级钢筋。

7. 基础钢筋骨架为焊接骨架，钢筋的焊接应符合《钢筋焊接及验收规程》（JGJ 18—2012）。

8. 箍筋尺寸均以外缘计。

9. 基坑开挖时应采取护壁等相关安全措施。

10. 基坑尺寸应严格满足设计要求，成孔经检查合格后应立即装钢筋笼，浇注混凝土，严防孔内积水，基础开孔至浇注混凝土的时间间隙应尽量缩短。

11. 混凝土浇注自由倾落高度不应超过3.0m，扩孔部分每浇200mm捣实一次，主柱部分每浇300mm捣实一次，一个基础必须连续浇注，不得有施工缝。

12. 图中钢筋长度为计算尺寸，实际长度以放样为准。

13. 本图所标尺寸单位均为毫米（mm）。

14. 地脚螺栓规格、间距见《铁塔基础根开及地脚螺栓配置表》。

15. 地脚螺栓及箍筋规格构造及安装分别见《地脚螺栓加工图》《地脚螺栓箍筋加工图》。

图 15－43　φ0.8×3.3/φ1.4×1.0（0.7）基础施工图（TW2－T250Z－0.7）

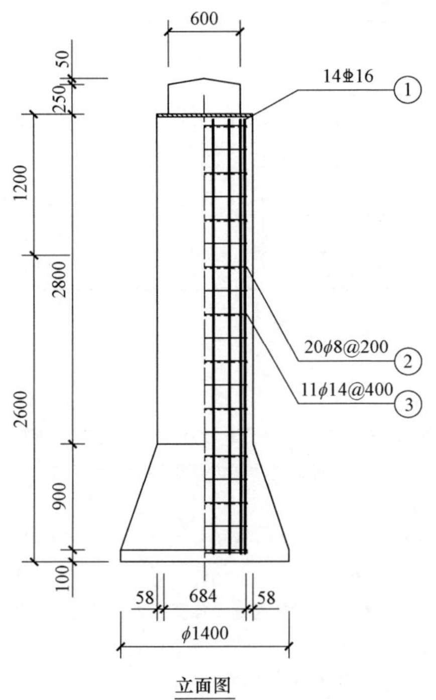

立面图
M 1:40

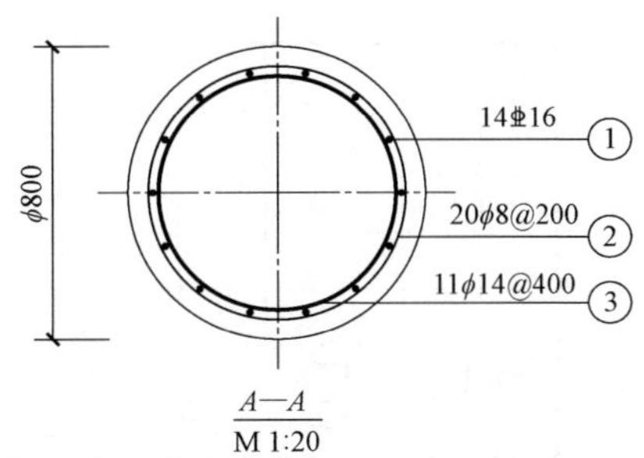

A—A
M 1:20

材 料 表

部位	编号	名称 A（B、C、D）	规格	简图及尺寸	长度（mm）	数量	单位	质量（kg）单件	质量（kg）小计	质量（kg）合计	备注
主柱	①	主筋	Φ16	3680	3680	14	根	5.81	81.34	130.63	HRB400
	②	外箍筋	ϕ8	692	2348	20	根	0.93	18.60		HPB300
	③	内箍筋	ϕ14	638	2310	11	根	2.79	30.69		HPB300
混凝土（m^3）	混凝土		C25		1×2.44=2.44				合计 2.54		钢材合计（kg）130.63
	地栓护帽		C15		1×0.10=0.10						

说明：1. 基础施工要求详见《铁塔基础施工总说明》《建筑桩基技术规范》（JGJ 94—2008）相关要求施工。

2. 基础图中只表示出基础的全高，实际基础埋深，主柱露头尺寸根据基础顶面标高确定，基础顶面标高详见《铁塔基础配置表》中的标高要求。

3. 在基础施工之前，要核对基础根开及地脚螺栓间距与铁塔加工图有关尺寸确实统一无误后，方可施工。

4. 分解组塔时混凝土强度不小于设计强度的70%，整体立塔时混凝土强度应达到设计强度的100%。

5. 钢筋保护层：基础立柱为50mm、扩底保护层为70mm。

6. 本基础所用主柱主筋为HRB400级钢筋，其余为HPB300级钢筋。

7. 基础钢筋骨架为焊接骨架，钢筋的焊接应符合《钢筋焊接及验收规程》（JGJ 18—2012）。

8. 箍筋尺寸均以外缘计。

9. 基坑开挖时应采取护壁等相关安全措施。

10. 基坑尺寸应严格满足设计要求，成孔经检查合格后应立即装钢筋笼，浇注混凝土，严防孔内积水，基础开孔至浇注混凝土的时间间隙应尽量缩短。

11. 混凝土浇注自由倾落高度不应超过3.0m，扩孔部分每浇200mm捣实一次，主柱部分每浇300mm捣实一次，一个基础必须连续浇注，不得有施工缝。

12. 图中钢筋长度为计算尺寸，实际长度以放样为准。

13. 本图所标尺寸单位均为毫米（mm）。

14. 地脚螺栓规格、间距见《铁塔基础根开及地脚螺栓配置表》。

15. 地脚螺栓及箍筋规格构造及安装分别见《地脚螺栓加工图》《地脚螺栓箍筋加工图》。

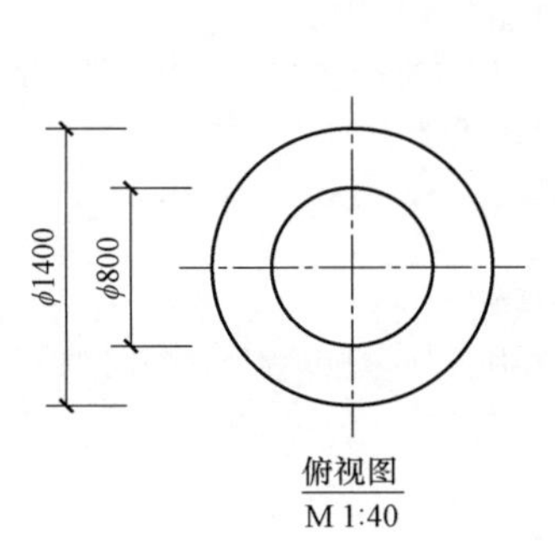

俯视图
M 1:40

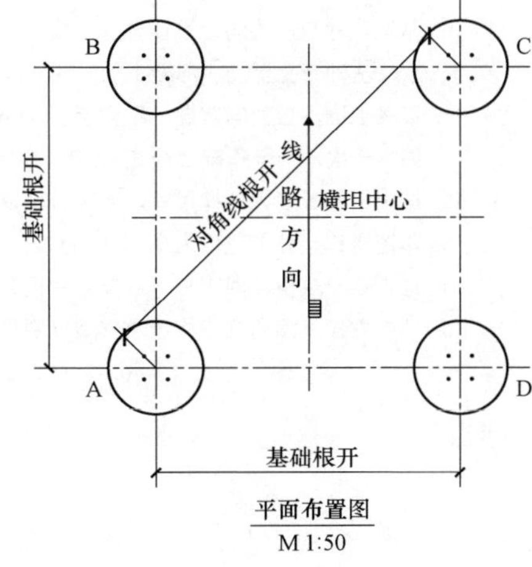

平面布置图
M 1:50

图 15-44 ϕ0.8×3.8/ϕ1.4×1.0（1.2）基础施工图（TW2-T250Z-1.2）

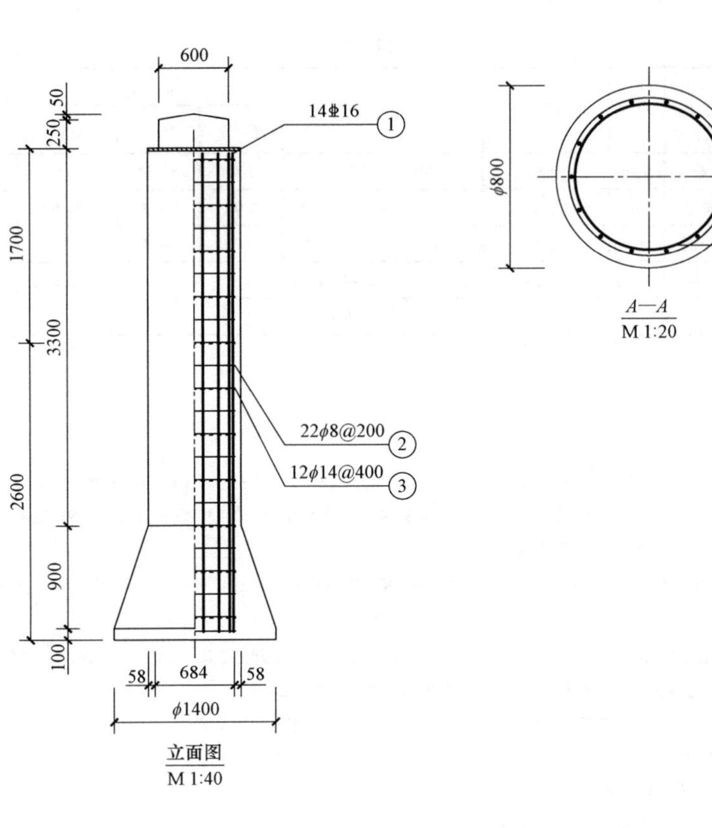

材 料 表

部位	编号	名称A（B、C、D）	规格	简图及尺寸	长度（mm）	数量	单位	质量（kg）单件	小计	合计	备注
主柱	①	主筋	⌀16	4180	4180	14	根	6.60	92.40	146.34	HRB400
	②	外箍筋	ϕ8	692	2348	22	根	0.93	20.46		HPB300
	③	内箍筋	ϕ14	638	2310	12	根	2.79	33.48		HPB300
混凝土（m^3）	混凝土	C25		1×2.69=2.69				合计 2.79		钢材合计（kg）146.34	
	地栓护帽	C15		1×0.10=0.10							

说明：1. 基础施工要求详见《铁塔基础施工总说明》《建筑桩基技术规范》（JGJ 94—2008）相关要求施工。

2. 基础图中只表示出基础的全高，实际基础埋深，主柱露头尺寸根据基础顶面标高确定，基础顶面标高详见《铁塔基础配置表》中的标高要求。
3. 在基础施工之前，要核对基础根开及地脚螺栓间距与铁塔加工图有关尺寸确实统一无误后，方可施工。
4. 分解组塔时混凝土强度不小于设计强度的70%，整体立塔时混凝土强度应达到设计强度的100%。
5. 钢筋保护层：基础立柱为50mm、扩底保护层为70mm。
6. 本基础所用主柱主筋为HRB400级钢筋，其余为HPB300级钢筋。
7. 基础钢筋骨架为焊接骨架，钢筋的焊接应符合《钢筋焊接及验收规程》（JGJ 18—2012）。
8. 箍筋尺寸均以外缘计。
9. 基坑开挖时应采取护壁等相关安全措施。
10. 基坑尺寸应严格满足设计要求，成孔经检查合格后应立即装钢筋笼，浇注混凝土，严防孔内积水，基础开孔至浇注混凝土的时间间隙应尽量缩短。
11. 混凝土浇注自由倾落高度不应超过3.0m，扩孔部分每浇200mm捣实一次，主柱部分每浇300mm捣实一次，一个基础必须连续浇注，不得有施工缝。
12. 图中钢筋长度为计算尺寸，实际长度以放样为准。
13. 本图所标尺寸单位均为毫米（mm）。
14. 地脚螺栓规格、间距见《铁塔基础根开及地脚螺栓配置表》。
15. 地脚螺栓及箍筋规格构造及安装分别见《地脚螺栓加工图》《地脚螺栓箍筋加工图》。

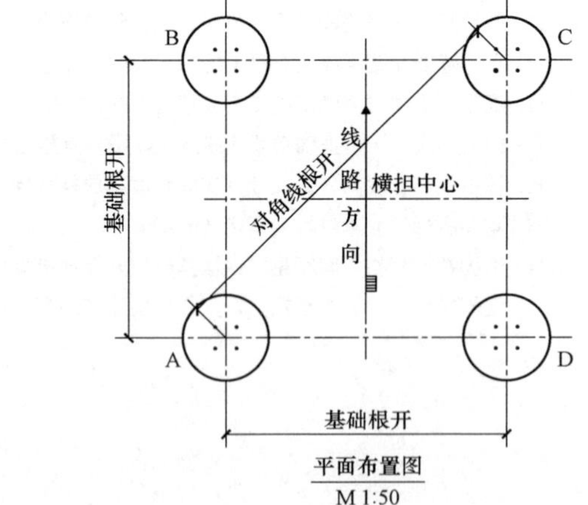

图15－45 ϕ0.8×4.3/ϕ1.4×1.0（1.7）基础施工图（TW2－T250Z－1.7）

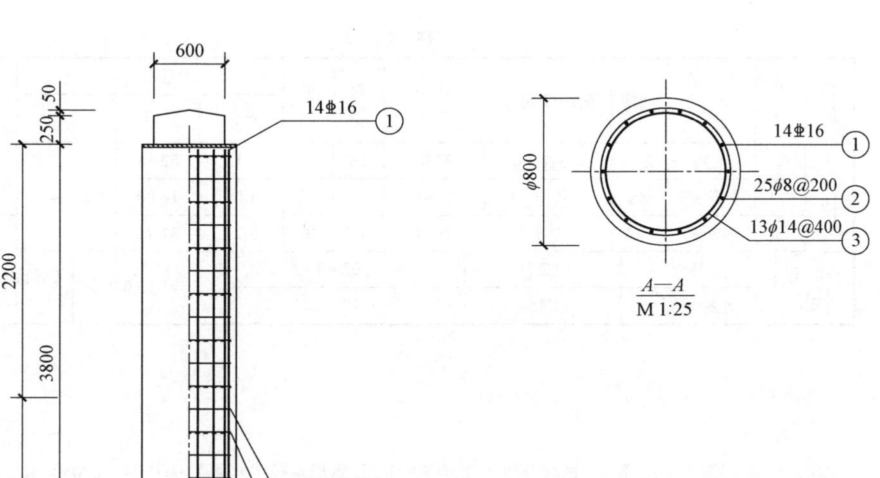

材 料 表

<table>
<tr><th rowspan="2">部位</th><th rowspan="2">编号</th><th rowspan="2">名称 A（B、C、D）</th><th rowspan="2">规格</th><th rowspan="2">简图及尺寸</th><th rowspan="2">长度（mm）</th><th rowspan="2">数量</th><th rowspan="2">单位</th><th colspan="3">质量（kg）</th><th rowspan="2">备注</th></tr>
<tr><th>单件</th><th>小计</th><th>合计</th></tr>
<tr><td rowspan="3">主柱</td><td>①</td><td>主筋</td><td>⌀16</td><td>4680</td><td>4680</td><td>14</td><td>根</td><td>7.39</td><td>103.46</td><td rowspan="3">162.98</td><td>HRB400</td></tr>
<tr><td>②</td><td>外箍筋</td><td>ϕ8</td><td>692</td><td>2348</td><td>25</td><td>根</td><td>0.93</td><td>23.25</td><td>HPB300</td></tr>
<tr><td>③</td><td>内箍筋</td><td>ϕ14</td><td>638</td><td>2310</td><td>13</td><td>根</td><td>2.79</td><td>36.27</td><td>HPB300</td></tr>
<tr><td rowspan="2">混凝土（m³）</td><td colspan="2">混凝土</td><td colspan="2">C25</td><td colspan="3">1×2.94＝2.94</td><td colspan="2" rowspan="2">合计 3.04</td><td colspan="2" rowspan="2">钢材合计（kg）162.98</td></tr>
<tr><td colspan="2">地栓护帽</td><td colspan="2">C15</td><td colspan="3">1×0.10＝0.10</td></tr>
</table>

说明：1. 基础施工要求详见《铁塔基础施工总说明》《建筑桩基技术规范》（JGJ 94—2008）相关要求施工。

2. 基础图中只表示出基础的全高，实际基础埋深，主柱露头尺寸根据基础顶面标高确定，基础顶面标高详见《铁塔基础配置表》中的标高要求。

3. 在基础施工之前，要核对基础根开及地脚螺栓间距与铁塔加工图有关尺寸确实统一无误后，方可施工。

4. 分解组塔时混凝土强度不小于设计强度的70%，整体立塔时混凝土强度应达到设计强度的100%。

5. 钢筋保护层：基础立柱为50mm、扩底保护层为70mm。

6. 本基础所用主柱主筋为HRB400级钢筋，其余为HPB300级钢筋。

7. 基础钢筋骨架为焊接骨架，钢筋的焊接应符合《钢筋焊接及验收规程》（JGJ 18—2012）。

8. 箍筋尺寸均以外缘计。

9. 基坑开挖时应采取护壁等相关安全措施。

10. 基坑尺寸应严格满足设计要求，成孔经检查合格后应立即装钢筋笼，浇注混凝土，严防孔内积水，基础开孔至浇注混凝土的时间间隙应尽量缩短。

11. 混凝土浇注自由倾落高度不应超过3.0m，扩孔部分每浇200mm捣实一次，主柱部分每浇300mm捣实一次，一个基础必须连续浇注，不得有施工缝。

12. 图中钢筋长度为计算尺寸，实际长度以放样为准。

13. 本图所标尺寸单位均为毫米（mm）。

14. 地脚螺栓规格、间距见《铁塔基础根开及地脚螺栓配置表》。

15. 地脚螺栓及箍筋规格构造及安装分别见《地脚螺栓加工图》《地脚螺栓箍筋加工图》。

图 15－46　ϕ0.8×4.8/ϕ1.4×1.0（2.2）基础施工图（TW2－T250Z－2.2）

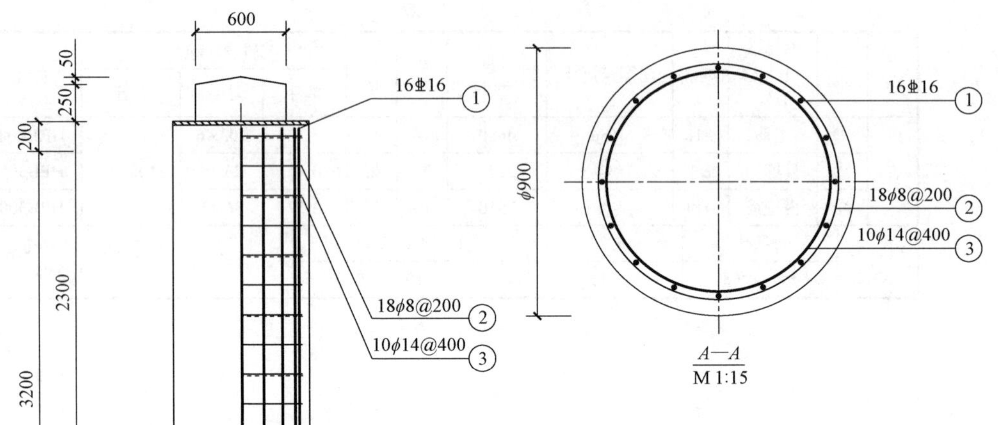

材 料 表

部位	编号	名称A（B、C、D）	规格	简图及尺寸	长度（mm）	数量	单位	质量（kg） 单件	小计	合计	备注
主柱	①	主筋	⌀16	3280	3280	16	根	5.18	82.88	133.48	HRB400
	②	外箍筋	φ8	792	2663	18	根	1.05	18.90		HPB300
	③	内箍筋	φ14	738	2624	10	根	3.17	31.70		HPB300

混凝土（m^3）	名称	规格	数量	合计	钢材合计（kg）
	混凝土	C25	1×2.92＝2.92	合计 3.02	133.48
	地栓护帽	C15	1×0.10＝0.10		

说明：1. 基础施工要求详见《铁塔基础施工总说明》《建筑桩基技术规范》（JGJ 94—2008）相关要求施工。

2. 基础图中只表示出基础的全高，实际基础埋深，主柱露头尺寸根据基础顶面标高确定，基础顶面标高详见《铁塔基础配置表》中的标高要求。

3. 在基础施工之前，要核对基础根开及地脚螺栓间距与铁塔加工图有关尺寸确实统一无误后，方可施工。

4. 分解组塔时混凝土强度不小于设计强度的70%，整体立塔时混凝土强度应达到设计强度的100%。

5. 钢筋保护层：基础立柱为50mm、扩底保护层为70mm。

6. 本基础所用主柱主筋为HRB400级钢筋，其余为HPB300级钢筋。

7. 基础钢筋骨架为焊接骨架，钢筋的焊接应符合《钢筋焊接及验收规程》（JGJ 18—2012）。

8. 箍筋尺寸均以外缘计。

9. 基坑开挖时应采取护壁等相关安全措施。

10. 基坑尺寸应严格满足设计要求，成孔经检查合格后应立即装钢筋笼，浇注混凝土，严防孔内积水，基础开孔至浇注混凝土的时间间隙应尽量缩短。

11. 混凝土浇注自由倾落高度不应超过3.0m，扩孔部分每浇200mm捣实一次，主柱部分每浇300mm捣实一次，一个基础必须连续浇注，不得有施工缝。

12. 图中钢筋长度为计算尺寸，实际长度以放样为准。

13. 本图所标尺寸单位均为毫米（mm）。

14. 地脚螺栓规格、间距见《铁塔基础根开及地脚螺栓配置表》。

15. 地脚螺栓及箍筋规格构造及安装分别见《地脚螺栓加工图》《地脚螺栓箍筋加工图》。

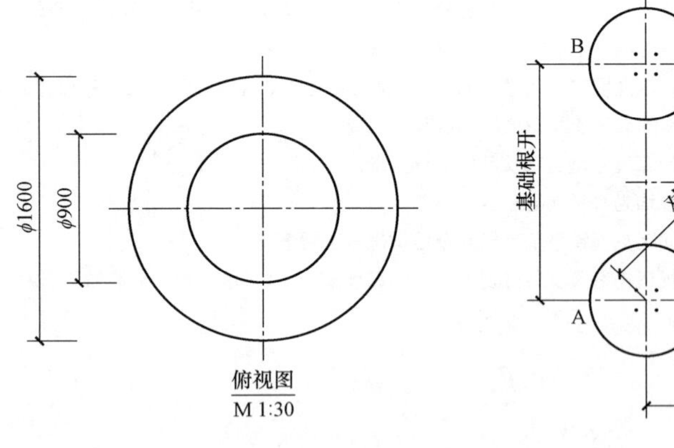

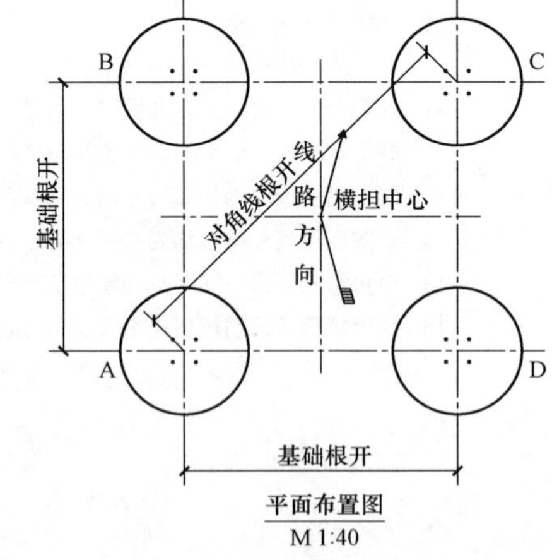

图 15－47 φ0.9×3.4/φ1.6×1.1（0.2）基础施工图（TW2－T250J－0.2）

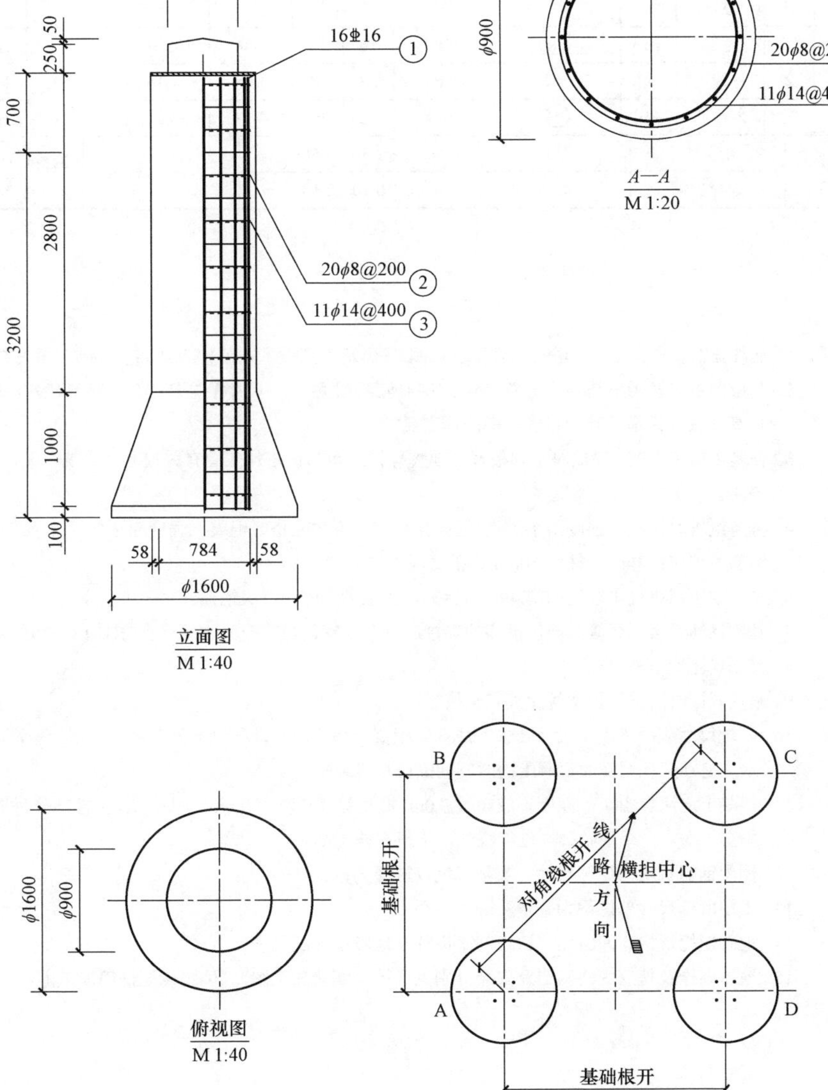

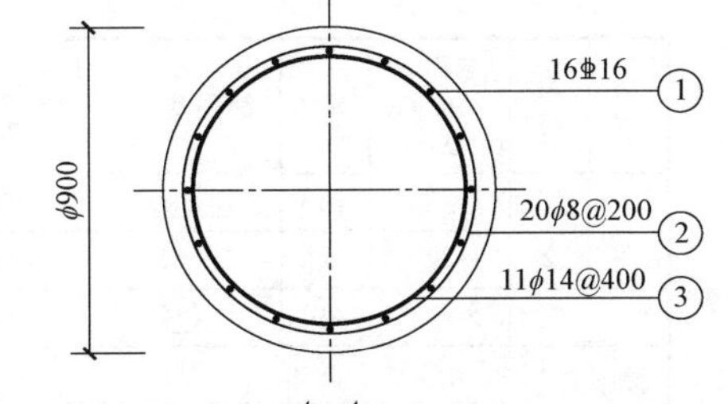

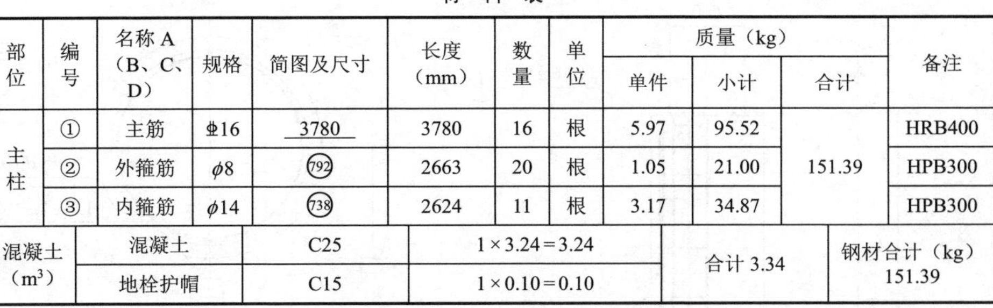

材 料 表

部位	编号	名称A（B、C、D）	规格	简图及尺寸	长度（mm）	数量	单位	质量（kg）单件	质量（kg）小计	质量（kg）合计	备注
主柱	①	主筋	Φ16	3780	3780	16	根	5.97	95.52	151.39	HRB400
	②	外箍筋	ϕ8	(792)	2663	20	根	1.05	21.00		HPB300
	③	内箍筋	ϕ14	(738)	2624	11	根	3.17	34.87		HPB300
混凝土（m^3）	混凝土		C25	1×3.24=3.24				合计 3.34		钢材合计（kg）151.39	
	地栓护帽		C15	1×0.10=0.10							

说明：1. 基础施工要求详见《铁塔基础施工总说明》《建筑桩基技术规范》（JGJ 94—2008）相关要求施工。

2. 基础图中只表示出基础的全高，实际基础埋深，主柱露头尺寸根据基础顶面标高确定，基础顶面标高详见《铁塔基础配置表》中的标高要求。

3. 在基础施工之前，要核对基础根开及地脚螺栓间距与铁塔加工图有关尺寸确实统一无误后，方可施工。

4. 分解组塔时混凝土强度不小于设计强度的70%，整体立塔时混凝土强度应达到设计强度的100%。

5. 钢筋保护层：基础立柱为50mm、扩底保护层为70mm。

6. 本基础所用主柱主筋为HRB400级钢筋，其余为HPB300级钢筋。

7. 基础钢筋骨架为焊接骨架，钢筋的焊接应符合《钢筋焊接及验收规程》（JGJ 18—2012）。

8. 箍筋尺寸均以外缘计。

9. 基坑开挖时应采取护壁等相关安全措施。

10. 基坑尺寸应严格满足设计要求，成孔经检查合格后应立即装钢筋笼，浇注混凝土，严防孔内积水，基础开孔至浇注混凝土的时间间隙应尽量缩短。

11. 混凝土浇注自由倾落高度不应超过3.0m，扩孔部分每浇200mm捣实一次，主柱部分每浇300mm捣实一次，一个基础必须连续浇注，不得有施工缝。

12. 图中钢筋长度为计算尺寸，实际长度以放样为准。

13. 本图所标尺寸单位均为毫米（mm）。

14. 地脚螺栓规格、间距见《铁塔基础根开及地脚螺栓配置表》。

15. 地脚螺栓及箍筋规格构造及安装分别见《地脚螺栓加工图》《地脚螺栓箍筋加工图》。

图 15－48　ϕ0.9×3.9/ϕ1.6×1.1（0.7）基础施工图（TW2－T250J－0.7）

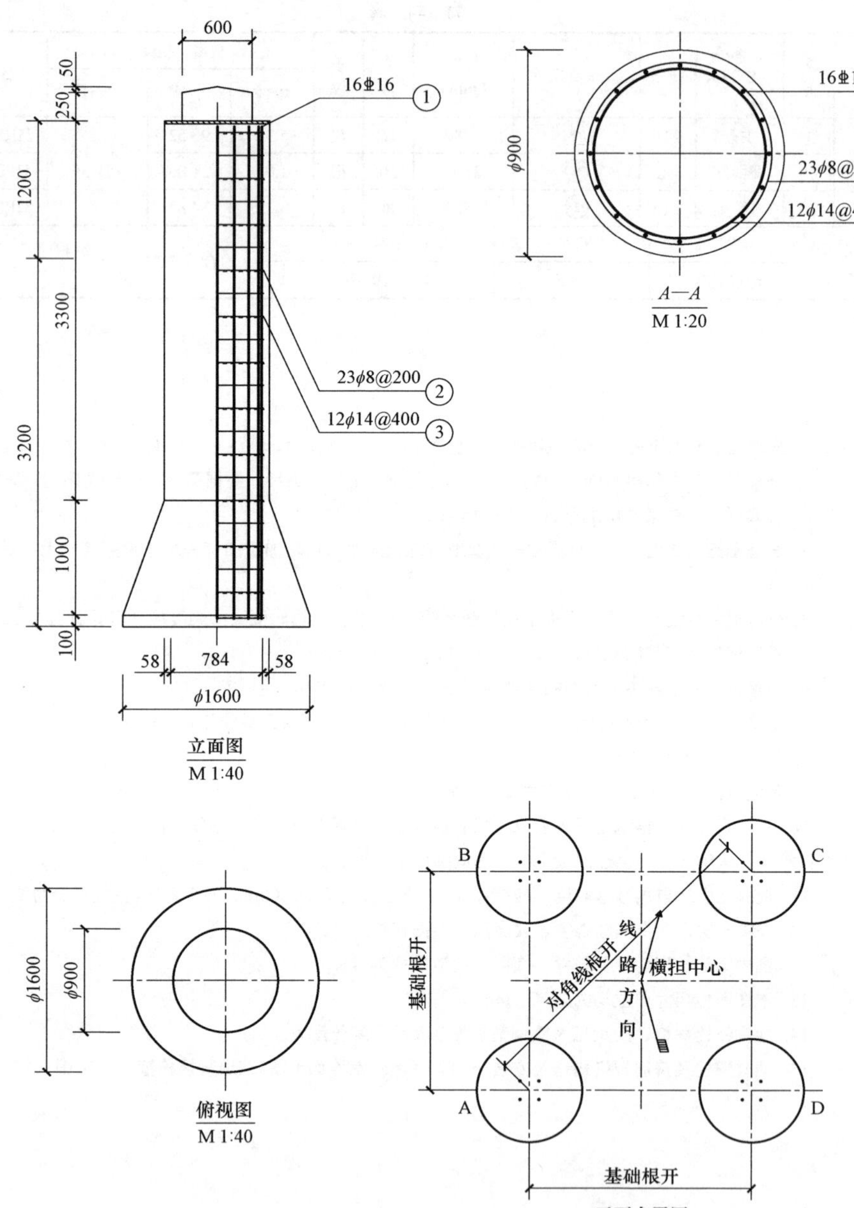

材 料 表

部位	编号	名称 A（B、C、D）	规格	简图及尺寸	长度（mm）	数量	单位	质量（kg）单件	质量（kg）小计	质量（kg）合计	备注
主柱	①	主筋	⌀16	4280	4280	16	根	6.76	108.16	170.35	HRB400
	②	外箍筋	ϕ8	792	2663	23	根	1.05	24.15		HPB300
	③	内箍筋	ϕ14	738	2624	12	根	3.17	38.04		HPB300
混凝土（m³）	混凝土	C25	1×3.56=3.56	合计 3.66	钢材合计（kg）170.35						
	地栓护帽	C15	1×0.10=0.10								

说明：1. 基础施工要求详见《铁塔基础施工总说明》《建筑桩基技术规范》（JGJ 94—2008）相关要求施工。

2. 基础图中只表示出基础的全高，实际基础埋深，主柱露头尺寸根据基础顶面标高确定，基础顶面标高详见《铁塔基础配置表》中的标高要求。

3. 在基础施工之前，要核对基础根开及地脚螺栓间距与铁塔加工图有关尺寸确实统一无误后，方可施工。

4. 分解组塔时混凝土强度不小于设计强度的 70%，整体立塔时混凝土强度应达到设计强度的 100%。

5. 钢筋保护层：基础立柱为 50mm、扩底保护层为 70mm。

6. 本基础所用主柱主筋为 HRB400 级钢筋，其余为 HPB300 级钢筋。

7. 基础钢筋骨架为焊接骨架，钢筋的焊接应符合《钢筋焊接及验收规程》（JGJ 18—2012）。

8. 箍筋尺寸均以外缘计。

9. 基坑开挖时应采取护壁等相关安全措施。

10. 基坑尺寸应严格满足设计要求，成孔经检查合格后应立即装钢筋笼，浇注混凝土，严防孔内积水，基础开孔至浇注混凝土的时间间隙应尽量缩短。

11. 混凝土浇注自由倾落高度不应超过 3.0m，扩孔部分每浇 200mm 捣实一次，主柱部分每浇 300mm 捣实一次，一个基础必须连续浇注，不得有施工缝。

12. 图中钢筋长度为计算尺寸，实际长度以放样为准。

13. 本图所标尺寸单位均为毫米（mm）。

14. 地脚螺栓规格、间距见《铁塔基础根开及地脚螺栓配置表》。

15. 地脚螺栓及箍筋规格构造及安装分别见《地脚螺栓加工图》《地脚螺栓箍筋加工图》。

图 15－49 ϕ0.9×4.4/ϕ1.6×1.1（1.2）基础施工图（TW2－T250J－1.2）

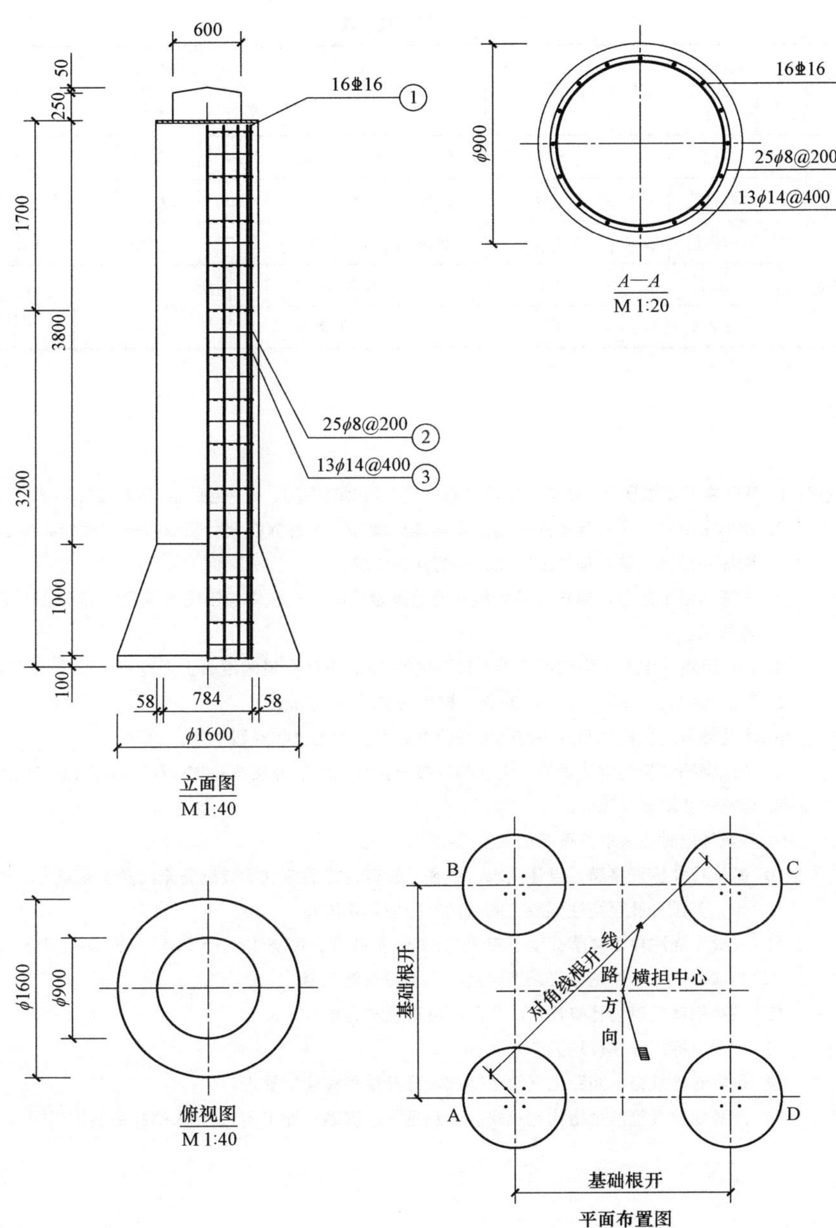

材 料 表

<table>
<tr><th rowspan="2">部位</th><th rowspan="2">编号</th><th rowspan="2">名称 A（B、C、D）</th><th rowspan="2">规格</th><th rowspan="2">简图及尺寸</th><th rowspan="2">长度（mm）</th><th rowspan="2">数量</th><th rowspan="2">单位</th><th colspan="3">质量（kg）</th><th rowspan="2">备注</th></tr>
<tr><th>单件</th><th>小计</th><th>合计</th></tr>
<tr><td rowspan="3">主柱</td><td>1</td><td>主筋</td><td>⌀16</td><td>4780</td><td>4780</td><td>16</td><td>根</td><td>7.55</td><td>120.80</td><td rowspan="3">188.26</td><td>HRB400</td></tr>
<tr><td>2</td><td>外箍筋</td><td>ϕ8</td><td>792</td><td>2663</td><td>25</td><td>根</td><td>1.05</td><td>26.25</td><td>HPB300</td></tr>
<tr><td>3</td><td>内箍筋</td><td>ϕ14</td><td>738</td><td>2624</td><td>13</td><td>根</td><td>3.17</td><td>41.21</td><td>HPB300</td></tr>
<tr><td rowspan="2">混凝土（m³）</td><td colspan="2">混凝土</td><td colspan="2">C25</td><td colspan="4">1×3.88=3.88</td><td colspan="2" rowspan="2">合计 3.98</td><td rowspan="2">钢材合计（kg）188.26</td></tr>
<tr><td colspan="2">地栓护帽</td><td colspan="2">C15</td><td colspan="4">1×0.10=0.10</td></tr>
</table>

说明：1. 基础施工要求详见《铁塔基础施工总说明》《建筑桩基技术规范》（JGJ 94—2008）相关要求施工。

2. 基础图中只表示出基础的全高，实际基础埋深，主柱露头尺寸根据基础顶面标高确定，基础顶面标高详见《铁塔基础配置表》中的标高要求。

3. 在基础施工之前，要核对基础根开及地脚螺栓间距与铁塔加工图有关尺寸确实统一无误后，方可施工。

4. 分解组塔时混凝土强度不小于设计强度的70%，整体立塔时混凝土强度应达到设计强度的100%。

5. 钢筋保护层：基础立柱为50mm、扩底保护层为70mm。

6. 本基础所用主柱主筋为HRB400级钢筋，其余为HPB300级钢筋。

7. 基础钢筋骨架为焊接骨架，钢筋的焊接应符合《钢筋焊接及验收规程》（JGJ 18—2012）。

8. 箍筋尺寸均以外缘计。

9. 基坑开挖时应采取护壁等相关安全措施。

10. 基坑尺寸应严格满足设计要求，成孔经检查合格后应立即装钢筋笼，浇注混凝土，严防孔内积水，基础开孔至浇注混凝土的时间间隙应尽量缩短。

11. 混凝土浇注自由倾落高度不应超过3.0m，扩孔部分每浇200mm捣实一次，主柱部分每浇300mm捣实一次，一个基础必须连续浇注，不得有施工缝。

12. 图中钢筋长度为计算尺寸，实际长度以放样为准。

13. 本图所标尺寸单位均为毫米（mm）。

14. 地脚螺栓规格、间距见《铁塔基础根开及地脚螺栓配置表》。

15. 地脚螺栓及箍筋规格构造及安装分别见《地脚螺栓加工图》《地脚螺栓箍筋加工图》。

图 15-50 ϕ0.9×4.9/ϕ1.6×1.1（1.7）基础施工图（TW2-T250J-1.7）

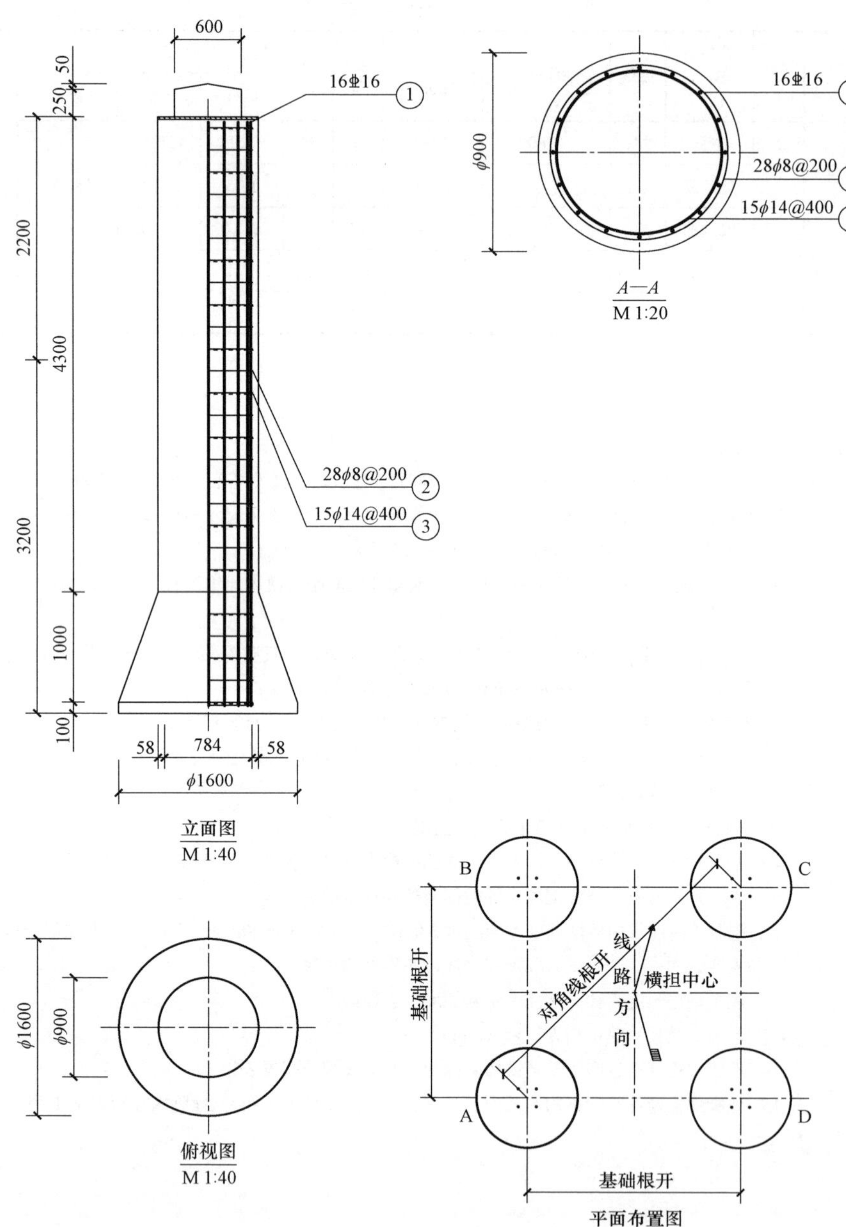

材 料 表

部位	编号	名称A（B、C、D）	规格	简图及尺寸	长度（mm）	数量	单位	质量（kg）			备注
								单件	小计	合计	
主柱	1	主筋	Φ16	5280	5280	16	根	8.34	133.44	210.39	HRB400
	2	外箍筋	φ8	792	2663	28	根	1.05	29.40		HPB300
	3	内箍筋	φ14	738	2624	15	根	3.17	47.55		HPB300
混凝土（m³）	混凝土		C25		1×4.20=4.20			合计 4.30		钢材合计（kg）210.39	
	地栓护帽		C15		1×0.10=0.10						

说明：1. 基础施工要求详见《铁塔基础施工总说明》《建筑桩基技术规范》（JGJ 94—2008）相关要求施工。

2. 基础图中只表示出基础的全高，实际基础埋深，主柱露头尺寸根据基础顶面标高确定，基础顶面标高详见《铁塔基础配置表》中的标高要求。

3. 在基础施工之前，要核对基础根开及地脚螺栓间距与铁塔加工图有关尺寸确实统一无误后，方可施工。

4. 分解组塔时混凝土强度不小于设计强度的70%，整体立塔时混凝土强度应达到设计强度的100%。

5. 钢筋保护层：基础立柱为50mm、扩底保护层为70mm。

6. 本基础所用主柱主筋为HRB400级钢筋，其余为HPB300级钢筋。

7. 基础钢筋骨架为焊接骨架，钢筋的焊接应符合《钢筋焊接及验收规程》（JGJ 18—2012）。

8. 箍筋尺寸均以外缘计。

9. 基坑开挖时应采取护壁等相关安全措施。

10. 基坑尺寸应严格满足设计要求，成孔经检查合格后应立即装钢筋笼，浇注混凝土，严防孔内积水，基础开孔至浇注混凝土的时间间隙应尽量缩短。

11. 混凝土浇注自由倾落高度不应超过3.0m，扩孔部分每浇200mm捣实一次，主柱部分每浇300mm捣实一次，一个基础必须连续浇注，不得有施工缝。

12. 图中钢筋长度为计算尺寸，实际长度以放样为准。

13. 本图所标尺寸单位均为毫米（mm）。

14. 地脚螺栓规格、间距见《铁塔基础根开及地脚螺栓配置表》。

15. 地脚螺栓及箍筋规格构造及安装分别见《地脚螺栓加工图》《地脚螺栓箍筋加工图》。

图15-51 φ0.9×5.4/φ1.6×1.1（2.2）基础施工图（TW2-T250J-2.2）

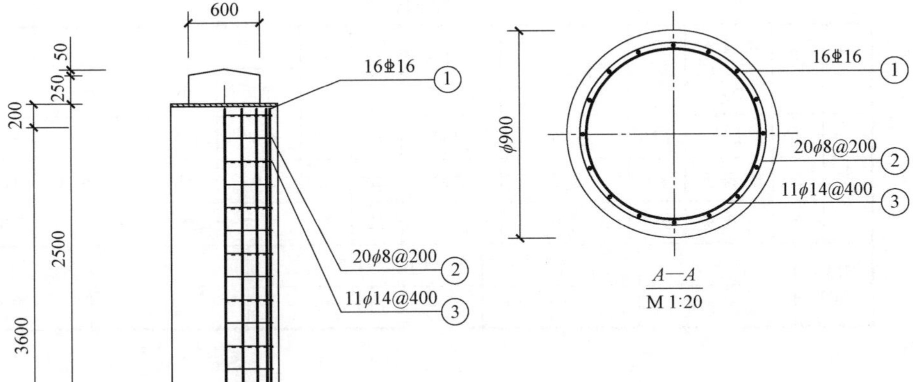

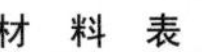

材 料 表

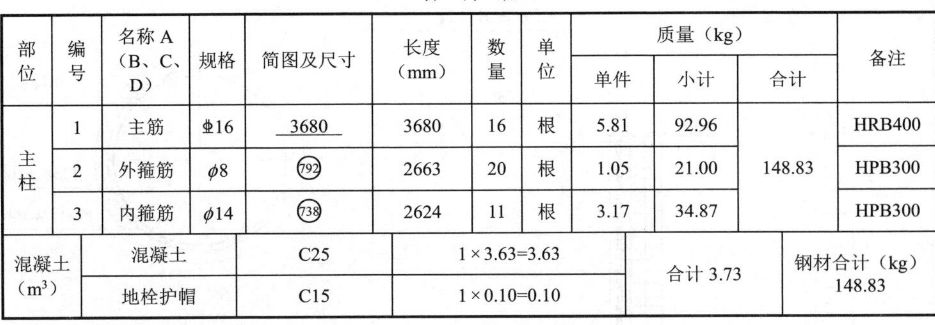

部位	编号	名称A（B、C、D）	规格	简图及尺寸	长度（mm）	数量	单位	质量（kg）单件	小计	合计	备注
主柱	1	主筋	Φ16	3680	3680	16	根	5.81	92.96	148.83	HRB400
	2	外箍筋	φ8	(792)	2663	20	根	1.05	21.00		HPB300
	3	内箍筋	φ14	(738)	2624	11	根	3.17	34.87		HPB300
混凝土（m^3）	混凝土		C25	1×3.63=3.63				合计 3.73		钢材合计（kg）148.83	
	地栓护帽		C15	1×0.10=0.10							

说明：1. 基础施工要求详见《铁塔基础施工总说明》《建筑桩基技术规范》（JGJ 94—2008）相关要求施工。

2. 基础图中只表示出基础的全高，实际基础埋深，主柱露头尺寸根据基础顶面标高确定，基础顶面标高详见《铁塔基础配置表》中的标高要求。

3. 在基础施工之前，要核对基础根开及地脚螺栓间距与铁塔加工图有关尺寸确实统一无误后，方可施工。

4. 分解组塔时混凝土强度不小于设计强度的70%，整体立塔时混凝土强度应达到设计强度的100%。

5. 钢筋保护层：基础立柱为50mm、扩底保护层为70mm。

6. 本基础所用主柱主筋为HRB400级钢筋，其余为HPB300级钢筋。

7. 基础钢筋骨架为焊接骨架，钢筋的焊接应符合《钢筋焊接及验收规程》（JGJ 18—2012）。

8. 箍筋尺寸均以外缘计。

9. 基坑开挖时应采取护壁等相关安全措施。

10. 基坑尺寸应严格满足设计要求，成孔经检查合格后应立即装钢筋笼，浇注混凝土，严防孔内积水，基础开孔至浇注混凝土的时间间隙应尽量缩短。

11. 混凝土浇注自由倾落高度不应超过3.0m，扩孔部分每浇200mm捣实一次，主柱部分每浇300mm捣实一次，一个基础必须连续浇注，不得有施工缝。

12. 图中钢筋长度为计算尺寸，实际长度以放样为准。

13. 本图所标尺寸单位均为毫米（mm）。

14. 地脚螺栓规格、间距见《铁塔基础根开及地脚螺栓配置表》。

15. 地脚螺栓及箍筋规格构造及安装分别见《地脚螺栓加工图》《地脚螺栓箍筋加工图》。

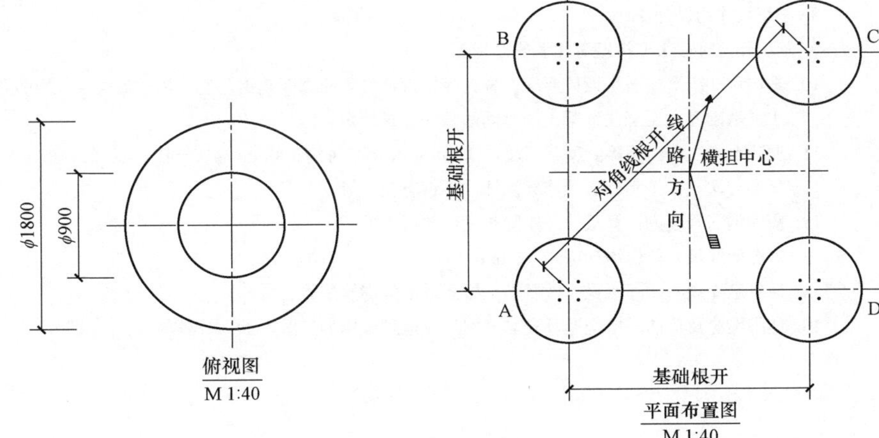

图 15-52 φ0.9×3.8/φ1.8×1.3（0.2）基础施工图（TW2-T350J-0.2）

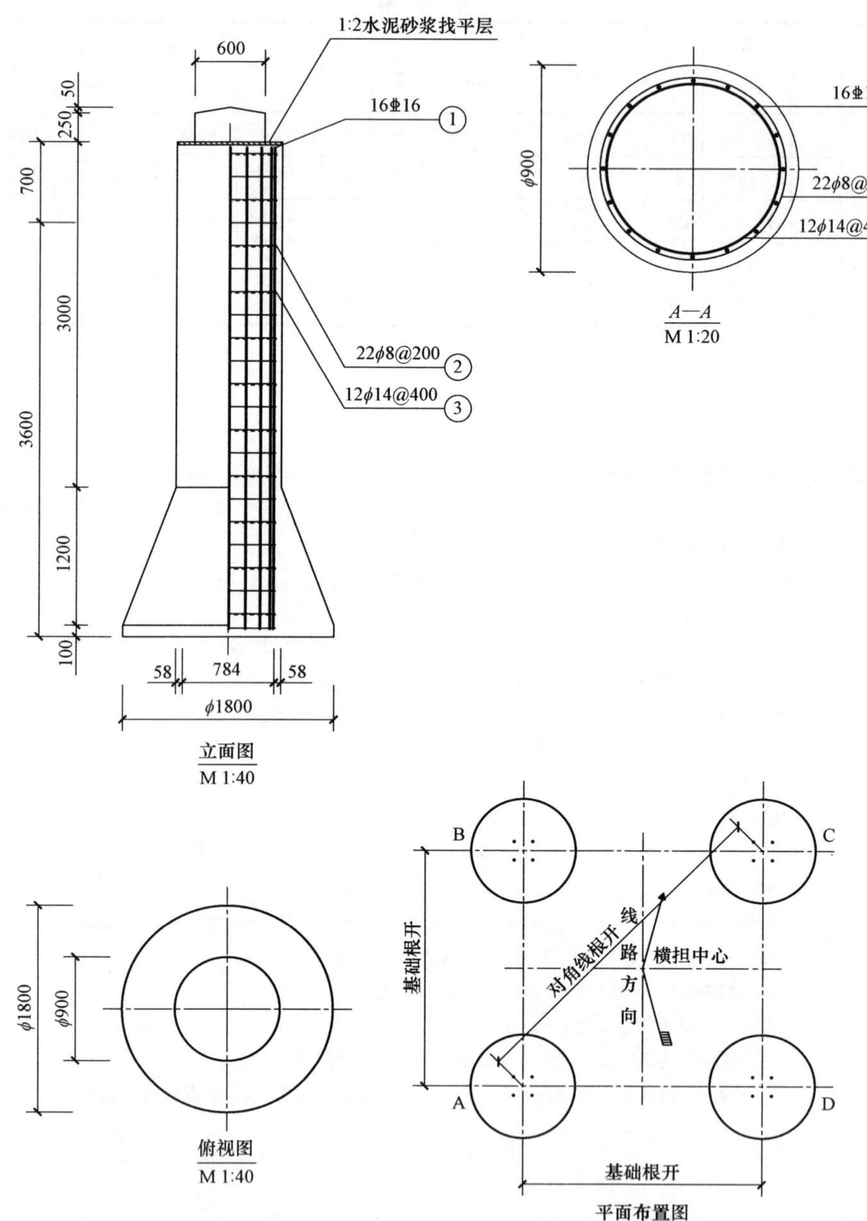

材 料 表

部位	编号	名称A（B、C、D）	规格	简图及尺寸	长度（mm）	数量	单位	质量（kg）			备注
								单件	小计	合计	
主柱	1	主筋	⌀16	4180	4180	16	根	6.60	105.60	166.74	HRB400
	2	外箍筋	ϕ8	792	2663	22	根	1.05	23.10		HPB300
	3	内箍筋	ϕ14	738	2624	12	根	3.17	38.04		HPB300
混凝土（m^3）	混凝土		C25	1×3.94=3.94				合计 4.04		钢材合计（kg）166.74	
	地栓护帽		C15	1×0.10=0.10							

说明：1. 基础施工要求详见《铁塔基础施工总说明》《建筑桩基技术规范》（JGJ 94—2008）相关要求施工。

2. 基础图中只表示出基础的全高，实际基础埋深，主柱露头尺寸根据基础顶面标高确定，基础顶面标高详见《铁塔基础配置表》中的标高要求。
3. 在基础施工之前，要核对基础根开及地脚螺栓间距与铁塔加工图有关尺寸确实统一无误后，方可施工。
4. 分解组塔时混凝土强度不小于设计强度的70%，整体立塔时混凝土强度应达到设计强度的100%。
5. 钢筋保护层：基础立柱为50mm、扩底保护层为70mm。
6. 本基础所用主柱主筋为HRB400级钢筋，其余为HPB300级钢筋。
7. 基础钢筋骨架为焊接骨架，钢筋的焊接应符合《钢筋焊接及验收规程》（JGJ 18—2012）。
8. 箍筋尺寸均以外缘计。
9. 基坑开挖时应采取护壁等相关安全措施。
10. 基坑尺寸应严格满足设计要求，成孔经检查合格后应立即装钢筋笼，浇注混凝土，严防孔内积水，基础开孔至浇注混凝土的时间间隙应尽量缩短。
11. 混凝土浇注自由倾落高度不应超过3.0m，扩孔部分每浇200mm捣实一次，主柱部分每浇300mm捣实一次，一个基础必须连续浇注，不得有施工缝。
12. 图中钢筋长度为计算尺寸，实际长度以放样为准。
13. 本图所标尺寸单位均为毫米（mm）。
14. 地脚螺栓规格、间距见《铁塔基础根开及地脚螺栓配置表》。
15. 地脚螺栓及箍筋规格构造及安装分别见《地脚螺栓加工图》《地脚螺栓箍筋加工图》。

图 15－53 ϕ0.9×4.3/ϕ1.8×1.3（0.7）基础施工图（TW2－T350J－0.7）

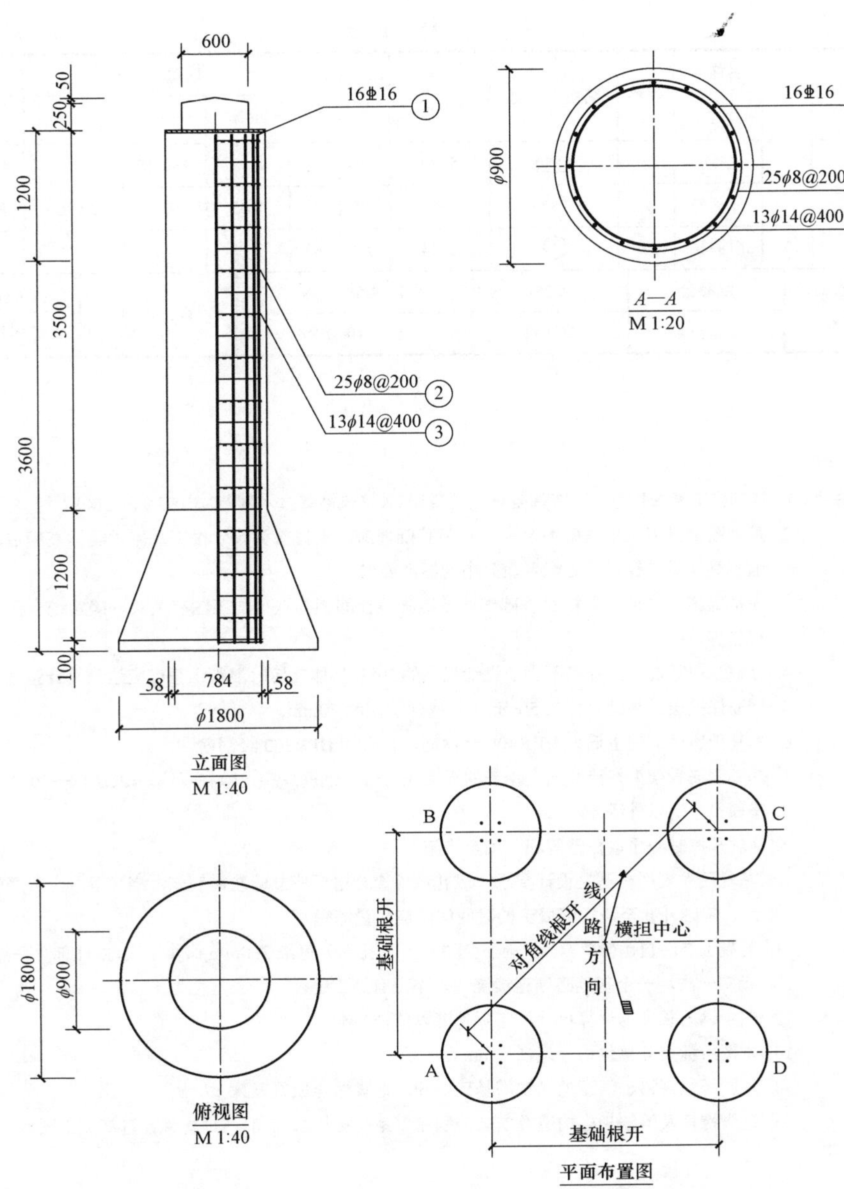

材 料 表

部位	编号	名称A（B、C、D）	规格	简图及尺寸	长度（mm）	数量	单位	质量（kg）单件	质量（kg）小计	质量（kg）合计	备注
主柱	1	主筋	⌀16	4680	4680	16	根	7.39	118.24	185.70	HRB400
	2	外箍筋	ϕ8	792	2663	25	根	1.05	26.25		HPB300
	3	内箍筋	ϕ14	738	2624	13	根	3.17	41.21		HPB300
混凝土（m^3）	混凝土	C25	1×4.26=4.26					合计 4.36			钢材合计（kg）185.70
	地栓护帽	C15	1×0.10=0.10								

说明：1. 基础施工要求详见《铁塔基础施工总说明》《建筑桩基技术规范》（JGJ 94—2008）相关要求施工。

2. 基础图中只表示出基础的全高，实际基础埋深，主柱露头尺寸根据基础顶面标高确定，基础顶面标高详见《铁塔基础配置表》中的标高要求。

3. 在基础施工之前，要核对基础根开及地脚螺栓间距与铁塔加工图有关尺寸确实统一无误后，方可施工。

4. 分解组塔时混凝土强度不小于设计强度的70%，整体立塔时混凝土强度应达到设计强度的100%。

5. 钢筋保护层：基础立柱为50mm、扩底保护层为70mm。

6. 本基础所用主柱主筋为HRB400级钢筋，其余为HPB300级钢筋。

7. 基础钢筋骨架为焊接骨架，钢筋的焊接应符合《钢筋焊接及验收规程》（JGJ 18—2012）。

8. 箍筋尺寸均以外缘计。

9. 基坑开挖时应采取护壁等相关安全措施。

10. 基坑尺寸应严格满足设计要求，成孔经检查合格后应立即装钢筋笼，浇注混凝土，严防孔内积水，基础开孔至浇注混凝土的时间间隙应尽量缩短。

11. 混凝土浇注自由倾落高度不应超过3.0m，扩孔部分每浇200mm捣实一次，主柱部分每浇300mm捣实一次，一个基础必须连续浇注，不得有施工缝。

12. 图中钢筋长度为计算尺寸，实际长度以放样为准。

13. 本图所标尺寸单位均为毫米（mm）。

14. 地脚螺栓规格、间距见《铁塔基础根开及地脚螺栓配置表》。

15. 地脚螺栓及箍筋规格构造及安装分别见《地脚螺栓加工图》《地脚螺栓箍筋加工图》。

图15-54 ϕ0.9×4.8/ϕ1.8×1.3（1.2）基础施工图（TW2-T350J-1.2）

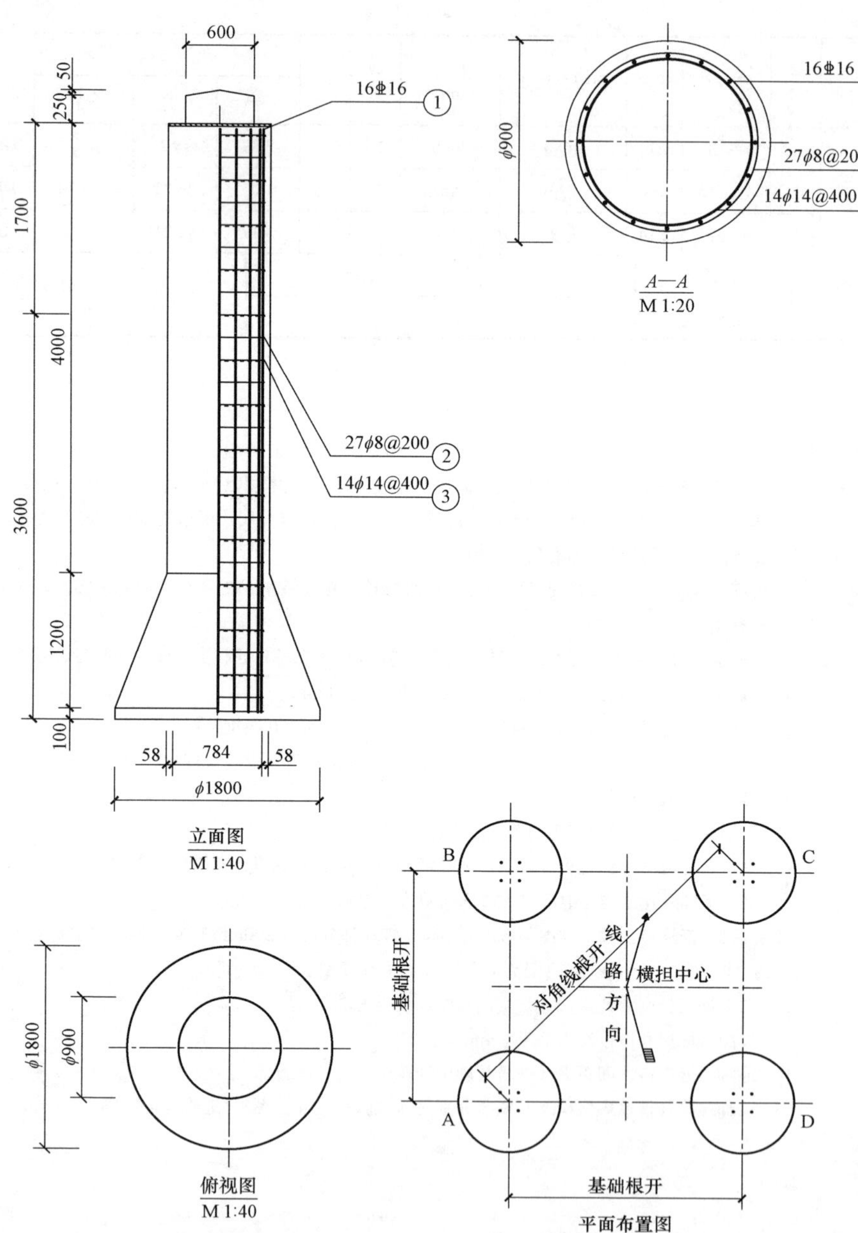

材 料 表

部位	编号	名称A（B、C、D）	规格	简图及尺寸	长度（mm）	数量	单位	质量（kg）			备注
								单件	小计	合计	
主柱	1	主筋	ϕ16	5180	5180	16	根	8.18	130.88	203.61	HRB400
	2	外箍筋	ϕ8	792	2663	27	根	1.05	28.35		HPB300
	3	内箍筋	ϕ14	738	2624	14	根	3.17	44.38		HPB300
混凝土（m^3）	混凝土		C25		1×4.58=4.58			合计 4.68			钢材合计（kg）203.61
	地栓护帽		C15		1×0.10=0.10						

说明：1. 基础施工要求详见《铁塔基础施工总说明》《建筑桩基技术规范》（JGJ 94—2008）相关要求施工。

2. 基础图中只表示出基础的全高，实际基础埋深，主柱露头尺寸根据基础顶面标高确定，基础顶面标高详见《铁塔基础配置表》中的标高要求。

3. 在基础施工之前，要核对基础根开及地脚螺栓间距与铁塔加工图有关尺寸确实统一无误后，方可施工。

4. 分解组塔时混凝土强度不小于设计强度的70%，整体立塔时混凝土强度应达到设计强度的100%。

5. 钢筋保护层：基础立柱为50mm、扩底保护层为70mm。

6. 本基础所用主柱主筋为HRB400级钢筋，其余为HPB300级钢筋。

7. 基础钢筋骨架为焊接骨架，钢筋的焊接应符合《钢筋焊接及验收规程》（JGJ 18—2012）。

8. 箍筋尺寸均以外缘计。

9. 基坑开挖时应采取护壁等相关安全措施。

10. 基坑尺寸应严格满足设计要求，成孔经检查合格后应立即装钢筋笼，浇注混凝土，严防孔内积水，基础开孔至浇注混凝土的时间间隙应尽量缩短。

11. 混凝土浇注自由倾落高度不应超过3.0m，扩孔部分每浇200mm捣实一次，主柱部分每浇300mm捣实一次，一个基础必须连续浇注，不得有施工缝。

12. 图中钢筋长度为计算尺寸，实际长度以放样为准。

13. 本图所标尺寸单位均为毫米（mm）。

14. 地脚螺栓规格、间距见《铁塔基础根开及地脚螺栓配置表》。

15. 地脚螺栓及箍筋规格构造及安装分别见《地脚螺栓加工图》《地脚螺栓箍筋加工图》。

图 15－55　ϕ0.9×5.3/ϕ1.8×1.3（1.7）基础施工图（TW2－T350J－1.7）

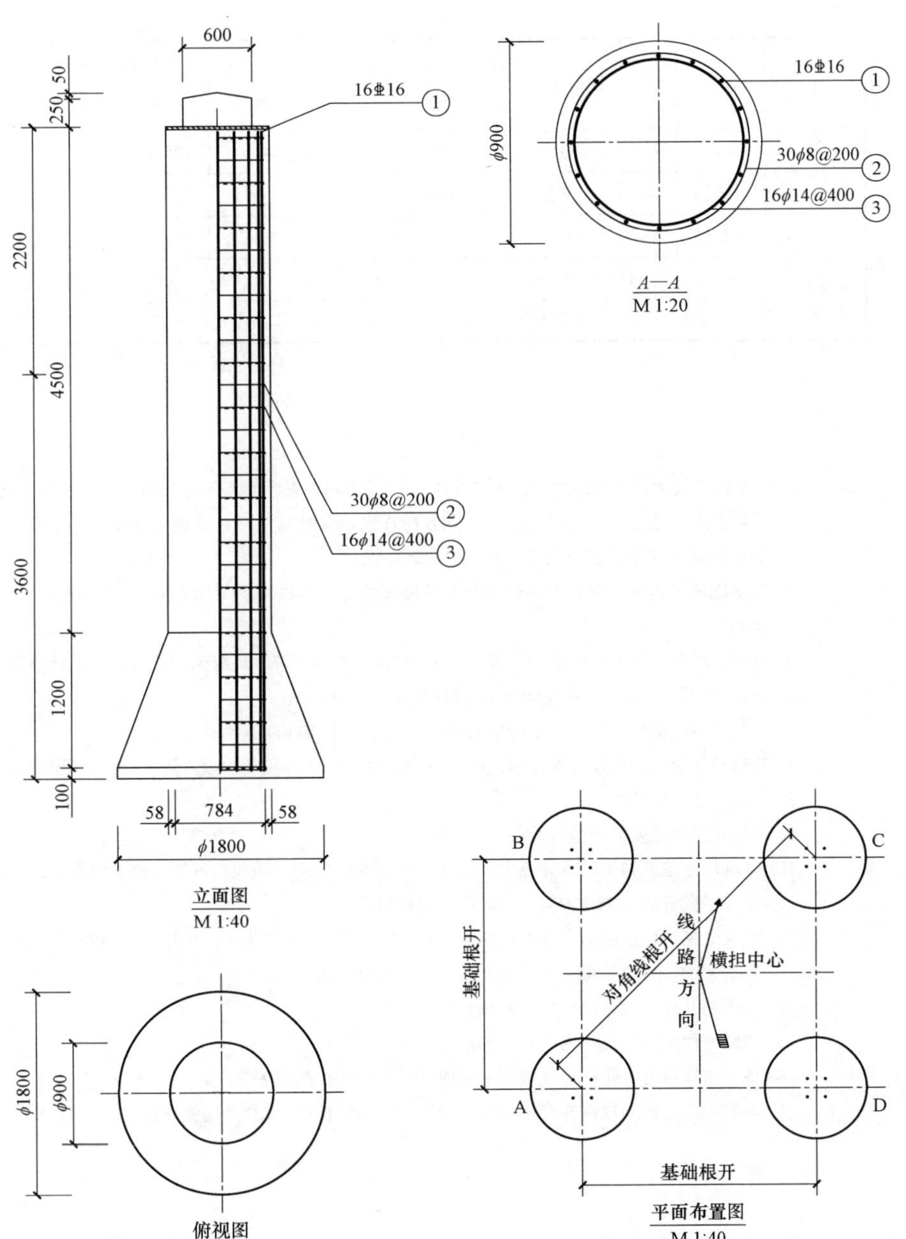

材　料　表

部位	编号	名称A（B、C、D）	规格	简图及尺寸	长度（mm）	数量	单位	质量（kg） 单件	小计	合计	备注
主柱	1	主筋	⌀16	5680	5680	16	根	8.97	143.52	225.74	HRB400
	2	外箍筋	⌀8	792	2663	30	根	1.05	31.50		HPB300
	3	内箍筋	⌀14	738	2624	16	根	3.17	50.72		HPB300
混凝土（m^3）	混凝土		C25		1×4.90=4.90			合计 5.00		钢材合计（kg）225.74	
	地栓护帽		C15		1×0.10=0.10						

说明：1. 基础施工要求详见《铁塔基础施工总说明》《建筑桩基技术规范》（JGJ 94—2008）相关要求施工。

2. 基础图中只表示出基础的全高，实际基础埋深，主柱露头尺寸根据基础顶面标高确定，基础顶面标高详见《铁塔基础配置表》中的标高要求。
3. 在基础施工之前，要核对基础根开及地脚螺栓间距与铁塔加工图有关尺寸确实统一无误后，方可施工。
4. 分解组塔时混凝土强度不小于设计强度的70%，整体立塔时混凝土强度应达到设计强度的100%。
5. 钢筋保护层：基础立柱为50mm、扩底保护层为70mm。
6. 本基础所用主柱主筋为HRB400级钢筋，其余为HPB300级钢筋。
7. 基础钢筋骨架为焊接骨架，钢筋的焊接应符合《钢筋焊接及验收规程》（JGJ 18—2012）。
8. 箍筋尺寸均以外缘计。
9. 基坑开挖时应采取护壁等相关安全措施。
10. 基坑尺寸应严格满足设计要求，成孔经检查合格后应立即装钢筋笼，浇注混凝土，严防孔内积水，基础开孔至浇注混凝土的时间间隙应尽量缩短。
11. 混凝土浇注自由倾落高度不应超过3.0m，扩孔部分每浇200mm捣实一次，主柱部分每浇300mm捣实一次，一个基础必须连续浇注，不得有施工缝。
12. 图中钢筋长度为计算尺寸，实际长度以放样为准。
13. 本图所标尺寸单位均为毫米（mm）。
14. 地脚螺栓规格、间距见《铁塔基础根开及地脚螺栓配置表》。
15. 地脚螺栓及箍筋规格构造及安装分别见《地脚螺栓加工图》《地脚螺栓箍筋加工图》。

图15－56　⌀0.9×5.8/⌀1.8×1.3（2.2）基础施工图（TW2－T350J－2.2）

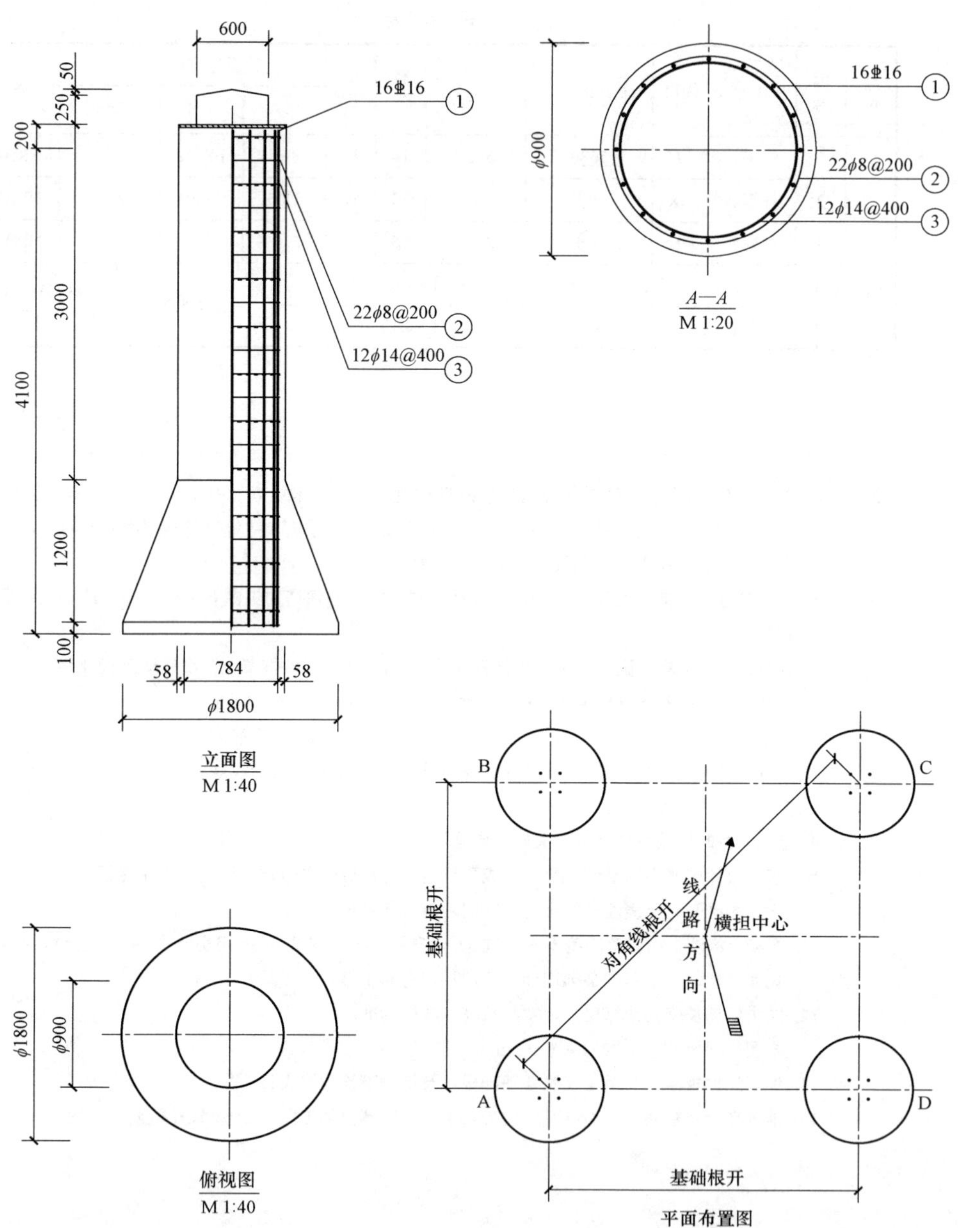

材 料 表

部位	编号	名称A（B、C、D）	规格	简图及尺寸	长度（mm）	数量	单位	质量（kg）单件	质量（kg）小计	质量（kg）合计	备注
主柱	1	主筋	⌀16	4180	4180	16	根	6.60	105.60	166.74	HRB400
	2	外箍筋	ϕ8	792	2663	22	根	1.05	23.10		HPB300
	3	内箍筋	ϕ14	738	2624	12	根	3.17	38.04		HPB300
混凝土（m^3）	混凝土		C25	1×3.94=3.94				合计 4.04		钢材合计（kg）166.74	
	地栓护帽		C15	1×0.10=0.10							

说明：1. 基础施工要求详见《铁塔基础施工总说明》《建筑桩基技术规范》（JGJ 94—2008）相关要求施工。

2. 基础图中只表示出基础的全高，实际基础埋深，主柱露头尺寸根据基础顶面标高确定，基础顶面标高详见《铁塔基础配置表》中的标高要求。
3. 在基础施工之前，要核对基础根开及地脚螺栓间距与铁塔加工图有关尺寸确实统一无误后，方可施工。
4. 分解组塔时混凝土强度不小于设计强度的70%，整体立塔时混凝土强度应达到设计强度的100%。
5. 钢筋保护层：基础立柱为50mm、扩底保护层为70mm。
6. 本基础所用主柱主筋为HRB400级钢筋，其余为HPB300级钢筋。
7. 基础钢筋骨架为焊接骨架，钢筋的焊接应符合《钢筋焊接及验收规程》（JGJ 18—2012）。
8. 箍筋尺寸均以外缘计。
9. 基坑开挖时应采取护壁等相关安全措施。
10. 基坑尺寸应严格满足设计要求，成孔经检查合格后应立即装钢筋笼，浇注混凝土，严防孔内积水，基础开孔至浇注混凝土的时间间隙应尽量缩短。
11. 混凝土浇注自由倾落高度不应超过3.0m，扩孔部分每浇200mm捣实一次，主柱部分每浇300mm捣实一次，一个基础必须连续浇注，不得有施工缝。
12. 图中钢筋长度为计算尺寸，实际长度以放样为准。
13. 本图所标尺寸单位均为毫米（mm）。
14. 地脚螺栓规格、间距见《铁塔基础根开及地脚螺栓配置表》。
15. 地脚螺栓及箍筋规格构造及安装分别见《地脚螺栓加工图》《地脚螺栓箍筋加工图》。

图 15-57 ϕ0.9×4.3/ϕ1.8×1.3（0.2）基础施工图（TW2-T450J-0.2）

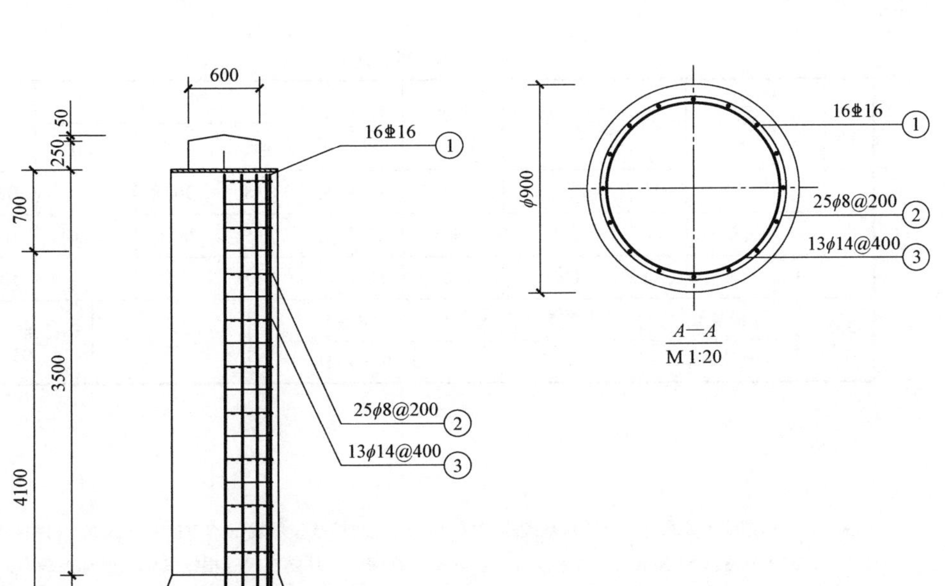

A—A
M 1:20

1200
100
58 784 58
φ1800

立面图
M 1:40

材 料 表

部位	编号	名称A（B、C、D）	规格	简图及尺寸	长度（mm）	数量	单位	质量（kg）单件	质量（kg）小计	质量（kg）合计	备注
主柱	1	主筋	Φ16	4680	4680	16	根	7.39	118.24	185.70	HRB400
	2	外箍筋	φ8	(792)	2663	25	根	1.05	26.25		HPB300
	3	内箍筋	φ14	(738)	2624	13	根	3.17	41.21		HPB300
混凝土（m^3）	混凝土		C25	1×4.26=4.26				合计 4.36		钢材合计（kg）185.70	
	地栓护帽		C15	1×0.10=0.10							

说明：1. 基础施工要求详见《铁塔基础施工总说明》《建筑桩基技术规范》（JGJ 94—2008）相关要求施工。
2. 基础图中只表示出基础的全高，实际基础埋深，主柱露头尺寸根据基础顶面标高确定，基础顶面标高详见《铁塔基础配置表》中的标高要求。
3. 在基础施工之前，要核对基础根开及地脚螺栓间距与铁塔加工图有关尺寸确实统一无误后，方可施工。
4. 分解组塔时混凝土强度不小于设计强度的70%，整体立塔时混凝土强度应达到设计强度的100%。
5. 钢筋保护层：基础立柱为50mm、扩底保护层为70mm。
6. 本基础所用主柱主筋为HRB400级钢筋，其余为HPB300级钢筋。
7. 基础钢筋骨架为焊接骨架，钢筋的焊接应符合《钢筋焊接及验收规程》（JGJ 18—2012）。
8. 箍筋尺寸均以外缘计。
9. 基坑开挖时应采取护壁等相关安全措施。
10. 基坑尺寸应严格满足设计要求，成孔经检查合格后应立即装钢筋笼，浇注混凝土，严防孔内积水，基础开孔至浇注混凝土的时间间隙应尽量缩短。
11. 混凝土浇注自由倾落高度不应超过3.0m，扩孔部分每浇200mm捣实一次，主柱部分每浇300mm捣实一次，一个基础必须连续浇注，不得有施工缝。
12. 图中钢筋长度为计算尺寸，实际长度以放样为准。
13. 本图所标尺寸单位均为毫米（mm）。
14. 地脚螺栓规格、间距见《铁塔基础根开及地脚螺栓配置表》。
15. 地脚螺栓及箍筋规格构造及安装分别见《地脚螺栓加工图》《地脚螺栓箍筋加工图》。

B C A D
基础根开
对角线根开
线路方向
横担中心
基础根开

φ1800
φ900

俯视图
M 1:40

平面布置图
M 1:40

图15-58 φ0.9×4.8/φ1.8×1.3（0.7）基础施工图（TW2-T450J-0.7）

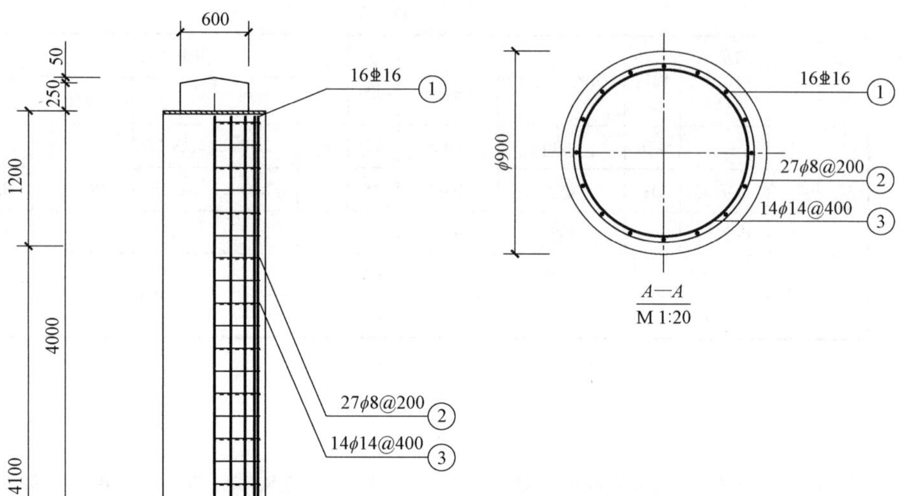

立面图
M 1:40

A—A
M 1:20

材 料 表

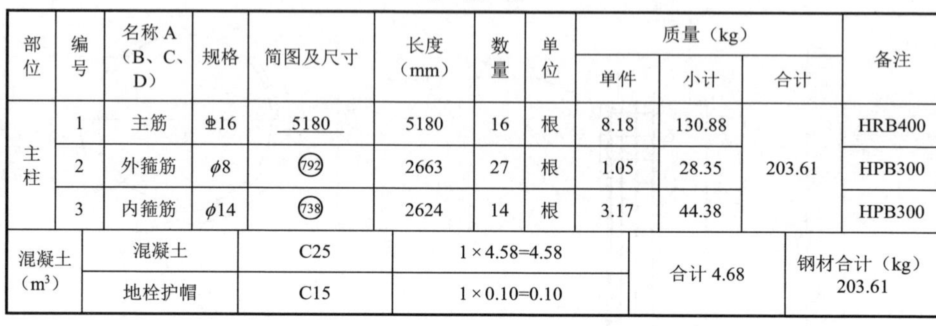

部位	编号	名称A（B、C、D）	规格	简图及尺寸	长度（mm）	数量	单位	质量（kg） 单件	小计	合计	备注
主柱	1	主筋	Φ16	5180	5180	16	根	8.18	130.88	203.61	HRB400
	2	外箍筋	φ8	792	2663	27	根	1.05	28.35		HPB300
	3	内箍筋	φ14	738	2624	14	根	3.17	44.38		HPB300
混凝土（m³）	混凝土		C25	1×4.58=4.58				合计 4.68		钢材合计（kg）203.61	
	地栓护帽		C15	1×0.10=0.10							

说明：1. 基础施工要求详见《铁塔基础施工总说明》《建筑桩基技术规范》（JGJ 94—2008）相关要求施工。

2. 基础图中只表示出基础的全高，实际基础埋深，主柱露头尺寸根据基础顶面标高确定，基础顶面标高详见《铁塔基础配置表》中的标高要求。

3. 在基础施工之前，要核对基础根开及地脚螺栓间距与铁塔加工图有关尺寸确实统一无误后，方可施工。

4. 分解组塔时混凝土强度不小于设计强度的70%，整体立塔时混凝土强度应达到设计强度的100%。

5. 钢筋保护层：基础立柱为50mm、扩底保护层为70mm。

6. 本基础所用主柱主筋为HRB400级钢筋，其余为HPB300级钢筋。

7. 基础钢筋骨架为焊接骨架，钢筋的焊接应符合《钢筋焊接及验收规程》（JGJ 18—2012）。

8. 箍筋尺寸均以外缘计。

9. 基坑开挖时应采取护壁等相关安全措施。

10. 基坑尺寸应严格满足设计要求，成孔经检查合格后应立即装钢筋笼，浇注混凝土，严防孔内积水，基础开孔至浇注混凝土的时间间隙应尽量缩短。

11. 混凝土浇注自由倾落高度不应超过3.0m，扩孔部分每浇200mm捣实一次，主柱部分每浇300mm捣实一次，一个基础必须连续浇注，不得有施工缝。

12. 图中钢筋长度为计算尺寸，实际长度以放样为准。

13. 本图所标尺寸单位均为毫米（mm）。

14. 地脚螺栓规格、间距见《铁塔基础根开及地脚螺栓配置表》。

15. 地脚螺栓及箍筋规格构造及安装分别见《地脚螺栓加工图》《地脚螺栓箍筋加工图》。

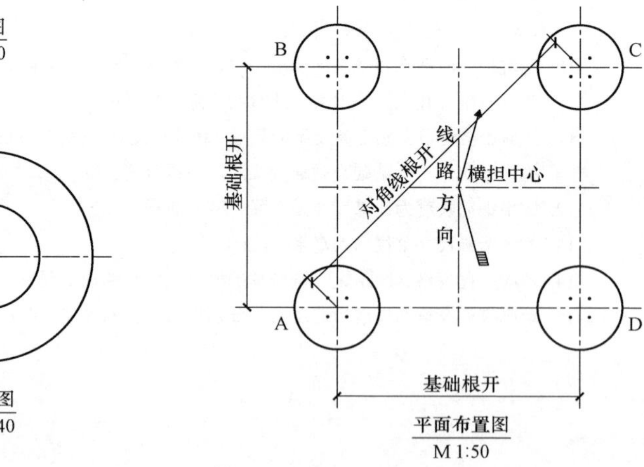

俯视图
M 1:40

平面布置图
M 1:50

图 15-59 φ0.9×5.3/φ1.8×1.3（1.2）基础施工图（TW2-T450J-1.2）

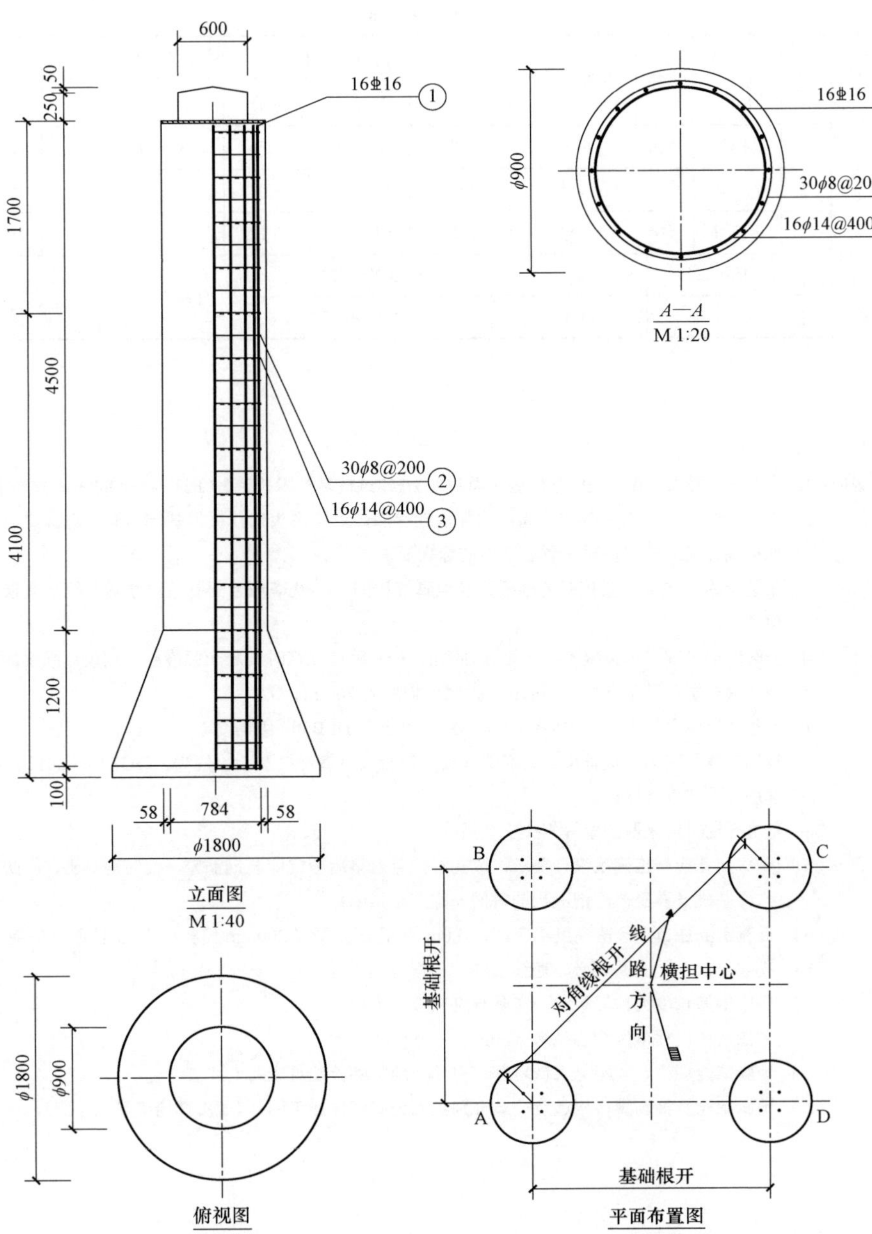

材 料 表

部位	编号	名称 A（B、C、D）	规格	简图及尺寸	长度（mm）	数量	单位	质量（kg） 单件	小计	合计	备注
主柱	1	主筋	⌀16	5680	5680	16	根	8.97	143.52	225.74	HRB400
	2	外箍筋	ϕ8	(792)	2663	30	根	1.05	31.50		HPB300
	3	内箍筋	ϕ14	(738)	2624	16	根	3.17	50.72		HPB300
混凝土（m^3）	混凝土		C25	1×4.90=4.90					合计 5.00	钢材合计（kg） 225.74	
	地栓护帽		C15	1×0.10=0.10							

说明：1. 基础施工要求详见《铁塔基础施工总说明》《建筑桩基技术规范》（JGJ 94—2008）相关要求施工。

2. 基础图中只表示出基础的全高，实际基础埋深，主柱露头尺寸根据基础顶面标高确定，基础顶面标高详见《铁塔基础配置表》中的标高要求。

3. 在基础施工之前，要核对基础根开及地脚螺栓间距与铁塔加工图有关尺寸确实统一无误后，方可施工。

4. 分解组塔时混凝土强度不小于设计强度的70%，整体立塔时混凝土强度应达到设计强度的100%。

5. 钢筋保护层：基础立柱为50mm、扩底保护层为70mm。

6. 本基础所用主柱主筋为HRB400级钢筋，其余为HPB300级钢筋。

7. 基础钢筋骨架为焊接骨架，钢筋的焊接应符合《钢筋焊接及验收规程》（JGJ 18—2012）。

8. 箍筋尺寸均以外缘计。

9. 基坑开挖时应采取护壁等相关安全措施。

10. 基坑尺寸应严格满足设计要求，成孔经检查合格后应立即装钢筋笼，浇注混凝土，严防孔内积水，基础开孔至浇注混凝土的时间间隙应尽量缩短。

11. 混凝土浇注自由倾落高度不应超过3.0m，扩孔部分每浇200mm捣实一次，主柱部分每浇300mm捣实一次，一个基础必须连续浇注，不得有施工缝。

12. 图中钢筋长度为计算尺寸，实际长度以放样为准。

13. 本图所标尺寸单位均为毫米（mm）。

14. 地脚螺栓规格、间距见《铁塔基础根开及地脚螺栓配置表》。

15. 地脚螺栓及箍筋规格构造及安装分别见《地脚螺栓加工图》《地脚螺栓箍筋加工图》。

图 15-60　ϕ0.9×5.8/ϕ1.8×1.3（1.7）基础施工图（TW2-T450J-1.7）

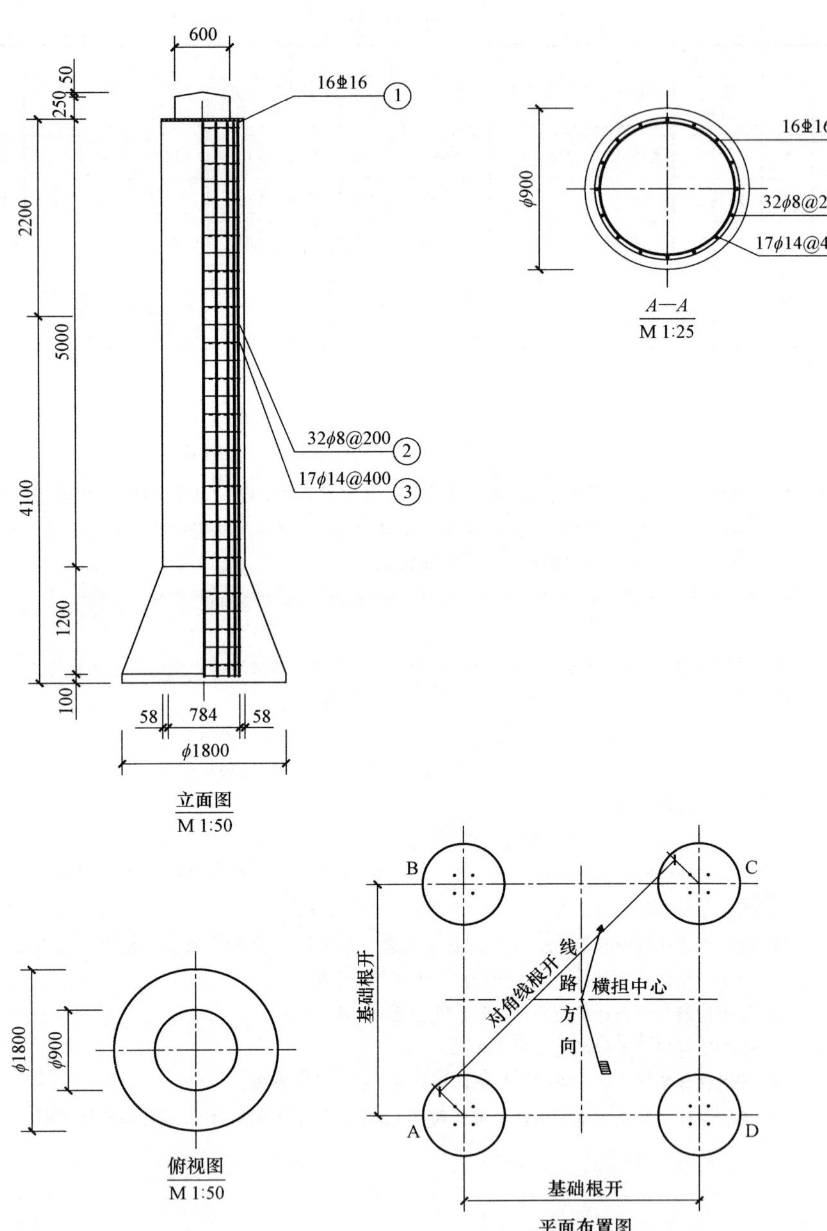

材 料 表

<table>
<tr><th rowspan="2">部位</th><th rowspan="2">编号</th><th rowspan="2">名称A（B、C、D）</th><th rowspan="2">规格</th><th rowspan="2">简图及尺寸</th><th rowspan="2">长度（mm）</th><th rowspan="2">数量</th><th rowspan="2">单位</th><th colspan="3">质量（kg）</th><th rowspan="2">备注</th></tr>
<tr><th>单件</th><th>小计</th><th>合计</th></tr>
<tr><td rowspan="3">主柱</td><td>1</td><td>主筋</td><td>Φ16</td><td>6180</td><td>6180</td><td>16</td><td>根</td><td>9.76</td><td>156.16</td><td rowspan="3">243.65</td><td>HRB400</td></tr>
<tr><td>2</td><td>外箍筋</td><td>ϕ8</td><td>(792)</td><td>2663</td><td>32</td><td>根</td><td>1.05</td><td>33.60</td><td>HPB300</td></tr>
<tr><td>3</td><td>内箍筋</td><td>ϕ14</td><td>(738)</td><td>2624</td><td>17</td><td>根</td><td>3.17</td><td>53.89</td><td>HPB300</td></tr>
<tr><td rowspan="2">混凝土（m³）</td><td colspan="2">混凝土</td><td colspan="2">C25</td><td colspan="3">1×5.22=5.22</td><td colspan="2" rowspan="2">合计 5.32</td><td colspan="2" rowspan="2">钢材合计（kg）243.65</td></tr>
<tr><td colspan="2">地栓护帽</td><td colspan="2">C15</td><td colspan="3">1×0.10=0.10</td></tr>
</table>

说明：1. 基础施工要求详见《铁塔基础施工总说明》《建筑桩基技术规范》（JGJ 94—2008）相关要求施工。
2. 基础图中只表示出基础的全高，实际基础埋深，主柱露头尺寸根据基础顶面标高确定，基础顶面标高详见《铁塔基础配置表》中的标高要求。
3. 在基础施工之前，要核对基础根开及地脚螺栓间距与铁塔加工图有关尺寸确实统一无误后，方可施工。
4. 分解组塔时混凝土强度不小于设计强度的70%，整体立塔时混凝土强度应达到设计强度的100%。
5. 钢筋保护层：基础立柱为50mm、扩底保护层为70mm。
6. 本基础所用主柱主筋为HRB400级钢筋，其余为HPB300级钢筋。
7. 基础钢筋骨架为焊接骨架，钢筋的焊接应符合《钢筋焊接及验收规程》（JGJ 18—2012）。
8. 箍筋尺寸均以外缘计。
9. 基坑开挖时应采取护壁等相关安全措施。
10. 基坑尺寸应严格满足设计要求，成孔经检查合格后应立即装钢筋笼，浇注混凝土，严防孔内积水，基础开孔至浇注混凝土的时间间隙应尽量缩短。
11. 混凝土浇注自由倾落高度不应超过3.0m，扩孔部分每浇200mm捣实一次，主柱部分每浇300mm捣实一次，一个基础必须连续浇注，不得有施工缝。
12. 图中钢筋长度为计算尺寸，实际长度以放样为准。
13. 本图所标尺寸单位均为毫米（mm）。
14. 地脚螺栓规格、间距见《铁塔基础根开及地脚螺栓配置表》。
15. 地脚螺栓及箍筋规格构造及安装分别见《地脚螺栓加工图》《地脚螺栓箍筋加工图》。

图 15-61 ϕ0.9×6.3/ϕ1.8×1.3（2.2）基础施工图（TW2-T450J-2.2）

碎石（卵石）土类钢筋混凝土板柱基础目录见表 15－11。

表 15－11　　碎石（卵石）土类钢筋混凝土板柱基础目录

编号	图号	图名
图 15－62	BZ－T150Z－0.2	1.6×1.6×2.2（0.2）基础施工图
图 15－63	BZ－T150Z－0.7	1.6×1.6×2.7（0.7）基础施工图
图 15－64	BZ－T150Z－1.2	1.7×1.7×3.2（1.2）基础施工图
图 15－65	BZ－T100Z－1.7	1.6×1.6×3.7（1.7）基础施工图
图 15－66	BZ－T150Z－1.7	1.8×1.8×3.7（1.7）基础施工图
图 15－67	BZ－T200Z－0.2	1.7×1.7×2.4（0.2）基础施工图
图 15－68	BZ－T200Z－0.7	1.7×1.7×2.9（0.7）基础施工图
图 15－69	BZ－T200Z－1.2	1.7×1.7×3.4（1.2）基础施工图
图 15－70	BZ－T200Z－1.7	1.9×1.9×3.9（1.7）基础施工图
图 15－71	BZ－T250Z－0.2	1.8×1.8×2.5（0.2）基础施工图
图 15－72	BZ－T250Z－0.7	1.8×1.8×3.0（0.7）基础施工图
图 15－73	BZ－T250Z－1.2	1.8×1.8×3.5（1.2）基础施工图
图 15－74	BZ－T250Z－1.7	1.8×1.8×4.0（1.7）基础施工图
图 15－75	BZ－T250Z－2.2	1.8×1.8×4.5（2.2）基础施工图
图 15－76	BZ－T250J－0.2	2.1×2.1×3.0（0.2）基础施工图
图 15－77	BZ－T250J－0.7	2.1×2.1×3.5（0.7）基础施工图
图 15－78	BZ－T250J－1.2	2.3×2.3×3.8（1.2）基础施工图

续表

编号	图号	图名
图 15－79	BZ－T250J－1.7	2.4×2.4×4.0（1.7）基础施工图
图 15－80	BZ－T300J－0.2	2.1×2.1×3.1（0.2）基础施工图
图 15－81	BZ－T300J－0.7	2.3×2.3×3.6（0.7）基础施工图
图 15－82	BZ－T300J－1.2	2.4×2.4×4.0（1.2）基础施工图
图 15－83	BZ－T350J－0.2	2.3×2.3×3.2（0.2）基础施工图
图 15－84	BZ－T350J－0.7	2.3×2.3×3.7（0.7）基础施工图
图 15－85	BZ－T350J－1.2	2.5×2.5×4.0（1.2）基础施工图
图 15－86	BZ－T400J－0.2	2.3×2.3×3.5（0.2）基础施工图
图 15－87	BZ－T400J－0.7	2.4×2.4×3.9（0.7）基础施工图
图 15－88	BZ－T400J－1.2	2.5×2.5×4.2（1.2）基础施工图
图 15－89	BZ－T400J－1.7	2.8×2.8×4.7（1.7）基础施工图
图 15－90	BZ－T450J－0.2	2.3×2.3×3.6（0.2）基础施工图
图 15－91	BZ－T450J－0.7	2.4×2.4×4.1（0.7）基础施工图
图 15－92	BZ－T450J－1.2	2.6×2.6×4.6（1.2）基础施工图
图 15－93	BZ－T450J－1.7	2.7×2.7×4.8（1.7）基础施工图

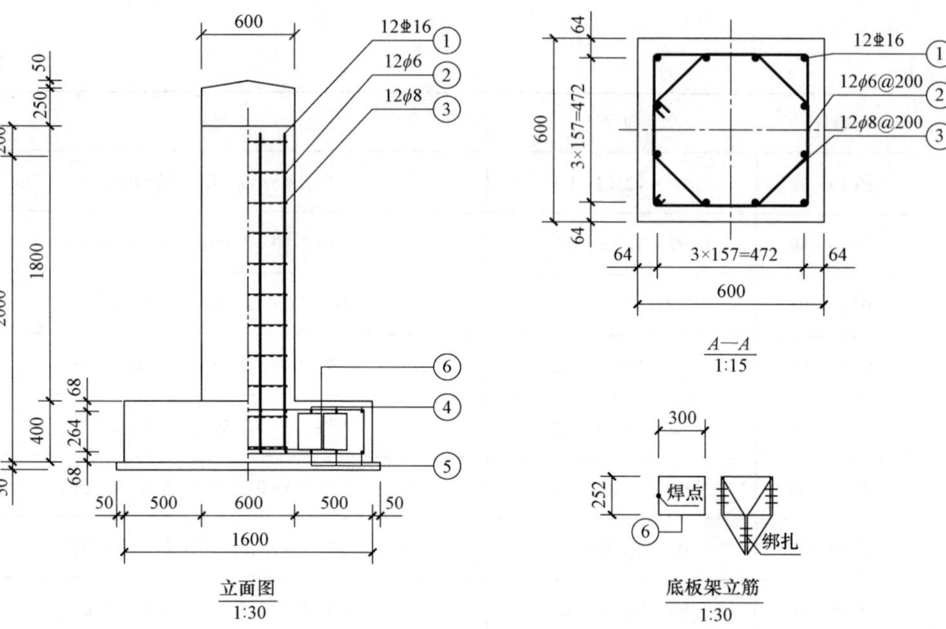

立面图
1:30

A—A
1:15

底板架立筋
1:30

材 料 表

部位	编号	名称A（B、C、D）	规格	简图及尺寸	长度（mm）	数量	单位	质量（kg）单件	小计	合计	备注
主柱	1	主筋	⏀16	2068 320	2388	12	根	3.77	45.24	128.44	HRB400
	2	外箍筋	$\phi 8$	494 494	2107	12	根	0.47	5.64		HPB300
	3	内箍筋	$\phi 8$	167 167 232	1770	12	根	0.70	8.40		HPB300
底板	4	上层主筋	⏀12	300 1500	2100	20	根	1.86	37.20		HRB400
	5	下层主筋	⏀12	1500	1500	20	根	1.33	26.60		HRB400
	6	架立筋	⏀14	252 300	1104	4	根	1.34	5.36		HRB400
混凝土（m^3）	混凝土	C25	1×1.67=1.67					合计 1.91		钢材合计（kg）128.44	
	垫层	C15	1×0.14=0.14								
	地栓护帽	C15	1×0.10=0.10								

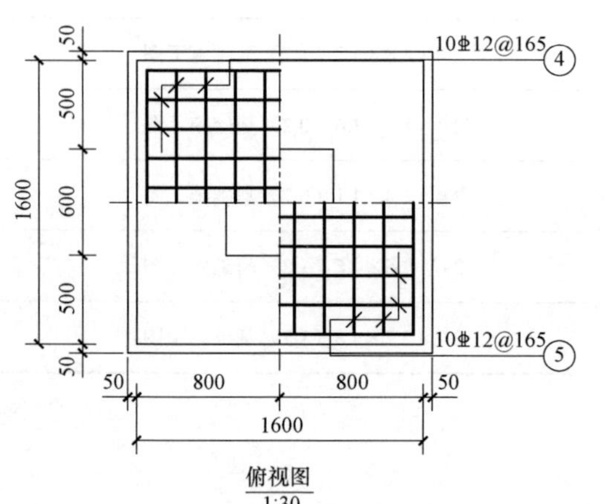

俯视图
1:30

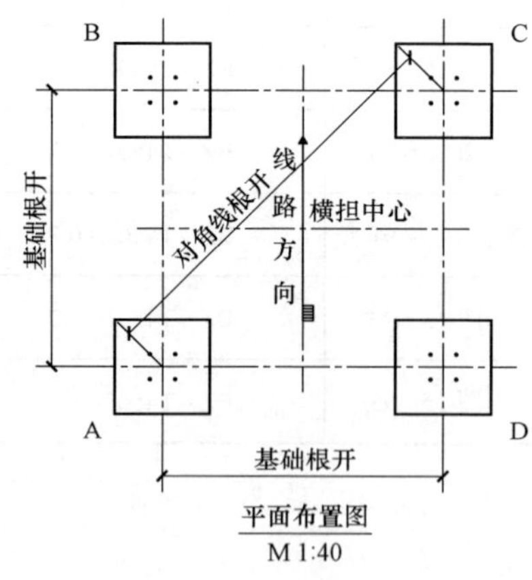

平面布置图
M 1:40

说明：1. 基础施工要求详见《铁塔基础施工总说明》相关要求施工。

2. 基础图中只表示出基础的全高，实际基础埋深，主柱露头尺寸根据基础顶面标高确定，基础顶面标高详见《铁塔基础配置表》中的标高要求。

3. 在基础施工之前，要核对基础根开及地脚螺栓间距与铁塔加工图有关尺寸确实统一无误后，方可施工。

4. 分解组塔时混凝土强度不小于设计强度的 70%，整体立塔时混凝土强度应达到设计强度的 100%。

5. 钢筋保护层均为 50mm。

6. 本基础所用主柱主筋、底板钢筋为 HRB400 级钢筋，其余为 HPB300 级钢筋。

7. 箍筋尺寸均以外缘计。

8. 基坑尺寸应严格满足设计要求，严禁超挖，若出现超挖采用 C15 素混凝土找平。

9. 基坑成型后应注意保护，严防坑内积水，并及时浇注混凝土。

10. 图中钢筋长度为计算尺寸，实际长度以放样为准。

11. 本图所标尺寸单位均为毫米（mm）。

12. 地脚螺栓规格、间距见《铁塔基础根开及地脚螺栓配置表》。

13. 地脚螺栓及箍筋规格构造及安装分别见《地脚螺栓加工图》《地脚螺栓箍筋加工图》。

图 15-62　1.6×1.6×2.2（0.2）基础施工图（BZ-T150Z-0.2）

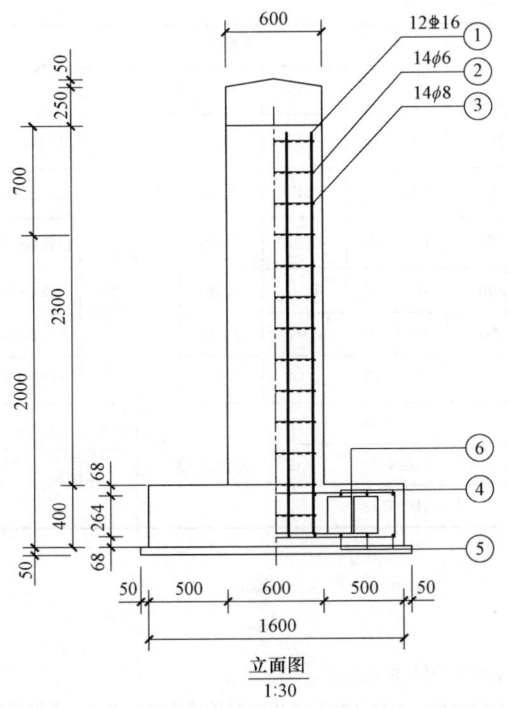

立面图
1:30

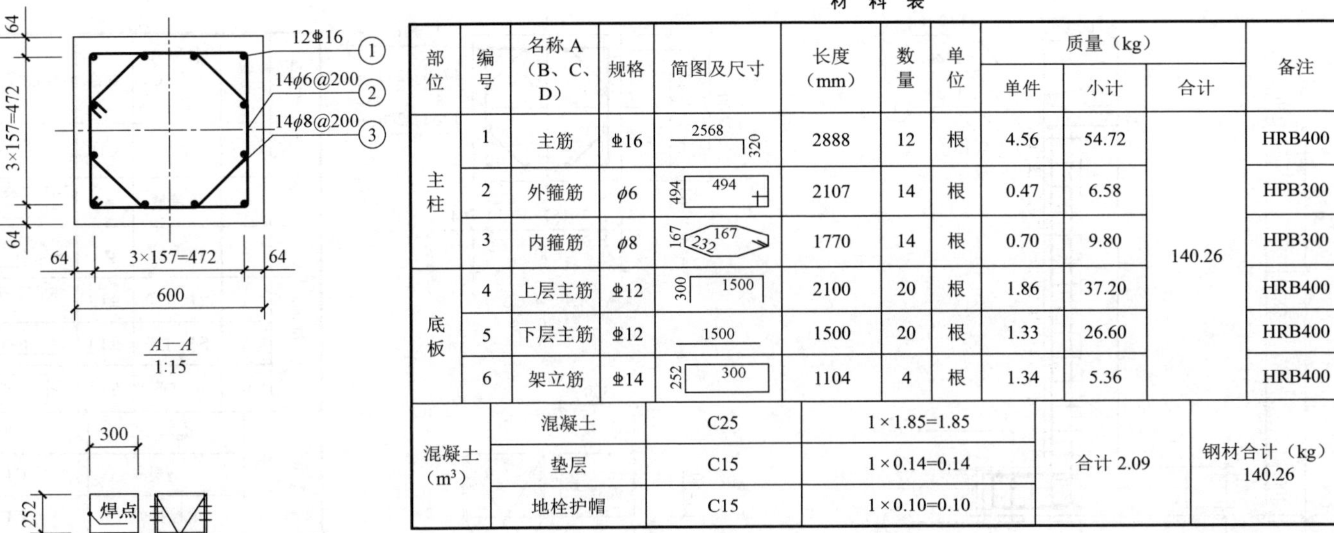

A—A
1:15

材料表

部位	编号	名称A（B、C、D）	规格	简图及尺寸	长度（mm）	数量	单位	质量（kg） 单件	小计	合计	备注
主柱	1	主筋	⏀16	2568 320	2888	12	根	4.56	54.72	140.26	HRB400
	2	外箍筋	ϕ6	494 494	2107	14	根	0.47	6.58		HPB300
	3	内箍筋	ϕ8	167 167 232	1770	14	根	0.70	9.80		HPB300
底板	4	上层主筋	⏀12	300 1500	2100	20	根	1.86	37.20		HRB400
	5	下层主筋	⏀12	1500	1500	20	根	1.33	26.60		HRB400
	6	架立筋	⏀14	252 300	1104	4	根	1.34	5.36		HRB400

混凝土（m³）	名称	等级	方量	合计	钢材合计（kg）
	混凝土	C25	1×1.85=1.85	合计 2.09	钢材合计（kg）140.26
	垫层	C15	1×0.14=0.14		
	地栓护帽	C15	1×0.10=0.10		

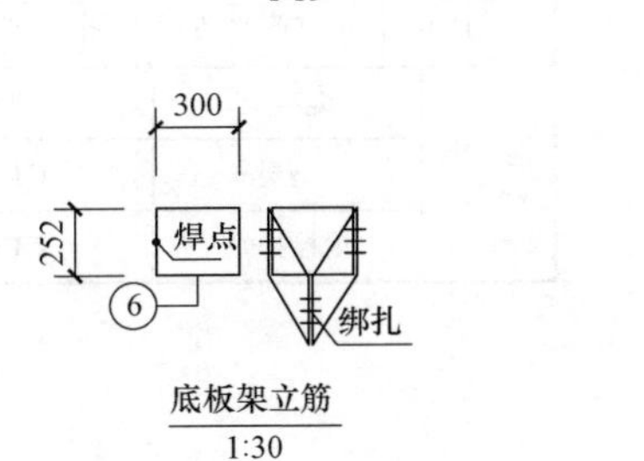

底板架立筋
1:30

10⏀12@165 ④

10⏀12@165 ⑤

50 800 800 50

1600

俯视图
1:30

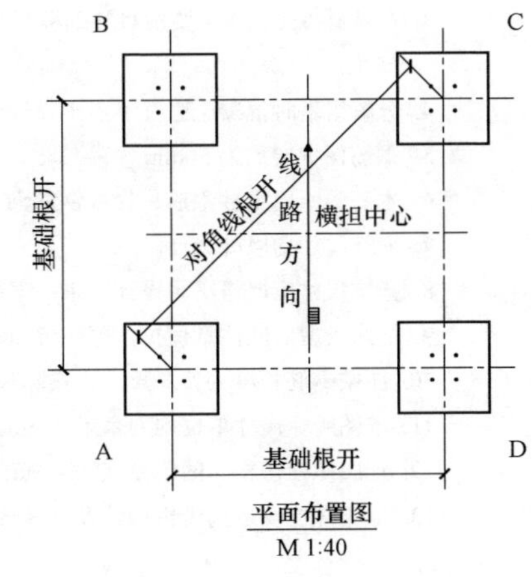

平面布置图
M 1:40

说明：1. 基础施工要求详见《铁塔基础施工总说明》相关要求施工。

2. 基础图中只表示出基础的全高，实际基础埋深，主柱露头尺寸根据基础顶面标高确定，基础顶面标高详见《铁塔基础配置表》中的标高要求。

3. 在基础施工之前，要核对基础根开及地脚螺栓间距与铁塔加工图有关尺寸确实统一无误后，方可施工。

4. 分解组塔时混凝土强度不小于设计强度的70%，整体立塔时混凝土强度应达到设计强度的100%。

5. 钢筋保护层均为50mm。

6. 本基础所用主柱主筋、底板钢筋为HRB400级钢筋，其余为HPB300级钢筋。

7. 箍筋尺寸均以外缘计。

8. 基坑尺寸应严格满足设计要求，严禁超挖，若出现超挖采用C15素混凝土找平。

9. 基坑成型后应注意保护，严防坑内积水，并及时浇注混凝土。

10. 图中钢筋长度为计算尺寸，实际长度以放样为准。

11. 本图所标尺寸单位均为毫米（mm）。

12. 地脚螺栓规格、间距见《铁塔基础根开及地脚螺栓配置表》。

13. 地脚螺栓及箍筋规格构造及安装分别见《地脚螺栓加工图》《地脚螺栓箍筋加工图》。

图15－63　1.6×1.6×2.7（0.7）基础施工图（BZ－T150Z－0.7）

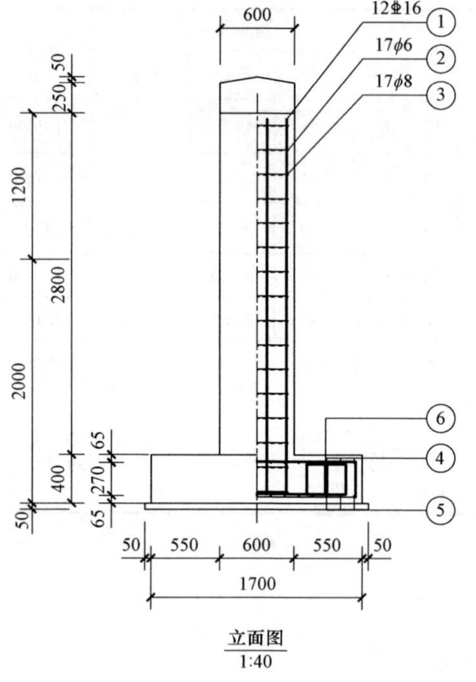

立面图
1:40

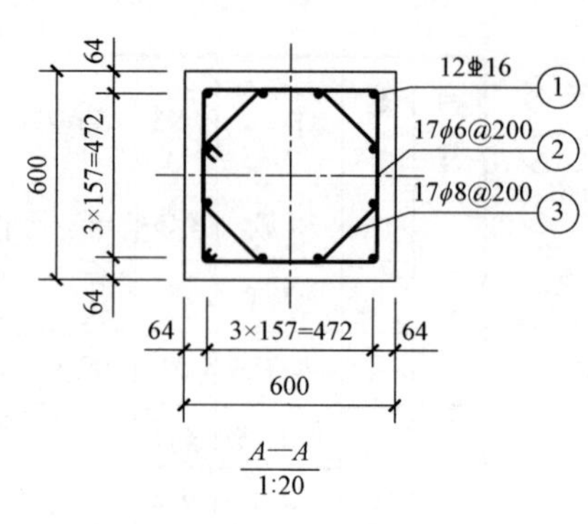

A—A
1:20

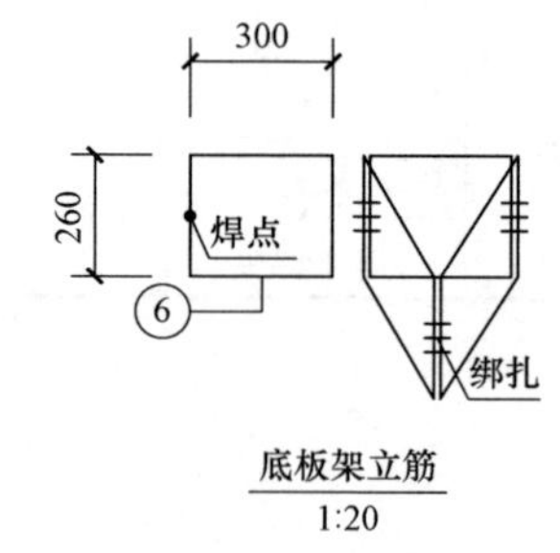

底板架立筋
1:20

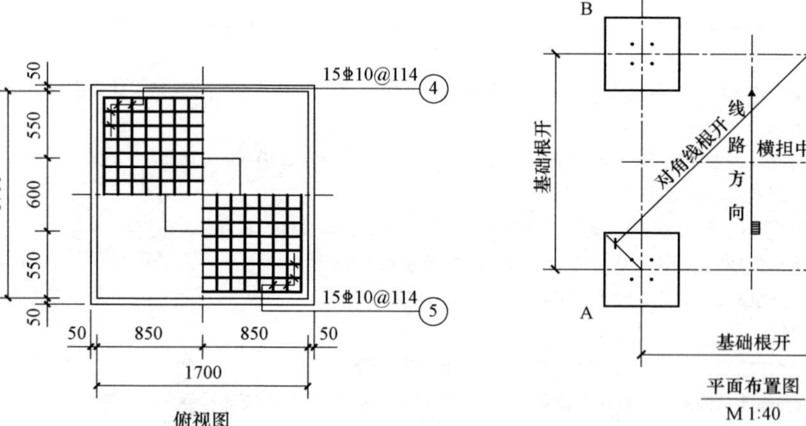

俯视图
1:40

平面布置图
M 1:40

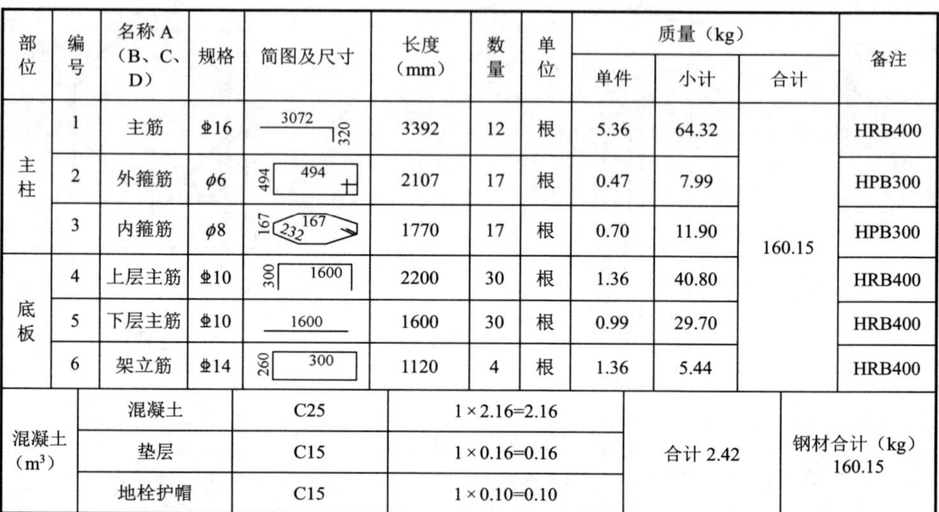

材 料 表

部位	编号	名称A（B、C、D）	规格	简图及尺寸	长度（mm）	数量	单位	质量（kg） 单件	小计	合计	备注
主柱	1	主筋	⌀16	3072 / 320	3392	12	根	5.36	64.32	160.15	HRB400
	2	外箍筋	ϕ6	494 / 494	2107	17	根	0.47	7.99		HPB300
	3	内箍筋	ϕ8	167 / 167 / 232	1770	17	根	0.70	11.90		HPB300
底板	4	上层主筋	⌀10	300 / 1600	2200	30	根	1.36	40.80		HRB400
	5	下层主筋	⌀10	1600	1600	30	根	0.99	29.70		HRB400
	6	架立筋	⌀14	260 / 300	1120	4	根	1.36	5.44		HRB400

混凝土（m³）	名称	规格	数量	合计	钢材合计（kg）
	混凝土	C25	1×2.16=2.16	合计 2.42	160.15
	垫层	C15	1×0.16=0.16		
	地栓护帽	C15	1×0.10=0.10		

说明：1. 基础施工要求详见《铁塔基础施工总说明》相关要求施工。

2. 基础图中只表示出基础的全高，实际基础埋深，主柱露头尺寸根据基础顶面标高确定，基础顶面标高详见《铁塔基础配置表》中的标高要求。

3. 在基础施工之前，要核对基础根开及地脚螺栓间距与铁塔加工图有关尺寸确实统一无误后，方可施工。

4. 分解组塔时混凝土强度不小于设计强度的70%，整体立塔时混凝土强度应达到设计强度的100%。

5. 钢筋保护层均为50mm。

6. 本基础所用主柱主筋、底板钢筋为HRB400级钢筋，其余为HPB300级钢筋。

7. 箍筋尺寸均以外缘计。

8. 基坑尺寸应严格满足设计要求，严禁超挖，若出现超挖采用C15素混凝土找平。

9. 基坑成型后应注意保护，严防坑内积水，并及时浇注混凝土。

10. 图中钢筋长度为计算尺寸，实际长度以放样为准。

11. 本图所标尺寸单位均为毫米（mm）。

12. 地脚螺栓规格、间距见《铁塔基础根开及地脚螺栓配置表》。

13. 地脚螺栓及箍筋规格构造及安装分别见《地脚螺栓加工图》《地脚螺栓箍筋加工图》。

图 15－64　1.7×1.7×3.2（1.2）基础施工图（BZ－T150Z－1.2）

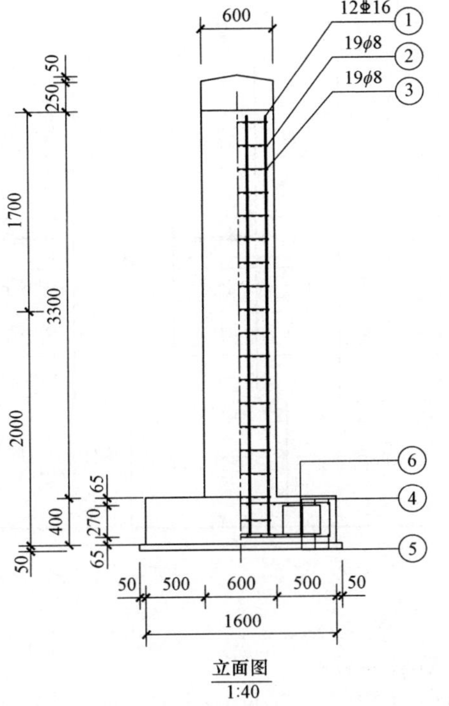

立面图
1:40

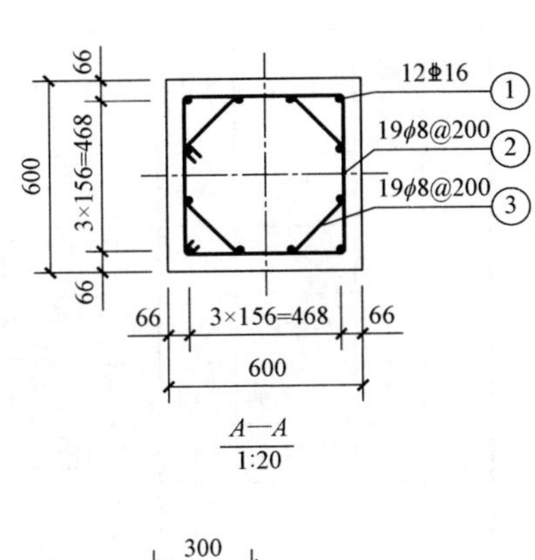

A—A
1:20

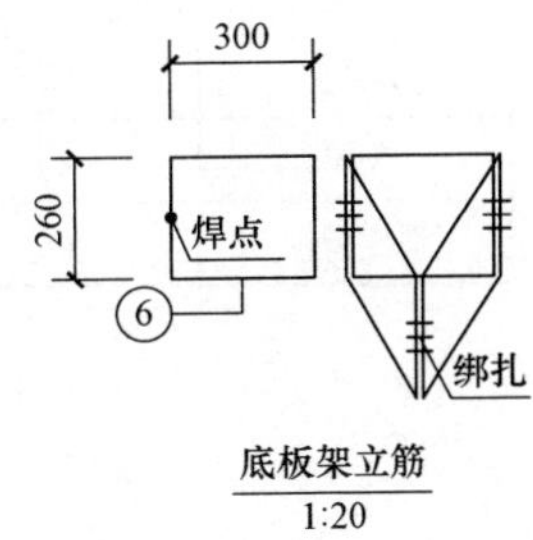

底板架立筋
1:20

材 料 表

部位	编号	名称A（B、C、D）	规格	简图及尺寸	长度（mm）	数量	单位	质量（kg）单件	小计	合计	备注
主柱	1	主筋	⌀16	3572 320	3892	12	根	6.15	73.80	171.05	HRB400
	2	外箍筋	ϕ8	492 492	2142	19	根	0.85	16.15		HPB300
	3	内箍筋	ϕ8	166 166 231	1762	19	根	0.70	13.30		HPB300
底板	4	上层主筋	⌀10	300 1500	2100	28	根	1.30	36.40		HRB400
	5	下层主筋	⌀10	1500	1500	28	根	0.93	26.04		HRB400
	6	架立筋	⌀14	260 300	1120	4	根	1.36	5.36		HRB400
混凝土（m³）	混凝土		C25	1×2.21=2.21				合计 2.45		钢材合计（kg）171.05	
	垫层		C15	1×0.14=0.14							
	地栓护帽		C15	1×0.10=0.10							

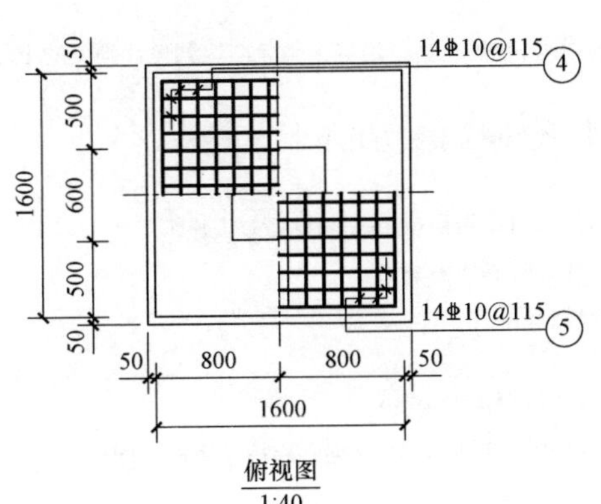

俯视图
1:40

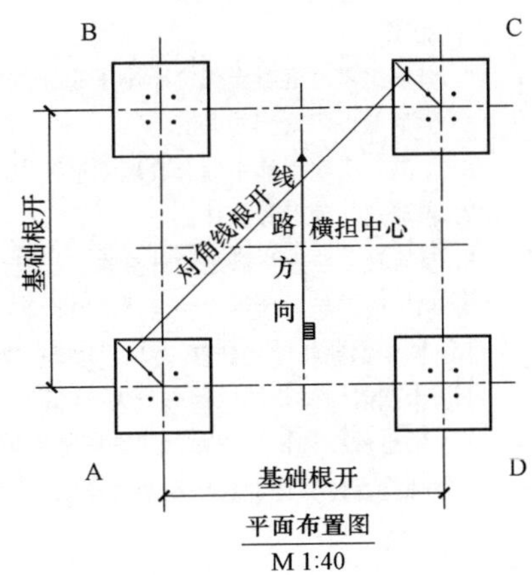

平面布置图
M 1:40

说明：1. 基础施工要求详见《铁塔基础施工总说明》相关要求施工。

2. 基础图中只表示出基础的全高，实际基础埋深，主柱露头尺寸根据基础顶面标高确定，基础顶面标高详见《铁塔基础配置表》中的标高要求。

3. 在基础施工之前，要核对基础根开及地脚螺栓间距与铁塔加工图有关尺寸确实统一无误后，方可施工。

4. 分解组塔时混凝土强度不小于设计强度的70%，整体立塔时混凝土强度应达到设计强度的100%。

5. 钢筋保护层均为50mm。

6. 本基础所用主柱主筋、底板钢筋为HRB400级钢筋，其余为HPB300级钢筋。

7. 箍筋尺寸均以外缘计。

8. 基坑尺寸应严格满足设计要求，严禁超挖，若出现超挖采用C15素混凝土找平。

9. 基坑成型后应注意保护，严防坑内积水，并及时浇注混凝土。

10. 图中钢筋长度为计算尺寸，实际长度以放样为准。

11. 本图所标尺寸单位均为毫米（mm）。

12. 地脚螺栓规格、间距见《铁塔基础根开及地脚螺栓配置表》。

13. 地脚螺栓及箍筋规格构造及安装分别见《地脚螺栓加工图》《地脚螺栓箍筋加工图》。

注：由于10GS10－Z1－12偏心距过不去，所以不适用于该图。

图15－65 1.6×1.6×3.7（1.7）基础施工图（BZ－T100Z－1.7）

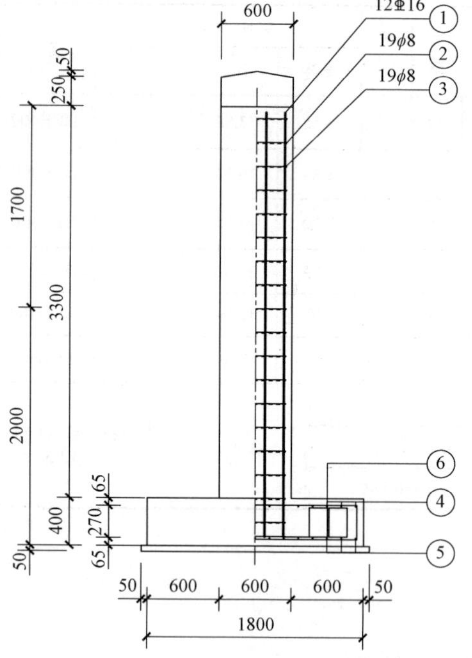

立面图
1:40

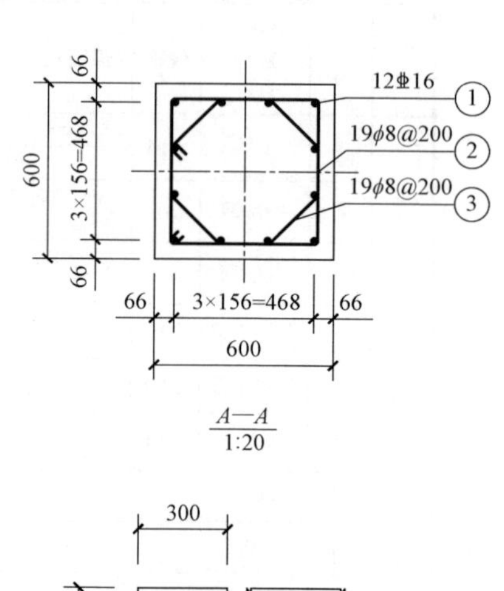

A—A
1:20

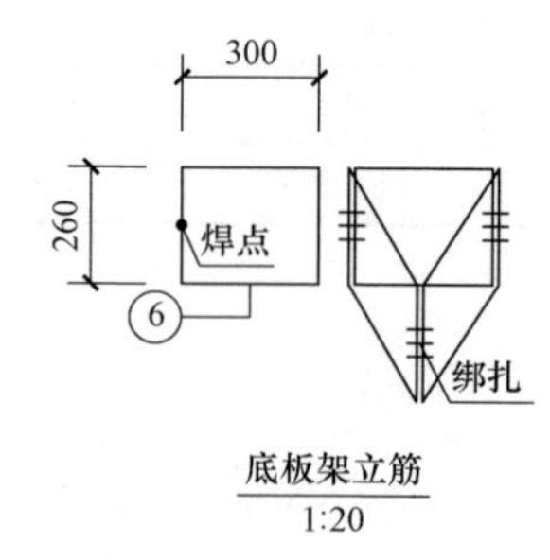

底板架立筋
1:20

材 料 表

部位	编号	名称A（B、C、D）	规格	简图及尺寸	长度（mm）	数量	单位	质量（kg）单件	小计	合计	备注
主柱	1	主筋	⌀16	3572 320	3892	12	根	6.15	73.80	184.15	HRB400
	2	外箍筋	ϕ8	492 492	2142	19	根	0.85	16.15		HPB300
	3	内箍筋	ϕ8	166 166 231	1762	19	根	0.70	13.30		HPB300
底板	4	上层主筋	⌀10	300 1700	2300	30	根	1.42	42.60		HRB400
	5	下层主筋	⌀10	1700	1700	30	根	1.05	31.50		HRB400
	6	架立筋	⌀14	260 300	1120	5	根	1.36	6.8		HRB400

混凝土（m^3）	名称	规格	数量	合计	钢材合计（kg）
	混凝土	C25	1×2.48=2.48	合计 2.77	184.15
	垫层	C15	1×0.18=0.18		
	地栓护帽	C15	1×0.10=0.10		

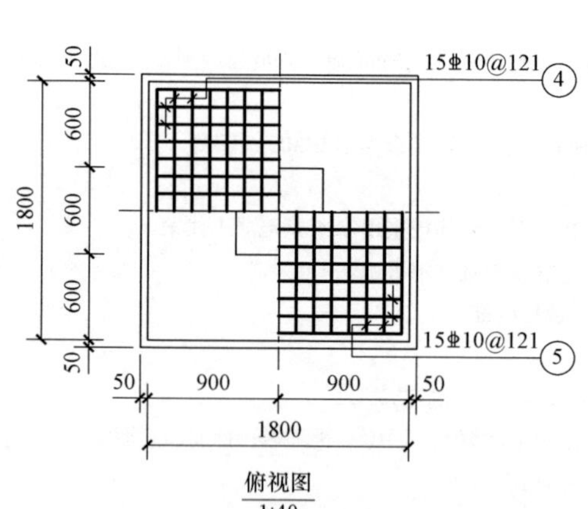

俯视图
1:40

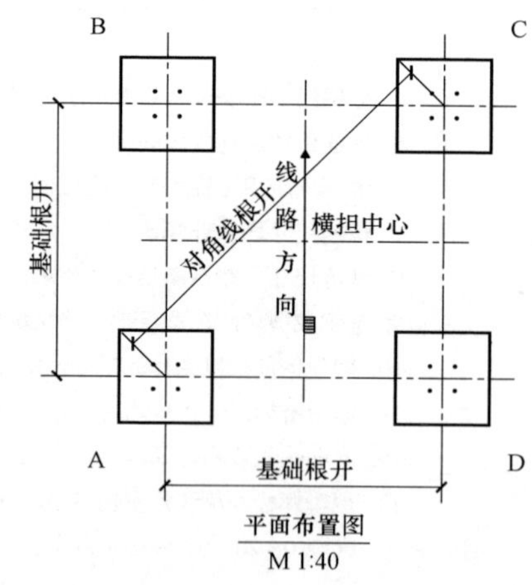

平面布置图
M 1:40

说明：1. 基础施工要求详见《铁塔基础施工总说明》相关要求施工。

2. 基础图中只表示出基础的全高，实际基础埋深，主柱露头尺寸根据基础顶面标高确定，基础顶面标高详见《铁塔基础配置表》中的标高要求。

3. 在基础施工之前，要核对基础根开及地脚螺栓间距与铁塔加工图有关尺寸确实统一无误后，方可施工。

4. 分解组塔时混凝土强度不小于设计强度的70%，整体立塔时混凝土强度应达到设计强度的100%。

5. 钢筋保护层均为50mm。

6. 本基础所用主柱主筋、底板钢筋为HRB400级钢筋，其余为HPB300级钢筋。

7. 箍筋尺寸均以外缘计。

8. 基坑尺寸应严格满足设计要求，严禁超挖，若出现超挖采用C15素混凝土找平。

9. 基坑成型后应注意保护，严防坑内积水，并及时浇注混凝土。

10. 图中钢筋长度为计算尺寸，实际长度以放样为准。

11. 本图所标尺寸单位均为毫米（mm）。

12. 地脚螺栓规格、间距见《铁塔基础根开及地脚螺栓配置表》。

13. 地脚螺栓及箍筋规格构造及安装分别见《地脚螺栓加工图》《地脚螺栓箍筋加工图》。

图 15－66　1.8×1.8×3.7（1.7）基础施工图（BZ－T150Z－1.7）

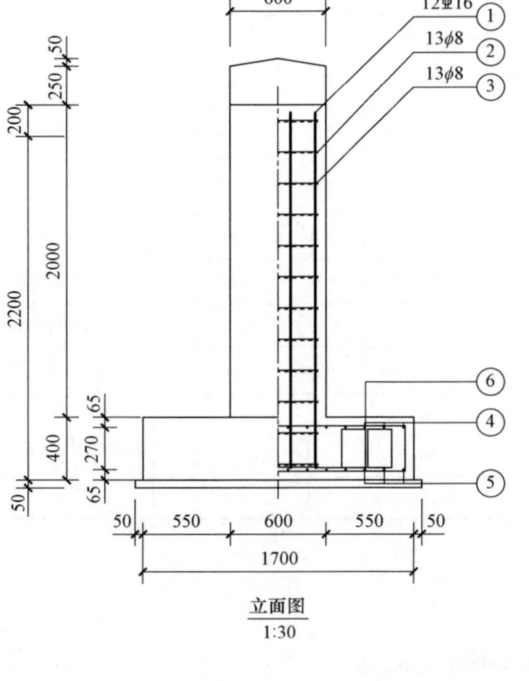

立面图
1:30

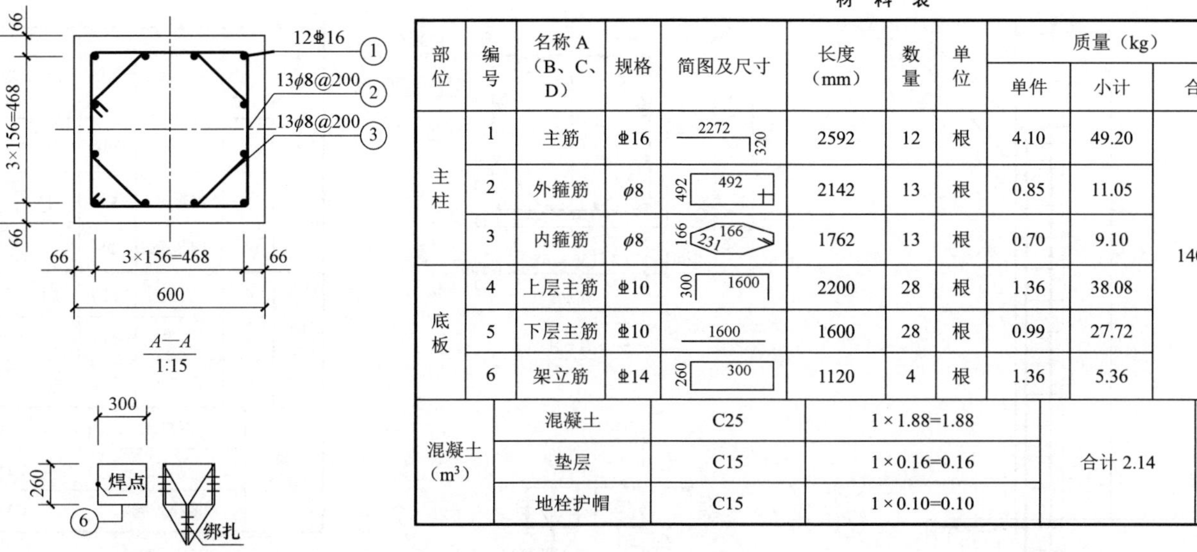

A—A
1:15

材料表

部位	编号	名称A（B、C、D）	规格	简图及尺寸	长度（mm）	数量	单位	质量（kg）单件	小计	合计	备注
主柱	1	主筋	Φ16	2272 320	2592	12	根	4.10	49.20	140.51	HRB400
	2	外箍筋	φ8	492 492	2142	13	根	0.85	11.05		HPB300
	3	内箍筋	φ8	166 166 231	1762	13	根	0.70	9.10		HPB300
底板	4	上层主筋	Φ10	300 1600	2200	28	根	1.36	38.08		HRB400
	5	下层主筋	Φ10	1600	1600	28	根	0.99	27.72		HRB400
	6	架立筋	Φ14	260 300	1120	4	根	1.36	5.36		HRB400

混凝土（m³）	混凝土	C25	1×1.88=1.88	合计 2.14	钢材合计（kg）140.51
	垫层	C15	1×0.16=0.16		
	地栓护帽	C15	1×0.10=0.10		

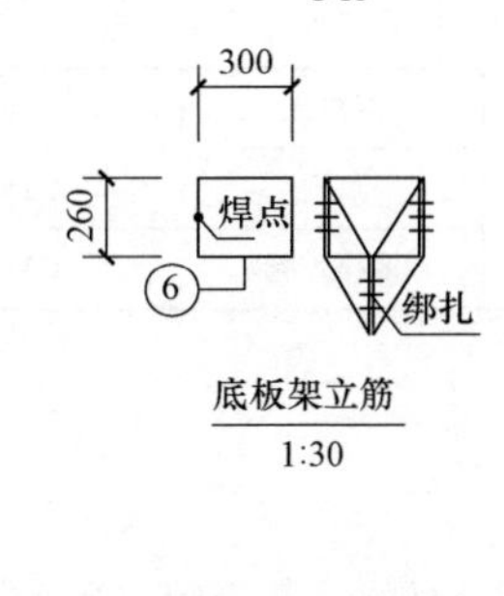

底板架立筋
1:30

说明：1. 基础施工要求详见《铁塔基础施工总说明》相关要求施工。
2. 基础图中只表示出基础的全高，实际基础埋深，主柱露头尺寸根据基础顶面标高确定，基础顶面标高详见《铁塔基础配置表》中的标高要求。
3. 在基础施工之前，要核对基础根开及地脚螺栓间距与铁塔加工图有关尺寸确实统一无误后，方可施工。
4. 分解组塔时混凝土强度不小于设计强度的70%，整体立塔时混凝土强度应达到设计强度的100%。
5. 钢筋保护层均为50mm。
6. 本基础所用主柱主筋、底板钢筋为HRB400级钢筋，其余为HPB300级钢筋。
7. 箍筋尺寸均以外缘计。
8. 基坑尺寸应严格满足设计要求，严禁超挖，若出现超挖采用C15素混凝土找平。
9. 基坑成型后应注意保护，严防坑内积水，并及时浇注混凝土。
10. 图中钢筋长度为计算尺寸，实际长度以放样为准。
11. 本图所标尺寸单位均为毫米（mm）。
12. 地脚螺栓规格、间距见《铁塔基础根开及地脚螺栓配置表》。
13. 地脚螺栓及箍筋规格构造及安装分别见《地脚螺栓加工图》《地脚螺栓箍筋加工图》。

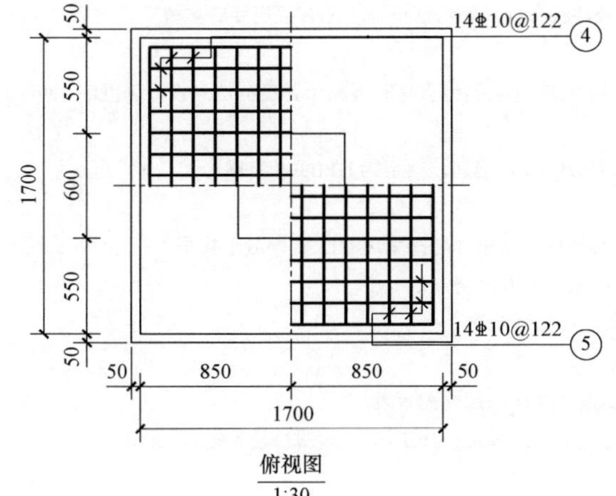

俯视图
1:30

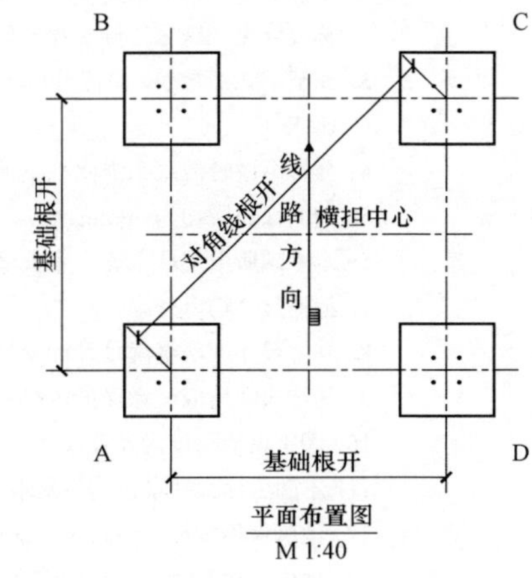

平面布置图
M 1:40

图15－67　1.7×1.7×2.4（0.2）基础施工图（BZ－T200Z－0.2）

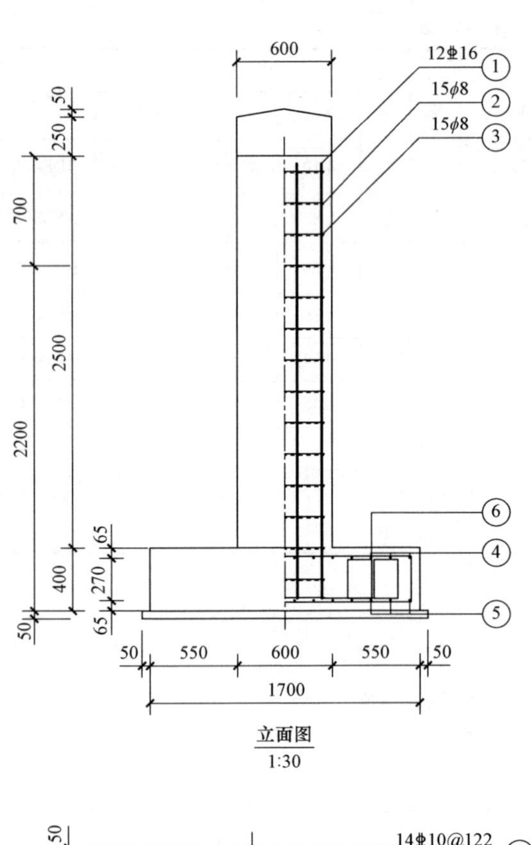

立面图

1:30

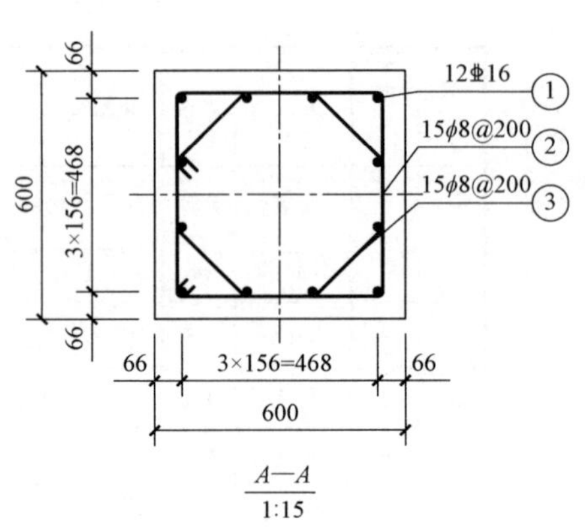

A—A

1:15

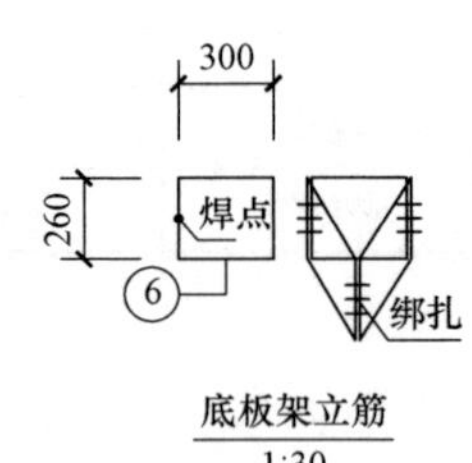

底板架立筋

1:30

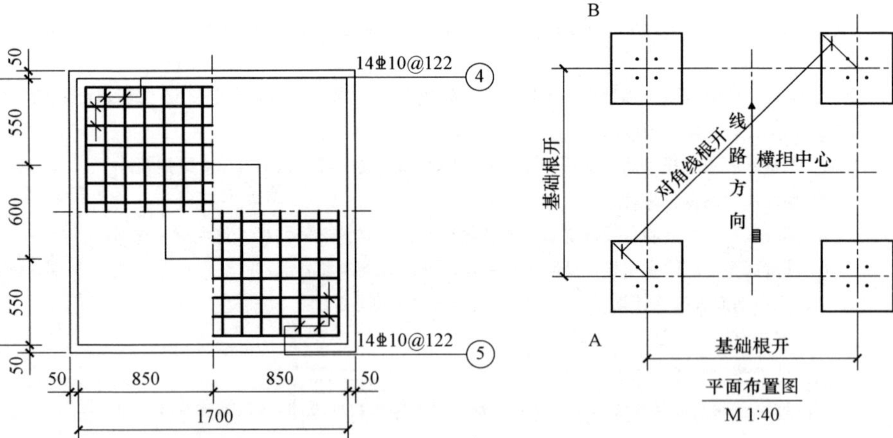

俯视图

1:30

平面布置图

M 1:40

材 料 表

部位	编号	名称A（B、C、D）	规格	简图及尺寸	长度（mm）	数量	单位	质量（kg）单件	小计	合计	备注
主柱	1	主筋	⌀16	2772 320	3092	12	根	4.89	58.68	153.09	HRB400
	2	外箍筋	ϕ8	492 492	2142	15	根	0.85	12.75		HPB300
	3	内箍筋	ϕ8	166 166 231	1762	15	根	0.70	10.50		HPB300
底板	4	上层主筋	⌀10	300 1600	2200	28	根	1.36	38.08		HRB400
	5	下层主筋	⌀10	1600	1600	28	根	0.99	27.72		HRB400
	6	架立筋	⌀14	260 300	1120	4	根	1.36	5.36		HRB400
混凝土（m^3）	混凝土	C25	1×2.06=2.06					合计 2.32		钢材合计（kg）153.09	
	垫层	C15	1×0.16=0.16								
	地栓护帽	C15	1×0.10=0.10								

说明：1. 基础施工要求详见《铁塔基础施工总说明》相关要求施工。

2. 基础图中只表示出基础的全高，实际基础埋深，主柱露头尺寸根据基础顶面标高确定，基础顶面标高详见《铁塔基础配置表》中的标高要求。

3. 在基础施工之前，要核对基础根开及地脚螺栓间距与铁塔加工图有关尺寸确实统一无误后，方可施工。

4. 分解组塔时混凝土强度不小于设计强度的70%，整体立塔时混凝土强度应达到设计强度的100%。

5. 钢筋保护层均为50mm。

6. 本基础所用主柱主筋、底板钢筋为HRB400级钢筋，其余为HPB300级钢筋。

7. 箍筋尺寸均以外缘计。

8. 基坑尺寸应严格满足设计要求，严禁超挖，若出现超挖采用C15素混凝土找平。

9. 基坑成型后应注意保护，严防坑内积水，并及时浇注混凝土。

10. 图中钢筋长度为计算尺寸，实际长度以放样为准。

11. 本图所标尺寸单位均为毫米（mm）。

12. 地脚螺栓规格、间距见《铁塔基础根开及地脚螺栓配置表》。

13. 地脚螺栓及箍筋规格构造及安装分别见《地脚螺栓加工图》《地脚螺栓箍筋加工图》。

图 15－68 1.7×1.7×2.9（0.7）基础施工图（BZ－T200Z－0.7）

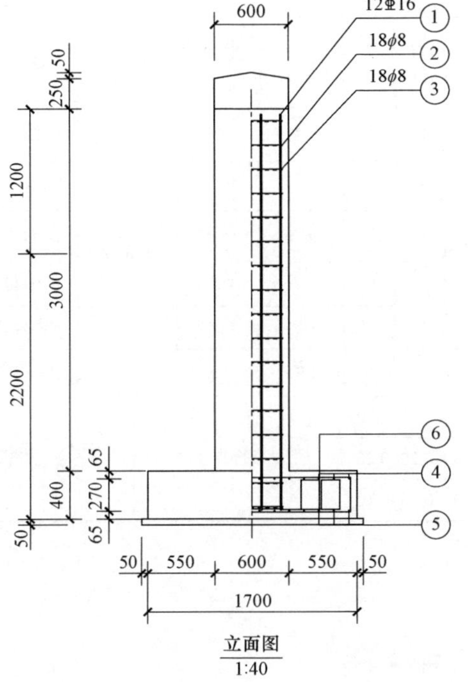

立面图
1:40

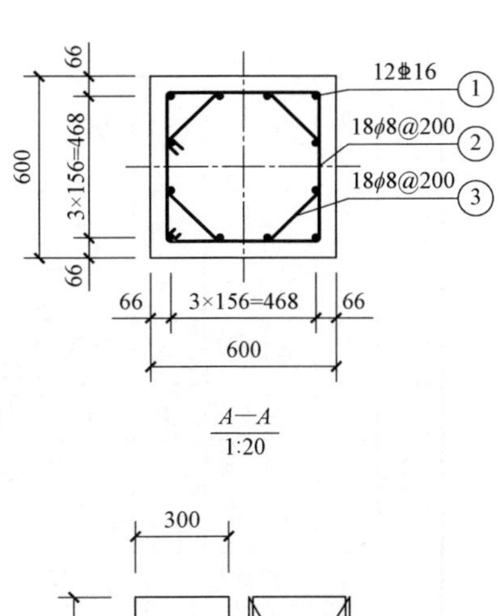

A—A
1:20

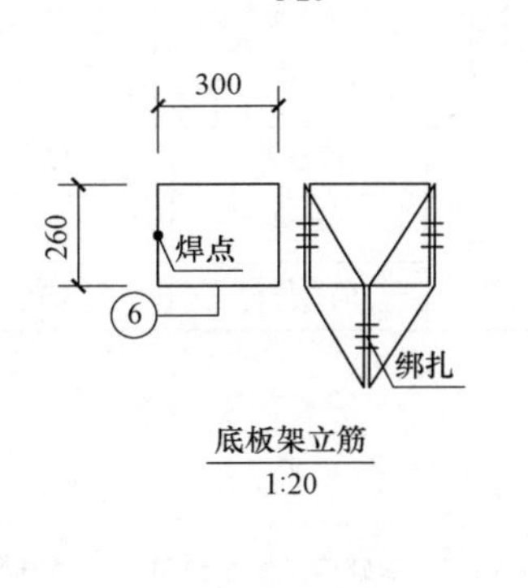

底板架立筋
1:20

材 料 表

部位	编号	名称A（B、C、D）	规格	简图及尺寸	长度（mm）	数量	单位	质量（kg）单件	质量（kg）小计	质量（kg）合计	备注
主柱	1	主筋	⏀16	3272 320	3592	12	根	5.68	68.16	167.22	HRB400
	2	外箍筋	ϕ8	492 492	2142	18	根	0.85	15.30		HPB300
	3	内箍筋	ϕ8	166 166 231	1762	18	根	0.70	12.60		HPB300
底板	4	上层主筋	⏀10	300 1600	2200	28	根	1.36	38.08		HRB400
	5	下层主筋	⏀10	1600	1600	28	根	0.99	27.72		HRB400
	6	架立筋	⏀14	260 300	1120	4	根	1.36	5.36		HRB400

混凝土（m^3）	混凝土	C25	1×2.24=2.24	合计 2.50	钢材合计（kg）167.22
	垫层	C15	1×0.16=0.16		
	地栓护帽	C15	1×0.10=0.10		

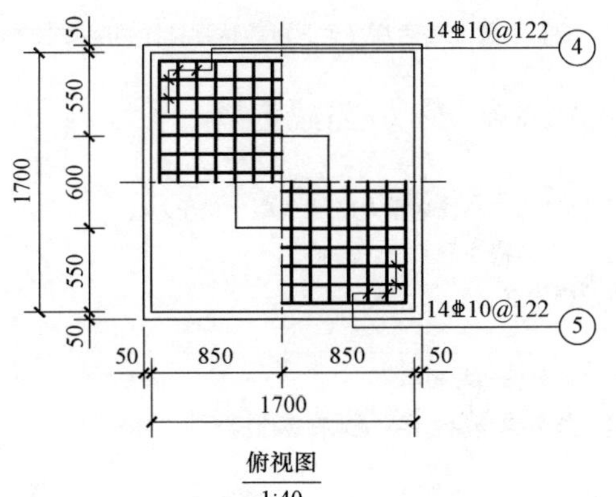

俯视图
1:40

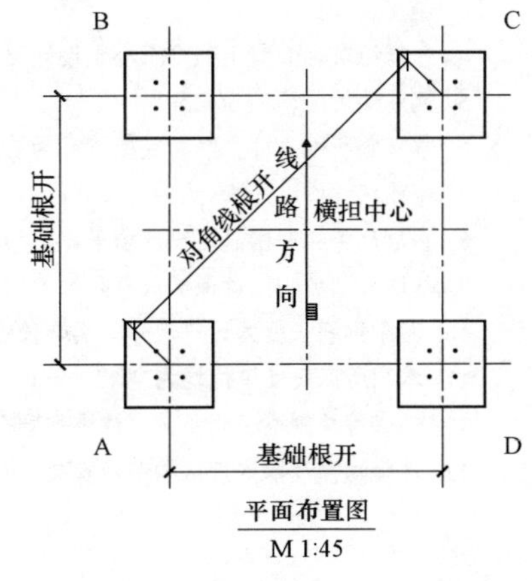

平面布置图
M 1:45

说明：1. 基础施工要求详见《铁塔基础施工总说明》相关要求施工。

2. 基础图中只表示出基础的全高，实际基础埋深，主柱露头尺寸根据基础顶面标高确定，基础顶面标高详见《铁塔基础配置表》中的标高要求。

3. 在基础施工之前，要核对基础根开及地脚螺栓间距与铁塔加工图有关尺寸确实统一无误后，方可施工。

4. 分解组塔时混凝土强度不小于设计强度的70%，整体立塔时混凝土强度应达到设计强度的100%。

5. 钢筋保护层均为50mm。

6. 本基础所用主柱主筋、底板钢筋为HRB400级钢筋，其余为HPB300级钢筋。

7. 箍筋尺寸均以外缘计。

8. 基坑尺寸应严格满足设计要求，严禁超挖，若出现超挖采用C15素混凝土找平。

9. 基坑成型后应注意保护，严防坑内积水，并及时浇注混凝土。

10. 图中钢筋长度为计算尺寸，实际长度以放样为准。

11. 本图所标尺寸单位均为毫米（mm）。

12. 地脚螺栓规格、间距见《铁塔基础根开及地脚螺栓配置表》。

13. 地脚螺栓及箍筋规格构造及安装分别见《地脚螺栓加工图》《地脚螺栓箍筋加工图》。

图 15-69 1.7×1.7×3.4（1.2）基础施工图（BZ-T200Z-1.2）

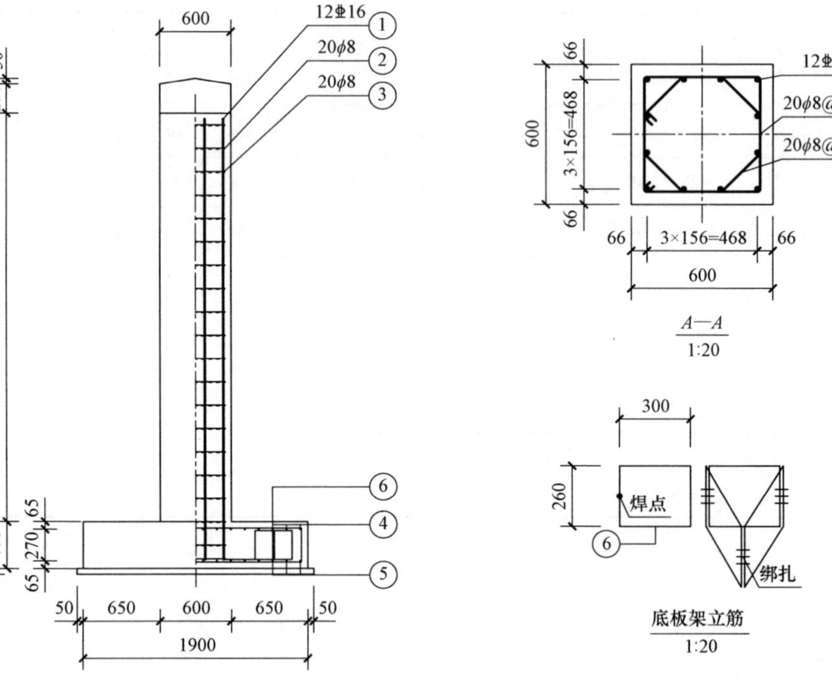

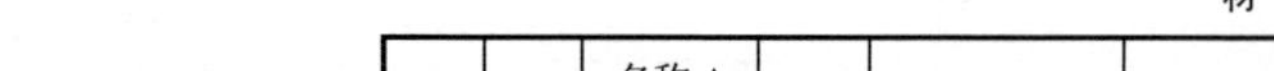
材 料 表

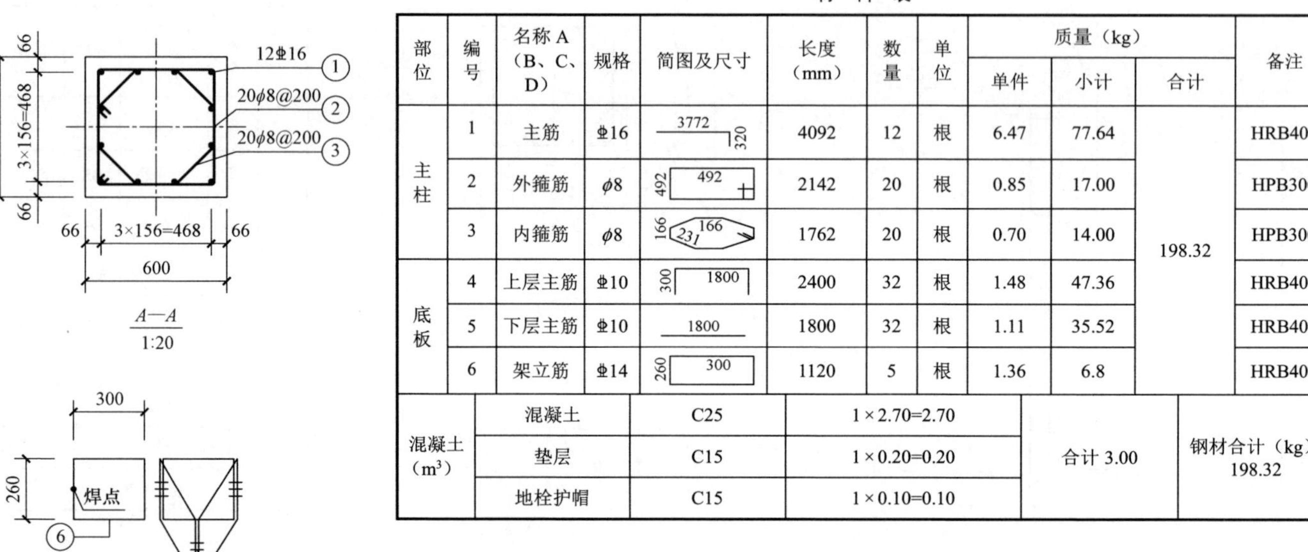

部位	编号	名称A（B、C、D）	规格	简图及尺寸	长度（mm）	数量	单位	质量（kg） 单件	小计	合计	备注
主柱	1	主筋	⌀16	3772 320	4092	12	根	6.47	77.64	198.32	HRB400
	2	外箍筋	⌀8	492 492	2142	20	根	0.85	17.00		HPB300
	3	内箍筋	⌀8	166 166 231	1762	20	根	0.70	14.00		HPB300
底板	4	上层主筋	⌀10	300 1800	2400	32	根	1.48	47.36		HRB400
	5	下层主筋	⌀10	1800	1800	32	根	1.11	35.52		HRB400
	6	架立筋	⌀14	260 300	1120	5	根	1.36	6.8		HRB400

混凝土（m^3）	混凝土	C25	1×2.70=2.70	合计 3.00	钢材合计（kg）198.32
	垫层	C15	1×0.20=0.20		
	地栓护帽	C15	1×0.10=0.10		

说明：1. 基础施工要求详见《铁塔基础施工总说明》相关要求施工。

2. 基础图中只表示出基础的全高，实际基础埋深，主柱露头尺寸根据基础顶面标高确定，基础顶面标高详见《铁塔基础配置表》中的标高要求。

3. 在基础施工之前，要核对基础根开及地脚螺栓间距与铁塔加工图有关尺寸确实统一无误后，方可施工。

4. 分解组塔时混凝土强度不小于设计强度的70%，整体立塔时混凝土强度应达到设计强度的100%。

5. 钢筋保护层均为50mm。

6. 本基础所用主柱主筋、底板钢筋为HRB400级钢筋，其余为HPB300级钢筋。

7. 箍筋尺寸均以外缘计。

8. 基坑尺寸应严格满足设计要求，严禁超挖，若出现超挖采用C15素混凝土找平。

9. 基坑成型后应注意保护，严防坑内积水，并及时浇注混凝土。

10. 图中钢筋长度为计算尺寸，实际长度以放样为准。

11. 本图所标尺寸单位均为毫米（mm）。

12. 地脚螺栓规格、间距见《铁塔基础根开及地脚螺栓配置表》。

13. 地脚螺栓及箍筋规格构造及安装分别见《地脚螺栓加工图》《地脚螺栓箍筋加工图》。

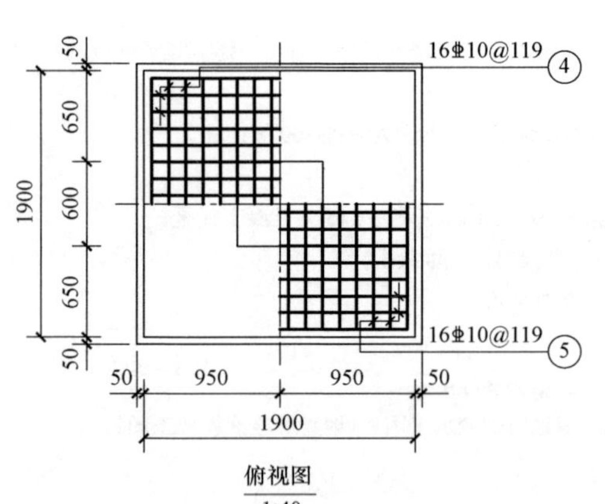

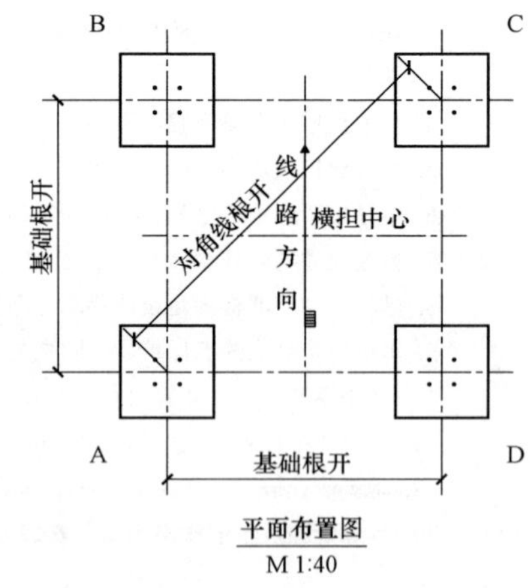

图15－70　1.9×1.9×3.9（1.7）基础施工图（BZ－T200Z－1.7）

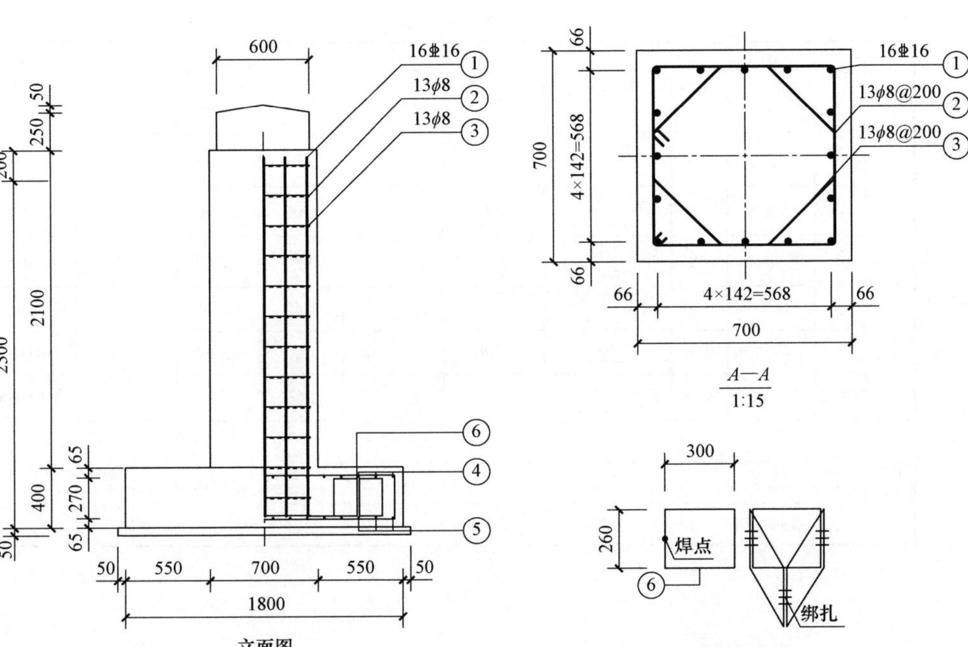

立面图
1:30

A—A
1:15

底板架立筋
1:20

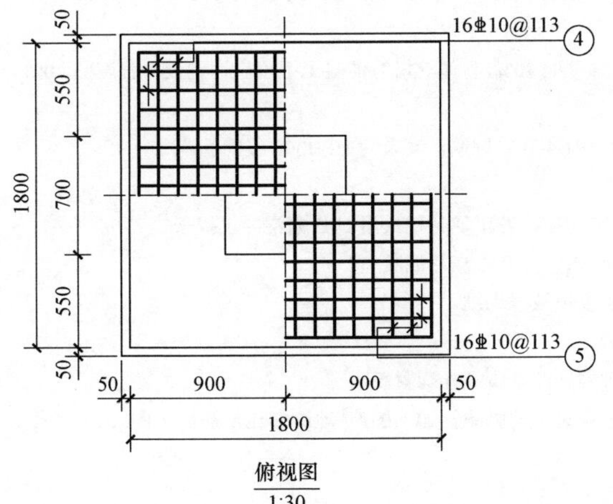

俯视图
1:30

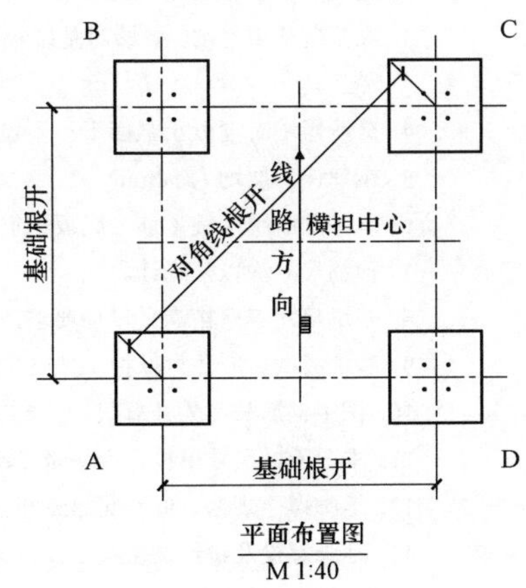

平面布置图
M 1:40

材 料 表

部位	编号	名称 A（B、C、D）	规格	简图及尺寸	长度（mm）	数量	单位	质量（kg）			备注
								单件	小计	合计	
主柱	1	主筋	⌀16	2372 320	2692	16	根	4.25	68.00	177.24	HRB400
	2	外箍筋	φ8	592 592	2542	13	根	1.00	13.00		HPB300
	3	内箍筋	φ8	152 152 311	2026	13	根	0.80	10.40		HPB300
底板	4	上层主筋	⌀10	300 1700	2300	32	根	1.42	45.44		HRB400
	5	下层主筋	⌀10	1700	1700	32	根	1.05	33.60		HRB400
	6	架立筋	⌀14	260 300	1120	5	根	1.36	6.8		HRB400

混凝土（m^3）	混凝土	C25	1×2.33=2.33	合计 2.61	钢材合计（kg）177.24
	垫层	C15	1×0.18=0.18		
	地栓护帽	C15	1×0.10=0.10		

说明：1. 基础施工要求详见《铁塔基础施工总说明》相关要求施工。

2. 基础图中只表示出基础的全高，实际基础埋深，主柱露头尺寸根据基础顶面标高确定，基础顶面标高详见《铁塔基础配置表》中的标高要求。

3. 在基础施工之前，要核对基础根开及地脚螺栓间距与铁塔加工图有关尺寸确实统一无误后，方可施工。

4. 分解组塔时混凝土强度不小于设计强度的70%，整体立塔时混凝土强度应达到设计强度的100%。

5. 钢筋保护层均为50mm。

6. 本基础所用主柱主筋、底板钢筋为HRB400级钢筋，其余为HPB300级钢筋。

7. 箍筋尺寸均以外缘计。

8. 基坑尺寸应严格满足设计要求，严禁超挖，若出现超挖采用C15素混凝土找平。

9. 基坑成型后应注意保护，严防坑内积水，并及时浇注混凝土。

10. 图中钢筋长度为计算尺寸，实际长度以放样为准。

11. 本图所标尺寸单位均为毫米（mm）。

12. 地脚螺栓规格、间距见《铁塔基础根开及地脚螺栓配置表》。

13. 地脚螺栓及箍筋规格构造及安装分别见《地脚螺栓加工图》《地脚螺栓箍筋加工图》。

图 15－71　1.8×1.8×2.5（0.2）基础施工图（BZ－T250Z－0.2）

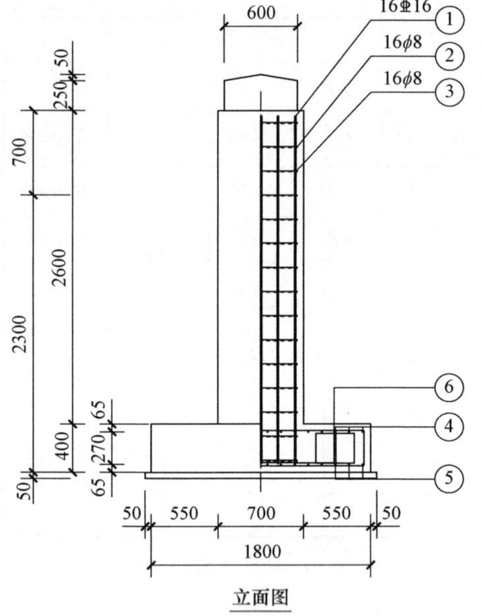

立面图
1:40

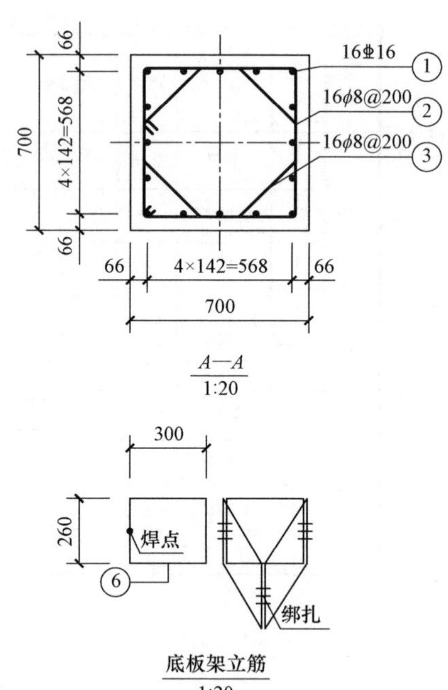

A—A
1:20

底板架立筋
1:20

材 料 表

部位	编号	名称A（B、C、D）	规格	简图及尺寸	长度（mm）	数量	单位	质量（kg） 单件	小计	合计	备注
主柱	1	主筋	⌀16	2872 320	3192	16	根	5.04	80.64	195.28	HRB400
	2	外箍筋	ϕ8	592 592	2542	16	根	1.00	16.00		HPB300
	3	内箍筋	ϕ8	152 152 311	2026	16	根	0.80	12.80		HPB300
底板	4	上层主筋	⌀10	300 1700	2300	32	根	1.42	45.44		HRB400
	5	下层主筋	⌀10	1700	1700	32	根	1.05	33.60		HRB400
	6	架立筋	⌀14	260 300	1120	5	根	1.36	6.8		HRB400
混凝土（m³）	混凝土	C25	1×2.57=2.57					合计 2.85			钢材合计（kg）195.28
	垫层	C15	1×0.18=0.18								
	地栓护帽	C15	1×0.10=0.10								

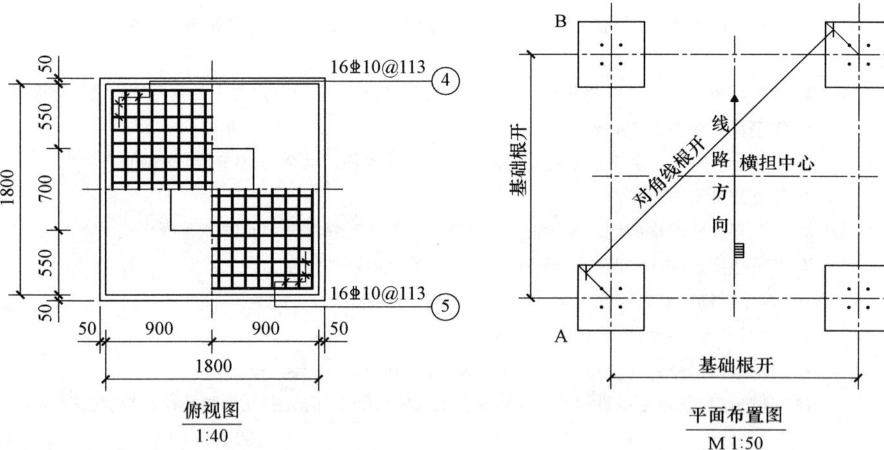

俯视图
1:40

平面布置图
M 1:50

说明：1. 基础施工要求详见《铁塔基础施工总说明》相关要求施工。

2. 基础图中只表示出基础的全高，实际基础埋深，主柱露头尺寸根据基础顶面标高确定，基础顶面标高详见《铁塔基础配置表》中的标高要求。

3. 在基础施工之前，要核对基础根开及地脚螺栓间距与铁塔加工图有关尺寸确实统一无误后，方可施工。

4. 分解组塔时混凝土强度不小于设计强度的70%，整体立塔时混凝土强度应达到设计强度的100%。

5. 钢筋保护层均为50mm。

6. 本基础所用主柱主筋、底板钢筋为HRB400级钢筋，其余为HPB300级钢筋。

7. 箍筋尺寸均以外缘计。

8. 基坑尺寸应严格满足设计要求，严禁超挖，若出现超挖采用C15素混凝土找平。

9. 基坑成型后应注意保护，严防坑内积水，并及时浇注混凝土。

10. 图中钢筋长度为计算尺寸，实际长度以放样为准。

11. 本图所标尺寸单位均为毫米（mm）。

12. 地脚螺栓规格、间距见《铁塔基础根开及地脚螺栓配置表》。

13. 地脚螺栓及箍筋规格构造及安装分别见《地脚螺栓加工图》《地脚螺栓箍筋加工图》。

图15−72 1.8×1.8×3.0（0.7）基础施工图（BZ−T250Z−0.7）

立面图

1:40

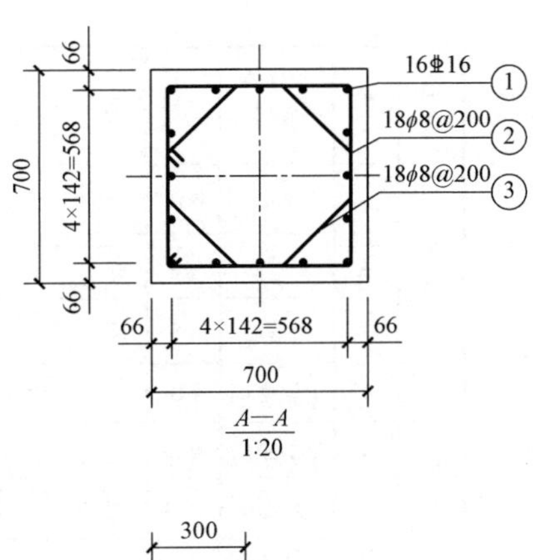

A—A

1:20

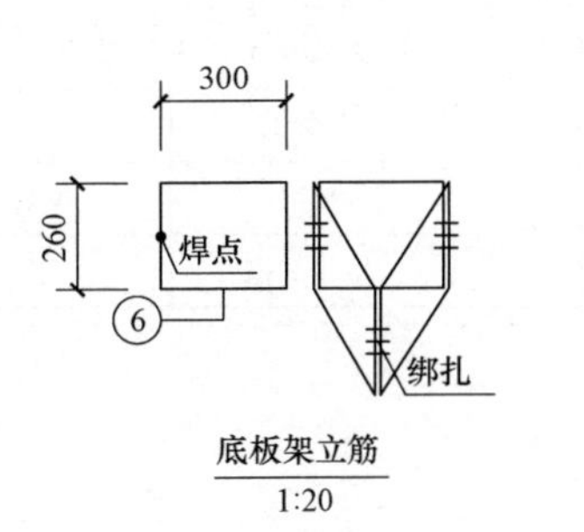

底板架立筋

1:20

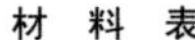

材 料 表

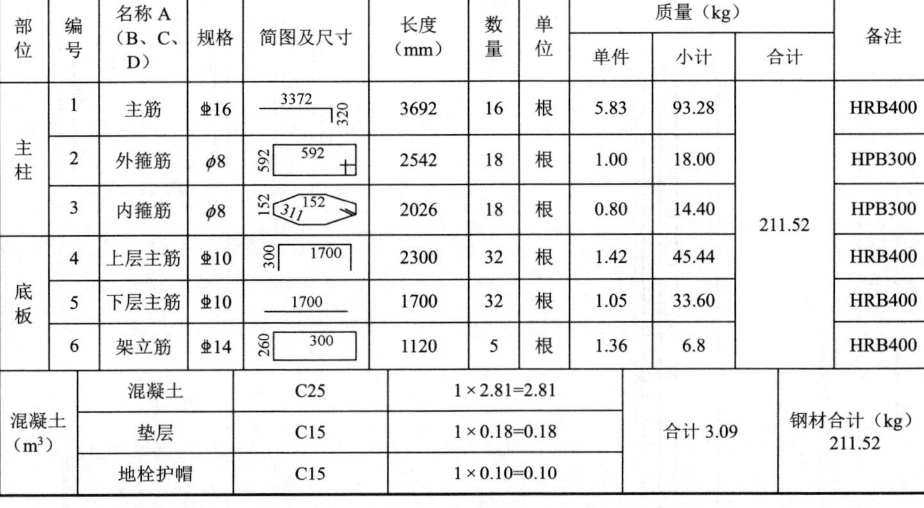

部位	编号	名称 A（B、C、D）	规格	简图及尺寸	长度（mm）	数量	单位	质量（kg）单件	小计	合计	备注
主柱	1	主筋	⌀16	3372 320	3692	16	根	5.83	93.28	211.52	HRB400
	2	外箍筋	ϕ8	592 592	2542	18	根	1.00	18.00		HPB300
	3	内箍筋	ϕ8	152 152 311	2026	18	根	0.80	14.40		HPB300
底板	4	上层主筋	⌀10	300 1700	2300	32	根	1.42	45.44		HRB400
	5	下层主筋	⌀10	1700	1700	32	根	1.05	33.60		HRB400
	6	架立筋	⌀14	260 300	1120	5	根	1.36	6.8		HRB400
混凝土（m^3）	混凝土	C25	1×2.81=2.81					合计 3.09		钢材合计（kg）211.52	
	垫层	C15	1×0.18=0.18								
	地栓护帽	C15	1×0.10=0.10								

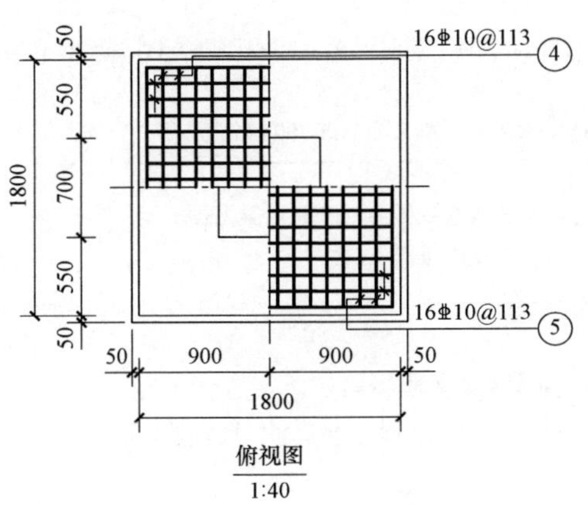

俯视图

1:40

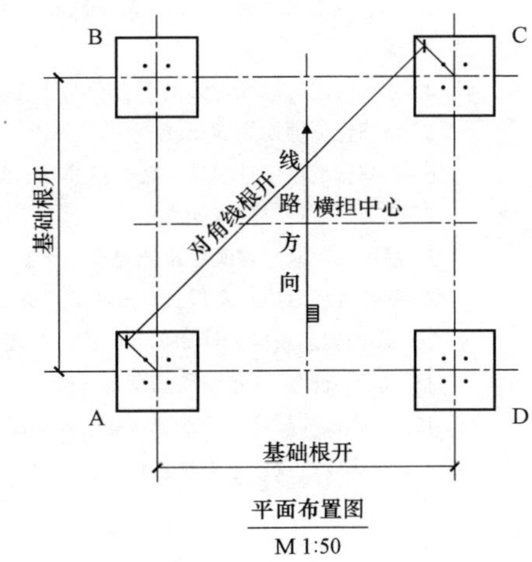

平面布置图

M 1:50

说明：1. 基础施工要求详见《铁塔基础施工总说明》相关要求施工。

2. 基础图中只表示出基础的全高，实际基础埋深，主柱露头尺寸根据基础顶面标高确定，基础顶面标高详见《铁塔基础配置表》中的标高要求。

3. 在基础施工之前，要核对基础根开及地脚螺栓间距与铁塔加工图有关尺寸确实统一无误后，方可施工。

4. 分解组塔时混凝土强度不小于设计强度的70%，整体立塔时混凝土强度应达到设计强度的100%。

5. 钢筋保护层均为50mm。

6. 本基础所用主柱主筋、底板钢筋为HRB400级钢筋，其余为HPB300级钢筋。

7. 箍筋尺寸均以外缘计。

8. 基坑尺寸应严格满足设计要求，严禁超挖，若出现超挖采用C15素混凝土找平。

9. 基坑成型后应注意保护，严防坑内积水，并及时浇注混凝土。

10. 图中钢筋长度为计算尺寸，实际长度以放样为准。

11. 本图所标尺寸单位均为毫米（mm）。

12. 地脚螺栓规格、间距见《铁塔基础根开及地脚螺栓配置表》。

13. 地脚螺栓及箍筋规格构造及安装分别见《地脚螺栓加工图》《地脚螺栓箍筋加工图》。

图 15-73　1.8×1.8×3.5（1.2）基础施工图（BZ-T250Z-1.2）

材 料 表

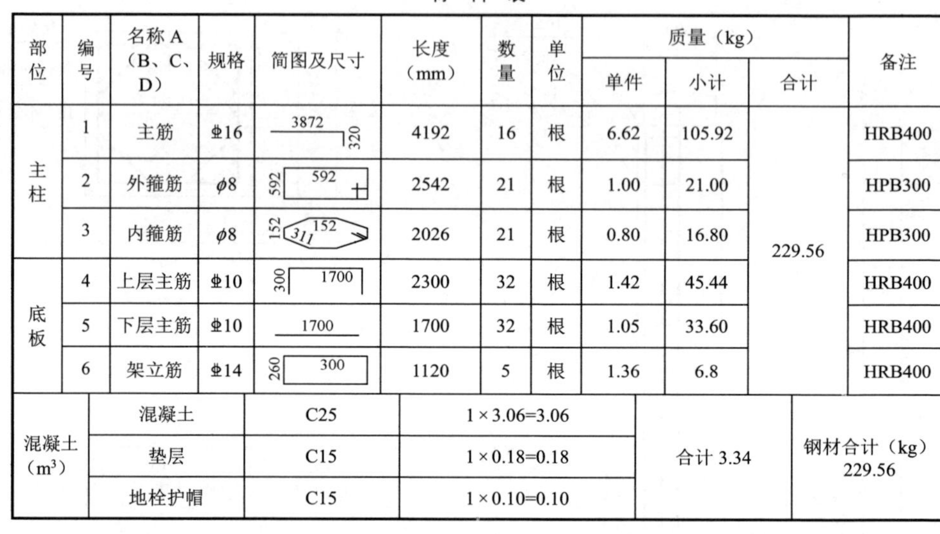

部位	编号	名称A（B、C、D）	规格	简图及尺寸	长度（mm）	数量	单位	质量（kg）单件	质量（kg）小计	质量（kg）合计	备注
主柱	1	主筋	⌀16	3872, 320	4192	16	根	6.62	105.92	229.56	HRB400
	2	外箍筋	ϕ8	592, 592	2542	21	根	1.00	21.00		HPB300
	3	内箍筋	ϕ8	152, 152, 311	2026	21	根	0.80	16.80		HPB300
底板	4	上层主筋	⌀10	300, 1700	2300	32	根	1.42	45.44		HRB400
	5	下层主筋	⌀10	1700	1700	32	根	1.05	33.60		HRB400
	6	架立筋	⌀14	260, 300	1120	5	根	1.36	6.8		HRB400

混凝土（m^3）	名称	标号	数量	合计	钢材合计（kg）
	混凝土	C25	1×3.06=3.06	合计 3.34	229.56
	垫层	C15	1×0.18=0.18		
	地栓护帽	C15	1×0.10=0.10		

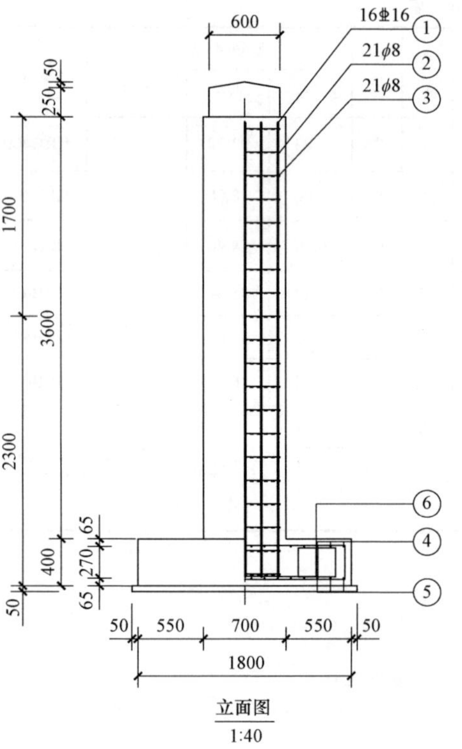

立面图
1:40

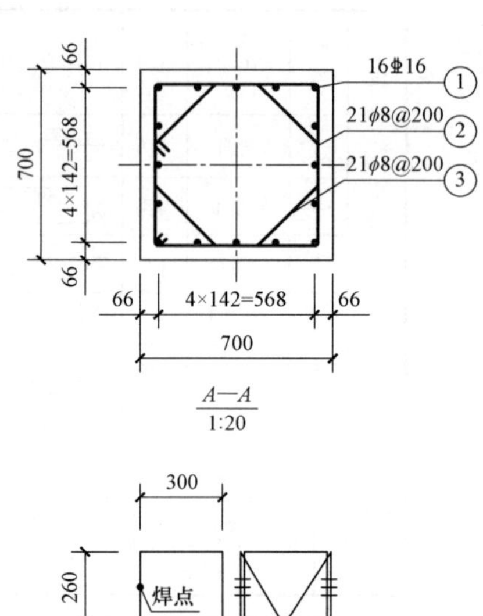

A—A
1:20

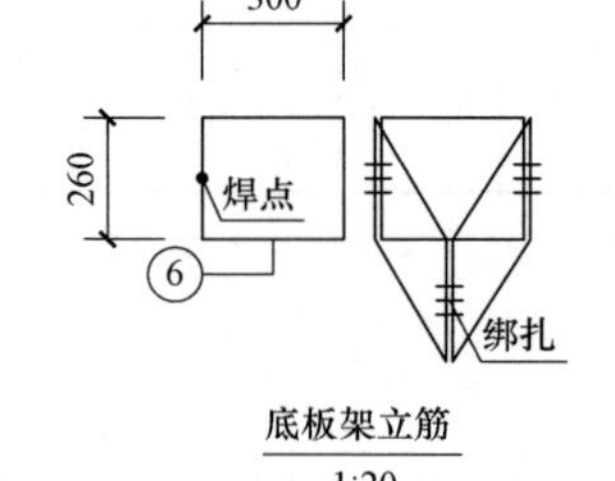

底板架立筋
1:20

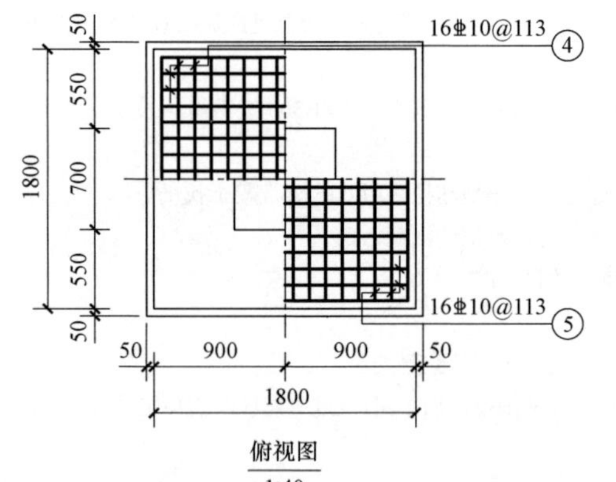

俯视图
1:40

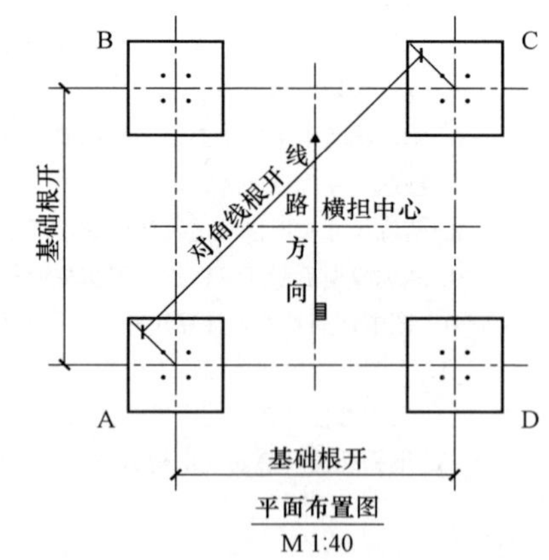

平面布置图
M 1:40

说明：1. 基础施工要求详见《铁塔基础施工总说明》相关要求施工。

2. 基础图中只表示出基础的全高，实际基础埋深，主柱露头尺寸根据基础顶面标高确定，基础顶面标高详见《铁塔基础配置表》中的标高要求。

3. 在基础施工之前，要核对基础根开及地脚螺栓间距与铁塔加工图有关尺寸确实统一无误后，方可施工。

4. 分解组塔时混凝土强度不小于设计强度的70%，整体立塔时混凝土强度应达到设计强度的100%。

5. 钢筋保护层均为50mm。

6. 本基础所用主柱主筋、底板钢筋为HRB400级钢筋，其余为HPB300级钢筋。

7. 箍筋尺寸均以外缘计。

8. 基坑尺寸应严格满足设计要求，严禁超挖，若出现超挖采用C15素混凝土找平。

9. 基坑成型后应注意保护，严防坑内积水，并及时浇注混凝土。

10. 图中钢筋长度为计算尺寸，实际长度以放样为准。

11. 本图所标尺寸单位均为毫米（mm）。

12. 地脚螺栓规格、间距见《铁塔基础根开及地脚螺栓配置表》。

13. 地脚螺栓及箍筋规格构造及安装分别见《地脚螺栓加工图》《地脚螺栓箍筋加工图》。

图 15-74 1.8×1.8×4.0（1.7）基础施工图（BZ-T250Z-1.7）

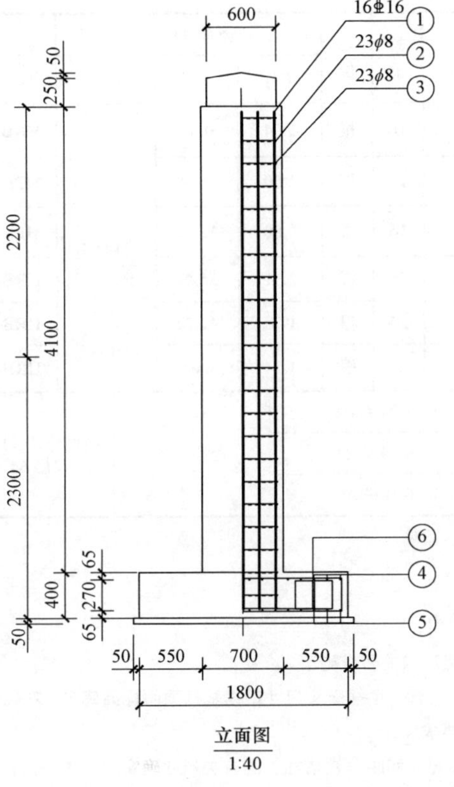

立面图
1:40

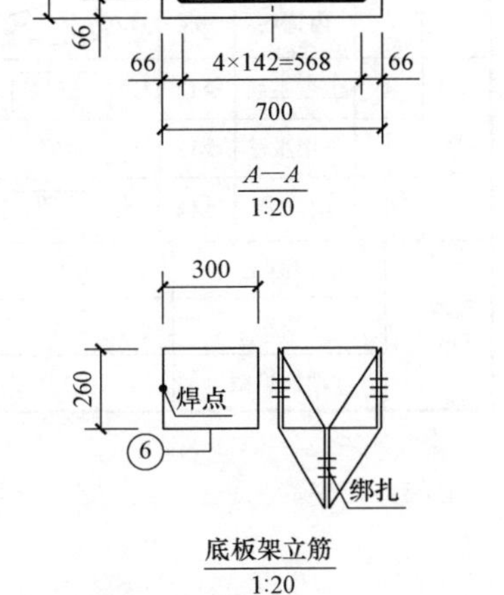

A—A
1:20

底板架立筋
1:20

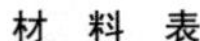

材 料 表

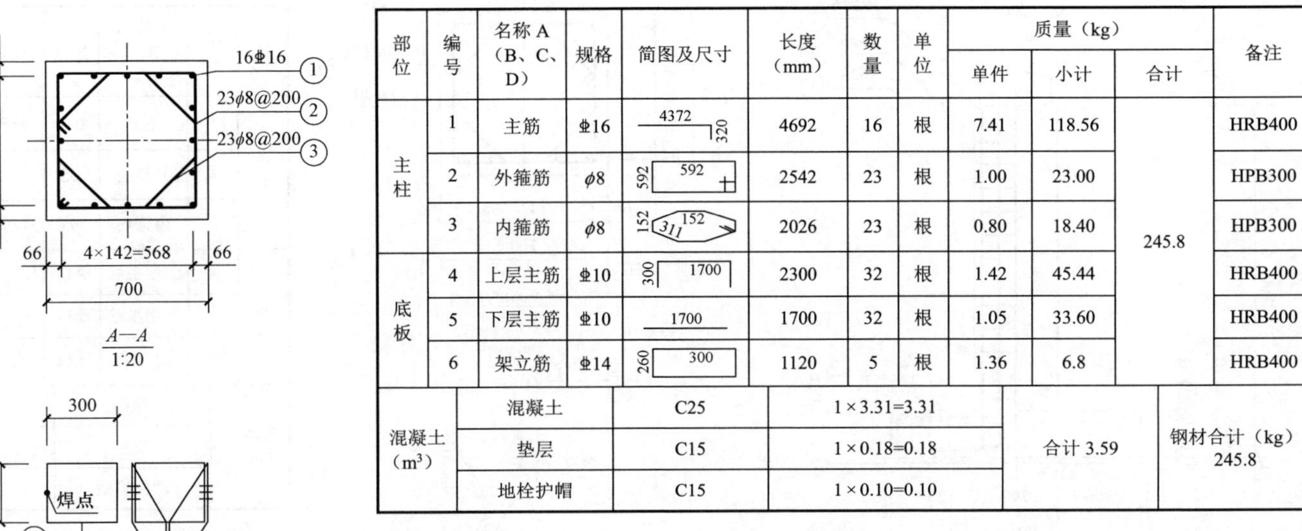

部位	编号	名称A（B、C、D）	规格	简图及尺寸	长度（mm）	数量	单位	质量（kg）单件	质量（kg）小计	质量（kg）合计	备注
主柱	1	主筋	Φ16	4372 320	4692	16	根	7.41	118.56	245.8	HRB400
	2	外箍筋	φ8	592 592	2542	23	根	1.00	23.00		HPB300
	3	内箍筋	φ8	152 152 311	2026	23	根	0.80	18.40		HPB300
底板	4	上层主筋	Φ10	300 1700	2300	32	根	1.42	45.44		HRB400
	5	下层主筋	Φ10	1700	1700	32	根	1.05	33.60		HRB400
	6	架立筋	Φ14	260 300	1120	5	根	1.36	6.8		HRB400
混凝土（m^3）	混凝土		C25	1×3.31=3.31				合计 3.59		钢材合计（kg）245.8	
	垫层		C15	1×0.18=0.18							
	地栓护帽		C15	1×0.10=0.10							

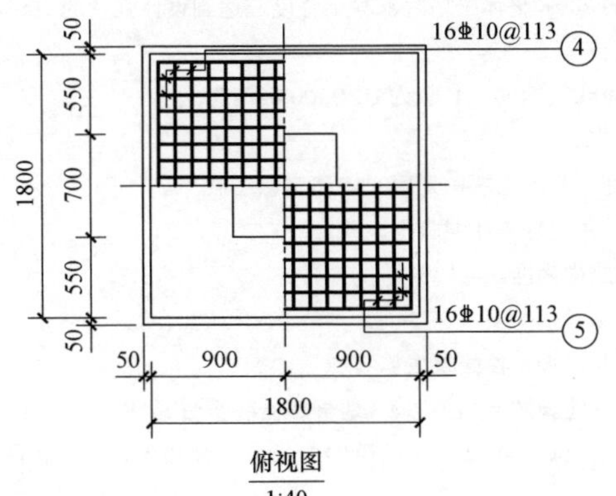

俯视图
1:40

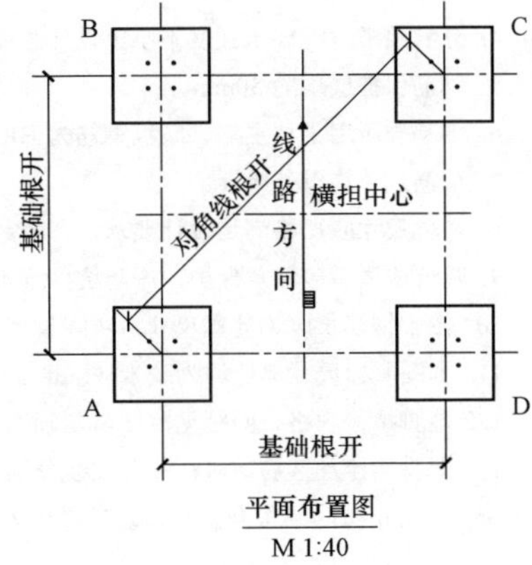

平面布置图
M 1:40

说明：1. 基础施工要求详见《铁塔基础施工总说明》相关要求施工。

2. 基础图中只表示出基础的全高，实际基础埋深，主柱露头尺寸根据基础顶面标高确定，基础顶面标高详见《铁塔基础配置表》中的标高要求。

3. 在基础施工之前，要核对基础根开及地脚螺栓间距与铁塔加工图有关尺寸确实统一无误后，方可施工。

4. 分解组塔时混凝土强度不小于设计强度的70%，整体立塔时混凝土强度应达到设计强度的100%。

5. 钢筋保护层均为50mm。

6. 本基础所用主柱主筋、底板钢筋为HRB400级钢筋，其余为HPB300级钢筋。

7. 箍筋尺寸均以外缘计。

8. 基坑尺寸应严格满足设计要求，严禁超挖，若出现超挖采用C15素混凝土找平。

9. 基坑成型后应注意保护，严防坑内积水，并及时浇注混凝土。

10. 图中钢筋长度为计算尺寸，实际长度以放样为准。

11. 本图所标尺寸单位均为毫米（mm）。

12. 地脚螺栓规格、间距见《铁塔基础根开及地脚螺栓配置表》。

13. 地脚螺栓及箍筋规格构造及安装分别见《地脚螺栓加工图》《地脚螺栓箍筋加工图》。

图 15-75　1.8×1.8×4.5（2.2）基础施工图（BZ-T250Z-2.2）

立面图
1:40

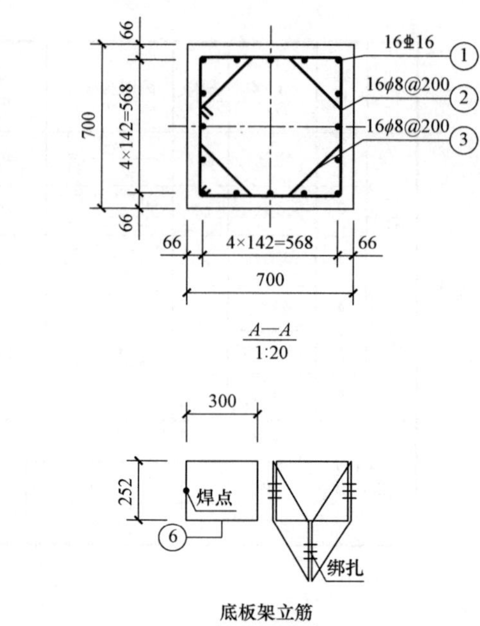

A—A
1:20

底板架立筋
1:20

材 料 表

部位	编号	名称A（B、C、D）	规格	简图及尺寸	长度（mm）	数量	单位	质量（kg）单件	小计	合计	备注
主柱	1	主筋	⌀16	2868 320	3188	16	根	5.04	80.64	215.64	HRB400
	2	外箍筋	ϕ8	592 592	2542	16	根	1.00	16.00		HPB300
	3	内箍筋	ϕ8	152 311 152	2026	16	根	0.80	12.80		HPB300
底板	4	上层主筋	⌀12	300 2000	2600	24	根	2.31	55.44		HRB400
	5	下层主筋	⌀12	2000	2000	24	根	1.78	42.72		HRB400
	6	架立筋	⌀14	252 300	1104	6	根	1.34	8.04		HRB400

混凝土（m^3）	混凝土	C25	1×3.04=3.04	合计 3.38	钢材合计（kg）215.64
	垫层	C15	1×0.24=0.24		
	地栓护帽	C15	1×0.10=0.10		

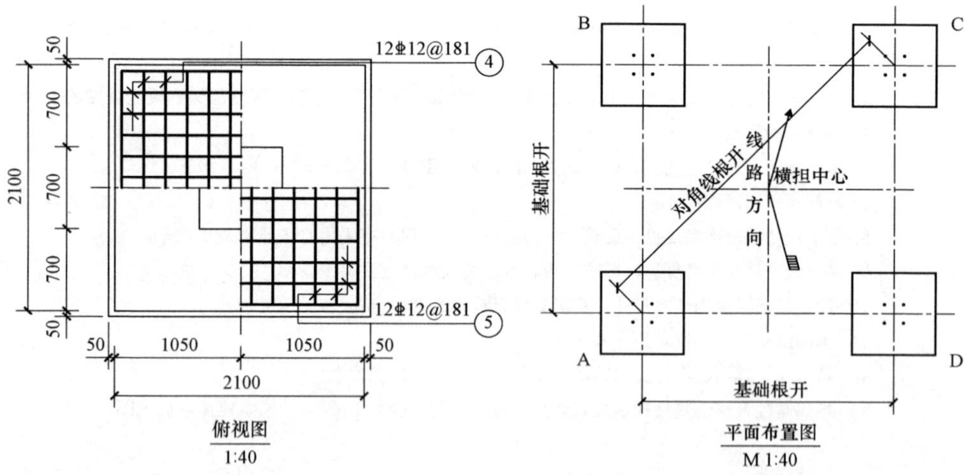

俯视图
1:40

平面布置图
M 1:40

说明：1. 基础施工要求详见《铁塔基础施工总说明》相关要求施工。
2. 基础图中只表示出基础的全高，实际基础埋深，主柱露头尺寸根据基础顶面标高确定，基础顶面标高详见《铁塔基础配置表》中的标高要求。
3. 在基础施工之前，要核对基础根开及地脚螺栓间距与铁塔加工图有关尺寸确实统一无误后，方可施工。
4. 分解组塔时混凝土强度不小于设计强度的70%，整体立塔时混凝土强度应达到设计强度的100%。
5. 钢筋保护层均为50mm。
6. 本基础所用主柱主筋、底板钢筋为HRB400级钢筋，其余为HPB300级钢筋。
7. 箍筋尺寸均以外缘计。
8. 基坑尺寸应严格满足设计要求，严禁超挖，若出现超挖采用C15素混凝土找平。
9. 基坑成型后应注意保护，严防坑内积水，并及时浇注混凝土。
10. 图中钢筋长度为计算尺寸，实际长度以放样为准。
11. 本图所标尺寸单位均为毫米（mm）。
12. 地脚螺栓规格、间距见《铁塔基础根开及地脚螺栓配置表》。
13. 地脚螺栓及箍筋规格构造及安装分别见《地脚螺栓加工图》《地脚螺栓箍筋加工图》。

注：由于10GS20－J1－9根开太小，基础作用力大、10GS10－J1－9根开2151太小，所以不适用于该图。

图15－76　2.1×2.1×3.0（0.2）基础施工图（BZ－T250J－0.2）

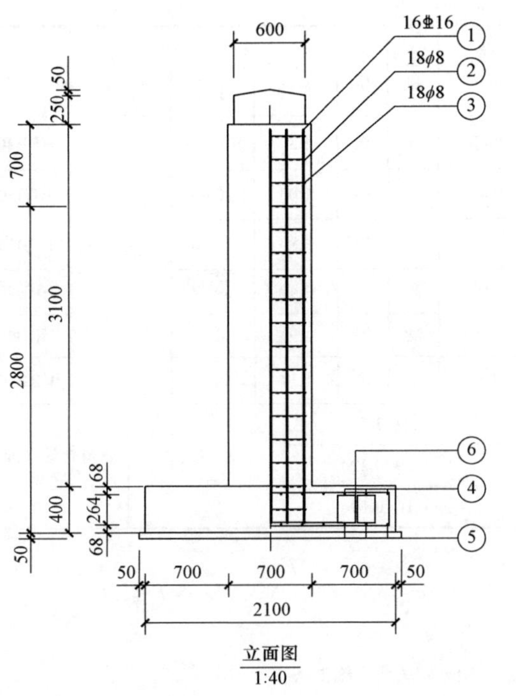

立面图
1:40

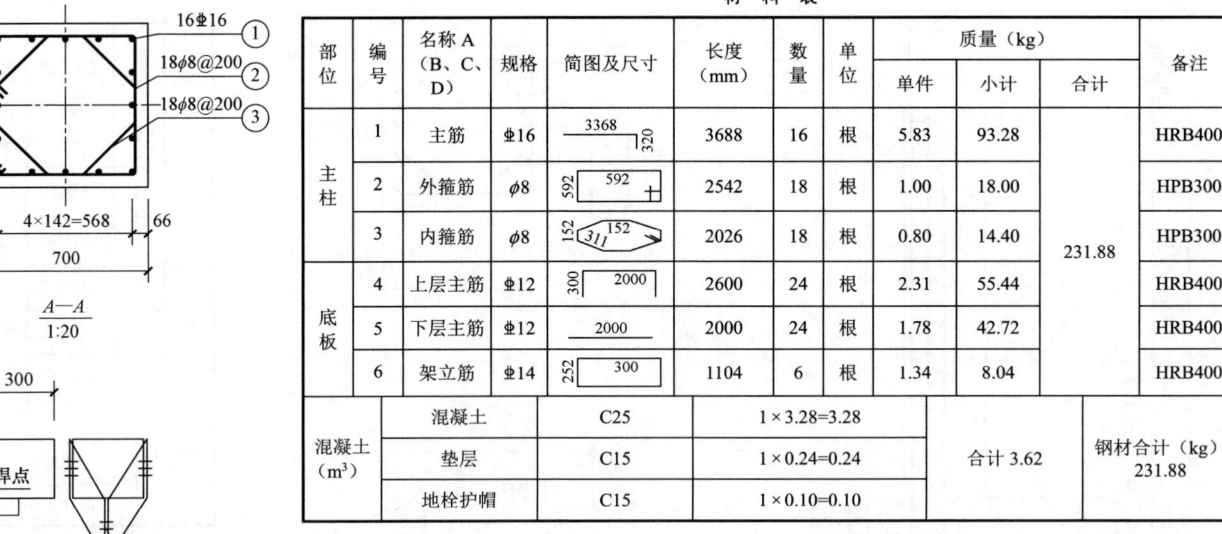

A—A
1:20

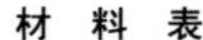
材 料 表

部位	编号	名称A（B、C、D）	规格	简图及尺寸	长度（mm）	数量	单位	质量（kg）单件	小计	合计	备注
主柱	1	主筋	⌀16	3368 320	3688	16	根	5.83	93.28	231.88	HRB400
	2	外箍筋	ϕ8	592 592	2542	18	根	1.00	18.00		HPB300
	3	内箍筋	ϕ8	152 152 311	2026	18	根	0.80	14.40		HPB300
底板	4	上层主筋	⌀12	300 2000	2600	24	根	2.31	55.44		HRB400
	5	下层主筋	⌀12	2000	2000	24	根	1.78	42.72		HRB400
	6	架立筋	⌀14	252 300	1104	6	根	1.34	8.04		HRB400
混凝土（m^3）	混凝土	C25	1×3.28=3.28					合计 3.62		钢材合计（kg）231.88	
	垫层	C15	1×0.24=0.24								
	地栓护帽	C15	1×0.10=0.10								

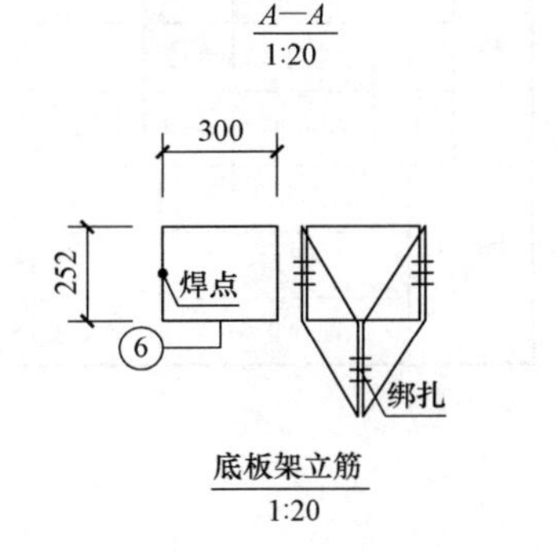

底板架立筋
1:20

说明：1. 基础施工要求详见《铁塔基础施工总说明》相关要求施工。

2. 基础图中只表示出基础的全高，实际基础埋深，主柱露头尺寸根据基础顶面标高确定，基础顶面标高详见《铁塔基础配置表》中的标高要求。

3. 在基础施工之前，要核对基础根开及地脚螺栓间距与铁塔加工图有关尺寸确实统一无误后，方可施工。

4. 分解组塔时混凝土强度不小于设计强度的70%，整体立塔时混凝土强度应达到设计强度的100%。

5. 钢筋保护层均为50mm。

6. 本基础所用主柱主筋、底板钢筋为HRB400级钢筋，其余为HPB300级钢筋。

7. 箍筋尺寸均以外缘计。

8. 基坑尺寸应严格满足设计要求，严禁超挖，若出现超挖采用C15素混凝土找平。

9. 基坑成型后应注意保护，严防坑内积水，并及时浇注混凝土。

10. 图中钢筋长度为计算尺寸，实际长度以放样为准。

11. 本图所标尺寸单位均为毫米（mm）。

12. 地脚螺栓规格、间距见《铁塔基础根开及地脚螺栓配置表》。

13. 地脚螺栓及箍筋规格构造及安装分别见《地脚螺栓加工图》《地脚螺栓箍筋加工图》。

注：由于10GS20-J1-9的根开为1961、10GS10-J1-9的根开为2151太小，10GS10-J2-9偏心距过不去，所以不适用于该图。

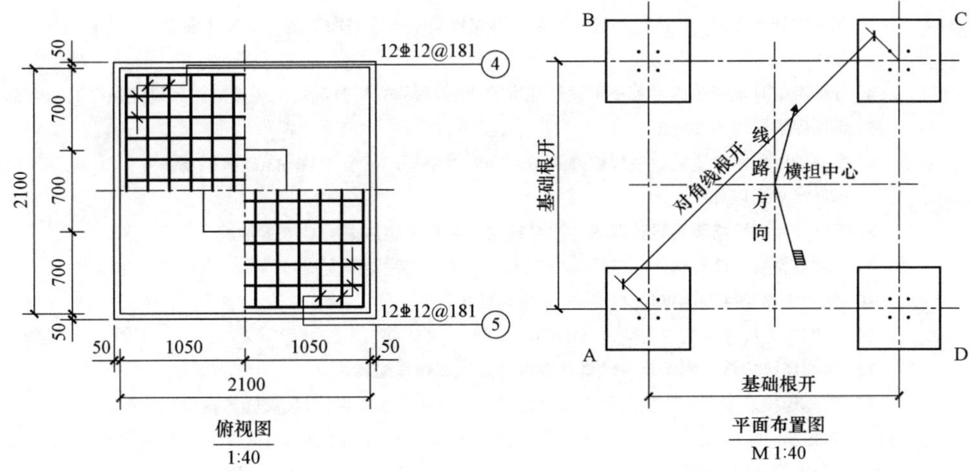

俯视图
1:40

平面布置图
M 1:40

图 15-77 2.1×2.1×3.5（0.7）基础施工图（BZ-T250J-0.7）

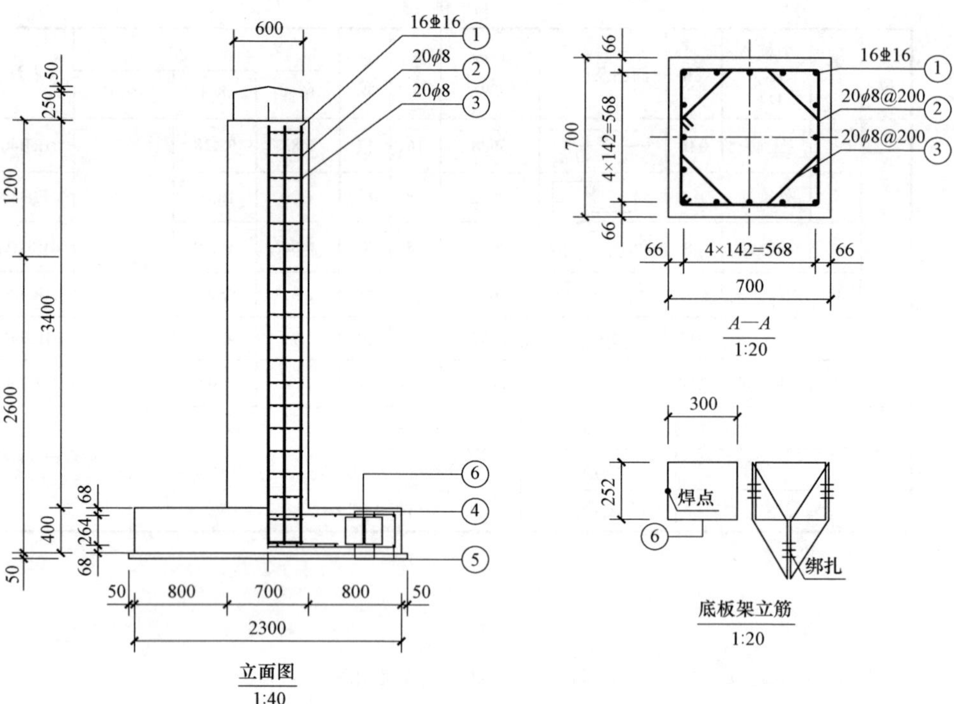

材 料 表

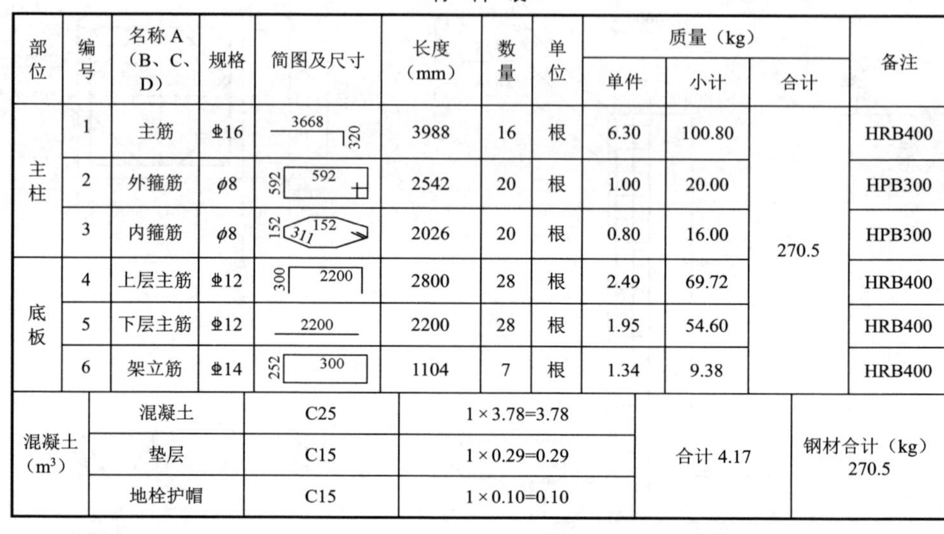

部位	编号	名称A（B、C、D）	规格	简图及尺寸	长度（mm）	数量	单位	质量（kg）单件	小计	合计	备注
主柱	1	主筋	Φ16	3668 / 320	3988	16	根	6.30	100.80	270.5	HRB400
	2	外箍筋	φ8	592 / 592	2542	20	根	1.00	20.00		HPB300
	3	内箍筋	φ8	152 / 152 / 311	2026	20	根	0.80	16.00		HPB300
底板	4	上层主筋	Φ12	300 / 2200	2800	28	根	2.49	69.72		HRB400
	5	下层主筋	Φ12	2200	2200	28	根	1.95	54.60		HRB400
	6	架立筋	Φ14	252 / 300	1104	7	根	1.34	9.38		HRB400

混凝土（m^3）	名称	规格	数量	合计	钢材合计（kg）
	混凝土	C25	1×3.78=3.78	合计 4.17	270.5
	垫层	C15	1×0.29=0.29		
	地栓护帽	C15	1×0.10=0.10		

说明：1. 基础施工要求详见《铁塔基础施工总说明》相关要求施工。

2. 基础图中只表示出基础的全高，实际基础埋深，主柱露头尺寸根据基础顶面标高确定，基础顶面标高详见《铁塔基础配置表》中的标高要求。

3. 在基础施工之前，要核对基础根开及地脚螺栓间距与铁塔加工图有关尺寸确实统一无误后，方可施工。

4. 分解组塔时混凝土强度不小于设计强度的70%，整体立塔时混凝土强度应达到设计强度的100%。

5. 钢筋保护层均为50mm。

6. 本基础所用主柱主筋、底板钢筋为HRB400级钢筋，其余为HPB300级钢筋。

7. 箍筋尺寸均以外缘计。

8. 基坑尺寸应严格满足设计要求，严禁超挖，若出现超挖采用C15素混凝土找平。

9. 基坑成型后应注意保护，严防坑内积水，并及时浇注混凝土。

10. 图中钢筋长度为计算尺寸，实际长度以放样为准。

11. 本图所标尺寸单位均为毫米（mm）。

12. 地脚螺栓规格、间距见《铁塔基础根开及地脚螺栓配置表》。

13. 地脚螺栓及箍筋规格构造及安装分别见《地脚螺栓加工图》《地脚螺栓箍筋加工图》。

注：由于10GS20－J1－9的根开为1961、10GS10－J1－9的根开为2151、10GS10－J2－9的根开为2232太小，所以不适用于该图。

俯视图 1:40　　14Φ12@168 ④　14Φ12@168 ⑤　50 800 700 800 50 2300　50 1150 1150 50 2300

平面布置图 M 1:50　　A B C D　基础根开　对角线根开　线路方向　横担中心

图15－78　2.3×2.3×3.8（1.2）基础施工图（BZ－T250J－1.2）

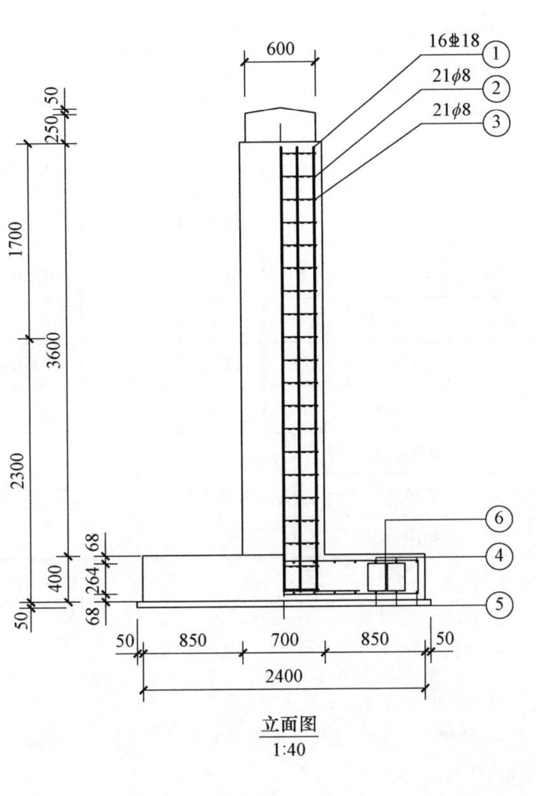

立面图
1:40

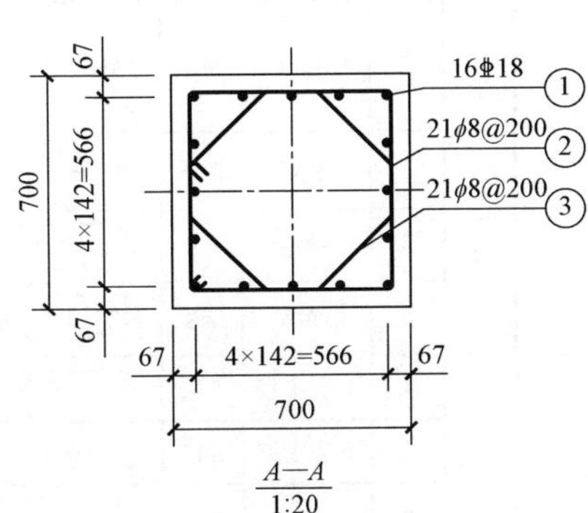

A—A
1:20

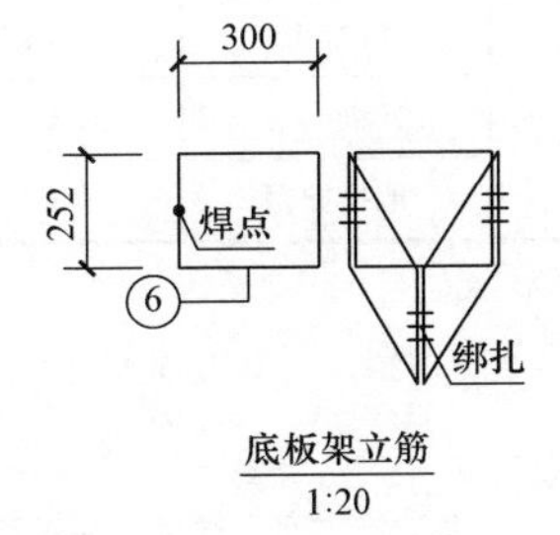

底板架立筋
1:20

材 料 表

部位	编号	名称A(B、C、D)	规格	简图及尺寸	长度(mm)	数量	单位	质量(kg) 单件	质量(kg) 小计	质量(kg) 合计	备注
主柱	1	主筋	⌀18	3867 360	4227	16	根	8.45	135.20	313.08	HRB400
	2	外箍筋	φ8	592 592	2542	21	根	1.00	21.00		HPB300
	3	内箍筋	φ8	152 152 311	2026	21	根	0.80	16.80		HPB300
底板	4	上层主筋	⌀12	300 2300	2900	28	根	2.58	72.24		HRB400
	5	下层主筋	⌀12	2300	2300	28	根	2.04	57.12		HRB400
	6	架立筋	⌀14	252 300	1104	8	根	1.34	10.72		HRB400
混凝土(m³)	混凝土	C25	1×4.07=4.07					合计 4.48		钢材合计(kg) 313.08	
	垫层	C15	1×0.31=0.31								
	地栓护帽	C15	1×0.10=0.10								

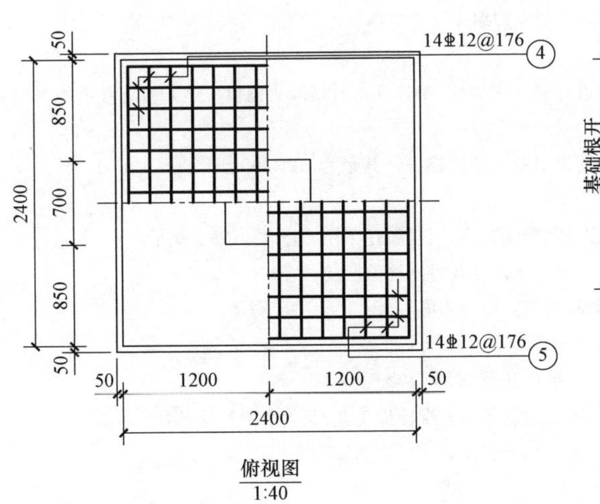

俯视图
1:40

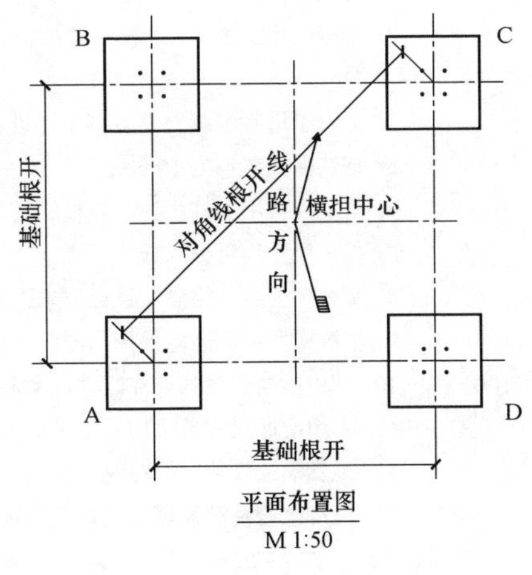

平面布置图
M 1:50

说明：1. 基础施工要求详见《铁塔基础施工总说明》相关要求施工。

2. 基础图中只表示出基础的全高，实际基础埋深，主柱露头尺寸根据基础顶面标高确定，基础顶面标高详见《铁塔基础配置表》中的标高要求。

3. 在基础施工之前，要核对基础根开及地脚螺栓间距与铁塔加工图有关尺寸确实统一无误后，方可施工。

4. 分解组塔时混凝土强度不小于设计强度的70%，整体立塔时混凝土强度应达到设计强度的100%。

5. 钢筋保护层均为50mm。

6. 本基础所用主柱主筋、底板钢筋为HRB400级钢筋，其余为HPB300级钢筋。

7. 箍筋尺寸均以外缘计。

8. 基坑尺寸应严格满足设计要求，严禁超挖，若出现超挖采用C15素混凝土找平。

9. 基坑成型后应注意保护，严防坑内积水，并及时浇注混凝土。

10. 图中钢筋长度为计算尺寸，实际长度以放样为准。

11. 本图所标尺寸单位均为毫米（mm）。

12. 地脚螺栓规格、间距见《铁塔基础根开及地脚螺栓配置表》。

13. 地脚螺栓及箍筋规格构造及安装分别见《地脚螺栓加工图》《地脚螺栓箍筋加工图》。

注：由于 10GS20－J1－9 的根开为 1961、10GS10－J1－9 的根开为 2151、10GS10－J2－9 的根开为 2232 太小，所以不适用于该图。

图 15－79 2.4×2.4×4.0（1.7）基础施工图（BZ－T250J－1.7）

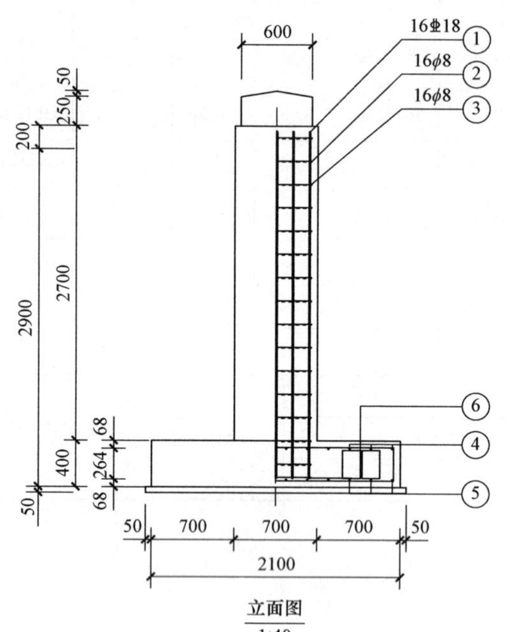

立面图
1:40

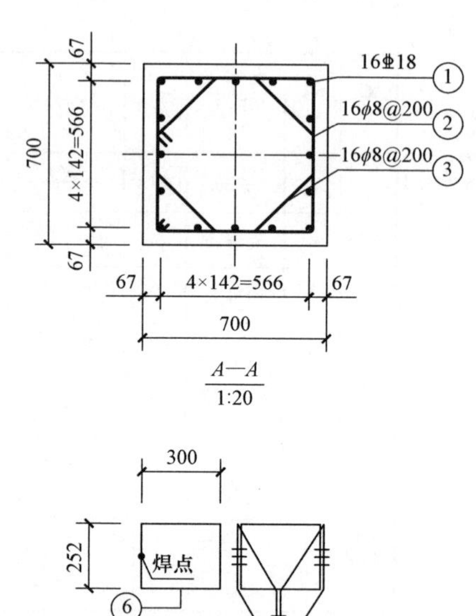

底板架立筋
1:20

材　料　表

部位	编号	名称A（B、C、D）	规格	简图及尺寸	长度（mm）	数量	单位	质量（kg）单件	质量（kg）小计	质量（kg）合计	备注
主柱	1	主筋	⌀18	2967 360	3327	16	根	6.65	106.40	241.4	HRB400
	2	外箍筋	ϕ8	592 592	2542	16	根	1.00	16.00		HPB300
	3	内箍筋	ϕ8	152 152 311	2026	16	根	0.80	12.80		HPB300
底板	4	上层主筋	⌀12	300 2000	2600	24	根	2.31	55.44		HRB400
	5	下层主筋	⌀12	2000	2000	24	根	1.78	42.72		HRB400
	6	架立筋	⌀14	252 300	1104	6	根	1.34	8.04		HRB400
混凝土（m³）	混凝土	C25	1×3.09=3.09					合计 3.43		钢材合计（kg）241.4	
	垫层	C15	1×0.24=0.24								
	地栓护帽	C15	1×0.10=0.10								

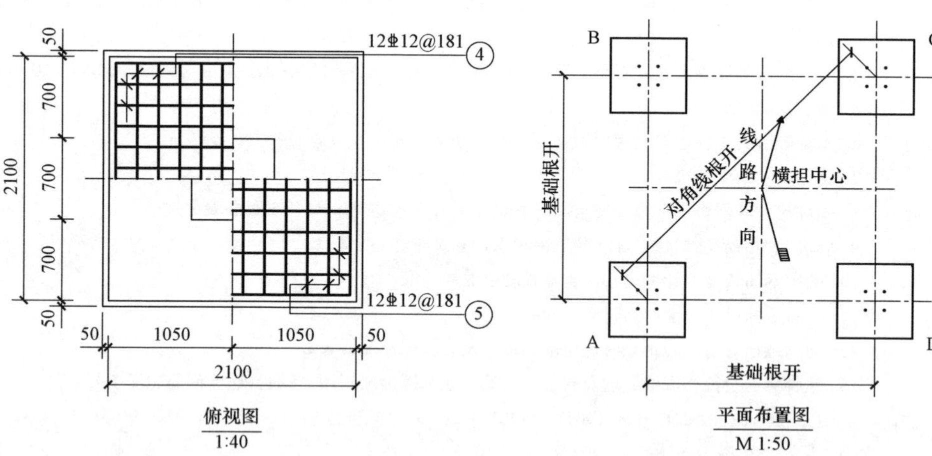

说明：1. 基础施工要求详见《铁塔基础施工总说明》相关要求施工。

2. 基础图中只表示出基础的全高，实际基础埋深，主柱露头尺寸根据基础顶面标高确定，基础顶面标高详见《铁塔基础配置表》中的标高要求。

3. 在基础施工之前，要核对基础根开及地脚螺栓间距与铁塔加工图有关尺寸确实统一无误后，方可施工。

4. 分解组塔时混凝土强度不小于设计强度的70%，整体立塔时混凝土强度应达到设计强度的100%。

5. 钢筋保护层均为50mm。

6. 本基础所用主柱主筋、底板钢筋为HRB400级钢筋，其余为HPB300级钢筋。

7. 箍筋尺寸均以外缘计。

8. 基坑尺寸应严格满足设计要求，严禁超挖，若出现超挖采用C15素混凝土找平。

9. 基坑成型后应注意保护，严防坑内积水，并及时浇注混凝土。

10. 图中钢筋长度为计算尺寸，实际长度以放样为准。

11. 本图所标尺寸单位均为毫米（mm）。

12. 地脚螺栓规格、间距见《铁塔基础根开及地脚螺栓配置表》。

13. 地脚螺栓及箍筋规格构造及安装分别见《地脚螺栓加工图》《地脚螺栓箍筋加工图》。

注：10GS20－J2－9的根开为2111，所以不适用于该图。

图15－80　2.1×2.1×3.1（0.2）基础施工图（BZ－T300J－0.2）

立面图
1:40

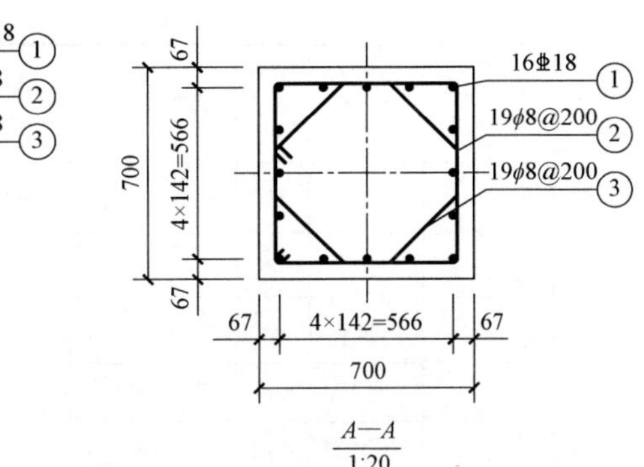

A—A
1:20

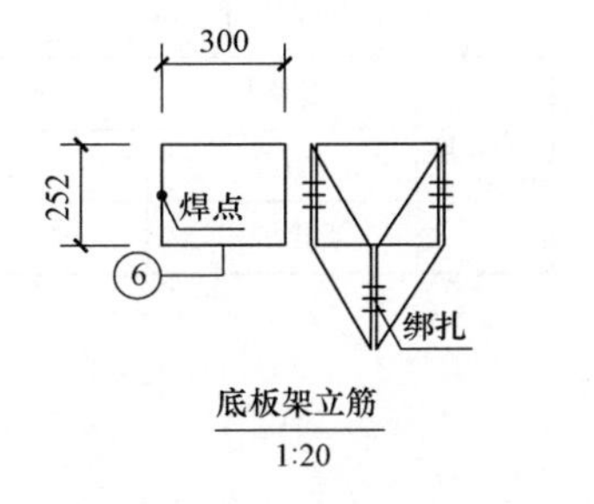

底板架立筋
1:20

材 料 表

部位	编号	名称A（B、C、D）	规格	简图及尺寸	长度（mm）	数量	单位	质量（kg）单件	质量（kg）小计	质量（kg）合计	备注
主柱	1	主筋	⌀18	3467 / 360	3827	16	根	7.65	122.40	290.3	HRB400
	2	外箍筋	ϕ8	592 / 592	2542	19	根	1.00	19.00		HPB300
	3	内箍筋	ϕ8	152 / 152 / 311	2026	19	根	0.80	15.20		HPB300
底板	4	上层主筋	⌀12	300 / 2200	2800	28	根	2.49	69.72		HRB400
	5	下层主筋	⌀12	2200	2200	28	根	1.95	54.60		HRB400
	6	架立筋	⌀14	252 / 300	1104	7	根	1.34	9.38		HRB400

混凝土（m³）					
	混凝土	C25	1×3.68=3.68	合计 4.07	钢材合计（kg）290.3
	垫层	C15	1×0.29=0.29		
	地栓护帽	C15	1×0.10=0.10		

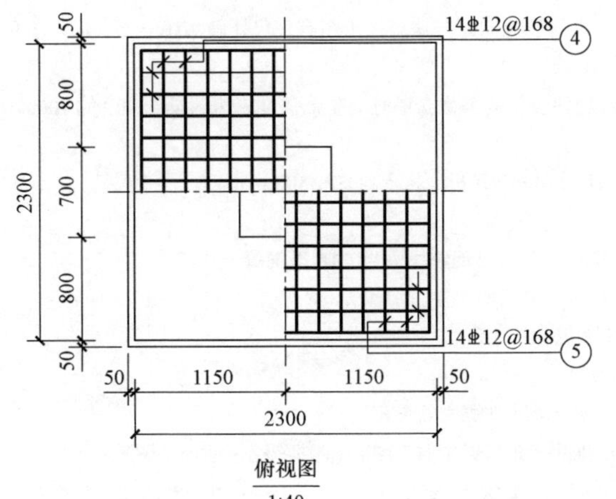

俯视图
1:40

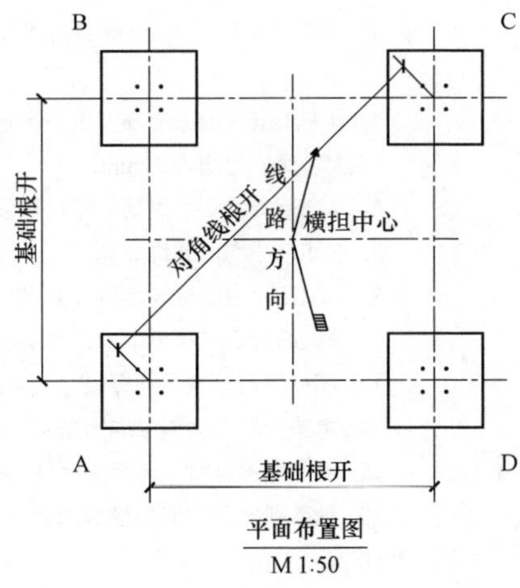

平面布置图
M 1:50

说明：1. 基础施工要求详见《铁塔基础施工总说明》相关要求施工。

2. 基础图中只表示出基础的全高，实际基础埋深，主柱露头尺寸根据基础顶面标高确定，基础顶面标高详见《铁塔基础配置表》中的标高要求。

3. 在基础施工之前，要核对基础根开及地脚螺栓间距与铁塔加工图有关尺寸确实统一无误后，方可施工。

4. 分解组塔时混凝土强度不小于设计强度的70%，整体立塔时混凝土强度应达到设计强度的100%。

5. 钢筋保护层均为50mm。

6. 本基础所用主柱主筋、底板钢筋为HRB400级钢筋，其余为HPB300级钢筋。

7. 箍筋尺寸均以外缘计。

8. 基坑尺寸应严格满足设计要求，严禁超挖，若出现超挖采用C15素混凝土找平。

9. 基坑成型后应注意保护，严防坑内积水，并及时浇注混凝土。

10. 图中钢筋长度为计算尺寸，实际长度以放样为准。

11. 本图所标尺寸单位均为毫米（mm）。

12. 地脚螺栓规格、间距见《铁塔基础根开及地脚螺栓配置表》。

13. 地脚螺栓及箍筋规格构造及安装分别见《地脚螺栓加工图》《地脚螺栓箍筋加工图》。

注：10GS20－J1－12 的根开为 2291 太小过不去、10GS20－J2－9 的根开为 2111 太小过不去、10GS10－J3－9 的根开为 2275 太小过不去，所以不适用于该图。

图 15－81　2.3×2.3×3.6（0.7）基础施工图（BZ－T300J－0.7）

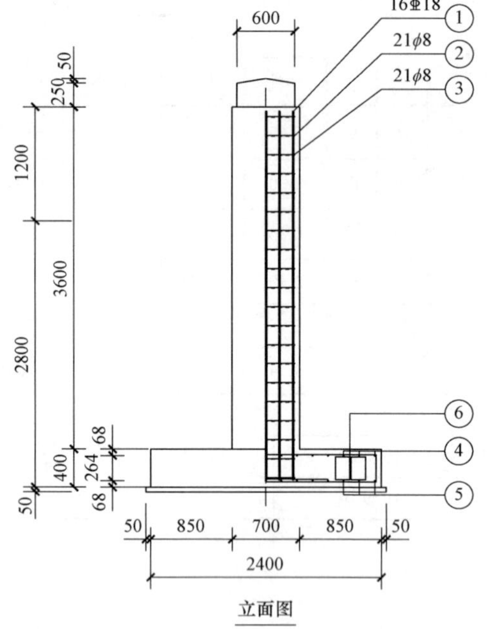

立面图
1:50

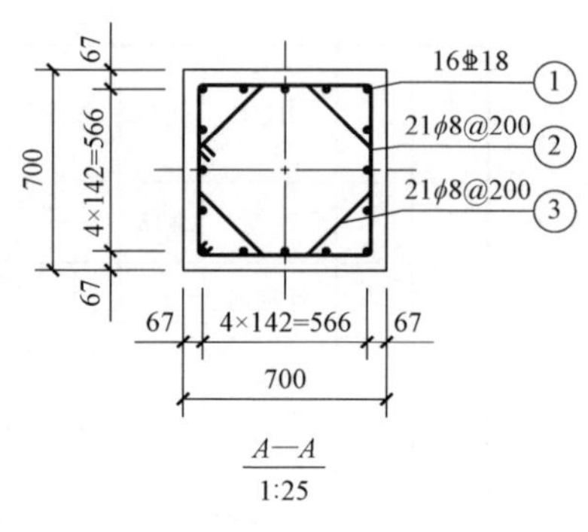

A—A
1:25

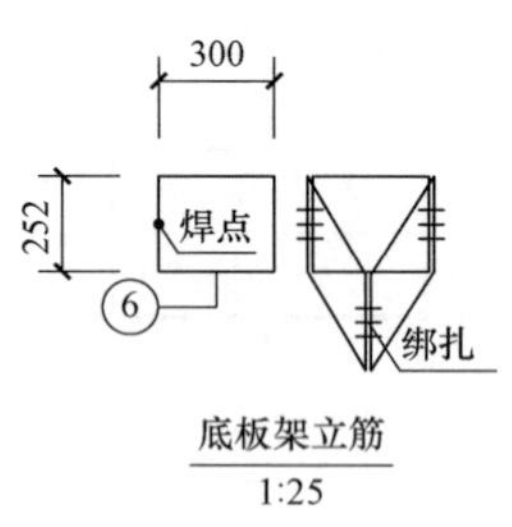

底板架立筋
1:25

材 料 表

部位	编号	名称A（B、C、D）	规格	简图及尺寸	长度（mm）	数量	单位	质量（kg）单件	小计	合计	备注
主柱	1	主筋	⌀18	3867 360	4227	16	根	8.45	135.20	322.32	HRB400
	2	外箍筋	⌀8	592 592	2542	21	根	1.00	21.00		HPB300
	3	内箍筋	⌀8	152 311 152	2026	21	根	0.80	16.80		HPB300
底板	4	上层主筋	⌀12	300 2300	2900	30	根	2.58	77.40		HRB400
	5	下层主筋	⌀12	2300	2300	30	根	2.04	61.20		HRB400
	6	架立筋	⌀14	252 300	1104	8	根	1.34	10.72		HRB400

混凝土（m^3）	名称	强度等级	体积	合计	钢材合计（kg）
	混凝土	C25	1×4.07=4.07	合计 4.48	322.32
	垫层	C15	1×0.31=0.31		
	地栓护帽	C15	1×0.10=0.10		

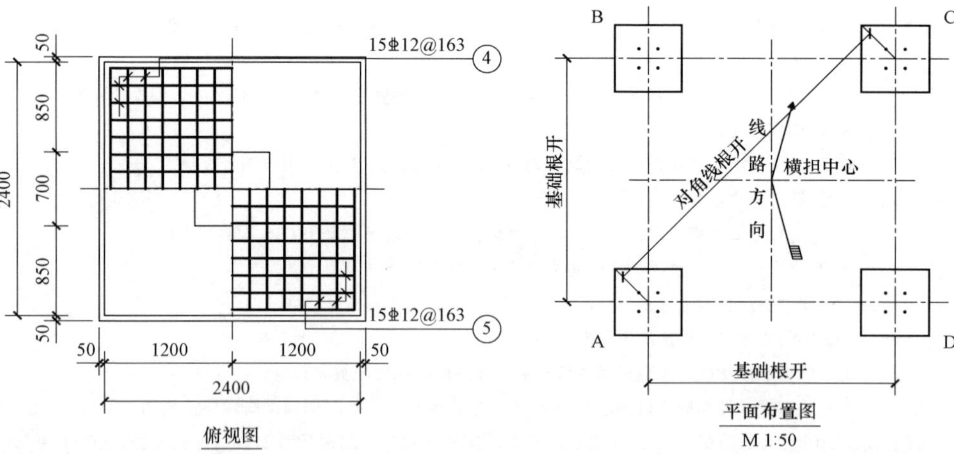

俯视图
1:45

平面布置图
M 1:50

说明：1. 基础施工要求详见《铁塔基础施工总说明》相关要求施工。

2. 基础图中只表示出基础的全高，实际基础埋深，主柱露头尺寸根据基础顶面标高确定，基础顶面标高详见《铁塔基础配置表》中的标高要求。

3. 在基础施工之前，要核对基础根开及地脚螺栓间距与铁塔加工图有关尺寸确实统一无误后，方可施工。

4. 分解组塔时混凝土强度不小于设计强度的70%，整体立塔时混凝土强度应达到设计强度的100%。

5. 钢筋保护层均为50mm。

6. 本基础所用主柱主筋、底板钢筋为HRB400级钢筋，其余为HPB300级钢筋。

7. 箍筋尺寸均以外缘计。

8. 基坑尺寸应严格满足设计要求，严禁超挖，若出现超挖采用C15素混凝土找平。

9. 基坑成型后应注意保护，严防坑内积水，并及时浇注混凝土。

10. 图中钢筋长度为计算尺寸，实际长度以放样为准。

11. 本图所标尺寸单位均为毫米（mm）。

12. 地脚螺栓规格、间距见《铁塔基础根开及地脚螺栓配置表》。

13. 地脚螺栓及箍筋规格构造及安装分别见《地脚螺栓加工图》《地脚螺栓箍筋加工图》。

注：10GS20－J1－12 的根开为 2291、10GS20－J2－9 的根开为 2111、10GS10－J3－9 的根开 2275 太小，10GS10－J2－12 偏心距过不去，所以不适用于该图。

图 15－82　2.4×2.4×4.0（1.2）基础施工图（BZ－T300J－1.2）

立面图
1:40

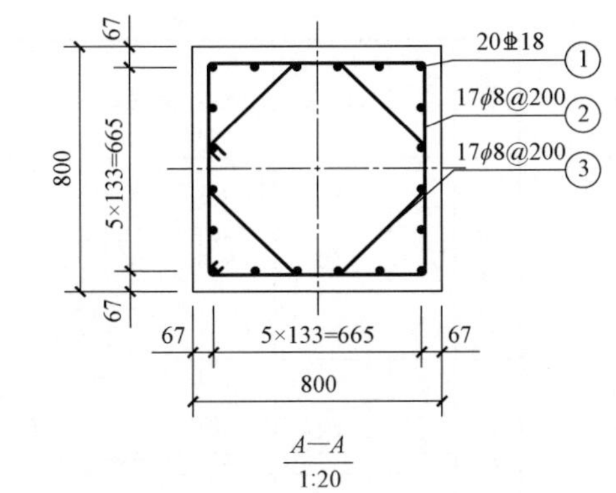

A—A
1:20

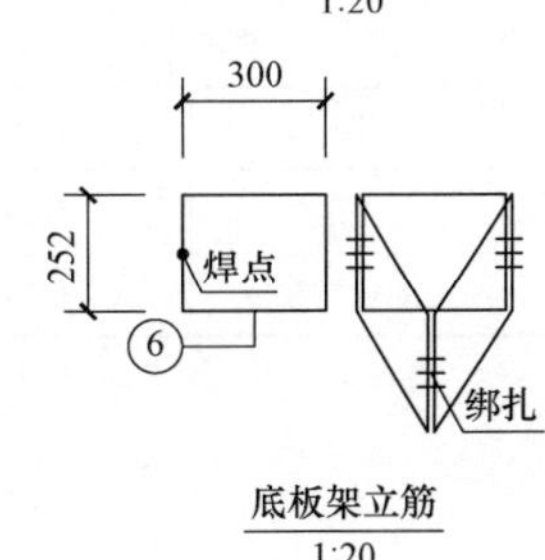

底板架立筋
1:20

材 料 表

部位	编号	名称A（B、C、D）	规格	简图及尺寸	长度（mm）	数量	单位	质量（kg）单件	小计	合计	备注
主柱	1	主筋	⌀18	3067 360	3427	20	根	6.85	137.00	305.89	HRB400
	2	外箍筋	ϕ8	692 692	2942	17	根	1.16	19.72		HPB300
	3	内箍筋	ϕ8	144 144 388	2302	17	根	0.91	15.47		HPB300
底板	4	上层主筋	⌀12	300 2200	2800	28	根	2.49	69.72		HRB400
	5	下层主筋	⌀12	2200	2200	28	根	1.95	54.60		HRB400
	6	架立筋	⌀14	252 300	1104	7	根	1.34	9.38		HRB400

混凝土（m³）	名称	规格	数量	合计	钢材合计（kg）
	混凝土	C25	1×3.91=3.91	合计 4.30	钢材合计（kg）305.89
	垫层	C15	1×0.29=0.29		
	地栓护帽	C15	1×0.10=0.10		

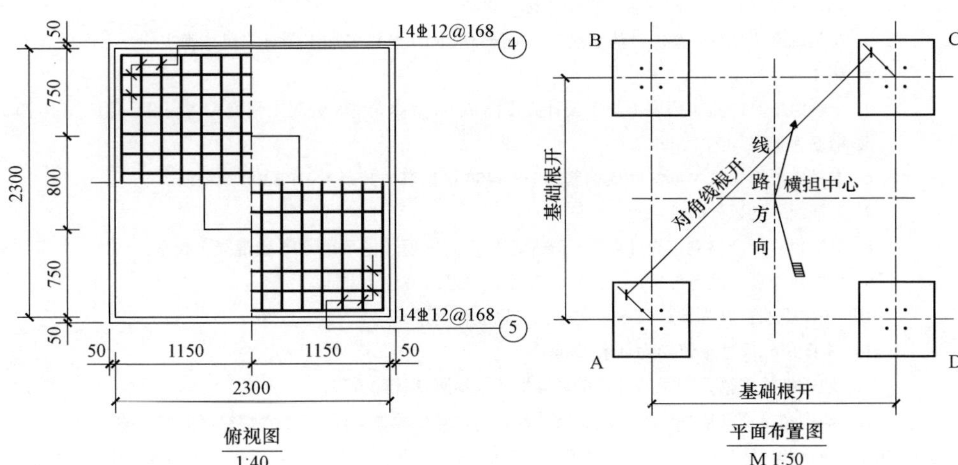

俯视图
1:40

平面布置图
M 1:50

说明：1. 基础施工要求详见《铁塔基础施工总说明》相关要求施工。

2. 基础图中只表示出基础的全高，实际基础埋深，主柱露头尺寸根据基础顶面标高确定，基础顶面标高详见《铁塔基础配置表》中的标高要求。

3. 在基础施工之前，要核对基础根开及地脚螺栓间距与铁塔加工图有关尺寸确实统一无误后，方可施工。

4. 分解组塔时混凝土强度不小于设计强度的70%，整体立塔时混凝土强度应达到设计强度的100%。

5. 钢筋保护层均为50mm。

6. 本基础所用主柱主筋、底板钢筋为HRB400级钢筋，其余为HPB300级钢筋。

7. 箍筋尺寸均以外缘计。

8. 基坑尺寸应严格满足设计要求，严禁超挖，若出现超挖采用C15素混凝土找平。

9. 基坑成型后应注意保护，严防坑内积水，并及时浇注混凝土。

10. 图中钢筋长度为计算尺寸，实际长度以放样为准。

11. 本图所标尺寸单位均为毫米（mm）。

12. 地脚螺栓规格、间距见《铁塔基础根开及地脚螺栓配置表》。

13. 地脚螺栓及箍筋规格构造及安装分别见《地脚螺栓加工图》《地脚螺栓箍筋加工图》。

注：由于10GS20−J3（转角）−9、10GS20−J3（终端）−9的根开太小，基础作用力大，所以不适用于该图。

图 15−83　2.3×2.3×3.2（0.2）基础施工图（BZ−T350J−0.2）

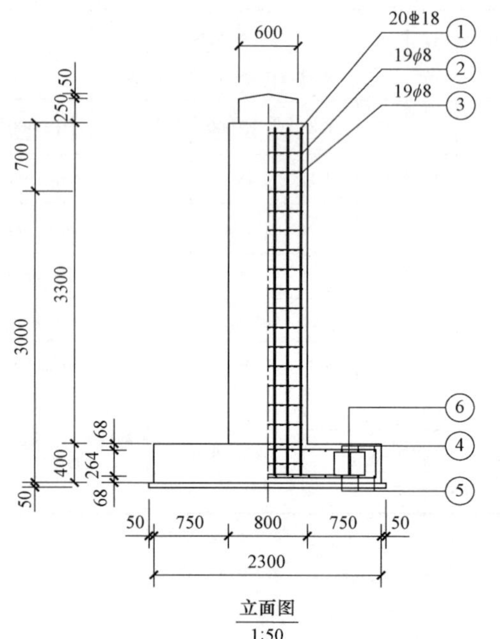

立面图
1:50

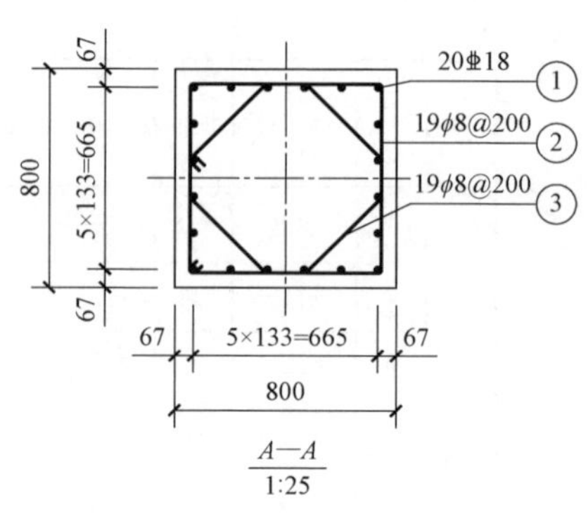

A—A
1:25

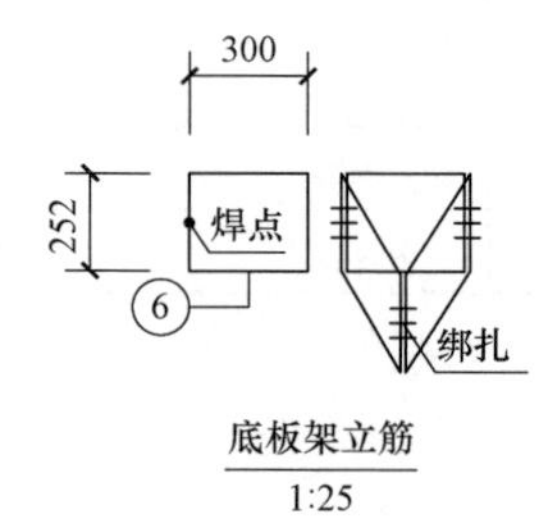

底板架立筋
1:25

材 料 表

部位	编号	名称A（B、C、D）	规格	简图及尺寸	长度（mm）	数量	单位	质量（kg） 单件	质量（kg） 小计	质量（kg） 合计	备注
主柱	1	主筋	Φ18	3567 360	3927	20	根	7.85	157.00	330.03	HRB400
	2	外箍筋	ϕ8	692 692	2942	19	根	1.16	22.04		HPB300
	3	内箍筋	ϕ8	144 144 388	2302	19	根	0.91	17.29		HPB300
底板	4	上层主筋	Φ12	300 2200	2800	28	根	2.49	69.72		HRB400
	5	下层主筋	Φ12	2200	2200	28	根	1.95	54.60		HRB400
	6	架立筋	Φ14	252 300	1104	7	根	1.34	9.38		HRB400
混凝土（m^3）	混凝土	C25	1×4.23=4.23					合计 4.62		钢材合计（kg）330.03	
	垫层	C15	1×0.29=0.29								
	地栓护帽	C15	1×0.10=0.10								

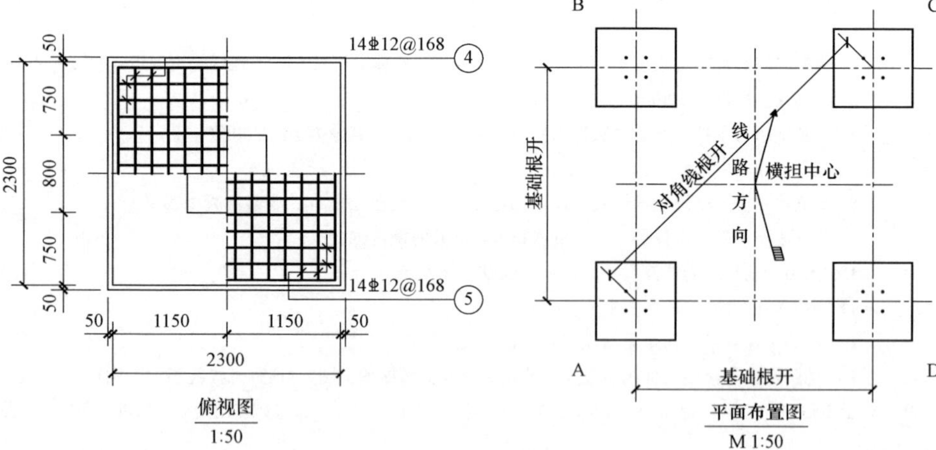

俯视图
1:50

平面布置图
M 1:50

说明：1. 基础施工要求详见《铁塔基础施工总说明》相关要求施工。

2. 基础图中只表示出基础的全高，实际基础埋深，主柱露头尺寸根据基础顶面标高确定，基础顶面标高详见《铁塔基础配置表》中的标高要求。

3. 在基础施工之前，要核对基础根开及地脚螺栓间距与铁塔加工图有关尺寸确实统一无误后，方可施工。

4. 分解组塔时混凝土强度不小于设计强度的70%，整体立塔时混凝土强度应达到设计强度的100%。

5. 钢筋保护层均为50mm。

6. 本基础所用主柱主筋、底板钢筋为HRB400级钢筋，其余为HPB300级钢筋。

7. 箍筋尺寸均以外缘计。

8. 基坑尺寸应严格满足设计要求，严禁超挖，若出现超挖采用C15素混凝土找平。

9. 基坑成型后应注意保护，严防坑内积水，并及时浇注混凝土。

10. 图中钢筋长度为计算尺寸，实际长度以放样为准。

11. 本图所标尺寸单位均为毫米（mm）。

12. 地脚螺栓规格、间距见《铁塔基础根开及地脚螺栓配置表》。

13. 地脚螺栓及箍筋规格构造及安装分别见《地脚螺栓加工图》《地脚螺栓箍筋加工图》。

注：由于10GS20－J3（转角）－9、10GS20－J3（终端）－9的根开太小，基础作用力大，所以不适用于该图。

图15－84　2.3×2.3×3.7（0.7）基础施工图（BZ－T350J－0.7）

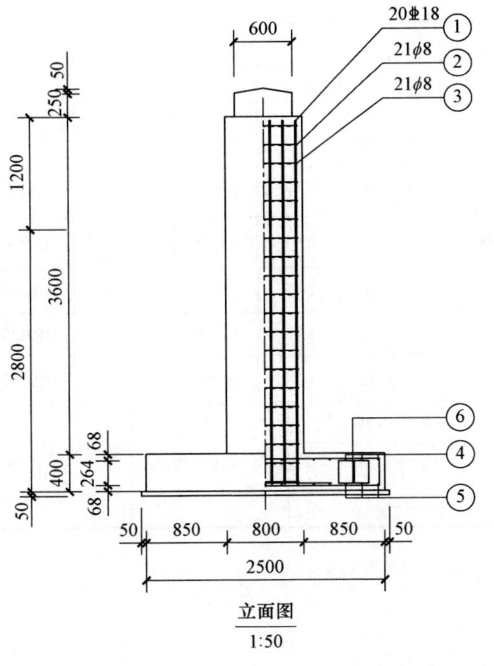

立面图
1:50

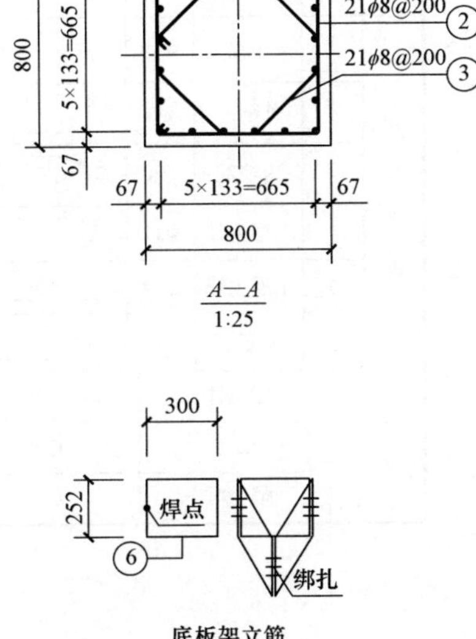

A—A
1:25

底板架立筋
1:25

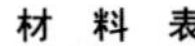
材 料 表

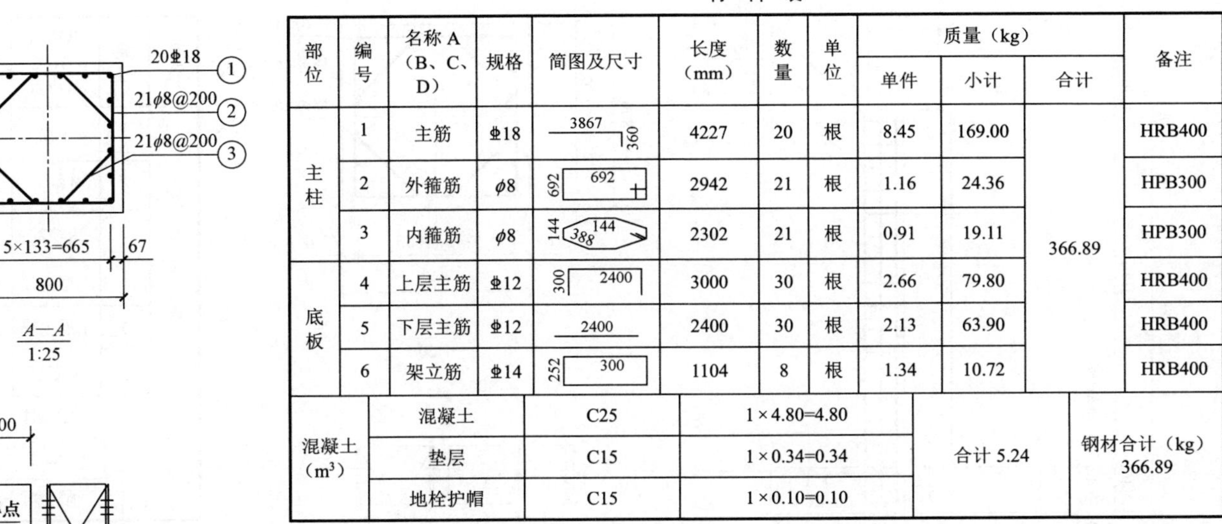

部位	编号	名称A（B、C、D）	规格	简图及尺寸	长度（mm）	数量	单位	质量（kg）单件	小计	合计	备注
主柱	1	主筋	⌀18	3867 360	4227	20	根	8.45	169.00	366.89	HRB400
	2	外箍筋	φ8	692 692	2942	21	根	1.16	24.36		HPB300
	3	内箍筋	φ8	144 144 388	2302	21	根	0.91	19.11		HPB300
底板	4	上层主筋	⌀12	300 2400	3000	30	根	2.66	79.80		HRB400
	5	下层主筋	⌀12	2400	2400	30	根	2.13	63.90		HRB400
	6	架立筋	⌀14	252 300	1104	8	根	1.34	10.72		HRB400
混凝土（m³）	混凝土		C25	1×4.80=4.80				合计 5.24		钢材合计（kg）366.89	
	垫层		C15	1×0.34=0.34							
	地栓护帽		C15	1×0.10=0.10							

说明：1. 基础施工要求详见《铁塔基础施工总说明》相关要求施工。

2. 基础图中只表示出基础的全高，实际基础埋深，主柱露头尺寸根据基础顶面标高确定，基础顶面标高详见《铁塔基础配置表》中的标高要求。

3. 在基础施工之前，要核对基础根开及地脚螺栓间距与铁塔加工图有关尺寸确实统一无误后，方可施工。

4. 分解组塔时混凝土强度不小于设计强度的70%，整体立塔时混凝土强度应达到设计强度的100%。

5. 钢筋保护层均为50mm。

6. 本基础所用主柱主筋、底板钢筋为HRB400级钢筋，其余为HPB300级钢筋。

7. 箍筋尺寸均以外缘计。

8. 基坑尺寸应严格满足设计要求，严禁超挖，若出现超挖采用C15素混凝土找平。

9. 基坑成型后应注意保护，严防坑内积水，并及时浇注混凝土。

10. 图中钢筋长度为计算尺寸，实际长度以放样为准。

11. 本图所标尺寸单位均为毫米（mm）。

12. 地脚螺栓规格、间距见《铁塔基础根开及地脚螺栓配置表》。

13. 地脚螺栓及箍筋规格构造及安装分别见《地脚螺栓加工图》《地脚螺栓箍筋加工图》。

注：由于10GS20－J3（转角）－9、10GS20－J3（终端）－9、10GS20－J2－12的根开小于2500，所以不适用于该图。

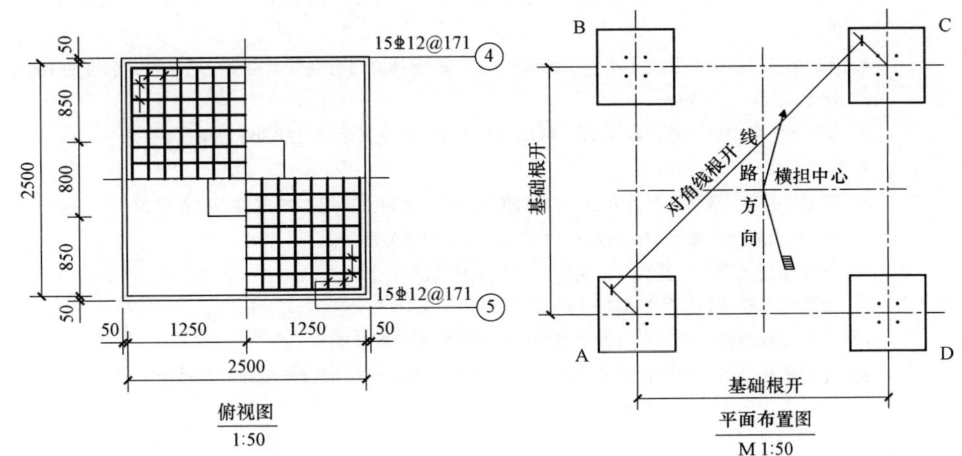

俯视图
1:50

平面布置图
M 1:50

图15－85　2.5×2.5×4.0（1.2）基础施工图（BZ－T350J－1.2）

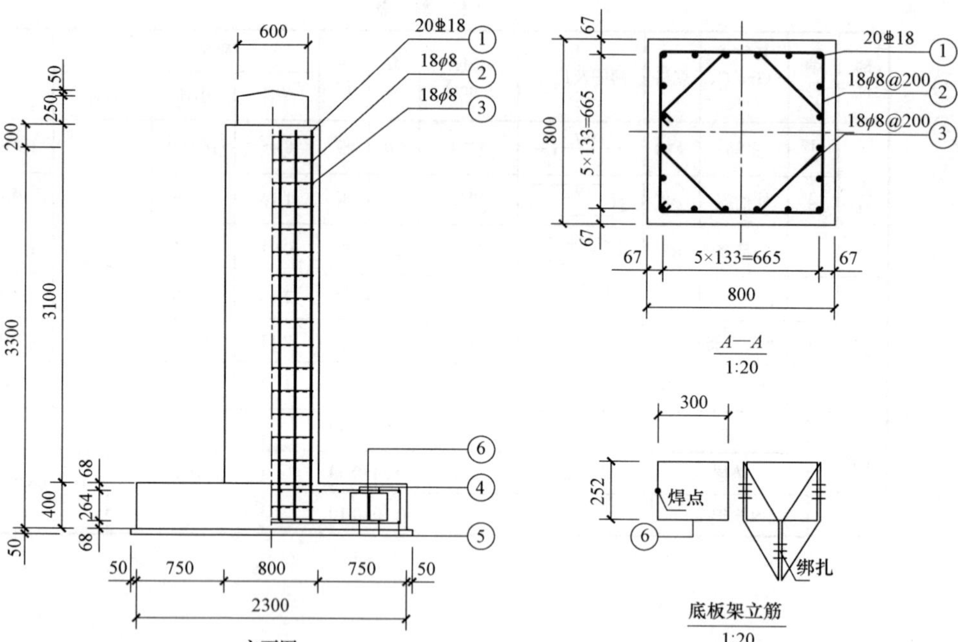

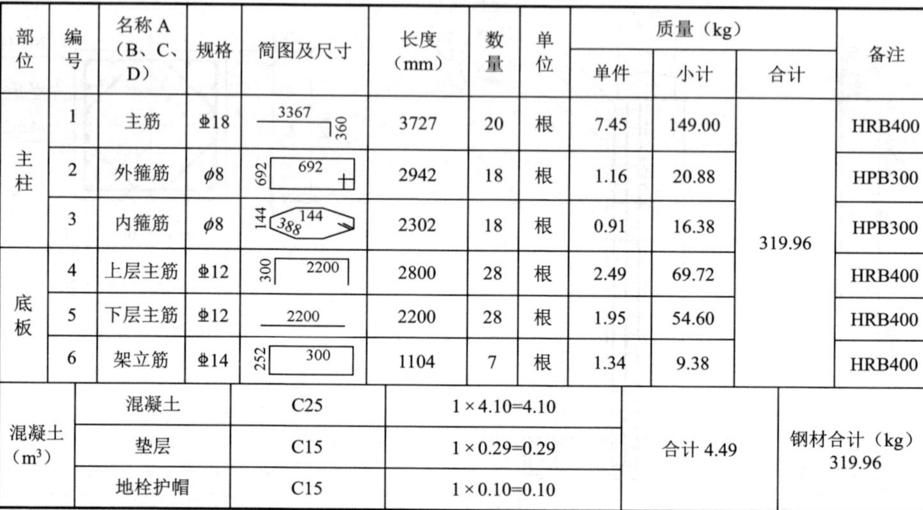

材 料 表

部位	编号	名称A（B、C、D）	规格	简图及尺寸	长度（mm）	数量	单位	质量（kg）单件	质量（kg）小计	质量（kg）合计	备注
主柱	1	主筋	⌀18	3367 / 360	3727	20	根	7.45	149.00	319.96	HRB400
	2	外箍筋	ϕ8	692 / 692	2942	18	根	1.16	20.88		HPB300
	3	内箍筋	ϕ8	144 / 144 / 388	2302	18	根	0.91	16.38		HPB300
底板	4	上层主筋	⌀12	300 / 2200	2800	28	根	2.49	69.72		HRB400
	5	下层主筋	⌀12	2200	2200	28	根	1.95	54.60		HRB400
	6	架立筋	⌀14	252 / 300	1104	7	根	1.34	9.38		HRB400

混凝土（m³）	名称	强度	数量	合计	钢材合计（kg）
	混凝土	C25	1×4.10=4.10	合计 4.49	钢材合计（kg）319.96
	垫层	C15	1×0.29=0.29		
	地栓护帽	C15	1×0.10=0.10		

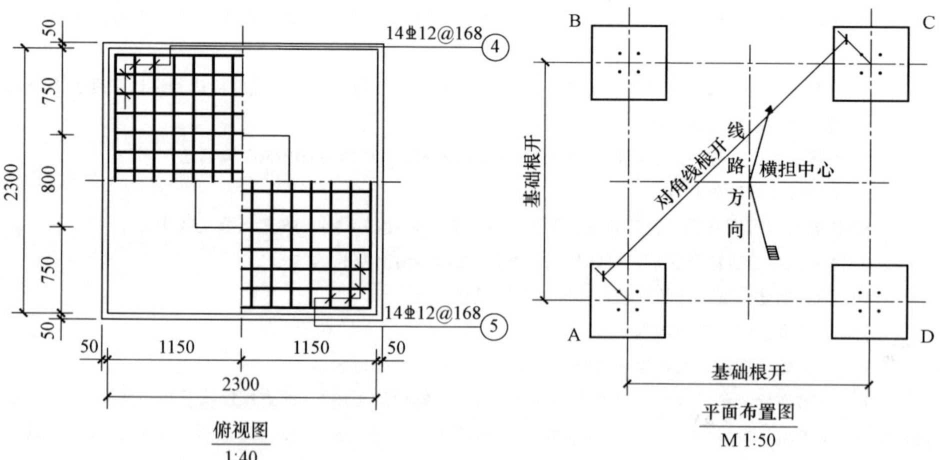

说明：1. 基础施工要求详见《铁塔基础施工总说明》相关要求施工。

2. 基础图中只表示出基础的全高，实际基础埋深，主柱露头尺寸根据基础顶面标高确定，基础顶面标高详见《铁塔基础配置表》中的标高要求。

3. 在基础施工之前，要核对基础根开及地脚螺栓间距与铁塔加工图有关尺寸确实统一无误后，方可施工。

4. 分解组塔时混凝土强度不小于设计强度的70%，整体立塔时混凝土强度应达到设计强度的100%。

5. 钢筋保护层均为50mm。

6. 本基础所用主柱主筋、底板钢筋为HRB400级钢筋，其余为HPB300级钢筋。

7. 箍筋尺寸均以外缘计。

8. 基坑尺寸应严格满足设计要求，严禁超挖，若出现超挖采用C15素混凝土找平。

9. 基坑成型后应注意保护，严防坑内积水，并及时浇注混凝土。

10. 图中钢筋长度为计算尺寸，实际长度以放样为准。

11. 本图所标尺寸单位均为毫米（mm）。

12. 地脚螺栓规格、间距见《铁塔基础根开及地脚螺栓配置表》。

13. 地脚螺栓及箍筋规格构造及安装分别见《地脚螺栓加工图》《地脚螺栓箍筋加工图》。

图 15－86 2.3×2.3×3.5（0.2）基础施工图（BZ－T400J－0.2）

立面图
1:50

A—A
1:25

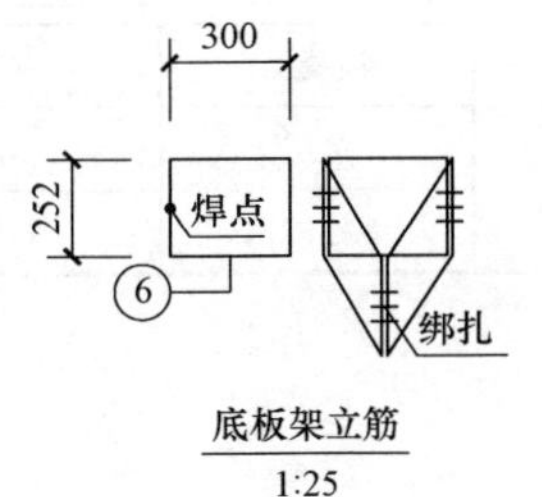

底板架立筋
1:25

材 料 表

部位	编号	名称A（B、C、D）	规格	简图及尺寸	长度（mm）	数量	单位	质量（kg） 单件	小计	合计	备注
主柱	1	主筋	⌀18	3767 360	4127	20	根	8.25	165.00	346.48	HRB400
	2	外箍筋	ϕ8	692 692	2942	20	根	1.16	23.20		HPB300
	3	内箍筋	ϕ8	144 144 388	2302	20	根	0.91	18.20		HPB300
底板	4	上层主筋	⌀12	300 2300	2900	28	根	2.58	72.24		HRB400
	5	下层主筋	⌀12	2300	2300	28	根	2.04	57.12		HRB400
	6	架立筋	⌀14	252 300	1104	8	根	1.34	10.72		HRB400

混凝土（m³）					
混凝土（m³）	混凝土	C25	1×4.54=4.54	合计 4.95	钢材合计（kg）346.48
	垫层	C15	1×0.31=0.31		
	地栓护帽	C15	1×0.10=0.10		

俯视图
1:50

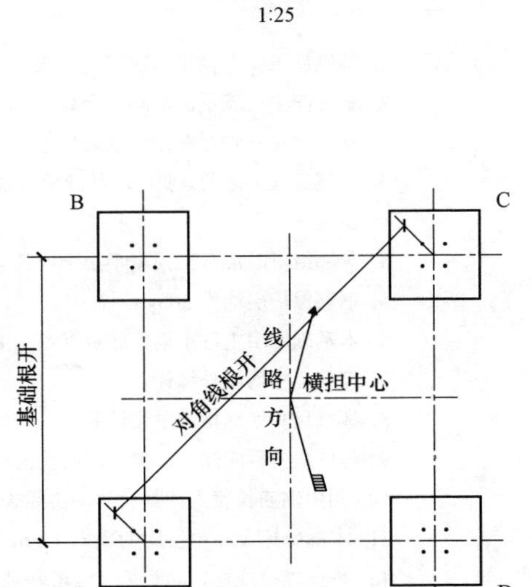

平面布置图
M 1:50

说明：1. 基础施工要求详见《铁塔基础施工总说明》相关要求施工。

2. 基础图中只表示出基础的全高，实际基础埋深，主柱露头尺寸根据基础顶面标高确定，基础顶面标高详见《铁塔基础配置表》中的标高要求。

3. 在基础施工之前，要核对基础根开及地脚螺栓间距与铁塔加工图有关尺寸确实统一无误后，方可施工。

4. 分解组塔时混凝土强度不小于设计强度的70%，整体立塔时混凝土强度应达到设计强度的100%。

5. 钢筋保护层均为50mm。

6. 本基础所用主柱主筋、底板钢筋为HRB400级钢筋，其余为HPB300级钢筋。

7. 箍筋尺寸均以外缘计。

8. 基坑尺寸应严格满足设计要求，严禁超挖，若出现超挖采用C15素混凝土找平。

9. 基坑成型后应注意保护，严防坑内积水，并及时浇注混凝土。

10. 图中钢筋长度为计算尺寸，实际长度以放样为准。

11. 本图所标尺寸单位均为毫米（mm）。

12. 地脚螺栓规格、间距见《铁塔基础根开及地脚螺栓配置表》。

13. 地脚螺栓及箍筋规格构造及安装分别见《地脚螺栓加工图》《地脚螺栓箍筋加工图》。

图 15-87　2.4×2.4×3.9（0.7）基础施工图（BZ-T400J-0.7）

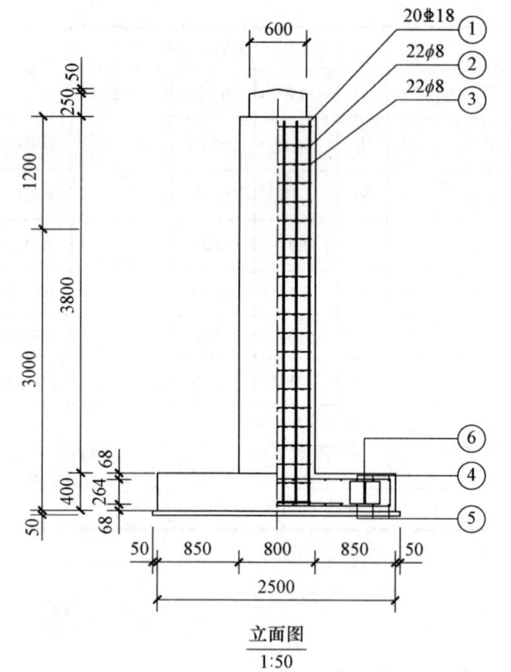

立面图
1:50

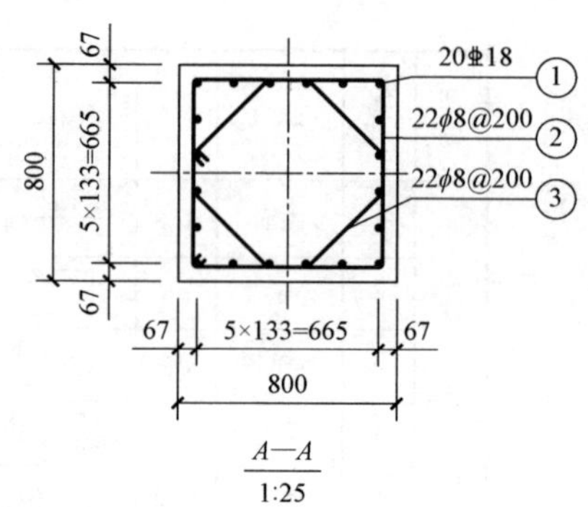

A—A
1:25

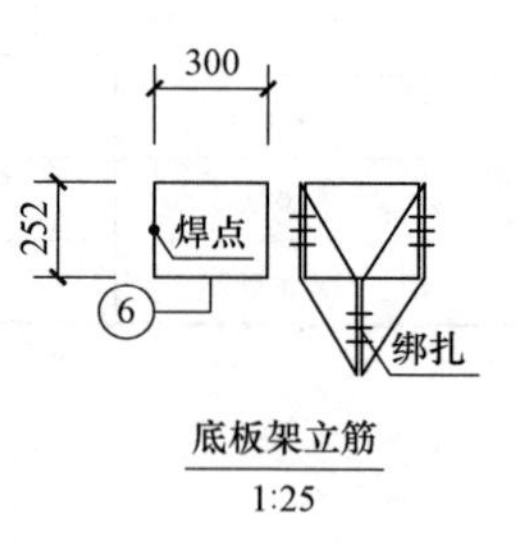

底板架立筋
1:25

材 料 表

部位	编号	名称A（B、C、D）	规格	简图及尺寸	长度（mm）	数量	单位	质量（kg）单件	小计	合计	备注
主柱	1	主筋	Φ18	4067 360	4427	20	根	8.85	177.00	376.96	HRB400
	2	外箍筋	φ8	692 692	2942	22	根	1.16	25.52		HPB300
	3	内箍筋	φ8	144 144 388	2302	22	根	0.91	20.02		HPB300
底板	4	上层主筋	Φ12	300 2400	3000	30	根	2.66	79.80		HRB400
	5	下层主筋	Φ12	2400	2400	30	根	2.13	63.90		HRB400
	6	架立筋	Φ14	252 300	1104	8	根	1.34	10.72		HRB400

混凝土（m^3）	名称	规格	数量	合计	钢材合计（kg）
	混凝土	C25	1×4.93=4.93	合计 5.37	376.96
	垫层	C15	1×0.34=0.34		
	地栓护帽	C15	1×0.10=0.10		

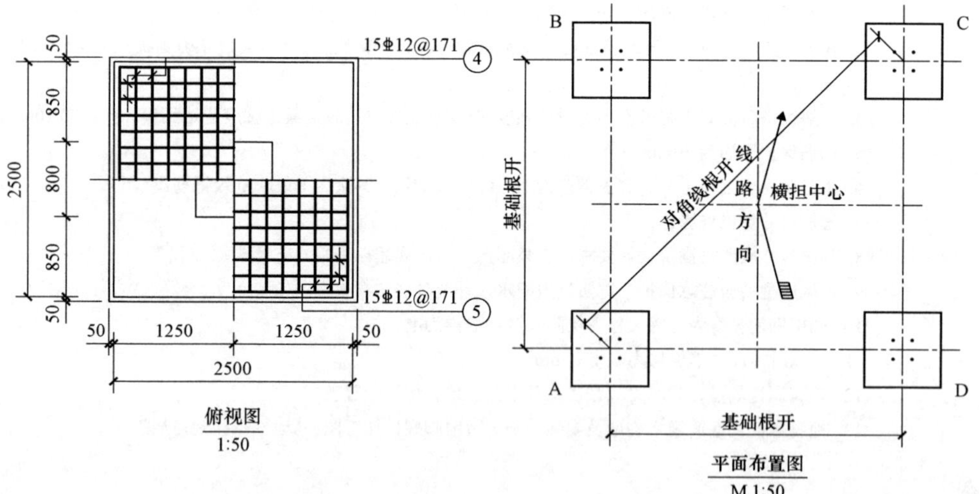

俯视图
1:50

平面布置图
M 1:50

说明：1. 基础施工要求详见《铁塔基础施工总说明》相关要求施工。

2. 基础图中只表示出基础的全高，实际基础埋深，主柱露头尺寸根据基础顶面标高确定，基础顶面标高详见《铁塔基础配置表》中的标高要求。

3. 在基础施工之前，要核对基础根开及地脚螺栓间距与铁塔加工图有关尺寸确实统一无误后，方可施工。

4. 分解组塔时混凝土强度不小于设计强度的70%，整体立塔时混凝土强度应达到设计强度的100%。

5. 钢筋保护层均为50mm。

6. 本基础所用主柱主筋、底板钢筋为HRB400级钢筋，其余为HPB300级钢筋。

7. 箍筋尺寸均以外缘计。

8. 基坑尺寸应严格满足设计要求，严禁超挖，若出现超挖采用C15素混凝土找平。

9. 基坑成型后应注意保护，严防坑内积水，并及时浇注混凝土。

10. 图中钢筋长度为计算尺寸，实际长度以放样为准。

11. 本图所标尺寸单位均为毫米（mm）。

12. 地脚螺栓规格、间距见《铁塔基础根开及地脚螺栓配置表》。

13. 地脚螺栓及箍筋规格构造及安装分别见《地脚螺栓加工图》《地脚螺栓箍筋加工图》。

注：由于10GS20－J3（转角）－12、10GS20－J3（终端）－12的偏心距过不去，所以不适用于该图。

图15－88 2.5×2.5×4.2（1.2）基础施工图（BZ－T400J－1.2）

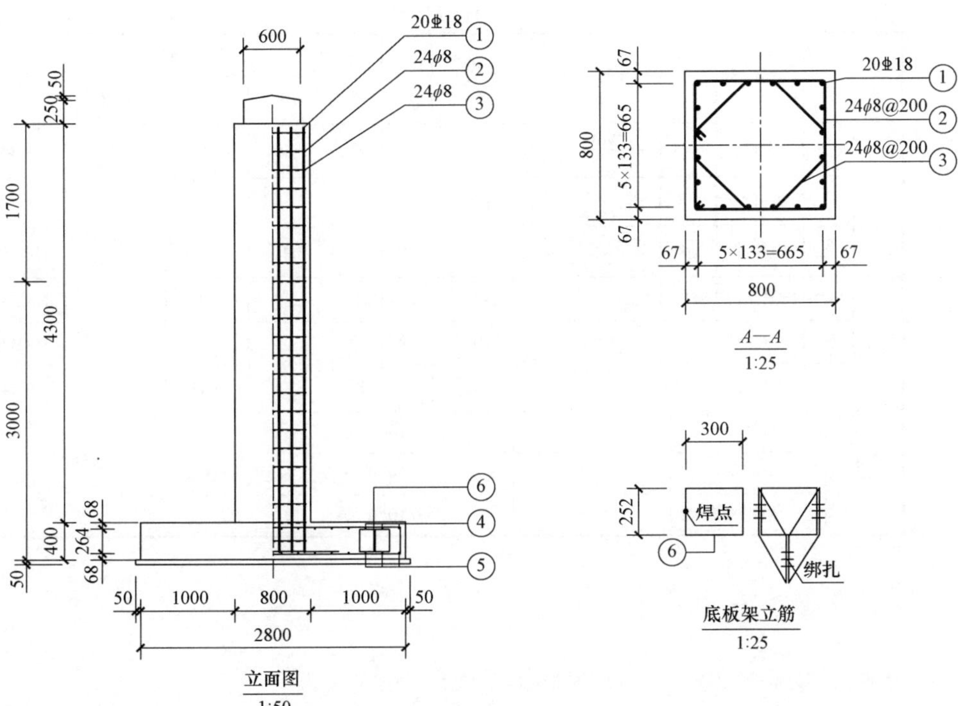

材 料 表

部位	编号	名称A（B、C、D）	规格	简图及尺寸	长度（mm）	数量	单位	质量（kg）单件	小计	合计	备注
主柱	1	主筋	⌀18	4567 360	4927	20	根	9.85	197.00	430.64	HRB400
	2	外箍筋	φ8	692 692	2942	24	根	1.16	27.84		HPB300
	3	内箍筋	φ8	144 144 388	2302	24	根	0.91	21.84		HPB300
底板	4	上层主筋	⌀12	300 2700	3300	32	根	2.93	93.76		HRB400
	5	下层主筋	⌀12	2700	2700	32	根	2.40	76.80		HRB400
	6	架立筋	⌀14	252 300	1104	10	根	1.34	13.4		HRB400
混凝土（m³）	混凝土	C25	1×5.89=5.89			合计 6.41			钢材合计（kg）430.64		
	垫层	C15	1×0.42=0.42								
	地栓护帽	C15	1×0.10=0.10								

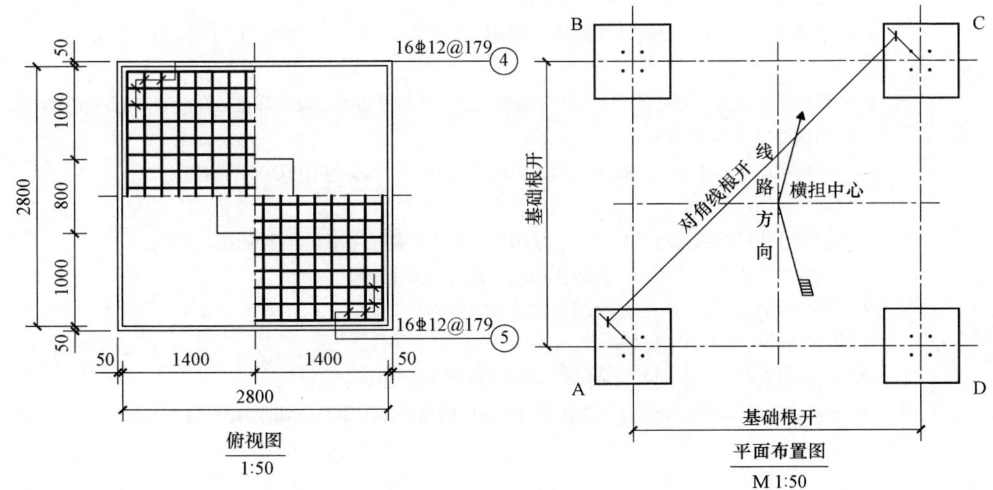

说明：1. 基础施工要求详见《铁塔基础施工总说明》相关要求施工。

2. 基础图中只表示出基础的全高，实际基础埋深，主柱露头尺寸根据基础顶面标高确定，基础顶面标高详见《铁塔基础配置表》中的标高要求。

3. 在基础施工之前，要核对基础根开及地脚螺栓间距与铁塔加工图有关尺寸确实统一无误后，方可施工。

4. 分解组塔时混凝土强度不小于设计强度的70%，整体立塔时混凝土强度应达到设计强度的100%。

5. 钢筋保护层均为50mm。

6. 本基础所用主柱主筋、底板钢筋为HRB400级钢筋，其余为HPB300级钢筋。

7. 箍筋尺寸均以外缘计。

8. 基坑尺寸应严格满足设计要求，严禁超挖，若出现超挖采用C15素混凝土找平。

9. 基坑成型后应注意保护，严防坑内积水，并及时浇注混凝土。

10. 图中钢筋长度为计算尺寸，实际长度以放样为准。

11. 本图所标尺寸单位均为毫米（mm）。

12. 地脚螺栓规格、间距见《铁塔基础根开及地脚螺栓配置表》。

13. 地脚螺栓及箍筋规格构造及安装分别见《地脚螺栓加工图》《地脚螺栓箍筋加工图》。

注：由于10GS20－J3（转角）－12、10GS20－J3（终端）－12的根开小与2800，所以不适用于该图。

图15－89　2.8×2.8×4.7（1.7）基础施工图（BZ－T400J－1.7）

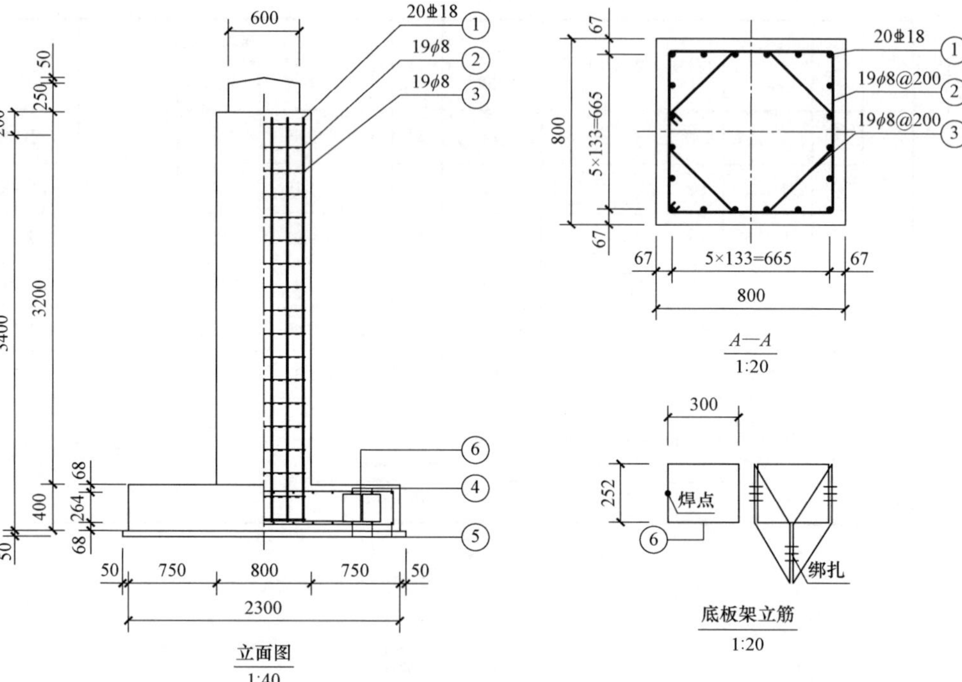

立面图
1:40

A—A
1:20

底板架立筋
1:20

材 料 表

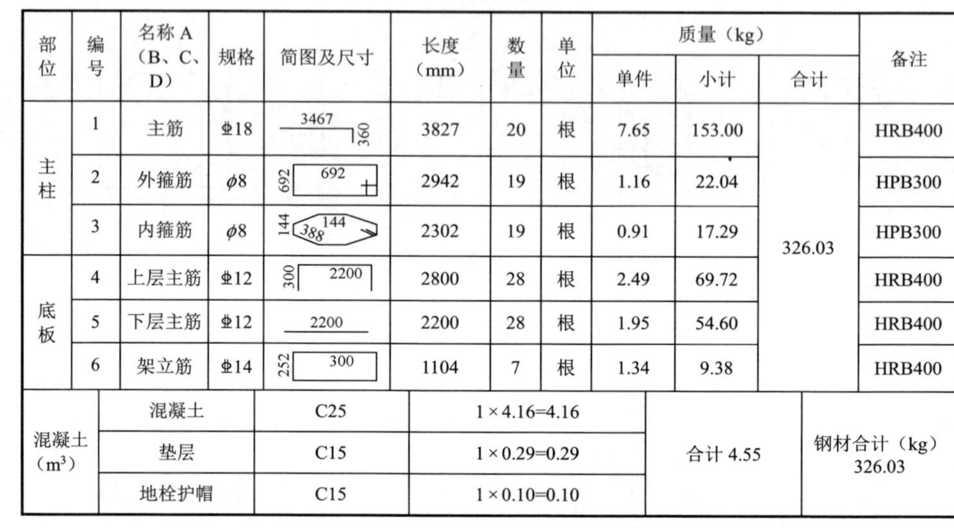

部位	编号	名称A（B、C、D）	规格	简图及尺寸	长度（mm）	数量	单位	质量（kg）单件	小计	合计	备注
主柱	1	主筋	⌀18	3467, 360	3827	20	根	7.65	153.00	326.03	HRB400
	2	外箍筋	ϕ8	692, 692	2942	19	根	1.16	22.04		HPB300
	3	内箍筋	ϕ8	144, 144, 388	2302	19	根	0.91	17.29		HPB300
底板	4	上层主筋	⌀12	300, 2200	2800	28	根	2.49	69.72		HRB400
	5	下层主筋	⌀12	2200	2200	28	根	1.95	54.60		HRB400
	6	架立筋	⌀14	252, 300	1104	7	根	1.34	9.38		HRB400

混凝土（m^3）	名称	强度	数量	合计	钢材合计（kg）
	混凝土	C25	1×4.16=4.16	合计 4.55	326.03
	垫层	C15	1×0.29=0.29		
	地栓护帽	C15	1×0.10=0.10		

俯视图
1:40

平面布置图
M 1:50

说明：1. 基础施工要求详见《铁塔基础施工总说明》相关要求施工。
2. 基础图中只表示出基础的全高，实际基础埋深，主柱露头尺寸根据基础顶面标高确定，基础顶面标高详见《铁塔基础配置表》中的标高要求。
3. 在基础施工之前，要核对基础根开及地脚螺栓间距与铁塔加工图有关尺寸确实统一无误后，方可施工。
4. 分解组塔时混凝土强度不小于设计强度的70%，整体立塔时混凝土强度应达到设计强度的100%。
5. 钢筋保护层均为50mm。
6. 本基础所用主柱主筋、底板钢筋为HRB400级钢筋，其余为HPB300级钢筋。
7. 箍筋尺寸均以外缘计。
8. 基坑尺寸应严格满足设计要求，严禁超挖，若出现超挖采用C15素混凝土找平。
9. 基坑成型后应注意保护，严防坑内积水，并及时浇注混凝土。
10. 图中钢筋长度为计算尺寸，实际长度以放样为准。
11. 本图所标尺寸单位均为毫米（mm）。
12. 地脚螺栓规格、间距见《铁塔基础根开及地脚螺栓配置表》。
13. 地脚螺栓及箍筋规格构造及安装分别见《地脚螺栓加工图》《地脚螺栓箍筋加工图》。

图15-90 2.3×2.3×3.6（0.2）基础施工图（BZ-T450J-0.2）

立面图
1:50

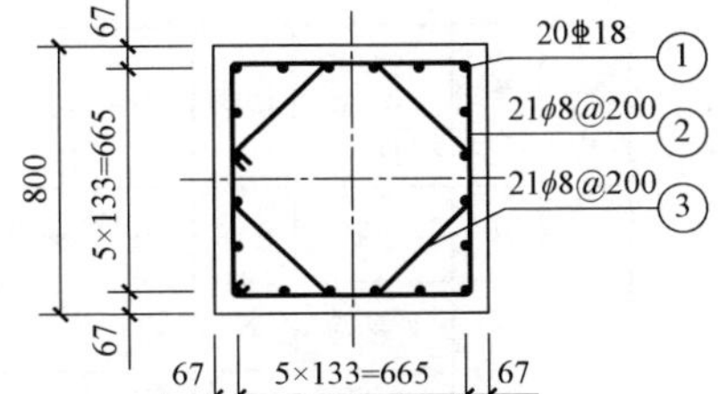

A—A
1:25

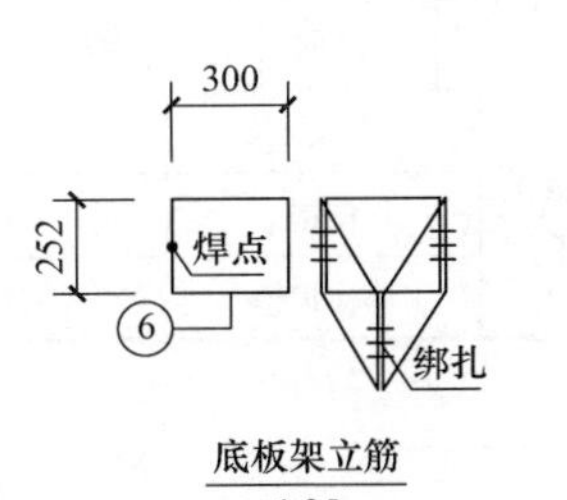

底板架立筋
1:25

材 料 表

部位	编号	名称 A（B、C、D）	规格	简图及尺寸	长度（mm）	数量	单位	质量（kg）单件	质量（kg）小计	质量（kg）合计	备注
主柱	1	主筋	⌀18	3967 360	4327	20	根	8.65	173.00	356.55	HRB400
	2	外箍筋	ϕ8	692 692	2942	21	根	1.16	24.36		HPB300
	3	内箍筋	ϕ8	144 144 388	2302	21	根	0.91	19.11		HPB300
底板	4	上层主筋	⌀12	300 2300	2900	28	根	2.58	72.24		HRB400
	5	下层主筋	⌀12	2300	2300	28	根	2.04	57.12		HRB400
	6	架立筋	⌀14	252 300	1104	8	根	1.34	10.72		HRB400
混凝土（m^3）	混凝土	C25	1×4.67=4.67					合计 5.08		钢材合计（kg）356.55	
	垫层	C15	1×0.31=0.31								
	地栓护帽	C15	1×0.10=0.10								

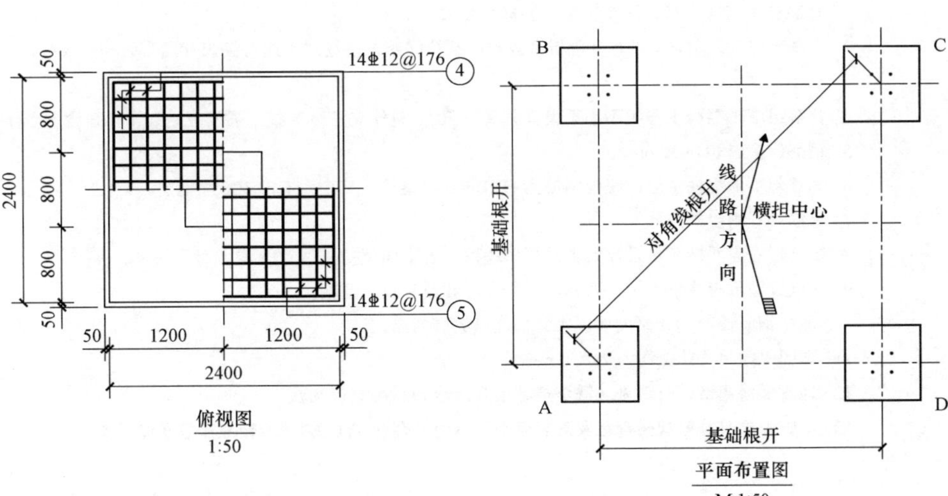

俯视图
1:50

平面布置图
M 1:50

说明：1. 基础施工要求详见《铁塔基础施工总说明》相关要求施工。
2. 基础图中只表示出基础的全高，实际基础埋深，主柱露头尺寸根据基础顶面标高确定，基础顶面标高详见《铁塔基础配置表》中的标高要求。
3. 在基础施工之前，要核对基础根开及地脚螺栓间距与铁塔加工图有关尺寸确实统一无误后，方可施工。
4. 分解组塔时混凝土强度不小于设计强度的70%，整体立塔时混凝土强度应达到设计强度的100%。
5. 钢筋保护层均为50mm。
6. 本基础所用主柱主筋、底板钢筋为HRB400级钢筋，其余为HPB300级钢筋。
7. 箍筋尺寸均以外缘计。
8. 基坑尺寸应严格满足设计要求，严禁超挖，若出现超挖采用C15素混凝土找平。
9. 基坑成型后应注意保护，严防坑内积水，并及时浇注混凝土。
10. 图中钢筋长度为计算尺寸，实际长度以放样为准。
11. 本图所标尺寸单位均为毫米（mm）。
12. 地脚螺栓规格、间距见《铁塔基础根开及地脚螺栓配置表》。
13. 地脚螺栓及箍筋规格构造及安装分别见《地脚螺栓加工图》《地脚螺栓箍筋加工图》。

图 15－91 2.4×2.4×4.1（0.7）基础施工图（BZ－T450J－0.7）

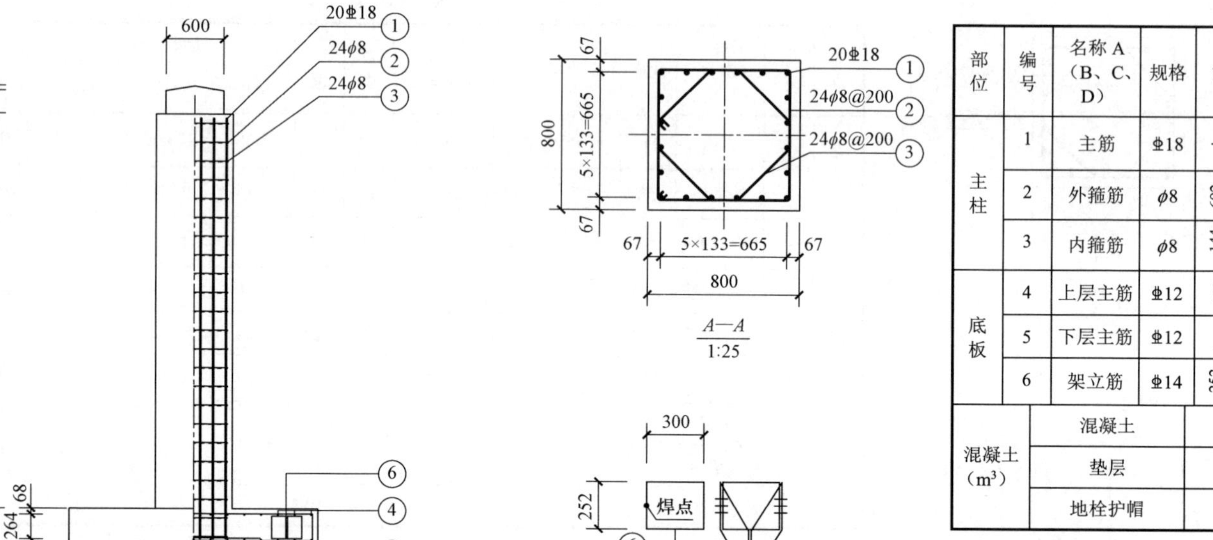

立面图
1:50

A—A
1:25

底板架立筋
1:25

俯视图
1:50

平面布置图
M 1:50

材 料 表

部位	编号	名称A（B、C、D）	规格	简图及尺寸	长度（mm）	数量	单位	质量（kg）单件	小计	合计	备注
主柱	1	主筋	⌀18	4467 / 360	4827	20	根	9.65	193.00	403.84	HRB400
	2	外箍筋	⌀8	692 / 692	2942	24	根	1.16	27.84		HPB300
	3	内箍筋	⌀8	144 / 144 / 388	2302	24	根	0.91	21.84		HPB300
底板	4	上层主筋	⌀12	300 / 2500	3100	30	根	2.75	82.50		HRB400
	5	下层主筋	⌀12	2500	2500	30	根	2.22	66.60		HRB400
	6	架立筋	⌀14	252 / 300	1104	9	根	1.34	12.06		HRB400

混凝土（m^3）	名称	规格	数量	合计	钢材合计（kg）
	混凝土	C25	1×5.39=5.39	合计 5.85	403.84
	垫层	C15	1×0.36=0.36		
	地栓护帽	C15	1×0.10=0.10		

说明：1. 基础施工要求详见《铁塔基础施工总说明》相关要求施工。

2. 基础图中只表示出基础的全高，实际基础埋深，主柱露头尺寸根据基础顶面标高确定，基础顶面标高详见《铁塔基础配置表》中的标高要求。

3. 在基础施工之前，要核对基础根开及地脚螺栓间距与铁塔加工图有关尺寸确实统一无误后，方可施工。

4. 分解组塔时混凝土强度不小于设计强度的70%，整体立塔时混凝土强度应达到设计强度的100%。

5. 钢筋保护层均为50mm。

6. 本基础所用主柱主筋、底板钢筋为HRB400级钢筋，其余为HPB300级钢筋。

7. 箍筋尺寸均以外缘计。

8. 基坑尺寸应严格满足设计要求，严禁超挖，若出现超挖采用C15素混凝土找平。

9. 基坑成型后应注意保护，严防坑内积水，并及时浇注混凝土。

10. 图中钢筋长度为计算尺寸，实际长度以放样为准。

11. 本图所标尺寸单位均为毫米（mm）。

12. 地脚螺栓规格、间距见《铁塔基础根开及地脚螺栓配置表》。

13. 地脚螺栓及箍筋规格构造及安装分别见《地脚螺栓加工图》《地脚螺栓箍筋加工图》。

图15–92 2.6×2.6×4.6（1.2）基础施工图（BZ–T450J–1.2）

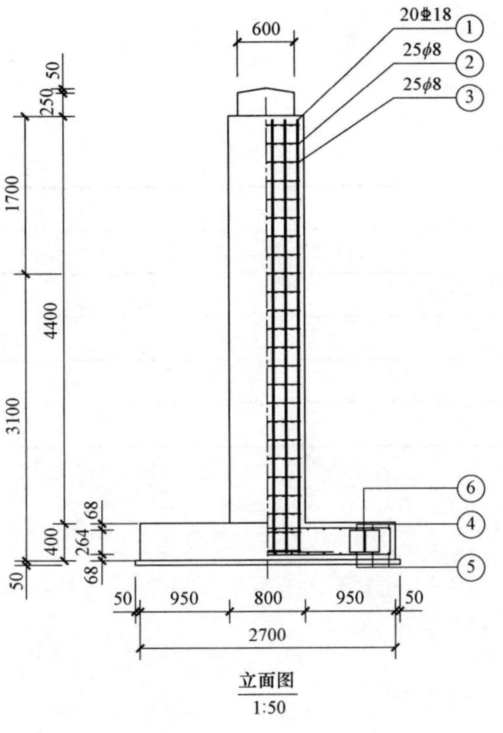

立面图
1:50

A—A
1:25

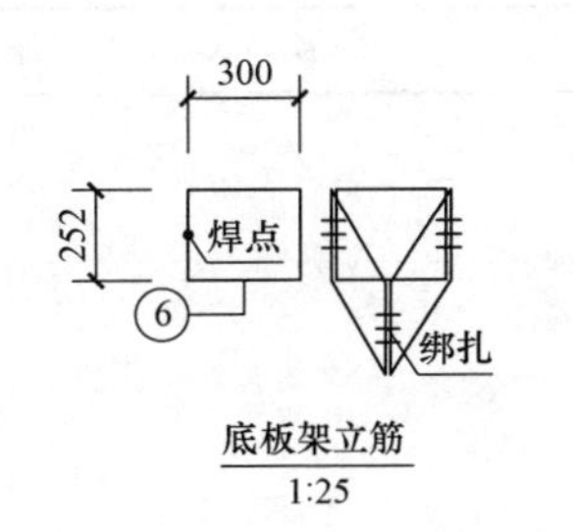

底板架立筋
1:25

材 料 表

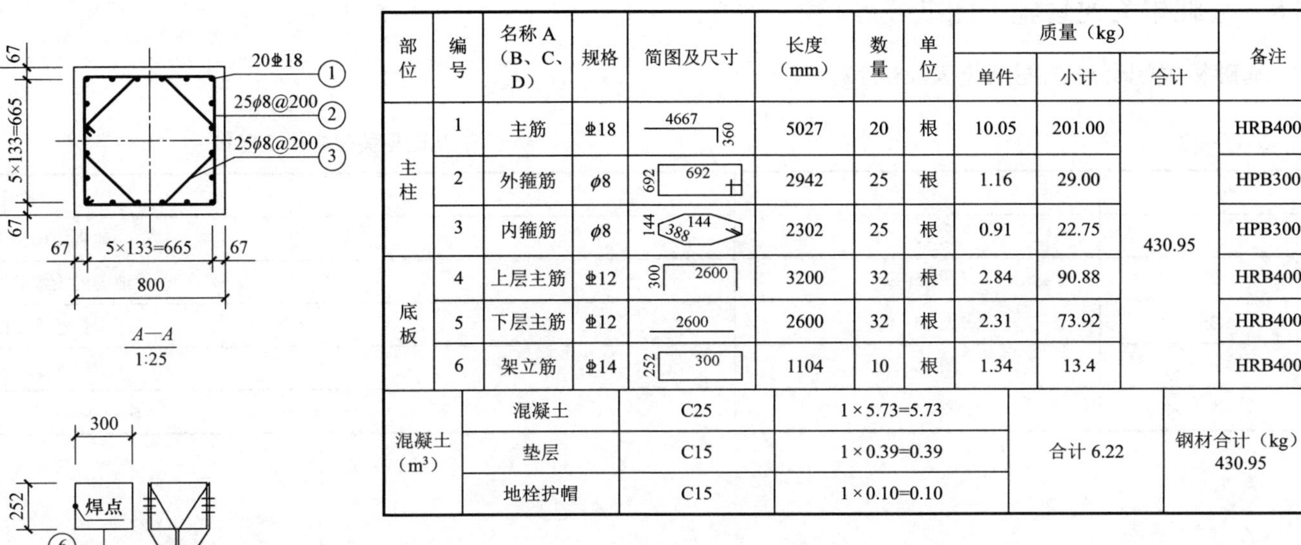

部位	编号	名称A（B、C、D）	规格	简图及尺寸	长度（mm）	数量	单位	质量（kg）			备注
								单件	小计	合计	
主柱	1	主筋	⌀18	4667 360	5027	20	根	10.05	201.00	430.95	HRB400
	2	外箍筋	φ8	692 692	2942	25	根	1.16	29.00		HPB300
	3	内箍筋	φ8	144 144 388	2302	25	根	0.91	22.75		HPB300
底板	4	上层主筋	⌀12	300 2600	3200	32	根	2.84	90.88		HRB400
	5	下层主筋	⌀12	2600	2600	32	根	2.31	73.92		HRB400
	6	架立筋	⌀14	252 300	1104	10	根	1.34	13.4		HRB400

混凝土（m^3）	混凝土	C25	1×5.73=5.73	合计 6.22	钢材合计（kg）430.95
	垫层	C15	1×0.39=0.39		
	地栓护帽	C15	1×0.10=0.10		

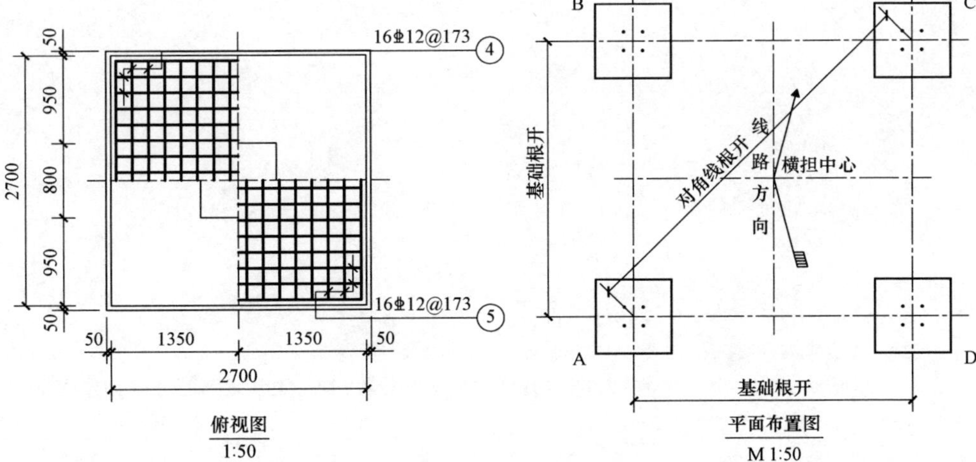

俯视图
1:50

平面布置图
M 1:50

说明：1. 基础施工要求详见《铁塔基础施工总说明》相关要求施工。

2. 基础图中只表示出基础的全高，实际基础埋深，主柱露头尺寸根据基础顶面标高确定，基础顶面标高详见《铁塔基础配置表》中的标高要求。

3. 在基础施工之前，要核对基础根开及地脚螺栓间距与铁塔加工图有关尺寸确实统一无误后，方可施工。

4. 分解组塔时混凝土强度不小于设计强度的70%，整体立塔时混凝土强度应达到设计强度的100%。

5. 钢筋保护层均为50mm。

6. 本基础所用主柱主筋、底板钢筋为HRB400级钢筋，其余为HPB300级钢筋。

7. 箍筋尺寸均以外缘计。

8. 基坑尺寸应严格满足设计要求，严禁超挖，若出现超挖采用C15素混凝土找平。

9. 基坑成型后应注意保护，严防坑内积水，并及时浇注混凝土。

10. 图中钢筋长度为计算尺寸，实际长度以放样为准。

11. 本图所标尺寸单位均为毫米（mm）。

12. 地脚螺栓规格、间距见《铁塔基础根开及地脚螺栓配置表》。

13. 地脚螺栓及箍筋规格构造及安装分别见《地脚螺栓加工图》《地脚螺栓箍筋加工图》。

图15－93　2.7×2.7×4.8（1.7）基础施工图（BZ－T450J－1.7）

15.8 基础相关配套施工图纸

基础相关配套施工图纸见表 15－12。

表 15－12　基础相关配套施工图纸

序号	编号	图名
1	图 15－94	地脚螺栓加工图
2	图 15－95	地脚螺栓箍筋加工图
3	图 15－96	护壁施工图
4	图 15－97	爬梯安装示意图
5	图 15－98	铁塔基础保护帽施工图

地脚螺栓规格	编号	长度及规格（mm）	数量	质量（kg）		备注
				单件	小计	
M24	1	896	1	3.18	3.18	L_0=80，L_1=25，L_2=791
	2	–12×60×60	1	0.34	0.34	ϕ=26，A=60，δ=12
	3	螺母	5	0.10	0.50	S=36，D=40，H=22
	4	–16×75×75	1	0.71	0.71	t=16，D_2=26
	一套地脚螺栓总质量 4.73kg					
M30	1	1106	1	6.14	6.14	L_0=95，L_1=30，L_2=981，L_3=120
	2	–16×80×80	1	0.80	0.80	ϕ=33，A=80，δ=16
	3	螺母	5	0.20	1.00	S=46，D=51，H=26
	4	–16×95×95	1	1.13	1.13	t=16，D_2=33
	一套地脚螺栓总质量 9.07kg					
M36	1	1321	1	10.56	10.56	L_0=110，L_1=35，L_2=1176，L_3=144
	2	–18×90×90	1	1.14	1.14	ϕ=40，A=90，δ=18
	3	螺母	5	0.33	1.65	S=55，D=60，H=32
	4	–16×110×110	1	1.52	1.52	t=16，D_2=40
	一套地脚螺栓总质量 14.87kg					

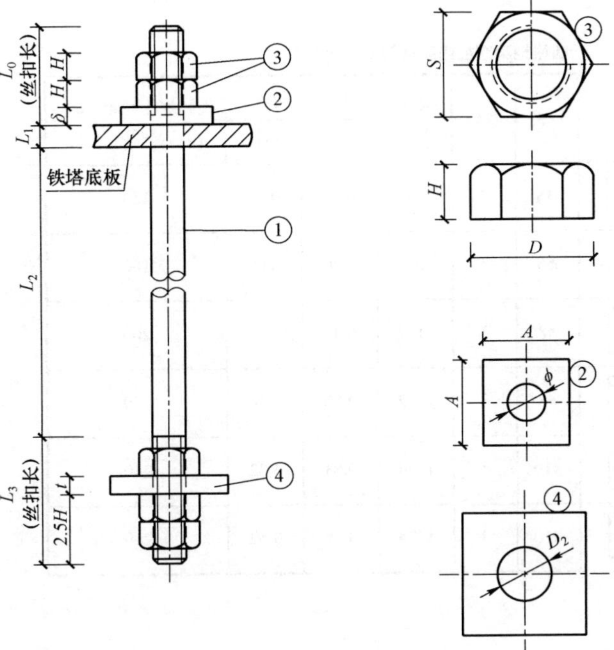

说明：1. 本图适用于非地震区和抗震设防烈度 6～8 度的地区；适用于将塔脚板固定在钢筋混凝土基础上的地脚螺栓的加工。

2. 当建筑物处于腐蚀环境时，地脚螺栓应按照 GB 50046—2018《工业建筑防腐蚀设计规范》第 4 章的要求采取防护措施。

3. 螺栓应进行防锈保护和防止机械损伤保护；螺栓允许安装偏差：螺纹长度（+5mm）、螺栓露出长度（+5mm）。

4. 地脚螺栓加工要求：

（1）地脚螺栓材料按 GB/T 700—2006《碳素结构钢》Q235B 材质制成，地脚螺栓的螺杆与螺母使用同一螺距系列，且螺母的性能等级不应低于相配的地脚螺杆的性能等级。

（2）螺母的尺寸及误差、螺距必须严格遵循 GB/T 41—2016《1 型六角螺母 C 级》，螺母螺纹、机械性能等技术条件应符合标准的要求。

（3）螺柱的技术条件符合 GB/T 5780—2016《六角头螺栓 C 级》的要求。

（4）普通螺纹的基本牙型符合 GB/T 192—2003《普通螺纹 基本牙型》第 5 条。

（5）螺栓内外螺纹的基本偏差、内外螺纹各直径公差符合 GB/T 197—2003《普通螺纹公差》4.1、4.2 的要求。

（6）螺栓的机械和物理性能、最小拉力载荷和保证载荷应符合 GB/T 3098.1—2010《紧固件机械性能 螺栓、螺钉和螺柱》、DL/T 1236—2013《输电杆塔用地脚螺栓与螺母》的第 5.4 条要求。

（7）出厂前标识应包括但不限于性能等级、规格。具体可参照 DL/T 1236—2013《输电杆塔用地脚螺栓与螺母》4.1、4.2 要求执行。同一标段中同套螺栓的螺杆与螺母采用唯一且相同的标识，避免现场混用安装。

（8）地脚螺栓技术条件、实验项目及验收检查和试验方法应分别符合 DL/T 1236—2013《输电杆塔用地脚螺栓与螺母》的第 5～7 章的要求。

（9）施工前须检查螺栓是否有符合上述要求的出厂合格证明。

（10）其他未尽事宜应符合《国家电网公司关于印发〈输电线路工程地脚螺栓全过程管控办法〉（试行）的通知》（基建技术〔2018〕387 号）的要求。

5. 地脚螺栓材质和规格详见《地脚螺栓配置表》，地脚螺栓的其余控制尺寸见本图，②、④垫片采用 Q345B 材质。

6. 材质如需更改，须征得设计单位同意。螺柱与螺母必须严格统一，严禁出现代用情况。

图 15–94　地脚螺栓加工图

四根地脚螺栓组装材料表（单腿）

地脚螺栓	形状	规格	数量	长度（mm）	质量（kg）		地脚螺栓间距（a）（mm）
					单件	小计	
4M24	180 180	φ6	3	840	0.19	0.57	150
	190 190	φ6	3	880	0.20	0.60	160
4M30	238 238	φ8	3	1112	0.44	1.32	200
	278 278	φ8	3	1272	0.50	1.50	240
4M36	286 286	φ10	4	1344	0.83	3.32	240
	306 306	φ10	4	1424	0.88	3.52	260

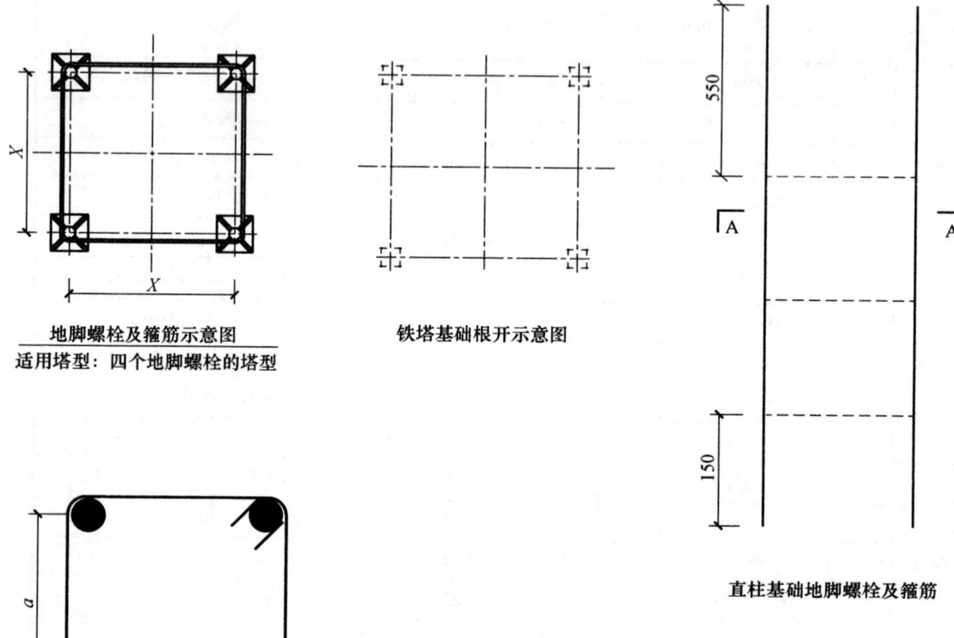

地脚螺栓及箍筋示意图
适用塔型：四个地脚螺栓的塔型

铁塔基础根开示意图

直柱基础地脚螺栓及箍筋

A—A
四根地脚螺栓断面

注：1. 加工时要保证地脚螺栓的间距。
2. X 值详见各塔《根开及地脚螺栓配置表》。
3. 各箍筋长度须放样无误后方可批量加工。
4. 除最外端箍筋按图示位置固定外，其余箍筋等间距布置。
5. 地脚螺栓箍筋材质为 HPB300。
6. 图中钢筋长度为计算尺寸，实际长度以放样为准.工程量为单个基础工程量。
7. 地脚螺栓材质要求见各塔型《铁塔基础根开及地脚螺栓配置表》。

图 15–95　地脚螺栓箍筋加工图

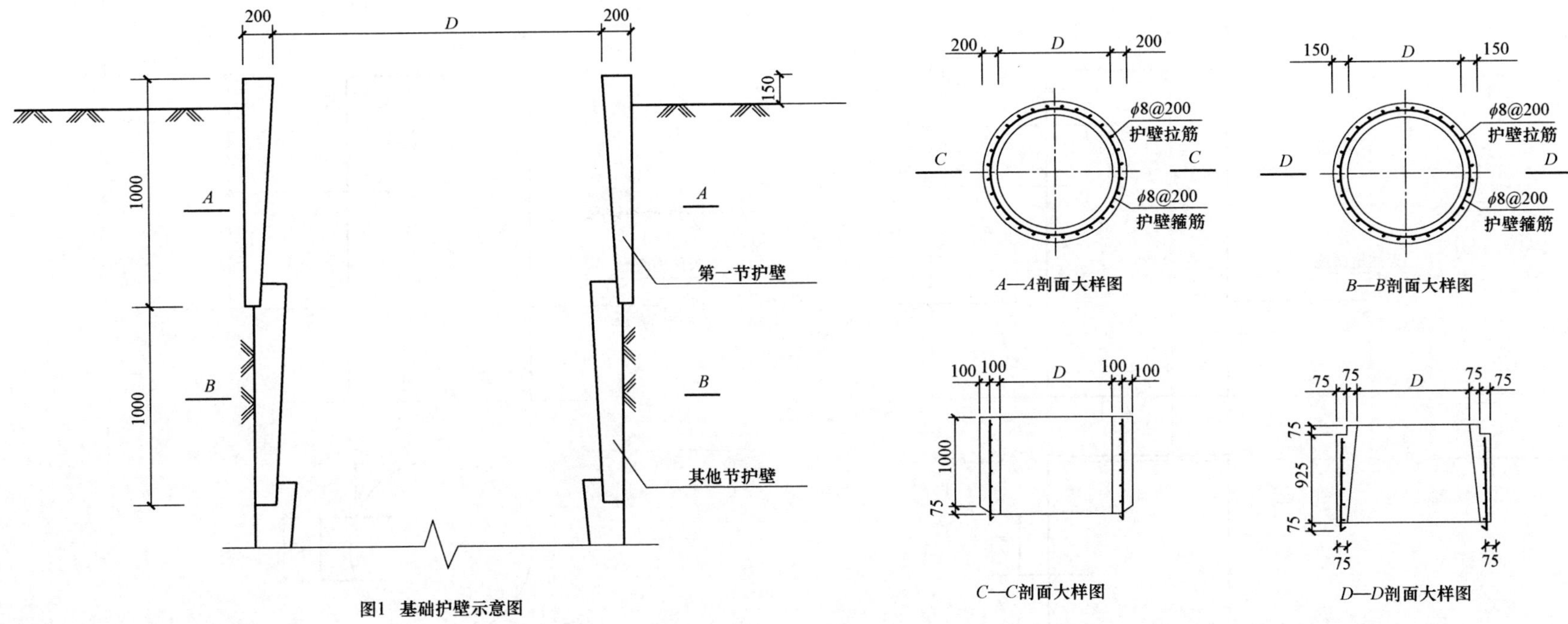

图1 基础护壁示意图

A—A剖面大样图

B—B剖面大样图

C—C剖面大样图

D—D剖面大样图

说明：1. 基础护壁应根据现场具体地质情况，确保施工安全而设立，经现场监理确认后实施。

2. 护壁工程量由现场监理确认并由设计人员核实。

3. 坑壁采用现浇混凝土护壁，护壁厚度及外径如图1所示。

4. 护壁所用钢筋为HPB300级钢筋，混凝土强度等级与基础混凝土强度等级一致。

5. 基坑开挖时需采取防护措施，必要时护壁中加配钢丝网，防止塌孔。

6. 本工程采用混凝土护壁，护壁施工时以每一节作为一个施工循环（即挖好每节土后接着浇灌一节混凝土护壁），一般土层中每开挖0.5～1.0m深度，就需进行护壁。待混凝土养护达到3.0MPa后，方可进行下一段基坑开挖。

7. 为保正桩的垂直度，要求每浇灌完三节护壁，须校核桩中心线位置及垂直度一次。

8. 桩端扩大头部分一般不作护壁，如遇土质有特殊情况时另行处理。

9. 护壁的钢筋保护层厚度15mm。

10. 本护壁图用于本工程挖孔基础的护壁，本工程所有挖孔基础，原则上除扩大头部分外均做护壁。施工阶段可根据实际地质条件及施工单位自身施工经验进行调整，经设计核实后确定。

11. 图中所注尺寸单位为毫米（mm）。

护壁每延米材料量

基础孔径（m）	0.8	0.9	1.0	1.1	1.2
混凝土（m^3/m）	0.314	0.35	0.38	0.42	0.45
钢筋（kg/m）	8.4	8.4	8.4	9.2	10.1

注　1. 表中的材料量为一条塔腿/米基础的护壁材料量。

2. 护壁钢筋规格采用ϕ8@200，双向布置。

图15－96　护壁施工图

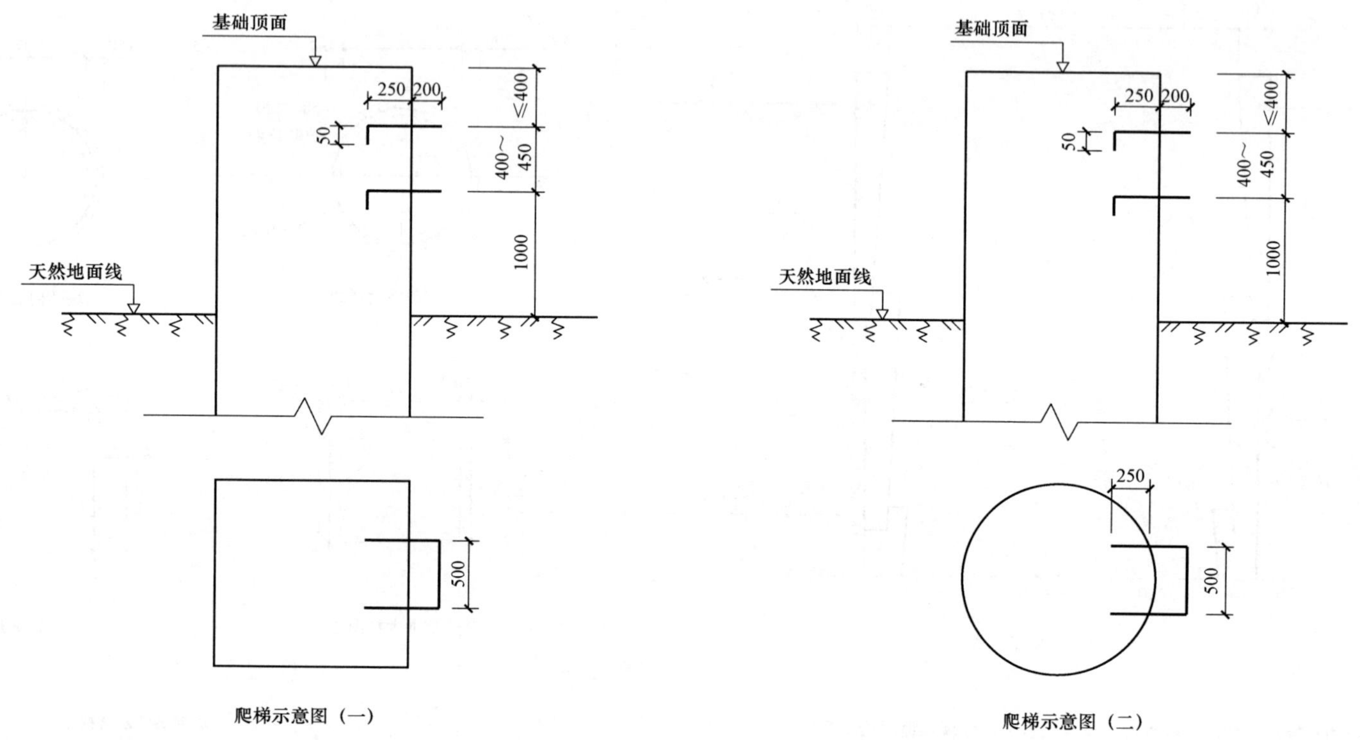

说明：1. 起爬高度从天然地面算起1000mm。

2. 爬梯钢筋采用直径20的螺纹钢筋，如图加工成槽形，爬梯宽度500mm，爬梯露出混凝土表面长度为200mm，混凝土内锚固长度为250mm+50mm（端部弯折）。

3. 爬梯间距400～450mm，最上部的梯步距离基础顶面不大于400mm。

4. 四腿基础，只要任一基础立柱外露高度大于1500mm均需安装爬梯。

5. 四腿爬梯的朝向如图所示，爬梯朝向的原则是避开接地引下线的位置。

6. 爬梯钢筋外露部分镀锌防腐。

图15-97　爬梯安装示意图

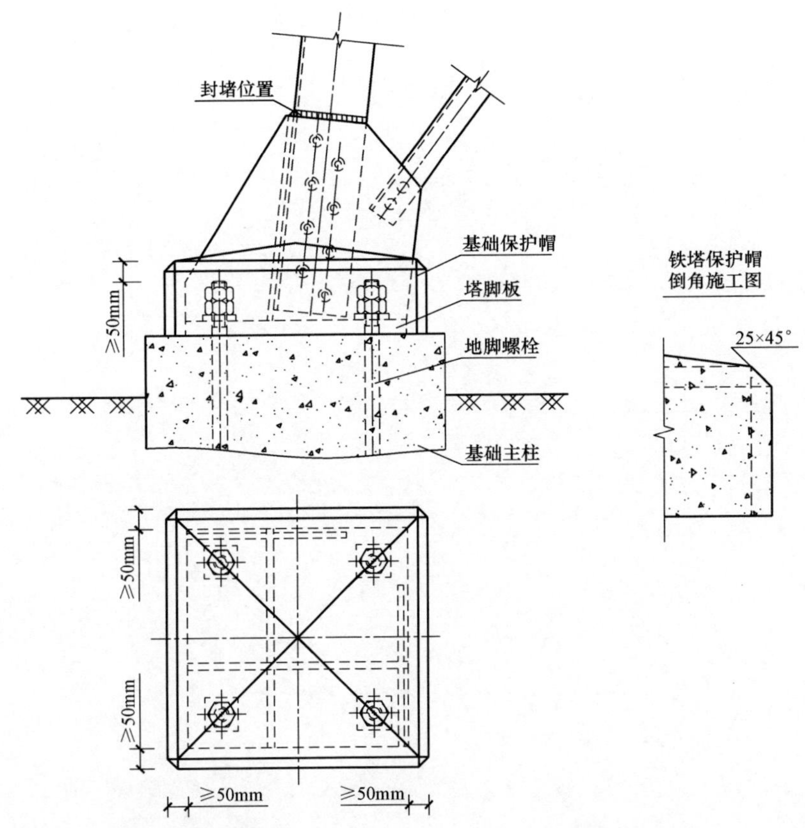

说明：1. 保护帽采用 C15 混凝土。

2. 基础保护帽的制作方式应符合运行单位的相关要求。一般情况下，保护帽宜采用专用模版现场浇筑，顶面应抹成 5%～10%的微坡顶，以满足散水要求。

3. 铁塔组立后，踏脚板应与基础面接触良好，有空隙时应垫铁片，并应浇筑水泥砂浆。铁塔经检查合格后可随即浇筑保护帽。保护帽与塔座接合应严密，且不得有裂缝。

4. 保护帽宽度不小于塔脚板每侧 50mm，高度不小于地脚螺栓露出高度 50mm。

5. 保护帽各棱角采用倒角处理，除微坡顶各棱倒角 200×45°外，其余倒角宜采用 25×45°。

图 15–98　铁塔基础保护帽施工图